프렌즈 시리즈 14

프렌즈 베트남

안진헌 지음

Vietnam

중앙books

Prologue
저자의 말

이상하게도 베트남에 도착하면,
기억을 더듬을 필요도 없이 자연스럽게 흘러간다.

취재와 글쓰기가 어제오늘의 일이겠냐만은 이번에는 더 많은 공을 들였다. 성조로 얼룩진 베트남어 표기와 베트남에서 더 이상 쓰이지 않는 한자 표기(그것들을 찾아내기란 여간 고생스러운 것이 아니다)까지 챙기려다 보니 일이 커져버렸지만, 볼거리에 깊이를 더하기 위한 의미 있는 작업이었다. 오랫동안 베트남을 들락거리며 변화 과정을 지켜본 것도 글 쓰는 데 도움이 됐다(딱 한 번 여행하고 쓴 책이 아님을 밝힌다). 가이드북의 숙명과도 같은 개정 작업. 1년에 한 번씩 바꾸는데도 많은 것이 변해 있었다. 무언가 새로운 게 없을까 하고 그 익숙한 길을 걷고 또 걸었다.

길거리 카페에 앉아 바라보는 이곳의 일상이 좋다.
당신도 그 거리와 소리에 익숙해졌으면 좋겠다.

베트남 전쟁에 대한 왜곡된 이미지가 베트남 여행을 머뭇거리게 했다면, 이젠 그런 선입견은 버려도 좋을 것 같다. 개방과 발전의 흐름이 베트남에도 넘실대기 때문이다. 그 변화의 물결은 젊음이라는 싱그러운 단어를 관통한다. 여행이라는 관점에서 보면 이거다 싶은 '한 방'은 없지만 잔재미가 가득한 나라가 베트남이다. 비좁고 소란스럽게만 느껴지던 무질서는 그들 나름대로 정리되어 있고, 엇박자가 주는 '잘 조직된 혼동'은 구경하는 재미가 쏠쏠하기 때문이다.

Thanks to

Tran Thu Huong, Long Hoang Bui, Foo Chik Aun, Tran Bi Lot Tran, Nguyen Quy Anh, Frankie Seo, Nguyen Thi Quyen, Trung Trinh Tien, Nguyen Anh Hong, Denis Vincent Bissonnette, Lune Production, 권형근(리차드 권), 박영근, 김도균, 김우열, 김은하, 양영지, 최혜선, 최승헌, 김현철, 남지현, 김재민, 안효숙, 쑤기쒀, 안수영, 구한결, 이지상, 배훈(재키), 안네 수진, 성남용, 정창숙, 김성영, 류동식, 이국환, 유환수, 김슬기, 김난희, 마미숙, 안명순, 안상진, 이연주, 강문근, 툭툭형, 정재현, 박영심, 이현석, 류호선, 김경희, 심근영, 권지현, 찬찬, 구자호, 소방, 안종훈, 엄미영, 류선하, 올림푸스 카메라, 트래블메이트, 트래블 게릴라, 글로벌 투어, 리멤버 투어, 비코 트래블, 홍익 여행사, 조르바 여행사, 오마이호텔

Special Thanks to

베트남의 기억을 진하게 만들어 준 베트남 친구들, 베트남 여행길을 동행해주었던 수많은 사람들, 아낌없는 도움을 주셨던 리차드 권, 가이드북 공작단 동지 노커팅, 교정·교열을 해주신 박경희 님, 디자인 작업을 해준 김미연 님, 변바희 님, 김정림 님, 김영주 님 감사합니다. 그리고 한 팀이 되어 책 작업을 함께 해준 장여진 님, 이정아 님, 문주미 님, 박수민 님, 양재연 님, 또 한 번 진심으로 감사드립니다.

안진헌

How to Use
일러두기

이 책에 실린 정보는 2025년 4월까지 수집한 정보를 바탕으로 하고 있습니다. 현지 볼거리·레스토랑·쇼핑센터의 요금과 운영 시간, 교통 요금과 운행 시각, 숙소 정보 등이 수시로 바뀔 수 있음을 말씀드립니다. 때로는 공사 중이라 입장이 불가하거나 출구가 막히는 경우도 있습니다. 저자가 발빠르게 움직이며 바뀐 정보를 수집해 반영하고 있지만 예고 없이 현지 요금이 인상되는 경우가 비일비재합니다. 이 점을 감안하여 여행 계획을 세우시기 바랍니다. 혹여 여행의 불편이 있더라도 양해 부탁드립니다. 새로운 정보나 변경된 정보가 있다면 아래로 연락주시기 바랍니다.

저자 이메일 bkksel@gmail.com

1. 베트남 베스트 & 지역별 볼거리 가이드

베트남을 처음 방문하는 초보여행자와 시간이 없는 비즈니스 여행자를 위해 준비했다. 장르를 막론하고 베트남을 상징하는 키워드와 꼭 한번 가볼 만한 도시를 간략하게 소개했다. 자신의 취향에 맞는 여행지를 선택하는 데 도움이 된다.

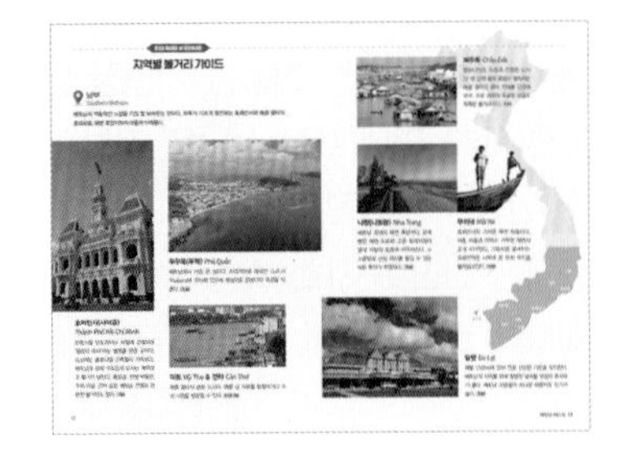

2. 베트남 추천 일정

여행을 준비하는 데 가장 중요한 것이 바로 일정짜기. 남부/중부/북부 핵심 5박6일 외에 베트남 핵심 11일, 베트남 종단 19일 등 기간별 추천 코스를 제시했다. 지도를 곁들여 전체 일정과 이동 경로를 확인할 수 있으며, 기본적인 현지 물가를 제시해 일정에 따른 여행 예산짜기를 도와준다.

3. 베트남 지역 구분

베트남 총 23개 지역으로 구분했다. 도입부의 간략한 소개를 통해 전반적인 지역 이해도를 높였다.

4. 베트남어 표기

책에 소개한 볼거리, 레스토랑, 숙소명은 알파벳 표기와 베트남어를 이중병기했다. 같은 글자라고 해도 성조에 따라 전혀 다른 뜻이 되므로 베트남어 표기가 중요하다. 현지인에게 물어볼 경우 유용한 자료가 된다.

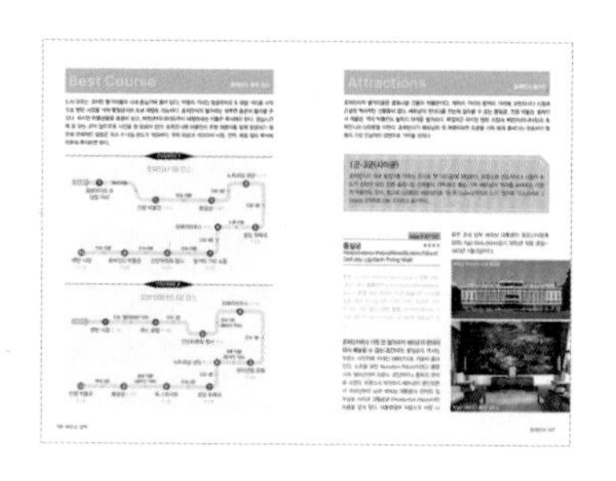

5. 주요 지역 Best 10 & 추천 코스

지역마다 효율적인 추천 코스와 이동 방법을 한눈에 보여준다. 낯선 도시에 대한 두려움을 빨리 해소하고 핵심 볼거리를 알차고 재미있게 관광할 수 있다.

6. 베트남의 볼거리·레스토랑·쇼핑·나이트라이프

지역별 세부 볼거리와 그에 얽힌 자세한 역사 이야기, 대형 쇼핑센터와 노점, 격식 있는 베트남 전통 레스토랑부터 베트남 특선 요리 정보와 즐길거리 등을 소개했다.

7. 베트남의 숙소

게스트하우스부터 중급 호텔, 고급 호텔까지 다양한 숙소를 담았다. 객실 타입별 부대시설(선풍기와 에어컨, TV, 공동욕실과 개인욕실, 냉장고, 아침식사, Wi-Fi 유무)를 상세히 소개해 숙소 선택의 도움이 된다.

8. 베트남 전역의 최신 지도

본문에 소개한 볼거리와 레스토랑, 쇼핑 스폿, 숙소 위치를 지도에 표시했다. 본문 상세 정보에 표시된 MAP P.000-A1을 참고해 지도와 연계해 보면 찾기 쉽다.

지도에 사용한 기호

관광	식당	쇼핑	숙소	엔터테인먼트	마사지
공항	학교	우체국	은행	기차	철도
버스정류장	보트	사원	해변	병원	교회

Contents
베트남

베트남 베스트

01

오토바이가 흘러간다

베트남의 첫인상이자, 베트남 여행의 여운으로 남는 오토바이 행렬이 인상적이다. 한 방향으로 흐르는 오토바이 물결은 역동적인 베트남의 이미지를 대변한다.

02

베트남 음식에 탐닉하다

베트남 음식의 맛과 향. 누구나 쉽게 접근할 수 있는 베트남 음식은 여행 중에는 고귀함을 모르다가, 베트남을 떠나면 그리워지게 하는 묘약과도 같다.

©안네 수진

03

하롱베이를 주유하다

눈앞에 펼쳐지는 비경을 조망하는 것만으로도 충분히 아름다운 하롱베이. 바다를 지나는지 호수를 지나는지 알 수 없는 하롱베이를 주유하며 자연과 시간이 만들어 준 풍경을 감상하자.

04 호이안에 머문다

유명한 대도시들을 제치고 여행자들을 사로잡는 작은 마을이다. 거리를 거니는 것만으로도, 자전거를 타는 것만으로도 호이안은 낭만이 가득하다. 베트남에서 '느린 여행'에 가장 잘 어울리는 곳이다.

05 호찌민시에서 베트남의 미래를 본다

북에서 호찌민시라고 부르건, 남에서 사이공이라고 부르건 그건 그리 중요하지 않다. 개방의 물결을 가장 잘 반영하는 베트남 제1의 도시로, 베트남의 역동적인 삶이 도시 전체를 가득 메우고 있다. 프랑스 식민지배 시절에 건설된 콜로니얼 건물은 덤이다.

06 하노이 구시가는 베트남의 일상이다

볼거리를 찾아 멀리 가지 않아도 된다. 당신이 묵고 있는 호텔 앞으로 펼쳐지는 거리와 상점들, 비좁은 골목과 건물들, 거리를 지나는 멜대를 멘 상인들과 오토바이를 탄 사람들까지. 하노이 구시가에는 소리와 냄새, 공간까지 그들의 삶이 영화처럼 펼쳐진다.

07 후에(훼), 흐엉 강(香江)의 향기를 따라서

고도(古都)의 향기가 가득한 응우옌 왕조의 수도가 있었던 곳. 도시를 가르는 흐엉 강의 은은한 향기를 따라 역사 유적이 가득하다.

08 다낭

베트남 중부를 대표하는 도시. 도시의 편안함과 강변의 여유로움이 있는 곳. 열대 해변과 리조트에서의 휴식도 가능하다. 덕분에 인기 휴양지로 급부상하고 있다.

09 냐짱(나트랑), 바다가 도시를 품는다

바다와 도시가 절묘하게 어울리는 베트남 최대의 해변 휴양지. 외국인이 주인 행세를 하는 동남아시아의 여느 해변 휴양지와 달리, 거북하지 않을 만큼 적당히 개발된 베트남의 해변 도시이다.

10 푸꾸옥(푸꿕), 휴양지 섬에서 호캉스를 즐겨보자.

베트남 최남단에서 있는 섬. 대규모 리조트와 해변, 유럽 도시를 재현한 테마파크까지 열대 휴양지로 개발되어 있다.

11 싸파, 다랑논 길을 걷는다

베트남 북서부 변방에 위치한 고산 도시. 도시를 벗어나면 다랑논이 가득하다. 자연에 순응하며 생활하는 산악 민족들로 인해 이국적이다. 자연에 둘러싸인 휴식과 자연 속으로의 트레킹이 삶을 생기롭게 해준다.

12 메콩 델타, 풍요와 건강함이 넘실댄다

메콩 강을 끼고 형성되어 비슷비슷해 보이지만, 메콩 델타의 도시들은 어디를 가든 풍족함과 여유로움이 흐른다. 자연을 닮은 메콩 델타 사람들이 그 어떤 볼거리와 역사 유적보다도 매력적이다.

13 무이네, 해변과 사막을 만나다

어촌 마을 풍경이 남아 있는 해변 리조트. 최고라고까지 치켜세울 만한 해변은 아니지만, 수영장 딸린 저렴한 리조트와 모래사막 여행을 동시에 가능하게 해준다.

지역별 볼거리 가이드

남부
Southern Vietnam

베트남의 역동적인 느낌을 가장 잘 보여주는 곳이다. 하루가 다르게 발전하는 호찌민시와 메콩 델타의 풍요로움, 해변 휴양지까지 어울려 다채롭다.

호찌민시(사이공)
Thành Phố Hồ Chí Minh

프랑스령 인도차이나 시절에 건설되어 '동양의 파리'라는 별명을 얻은 곳이다. 도심에는 콜로니얼 건축물이 가득하고, 베트남의 경제 수도답게 도시는 북적대고 활기가 넘친다. 통일궁, 전쟁 박물관, 꾸찌 터널, 껀저 같은 베트남 전쟁과 관련한 볼거리도 많다. P.84

푸꾸옥(푸꿕) Phú Quốc

베트남에서 가장 큰 섬이다. 지리적으로 태국만 Gulf of Thailand에 위치해 있으며 해상으로 캄보디아 국경을 이룬다. P.200

미토 Mỹ Tho & 껀터 Cần Thơ

메콩 델타의 관문 도시다. 메콩 강 지류를 탐험하거나 수상 시장을 방문할 수 있다. P.167·184

쩌우독 Châu Đốc

캄보디아의 국경과 인접한 도시다. 쌈 산에 올라 끝없이 펼쳐지는 메콩 델타의 평야 지대를 감상해 보자. 수상 가옥과 무슬림 마을도 독특한 볼거리이다. P.193

냐짱(나트랑) Nha Trang

베트남 최대의 해변 휴양지다. 곧게 뻗은 해변 도로와 고운 모래사장이 열대 지방의 풍경과 어우러진다. 스노클링과 선상 파티를 즐길 수 있는 보트 투어가 유명하다. P.242

무이네 Mũi Né

호찌민시와 가까운 해변 마을이다. 어촌 마을과 야자수 가득한 해변이 길게 이어진다. 그림처럼 펼쳐지는 모래언덕은 사막에 온 듯한 착각을 불러일으킨다. P.226

달랏 Đà Lạt

해발 1,500m에 있어 연중 선선한 기온을 유지한다. 베트남의 더위를 피해 청명한 날씨를 벗삼아 휴식하기 좋다. 베트남 사람들의 허니문 여행지로 인기가 높다. P.268

중부
Central Vietnam

베트남 중부에는 유네스코 세계문화유산이 가득하다. 베트남 최초의 통일 왕조이자 마지막 봉건 왕조였던 응우옌 왕조의 수도였던 후에(훼), 바다의 실크로드로 번성했던 호이안, 참파 왕국의 미썬 유적까지 매력적인 여행지가 가득하다.

호이안 Hội An

마을 전체가 유네스코 세계문화유산으로 지정되어 있다. 사람들이 생활하는 공간과 전통·문화가 절묘하게 어울린다. 오토바이 소음이 사라진 호이안은 건물 하나하나가 낭만적인 느낌으로 다가온다. P.288

미썬 Mỹ Sơn

현재의 베트남과는 전혀 다른 힌두교 문명을 꽃피웠던 참파 왕국의 성지다. 베트남 전쟁 동안 미국의 폭격으로 많은 유적들이 파괴되었지만, 폐허와 녹음이 어우러져 색다른 느낌을 선사한다. P.320

동하 & 비무장 지대 Đong Hà & DMZ

북위 17°선을 경계로 베트남이 분단되어 있던 동안 형성된 비무장 지대다. 굴곡 많은 베트남 현대사를 장식했던 역사적인 장소들을 볼 수 있다. P.395

다낭 Đà Nẵng

베트남 중부의 최대 도시다. 상업과 교통의 중심지로 대도시의 분주함과 해변의 여유로움이 공존한다. P.326

후에(훼) Huế

베트남의 마지막 봉건 왕조였던 응우옌 왕조의 수도였던 곳이다. 성벽에 둘러싸인 구시가가 온전하게 보존되어 있고, 흐엉 강변을 따라 황제릉이 가득하다. P.360

북부
Northern Vietnam

하노이를 중심으로 베트남의 역사가 고스란히 묻어 있다. 하롱베이와 닌빈(닝빙)으로 대표되는 베트남의 아름다운 자연경관, 싸파와 박하에서 만나는 산악 민족까지 볼거리가 가득하다.

하노이 Hà Nội

베트남의 수도가 된 지 1천 년이나 된 역사의 도시다. 호찌민 묘를 포함해 문묘, 하노이 고성, 구시가까지 다양한 볼거리가 있다. 복잡하고 소란스러우면서도 정겨운 매력이 있는 도시이다. P.404

하롱베이 Ha Long Bay

베트남의 아름다운 자연을 대표하는 곳으로 유네스코 세계자연유산으로 보호되고 있다. 바다를 가득 메운 카르스트 석회암 바위산들이 비경을 선사한다. P.494

닌빈(닝빙) Ninh Bình

육지의 하롱베이로 통하는 아름다운 자연경관을 자랑한다. 나룻배를 타고 한가로이 경관을 감상할 수 있는 땀꼭 Tam Cốc과 짱안 Tràng An이 최고의 매력. 베트남의 옛 수도인 호아르 Hoa Lư와 함께 둘러보면 된다. P.479

깟바 섬 Đảo Cát Bà

하롱베이 남쪽에 있는 섬. 하롱베이와 마찬가지로 카르스트 석회암 지형이 바다 가득 펼쳐진다. 섬의 절반 이상이 국립공원으로 지정되어 있다. P.499

박하 Bắc Hà

'리틀 싸파'로 불리는 곳으로 일요시장이 유명하다. 꽃처럼 화려한 전통 복장을 입은 화몽족 Flower H'mong들로 인해 일요일이면 마을 전체가 화사해진다. P.532

싸파(싸빠) Sa Pa

해발 1,650m의 산악지대로 베트남의 변방에 해당한다. 다랑논들이 계곡을 따라 가득하게 펼쳐지고, 다양한 산악 민족들이 전통을 유지하며 생활한다. P.519

베트남 이것만은 꼭 해보자

하롱베이 크루즈

베트남을 대표하는 관광지 하롱베이. 환상적인 경관을 간직한 곳으로 크루즈를 즐기며 섬과 바다와 풍경을 감상해 보자.

무이네 모래 언덕에서 해돋이 보기

사막에 대한 호기심을 조금이나 풀어 주는 곳, 무이네. 모래 언덕에 올라 일출을 맞이하거나, 모래 언덕을 맨발로 걸어보는 것만으로도 특별한 경험이 된다.

하노이 구시가에서 맥주 마시기

처음에는 모든 것이 소란스럽고 혼란스럽지만, 조금만 익숙해지면 하노이만큼 정겨운 곳도 없다. 거리의 목욕탕 의자에 앉아 맥주를 마시며 눈앞에 펼쳐진 하노이 구시가의 일상을 관찰해 보자.

호이안 올드 타운 거닐기

마을 전체가 유네스코 세계문화유산으로 보호되어 있다. 옛 모습을 간직한 골목을 천천히 거닐며 과거의 건물과 현재의 시간을 공유해 보자. 호이안에서는 조금은 느리게 여행해도 된다.

싸파 트레킹

산과 계곡이 아름다운 해발 1,650m의 싸파. 계곡을 따라 층층이 만들어진 다랑논(계단식 논)을 거닐고 전통을 유지해 온 소수 민족 마을도 방문해 보자.

시클로 타보기

시클로는 베트남에서 경험해볼 수 있는 독특한 교통수단이다. 차분한 느낌의 호이안 올드 타운, 고즈넉한 후에(훼)의 구시가, 비좁은 골목을 지나야 하는 하노이 구시가를 시클로를 타고 여행해 보자.

박하 일요 시장 다녀오기

베트남 최북단에 자리한 산골 마을로 화려한 전통 복장을 입은 소수 민족을 만날 수 있다. 평소에는 조용한 시골 마을이지만 일요 시장이 열리는 일요일에는 흥겨운 분위기가 가득하다.

바나 힐 다녀오기

프랑스 식민지배 시절 1,400m의 고원에 건설한 휴양지. 케이블카를 타고 바나 힐에 올라 베트남 본토와는 다른 기후와 풍경을 감상해보자.

닌빈에서의 뱃놀이

육지의 하롱베이로 불리는 닌빈. 땀꼭과 짱안으로 대표되는 독특한 카르스트 지형을 따라 뱃놀이를 즐겨보자.

호찌민시 콜로니얼 건축물 도보 여행

'동양의 파리'로 불렸던 사이공(오늘날의 호찌민시)에는 프랑스에서 건설한 콜로니얼 건축물이 가득하다. 시내 중심가에 몰려 있어 도보 여행 코스로 손색이 없다. 중간 중간 카페에 들러 휴식을 취하고 기념사진을 찍어 보자.

Best Vietnamese Food

베트남 음식 리스트

베트남의 주식은 쌀과 국수. 밥은 껌 Cơm, 쌀국수는 퍼 Phở라고 부른다.

- 퍼보 따이(퍼 따이) Phở Bò Tái(Phở Tái): 얇은 생고기 고명
- 퍼보 찐(퍼 찐) Phở Bò Chín(Phở Chín): 삶은 편육 고명
- 퍼 남 Phở Nạm: 삶은 양지 고기 고명
- 퍼 거우 Phở Gầu: 지방이 들어간 소고기 고명

퍼보 Phở Bò / Beef Noodle Soup

가장 대중적인 소고기 쌀국수. 고명으로 올라가는 소고기 형태에 따라 이름이 또 다르다.

퍼가 Phở Gà / Chicken Noodle Soup

닭고기 쌀국수. 연한 닭고기 살과 담백한 육수가 잘 어울린다.

분보후에(분보훼) Bún Bò Huế

베트남 중부 지방인 후에(훼)를 대표하는 쌀국수. 분보(가는 면발의 소고기 쌀국수)에 칠리 오일을 첨가해 매운맛을 낸다.

껌떰(껌땀) Cơm Tấm

상품성이 없는 부서진 쌀로 밥을 만들어 브로큰 라이스 Broken Rice라고 불린다. 껌쓰언 Cơm Sườn(양념 돼지갈비 덮밥)이 가장 유명하다.

분짜 Bún Chả

하노이를 대표하는 대중적인 요리. 분 Bún(소면 쌀국수)과 짜 Chả(숯불 돼지고기 경단)가 합쳐진 음식이다.

알아두세요 **베트남 쌀국수 맛있게 먹는 방법**

❶ 초급자는 숙주를 뜨끈한 국물에 넣어 살짝 데쳐서 면과 함께 먹는다. 고수가 싫다면 주문할 때 "고수를 빼 주세요 Không cho rau mùi 콩 쪼 자우 무이"라고 말하자.

❷ 현지 맛을 좀 더 제대로 느끼고 싶다면 각종 소스(칠리 소스, 바베큐 소스, 느억맘 소스), 고추 등을 넣어 맛을 더욱 풍부하게 한다.

❸ 고급자는 고수를 포함한 향신채를 국물에 넣어 먹는다.

❹ 초급자든 고급자든 라임을 살짝 뿌려서 상큼함을 더해 먹는다.

자우므옹 Rau Muống Xào Tỏi
다진 마늘을 넣은 모닝글로리(공심채) 볶음 Stir fried morning glory. 밥반찬으로 인기가 높다.

반쎄오(반쌔오) Bánh Xèo
쌀가루로 만든 베트남식 팬케이크(부침개). 새우, 돼지고기, 파, 숙주를 넣어 만든다. 두툼하고 바삭거리는 맛이 일품이다.

넴느엉 Nen Nướng / Grilled Ground Pork
다져서 양념한 돼지고기를 떡갈비처럼 둥글게 뭉쳐 만든 석쇠구이. 꼬치처럼 만들기도 한다.

껌찌엔(껌장) Cơm Chiên(Cơm Rang) / Fried rice
볶음밥. 쯩(달걀) Trứng, 똠(새우) Tôm, 팃보(소고기) Thịt Bò, 팃가(닭고기) Thịt Gà, 팃헤오(돼지고기) Thịt Heo를 넣는다.

분팃느엉 Bún Thịt Nướng / Rice Noodles with BBQ Pork and Vegetables
대중적인 베트남 비빔국수. 분 Bún 위에 석쇠에 구운 양념 돼지고기와 채소를 올리고 소스를 넣어 비벼 먹는다.

고이꾸온 Gỏi Cuốn / Fresh Spring Rolls with Pork and Prawn
흔히 월남쌈이라고 불리는 대표 베트남 요리. 라이스페이퍼(반짱 Bánh Tráng)에 새우와 돼지고기, 채소, 허브 등을 넣는다.

반미(바게트) Bánh Mì / Baguette Sandwich
아침 식사나 간식용 바게트 샌드위치. 취향에 따라 조린 소고기·돼지고기 구이·닭고기·피클 등을 바게트에 넣고, 칠리소스를 가미하기도 한다.

넴(짜조) Nem / Spring Roll
월남쌈을 바삭하게 튀긴 스프링롤. 북부 지방에서는 넴 Nem, 남부 지방에서는 짜조 Chả Giò 라고 부른다.

러우 Lẩu
'훠궈'와 비슷한 전골 요리 Hot Pot. 해산물 전골 요리인 러우 하이싼 Lẩu Hải Sản이 대표적이다.

베트남 쇼핑 리스트

베트남 기념 소품

마그넷, 엽서, 우표, 기념 화폐, 수상 인형극의 목각 인형도 기념품으로 좋다. 대부분 가격도 저렴하고 부피도 작아서 부담 없다.

논(농)

여행 중 햇빛 가리개로도 유용한 베트남 전통 모자.

칠기 제품

화려한 장신구, 보석함, 명함 케이스 등 수제 칠기 공예는 선물용으로 좋다.

도자기와 그릇

베트남은 식생활과 그릇도 우리와 비슷하다. 다양하고 예쁘면서도 저렴한 그릇은 실용도가 높다.

자수 제품

손재주가 좋은 베트남 사람들이 한 땀 한 땀 만든 찻잔 받침대, 에코백, 베개 커버, 아오자이도 소장용으로 좋다.

알아두세요 **프로파간다(정치 선전) 포스터**

사회주의 국가로서의 베트남 느낌을 제대로 전달하는 프로파간다 포스터. 엽서와 달력 같은 기념품으로 판매한다. 실제로 사용됐던 포스터 원본은 US$100를 호가한다.

라탄 가방

여름에 어울리는 시원한 소재의 라탄을 이용해 만든 가방. 한 시장(쩌 한) 주변의 상점과 기념품 매장에서 어렵지 않게 볼 수 있다.

▸ 중간 사이즈 15만~25만VND
▸ 큰 사이즈 30만~55만VND

베트남 커피

원두커피부터 드립백, 인스턴트커피까지 다양한 형태로 판매한다. 로컬 브랜드로는 쭝응우옌 커피 Trung Nguyên Coffee가 유명하다.

▸ 원두 340g 11만~17만 VND

말린 과일 & 과자

생과일은 기내로 반입할 수 없지만 말린 과일이라면 가능하다. 말린 과일과 과일 과자는 안주용으로도 좋다.

▸ 말린 과일 4만~8만 VND

소스

베트남에서 안 사가면 섭섭한 것이 바로 소스. 한국보다 훨씬 저렴한 가격에 베트남 맛을 옮겨갈 수 있다.

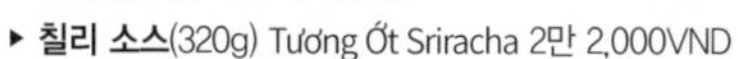

▸ **칠리 소스**(320g) Tương Ớt Sriracha 2만 2,000VND
▸ **느억맘 소스**(290g) Nước Mắm Cholimex 1만 5,000VND

티백 차

몸에 좋다고 알려진 허브차도 저렴하게 구입할 수 있다.

▸ **아티초크차**(20봉입) Trà Atisô(Artichoke Tea Bag) 3만 VND
▸ **노니차**(16봉입) Trà nhàu (Noni Tea) 5만 3,000VND
▸ **연꽃차**(25봉입) Trà Sen (Lotus Tea) 2만 6,000VND

라면

베트남의 쌀국수를 잊을 수 없다면, 한국인의 입맛에도 맞는 라면을 사보자. 하오하오의 새우맛 라면과 비폰의 소고기맛 라면은 한국인에게 인기가 좋다.

▸ **하오하오라면**(시큼하고 매운 새우맛)
Hảo Hảo Mì Tôm Chua Cay 4,400VND
▸ **하오하오 라면**(볶음 마늘과 돼지고기 맛 라면)
Hảo Hảo Sườn Heo Toi Phi 4,400VND
▸ **비폰 라면**(소고기 쌀국수맛)
Vifon Phở Bò 5,200VND
▸ **비폰 라면**(닭고기 쌀국수맛)
Vifon Phở Gà 5,200VND

Shopping List

마트·편의점 쇼핑 리스트

생활용품 & 커피

달리 치약
▸ 4만 9,000VND

모기 퇴치제 Soffel
▸ 3만 5,000VND

호랑이 연고 Tiger Balm
▸ 3만 5,000VND

미스터 비엣 Mr. Viet
(15개입)
▸ 11만 VND

G7 커피(18개입)
▸ 5만 6,000VND

아치 카페 Arch Cafe (12개입)
▸ 6만 5,000VND

꼰쏙 커피
(드립백 10개입)
▸ 8만 VND

노니 차(16개입)
▸ 5만 6,000VND

아티초크 차
(20개입)
▸ 6만 4,000VND

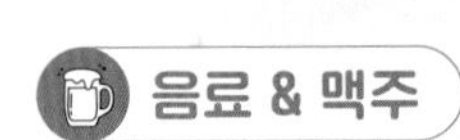

음료 & 맥주

캔 커피 235㎖
▸ 1만 8,000VND

그린 티
▸ 8,000VND

에너지 드링크
(레드 불)
▸ 1만 4,000VND

이온 음료
▸ 1만 VND

옥수수 우유
330㎖
▸ 1만 5,000VND

대용량 요구르트
700㎖
▸ 4만 5,000VND

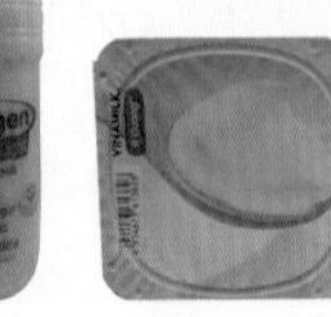

떠먹는 요거트
▸ 8,000VND

달랏 우유 450㎖
▸ 2만 6,000VND

사이공 맥주
▸1만 5,000VND

바바바(333) 맥주
▸1만 5,000VND

라루 맥주
▸1만 2,000VND

타이거 맥주
▸1만 6,000VND

넵머이 500㎖
▸7만 8,000VND

달랏 와인
750㎖
▸12만 3,000VND

말린 과일 & 과자

말린 과일
(망고 100g)
▸5만 VND

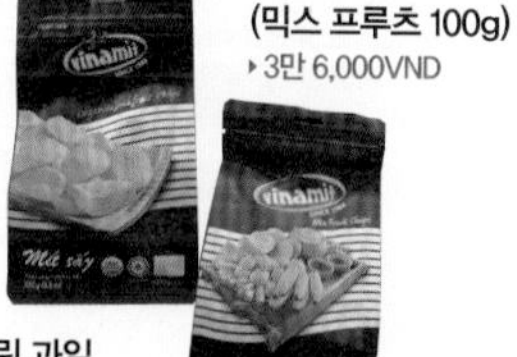

말린 과일
(잭프루트 150g)
▸5만 5,000VND

말린 과일
(믹스 프루츠 100g)
▸3만 6,000VND

망고 젤리(850g)
▸8만 2,000VND

김 과자 Big Sheet
9,000VND

커피 조이
▸2만 7,000VND

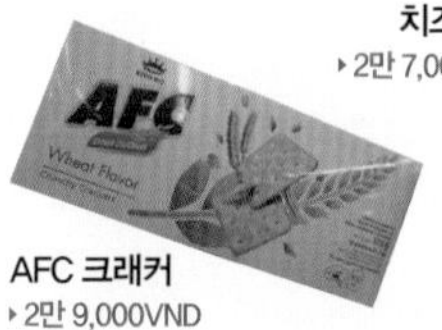

AFC 크래커
▸2만 9,000VND

치즈 과자
▸2만 7,000VND

코코넛 과자
▸2만 6,000VND

두리안 케이크
▸5만 7,000VND

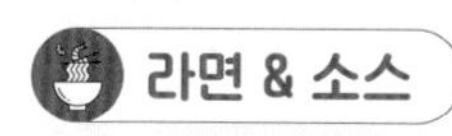

라면 & 소스

하오하오 라면
▸4,400VND

Vifon 새우라면
▸4,900VND

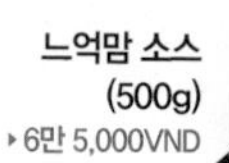

컵라면
▸9,500VND

느억맘 소스
(500g)
▸6만 5,000VND

칠리소스(270g)
▸1만 4,000VND

Sriracha
칠리소스
(520g)
▸2만
4,000VND

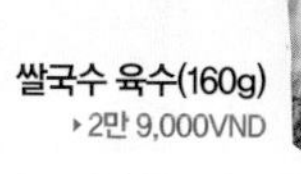

쌀국수 육수(160g)
▸2만 9,000VND

치즈(8개입)
▸3만 8,000VND

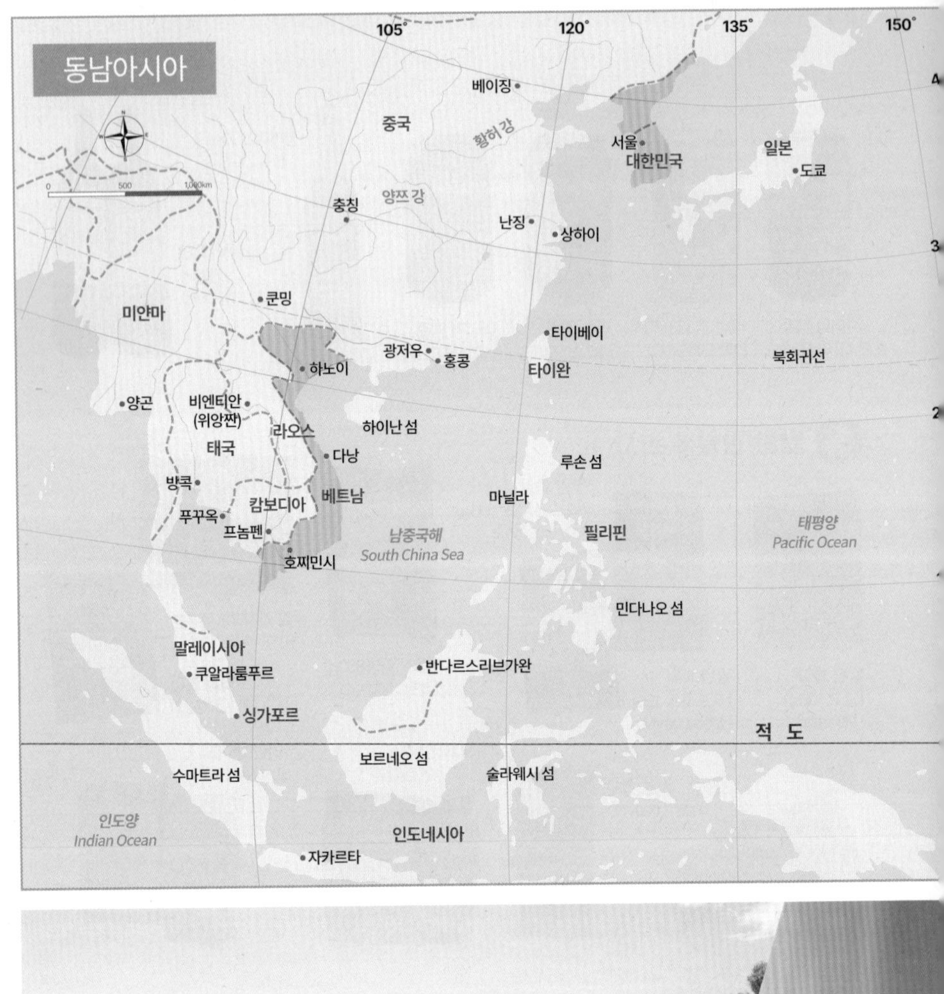
동남아시아
105°
120°
135°
150°
베이징
중국
황허 강
서울
대한민국
일본
도쿄
충칭
양쯔 강
난징
상하이
쿤밍
미얀마
타이베이
광저우
홍콩
하노이
타이완
북회귀선
양곤
비엔티안
(위앙짠)
라오스
하이난 섬
태국
다낭
루손 섬
방콕
캄보디아
베트남
마닐라
푸꾸옥
프놈펜
남중국해
South China Sea
필리핀
태평양
Pacific Ocean
호찌민시
민다나오 섬
말레이시아
쿠알라룸푸르
반다르스리브가완
싱가포르
적 도
보르네오 섬
수마트라 섬
술라웨시 섬
인도양
Indian Ocean
인도네시아
자카르타

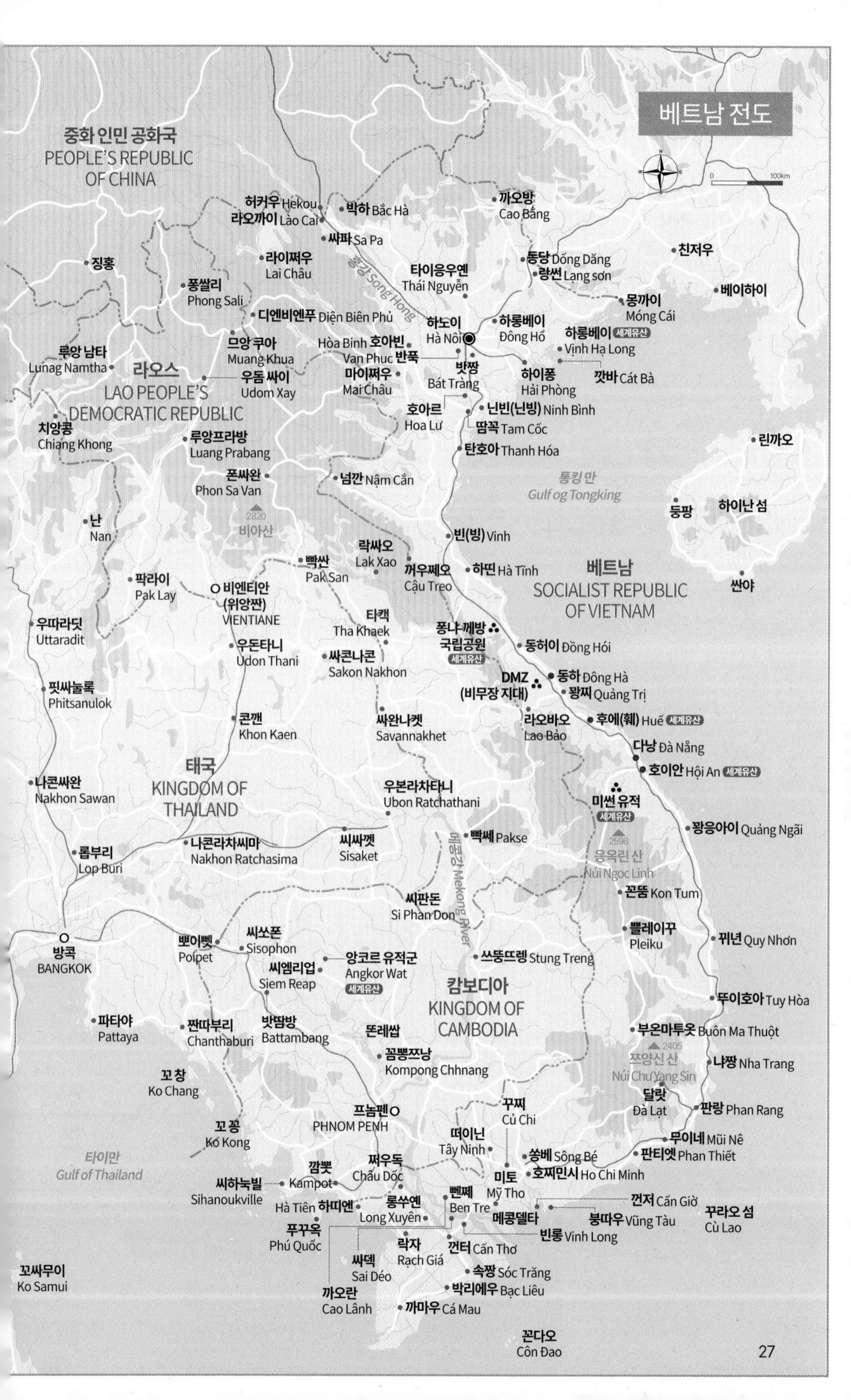
베트남 전도
0
100km
중화 인민 공화국
PEOPLE'S REPUBLIC OF CHINA
허커우 Hekou
라오까이 Lào Cai
박하 Bắc Hà
까오방 Cao Bằng
싸파 Sa Pa
징홍
라이쩌우 Lai Châu
홍강 Song Hong
타이응우옌 Thái Nguyễn
동당 Đồng Đăng
랑썬 Lạng sơn
친저우
베이하이
퐁쌀리 Phong Sali
디엔비엔푸 Điện Biên Phủ
몽까이 Móng Cái
하노이 Hà Nội
하롱베이 Đông Hồ
하롱베이 세계유산 Vịnh Hạ Long
므앙 쿠아 Muang Khua
Hòa Bình 호아빈
Van Phuc 반푹
루앙 남타 Lunag Namtha
라오스
LAO PEOPLE'S DEMOCRATIC REPUBLIC
우돔 싸이 Udom Xay
마이쩌우 Mai Châu
밧짱 Bát Tràng
하이퐁 Hải Phòng
깟바 Cát Bà
호아르 Hoa Lư
닌빈(닌빙) Ninh Bình
땀꼭 Tam Cốc
치앙콩 Chiang Khong
루앙프라방 Luang Prabang
탄호아 Thanh Hóa
린까오
폰싸완 Phon Sa Van
넘깐 Nậm Cắn
통킹 만 Gulf og Tongking
2820 비아산
난 Nan
빈(빙) Vinh
둥팡
하이난 섬
락싸오 Lak Xao
빡싼 Pak San
꺼우쩨오 Cậu Treo
하띤 Hà Tĩnh
베트남
SOCIALIST REPUBLIC OF VIETNAM
싼야
빡라이 Pak Lay
비엔티안 (위앙짠) VIENTIANE
타캑 Tha Khaek
퐁나-께방 국립공원 세계유산
우따라딧 Uttaradit
우돈타니 Udon Thani
싸콘나콘 Sakon Nakhon
동허이 Đồng Hới
DMZ (비무장 지대)
동하 Đông Hà
꽝찌 Quảng Trị
핏싸눌록 Phitsanulok
콘깬 Khon Kaen
싸완나켓 Savannakhet
라오바오 Lao Bảo
후에(훼) Huế 세계유산
다낭 Đà Nẵng
호이안 Hội An 세계유산
태국
KINGDOM OF THAILAND
나콘싸완 Nakhon Sawan
우본라차타니 Ubon Ratchathani
미썬 유적 세계유산
꽝응아이 Quảng Ngãi
빡쎄 Pakse
2598 응옥린 산 Núi Ngọc Linh
롭부리 Lop Buri
나콘라차씨마 Nakhon Ratchasima
씨싸껫 Sisaket
메콩강 Mekong River
꼰뚬 Kon Tum
씨판돈 Si Phan Don
쁠레이꾸 Pleiku
꾸년 Quy Nhơn
방콕 BANGKOK
뽀이뻿 Poipet
씨쏘폰 Sisophon
앙코르 유적군 Angkor Wat 세계유산
씨엠리업 Siem Reap
쓰뚱뜨렝 Stung Treng
캄보디아
KINGDOM OF CAMBODIA
뚜이호아 Tuy Hòa
파타야 Pattaya
짠따부리 Chanthaburi
밧땀방 Battambang
똔레쌉
부온마투옷 Buôn Ma Thuột
2405 쯔양신 산 Núi Chư Yang Sin
꼼뽕쯔낭 Kompong Chhnang
냐짱 Nha Trang
꼬 창 Ko Chang
달랏 Đà Lạt
판랑 Phan Rang
프놈펜 PHNOM PENH
꾸찌 Củ Chi
꼬 꽁 Ko Kong
떠이닌 Tây Ninh
무이네 Mũi Nê
쏭베 Sông Bé
판티엣 Phan Thiết
타이만 Gulf of Thailand
깜뽓 Kampot
쩌우독 Chầu Đốc
미토 Mỹ Tho
호찌민시 Ho Chi Minh
씨하눅빌 Sihanoukville
벤쩨 Ben Tre
껀저 Cần Giờ
Hà Tiên 하띠엔
롱쑤옌 Long Xuyên
메콩델타
붕따우 Vũng Tàu
꾸라오 섬 Cù Lao
빈롱 Vinh Long
푸꾸옥 Phú Quốc
락자 Rạch Giá
껀터 Cần Thơ
꼬싸무이 Ko Samui
싸덱 Sai Déo
속짱 Sóc Trăng
박리에우 Bạc Liêu
까오란 Cao Lãnh
까마우 Cá Mau
꼰다오 Côn Đao

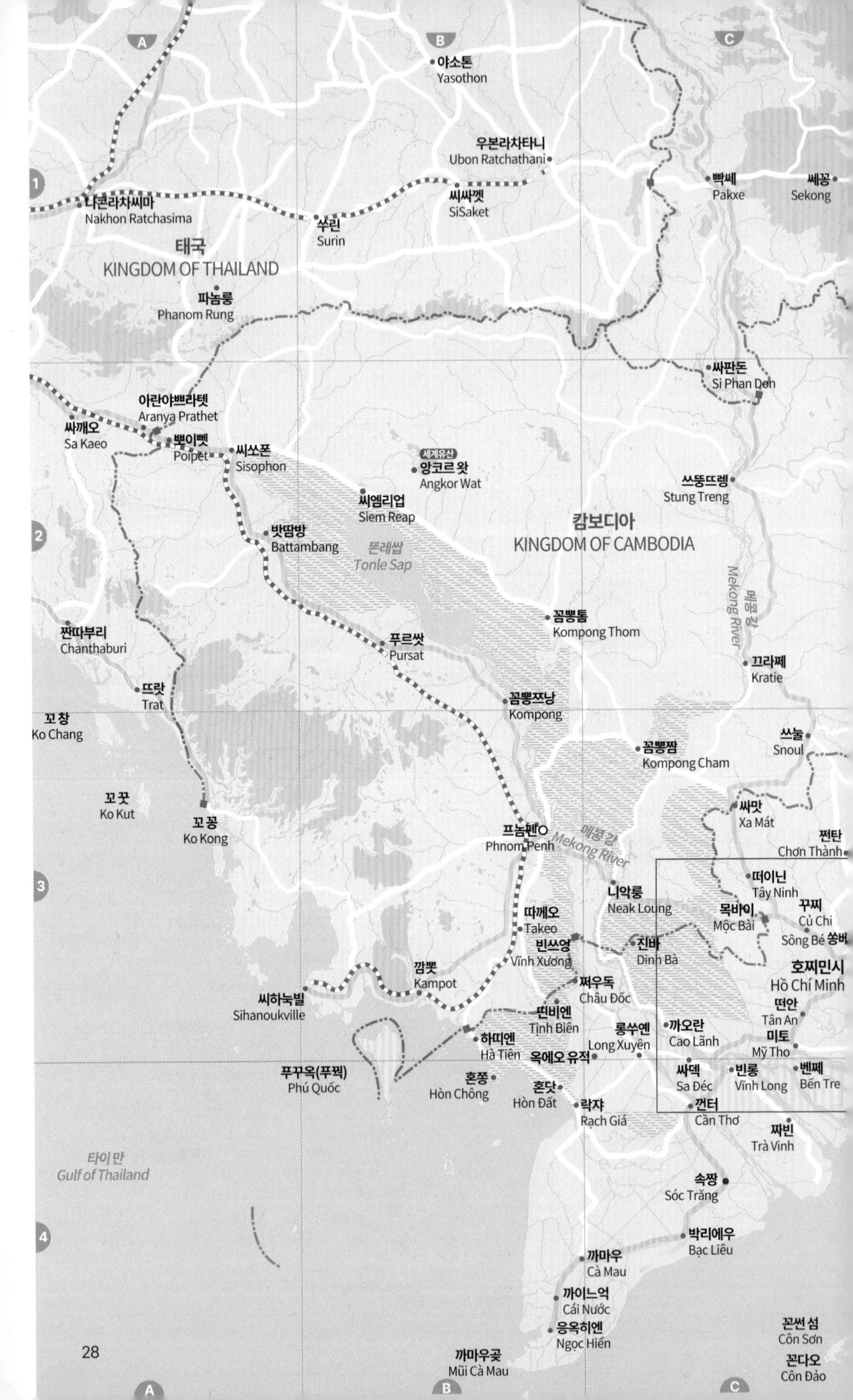
A
B
C
1
2
3
4
야소톤
Yasothon
우본라차타니
Ubon Ratchathani
빡쎄
Pakxe
쎄꽁
Sekong
나콘라차씨마
Nakhon Ratchasima
씨싸껫
SiSaket
쑤린
Surin
태국
KINGDOM OF THAILAND
파놈룽
Phanom Rung
싸판돈
Si Phan Don
아란야쁘라텟
Aranya Prathet
싸깨오
Sa Kaeo
뽀이뻿
Poipet
씨쏘폰
Sisophon
세계유산
앙코르 왓
Angkor Wat
씨엠리업
Siem Reap
쓰뚱뜨렝
Stung Treng
캄보디아
KINGDOM OF CAMBODIA
밧땀방
Battambang
똔레쌉
Tonle Sap
Mekong River
메콩강
꼼뽕톰
Kompong Thom
짠따부리
Chanthaburi
푸르쌋
Pursat
끄라쩨
Kratie
뜨랏
Trat
꼼뽕쯔낭
Kompong
꼬 창
Ko Chang
쓰눌
Snoul
꼼뽕짬
Kompong Cham
꼬 꿋
Ko Kut
꼬 꽁
Ko Kong
싸맛
Xa Mát
프놈펜
Phnom Penh
메콩강
Mekong River
쩐탄
Chơn Thành
떠이닌
Tây Ninh
니악룽
Neak Loung
목바이
Mộc Bài
꾸찌
Củ Chi
따께오
Takeo
Sông Bé
쏭베
빈쓰엉
Vĩnh Xương
진바
Dinh Bà
호찌민시
Hồ Chí Minh
깜뽓
Kampot
쩌우독
Châu Đốc
떤안
Tân An
씨하눅빌
Sihanoukville
띤비엔
Tịnh Biên
룽쑤옌
Long Xuyên
까오란
Cao Lãnh
미토
Mỹ Tho
하띠엔
Hà Tiên
옥에오 유적
푸꾸옥(푸꿕)
Phú Quốc
혼쫑
Hòn Chông
싸덱
Sa Đéc
빈롱
Vĩnh Long
벤쩨
Bến Tre
혼닷
Hòn Đất
락쟈
Rạch Giá
껀터
Cần Thơ
짜빈
Trà Vinh
타이만
Gulf of Thailand
속짱
Sóc Trăng
박리에우
Bạc Liêu
까마우
Cà Mau
까이느억
Cái Nước
응옥히엔
Ngọc Hiển
꼰썬 섬
Côn Sơn
까마우곶
Mũi Cà Mau
꼰다오
Côn Đảo

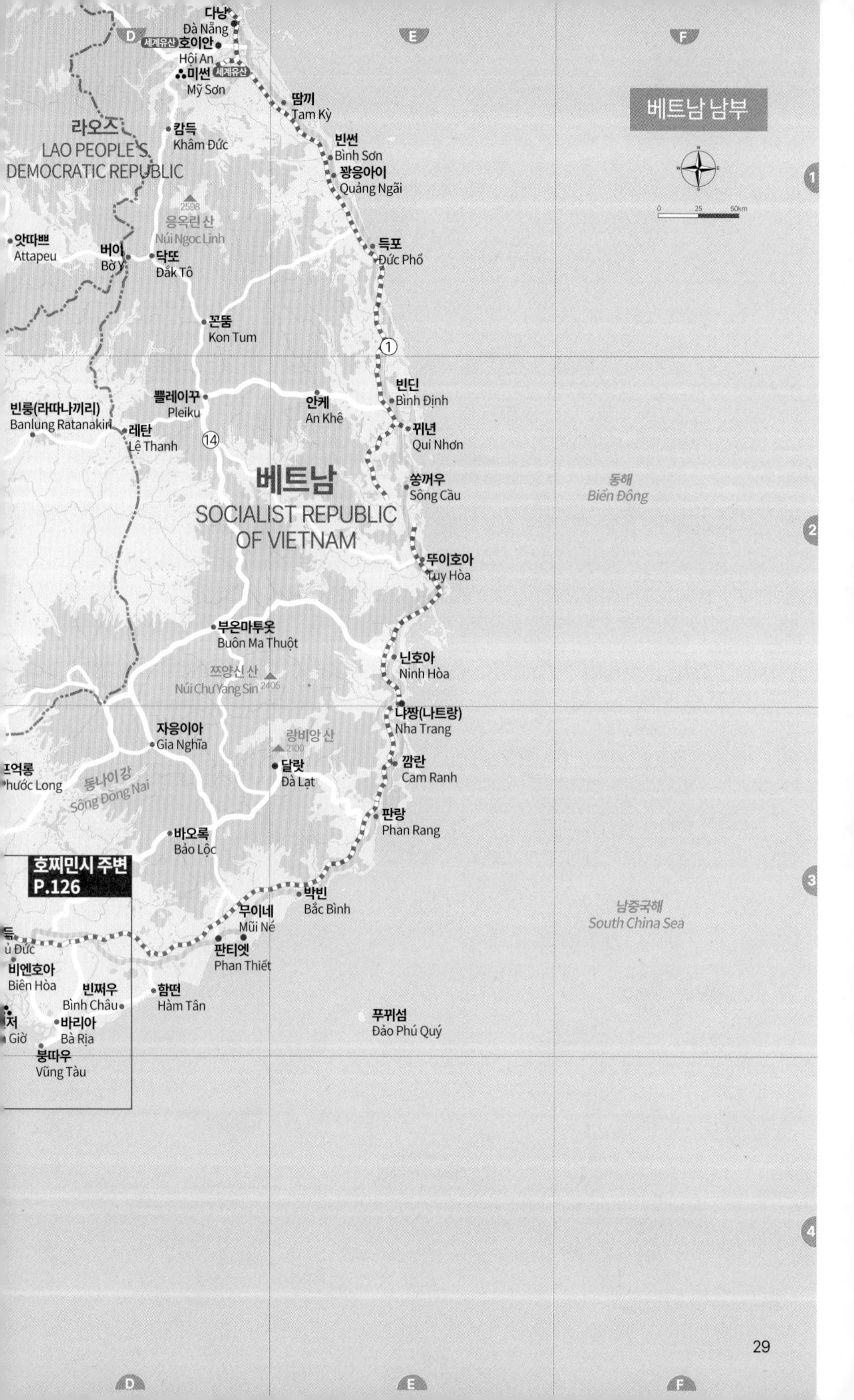
베트남 남부
다낭
Đà Nẵng
세계유산 호이안
Hội An
미썬 세계유산
Mỹ Sơn
땀끼
Tam Kỳ
빈썬
Bình Sơn
꽝응아이
Quảng Ngãi
라오스
LAO PEOPLE'S DEMOCRATIC REPUBLIC
캄득
Khâm Đức
2598
응옥린 산
Núi Ngoc Linh
앗따쁘
Attapeu
버이
Bờ Y
닥또
Đắk Tô
득포
Đức Phổ
꼰뚬
Kon Tum
빈딘
Bình Định
쁠레이꾸
Pleiku
안케
An Khê
빈룽(라따나끼리)
Banlung Ratanakiri
레탄
Lệ Thanh
꿔년
Qui Nhơn
베트남
SOCIALIST REPUBLIC OF VIETNAM
쏭꺼우
Sông Cầu
동해
Biển Đông
뚜이호아
Tuy Hòa
부온마투옷
Buôn Ma Thuột
닌호아
Ninh Hòa
쯔양신 산
Núi Chư Yang Sin 2405
나짱(나트랑)
Nha Trang
자응이아
Gia Nghĩa
랑비앙 산
2100
달랏
Đà Lạt
깜란
Cam Ranh
동나이 강
Sông Đồng Nai
판랑
Phan Rang
바오록
Bảo Lộc
호찌민시 주변
P.126
박빈
Bắc Bình
무이네
Mũi Né
남중국해
South China Sea
판티엣
Phan Thiết
비엔호아
Biên Hòa
빈쩌우
Bình Châu
함떤
Hàm Tân
바리아
Bà Rịa
푸뀌섬
Đảo Phú Quý
붕따우
Vũng Tàu

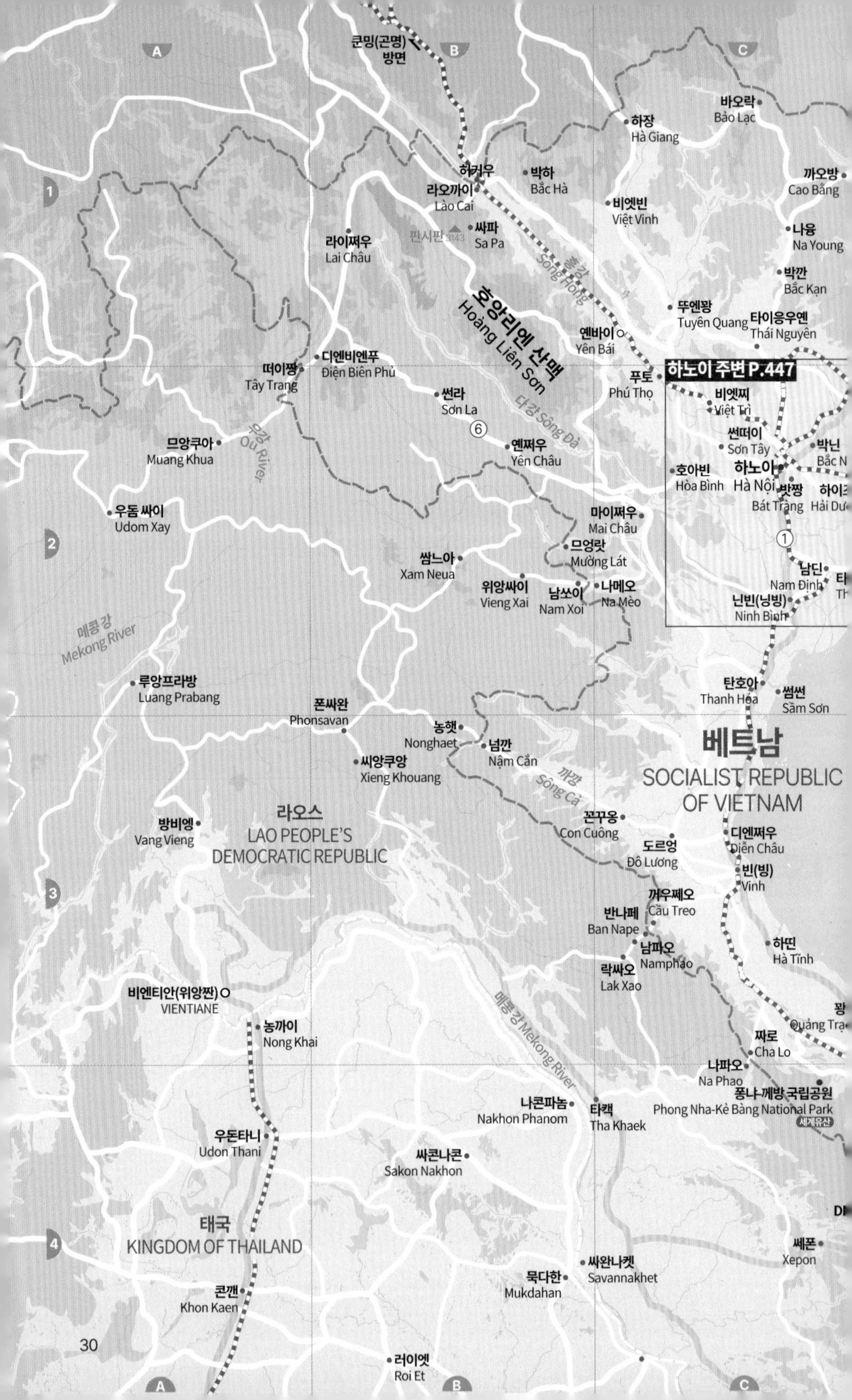

A
B
C
1
2
3
4
쿤밍(곤명) 방면
바오락
Bảo Lạc
하장
Hà Giang
허커우
라오까이
Lào Cai
박하
Bắc Hà
까오방
Cao Bằng
비엣빈
Việt Vinh
나융
Na Young
판시판 3143
싸파
Sa Pa
라이쩌우
Lai Châu
홍강
Sông Hồng
박깐
Bắc Kạn
뚜옌꽝
Tuyên Quang
타이응우옌
Thái Nguyên
호앙리엔 산맥
Hoàng Liên Sơn
옌바이
Yên Bái
하노이 주변 P.447
떠이짱
Tây Trang
디엔비엔푸
Điện Biên Phủ
푸토
Phú Thọ
비엣찌
Việt Trì
썬라
Sơn La
다강 Sông Đà
썬떠이
Sơn Tây
박닌
므앙쿠아
Muang Khua
우강
Ou River
옌쩌우
Yên Châu
호아빈
Hòa Bình
하노이
Hà Nội
밧짱
Bát Tràng
하이즈
Hải Dư
우돔 싸이
Udom Xay
마이쩌우
Mai Châu
므엉랏
Mường Lát
쌈느아
Xam Neua
남딘
Nam Định
위앙싸이
Vieng Xai
남쏘이
Nam Xoi
나메오
Na Mèo
닌빈(닝빙)
Ninh Bình
메콩강
Mekong River
루앙프라방
Luang Prabang
탄호아
Thanh Hóa
썸썬
Sầm Sơn
폰싸완
Phonsavan
농햇
Nonghaet
넘깐
Nậm Cắn
씨앙쿠앙
Xieng Khouang
베트남
SOCIALIST REPUBLIC OF VIETNAM
까강
Sông Cả
라오스
LAO PEOPLE'S DEMOCRATIC REPUBLIC
방비엥
Vang Vieng
꼰꾸옹
Con Cuông
도르엉
Đô Lương
디엔쩌우
Diễn Châu
빈(빙)
Vinh
꺼우째오
Cầu Treo
반나페
Ban Nape
남파오
Namphao
하띤
Hà Tĩnh
락싸오
Lak Xao
비엔티안(위앙짠)
VIENTIANE
농까이
Nong Khai
메콩강 Mekong River
꽝
Quảng Trạ
짜로
Cha Lo
나파오
Na Phao
퐁냐-께방 국립공원
Phong Nha-Kẻ Bàng National Park
세계유산
나콘파놈
Nakhon Phanom
타캑
Tha Khaek
우돈타니
Udon Thani
싸콘나콘
Sakon Nakhon
태국
KINGDOM OF THAILAND
쎄폰
Xepon
싸완나켓
Savannakhet
묵다한
Mukdahan
콘깬
Khon Kaen
러이엣
Roi Et

난닝
南宁
위린
玉林
뤄띵
罗定
중화 인민 공화국
CHINA
롱저우
핑샹
凭祥
동당
Đồng Đăng
친저우
钦州
까오저우
高州
후아저우
化州
마모밍
茂名
둥싱
东兴
허푸
合浦
몽까이
Móng Cái
베이하이
北海
소이시
遂溪
띠엔옌
Tiên Yên
잔장
湛江
하롱
Hạ Long
하롱베이 세계유산
깟바 섬
Cát Bà
러이저우
雷州
도썬
Đồ Sơn
쉬원
徐闻
통킹 만
Gulf of Tongking
하이커우
海口
란까오
临高
띵안
定安
원창
文昌
뜬창
屯昌
창장
昌江
칭하이
琼海
둥팡
东方
청쭝
琼中
완닝
万宁
링쉬이
陵水
황류
黄流
싼야
三亚
하이난 성 海南省
동하 Đông Hà
꽝찌
Quảng Trị
케싼
Khe Sanh
후에(훼) 세계유산
Huế
아뚜앗
Mt. Atouat
2500
다낭
Đà Nẵng
호이안
0
25
50km
베트남 북부

베트남 추천 일정

베트남은 남북으로 길어서 지역에 따라 볼거리들이 특색 있다. 역사와 자연에 중점을 둔다면 하노이를 중심으로 한 베트남 북부가 좋다. 도시와 해변에 중점을 둔다면 호찌민시(사이공)를 중심으로 베트남 남부를 여행한다. 유네스코 세계문화유산이 가득한 베트남 중부도 볼거리가 다양하다.
항공권은 여행 코스를 고려해 예약하는 게 바람직하다. 항공권의 리턴 티켓은 입국과 출국 도시가 반드시 같을 필요는 없다. 즉, 호찌민시로 입국해서 하노이에서 출국(또는 그 반대)이 가능하다. 인천↔다낭 노선도 운항하기 때문에 베트남 중부에서 여행을 마치고 한국으로 귀국해도 된다.

Course 1 베트남 남부 + 메콩 델타 4박 5일

호찌민시 입국 → 호찌민시(1박) → 꾸찌 or 껀저 1일 투어 → 호찌민시(1박) → 메콩 델타 1일 투어 → 호찌민시(1박) → 인천(기내 1박)

호찌민시(사이공)를 중심으로 메콩 델타를 여행하는 코스이다. 베트남 최대 도시인 호찌민시의 활기와 시티 라이프를 즐기면서, 메콩 델타의 풍요로운 시골 풍경을 함께 둘러볼 수 있다. 호찌민시에 머물면서 투어를 이용해 주변 여행지를 방문하게 된다.

DAY 1

인천→호찌민시

인천에서 호찌민시로 갈 때는 밤에 도착하는 비행기보다 낮에 도착하는 비행기를 이용하면 좋다. 낮 비행기를 탔을 경우 현지 시간으로 오후 1~2시경에 떤선녓 국제공항에 도착하게 된다. 호찌민시에 도착하면 숙소에 짐을 풀고 시내 중심가를 둘러본다. 팜응우라오 거리, 레러이 거리, 동커이 거리를 중심으로 돌아다니면 된다. 다음날 출발하는 투어를 미리 예약해 두는 것도 잊지 말자.

DAY 2

꾸찌 터널 또는 껀저 1일 투어

호찌민시 근교에 있는 꾸찌 터널(P.125) 또는 껀저(P.129)를 1일 투어로 다녀온다. 꾸찌 터널은 반나절 일정으로 다녀올 수 있지만, 떠이닌에 있는 까오다이교 사원(P.128)과 함께 하루 일정으로 다녀오는 게 더 인기 있다.

DAY 3

메콩 델타 1일 투어

잠은 호찌민시에서 자고, 1일 투어로 메콩 델타를 다녀오는 일정이다. 하루 일정으로 갈 수 있는 곳은 미토와 빈롱 두 곳 밖에 없다. 메콩 델타 투어에 관한 내용은 P.174 참고.

DAY 4~5

호찌민시→인천

하루 종일 호찌민시에서 시간을 보내고 밤 비행기를 타야 한다. 본인의 일정을 고려해 체크아웃(보통 12시 이전)한 다음, 짐을 호텔에 맡기고 돌아다니면 된다. 호찌민시에서 중요한 볼거리인 통일궁, 전쟁 박물관, 노트르담 성당, 중앙 우체국, 벤탄 시장을 둘러보는 데 최소 반나절 정도 시간이 필요하다. 더 많은 볼거리를 섭렵하고 싶다면 쩌런(차이나타운)까지 일정에 포함시키면 된다. 비행기 출발 2시간 전까지 떤선녓 공항에 도착해, 탑승 수속을 밟으면 모든 일정이 끝난다. 밤 비행기를 타고 기내에서 1박하면 다음 날 아침에 한국에 도착하게 된다.

Course 2 달랏 + 무이네 + 냐짱(나트랑) 6박 7일

달랏 입국 → 달랏(2박) → 무이네(2박) → 냐짱(1박) → 깜란 국제공항 → 인천(기내 1박)

냐짱과 달랏으로 직항 노선이 취항하면서 여행 일정도 다양해졌다. 호찌민시(사이공)를 거치지 않고 베트남 남부 해변 휴양지를 즐길 수 있다. 항공편은 달랏으로 입국해 냐짱으로 출국(또는 그 반대로)하면 된다.

DAY 1

인천→달랏

인천에서 달랏까지 직항 노선은 5시간 30분 걸린다. 매일 취항하는 노선이 아니라서 일정을 짤 때 출발일과 귀국일을 잘 맞춰야 한다.

DAY 2

달랏

달랏에서 온종일 하루를 보낸다. 다딴라 폭포, 달랏 성당, 항응아 크레이지 하우스, 쭉럼 선원, 달랏 기차역, 랑비앙 산을 다녀올 수 있다. 해발 1,500m에서 시작해 2,167m까지 올라가며 청명한 고원 지대 풍경을 감상할 수 있다. 달랏은 베트남 커피 생산지로 유명해서 커피 농장 투어도 가능하다.

DAY 3~4

달랏→무이네

달랏에서 무이네까지는 버스를 타고 가야 한다. 산길을 내려가는 데 4~5시간 걸린다. 무이네에 도착하면 오후 시간에 옐로 샌드 듄(레드 샌드 듄)을 다녀온다. 해 지는 시간에 맞춰 가면 태양 빛으로 붉게 물드는 모래 언덕을 만날 수 있다. 4일 차에는 새벽 일찍 출발해 화이드 샌드 듄에서 해 뜨는 모습을 보며 하루를 시작한다. 오후에는 리조트에서 휴식하면서 호캉스를 즐긴다.

DAY 5~6

무이네→냐짱(나트랑)

무이네에서 냐짱까지 버스를 타야 하는데, 6시간 정도 걸린다. 냐짱 시내 볼거리인 냐짱 성당, 롱선 사원, 뽀나가 참 탑, 머드 스파 온천을 방문한다. 활동적인 사람이라면 주변 섬들을 방문하는 보트 투어에 참여하면 된다. 귀국하기 전에 롯데 마트에 들러 쇼핑하는 것도 잊지 말자.

DAY 7

냐짱(깜란) 국제공항→인천

귀국 항공편은 밤 12시를 전후해 출발한다. 냐짱 시내에서 깜란 국제공항까지 35㎞ 떨어져 있는데, 비행기 출발 2시간 전까지 공항에 도착해 탑승 수속을 받아야 한다. 인천까지 비행시간은 5시간이다.

Course 3 베트남 북부 + 하롱베이 5박 6일

하노이 입국 → 하노이(2박) → 닌빈(닝빙) 1일 투어 → 하노이(1박) → 하롱베이 크루즈 투어 or 깟바 섬(1박) → 하노이 → 노이바이 국제공항 → 인천(기내 1박)

베트남의 역사와 자연을 둘러보는 코스다. 베트남 북부 지방을 여행하기 때문에 하노이로 입국해서 하노이에서 출국해야 한다. 하노이에 머물면서 주변 지역을 투어로 다녀오면 된다. 하롱베이 투어는 보트에서 잘 것인지, 깟바 섬에 있는 호텔을 이용할 것인지 미리 결정해야 한다. 하노이를 중심으로 여러 곳을 왔다 갔다 하기 때문에 일정이 빡빡한 편이다.

대중교통을 이용해 하노이→하이퐁→깟바 섬→하롱베이→하이퐁→닌빈→하노이(또는 그 반대로)로 여행하는 것도 가능하다. 이 때는 2~3일 정도 추가 시간이 필요하다. 시간이 없을 경우 3박 4일 일정으로 하노이와 하롱베이만 다녀오는 것도 가능하다. 이때는 하롱베이를 1일 투어로 다녀와야 한다.

DAY 1

인천→하노이

인천에서 하노이로 갈 때는 밤에 도착하는 비행기보다 낮에 도착하는 비행기를 이용하면 좋다. 낮 비행기를 탔을 경우 현지 시간으로 오후 1시경에 노이바이 국제공항에 도착하게 된다. 하노이 시내로 들어가서 숙소에 짐을 풀고 여행을 시작하면 된다. 하노이에서 하루 반나절을 머물게 되므로 여유롭게 일정을 조절할 수 있다. 볼거리가 많고 여행자 편의 시설이 몰려 있는 구시가 또는 호안끼엠 호수 주변에 숙소를 정하면 여러모로 편리하다.

DAY 2

하노이

오전과 오후 일정으로 구분해 하노이를 여행한다. 오전에는 호찌민 묘, 호찌민 생가, 문묘, 하노이 고성을 묶어서 여행하고, 오후에는 호안끼엠 호수 주변을 둘러보면 된다. 저녁 시간에 수상 인형극을 관람하면서 하루를 마무리한다.

DAY 3

하노이→닌빈(닝빙)→하노이

하노이에서 1일 투어로 닌빈(닝빙)을 다녀온다. 육지의 하롱베이로 불리는 땀꼭과 짱안, 베트남의 옛 수도였던 호아르까지 다양한 볼거리가 있다. 카르스트 지형이 주변에 가득해 자연 경관도 수려하다. 숙박은 하노이에서 하기 때문에 무거운 짐을 들고 돌아다니지 않아도 된다.

DAY 4

하노이→하롱베이 or 깟바 섬

하롱베이를 1일 투어로 다녀올 수도 있지만, 하롱베이를 제대로 느끼려면 최소 이틀은 필요하다. 하노이에서 차를 타고 3~4시간 거리에 있는 하롱시까지 간 다음 보트로 갈아타고 하롱베이를 유람하게 된다. 여름에는 선상에서 잠을 자는 하롱베이 크루즈가 좋고, 겨울에는 깟바 섬에서 1박하는 투어가 좋다. 하롱베이 투어에 관한 내용은 P.490 참고.

DAY 5~6

하롱베이 or 깟바 섬→하노이→노이바이 국제공항→인천

하롱베이 투어가 끝나면 다시 하노이로 돌아온다. 하노이에서 저녁 식사를 마치고 노이바이 국제공항으로 이동하면 된다. 한국으로 돌아가는 비행기들이 밤 11시 이후에 출발하는데, 비행기 출발 2시간 전까지 공항에 도착해야 한다. 밤 비행기를 타고 기내에서 1박하면 다음 날 아침에 한국에 도착하게 된다.

Course 4 베트남 중부 5박 6일

다낭 입국 → 다낭(1박) → 후에(1박) → 호이안(2박) → 다낭 국제공항 → 인천(기내 1박)

다낭을 중심으로 베트남 중부 지방을 여행하는 코스다. 짧은 기간 동안에 후에(훼), 호이안, 미썬까지 3개의 유네스코 세계문화유산을 방문할 수 있다. 다낭 주변의 미케 해변과 호이안 주변의 안방 해변까지 있어 해변 휴양지로서도 손색이 없다. 다낭으로 입국해 다낭으로 출국해야 하며, 다낭을 사이에 두고 북쪽에 있는 후에(훼)와 남쪽에 있는 호이안과 미썬을 왔다 갔다 해야 한다. 호이안을 대신해 다낭 인근의 해변 리조트에 머물면서 여행하는 것도 가능하다. 다낭과 호이안은 35㎞ 거리로 가깝다. 시간이 없을 경우 후에(훼)를 빼고 인천→다낭→호이안→인천의 3박 4일 일정으로 짜면 된다.

DAY 1

인천→다낭

운항 편수는 적지만 인천에서 다낭까지도 국제선이 취항한다. 대부분의 비행기가 다낭에 밤에 도착하지만, 베트남항공은 낮 비행기도 운항한다. 일정을 조금이라도 여유롭게 잡고 싶다면 낮 비행기를 이용하면 된다. 다낭에 도착하면 숙소에 짐을 풀고 참 박물관과 강변을 중심으로 시내를 둘러본다.

DAY 2

다낭→후에(훼)

오전에 후에(훼)로 이동한다. 여행사 버스를 타거나 기차를 이용하면 된다. 기차를 타면 해안선을 따라 하이번 고개를 넘는다. 3~4시간 소요된다. 오후에는 흐엉 강변에 있는 황제들의 무덤을 다녀온다. 보트보다는 차를 이용하면 시간을 절약할 수 있다.

DAY 3

후에(훼)→다낭→호이안

오전에 구시가에 있는 응우옌 왕조의 왕궁과 티엔 무 사원을 다녀온다. 오후에는 버스를 타고 다낭을 거쳐 호이안으로 이동한다. 4시간 정도 걸린다.

DAY 4

호이안

호이안은 마을 전체가 유네스코 세계문화유산으로 지정되어 있다. 천천히 걷거나 자전거를 타거나 시클로를 타고 마을을 둘러보면 된다. 도시를 선호한다면 다낭으로 돌아와 1박해도 된다.

DAY 5~6

호이안→다낭→바나 힐→다낭 국제공항→인천

호이안에서 다낭으로 올라오는 길에 바나 힐을 들린다. 해발 1,400m의 고산지대이므로 선선한 날씨(겨울에는 춥다)를 경험할 수 있다. 케이블카와 골든 브리지, 테마 파크까지 다양한 볼거리가 있다. 바나 힐에서 다낭으로 돌아와서는 쇼핑하거나 스파(마사지) 받으면서 시간을 보낸다. 저녁 식사 후에는 다낭 국제공항으로 이동해서 인천행 비행기를 탄다.

Course 5 베트남 북부 일주 9박 10일

하노이 입국 → 하노이(1박) → 닌빈(닝빙) 1일 투어 → 하노이(1박) → 야간 기차(1박) → 라오까이 → 싸파(2박) → 박하 → 라오까이 → 야간 기차(1박)→하노이(1박) → 하롱베이 또는 깟바 섬(1박) → 하노이 → 노이바이 국제공항 → 인천(기내 1박)

'베트남 북부+하롱베이 5박 6일' 코스에 싸파와 박하를 추가한 일정이다. 베트남 북부의 아름다운 자연 경관을 두루 여행하는 코스다. 하노이, 닌빈(닝빙), 하롱베이, 싸파, 박하를 여행하게 된다. 박하는 일요시장이 포인트이므로, 반드시 일요일에 방문하도록 일정을 맞춰야 한다. 싸파는 공항이 없기 때문에 이동 시간이 오래 걸린다. 길에서 소비하는 시간을 줄이기 위해 야간 기차를 두 번이나 타야 하므로 편한 코스는 아니다. 기차표는 미리 예약해 두도록 하자.

DAY 1

인천→하노이

가능하면 낮 비행기를 이용해 하노이로 입국하자. 숙소에 짐을 풀고 필요한 투어와 기차표를 먼저 예약해 둔다. 주말에 출발하는 라오까이행 기차표 침대칸은 구하기 어려운 편이다. 수수료를 내면 현지에 있는 여행사를 통해 기차표 예매가 가능하다. 한국에서 미리 예매해두면 마음이 한결 편하다.

DAY 2

닌빈(닝빙)→하노이

닌빈을 1일 투어로 다녀온다. 육지의 하롱베이로 불리는 땀꼭과 짱안, 베트남의 옛 수도가 있던 호아르를 방문한다. 도착한 다음날부터 다른 도시로 이동해서 정신이 없겠지만, 3일차에 야간 기차를 타려면 닌빈을 미리 다녀오는 게 좋다.

DAY 3

하노이→야간 기차→라오까이

하루 일정으로 하노이를 여행한다. 호찌민 묘와 문묘 주변, 구시가와 호안끼엠 호수 주변으로 나누어 오전과 오후 일정을 진행하면 된다. 저녁 식사 후에 야간 기차를 타고 라오까이로 이동한다. 라오까이까지 기차로 8~9시간이 걸린다.

DAY 4

라오까이→싸파

새벽에 라오까이에 도착하면 미니밴을 타고 싸파로 이동한다. 굽이굽이 산길을 오르면 해발 1,650m의 싸파가 나온다. 라오까이에서 싸파까지 1시간 30분 걸린다. 싸파에서의 첫날은 가볍게 걷는다는 생각으로 인접한 몽족 마을인 '깟깟'이나 함종산 정도 다녀오자.

DAY 5

싸파

싸파 주변의 소수민족 마을을 방문한다. 라오짜이, 따반, 따핀 마을은 다랑논(계단식 논)과 어우러져 풍경도 아름답다. 가이드를 동반한 트레킹 투어에 참여하면 다양한 체험을 해볼 수 있다.

DAY 6

싸파→박하→라오까이→야간 기차

싸파에서 라오까이로 내려와 다시 박하까지 이동한다. 라오까이에서 박하까지는 차로 2시간 걸린다. 박하 일요 시장을 구경하고 나서, 기차 출발 시간에 맞춰 라오까이로 내려오면 하루가 끝난다. 다시 야간 기차에 몸을 싣고 하노이까지 왔던 길을 되돌아간다.

DAY 7

하노이

아침 일찍 하노이에 도착하면 모자란 잠을 보충하거나 휴식을 취한다. 오후에는 박물관을 추가로 방문하거나 호안끼엠 호수와 호떠이(서호)에서 시간을 보낸다. 저녁에는 수상인형극을 관람한다.

DAY 8~10

하노이→하롱베이 or 깟바 섬→하노이→인천

'베트남 북부+하롱베이 5박 6일' 코스(P.35 참고)의 4~5일차 일정과 동일하다.

Course 6 베트남 핵심 10박 11일

하노이 입국 → 하노이(1박) → 하롱베이 1일 투어 → 하노이(1박) → 후에(2박) → 호이안(1박) → 야간 버스(1박) → 냐짱(2박) → 호찌민시(1박) → 인천(기내 1박)

베트남에서 손꼽히는 여행지만 골라서 여행하는 코스다. 한국에서 출발하는 국제선 항공은 하노이로 입국해서 호찌민시에서 출국하는 왕복 항공권으로 구입한다. 짧은 기간에 여러 곳을 방문해야 하기 때문에 베트남에서 국내선 비행기를 이용해야 한다. 호이안과 냐짱 구간은 야간 버스를 이용해 이동한다. 냐짱을 빼고 무이네를 추가할 경우, 6일차에 호이안에서 다낭 국제공항으로 직행해서 비행기를 타고 호찌민시로 이동한다. 호찌민시에서 무이네를 1박 2일로 다녀온다. 마지막 날 메콩 델타 투어를 다녀온 다음 밤 비행기를 타고 한국으로 귀국하면 9박 10일 일정으로 줄어든다.

DAY 1

인천→하노이

가능하면 낮 비행기를 타고 간다. 구시가에 있는 숙소에 짐을 풀고 호안끼엠 호수 주변을 둘러본다. 저녁에는 수상인형극을 관람한다.

DAY 2

하롱베이 1일 투어

주어진 시간이 많지 않기 때문에 하롱베이는 1일 투어로 다녀온다. 하노이에서 출발해 하롱베이를 둘러보고 다시 하노이로 돌아온다.

DAY 3

하노이→후에(훼)

하노이에 있는 동안 다녀오지 못한 호찌민 묘와 문묘, 박물관 몇 곳을 방문한다. 오후 늦게 비행기를 타고 후에(훼)로 이동한다. 비행시간은 1시간 10분이다.

DAY 4

후에(훼)

하루 종일 후에(훼)에서 시간을 보낸다. 구시가와 왕궁, 흐엉 강변의 응우옌 왕조의 황제릉을 여행하면 된다.

DAY 5

후에→다낭·호이안

오전에는 버스를 타고 다낭을 경유해 호이안으로 이동한다. 호이안에서는 천천히 걸어 다니면서 옛 모습을 간직한 마을을 둘러본다. 다낭에서 숙박하면서 호이안을 다녀오는 것도 가능하다.

DAY 6

다낭·호이안→야간 버스→냐짱(나트랑)

다낭에 머문다면 바나 힐을, 호이안에 머문다면 미썬 유적을 다녀온다. 저녁에는 호이안에서 냐짱까지 침대 버스를 타고 장거리 이동해야 한다. 밤 버스 타는 게 부담된다면 다낭→냐짱 구간을 항공을 이용한다. 호이안은 공항이 없어서 다낭에서 비행기를 타야 한다.

DAY 7

냐짱(나트랑)

야간 버스를 타고 왔기 때문에 오전에는 적당한 휴식을 취한다. 뽀나가 참 탑, 롱썬 사원, 혼쫑 곶 같은 볼거리를 다녀오거나 냐짱 해변, 탑바 온천에서 휴양을 하면서 시간을 보낸다.

DAY 7

냐짱(나트랑)

냐짱 주변의 섬들을 방문하는 보트 투어 참여해 선상 파티를 즐긴다. 가족과 함께라면 워터 파크로 꾸며진 빈 원더스에서 시간을 보내도 된다.

DAY 9

냐짱→호찌민시

냐짱에서 호찌민시까지도 비행기를 탄다. 냐짱 공항은 시내에서 35㎞ 떨어져 있다. 비행기로 1시간이면 호찌민시에 도착한다. 호찌민시에서는 통일궁, 전쟁박물관, 노트르담 성당, 중앙우체국 등을 관광한다.

DAY 10~11

호찌민시→인천

호찌민시에 머물면서 주변 지역을 투어로 다녀온다. ①메콩 델타를 1일 투어로 다녀오거나, ②꾸찌 터널을 반나절 투어로 다녀오고 오후에 호찌민시에서 쇼핑을 하는 방법이 있다. 두 곳 모두 가고 싶다면 일정을 하루 늘려야 한다. 비행기 출발 2시간 전까지 떤썬녓 국제공항으로 가서 탑승 수속을 밟는다.

Course 7 베트남 종단 18박 19일

하노이 입국 → 하노이(1박) → 하롱베이 2일 투어(1박) → 하노이(1박) → 하노이 → 야간 기차(1박) → 후에(1박) → 다낭(2박) → 호이안(1박) → 야간 버스(1박) → 냐짱(2박) → 달랏(2박) → 무이네(1박) → 호찌민시(3박) → 인천(기내 1박)

일정은 하노이에서 시작해 호찌민시에서 끝내든, 그 반대로 하든 상관은 없다. 항공은 하노이로 입국해서 호찌민시에서 출국(또는 그 반대)하는 왕복 항공권을 구입해야 한다. 베트남의 해안선을 따라 1,726㎞를 이동하기 때문에 침대 버스와 야간 기차, 국내선 항공을 적절히 이용해야 한다. 하노이↔후에, 다낭↔냐짱 구간에서 비행기로 이동하면 일정에 여유가 생긴다. 두 구간은 야간에 침대 버스(또는 기차)로 이동해도 일정에 큰 차질이 생기지는 않는다. 베트남 무비자 기간이 45일로 연장되면서, 다낭, 냐짱, 달랏, 무이네 등에서 일정을 여유 있게 잡아도 된다.

DAY 1

인천→하노이

한국에서 아침에 출발하는 비행기를 타고 하노이로 간다. 오후에 하노이 구시가와 호안끼엠 호수 주변을 둘러본다. 하롱베이 투어도 미리 예약해야 한다.

DAY 2~3

하롱베이 1박 2일 투어

하노이에서 출발해 1박 2일 일정으로 하롱베이를 다녀온다. 여름에는 선상에서 하룻밤을 보내는 크루즈가 좋다. 날씨가 쌀쌀한 겨울에는 깟바 섬에 있는 호텔에서 1박 하는 투어를 이용해도 된다. 투어가 끝나면 하노이로 돌아온다.

DAY 4

하노이→후에(훼)

전쟁 박물관, 문묘 등을 여행하면서 하노이에서 온종일 시간을 보낸다. 저녁에는 침대칸 기차를 타고 후에(훼)로 이동한다. 장거리 기차 여행이 불편하다면 오후에 출발하는 국내선 비행기를 타면 된다. 기차로 12시간, 비행기로 1시간 10분 걸린다.

DAY 5~8

후에(훼)→다낭·호이안

세계문화유산으로 지정된 후에의 왕궁과 황제릉을 둘러보고 다낭으로 이동한다. 다낭에서는 2박하면서 바나 힐을 다녀오고, 해변 도시의 여유로움을 즐긴다. 호이안에서는 올드타운에서 하루를 보내면 된다. 다낭에서 당일치기로 다녀올 수도 있지만, 가능하면 호이안에서 1박하는 게 좋다.

DAY 9

호이안→냐짱

오전에는 호이안에서 미썬 유적을 다녀온다(다낭에 머물 경우 바나 힐을 다녀와도 된다). 오후에는 호이안 올드 타운에서 시간을 보내다가, 밤 버스를 타고 냐짱까지 이동한다. 호이안에는 기차역이나 공항이 없다.

DAY 10~13

냐짱→달랏

냐짱에서는 해변에서 휴식, 보트 투어, 머드 스파 온천을 방문하면서 이틀을 보낸다. 버스를 타고 달랏으로 이동하면 해발 1,500m의 시원한 공기와 청명한 날씨가 반긴다.

DAY 14

냐짱→무이네

냐짱에서 무이네까지는 오전에 출발하는 버스를 이용한다. 무이네에 도착하면 옐로 샌드 듄(모래 언덕)을 다녀오자.

DAY 15

무이네→호찌민

새벽 일찍 모래사막 분위기가 느껴지는 화이트 샌드 듄을 다녀온다. 오전에 해변이라 리조트 수영장에서 휴식을 취하다가 오후에 출발하는 버스를 타고 호찌민시로 이동한다.

DAY 16~19

호찌민시→인천

호찌민시에서 3박 하면서 메콩 델타(1일 투어)와 꾸찌 터널(반나절 투어)을 다녀온다(P.33 참고). 마지막 날은 호찌민시 주요 볼거리를 둘러보고, 밤 비행기를 타고 한국으로 돌아오면 된다.

베트남 현지 물가

[환율 US$1=2만 5,530VND, 1만 VND=569원]

베트남은 한국보다 물가가 저렴하다. 식사 요금은 물론 교통비도 저렴하기 때문에 부담 없는 여행이 가능하다. 더군다나 저렴한 게스트하우스(미니 호텔)를 전국 어디서나 찾을 수 있다. 일반적으로 게스트하우스에서 자고, 오픈 투어 버스를 이용하고, 서민 식당에서 식사를 해결하는 알뜰한 여행은 하루 경비 US$40~50 정도 예상하면 된다. 3성급 호텔을 이용할 경우 하루 경비 US$70~80 정도면 가능하다. 호텔은 대부분 2인 1실을 기준으로 하므로 둘이 함께 여행하면 경비를 절감할 수 있다. 이동을 얼마나 자주 하느냐, 어떤 교통편을 이용하느냐, 식사를 어디서 하느냐에 따라 예산이 달라지므로 베트남 현지 물가를 참고해 경비를 산출해보자. 다양한 투어 비용은 예산을 별도로 책정해 두는 게 좋다.

숙소

게스트하우스(에어컨)
US$14~20

중급 호텔
US$30~40

3성급 호텔
US$55~70

4성급 호텔
US$85~100

교통

호찌민시-냐짱(오픈 투어 버스)
US$19~21

호찌민시-냐짱(기차 침대칸)
US$22~31

하노이-후에(오픈 투어 버스)
US$16~18

하노이-후에(기차 침대칸)
US$32~45

시내 교통

시내버스
1만 VND

씨클로(1km)
2만 VND

그랩(기본요금)
3만 2,000VND

택시(기본요금)
1만 2,000VND

식사

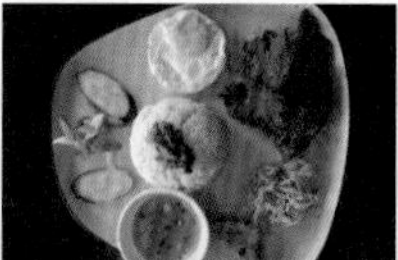
껌쓰언
6만~8만 VND

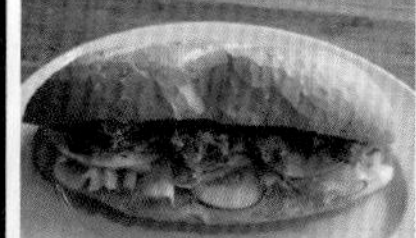
반미(바게트 샌드위치)
4만~7만 VND

덮밥 · 비빔국수
8만~12만 VND

쌀국수
7만~10만 VND

볶음밥
9만~12만 VND

볶음 요리
12만~20만 VND

한식(찌개류)
12만~18만 VND

시푸드(단품)
18만~36만 VND

음료

생수 1.5ℓ
1만 VND

콜라
1만 VND

과일 주스
5만~7만 VND

커피
4만~8만 VND

맥주(작은 병)
2만~3만 VND

입장료·투어

사원
무료

박물관
4만~8만 VND

역사유적
15만~20만 VND

수상인형극
15만~20만 VND

냐짱 보트 투어
US$19~25

메콩 델타 1일 투어
US$19~30

하롱베이 1일 투어
US$45~50

Travel Survival

실전 베트남

한눈에 보는 **베트남 정보**

01 | 베트남 국가 정보

● 국가명

베트남 사회주의공화국 Socialist Republic of Vietnam / Cộng Hòa Xã Hội Chủ Nghĩa Việt Nam

● 면적 332,698km2(한반도의 1.5배)

● 인구 104,799,174명(2024년 기준)

● 언어 베트남어 Tiếng Việt

● 통화 동 Đồng(VND)

● 수도 하노이 Hà Nội

● 국가 형태

사회주의 공화국(베트남 공산당 1당 체제)

● 국기

빨간색 바탕에 노란 별이 그려진 금성홍기(金星紅旗) Cờ Đỏ Sao Vàng.

베트남 국기의 붉은 바탕은 혁명의 피를, 노란 별은 공산당을 상징한다. 노란색 별의 5각은 사(士)·농(農)·공(工)·상(商)·병(兵)으로 대표되는 인민의 단결을 의미한다.

● 인종

낀족(또는 비엣족) Kinh(Việt)이 전체 인구의 85.7%를 차지한다. 기타 54개 소수민족으로 구성되어 있다.

● 행정구역

베트남은 58개의 성(省)과 5개의 직할시로 구분된다. 5개 직할시는 하노이, 호찌민, 하이퐁, 껀터, 다낭. 베트남 최대 도시는 남쪽에 있는 호찌민 시(사이공)다.

● 공휴일

베트남의 법정 공휴일은 다른 나라에 비해 적다. 독립 기념일, 공산당 창립 기념일 같은 사회주의 국가와 관련된 기념일이 많다. 베트남 최대의 명절은 설날에 해당하는 '뗏 Tết'이다. 일주일에서 10일 정도 연휴가 이어진다.

- **1월 1일** 신정
- **음력 12월 31일~1월 3일** 베트남 설날(뗏)
- **음력 3월 10일** 훙브엉(베트남 건국 시조) 기일
- **4월 30일** 사이공 해방(베트남 해방) 기념일
- **5월 1일** 국제 노동절
- **9월 2일** 국경절(독립 기념일)

02 | 베트남 여행 정보

● 시차

한국보다 2시간 느리다. 한국이 12:00라면 베트남은 10:00. 서머 타임을 적용하지 않는다.

● 비행 시간

인천에서 출발하는 직항은 하노이까지 약 4시간 30분 소요된다.

● 비자

베트남은 무비자로 체류할 수 있는데 기간은 45일이다. 무비자 조항은 베트남에 입국할 때마다 자동 적용된다.

● 기온(날씨)

베트남은 남북으로 길게 2,000km 가까이 떨어져 있기 때문에 지역에 따라 기후도 다르다. 전형적인 동남아시아 날씨를 보이는 남부 지방(호찌민 시)은 열대 몬순 기후에 속한다. 건기와 우기로 구분되며, 가장 더운 4월에는 낮 기온이 40℃ 가까이 올라간다. 중국과 가까운 북부 지방(하노이)은 아열대성 기후 지역이다. 5~9월이 가장 덥고 습하다. 겨울(12~2월)에는 밤 기온이 영상 10℃ 아래로 내려간다.

● **환율**

환율은 1USD=2만 5,530VND. 원화로 환산하면 1만 VND에 569원 정도.

● **ATM**

은행뿐만 아니라 시내 곳곳에서 24시간 ATM 기기를 이용할 수 있다. 1회 인출 한도는 은행에 따라 200만~500만 VND(약 US$100~250)이고, 1회 수수료는 3만~6만 VND 정도다.

● **트래블로그(트래블월렛) 카드**

자신이 가지고 있는 은행 계좌와 연동해 환전하고, 해외 은행 ATM에서 현금을 인출할 수 있는 해외여행에 최적화된 카드. 애플리케이션을 통해 필요한 만큼 현지 화폐로 환전이 가능하다. 베트남 현지의 VP은행과 TP은행은 수수료도 면제된다. ATM 기계에 따라 비밀번호 6자리를 입력하는 기계도 있는데, 비밀번호+00을 더해 누르면 된다.

● **화폐**

동 Đồng. 베트남 동 Vietnamese Dong을 줄여 VND로 표기한다. 지폐는 500đ, 1,000đ, 2,000đ, 5,000đ, 1만đ, 2만đ, 5만đ, 10만đ, 20만đ, 50만đ 10종류다. 1만 VND 이상의 신권은 플라스틱 지폐다.

알아두세요 50K는 무슨 뜻?

베트남은 화폐 단위가 크기 때문에 숫자를 끊어서 표기하는 경우가 많다. 5만 VND는 50K, 10만 VND는 100K라고 줄여서 쓴다. K는 1,000 단위를 표기할 때 쓴다.

알아두세요 베트남은 흡연자 천국

베트남 남성의 흡연율은 45%에 달할 정도로 흡연자가 많다. 덕분에 길거리는 물론 식당, 카페에서도 자연스럽게 담배 피우는 사람을 어렵지 않게 볼 수 있다. 에어컨이 설치된 실내는 금연구역으로 지정되어 있지만, 웬만한 곳에서 흡연이 가능하다.

알아두세요 베트남에서 무단횡단은 기본!

베트남에 도착하면 오토바이 행렬에 놀라게 된다. 자동차와 오토바이, 시클로, 행인까지 뒤엉켜 정신없어 보이기 마련이다. 베트남에도 횡단보도가 있긴 하지만 잘 지켜지지 않는다. 길을 건널 때는 천천히 걸어 들어가며 좌우를 살피면 된다. 오토바이 기사들이 보행자 앞으로 갈지 뒤로 갈지를 결정해 속도를 줄이기 때문이다. 빨리 건너겠다고 무턱대고 뛰어들면 오히려 오토바이 기사들이 당황한다. 다행히도 도로 주행 방향은 한국과 같다.

● 와이파이

인터넷과 와이파이 Wi-Fi는 상당히 빠른 편이다. 대부분의 호텔과 카페, 레스토랑에서 무료로 와이파이를 사용할 수 있다. 로밍하지 않아도 와이파이 Wi-Fi만 연결되면 카카오톡이나 인터넷 검색도 사용할 수 있다.

● 스마트폰

한국에서 본인 휴대전화를 로밍해 가도 되고, 현지에서 SIM 카드를 구입해 베트남 전화번호를 개통할 수도 있다. 통신사는 비나폰 Vinaphone, 모비폰 Mobifone, 비엣텔 Viettel이 유명하다.

● SIM 카드

전화와 5G 데이터 요금이 통합된 SIM 카드를 구입할 수 있다. 공항 내부에 SIM CARD라고 적힌 통신사 카운터에서 구입하면 된다. 무제한 사용할 수 있는 데이터 요금제는 3일에 20만 VND(US$9), 1주일에 24만 VND(US$11)이다.

● 전압

220V, 50Hz. 한국의 전자제품도 사용할 수 있다. 문제는 콘센트의 모양. 한국과 달리 둥근 모양의 콘센트를 사용한다. 대부분의 호텔에서는 콘센트 모양에 관계없이 사용할 수 있다.

● 생수

베트남에서는 수돗물을 마시면 안 된다. 슈퍼마켓이나 상점에서 파는 생수를 사서 마신다. 생수는 큰 병에 1만 VND 정도. 네슬레에서 만드는 '라비 La Vie', 펩시콜라에서 만드는 '아쿠아피나 Aquafina', 코카콜라에서 만드는 '다싸니 Dasani'가 인기 있다.

● 화장실

공원 같은 곳에 공중화장실이 있지만, 눈에 잘 띄지는 않는다. 급할 경우 쇼핑몰이나 카페를 이용하는 게 최선이다. 베트남 화장실에는 독특한 모양의 비데가 있다. 변기 옆에 붙어 있는 호스 모양의 손잡이로, 수압이 세기 때문에 물이 튀지 않도록 조심해야 한다.

● 길 찾기

베트남은 도로명 주소를 사용하기 때문에 길 찾기가 쉽다. 택시를 탈 때도 업소 명칭과 함께 주소(거리 이름+번지수)를 보여주면 목적지까지 데려다 준다.

● 치안

베트남은 사회주의 공화국이라 치안이 좋은 편이다. 하지만 대도시에서 관광객을 상대로 한 오토바이 날치기 사고가 빈번하기 때문에 주의해야 한다. 술 먹고 어두운 밤 골목을 들어간다거나, 객기 어린 행동은 삼가자.

● 한국 대사관

한국 대사관의 베트남어 발음은 다이쓰관 한꿕 Đại Sứ Quán Hàn Quốc이다. 대사관은 하노이에, 총영사관은 호찌민시와 다낭에 있다.

알아두세요 **베트남에서는 달러가 통용된다**

베트남 화폐의 환율이 워낙 높아서 달러가 통용되는 곳도 있다. 호텔은 달러로 요금을 결제하는 곳이 흔하다. 달러로 계산하면 잔돈을 달러로 돌려주기도 한다. 달러로 적힌 요금을 베트남 돈으로 지불하면 은행보다 환율을 높게 책정하기 때문에 손해다. 고급 레스토랑에서도 종종 달러를 사용할 수 있는데, 대부분의 레스토랑은 달러를 받더라도 거스름돈은 동 VND으로 주는 경우가 많다.

알아두세요 **구글 지도 애플리케이션으로 길 찾기**

구글 지도 검색 창을 이용할 경우 베트남어 성조를 무시하고 영어로 주소(번지수, 거리, 도시)를 입력하면 된다. 예를 들어 39 Nguyễn Hữu Huân, Hà Nội는 39 Nguyen Huu Huan, Ha Noi를 입력하면 된다.

알아두세요 베트남 여행 시 주의해야 할 10가지

1. 귀중품 관리에 신경 써야 한다. 아무리 좋은 호텔이라 하더라도 객실에 귀중품을 방치해두고 외출하는 일은 삼가자. 필요하다면 객실의 안전 금고 Safety Box를 이용하자. 여권 사본은 지참하고 외출하는 것이 좋다.

2. 오토바이 날치기를 각별히 조심하자. 휴대 가방이나 카메라는 흘러내리지 않도록 크로스해서 앞쪽으로 메는 것이 좋다. 사람이 많이 모이는 재래시장에서도 소지품에 신경 써야 한다.

3. 오토바이 때문에 도로가 혼잡하기 때문에 길을 건널 때 안전에 유의해야 한다. 오토바이 진행 방향을 살피면서 천천히 길을 건너면 된다.

4. 사원이나 종교적으로 신성시하는 곳을 방문할 때는 복장을 단정히 하자.

5. 상식 이상의 과잉 친절을 베풀거나 은밀한 곳을 소개해주겠다는 유혹은 경계하자.

6. 너무 늦은 시간에 음침한 골목을 혼자 돌아다니지 말자. 과다한 음주 후에 현지인과 다툼에 휘말리지 말자.

7. 야간에는 오토바이 뒤에 여자를 태우고 다니며 남자를 유혹하는 사기단도 있다. 혹시나 했다가 100% 낭패를 당하니 애초부터 관심을 보이지 말자(지갑까지 다 털린다).

8. 사람들과 사진 찍을 때 예의를 지키자. 반드시 상대방에게 의사를 먼저 확인하자.

9. 현지 문화를 쉽게 판단하지 말자. 다른 나라의 문화를 옳고 그름의 잣대로 평가할 수는 없다. 언어와 인종, 음식이 다르듯 생소한 문화라 하더라도 있는 그대로 받아들이자. 다른 문화를 체험하는 것이 여행하는 큰 이유 중 하나다.

10. 돈을 현명하게 쓰자. 베트남이 한국보다 경제적 수준이 떨어지는 것은 사실이지만, 돈으로 모든 것을 해결해서는 안 된다. 돈을 써야 할 때와 아껴야 할 때를 구분하는 것도 여행의 기술 중 하나다. 외국 기업이나 수입 브랜드보다 베트남 현지 가게와 그곳 생산품을 소비하면 현지 경제에 직접적인 도움이 된다.

베트남 입출국 정보편

01 | 출국! Let's Go 베트남

우리나라에서 베트남으로 출발하는 국제공항은 모두 두 곳으로 인천 국제공항, 김해 국제공항, 대구 국제공항, 청주 국제공항이 있다. 여기서는 대부분의 여행객이 이용하는 인천 국제공항을 중심으로 설명한다.

인천 국제공항으로 가는 길

공항으로 가는 대중교통은 크게 두 가지. 서울을 비롯해 전국 각지에서 연결 가능한 공항버스를 타거나, 서울역에서 인천 국제공항을 연결하는 공항 철도를 타는 방법이 있다. 공항 철도는 지하철 1·2·4·5·6·9호선과 KTX가 연계되어 이용하기 편리하다. 이밖에 일부 시외버스 노선도 인천 국제공항과 연결된다. 인천 국제공항행 버스 노선은 인천 국제공항 홈페이지에서 출발·도착→교통·주차→교통 정보를 통해 확인할 수 있다.

공항 철도의 경우 서울역→공덕역→홍대입구역→디지털미디어시티역→김포공항역→계양역→검암역→청라국제도시역→운서역→공항화물청사역→인천 국제공항역 노선을 운행 중이다. 직통 열차로 43분(편도 1만 1,000원), 일반 열차로 58분(편도 5,050원) 걸린다.

인천 국제공항

문의 1577-2600 **홈페이지** www.airport.kr
운영 24시간

공항 철도

문의 1599-7788 **홈페이지** www.arex.or.kr
운영 매일 05:20~24:00

도심공항 터미널을 이용할 경우

비행기는 인천 국제공항에서 타야 하지만, 미리 도심공항 터미널에서 출국 수속을 하고 수하물을 보낼 수 있다. 도심공항 터미널은 두 곳으로 서울역(공항 철도 서울역 지하 2층, 전화 032-745-7861)과 삼성동(전화 02-551-0077~8, 홈페이지 www.calt.co.kr)에 있다. 도심공항 터미널이 가까이에 있다면 혼잡한 인천 공항에서의 출국 수속 시간을 절약할 수 있어 편리하다. 다만, 당일 출국자에 한하며 대한항공과 아시아나항공, 제주항공 탑승권 소지자만 가능하다. 미리 도심공항 터미널에서 탑승 수속을 마치고 인천 공항에 도착한 경우라면, 출국장 측면의 전용 통로를 통해 보안 검색 후 바로 출국심사대를 통과하면 된다. 출국장 측면 전용통로 이용→보안검색→도심승객 전용 출국심사대 통과→탑승구 이동→탑승하면 된다.

02 | 인천 국제공항에서 출국하기

인천 국제공항행 버스를 타면 일반적으로 3층 출국장에 도착하게 된다. 내국인은 출국할 때 출국 카드를 따로 작성하지 않아 수속이 매우 간편하다. 해외여행이 처음이거나 혼자 여행한다고 해도 전혀 어렵지 않으니 아래 순서에 따라 차근차근 출국 수속을 밟아보자.

❶ 탑승 수속

인천 국제공항은 두 개의 터미널로 구분되어 있다. 터미널마다 각기 다른 항공사들이 취항하기 때문에 공항으로 가기 전에 본인이 타고 가는 비행기가 어떤 터미널을 이용하는지 반드시 확인해야 한다. 아시아나항공과 베트남항공을 비롯한 대부분의 항공사들은 기존에 사용하던 1터미널을 이용하고, 대한항공을 포함한 8개 항공사는 새롭게 개항한 2터미널을 이용한다. 공항 출국장에 도착하면 본인이 이용할 항공사 체크인 카운터로 가자. 카운터에서 여권과 항공권을 제출하면 비행기 좌석번호와 탑승구 번호가 적힌 보딩 패스 Boarding Pass(탑승권)를 건네준다. 이때 창가석 Window Seat과 통로석 Aisle Seat 중 원하는 좌석을 요구하여 배정받을 수 있다.

기내에서는 소지품 등을 넣은 보조가방만 휴대하고 트렁크는 위탁 수하물로 처리하자. 창·도검류(칼과 가위, 칼 모양의 장난감 포함), 총기류, 스포츠 용품, 무술·호신용품, 공구는 기내 반입이 불가능하기 때문에 위탁 수하물로 처리해야 한다. 100㎖가 넘는 액체·젤·스프레이·화장품도 기내에 반입할 수 없다. 핸드폰과 노트북, 카메라, 160Wh 이하의 보조 배터리 등의 개인용 휴대 전자 장비는 기내 반입이 가능하다.

짐을 부치면 수하물 표 Baggage Claim Tag를 주는데 탁송한 수하물이 없어졌을 경우 이 수하물 표가 있어야 짐을 찾을 수 있으므로 잘 보관하자. 해당 항공사의 마일리지 카드가 있다면 이때 함께 카운터에 제시하여 적립하면 된다.

❷ 세관 신고

탑승 수속을 마치고 보딩 패스를 받은 후 환전, 여행자 보험 가입 등 모든 준비가 끝났다면 이제 마중 나온 가족, 친구와 작별하고 출국장으로 들어가야 한다.

US$10,000 이상을 소지하였거나, 여행 중 사용하고 다시 가져올 고가품은 '휴대물품반출신고(확인)서'를 작성해야 한다. 그래야 입국 시 재반입할 때 세금이 부과되지 않는다(면세통관). 고가품은 통상적으로 US$800 이상 되는 물건들로 골프채, 보석류, 모피의류, 값비싼 카메라 등이 있다면 모델, 제조번호까지 상세하게 기재해야 한다. 한번 신고한 물품은 전산에 입력되므로 재출국할 때 동일한 물품에 대해서는 세관 신고 절차를 거칠 필요가 없다. 별다르게 세관 신고를 할 품목이 없으면 곧장 보안 검색대로 가면 된다.

항공사별 이용 터미널

항공사	탑승 수속 카운터
대한항공(KE)	제2여객터미널
제주항공(7C)	제1여객터미널
베트남항공(VN)	제1여객터미널
비엣젯항공(VJ)	제1여객터미널
이스타항공(ZE)	제1여객터미널
진에어(LJ)	제2여객터미널
티웨이항공(TW)	제1여객터미널

③ 보안 검색
검색 요원의 안내에 따라 모든 휴대 물품을 X-Ray 검색 컨베이어에 올려놓자. 항공기 내 반입 제한 물품의 휴대 여부를 점검받아야 하기 때문이다. 바지 주머니의 소지품도 모두 꺼내 별도로 제공하는 바구니에 넣고 금속 탐지기를 통과하면 된다. 검색이 강화될 경우에는 신발과 허리띠까지 풀어 금속 탐지기에 통과시켜야 하는 경우도 있다.

④ 출국 심사(자동 출국 심사)
주민등록증 소지자라면 누구나 자동 출입국 심사대를 이용할 수 있다. 여권을 스캔하고 지문을 찍으면 된다. 여권, 안면정보, 탑승권 등을 미리 등록하면 스마트패스로 출국이 진행된다.

⑤ 탑승구 확인
보딩 패스에 적힌 탑승구(Gate No.)를 확인한다. 1터미널의 경우 여객터미널 탑승구(1~50번 게이트)와 탑승동 탑승구(101~132번 게이트)로 나뉜다. 탑승동에 위치한 탑승구는 셔틀 트레인 Shuttle Train을 타고 가야 한다. 탑승구 27과 28번 게이트 사이에 있는 에스컬레이터를 타고 지하 1층으로 내려가면 셔틀 트레인 승강장이 나온다. 새롭게 생긴 2터미널에서 출발하는 항공기의 탑승구(게이트)는 200번대로 시작한다.

⑥ 탑승
항공기 출발 40분 전까지 지정 탑승구로 이동하여 탑승한다.

03 | 입국! Welcome 베트남

우리나라를 연결하는 베트남의 국제공항은 호찌민시(SGN), 하노이(HAN), 다낭(DAD), 냐짱(CXR), 하이퐁(HPH), 푸꾸옥(PQC), 달랏(DLI), 껀터(VCA) 여덟 곳이다. 국제공항이라고 해도 규모가 크지 않기 때문에 입국 절차는 어렵지 않다. 비자도 필요 없고(무비자 45일 체류 가능), 입국 카드를 작성할 필요도 없어서 간단하다.

① 입국 카드
2010년부터 베트남 입국 카드 작성 의무화 조항이 폐지되었다. 베트남을 입국하는 외국인들은 공항에 마련된 입국 수속 카운터에 여권만 제시하면 된다.

② 검역
특별한 검역 절차는 없지만, 조류 독감 등의 질병이 발병할 경우 적외선 탐지기를 이용해 입국하는 승객의 체온을 확인한다. 특별한 이상이 없으면 그냥 통과된다.

③ 입국 심사대
도착(Đến, Arrival)이라고 적힌 안내 표시를 따라가면 입국 심사대가 나온다. 외국인 심사대인 Foreigner에 줄을 선다. 입국 카드를 작성할 필요가 없기 때문에 여권만 제출하면 된다. 다른 나라와 달리 베트남은 입출국 스탬프를 여권 뒤쪽 페이지부터 찍어준다. 45일 무비자 체류 기간 또는 본인의 비자 유효기간까지 체류 가능한 날짜를 제대로 기록했는지 반드시 확인하자. 사회주의 공화국답게 입국 수속은 느린 편이다.

④ 수하물 수취
인천 국제공항에서 탑승 수속 때 짐을 부쳤다면 도착한 베트남 공항에서 수하물을 찾으면 된다. 짐을 찾는 컨베이어 벨트 번호는 별도의 안내판을 확인하면 된다. 본인이 타고 온 항공 편명 옆으로 컨베이어 벨트 번호가 표시된다. 공항이 작아서 짐을 찾는데 어려움은 없다. 만약, 탁송 수하물이 분실되었을 경우 공항에 마련된 배기지 클레임 Baggage Claim 카운터에 수하물 표(Baggage Claim Tag)를 보여주고 담당 직원의 안내를 따르자.

⑤ 세관 검사
짐을 다 찾았으면 세관 검사대 Custom를 통과한

다. 여행자들은 대부분 별도로 신고할 품목이 없다. 세관 검사대를 통과할 때 본인의 수하물이 맞는지 확인하기 위해 인천 공항에서 짐을 부치고 받았던 수하물 표를 제시해야 한다.

❻ 환전 및 SIM 카드 구입

입국 심사를 마치고 공항 청사를 빠져나가기 전에 환전을 해두자. 환전소마다 환율이 다르기 때문에 몇 군데 확인해보고 필요한 돈만 적당히 환전해두자. 스마트폰에 사용할 SIM 카드도 공항에서 구입이 가능하다. 현지에서 구입한 SIM 카드로 교체하면 베트남에서 사용할 수 있는 전화번호가 생긴다. SIM 카드는 시내에서 구입하는 게 조금 더 저렴하다.

❼ 공항에서 시내로 이동하기

공항에서 시내로 가는 방법은 공항 택시와 미니밴, 시내버스가 있다. 떤썬녓 국제공항 Tan Son Nhat International Airport(Sân Bay Quốc Tế Tân Sơn Nhất)에서 호찌민시 시내로 가는 방법은 P.90 참고. 노이바이 공항 Noi Bai Airport(Sân Bay Nội Bài)에서 하노이 시내로 가는 방법은 P.409 참고.

04 | Good-bye 베트남

베트남에 입국할 때와 반대 순서로 출국 과정을 진행하면 된다. 베트남의 국제공항은 복잡하지 않기 때문에 큰 어려움이 없다.

❶ 시내에서 공항으로 이동하기

호찌민시에서 떤썬녓 공항은 택시를 타면 쉽게 갈 수 있다. 교통 체증이 심하기 때문에 공항까지 40~50분 정도 예상해야 한다. 하노이에서 노이바이 공항까지는 거리가 멀어서 1시간 이상 예상하면 된다. 국제선을 이용할 경우 출발 2시간 전에 공항에 도착해야 하므로 총 소요시간을 넉넉하게 계산해서 출발하자.

❷ 탑승 수속 및 출국

떤썬녓 공항과 노이바이 공항의 국제선 출국장은 공항 청사 2층에 있다. 공항에 도착하면 본인이 탑승하는 해당 항공사 카운터에 가서 항공권과 여권을 제시한다. 한국에서 올 때와 마찬가지로 기내에 실을 수하물을 부친다. 보딩 패스 Boarding Pass(탑승권)를 받았으면, 보안 검색대를 통과해 베트남 출국 심사를 받으면 된다.

알아두세요 | 남의 짐은 절대로 들어주지 마세요!

보딩 패스를 받기 위해 줄을 서 있는 동안 누군가(모르는 사람이) 다가와 수하물을 함께 부쳐줄 것을 부탁한다면 냉정하게 거절하세요. 항공사마다 수하물을 1인당 15~20kg으로 제한하고 있는데요, 수하물 무게가 초과되어 추가 운임을 내야 한다며 도움을 청하는 사람들 중에는 불순한 목적을 갖고 접근하는 경우도 있기 때문입니다. 수하물을 부쳐주면 사례를 하겠다는 사람이라면 더더욱 의심해야 합니다. 수입 금지 물품을 반출하려는 목적일 수 있기 때문입니다. 인정상 모른 척하기가 어려워서 허락했다가 범죄에 연루될 가능성이 있습니다. 어쨌거나 내 이름으로 부친 수하물은 내가 책임져야 하기 때문에, '나는 부탁만 받았을 뿐이다'라는 변명은 상식적으로 통하지 않습니다.

베트남 현지 교통 정보

베트남의 현지 교통은 국내선 항공, 기차, 보트, 버스, 오픈 투어 버스 등으로 다양하다. 호찌민에서 다낭, 후에(훼), 하노이 등 주요 도시 간 이동할 때는 비행기, 주요 도시 근교에 있는 도시를 가는 경우에는 여행사가 운행하는 오픈 투어 버스를 이용하는 것이 효율적이다. 기차도 운행하고 있지만 운행 편수가 많이 없고 시간이 오래 걸리므로, 여유가 있을 때 이용할 것을 권한다.

항공

베트남의 국적기, 베트남항공

베트남항공, 뱀부항공, 비엣젯항공에서 국내선을 운영한다. 베트남항공은 전국적인 노선 망을 구축하고 있다. 비엣젯항공과 뱀부항공은 호찌민시, 하노이, 다낭, 하이퐁, 빈(빙), 냐짱으로 노선이 한정되지만 요금이 저렴하다.

하노이↔호찌민시(사이공) 구간은 가장 많은 항공사가 취항하는 노선이다. 베트남항공에서 1일 30회, 비엣젯항공에서 1일 16회, 뱀부항공에서 1일 8회 취항한다. 비행 시간은 2시간으로 편도 요금은 US$85~150. 항공사 홈페이지를 통하면 프로모션 할인 요금을 적용받을 수 있다. 여행사 요금과 비교해 보고 예약하면 된다. 국내선 노선이라도 예약할 때 여권이 필요하다.

베트남 주요 항공사

베트남항공 www.vietnamairlines.com

비엣젯항공 www.vietjetair.com

뱀부항공 www.bambooairways.com

베트남 국내선 항공 노선

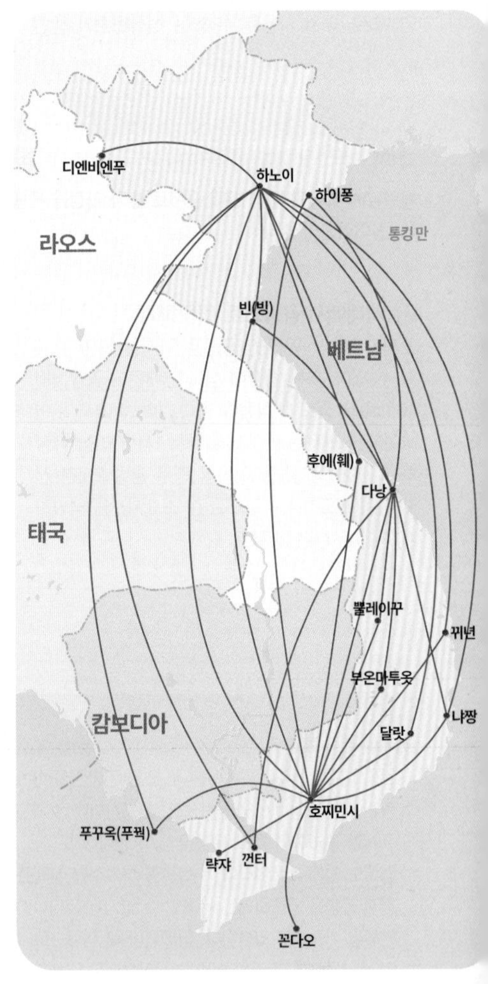

기차

*호찌민시 기차역은 '사이공' 역으로 불리기 때문에, 기차 정보에는 호찌민시가 아니라 사이공으로 표기합니다.

국영으로 운영되는 베트남 열차 Vietnam Railways(Đường Sắt Việt Nam)는 총 길이 3,160㎞에 이른다. 1930년대부터 운행을 시작했으며, 1976년부터 하노이↔사이공(호찌민시)을 연결하는 1,726㎞ 거리의 통일열차 Reunification Express(Đường Sắt Thống Nhất)가 개통되면서 전국을 연결하고 있다. 베트남 철도는 단선 구간이 대부분이라 평균 시속 50㎞/h로 속도가 느리다.

통일열차 이외에 하노이에서 출발하는 북부 노선도 있다. 하노이↔라오까이, 하노이(롱비엔역)↔하이퐁, 하노이↔동당 노선이 운행된다. 하노이와 중국(난닝)을 연결하는 국제열차도 운행된다.

THẺ LÊN TÀU HỎA
BOARDING PASS
Mã vé: 13374519
Ga đi HÀ NỘI — Ga đến HUẾ
Tàu/Train: SE19
Ngày đi/Date: 12/12/2015
Giờ đi/Time: 20:10
Toa/Coach: 3 Chỗ/Seat: 18
Loại vé/Ticket: Toàn vé

기차표

관련 홈페이지

베트남 철도

www.vr.com.vn

열차 시간·요금 조회

www.dsvn.vn

베트남 기차

기차 종류

베트남 남북을 관통하는 열차가 하노이↔사이공(호찌민시)을 왕복한다. 남부행(하노이→사이공) 노선은 열차 편명이 홀수(SE1, SE3, SE5, SE7), 북부행(사이공→하노이) 노선은 열차 편명이 짝수(SE2, SE4, SE6, SE8)로 되어 있다.

가장 빠른 열차는 SE3/SE4로 31시간 20분이 소요된다. 기차 편명에 따라 기차 등급이 달라지지만 큰 차이는 없다. 다만 완행열차는 정차하는 역도 많고 급행열차를 먼저 보내기 위해 정차하는 시간도 길다.

기차 등급과 요금

베트남 열차는 좌석칸과 침대칸으로 구분된다. 좌석칸은 완행열차에 많고, 일반열차는 침대칸을 많이 운영한다. 열차 요금은 같은 등급의 침대칸이라 하더라도 침대의 위치에 따라 요금이 달라진다. 아래쪽에 있는 침대칸 요금이 비싸다. 티켓은 출발하는 열차역 개찰구에서 검사하고, 도착하는 역에서 내릴 때 반납해야 하므로 분실하지 않도록 주의하자.

• 응오이끙(딱딱한 의자) Ngồi Cứng(Hard Seat)

완행열차에 딸린 좌석칸이다. 나무로 된 딱딱한 의자로 장거리 여행에 불편하다. 2등 좌석칸은 선풍기 시설이라 덥다.

• 응오이멤(푹신한 의자) Ngồi Mềm(Soft Seat)

일반열차에 딸린 좌석칸이다. 우리가 생각하는 일반적인 좌석칸으로 자리 번호가 지정되어 있다. 1등 좌석칸은 에어컨 시설로 응오이멤 디에우호아 Ngồi Mềm Điều Hòa(줄여서 Ngồi Mềm ĐH)라고 불린다.

에어컨 좌석칸(Soft Seat)

예약 창구

■ 하노이→사이공(호찌민시) 열차 시간표

	거리(㎞)	SE1	SE3	SE5	SE7	SE19	SNT1
하노이 Hà Nôi	–	20:55	19:20	15:30	06:10	19:40	–
남딘 Nam Định	87	22:32	20:56	17:06	07:48	21:13	–
닌빈(닝빙) Ninh Bình	115	23:07	21:39	17:43	08:23	21:48	–
탄호아 Thanh Hóa	175	01:12	22:38	18:55	09:35	22:58	–
빈(빙) Vinh	319	02:34	01:22	21:30	12:10	01:38	–
동허이 Đồng Hới	522	06:53	05:33	02:20	16:37	05:53	–
동하 Đông Hà	622	08:45	07:15	04:18	19:18	07:58	–
후에(훼) Huế	688	19:59	08:40	05:35	20:33	09:13	–
랑꼬 Lăng Cô	755	–	–	–	–	–	–
다낭 Đà Nẵng	791	12:32	11:14	08:30	23:07	11:58	–
땀끼 Tam Kỳ	865	14:17	13:05	10:31	00:48	–	–
꽝응아이 Quảng Ngãi	928	15:25	14:17	12:14	02:01	–	–
지에우찌 Diêu Trì	1,096	18:18	17:16	15:17	04:54	–	–
뚜이호아 Tuy Hòa	1,198	20:20	19:18	17:29	07:22	–	–
냐짱 Nha Trang	1,315	22:35	21:32	20:05	09:46	–	19:50
탑짬(판랑) Tháp Chăm	1,408	–	23:15	22:13	11:29	–	21:42
비엔호아 Biên Hòa	1,697	05:53	04:50	04:21	17:18	–	03:41
사이공 Sài Gòn	1,726	06:50	05:45	05:18	18:10	–	04:30

■ 사이공(호찌민시)→하노이 열차 시간표

	거리(km)	SE2	SE4	SE6	SE8	SE20	SNT2
사이공 Sài Gòn	–	20:35	19:00	15:00	06:00	–	20:00
비엔호아 Biên Hòa	29	21:18	19:47	15:45	06:46	–	20:47
탑짬(판랑) Tháp Chăm	319	–	–	21:06	12:01	–	03:57
냐짱 Nha Trang	411	03:48	02:29	23:21	13:39	–	05:40
뚜이호아 Tuy Hòa	529	06:03	04:44	01:49	16:17	–	–

	거리(km)	SE2	SE4	SE6	SE8	SE20	SNT2
지에우찌 Diêu Trì	631	08:05	06:40	03:45	18:29	–	–
꽝응아이 Quảng Ngãi	798	11:02	09:48	07:07	21:48	–	–
땀끼 Tam Kỳ	862	12:12	11:09	08:26	23:02	–	–
다낭 Đà Nẵng	935	13:40	12:42	10:10	00:36	18:05	–
랑꼬 Lăng Cô	971	–	–	–	–	–	–
후에(훼) Huế	1,038	16:19	15:27	13:38	03:31	20:36	–
동하 Đông Hà	1,104	17:32	16:48	14:58	04:46	21:51	–
동허이 Đồng Hới	1,204	19:18	18:43	16:53	06:50	23:43	–
빈(빙) Vinhi	1,407	23:40	23:04	21:26	11:22	05:11	–
탄호아 Thanh Hóa	1,551	02:33	01:59	00:50	14:38	07:50	–
닌빈(닝빙) Ninh Bình	1,612	03:43	03:09	01:58	16:09	09:14	–
남딘 Nam Định	1,639	04:18	03:47	02:40	16:48	09:51	–
하노이 Hà Nôi	1,726	06:00	05:40	04:40	19:12	11:46	–

• **남끙(딱딱한 침대)** Nằm Cứng(Hard Sleeper)
6명이 하나의 컴파트먼트(열차 객실)를 사용하는 6인실 침대칸이다. 열차 등급에 따라 다르지만 대부분 에어컨 시설로 되어 있다. 침대가 딱딱하기보다는 매트리스가 얇다. 침대가 상중하로 3개씩 놓여 있으며 서로 마주보게 되어 있다. Tầng 1(아래칸 침대), Tầng 2(중간칸 침대), Tầng 3(위칸 침대)으로 구분된다. 아래쪽에 있는 침대가 요금이 비싸다.

• **남멤(푹신한 침대)** Nằm Mềm(Soft Sleeper)
4명이 하나의 컴파트먼트(열차 객실)를 사용하는 4인실 침대칸이다. 열차의 종류에 상관없이 모두 에어컨 시설로 침대도 푹신하고 침대의 간격도 넓다. 열차 객실마다 침대가 상하로 2개씩 놓였으며 서로 마주보게 되어 있다. Tầng 1(아래칸 침대)와 Tầng 2(위칸 침대)의 요금 차이는 별로 나지 않는다.

짐 보관 및 식사

침대칸의 컴파트먼트마다 문을 설치해 안에서 잠글 수 있다. 하지만 중간에 타고 내리는 사람이 있을 경우 문을 잠가 둘 수는 없으므로 소지품 관리에 주의해야 한다. 일반적으로 아래 침대칸 밑으로 가방을 넣을 수 있는 수납공간이 있지만, 귀중품은 반드시 본인의 관찰 범위 내에 두어야 한다. 야간열차의 좌석칸을 이용할 경우 가방에 잠금 장치를 연결해 두는 것도 좋다. 식사는 열차가 출발하기 전에 역에서 필요한 것들을 챙기면 된다. 통일열차의 경우 대부분의 열차가 맨 앞칸에 식당칸을 운영한다. 쌀국수, 커피, 맥주 같은 간단한 식사와 음료가 가능하다.

예약

베트남 기차는 수요가 많아서 미리 예약하는 게 좋다. 야간 침대칸은 표를 구하기 힘든 편이다. 기차표 예약할 때 신분증(여권 사본)을 보여줘야 한다.

보트

푸꾸옥(푸꿕)행 페리

베트남을 여행하다 보면 보트 투어에 참여할 일은 많지만, 보트를 타고 이동하는 경우는 드물다. 당연히 섬으로 들어갈 경우 페리를 타야한다. 락자 Rạch Giá↔푸꾸옥(푸꿕) Phú Quốc, 하띠엔 Hà Tiên↔푸꾸옥(푸꿕), 하롱시 Hạ Long↔깟바 Cát Bà 구간에 정기 여객선이 운행된다.

버스

버스 터미널이 여행자 숙소에서 멀리 떨어져 있어서 버스 터미널을 오가는 것도 불편하고, 정해진 노선은 있지만 중간에 승객을 내리고 태우느라 이동 속도도 느리다. 단거리 노선은 미니밴들이 많이 운행되고, 장거리 노선은 침대 버스를 운행한다. 최근 들어 마이린 버스 Mai Linh Express, 프엉짱 버스 Phương Trang Bus, 호앙롱(황롱) 버스 Hoang Long Bus, 프엉남 익스프레스 Phương Nam Express 등이 최신 차량을 도입하면서 시설이 향상되고 있는 중이다.

침대 버스(슬리핑 버스)

남북으로 길게 이어진 베트남의 특성 때문에 장거리 노선의 버스가 흔하다. 야간에 이동하는 버스도 많아서 자연스럽게 침대 버스(슬리핑 버스)가 발달했다. 다리를 펴고 누울 수 있는 개인 침대 좌석을 배치했는데, 3열의 침대 좌석이 위아래로 촘촘하게 놓여있다. 일반 침대버스(44인승, 34인승)와 VIP 침대버스(18인승, 22인승)가 있는데, 버스 회사마다 시설이 조금씩 다르다.

참고로 침대 버스는 (청결을 유지하기 위해) 탑승할 때 버스 회사에서 제공하는 슬리퍼를 갈아 신도록 하고 있다. 개인 신발을 비닐봉지에 담아서 보관하면 된다.

프엉짱 버스

오픈 투어 버스(여행사 버스)

교통편이 미비하던 시절 외국 여행자를 대상으로 여행사에서 운영하는 버스를 '오픈 투어 버스 Open Tour Bus'라고 부른다. 중간에 정차하는 도시에서의 출발일을 지정하지 않고 '오픈'해 두었기 때문이다. 버스 터미널까지 갈 필요 없이 예약한 여행사에서 출발하기 때문에 편리하다.

전 구간을 미리 예약할 필요 없이 도시마다 이동할 때 버스표를 구입해도 된다. 여행사마다 버스 출발 시간도 다르고, 버스 타는 곳도 다르다. 숙소에서 예약 대행도 가능한데, 이때는 픽업 서비스가 가능한지 확인해야 한다. 베트남을 종단하는 노선(호찌민시→무이네→달랏→냐짱→호이안→다낭→후에→닌빈→하노이)이 운영된다.

침대칸이 세 줄로 놓인 슬리핑 버스

신 투어리스트(여행사) 버스

베트남 시내 교통 정보

베트남의 시내 교통은 시내버스, 택시, 씨클로, 쎄옴(오토바이 택시)이 있다. 호찌민시, 하노이, 다낭 같은 대도시에는 시내버스와 택시가 많고, 지방 소도시에는 오토바이를 이용하는 쎄옴이 대중적이다.

지하철(메트로) Metro

베트남 메트로 시스템은 지하철과 지상철이 혼합된 형태다. 지하철을 가장 먼저 개통한 곳은 수도 하노이다. 2021년에 운행을 시작했다. 하노이 기차역에서 출발하는 연장 노선은 공사 중이다. 뒤이어 2024년 12월에 호찌민시도 지하철이 개통됐다. 호찌민시 지하철은 벤탄 시장을 포함해 시내 주요 관광지를 지난다. 기본요금은 8,000 VND으로 저렴하다.

시내버스 Xe Buýt

시내버스는 하노이, 호찌민시, 다낭, 껀터, 냐짱 같은 대도시에서 운행된다. 정해진 노선대로 움직이지만, 영어 안내판·영어 방송이 전무해 외국인에게는 불편하다. 편도 요금은 8,000~1만 VND으로 저렴하다. 현금을 준비해 차장에게 직접 내면 된다. 시내버스 정류장에는 쎄뷔잍 Xe Buýt이라고 표기되어 있다.

하노이 지하철(메트로)

대도시에서 운행되는 시내버스

빈버스 Vin Bus

빈 그룹에서 운영하는 시내버스. 전기 차 버스로 일반 시내버스에 비해 시설이 좋다. 푸꾸옥(푸꿕), 호찌민시, 냐짱(나트랑), 하노이, 하이퐁 다섯 개 도시에서 버스를 운행 중이다. 대중교통이 미비한 푸꾸옥(푸꿕)의 경우 매우 유용한 교통수단으로 여행자들의 사랑을 받는다.

그랩 Grab

그랩 택시

베트남을 비롯한 주요 동남아시아 국가들에서 이용되는 콜택시 애플리케이션이다. 카카오택시와 마찬가지로 무료 애플리케이션을 설치하고, 현재 위치로 택시를 부르면 가고자 하는 목적지까지 이동할 수 있다. 그랩 카 Grab Car(그랩에 등록된 자가용 택시), 그랩 택시 Grab Taxi(그랩에 등록된 택시)로 나뉜다. 그랩 카는 4인승과 7인승 중 인원에 맞게 선택할 수 있다. 애플리케이션을 실행하고 가고자 하는 목적지를 입력하면 택시 요금이 미리 산정돼서 나오기 때문에 편리하다. 기본요금(4인승 기준, 처음 2㎞)은 3만 2,000VND이며, 추가 1㎞마다 8,500VND씩 부과된다.

푸꾸옥(푸꿕)에서 유용하게 쓰이는 빈버스

그랩 바이크 Grab Bike

쎄옴(오토바이 택시) Xe Ôm의 불편함을 보완한 애플리케이션으로 그랩 Grab에서 운영한다. 그랩 애플리케이션을 실행할 때는 오토바이 로고가 그려진 '그랩 바이크'를 누르면 된다. 목적지까지의 요금이 표시되어 편리하다. 가까운 거리를 이용할 때 편리하지만, 한 명만 탑승 가능하다. 기사뿐만 아니라 승객도 의무적으로 헬멧을 착용해야 한다.

택시 Taxi

베트남에서 택시 잡기는 쉽지만, 착한 택시 운전사를 만나기는 쉽지 않다. 외국인에게 돈을 더 받는 일이 비일비재하기 때문이다. 미터기를 조작하는 택시도 있으므로 주의가 필요하다. 택시 회사마다 로고와 전화번호가 찍혀 있는데, 믿을 만한 택시 회사일수록 전화번호가 크게 적혀 있고 암기하기도 쉽다.

택시는 작은 택시(보통 4명 탑승)와 큰 택시(보통 7명 탑승)로 구분된다. 기본요금은 1만 2,000~2만 VND으로 택시 회사마다 약간씩 차이가 나지만, 같은 거리를 갈 때 요금은 비슷하게 나온다. 일반적으로 1만 VND으로 1㎞를 갈 수 있으며, 10분 정도 이동할 때 8만 VND 정도의 택시 요금이 나온다. 택시미터기를 보는 요령은 찍혀 있는 숫자에 '00'을 더하면 된다. 만약 '54.0'이라고 표시되어 있다면, 5만 4,000VND을 내면 된다. 택시 탈 때는 잔돈을 미리 준비해 두자.

베트남 택시에 설치된 미터기

마이린 택시

씨클로 Cyclo(Xích Lô)

영화로도 만들어졌을 정도로 씨클로는 베트남의 상징적인 교통수단이다. 삼륜자전거로 좌석을 앞쪽에 배치했는데, 사람이 직접 몰기 때문에 속도가 느리다. 현지인에게는 단거리를 이동할 때 저렴한 교통수단(짐도 실을 수 있어 편리하다)이지만, 외국인에게는 바가지 요금의 온상처럼 여겨진다.

씨클로는 탑승하기 전에 반드시 요금을 흥정하고 타야 한다. 씨클로 기사들은 거스름돈을 안 주는 경우가 비일비재하니 잔돈을 미리 준비해 두자. 호찌민시와 하노이에서는 도심 구간에서의 씨클로 통행이 금지되어 있다.

쎄옴(오토바이 택시) Xe Ôm

베트남에서 가장 대중적인 시내 교통이다. 택시보다 저렴하고, 교통 체증이 심한 시내 구간에서도 막힘없이 이동할 수 있다. '쎄'는 오토바이를 의미하고, '옴'은 끌어 안는다는 뜻이다. 오토바이를 기사와 함께 타야 하기 때문에 여성들은 잘 이용하지 않는다. 요금을 흥정해야 하는데, 가까운 거리(1~2㎞)는 1만 VND 정도가 적당하다. 잔돈을 준비해서 탈 것.

대중교통으로서의 가치가 떨어지고 있는 씨클로

베트남의 생필품인 오토바이

거리 이름을 알면 **베트남의 역사**가 보인다

베트남을 여행하다 보면 도시마다 동일한 이름의 거리가 반복되는 것을 금방 눈치챌 수 있다. 사회주의 공화국으로 베트남이 통일된 이후 독립투사와 역대 황제, 역사적인 사건을 거리 이름으로 채용했기 때문이다. 베트남의 거리 이름에는 베트남의 역사가 고스란히 녹아 있어서, 어떤 인물들이 거리 이름으로 사용되는지 알고 있다면 베트남 여행이 더 재미있어진다. 참고로 호찌민은 거리 이름에 사용하지 않는다. 그의 이름은 베트남 통일 이후 사이공을 개명해 호찌민시 Thành Phố Hồ Chí Minh에 사용되고 있다.

훙브엉(雄王) Hùng Vương

베트남의 시조로 여겨지는 홍방 Hồng Bàng 왕조의 국왕을 일컫는다. 홍방 왕조는 B.C. 2897년부터 B.C. 258년까지 존속했던 베트남의 고대 왕조이다. 국가 이름은 반랑(文郞) Văn Lang이라고 칭했으며, 국왕은 훙브엉(雄王) Hùng Vương이라는 칭호를 썼다고 한다. 매년 음력 3월 10일은 훙브엉 기념일로 국경일로 지정되어 있다.

하이바쯩
Hai Bà Trưng (12?~43년)

'두 명의 쯩 여인'이라는 뜻으로 쯩짝(徵側) Trưng Trắc과 쯩니(徵貳) Trưng Nhị 두 자매를 일컫는다. 중국 한나라의 오랜 지배로부터 베트남을 독립시킨 여장군이다. 무관(武官) 집안에서 태어나 자연스럽게 무술을 습득했고, 중국의 학대를 보고 자라며 투쟁심이 고취되었다고 한다.

두 자매는 중국의 지배구조를 끊고 AD 40년에 여왕의 자리에 올랐으나, 3년 만에 중국이 베트남을 재지배하면서 짧은 독립은 막을 내렸다. 쯩 자매는 중국의 재 침입에 맞서 싸우다 사망했다고 전해진다. 하이바쯩은 주요 도시의 메인 도로에 이름으로 쓰일 정도로 베트남 역사에서 중요시되는 인물이다.

딘띠엔호앙(丁先皇)
Đinh Tiên Hoàng (923~979년)

딘(딩) 왕조의 초대 황제(재위 968~979년)로 본명은 딘보린(딩보링, 丁部領) Đinh Bộ Lĩnh이다. 베트남 북부 지방을 통일하며 베트남 최초의 수도로 여겨지는 호아르 Hoa Lư(P.482)를 건설했다.

리타이또(李太祖)
Lý Thái Tổ (973~1028년)

리 왕조를 창시한 초대 황제(재위 1009~1028년)의 묘호로 타이또(태조 太祖)라고 쓴다. 본명은 리꽁우언(李公蘊) Lý Công Uẩn. 1010년에 호아르 Hoa Lư에서 탕롱(昇龍) Thăng Long(오늘날의 하노이)으로 천도했다.

리탄똥(李聖宗)
Lý Thánh Tông (1023~1072년)

리 왕조의 3대 황제. 본명은 리년뜬(李日尊) Lý Nhận Tôn이며, 성종(聖宗)이라는 묘호를 받아 리탄똥(李聖宗, 재위 1054~1072년)이라고 불린다. 황제에 즉위하며 국호를 다이비엣(大越) Đại Việt으로 변경했으며, 하노이에 문묘를 건설하며 유교적인 기반을 다졌다. 다이비엣은 대월국(大越國)으로 한국에 알려졌다.

리트엉끼엣(李常傑)
Lý Thường Kiệt (1019~1105년)

리 왕조 시대 장군으로 본명은 응오뚜언 Ngô Tuấn(吳俊)이다. 2대 황제인 리타이똥(이태종 李太宗) Lý Thái Tông 시절에 왕실 경호 대장에 임명되었고, 4대 황제인 리년똥(인종 仁宗) Lý Nhân

Tông 시절에 영의정에 올랐다. 참파 왕국과의 전투는 물론 중국 송나라 군대와의 두 차례 전투를 승리로 이끌었다. 공로를 인정받아 왕실에서 리(李)씨 성을 하사했다고 한다.

쩐흥다오(陳興道)
Trần Hưng Đạo (1232?~1300년)

베트남의 영웅으로 여겨지는 인물로 쩐 왕조의 왕자이자 군사령관이었다. 본명은 쩐꿕뚜언(陳國峻) Trần Quốc Tuấn이다. 몽골 제국(원나라)이 해군을 이용해 베트남 원정에 나섰는데, 이때 세 차례에 걸친 전투를 승리로 이끌며 베트남의 독립을 굳건하게 지켜낸 명장(名將)이다. 1288년 박당 강 Bạch Đằng River에서 벌어졌던 전투는 베트남 전사에 길이 남는 전설적인 사건으로 기록되고 있다. 여러 권의 병법서도 저술했으며, 흥도왕(興道王) Hưng Đạo Vương으로 칭송받는다. 하롱베이에 그에 관한 역사적인 장소가 많이 남아 있다.

쩐꽝카이(陳光啓)
Trần Quang Khải (1241~1294년)

쩐 왕조의 초대 황제인 쩐타이똥(陳太宗) Trần Thái Tông(1226~1258년)의 셋째 아들이다. 쩐흥다오와 더불어 용맹했던 왕자로 쿠빌라이 칸의 몽골 제국(원나라)의 베트남 원정을 막아내는 데 혁혁한 공을 세웠다.

팜응우라오(范五老)
Phạm Ngũ Lão (1255~1320년)

쩐 왕조 시절 해군 지휘관으로 임명되어 쩐흥다오와 함께 몽골 제국(원나라) 해군의 침략을 격퇴시켰다. 쩐 왕조의 공주(쩐흥다오의 양녀)와 결혼했을 정도로 황제들의 높은 신임을 얻었다. 호찌민 시의 여행자 거리 이름이기 때문에 외국인에게도 익숙한 이름이다.

레반흐으(黎文休)
Lê Văn Hưu (1230~1322년)

쩐 왕조 때의 인물로 베트남의 대표적인 역사가이다. 13세기까지의 베트남 역사를 기록한 〈다이비엣쓰끼(Đại Việt Sử Ký, 大越史記)〉를 편찬했다.

쭈반안(朱文安)
Chu Văn An (1292~1370년)

베트남에서 가장 추앙받는 유학자이다. 쩐 왕조 시절 문관으로 고위 관직에 올랐으나 유학 보급에 더 관심을 갖고 제자들을 가르치는 일에 몰두했다. 국자감에서 유학을 가르쳤을 뿐만 아니라 왕세자의 스승으로 존경을 받았다.

레러이(黎利) Lê Lợi (1385~1433년)

오늘날의 탄호아 성(省) 출신으로 중국 명나라의 지배로부터 베트남을 독립시킨 베트남의 영웅이다. 1423년 레 왕조를 창시하며 황제의 자리에 올랐다. 레 왕조 태조라는 의미로 레타이또(黎太祖) Lê Thái Tổ라고 불린다. 하노이의 호안끼엠 호수에 그와 관련된 전설 같은 이야기가 전해진다.

레타이또(黎太祖)
Lê Thái Tổ (재위 1428~1433년)

레 왕조의 초대 황제인 레러이를 칭하는 묘호이다. 웬만한 도시의 거리 이름에는 레러이가 더 많이 쓰이지만, 레 왕조의 수도였던 하노이에는 레타이또 거리가 있다.

레라이(黎來) Lê Lai (?~1418년)

레러이 장군과 함께 중국 명나라의 지배로부터 베트남을 독립시킨 인물이다. 명나라 군대가 레러이 장군의 군대를 포위하는 위급한 상황에 처하자, 스스로 레러이로 변장해 명나라 주력 부대를 유인했다고 한다. 결국 레라이는 명나라 군대에 의해 죽음을 당했고, 레러이 장군은 살아남아 독립을 이룬다.

응우옌짜이(阮廌)
Nguyễn Trãi (1380~1442년)

베트남이 중국 명나라의 지배를 받던 시절 레러이(레타이또)를 도와 독립을 이끈 군사전략가이다. 유학자이자 정치가이기도 했는데 레 왕조의 조정에서 재상의 관직까지 올랐다. 레러이(레타이또)가 승하한 다음에는 관직에서 물러나 고향에 머물며 시를 쓰며 여생을 보냈다.

레탄똥(黎聖宗)
Lê Thánh Tông (1442~1497년)

레 왕조의 네 번째 황제(재위 1460~1497년)의 묘호이다. 탄똥은 성종(聖宗)을 뜻하며, 본명은 레뜨탄(黎思誠) Lê Tư Thành이다. 베트남의 유교적인 전통을 확고히 함과 동시에 주변 국가(참파 왕국과 란쌍 왕국, 오늘날의 라오스)를 정벌하며 영토를 확장했다. 참파 왕국(P.322)과의 전쟁에서 승리하며 오늘날의 베트남 중부 지방까지 진출하는 혁혁한 공을 세웠다. 문묘(공자 사당)를 전국적으로 건설했으며, 과거 제도를 실시해 관리를 등용했다. 참고로 호찌민시에는 거리 이름이 레탄똔 Lê Thánh Tôn으로 표기되어 있다.

응우옌후에(阮惠)
Nguyễn Huệ (1753~1792년)

떠이썬 지방의 3형제 가운데 한 사람으로 베트남 최초로 민중 봉기를 성공시킨 인물이다. 남북으로 분열되어 있던 베트남을 통일해 떠이썬 왕조(P.543)를 창시했다.

꽝쭝(光中)
Quang Trung (재위 1788~1792년)

응우옌후에가 떠이선 왕조의 황제가 되면서 사용한 칭호이다. 꽝쭝 황제(光中皇帝) Quang Trung Hoàng Đế를 줄여서 부른 것이다. 봉건 군주제를 무너뜨리고 개혁 정책을 펼치려 했으나 39세의 나이에 사망했다.

응우옌주(阮攸)
Nguyễn Du (1766~1820년)

베트남의 대표적인 문인이다. 자(字)는 토뉴 Tố Như, 호(號)는 탄히엔 Thanh Hiên이다. 응우옌 왕조 때 문관으로 중국 명나라에서 사절단으로 파견되기도 했다. 베트남 최고의 문학작품으로 여겨지는 쭈엔 끼에우(傳翹) Truyện Kiều를 집필했다. 한자로 쓰여진 대서사시로 총 3,254행에 달한다.

응우옌찌프엉(阮知方)
Nguyễn Tri Phương (1800~1873년)

응우옌 왕조 때의 무관으로 프랑스 군대의 베트남 침략에 대항해 군대를 이끌던 장군이다. 뜨득 황제 시절 베트남 북부군사령관을 지냈으며, 1873년에 하노이로 침략해 오던 프랑스 군대와 맞서 전투를 벌였다. 하노이가 함락되면서 부상을 당했으나, 프랑스에 굴복하지 않고 단식 투쟁을 벌이다 같은 해 12월 20일에 사망했다. 그가 전투를 지휘했던 하노이 고성 북문(北門)에 위패를 모신 사당이 있다.

호앙지에우(황지에우, 黃耀)
Hoàng Diệu (1829~1882년)

응우옌 왕조시절 하노이 관찰사(도지사)를 지냈던 인물이다. 뜨득 황제가 프랑스 군대에 항복했는데도 호앙지에우는 병력을 모아 끝까지 프랑스 군대와 전투를 벌였다. 결국 1882년에 하노이 성이 함락되면서 자결해 목숨을 끊었다. 응우옌찌프엉과 마찬가지로 하노이 고성 북문(北門)에 위패를 모신 사당이 있다.

판딘풍(潘廷逢)
Phan Đình Phùng (1847~1895년)

19세기 베트남의 유학자이자 독립운동가, 혁명가이다. 관료 집안 태생으로 뜨득 황제 때 감찰어사에 임명되었으며, 프랑스 군대의 베트남 침략에 반대했던 대표적인 인물이다. 뜨득 황제가 승하한 다음에 친프랑스 성향의 섭정들이 득세하자, 군사를 모아 반(反) 프랑스 무력 투쟁을 주도하며 생을 마감할 때까지 게릴라전을 지휘했다. 후대의 베트남 독립투사들의 롤 모델이 되었다.

르엉반깐(梁文干)
Lương Văn Can (1854~1927년)

응우옌 왕조에서 문관으로 지냈던 인물로 현대적인 교육의 필요성을 인식하고 사학인 동낀응이아툭 Đông Kinh Nghĩa Thục(東京義塾, 한자의 독음은 동경의숙인데, 여기서 동경은 일본의 도쿄가 아니라 하노이의 옛 이름인 동낀[통킹]을 의미한다. 영어로는 통킹 프리 스쿨 Tonkin Free School이다)을 설립했다.
유교를 대신해 서양과 일본의 사상을 교육했다. 근대화 교육은 자연스럽게 민족의식 고취와 식민정책에 반대하는 반(反) 프랑스 운동을 태동하게 했다. 1907년 3월에 개교한 동낀응이아툭(東京義塾)은 프랑스 식민정부에 의해 10개월 만에 폐교되었다. 르엉반깐은 1908년에 체포되어 하노이 호아로 수용소에 수감되기도 했다.

판보이쩌우(潘佩珠)
Phan Bội Châu (1867~1940년)

베트남에서 존경받는 반(反) 식민주의 지도자이다. 사상가이자 민족주의자로 다양한 저작 활동을 병행하며 독립 운동에 한평생을 투신했다. 특히 동주 운동 Đông Du Movement(베트남 젊은이들에게 유교 교육을 대신해 근대 교육을 통해 베트남 독립을 추진한 운동)을 주도하며 베트남에 신교육 이념을 불어넣었다.
봉건 왕조(응우옌 왕조)의 통치 아래 자랐던 젊은이들에게 새로운 사상을 교육했으며, 봉건 군주제 폐지를 주장했다. 또한 베트남 개혁회, 베트남 광복회 등을 조직하며 지속적인 프랑스 식민지배에 대한 저항 운동을 펼쳤다. 일본, 중국 등을 옮겨 다니며 독립활동을 하다가 여러 차례 수감되었으며, 하노이 호아로 수용소로 이송되어 종신형을 선고받았다. 후에(훼)에서 가택 연금 상태로 생을 마감했다.

판쩌우찐(潘周楨)
Phan Châu Trinh (1872~1926년)

프랑스 식민지배 시절 베트남 독립을 위해 노력했던 민족주의자이다. 교육을 통해 베트남의 미래를 변화시킬 것을 강조하며, 봉건 왕정(응우옌 왕조)이 아닌 근대화를 통한 베트남 독립을 모색했다. 홍콩, 중국, 일본, 프랑스 등지에서 활동했다. 특히 일본에 머물며 동시대를 살았던 판보이쩌우와 함께 동주 운동을 이끌었다. 베트남으로 돌아와서는 동낀응이아툭 Đông Kinh Nghĩa Thục(東京義塾)에서 제자들을 가르치기도 했다. 1911년에 악명 높은 꼰다오 섬에서 정치범으로 수용되기도 했다. 1915년부터 프랑스로 건너가 호찌민과 함께 독립 활동을 펼치다 1926년 사이공에서 사망했다.

응우옌타이혹(阮太學)
Nguyễn Thái Học (1902~1930년)

프랑스 지배 시기에 활동했던 민족주의 독립 운동가이다. 사회주의 성향의 베트남 국민당(越南國民黨) Việt Nam Quốc Dân Đảng 창당 멤버로 참여했다. 프랑스 식민정부 타도를 위해 1930년에 옌바이 Yên Bái에서 무장 봉기를 주도했으나, 프랑스 정부에 체포되어 사형에 처해졌다.

쩐푸(陳富)
Trần Phú (1904~1931년)

베트남 공산당의 전신인 인도차이나 공산당의 초대 서기장이다. 서기장을 지낸 기간은 11개월(1930년 10월~1931년 9월)이지만 베트남 공산당의 기초를 확립한 인물이다. 1930년 10월 홍콩에서 열렸던 1차 중앙위원회 회의에서 당서기로 임명되었으나, 1931년 4월에 사이공에서 프랑스 식민정부에 체포되었다. 같은 해 9월 6일에 27세의 나이로 사망했다.

응우옌티민카이(阮氏明開)
Nguyễn Thị Minh Khai (1910~1941년)

베트남의 대표적인 여성 혁명가. 1927년에는 베

트남 공산당의 모태가 되었던 신월혁명당(新越革命黨) Tân Việt Cách Mạng Đảng의 공동 창당 대표로 참여했으며, 1930년대에는 인도차이나 공산당의 대표위원을 지냈다. 호찌민과 같은 응에안 Nghệ An 출신으로 홍콩에 있던 코민테른 아시아 지부에서 호찌민과 함께 일했다. 1936년부터 사이공으로 건너와 공산당원들을 이끌었으나 1940년 프랑스 식민정부에 체포되어 1941년 사형에 처해졌다.

똔득탕(孫德勝) Tôn Đức Thắng (1888~1980년)

호찌민 주석이 지도자로 있던 시절에는 부주석(1960~1969년)을 지냈고, 호찌민 서거 후에는 북부 베트남의 두 번째 주석에 임명되었으며, 통일된 이후에는 베트남 사회주의 공화국의 첫 번째 국가 주석(1976~1980년)을 역임했다.

레주언(黎筍) Lê Duẩn (1907~1986년)

베트남 공산당의 대표적인 인물로 호찌민과 함께 베트남 전쟁을 이끌었다. 베트남 공산당의 전신인 신월혁명당(新越革命黨)의 당원으로 활동했으며, 1930년에는 인도차이나 공산당의 창당 멤버로 참여했다. 베트남 전쟁 중에는 베트남 노동당을 이끌며 호찌민 다음인 서열 2번째 자리에 올랐다. 1975년 사회주의로 베트남이 통일된 이후 첫 번째 베트남 공산당 서기장(국가 원수)으로 취임했다.

보응우옌잡(武元甲) Võ Nguyên Giáp (1911~2013년)

베트남 현대사에서 호찌민과 더불어 중요한 역할을 한 인물이다. 디엔비엔푸 전투(P.546)를 승리로 이끌며 프랑스로부터 독립을 일구어 냈으며, 베트남 전쟁 기간 동안에는 베트남 인민군 총사령관으로 군사 작전을 지휘했다. 베트남 통일 이후 군방장관을 역임했다. 베트남의 독립 투쟁 역사에서 살아있는 전설로 여겨졌던 그는 103세의 나이로 2013년 10월 4일 하노이에서 사망했다.

박당(白藤) Bạch Đằng

하롱베이와 인접한 꽝닌 Quảng Ninh 성(省)을 흐르는 강 이름이다. 쩐흥다오 장군이 이끈 베트남 해군이 몽골 제국(원나라)과의 해전에서 대승했던 박당 전투가 일어난 역사적인 장소이다. 박당은 '하얀 등나무'라는 뜻이다.

디엔비엔푸(奠邊府) Điện Biên Phủ

베트남 북서부 산악지대에 있는 작은 도시 이름이다. 세계사에서 한 획을 그었던 디엔비엔푸 전투(P.546)가 벌어졌던 장소이다. 1954년에 일어난 프랑스 군대와의 전투에서 베트남이 승리하며, 인도차이나 전쟁의 종지부를 찍었다.

2월 3일 거리 Đường 3 Tháng 2(Đường 3/2)

1930년 홍콩에서 인도차이나 공산당 Đông Dương Cộng Sản Đảng을 창당한 날이다. 인도차이나 공산당은 훗날 베트남 공산당이 되었기 때문에, 매년 2월 3일은 베트남 공산당 창당일로 여겨진다.

4월 30일 거리 Đường 30 Tháng 4(Đường 30/4)

사이공이 함락되면서 베트남이 통일된 날이다. 4월 30일은 사이공 해방 기념일로 정해 국경일로 지정되어 있다.

9월 2일 거리 Đường 2 Tháng 9(Đường 2/9)

1945년 9월 2일 호찌민 주석이 하노이 바딘 광장에서 독립을 선포한 날이다. 국경일로 지정되어 있다. 공교롭게도 호찌민 주석이 서거한 날도 9월 2일(1969년)이다.

Vietnam Food

베트남 음식

베트남 여행에서 빼놓을 수 없는 재미. 담백한 베트남 음식은 한국인의 입맛에도 부담 없이 접근이 가능하다. 쌀과 국수를 이용한 음식이 많고, 가볍게 먹을 수 있는 단품 요리들이 많다. 지역별로 향토색이 가득한 음식까지 있어 선택의 폭이 다양하다. 하노이 요리(P.448), 후에(훼) 요리(P.387), 호이안 요리(P.311)는 별도로 다룬다.

식당에서 알아두면 유용한 베트남어

각종 음식 재료의 베트남어 명칭과 조리 방법을 알아두자. 음식 이름은 재료+조리 방법으로 이루어지기 때문에 몇 가지만 알면 무슨 음식인지 쉽게 파악할 수 있다. 퍼 Phở(쌀국수)+보 Bò(소고기), 미 Mì(국수)+싸오 Xào(볶음)+가 Gà(닭고기), 신또 Sinh Tố(셰이크)+쏘아이 Xoài(망고), 러우 Lẩu(전골 요리)+하이싼 Hải Sản(해산물), 껌 Cơm(밥)+찌엔 Chiên(볶다)+쯩 Trứng(달걀) 이런 식의 조합이 된다.
참고로 고기 종류들은 고기를 뜻하는 '팃 Thịt'을 붙여서 팃가 Thịt Gà, 팃보 Thịt Bò, 팃헤오 Thịt Heo라고 표기하기도 한다. 돼지고기는 남쪽 지방에서는 헤오 Heo, 북쪽 지방에서는 런 Lợn이라고 부른다.

음식 재료

가 Gà / 팃가 Thịt Gà(닭고기 chicken)	똠 Tôm(새우 prawn/shrimp)
헤오 Heo / 팃헤오 Thịt Heo(돼지고기 pork)	믁 Mực(오징어 squid/cuttlefish)
런 Lợn / 팃런 Thịt Lợn(돼지고기 pork)	르언 Lươn(장어 eel)
보 Bò / 팃보 Thịt Bò(소고기 beef)	꾸어 Cua(게 crab)
제(예) Dê / 팃제(팃예) Thịt Dê(염소고기 goat)	게 Ghẹ(꽃게 sentinel crab)
빗 Vịt(오리고기 duck)	쯩 Trứng(달걀 egg)
엑 Ếch(개구리 frog)	라우(자우) Rau(채소 vegetable)
하이싼 Hải Sản(시푸드 seafood)	껌 Cơm(밥 rice)
까 Cá(생선 fish)	

조리 방법

고이 Gỏi 무침(샐러드)	코 Kho 졸이다	루옥 Luộc 데치다	찌엔(남부) Chiên 튀기다
꾸온 Cuốn 말다	싸오 Xào 볶다	느엉 Nướng 굽다	헙 Hấp 찌다
깐 Canh 찌개/국	랑(장) Rang 볶다	꿰이 Quay 통째로 굽다	너우 Nấu 삶다
러우 Lẩu 전골 요리	잔(북부) Rán 튀기다		

향신료

느억맘 Nước Mắm (생선소스 fish sauce)	저우하오 Dầu Hào (굴소스 oyster sauce)	느억뜨엉 Nước Tương (간장 soy sauce)
무오이 Muối(소금 salt)	엇 Ớt(고추 chilli)	또이 Tỏi(마늘 garlic)
띠에우 Tiêu(후추 pepper)	꿰이 Quay 통째로 굽다	쭈어 Chua 시다
드엉 Đường(설탕 sugar)	긍 Gừng(생강 ginger)	한 Hành(파 onion)
엇 쭈옹 Ớt Chuông(피망 pimento)	싸 Sả(레몬그라스 lemongrass)	메 Me(타마린드 tamarind)
까이 Cay 맵다	응옷 Ngọt 달다	만 Mặn 짜다

채소 종류

밥 Bắp(옥수수 corn)	넘 Nấm(버섯 mushroom)	즈아쭈옷 Dưa Chuột(오이 cucumber)
까띰 Cà Tím(가지 eggplant)	까롯 Cà Rốt(당근 carrot)	밥까이 Bắp Cải(배추 cabbage)
까쭈어 Cà Chua(토마토 tomato)	더우푸 Đậu Phụ(두부 tofu)	

스프링 롤(월남쌈) Spring Roll

흔히 월남쌈이라고 부르는 가장 기본적인 베트남 음식이다. 레스토랑에 따라 첨가하는 허브 종류가 다양하다. 향이 너무 강하면 빼고 먹을 것. 바삭하게 튀긴 '짜조(짜요)'는 한국인들도 부담 없이 먹기 좋다.

짜조(짜요) Chả Giò /
Fried spring roll
다진 고기와 버섯, 당면을 넣은 월남쌈을 튀긴 스프링 롤(춘권)이다. 북부 지방에서는 '넴잔 Nem Rán'이라고 부른다.

고이꾸온 Gỏi Cuốn /
Fresh spring rolls with pork and prawn
'월남쌈' 중에서 가장 기본이 되는 음식. 라이스페이퍼(반짱 Bánh Tráng)에 새우와 돼지고기, 채소, 허브를 넣는다.

퍼꾸온 Phở Cuốn /
Steamed rice crepe rolls with beef
고이꾸온과 동일한 월남쌈이지만 넓적한 생면(퍼)을 이용한다. 고이꾸온에 비해 쫄깃하다. 북부에서 즐겨 먹는다.

반꾸온(바잉꾸온) Bánh Cuốn /
Steamed rice crepes with minced pork filling
스팀을 이용해 라이스페이퍼(반짱)를 한 장씩 즉석에서 만들어 다진 돼지고기와 버섯을 넣는다. 북부 지방에서 유래한 음식이다.

반봇록 Bánh Bột Lọc
바나나 잎에 타피오카 전분과 새우를 넣고 찐 음식. 바나나 잎의 향과 타피오카의 쫄깃함이 잘 어울린다. 후에(훼)를 중심으로 중부 지방에서 즐겨 먹는다.

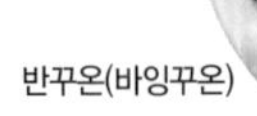
반꾸온(바잉꾸온)

수프 & 찌개 Canh & Lẩu

더운 나라라 찌개를 많이 먹을 것 같지 않지만, 밥을 주식으로 하기 때문에 찌개를 곁들여 식사한다. 저녁때는 전골 요리를 즐기는 사람도 많다.

깐 쭈어 Canh Chua / **Vietnamese sour soup**
베트남 사람들이 즐겨먹는 찌개다. 생선 소스와 타마린드, 토마토, 파인애플을 넣어 시큼하면서 단맛을 낸다. 생선을 넣은 깐 쭈어 까 Canh Chua Cá가 가장 인기 있다.

깐 까이응옷 Canh Cải Ngọt / **Vietnamese soup with Vegetables**
겨자나물, 청경채 같은 녹색 채소를 이용해 만든다. 돼지고기를 함께 넣고 국물을 우려내기도 한다.

깐 비다오뇨이팃 Canh Bí Đao Nhồi Thịt / **Winter melon soup stuffed with pork**
동아(Winter melon)와 다진 돼지고기를 넣고 만든 찌개. 동아는 약간 쓴맛을 낸다.

숩 망떠이 꾸어 Súp Măng Tây Cua / **Asparagus Crab Soup**
게살과 아스파라거스와 달걀을 함께 넣은 수프. 게살만 넣을 경우 '숩 꾸어 Súp Cua'가 된다.

러우 Lẩu / **Hot Pot**
'훠궈'와 비슷한 전골 요리이다. 커다란 냄비에 육수를 넣고 원하는 음식재료를 넣어 익혀 먹는다. 해산물 전골 요리인 러우 하이싼 Lẩu Hải Sản이 대표적이다.

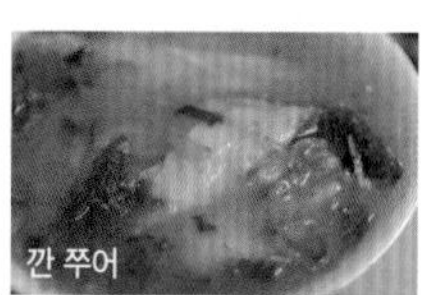
깐 쭈어

깐 까이응옷

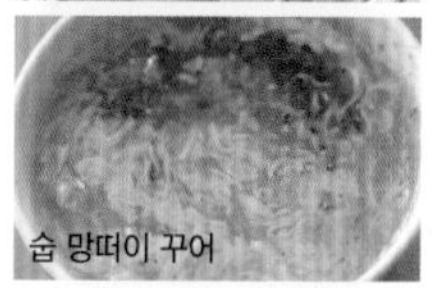
숩 망떠이 꾸어

러우

바게트 Bánh Mì

프랑스 식민지배의 영향 때문에 베트남에서도 바게트(반미)가 흔하다. 아침식사는 물론 간식거리로도 인기 있다. 소고기 조림, 돼지고기 구이, 닭고기, 피클 등을 넣어 샌드위치로 즐긴다.

반미 팃 느엉 Bánh Mì Thịt Nướng / **Baguette with grilled meat**
고기구이를 넣은 바게트 샌드위치

반미 옵라 Bánh Mì Ốp La / **Baguette with vietnamese omelette**
바게트와 함께 곁들이는 오믈렛. 냄비에 오믈렛을 담아주는 곳도 있다.

반미 보코 Bánh Mì Bò Kho / **Baguette with beef stew**
바게트와 함께 곁들이는 소고기 스튜.

반미 팃 느엉

반미 옵라

반미 보코

국수 & 면 Phở & Bún

베트남에서 가장 흔하고 대중적인 음식이다. 쌀국수는 면발의 굵기에 따라 구분된다. 넓적한 쌀국수가 '퍼 Phở', 가는 면발의 쌀국수가 '분 Bún'이다. '퍼'는 Noodle Soup, '분'은 Vermicelli로 표기한다. 당면인 '미엔 Miến'을 넣은 국수도 있다. 볶음 국수는 달걀을 넣어 반죽한 노란색 국수인 '미 Mì'가 주로 사용된다. 지방에 따라 국수 형태가 달라 선택의 폭이 다양하다.

퍼보 Phở Bò / **Beef noodle soup**

쌀국수 중에서도 가장 대중적인 소고기 쌀국수이다. 생고기를 육수에 데쳐서 넣을 경우 퍼보 따이 Phở Bò Tái', 삶은 소고기를 편육처럼 썰어서 올릴 경우 퍼보 찐 Phở Bò Chín이라고 한다.

퍼가 Phở Gà / **Chicken noodle soup**

닭고기 쌀국수로 퍼보에 비해 쌀국수가 부드럽다. 연한 닭고기 살과 담백한 육수가 잘 어울린다.

퍼보코 Phở Bò Kho / **Beef stew noodle soup**

소고기와 토마토 스튜를 육수로 이용한 쌀국수. 프랑스 음식의 영향을 받아서 육수가 달콤한 맛을 낸다. '후띠에우'를 넣으면 '후띠에우 보코'가 된다.

후띠에우 Hủ Tiếu

메콩 델타 지방에서 즐겨 먹는 쌀국수이다. 건면을 이용하기 때문에 면발이 두툼하고 쫄깃하다. 후띠우 Hủ Tiu라고 부르기도 한다.

분보후에(분보훼) Bún Bò Huế / **Hue spicy noodles soup**

후에(훼) 지방의 분보(소고기 국수). 소고기 뼈로 육수를 내며 칠리 오일을 첨가해 매콤한 맛을 낸다. 가는 면발인 '분'을 사용한다.

분짜까 Bún Chả Cá

분(가는 면발의 쌀국수 생면)에 짜까(생선 어묵 튀김)를 넣은 쌀국수이다. 매콤한 육수와 어묵의 질감이 잘 어울린다.

분지에우 Bún Riêu

북부 지방에서 흔하게 볼 수 있는 쌀국수의 한 종류이다. 육수에

퍼보

퍼가

퍼보코

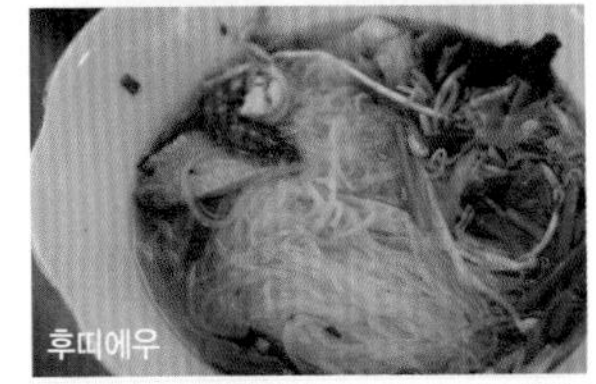
후띠에우

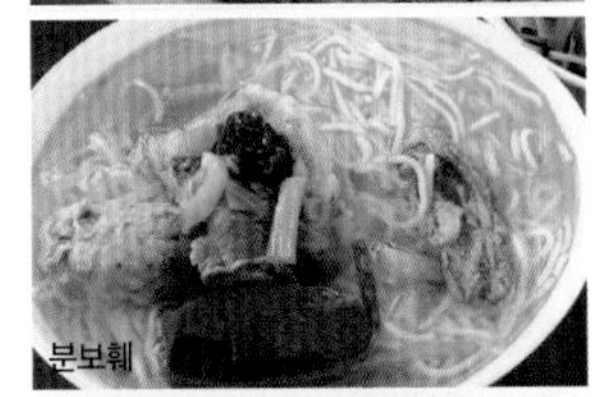
분보훼

분짜까

분지에우

토마토를 넣어 매콤하면서 시큼한 맛을 낸다. 게살을 넣은 분지에우 꾸어 Bún Riêu Cua와 소라를 넣은 분지에우 옥 Bún Riêu Ốc이 대표적이다.

미엔꾸어

미엔꾸어 Miến Cua
당면을 이용한 쌀국수에 게살을 고명으로 넣는다.

미꽝

미꽝 Mì Quảng
다낭을 포함한 베트남 중부지방에서 유명한 비빔국수다. 두툼한 면발에 새우, 땅콩, 채소, 허브를 함께 넣는다.

분팃느엉

분팃느엉 Bún Thịt Nướng /
Rice noodles with BBQ pork and vegetables
석쇠에 구운 양념 돼지고기와 채소를 '분' 위에 올린 것. 소스를 넣어 비빔국수처럼 먹는다.

분짜

분짜 Bún Chả
북부지방에서 대중적인 음식이다. 분(가는 면발의 쌀국수)과 짜(숯불에 구운 돼지고기 경단)로, 국수와 고기구이를 적당히 떼어서 국수와 파파야를 썰어 넣은 느억맘 소스에 찍어 먹는다.

분넴

분넴 Bún Nem
간편한 북부지방 음식이다. '분'과 '넴잔 Nem Rán'이 합쳐진 것으로 국수와 스프링 롤을 느억맘 소스에 찍어 먹는다.

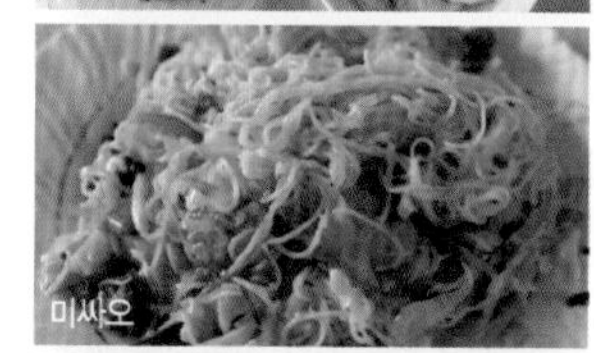
미싸오

미싸오 Mì Xào / **Stir fried egg noodle**
베트남에서 가장 일반적인 볶음국수. 달걀을 넣고 반죽해 노란색을 띠는 국수인 '미'를 이용한다. 소고기를 넣으면 미싸오팃보 Mì Xào Thịt Bò, 닭고기를 넣으면 미싸오팃가 Mì Xào Thịt Gà가 된다.

미싸오존(미싸오욘)

미싸오존(미싸오욘) Mì Xào Giòn(Mì Xào Dòn)
Stir fried crispy egg noodle
'미'를 기름에 튀겨서 바삭하게 만든 것. 바삭한 국수와 볶음 요리를 함께 맛볼 수 있다.

퍼싸오

퍼싸오 Phở Xào / **Stir fried 'pho' noodle**
넓적한 쌀국수(퍼) 면발을 이용한 볶음국수. 굴 소스, 생선 소스, 간장을 넣고 살짝 볶는다.

밥 Cơm

베트남에서 밥은 '껌 Cơm'이라고 부른다. 쌀국수와 더불어 베트남 음식의 기본이 된다. 볶음밥과 덮밥, 뚝배기 밥까지 단품 요리 형태로 가벼운 식사가 가능하다. 베트남에서는 밥을 먹을 때 숟가락을 사용하지 않고 젓가락만 사용한다.

짜오 Cháo / Rice congee
가벼운 아침식사로 애용되는 쌀죽이다. 닭고기를 넣은 짜오가 Cháo Gà, 돼지고기를 넣은 짜오팃헤오 Cháo Thịt Heo, 새우를 넣은 짜오똠 Chạo Tôm이 무난하다.

껌짱 Cơm Trắng / Plain rice
일종의 공깃밥이다. 반찬과 함께 밥을 주문할 때 '껌짱'이라고 한다. 영어로 'Plain Rice' 또는 'Steamed Rice'라고 적혀 있다.

껌보 Cơm Bò / Fried beef with rice
소고기구이를 밥 위에 올려주는 덮밥. 돼지고기 덮밥은 껌헤오이다.

껌가 Cơm Gà / Chicken rice
닭고기 덮밥. 로스트 치킨을 얹어 줄 경우 껌가꿰이 Cơm Gà Quay, 푹 삶은 닭고기를 얹어 줄 경우에는 껌가루옥 Cơm Gà Luộc이 된다.

껌찌엔(껌장) Cơm Chiên(Cơm Rang) / Fried rice
껌찌엔은 볶음밥을 뜻한다. 북부 지방에서는 '껌장' Cơm Rang이라고 부른다. 쯩(달걀) Trứng, 똠(새우) Tôm, 팃보(소고기) Thịt Bò, 팃가(닭고기) Thịt Gà, 팃헤오(돼지고기) Thịt Heo를 첨가하면 된다. 모둠 볶음밥은 껌찌엔 텁깜 Cơm Ciên Thập Cẩm이다.

껌찌엔 짜이 Cơm Chiên Chay / Fried rice with vegetables
야채 볶음밥.

껌찌엔 짜이텀 Cơm Chiên Trái Thơm / Fried rice in pineapple
볶음밥을 파인애플에 담아준다.

껌쎈 Cơm Sen
밥(껌)과 연꽃(쎈)을 결합한 음식이다. 연꽃 열매와 채소를 넣어 밥을 한 다음, 연꽃잎에 담아서 밥을 내준다. 고기나 햄을 넣기도 한다.

껌 따이껌 Cơm Tay Cầm / Clay pot rice
새우나 해산물, 고기와 채소를 함께 넣고 뚝배기에 지은 밥. 경우에 따라서 볶음밥을 뚝배기에 담아주기도 한다.

쏘이 Xôi / Sticky rice
베트남에서 찰밥을 '쏘이'라고 부른다. 녹두를 갈아 넣은 노란색 찰밥(쏘이 쎄오 Xôi Xéo)도 있다. 돼지고기 간장 조림(Thịt Kho Tầu), 닭고기 살(Gà Luộc), 달걀 프라이(Trứng Ốp) 등을 곁들여 먹는다.

쏘이찌엔퐁 Xôi Chiên Phồng
떡처럼 만든 찰밥을 둥글게 반죽해 기름에 튀기면서 풍선처럼 크게 부풀린 음식.

채소 Món Rau

굴소스를 이용한 볶음 요리들은 채식 메뉴가 가능하다.

라우므옹 싸오또이

까이티아 싸오 저우하오

도싸오짜이

라우므옹 싸오또이(자우므옹 싸오또이)

Rau Muống Xào Tỏi / **Stir fried morning glory with garlic**

마늘과 고추를 잘게 다져서 볶은 공심채 요리. 베트남 사람들에게 기본적인 밥반찬으로 인기가 높다.

까이티아 싸오 저우하오 Cải Thìa Xào Dầu Hào

Stir fried cabbage with oyster sauce

굴소스로 요리한 청경채 볶음.

도싸오짜이 Đồ Xào Chay / **Stir fried with mixed vegetables**

굴소스를 이용한 다양한 채소 볶음.

고기 Thịt

베트남 음식의 메인 요리들은 대부분 고기를 사용한다. 소고기, 닭고기, 돼지고기가 가장 대중적이며 오리, 개구리, 염소 등도 음식 재료로 사용된다. 대부분의 레스토랑은 고기 종류별로 구분해 메뉴판의 음식을 나열해 놓았다.

넴느엉

보 네

빗뗏

넴느엉 Nen Nướng / **Grilled ground pork**

돼지고기를 갈아서 둥글게 만든 석쇠구이. 꼬치구이처럼 만들기도 한다. 채소를 곁들여 라이스페이퍼에 싸서 먹는다.

빗뗏 Bít Tết / **Vietnamese stake**

프랑스의 영향을 받은 베트남식 스테이크. 바게트(반미)를 곁들인다. 소고기 스테이크는 보빗뗏 Bò Bít Tết이라고 한다.

보 네 Bò Né / **Sizzling Beef Steak**

소고기 스테이크(보빗뗏 Bò Bít Tết)와 동일하지만, 철판에 스테이크와 달걀 프라이를 함께 올려주는 것이 특징이다. 보빗뗏도 철판에 올려주는 레스토랑도 있다.

보라롯 Bò Lá Lốt /
Beef wrapped in betel lea ves
양념한 소고기를 잘게 썰어서 '롯'이라는 향긋한 식물에 싸서 숯불에 굽는다. 땅콩을 살짝 뿌려서 느억맘에 찍어 먹는다.

보룩락 Bò Lúc Lắc
네모난 모양으로 깍둑썰기 해서 구운 소고기 스테이크. 설탕과 간장, 마늘로 만든 소스를 발라 굽는다. 채소와 토마토 샐러드, 프렌치프라이를 곁들인다.

보늉점 Bò Nhúng Giấm(Bò Nhúng Dấm) /
Sliced beef in vinegar broth
식초를 넣은 육수에 얇게 썬 소고기를 살짝 데쳐서 익힌 음식. 조리방법은 샤부샤부와 비슷하다. 라이스페이퍼에 채소, 허브를 적당히 넣어 싸 먹는다.

보코 Bò Kho / **Beef stew with tomato**
토마토를 넣은 소고기 스튜.

팃헤오루옥 Thịt Heo Luộc
삶은 돼지고기. 편육처럼 썰어서 느억맘이나 젓갈에 찍어 먹는다. 채소를 곁들여 라이스페이퍼(반짱)에 싸서 먹으면 돼지고기 쌈인 팃헤오루옥 꾸온반짱 Thịt Heo Luộc Cuốn Bánh Tráng이 된다.

팃헤오 싸오쭈어응옷
Thịt Heo Xào Chua Ngọt /
Fried pork with sweet and sour sauce
돼지고기를 새콤달콤한 소스를 이용해 볶은 음식. 중국의 탕수육이 베트남식으로 변형된 것으로 피망, 토마토를 넣는다. 돼지갈비를 넣으면 쓰언헤오 싸오쭈어응옷 Sườn Heo Xào Chua Ngọt, 닭고기를 넣으면 가 싸오쭈어응옷 Gà Xào Chua Ngọt이 된다.

팃헤오 코또 Thịt Heo Kho Tộ /
Braised pork in clay pot
뚝배기 돼지고기 조림.

쓰언람만(쓰언잠만) Sườn Ram Mặn /
Pork ribs braised in coco nut
베트남식 양념 돼지갈비. 양념장은 생선소스, 굴소스, 설탕, 마늘을 이용해 만든다. 돼지갈비를 튀긴 다음에 코코넛으로 단맛을 입힌다.

가 느엉 싸떼 Gà Nướng Sa Tế /
Grilled chicken satay
닭고기 사테(양념을 발라 구운 꼬치구이).

가 싸오 긍 Gà Xào Gừng /
Stir fried chicken with ginger
닭고기와 생강을 함께 볶은 음식. 캐러멜 소스를 첨가할 경우 '가 코 긍 Gà Kho Gừng'이라고 한다.

보 싸오 넘 Bò Xào Nấm /
Stir fried beef with mushrooms
소고기와 버섯볶음. 일반적으로 굴소스와 후추를 넣어 요리한다.

보 싸오 싸엇 Bò Xào Sả Ớt /
Stir fried lemon grass with beef
레몬그라스를 잘게 썰어서 고추, 양파, 소고기와 함께 볶은 요리. 닭고기를 넣으면 가 싸오싸엇 Gà Xào Sả Ớt이 된다.

해산물 Đồ Biển

기다란 해안선 덕분에 해산물 요리가 발달했다. 새우와 생선, 오징어 요리는 일반 식당에서 흔히 볼 수 있다.

짜오똠 Chạo Tôm / **Grilled shrimp on sugarcane**
다진 새우 살을 사탕수수에 둥글게 말아서 구운 요리. 일반적으로 '분'과 함께 먹는다.

묵 싸오 싸엇 Mực Xào Sả Ớt /
Stir fried lemongrass with squid
레몬그라스를 잘게 썰어서 고추, 양파, 오징어와 함께 볶은 요리.

묵 싸오 까리 Mực Xào Cà Ry /
Sauteed squid with curry
오징어와 양파, 피망을 넣은 카레 볶음.

똠란봇 Tôm Lăn Bột / **Deep fried prawn in batter**
튀김옷을 입힌 새우 튀김.

반똠(바잉똠) Bánh Tôm
쌀가루 튀김옷을 입혀 바삭하게 튀긴 새우 요리. 튀김옷에 고구마를 갈아 넣는 것이 특징이다.

묵찌엔존 Mực Chiên Giòn(Mực Chiên Dòn) /
Deep fried squid
바삭한 오징어 튀김. 달콤한 칠리소스에 찍어 먹는 요리다.

하오느엉 Hào Nướng / **Fresh oyster**
신선한 석화로 마늘 튀김, 라임, 칠리소스를 곁들여 먹는다.

쏘디엡 느엉머한 S ò Điệp Nướng Mỡ Hành /
Grilled scallop with green onion and peanuts
땅콩과 파를 넣은 가리비 구이. 라임, 고추, 생선소스와 함께 버무리면 가리비 샐러드(고이 쏘 디엡 Gỏi Sò Điệp)가 된다.

응에우 헙 싸 Nghêu Hấp Xả /
Steamed clams with lemo ngrass
레몬그라스를 넣고 끓인 조개탕. 생강을 넣으면 응에우 헙 긍 Nghêu Hấp Xả Gừng이 된다.

옥 브어우 뇨이 팃 헙(옥 뇨이 팃)
Ốc Bươu Nhồi Thịt Hấp / **Snail stuffed with meat**
달팽이 살과 향초를 다져서 달팽이 껍데기에 채워서 찐 음식.

까 코또 Cá Kho Tộ /
Clay pot fish with caramel sauce
생선 뚝배기 조림. 생선소스, 캐러멜소스, 후추, 코코넛을 넣어 요리한다.

까헙 긍한 Cá Hấp Gừng Hành /
Steamed Fish with Ginger and Scallions
생강과 파를 넣은 생선 찜.

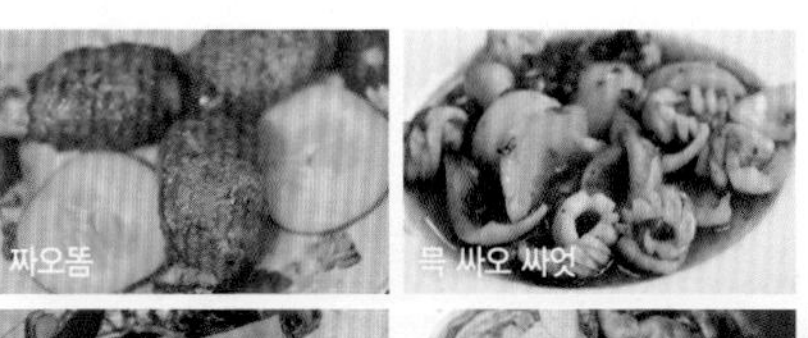

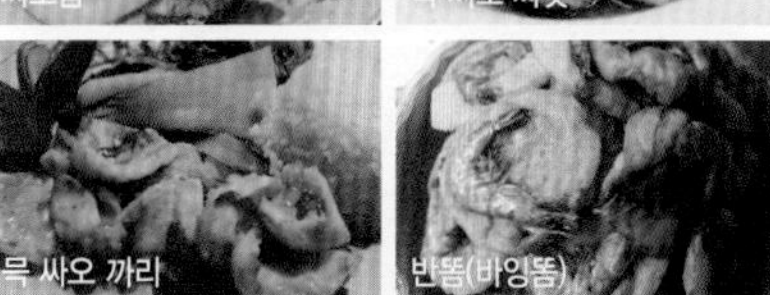

똠깡느엉

똠랑메(똠장메)

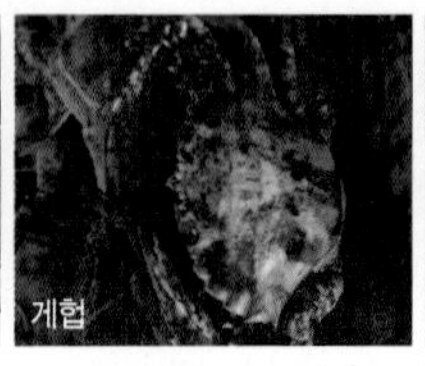
게헙

까 따이뜨엉 찌엔 쑤

묵뜨어이느엉 Mực Tươi Nướng /
BBQ squid
오징어 바비큐.

똠깡느엉 Tôm Càng Nướng / **Grilled prawn**
새우구이 바비큐. 타마린드 소스에 소금을 살짝 발라서 굽는다.

깡꾸어찌엔똠 Càng Cua Chiên Tôm /
Deep fried crab claw stuffed with shrimp
게살과 새우살을 다져서 만든 튀김. 일반적으로 게 다리에 둥글게 감싸서 튀긴다.

똠랑무오이(똠장무오이) Tôm Rang Muối /
Fried prawn with salt and pepper
통째로 튀긴 새우를 소금과 후추, 마늘에 볶은 음식.

꾸어랑무오이(꾸어장무오이) Cua Rang Muối /
Fried crab with salt and pepper
통째로 튀긴 게를 소금과 후추, 마늘에 볶은 음식.

똠랑메(똠장메) Tôm Rang Me /
Fried prawn with tam arind sauce
타마린스 소스를 이용한 새우 볶음 요리.

꾸어랑메(꾸어장메) Cua Rang Me /
Fried crab with tamarind sauce
타마린드 소스를 이용한 게 볶음요리.

게헙 Ghẹ Hấp / **Steamed sentinel crab**
꽃게를 스팀으로 찐 것.

까 따이뜨엉 찌엔 쑤 Cá Tai Tượng Chiên Xù
메콩 델타 지방에서 잡히는 코끼리 귀 모양의 생선 튀김.

똠쑤헙 Tôm Sú Hấp / **Steamed prawn**
스팀을 이용해 찐 새우. 새우의 부드러운 질감을 살리기 위해 코코넛 주스에 재웠다가 찌면(똠쑤헙 느억즈어 Tôm Sú Hấp Nước Dừa) 맛이 좋다. 맥주를 넣은 맥주 새우 찜은 똠쑤헙비아 Tôm Sú Hấp Bia가 된다.

알아두세요 베트남의 대중식당, 껌빈전(껌빙전) Cơm Bình Dân

베트남에서 흔히 볼 수 있는 서민적인 식당입니다. 남부 지방에서는 껌빈전, 북부 지방에서는 껌빙전이라고 부릅니다. 껌은 '밥'을 뜻하고 빈전(빙전)은 '일반'이라는 뜻입니다. 일반 식당, 즉 밥집이 되겠군요. 채소 볶음부터 고기, 생선, 국까지 각종 반찬을 진열해 놓고 있습니다. 원하는 음식을 고르면 접시에 밥과 함께 내줍니다. 에어컨 시설이나 쾌적함은 기대할 수 없지만 저렴한 것이 장점입니다. 한 끼에 6~8만 VND으로 해결할 수 있습니다. 도시보다 시골로 갈수록 분위기는 더 허름해지고 밥값은 싸진답니다.

디저트 Dessert

과일을 이용한 디저트들이 많다. 달고 차가워서 더위를 식히는 역할도 해준다. 카페나 노점에서 흔히 볼 수 있다.

쩨(째) Chè

베트남에서 가장 흔하고 대중적인 디저트이다. 유리컵에 담아주는 빙수로 열대 과일이나 코코넛, 타피오카, 단팥, 녹두, 연꽃 씨앗 등을 넣어 달콤한 맛을 낸다.

껨(깸) Kem

코코너스, 망고, 두리안 같은 열대 과일을 이용한 아이스크림이 많다.

신또 Sinh Tố

한두 종류의 과일을 선택해 연유와 얼음을 넣고 믹서에 갈아서 만든 과일 셰이크다. 여러 종류의 과일을 섞을 경우 '신또텁껌 Sinh Tố Thập Cẩm(Mixed Fruit Shake)'이라고 한다.

느억미아 Nước Mía

베트남의 대표적인 서민 음료인 사탕수수 주스. 라임과 파인애플을 함께 짜서 상큼한 과일 향과 단맛을 추가한다.

반프란(껨 까라멜) Bánh Flan

프랑스의 영향을 받은 디저트. 달걀노른자와 우유, 캐러멜을 넣어 만든 푸딩으로 '껨 까라멜'이라고 불리기도 한다.

쓰어쭈어 Sữa Chua

우유로 만든 떠먹는 요구르트. 얼려 먹어도 맛이 좋다. 디저트 가게에서 직접 만들기도 하고, 비나밀크 Vina Milk 같은 대형 회사에서도 생산한다.

쩨(째)

껨(깸)

신또

사탕수수 주스 느억미아

반프란

쓰어쭈어

커피 & 차 Cà Phê & Trà

베트남 사람들은 시도 때도 없이 커피를 마신다. 세계 3위의 커피 수출국답게 베트남 사람들의 커피 사랑은 유별나다. 아침에 눈뜨면 쌀국수를 먹고 커피를 마시는 것이 보편적인 일상이다. 베트남 커피는 진하고 묵직한 것이 특징이다. 커피는 '까페 Cà Phê'라고 발음하며, 달달한 연유를 넣을 경우 '쓰어 Sữa', 얼음까지 넣으면 '다 Đá'를 붙인다.

까페 덴 농 Cà Phê Đen Nóng /
Black Coffee
블랙 커피. 에스프레소에 가까울 정도로 진하다.

까페 다 Cà Phê Đá /
Black coffee with ice
아이스 블랙 커피.

까페 쓰어 다 Cà Phê Sữa Đá /
Ice coffee with milk
연유를 넣은 아이스 커피. 연유를 많이 넣기 때문에 단맛이 강하다.

박씨우 Bạc Xỉu
베트남식 아이스 라테. 커피보다 우유와 연유가 더 많이 들어간다. 화이트 커피라고 불리기도 한다.

까페 즈어(코코넛 커피) Cà Phê Dừa
단맛을 내기 위해 연유 대신 코코넛을 갈아서 넣는다. 커피와 과즙이 어우러져 향긋하고 부드러운 맛을 낸다.

까페 쯩(에그 커피) Cà Phê Trứng
하노이에서 즐겨 마시는 커피. 달걀노른자를 휘핑크림처럼 만들어 커피에 첨가한다.

짜다 Trà Đá / **Ice Tea**
고급스런 아이스 티가 아니라 얼음물에 가깝다. 식당에서 마시는 보리차 정도로 생각하면 된다.

까페 덴 농

까페 쓰어

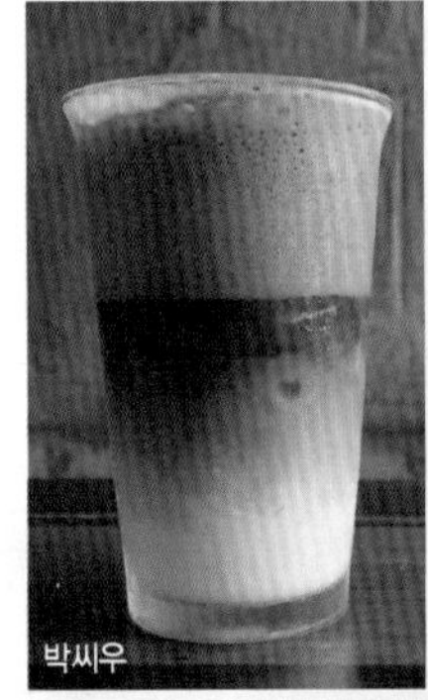
박씨우

코코넛 커피

베트남 캔커피
에그 커피

술 & 맥주 Rượu & Bia

베트남에서는 커피만큼이나 맥주도 흔하다. 맥주 한 병(작은 병)에 2만 VND 정도로 저렴해서 저녁식사 때는 물처럼 마시는 사람도 흔하다. 더운 나라여서 맥주에 얼음을 타서 마시는 모습을 흔하게 볼 수 있다. 음주에 대해 특별한 제약이 없어 술에 대해 관대하다.

비아 Bia

베트남을 대표하는 맥주는 바바바(333) 맥주 Bia 333로 전국적으로 유통된다.
남쪽은 사이공 맥주 Bia Sài Gòn, 북쪽은 하노이 맥주 Bia Hà Nội와 하리다 맥주 Bia Halida가 인기 있다. 후에(훼)에서는 후다 맥주 Bia Huda를 즐겨 마신다.

비아 허이 Bia Hơi

베트남 생맥주로 '신선한 맥주'라는 뜻이다. 홉과 쌀을 섞어서 맥주를 만들기 때문에 도수가 2~4도 정도로 맥주치고는 매우 가볍다. 일반 레스토랑에서 판매하기보다는 거리의 노점이나 상점에서 판매하고 있다.

넵머이 Nếp Mới

찹쌀로 빚은 베트남 보드카. 알코올 도수는 39.5도.

르어우 껀(즈어우 껀) Rượu Cần

쌀과 허브를 발효시켜 만든 곡주. 북부 지방과 중부 고원 지대의 소수민족들이 만든다.
작은 항아리에 술이 담겨 있으며, 대나무 빨대를 꽂아 여러 명이 동시에 마신다.

르어우 방(즈어우 방) Rượu Vang

포도 재배나 와인을 즐기는 나라는 아니지만, 고원 지대인 달랏에서 와인이 생산된다. 와인보다 포도주에 가까우며 저렴하다.

전국 유통되는 바바바(333) 맥주

사이공 맥주 (비아 사이공)

하노이 맥주(비아 하노이)

비아 허이

넵머이

르어우 껀

르어우 방

과일 Hoa Quả / Trái Cây

베트남에는 열대지방에서만 볼 수 있는 독특한 과일들이 널려 있다. 바나나(쭈오이 Chuối), 파인애플(즈어 Dứa 또는 텀 Thơm), 수박(즈어 허우 Dưa Hấu), 오렌지(깜 Cam), 구아바(오이 Ổi), 아보카도(버 Bơ)를 흔하게 볼 수 있다. 망고와 망고스틴, 두리안은 계절적인 영향을 받는다. 물론 대형 백화점에서는 계절에 관계없이 모든 과일을 구입할 수 있지만 제철이 아닌 때에는 맛도 떨어지고 가격도 비싸다.

즈어 Dừa(코코넛 Coconut)
야자수 열매로 시원하게 먹어야 제맛을 느낄 수 있다. 코코넛 껍질을 칼로 쪼개 하얀 과일을 함께 먹는다.

쏘아이 Xoài(망고 Mango)
열대과일 중에 가장 사랑받는 과일이다. 노란 망고와 그린 망고 두 종류가 있다.

써우리엥(써우지엥) Sầu Riêng(두리안 Durian)
도깨비 방망이처럼 생김새도 요상하다. 껍질을 까면 노란색의 과일이 나오는데 입맛을 들이면 중독성이 강해 헤어나기 힘들다. 고약한 냄새로 인해 반입을 금지하는 건물들이 많다.

밋 Mít(잭프루트 Jack Fruit)
두리안과 비슷하게 생겼지만, 더 크고 껍데기가 부드럽다. 껍질을 까면 노란색 과일이 나온다. 향은 강하지만 맛은 부드럽다.

망끗 Măng Cụt(망고스틴 Mangosteen)
열대 과일의 여왕. 자주색 껍데기에 하얀 열매를 갖고 있다. 딱딱한 겉모습과 달리 부드러운 과일로 인해 누구에게나 사랑받는다.

두두 Đu Đủ(파파야 Papaya)
오렌지색 파파야는 과일로 먹고, 그린 파파야는 음식 재료로 쓰인다.

쫌쫌 Chôm Chôm(람부탄 Rambutan)
성게처럼 털이 달린 빨간색 과일. 보기에 우스꽝스럽지만 껍질을 까면 물기 가득한 하얀 알맹이가 단맛을 낸다. 살짝 얼려 먹으면 색다른 맛을 느낄 수 있다.

탄롱 Thanh Long(드래곤 프루트 Dragon Fruit)
선인장 열매로 모양이 독특하다. 빨갛고 둥근 모양으로 껍질을 벗기면 깨 같은 검은 점이 가득 박힌 하얀색 알맹이가 나온다. 맛은 심심한 편이다.

냔 Nhãn(용안 Longan)
용의 눈이라는 독특한 이름을 가진 과일. 갈색 알맹이가 나무 줄기에 대롱대롱 매달려 있다. 살짝 얼려 먹으면 더 좋다.

본본 Bòn Bon
냔(용안)과 비슷하게 생겼지만 껍질이 얇고 알맹이가 더 크다. 메콩 델타 지방에서 대량으로 재배된다.

망꺼우 Mãng Cầu
(커스터드 애플 Custard Apple)
거품이 생긴 것처럼 표면이 울퉁불퉁하다. 껍질은 부드러워 손으로 까면 된다. 흰색 과즙은 단맛이 돈다. 망꺼우 종류가 다양해서 '나 Na'라고 부르기도 한다.

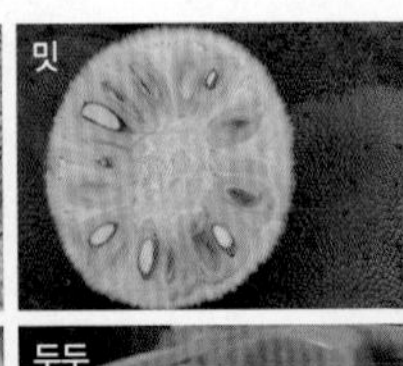

망끗 쫌쫌

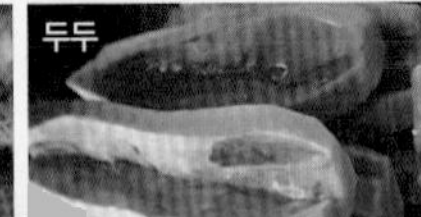

냔

베트남 남부

Thành Phố Hồ Chí Minh (Sài Gòn)

호찌민시(사이공)

프랑스가 통치하던 코친차이나 시절부터 사이공 Sài Gòn으로 불렸으며, 프랑스령 인도차이나의 수도 역할을 하며 '동양의 파리'라는 별명을 얻기도 했다. 현재 베트남의 수도는 하노이지만, 경제와 교통의 중심은 호찌민시다. 베트남의 최대 도시로 '장사꾼들이 사는 도시'라는 비아냥거림을 듣기도 한다. 베트남 전체 인구의 10%(비공식 인구는 1,000만 명이 넘는다)가 살고 있어서 항상 분주하고 소란스럽다. 하지만 전쟁 이후 새롭게 태어난 도시라 젊고 역동적이다.

동남아시아 특유의 무더운 기후와 어울려 도로를 가득 메운 오토바이 행렬에 숨이 턱 막힐 것 같지만, 베트남의 현재를 가장 잘 보여주는 호찌민시는 도시 그 자체로도 흥미롭다. 신축 중인 빌딩과 명품 매장들은 변화하는 호찌민시를 상징적으로 보여준다. 하지만 콜로니얼 건축물이 가득해 유럽의 향기가 남아 있고, 차이나타운을 이루는 쩌런은 전형적인 아시아 고유의 정취를 자아낸다. 통일궁과 전쟁 박물관, 꾸찌 터널과 껀저까지 베트남의 현대사를 한눈에 볼 수 있는 관광지도 많다.

인구 956만 7,656명 | **행정구역** 호찌민 직할시 Thành Phố Hồ Chí Minh | **면적** 2,095㎢ | **시외국번** 028

Ho Chi Minh Best

호찌민시(사이공) 베스트 10

1 통일궁

2 전쟁 박물관

3 노트르담 성당과 중앙 우체국

4 꾸찌 터널(꾸찌 땅굴)

5 벤탄 시장과 동커이 거리 쇼핑

6 메콩 델타 투어

7 인민위원회 청사 앞 호찌민 동상에서 기념사진 찍기

8 여행자 거리에서 맥주 한잔하기

9 쩌런(차이나타운)

10 박물관(호찌민시 박물관, 역사 박물관) 투어

Information

여행에 유용한 정보

은행·환전

호찌민시에서는 은행이 어디 있는지, 환전은 어디서 해야 하는지 걱정할 필요가 없다. 여행자 거리인 팜응우라오 일대와 시내 곳곳에 수많은 은행들의 지점이 있다. ATM은 1회 인출 한도 금액이 200만~500만 VND(약 US$100~250)으로 은행마다 다르다.

한국 영사관 Lãnh Sự Quán Hàn Quốc

대사관은 수도인 하노이에 있지만, 교민이 많이 거주하는 호찌민시에 총영사관을 운영한다. 여권·비자, 재외국민 관련 업무와 호적, 병무, 국제결혼, 사건·사고 관련 업무를 담당한다.

Map P.97-D3 **주소** 107 Nguyễn Du, Quận 1
전화 자동응답 대표 028-3822-5757, 여권·일반민원 028-3824-2593, 사건·사고 093-8500-238 **홈페이지** http://overseas.mofa.go.kr/vn-hochiminh-ko/index.do
운영 월~금요일 08:30~12:00, 13:30~17:00
휴무 토·일요일

기온·여행 시기

전형적인 동남아시아 기후로 일 년 내내 덥다. 평균 기온은 32℃로 가장 더운 4~5월에는 낮 기온이 35℃(최고기온 39℃)를 넘는다. 건기와 우기의 구분이 확실한 편으로 11~4월까지가 건기에 해당한다. 우기는 열대성 몬순으로 스콜 현상이 나타나 더위를 식혀주는 역할을 한다. 계절의 영향 없이 연중 여행이 가능한 도시지만, 상대적으로 덜 더운 12~1월이 여행하기 좋다.

안전·주의 사항

베트남의 다른 도시들과 마찬가지로 여행하기 안전한 도시이다. 하지만 혼잡한 대도시인 만큼 몇 가지 주의 사항이 있다. 오토바이를 이용한 날치기 사고를 가장 주의해야 한다. 가방과 카메라는 항상 몸에 지니고, 본인의 최우선 관심 대상으로 둘 것. 무언가를 부주의하게 들고 다니면 날치기의 표적이 되기 쉽다. 특히 씨클로를 타고 가면서 사진 찍을 때 방심하지 않도록 주의해야 한다.
물건을 팔거나 구걸하는 아이들, 재래시장, 혼잡한 시내버스에서 소매치기도 조심해야 한다. 야간에는 오토바이 뒤에 여자를 태우고 다니며 유혹하는 사기단도 있다. 혹시나 했다가 낭패를 당하니 애초부터 관심을 보이지 말자.
횡단보도가 있지만 잘 지켜지지 않기 때문에 길을 건널 때도 안전에 유의해야 한다. 오토바이가 무섭다고 도로로 뛰어 들어가면 사고의 위험이 있으

알아두세요 호찌민시의 주소 읽는 법

호찌민시의 거리는 번지수가 일정하게 정해져 있어서 주소만 있으면 찾기 쉽습니다. 택시를 탈 때 업소 명칭을 알려주기보다는 주소를 적어서 보여주면 금방 찾아간답니다. 하지만 주요 도로에서 연결되는 비좁은 골목들은 번지수만 가지고 찾기 힘든데요. 예를 들어 241/4 Phạm Ngũ Lão, Quận 1이라고 적혀 있다면, 1군에 속한 팜응우라오 거리 241번지 골목(Hẻm 241 Phạm Ngũ Lão)에 있는 네 번째 집이라는 의미입니다. 큰길에서 목적지가 보이지 않기 때문에, 팜응우라오 241번지를 먼저 찾아서 그 옆에 있는 미로 같이 생긴 골목 안쪽으로 들어가야 합니다. 좁은 골목은 '헴 Hẻm'이라 표기됩니다.

니, 오토바이 진행 방향을 살피면서 천천히 길을 건너도록 하자.

지리 파악하기

베트남 최대 도시이자 직할시인 호찌민시는 동해(남중국해)부터 캄보디아 국경 인근까지 넓은 지역에 걸쳐 있다. 꾸찌와 껀저도 호찌민시에 속해 있다. 행정구역은 모두 19개 군(Quận)과 5개 현(Huyện)으로 구분된다. 1군부터 12군까지가 도시에 해당한다. 특히 1군과 3군은 호찌민시의 핵심 구역으로 과거 '사이공 Sài Gòn'으로 불렸던 지역이다. 호텔과 레스토랑을 포함해 볼거리가 몰려 있다. '쩌런 Chợ Lớn'으로 불리는 5군은 차이나타운을 형성한다. 사이공 강 건너편은 2군 Quận 2(영어로 District 2, 줄여서 D2라고도 쓴다)에 해당된다. 호찌민시가 발전하면서 새롭게 개발되는 지역으로 강변을 끼고 고층 아파트들이 들어서고 있다. 2군 중에서도 타오디엔 Thảo Điền 지역은 외국인이 많이 거주하는 곳으로 국제 학교와 영어 유치원도 어렵지 않게 볼 수 있다.

여행자 시설이 몰려 있는 곳은 1군에 속하는 팜응우라오 거리 Đường Phạm Ngũ Lão, 데탐 거리 Đường Đề Thám, 부이비엔 거리 Đường Bùi Viện이다. 저렴한 숙소와 여행사로 인해 호찌민시에서 외국인들이 가장 많이 몰린다.

여행자 거리와 가까운 곳에 벤탄 시장 Chợ Bến Thành이 있고, 동커이 거리 Đường Đồng Khởi를 따라 코친차이나 시절에 프랑스가 건설한 콜로니얼 건물이 가득하다. 동커이 거리 남단은 사이공 강 Sông Sài Gòn이 흐른다. 벤탄 시장부터 시작해 시내 중심가인 레러이 Lê Lợi 거리는 지하철이 지난다.

호찌민시 전경

호찌민 시내 중심가

Access

호찌민시 가는 방법

베트남 최대 도시답게 항공과 기차, 버스 등 다양한 교통이 발달해 있다. 한국에서 국제선이 취항한다.

항공

베트남에서 가장 분주한 호찌민시 공항의 정식 명칭은 떤선녓 국제공항 Tan Son Nhat International Airport(Sân Bay Quốc Tế Tân Sơn Nhất)이다. 국내선 청사와 국제선 청사로 구분되어 있다. 국내선은 하노이, 다낭, 하이퐁, 후에(훼), 냐짱, 달랏, 푸꾸옥(푸꿕)을 포함해 전국 도시로 취항한다. 국적기인 베트남항공과 저가 항공사인 비엣젯항공, 뱀부항공에서 국내선을 취항한다.

베트남항공

국제선(한국↔베트남)

국제선은 베트남항공, 비엣젯항공, 대한항공, 아시아나항공, 제주항공, 티웨이항공에서 인천↔호찌민시(사이공) 노선을 매일 운항한다. 일부 항공사는 부산↔호찌민시(사이공) 노선도 취항한다. 호찌민시 국제공항(떤썬녓 국제공항)은 국제선 청사가 크지 않아서 입국 절차가 간편하다. 비행기에서 내려 '도착 Arrival' 안내판을 따라가면 입국 심사장(국제선 청사 2층)이 나온다. 입국 카드를 쓸 필요가 없고 여권만 제시하면 된다. 입국 스탬프가 찍히면 1층으로 내려가 수화물을 찾으면 된다. 세관 검사(특별히 신고할 게 없으면 그냥 걸어 나가면 된다)를 마치면 모든 입국 절차는 끝난다. 입국장(공항 1층)에서 환전소와 SIM 카드 판매 데스크가 있다. SIM 카드에 관한 내용은 P.50 참고.

떤썬녓 국제공항 출국장

알아두세요 — 호찌민시 롱탄 국제공항

호찌민 시내에서 동쪽으로 40㎞ 떨어진 곳에 신 공항을 건설 중에 있다. 롱탄 국제공항 Long Thành International Airport으로 2026년 9월 개항을 목표로 하고 있다.

공항에서 시내로 들어가기

떤썬녓 국제공항은 호찌민 시내에서 북서쪽으로 7㎞ 떨어져 있다. 시내와 가깝기 때문에 시내로 가는 방법도 간단하다. 택시, 공항버스, 시내버스가 시내와 여행자 거리를 연결한다. 시내까지는 교통체증을 감안해 1시간 정도 예상하면 된다.

❶ 택시

공항 청사를 나와서(청사를 등지고) 진행 방향 왼쪽으로 가면 택시 탑승장이 있다. 택시 스탠드 Taxi Stand라고 적혀 있으며, 차례를 기다려 택시를 탑승하면 된다. 택시 기사들이 다가와 호객행위를 하는 경우 사설 택시일 확률이 높다. 비나선 택시(흰색) Vina Sun 또는 마이린 택시(초록색) Mai Linh가 안전하다. 빈패스트 Vin Fast(베트남 전기 차 회사)에서 운영하는 싼에스엠 택시 Xanh SM Taxi도 믿을 만하다. 시내 중심가와 여행자 거리(팜응우라오 거리)까지 16만~20만 VND 정도 예상하면 된다. 택시를 탈 때는 영어가 잘 통하지 않기 때문에 목적지 주소(번지수)를 보여주는 게 좋다.

❷ 그랩

그랩(콜택시 애플리케이션)을 이용할 경우 전용 탑승장으로 가야한다. 공항 청사 밖으로 나와서 6번 기둥 앞쪽으로 길을 건너면 Điểm Đón Xe Công Nghệ Ride Hailing이라고 적힌 안내판이 보인다.

❸ 공항버스

공항버스 109번

호찌민시 공항(떤썬녓 국제공항)에서 시내까지 공항버스가 운행된다. 공항 청사를 나와서 정면에 보이는 차도를 하나 건너면, 공항버스 타는 곳이 있다. 현재 운행 중인 공항버스는 109번으로 벤탄 시장을 지나 여행자 숙소가 밀집한 팜응우라오 거리까지 간다. 일반 시내버스에 비해 정차하는 곳이 적은데, 호찌민 시내(종점)까지 30분 정도 걸린다. 단, 배차 시간이 길기 때문에 오래 기다려야 하는 경우도 있다.
공항버스를 운영하는 곳은 베트남의 대표적인 버스 회사인 프엉짱 Xe Buýt Phương Trang(FUTA)이다. 빨간색의 자그마한 미니버스(미니밴)로 109라는 숫자보다 호찌민 시내(사이공)에서 떤썬녓 공항을 오간다는 글자 Xe Buýt Sài Gòn↔Sân

Bay Tân Sơn Nhất가 더 선명하게 적혀 있다. 차량 자체가 작기 때문에 큰 짐을 들고 탈 경우 추가 요금을 받는다. 10㎏ 이상 되는 트렁크를 실을 경우 한 사람의 표를 추가로 사야 한다. 참고로 공항에서 출발하는 72-1번 공항버스는 시외버스로 붕따우 Vũng Tàu까지 운행된다.

• 공항버스 109번

운영 05:45~23:40(40분 간격)

요금 1만 5,000 VND

노선 떤썬녓 공항 국제선 청사 Ga Quốc Tế Tân Sơn Nhất→국내선 청사 Ga Quốc Nội→쯔엉썬 거리 Trường Sơn→쩐꿕호안 거리 Trần Quốc Hoàn→호앙반투 거리 Hoàng Văn Thụ→응우옌반쪼이 거리 Nguyễn Văn Trỗi→남키코이응이아 거리 Nam Kỳ Khởi Nghĩa→함응이 거리 Hàm Nghi→벤탄 버스 정류장 Trạm Bến Thành→팜응우라오 거리 Phạm Ngũ Lão→9월 23일 공원 Công Viên 23/9

• 공항버스 72-1번

운영 06:00~21:00(약 1시간 간격)

요금 16만 VND

노선 떤썬녓 국제공항→국내선 청사→빈응이엠 사원 Chùa Vĩnh Nghiêm→디엔비엔푸 거리 Điện Biên Phủ→사이공 대교 Cầu Sài Gòn→싸로하노이 거리 Xa Lộ Hà Nội→붕따우 버스 터미널 Bến Xe Vũng Tàu

④ 시내버스(152번)

공항과 시내를 연결하는 시내버스는 152번 버스가 유일하다. 공항 청사를 나와서 차선을 하나 건너면, 공항버스 타는 곳 옆(진행 방향으로 오른쪽)에서 출발한다. 버스 노선은 떤썬녓 공항 국제선 청사→떤썬녓 공항 국내선 청사→벤탄 버스 환승 센터(함응이 거리) Trạm Trung Chuyển Xe Buýt Bến Thành(đường Hàm Nghi)→쩐흥다오 거리 Trần Hưng Đạo→로안 플라자 Thảo Loan Plaza 방향으로 운행된다. 팜응우라오 거리로 갈 경우 함응이 거리에 있는 벤탄 버스 환승 센터(Map P.97-E4)에 내리면 된다. 버스 요금(편도)은 5,000VND이며, 수하물이 있으면 추가로 5,000VND을 내야 한다. 운행 시간은 05:30~18:30까지로 밤에 도착하면 이용이 불가능하다.

152번 시내버스

호찌민시 시내에서 공항 가기

택시나 그랩을 이용하는 방법이 가장 편리하다. 여행자 숙소가 몰려 있는 팜응우라오 거리에서 공항으로 갈 때는 109번 공항버스를 이용하면 된다. 팜응우라오 거리 남쪽의 9월 23일 공원 Công Viên 23/9, Ga Hành Khách Xe Buýt Sài Gòn(Map P.102-B2)에서 출발해 벤탄 버스 환승 센터(Map P.97-E4)를 경유해 공항으로 간다. 시내버스(152번)를 탈 경우 벤탄 버스 환승 센터를 이용하면 된다.

기차

호찌민시의 기차역은 호찌민 역이 아니라 사이공 역 Sai Gon Train Station(Ga Sài Gòn)이다. 도시의 옛 이름을 기차역명으로 사용한다. 사이공 역은 3군에 있다. 베트남을 종단하는 통일열차가 출발하는 곳으로 하노이까지 총 1,726㎞를 달린다. 야간열차 침대칸은 표를 구하기가 어려우므로 미리 예약을 해두자.

사이공 역

주소 1 Nguyễn Thông, Quận 3 **전화** 028-3931-8952 **홈페이지** www.vr.com.vn

통일 열차가 출발하는 사이공 역

버스

호찌민시의 메인 버스 터미널은 미엔동 머이 버스 터미널 Bến Xe Miền Đông Mới이다. 달랏(30만 VND), 냐짱(32만 VND), 다낭(47만 VND), 후에(48만 VND)를 포함해 호찌민시 북쪽에 있는 모든 도시로 버스가 운행한다. 그만큼 터미널이 크고 복잡하다.

미엔떠이 버스 터미널 Bến Xe Miền Tây은 호찌민시 남부 지방으로 버스가 출발한다. 벤쩨(12만 VND), 미토(7만 VND), 껀터(23만 VND), 쩌우독(21만 VND), 달랏(30만 VND), 무이네(22만 VND), 냐짱(30만 VND)을 포함해 남부 지역의 도시로 버스가 운행한다. 버스 터미널 두 곳 모두 시내 중심가에서 멀리 떨어져 있어 오가기 불편하다. 여행자 거리에서 출발하는 오픈 투어 버스가 시설도 좋고 편리해서 외국인은 물론 현지인들도 오픈 투어 버스를 선호한다.

버스 터미널 예매 창구

미엔동 머이 버스 터미널
주소 Bến Xe Miền Đông Mới, 501 Hoàng Hữu Nam, Thành Phố Thủ Đức
홈페이지 benxemiendongmoi.com.vn
미엔떠이 버스 터미널
주소 395 Kinh Dương Vương, Quận Bình Tân
전화 028-3875-2953
홈페이지 www.bxmt.com.vn

오픈 투어 버스

베트남의 주요 도시에 정차하고, 여행자들이 선호하는 호텔 주변에서 버스가 출발하기 때문에 편리하다. 카페를 겸한 여행사에서 외국인을 태우기 위해 시작되었던 오픈 투어 버스는 베트남의 주요 버스 회사들도 참여하면서 버스 시설이 한결 좋아졌다. 이동 구간에 따라 좌석 버스와 침대 버스(슬

여행자 거리에서 출발하는 오픈 투어 버스

리핑 버스)로 구분된다. 침대버스는 일반 침대버스(44인승, 34인승)보다 VIP 침대버스(18인승, 22인승)가 시설이 좋은 만큼 요금이 비싸다. 예약할 때 버스의 종류와 침대 좌석칸 위치를 미리 지정할 수 있다.

호찌민시→무이네 1일 2회(09:00, 14:00, 편도 19만~26만 VND), 호찌민시→냐짱 1일 2회(07:30, 19:30, 편도 28만~35만 VND) 출발하며, 호찌민시→달랏은 매시간(편도 30만~39만 VND) 운행된다. 출발 시간과 요금은 여행사마다 조금씩 차이가 난다.

신 투어리스트(데탐 거리)

베트남의 대표적인 여행사로 전국적인 네트워크를 갖추고 있다. 호찌민시에서 출발하는 오픈 투어 버스도 외국인 여행자들에게 인기 있다. 여행자 거리인 데탐 거리(주소 246 Đề Thám)에서 버스가 출발하기 때문에 편리하다. 무이네(1일 3회, 07:30, 08:00, 22:30 출발), 달랏(1일 2회, 07:30, 21:00 출발), 냐짱(1일 2회, 07:30, 22:30 출발)으로 갈 때 이용하면 된다. 버스 터미널이 아니라 해당 도시에 있는 신 투어리스 사무실에 승객을 내려준다.

프엉짱 버스(팜응우라오 거리)

대형 버스 회사인 프엉짱 Phương Trang 버스는 팜응우라오 거리에 사무실(주소 205 Phạm Ngũ Lão, 홈페이지 www.futabus.vn, Map P.102-A1)을 운영한다. 무이네(1일 10회, 06:30~23:00, 편도 20만 VND), 달랏(1일 28회, 01:00~24:00, 편

프엉짱 버스 예약 사무실

도 30만 VND), 냐짱(1일 7회, 08:00~24:00, 편도 30만 VND)까지 침대 버스를 운행한다. 이곳에는 예약 및 픽업을 하는 곳으로, 실제로 버스는 미엔 떠이 버스 터미널에서 출발한다. 버스 출발 1시간 전까지 사무실로 가면, 무료로 운행되는 미니밴에 태워서 실제 버스 탑승 장소로 데려다 준다. 이상한 차에 태운다고 당황하지 말 것.

호찌민 시티 투어 버스 City Sightseeing Saigon

주요 관광지를 둘러보는 2층 버스로 노트르담 성당(중앙 우체국)→역사 박물관→전쟁박물관→팜응우라오 거리→벤탄 시장→스카이 덱→박당 선착장→응우엔후에 거리→인민위원회 청사→통일궁을 지난다. 08:00~23:00까지 30분 간격으로 운행되는데, 낮 시간(08:00~15:30)과 저녁 시간(16:00~23:00)에 따라 노선이 달라진다. 1회 탑승권은 15만 VND, 24시간 자유롭게 탑승할 수 있는 원 데이 티켓은 50만 VND이다. 자세한 노선은 홈페이지 www.hopon-hopoff.vn 참고.

시티 투어 버스

Travel Plus+

호찌민시의 여행사 & 투어

호찌민시는 베트남 여행의 시작처럼 여겨지는 도시이기 때문에 그만큼 여행자도 많고 여행사도 많습니다. 호텔과 게스트하우스도 저마다 여행상담 카운터를 마련해 놓고 있어서 도대체 어디서 예약해야 하는지 정신없게 만들 정도입니다. 호찌민시는 주변 도시를 여행하는 거점 도시로 가깝게는 꾸찌 Củ Chi(P.125)와 껀저 Cần Giờ(P.129)부터 멀게는 메콩 델타(P.174)까지 다양한 투어가 운영됩니다. 또한 오픈 투어 버스와 캄보디아 프놈펜을 연결하는 국제 버스 예약까지 한곳에서 해결이 가능합니다.

하노이에 비해 짝퉁 여행사는 많지 않습니다. 하지만 저렴한 요금을 제공하는 소규모 업체는 예약을 받아 큰 여행사로 넘기기 때문에, 투어 내용과 포함 사항을 꼼꼼히 확인해 둘 필요가 있습니다. 1일 투어는 기본적으로 차량과 가이드(영어를 사용하는 베트남 가이드)가 포함이며, 입장료와 점심식사는 불포함입니다. 인기 투어 상품으로는 꾸찌 터널 반나절 투어(US$12~15), 꾸찌 터널+까오다이 사원 1일 투어(US$25~30), 꾸찌 터널+메콩 델타 1일 투어(US$30), 껀저 1일 투어(US$30~35), 메콩 델타 1일 투어(US$30~35)가 있습니다. 꾸찌 터널+까오다이 사원 1일 투어는 호치민시 출발(07:30)→까오다이 사원 도착 후 예배 참관(12:00)→꾸찌 터널(14:00)→호찌민시 복귀(19:00) 일정으로 진행됩니다. 메콩 델타 투어에 관한 내용은 P.175 참고.

신 투어리스트 The Sinh Tourist

주소 246~248 Đề Thám **홈페이지** www.thesinhtourist.vn

킴 델타 트래블 Kim Delta Travel

주소 268 Đề Thám **홈페이지** www.kimdeltatravel.com.vn

TNK 트래블 TNK Travel

주소 90 Bùi Viện **홈페이지** www.tnktravel.com

베트남 어드벤처 투어 Vietnam Adventure Tours

주소 123 Lý Tự Trọng **홈페이지** www.vietnamadventuretour.com.vn

신 투어리스트(데탐 거리) 사무실

킴 델타 트래블

호찌민시 전도
떤썬녓 공항
Sân Bay Quốc Tế Tân Sơn Nhất
ibis Saigon Airport Hotel
사이공 슈퍼볼
Saigon Superbowl
떤빈 버스 터미널 방면
호앙반투 공원
Công Viên Hoàng Văn Thụ
축구경기장
Sân Vận Động Quân Khu 7
떤빈군
Quận Tân Bình
비사이 호텔
Vissai Hotel
다이작 사원
Chùa Đại Giác
퍼스트 호텔
First Hotel
이스틴 그랜드 호텔
Eastin Grand Hotel
통일 병원
Bệnh Viện Thống Nhất
따이호아 성당
Giáo Xứ Thái Hòa
떤빈 시장
Chợ Tân Bình
레티리엥 공원
Công Viên Lê Thị Riêng
끼호아 교도소
Trại Tạm Giam Chí Hòa
피토 박물관
Fito Museum
작럼 사원
Chùa Giác Lâm
병원
Bệnh Viện 115
호끼호아 공원
Công Viên Hồ Kỳ Hoà
10군
Quận 10
베트남 꿕뜨(사원)
Việt Nam Quốc Tự
병원
Bệnh Viện Trưng Vương
호아빈 공연장
Nhà Hát Hoà Bình
사이공 경마장
Trường Đua Phú Thọ
덤쎈 공원
Công Viên Văn Hoá Đầm Sen
11군
Quận 11
작비엔 사원
Chùa Giác Viên
통녓 경기장
Sân Vận Động Thống Nhất
칸번남비엔 사원
Chùa Khánh Vân Nam Viện
병원
Bệnh Viện Chợ Rẫy
안동 시장
Chợ An Đông
윈저 플라자 호
Windsor Plaza
미엔떠이 버스 터미널 방면
풍썬 사원
Chùa Phụng Sơn
쩌런 P.122
티엔허우 사원
Chùa Bà Thiên Hậu
5군
Quận 5
퍼 레
Phở Lệ
6군
Quận 6
짜땀 교회
Nhà Thờ Cha Tam
쩌런 모스크
Cholon Mosque
쩐흥다
쩌런 버스 정류장
빈떠이 시장
Chợ Bình Tây

D
E
F
빈탄군
Quận Bình Thạnh
Bùi Đình Tuý
푸뉴언군
Quận Phú Nhuận
Nguyễn Văn Đậu
노짱롱 거리
Nơ Trang Long
Lê Quang Định
Đinh Bộ Lĩnh
Nghệ Tĩnh
Xô Viết Nghệ Tĩnh
Phan Đăng Lưu
Phan Đăng Lưu
박당 거리 Bạch Đằng
Điện Biên Phủ
레반주옛 사원
Chùa Lê Văn Duyệt
바찌에우 시장
Chợ Bà Chiểu
딘띠엔호앙 거리
Đinh Tiên Hoàng
Van Kiếp
Bùi Hữu Nghĩa
Phan Xích Long
디엔비엔푸 거리
Điện Biên Phủ
Trần Khánh Dư
Trần Quý Khoách
Đặng Tất
Trần Nhật Duật
Đặng Dung
Trần Quang Khải
오리즈
Oryz
꾹각꽌
Cục Gạch Quán
타오디엔 방면
티응에 강
Rạch Thị Nghè
푸뉴안 시장
Chợ Phú Nhuận
확대지도
Trần Quang Khải
랜드마크 81
블랭크 라운지
호찌민시 중심부 P.96
Hai Bà Trưng
떤딘 시장
Chợ Tân Định
빈응이엠 사원
Chùa Vĩnh Nghiêm
떤딘 교회(핑크 성당)
Nhà Thờ Tân Định
Nguyễn Hữu Cảnh
역사 박물관
Bảo Tàng Lịch Sử
Nguyễn Bỉnh Khiêm
똔득탕 거리
Tôn Đức Thắng
Lê Duẩn
3군
Quận 3
남끼커이응이아 거리
Nam Kỳ Khởi Nghĩa
하이바쯩 거리
Hai Bà Trưng
Điện Biên Phủ
바쏜(지하철역)
Ba Son
사이공 강
Sông Sài Gòn
레주언 거리
노트르담 성당
Tôn Đức Thắng
싸러이 사원
Chùa Xá Lợi
통일궁
Hội Trường Thống Nhất
Nguyễn Đình Chiểu
오페라 하우스
레탄똔 거리
Lê Thánh Tôn
인민 위원회 청사
박당 선착장
Bạch Đằng
투티엠 선착장
Thủ Thiêm
동커이 거리
응우옌후에 거리
Nguyễn Huệ
시민 문화 공원
사이공 리버사이드 공원
Saigon Riverside Park
응우옌딘찌에우 거리
Nguyễn Thị Minh Khai
벤탄 시장
Chợ Bến Thành
레러이 거리 Lê Lợi
벤탄(지하철역)
함응이 거리
Hàm Nghi
Nguyễn Trãi
1군
Quận 1
응우옌티민카이 거리
팜응라오 거리
Phạm Ngũ Lão
Nguyễn Thái Học
호찌민 박물관
Bảo Tàng Hồ Chí Minh
부이비엔 워킹 스트리트
니코 호텔
Nikko Hotel
풀만 사이공 센터(풀만 호텔)
Pullman Saigon Centre
Nguyễn Cư Trinh
Nguyễn Văn Cừ
응우옌꾸찐 거리
Trần Hưng Đạo
Võ Văn Kiệt
Bến Vân Đồn
도안반보 거리
응우옌떳탄 거리 Nguyễn Tất Thành
Nguyễn Trãi
쩌꽌 성당
Nhà Thờ Chợ Quán
쩐흥다오 거리
4군
Quận 5
Đoàn Văn Bơ
벤반돈 거리
Bình Trọng
Nguyễn Biểu
똔텃투옛 거리 Tôn Thất Thuyết
Trần Xuân Soạn
7군
Quận 7
Dạ Nam
1
2
3
4

호찌민시 중심부
A
B
C
1
2
3
4
0
150
300m
빈응이엠 사원
Chùa Vĩnh Nghiêm
퍼 저우
Phở Dậu
떤딘 시장
Chợ Tân Định
떤딘 교회(핑크 성당
Nhà Thờ Tân Đị
라마나 사이공 호텔
Ramana Saigon Hotel
퍼 호아
Phở Hòa
Lê Văn Sỹ
Lý Chính Thắng
Nam Kỳ Khởi Nghĩa
Trần Quốc Toản
퍼미엔가 끼동
Phở Miến Gà Kỳ Đồng
Trần Quốc Thảo
남부 여성 박물관
홈 사이공
Home Saigon
사이공 역
Ga Sài Gòn
Trần Minh Quyền
Kỳ Đồng
리찐탕 거리 Lý Chính Thắng
태국 영사관
Tú Xương
쯔엉딘 거리 Trương Định
바후옌탄꽌 거리
Bà Huyện Thanh Quan
깍망탕땀(8월 혁명) 거리 Cách Mạng Tháng Tám
Hoà Hưng
10군
Quận 10
응우옌통 거리
Nguyễn Thông
디엔비엔푸 거리 Điện Biên Phủ
싸러이 사원
Chùa Xá Lời
3군
Quận 3
벱꾸온
Bếp Cuốn
Ngô Thời Nhiệm
❶ Tuk Tuk Thai Bistro(지점) C2
❷ Noir. Dining In The Dark D1
❸ 반미 362 Bánh Mì 362 E2
❹ 라 비엣 커피 Là Việt Coffee D1
❺ Sushi Hokkaido Sachi D2
❻ 훔 Hum D2
❼ 꽁 카페 Cộng Cà Phê E4
❽ 샴발라 Shamballa E4
❾ 메종 마루 Maison Marou E4
❿ 벱메인(2호점) Bếp Mẹ Ỉn E4
⓫ 디마이 레스토랑 Di Mai E4
⓬ 라까프 Lacàph E4
⓭ 퀸스 Quince Saigon E4
⓮ 빈티지 엠포리움 E1
⓯ 쭝응우옌 레전드(부이티쑤언 지점) C3
⓰ 퍼 2000 Phở 2000 E3
⓱ 반미 후인호아 D4
Bánh Mì Huỳnh Hoa
⓲ 퍼 베트남 Phở Việt Nam D4
⓳ Pizza 4P's Hai Ba Trung E2
⓴ 수 카페 Soo Kafe E3
㉑ 피자 포피스 Pizza 4P's(2호점) E3
㉒ 벤응에 스트리트 푸드 E3
❶ 엠 호텔 EMM Hotel C2
❷ 노보텔 사이공 센터 호텔 D2
Novotel Saigon Centre Hotel
❸ Liberty Central Hotel E3
❹ 라벤더 호텔 Lavender E3
❺ 사누바 호텔 Sanouva Hotel E3
❻ Somerset Ho Chi Minh City F1
❼ Somerset Chancellor Court E2
❽ Sherwood Suites D2
❾ 에덴 스타 호텔 Eden Star C4
❿ 하모니 호텔 Harmony C4
⓫ 호텔 데 아트 사이공 E2
Hotel des Arts Saigon
⓬ Silverland Yen Hotel D3
⓭ 퓨전 스위트 사이공 C3
❶ 어쿠스틱 카페 Acoustic Cafe C2
❷ Pasteur Street Brewing Co.(지점) C2
❸ 소셜 클럽 Social Club E2
❹ 스리 Shri E2
❺ 이스트 웨스트 브루잉 컴퍼니 D3
❻ 칠 스카이 바 Chill Sky Bar D4
Nguyễn Đình Chiểu
Nguyễn Thượng Hiền
보반떤 거리 Võ Văn Tần
응우옌티민카이 거리 Nguyễn Thị Minh Khai
비꿰 키친
Vị Quê Kitchen
Sương Nguyệt Anh
부이티쑤언 거리 Bùi Thị Xuân
후띠에우 홍팟
Hủ Tiếu Hồng Phát
꼽 마트
Co.op Mart
Cống Quỳnh
여행자 거리 P.10
타이빈 시
Chợ Thái
Lý Thái Tổ

응옥호앙 사원(玉皇殿)
Chùa Ngọc Hoàng
꽌 94
Quán 94
쩐흥다오 사원
Chùa Trần Hưng Đạo
레반땀 공원
Công Viên Lê Văn Tám
뚜레쥬르
중국 영사관
역사 박물관
Bảo Tàng Lịch Sử
호찌민 작전 박물관
Bảo Tàng Chiến Dịch Hồ Chí Minh
동·식물원 입구
사이공 동·식물원
Thảo Cầm Viên Sài Gòn
HTV(방송국)
꽌넴
Quán Nem
페트로 베트남 타워
Petro Vietnam Tower
사이공 트레이드 센터
Saigong Trade Center
소피텔 사이공 플라자
Sofitel Saigon Plaza
Centec Tower
미국 영사관
영국 영사관
프랑스 영사관
하이바쯩 & 레탄똔 거리 주변 P.98
꿉 마트
Co.op Mart
다이아몬드 플라자
Diamond Plaza
노트르담 성당
중앙 우체국
르 메르디앙
Le Meridien
전쟁 박물관
Bảo Tàng Chứng Tích Chiến Tranh
롯데 레전드 호텔
Lotte Legend Hotel
빈콤 센터
Vincom Center
파크 하얏트 사이공
Park Hyatt Saigon
통일궁 입구
수상 인형극
Golden Dragon Water Puppet Theatre
통일궁
Dinh Độc Lập
(Dinh Thống Nhất)
콘티넨털 호텔
Hotel Cotinental
인민위원회 청사
오페라하우스
동커이 & 레러이 거리 주변 P.100
호찌민시 박물관
Bảo Tàng Thành Phố Hồ Chí Minh
렉스 호텔
Rex Hotel
쩐흥다오 동상
시민 문화 공원
Công Viên Văn Hoá
사이공 센터
Saigon Center
1군
Quận 1
한국 영사관
Lãnh Sự Quán Hàn Quốc
벤탄 시장
Chợ Bến Thành
사이공 스퀘어
Saigon Square
마리암만 힌두 사원
Chùa Bà Mariamman
벤탄 버스 환승 센터
뉴월드 호텔
벤탄 지하철역
함응이 거리 Hàm Nghi
맥도널드
미술 박물관
Bảo Tàng Mỹ Thuật
뚜레쥬르
호찌민 박물관
Bảo Tàng Hồ Chí Minh
Ben Thanh Tower
전씬 시장
Chợ Dân Sinh
Hoàng Sa
Mai Thị Lựu
Nguyễn Bỉnh Khiêm
Phan Kế Bính
딘띠엔호앙 거리 Đinh Tiên Hoàng
디엔비엔푸 거리 Điện Biên Phủ
Nguyễn Văn Thủ
Phùng Khắc Khoan
응우옌딘찌에우 거리 Nguyễn Đình Chiểu
Mạc Đĩnh Chi
똔득탕 거리 Tôn Đức Thắng
Lê Duẩn
팜응옥탁 거리 Phạm Ngọc Thạch
하이바쯩 거리 Hai Bà Trưng
Trần Cao Vân
응우옌티민카이 거리 Nguyễn Thị Minh Khai
파스퇴르 거리 Pasteur
레주언 거리 Lê Duẩn
Tôn Đức Thắng
Alexandre de Rhodes
Thái Văn Lung
레뀌돈 거리 Lê Quý Đôn
Hai Bà Trưng
Lý Tự Trọng
Nguyễn Du
Pasteur
레탄똔 거리 Lê Thánh Tôn
똔득탕 거리 Tôn Đức Thắng
후옌쩐꽁쭈아 거리 Huyền Trân Công Chúa
Nam Kỳ Khởi Nghĩa
Lê Lợi
Thủ Khoa Huân
동커이 거리 Đồng Khởi
응우옌후에 거리 Nguyễn Huệ
레러이 거리
리뜨쫑 거리 Lý Tự Trọng
Nguyễn Du
Lê Thánh Tôn
Trương Định
Nguyễn Trãi
레러이 거리 Lê Lai
응우옌티혹 거리 Nguyễn Thị Học
거리 Lê Lai
Ký Con
Yersin
Lê Thị Hồng Gấm
Phó Đức Chính
Nguyễn Công Trứ
Võ Văn Kiệt
데탐 거리 Đề thám
Nguyễn Thái Bình
Calmette
쩐흥다오 거리 Trần Hưng Đạo
Bến Vân Đồn
Nguyễn Trường Tộ
Nguyễn Tất Thành

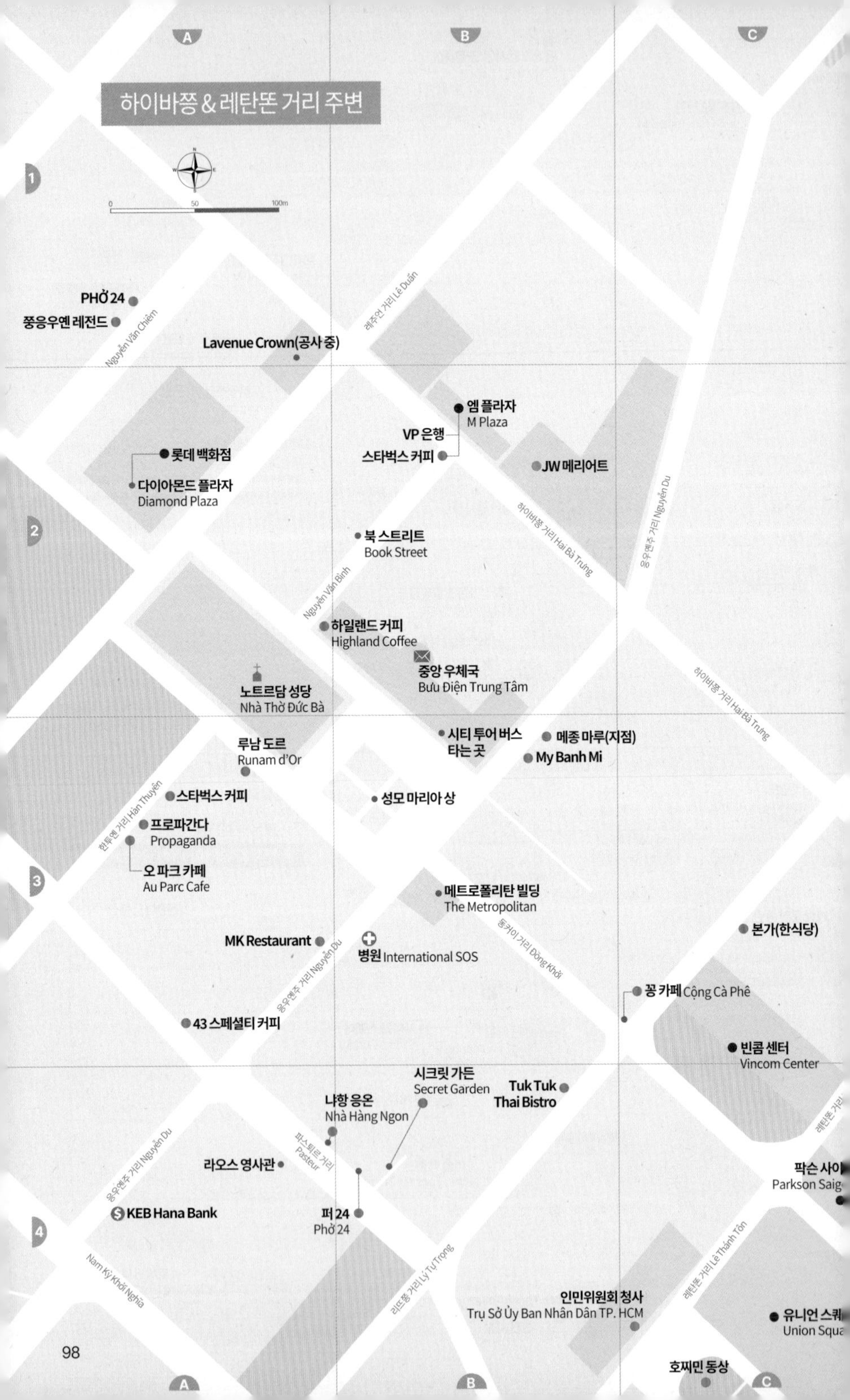

A B C

하이바쯩 & 레탄똔 거리 주변

1

0 50 100m

PHỞ 24

쭝응우옌 레전드

Nguyễn Văn Chiêm

레주언 거리 Lê Duẩn

Lavenue Crown(공사 중)

엠 플라자
M Plaza

VP 은행

스타벅스 커피

JW 메리어트

롯데 백화점

다이아몬드 플라자
Diamond Plaza

2

하이바쯩 거리 Hai Bà Trưng

응우옌주 거리 Nguyễn Du

북 스트리트
Book Street

Nguyễn Văn Bình

하일랜드 커피
Highland Coffee

중앙 우체국
Bưu Điện Trung Tâm

노트르담 성당
Nhà Thờ Đức Bà

하이바쯩 거리 Hai Bà Trưng

시티 투어 버스
타는 곳

메종 마루(지점)

My Banh Mi

루남 도르
Runam d'Or

스타벅스 커피

성모 마리아 상

한투옌 거리 Hàn Thuyên

프로파간다
Propaganda

오 파크 카페
Au Parc Cafe

3

메트로폴리탄 빌딩
The Metropolitan

동커이 거리 Đồng Khởi

본가(한식당)

MK Restaurant

병원 International SOS

응우옌주 거리 Nguyễn Du

꽁 카페 Cộng Cà Phê

43 스페셜티 커피

빈콤 센터
Vincom Center

시크릿 가든
Secret Garden

Tuk Tuk
Thai Bistro

나항 응온
Nhà Hàng Ngon

파스퇴르 거리
Pasteur

레탄똔 거리

응우옌주 거리 Nguyễn Du

라오스 영사관

팍슨 사이
Parkson Saig

KEB Hana Bank

퍼 24
Phở 24

4

Nam Kỳ Khởi Nghĩa

리뜨쫑 거리 Lý Tự Trọng

레탄똔 거리 Lê Thánh Tôn

인민위원회 청사
Trụ Sở Ủy Ban Nhân Dân TP. HCM

유니언 스퀘
Union Squa

호찌민 동상

A B C

D
E
F
러시
Lush
1
Chu Mạnh Trinh
카르멘 바
Carmen Bar
리뜨쫑 거리 Lý Tự Trọng
Hotel Indigo
똔득탕 거리 Tôn Đức Thắng
피자 포피스
Pizza 4P's
CJ빌딩
실버랜드 사쿄 호텔
Silverland Sakyo Hotel
꽌 부이
Quán Bụi
리뜨쫑 거리 Lý Tự Trọng
응오반남 거리
Ngô Văn Năm
사이공 스카이 가든
Saigon Sky Garden
노퍽 맨션
Norfolk Mansion
Laang Sai Gon Central
만다린
Mandarine
Signature by M Village
병원
Bệnh Viện Nhi Đồng 2
레탄똔 거리 Lê Thánh Tôn
2
7 Bridges Brewing Co.
Heart of Darkness
Pasteur Street Brewing Co.
(레탄똔 지점)
르 메르디앙
Le Meridien
발라(지점)
amballa
프랑스 문화 센터
(IDEAF)
뤼진
L'Usine
가마골(한식당)
티아반룽 거리 Thái Văn Lung
5KU Station
Skewers
May Hotel
sine
Paragon Saigon Hotel
캐피털 플레이스(빌딩)
Capital Place
3
티싹 거리 Thi Sách
롯데 호텔
Lotte Hotel
티아반룽 거리 Thái Văn Lung
엘 가우초(스테이크)
El Gaucho
녓하 3
Nhât Hạ 3
하이바쯩 거리 Hai Bà Trưng
리파이너리 The Refinery
호아뚝
Hoa Túc
Nguyễn Siêu
Cao Bá Quát
티싹 거리 Thi Sách
Rico Taco
파크 하얏트 사이공
Park Hyatt Saigon
Northern Hotel Saigon
Aquari Hotel
Silverland Jolie Hotel
똔득탕 거리
Tôn Đức Thắng
경복궁(한식당)
4
쑤 사이공
Xu Saigon
털 호텔
otinental
Icon Hotel
안남 고메 마켓
Annam Gourmet Market
오페라하우스
똔득탕 박물관
Bảo Tàng Tôn Đức Thắng
까라벨 호텔
Caravelle Hotel
Đồng Du
D
E
F

인민위원회 청사
Trụ Sở Ủy Ban Nhân Dân TP. HCM
유니언 스퀘어
Union Square
Mandarin Orienta
호찌민 동상
렉스 호텔
Rex Hotel
루프톱 가든
Rooftop Garden
호찌민시 박물관
Bảo Tàng Thành Phố Hồ Chí Minh
Pasteur Street
Brewing Company
하일랜드 커피
노퍽 호텔
Norfolk Hotel
올드 컴퍼스 카페
퍼 민
Phở Minh
껨박당
Kem Bạch Đằng
리버티 센트럴 사이공 시티포인트 호텔
Liberty Central Saigon Citypoint Hotel
Barbecue Garden
남자오(남야오)
Quán Nam Giao
벱메인
Bếp Mẹ Ỉn
마마 퍼
Mama Phở
사이공 에코 크래프트
힌두 사원
Subramaniam
Swamy Temple
El Gaucho
사이공 센터
Saigon Center
1군
Quận 1
스시 월드
Sushi World
리버티 센트럴 호텔
Liberty Central Hotel
다카시마야 백화점
Takashimaya
사이공 키치
Saigon Kitsch
사이공 스퀘어
Saigon Square
OKKIO Cafe
벤탄 시장
Chợ Bến Thành
하일랜드 커피
벤탄 시장 정문
병원
Bệnh Viện Đa Khoa Sài Gòn
VIETCOM
벤탄 버스 환승 센터
함응이 거리
Hàm Nghi
Zion Sky Lounge
Vietin
최고집
Choi Go Jip
시크릿 가든(2호점)
파드마 드 플레르
Padma de Fleur
박물관 입구
미술 박물관
Bảo Tàng Mỹ thuật
Pasteur
레탄똔 거리 Lê Thánh Tôn
Nam Kỳ Khởi Nghĩa
리뜨쫑 거리 Lý Tự Trọng
응우옌쭝쭉 거리 Nguyễn Trung Trực
Lưu Văn Lang
Phan Bội Châu
레러이 거리
Lê Lợi
파스퇴르 거리 Pasteur
똔텃티엡 거리
Tôn Thất Thiệp
후인툭캉 거리 Huỳnh Thúc Kháng
Lê Thị Hồng Gấm
Nguyễn Thái Bình
남끼커이응이아 거리
Nam Kỳ Khởi Nghĩa

D
E
F
Cao Bá Quát
Hai Bà Trưng
티넨털 호텔
tel Cotinental
오페라하우스
Nhà Hát Lớn Thành Phố
똔득탕 박물관
Bảo Tàng Tôn Đức Thắng
까라벨 호텔
Caravelle Hotel
오페라하우스 지하철역
차오 벨라
Ciao Bella
똔득탕 거리 Tôn Đức Thắng
사이공 센트럴 모스크
Thánh Đường Hồi Giáo
동주 거리 Đông Du
레벨 23
쉐라톤 사이공 호텔
Sheraton Saigon Hotel
사이공 호텔
Saigon Hotel
애프리콧 갤러리
Apricot Gallery
비엣콤 뱅크 타워
Vietcom Bank Tower
박당 선착장
Ga Tàu Thủy Bạch Đằng
메린 광장
오키오 카페(동커이 지점)
쭝응우옌 레전드(커피)
Phan Văn Đạt
Mạc Thị Bưởi
런닝 빈(지점)
봉쎈 호텔
Bông Sen Hotel
쩐흥다오 동상
Pho Tượng Trần Hưng Đạo
Nguyễn Thiệp
흐엉쎈호텔
Hương Sen Hotel
힐튼 호텔(공사 중)
베트남 하우스
Vietnam House
멜린 포인트 타워
Melinh Point Tower
오스카 사이공 호텔
Oscar Saigon Hotel
막티브어이 거리 Mạc Thị Bưởi
Hồ Huấn Nghiệp
팰리스 호텔
Palace Hotel
도(로열 시티) 호텔
n Đô(Royal City) Hotel
르네상스 리버사이드 호텔
Renaissance Riverside Hotel Saigon
동커이 거리 Đồng Khởi
맥도널드
카페 아파트
럭키 플라자
Lucky Plaza
그랜드 호텔
Grand Hotel
응오득께 거리 Ngô Đức Kế
리버티 센트럴 사이공 리버사이드
Liberty Central Saigon Riverside
응우옌 후에 서점
Nhà Sách Nguyễn Huệ
똔텃티엡 거리 Tôn Thất Thiệp
선와 타워
Sun Wah Tower
타임 스퀘어
Time Square
카페 꼬바
리버사이드 호텔
Riverside Hotel
후인툭캉 거리 Huỳnh Thúc Kháng
The Reverie Saigon
커피 빈
워크숍
The Workshop
The Gangs Central
아오자이 박물관 Ao Dai Museum
루남 비스트로
Saigon Prince Hotel
응우옌후에 거리 Nguyễn Huệ
탄두르
Tandoor
마제스틱 호텔
Majestic Hotel
Broma Not A Bar
브리즈 스카이 바
Breeze Sky Bar
The Running Bean
VIETCOM
M Village Hotel
구 시장
Chợ Cũ
Ngô Đức Kế
똔텃담 거리 Tôn Thất Đạm
호뚱머우 거리 Hồ Tùng Mậu
아우락 샤르네르 호텔
Au Lac Charner Hotel
하버뷰 타워
Harbor View Tower
라이스 필드
Rice Field
하이찌에우 거리 Hải Triều
퍼 쏠
Phở SOL
안안 사이공
Ănăn Saigon
바이텍스코 파이낸셜 타워 & 사이공 스카이 덱
Bitexco Financial Tower & Saigon Sky Deck
사이공 강 Sông Sài Gòn
뉴란
Như Lan
하일랜드 커피
콘티넨털 타워
Continental Tower
Fox Beer Lounge
0
50
100m
똔텃담 거리 Tôn Thất Đạm
Nguyễn Công Trứ
호뚱머우 거리 Hồ Tùng Mậu
Pasteur
1
2
3
4

동커이 & 레러이 거리 주변

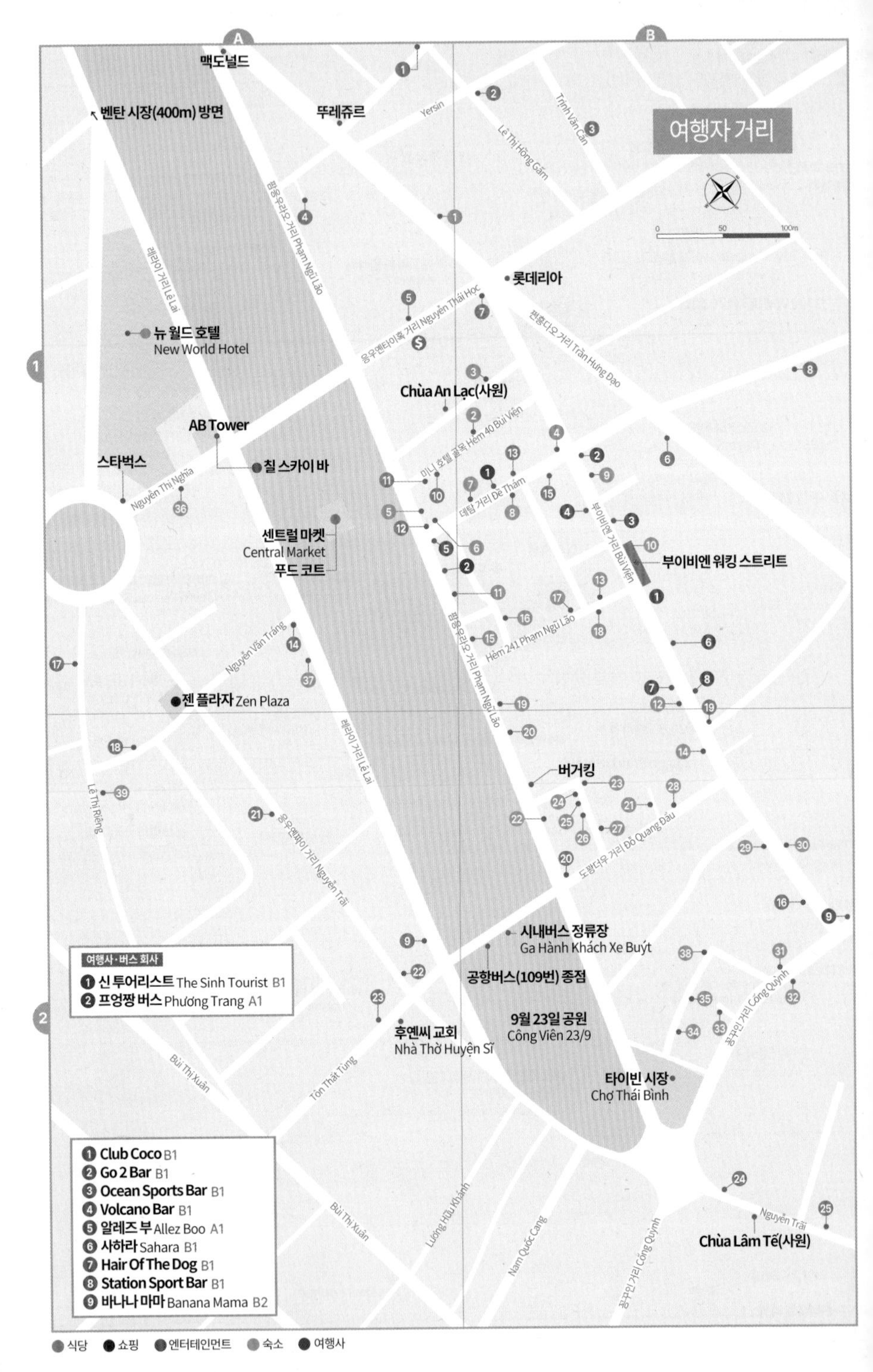

여행자 거리
맥도널드
벤탄 시장(400m) 방면
뚜레쥬르
롯데리아
뉴 월드 호텔
New World Hotel
Chùa An Lạc(사원)
AB Tower
스타벅스
칠 스카이 바
센트럴 마켓
Central Market
푸드 코트
부이비엔 워킹 스트리트
젠 플라자 Zen Plaza
버거킹
시내버스 정류장
Ga Hành Khách Xe Buýt
공항버스(109번) 종점
9월 23일 공원
Công Viên 23/9
후엔씨 교회
Nhà Thờ Huyện Sĩ
타이빈 시장
Chợ Thái Bình
Chùa Lâm Tế(사원)
여행사·버스 회사
1 신 투어리스트 The Sinh Tourist B1
2 프엉짱 버스 Phương Trang A1
1 Club Coco B1
2 Go 2 Bar B1
3 Ocean Sports Bar B1
4 Volcano Bar B1
5 알레즈 부 Allez Boo A1
6 사하라 Sahara B1
7 Hair Of The Dog B1
8 Station Sport Bar B1
9 바나나 마마 Banana Mama B2
식당
쇼핑
엔터테인먼트
숙소
여행사

1. 디마이 레스토랑 Di Mai A1
2. 꽁 카페 Cộng Cà Phê B1
3. 샴발라 Shamballa B1
4. 리틀 하노이 에그 커피(본점) A1
5. 하일랜드 커피 A1
6. 부아 짜까 Vua Chả Cá B1
7. Phúc Long Coffee B1
8. 끼에우바오 Bún Thịt Nướng Kiều Bảo B1
9. 리틀 하노이 에그 커피(지점) A2
10. 홈 사이공 레스토랑 Home Saigon A1
11. 아시안 키친 Asian Kitchen A1
12. 하일랜드 커피 Highlands Coffee A1
13. 남자오꽌 Nam Giao Quán B1
14. Bún Đậu Homemade A1
15. 꽌 응온 Quán Ngon B1
16. 바바 키친 Baba's Kitchen B2
17. 반미 후인호아 Bánh Mì Huynh Hoa A1
18. 반미 홍호아 Bánh Mì Hồng Hoa A2
19. 분짜 145 부이비엔 Bun Chả 145 Bui Viện B2
20. 퍼 꾸인 Phở Quỳnh B2
21. 덴롱 Đèn Lồng A2
22. 냐항 진끼 Nhà Hàng Dìn Ký A2
23. 맛찬들(한식당) Matchandeul B2
24. 반미 바후인(마담 휜) Bánh Mì Bà Huynh B2
25. 퍼 훙 Phở Hùng B2

1. 다이남 호텔 Đại Nam Hotel A1
2. 킴 호텔 Kim Hotel B1
3. Eden Garden Hotel B1
4. C 센트럴 호텔 B1
5. 리버티 호텔 사이공 그린 뷰 (리버티 3 호텔) A1
6. A25 Hotel A1
7. Saigonciti Hotel B1
8. Saigon Europe Hotel B1
9. 발렌타인 호텔 Valentine Hotel B1
10. Crowne Bui Vien Hotel B1
11. Me Gustas Park View Hotel A1
12. Meraki Boutique Hotel B1
13. 마이 홈 게스트하우스 B1 My Home Guest House
    서니 게스트하우스 B1 Sunny Guest House
14. 메라키 호텔 Meraki Hotel B2
15. 엘리오스 호텔 Elios Hotel B1
16. 비칸 게스트하우스 Vy Khanh B1
17. 지엡안 게스트하우스 Diep Anh B1
18. Saigon Youth Hostel B1
19. 리버티 호텔 사이공 파크 뷰 (리버티 4 호텔) B1
20. 비엔동 호텔 Viễn Đông Hotel B2
21. 화이트 게스트하우스 B2
22. Palago MC Hotel B2
23. 루이스 호텔 Louis Hotel B2
24. 블루 리버 호텔 Blue River Hotel B2
25. 빅주옌 호텔 Bích Duyên Hotel B2
26. 판란 2 호텔 Phan Lan 2 Hotel B2
27. Hotel Marie Line B2
28. Green Star Hotel B2
29. 밥 호텔 Bob Hotel B2
30. 득브엉 호텔 Đức Vượng Hotel B2
31. 코지 하우스 140 B2
32. 마담 꾹 127 Madam Cuc 127 B2
33. 호텔 MC 184 B2
34. 판안 호스텔 Phan Anh Hostel B2
35. 롱 호스텔 Long Hostel B2
36. 아크노스 호텔 Acnos Hotel A1
37. Hotel Binh Minh Le Lai A2
38. 타운 하우스 373 B2
39. The Hammock Hotel A2

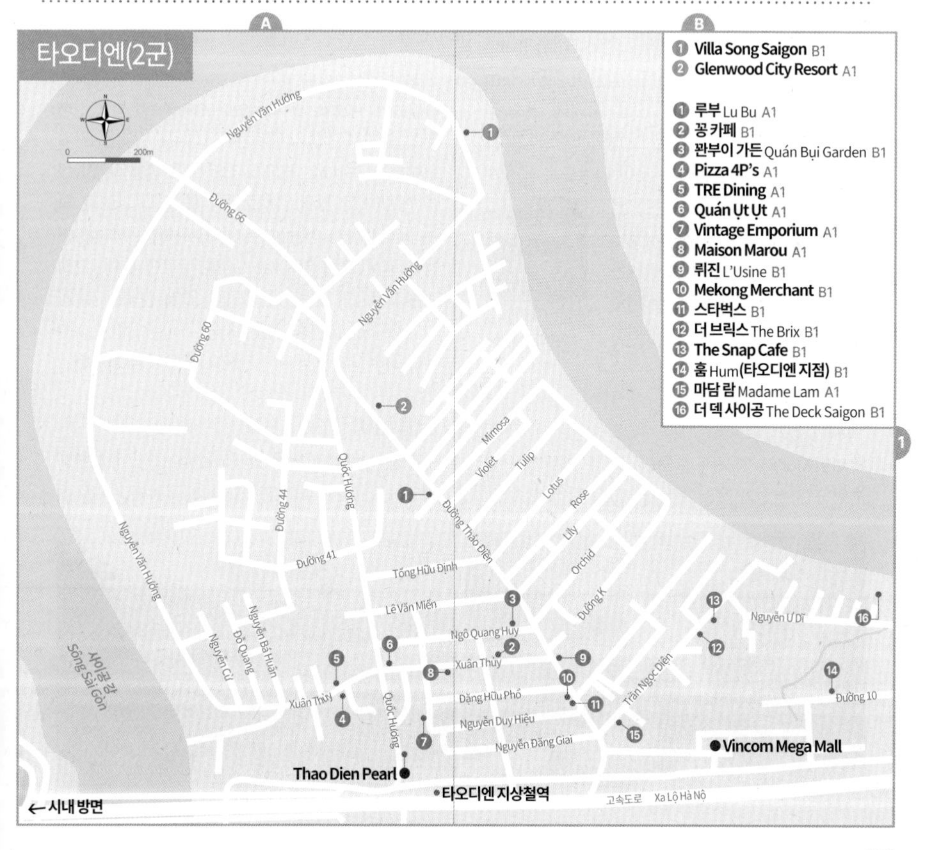

Transportation 시내 교통

시내버스 노선이 다양하고, 택시도 많지만 쾌적한 이동은 기대하기 힘들다. 거리 곳곳에서 물결치는 오토바이로 인해 극심한 소음과 혼잡에 시달려야 하기 때문이다. 쎄옴(오토바이 택시)과 씨클로를 탈 때는 흥정해야 하므로 외국인이 타기는 불편하다.

시내버스 Xe Buýt

시내버스 노선도

http://buyttphcm.com.vn/Route
https://xe-buyt.com/tuyen-xe-buyt

호찌민시 전역과 주변 지역까지 시내버스가 운행된다. 안내방송을 베트남어로만 하기 때문에 지리에 익숙하지 않은 외국인들의 이용 빈도는 매우 낮다. 여행자 거리(팜응우라오 거리)와 가까운 버스 정류장은 9월23일 공원 Công Viên 23/9(Map P.102-B2)이다. 벤탄 버스 환승 센터 Trạm Trung Chuyển Xe Buýt Bến Thành는 함응이 거리 Hàm Nghi(MapP.97-E4)에 있다. 도로 중앙에 버스 전용차선을 만들었는데, 같은 노선의 버스라고 해도 도착하는 곳과 출발하는 곳이 다르므로 목적지를 확인하고 탑승할 것. 기본요금은 8,000VND이며, 오전 5시부터 오후 8시까지 운행된다. 스마트폰 앱 Bus Map Xe Buýt Thành Phố을 설치하면 버스 노선을 편리하게 검색할 수 있다.

호찌민 시내버스 애플리케이션

택시 Taxi

호찌민시에서 택시는 흔하다. 택시 회사마다 로고와 전화번호가 적혀 있는데, 믿을 만한 택시 회사일수록 전화번호가 크게 적혀 있고 암기하기도 쉽다. 여러 택시 회사 중 싼에스엠 택시 Xanh SM Taxi와 비나선 Vina Sun, 마이린 Mai Linh이 가장 믿을 만하다. 택시는 4인승과 7인승이 있으며, 기본요금은 택시 종류와 회사마다 조금씩 다르다. 보통 1만 2,000VND에서 시작하며, 미터기에는 '12.0'이라고만 표시된다. 요금은 미터기에 표시된 금액에 00을 더하면 된다. 예로 '46.0'이 나왔다면 4만 6,000VND을 내면 된다. 거스름돈을 잘 주지 않기 때문에 잔돈을 준비하는 게 좋다.

그랩 Grab

베트남을 비롯한 주요 동남아시아 국가에서 이용되는 콜택시 애플리케이션이다. 이용 방법은 카카오택시나 우버와 마찬가지로 무료 애플리케이션을 설치하고, 현재 위치로 택시를 불러 가고자 하는 목적지까지 이동할 수 있다. 자가용 택시를 이용할 경우 그랩 카 Grab Car를 누르면 된다. 그랩 카는 4인승과 7인승 중 인원에 맞게 선택할 수 있다. 기본요금(4인승 기준, 처음 2㎞)은 3만 2,000 VND이며, 추가 1㎞마다 8,500 VND씩 부과된다.

그랩 바이크 Grab Bike

오토바이 택시인 쎄옴 Xe Ôm에 모바일이 결합된 형태다. 스마트폰에 그랩 Grab 애플리케이션을 설

벤탄 버스 환승 센터

Xanh SM Taxi

치해 이용할 수 있다. 현 위치에서부터 목적지까지의 요금을 산정해주기 때문에 흥정에 대한 부담도 없다. 요금은 현금으로 결제한다.

씨클로 Cyclo(Xích Lô)

베트남을 상징하는 아이콘 같은 존재지만 도시가 발전하면서 불편한 교통수단으로 전락하고 있다. 자동차와 오토바이가 많아서 씨클로가 이동하기 불편하다. 씨클로를 탈 때는 어디를 가는지 정확하게 정하고, 혼자 탈 때 요금인지 두 사람이 탈 때 요금인지 명확해야 한다. 관광지를 데려다 준다거나 1시간에 얼마라고 흥정해 오는 씨클로 기사들은 목적지에 도착해 추가로 돈을 요구하는 경우가 흔하므로 주의하자.

사이공 워터 버스 Saigon Water Bus

호찌민시를 흐르는 사이공 강을 따라 운영되는 보트 노선이다. 일종의 수상 택시로 시내 중심가 강변도로에 있는 박당 선착장 Ga Tàu Thủy Bạch Đằng(Map P.101-F1)에서 출발해 북쪽 방향으로 10.3㎞를 왕복한다.

모두 11개 선착장이 있는데, 현재는 여섯 개 선착장에서만 승객을 내리고 태운다. ①박당 선착장 Bạch Đằng→②투티엠 선착장 Thủ Thiêm→④빈안 선착장 Bình An→⑧탄다 선착장 Thanh Đa→⑩히엡빈깐 선착장 Hiệp Bình Chánh→⑪린동 선착장 Linh Đông 노선으로 종점까지 30~40분 정도 소요된다. 보트 운행 시간은 노선에 따라 다르다. 가까운 거리에 해당하는 투티엠 선착장과 빈안 선착장까지는 하루 18번 운행되고, 종점인 린동 선착장까지는 하루 6번만 운행된다. 편도 요금은 1만 5,000VND이다. 보트 노선과 출발 시간은 사이공 워터 버스 홈페이지(www.saigonwaterbus.com)에 안내되어 있다.

지하철(메트로) Ho Chi Minh City Metro

호찌민시 지하철(메트로) Đường Sắt Đô Thị Thành Phố Hồ Chí Minh은 2024년 12월에 개통했다. 1호선 한 개 노선으로 총 19.7㎞ 구간, 14개 역으로 구성된다. 벤탄 시장(1군) Bến Thành→오페라 하우스 Nhà Hát Thành Phố→바쏜 Ba Son→반탄 공원 Công Viên Văn Thánh→떤깡 Tân Cảng→타오 디엔(2군) Thảo Điền→안푸 An Phú→락찌엑 Rạch Chiếc→프억롱 Phước Long→빈타이 Bình Thái→투득 Thủ Đức→하이테크 파크 Khu Công Nghệ Cao→국립대학 Đại Học Quốc Gia→쑤오이티엔(미엔동 머이 버스 터미널) Bến Xe Suối Tiên까지 시내 중심가에 해당하는 3개 역은 지하로, 나머지 역은 지상으로 연결된다. 요금은 거리에 따라 7,000~2만 VND이다. 종이에 인쇄된 탑승권은 QR 코스를 스캔해 탑승구로 들어가면 된다.

사이공 워터 버스(박당 선착장)

녹색 유니폼을 입은 그랩 바이크

호찌민시 지하철(메트로)

씨클로

Best Course

호찌민시 추천 코스

도시 규모는 크지만 볼거리들이 시내 중심가에 몰려 있다. 여행자 거리인 팜응우라오 & 데탐 거리를 시작으로 벤탄 시장을 거쳐 통일궁까지 도보 여행도 가능하다. 호찌민시의 볼거리는 하루면 충분히 돌아볼 수 있다. 하지만 박물관들을 꼼꼼히 보고, 쩌런(차이나타운)까지 여행하려면 이틀은 투자해야 한다. 점심시간에 문 닫는 곳이 많으므로 시간을 잘 맞춰야 한다. 호찌민시에 머물면서 주변 여행지를 함께 방문하기 때문에 전체적인 일정은 최소 4~5일 정도가 적당하다. 꾸찌 터널과 까오다이 사원, 껀저, 메콩 델타 투어에 하루씩 투자하면 된다.

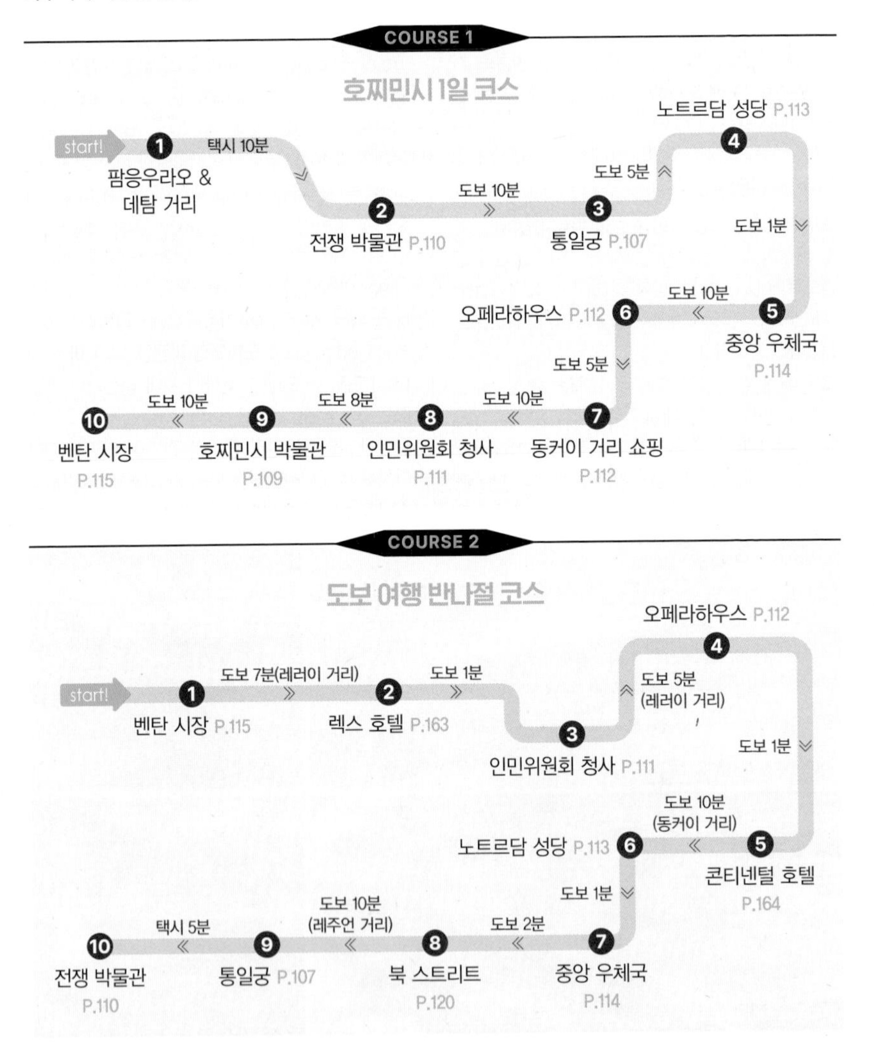

호찌민시의 볼거리들은 콜로니얼 건물과 박물관이다. 레러이 거리와 동커이 거리에 코친차이나 시절에 건설된 역사적인 건물들이 많다. 베트남의 현대사를 한눈에 알아볼 수 있는 통일궁, 전쟁 박물관, 호찌민시 박물관, 역사 박물관도 놓치기 아까운 볼거리다. 복잡하긴 하지만 벤탄 시장과 쩌런(차이나타운)도 호찌민시의 다양함을 더한다. 호찌민시가 베트남의 첫 여행지라면 도로를 가득 메워 흘러가는 오토바이 행렬이 가장 인상적인 장면으로 기억될 것이다.

1군·3군(사이공)

호찌민시의 시내 중심가를 이루는 곳으로 옛 '사이공'에 해당된다. 프랑스령 인도차이나 시절의 수도가 있었던 곳인 만큼 콜로니얼 건축물이 가득하다. 통일 이후 베트남의 역사를 보여주는 다양한 박물관도 있다. 참고로 1군(郡)은 베트남어로 '꿘 못 Quận 1(약자로 Q.1)', 영어로 '디스트릭트 1 District 1(약자로 Dist. 1)'이라고 표기한다.

Map P.97-D3

통일궁 ★★★★

Independence Palace(Reunification Palace)
Dinh Độc Lập(Dinh Thống Nhất)

주소 135 Nam Kỳ Khởi Nghĩa, Quận 1 **전화** 028-3822-3652 **홈페이지** www.independencepalace.gov.vn **운영** 매일 08:00~15:30 **요금** 4만 VND(통일궁+별관 전시실 6만 5,000 VND, 오디오 가이드 9만 VND 별도) **가는 방법** 남끼커이응이아 거리와 레주언 거리가 만나는 삼거리에 매표소가 있다.

호찌민시에서 가장 큰 볼거리자 베트남의 현대사에서 빼놓을 수 없는 공간이다. 통일궁의 역사는 프랑스 식민지배 시대인 1868년으로 거슬러 올라간다. 노로돔 궁전 Norodom Palace이라고 불렸으며 1954년까지 프랑스 코친차이나 총독의 관저로 쓰였다. 프랑스가 퇴각하고 베트남이 분단되면서 1956년부터 남부 베트남 대통령의 관저와 집무실로 쓰이며 대통령궁 Presidential Palace이란 이름을 얻게 된다. 대통령궁에 처음으로 머문 사람은 초대 남부 베트남 대통령인 응오딘지엠(吳廷琰) Ngô Đình Diệm(임기 1955년 10월 26일~1963년 11월 2일)이다.

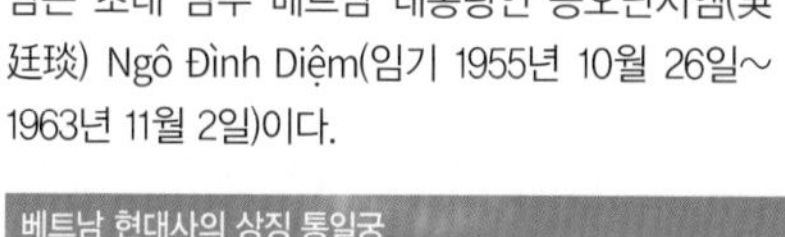

베트남 현대사의 상징 통일궁

통일궁 내부의 대통령 집무실

대통령궁(통일궁)이 함락되면서 전쟁은 끝났다.

미군 작전본부로 쓰였던 지하 벙커

1962년에는 자국(남부 베트남) 공군 장교들에 의한 대통령 암살 시도가 있었다. 전투기를 이용해 폭격을 가해 대통령궁 절반이 내려앉았으나 암살 시도는 불발로 끝났다. 응오딘지엠 대통령은 기존의 건물을 부수고 대통령궁을 재건축하면서 요새화하기 시작했다. 대통령궁이 재건축되는 동안 추가 암살 시도를 염려한 응오딘지엠은 현재의 호찌민시 박물관 지하에 만든 벙커에서 생활했다고 한다. 하지만 1963년에 군부 쿠데타로 실각해 도피하던 도중 쩌런(차이나타운)의 짜땀 교회(P.121)에서 살해되었다. 결국 응오딘지엠은 대통령궁의 완공을 목격하지 못했다.

대통령궁이 재건축된 것은 1966년이다. 풍수지리 사상에 따라 건설했다고 하는데 전체적인 건물 구조는 '흥(興)'자를 형상화했다. 하지만 대통령궁은 베트남 전쟁의 막바지에 남부 베트남의 대통령이 수시로 교체되면서 비운의 주인공이 되었다. 남부 베트남의 대통령은 10년 동안 9번이나 교체되었으며, 마지막 대통령인 즈엉반민 Dương Văn Minh(임기 1975년 4월 28일~4월 30일)은 대통령궁에 겨우 3일간 머물렀을 뿐이다.

대통령궁은 1975년 4월 30일 10시 45분부로 '통일궁'이 된다. 북부 베트남군의 탱크가 철문을 밀고 들어오며 사이공이 함락(베트남 통일)되었기 때문이다. 아무런 저항도 없이 점령한 북부 베트남군은 대통령궁에 붉은 깃발을 게양하며 베트남이 사회주의로 통일되었음을 알렸다. 당시 통일궁 옥상의 헬리포트에서 마지막 미군 헬기가 다급하게 철수하는 상황은 외신을 타고 전 세계에 알려지기도 했다.

현재 통일궁 내부는 주인 없는 건물로 남아 관광객들을 맞는다. 통일궁 정문을 들어서면 정원 오른쪽 나무 그늘 아래 2대의 탱크가 놓여 있다. 1975년 4월 30일 통일궁을 진격해 들어왔던 북부 베트남군의 탱크를 전시한 것이다. 통일궁의 본관은 4층과 지하 벙커로 이루어져 있다. 대통령 집무실, 국무 회의실, 외국 대사 접견실, 외빈 접견실, 대통령 응접실, 부대통령 응접실, 대통령 침실을 포함한 관저, 영화관, 연회실 등 100여 개의 방으로 이루어졌다.

1층 정중앙에 있는 대통령 집무실은 주요 정책을 논하고 국서를 결재하던 곳이다. 마치 왕궁의 집무실처럼 나전칠기를 이용한 대형 벽화를 만들어 놓아 근엄한 분위기를 풍긴다. 4층에는 연회실이 있고, 옥상에는 헬리포트와 헬기도 전시되어 있다. 통일궁 옥상에서 내려다보이는 시내 방향으로 곧게 뻗은 도로는 레주언 거리이다. 레주언 Lê Đuân(1907~1986년)은 베트남 통일 이후 1대 공산당 서기장을 지냈던 인물이다.

통일궁의 4층까지 견학했으면 계단을 이용해 지하 벙커로 내려간다. 요새화된 지하 벙커는 베트남 전쟁 기간 동안 미군의 작전 본부로 쓰였다. 전시에서 사용하던 작전 상황실, 지휘통제실, 통신실, 암호 해독실, 주방 등이 빼곡히 들어서 있다. 지하 벙커를 지나면 출구로 나오기 전에 특별 전시실이 있다. 대통령궁이 함락되던 장면을 포함해 흑백 사진으로 당시 상황을 설명해준다.

통일궁은 개별적으로 관람해도 되고 한국어로 된 오디오 가이드를 대여해 둘러봐도 된다. 가이드 투어는 영어, 프랑스어, 일본어, 중국어로 진행된다. 한 팀이 25명 정도로 움직이기 때문에 사람들이 모일 때까지 기다려야 한다.

참고로 주요 국제 행사나 외국 대통령의 접견 같은 국가 행사가 통일궁에서 열린다. APEC 국제회의와 베트남의 WTO 가입 조인식이 열리기도 했다. 특별 행사가 있을 때면 통일궁 일부 관람이 통제된다.

르네상스 양식의 호찌민시 박물관

Map P.97-E3, Map P.100-A1

호찌민시 박물관 ★★★
Ho Chi Minh City Museum
Bảo Tàng Thành Phố Hồ Chí Minh

주소 65 Lý Tự Trọng, Quận 1 **전화** 028-3829-9741, 028-3829-8250 **홈페이지** www.hcmc-museum.edu.vn **운영** 매일 08:00~17:00 **요금** 3만 VND(사진 촬영 2만 VND 별도) **가는 방법** 리뜨쫑 거리와 남끼커이응이아 거리가 만나는 사거리 코너에 있다. 벤탄 시장에서 도보 8분.

도리아 양식의 주랑이 인상적인 르네상스 양식의 건축물이다. 1890년에 프랑스 식민지배 정부 시기에 건설되었다. 코친차이나에서 생산한 물건을 전시하기 위해 만든 상업 박물관이었으나, 시대를 거듭하며 건물의 용도가 다양하게 변경되었다. 건물의 역사는 프랑스가 사이공을 건설한 시기부터 베트남이 통일된 이후 호찌민시로 개명되기까지의 역사가 고스란히 녹아 있다. 프랑스 통치 시기에는 인도차이나 총독부 건물로 사용되었고, 남북이 분단되어 있던 시기에는 남부 베트남 응오딘지엠 대통령의 비밀 은신처로 쓰였다. 1975년 베트남이 통일되면서 베트남 고등법원으로 쓰였고, 1978년부터는 혁명 박물관으로 용도가 변경되었다. 1999년에 호찌민시 박물관으로 개명해 오늘에 이르고 있다.
박물관은 사이공부터 호찌민시에 이르기까지 300년간의 역사적인 자료가 전시되어 있다. 1층은 사이공의 초기 역사에 관한 내용에 초점을 맞추어 오래된 지도와 문서, 흑백 사진 등을 전시하고 있다. 2층은 프랑스 식민지배에 저항해 독립을 이루는 과정, 베트남 공산당의 활동 사항, 1945년에 있었던 8월 혁명, 그리고 1975년의 사이공 함락(베트남 통일)에 관한 내용이 주를 이룬다. 박물관 안뜰에는 베트남 전쟁 때 사용했던 구소련제 탱크와 미군 전투기, 대공화기가 전시되어 있다. 1962년 대통령궁(현재의 통일궁)을 폭격했을 때 남부 베트남군 조종사들이 몰았던 전투기도 전시되어 눈길을 끈다. 참고로 응오딘지엠 대통령이 피신해 있던 지하 벙커는 일반에게 공개되지 않는다.
오늘날 호찌민시 박물관은 베트남 허니문 커플들로 인해 독특한 풍경을 자아낸다. 이국적인 건물을 배경 삼아 웨딩 사진을 촬영하는 커플들을 심심치 않게 볼 수 있다.

웨딩 촬영을 하는 베트남 커플

독립과 관련된 내용이 가득한 호찌민시 박물관 전시실

전쟁 박물관 내부 전시실

베트남 전쟁의 진실을 들려주는 전쟁 박물관

Map P.97-D2

전쟁 박물관 ★★★★
War Remnants Museum
Bảo Tàng Chứng Tích Chiến Tranh

주소 28 Võ Văn Tần, Quận 3 **전화** 028-3930-6664 **홈페이지** www.baotangchungtichchientranh.vn **운영** 매일 07:30~17:30 **요금** 4만 VND **가는 방법** 보반떤 거리 28번지에 있다. 통일궁에서 북쪽으로 도보 10분.

베트남 사람들은 '베트남 전쟁'이라 부르지 않고, '미국 전쟁'이라고 부른다. 전쟁 박물관은 베트남 사람들이 바라본 미국 전쟁에 관한 역사적인 기록을 전시한다. 미국에 의해 자행된 전쟁이 어떻게 포장됐는지, 미국 영화를 통해 베트남 전쟁이 얼마나 왜곡됐는지를 생각하게 만든다. 때문에 호찌민시에서 딱 하나의 박물관을 봐야 한다면 주저하지 말고 전쟁 박물관을 가면 된다.

전쟁 박물관은 미국 정보부 건물로 쓰였던 곳으로 1975년 베트남 통일 이후에 박물관으로 용도를 변경했다. 베트남과 미국이 수교(1995년)하기 전까지는 '미국 전쟁 범죄 박물관 Museum of American War Crimes'이라는 무시무시한 이름을 쓰기도 했다. 미국 전쟁 범죄 박물관이던 시절에는 철저한 반미(反美) 사상을 바탕으로 전쟁의 참상을 알리는 데 주력했다. 과거에 비해 전시된 사진들의 내용은 상당히 순화되었으나, 여전히 무거운 주제를 다루고 있다. 하지만 평화에 대한 메시지도 잊지 않고 전하고 있다.

3층 건물에 들어선 전시실에는 흑백 사진들이 걸려 있는데, 그 어떤 자료 화면보다도 강렬한 인상을 준다. '미국 전쟁'의 참상과 고엽제 피해자 상황을 보여주는 전시실, 종군 사진기자들이 찍은 사진, 전쟁 때 사용되었던 무기(소총과 기관총), 전쟁 관련 데이터들이 일목요연하게 전시되어 있다. 전쟁의 진실을 알리는 교육적인 내용이 많아서 엄숙한 분위기다. 사진 설명을 일일이 읽어가면서 박물관 전시물을 관람하는 관객들로 인해 몰입도가 매우 높다.

박물관 야외에는 전투기와 탱크를 포함한 대형화기들이 전시되어 있다. 꼰썬 섬 Con Son Island (Đảo Côn Sơn)에 있던 감옥도 재현해놓았다. 프랑스 식민지배 시절 베트남 독립투사를 투옥시키고(독립투사를 처형하던 단두대가 눈길을 끈다), '베트남 전쟁' 중에는 비엣꽁(베트콩) 전쟁 포로를 가두었던 곳이다. 수감자들이 극심한 고문에 시달려 내는 비명소리 때문에 '호랑이 우리 Tiger cages'라는 별명을 얻기도 했다. 참고로 베트남 총리를 지냈던 팜반동(范文同) Phạm Văn Đồng(1906~2000년)과 노벨 평화상 수상자로 선정되었으나 수상을 거부해 유명해졌던 레득토(黎德壽) Lê Đức Thọ(1911~1990년) 등이 꼰썬 섬에 정치범으로 수용되어 있었다.

꼰쏜 섬의 감옥에서 사용하던 단두대

Map P.97-E3, Map P.100-C1

인민위원회 청사 ★★★★

Ho Chi Minh City People's Committee Head Office
Trụ Sở Ủy Ban Nhân Dân Thành Phố Hồ Chí Minh

주소 Đường Lê Thánh Tôn & Đường Nguyễn Huệ, Quận 1 **운영** 24시간(내부 입장 불가) **가는 방법** 벤탄 시장에서 레러이 거리 방향으로 도보 5분. 렉스 호텔 옆에 있다.

호찌민시를 상징하는 아이콘 같은 건물이지만 아이러니하게도 프랑스 식민지배 시기에 건설되었다. 1902년부터 6년에 걸쳐 완성한 사이공(코친차이나 수도)의 '오텔드빌 Hôtel de Ville', 즉 시청이다. 파리 시청도 오텔드빌이라고 부르는 것에서 알 수 있듯이 파리 시청과 비슷한 구조다. 시계가 장식된 스티플(건물의 정면을 멋들어지게 보이기 위해 세운 높은 탑), 아치형 창문과 발코니, 박공을 장식한 조각상들까지 전형적인 콜로니얼 건축 양식을 띠고 있다. 파리 시청보다 규모도 작고 웅장한 맛도 떨어지지만 베트남에 남아 있는 가장 우아한 프랑스 건물로 평가받는다.

1975년 베트남이 통일된 후부터 호찌민시 인민위원회 청사, 즉 호찌민시 시청으로 사용되고 있다. 베트남 공산당이 사용하는 정부 건물답게 건물 꼭대기에 베트남 국기가 펄럭인다. 일반인들의 출입은 금지되지만 호찌민시를 방문한 사람들이 기념사진을 찍는 명소다. 야간에도 조명을 밝히기 때문에 분위기가 좋다.

건물 앞에는 광장을 만들고 호찌민 동상을 세웠다. 광장 확장 공사를 진행하면서 호찌민 동상을 새롭게 제작했다. 과거에는 '박 호(호 아저씨) Bác Hồ'라고 적힌, 아이를 안고 있는 인자한 모습의 호찌민 동상이 있었는데, 현재는 민중을 향해 손을 들고 있는 '쭈띡 호찌민(호찌민 주석) Chủ Tịch Hồ Chí Minh' 동상이 세워져 있다.

Map P.101-E2

카페 아파트 ★★★☆

The Cafe Apartment

주소 42 Nguyễn Huệ, Quận 1 **운영** 08:00~22:00 **가는 방법** 응우옌후에 거리 42번지에 있다. 오래된 엘리베이터가 운영되는데 이용료 3,000 VND을 받는다.

오래된 아파트 건물에 카페들이 밀집해 있다고 해서 카페 아파트로 불린다. 1950년대에 건설된 이곳은 베트남 전쟁 당시 미국 정부 공무원들과 미군 장교들의 숙소로 사용됐다고 한다. 한눈에 보기에도 허름한 아파트를 옛 모습 그대로 보존해 빈티지한 분위기를 자아낸다. 총 9층 건물에 카페와 찻집, 공방, 부티크 숍들이 하나둘 채워지면서 힙플레이스가 되었다.

참고로 카페 아파트 앞쪽으로 응우옌후에 워킹 스트리트 Nguyen Hue Walking Street가 길게 이어진다. 시내 중심가에서 보기 드문 보행자 거리로 사이공 강까지 도로가 이어진다. 전체 길이는 약 900m로 콜로니얼 건물과 현대적인 빌딩이 대비를 이룬다.

기념사진 찍기 좋은 인민위원회 청사

카페 아파트

인민위원회 청사

Map P.97-F3, Map P.101-E2

동커이 거리 ★★★
Dong Khoi Street
Đường Đồng Khởi

주소 Đường Đồng Khởi, Quận 1 **가는 방법** 벤탄 시장에서 도보 10분.

코친차이나의 수도였던 사이공의 중심에 있었던 거리다. 사이공 강에서 시작해 노트르담 성당까지 이어지는 630m의 거리를 따라 오페라하우스(시민극장), 중앙 우체국, 콘티넨털 호텔(P.164), 마제스틱 호텔(P.165), 그랜드 호텔(P.165) 같은 우아한 콜로니얼 건축물이 가득하다. 현재는 호찌민시를 대표하는 쇼핑가로 변모해 부티크 숍과 갤러리들이 들어서 있다.
참고로 프랑스 통치 시대에는 뤼 카티나 Rue Catinat(Catinat Street)라고 불렸다. 카티나는 루이 14세 때 프랑스 군사령관이었던 니콜라 카티나 Nicolas Catinat(1637~1712년)의 이름이다. '동커이'는 1975년 베트남 통일 이후 새롭게 붙여진 이름이다. 응오딘지엠 정권에 대항해 일어났던 저항 운동으로 '일제히 봉기하다'라는 뜻이다.

노트르담 성당 앞에서 이어지는 동커이 거리

콜로니얼 건물이 남아 있는 동커이 거리

Map P.101-E1

사이공 센트럴 모스크 (무술만 모스크) ★☆
Saigon Central Mosque(Musulman Mosque)

주소 66 Đông Du, Quận 1 **운영** 04:30~21:30 **요금** 무료 **가는 방법** 쉐라톤 사이공 호텔 옆의 동주 거리 66번지에 있다.

호찌민시 중심의 동주 거리에 있는 모스크(이슬람 사원)다. 남인도에서 이주한 무슬림들이 1935년 건설했다. 호찌민시에 있는 12개 모스크 중에서도 중심이 되는 곳이다. 자미아 알 무스리민 모스크 Jamia Al Muslimin Mosque라고 불린다. 무슬림 신자가 아니라도 방문이 가능하며, 종교 시설인 만큼 노출이 심한 옷을 삼가자.

Map P.97-F3, Map P.101-D1

오페라하우스(시민극장) ★★★
Opera House(Municipal Theater)
Nhà Hát Lớn Thành Phố Hồ Chí Minh

주소 Công Trường Lam Sơn(Lam Son Square), Quận 1 **전화** 028-3823-4999 **운영** 24시간(내부 입장 불가) **가는 방법** 동커이 거리의 콘티넨털 호텔과 까라벨 호텔 사이에 있다.

코친차이나 시절인 1900년에 프랑스 식민정부가 건설한 오페라하우스로 1,800석 규모를 자랑한다. 프랑스 건축가가 디자인한 고딕 양식의 건물로 기본 구조는 파리의 오페라하우스(팔레 가르니에 Palais Garnier)를 모델로 했다. 건물 중앙의 아치

사이공 센트럴 모스크

형 돔은 파리 시립미술관(프티 팔레 Petit Palais)을 모방해 만들었다. 건축에 사용된 난간, 치장, 조각 장식들은 프랑스에서 모두 공수되었다고 한다. 사이공 탄생 300주년인 1998년에 보수 공사를 실시해 완벽하게 복원되었다.

베트남의 대표적인 행위 예술 극단인 룬 프로덕션 Lune Productions(홈페이지 www.luneproduction.com)의 무용극이 이곳에서 공연된다. 공연은 베트남의 과거와 현재를 대비해 보여주는 아오 쇼 A O Show, 산악지역 소수민족의 생활상을 주제로 한 테다 Teh Dar, 베트남 남부 지방의 농경문화를 주제로 한 더 미스트 The Myst 세 가지로 구성된다. 대나무 곡예와 아크로바트, 서커스, 현대 무용이 생동감 넘치게 이어진다. 공연은 비정기적으로 운영되는데 홈페이지와 여행사를 통해 예약(일반석 80만 VND, VIP석 175만 VND)이 가능하다.

룬 프로덕션의 창작 무용극 아오 쇼 A O Show

오페라 하우스와 동커이 거리의 호텔들

오페라하우스

Map P.97-E2, Map P.98-A2

노트르담 성당 ★★★☆

Notre Dame Cathedral
Nhà Thờ Đức Bà Sài Gòn

주소 1 Công Xã Paris, Quận 1 **운영** 월~토요일 08:00~11:00, 15:00~16:00 **휴무** 일요일 **요금** 무료 **가는 방법** 동커이 거리와 응우옌주 거리가 만나는 삼거리에 있다. 인민위원회 청사에서 도보 10분.

오텔드빌(인민위원회 청사), 오페라하우스, 중앙우체국과 더불어 호찌민시를 대표하는 콜로니얼 건축물이다. 프랑스가 코친차이나의 수도로 사이공을 건설하며 만든 종교적인 건물이다. 사이공에 가톨릭 교회가 최초로 들어선 것은 1865년이다. 하지만 규모가 너무 작다는 이유로 코친차이나 총독의 승인 아래 1877년부터 1883년에 걸쳐 노트르담 성당을 새롭게 건설했다.

붉은색 벽돌을 이용해 만든 전형적인 로마네스크 양식의 로마 가톨릭 교회로 두 개의 첨탑이 좌우 대칭을 이루고 있다. 6개의 동종이 걸려 있는 첨탑은 58m 높이다. 유럽의 로마 가톨릭 교회 느낌을 제대로 살리기 위해 건축 자재로 쓰인 붉은색 벽돌은 프랑스 마르세유 Marseille에서, 성당 내부를 장식한 스테인드글라스 창문은 샤르트르 Chartres에서 수입해 왔다고 한다.

성당 내부는 길이 133m, 폭 35m, 높이 21m로 1,200명이 동시에 미사를 볼 수 있다. 성당 앞 작은 광장에 성모 마리아 상이 세워져 있다. 미사는 평일 2회(05:30, 17:00), 일요일 7회(05:30, 06:30, 07:30, 09:30, 16:00, 17:15, 18:30) 열린다.

노트르담 성당

Map P.97-E2, Map P.98-B2

중앙 우체국 ★★★

Central Post Office
Bưu Điện Thành Phố Hồ Chí Minh

주소 2 Công Xã Paris, Quận 1 **전화** 028-3829-6555 **운영** 매일 07:00~19:00 **요금** 무료 **가는 방법** 노트르담 성당을 바라보고 오른쪽에 있다.

베트남에서 가장 큰 우체국이다. 프랑스 식민정부가 1891년에 건설한 콜로니얼 양식의 건축물이다. 에펠탑을 건설한 귀스타브 에펠 Gustav Eiffel (1832~1923년)이 설계했다. 높다란 천장에 아치형 출입문과 창문을 간직한 전형적인 고딕 양식을 취하고 있다. 아치형 창문 아래에는 전신과 전기 발전에 공헌한 사람들의 이름을 적어놓았다. 중앙 우체국을 들어서면 아치형 건물 내부가 고스란히 모습을 드러낸다. 정면에는 호찌민 사진이 걸려 있다. 벽면에는 코친차이나 시대(1892년)의 사이공 지도와 프랑스령 캄보디아까지 연결되었던 1936년도의 전신망이 그려져 있다. 우체국 창구와 전화 부스가 옛 모습 그대로 운영 중이며, 우표와 엽서를 판매하는 기념품 상점도 있다.

호찌민 초상화가 걸려있는 중앙 우체국 내부

콜로니얼 건축물의 아름다움을 간직한 중앙 우체국

알아두세요 호찌민시의 역사

호찌민시의 역사는 그리 길지 않습니다. 크메르 제국(오늘날의 캄보디아)의 영토였다가 베트남의 땅이 된 것은 1698년의 일입니다. 이때는 자딘(야딘) Gia Định이라는 지명으로 불렸는데요, 베트남 전국을 통일(1802년)한 응우옌 왕조의 초대 황제는 남쪽의 자딘과 북쪽의 탕롱(오늘날의 하노이)에서 한 자씩을 따서 스스로를 '자롱(야롱)'이라 칭했다고 합니다. 하지만 자딘은 머지않아 프랑스의 지배를 받으며, 사이공으로 개명되었습니다. 베트남을 침략한 프랑스는 1859년에 사이공을 점령하고, 1862년부터 남부 베트남 지방을 '코친차이나'라고 칭하며 사이공을 수도로 삼았습니다. 베트남 중부 · 북부는 물론 캄보디아와 라오스까지 점령해 프랑스령 인도차이나를 통치하는 동안에도 사이공이 수도(1887~1901년) 역할을 하며 비약적인 발전을 하게 되었죠. 이때 파리를 모방해 도시를 건설했기 때문에 '동양의 파리'라는 별명을 얻게 되었습니다.

베트남이 남북으로 분단된 시기에는 남부 베트남의 수도로 그 지위를 유지했지만, 사이공이 함락(1975년 4월 30일)되면서 통일된 베트남 사회주의 공화국의 수도는 하노이가 됩니다. 그 다음해인 1976년부터 민족의 영웅인 호찌민의 이름을 따서 호찌민시로 개명해 오늘에 이르고 있습니다. 현재의 사이공은 호찌민시 시내 일부를 의미하지만, 베트남 남부 지방 사람들에게 사이공은 호찌민시 그 자체를 의미합니다. 기차역은 여전히 사이공 역으로 불리고, 남부 지방을 오가는 버스에는 사이공이라고 선명하게 목적지를 표기해두고 있을 정도입니다. 참고로 호찌민시는 베트남어로 Thành Phố Hồ Chí Minh을 줄여서 TP. HCM, 영어로는 Ho Chi Minh City를 줄여서 HCMC라고 쓰기도 합니다.

Map P.97-E3

벤탄 시장(쩌 벤탄) ★★★★

Ben Thanh Market
Chợ Bến Thành

주소 Đường Lê Lợi & Đường Lê Lai & Đường Trần Hưng Đạo, Quận 1 **운영** 매일 06:00~18:00 **요금** 무료 **가는 방법** 여행자 거리인 데탐 거리에서 쩐흥다오 거리 또는 레라이 거리를 따라 도보 10분. 벤탄 시장은 4개의 출입문이 있으며, 정문은 레러이 거리에 있다.

호찌민시를 대표하는 재래시장으로 시내 중심가에 있다. 시계탑이 인상적인 건물로 1912년 프랑스 정부 시절에 문을 연 이래 120년 동안 변함없는 인기를 누리고 있다. 상점들이 빼곡히 들어선 시장에는 식료품과 엽서까지 없는 게 없다. 의류, 가방, 티셔츠, 그릇, 나전칠기, 액세서리, 기념품, 커피까지 한 자리에서 거래된다. 베트남 현지인들의 생활에 필요한 저렴한 물건들이 대부분으로, 유명 브랜드의 '짝퉁'도 쉽게 눈에 띈다. 정찰제가 아니라 흥정을 해야 하므로, 처음 본 물건부터 사지 말고 몇 군데 물건값을 확인하면서 가격을 알아보자. 상점의 아주머니들이 계산기를 들이대며 원하는 가격을 누르라고 한다. 시장 내부는 통로가 좁고 사람들이 많기 때문에 소매치기에 유의해야 한다. 벤탄 내부에 식당들도 많다. 쇼핑하다가 간단하게 한끼 식사를 해결할 수 있다. 새롭게 개통한 지하철 1호선이 벤탄 시장 앞에서 출발하면서 접근성이 좋아졌다.

벤탄 시장

호찌민시의 대표적인 재래시장 벤탄 시장

Map P.95-F3

사이공 리버사이드 공원 ★★

Saigon Riverside Park
Công Viên Bờ Sông Sài Gòn

주소 Thủ Thiêm, Quận 2, Thành Phố Thủ Đức **운영** 24시간 **요금** 무료 **가는 방법** 바쏜 다리 Cầu Ba Son 건너편 투티엠 Thủ Thiêm 지역에 있다. 박당 선착장 Ga Tàu Thuỷ Bạch Đằng 맞은편으로 보트(워터 버스)를 타고 갈 수 있다.

사이공 강 건너편에 있는 강변 공원이다. 2군 투티엠 Thủ Thiêm 지역을 개발하면서 만들었다. 20헥타르 규모로 강변도로를 따라 1㎞에 이르는 산책로와 공원이 조성되어 있다. 강 건너 도심의 스카이라인을 볼 수 있다. 투티엠 선착장 Bến Tàu Thủ Thiêm 주변으로 스타벅스 Starbucks, 하일랜드 커피 Highlands Coffee, 카티낫 Katinat 등 유명 커피 체인점도 있다. 낮에 덥기 때문에 야경 보러 오는 현지인들이 많다.

사이공 리버사이드 공원에서 바라본 호찌민시 중심가

Map P.101-E4

바이텍스코 파이낸셜 타워 ★★★
Bitexco Financial Tower
& 사이공 스카이 덱
Saigon Sky Deck

주소 2 Hải Triều, Quận 1 **전화** 028-3915-6156 **홈페이지** www.bitexcofinancialtower.com **운영** 매일 09:30~21:30 **요금** 24만 VND(사이공 스카이 덱) **가는 방법** 함응이 거리와 호뚱머우 거리가 만나는 삼거리에 스카이 덱 매표소가 있다.

호찌민시의 현재를 보여주는 상징적인 건물이다. 2010년 11월에 오픈한 262m 높이의 68층 건물이다. 베트남의 국화인 연꽃 모양을 현대적인 디자인으로 형상화했다. 뉴욕 출신의 건축가가 설계했다. 금융 센터로 건설해 상업 시설이 입주해 있다. 49층 전망대(높이 178m)에는 사이공 스카이 덱(전화 028-3915-6868, 홈페이지 www.saigonskydeck.com)이 있다. 사이공 강을 포함해 호찌민시 시내가 360도 파노라마로 펼쳐진다. 전용 엘리베이터를 타고 올라간다. 매표소는 함응이 거리와 가까운 호뚱머우 거리(주소 36 Hồ Tùng Mậu)에 있다.

스카이 덱에서 바라본 풍경

바이텍스코 파이낸셜 타워

Map P.97-E4, Map P.100-A4

미술 박물관 ★★
Fine Arts Museum
Bảo Tàng Mỹ Thuật

주소 97A Phó Đức Chính, Quận 1 **전화** 028-3829-4441 **홈페이지** www.baotangmythuattphcm.vn **운영** 매일 08:00~17:00 **요금** 3만 VND **가는 방법** 벤탄 버스 정류장에서 남쪽으로 이어지는 포득찐 거리 방향으로 도보 5분.

1987년부터 운영 중인 박물관으로 두 동의 건물로 구분된다. 중국풍이 가미된 콜로니얼 양식의 3층 건물이다. 베트남 남부 화가들의 작품을 주로 전시한다. 베트남의 독립 투쟁과 사회주의 혁명에 관한 내용부터 현대 미술까지 시대별로 구분해 베트남 회화를 소개하고 있다. 나전칠기 기법을 이용한 회화와 유화가 눈길을 끈다. 별관은 도자기, 불상, 전통 판화와 외국 작가들의 그림 등을 전시하는 특별 전시관으로 운영된다.

미술 박물관에 전시된 베트남 현대 미술

미술 박물관

Map P.97-F1

역사 박물관 ★★★
History Museum
Bảo Tàng Lịch Sử

주소 2 Nguyễn Bỉnh Khiêm, Quận 1 **전화** 028-3829-8146 **홈페이지** www.baotanglichsuvn.com **운영** 화~일요일 08:00~11:30, 13:00~17:00 **휴무** 월요일 **요금** 3만 VND(사진 촬영 4만 VND 별도) **가는 방법** 응우옌빈키엠 거리 2번지에 있다. 사이공 동·식물원 옆에 있다.

하노이에 있는 역사 박물관(P.431)과 비슷하지만 아무래도 베트남 남부에 관한 역사를 더 자세히 소개하고 있다. 1956년부터 사이공 국립 박물관으로 쓰이다가 통일 이후 1975년부터 역사 박물관으로 변모했다. 박물관의 외관은 불교 사원을 형상화해 만들었다. 박물관 내부는 연대기순으로 베트남 역사 자료를 전시한다. 크게 중국으로부터 독립 투쟁(1~10세기), 리 왕조(11~13세기), 쩐 왕조(13~14세기), 레 왕조(15~18세기), 떠이썬 왕조(18세기), 응우옌 왕조(19~20세기 중반)까지 6개 시대로 구분해놓았다.

베트남 중남부 지방에 들어섰던 힌두 문명인 참파 왕국(P.322)에서 만든 힌두 조각상, 메콩 델타 지역의 옥에오 Oc Eo 유적, 14세기부터 사용된 무기 전시실, 아시아 각국에서 수집된 도자기 전시실도 있다. 베트남의 다양한 소수민족의 생활상(사진, 전통복장, 전통가옥, 생활도구)과 응우옌 왕조의 유물(전통복장, 왕실용품, 생활용품) 전시실도 빼놓지 말고 봐야 한다.

역사 박물관

베트남의 역사가 왕조별로 일목요연하게 정리되어 있다

역사 박물관 내부에는 수상 인형극 공연장도 있다. 1일 2회 공연(10:30, 14:30)을 원칙으로 하고 있지만, 관객이 없을 경우 공연이 늦게 시작하기도 한다. 박물관 입장료와 별도로 추가 요금(10만 VND)을 받는다.

참고로 역사 박물관 옆으로 사이공 동·식물원 Thảo Cầm Viên Sài Gòn(Map P.97-F1, 주소 2 Nguyễn Bỉnh Khiêm, 홈페이지 www.saigonzoo.net, 운영 07:00~18:30, 요금 6만 VND)이 있다. 1864년에 개장했으며 500여 종의 동물과 250여 종의 식물, 1,800여 그루의 나무가 동·식물원을 메우고 있다.

Map P.97-F4

호찌민 박물관 ★★
Ho Chi Minh Museum
Bảo Tàng Hồ Chí Minh

주소 1 Nguyễn Tất Thành, Quận 4 **전화** 028-3825-5740 **운영** 화~일요일 07:30~11:30, 13:30~17:00 **휴무** 월요일 **요금** 1만 VND **가는 방법** 사이공 강변도로 남쪽에서 칸호이 다리(Cầu Khánh Hội)를 건너면 왼쪽에 호찌민 박물관이 있다.

호찌민시(市)가 아니라 인물 호찌민에 초점을 맞춘 박물관이다. 사이공을 중심으로 한 호찌민의 혁명 활동에 관한 내용과 호찌민이 사용하던 물건들이 전시되어 있다. 하노이에 있는 호찌민 박물관(P.441)에 비해 전시물 수는 적다.

호찌민 박물관은 원래 사이공을 드나드는 선박이 정박하던 냐롱 부두 Nha Long Wharf(Bến Nhà Rồng)였다. 중국과 유럽 양식을 가미해

민족의 영웅 호찌민

호찌민의 생애를 기록한 호찌민 박물관

만든 건물로 '냐롱'은 용의 집이라는 뜻이다. 호찌민은 1911년에 이곳에서 프랑스 증기선을 타고 요리사 보조로 일하며 미국을 거쳐 유럽으로 들어가게 된다. 박물관 앞마당에는 호찌민 동상이 세워져 있다. 사이공 강을 바라보고 있는 젊은 시절의 호찌민 동상 앞으로 펼쳐진 오늘날의 호찌민시 도심. 세상이 어떻게 변했는지를 방증한다.

호찌민 박물관 앞의 거리 이름인 응우옌떳탄(阮必成) Nguyễn Tất Thành은 호찌민이 10살 때부터 사용하던 이름이다. 베트남의 주요 도시에 유명 인사들의 이름을 거리 이름으로 사용하는 것과 달리 호찌민이라는 이름은 거리 이름에는 사용하지 않는다. 다만, 베트남이 통일된 이후에 그의 업적을 기려 사이공을 호찌민시 Thành Phố Hồ Chí Minh로 개명했다.

Map P.94-C3

피토 박물관 ★★★☆
Fito Museum
Bảo Tàng Y Học Cổ Truyền Việt Nam

주소 41 Hoàng Dư Khương, Quận 10 **전화** 028-3864-2430 **홈페이지** www.fitomuseum.com.vn **운영** 08:30~17:00 **요금** 18만 VND(학생 9만 VND) **가는 방법** 시내 중심가에서 떨어진 10군의 호앙즈크엉 거리 41번지에 있다.

베트남의 제약회사인 피토 Fito Pharma에서 운영하는 사설 박물관이다. 베트남 의학에서 주요 업적을 남긴 인물과 의학 서적, 의학 도구, 각종 허브와 약재 등 베트남의 고전 의학 관련 내용을 총 5층 건물에 나눠 전시한다. 약재를 다루던 칼, 작두, 그라인더, 저울, 약을 달이던 약탕기, 약재를 담던 항아리 등 3,000여 점이 일목요연하게 정리되어 있다. 한의학과도 비슷해 한국 관광객은 별다른 설명 없이도 이해할 수 있는 전시물들이 많다. 박물관 직원의 안내를 받아 관람하면 된다.

피토 박물관 입구

Map P.96-C1

떤딘 교회(핑크 성당) ★★★
Tân Định Church
Nhà Thờ Tân Định

주소 289 Hai Bà Trưng, Quận 3 **전화** 028-3829-0093 **홈페이지** www.giaoxutandinh.net **운영** 07:00~11:00, 14:00~17:00 **요금** 무료 **가는 방법** 3군의 하이바쯩 거리 289번지에 있다.

프랑스 식민정부에서 1876년에 건설한 가톨릭 교회다. 복잡한 하이바쯩 거리에서도 핑크색 외벽의 건물이 단연 눈에 띈다. 관광객들 사이에서는 호찌민시에서 가장 아름다운 교회로 알려져 있다. 로마네스크와 고딕 양식을 결합한 건축물로, 정면에 보이는 60m 높이의 첨탑이 눈길을 끈다. 현재 내부 입장은 불가하나 담벼락에 앉아서 기념사진 찍는 관광객을 어렵지 않게 볼 수 있다.

떤딘 교회

Map P.97-E1

응옥호앙 사원(玉皇殿) ★★
Jade Emperor Pagoda
Chùa Ngọc Hoàng

주소 73 Mai Thị Lựu, Quận 3 **운영** 매일 07:00~18:00 **요금** 무료 **가는 방법** 시내 중심가에서 조금 떨어진 마이티르우 거리에 있다. 벤탄 시장에서 택시로 10분.

베트남에 정착한 중국 광둥성 상인들이 1909년 만든 향우회관이다. 화교들이 건설한 향우회관이 쩌런(차이나타운)에 몰려 있는 것과 달리 응옥호앙 사원은 호찌민시 시내에 있다. 친목 도모와 조상들에게 제사를 지내기 위해 만든 향우회관에 옥황상제를 모신 법당을 함께 만들어 도교 사원의 기능을 함께 한다. 여느 향우회관처럼 정원을 꾸민 외원(外苑)과 사원으로 공간이 구분된다.
사원은 기와지붕을 얹은 전형적인 중국 양식이다. 본당에는 옥황상제를 중심으로 관음보살(觀音菩薩)과 현천상제(玄天上帝)를 모신 사당을 함께 만들었다. 4m 크기의 청룡대장군(青龍大將軍)과 복호대장군(伏虎大將軍)을 포함해 도교·불교 불상들이 가득하다. 무섭게 생긴 도교 신들과 어둑한 실내, 자욱한 향 냄새가 어우러져 분위기가 묘하다. 옥황상제를 모신 본당 왼쪽에는 성황(城隍)을 모신 사당이 있다. 도시의 수호신이자 영혼의 판결관인 성황을 모신 사당답게 벽면에는 지옥에서 범죄자들을 판결하고 벌을 내리는 다양한 목판 조각으로 채워져 있다.
참고로 1975년 사회주의로 베트남이 통일된 후에는 프억하이뜨(복해사 福海寺) Phước Hải Tự라는 새로운 이름을 얻었다. 붉은색이 인상적인 사원 출입문의 현판에는 '옥황전(玉皇殿)'이라고 적혀 있다.

옥황상제를 모신 응옥호앙 사원

응옥호앙 사원 입구

Map P.97-D3

수상 인형극 ★★☆
Golden Dragon Water Puppet Theatre
Nhà Hát Múa Rối Nước Rồng Vàng

주소 55B Nguyễn Thị Minh Khai, Quận 1 **전화** 028-3930-2196 **홈페이지** www.goldendragonwaterpuppet.com **공연 시간** 매일 18:30 **요금** 33만 VND **가는 방법** 따오단 공원 Công Viên Tao Đàn 옆의 응우옌티민카이 거리에 입구가 있다. 벤탄 시장에서 도보 15분, 통일궁에서 도보 10분.

수상 인형극 Múa Rối Nước(P.471 참고)은 베트남 북부에서 유래했기에, 수상 인형극을 보려면 으레 하노이를 가야 하는 것으로 여겨졌다. 하지만 호찌민시에 유입되는 관광객이 모두 하노이까지 여행하는 건 아니다. 이를 해소하기 위해 호찌민시에 상설 수상 인형극장이 생겼다. 실내 공연장에서 전통악기 연주와 다양한 주제로 수상 인형극이 펼쳐진다. 공연 시간은 약 45분이다. 매일 1회 저녁 시간에 공연하고 있다.

골든 드래곤 수상 인형극장

Map P.98-B2

북 스트리트 ★★☆
Đường Sách

주소 Đường Nguyễn Văn Bình, Quận 1 **운영** 08:00~21:00 **가는 방법** 노트르담 성당 오른쪽, 중앙 우체국 북쪽의 응우옌반빈 거리에 있다.

1군 시내 중심가에 있는 자그마한 거리. 145m 길이의 가로수 길을 따라 20여 개 서점과 북 카페가 들어서 있다. 베트남어로 된 책과 잡지가 대부분이지만 엽서와 문구를 파는 곳도 있다. 중앙 우체국이 가까우니 산책 겸 다녀오자.

Map P.94-A3

작럼 사원 ★★★
Chùa Giác Lâm

주소 565 Lạc Long Quân, Phường 10, Quận Tân Bình **운영** 05:00~12:00, 14:00~20:00 **요금** 무료 **가는 방법** 시내 중심가(벤탄 시장)에서 서쪽으로 7㎞ 떨어져 있다.

호찌민시에서 가장 오래된 사원으로 1744년에 건설됐다. 한자로 쓰면 각림사 覺林寺가 된다. 1953년 스리랑카에서 전해진 보리수나무를 중심으로 정원을 조성해 차분한 분위기다. 대웅전은 기와를 올린 단층 건물로 사원 규모에 비해 아담하다. 오히려 사원 입구에 있는 바오탑싸러이(보탑사리寶塔舍利) Bảo Tháp Xá Lợi가 눈길을 끈다. 부처의 사리를 모시기 위해 만든 32m 높이의 7층탑이다. 1990년대에 만들어져 고색창연한 느낌은 없다.

작럼 사원

북 스트리트

Map P.95-F2

랜드마크 81 ★★★☆
Landmark 81

주소 720 Điện Biên Phủ, Phường 22, Quận Bình Thạnh **홈페이지** www.landmark-vn.com **영업** 08:30~23:00(매표 마감 22:00) **요금** 전망대 입장료 30만 VND, 전망대 콤보 티켓 48만 VND **가는 방법** 시내 중심가(벤탄 시장)에서 북동쪽으로 6㎞ 떨어져 있다. 전망대 매표소는 빈콤 센터가 있는 지하 1층에 있다.

베트남에서 가장 높은 건물로 2018년에 건설됐다. 베트남 빈 그룹에서 건설한 461m 높이의 81층짜리 건물이다. 빈콤 센터(쇼핑몰), 아이스링크, 시네마, 고급 레지던스, 빈펄 랜드마크 81 호텔, 스카이뷰(전망대) Landmark Sky View가 들어서 있다. 주변에 아파트 단지와 공원(빈홈 센트럴 파크) Vinhomes Central Park까지 조성되어 있다. 전망대는 79~81층까지 3개 층으로 이루어졌다. 전망대 대신 블랭크 라운지(P.156)를 방문해도 된다.

랜드마크 81

사이공 강에서 바라본 랜드마크 81

쩌런(차이나타운) Chợ Lớn(China Town)

중국 남방에서 이주한 화교들이 정착해 형성된 지역이다. '쩌'는 시장, '런'은 크다라는 뜻으로 화교들이 상권을 이룬 지역을 보고 '쩌런'이라고 불렀다. 현재는 호찌민 광역시의 5군 Quận 5에 해당한다. 화교들이 건설한 향우회관과 사당, 불교·도교 사원이 가득하다. 호찌민시 최대 규모를 자랑하는 빈떠이 시장을 포함해 곳곳에서 중국스러운 물건(도장, 원단, 제기 용품, 한약재, 장식품 등)이 대량으로 거래된다. 여느 나라 차이나타운과 마찬가지로 복잡하고 분주하다. 쩌런 여행은 빈떠이 시장에서 시작해 짜땀 교회→프억안 회관→온랑 회관→티엔허우 사원→응이아안 회관 순서로 돌아보자.

Map P.122-A1

빈떠이 시장 ★★★

Binh Tay Market
Chợ Bình Tây

주소 57A Tháp Mười, Quận 6 **전화** 028-3855-6130 **홈페이지** www.chobinhtay.gov.vn **운영** 매일 06:00~18:00 **가는 방법** 5군과 6군의 경계를 이루는 탑므어이 거리에 있다. 쩌런 버스 터미널 Bến Xe Chợ Lớn에서 도보 5분.

쩌런(차이나타운)의 중앙시장으로 1826년부터 시장이 형성되었다. 호찌민시에서 규모가 가장 큰 재래시장이다. 1928년 화재로 인해 새롭게 건설했기 때문에 쩌런 머이 Chợ Lớn Mới(쩌런의 새로운 시장이라는 뜻)라고 불리기도 한다. 시장 입구는 콜로니얼 양식을 띠고 있지만 시장 내부는 중국 가옥의 안뜰처럼 정원을 만들었다. 정원 정중앙에는 빈떠이 시장을 만든 중국 상인 꽉담 Quách Đàm(1863~1927년) 동상도 세웠다.

빈떠이 시장은 중앙 정원을 둘러싼 4각형 구조로 이루어진 2층 규모의 상설 시장이다. 2,400여 개의 상점이 빼곡히 들어서 있다. 달걀, 사탕, 식료품, 미용 용품, 주방 용품, 의류, 가방, 신발, 커피, 기념품까지 다양한 물건이 거래된다. 도매 형태로 운영되지만 외국인이라면 물건을 사기 전에 반드시 흥정해야 한다. 가이드를 동반한 단체 관광객이 찾아오기도 하지만 벤탄 시장에 비하면 외국인들의 발길은 적다. 때문에 현지인들의 삶을 좀 더 가까이서 지켜볼 수 있다. 사람이 많고 혼잡한 곳이므로 소매치기에 주의해야 한다.

복잡하게 얽혀 있는 빈떠이 시장 내부

중앙 정원을 감싸고 있는 빈떠이 시장

Map P.122-A1

짜땀 교회 Cha Tam Church ★★

Nhà Thờ Cha Tam(Nhà Thờ Thánh Phanxicô Xaviê)

주소 25 Học Lạc, Quận 5 **전화** 028-3829-8914 **요금** 무료 **가는 방법** 쩌런 버스 터미널(시내버스 정류장)에서 북쪽 방향에 있는 혹락 거리 방향으로 도보 5분.

1902년 건설된 고딕 양식의 가톨릭 교회다. 차이나타운에 만든 성당답게 한자로 천주당(天主堂)이라고 쓰여 있다. 노란색의 파스텔톤 건물로 시계탑이 있는 첨탑이 인상적이다. 출입문 왼쪽에는 짜땀 교회를 건설한 프랑수아 사비에 탐 아수 François Xavier Tam Assou(1855~1934년) 신부 동상을 세웠다.

짜땀 교회는 건축적인 특징보다는 베트남 현대사와 관련해 중요한 장소다. 1963년에 응오딘지엠 대통령(P.107 통일궁 참고)의 형제가 쿠데타로 실각하면서 은신했던 곳이다. 1963년 11월 1일 짜땀 교회로 숨어든 대통령 일행은 단 하루 만에 쿠데타 지지 세력에 체포되어 사이공으로 회송되던 길에 처형되었다.

짜땀 교회

Map P.122-B1

티엔허우 사원(天后廟) ★★☆

Thien Hau Pagoda
Chùa Bà Thiên Hậu
Tuệ Thành Hội Quán

주소 710 Nguyễn Trãi, Quận 5 **전화** 028-3855-5322 **운영** 매일 06:00~17:30 **요금** 무료 **가는 방법** 쩌런 버스 터미널(시내버스 정류장) 북쪽에 있는 짜땀 교회를 지나 응우옌짜이 거리를 따라 800m. 현판에는 수성회관(穗城會館)이란 뜻으로 뚜에탄 호이꽌 Tuệ Thành Hội Quán이라고 적혀 있다.

쩌런에 정착한 화교들이 최초로 만든 향우회관으로 1760년에 건설했다. 중국 광둥성(廣東省) 상인들이 바다를 건너와 사이공에 정착하며 만들었다. 현판에는 수성회관(穗城會館) Tuệ Thành Hội

티엔허우 사원

Quán이라고만 적혀 있다. 화교들의 친목도모를 위한 향우회관과 조상들에게 제사를 지내는 사당 역할도 겸한다. 본당에는 안전한 항해를 관장하는 바다의 여신인 티엔허우 Thiên Hậu(天后聖母)를 모시고 있다.

중국 남방 사람들에게 신앙의 대상인 티엔허우는 풍요로움도 상징하기 때문에 화교들이 끊임없이 찾아와 향을 피우며 복을 기원한다. 현재는 광둥성 사람뿐만 아니라 푸젠성, 하이난성, 타이완, 동남아시아 화교들까지 많은 중국인들이 찾는다. 그들이 소원을 빌며 걸어놓은 나선형 향이 천장에 가득하다. 사원 입구에는 사천왕상이 조각되어 있고, 지붕과 내벽의 상단부에는 정교한 석조 조각을 장식했다. 도교 신들과 〈삼국지〉에 등장하는 관우, 19세기 해상 무역이 활발했던 풍요로운 중국 도시에 관해 묘사하고 있다.

사원에서 복을 기원하는 화교들

Map P.122-B1

온랑 회관(溫陵會館) ★★

Quan Am Pagoda
Hội Quán Ôn Lăng(Chùa Ôn Lăng)

주소 12 Lão Tử, Quận 5 **운영** 매일 06:00~17:30 **요금** 무료 **가는 방법** 쩌우반리엠 거리 Châu Văn Liêm와 응우옌짜리 거리 사거리에서 한 블록 북쪽에 있는 라오뜨 거리 Lão Tử에 있다. 쩌런 버스 터미널(시내버스 정류장)에서 도보 15분.

티엔허우 사원과 더불어 쩌런에서 오래된 사원으로 손꼽힌다. 쩌런에 정착한 화교(주로 푸젠성 상인)들에 의해 1816년에 건설되었다. 본당에는 다른 향우회관과 마찬가지로 티엔허우 Thiên Hậu(天后聖母)를 모시고 있다. 하지만 본당 뒤쪽으로 돌아 들어가면 자비로운 모습의 대자대비 관세음보살(大慈大悲觀世音菩薩)을 볼 수 있다. 석가모니, 아미타불, 미륵불, 문수보살, 보현보살, 옥황상제, 관성대제(관우), 성황대제를 비롯해 다양한 불교와 도교 신을 함께 모신다.

바다의 여신으로 여겨지는 티엔허우

온랑 회관

대자대비관세음보살 위에는 해불양파(海不揚波)라고 적혀 있는데, 바다에 파도가 일지 않는다는 뜻으로 태평성대를 의미한다. 관세음보살을 본존불로 모시고 있어 쭈아꽌엄(관음사, 觀音寺) Chùa Quan Âm이라고 불린다.

Map P.122-B1

응이아안 회관(義安會館) ★★

Hội Quán Nghĩa An

주소 678 Nguyễn Trãi, Quận 5 **운영** 매일 05:00~18:00 **요금** 무료 **가는 방법** 티엔허우 사원을 바라보고 오른쪽으로 응우옌짜이 거리를 따라 도보 5분.

차오저우(潮州) 출신의 화교들이 친목도모를 위

응이아안 회관

관우를 모신 사당

화려하게 장식한 응이아안 회관 내부

해 1866년에 만든 향우회관이다. 향우회관 내부에 관우를 모신 제단을 만들면서 사당으로 변모했다. 화교(중국과 베트남을 드나들던 중국 상인)들은 이곳에서 관우 장군의 용맹함과 충성심, 덕망에 경의를 표함과 동시에 자신들의 항해가 안전하길 기원했던 곳이다. 무신(武神)으로 추앙받는 관우는 중국 남방의 상인들에게는 재력의 신으로 여겨진다고 한다.
참고로 관우(關羽, 162?~220년)의 베트남식 발음은 꽌부 Quan Vũ이며, 관우를 높여 부른 관공(關公)의 베트남식 발음은 꽌꽁 Quan Công이다. 베트남에서 관우를 모신 사당은 미에우꽌꽁 Miếu Quan Công(관공묘, 關公廟)이라고 부른다. 화교들은 미에우꽌데(관제묘, 關帝廟) Miếu Quan Đế라고 부르기를 선호한다.

Map P.122-B1

프억안 회관(福安會館) ★★
Hội Quán Phước An(Miếu Quan Đế)

관제묘라고 불리는 프억안 회관

주소 184 Hồng Bàng, Quận 5 **운영** 매일 06:00~18:00 **요금** 무료 **가는 방법** 홍방 거리와 쩌우반리엠 거리 Đường Châu Văn Liêm가 만나는 사거리에 있는 사이공 은행 Sai Gon Bank 맞은편에 있다. 쩌런 버스 티미널에서 도보 15분.

중국 푸젠성(福建省) 출신의 화교들이 1902년에 만든 향우 회관이다. 관우를 모신 사당으로 현판에는 미에우꽌데(관제묘, 關帝廟) Miếu Quan Đế라고 더 크게 적혀 있다. 본당 정중앙에 관우 사당을 만들었고, 그 옆으로 티엔허우 사당이 있다. 응이아안 회관과 마찬가지로 화교들이 장거리 여행을 떠나기 전에 이곳을 찾아와 행운을 기원한다.

Map P.122-B1

하쯔엉 회관(霞漳會館) ★★
Hội Quán Hà Chương

주소 802 Nguyễn Trãi, Quận 5 **운영** 매일 06:00~18:00 **요금** 무료 **가는 방법** 쩌런 버스 터미널(시내버스 정류장) 북쪽에 있는 짜땀 교회를 지나서 응우옌짜이 거리를 따라 500m.

중국 푸젠성 출신의 화교들이 건설한 향우회관이다. 티엔허우를 본당 정중앙에 모시고 있다. 벽면에는 거대한 파도에 휩쓸리는 상인들을 구해주는 티엔허우가 장식되어 있다.
입구에 들어서서 왼쪽에 모신 관우 사당에는 적토마를 함께 세웠다. 내부 벽면에 양각 기법으로 조각한 그림들이 볼 만하다. 용이 휘감고 있는 석주 기둥은 중국에서 직접 만들어 베트남으로 공수해 왔다고 한다.

하쯔엉 회관의 벽화

호찌민시 주변 볼거리

호찌민시 주변에도 다양한 볼거리가 있다. 가장 큰 볼거리는 베트남 전쟁과 연관된 꾸찌 터널이다. 베트남에서만 볼 수 있는 독특한 종교인 까오다이교 사원이 있는 떠이닌과 유네스코에서 생태보호구역으로 지정된 껀저도 독특한 볼거리를 제공한다. 세 곳 모두 교통이 불편해 1일 투어(P.93)를 이용하는 게 일반적이다. 메콩 델타에 관한 내용은 미토 & 벤쩨(P.167, P.171), 빈롱(P.177), 껀터(P.184), 쩌우독(P.193)에서 별도로 다룬다.

Map P.126-A1

꾸찌 터널(꾸찌 땅굴) ★★★★
Cu Chi Tunnels
Địa Đạo Củ Chi

주소 Huyện Củ Chi, Thành Phố Hồ Chí Minh **전화** 028-3794-8823, 028-3794-6442 **홈페이지** www.cuchitunnel.org.vn **운영** 매일 07:00~17:00 **요금** 12만 5,000 VND **가는 방법** 호찌민시에서 북서쪽(캄보디아 국경 방향)으로 50~65㎞ 떨어져 있다. 대중교통이 불편해서 호찌민시에서 투어를 이용해 다녀온다. 반나절 투어로 다녀올 수 있는데 차량과 가이드가 포함된 투어 요금은 US$13~15(입장료·점심식사 불포함)이다. 3~4명이 소그룹으로 개별 투어를 신청하면 US$45~60. 꾸찌 터널과 인접한 까오다이교 사원을 함께 둘러보는 1일 투어(US$25~30)가 더 인기다.

꾸찌 일대에 지하로 연결된 땅굴을 꾸찌 터널이라고 부른다. 베트남 전쟁과 베트남의 통일(사이공 함락)로 이어지는 일련의 현대사에 있어 매우 상징적인 공간으로 베트남을 방문한 여행자들이라면 빼놓지 않고 들른다. 꾸찌 터널은 1940년대부터 건설되었다. 프랑스로부터 독립 투쟁을 벌이던 비엣민(베트민) Việt Minh(베트남 독립동맹회 越南獨立同盟會 Việt Nam Độc Lập Đồng Minh Hội를 줄여서 부르는 말. 한국에서는 '월맹 越盟'이라고 부르기도 한다. 호찌민이 이끄는 베트남 공산당과 민족주의 세력이 연합한 反프랑스 동맹이다)이 땅굴을 파기 시작했다. 프랑스로부터 독립을 이루었지만 1954년에 베트남이 남북으로 분단되고, 미국이 인도차이나 전쟁에 참전하면서 독립전쟁은 베트남 전쟁(항미 전쟁)으로 전쟁의 성격이 바뀐다. 1960년대부터 꾸찌 터널은 사이공(오늘날의 호찌민시) 함락을 위한 군사 거점으로 중요성이 부각되었다. 비엣꽁(베트콩) Việt Cộng(남베트남 민족해방전선의 인민 해방군을 의미한다. 미국은 베트남 공산당을 뜻하는 '비엣남 꽁싼 Việt Nam Cộng Sản'을 줄여서 비엣꽁이라고 불렀다)의 주둔지가 되면서 꾸찌 터널의 규모가 엄청나게 확장되었다. 비엣꽁은 미국과 협력한 남부 베트남 정권을 무너뜨리기 위해 게릴라 작전을 수행했는데, 낮에는 꾸찌 터널 안에 숨어 있거나 농민으로 돌아가 농사를 짓다가 밤이 되면 비엣꽁으로 변모해 기습 전투를 감행했던 것. 특히 1968년의 구정 대공세에 관한 작전 계획을 수립하고 총 공격을 감행하

실제 크기의 꾸찌 터널에서 시범을 보이는 가이드

며 혁혁한 공을 세웠다.

꾸찌 터널의 존재를 발견한 미군은 지상군 투입과 더불어 대대적인 공습을 감행했지만 별다른 효과를 거두지 못했다. 터널 랫츠 Tunnel Rats라 불렸던 특수 부대를 양성시켜 땅굴 진입 작전을 수행했고, 실탄 사격 자유지역을 선포해 움직이는 모든 것에 대한 실탄 사격을 허용하기도 했다. 화염방사기와 고엽제 살포에도 불구하고 좁고 미로처럼 얽힌 꾸찌 터널의 전모를 파악해 낼 수는 없었다. 결국 B-52 전투기 동원은 융단 폭격을 감행해 터널을 파괴하는 작전으로 변경된다. 1966년 1월에 실시된 크림프 작전 Operation Crimp 동안에는 무려 30톤의 폭탄이 투하되기도 했다. 하지만 미군의 공습이 강화될수록 꾸찌 터널은 더욱 견고해졌다.

지하 3층 규모인 10m까지 파 내려갔고, 꾸찌 터널의 규모도 사이공 주변에서 캄보디아 국경 지대까지 지속적으로 확장되었다. 전체 길이를 합치면 250㎞나 된다. 온전히 사람의 힘으로 파서 만든 꾸찌 터널은 폭 0.5m, 높이 1m 정도로 사람 한 명이 웅크린 채로 지나다닐 수 있는 협소한 구조다. 터널 내부에는 작전 상황실, 회의실, 병원, 극장, 무기 저장고는 물론 침실과 부엌까지 만들어 지하에서 모든 생활이 이루어지도록 했다. 터널 입구는 철저한 위장을 했고, 부비 트랩이나 철침을 설치한 함정을 파서 미군이 진입하지 못하도록 장애물을 만들기도 했다. 부엌에서 요리하는 동안 연기가 분산되어 밖으로 빠져나가도록 위장과 보안에도 신경을 썼다.

꾸찌 터널은 비엣꽁뿐만 아니라 북부 베트남군에게도 중요한 거점이 되었다. 베트남 중부에서 시작된 호찌민 트레일(북부 베트남군 군사 보급로를 포함한 공격 루트 P.401 참고)의 종착점이 바로 꾸찌 터널이었던 것. 꾸찌 터널에 은신하며 게릴라 작전에 참여한 인원은 약 1만 8,000명이며, 그중 3분의 2가 전쟁 동안 사망했다고 한다.

관광객을 위해 넓게 만든 벤딘 터널

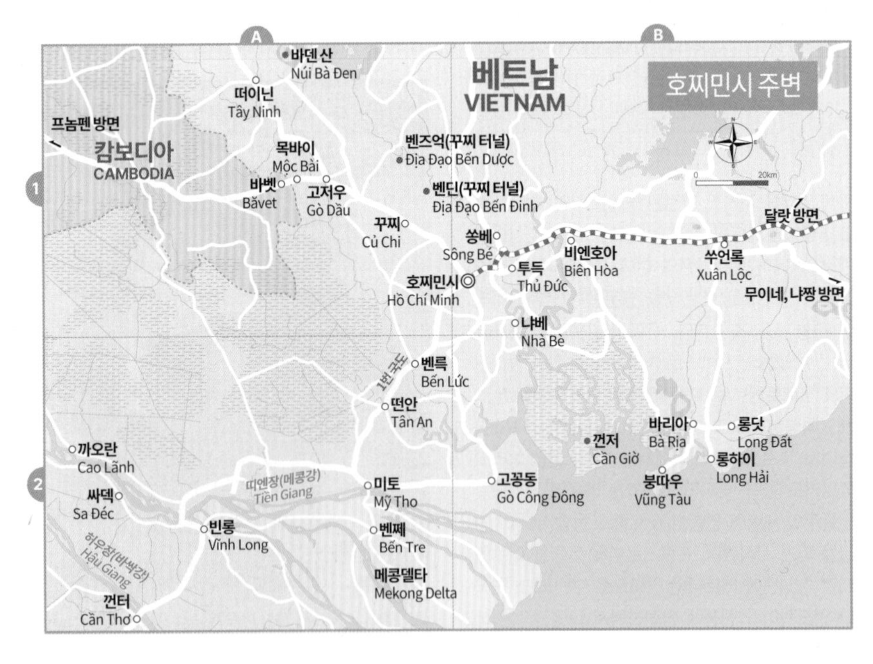

벤딘 터널(벤딘 땅굴) ★★★★
Ben Dinh Tunnels
Địa Đạo Bến Đình

꾸찌 터널은 총 7개의 지하 터널로 구분된다. 그중 벤딘 터널과 벤즈억 터널 Ben Duoc Tunnels(Địa Đạo Bến Dược)은 역사 공원처럼 만들어 일반에게 개방하고 있다. 호찌민시에서 출발한 1일 투어는 상대적으로 가까운 벤딘 터널을 방문한다(호찌민시에서 50㎞ 떨어져 있다).

벤딘 터널에 도착하면 가장 먼저 비디오를 시청한다. 꾸찌 터널의 역사를 설명하는 흑백 영상인데 (전쟁에 승리한) 사회주의 공화국 베트남의 정치 선전을 위한 내용들로 이루어져 있다. 영화 상영이 끝나면 꾸찌 터널의 모형도와 단면도, 지도 등을 통한 가이드의 설명을 듣는다. 특히 사이공 주변 지도에는 비엣꽁이 점령한 지역과 남부 베트남군과 미군의 주둔지가 각기 다른 색으로 표시되어, 사이공 함락과 사이공 방어를 위해 양측이 벌였던 전쟁 상황을 쉽게 이해할 수 있다.

비디오 상영이 끝나면 가이드와 함께 땅굴을 견학하게 된다. 실제 크기의 땅굴 입구를 확인하고, 땅굴 내부에 직접 들어가 현장 체험을 하는 순서이다. 비엣꽁들이 지하에서 생활하면서 먹었던 전투 식량도 맛보게 해준다. 관광객들을 위해 만든 땅굴은 원래 땅굴보다 넓게 만들어서 다니기 쉽게 했지만, 갑갑한 지하 터널은 숨이 막힐 정도로 덥고 습하다. 폐쇄 공포가 느껴질 정도인데 얼마나 열악한 상황에서 전투를 수행했는지 금방 수긍이 간다. 100m 정도 견학용 땅굴을 만들었는데, 출구를 여러 개 만들어 중간에 빠져 나올 수도 있다. 땅굴 내부를 들어갔다 나오면 옷이 금방 더러워지므로 명품 옷이나 하얀 옷이 아닌 색깔이 들어간 간편한 옷을 입고 가는 게 좋다.

땅굴 주변에는 미군이 B-52 전투기에서 투하했던 폭탄들과 대전차 지뢰를 밟아 부서진 M-41 탱크, 게릴라 작전을 수행하던 비엣꽁과 북부 베트남군 인형 모형을 볼 수 있다. 유명 관광지답게 관광객을 위한 실탄 사격장도 있다. AK-47, M16, 카빈 소총, M60 기관총을 포함한 다양한 총을 쏴 볼 수 있다. 실탄은 한 발에 6만 VND인데, 보통 10발을 기본으로 한다. 전쟁을 상품화한 것 같아 씁쓸한 느낌도 들지만, 실탄 사격에 흥미를 느끼는 외국인이 많다. 꾸찌 터널에서 일하는 안내원들의 유니폼은 다름 아닌 비엣꽁들이 입었던 복장이다.

Map P.126-A1

떠이닌 ★★★
Tây Ninh

주소 Huyện Hòa Thành, Tây Ninh **요금** 무료 **가는 방법** 호찌민시에서 북서쪽으로 96㎞ 떨어져 있다. 대중교통이 불편해서 호찌민시에서 투어를 이용해 다녀온다. 꾸찌 터널과 함께 1일 투어(US$25~30)로 다녀오면 된다.

캄보디아와 국경을 접하고 있는 떠이닌 성(省)의 성도이다. 도시 자체의 볼거리보다는 까오다이교(高台道) Đạo Cao Đài 사원 때문에 관광객들이 많이 찾는다. 까오다이교는 베트남 남부 지방에서 볼 수 있는 독특한 종교인데, 까오다이교 총본산 Tòa Thánh Tây Ninh이 떠이닌에 있다. 까오다이교 사원은 떠이닌 시내에서 동쪽으로 4㎞ 떨어져 있으며, 1933~1955년에 걸쳐 세워졌다.

사원 정면에 첨탑을 세워 천주교 성당을 닮았으나 지붕과 장식은 동양적인 색채가 가미되었다. 첨탑 사이의 지붕 꼭대기에는 미륵불상을 올려놓아 종

꾸찌 터널 모형

꾸찌 터널에 전시된 미군 탱크

교적으로 불교 사원의 색채가 강하다. 하지만 벽면에 다양한 신들을 조각해 힌두 사원을 모방했고, 타일을 이용해 로코코 양식의 모자이크로 장식해 태양빛을 받으면 반짝거린다.
7층 누각의 첨탑과 3층 건물로 이루어진 사원 내부는 웅장한 기둥이 지붕을 받치고 있다. 연꽃 기단 위에 올린 석조 기둥은 화려한 색으로 용을 조각했다. 푸른색의 천장은 천상 세계를 상징한다. 온갖 종교를 융합해 만든 까오다이교 사원답게 부처와 예수, 무함마드, 공자, 현장(당나라 시대의 고승, 삼국지의 주인공인 삼장법사로 더 많이 알려졌다), 율리우스 카이사르 등 다양한 조각상을 만들어 놓았다. 까오다이교에서 3대 성인으로 여기는 쑨원 孫文(중국의 혁명가)과 응우옌빈키엠 Nguyễn Bỉnh Khiêm(16세기 베트남 시인), 빅토르 위고가 사이좋게 박애공평(博愛公平)이라고 글을 쓰고 있는 벽화도 있다.
까오다이 사원의 중앙에는 '천안(天眼) Divine Eye'이 새겨진 둥근 원(지구본처럼 생겼다)이 있다. 천안은 까오다이교에서 신의 존재를 상징하는 것으로, 인류 구원의 날에 '천안'이 나타난다고 여긴다. 구름과 별들이 함께 치장되어 있어 천국이 구현된 모습을 보여준다. '천안'은 중앙 제단뿐만 아니라 사원 곳곳에 장식되어 있다. 창문에는 삼각형 장식 안에 '천안'을 그려 넣었다. 까오다이교 사원이나 신도들의 집에도 '천안'이 새겨져 있다.
사원 내부는 신발을 벗고 들어가야 한다. 남자는 오른쪽 출입문, 여자는 왼쪽 출입문을 이용하게 되어 있다. 남녀를 구분하는 것은 유교 사상에 입각했다. 종교 행사는 매일 4회(06:00, 12:00, 18:00, 24:00) 열린다. 남성 연주자에 맞추어 여성 성가대가 복음을 전파하고, 주교가 설교를 진행하는 형식이다. 예배에 참여하는 신도들은 아오자이를 입는다. 아오자이의 색깔은 특정 종교를 상징한다. 노란색은 불교, 파란색은 도교, 빨간색은 유교를 상징하는데 각 종교를 두루 수행해야 하는 종교 지도자들이 입는 옷이다. 일반 신도들은 도복처럼 생긴 흰색 아오자이를 입는다. 모든 색을 흡수하는 흰색은 여러 종교가 혼재한 까오다이교를 상징하는 색이다.
호찌민시에서 출발한 투어는 일반적으로 12시 예배 시간에 맞춰 도착한다. 예배 시간에는 사원 내부를 서성이면 안 되고 2층 베란다에서 조용히 종교 행사를 참관해야 한다.

Travel Plus+ 까오다이교(高台道) Cao Daism / Đạo Cao Đài

1926년에 태동한 신흥종교입니다. 신의 계시를 받은 응오반찌에우 Ngô Văn Chiêu(1878~1932년, 세례명인 응오민찌에우 Ngô Minh Chiêu로 알려지기도 했다)가 창시했죠. 프랑스의 인도차이나 지배가 막바지에 이르렀던 무렵 민족주의 성향을 띤 인사들이 참여해 만든 종교입니다. 프랑스로부터의 베트남 독립운동, 일본 제국주의에 대한 무력 투쟁, 응오딘지엠 대통령이 집권한 남부 베트남에 대한 반정부 운동을 전개하며 세력을 확장해 나갔습니다. 하지만 베트남 공산당에 대해 강한 거부반응을 보였던 탓에 1975년 사회주의 통일 이후에는 종교 활동이 금지되기도 했습니다. 현재는 베트남 중 · 남부 지방에 걸쳐 약 3~4백만 명의 신자가 있습니다. 까오다이교 총본산이 위치한 떠이닌 지방은 인구의 70%가 까오다이교 신자라고 합니다.
'까오다이(高台) Cao Đài'는 높은 곳이라는 뜻입니다. 신이 통치하는 정신적으로 높은 곳, 즉 천국을 의미하죠. 까오다이교는 불교, 도교, 유교, 그리스도교, 이슬람교가 융합되어 독특한 형태를 띱니다. 기본적으로 불교의 윤회 사상을 바탕에 두고 있어 금욕, 살생 금지, 선행과 자비로운 삶을 실행에 옮깁니다. 금주, 절도 행위 금지, 한 달에 10일 이상의 채식 수행을 중요한 교리로 여기며, 유교의 충효 사상도 중요한 덕목입니다. 종교적인 시스템은 그리스도교와 유사해 교황, 추기경, 주교 등으로 성직자를 구분합니다. 예배 시간을 정해 종교 행사에 참여하도록 한 것은 이슬람교를 닮았습니다. 이슬람교와 달리 하루 5번이 아닌 4번 예배를 봅니다. 최소 하루에 한 번은 집에서라도 종교 의식을 행할 것을 의무화하고 있습니다.

Map P.126-B2

껀저 ★★★
Cần Giờ

주소 Huyện Cần Giờ, Thành Phố Hồ Chí Minh **요금** 6만 VND(보트 **요금** 별도) **가는 방법** 호찌민 시내에서 남동쪽으로 55㎞ 떨어져 있다. 대중교통으로 갈 수 없기 때문에 호찌민시에서 투어(US$30~35)를 이용해 다녀온다.

껀저는 호찌민 직할시에 포함된 지역이다. 사이공 강의 지류인 동나이 강 Dong Nai River(Sông Đồng Nai)과 롱따우 강 Long Tau River(Sông Lòng Tàu)이 동해(남중국해)로 빠져나가면서 거대한 늪지대를 이룬다. 7만 5,000헥타르에 이르는 늪지대는 맹그로브 숲으로 뒤덮여 있다. 200여 종의 식물과 50여 종의 꽃, 700여 종의 비척추동물, 40여 종의 척추동물, 137종의 어류가 서식하고 있다. 베트남 전쟁 동안 미군의 공습과 고엽제 살포로 인해 맹그로브 숲이 대부분 소실되었다가 베트남 통일 이후 지역 주민과 정부의 노력으로 옛 모습을 회복했다. 껀저 맹그로브 숲 Can Gio Mangrove Forest(Lâm Viên Cần Giờ)은 2000년부터 유네스코에서 생태보호구역으로 지정해 보호하고 있다.

생태보호구역은 껀저 박물관 Can Gio Museum(Bảo Tàng Cần Giờ), 증싹 게릴라 기지 Rung Sac Guerilla Base(Căn Cứ Rừng Sác), 조류 서식지, 야생 원숭이 서식지, 악어 농장 등 다양한 볼거리도 다양하다. 야생 원숭이는 100여 마리가 서식하는데, 동물원처럼 우리에 갇혀 있는 게 아니고 사나운 편이니 먹이를 줄 때 너무 가까이서 장난치지 말도록 하자.

껀저에서 가장 큰 볼거리는 증싹 게릴라 기지다. 모터가 달린 보트를 타고 맹그로브 숲을 지나기 때문에 풍경이 독특하다. 증싹 게릴라 기지는 1966년부터 1975년까지 비엣꽁(베트콩) 게릴라 유격대가 주둔하던 곳이다. 껀저 일대는 베트남 전쟁 때 미군의 해상 보급로가 있었다. 하루 30여 척의 미군 선박이 롱따우 강을 드나들며 사이공으로 군수 물자를 수송했다고 한다. 비엣꽁은 맹그로브 숲과 강에서 잠복해 있다가 미군 수송선과 유조 창고를 습격했고, 미군은 이에 대한 반격으로 고엽제를 살포했다.

사이공 함락(베트남 통일)을 위해 게릴라 작전을 수행하던 꾸찌 터널이 '지하 거점'이었다면, 증싹은 '수중 거점'이었다고 보면 된다. 현재는 증싹 게릴라 기지를 역사공원처럼 꾸몄다. 가이드의 안내를 따라 작전 상황실, 무기 창고, 의복실, 방공호 등을 둘러보게 된다. 당시 전투 상황을 보여주는 관련 비디오도 상영해준다.

껀저는 대중교통이 없기 때문에 호찌민시에서 출발하는 1일 투어를 이용해야 한다. 꾸찌 터널에 비해 인기는 덜하지만 생태 관광은 물론 역사 관광지로도 손색없다. 현지인들과 함께 여객선을 타고 사이공 강을 건너기도 하고, 해산물 시장도 방문한다. 또한 해변 레스토랑에서의 점심식사와 고급 리조트 수영 이용시간까지 포함되어 투어 일정이 알차다.

까오다이교 3대 성인을 그린 벽화

신의 존재를 상징하는 천안(天眼)

정오 예배에 참여한 까오다이교 신도들

까오다이교 총본산

껀저 맹그로브 숲

증싹 게릴라 기지의 비엣꽁 모형

껀저를 가려면 사이공 강을 건너야 한다

Restaurant

호찌민시의 레스토랑

호찌민시에서는 베트남 레스토랑을 탐방하는 것도 하나의 재미다. 담백하고 건강한 식단을 보유한 베트남 음식들이 호찌민시라는 발전한 도시와 어울려 모던하고 다양해진다. 길거리 노점이나 껌빈전(밥집) 또는 퍼빈전(쌀국숫집)도 흔하고, 콜로니얼 건물을 레스토랑으로 사용하는 근사한 곳도 많다. 프랑스의 영향을 받아 카페 문화도 발달해 동서양의 음식 문화가 균형을 이룬다.

여행자 거리 주변 식당

팜응우라오 거리, 데탐 거리, 부이비엔 거리에는 여행자 숙소와 더불어 외국인 여행자들이 부담 없이 드나들 수 있는 카페와 레스토랑이 즐비하다. 정통 베트남 요리보다는 파스타와 피자를 함께 요리하는 캐주얼한 레스토랑이 많다.

퍼 꾸인(퍼 뀐) Phở Quỳnh ★★★

Map P.102-B2 **주소** 323 Phạm Ngũ Lão, Quận 1 **전화** 028-3836-8515 **영업** 24시간 **메뉴** 영어, 베트남어 **예산** 8만~9만 VND **가는 방법** 팜응우라오 거리와 도꽝더우 Đỗ Quang Đẩu 거리가 만나는 삼거리 코너에 있다.

팜응우라오 거리에서 인기 있는 쌀국수 식당이다. 소고기 쌀국수인 '퍼보 Phở Bò'를 전문으로 한다. 퍼보 찐 Phở Bò Chín(삶은 소고기 편육을 올린 쌀국수)과 퍼보 따이 Phở Bò Tái(살짝 데친 소고기를 올린 쌀국수)로 구분된다. 토마토와 소고기 스튜에 쌀국수를 넣은 '퍼보코 Phở Bò Khô'를 포함해 모두 7종류의 쌀국수를 맛볼 수 있다.

분짜 145 부이비엔 Bun Chả 145 Bui Viện ★★★

Map P.102-B2 **주소** 145 Bùi Viện, Quận 1 **전화** 028-3837-3474 **홈페이지** www.buncha145.restaurantwebx.com **영업** 10:30~21:00 **메뉴** 영어, 베트남어 **예산** 분짜 6만 VND **가는 방법** 부이비엔 거리 145번지에 있다.

'분짜'는 음식 이름을, '145 부이비엔'은 주소를 의미한다. 아담하지만 깔끔하게 꾸민 레스토랑으로, 여행자 거리(부이비엔)에 있어 외국인에게 인기 있다. 분짜는 하노이(베트남 북부)를 대표하는 음식이다. '분(가는 면발의 생면 쌀국수)'과 '짜(숯불에 구운 고기)'를 함께 먹는다. 넴잔 Nem Rán(베트남 북부 지방 스프링 롤)과 꼬치구이를 추가로 곁들여도 된다.

센트럴 마켓 푸트 코트 Central Market ★★★

Map P.102-A1 **주소** 4 Phạm Ngũ Lão(Tầng Hầm Khu B, Công Viên 23 Tháng 9), Quận 1 **홈페이지** www.facebook.com/centralmarket23.9 **영업** 10:00~22:00 **메뉴** 영어, 베트남어 **예산** 8만~30만 VND **가는 방법** 팜응우라오 거리의 센트럴 마켓 Central Market 내부에 있다.

센스 마켓 Sense Market에서 센트럴 마켓으로 간판이 바뀌면서 푸드코트도 리모델링했다. 공식 명칭은 소호 타운 푸드코트 Soho Town Food Court다. 여행자 거리와 가까워 접근성이 좋다. 반지하 구조이지만 에어컨 시설이 잘 갖춰져 있어 시원하다. 베트남 요리를 비롯해 태국·홍콩·인도 음식점까지 다양한 아시아 음식 전문점이 입점해 있다. 음식 값이 저렴하고 찾는 사람이 많아 활기찬 분위기다.

꽌 응온 Quán Ngon ★★★

Map P.102-B1 주소 209 Đề Thám, Quận 1 **홈페이지** www.facebook.com/bunchaquanngon **영업** 09:00~22:00 **메뉴** 영어, 한국어, 베트남어 **예산** 8만~10만 VND **가는 방법** 데탐 거리 209번지에 있다.

여행자 거리에 있는 아담한 베트남 음식점. 에어컨 시설과 청결함 덕분에 여행자들의 사랑을 받는다. 분짜 Bún Chả(숯불 돼지고기+쌀국수 생면)와 분넴잔 Bún Nem Rán(스프링 롤+쌀국수 생면) 같은 간단한 북부지방(하노이) 음식을 요리한다. 채소와 느억맘 소스를 대나무 소반에 함께 내어준다. 영어도 잘 통하고, 한국어 메뉴판도 구비되어 있다.

아시안 키친 ★★★
Nhà Hàng Asian Kitchen

Map P.102-A1 주소 185/8 Phạm Ngũ Lão, Quận 1 **전화** 028-3836-7397 **영업** 08:00~23:00 **메뉴** 영어 **예산** 8만~10만 VND **가는 방법** 팜응우라오 거리 185번지에 해당하는 미니 호텔 골목에 있다. 부이비엔 거리 40번 골목 Hẻm 40 Bùi Viện으로 들어가도 된다.

여행자 거리 뒷골목에 있는 외국인 여행자들을 위한 투어리스트 식당이다. 아담한 여행자 식당으로 다른 곳과 달리 아시아 음식에 치중한다. 베트남 음식을 메인으로 해서 태국 음식과 일본 음식을 요리한다. 메인 요리를 주문하면 밥을 함께 주기 때문에 경제적이다. 팜응우라오 거리에서 연결되는 미니 호텔 골목 안쪽에 있어서 찾기 힘들다. 같은 골목에 있는 아시안 키친 호텔 Asian Kitchen Hotel과 혼동하지 말 것.

홈 사이공 레스토랑 ★★★☆
Home Saigon Restaurant

Map P.102-A1 주소 185/28 Phạm Ngũ Lão, Quận 1 **홈페이지** www.homesaigon.info **영업** 09:00~22:30 **메뉴** 영어, 베트남어 **예산** 18만~35만 VND(+8% Tax) **가는 방법** 팜응우라오 거리 185번지 골목 안쪽에 있다. 부이비엔 거리 40번지 골목을 들어가도 된다.

여행자 거리에 있는 베트남 레스토랑이다. 깔끔한 에어컨 시설로 외국 여행자들이 좋아할 만한 분위기다. 치킨 치즈 볼, 스프링 롤, 볶음밥, 치킨 카레, 그릴드 치킨, 분짜, 껌떰 Cơm Tấm, 보빗뗏 Bò Bít Tết 등 관광객이 접하기 무난한 베트남 음식을 요리한다. 주변 식당에 비하면 음식 가격은 비싸다.

끼에우바오 ★★★☆
Bún Thịt Nướng Kiều Bảo

Map P.102-B1 주소 139 Đề Thám, Quận 1 **영업** 11:00~21:00 **메뉴** 영어, 베트남어 **예산** 3만 2,000 VND **가는 방법** 데탐 거리 139번지에 있다.

분짜 145 부이비엔 / 퍼 꾸인 / 센트럴 마켓 푸드 코트 / 꽌 응온 / 홈 사이공 레스토랑 / 끼에우바오

분팃느엉(돼지고기구이를 올린 일종의 비빔국수)을 요리하는 로컬 식당이다. 여행자 거리와 가깝지만 관광객보다는 현지인들이 많이 찾아온다. 가볍게 식사하기 좋은 곳으로 저렴한 요금이 매력적이다. 메뉴는 한 가지인데 돼지고기구이만 넣을 건지, 스프링 롤을 첨가할 건지 선택하면 된다. 에어컨 없는 로컬 식당으로 청결함은 기대하지 말 것. 식당 한쪽에 오토바이 주차 공간이 있다.

리틀 하노이 에그 커피 ★★★★
Little Ha Noi Egg Coffee

①본점 **Map P.102-A1** ②지점 **Map P.102-A2** **주소** ①본점 119/5 Yersin, Quận 1 ②지점 212 Lê Lai, Quận 1 **전화** 0904-522-339 **홈페이지** www.littlehanoieggcoffee.vn **영업** 08:00~22:00 **메뉴** 영어 **예산** 에그 커피 4만 VND, 브런치 10만~12만 VND **가는 방법** ①예르생 본점은 예르생 거리 119번지 골목 안쪽으로 들어가면 된다. ②레라이 지점은 레라이 거리 212번지에 있다.

여행자 거리 주변에서 꽤나 인기 있는 로컬 커피 숍. 하노이에서 즐겨 마시는 에그 커피 Egg Coffee를 전문으로 한다. 장소를 이전했는데, 인기가 높아지면서 두 개의 분점을 운영한다. 예르생 본점은 골목 안쪽에 숨겨져 있고, 레라이 지점은 자그마한 입구에서 건물 3층까지 올라가야한다. 두 곳 모두 다락방처럼 은밀하고 아늑하다. 토스트 위주의 간단한 브런치 메뉴도 즐길 수 있다.

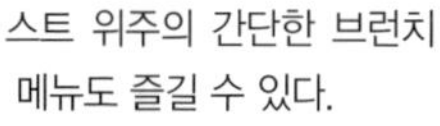

리틀 하노이 에그 커피

하일랜드 커피 ★★★
Highland Coffee

Map P.102-A1 주소 187 Phạm Ngũ Lão, Quận 1 **홈페이지** www.highlandscoffee.com.vn **영업** 매일 07:00~23:00 **메뉴** 영어, 베트남어 **예산** 4만~7만 VND **가는 방법** 팜응우라오 거리와 데탐 거리가 교차하는 사거리 코너에 있다.

베트남 주요 도시에서 볼 수 있는 하일랜드 커피가 여행자 거리까지 진출했다. 베트남 커피 외에 다양한 커피와 음료를 제공한다. 에어컨 시설이라 버스 기다리며 시간 때우기 좋다. 오페라하우스, 다이아몬드 플라자, 사이공 센터를 포함해 시내 곳곳에 체인점이 있다.

남자오꽌 ★★★☆
Nam Giao Quán

Map P.102-B1 주소 242 Đề Thám, Quận 1 **전화** 028-3836-9446 **홈페이지** www.facebook.com/namgiaosince1991 **영업** 06:00~23:00 **메뉴** 영어, 베트남어 **예산** 9만~13만 VND **가는 방법** 데탐 거리 242번지에 있다.

여행자 거리(데탐 거리)에 있는 후에(훼) 음식점이다. '분보후에'는 이곳의 대표메뉴로 매콤한 후에 스타일 쌀국수를 뜻한다. 반봇록 Bánh Bột Lọc, 반람잇 Bánh Ram Ít 같은 후에 전통 디저트도 맛볼 수 있다. 여러 종류를 조금씩 맛보고 싶다면 반텀껌 Bánh Thập Cẩm(Mixed Dish of Cakes)를 주문하면 된다. 인기 메뉴로 분팃느엉 Bún Thịt Nướng(돼지고기를 올린 비빔국수)도 있다.

하일랜드 커피

남자오꽌

카페 & 아이스크림

프랑스의 통치를 받았기 때문에 카페와 베이커리가 발달해 있다. 콜로니얼 건물을 카페로 개조한 곳들은 도심에서 편안한 휴식을 제공해준다. 더위를 식히거나 간단한 식사를 겸해 들르면 좋다.

꽁 카페 Cộng Cà Phê ★★★☆

Map P.102-B1, Map P.97-E4 주소 93 Yersin, Quận 1 **홈페이지** www.congcaphe.com **영업** 07:00~23:00 **메뉴** 영어, 베트남어 **예산** 4만~6만 VND **가는 방법** 예르생 거리 93번지에 있다. 여행자 거리(데탐 거리)에서 500m, 미술 박물관에서 450m 떨어져 있다.

베트남의 대표적인 커피 체인점이다. 하노이에서 시작해 호찌민시까지 영역을 확장했다. 사회주의 모티브를 현대적으로 재해석해 빈티지하게 꾸몄다. 베트남 커피와 코코넛 커피를 포함해 다양한 커피와 차를 만든다. 여행자 거리와 비교적 가까운 예르생 지점은 2층 건물로 규모도 크고, 도로 옆 나무 그늘 아래에도 의자가 놓여 있어 사람 구경하며 시간 보내기 좋다.

시내 중심가에는 리뜨쫑 지점(주소 26 Lý Tự Trọng, Quận 1, Map P.98-C3)은 위치가 좋고, 하이바쯩 지점은 떤딘 교회(핑크 성당)가 내려다보여 관광객들이 많이 찾아오는 편이다.

쭝응우옌 레전드 Trung Nguyên Legend ★★★☆

Map P.98-A1 주소 7 Nguyễn Văn Chiêm, Quận 1 **홈페이지** www.trungnguyenlegend.com **영업** 07:00~21:00 **메뉴** 영어, 베트남어 **예산** 커피 6만~9만 5,000 VND, 레전드 커피 17만 VND **가는 방법** 다이아몬드 플라자 뒤쪽의 응우옌반찌엠 거리 7번지에 있다.

베트남을 대표하는 커피 브랜드 '쭝응우옌 커피'에서 운영한다. 베트남 커피를 고급화한 브랜드로 유명하다. 필터에 내려주는 블랙커피(까페 덴 Cà Phê Đen)와 연유를 넣은 밀크 커피(까페 쓰어 Cà Phê Sữa)를 기본으로 한다. 원두 등급을 구분해 가격을 다르게 책정했는데, 숫자가 높을수록 원두가 좋고 가격도 비싸다. 최상급 원두는 레전드 커피 Legend Coffee라고 칭했다. 동커이 거리를 포함해 시내 곳곳에 체인점이 있으니 숙소와 가까운 곳을 이용하면 된다.

카페 아파트 The Cafe Apartments ★★★

Map P.101-E2 주소 42 Nguyễn Huệ, Quận 1 **영업** 08:00~22:00 **메뉴** 영어, 베트남어 **예산** 커피 5만~8만 VND **가는 방법** 응우옌후에 거리 42번지에 있다.

시내 한복판(응우옌후에 거리)에 있는 허름하고 오래된 아파트 건물을 임대해 카페로 사용한다. 베트남 젊은이들이 즐겨 찾는 곳으로 특별할 건 없지만, 비싸지 않은 커피 값에 시내 풍경을 감상할 수 있다. 사이공 어이 카페 Sài Gòn Ơi Cafe, 퍼 카페 Phở Cafe, 굿 데이즈 Good Days가 인기 있다.

쭝응우옌 레전드

꽁 카페 예르생 지점

카페 아파트

퍼센트 아라비카 커피 % Arabica Coffee는 일본 카페 체인점으로 라테를 마실 수 있다. 참고로 건물 입구에서 엘리베이터를 탈 경우 이용료(3,000 VND)을 내야 한다.

오키오 카페(동커이 지점) ★★★☆
Okkio Caffe Tự Do

Map P.101-D1 주소 2F Art Arcade, 151 Đồng Khởi, Quận 1 **홈페이지** www.okkiocaffe.com **영업** 07:30~22:00 **메뉴** 영어, 베트남어 **예산** 6만~10만 VND **가는 방법** 동커이 거리 151번지에 있는 아트 아케이드 Art Arcade 건물 2층에 있다.

베트남 젊은이들에게 유독 인기 있는 카페. 아트 아케이드 지점은 빈티지한 감성과 모던한 카페가 대비를 이룬다. 그림 파는 상점을 지나 어둑한 건물 안쪽으로 들어가서 허름한 계단을 올라가야지만 카페를 만날 수 있다. 벤탄 시장과 가까운 레러이 거리 본점 Okkio Caffe Lê Lợi은 접근성이 좋다. 타오디엔 지점(2군) Okkio Caffe Thảo Điền은 홍콩 분위기로 꾸몄다. 카페 주인장이 왕가위 감독의 팬이라고 한다.

수 카페 Soo Kafe ★★★☆

Map P.97-E3 주소 35 Phan Chu Trinh, Quận 1 **전화** www.sookafe.com **메뉴** 영어 **예산** 5만~8만 VND **가는 방법** 벤탄 시장 오른쪽 도로에 해당하는 판쭈찐 거리 35번지에 있다. 입구에서 건물 2층(실제로는 건물 3층)으로 올라가면 된다.

벤탄 시장 왼쪽에 있는 북 카페 스타일의 커피숍이다. 히든 엘리펀트 북스 & 커피 Hidden Elephant Books & Coffee를 리모델링해 새롭게 꾸몄는데, 한쪽 벽면의 책이 가득 진열된 서고는 그대로 남겨두었다. 베트남 커피, 에스프레소, 핸드 브루, 콜드 브루까지 전문 커피숍답게 다양한 방식으로 커피를 만들어 준다. 원두는 직접 로스팅해 사용한다.

라까프 Lacàph ★★★★

Map P.97-E4 주소 2F, 220 Nguyễn Công Trứ, Quận 1 **홈페이지** www.lacaph.com **영업** 09:30~17:30 **메뉴** 영어 **예산** 8만~12만 VND **가는 방법** 응우옌꽁쯔 220번지 2층에 있다. 미술 박물관에서 250m 떨어져 있다.

핀 드립(핸드 드립)을 이용한 스페셜 커피가 훌륭한 카페. 입구는 작지만 계단을 올라 카페에 들어서면 에어컨 시설의 모던한 카페가 반긴다. 에스프레소 바와 굿즈를 판매하는 공간으로 구분되어 있다. 양질의 커피 원두를 지속적으로 공급받기 위해 커피 농장을 직접 관리한다. 로스팅 회사를 겸하고 있으며 커피 만드는 과정을 배울 수 있는 워크숍도 운영한다.

43 스페셜티 커피 ★★★★
XLIII Specialty Coffee

Map P.98-A3 주소 178a Pasteur, Quận 1 **전화** 0799-343-943 **홈페이지** www.xliiicoffee.com **영업** 08:00~21:00 **메뉴** 영어 **예산** 13만~38만 VND **가는 방법** 파스퇴르(빠스떠) 거리 178번지에 있다.

다낭에서 잘 나가는 스페셜티 커피 전문점이 사이공(호찌민시)에서 지점을 열었다. 흑백을 이용한 미니멀한 디자인과 힙한 디자인이 모던한 감성과 잘 어울리는 곳이다. 페루, 엘살바도르, 파나마, 케냐, 에티오피아 등 다양한 수입 원두를 이용해 직접 브랜딩하고 로스팅해 커피를 만든다. 커피 종류는 Shot(에스프레소 머신에서 추출한 커피), Filter(필터를 이용한 드립 커피), Milkbase(우유가 들어간 밀크 커피)로 구분된다.

올드 컴퍼스 카페 ★★★☆
The Old Compass Cafe

Map P.100-B2 주소 63/11 Pasteur, Quận 1(next to Liberty Central Saigon City Point Hotel) **전화** 028-3823-2969 **홈페이지** www.oldcompasscafe.com **영업** 09:00~21:00 **메뉴** 영어 **예산** 커피 7만~8만 VND, 메인 요리 15만~29만 VND **가는 방법** 파스퇴르(빠스떠) 거리 63번지 골목 안쪽에 있다. 골목 안쪽의 아파트 입구에서 계단으로 3층까지 올라가면 된다. 리버티 센트럴 사이공 시티 포인트 호텔 Liberty Central

Saigon City Point Hotel을 바라보고 오른쪽에 보이는 첫 번째 건물이 파스퇴르 거리 63번지다.
1960년대에 지어진 오래된 아파트의 한 층을 빈티지한 카페로 꾸몄다. 아파트 입구에서부터 계단을 오르는 동안 '이곳에 정말 카페가 있기는 할까?'라는 의구심이 들지만, 일단 문을 열고 들어서면 아늑한 분위기에 매료된다. 공간 그 자체로 사이공(호찌민시의 옛 이름)의 옛 향수를 자극한다. 커피와 브런치 메뉴도 깔끔하고, 점심시간에는 세트 메뉴로 베트남 음식을 제공한다. 바를 겸하고 있어 일반 맥주와 와인, 수제 맥주까지 구비하고 있다.

워크숍 The Workshop ★★★★

Map P.101-E3 주소 27 Ngô Đức Kế, Quận 1 **전화** 028-3824-6801 **홈페이지** www.facebook.com/the.workshop.coffee **영업** 08:00~21:00 **메뉴** 영어 **예산** 커피 7만~18만 VND **가는 방법** 동커이 거리와 응오득께 거리가 만나는 사거리 코너에 위치한 아그리 은행 Agri Bank 건물 2층이다. 카페 입구는 응오득께 거리 27번지에 있다.
호찌민시 시내에서 핫한 카페. 프랑스 식민지배 시절에 건설된 아파트 건물을 커피숍으로 새 단장했다. 높은 천장과 커다란 창문을 이용해 인더스트리얼하게 디자인했다. 매장에 로스터를 보유하고 있어 직접 로스팅한 신선한 원두를 제공한다. 에스프레소를 기본으로 핸드 드립(Pourover), 프렌치 프레스, 사이폰 커피까지 다양한 추출 방식의 커피를 맛볼 수 있다. 커피바를 중앙에 배치해 바리스타가 커피 만드는 모습을 관찰할 수 있다.

라 비엣 커피 Là Việt Coffee ★★★★

Map P.97-D1 주소 191 Hai Bà Trưng, Quận 3 **전화** 0889-209-977 **홈페이지** www.laviet.coffee **영업** 07:00~22:00 **메뉴** 영어, 베트남어 **예산** 5만~7만 VND **가는 방법** 3군에 있는 하이바쯩 거리 191번지 골목 안쪽으로 50m.
달랏에 커피 농장과 카페를 함께 운영하는 라 비엣 커피(P.281)의 호찌민시 분점이다. 커피 산지와 가깝기 때문에 원두 자체가 신선하다. 매장에서 바리스타가 원두를 직접 로스팅하고 다양한 방식으로 커피를 내려준다. 골목 안쪽에 있어 주변이 조용하고, 3층 규모로 내부도 널찍하다. 현지인들 사이에서 더 많이 알려진 곳이지만 영어도 잘 통하고 직원들이 친절한 편이다. 미술 박물관과 가까운 곳에 지점 La Viet Coffee(60 Phó Đức Chính)을 운영한다.

메종 마루 Maison Marou ★★★★

Map P.97-E4 주소 167 Calmette, Quận 1 **전화** 0873-005-010 **홈페이지** www.maisonmarou.com **영업** 09:00~ 22:00 **메뉴** 영어 **예산** 초콜릿 드링크 6만~12만 VND, 디저트 10만~15만 VND **가는**

라 비엣 커피

오키오 카페

수 카페

라까프

워크숍

올드 컴퍼스 카페

43 스페셜티 커피

방법 미술 박물관에서 한 블록 남쪽에 있는 깔멧 거리 167번지에 있다.

베트남 수제 초콜릿 브랜드로 유명한 마루 초코릿 Marou Faiseurs de Chocolat(홈페이지 www.marouchocolate.com)에서 운영한다. 초콜릿 숍과 프렌치 카페를 접목했는데, 매장에서 직접 초콜릿을 만들기 때문에 진하고 달콤한 향이 침샘을 자극한다. 커피에 곁들여 에끌레어, 마카롱, 타르트, 초콜릿 무스 같은 디저트를 즐기기 좋다. 선물용 초콜릿도 다양하게 구비하고 있다. 중앙 우체국 옆 응우옌주 거리 Maison Marou Nguyen Du와 타오디엔(2군) Maison Marou Thao Dien에도 지점을 운영한다.

뤼진 L'Usine ★★★☆

Map P.99-D2 주소 19 Lê Thánh Tôn, Quận 1 전화 028-3822-7188 홈페이지 www.lusinespace.com 영업 08:00~21:30 예산 음료 7만~11만 VND, 식사 16만~29만 VND(+10% Tax) 가는 방법 레탄톤 거리 19번지에 있다.

한마디로 요즘 잘나가는 카페다. 트렌디함이 잔뜩 묻어나는 모던한 카페로 브런치 레스토랑을 겸한다. 아보카도 토스트, 에그 베네딕트, 리코타 팬케이크, 수제 버거, 파스타, 볶음밥, 볶음면까지 다양한 음식을 요리한다. 커피뿐만 아니라 맥주, 칵테일, 디저트까지 잘 갖추어져 있다. '뤼진'은 프랑스어로 공장이라는 뜻인데, 직접 디자인한 의류와 소품을 판매하는 부티크 숍을 함께 운영한다. 호찌민시에만 6개 지점을 운영하고 있다.

런닝 빈 Running Bean ★★★☆

Map P.101-D3 주소 115 Hồ Tùng Mậu, Quận 1 전화 028-3915-0055 홈페이지 www.facebook.com/therunningbeansg 영업 08:00~22:00 메뉴 영어, 베트남어 예산 커피 7만~10만 VND, 식사 15만~24만 VND(+10% Tax) 가는 방법 호뚱머우 거리 115번지에 있다. 바이텍스코 파이낸셜 타워에서 북쪽으로 250m.

시내 중심가에 있는 현대적인 커피숍으로 브런치 카페를 겸한다. 층고가 높은 실내는 벽돌과 통유리를 이용해 시원하게 꾸몄다. 야외 테이블까지 갖추고 있는데, 모던한 인테리어만큼이나 젊고 밝은 분위기다. 전문 커피숍답게 베트남 커피와 에스프레소, 콜드 브루까지 다양한 커피를 만들어 낸다. 샐러드, 샌드위치, 스파게티, 잉글리시 브랙퍼스트, 스무디 볼, 스위트 와플까지 메인 요리와 디저트도 다양하다. 참고로 막티브어이 거리에 지점 The Running Bean Mạc Thị Bưởi(주소 33 Mạc Thị Bưởi)을 운영한다.

빈티지 엠포리움 The Vintage Emporium ★★★☆

Map P.97-E1 주소 95 Nguyễn Văn Thủ, Quận 1 전화 0904-413-148 홈페이지 www.facebook.com/VintageSGN 영업 08:00~21:00 메뉴 영어 예산 커피·음료 6만~8만 VND, 메인 요리 15만~30만 VND 가는 방법 응우옌반투 거리 95번지에 있다. 벤탄 시장에서 택시로 5~10분.

빈티지한 감성의 카페를 겸한 레스토랑. 커피 한 잔을 마셔도 괜찮지만, 많은 이들이 브런치를 즐기기 위해 이곳을 찾는다. 올데이 브렉퍼스트 All Day Breakfast라고 해서 시간제한 없이 브런치 메뉴를 제공한다. 베이컨, 아보카도, 오믈렛, 펠라펠, 에그 베네딕트, 프렌치토스트, 바게트, 샐러드 등 다양한 메뉴를 갖추고 있다.

메종 마루

러닝 빈

빈티지 엠포리움

베트남·아시안 레스토랑

호찌민시는 베트남에서 음식 문화가 가장 발달한 도시다. 풍족한 식재료를 바탕으로 음식이 발달해 레스토랑도 많다. 경제 성장을 바탕으로 모던한 레스토랑들이 속속 문을 열어 음식 마니아들을 즐겁게 한다. 베트남 레스토랑 이외에 한국·일본·중국·태국·인도 음식점도 어렵지 않게 찾을 수 있다.

퍼 호아(和粉) Phở Hòa ★★★☆

Map P.96-C1 주소 260C Pasteur, Quận 3 **전화** 028-3829-7943 **영업** 07:00~22:00 **메뉴** 영어, 베트남어 **예산** 9만~11만 VND **가는 방법** 3군(Quận 3)에 속한 파스퇴르(빠스떠) 거리 260번지에 있다. 시내 중심가에서 걸어가긴 멀다. 벤탄 시장에서 택시로 5~10분.

긴 역사와 전통을 자랑하는 쌀국수 식당으로 오랜 기간 사랑받아왔다. 거리 이름을 붙여 퍼 호아 빠스떠 Phở Hòa Pasteur로 불린다. 평범한 식당이지만 쌀국수 한 그릇 맛보려고 일부러 찾는 단골이 많다. 외국인 관광객에게도 인기 있다. 1층은 선풍기 시설이라 덥고, 2층은 에어컨이 갖춰져 있다.

추가되는 고명에 따라 각기 다른 10여 종류의 소고기 쌀국수(퍼 보 Phở Bò)가 있다. 사진이 들어간 메뉴판을 보고 주문하면 된다. 보통 사이즈(Tô Thường)와 큰 사이즈(To Lớn) 중 선택할 수 있다. 꽈배기 모양의 튀긴 빵(Bánh Quẩy)과 물수건은 별도로 가격을 받는다.

퍼 레 Phở Lệ ★★★★

Map P.94-C4 주소 413 Nguyễn Trãi, Quận 5 **전화** 028-3923-4008 **홈페이지** www.phole.vn **영업** 06:00~24:00 **메뉴** 영어, 베트남어, 중국어 **예산** 9만~10만 VND **가는 방법** 쩌런 초입에 해당하는 응우옌짜이 거리 413번지에 있다. 시내에서 택시로 10~15분.

차이나타운 초입에 있는 쌀국수 식당이다. 1970년에 처음 문을 열었는데, 오랜 역사만큼 쌀국수 맛집으로 유명하다. 퍼 보(소고기 쌀국수)의 육수는 푹 우려내 진하고 기름진 편이다. 따이 Tái(생고기), 남 Nạm(삶은 양지고기 편육), 비엔 Viên(둥근 미트볼) 등 고명으로 올리는 소고기 종류에 따라 메뉴가 구분된다. 분점과 구분하기 위해 거리 이름을 붙여 퍼 레 응우옌짜이 Phở Lệ Nguyễn Trãi라 부른다.

퍼 민 Phở Minh ★★★☆

Map P.100-B2 주소 63/6 Pasteur, Quận 1 **영업** 06:30~10:00 **메뉴** 영어, 베트남어 **예산** 7만~9만 VND **가는 방법** 파스퇴르(빠스떠) 거리 63번지 골목 안쪽에 있다. 골목이 작아서 입구를 유심히 살펴야 한다.

시내 중심가 골목 안쪽에 있는 오래된 쌀국수 식당이다. 무심코 지나친다면 결코 찾을 수 없는 곳으로 1945년부터 대를 이어가며 쌀국수만 만들어 낸다. 아침 시간에만 잠깐 문을 여는데, 준비한 육수가 동나면 식당도 문을 닫는다. 동네 사람들의

퍼 호아

퍼 레

퍼 민

아침을 책임지는 소박한 곳으로 미쉐린 가이드에 선정됐다. 덕분에 영어 메뉴판이 생겼다.

퍼 저우 Phở Dậu ★★★☆

Map P.96-B1 **주소** Cư Xá 288, Hẻm 288 Nam Kì Khởi Nghĩa, Quận 3 **전화** 028-3846-5866 **영업** 05:00~13:00 **메뉴** 베트남어 **예산** 9만~10만 VND **가는 방법** 남끼코이응이아 거리 288번지 골목 안쪽으로 50m 들어간 끝자락에 있다. 시내에서 택시로 10~15분.

60년 넘는 역사를 간직한 식당으로 시내 중심가에서 조금 떨어져 있다. 골목 안쪽에 있는데도 규모가 제법 크다. 슴슴한 맛의 북부 지방 쌀국수를 요리한다. 기름기가 적고 맑은 육수의 소고기 쌀국수를 맛볼 수 있다. 양파 절임을 입맛에 맞게 첨가해 먹으면 된다. 숙주와 허브 같은 곁들임 채소는 제공되지 않는다. 아침시간에만 문을 여는데 항상 현지인들로 붐빈다.

퍼 2000 Phở 2000 ★★★

Map P.97-E3 **주소** 210 Lê Thánh Tôn, Quận 1 **전화** 079-943-002 **홈페이지** www.pho2000.vn **영업** 07:00~21:00 **메뉴** 영어, 베트남어 **예산** 쌀국수 10만~15만 VND **가는 방법** 벤탄 시장 후문과 가까운 레탄똔 거리 210번지. 아반티 부티크 호텔 Avanti Boutique Hotel 1층에 있다.

호찌민시에서 인기 있는 쌀국수 레스토랑 중의 한 곳이다. 2000년부터 영업을 시작했다. 빌 클린턴이 미국 대통령 시절에 베트남을 방문해 이곳에서 쌀국수를 시식하면서 유명세를 타기 시작했다. '퍼 포 더 프레지던트(대통령을 위한 쌀국수) Pho For The President'라고 홍보한 덕분에 외국 관광객에게 많이 알려져 있다. 퍼보(소고기 쌀국수) Phở Bò를 메인으로 요리한다. 새로운 곳으로 이전하면서 깔끔한 카페 분위기 레스토랑으로 변모했지만, 내부에는 여전히 빌 클린턴 사진이 자랑스럽게 걸려있다.

퍼 24 Phở 24 ★★★

Map P.98-B4 **주소** 158D Pasteur, Quận 1 **전화** 028-3521-8518 **홈페이지** www.pho24.com.vn **영업** 07:00~24:00 **메뉴** 영어, 베트남어 **예산** 7만~10만 VND **가는 방법** 통일궁으로 가는 길에 있는 파스퇴르 거리 158번지에 있다. 냐항 응온(레스토랑) Nha Hang Ngon 옆에 있다.

베트남의 대표적인 쌀국수 체인점이다. 쌀국수를 패스트푸드 체인점처럼 만들어 선풍적인 인기를 얻었다. 쌀국수 맛도 어느 곳을 가나 정형화되어 있다. 스프링 롤과 디저트, 음료를 곁들인 콤보 메뉴도 있다. 시설 좋은 쌀국수 가게가 많이 생기면서 예전에 비해 인기가 시들하다. 호찌민시 시내에만 11개의 체인점을 운영한다.

퍼 훙 Phở Hùng ★★★☆

Map P.102-B2 **주소** 243 Nguyễn Trãi, Quận 1 **전화** 028-3838-5089 **영업** 06:00~15:00 **메뉴** 영어, 한국어, 중국어, 베트남어 **예산** 8만~10만 VND **가는 방법** 응우옌짜이 거리 243번지에 있다. 타이빈 시장 Thái Bình Market에서 남쪽으로 250m 떨어져 있다.

외국 여행자들한테는 아직 생소하지만, 호찌민시(사이공) 사람들에게는 잘 알려진 쌀국수 식당이다. 소고기를 푹 고아 육수를 낸 '퍼 보'를 전문으로 한다. 고명으로 올라가는 소고기 종류에 따라

퍼 저우

퍼 2000

퍼 훙

20여 가지 쌀국수로 구분되는데, 메뉴판에 한국어까지 설명이 잘 되어 있어 주문하는데 어렵지 않다. 여러 종류의 소고기가 들어간 스페셜 메뉴를 원한다면 '퍼 훙 닥비엣' Phở Hùng Đặc Biệt을 주문하면 된다. 두 개 지점이 있는데 응우옌짜이 거리 본점이 여행자 거리와 가깝다.

퍼 베트남 ★★★☆
Phở Việt Nam

Map P.97-D4 **주소** 14 Phạm Hồng Thái, Quận 1 **영업** 06:00~15:00 **홈페이지** www.phovietnam.vn **메뉴** 영어, 베트남어 **예산** 8만~10만 **가는 방법** 팜홍타이 거리 14번지에 있다. 벤탄 시장에서 250m 떨어져 있다.

베트남 쌀국수라는 간판을 달고 있는 곳. 호찌민시 여러 곳에 지점을 운영하며 프랜차이즈 쌀국수 식당처럼 운영되고 있다. 직접 만든 쌀국수 면을 칼로 자르는 옛 방식을 고집한다. 소고기 쌀국수를 전문으로 하는데, 소고기 종류를 선택해 주문하면 된다. 시그니처 메뉴는 뚝배기 쌀국수 Phở Thố Đá. 뚝배기 담긴 육수에 소고기와 쌀국수를 넣어서 먹는다. 본점은 3군 쩐꿕또안 거리(주소 66 Trần Quốc Toản)에 있다.

마마 퍼 Mama Phở ★★★☆

Map P.100-A2 **주소** 134 Lê Thánh Tôn, Quận 1 **홈페이지** www.mamapho.vn **영업** 08:00~22:00 **메뉴** 영어, 베트남어 **예산** 10만~20만 VND(+15% Tax) **가는 방법** 벤탄 시장 뒤쪽의 레탄똔 거리 134번지에 있다.

벤탄 시장 옆에 있는 쌀국수 식당이라 위치가 좋다. 로컬 식당과 달리 에어컨 시설로 쾌적하게 꾸민 것이 장점이다. 오픈 키친으로 되어 있어 청결하게 조리한다. 18시간 우려낸 육수를 이용해 쌀국수를 만들어 준다. 퍼싸오(볶음 쌀국수) Phở Xào를 포함해 면 요리를 함께 요리한다.

퍼미엔가 끼동 ★★★☆
Phở Miến Gà Kỳ Đồng

Map P.96-B2 **주소** 14/5Bis Kỳ Đồng, Quận 3 **전화** 028-3843-5630 **영업** 06:00~22:00 **메뉴** 베트남어 **예산** 7만~10만 VND **가는 방법** 3군의 끼동 거리 14번지 골목에 있다. 벤탄 시장에서 북쪽으로 2.5㎞ 떨어져 있다.

호찌민시에서 유명한 닭고기 쌀국수 식당이다. 시내 중심가를 벗어난 골목 안쪽이라 위치는 불편하다. 50년 넘도록 장사하는 곳으로 진하게 우려낸 닭고기 육수와 쌀국수 면이 잘 어우러진다. '퍼' Phở(일반적으로 쓰이는 넓적한 쌀국수)와 '미엔' Miến(당면처럼 얇은 면) 중에 하나를 선택하면 된다. 스몰 사이즈(Tô Nhỏ)와 빅 사이즈(Tô Lớn)로 구분해 가격을 다르게 받는다.

퍼 쏠 Phở SOL ★★★★

Map P.101-E3 **주소** 27 Hải Triều, Quận 1 **홈페이지** www.facebook.com/phosol.vn **운영** 06:00~23:00 **메뉴** 영어, 베트남어 **예산** 9만~20만 VND(+10% Tax) **가는 방법** 바이텍스코 파이낸셜 타워 옆 하이찌에우 거리 27번지에 있다.

'퍼 틴 바이 쏠' Phở Thìn By Sol로 알려지기도 했다. 호찌민 시내에 6개 지점을 운영한다. 북부 지방(하노이 스타일) 쌀국수를 맛 볼 수 있다. 알칼리 이온수를 사용해 소고기 뼈를 12시간 고아서 만든 담백한 육수를 이용한다. 전통 쌀국수

퍼 베트남

퍼미엔가 끼동

퍼 쏠

Phở Tái Lăn Truyền Thống와 와규 소고기 쌀국수 Phở Tái Lăn Wagyu가 있다. 색다른 메뉴로 쌀국수 튀김에 소고기 볶음을 올린 '퍼 찌엔퐁' Phở Chiên Phồng이 있다. 1군 지점은 시내 중심가라 직장인들이 많이 찾는다.

반미 후인호아 ★★★☆
Bánh Mì Huỳnh Hoa

Map P.97-D4, Map P.102-A1 주소 26 Lê Thị Riêng, Quận 1 **전화** 028-3925-0885 **홈페이지** www.banhmihuynhhoa.vn **영업** 06:00~22:00 **메뉴** 베트남어 **예산** 6만 8,000VND **가는 방법** 레티지엥 거리 26번지에 있다.

반미(바게트 샌드위치) 맛집으로 현지인들에게 인기 있다. 1989년부터 영업 중인 곳으로 배달 앱 기사들까지 몰려 항상 분주하다. 테이크아웃해가는 사람이 많지만 앉아서 식사할 수 있는 자그마한 식당도 함께 운영하고 있다. 반미는 한 종류라서 몇 개 살 것인지만 정하면 된다. 직접 만든 파테 Pate(고기와 지방을 이용해 만든 소스로 잼처럼 바게트에 발라준다)와 마요네즈, 다양한 햄과 돼지고기, 채소를 넣어 두툼하게 만든다.

뉴란 Như Lan ★★★☆

Map P.101-E4 주소 64~68 Hàm Nghi, Quận 1 **전화** 028-3829-2590 **영업** 매일 07:30~23:00 **메뉴** 영어, 베트남어 **예산** 3만~6만 VND **가는 방법** 함응이 거리와 호뚱머우 Hồ Tùng Mậu 거리가 만나는 삼거리 코너에 있다.

로컬 음식점으로 호찌민시 시내에 있어 편리하다. 1968년부터 같은 자리를 지키고 있다. 철제 의자가 놓인 평범한 분위기이지만 활기가 넘친다. 가볍게 식사할 수 있는 밥과 면 종류의 베트남 음식이 많다. 과일 셰이크와 반미(바게트 샌드위치)도 인기 메뉴다. 직접 만든 빵과 햄을 포함해 식료품을 함께 판매한다.

반미 바후인(마담 윈) ★★★☆
Bánh Mì Bà Huynh(Madam Win)

Map P.102-B2 주소 197A Nguyễn Trãi, Quận 1 **홈페이지** www.banhmibahuynh.vn **영업** 06:00~22:00 **메뉴** 영어, 베트남어 **예산** 6만 5,000~8만 VND **가는 방법** 응우옌짜이 거리 197번지에 있다.

여행자 거리(팜응우라오 거리)와 가까운 반미(바게트 샌드위치) 식당이다. 40년 넘는 역사를 간직하고 있는데, 주문 포장까지 밀려 인기를 실감할 수 있다. 파테, 햄, 오이, 고추, 쪽파, 고수 등을 넣어 베트남식 바게트 샌드위치를 만든다. 모든 재료를 다 넣은 하우스 스페셜을 주문하면 된다. 로컬 식당치고는 비싼 편인데, 그만큼 두툼하게 만들어 준다. 주문할 때 영어 소통도 가능하다.

반미 362 Bánh Mì 362 ★★★☆

Map P.97-E2 주소 25 Trần Cao Vân **홈페이지** www.banhmi362.com **영업** 06:30~20:30 **메뉴** 영어, 베트남어 **예산** 4만~6만 VND **가는 방법** 쩐까오번 거리 25번지에 있다. 노트르담 성당에서 북쪽으로 750m 떨어져 있다.

에어컨을 갖춘 자그마한 카페 스타일의 반미(바게트 샌드위치) 식당이다. 패스트푸드 체인점 형태로 호찌민 시내에 여러 개 지점을 운영한다. 반미 종류가 다양하며, 향신료 첨가 여부는 주문할 때 선택하면 된다. 길거리 노점에 비해 청결한 것이 장점으로 가격도 저렴하다.

반미 후인호아

뉴란

반미 바후인(마담 윈)

벤응에 스트리트 푸드 ★★★☆
Ben Nghe Street Food

Map P.97-E3 주소 134 Nam Kỳ Khởi Nghĩa, Quận 1 영업 09:00~24:00 메뉴 영어, 베트남어 예산 9만~32만 VND 가는 방법 남끼코이응이아 거리 134번지에 있다. 통일궁에서 200m 떨어져 있다.

통일궁과 가까운 시내 중심가에 있는 관광객을 위한 푸드코트. 벤탄 스트리트 푸드 마켓 Bến Thành Street Food Market이 새로운 장소로 옮기고 간판을 바꿔 달았다. 20여 개의 노점 식당이 들어서 있는데, 노천에 만들었기 때문에 에어컨이 없어서 덥다. 베트남·태국·인도 음식부터 반미(바게트 샌드위치), 피자, 바비큐, 시푸드까지 다양한 음식을 한자리에서 즐길 수 있다. 맛집은 아니지만 분위기는 흥겹다.

반쎄오 46A Bánh Xèo 46A ★★★

Map P.97-D1 주소 46A Đinh Công Tráng, Quận 1 전화 028-3824-1110 영업 10:00~14:00, 16:00~21:00 메뉴 베트남어 예산 11만~18만 VND 가는 방법 1군(Quận 1) 끝자락에 해당하는 딘꽁짱 거리 46번지에 있다.

베트남식 팬케이크인 '반쎄오' Bánh Xèo가 유명한 로컬 레스토랑이다. 골목에 테이블을 내놓고 영업하는 서민 식당이다. 새우와 콩나물을 넣어 즉석에서 만들어 주는 반쎄오가 바삭하다. 기본적인 베트남 음식을 함께 요리한다. 현지인들로 항상 북적댄다.

후띠에우 홍팟 ★★★☆
Hủ Tiếu Hồng Phát

Map P.96-B4 주소 391 Võ Văn Tần, Quận 3 홈페이지 www.hutieuhongphat.com 영업 06:30~22:30 메뉴 영어, 베트남어 예산 12만~19만 VND 가는 방법 3군 보반떤 거리 391번지에 있다.

1975년부터 영업 중인 후띠에우 전문점이다. '후띠에우'는 건면 쌀국수를 의미하는데, 캄보디아·태국에서 즐겨 먹는 쌀국수(꾸어이띠아우)와 비슷하다. 시그니처 메뉴는 후띠에우남방 Hủ Tiếu Nam Vang이다. 여기서 남방(남쪽)은 프놈펜(캄보디아 수도)을 의미한다. 돼지 뼈와 말린 새우를 이용해 육수를 낸다. 새우와 돼지 간, 선지를 고명을 넣어 준다. 육수는 더 달라고 하면 무료로 추가해준다.

벱메인 Bếp Mẹ Ỉn ★★★☆

Map P.100-A2 주소 136/9 Lê Thánh Tôn, Quận 1 전화 028-3824-4666 홈페이지 www.bepmein.com 영업 11:00~22:30 메뉴 영어, 베트남어 예산

벤응에 스트리트 푸드

후띠에우 홍팟

반쎄오 46A

벱메인

14만~27만 VND **가는 방법** 벤탄 시장 앞쪽의 레탄똔 거리 136번 골목 안쪽에 있다. 좁은 골목 안쪽으로 들어가면 골목 끝에서 오른쪽에 있다.

골목 안쪽에 숨어 있어 찾기 어려운 단점이 있으나, 혼잡한 도로를 벗어나 느긋한 식사를 즐기기엔 더없이 좋다. 베트남 가정에서 즐겨먹는 대중적인 메뉴를 선보이는 이곳은 벽화를 이용해 레트로한 분위기로 정감 있게 꾸몄다. 미쉐린 가이드에 선정된 곳으로 외국 관광객에게 인기 있다. 2호점(응우옌타이빈 지점) Bếp Mẹ Ỉn - Nguyễn Thái Bình을 운영한다.

덴롱 Đèn Lồng ★★★☆

Map P.102-A2 주소 130 Nguyễn Trãi, Quận 1 **전화** 090-994-9183 **홈페이지** www.denlongrestaurant.com **영업** 10:00~22:00 **메뉴** 영어, 베트남어 **예산** 메인 요리 12만~18만 VND(+10% Tax) **가는 방법** 여행자 거리와 가까운 응우옌짜이 거리 130번지에 있다.

여행자 거리와 가까워 외국인들이 즐겨 찾는 베트남 레스토랑이다. 규모는 크지 않지만 에어컨 시설을 갖춰 쾌적하다. 실내는 홍등을 달아 동양적인 정취가 느껴진다. 베트남 가정식을 요리하는데 음식이 깔끔하고 신선하며 플레이팅에도 정성을 들였다. 외국인 입맛에 맞게 매운맛을 조절하고 향신료를 적당히 사용한 것이 특징이다.

파드마 드 플레르 Padma de Fleur ★★★★

Map P.100-C4 주소 89/12 Hàm Nghi, Quận 1 **전화** 0835-131-535 **홈페이지** www.padmadefleur.vn **영업** 09:00~18:00 **메뉴** 영어, 베트남어 **예산** 음료 7만~10만 VND, 메인 요리 14만~22만 VND **가는 방법** 함응이 거리 89번지 골목 안쪽으로 들어가면 된다. 벤탄 시장에서 500m 떨어져 있다.

플로리스트가 운영하는 카페로 꽃집을 겸한다. 향기로운 꽃과 식물이 가득하다. 베트남 커피와 과일 주스, 목테일(알코올 없는 칵테일)을 판매한다. 목테일은 차와 열대 과일을 이용해 만든다. 주문한 음료는 예쁜 꽃장식이 올려져 나온다. 식사도 가능한데 메뉴는 제한적이며 계절에 따라 달라진다. 건강한 가정식 요리로, 그날의 정해진 세트 메뉴가 점심시간(11:30~14:00)에 제공된다.

프로파간다 Propaganda ★★★☆

Map P.98-A3 주소 21 Hàn Thuyên, Quận 1 **전화** 028-3822-9048 **홈페이지** www.propagandabistros.com **영업** 07:30~22:30 **메뉴** 영어, 베트남어 **예산** 맥주·칵테일 9만~16만 VND, 메인 요리 15만~24만 VND(+15% Tax) **가는 방법** 노트르담 성당과 통일궁 사이에 있는 한투옌 거리에 있다.

밝고 경쾌한 느낌의 트렌디한 레스토랑이다. 사회주의 정치 선전(프로파간다) 포스터를 벽화와 인테리어로 치장해 눈길을 끈다. 높은 천장과 스타일리시한 테이블도 젊은 감각과 잘 어울린다. 베트남 음식을 산뜻하게 요리해 부담 없이 즐길 수 있다. 건강하고 청결한 음식에 중점을 둔다. 외국 여행자들에게 인기 있는 곳으로 수제 맥주와 칵테일도 다양하게 구비되어 있다.

덴롱

파드마 드 플레르

프로파간다

시크릿 가든 Secret Garden ★★★★

Map P.98-B4 주소 158 Pasteur, Quận 1 **전화** 0909-904-621 **홈페이지** www.facebook.com/secretgarden158pasteur **영업** 11:00~22:00 **메뉴** 영어, 베트남어 **예산** 15만~39만 VND(+10% Tax) **가는 방법** 냐항 응온(레스토랑)을 바라보고 오른쪽에 있는 파스퇴르(빠스떠) 거리 158번지 골목(Hẻm 158 Pasteur)으로 50m 정도 들어간다.

시내 중심가에 있는 오래된 아파트 꼭대기에 있다. 5층까지 계단을 걸어 올라가야 한다. 옥상을 개조해 비밀스러운 야외 정원처럼 꾸몄다. 베트남 요리를 즐기며 여유로운 시간을 보낼 수 있다. 메뉴는 많지 않지만 음식이 정갈하다. 벤탄 시장, 미술 박물관과 가까운 곳에 시크릿 가든 2호점 Secret Garden 2nd Branch(주소 17 Lê Công Kiều)을 운영한다. 여행자 거리에 머물 경우 상대적으로 가까운 이곳을 찾아가면 된다.

냐항 응온 Ngon Restaurant(Nhà Hàng Ngon) ★★★☆

Map P.98-A4 주소 160 Pasteur, Quận 1 **전화** 028-3827-7131 **영업** 매일 08:00~23:00 **메뉴** 영어, 베트남어 **예산** 12만~48만 VND **가는 방법** 라오스 영사관 맞은편의 파스퇴르(빠스떠) 거리 160번지에 있다.

'냐항'은 레스토랑, '응온'은 맛있다는 뜻이다. 흥겨운 분위기에 맛있는 음식, 저렴한 요금으로 폭발적인 인기를 누리는 곳이다. 프렌치 빌라를 레스토랑으로 꾸며 분위기가 좋다. 베트남에서 흔하게 먹을 수 있는 전국의 대중적인 음식들을 모두 요리한다. 야외 마당에 마련된 조리대에서 음식을 직접 만든다. '꽌 안 응온 Quán Ăn Ngon'으로 불리기도 하므로 혼동하지 말 것. 현재는 두 개의 레스토랑으로 분리돼 서로 경쟁하고 있다. 번지수를 확인하고 찾아가면 된다.

꽌 부이 Quán Bụi ★★★☆

Map P.99-F2 주소 17 Ngô Văn Năm, Quận 1 **전화** 028-3829-1515 **홈페이지** www.quanbui.vn **영업** 09:00~23:00 **메뉴** 영어, 베트남어 **예산** 14만~42만 VND(+15% Tax) **가는 방법** 레탄똔 거리 17번지 골목 안쪽으로 50m 들어간다.

호찌민시에서 잘 알려진 베트남 레스토랑이다. 오래되고 유명한 레스토랑답게 가정식 베트남 요리를 맛볼 수 있다. 시설은 현대적인 분위기로 단장해 쾌적하다. 카페 분위기를 내는 아늑한 1층과 에어컨 시설의 2층, 정원처럼 꾸민 옥상의 테라스까

시크릿 가든

냐항 응온

꽌 부이

꽌넴

벱꾸온 반쎄오 세트

지 취향에 따라 자리를 선택할 수 있다.
2군에 해당하는 타오디엔 지역에 분점인 꽌부이 가든 Quán Bụi Garden(주소 55A Ngô Quang Huy, Thảo Điền, Quận 2, Map P.103-B1)을 운영한다. 넓은 정원을 이용해 식물원처럼 꾸며 본점에 비해 한결 여유롭다.

꽌넴 Quán Nem ★★★☆

Map P.97-E1 주소 15E Nguyễn Thị Minh Khai, Quận 1 **전화** 028-6299-1478 **홈페이지** www.quannem.com.vn **영업** 10:00~22:00 **메뉴** 영어, 한국어, 중국어, 베트남어 **예산** 9만 VND **가는 방법** 응우옌티민카이 거리 15번지에 있다. 역사 박물관에서 600m, 노트르담 성당에서 1㎞ 떨어져 있다.

스프링 롤은 남쪽에서는 '짜조', 북쪽에서는 '넴'으로 부르는데 간판에서 알 수 있듯이 베트남 북부(하노이 지방) 음식을 요리한다. 현지인은 물론 관광객에게 인기 있는 곳으로 CNN에 소개되면서 유명해졌다. 메인 요리로 북부 음식인 분짜 Bún Chả를 요리한다. 게살을 다져넣어 두툼하게 만든 넴꾸아비엔 Nem Cua Biển이 시그니처 메뉴다.

벱꾸온 Bếp Cuốn Sài Gòn ★★★★

Map P.96-C3 주소 76 Võ Văn Tần, Quận 3 **전화** 093-5581-589 **홈페이지** www.facebook.com/bepcuonsaigon **영업** 10:30~22:00 **메뉴** 영어, 한국어, 베트남어 **예산** 단품 13만~18만, 콤보(2인용) 60만 VND **가는 방법** 보반떤 거리 76번지에 있다. 전쟁 박물관에서 400m 떨어져 있다.

전쟁 박물관과 가까운 3군 지역에서 관광객이 편하게 식사할 수 있는 베트남 레스토랑이다. 파스텔 톤의 3층 건물로 라탄 전등을 달아 동남아시아스러운 느낌을 배가시켰다. '벱'은 키친, '꾸온'은 둥글게 말아서 만드는 월남쌈 종류를 통칭하는 음식 이름이다. 반쎄오, 짜조, 보룩락, 파인애플 볶음밥을 포함해 대중적인 음식을 요리한다. 밥과 달걀 프라이, 두부튀김, 돼지고기조림 등으로 이루어진 콤보(세트) 메뉴는 2인용으로 제공된다.

샴발라 Shamballa ★★★★

Map P.102-B1, Map P.97-E4 주소 17-19 Trịnh Văn Cấn, Quận 1 **전화** 0917-876-788 **홈페이지** www.theshamballa.com **영업** 10:00~22:00 **메뉴** 영어, 베트남어 **예산** 14만~33만 VND(+15% Tax) **가는 방법** 찐반껀 거리 17번지에 있다. 여행자 거리(데탐 거리)에서 동쪽으로 350m, 벤탄 시장에서 남쪽으로 800m.

여느 레스토랑과 비교해 규모나 인지도에서 손색이 없는 채식 전문 베트남 음식점이다. 프렌치 콜로니얼 건물을 개조한 곳으로 불교적인 색채를 가미해 인테리어를 꾸몄다. 베트남식 샐러드, 월남쌈, 쌀국수, 볶음밥, 연잎 밥, 채소볶음, 반쎄오, 분더우, 넴루이, 전골요리까지 다양하다. 고기만 없다뿐이지 베트남 중부와 북부 음식까지 골고루 요리하며 세트 메뉴도 갖추고 있다. 시내 중심가인 리뜨쫑 거리에 지점(주소 31 Lý Tự Trọng, Quận 1, Map P.99-D2)을 운영한다.

라이스 필드 Rice Field ★★★☆

Map P.101-D3 주소 2F, 75-77 Hồ Tùng Mậu, Quận 1 **전화** 0906-938-636 **홈페이지** www.

샴발라

라이스 필드

facebook.com/ricefieldrestaurant **영업** 10:00~22:00 **메뉴** 영어, 베트남어 **예산** 메인 요리 17만~30만 VND(+15% Tax) **가는 방법** 호뚱머우 거리 75번지 건물 2층에 있다. 바이텍스코 파이낸셜 타워에서 북쪽으로 80m.

시내 중심가에 있는 정통 베트남 음식점이다. 분위기 좋은 곳에서 정갈한 베트남 음식을 즐길 수 있다. 가정식 베트남 요리 Homecooked Vietnamese Cuisine를 표방한다. 베트남식 샐러드, 스프링 롤, 돼지고기 요리, 해산물 요리, 볶음 요리, 찌개, 전골요리까지 다양하다. 실내와 야외(옥상) 공간으로 구분되어 있는데 목재 테이블과 나무 바닥, 함석, 대나무 등을 이용해 옛 정취를 살려 복고풍으로 꾸몄다.

루남 비스트로(동커이 지점) Runam Bistro ★★★☆

Map P.101-F3 주소 2 Đồng Khởi, Quận 1 **전화** 028-3823-0262 **홈페이지** www.caferunam.com **영업** 08:00~22:00 **메뉴** 영어, 베트남어 **예산** 음료 12만~18만 VND, 메인 요리 25만~55만 VND(+15% Tax) **가는 방법** 사이공 강과 만나는 동커이 거리 초입에 있다.

고급스러운 카페로 잘 알려진 카페 루남 Cafe Runam에서 운영하는 레스토랑. 트렌디한 느낌의 인테리어 덕에 분위기가 좋다. 그 만큼 가격은 비싸다. 직접 로스팅한 커피와 다양한 음료를 제공하며 케이크와 디저트를 함께 곁들여 먹기 좋다. 오후 시간(오후 2시~5시)에는 애프터눈 티 세트도 즐길 수 있다. 식사 메뉴로는 베트남 음식과 스파게티, 스테이크 등이 있다. 노트르담 성당 옆에는 루남 도르 Runam d'Or(주소 3 Công Xã Paris, Map P.98-A3)를 운영한다.

디마이 레스토랑 Di Mai Restaurant ★★★☆

Map P.97-E4 주소 136-138 Lê Thị Hồng Gấm, Quận 1 **전화** 028-3821-7786 **홈페이지** www.nhahangdimai.com **영업** 10:00~21:00 **메뉴** 영어, 베트남어 **예산** 메인 요리 15만~49만 VND(+10% Tax) **가는 방법** 레티홍검 거리 136번지, 벤탄 타워 Ben Thanh Tower 1층에 있다.

여행자 거리는 물론 벤탄 시장과도 가까운 곳에 있는 고급 레스토랑이다. 매장은 화려한 색감과 패턴의 타일로 스타일리시하게 꾸며져 있다. 베트남 전통 음식을 현대적으로 재해석한 메뉴를 선보이는데, 길거리 음식부터 가정식 요리까지 메뉴의 폭이 넓다. 아침 시간에는 음료가 포함된 저렴한 콤보 메뉴를 제공한다. 오픈 키친을 통해 활기찬 주방 모습을 엿볼 수 있다.

베트남 하우스 Vietnam House ★★★☆

Map P.101-E2 주소 93-95 Đồng Khởi, Quận 1 **전화** 028-3822-2226 **홈페이지** www.vietnamhousesaigon.com **영업** 매일 11:30~14:30, 17:00~22:00 **메뉴** 영어, 베트남어 **예산** 메인 요리 32만~98만 VND(+15% Tax) **가는 방법** 동커이 거리와 막티브어이 거리가 교차하는 사거리 코너에 있다.

루남 비스트로 동커이 지점

디마이 레스토랑

베트남 하우스

동커이 거리에 있는 유명한 베트남 음식점이다. 콜로니얼 양식의 프렌치 빌라를 레스토랑으로 사용한다. 리모델링해 트렌디한 분위기로 변모했다. 베트남 북부에서 남부 요리까지 다양한 베트남 음식을 맛볼 수 있다. 세트 메뉴도 잘 갖추어져 있다. 베트남 공예품과 민속용품도 전시되어 있고, 저녁 시간에는 전통악기도 연주해준다. 외국인 관광객이 많이 방문한다.

호아뚝 Hoa Túc ★★★☆

Map P.99-D3 주소 74/7 Hai Bà Trưng, Quận 1 **전화** 028-3825-1676 **홈페이지** www.hoatuc.com **영업** 11:00~23:00 **메뉴** 영어, 베트남어, 일본어 **예산** 18만~39만 VND(+15% Tax) **가는 방법** 파크 하얏트 호텔을 바라보고 왼쪽 거리인 하이바쯩 거리 74번지에 있다. 아치형 출입문 안쪽으로 들어가면 된다.

외국인을 상대하는 고급스러운 베트남 레스토랑이다. 현대적인 감각을 가미해 음식을 요리하기 때문에, 음식이 깔끔하고 보기 좋다. '호아뚝'은 아편의 재료인 양귀비꽃을 뜻한다. 프랑스 통치시절에 아편 정제공장으로 사용되던 곳을 스타일리시한 레스토랑으로 개조했다. 월~금요일 점심시간에는 런치 세트 메뉴(28만 VND)를 제공한다. 3군에 지점(주소 6 Ngô Thời Nhiệm)을 운영하는데, 독립된 프렌치 빌라 건물이라서 분위기가 좋다.

훔 Hum ★★★★
Nhà Hàng Chay Hum

Map P.97-D2 주소 32 Võ Văn Tần, Quận 3 **전화** 028-3930-3819 **홈페이지** www.humvietnam.com **영업** 화~일 10:00~22:00 **휴무** 월요일 **메뉴** 영어, 베트남어 **예산** 14만~24만 VND(+15% Tax) **가는 방법** 전쟁 박물관 정문을 바라보고 왼쪽으로 60m 떨어져 있다.

고기를 즐겨먹는 베트남에서 흔치 않은 베지테리안(채식) 전문 식당이다. 채소와 과일, 꽃, 면을 이용한 건강한 음식을 요리한다. 팟타이(볶음 국수)와 볶음밥도 고기를 사용하지 않는다. 메인 요리는 두부와 버섯을 이용한 음식이 많다. 레스토랑 내부는 연꽃, 불상, 동양화 등으로 인테리어를 장식해 동양적인 색채를 가미했다. 2군에 해당하는 타오디엔 지역에 분점(주소 32 Đường Số 10, Thảo Điền, Quận 2, Map P.103-B1)을 운영한다. 넓은 야외 정원을 갖고 있어 본점에 비해 한결 여유롭다.

오리즈 Oryz ★★★★

Map P.95-F1 주소 51 Trần Nhật Duật, Quận 1 **전화** 0392-880-951 **홈페이지** www.oryzsaigon.com **영업** 화~일 17:00~23:00(휴무 월요일) **메뉴** 영어, 베트남어, 한국어, 중국어 **예산** 170만~195만 VND(+13% Tax) **가는 방법** 1군 끝자락에 해당하는 쩐녓두엇 거리 51번지에 있다. 벤탄 시장에서 북쪽으로 4㎞ 떨어져 있다.

싱가포르 태생의 크리스 퐁 Chris Fong이 운영하는 모던 아시안 퀴진 레스토랑이다. 싱가포르, 말레이시아, 베트남, 중국, 호주에서 일했던 경험을 살려 창의적인 요리를 선보인다. 파인 다이닝 레스토랑으로 음식 설명을 곁들여 코스 요리를 제공한다. 하노이(북부 요리), 후에(중부 요리), 사이공(남부 요리) 지역 음식을 골고루 맛 볼 수 있다. 저녁에만 영업하며, 예약하고 가야한다.

호아뚝

훔

꾹각꽌(꾹객꽌) Cục Gạch Quán ★★★☆

Map P.95-F1 주소 10 Đặng Tất, Quận 1 **전화** 028-3848-0144 **홈페이지** www.cucgachquan.com.vn **영업** 09:00~23:00 **메뉴** 영어, 베트남어 **예산** 13만~25만 VND **가는 방법** 떤딘 성당 Nhà Thờ Tân Định과 떤딘 시장 Chợ Tân Định을 지나서 당떳 거리 10번지에 있다. 1군 끝자락이라서 택시를 타고 가는 게 좋다.

조용한 주택가 골목에 있는 가정집을 근사하게 개조한 레스토랑이다. 넝쿨이 우거진 외벽과 나무 대문을 열고 들어서면 호젓한 중정과 빈티지한 느낌의 레스토랑을 마주하게 된다. 베트남 느낌 물씬 나는 식기에 베트남 가정식을 내준다. 안젤리나 졸리와 브래드 피트가 방문하면서 유명해졌다. 시내에서 떨어져 있으며, 예약하고 가는 게 좋다.

더 덱 사이공 The Deck Saigon ★★★★

Map P.103-B1 주소 38 Nguyễn Ư Dĩ, Thảo Điền, Quận 2 **전화** 028-3744-6632 **홈페이지** www.thedecksaigon.com **영업** 08:00~23:00 **메뉴** 영어 **예산** 브런치 23만~35만 VND, 메인 요리 45만~210만 VND(+5% Tax) **가는 방법** 사이공 강 건너편에 해당하는 2군 지역 타오디엔에 있다. 타오디엔 거리 Thảo Điền→쩐응옥지엔 거리 Trần Ngọc Diện→응우옌으지 거리 Nguyễn Ư Dĩ를 따라 골목 안으로 들어가야 한다.

서양인이 많이 거주하는 타오디엔에서 가장 유명한 레스토랑이다. 고급 빌라가 가득 들어선 지역에 자리한 격식 있는 레스토랑으로 사이공 강을 끼고 있어 분위기도 좋다. 테라스를 통해 강변을 감상할 수 있는데, 특히 해지는 시간의 풍경이 매력적이다. 메뉴는 달랏 채소, 푸꿕 해산물, 호주 와규 등의 식재료를 활용한 시푸드, 스테이크 요리가 메인이다. 아침시간(08:00~11:00)에는 브런치 메뉴를 이용할 수 있고, 저녁시간에는 예약하고 가는 게 좋다.

꾹각꽌

더 덱 사이공

홈 사이공 Home Saigon (Home Vietnamese Restaurant) ★★★☆

Map P.96-C2 주소 216/4 Điện Biên Phủ, Quận 3 **홈페이지** www.homevietnameserestaurants.com **영업** 11:00~23:30 **메뉴** 영어, 베트남어 **예산** 메인 요리 28만~95만 VND(+15% Tax) **가는 방법** 디엔비엔푸 거리 216번지 골목에 있다. 전쟁 박물관에서 북쪽으로 500m 떨어져 있다.

고급 베트남 레스토랑으로 인기 있는 곳이다. 하노이와 호이안에 이어 호찌민시에도 지점을 냈다. 마당이 딸린 프렌치 빌라를 레스토랑으로 사용한다. 육류와 해산물 위주의 메인 요리는 각 지역에서 생산된 신선한 식재료를 이용해 요리한다. 저녁시간에 와인을 곁들인 정찬을 즐길 수 있다. 분위기에 걸맞게 친절한 서비스를 받을 수 있다.

뚝뚝 타이 비스트로 Tuk Tuk Thai Bistro ★★★☆

Map P.98-B4 주소 38 Lý Tự Trọng, Quận 1, **전화**

뚝뚝 타이 비스트로

028-3823-1188 **홈페이지** www.tuktukthaibistro.com **영업** 10:00~22:00 **메뉴** 영어, 베트남어 **예산** 13만~32만 VND **가는 방법** 리뜨쫑 거리 38번지에 있다.

베트남 요리와 비슷한 듯 다른 태국 음식점이다. 방콕 태생의 태국인 셰프가 요리한다. 팟타이 Pad Thai(태국식 볶음국수), 쏨땀 Som Tam(매콤한 파파야 샐러드), 똠얌꿍 Tom Yam Goong(매콤시큼한 새우찌개), 느아양 Nua Yaang(타마린드 소스를 이용한 소고기 그릴 구이) 같은 향신료가 어우러진 태국 음식을 맛볼 수 있다. 응오 터이니엠 골목(주소 29 Ngô Thời Nhiệm, Quận 3, Map P.96-C2)에 2호점을 운영한다. 참고로 뚝뚝은 태국에서 흔히 볼 수 있는 삼륜차 택시를 의미한다.

마담 람 Madame Lam ★★★★

Map P.103-B1 **주소** 10 Trần Ngọc Diện, Thảo Điền, Quận 2 **영업** 10:30~22:00 **홈페이지** www.facebook.com/MadameLamRestaurant **메뉴** 영어, 베트남어 **예산** 메인 요리 22만~50만 VND(+17% Tax) **가는 방법** 타오디엔(2군)의 쩐응옥지엔 거리 10번지에 있다.

타오디엔(2군)에 있는 고급 베트남 레스토랑이다. 같은 지역에 있는 꽌부이 가든 Quán Bụi Garden이 대중적이라면, 마담 람은 트렌디한 느낌을 준다. 레스토랑 자체도 목조 가옥의 멋을 살려 유럽풍으로 꾸몄다. 베트남 음식도 현대적인 감각으로 요리한다. 지역마다 특색 있는 베트남 음식을 만들기 위해 현지 식재료와 향신료를 사용한다. 아침시간에는 쌀국수 위주의 간편식을 제공하는데, 커피가 포함된다.

비꿰 키친 Vị Quê Kitchen ★★★★

Map P.96-C4 **주소** 110 Sương Nguyệt Anh, Quận 1 **전화** 028-4455-4688 **홈페이지** www.viquekitchen.com **영업** 09:00~22:30 **메뉴** 영어, 베트남어 **예산** 10만~18만 VND(+13% Tax) **가는 방법** 쓰엉응우옛안 거리 110번지에 있다. 벤탄 시장에서 1.5km 떨어져 있다.

'비꿰'는 고향의 맛이라는 뜻이다. 시내 중심가와 가깝지만 차분한 거리에 있다. 모던한 분위기의 친절한 레스토랑으로 채식을 전문으로 한다. 특정 지역 요리에 특화하지 않고 베트남 전역의 주요 음식을 골고루 요리한다. 껌떰(밥+반찬 세트) Cơm Tấm, 반쎄오 Bánh Xèo, 미꽝 Mì Quảng, 분후에 Bún Huế부터 베트남 가정식 요리까지 한 자리서 즐길 수 있다. 두부, 버섯, 미역, 파파야 등을 이용해 건강한 음식을 만든다.

탄두르 Tandoor ★★★☆

Map P.101-E3 **주소** 39 Ngô Đức Kế, Quận 1 **전화** 028-3930-4839, 028-3930-2468 **홈페이지** www.facebook.com/tandoor.hcmc **영업** 10:30~14:30, 17:00~23:00 **메뉴** 영어, 베트남어 **예산** 12만~29만 VND(+10% Tax) **가는 방법** 시내 중심가의 응오득께 거리 39번지에 있다.

베트남에서 잘 알려진 인도 음식점으로, 하노이에 지점이 있다. 인도인 주인장과 요리사들이 직접 운영하며, 탄두르(화덕을 이용한 인도 음식을 탄두르라고 부른다)라는 식당 이름과 무굴 양식의 아치형 창문이 인도 분위기를 느끼게 해준다. 탄두리 치킨 Tandoori Chicken, 치킨 티카 Chicken Tikka 같은 화덕 요리도 부담 없이 즐길 수 있다. 커리 Curry 또는 마살라 Masala와 난 Nan을 곁들이면 무난하다.

마담 람

비꿰 키친

탄두르

이탈리아·프랑스 레스토랑

호찌민시는 베트남의 다른 도시에 비해 인구가 많고 경제 수준이 높다 보니 레스토랑과 요리도 다양하다. 프랑스의 식민 지배를 받았던 영향 때문인지 프렌치 레스토랑도 제법 있는 편이다.

오 파크 카페 Au Parc Cafe ★★★☆

Map P.98-A3 주소 23 Hàn Thuyên, Quận 1 **전화** 028-3829-2772 **홈페이지** www.facebook.com/auparc.saigon **영업** 07:30~22:30 **메뉴** 영어 **예산** 메인 요리 22만~50만 VND(+15% Tax) **가는 방법** 통일궁과 노트르담 성당 중간에 있는 한투옌 거리에 있다. 프로파간다(레스토랑) Propaganda 옆에 있다.

콜로니얼 건물의 운치와 공원 풍경이 잘 어울리는 아담한 카페다. 편안함이 가득한 공간으로 1층은 비스트로 분위기의 전형적인 카페, 2층은 갤러리처럼 화사하게 꾸몄다.

메인 메뉴는 스테이크, 파스타, 케밥과 같은 지중해 요리다. 빵과 파스타는 홈메이드로 직접 만들어 사용하고 샌드위치와 브런치 종류도 다양하다. 통일궁과 노트르담 성당이 가까워 외국인 관광객들이 즐겨 찾는다. 카페 앞으로는 도심에서 보기 드문 자그마한 공원이 있어 풍경을 즐기며 여유로운 시간을 갖기 더없이 좋다.

피자 포피스 Pizza 4P's ★★★★

Map P.99-E1 주소 8/15 Lê Thánh Tôn, Quận 1 **전화** 028-3622-0500 **홈페이지** www.pizza4ps.com **영업** 11:00~23:00 **메뉴** 영어, 일본어, 베트남어 **예산** 22만~42만 VND(+10% Tax) **가는 방법** 레탄똔 거리 초입에 있는 CJ 빌딩 옆 골목 안쪽으로 50m 들어간다. 골목 끝 삼거리에서 좌회전하면 된다.

일본 사람이 운영하는 피자집이다. 4P는 네 개의 P라는 의미로 'Platform of Personal Pizza for Peace'라는 뜻이다. 화덕에 장작을 이용해 피자를 만드는 것이 특징이다. 마르게리타 Margherita 같은 정통 나폴리 피자를 포함해 데리야끼 치킨 피자 Teriyaki Chicken Pizza, 연어 사시미 피자 Salmon Sashimi Pizza 같은 일본 음식을 가미한 퓨전 피자도 맛볼 수 있다. 다양한 피자를 동시에 맛보고 싶다면 두 종류의 피자를 '반반 Half Half'으로 구성해 주문하면 된다.

벤탄 시장과 가까운 투코아후언 거리 8번지(주소 8 Thủ Khoa Huân, Map P.97-E3)에 2호점을 열었다. 사이공 센터(다카시마야 백화점) Saigon Centre 6층에 3호점(주소 65 Lê Lợi, Map P.100-B3)을 오픈했다. 시내 중심가의 대형 백화점에 입점해 드나들기 편리하다.

차오 벨라 Ciao Bella ★★★☆

Map P.101-E1 주소 11 Đông Du, Quận 1 **전화** 028-3822-3329 **홈페이지** www.ciaobellavietnam.com **영업** 10:00~23:00 **메뉴** 영어, 이탈리아어 **예산** 23만~49만 VND **가는 방법** 시내 중심가인 동주 거리에 있다.

시내 중심가에 있는 이탈리아 음식점이다. 드나들기 편리한 위치 덕분에 호찌민시에 거주하는 외국

피자 포피스(사이공 센터 지점)

차오 벨라

리파이너리

인과 관광객 모두에게 인기 있다. 실내 장식은 호사스럽지 않고 포근한 느낌을 준다. 아담한 규모라 종업원들도 친절하고 서비스도 좋다. 무엇보다 피자, 파스타, 라자냐, 티라미수 같은 이탈리아 음식 맛이 괜찮다. 손님이 많아서 저녁 시간에는 예약하고 가는 게 좋다.

리파이너리 The Refinery ★★★☆

Map P.99-D3 주소 74 Hai Bà Trưng, Quận 1 **전화** 028-3823-0509 **홈페이지** www.therefinerysaigon.com **영업** 11:00~23:00 **메뉴** 영어 **예산** 29만~69만 VND **가는 방법** 파크 하얏트 호텔을 바라보고 왼쪽 거리인 하이바쯩 거리 74번지에 있다. 아치형 출입문 안쪽으로 들어가면 된다.

프랑스령 인도차이나 시절에 사용되던 아편 정제 공장을 레스토랑으로 개조했다. 아치형 창문이 인상적인 콜로니얼 양식의 실내와 야외 정원으로 구분되어 있다. 건물의 독특한 역사보다는 베트남 음식에 지친 유럽 여행자들이 서양 음식을 맛보기 위해 찾는다. 메인 요리는 프랑스 음식과 이탈리아 음식이다. 다양한 와인을 보유하고 있어 와인 바 Wine Bar를 겸한다. '리파이너리'는 정제 공장을 뜻한다.

퀸스 Quince Saigon ★★★☆

Map P.97-E4 주소 37 Ký Con, Quận 1 **전화** 028-3821-8661 **홈페이지** www.quincesaigon.com **영업** 17:30~23:00 **메뉴** 영어 **예산** 59만~160만 VND(+13% Tax) **가는 방법** 끼꼰 거리 37번지에 있다. 벤탄 시장에서 900m, 미술 박물관에서 500m 떨어져 있다.

방콕에 본점을 두고 있는 트렌디한 레스토랑이다. 유럽인이 운영하는 곳으로 지중해 음식을 요리한다. 스파이시 살몬(노리 타코), 화이트 트러플 페투치네(파스타), 오리 가슴살, 바비큐 럽스터, 와규 립아이 스테이크 등을 메인으로 요리한다. 오픈 치킨으로 주방에서 조리하는 모습도 볼 수 있다.

메콩 머천트 Mekong Merchant ★★★☆

Map P.103-B1 주소 23 Đường Thảo Điền, Thảo Điền, Quận 2 **전화** 028-3744-7000 **홈페이지** www.mekongmerchant.com **영업** 07:00~23:00 **메뉴** 영어 **예산** 23만~78만 VND(+5% Tax) **가는 방법** 2군에 해당하는 타오디엔 거리 23번지에 있다.

타오디엔 지역에서 외국인(서양인)들을 위한 원조 레스토랑에 해당하는 곳이다. 타오디엔이 오늘날처럼 유명해지기 전부터 터를 잡고 영업하고 있다. 넓은 안마당을 중심으로 에어컨 룸까지 있어 아침·점심·저녁시간에 따라 각기 다른 분위기를 연출한다. 브런치, 피자, 스테이크, 와인까지 메뉴가 다양하다.

브릭스 The Brix ★★★☆

Map P.103-B1 주소 26 Trần Ngọc Diện, Thảo Điền, Quận 2 **홈페이지** www.facebook.com/thebrixsaigon **영업** 11:00~24:00 **메뉴** 영어 **예산** 브런치 20만~34만 VND, 메인 요리 32만~120만 VND(+8% Tax) **가는 방법** 타오디엔의 쩐응옥지엔 거리 26번지에 있다.

타오디엔(2군)에 있는 라운지 형태의 레스토랑이다. 붉은 벽돌로 성벽을 쌓듯이 만든 외벽과 달리 수영장을 갖춘 널찍한 야외 공간은 동남아시아 휴양지 느낌을 준다. 낮에는 브런치 메뉴 위주로 구성되고, 저녁에는 시푸드와 스테이크를 메인으로 요리한다. 맥주, 와인, 칵테일도 다양하다.

퀸스

메콩 머천트

브릭스

Nightlife

호찌민시의 나이트라이프

더운 동남아시아에 속한 도시라서 상대적으로 시원한 밤이 더욱 활기 넘친다. 오토바이가 넘쳐나고 도시는 야경을 밝혀 낮과는 다른 분위기다. 특히 콜로니얼 건물이 가득한 레러이 거리와 동커이 거리 일대가 밤에 분위기가 좋다. 여행자 거리인 데탐 거리와 부이비엔 거리에는 도로까지 테이블을 점령한 투어리스트 카페에서 밤늦도록 맥주를 마시는 외국인 여행자들이 흔하다.

부이비엔 워킹 스트리트 ★★★☆
Bui Vien Walking Street

Map P.102-B1 주소 71~89 Bùi Viện, Quận 1 **영업** 18:00~23:00 **메뉴** 영어, 베트남어 **예산** 병맥주 2만~3만 VND **가는 방법** 부이비엔 거리 초입에 해당하는 고2 바 Go2 Bar부터 워킹 스트리트가 이어진다.

부이비엔 거리는 미니 호텔이 가득한 여행자 거리다. 외국 여행자들이 몰리는 곳으로 저녁 시간이 되면 노점 형태의 맥주집이 거리에 등장한다. 해가 지면 길거리에 플라스틱 의자(일명 '목욕탕 의자')가 놓이고 거리는 사람들로 금방 채워진다. 특히 부이비엔 거리 중간에 맥주 노점이 많이 생기는 편이다. 주말(토·일요일 19:00~02:00)에는 보행자 전용 도로인 워킹 스트리트 Bui Vien Walking Street(Phố Đi Bộ Bùi Viện)로 변모하는데, 이때 차량과 오토바이 출입이 통제된다.
맥주 노점 이외에도 바 Bar와 펍 Pub이 가득하다. 스포츠 중계를 틀어주거나 클럽을 운영해 관광객을 끌어 모은다. 과거에 비해 클럽이 많아지고 베트남 젊은이들까지 찾아오면서 소란스럽기까지 하다. 고2 바 Go2 Bar를 시작으로 볼케이노 바 Volcano Bar, 로스트 인 사이공 Lost In Saigon, 오션 바 Ocean Bar, 사하라 Sahara, 스테이션 스포츠 바 Station Sport Bar, 헤어 오브 더 덕 Hair Of The Dog이 유명하다. 특별할 것도 없지만 자리 값 덕분에 술값이 비싼 편이다. 펍에서는 맥주 한 병에 4만~8만 VND 정도 받는다.

파스퇴르 스트리트 브루잉 컴퍼니 ★★★★
Pasteur Street Brewing Company

Map P.100-B2 주소 144 Pasteur, Quận 1 **전화** 028-7300-7375 **홈페이지** www.pasteurstreet.com **영업** 11:00~23:00 **메뉴** 영어, 베트남어 **예산** 작은 잔(175㎖) 5만~6만 VND, 큰 잔(620㎖) 11만~16만 VND(+10% Tax) **가는 방법** 파스퇴르 거리 144번지 골목 안으로 들어가면 간판 지나서 골목 오른쪽에 있다.

베트남에서 흔치 않게 수제 맥주 Craft Beer를 제조하는 곳이다. 미국인이 운영하는 곳으로 70여 종의 맥주를 제조한다. 미국 홉과 유럽 몰트(맥아)를 이용하며, 열대 과일을 첨가한 독특한 맥주도 있다. 당일 만든 수제 맥주를 제공하기 때문에, 판매되는 맥주는 조금씩 변동된다. 6종류의 맥주를 시음해 볼 수 있는 샘플링 플라이트 Sampling Flight(28만 5,000VND)가 있다. 식사 메뉴로 수제

부이비엔 워킹 스트리트

펍과 노점 맥주집이 몰려 있는 부이비엔 거리

버거, 잠발라야(잼발레이아) Jambalaya, 내슈빌 핫 치킨 Nashville Hot Chicken이 인기 있다. 찾아가기 어려운 단점이 있지만, 자그마한 실내는 여행자들로 흥겨운 분위기다. 이곳에서 만든 맥주는 호찌민시에 있는 40여 곳의 레스토랑에 제공된다. 인기를 반영하듯 지점을 속속 오픈하고 있다. 현재 호찌민시에만 5개 지점을 운영한다. 시내 중심가와 가까운 레탄똔 지점(주소 26A Lê Thánh Tôn, Quận 1, Map P.99-E2)과 응오 터이니엠 지점(주소 23A Ngô Thời Nhiệm, Quận 3, Map P.96-C2)은 규모도 크고 접근성도 좋다.

이스트 웨스트 브루잉 컴퍼니 ★★★★
East West Brewing Co.

Map P.97-D3 주소 181-185 Lý Tự Trọng, Quận 1 **전화** 091-3060-728 **홈페이지** www.eastwestbrewing.vn **영업** 11:00~24:00 **메뉴** 영어, 베트남어 **예산** 맥주(330㎖) 10만~16만 VND(+15% Tax) **가는 방법** 리뜨쫑 거리 181번지에 있다. 벤탄 시장에서 북쪽으로 한 블록 떨어져 있다.

호찌민시에 유행처럼 번지고 있는 수제 맥주 제조 공장의 업그레이드 버전이다. 야외 테라스와 높은 천장, 대형 통유리로 된 실내는 여느 고급 레스토랑을 연상시킨다. 바 뒤편으로는 거대한 맥주 양조 통이 진열되어 있고, 탭에서 신선한 수제 맥주를 즉석에서 뽑아준다. 이스트 웨스트 페일 에일 East West Pale Ale(IBU 32, 알코올 6%), 파 이스트 아이피에이 Far East IPA(IBU 54, 알코올 6.7%), 사이공 로제 Saigon Rosé(IBU 12, 알코올 3%)를 포함해 8종류의 수제 맥주를 상시 제조한다. 다양한 맥주를 시음해보고 싶다면 킹스 플라이트 King's Flight(47만 5,000 VND+10% Tax)를 주문하면 된다. 작은 잔(160㎖)에 10종류의 맥주를 담아준다.

브로마 낫 어 바 ★★★☆
Broma Not A Bar

Map P.101-E3 주소 41 Nguyễn Huệ, Quận 1 **전화** 028-3823-6838 **홈페이지** www.facebook.com/bromabar **영업** 17:30~02:00 **메뉴** 영어, 베트남어 **예산** 맥주·칵테일 13만~24만 VND **가는 방법** 응우옌후에 거리 41번지에 있다. 푹롱 커피 Phúc Long Coffee를 바라보고 오른쪽에 있는 계단으로 올라가면 된다.

시내 중심가의 오래된 콜로니얼 건물 옥상에 만든 루프톱 바. 외국인에게도 잘 알려진 곳으로 캐주얼한 분위기다. 맥주, 칵테일, 와인을 마시며 밤 풍경을 구경하기 좋다. 벨기에·독일 맥주도 판매한다. 3~4층 높이에서 응우옌후에 광장과 도심 풍경을 감상할 수 있다. 어쿠스틱 또는 재즈 음악을 라이브로 연주하거나, 주말에 DJ를 초빙해 파티를 열기도 한다.

바나나 마마 ★★★★
Banana Mama Rooftop Bar

Map P.102-B2 주소 10F, WMC Tower, 102 Cống Quynh, Quận 1 **전화** 0782-356-137 **홈페이지** www.bananamamabar.com **영업** 화~일 16:00~01:00 **휴무** 월요일 **메뉴** 영어 **예산** 맥주·칵테일 12만~24만 VND, 수제 버거 16만~20만 VND **가는 방법** 여행자 거리 남쪽의 꽁꾸인 거리 102번지에 있는 WMC 타워 10층에 있다.

파스퇴르 스트리트 브루잉 컴퍼니

이스트 웨스트 브루잉 컴퍼니

브로마 낫 어 바

여행자 거리와 가까운 편안한 분위기의 칵테일 바. 규모는 작지만 야외 공간을 목재 테라스 형태로 꾸몄다. 밝은 컬러의 의자와 테이블, 소파, 파라솔이 어우러져 해변 라운지를 연상케 한다. 시그니처 칵테일은 열대 과일을 이용한 칵테일이 많다. 수제 맥주와 진토닉, 위스키, 와인도 골고루 구비하고 있다.
프렌치프라이, 치즈 볼, 프라이드 치킨 같은 사이드 메뉴를 곁들이면 된다. 출출하다면 메인 요리에 해당하는 수제 버거를 주문하면 된다. 해질녘에는 도심 풍경을 감상하기 좋지만, 밤이 깊어지면 클럽처럼 변모한다. 외국인 관광객이 많이 찾아온다.

하트 오브 다크니스 Heart of Darkness ★★★★

Map P.99-D2 주소 31 Lý Tự Trọng, Quận 1 **홈페이지** www.heartofdarknessbrewery.com **영업** 12:00~24:00 **메뉴** 영어 **예산** 맥주 10만~16만 VND, 메인 요리 15만~39만 VND(+15% Tax) **가는 방법** 리뜨쫑 거리 31번지에 있다.

호찌민시에서 인기 있는 수제 맥줏집 중의 한 곳이다. 2016년부터 양조장을 운영하고 있는데, 여러 차례 아시아 맥주 캠피언쉽 Asia Beer Championship에서 수상한 경력도 보유하고 있다. 리뜨쫑 지점은 캐주얼한 분위기로 친구들과 어울려 맥주 한 잔하기 좋다. 10여 종의 시원한 수제 맥주를 탭에서 직접 뽑아준다. 맥주잔은 크기에 따라 스몰, 스탠더드, 핀트로 구분된다. 타코, 치킨 윙, 피시 & 칩스, 수제 버거 등 맥주와 어울리는 음식도 요리한다.

세븐 브리지 브루잉 컴퍼니 7 Bridges Brewing Co. Saigon Taproom ★★★☆

Map P.99-E2 주소 15b/12 Lê Thánh Tôn, Quận 1 **전화** 0977-326-478 **홈페이지** www.facebook.com/7bridgessaigon **영업** 11:00~24:00 **메뉴** 영어 **예산** 수제 맥주 9만~14만 VND **가는 방법** 레탄똔 거리 15번지에 있다.

다낭의 대표적인 수제 맥주 브루어리로 호찌민시(사이공)에 지점을 열었다. 외국인(특히 일본인)들이 많이 머무는 지역으로 주변에 경쟁 업체에서 운영하는 수제 맥주집도 어렵지 않게 볼 수 있다. 규모가 크진 않지만 3층 건물로 야외 테라스, 보틀 숍, 칵테일 바로 공간을 구분했다. 임페리얼 IPA Imperial IPA(알코올 9%)를 포함한 20여 종의 수제 맥주를 탭에서 뽑아준다. 플라이트 4 Flight 4(24만 5,000 VND)와 플라이트 7 Flight 7(41만 5,000 VND)는 샘플러 메뉴라 다양한 종류의 맥주를 조금씩 맛볼 수 있다. 메인 요리로 버거와 피자를 요리한다.

어쿠스틱 바 Acoustic Bar ★★★☆

Map P.96-C2 주소 6E1 Hẻm 6 Ngô Thời Nhiệm, Quận 3 **전화** 0816-777-773 **영업** 18:30~24:00 **메뉴** 영어, 베트남어 **예산** 맥주 15만 VND **가는 방법** 전쟁 박물관 뒤쪽의 응오 터이니엠 6번지 골목 안쪽에 있다.

베트남 젊은이들에게 인기 있는 라이브 카페. 밴드가 밤 9시부터 라이브 음악을 연주한다. 어쿠스틱부터 록까지 팝을 주로 연주한다. 대화보다는 음악에 집중하는 분위기다. 소극장처럼 무대를 중심으로 의자와 테이블이 놓여 있다. 주말에는 사람이 많아서 서서 술 마시며 음악 드는 사람도 많다. 실내 흡연이 가능한 곳이므로 비흡연자들은 참고할 것.

카르멘 바 Carmen Bar ★★★

Map P.99-E1 주소 8 Lý Tự Trọng, Quận 1 **전화** 028-3829-7699 **영업** 18:00~02:00 **메뉴** 영어 **예산** 맥주·칵테일 25만~34만 VND(+15% Tax) **가는 방법** 시내 중심가와 가까운 리뜨쫑 거리 8번지에 있다.

호찌민시에서 조금은 색다른 라틴풍의 바. 라이브 밴드가 플라멩코와 살사, 라틴 음악을 연주한다. 붉은 벽돌과 나무를 이용해 와인 셀러(저장고)처럼 만든 실내가 아늑하다. 와인 통을 테이블로 사용한다. 어둑한 조명을 촛불을 밝혀 로맨틱한 느낌을 준다. 2층에는 바 bar, 옥상에는 야외 테이블이 놓여 있다. 라이브 밴드는 베트남과 필리핀 밴드로 구성되어 있다. 음악은 밤 9시부터 연주된다.

루프톱 가든(렉스 호텔) ★★★
Rooftop Garden(Rex Hotel)

Map P.100-C1 주소 141 Nguyễn Huệ, Quận 1 **전화** 028-3829-2185 **홈페이지** www.rexhotelvietnam.com **영업** 매일 16:00~23:00 **메뉴** 영어, 베트남어 **예산** 20만~45만 VND(+15% Tax) **가는 방법** 인민위원회 청사 옆에 있는 렉스 호텔 5층에 있다.

베트남 전쟁 때 미군이 외신 기자들에게 전쟁 관련 브리핑을 하던 곳이다. 매일 오후 5시에 브리핑이 있었는데, 전쟁의 진실을 은폐하려는 내용이 많아서 '5시에 하는 어리석은 짓 Five O'Clock Follies'이라는 비아냥거림을 듣기도 했다. 고급 호텔에서 운영하지만 역사적인 장소를 그대로 보존해 별다른 치장 없이 야외 레스토랑으로 꾸몄다. 식사보다는 맥주 한잔하면서 밤바람을 쐬기 좋다. 저녁 8시 30분부터는 라이브 밴드가 음악을 연주한다. 현재는 관광객들을 위한 장소가 되면서 특별함이 퇴색됐다.

레벨 23(쉐라톤 호텔) ★★★☆
Level 23

Map P.101-D1 주소 88 Đồng Khởi, Quận 1 **전화** 028-3827-2828 **홈페이지** www.level23 saigon.com/en/ **영업** 매일 16:00~24:00 **메뉴** 영어 **예산** 25만~45만 VND(+15% Tax) **가는 방법** 동커이 거리의 쉐라톤 사이공 호텔 23층에 있다.

쉐라톤 호텔에서 운영하는 라운지다. 쉐라톤 호텔에 걸맞은 세련되고 시크한 분위기다. 다른 호텔보다 월등히 높은 위치에서 내려다보는 전망이 일품이다. 탁 트인 전망을 볼 수 있는 야외 테이블은 칵테일이나 와인을 마시며 담소를 나누기 좋다.

소셜 클럽(호텔 데 아트 사이공 루프톱)
Social Club ★★★☆

Map P.97-E2 주소 24F, Hotel Des Arts Saigon, 76-78 Nguyễn Thị Minh Khai, Quận 3 **전화** 028-3989-8888 **홈페이지** www.hoteldesartssaigon.com **영업** 17:00~24:00 **메뉴** 영어 **예산** 맥주·위스키 22만~42만 VND, 메인 요리 28만~95만 VND(+15% Tax) **가는 방법** 응우옌티민카이 거리 76번지. 호텔 데 아트 사이공 건물 23층과 24층에 있다. 루프톱은 엘리베이터를 타고 23층에 내려서 계단을 올라가야 한다.

트렌디한 디자인이 돋보이는 호텔 데 아트 사이공 Hotel Des Arts Saigon에서 운영한다. 23층은 라운지 레스토랑, 24층은 야외 루프톱으로 운영된다. 수영장인 인티니티 풀 옆으로 루프톱이 위치해 스타일리시하다. 공원과 회색 빌딩이 어우러진 이색적인 도시 풍경을 감상할 수 있다. 칵테일과 와인, 위스키까지 다양한 주류를 구비하고 있다. 낮 시간에도 문을 열지만, 주로 호텔 투숙객들이 이용한다. 해피 아워(17:00~20:00)에는 술값이 50% 할인되며, 밤이 깊어지면 디제잉하는 클럽으로 변모하면서 분위기가 고조된다.

스리 Shri ★★★☆

Map P.97-E2 주소 23F, Centec Tower, 72-74 Nguyễn Thi Minh Khai, Quận 3 **전화** 028-3827-9631 **홈페이지** www.shri.vn **영업** 15:00~23:00 **메뉴** 영어, 베트남어 **예산** 칵테일 22만~28만 VND, 메인 요리 38만~95만 VND, 스테이크 110만~180만 VND(+15% Tax) **가는 방법** 응우옌티민카이 거리 72번지에 있는 센텍 타워 Centec Tower 23층에 있다.

분위기 만큼이나 비싼 루프톱 레스토랑이다. 클럽으로 변모하는 다른 루프톱에 비해 차분하게 시간 보내기 좋은 곳이다. 저녁시간에는 은은한 조명과 주변 야경이 어우러져 분위기가 좋다. 23층 야외 테라스에 바 테이블이 있어 시내 전망을 감상할 수 있으며, 바로 옆 건물에 있는 소셜 클럽(P.155)까지 보인다.

일몰을 감상하고 싶다면 음료가 25% 할인되는 해피 아워(월~금 16:00~19:00) 시간을 이용하면 된다. 메인 요리는 파스타, 그릴, 스테이크가 주를 이룬다.

칠 스카이 바 Chill Sky Bar ★★★☆

Map P.102-A1, **Map P.97-D4** **주소** 26F & 27F, AB Tower, 76A Lê Lai, Quận 1 **전화** 0938-822-838 **홈페이지** www.chillsaigon.com **영업** 17:30~02:00 **메뉴** 영어, 베트남어 **예산** 맥주·칵테일 18만~32만 VND(저녁 9시 이후 입장료 30만 VND), 메인 요리 55만~95만 VND(+15% Tax) **가는 방법** 레라이 거리 & 응우옌타이혹 거리 교차로 코너에 있다. 뉴 월드 호텔 옆에 있는 AB 타워 건물 꼭대기 층으로 올라가면 된다.

호찌민시에서 가장 호사스러운 '스카이 바'. 루프톱(옥상) 야외 공간을 럭셔리하게 꾸몄다. 둥근 모양의 바(조명을 통해 색이 바뀐다)가 가장 자리에 위치해 있다. 시내 중심가의 26층 옥상에서 내려다보는 탁 트인 사이공 경관이 일품. 일몰 시간에 맞추어 가면 좋다. 해피 아워(17:30~20:00)에는 술값이 할인된다. 대신 저녁 9시 이후에는 1층에서 입장료(30만 VND)를 내야 한다. 밤 10시 30분부터는 클럽처럼 변모해 파티 분위기가 연출된다. 기본적인 드레스 코드를 지켜야 한다(반바지나 슬리퍼차림은 안 된다).

블랭크 라운지(랜드마크 81) Blank Lounge ★★★★

Map P.95-F2 **주소** 75F, Landmark 81, Phường 22, Bình Thạnh **홈페이지** www.blank-lounge.com **영업** 09:30~23:30 **메뉴** 영어, 베트남어 **예산** 커피 20만 VND, 칵테일 30만~37만 VND(+15% Tax) **가는 방법** 빈펄 랜드마크 81 호텔 입구(1층)에서 안내를 받아 호텔 로비(48층)로 간 다음, 전용 엘리베이터로 갈아타고 75층에 올라가면 된다.

호찌민시에 가장 높은 건물인 랜드마크 81(P.120)에 있는 라운지 형태의 레스토랑이다. 블랭크 스카이 라운지 Blank Sky Lounge라고 불리기도 한다. 75~76층에 있어 탁 트인 호찌민시 경관을 감상하기 좋다. 테라스 형태의 야외 테이블도 만들어 놓고 있다. 아침시간부터 문을 여는데, 분위기에 걸맞게 가격은 비싸다. 커피, 밀크 티, 콤부차, 목테일, 칵테일, 위스키까지 다양한 음료와 술을 제공한다. 기본적인 드레스 코드(슬리퍼·반바지 착용 금지)를 지켜야 한다. 저녁 시간에는 예약하고 가는 게 좋다. 참고로 커피 한잔만 마시고 내려올 경우 전망대(스카이뷰) 입장료보다 저렴하다.

스리

소셜 클럽

칠 스카이 바 Chill Sky Bar

랜드마크 81 블랭크 라운지

Shopping

호찌민시의 쇼핑

현지인들은 물론 관광객에게도 가장 인기 있는 곳은 벤탄 시장(P.115)이다. 호찌민시에서 쇼핑 스트리트는 벤탄 시장에서 이어지는 레러이 거리와 동커리 거리에 몰려 있다. 루이비통과 페라가모를 비롯한 명품 매장과 대형 쇼핑몰, 독특한 디자이너 부티크 숍까지 집중되어 있다. 인기 쇼핑 아이템 중의 하나인 베트남 커피는 쭝응우옌 커피나 하일랜드 커피 매장에서 직접 구입할 수 있다.

꿉 마트 Co.op Mart ★★★
Siêu Thị Co.op Mart

Map P.97-D2 **주소** 168 Nguyễn Đình Chiểu, Quận 3 **전화** 028-3930-1384 **홈페이지** www.co-opmart.com.vn **영업** 매일 08:00~22:00 **가는 방법** 응우옌딘찌에우 & 남끼커이응이아 사거리에 있다. 노트르담 성당에서 도보 15분.

베트남 주요 도시에 지점을 운영하는 대형 할인 매장이다. 식료품과 생필품이 대량으로 거래된다. 커피, 과일, 과자, 유제품, 향신료, 미용 용품, 의류, 맥주, 와인 등을 정찰제로 구입할 수 있다. 김치를 포함한 반찬도 구입 가능하다. 일반 슈퍼마켓보다 저렴하게 살 수 있다.

사이공 스퀘어 Saigon Square ★★★
Trung Tâm Thương Mại Sài Gòn Square

Map P.100-B3 **주소** 77-89 Nam Kỳ Khởi Nghĩa, Quận 1 **홈페이지** www.saigon-square.com **영업** 매일 09:00~21:00 **가는 방법** 레러이 & 남끼커이응이아 사거리 코너에 있다. 벤탄 시장에서 도보 5분.

저렴한 의류와 가방, 선글라스, 신발, 시계, 액세서리를 판매하는 쇼핑몰이다. 명품 브랜드가 가득한데 모든 물건은 '짝퉁'이다. 비교적 제품 상태가 좋은 키플링 가방은 한국인 여행자들에게 유독 인기가 높다. 휴대폰과 CD, DVD도 구입할 수 있다. 소규모 상점들이 다닥다닥 붙어 있지만 에어컨 시설이라 재래시장보다 쾌적하다. 가격이 붙어 있다 하더라도 흥정은 기본이다.

다이아몬드 플라자(롯데 백화점) ★★★
Diamond Plaza

Map P.98-A2 **주소** 34 Lê Duẩn, Quận 1 **전화** 028-3822-5500, 028-3825-7750 **홈페이지** www.diamondplaza.com.vn **영업** 매일 09:30~21:00 **가는 방법** 노트르담 성당 뒤쪽에 있다.

호찌민시에 등장한 현대적인 백화점의 효시로 한국 업체에서 건설해 한국 사람들에게도 잘 알려져 있다. 1층의 화장품과 향수를 시작으로 여성 의류, 남성 의류, 캐주얼, 액세서리, 가전제품까지 층별로 판매하는 품목이 구분되어 있다. 대형 영화관

사이공 키치

다이아몬드 플라자

빈콤 센터

꿉 마트

과 레스토랑도 입점해 있다. 4층에 푸드 코트를 운영한다. 백화점 바로 옆으로는 주상복합단지인 다이아몬드 플라자 Diamond Plaza가 들어서 있다.

빈콤 센터 Vincom Center ★★★☆

Map P.98-C3 주소 72 Lê Thánh Tôn, Quận 1 홈페이지 www.vincomcenter-hcm.com 영업 매일 09:00~22:00 가는 방법 동커이 거리에 있는 오페라하우스와 노트르담 성당 중간에 위치해 있다.

2010년 6월에 문을 연 주상복합 단지이다. 쇼핑몰은 6층 규모로 가구, 홈 데코, 패션, 의류, 액세서리, 보석, 신발, 핸드백, 스포츠 용품, 아동 용품 매장이 층별로 입점해 있다. 갭 Gap, 망고 Mango, 자라 Zara, 찰스 & 키스 Charles & Keith, 액세서라이즈 Accessorize를 포함해 패션·의류 매장이 많다. 지하 2층~3층에 대규모 식당가가 형성되어 있다. 베이커리, 카페, 한식당, 패스트푸드까지 다양하다.

사이공 센터(다카시마야 백화점) ★★★★
Saigon Centre

Map P.100-C2 주소 65 Lê Lợi, Quận 1 전화 028-3829-4888 홈페이지 www.shopping.saigoncentre.com.vn 영업 09:30~21:30 가는 방법 레러이 거리 65번지에 있다. 사이공 스퀘어(쇼핑몰) 맞은편.

2016년 시내 중심가에 오픈한 주상복합단지로, 쇼핑몰과 레지던스가 합쳐진 고층 빌딩이다. 지하 1~2층은 식품 코너, 지상 1~4층은 쇼핑몰, 5~6층은 식당가로 이루어져 있다. 쇼핑몰은 일본계 백화점인 다카시마야 Takashimaya에서 운영한다. 여느 백화점과 마찬가지로 향수·화장품 코너를 시작으로 층별로 여성 패션, 남성 패션, 가정용품 매장이 들어서 있다. 6층에는 야외 휴식 공간을 만들어 공원처럼 꾸몄는데, 이곳에서 레러이 거리를 포함한 시내 풍경을 감상할 수 있다.

센트럴 마켓 Central Market ★★★☆

Map P.102-A1 주소 4 Phạm Ngũ Lão, Quận 1 홈페이지 www.centralmarket.com.vn 영업 10:00~22:00 가는 방법 팜응우라오 거리 4번지에 있다.

여행자 거리(팜응우라오 거리)와 가까운 쇼핑몰. 공원 한쪽에 지하 형태로 만들었다. 에어컨 시설로 푸드 코트(P.131)가 함께 들어서 있다. 사이공 스퀘어(P.157)와 비슷한데 규모는 작다. 현지인들을 위한 저렴한 의류, 속옷, 신발, 가방, 지갑, 시계 등을 판매한다. 유명 브랜드의 짝퉁 제품들로 가격표가 붙어 있으며 다른 쇼핑몰에 비해 조금 더 저렴하게 구입이 가능하다. 마그넷, 라탄 가방, 에코 백 등 기념품을 판매하는 상점도 몇 곳 있다.

사이공 에코 크래프트 ★★★☆
Saigon Eco Craft

Map P.100-B2 주소 36 Lê Lợi, Quận 1 영업 08:00~22:00 홈페이지 www.saigonecocraft.com 가는 방법 레러이 거리 36번지에 있다.

시내 중심가인 레러이 거리에 있는 기념품 상점이다. 베트남 전국에서 생산된 수공예품을 판매하는데, 기념품으로 적합한 물건이 많다. 마그넷, 열쇠고리, 엽서, 수저, 젓가락 세트, 칠기 제품, 머그잔, 접시, 그릇, 쿠션 커버, 에코 백, 토트백, 동전 지갑, 수첩까지 다양한 물건이 전시되어 있다. 매장은 작은 편으로 같은 거리에 두 개 매장을 운영한다.

사이공 키치 ★★★
Saigon Kitsch

Map P.100-C3 주소 43 Tôn Thất Thiệp, Quận 1 전화 028-3821-8019 홈페이지 www.dogmavietnam.com 영업 매일 09:00~20:00 가는 방법 똔텃티엡 거리 43번지에 있다.

베트남 공산당의 사회주의 선전 포스터를 재해석한 강렬한 색상의 디자인들이 눈길을 끄는 곳이다. 이미 퇴색해버린 사회주의의 향기를 모던한 팝 아트로 재창조해 제품마다 위트가 넘친다. 티셔츠, 핸드백, 파우치, 모자, 머그컵, 열쇠고리, 수첩, 메모지 같은 소품들이 많다.

Hotel

호찌민시의 호텔

저렴한 호텔들은 팜응우라오 Phạm Ngũ Lão, 데탐 Đề Thám, 부이비엔 Bùi Viện 거리에 몰려 있다. 3성급 호텔들은 벤탄 시장 주변과 시내 중심가에 골고루 분포되어 있다. 콜로니얼 양식으로 만든 일류 호텔들에서는 역사의 한 장면을 직접 체험할 수 있어, 호찌민시에서는 호텔을 선택하는 것도 여행의 재미가 된다.

미니 호텔(팜응우라오·데탐·부이비엔 거리 주변)

호찌민시의 여행자 거리에 저렴한 숙소가 많다. 시내 중심가인 1군에 속해 있다. 경제적인 호텔과 오픈 투어 버스를 운영하는 여행사 사무실이 밀집해 있어 외국인 여행자들의 아지트 역할을 해준다. 대부분 베트남 가족이 운영하는 미니 호텔로 객실 15개 내외의 소규모 호텔이다. 폭이 좁고 안쪽으로 기다란 건물 형태로 대부분 층마다 객실 3개씩 들어서 있다. 도로 쪽 방은 발코니가 있어서 넓은 편이나 도로 소음에 취약하고, 중간에 있는 방은 작고 창문이 없어서 어둑한 곳도 많다. 안쪽에 있는 방은 전망은 별로지만 창문이 있고 조용하다. 엘리베이터가 없어 계단을 올라 다녀야 하는 불편을 감수해야 한다.

저렴한 숙소들은 오토바이 한 대 지날 정도로 좁은 골목 안쪽에 숨어 있어 찾기 어렵다. 택시를 탈 때 숙소 이름보다 주소를 보여주면 길 찾기가 한결 쉬워진다. 물론 비좁은 골목 안쪽까지 택시가 들어가진 못한다(호찌민시의 주소 읽는 법 P.88 참고). 대부분의 숙소에서 와이파이(Wi-Fi)를 무료로 제공하고, 바게트와 커피로 이루어진 간단한 아침을 제공하는 곳도 있다. 경제 성장을 동반한 인플레이션과 임대료 상승으로 시설에 비해 방 값이 비싼 편이다.

팜응우라오 거리 241번지 미니 호텔 골목 ★★★
Hẻm 241 Phạm Ngũ Lão

Map P.102-B1 주소 Hẻm 241 Phạm Ngũ Lão, Quận 1 **가는 방법** 엘리오스 호텔 Elios Hotel과 리버티 호텔 사이공 파크뷰 Liberty Hotel Saigon Parkview 중간에 있는 팜응우라오 거리 241번지 골목 Hẻm 241 Phạm Ngũ Lão으로 들어가면 된다.

여행자 거리 중에서도 저렴한 미니 호텔이 몰려 있는 골목이다. 오토바이 한 대 지나다닐 정도의 좁고 어둑한 골목 안쪽에 10여 개의 게스트하우스가 있다. 대부분 엘리베이터는 없고, 저렴한 방은 창문도 없다. 가격은 작은 방이 US$12~14, 넓은 방이 US$20~24 정도로 예상하면 된다. 좁은 골목에 있어 찾기 어려울 수 있으나 조용한 분위기에서 휴식하기에는 더없이 좋다.

비칸 게스트하우스 Vy Khanh Guesthouse(주소 241/11/6 Phạm Ngũ Lão, 주소 028-3837-3551, 홈페이지 www.vykhanh-guesthouse.com), 마이 홈 게스트하우스 My Home Guest House (주소 241/43 Phạm Ngũ Lão, 전화 0919-991-604), 서니 게스트하우스 Sunny Guest House(주소 241/33 Phạm Ngũ Lão, 전화 028- 3836-1978), 지엡안 게스트하우스 Diep Anh Guesthouse(주소 241/31 Phạm Ngũ Lão, 주소 028-3836-7920)가 인기 있다.

롱 호스텔 Long Hostel ★★★

Map P.102-B2 주소 373/10 Phạm Ngũ Lão, Quận 1 **전화** 028-3836-0184 **요금** 도미토리 US$8, 더블 US$20~22(에어컨, 개인욕실, TV, 냉장고, 아침식사) **가는 방법** 팜응우라오 거리 373번지 골목 Hẻm 373 Phạm Ngũ Lão 안쪽에 있다.

팜응우라오 거리 남쪽에 있는 타이빈 시장 Chợ Thái Bình 옆 골목으로 들어간다.

시장통이라 입구는 어수선하지만, 데탐 거리에 비해 조용한 골목에 있어 차분하다. 객실은 평범한 수준이며, 창문이 없는 방도 있다. 하지만 가족적인 분위기와 친절함으로 인해 인기가 높아 방을 구하기가 힘든 편이다. 아침식사를 제공한다.

킴 호텔 Kim Hotel ★★★☆

Map P.102-B1 주소 40/18 Bùi Viện, Quận 1 **전화** 028-3836-7495 **홈페이지** www.kimhotel.com **요금** 더블 US$20~26(에어컨, 개인욕실, TV, 냉장고) **가는 방법** 데탐 거리에서 한 블록 북쪽에 있는 부이비엔 거리 40번지 골목 Hẻm 40 Bùi Viện에 있다.

저렴한 여행자 숙소가 몰려 있는 부이비엔 40번지 골목에 있다. 주변의 숙소와 비슷한 미니호텔로 베트남 가족이 운영한다. 층마다 객실이 몇 개씩 밖에 없으며, 객실 위치에 따라 방 크기도 다르다. 골목을 향해 있는 발코니 딸린 방이 그나마 넓은 편이다. TV, 냉장고, 안전금고 등 기본적인 객실 설비와 엘리베이터를 갖추고 있다.

화이트 게스트하우스 The White Guest House ★★★☆

Map P.102-B2 주소 26/5 Đỗ Quang Đẩu, Quận 1 **요금** 더블 US$27~33(에어컨, 개인욕실, TV, 냉장고) **가는 방법** 도꽝더우 거리 65번지 골목 안쪽에 있다.

여행자 거리 남쪽의 도꽝더우 거리에 있는 여행자 숙소. 게스트하우스라기 보다는 미니 호텔에 가깝다. 건물 외벽을 하얀색 페인트로 칠한 것이 특징이다. 객실과 욕실을 리모델링해서 깨끗하다. 객실은 작은 편으로 침대, 옷장, 작은 냉장고 하나가 들어갈 정도다. TV는 벽면에 걸려 있다. 전형적인 미니 호텔로 객실 위치에 따라 방 크기가 조금씩 달라진다. 엘리베이터도 없다. 골목 안쪽에 있어서 메인 도로에 있는 숙소보다 상대적으로 조용하다.

엘리오스 호텔 Elios Hotel ★★★☆

Map P.102-B1 주소 233 Phạm Ngũ Lão, Quận 1 **전화** 028-3838-5584~5 **홈페이지** www.elioshotel.vn **요금** 스탠더드 US$53(에어컨, 개인욕실, TV, 냉장고, 아침식사), 슈피리어 US$66~76 **가는 방법** 팜응우라오 거리 233번지에 있다.

팜응우라오 거리에 있는 3성급 호텔이다. 90개 객실을 보유해 주변의 미니 호텔에 비해 규모도 월등히 크다. 창문이 없는 스탠더드 룸보다 슈피리어 룸의 시설이 좋다. 뷔페식 아침식사를 제공하며 레스토랑의 경관이 좋다. 수영장은 없고, 피트니스와 회의실을 갖추고 있다.

리버티 호텔 사이공 그린 뷰 Liberty Hotel Saigon Greenview ★★★☆

Map P.102-A1 주소 187 Phạm Ngũ Lão,

건물이 밀집해있는 여행자 거리 전경

데탐 거리

부이비엔 거리

Quận 1 **전화** 028-3836-9522 **홈페이지** www.libertysaigongreenview.com **요금** 더블 US$43~57(에어컨, 개인욕실, TV, 냉장고, 아침식사) **가는 방법** 팜응우라오 거리 187번지, 하일랜드 커피 옆에 있다.

여행자 거리인 팜응우라오 거리에서 제법 규모가 큰 3성급 호텔이다. 리버티 호텔 체인 중의 한 곳으로 메인 도로에 있어 위치가 좋다. 오래된 호텔이긴 하지만 지속적인 리모델링을 통해 객실 상태를 잘 유지하고 있다. 객실은 20~24㎡ 크기로 넓진 않다. 도로를 끼고 있는 방들은 공원이 보여 전망이 좋다. 뷔페 아침 식사가 포함된다. 같은 거리에 있는 리버티 호텔 사이공 파크 뷰 Liberty Hotel Saigon Parkview도 시설이 비슷하다.

고급 호텔

시내 중심가에서 3성급 호텔과 4성급 호텔들이 가득하다. 객실 50개 안쪽의 중급 호텔들로 수영장은 없는 곳이 많다. 미니 호텔과 마찬가지로 폭이 좁고 안쪽으로 기다란 건물 형태라 객실 위치에 따라 방 크기가 다르다(3성급 호텔이라도 창문이 없는 호텔도 있다). 전체적으로 방 값에 비해 객실이 작은 편이다. 에이 & 엠 호텔 A & Em Hotel, 리버티 호텔 Liberty Hotel, 실버랜드 호텔 Silverland Hotel, 리버티 센트럴 Liberty Central 같은 유명한 호텔들은 인접한 곳에 여러 개의 호텔들을 운영하기 때문에, 호텔 이름뿐만 아니라 주소까지 확인해야 한다. 아무래도 벤탄 시장 주변의 호텔들이 관광하기 편리하다.

럭셔리 호텔들은 시내 중심가인 응우옌후에 거리, 동커이 거리, 강변 도로(똔득탕 거리)에 몰려 있다. 코친차이나 시절에 건설된 콜로니얼 호텔들이 많아 분위기가 좋다. 쉐라톤 호텔, 니코 호텔, 노보텔, 풀만 호텔, 하얏트 호텔, 인터콘티넨탈 호텔 같은 국제적인 호텔 체인도 어렵지 않게 찾아볼 수 있다.

사누바 호텔 ★★★☆
Sanouva Hotel

Map P.97-E3 주소 175~177 Lý Tự Trọng, Quận 1 **전화** 028-3827-5275 **홈페이지** www.sanouvahotel.com **요금** 스탠더드 US$56, 프리미엄 더블 US$65~70 **가는 방법** 벤탄 시장 후문(북문)에서, 한 블록 떨어진 리뜨쫑 거리 175~177번지에 있다.

시내 중심가에 있는 3성급 호텔이다. 현대적인 시설로 타일이 깔린 객실과 욕실이 산뜻하다. 객실은 LCD TV, 냉장고, 안전금고, 전기 포트, 헤어드라이어까지 기본적인 호텔 설비를 모두 갖추고 있다. 개인욕실은 화장실과 샤워 부스가 구분되어있다. 창문을 통해 태양이 들이 때문에 자연 채광도 좋다. 객실 크기는 보통이다. 방음이 약한 것이 흠이라면 흠이다. 기본적인 아침식사가 포함된다(레스토랑은 작다). 수영장은 없다.

실버랜드 사쿄 호텔 ★★★★
Silverland Sakyo Hotel

Map P.99-E1 주소 10 Lê Thánh Tôn, Quận 1 **전화** 028-3829-5295 **홈페이지** www.silverlandhotels.com **요금** 더블 US$105~125, 프리미어 US$140~160 **가는 방법** 레탄똔 거리 10번지에 있다.

호찌민시 시내에만 6개 호텔을 운영하는 실버랜드 호텔 체인 중의 한 곳이다. 실버랜드 사쿄 호텔은 4성급 호텔로 일본인 상점과 레스토랑이 즐비한 레탄똔 거리에 위치해 있다. 주변 분위기를 반영하듯 일본식 디자인을 살짝 가미해 인테리어를 꾸몄다. 객실이 나무 바닥이라 깔끔하다. 침실과 욕실이 개방형으로 되어 있고, 침대도 대부분 더블 침대로 구성되어 있다. 방 값에 비해 객실은 작은 편으로, 창문이 없는 방도 있으니 체크인 전에 확인할 것. 루프 톱에 아담한 수영장이 있다. 벤탄 시장 주변의 숙소를 선호한다면 실러랜드 옌 호텔 Silverland Yen Hotel(주소 73-75 Thủ Khoa Huân)을 이용하면 된다.

아우락 샤르네르 호텔 ★★★★
Au Lac Charner Hotel

Map P.101-D3 주소 87-89 Hồ Tùng Mậu, Quận 1 **전화** 028-3915-6666 **홈페이지** www.aulachotel.vn **요금** 딜럭스 US$120~140, 프리미어 US$145~160 **가는 방법** 사이공 스카이 덱 입구(매표소)와 가까운 호뚱머우 거리 87번지에 있다.

실버랜드 호텔 계열에서 아우락 호텔로 간판이 바뀌었다. 시내 중심가에 있는 4성급 호텔로 관광 다니기 편리하다. 실내는 화이트 톤으로 부티크 호텔처럼 화사하게 꾸몄는데, 일부 객실은 오래된 느낌이 난다. 도로를 끼고 있는 창문 넓은 방이 가장 좋고, 딜럭스 룸은 창문이 없으니 예약할 때 참고하자. 옥상에 마련된 야외 수영장이 매력적이다. 오후 시간에는 애프터눈 티를 무료로 즐길 수 있다.

퓨전 스위트 사이공 ★★★★
Fusion Suites Saigon

Map P.96-C3 주소 3-5 Sương Nguyệt Anh, Quận 1 **전화** 028-3925-7257 **홈페이지** www.saigon.fusion-suites.com **요금** 스위트 더블 US$153~183, 코너 스위트 US$250~280 **가는 방법** 1군 쓰엉응우옛안 거리 3번지에 있다.

주로 해변이 아름다운 도시들에서 리조트를 운영하면서 인기를 얻고 있는 호텔 그룹 퓨전 스위트의 호찌민시 지점이다. 4성급의 부티크 호텔로 자연적인 정취를 살리면서도 세련되게 꾸몄다. 벽과 천장을 원목으로 덧대 아늑하고 편안한 느낌을 준다.

높은 층의 객실 일수록 탁트인 전망이 일품이다. 동급의 호텔들과 비교해 객실 크기는 비슷하나 수영장이 없는 게 아쉽다. 시내 중심가에서 살짝 빗겨나 있지만 관광하는 데 불편함을 느낄 정도는 아니다.

리버티 센트럴 사이공 리버사이드 ★★★★
Liberty Central Saigon Riverside

Map P.101-F2 주소 17 Tôn Đức Thắng, Quận 1 **전화** 028-3827-1717 **홈페이지** www.libertycentralsaigonriverside.com **요금** 딜럭스 US$135, 프리미엄 리버 뷰 US$160 **가는 방법** 강변도로(떤득탕 거리)에 있는 르네상스 리버사이드 호텔 옆에 있다.

리버티 호텔에서 운영하는 4성급 호텔로 사이공 강변에 있다. 객실은 나무 바닥과 목재를 이용해 차분하게 꾸몄다. 개인욕실은 통유리로 되어 있다. 방 값에 비해 객실 크기는 작은 편이다(호찌민시에 있는 호텔들이 대부분 그렇다). 딜럭스 룸에서는 호텔 뒤쪽의 도시 전망이, 프리미어 리버 뷰 룸에서는 강변 전망이 보인다. 옥상에 야외 수영장이 있다. 동커이 거리와 가깝고, 관광하기에도 위치가 괜찮다. 모두 170개 객실을 운영한다.

호텔 데 아트 사이공 ★★★★☆
Hotel des Arts Saigon

Map P.97-E2 주소 76-78 Nguyễn Thị Minh Khai, Quận 3 **전화** 028-3989-8888 **요금** 딜럭스 US$190~240 **가는 방법** 응우옌티민카이 거리 76번지에 있다.

프랑스 호텔 그룹 아코르에서 운영하는 5성급 호텔이다. 부티크 호텔을 표방하며, 트렌디하면서도 고급스러운 디자인을 선보인다. 객실은 나무 바닥과 빈티지한 소품으로 포근한 느낌을 주고, 욕실은 대리석으로 꾸며 매끈하고도 시원스럽다. 객실 크기는 30㎡로 넓진 않다. 루프 톱에 야외 수영장이 있다.

윈저 플라자 호텔 ★★★★☆
Windsor Plaza Hotel

Map P.94-C4 주소 18 An Dương Vương, Quận 5 **전화** 028-3833-6688 **홈페이지** www.windsorplazahotel.com **요금** 딜럭스 US$120, 이그제큐티브 딜럭스 US$160, 주니어 스위트 US$190 **가는 방법** 5군(Quận 5) 초입에 있는 안동

시장 Chợ An Đông 옆에 있다. 벤탄 시장에서 택시로 10~15분.

시내 중심가에서 살짝 떨어진 5군에 있다. 관광이 목적이라면 시내 중심가에 위치한 호텔에 비해 이동이 불편하지만, 동일한 가격대의 경쟁 호텔에 비해 시설이 좋다. 25층으로 이루어진 대형 호텔로 405개 객실을 보유하고 있다. 주변에 높은 건물이 없어서 객실과 수영장에서 내려다보는 전망이 훌륭하다. 동커이 거리까지 무료 셔틀 버스를 운영하고 있어 관광이나 쇼핑하는 데 크게 불편하지 않다.

리버티 센트럴 사이공 시티포인트 호텔 Liberty Central Saigon Citypoint Hotel ★★★★

Map P.100-B2 **주소** 59 Pasteur, Quận 1 **전화** 028-3822-5678 **홈페이지** www.libertycentralsaigoncitypoint.com **요금** 딜럭스 더블 US$137, 프리미어 시티 뷰 US$150, 시그니처 시티 뷰 US$196 **가는 방법** 파스퇴르 거리와 레러이 거리가 만나는 사거리 코너에 있는 껨박당(아이스크림) Kem Bạch Đằng 맞은편에 있다.

리버티 호텔에서 2014년에 오픈한 호텔이다. 18층 171개 객실로 이루어진 대형 호텔이다. 시내 중심가에 자리하고 있어 관광하기 편리하다. 객실은 전체적으로 작은 편이지만 신축한 호텔이라 시설이나 관리 상태가 좋다. 나무 바닥, 통유리로 이루어진 욕실, LCD TV까지 객실은 현대적인 시설로 꾸몄다. 22㎡ 크기의 딜럭스 룸은 낮은 층(6~10층)에 있다. 프리미어 시티 뷰 룸과 시그니처 시티 뷰 룸은 높은 층에 자리하고 있다. 야외 수영장은 호텔 옥상에 있다.

렉스 호텔 Rex Hotel ★★★★

Map P.100-C1 **주소** 141 Nguyễn Huệ, Quận 1 **전화** 028-3829-2185 **홈페이지** www.rexhotelsaigon.com **요금** 딜럭스 US$145, 스위트 US$210 **가는 방법** 레러이 & 응우옌후에 사거리에 위치해 있다. 인민위원회 청사를 바라보고 왼쪽에 있다.

프랑스가 통치하던 코친차이나 시대에 차고를 겸한 자동차 전시 판매장으로 만들어졌다. 여러 차례 증축되면서 영화관, 미국 문화센터, 미군 독신자 간부 숙소(B.O.Q.) 등으로 변모했고, 베트남 전쟁 동안 미군 정보부가 들어서면서 미군 장교들이 작전 브리핑을 받기 위해 드나들던 곳이다. 1990년 대대적인 보수 공사를 통해 렉스 호텔로 탄생

역사의 일부분이 되버린 렉스 호텔

콜로니얼 양식의 콘티넨털 호텔

쉐라톤 호텔 리셉션

오페라 하우스 옆에 있는 까라벨 호텔

했다. 2010년에는 신관을 추가로 오픈하면서 수영장을 갖춘 대형 호텔로 변모했다. 1층에는 명품 매장이 입점해 있다.

콘티넨털 호텔 Continental Hotel ★★★☆

Map P.101-D1 주소 132~134 Đồng Khởi, Quận 1 **전화** 028-3829-9201 **홈페이지** www.continentalsaigon.com **요금** 딜럭스 가든 US$142, 딜럭스 시티 뷰 US$152 **가는 방법** 동커이 거리에 있는 오페라하우스를 바라보고 왼쪽에 있다.

사이공의 대표적인 콜로니얼 양식의 호텔이다. 1880년에 오픈한 역사와 전통을 간직한 호텔로 아치형 창문과 발코니가 인상적이다. 영국 소설가 그레이엄 그린 Graham Greene의 1950년대 소설 〈콰이어트 아메리칸 The Quiet American〉의 배경이 되었던 곳이며, 카트린느 드뇌브 주연의 영화 〈인도차이나 Indochine〉에 등장하기도 했다. 국영회사인 '사이공 투어리스트'에서 운영하는데, 안타깝게도 호텔의 명성에 걸맞지 않게 관리 상태는 별로다. 오래된 느낌이 강하게 든다.

뉴 월드 호텔 ★★★★
New World Hotel

Map P.97-D4 주소 76 Lê Lai, Quận 1 **전화** 028-3822-8888 **홈페이지** www.saigon.newworldhotels.com **요금** 슈피리어 US$150, 딜럭스 US$175, 원 베드 룸 스위트 US$275 **가는 방법** 벤탄 시장 정문을 바라보고 왼쪽(레라이 거리)으로 400m.

시내 중심가에 있는 5성급 호텔이다. 이 호화스러운 호텔은 533개의 객실을 운영하며 규모가 큰 수영장을 갖추고 있다. 벤탄 시장과 가까워 관광과 쇼핑을 즐기기도 편리한 위치다. 최근에는 오래된 객실을 순차적으로 리모델링하면서 시설을 업그레이드하고 있다.

롯데 레전드 호텔 ★★★★☆
Lotte Legend Hotel

Map P.99-F3 주소 2A~4A Tôn Đức Thắng, Quận 1 **전화** 028-3823-3333 **홈페이지** www.lottehotel.com/saigon **요금** 딜럭스 시티 뷰 US$150, 딜럭스 리버 뷰 US$165 **가는 방법** 쩐흥다오 동상이 있는 메린 광장 Mê Linh Square에서 강변 도로를 따라 북쪽으로 150m 떨어져 있다.

사이공 강변에 있는 럭셔리 호텔로, 롯데 호텔에서 운영한다. 주변의 콜로니얼 호텔들과 달리 모던한 시설로 이루어졌다. 객실은 물론 레스토랑과 수영장 등 부대시설까지 세심하게 신경을 쓴 흔적이 느껴진다. 딜럭스 룸이 37㎡로 동급 호텔에 비해 넓다. 한국어 가능한 직원이 상주하고 있다.

노보텔 사이공 센터 호텔 ★★★★
Novotel Saigon Centre Hotel

Map P.97-D2 주소 167 Hai Bà Trưng, Quận 3 **전화** 028-3822-4866 **홈페이지** www.novotel-saigon-centre.com **요금** 슈피리어 US$155, 딜럭스 US$180 **가는 방법** 1군과 3군 경계에 있는 하이바쯩 거리에 있다.

전 세계적인 호텔망을 구축한 노보텔에서 운영한다. 야외 수영장을 갖춘 4성급 호텔이다. 객실 바닥에는 카펫이 깔려 있으며 현대적인 시설로 스마트하게 꾸몄다. 자체 제작한 목욕 용품까지 깔끔하게 정리되어 있다. 건물 외관은 평범하지만 통유리로 되어있어 객실에서 시원스러운 느낌을 받는다. 모두 247개 객실로 흡연실과 금연실로 구분해 운영한다. '사이공 센트럴'이라는 이름과 달리 시내 중심가에서 살짝 비켜나 있다. 시내 중심가까지 택시로 5분, 걸어서 20분 정도 걸린다.

풀만 사이공 센터 ★★★★☆
Pullman Saigon Centre

Map P.95-D4 주소 148 Trần Hưng Đạo, Quận 1 **전화** 028-3838-8686 **홈페이지** www.pullman-saigon-centre.com **요금** 슈피리어 US$155, 딜럭스 US$175 **가는 방법** 쩐흥다오 거리와 응우옌끄찐 Nguyễn Cư Trinh 거리가 만나는 삼거리에 있다.

프랑스 호텔 체인인 풀만 호텔의 사이공 지점이다. 306개의 객실을 보유한 대형 호텔로 현대적인 디자인으로 꾸몄다. 객실 창문은 통유리로 되어 있어 객실에서 보는 전망도 좋다. 객실 크기는 35㎡ 크기로 무난하다. 딜럭스 룸은 욕조가 침대 옆에 놓여 있어 독특하다. 부대시설로 수영장과 피트니스, 스파 시설을 갖추고 있다. 호텔 규모에 비해 수영장은 작은 편이다. 국제적인 호텔 중에 상대적으로 여행자 거리(팜응우라오)와 가깝다.

니코 호텔 ★★★★★
Nikko Hotel

Map P.95-D3 주소 235 Nguyễn Văn Cừ, Quận 1 **전화** 028-3925-7777 **홈페이지** www.hotelnikkosaigon.com.vn **요금** 딜럭스 US$161, 딜럭스 프리미엄 US$173, 클럽 딜럭스 US$215 **가는 방법** 1군 끝자락에 있는 응우옌반끄 거리에 있다.

일본의 유명한 호텔 그룹인 니코에서 운영한다. 334개의 객실을 보유한 전형적인 5성급 호텔이다. 객실은 40㎡ 크기의 딜럭스 룸을 기본으로 한다(당연히 높은 층일수록 전망이 좋다). 넓은 객실은 은은한 색으로 인테리어를 꾸며 포근한 느낌을 준다. 야외 수영장, 피트니스 센터, 비즈니스 센터, 스파 & 마사지까지 부대시설도 잘 갖춰져 있다. 친절한 서비스와 현대적인 시설로 인해 투숙객의 만족도가 높다. 1군에 속해 있지만 시내 중심가에서 떨어져 있다. 주요 볼거리들을 걸어 다닐 만한 거리는 아니다.

마제스틱 호텔 ★★★★☆
Majestic Hotel

Map P.101-F3 주소 1 Đồng Khởi, Quận 1 **전화** 028-3829-5517 **홈페이지** www.majesticsaigon.com **요금** 슈피리어 US$180, 딜럭스 US$220, 스위트 US$ 300~450 **가는 방법** 동커이 거리 남단의 강변 도로에 있다.

콘티넨털 호텔과 더불어 사이공을 대표하는 콜로니얼 건축 양식의 호텔이다. 1925년에 문을 열었으며, 지속적인 리노베이션을 통해 객실은 산뜻함을 유지하고 있다. 원형을 그대로 유지한 아트 데코 스타일의 호텔 외관은 우아함을 상징하고, 로비의 샹들리에와 스테인드글라스 창문, 나선형 계단은 중후함을 느끼게 해준다. 객실에 둘러싸인 안마당의 야외 수영장은 아늑하다.

그랜드 호텔 ★★★★
Grand Hotel

Map P.101-F2 주소 8 Đồng Khởi, Quận 1 **전화** 028-3823-0163 **홈페이지** www.hotelgrandsaigon.com **요금** 슈피리어 US$ 180, 딜럭스 US$230 **가는 방법** 동커이 거리 남단에 있다.

콘티넨털 호텔이나 마제스틱 호텔과 자웅을 겨루는 콜로니얼 호텔이다. 1930년에 문을 열었다. 유럽의 고성처럼 생긴 기다란 돔 모양의 호텔 외관과 발코니, 높은 천장이 어울려 클래식한 느낌이다. 호텔 건설 당시부터 사용되는 철제 엘리베이터가 아직도 운행되고 있어 멋을 더해준다. 1995년에 신관을 오픈했는데도 역사를 간직한 올드 윙의 딜럭스 룸이 더욱 분위기가 넘치고 인기 있다.

까라벨 호텔 ★★★★☆
Caravelle Hotel

Map P.101-D1 주소 19 Công Trường Lam Sơn (Lam Son Square), Quận 1 **전화** 028-3823-4999 **홈페이지** www.caravellehotel.com **요금** 딜럭스 US$240~280, 프리미엄 딜럭스 US$340 **가는 방법** 동커이 거리에 있는 오페라하우스를 바라보고 오른쪽에 있다.

시내 중심가에 있는 현대적인 럭셔리 호텔이다. 1959년 크리스마스 이브에 문을 열었으며, 1998년에 24층 높이의 신관을 증축했다. 통유리로 반짝이는 매끄러운 호텔 외관에 걸맞은 스타일리시한 객실을 운영한다. 고층일수록 전망과 시설이 좋다. 참고로 베트남 전쟁 기간 중에는 AP, NBC, ABS, CBS, 뉴욕 타임스, 워싱턴 포스트를 포함한 언론사들의 종군 기자들이 대거 체류했던 곳으로, 북부 베트남군의 폭격이 이루어지기도 했다. 올드 윙에 있는 스페셜 스위트 룸(610호)은 실제로 폭탄이 떨어졌던 곳이라고도 한다. 까라벨은 프랑스가 개발해 에어프랑스에서 최초로 운행한 항공기의 이름이다.

쉐라톤 사이공 호텔 ★★★★★
Sheraton Saigon Hotel

Map P.101-D1 주소 88 Đồng Khởi, Quận 1 **전화** 028-3827-2828 **홈페이지** www.sheratonsaigon.com **요금** 딜럭스 US$250~320, 그랜드 타워 스튜디오 US$360 **가는 방법** 동커이 거리의 까라벨 호텔 옆에 있다.

'쉐라톤'이라는 간판 하나만으로 충분히 5성급 럭셔리 호텔의 기대를 충족시켜준다. 아기자기함보다는 웅장함이 느껴지는 국제적인 호텔다운 면모를 여지없이 보여준다. 딜럭스와 스위트 룸으로 이루어진 470개의 객실을 보유하고 있다. 16개의 회의실을 갖춘 비즈니스 센터와 수영장과 스파를 포함한 레저 시설, 호찌민 시내가 시원스레 내려다보이는 와인 바를 겸한 스카이라운지까지 완벽하다.

노퍽 맨션 ★★★★☆
Norfolk Mansion

Map P.99-D2 주소 17~21 Lý Tự Trọng, Quận 1 **전화** 028-3822-6111 **홈페이지** www.mansion.thenorfolkgroup.com **요금** 스튜디오 US$146, 투 베드 룸 아파트 US$215, 스리 베드 룸 아파트 US$335 **가는 방법** 시내 중심가의 리뜨쫑 거리 17번지에 있다. 같은 거리에 있는 노퍽 호텔 Norfolk Hotel과 혼동하지 말자.

시내 중심가에 있는 아파트 형태의 호텔이다. 일반 호텔과 달리 거실과 주방, 식탁, 조리 기구, 세탁기까지 기본적인 시설이 잘 갖춰져 있다. 두 개의 침실과 욕실, 하나의 거실로 이루어진 투 베드 룸 형태라 가족 여행객들에게 편리하다. 아침식사가 포함되며 수영장과 피트니스, 사우나 시설을 무료로 이용할 수 있다. 오래된 호텔이라 트렌디한 멋은 떨어지지만, 관리 상태가 좋아 오랫동안 인기를 누리고 있다.

벤탄 시장과 가까운 곳에 있는 노퍽 호텔 Norfolk Hotel(주소 117 Lê Thánh Tôn, 전화 028-3829-5368, 홈페이지 www.norfolkhotel.com.vn, Map P.100-B2)도 인기 있다.

소피텔 사이공 플라자 ★★★★☆
Sofitel Saigon Plaza

Map P.97-F2 주소 17 Lê Duẩn, Quận 1 **전화** 028-3824-1555 **홈페이지** www.sofitel.com **요금** 슈피리어 US$208, 럭셔리 룸 US$242 **가는 방법** 다이아몬드 플라자에서 레주언 거리를 따라 600m 떨어져 있다.

프랑스 호텔 그룹인 아코르 Accor에서 운영하는 럭셔리 호텔이다. 1999년에 문을 열었는데, 2012년에 새롭게 리노베이션 했기 때문에 고급스러움은 변함이 없다. 객실은 흰색과 보라색을 이용해 모던하고 우아하게 꾸몄다. 푹신한 침대와 이불, 베개까지 포근한 잠자리를 제공해 준다.

객실은 30㎡ 크기로 낮은 층(4~12층)은 슈피리어 룸으로, 높은 층(14~17층)은 럭셔리 룸으로 구분했다. 럭셔리 룸은 전망뿐만 아니라 개인욕실 시설이 슈피리어 룸에 비해 좋다. 옥상에 야외 수영장을 만들었으며, 피트니스 센터, 스파, 레스토랑과 라운지 바까지 부대시설도 훌륭하다.

파크 하얏트 사이공 ★★★★★
Park Hyatt Saigon

Map P.99-D4 주소 2 Lam Son Square, Quận 1 **전화** 028-3824-1234 **홈페이지** www.saigon.park.hyatt.com **요금** 스탠더드 파크 트윈 US$280~330 딜럭스 트윈 US$396 **가는 방법** 오페라 하우스 뒤쪽에 있다.

호찌민 시내 한복판에 있는 럭셔리 호텔이다. 호텔의 규모와 시설, 서비스에 있어서 자타가 공인하는 최고 수준의 호텔이다. 새롭게 건축한 건물임에도 불구하고 주변의 건물들과 조화를 이루기 위해 콜로니얼 건축으로 만들어 분위기가 좋다.

건물 외관은 아이보리 색으로 우아하며, 객실은 중후한 느낌이지만 현대적인 시설을 갖추고 있다. 스탠더드 룸은 34㎡, 딜럭스 룸은 46㎡로 객실에서 시내 또는 호텔 수영장이 보인다. 야외 수영장, 피트니스, 스파, 요리 강습 등 다양한 부대시설을 운영한다. 국제적인 호텔로 명성에 걸맞은 서비스를 제공한다.

미토

미토는 띠엔장 Tiền Giang과 동일시된다. 띠엔장은 전강(前江)이라는 뜻으로 메콩 강의 본류를 의미한다. 띠엔장 성(省)의 성도인 미토는 광활한 띠엔장(메콩 강)이 도시 앞을 흐른다. 미토는 메콩 델타의 관문으로 여겨지는 도시로 호찌민시(사이공)와 가깝다. 호찌민시에서 차로 2시간 거리이지만 도시의 번잡함 대신 강변의 여유로움이 느껴진다. 과거부터 화교들이 정착하며 상업이 발달했고, 해산물과 농산물이 풍족하게 거래된다.

미토 앞을 흐르는 메콩 강은 넓은 강폭 사이로 지류들이 흐르며 섬들이 형성되어 있다. 지면과 맞닿아 있는 나지막한 섬들은 열대 과일 농장, 코코넛 농장들로 인해 전원 풍경을 체험하기 좋다. 호찌민시에서 출발한 투어가 대부분 미토를 방문한다. 하지만 스치고 지나는 여행자들이 대부분이라 도시는 지극히 차분하다. 미토는 빌딩을 보러 오는 게 아니라 메콩 강을 느끼러 오기 때문에 도시에 발을 들이지 않더라도 섭섭할 이유는 없다.

인구 27만 0,740명 | 행정구역 띠엔장 성 Tỉnh Tiền Giang 미토 시 Thành Phố Mỹ Tho | 면적 81㎢ | 시외국번 0273

Information

여행에 유용한 정보

여행사·보트 투어

메콩 강과 접하고 있는 도시임에도 불구하고 여행사는 많지 않다. 대부분의 단체 투어가 호찌민시에서 출발하기 때문이다. 미토에서 출발하는 투어는 호텔에 문의하거나 투어리스트 보트 선착장 Bến Tàu Du Lịch Mỹ Tho을 이용하면 된다. 국영 여행사인 띠엔장 투어리스트 Tien Giang Tourist(홈페이지 www.tiengiangtourist.com)와 미토 투어리스(홈페이지 www.dulichtiengiang.com.vn)에서 투어를 관할한다. 보트 투어(3~4시간)는 보트의 크기에 따라 40만~60만 VND이다.

호찌민시에서 출발하는 메콩 델타 투어에 관한 내용은 P.174 참고.

지리 파악하기

메콩 강(띠엔장)을 중심으로 도시가 발달해 있다. 메콩 강변을 따라 동서로 연결된 4월 30일 거리 Đường 30 Tháng 4(30/4 Street)에 여행자들에게 필요한 모든 시설이 밀집해 있다고 해도 과언이 아니다. 투어리스트 보트 선착장을 비롯해 주요 호텔들이 위치한다. 강변 도로 동쪽 끝에는 바오 딘 강 Bao Dinh River(Sông Bảo Định)과 만나는 코너에 응우옌흐으후언 동상 Tượng Đài Nguyễn Hữu Huân을 세운 작은 공원을 만들었다.

Access

미토 가는 방법

미토 버스 터미널은 띠엔장 버스 터미널(벤쎄 띠엔장) Bến Xe Tiền Giang로 불린다. 미토에서 출발하는 버스는 제한적이다. 미토→호찌민시(미엔떠이 터미널 Miền Tây) 버스가 04:00~18:30까지 30분 간격으로 출발하는데, 완행버스를 운행하기 때문에 불편하다. 편도 요금은 7만~9만 VND으로 2시간 정도 소요된다.

미토→벤쩨는 시내버스(운행시간 05:00~18:30, 편도 요금 1만 5,000VND)를 타면 되는데, 미토(띠엔장) 버스 터미널→락미에우교 Cầu Rạch Miễu→벤쩨 버스 터미널 Bến Xe Bến Tre→벤쩨 시장 Chợ Bến Tre을 왕복 운행한다.

미토 버스 터미널에서 시내까지는 4㎞ 떨어져 있다. 택시로 시내까지 5만 VND 정도 예상하면 된다. 미토에서 벤쩨까지는 16㎞, 호찌민시까지는 70㎞, 껀터까지는 96㎞ 떨어져 있다.

참고로 껀터를 갈 경우 강 건너에 있는 벤쩨 버스 터미널을 이용해도 된다. 벤쩨→껀터 버스는 08:30~13:00까지 한 시간 간격으로 출발하고 편도 요금은 10만 VND이다.

미토(띠엔장) 버스 터미널

벤쩨 버스 터미널

Attractions

미토의 볼거리

도시보다 메콩 강을 흐르는 지류에 형성된 섬들이 큰 볼거리다. 미토에 머물게 된다면 빈짱 사원을 다녀오면 된다. 대부분 보트 투어를 이용해 미토를 여행한 다음 호찌민시로 돌아가거나 껀터로 이동한다.

Map P.170

미토 시장 ★
My Tho Market
Chợ Mỹ Tho

주소 Đường Nguyễn Huệ & Đường Trưng Trắc **영업** 매일 06:00~18:00 **요금** 무료 **가는 방법** 응우옌흐으후언 동상에서 강변(쯩짝 거리)을 따라 북쪽으로 도보 6분.

미토의 중앙 시장이다. 상설 재래시장으로 강변과 접해 있다. 시장 내부와 주변 도로까지 물건을 내놓고 장사하는 상인들로 북적인다. 생필품뿐만 아니라 생선과 건어물이 다양하게 거래된다.

미토 시장

미토와 벤쩨를 가르는 메콩 강

Map P.170

빈짱 사원(永長寺) ★★
Vinh Trang Pagoda
Chùa Vĩnh Tràng

주소 60 Nguyễn Trung Trực **운영** 매일 09:00~11:30, 13:30~17:00 **요금** 무료 **가는 방법** 미토 시장에서 동쪽으로 1㎞ 떨어져 있다. 응우옌짜이 거리를 따라 다리를 건너 동쪽으로 400m 더 가면 나오는 삼거리에서 좌회전해서 200m 들어간다.

1849년에 건설된 불교 사원이다. 얼핏 보면 콜로니얼 양식의 건물 같지만 자세히 보면 도자기로 치장해 중국적인 색채를 가미했다. 일반적인 불교 사원과 달리 아치형 창문과 주랑으로 이루어진 사원 정면의 길이가 70m나 된다. 대웅전에는 60여 개의 불상을 모시고 있다. 일주문을 들어서면 넓은 정원에 나무와 분재로 조경을 꾸며 평온한 분위기가 느껴진다. 대웅전 앞에는 대형 관음보살상이 세워져 있다.

빈짱 사원의 대웅전

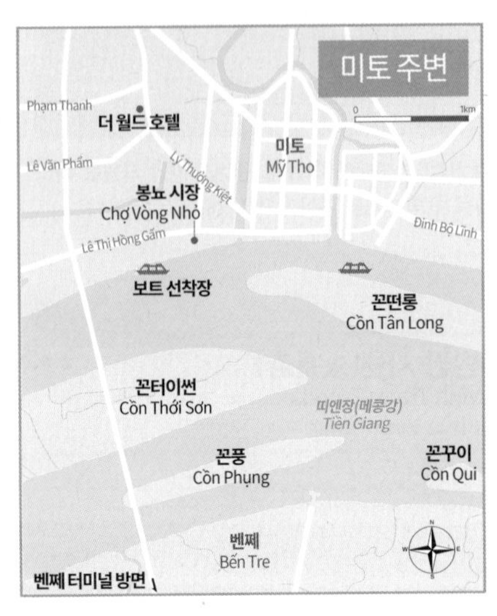

●식당 ●숙소

메콩 강의 섬들

★★★★

미토 앞을 흐르는 메콩 강에는 섬들이 형성되어 있다. 꼰떤롱 Cồn Tân Long(Dragon Island), 꼰터이썬 Cồn Thới Sơn(Unicorn Island), 꼰풍 Cồn Phụng(Phoenix Island), 꼰꾸이 Cồn Qui(Tortoise Island)로 메콩 델타의 전원 풍경을 체험하기 위해 미토를 방문한 보트 투어가 들르는 곳이다.

가장 큰 섬은 꼰터이썬이다. 코코넛이 가득한 섬으로 2008년에 완공된 총 길이 2,868m의 락미에우교 Rach Mieu Bridge(Cầu Rạch Miễu)가 섬 위를 지난다.

미토 시내에서 가장 가까운 섬은 꼰떤롱이다. 롱안(열대 과일)을 재배하는 과수원이 가득한 섬으로 미토 시내에서 페리가 수시로 운행된다. 꼰

메콩 강과 락미에우교

과일 농장에서의 전통 악기 연주

강변에 형성된 벤쩨 시내

학교 운동장으로 쓰이는 벤쩨 박물관

메콩 강 지류를 여행하는 보트 투어

미토와 벤쩨 사이를 흐르는 메콩 강

풍은 코코넛 몽크 Coconut Monk(3년간 코코넛과 코코넛 주스만 먹으며 수행해서 붙여진 이름) 때문에 유명하다. 베트남어로는 '옹 다오즈아 Ông Đạo Dừa'라고 불린다. 본명은 응우옌탄남 Nguyễn Thành Nam(1909~1990년)으로 프랑스에서 유학했으며, 베트남 사회주의 정부에 의해 투옥되기도 했다. 불교와 기독교를 융합한 그의 가르침을 따르는 신도들에 의해 다오즈아 Đạo Dừa(다오는 '도 道', 즈아는 코코넛을 의미한다)라는 종교가 탄생했다. 수상가옥처럼 강 위에 사원을 건설해 놓았는데, 지붕도 없이 원형 플랫폼으로 이루어져 사원에는 용이 휘감고 있는 기둥만이 하늘을 향해 세워져 있다. 꼰풍은 미토가 아닌 벤쩨에 속해 있다.

벤쩨 ★★☆
Bến Tre

주소 Tỉnh Bến Tre, Thành Phố Bến Tre **가는 방법** 벤쩨 시내에서 띠엔장(미토) 버스 터미널까지 시내버스(1번)가 운행된다. 벤쩨 시장 Chợ Bến Tre→동커이 공원 Công Viên Đồng Khởi→꿉 마트 Co.op Mart→벤쩨 버스 터미널 Bến Xe Bến Tre→락미에우교 Cầu Rạch Miễu→띠엔장(미토) 버스 터미널(미토)을 왕복한다.

띠엔장(메콩 강) 하류에 형성된 지역으로 미토에서 강을 건너면 벤쩨가 나온다. 벤쩨 성(省)의 성도이지만 인구 14만 명의 도시로 아담하다. 강변 도로가 깔끔하게 정리되어 있고, 인공 호수와 어우러져 평온하지만 특별히 볼거리가 있는 곳은 아니다. 대부분의 여행자들은 호찌민시에서 출발해 미토와 벤쩨를 투어로 다녀가기 때문에, 벤쩨를 기억하지 못하는 사람이 많다. 실제로 투어는 벤쩨 시내를 방문하지 않고 메콩 강에 있는 꼰풍 Cồn Phụng(Phoenix Island)을 들른다.

관광객이 적은 벤쩨는 강변 도로를 어슬렁거리며 관광객에게 친절하거나 혹은 무관심한 베트남 사람들을 만날 수 있는 도시다. 미토에서 벤쩨까지 락미에우교 Rach Mieu Bridge(Cầu Rạch Miễu)가 개통되면서 교통이 수월해졌다.

Restaurant

미토의 레스토랑

메콩 델타 지방답게 '후띠에우 Hủ Tiếu(쌀국수)' 식당이 흔하다. 베트남 사람들에게 인기 있는 곳은 남끼 커이응이아 거리 Đường Nam Kỳ Khởi Nghĩa에 있다. 저녁때가 되면 선착장 주변에 야시장이 생긴다. 프랜차이즈 식당을 선호하면 빈콤 플라자 Vincom Plaza 내부에 있는 식당을 이용하면 된다.

후띠에우 짜이 꺼이보데 Hủ Tiếu Chay Cây Bồ Đề ★★★☆

Map P.170 주소 24 Nam Kỳ Khởi Nghĩa **전화** 0273-3883-528 **영업** 07:00~21:00 **메뉴** 영어, 베트남어 **예산** 4만 5,000 VND **가는 방법** 남끼코이응이아 거리 24번지에 있다.

현지인들 사이에서 맛집으로 통하는 채식 전문 식당이다. 볶음국수, 볶음밥, 두부·버섯볶음 등 채식 메뉴를 다양하게 갖추었는데, 특히 대표 메뉴인 '후띠에우' 종류가 다양하다. 저렴한 가격에 비해 음식 양도 많은 편이다.

판타이 Pann Thai ★★★

Map P.170 주소 44 Đường Yersin **영업** 10:00~14:00, 16:00~22:00 **메뉴** 베트남어 **예산** 13만~26만 VND **가는 방법** 예르신(예르생) 거리 44번지에 있다.

현지인에게 인기 있는 태국 식당이다. 팟타이(볶음국수) Pad Thai, 판다너스 잎에 싸서 구운 닭고기 Gà Cuộn Lá Dứa, 맵고 시큼한 돼지뼈 탕 Tháp Sườn Thai, 똠얌꿍 Canh Tomyum Hải Sản을 메인으로 요리한다. 영어는 잘 통하지 않는다.

Travel Plus+ 미토에 가면 맛봐야 할 특산 요리

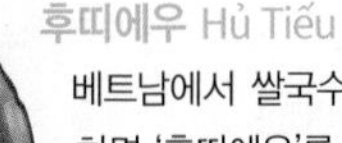

후띠에우 Hủ Tiếu

베트남에서 쌀국수 하면 흔히 '퍼'를 의미하지만 메콩 델타 지방에서는 쌀국수 하면 '후띠에우'를 의미합니다(후띠우 Hủ Tiu라고 발음하기도 해요). '퍼'와 비슷해 보이지만 건면을 사용하기 때문에 쌀국수 면발이 투명하고 쫄깃한 것이 특징입니다. 화교의 영향을 받은 캄보디아 또는 태국 쌀국수와 비슷하다고 생각하면 되는데요. 육수는 일반적으로 돼지 뼈를 이용해 만들고, 생선 소스를 사용하지 않는 것이 특징입니다. 베트남 사람들은 북부 지방과 구분하기 위해 후띠에우 남방 Hủ Tiếu Nam Vang 이라고 부르기도 합니다. 베트남 사람들에게 베트남의 남방은 사이공(호찌민시)이 아니라 베트남의 남쪽인 캄보디아(또는 프놈펜)를 의미합니다.

까 따이뜨엉 찌엔 쑤 Cá Tai Tượng Chiên Xù

미토 주변의 메콩 강에서 많이 잡히는 생선을 이용한 튀김 요리입니다. '까 따이뜨엉'은 버들붕어과의 민물고기로 생김새가 코끼리 귀처럼 생겼다고 해서 붙여진 이름입니다. 생선 모양 그대로 튀긴 '까 따이뜨엉 찌엔쑤'는 부드러운 생선살로 인해 고급 음식으로 취급하는데요. 생선이 크기 때문에 받침대에 받쳐서 생선 모양 그대로 내오는 것이 특징입니다.

Hotel

미토의 호텔

미토의 호텔들은 대부분 강변을 끼고 있다. 고급 호텔은 많지 않고 에어컨 시설의 중급 호텔들이 대부분이다. 호찌민시에서 출발한 메콩 델타 투어객들이 머무는 곳이 아니라 외국인 여행자들은 많지 않다.

민꽌 호텔 Minh Quan Hotel ★★★

Map P.170 주소 69 Đường 30 Tháng 4 **전화** 0273-3979-979 **요금** 더블 45만~60만 VND(에어컨, 개인욕실, TV, 냉장고, 아침식사) **가는 방법** 강변 도로 동쪽에 있다.

강변에 있는 전형적인 미니 호텔이다. 6층짜리 건물로 객실의 위치에 따라 시설 차이가 난다. 도로를 끼고 있는 발코니 딸린 방의 전망이 좋다. 꼭대기 층에 있는 레스토랑에서 간단한 아침식사를 제공한다.

메콩 미토 호텔 Mekong My Tho Hotel ★★★☆

Map P.170 주소 1A, Tết Mậu Thân **전화** 0273-3887-777 **홈페이지** www.mekongmythohotel.net.vn **요금** 트윈 US$50~60(에어컨, 개인욕실, TV, 냉장고, 아침식사) **가는 방법** 뗏머우투언 거리 1번지에 있다.

미토에서 보기 드문 4성급 대형 호텔로 야외 수영장까지 갖추고 있다. 총 9층 건물로 114개 객실을 운영하는데, 시설도 깨끗하다. 카펫 깔린 객실은 테이블, 소파 등 가구까지 잘 갖추고 있다. 또한 객실에서 메콩 강 일부를 볼 수 있다. 루프 톱에 테라스 카페를 운영한다. 조식으로 뷔페 식 식사가 제공된다.

쏭띠엔 호텔 Khách Sạn Sông Tiền ★★☆

Map P.170 주소 101 Trưng Trắc **전화** 0273-3872-009 **홈페이지** www.tiengiangtourist.com **요금** 트윈 US$22~30(에어컨, 개인욕실, TV, 냉장고, 아침식사) **가는 방법** 응우옌흐으후언 동상에서 미토 시장 방향으로 도보 5분.

메콩 강이 아니라 바오딘 강과 접해 있는 호텔이다. 객실은 평범하고 에어컨 시설이 되어있다. 높은 층의 객실이 전망이 좋다. 아침식사를 빼면 방값이 할인된다. 단체 관광객이 즐겨 묵는다. 인접한 곳에 쏭띠엔 아넥스 호텔 Song Tien Annex Hotel(주소 31 Thiên Hộ Dương, 전화 0273-3977-883)을 함께 운영하고 있다.

끄우롱 호텔 Cửu Long Hotel ★★★☆

Map P.170 주소 81~83 Đường 30/4(Đường 30 Tháng 4) **전화** 0273-6266-666 **요금** 더블 US$35~40(에어컨, 개인욕실, TV, 냉장고, 아침식사) **가는 방법** 강변도로 오른쪽에 있다.

강변도로에 새로이 생긴 곳으로 베트남 지방 소도시에서 접할 수 있는 전형적인 중급 호텔이다. 3성급 수준이라 수영장은 없으나, 객실에 발코니가 딸려 있고 메콩 강이 내려다보인다. 아침식사가 기본으로 제공된다.

센트럴 플라자 호텔 Central Plaza Hotel ★★★★

Map P.170 주소 Đường 30/4(Ba Mươi Tháng Tư) **전화** 0273-3933-839 **홈페이지** www.centralplazahotel.vn **요금** 슈피리어 US$60, 딜럭스 US$80 **가는 방법** 강변도로(4월 30일 거리)에 있다.

강변도로에 있는 4성급 호텔이다. 메콩 강을 조망할 수 있어 위치가 좋다. 106개 객실을 보유한 대형 호텔로 수영장도 갖추고 있다. 객실은 26㎡ 크기로 발코니가 딸려 있다. 객실 위치에 따라 시티 뷰, 레이크 뷰, 리버 뷰로 구분된다.

Special Travel

메콩 델타 투어

● 메콩 강 Mekong River

티베트에서 발원해 중국 윈난성, 미얀마, 라오스, 태국, 캄보디아, 베트남을 거쳐 남중국해까지 4,180㎞를 흐른다. 세계에서 12번째로 긴 강으로 나라마다 부르는 이름도 제각각이다. 메콩은 태국어인 '매콩'에서 유래했으며, 중국에서는 란창강(瀾滄江), 베트남에서는 꿍끄으롱(九龍江) Sông Cửu Long이라고 부른다. 끄으롱은 구룡(九龍)을 뜻한다. 베트남을 흐르는 메콩 강은 200~250㎞로 강줄기가 여러 갈래로 갈라지면서 흐르는 강물이 마치 아홉 마리의 용이 꿈틀거리는 것 같다 하여 붙인 이름이다.

메콩 강은 캄보디아의 수도인 프놈펜 앞을 지나며 크게 두 갈래로 갈라진다. 오른쪽(앞쪽)으로 흐르는 강은 메콩 강의 큰 물줄기로 베트남에서는 전강(前江)이라 하여 띠엔장 Tiền Giang(또는 Sông Tiền)이라고 부른다. 띠엔장은 메콩 델타의 6개 성(동탑 Đồng Tháp, 안장 An Giang, 띠엔장 Tiền Giang, 빈롱 Vĩnh Long, 벤쩨 Bến Tre, 짜빈 Trà Vinh)을 관통하며 여러 개의 지류로 갈라져 동해(남중국해)로 흘러들어간다.

프놈펜에서 갈라진 메콩 강의 왼쪽(뒤쪽) 강물은 바싹 강 Bassac River이 된다. 베트남에서는 후강(後江)이라 하여 허우장 Hậu Giang(또는 Sông Hậu)이라 부른다. 캄보디아-베트남 국경과 인접한 쩌우독 Châu Đốc을 지나 롱쑤옌 Long Xuyên, 껀터 Cần Thơ, 쏙짱 Sóc Trăng을 거쳐 동해(남중국해)로 유입된다.

베트남 남부의 메콩 강 유역의 곡창 지대는 메콩 델타 Mekong Delta, 즉 메콩 삼각주라고 부른다. 메콩 강의 베트남 이름을 따서 끄으롱 델타(Đồng Bằng Sông Cửu Long)라고 표기하는 경우도 있다. 메콩 델타의 평균 해발은 2m로 평탄한 지형이다. 메콩 강 하류의 수위 조절은 똔레쌉 Tonle Sap(동남아시아에서 가장 큰 담수호)에 의해 자연적으로 이루어진다. 우기 때 강물이 늘어나면 캄보디아 내륙에 있는 호수로 메콩 강 강물이 역류해 흘러들기 때문이다.

메콩 델타 투어

메콩 델타는 대중교통보다는 투어가 저렴하고 편리하다. 버스를 타고 특정한 도시로 이동하는 건 어렵지 않지만 필요할 때마다 보트를 대여하려면 시간과 경비가 많이 들게 마련이다. 이런 어려움은 호찌민시에 있는 여행사에서 출발하는 메콩 투어에서 해결해준다. 투어는 짧게 1일 투어부터 길게는 2박 3일 일정으로 진행된다. 베트남을 거쳐 캄보디아까지 횡단하는 여행자들을 위해 프놈펜까지 가는 상품도 있어서 편리하다. 요금은 인원과 호텔, 보트의 종류, 식사 내용에 따라 다양하다. 코로나 팬데믹 이후 투어가 소규모로 진행되면서 요금이 인상되고 있다. 저렴한 투어들은 선풍기 방을 사용하니 예약할 때 호텔 수준과 포함 내용을 확인해두자. 아래 요금은 단체 투어를 기준으로 한 1인 요금이다. 호찌민시에 있는 여행사는 P.93 참고.

꾸찌 터널+메콩 델타 1일 투어(US$30~35)

호찌민시 → 꾸찌 터널 → 미토 → 호찌민시

시간이 빠듯한 여행자를 위한 맞춤 투어. 오전에 꾸찌 터널을 방문하고 오후에는 미토에 들러 쪽배를 타고 메콩 강 지류를 둘러본다. 오후 6시경에 호찌민시로 돌아온다.

미토 1일 투어(US$19~25)

호찌민시 → 미토 → 벤쩨 → 호찌민시

메콩 델타의 맛보기 투어로 인기가 높다. 호찌민시에서 차로 2시간 거리인 미토로 이동해서 메콩 강에 형성된 네 개의 섬을 둘러본다. 꼰떤롱 Cồn Tân Long(Dragon Island), 꼰터이썬 Cồn Thới Sơn(Unicorn Island), 꼰풍 Cồn Phụng(Phoenix Island), 꼰꾸이 Cồn Qui(Tortoise Island) 섬을 방문해 코코넛 캔디, 벌꿀 농장, 열대 과일 농장을 들른다. 호찌민시로 다시 돌아와야 하는 일정이어서 메콩 델타의 풍족함을 제대로 느끼기에는 부족하다. 노 젓는 쪽배 타는 재미에 위안을 삼자.

빈롱 1일 투어(US$30~45)

호찌민시 → 까이베 수상시장 → 빈롱 → 호찌민시

껀터에 있는 수상시장을 가려면 1박 2일이 소요되기 때문에, 이를 대신해 당일치기로 갔다올 수 있는 까이베 수상시장을 방문하는 코스다. 메콩 강의 섬들 지류로 연결되기 때문에 보트를 타고 이동하며 열대 과일 농장과 수공예품 마을을 들른다. 미토에 비해 멀기 때문에 일정이 빠듯하다. 빈롱은 홈스테이가 가능한 곳이라 1박 2일 일정이 더 어울리는 투어다.

미토 & 껀터 1박 2일 투어(US$70~90)

호찌민시 → 미토 → 벤쩨 → 껀터 → 호찌민시

메콩 델타를 둘러보는 가장 기본적인 일정이다. 메콩 강 유람과 수상시장, 메콩 강변의 도시를 골고루 체험할 수 있다. 첫날은 벤쩨를 거쳐 껀터에서 1박 한다. 둘째날은 까이랑 수상시장을 방문하고 미토를 거쳐 호찌민시로 돌아온다.

쩌우독 & 프놈펜 1박 2일 투어(US$75~90)

호찌민시 → 까이베 수상시장 → 빈롱 → 롱쑤옌 → 쩌우독 → 프놈펜

1박 2일 일정으로 메콩 델타를 거쳐 캄보디아로 빠져나가는 투어다. 이동 거리에 비해 시간이 많지 않기 때문에 껀터를 들르지 않는다. 첫날은 까이베 수상시장을 방문하고 빈롱에서 롱쑤옌까지 차로 이동한 다음, 보트로 갈아타고 쩌우독까지 크루즈를 즐긴다. 둘째날은 오전에 노 젓는 배를 타고 쩌우독 주변의 수상가옥 마을을 방문하고, 보트를 이용해 캄보디아 국경으로 이동한다. 프놈펜까지 스피드 보트를 타거나, 중간에 버스로 갈아타느냐에 따라 요금이 달라진다. 캄보디아 비자 수수료(US$30)는 별도다.

껀터 & 쩌우독 2박 3일 투어(US$85~125)

호찌민시 → 미토 → 벤쩨 → 껀터 → 롱쑤옌 → 쩌우독 → 호찌민시

메콩 델타의 주요 도시를 모두 둘러보는 투어다. 첫날은 미토에서 벤쩨를 거쳐 껀터까지 이동한다. 둘째날은 까이랑 수상시장을 방문하고 롱쑤옌을 거쳐 쩌우독까지 이동한다. 셋째날은 쩌우독 주변의 수상가옥 마을, 무슬림 마을, 쌈산을 여행하고 호찌민시로 돌아온다. 미토와 벤쩨 대신 까이베와 빈롱을 방문하는 2박 3일 투어도 가능하다.

메콩 델타 횡단 2박 3일 투어(US$110~145)

호찌민시 → 미토 → 벤쩨 → 껀터 → 롱쑤옌 → 쩌우독 → 프놈펜

껀터 & 쩌우독 2박 3일 투어와 흡사하지만, 셋째날 오후에 캄보디아로 이동한다. 프놈펜까지 가는 보트의 종류에 따라 요금이 달라진다. 캄보디아 비자 수수료(US$30)는 불포함이다.

Vĩnh Long

빈롱

강을 끼고 형성된 전형적인 메콩 델타 도시다. 빈롱은 빈롱 성(省)의 성도로 띠엔장(메콩 강)에서 갈라진 꼬찌엔 강 Co Chien River(Sông Cổ Chiên)이 도시 북쪽을 흐른다. 호찌민시에서 1일 투어로 미토를 많이 다녀가지만, 빈롱 또한 투어가 발달해 외국인들이 지속적으로 유입된다. 미토보다 멀긴 하지만 도시 분위기가 좋고 강변의 재래시장도 흥겨운 분위기라 활기가 넘친다. 강변을 걷다보면 자연스레 풍요롭다는 느낌을 받게 된다. 풍족함 때문인지 외국인에게 친절하며 바가지요금도 흔치 않다. 빈롱을 한자로 풀면 오래도록 풍성하다는 뜻의 '영륭 永隆'이 된다.

까이베 수상시장, 메콩 강에 형성된 섬들 사이를 흐르는 미로처럼 연결된 수로, 열대 과일 농장까지 메콩 델타 분위기가 물씬 풍긴다. 보트 투어와 연계해 자전거를 타고 여행하기 좋다. 도시를 벗어난 전원에서의 홈스테이는 메콩 델타의 전원과 일상생활을 체험할 수도 있다. 개별적으로 얼마든지 여행이 가능하다. 호찌민시에서 출발하는 투어를 이용해 스쳐가지 말고, 하루 정도 머물며 메콩 델타 사람들과 어울려보자.

인구 21만 3,252명 | 행정구역 빈롱 성 Tỉnh Vĩnh Long 빈롱 시 Thành Phố Vĩnh Long | 면적 48㎢ | 시외국번 0270

Information
여행에 유용한 정보

은행·환전
호앙타이히에우 거리 Đường Hoàng Thái Hiếu에 비엣콤 은행, 비엣인 은행, ACB 은행이 지점을 운영하고, 2월 3일 거리에는 사콤 은행이 있다.

여행사·보트 투어
빈롱에서 투어를 주관하는 회사는 끄으롱 투어리스트 Cửu Long Tourist이다. 끄으롱 호텔 1층에 사무실을 운영한다. 까이베 수상시장(약 3시간 소요)을 다녀오는 보트 요금은 US$25, 주변 섬들을 함께 둘러보는 4시간짜리 투어는 US$30이다. 선착장 주변에서 개별적으로 보트를 흥정할 경우 US$20 정도에 투어가 가능하다. 호찌민시에서 출발하는 메콩 델타 투어는 P.174 참고.

끄으롱 투어리스트
주소 Đường 1 Tháng 5(1/5 Street)
전화 0270-3823-616, 0270-3823-529
홈페이지 www.cuulongtourist.com

빈롱 시내에 있는 시내버스 터미널

Access
빈롱 가는 방법

빈롱 버스 터미널 Bến Xe Vĩnh Long은 시내 중심가에서 3㎞ 떨어진 1A번 국도에 있다. 노선은 호찌민시(미엔떠이 버스터미널)와 껀터로 한정되어 있다. 호찌민시까지는 오전 4시 30분부터 오후 4시 30분까지 운행되며, 편도 요금은 12만~14만 VND이다. 프엉짱 버스(홈페이지 www.futabus.vn)와 마이린 버스(홈페이지 www.mailinhexpress.vn) 두 개 회사에서 운행한다.

껀터로 갈 때는 시내버스 Xe Buýt Vĩnh Long - Cần Thơ를 타도된다. 시내에 있는 구 버스 터미널 Bến Xe Khách Thành Phố Vĩnh Long에서 출발한다. 오전 5시 30분부터 30~40분 간격으로 운행되며, 편도 요금 2만 3,000VND이다. 껀터까지는 33㎞ 떨어져 있다.

Transportation
시내 교통

빈롱 시내는 크지 않기 때문에 걸어 다닐 만하다. 강 건너에 있는 안빈은 선착장에서 페리를 타고 간다(편도 요금 2,000VND). 안빈 지역은 홈스테이 숙소에서 자전거를 빌려 둘러보면 좋다. 까이베 수상시장은 보트 투어로 다녀와야 한다.

Attractions

빈롱의 볼거리

빈롱의 볼거리도 역시나 메콩 강이다. 풍족함이 느껴지는 도시는 강변을 거닐며 시장을 보는 것만으로도 충분하다. 보트를 타고 까이베 수상시장을 다녀오거나, 자전거를 타고 안빈을 여행하는 것이 빈롱의 하이라이트이다.

Map P.180-B1

빈롱 시장 ★★

Vinh Long Market
Chợ Vĩnh Long

주소 Đường Hùng Vương **운영** 매일 06:00~20:00 **가는 방법** 강변 도로와 가까운 훙브엉 거리 일대에 시장이 형성된다.

도시 규모에 비해 시장이 크다. 상설 시장과 주변 도로를 가득 점령한 상인들로 인해 흥겹다. 메콩 강에서 잡힌 생선과 곡창지대에서 생산된 쌀, 과일, 채소가 가득해 풍요로운 느낌이다. 때문에 싱싱한 과일과 채소를 저렴하게 구입할 수 있다. 강변과 접해 있으므로 메콩 강 주변을 거닐다 들르면 된다.

Map P.180-B1

티엔허우 사원(天后廟) ★

Thien Hau Pagoda
Chùa Thiên Hậu

주소 64 Đường 30 Tháng 4(30/4 Street) **운영** 매일 06:00~17:00 **요금** 무료 **가는 방법** 4월 30일 거리에 있는 인민위원회 청사(시청) 맞은편에 있다.

빈롱에 정착한 화교들이 건설한 향우회관이다. 티엔허우를 모신 사당을 만들면서 사원 기능을 함께 수행하고 있다. 티엔허우는 중국 남방에서 추앙받는 인물로 안전한 항해를 돕는 바다의 여신이다. 사당 내부에는 티엔허우와 함께 관음보살, 관우 동상을 모시고 있다. 호찌민시 쩌런이나 호이안에 있는 향우회관과 동일한 구조이다.
입구에는 '빈롱시 화인회 永隆市華人會'라고 적혀 있고, 사원 입구 현판에는 '광진회관 廣肇會館'이라고 적혀 있다.

항상 분주한 빈롱 시장

메콩 투어에 참여한 투어리스트 보트

티엔허우 사원

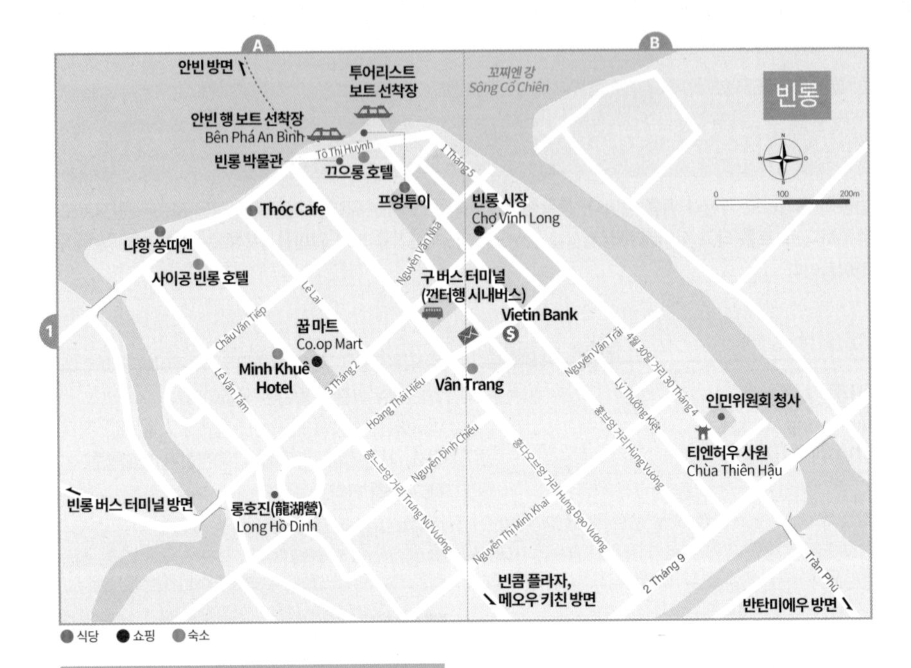

반탄미에우(文聖廟) ★
Văn Thánh Miếu

주소 Đường Trần Phú **요금** 무료 **가는 방법** 빈롱 시내에서 남쪽으로 4㎞ 떨어져 있다.

문성(文聖)은 '문(文)'을 완성한 공자를 의미하며, 문성묘는 공자를 모신 사당이다. 유교 전통이 강했던 북부 베트남에 비해 유교 문화가 크게 영향을 미치지 못한 남부 베트남에 만든 공자 사당이라 독특한 느낌이다. 하노이에 있는 문묘(P.437)와 동일한 개념이지만 규모는 현저하게 작다. 공원처럼 만든 부지에 사당 하나가 세워져 있을 뿐이다. 찾는 사람이 거의 없어 쓸쓸하다.

안빈 An Bình ★★★☆

주소 Huyện Long Hồ, Xã An Bình **가는 방법** 또티후인 거리 Đường Tô Thị Huỳnh에 있는 안빈 행 선착장 Bến Phá An Bình에서 보트로 5분.

안빈은 메콩 강의 지류에 의해 생긴 섬으로 빈롱에서 가장 가까운 곳이다. 까이베–빈롱 투어에 참여하면 들르는 곳 가운데 하나다. 빈롱 시내에서 페리가 연결되기 때문에 투어가 아니어도 쉽게 방문할 수 있다.

페리에 자전거를 싣고 강을 건너서 과수원이 가득한 길을 따라 천천히 둘러보면 된다. 안빈 선착장 바로 앞에 있는 띠엔쩌우 사원(仙洲寺) Tien Chau

반탄미에우(문성묘)

강 건너에 있는 안빈 마을 입구

Pagoda(Chùa Tiên Châu)부터 콜로니얼 양식의 교회, 수로에 의해 얽히고설킨 길과 전원 풍경, 친절한 현지인들을 만날 수 있다. 전원생활을 만끽하고 싶다면 홈스테이(P.183)를 해도 된다.

자전거 타기 좋은 곳, 안빈

까이베 수상시장 ★★★☆
Cai Be Floating Market
Chợ Nổi Cái Bè

주소 Huyện Cái Bè, Tỉnh Tiền Giang **가는 방법** 빈롱에서 보트로 1시간.

까이베는 메콩 강에 형성되는 수상시장 때문에 유명한 마을이다. 호찌민시에서 껀터(P.184)까지 갈 만한 시간적 여유가 없을 경우 그 대안이 되는 곳이다. 보트에 물건을 가득 싣고 강 위에서 상거래가 이루어진다. 새벽 5시부터 저녁때까지 수상시장이 형성되지만 아무래도 아침시간이 활기차다. 강변에 가톨릭 교회가 있어서 분위기가 이국적이다.
행정구역 상으로는 띠엔장 성에 속해 있지만, 미토보다는 빈롱이 더 가깝다. 호찌민시에서 출발하는 투어에 관한 자세한 내용은 P.174 참고.

가톨릭 교회와 수상시장이 어우러지는 까이베 수상시장

Restaurant
빈롱의 레스토랑

도시 규모에 비해 대단한 레스토랑은 보기 힘들다. 소규모 서민식당이 대부분이며, 저렴한 식사는 빈롱 시장의 노점에서 해결할 수 있다.

메오우 키친 ★★★☆
Mèo Ú Kitchen

Map P.180-B1 주소 60 Mậu Thân **전화** 0270-2220-168 **홈페이지** www.meoukitchen.vn **영업** 07:00~22:00 **메뉴** 영어, 베트남어 **예산** 6만~11만 VND **가는 방법** 시내 중심가에서 남서쪽으로 2.6㎞ 떨어진 머우턴 거리 60번지에 있다.

현지 젊은이들에게 인기 있는 카페를 겸한 레스토랑이다. 넓은 야외 공간과 냉방 시설을 갖춰 쾌적한 환경을 유지하는 덕이다. 볶음밥, 비빔밥, 떡볶이, 닭고기덮밥, 카레 덮밥, 데리야키 치킨, 오코노미야키 같은 한국·일본 음식을 요리한다. 장사가 잘돼서 확장 이전했는데, 시내 외각으로 옮겨서 오가기 불편해졌다.

톡 카페 Thóc Cafe ★★★

Map P.180-A1 **주소** 19 Lê Lai **홈페이지** www.facebook.com/thoccafevinhlong **영업** 07:00~22:00 **메뉴** 영어, 베트남어 **예산** 3만~6만 VND **가는 방법** 레라이 거리 19번지에 있다. 빈롱 시장에서 500m 떨어져 있다.

강변과 가까운 곳에 있는 카페. 특별할 건 없지만 시내에 있어 오다가다 들리기 좋다. 2층에서는 강 풍경도 내려다보인다. 반미 Bánh Mì(바게트 샌드위치), 껌떰쓰언 Cơm Tấm Sườn(돼지고기 덮밥), 후띠에우 Hủ Tiếu(쌀국수) 같은 간단한 식사도 가능하다.

프엉투이 레스토랑 Phuong Thuy Restaurant Nhà Hàng Phương Thuỷ ★★★

Map P.180-A1 **주소** 1 Phan Bội Châu **전화** 0270-3824-786 **영업** 매일 10:00~23:00 **메뉴** 영어, 베트남어 **예산** 12만~35만 VND **가는 방법** 끄으롱 호텔 맞은편의 투어리스트 보트 선착장 옆에 있다.

메콩 강변에 있는 대형 레스토랑이다. 전형적인 투어리스트 레스토랑으로 다양한 베트남 음식을 요리한다. 단체 여행객들이 즐겨 찾기 때문에 북적거린다. 강변의 한적한 풍경을 즐기려면 바쁜 시간을 피해야 한다. 아침 시간에는 끄으롱 호텔 투숙객들의 조식 뷔페로 운영된다.

빈콤 플라자 Vincom Plaza ★★★

Map P.180-B1 **주소** 55 Phạm Thái Bường **홈페이지** www.vincom.com.vn **영업** 10:00~21:00 **예산** 8만~29만 VND **가는 방법** 빈롱 시장에서 1.5㎞ 떨어져 있다.

베트남의 대표적인 쇼핑몰인 '빈콤'에서 운영하는 현대적인 쇼핑몰. 편의점, 마트, 의류, 신발, 화장품, 서점, 영화관까지 입점해 있다. 식사는 두끼 Dookki, 킹 BBQ, 고기 하우스 Gogi House, 졸리비 Jollibee, 하일랜드 커피 Highlands Coffee, 푸드 코트를 이용하면 된다.

Hotel 빈롱의 호텔

미토와 벤쩨에 비해 여행자들을 위한 숙박 시설이 다양하다. 빈롱의 호텔들은 강변이 아닌 시내 중심가에 있어 특별한 전망은 없지만 저렴하고 깨끗하다. 강 건너에 있는 안빈은 메콩 델타에서 홈스테이 체험을 해볼 수도 있는 곳으로 메콩 강에 형성된 섬에서 친절한 현지인들과 시간을 보내게 된다. 빈롱 시내와 가깝기 때문에 투어가 아니더라도 홈스테이가 가능하다. 가정집에 머물긴 하지만 게스트하우스 분위기로 시설은 기본적이다.

민퀘 호텔 Minh Khuê Hotel ★★★☆

Map P.180-A1 **주소** 38 Trưng Nữ Vương **전화** 0270-3826-688 **홈페이지** www.facebook.com/minhkhuehotel **요금** 더블 35만~50만 VND **가는 방법** 쯩느브엉 거리 38번지에 있다. 같은 거리에 있는 응우롱 호텔 Ngũ Long Hotel을 바라보고 왼쪽에 있다.

시내에 있는 미니 호텔이다. 객실은 위치에 조금씩 다르지만 대체적으로 넓고 깨끗하다. 도로 쪽 방들은 발코니도 딸려 있다. 모든 객실은 TV, 냉장고, 개인 욕실 등 기본적인 시설을 갖추고 있다. 꿉 마트가 가까워 편리하고, 메콩 강과도 200m 떨어져 있다. 시내 중심가에 있는 비슷한 가격대의 호텔 중에 그나마 가성비가 괜찮은 곳이다.

끄으롱 호텔 Cuu Long Hotel ★★★
Khách Sạn Cửu Long

Map P.180-A1 주소 Đường 1 Tháng 5(1/5 Street) **전화** 0270-3823-656 **요금** 트윈 44만~58만 VND(에어컨, 개인욕실, TV, 냉장고, 아침식사) **가는 방법** 강변 도로(또티후인 거리)에 있는 투어리스트 보트 선착장 맞은편에 있다.

메콩 강변에 있는 2성급 호텔이다. 빈롱의 대표적인 중급 호텔로 단체 투어 팀이 즐겨 묵는다. 강변에 있어 지리적으로 편리할 뿐 특별함은 없다. 객실이 넓은 편으로 구관보다는 신관의 시설이 좋다. 정부에서 운영하는 호텔로 끄으롱 투어리스트를 함께 운영한다.

사이공 빈롱 호텔 ★★★★
Khách Sạn Sài Gòn Vĩnh Long

Map P.180-A1 주소 2 Trưng Nữ Vương **전화** 0270-3879-988, 0270-3879-989 **홈페이지** www.saigonvinhlonghotel.com **요금** 슈피리어 US$54, 딜럭스 US$65(에어컨, 개인욕실, TV, 냉장고, 아침식사) **가는 방법** 강변과 가까운 쯩느브엉 거리 2번지에 있다.

전국 주요 도시에 호텔을 운영하는 사이공 호텔의 빈롱 지점이다. 2018년도에 지어진 4성급 호텔로 수영장을 갖추고 있다. 슈피리어 룸은 시티 뷰, 그랜드 딜럭스 룸은 리버 뷰이니 객실 크기와 전망을 고려해 예약하자. 시내 중심가라 관광하기도 편리하다.

남탄 홈스테이 ★★★
Nam Thanh Homestay

주소 172/9 Bình Lương, An Bình **전화** 0270-3858-883 **요금** 더블 US$16~20(선풍기, 공동욕실, 아침 식사) **가는 방법** 안빈 선착장 앞에 있는 띠엔쩌우 사원(Chùa Tiên Châu)을 바라보고 왼쪽 길로 300m 떨어져 있다. 미리 전화하면 선착장으로 픽업 나온다.

안빈 선착장에서 가장 가까운 홈스테이다. 친절한 베트남 가족이 운영하며 정원과 과수원이 주변에 가득하다. 객실은 침대와 모기장이 설치돼 있으며 욕실은 공동으로 사용해야 한다. 에어컨을 사용할 경우 US$4를 추가로 받는다. 정원에 해먹을 설치하고 휴식 공간으로 꾸몄다. 조식을 기본 포함하며, 저녁 식사는 원할 경우 미리 주문해야 한다. 쿠킹 클래스(요금 15만 VND)를 별도로 운영하는데, 총 6가지 음식을 만들어보고 저녁식사를 해결할 수도 있다. 수상 시장을 방문하는 보트 투어도 운영한다.

응옥프엉 홈스테이 ★★★☆
Ngoc Phuong Homestay

주소 118C/10 Bình Lương, An Bình **전화** 0703-950-857, 090-9201-828 **요금** 더블 US$18(선풍기, 공동욕실, 아침식사), 방갈로 US$24(선풍기, 개인욕실, 아침식사) **가는방법** 강 건너 안빈 선착장에서 도보 10분. 남탄 홈스테이를 지나 응옥쌍 홈스테이에 못 미쳐서 중간에 있다.

베트남 가족이 운영하는 홈스테이 분위기의 게스트하우스. 안빈 선착장과 가까워 편리하다. 객실은 선풍기에 침대, 모기장, 공동욕실까지 주변의 홈스테이와 비슷한 구조지만, 독립된 방갈로가 있어 시설이 좀 더 좋다. 조식이 기본 제공되지만 저녁 식사는 별도 요금을 받는다. 자전거를 무료로 사용할 수 있다. 인접한 응옥쌍 홈스테이 Ngoc Sang Homestay를 함께 운영한다.

바린 홈스테이 ★★★☆
Ba Linh Homestay

주소 112/8 An Thanh, An Bình **전화** 0270-3858-683 **홈페이지** www.facebook.com/BaLinhHomestay **요금** 더블 US$18~22(선풍기, 개인욕실, 아침식사), 3인실 US$28달러(선풍기, 개인욕실, 아침식사) **가는 방법** 메콩 강 건너편 안빈 선착장에서 동쪽으로 3㎞ 떨어져 있다.

메콩 강을 건너면 있는 안빈 지역의 홈스테이 숙소. 선착장에서 조금 떨어져 있어 오가기 불편하지만 다른 홈스테이에 비해 시설이 좋다. 숙소는 방이 연속해 있는 롱 하우스 형태의 단층 목조 건물이다. 객실 내부는 타일과 벽돌을 이용해 아늑하게 꾸몄고, 개별 욕실을 마련했다.

껀터

메콩 델타 최대의 도시로 베트남 남부의 수도 역할을 한다. 메콩 델타의 중심부에 자리한 지리적인 이점을 바탕으로 상업의 중심지로 성장했다. 베트남에 있는 다섯 개의 직할시 중의 하나로 승격했으며 지속적인 인구 유입으로 인해 다낭을 제치고 4대 도시로 성장했다. 인구 100만 도시라고는 하지만 여전히 중소도시 분위기가 느껴진다. 호찌민시에 비해 도심은 번잡하지 않다. 메콩 강줄기인 허우장 Hậu Giang(바싹 강 Bassac River)에 연해 형성된 도시라 풍요롭다.

껀터의 볼거리는 주변의 수상시장이다. 메콩 델타에서 가장 큰 규모를 자랑하는 까이랑 수상시장 Cai Rang Floating Market(Chợ Nổi Cái Răng)이 6㎞ 거리에 있다. 쪽배를 저어 강을 건너는 현지인의 모습, 좌판을 벌인 상인들로 가득한 시장통의 북적거림, 강변 도로를 따라 이어진 여유로운 풍경도 괜찮다. 여행자들에게는 메콩 델타 여행의 '허브 도시'로 인식된다. 투어에 참여했다면 호찌민시로 돌아가든 캄보디아로 넘어가든 상관없이 껀터에서 하루를 보내야 하기 때문이다. 껀터 대교 Can Tho Bridge(Cầu Cần Thơ)가 완성되면서 여행이 한결 수월해졌다.

인구 156만 9,301명 | **행정구역** 껀터 직할시 Thành Phố Cần Thơ | **면적** 1,408㎢ | **시외국번** 0292

Information

여행에 유용한 정보

여행사·보트 투어

껀터 지역 투어를 총괄하는 여행사는 껀터 투어리스트 Can Tho Tourist이다. 까이랑 수상시장만 방문하는 3시간짜리 보트 투어는 US$30, 퐁디엔 수상시장까지 방문하는 5시간짜리 투어는 US$40~50이다. 게스트하우스와 호텔에서도 투어 예약이 가능한데, 저렴한 단체 투어는 US$20~25 정도 예상하면 된다.
닌끼에우 투어리스트 선착장 Bến Tàu Du Lịch Ninh Kiều 주변에서 개별적으로 보트를 섭외할 경우 1시간에 US$5 정도에 흥정이 가능하다. 수상시장을 제대로 보려면 아침 일찍 출발해야 한다. 호찌민시에서 출발하는 투어는 P.174 참고.

껀터 투어리스트 보트 선착장

껀터 투어리스트
주소 10 Hai Bà Trưng
전화 0292-3821-854, 0292-3824-221
홈페이지 www.canthotourist.vn

지리 파악하기

껀터의 메인 도로는 시내 중심가를 가로지르는 다이로호아빈(호아빈 대로) Đại Lộ Hòa Bình이다. 강변 도로를 따라 껀터 시장, 보트 선착장, 닌끼에우 공원 Công Viên Ninh Kiều이 가지런히 들어서 있다. 닌끼에우 공원에 있는 호찌민 동상은 껀터의 랜드마크 역할을 해준다. 여행자들이 선호하는 호텔과 레스토랑은 강변 도로인 하이바쯩 거리 Đường Hai Bà Trưng에 몰려 있다.

Access

껀터 가는 방법

호찌민시(미엔떠이 버스 터미널)는 물론 메콩 델타의 모든 도시를 연결하기 때문에 교통이 편리하다. 호찌민시와 주변 도시로 가는 버스는 시 외곽에 있는 껀터 중앙 버스 터미널을 이용해야 한다.

항공

공식 명칭은 껀터 국제공항 Can Tho International Airport(Sân Bay Quốc Tế Cần Thơ)이다. 호찌민시와 가까워 항공 노선은 많지 않다. 국내선은 베트남항공과 비엣젯항공에서 냐짱, 다낭, 달랏, 하이퐁, 하노이 노선을 취항한다. 국제선은 비엣젯항공에서 껀터↔인천 구간을 주 3회 운항한다. 공항에서 시내까지는 11㎞ 떨어져 있다. 공항버스는 없고 택시(편도 요금 15만~20만 VND)를 타고 시내까지 이동해야 한다.

껀터 국제공항
주소 179B LêHồng Phong, TP. Cần Thơ
전화 0292-3844-301
홈페이지 www.vietnamairport.vn/canthoairport

껀터 국제공항

버스

껀터에는 버스 터미널이 두 곳 있다. 하나는 장거리 버스가 출발하는 곳으로 1A번 국도(Quốc Lộ 1A)에 있는 껀터 중앙 버스 터미널 Bến Xe Khách Trung Tâm Thành Phố Cần Thơ이다. 버스 시설도 좋고 운행 편수도 가장 많은 프엉짱 버스 Phương Trang(홈페이지 www.futabus.vn)를 이용할 수 있고, 호찌민시(1시간 간격 수시 운행, 4~5시간 소요, 편도 요금 18만~24만 VND), 쩌우독(06:00~20:00 1일 11회 운행, 4시간 소요, 편도 요금 17만 VND), 달랏(07:00~22:00, 1일 8회 운행, 11시간 소요, 편도 요금 44만 VND)행 버스가 출발한다. 시내에서 터미널까지 5~6㎞ 떨어져 있는데, 미니밴으로 무료 픽업 서비스를 제공한다. 버스표는 시내에 있는 호텔이나 여행사에서 예약하면 된다. 반대로 껀터 터미널에서 시내로 들어갈 때도 프엉짱 버스에서 운영하는 무료 미니밴을 이용하면 된다.

껀터 중앙 버스 터미널의 프엉짱 버스 대합실

다른 하나는 시내와 가까운 버스 터미널(91B 버스 터미널) Bến Xe Khách Cần Thơ(Bến Xe 91B)로 응우옌반린 거리(주소 36 Nguyễn Văn Linh)에 있다. 껀터 근교를 오가는 완행버스 터미널로 이용되는데, 껀터→빈롱행 시내버스(편도 요금 2만 3,000VND)를 이곳에서 타면 된다. 껀터 대교를 거쳐 빈롱 시내에 있는 버스 터미널까지 운행된다 (P.178 참고).

Best Course

껀터 추천 코스

껀터에서 가장 중요한 볼거리는 수상시장이다. 아침 일찍 까이랑 수상시장을 다녀온 다음, 오후에 껀터 시내를 둘러보면 된다. 강변 도로를 따라 껀터 시장부터 광둥 회관까지 도보로 여행한다.

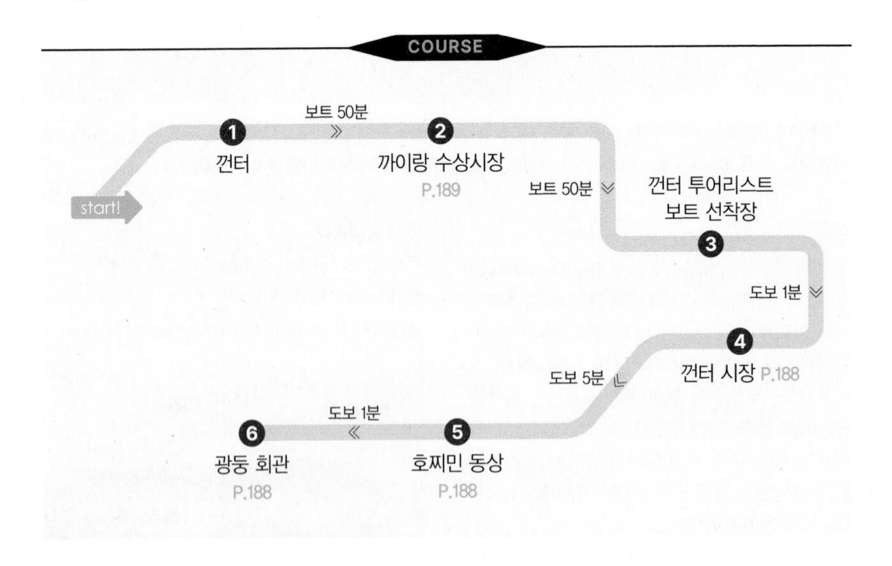

1. **위미 러스틱(카페)** A2
2. **꽌껌** 16 Quán Cơm 16 A2
3. **Helios' Cocktail** B1
4. **싸오홈 레스토랑** B2
   Sao Hom Restraurant
5. **프엉남** Phương Nam,
   메콩 레스토랑(메콩 인)
   Mekong Restaurant B1
6. **하일랜드 커피** B1
7. **카페 로터스** Cafe Lotus B1
8. **레스칼 레스토랑** B2

1. **탄하 게스트하우스** A2
   Thanh Hà Guest House
2. **루비 CT 호텔** B2
   Ruby CT Hotel
3. **후이호앙 호텔** B2
   Huy Hoang Hotel
4. **호텔 31** Hotel 31 B2
5. **윙크 호텔** B2
   Wink Hotel
6. **사이공 껀터 호텔** B2
   Saigon Can Tho Hotel
7. **닌끼에우 2** A1
   Ninh Kiều 2
8. **남보 부티크 호텔** B2
   Nam Bo Boutique Hotel
9. **떠이호 호텔** B2
   Tây Hồ Hotel
10. **인터내셔널 호텔** B1
    International Hotel
11. **낌터 호텔** B1
    Khách Sạn Kim Thơ
12. **TTC 호텔** TTC Hotel B1
13. **닌끼에우 호텔** B1
    Ninh Kiều Hotel
14. **탄투이 호텔** B2
    Thanh Thuy Hotel
15. **낌롱 호텔** B2
    Kim Long Hotel
16. **허우장 호텔** A2
    Hậu Giang Hotel
17. **웨스트 호텔** B2
    West Hotel
18. **라이트하우스** B2
    The Lighthouse
19. **Mekong 69 Hostel** B1
20. **Midmost Boutique Hostel** A1

● 식당 ● 쇼핑 ● 숙소

메콩 델타 최대의 수상시장인 까이랑 수상시장. 판매하는 물건을 장대에 걸어서 식별하도록 했다.

도시 자체는 대단한 볼거리가 없고, 인접한 수상시장이 볼 만하다. 남는 시간에 강변을 거닐며 광둥 회관과 호찌민 동상 앞에서 기념사진을 찍으면 된다.

Map P.187-B2

호찌민 동상 ★★

Statue Of Ho Chi Minh
Tượng Đài Hồ Chí Minh

주소 Đường Hai Bà Trưng **운영** 24시간 **요금** 무료 **가는 방법** 강변의 닌끼에우 공원에 있다.

메콩 강변의 작은 공원에 세운 호찌민 동상이다. 껀터의 이정표 역할을 해준다. 은색으로 칠해져 있던 '호 아저씨' 동상은 오즈의 마법사를 연상케 했는데, 황동색으로 옷을 갈아입으면서 근사해졌다. 기념사진을 찍거나 공원에 휴식하러 오는 사람들이 대부분이다.

Map P.187-B1

광둥 회관(廣東會館) ★★

Guangdong Assembly Hall(Ong Pagoda)
Hội Quán Quảng Đông(Chùa Ông)

주소 32 Hai Bà Trưng **운영** 매일 07:00~18:00 **요금** 무료 **가는 방법** 강변 도로의 호찌민 동상 맞은편에 있다.

껀터에 정착한 광둥성 상인들이 지역민의 친목 도모를 위해 만든 향우회관이다. 1896년에 건설했다. 현판에는 광둥회관이 아니라 '광진회관(廣肇會館)'이라고 적혀 있다. 관우 동상과 티엔허우 동상을 함께 모시고 있어 사당과 사원의 역할을 함께 수행한다. 본당 정중앙에 관성대제(關聖大帝)를 모시고 있는데, 관성대제는 도교에서 관우를 신격화한 것이다. 관우는 용맹함의 상징과 더불어 재력의 신으로 여겨지기 때문에 해상 교역을 하던 중국 상인들에게 신성시된다. 티엔허우(天后聖母) Thiên Hậu는 중국 남방에서 신성시되는 여신으로 바다의 안전한 항해를 관장한다.
천장은 소원을 빌며 걸어 둔 스프링 모양의 향으로 가득 채워져 있다. 관우 사당이라는 의미로 꽌꽁미에우(關公廟) Quan Công Miếu라고 불리기도 한다. 꽌꽁은 관우를 높여 부르는 관공(關公)의 베트남식 발음이다.

Map P.187-B2

껀터 시장 ★★

Can Tho Market
Chợ Cần Thơ

주소 71 Hai Bà Trưng **운영** 매일 08:00~20:00 **가는 방법** 강변의 닌끼에우 투어리스트 보트 선착장 Bến Tàu Du Lịch Ninh Kiều 옆에 있다.

호찌민시의 벤탄 시장과 더불어 100년 이상의 역사를 자랑한다. 하지만 현대적인 시설로 재탄생하면서 매력은 없어지고, 규격화된 관광객을 위한 시장으로 전락했다. 근사한 외관으로 단장한 상설 시장 내부는 깔끔하지만 의류와 기념품을 판매하는 시장이라서 특별한 재미는 없다. 시장 앞의 강변 도로에 상인들이 좌판을 펼치고 물건을 파는 모습이 시장통의 정겨움으로 남아 있다.

광둥 회관

껀터 시장

Map P.187-B1

껀터 박물관 ★
Can Tho Museum
Bảo Tàng Cần Thơ

주소 1 Đại Lộ Hòa Bình **전화** 0292-3813-890 **운영** 화~목요일 08:00~11:00, 14:00~17:00, 토~일요일 08:00~11:00, 18:30~21:00 **휴무** 월·금요일 **요금** 무료 **가는 방법** 다이로호아빈(호아빈 대로)에 있는 중앙 우체국 맞은편에 있다.

껀터 시와 메콩 델타에 관한 내용으로 꾸며진 박물관이다. 껀터 일대에서 출토된 유물과 의상, 화교와 크메르족의 생활상, 껀터 지방에 일어났던 독립 투쟁에 관한 내용이 주를 이룬다. 껀터 박물관 맞은편에 군사 박물관 Bảo Tàng Quân Khu 9이 있다. 베트남 전쟁 동안 사용된 무기와 격추된 미군 헬기 등을 전시하고 있다.

퐁디엔 수상시장 ★★
Phong Dien Floating Market
Chợ Nổi Phong Điền

주소 Huyện Phong Điền, Thành Phố Cần Thơ **운영** 매일 05:00~12:00 **가는 방법** 껀터 시내에서 남서쪽으로 20㎞ 떨어져 있다.

껀터 시 퐁디엔 현(縣)에 형성되는 수상시장. 껀터 시내에서 멀리 떨어져 있고 까이랑 수상시장에 비해 규모도 작다. 이른 아침에 가장 활기를 띤다.

Map P.187-A2

무니랑시아람 사원 ★★
Munirangsyaram Pagoda
Chùa Munirangsyaram

주소 36 Đại Lộ Hòa Bình **운영** 매일 06:00~18:00 **요금** 무료 **가는 방법** 호찌민 동상에서 도보 10분.

남방 불교를 믿는 크메르(오늘날의 캄보디아) 사원이다. 껀터에 거주하는 크메르족(캄보디아 사람들 중에 일부는 베트남에서 소수민족으로 생활한다)이 1946년에 건설했다.
사원의 규모는 작지만 사원 치장이 화려하다. 크메르 양식의 법당은 첨탑 모양으로 석가모니 불상을 모시고 있다.

까이랑 수상시장 ★★★☆
Cai Rang Floating Market
Chợ Nổi Cái Răng

주소 Quận Cái Răng, Thành Phố Cần Thơ **운영** 매일 04:00~12:00 **요금** 무료 **가는 방법** 껀터 시내에서 남쪽으로 6㎞ 떨어져 있다. 보트로 40~50분 걸린다.

메콩 델타 일대에서 가장 큰 수상시장이자 베트남을 대표하는 수상시장이다. 메콩 강 위에 떠 있는 거대한 재래시장으로 생각하면 된다. 메콩 델타의 비옥한 땅에서 재배된 다양한 쌀과 채소, 과일, 식물, 생선이 거래된다. 일종의 도매시장으로 목조 선박에 물건을 가득 싣고 와서 배 위에서 직접 거래가 이루어진다. 소매상들은 나룻배를 타고 와서 필요한 만큼 물건을 구입해 간다.
새벽 4시부터 보트들이 집결하기 때문에 아침 일찍 방문해야 수상시장을 제대로 경험할 수 있다. 참고로 도로가 포장되어 있어 차나 오토바이를 타고 가도 되지만, 보트를 타고 가야 제맛이 난다.

껀터 박물관

크메르 사원인 무니랑시아람 사원

아침부터 분주한 까이랑 수상시장

Restaurant

껀터의 레스토랑

도시 규모가 크기 때문에 레스토랑이 다양하다. 메콩 델타에서 외국 여행자들이 많이 찾는 도시라 영어가 통하는 레스토랑도 흔하다. 강변 도로에 외국인들이 선호하는 레스토랑이 많다.

프엉남 Phương Nam ★★★

Map P.187-B1 주소 48 Hai Bà Trưng **전화** 0292-3812-077 **영업** 07:00~23:00 **메뉴** 영어, 베트남어 **예산** 10만~27만 VND **가는 방법** 강변도로에 광둥 회관을 바라보고 왼쪽에 있다. 메콩 인 Meking Inn과 붙어 있다.

강변 도로에 있는 레스토랑들과 마찬가지로 외국인 여행자들을 주 고객으로 한다. 쌀국수를 비롯해 다양한 베트남 음식과 전골 요리, 피자, 스테이크까지 메뉴가 다양하다. 무더운 오후에 시원한 맥주 마시며 거리 풍경을 바라보기 좋다. 바로 옆에 있는 메콩 레스토랑 Quán Cơm Mekong(Mekong 1965) 도 분위기가 비슷하다.

꽌껌 16 Quán Cơm 16 ★★☆

Map P.187-A2 주소 52 Nguyễn Thái Học **전화** 0292-3827-326 **영업** 매일 10:00~22:00 **예산** 7만~12만 VND **가는 방법** 응우옌타이혹 거리의 브으언 사원 Chùa Bửu Ân 오른쪽에 있다.

베트남 사람들에게 인기 있는 레스토랑이다. 위치를 이전해 규모가 더 커졌고, 에어컨도 갖추고 있다. 강변의 투어리스트 레스토랑에 비해 번잡한 분위기이지만 음식맛이 좋고 저렴하다. 생선과 채소 볶음, 전골 요리 등 메뉴는 많지 않지만 음식이 알차다.

카페 로터스 Café Lotus ★★★

Map P.187-B1 주소 2 Hai Bà Trưng **홈페이지** www.facebook.com/cafelotusninhkieu **영업** 06:00~23:00 **메뉴** 영어, 베트남어 **예산** 커피 5만~7만 VND, 식사 9만~14만 VND **가는 방법** 강변 도로 끝자락에 있는 닌끼에우 호텔 옆에 있다.

강변 도로 끝자락에 위치한 야외 카페. 인공 분수대가 설치된 대형 카페로 강변 풍경을 감상할 수 있다. 커다란 나무 그늘 아래 테이블이 놓여 공원에 있는 듯한 느낌을 준다. 반미(바게트 샌드위치), 보빗뗏(소고기 스테이크), 쌀국수, 볶음밥 등 기본적인 식사도 가능하다.

루아넵 Nhà Hàng Lúa Nếp ★★★☆

Map P.187-B1 주소 Lúa Nếp Resort, Khu Bãi Bồi, Phường Cái Khế, Quận Ninh Kiều **전화** 0292-3676-979 **영업** 07:00~23:00 **메뉴** 영어, 베트남어 **예산** 12만~36만 VND **가는 방법** 껀터시 동쪽 끝자락 메콩 강변에 있다. 껀터 박물관에서 동쪽으로 1.7㎞ 떨어져 있다.

시내 중심가에서 조금 떨어져 있지만 분위기 좋은 강변 식당이다. 메콩 강을 끼고 있는 루아넵 리조트에서 운영하는데, 해변 리조트 분위기로 근사하게 꾸몄다. 야외 정원과 연꽃 연못이 어우러져 자연적인 정취를 더한다. 베트남 단체 관광객이 많이 찾아오는데, 아이들을 위한 놀이공간도 마련되어 있다. 다양한 베트남 음식과 해산물을 요리한다.

레스칼 레스토랑 L'escale Restaurant ★★★☆

Map P.187-B2 주소 4F Nam Bộ Boutique Hotel, 1 Ngô Quyền **전화** 0903-936-301, 0292-3819-139 **홈페이지** www.facebook.com/Lescaleskygardenlounge **영업** 14:00~23:00 **메뉴** 영어, 베트남어 **예산** 25만~55만 VND **가는 방법** 응오꾸옌 거리와 하이바쯩 거리가 만나는 남보 부티크 호텔 4F에 있다.

강변을 끼고 있는 남보 부티크 호텔에서 운영하는 프랑스 음식점이다. 호텔 4F 옥상에 있는데 스카이 가든과 라운지를 겸하고 있다. 정통 프랑스 레스토랑이기보다는 외국 관광객이 선호하는 유럽 음식점에 가깝다. 스테이크와 시푸드를 메인으로 요리한다. 1층에는 베트남 음식점인 남보 레스토랑 Nam Bo Restaurant을 운영한다.

위미 러스틱 ★★★
WIMI Rustic

Map P.187-A2 주소 21 Nam Kỳ Khởi Nghĩa **홈페이지** www.facebook.com/wimicoffee **영업** 06:00~24:00 **메뉴** 영어, 베트남어 **예산** 4만~8만 VND **가는 방법** 껀터 시장에서 250m 떨어진 남끼커이응이아 거리 21번지에 있다.

껀터에 등장한 새로운 커피 브랜드 위미 커피 로스터리 WIMI Coffee Roastery 지점이다. '위미 러스틱'은 네 곳의 지점 중에 껀터 시장과 가까운 시내 중심가에 있다. 노출 콘크리트와 벽돌, 홍등(랜턴)이 어우러진 고풍스러우면서도 힙한 분위기의 카페 에스프레소, 콜드 브루, 드립 커피, 밀크 티, 스무디까지 다양한 음료를 제공한다.

싸오홈 레스토랑 ★★★
Sao Hom Restaurant

Map P.187-B2 주소 Nhà Lồng Chợ Cần Thơ, Đường Hai Bà Trưng **전화** 0292-3815-616 **영업** 매일 06:00~ 23:00 **메뉴** 영어, 베트남어 **예산** 12만~28만 VND **가는 방법** 껀터 시장 내부에 있다.

껀터 시장 내부에 있어 번잡할 것 같으나 개방형 공간으로 꾸며 깔끔하다. 높은 천장과 깔끔한 세팅, 아오자이를 입은 종업원까지 정갈하다. 베트남 음식부터 스테이크까지 메뉴가 다양하다. 무엇보다 신선한 해산물 요리가 인기 있다.

Hotel
껀터의 호텔

메콩 델타의 수도답게 도시 규모에 걸맞는 호텔들이 많다. 아직까지는 오래된 중급 호텔들이 대부분이다. 호찌민시에서 출발한 메콩 투어도 껀터에서 1박하기 때문에 여행자 숙소도 많다.

탄하 게스트하우스 ★★★
Thanh Hà Guest House(Nhà Nghỉ Thanh Hà)

Map P.187-A2 주소 118/14 Phan Đình Phùng **전화** 091-8183-522 **홈페이지** www.mshaguesthouse.wordpress.com **요금** 더블 US$13~15(에어컨, 개인욕실, TV) **가는 방법** 판딘풍 거리 118번지 골목 안쪽에 있다.

6개 객실을 운영하는 게스트하우스. 주인장의 이름을 따서 미스 하 게스트하우스 Ms Ha Guest House로 불리기도 한다. 시내 중심가와 가까운 골목 안쪽에 있다. 타일이 깔린 자그마한 객실에는 창문과 TV, 에어컨, 온수 샤워 가능한 개인욕실이 딸려 있다. 선풍기만 사용하면 방 값이 할인된다. 친절한 베트남 가족이 운영한다.

루비 CT 호텔 ★★★
Ruby CT Hotel

Map P.187-B2 주소 34 Nguyễn An Ninh **전화** 0292-3912-777 **요금** 스탠더드 더블 US$15, 슈피리어 더블 US$20, 딜럭스 더블 US$25(에어컨, 개인욕실, TV, 냉장고) **가는 방법** 응우옌안닌 거리 34번지. 동아 은행 Dong A Bank 왼쪽.

시내 중심가에 있는 미니 호텔이다. 엘리베이터는 없고 타일이 깔린 객실이 깔끔하다. TV와 냉장고, 온수 샤워 가능한 개인욕실까지 기본적인 시설을 갖추고 있다. 건물 안쪽 방보다 도로와 접한 방(딜럭스 룸)이 창문이 크고 채광이 좋다. 1층의 저렴한 방(스탠더드 룸)은 창문이 없다. 직원이 친절하고 영어로 소통이 가능하다.

낌터 호텔 Kim Thơ Hotel ★★★☆

Map P.187-B1 주소 1 Ngô Gia Tự **전화** 0292-2227-979, 0292-3817-517 **홈페이지** www.kimtho.com **요금** 스탠더드 US$40~45, 슈피리어 US$55~65 **가는 방법** 강변 도로 북쪽에서 연결되는 응오자뜨 거리에 있다.

강변과 연해 있는 3성급 호텔이다. 다른 호텔에 비해 상대적으로 조용한 위치에 있다. 객실은 나무 바닥을 깔아 깔끔하다. 객실은 위치에 따라 시내가 보이거나 메콩 강이 보인다. 리버 뷰를 원하면 슈피리어 룸을 선택해야 한다.

윙크 호텔 Wink Hotel Can Tho ★★★★

Map P.187-B2 주소 14 Phan Đình Phùng **전화** 0292-3655-111 **홈페이지** www.wink-hotels.com **요금** 스탠더드 US$42~50, 프리미어 리버 뷰 US$60~70 **가는 방법** 껀터 시장에서 300m 떨어진 판딘풍 거리 14번지에 있다.

가성비 좋은 3성급 호텔이다. 시내 중심가에 있어 전망이 좋다. 다른 도시에 있는 윙크 호텔가 마찬가지로 체크인 시간부터 24시간 체류할 수 있다. 객실은 침대와 샤워 부스로 이루어진 심플한 구조다. 스탠더드 룸은 20㎡ 크기로 넓진 않다. 루프톱에 작지만 수영장도 갖추고 있다.

쉐라톤 껀터 Sheraton Can Tho ★★★★☆

Map P.187-A2 주소 209 Đường 30 Tháng 4 **전화** 0292-3761-888 **홈페이지** www.marriott.com/en-us/hotels/vcasi-sheraton-can-tho **요금** 딜럭스 시티 뷰 US$90~95, 딜럭스 리버 뷰 US$120~145 **가는 방법** 껀터 시장과 보트 선착장에서 서쪽으로 2㎞ 떨어져 있다.

국제적인 체인을 갖춘 쉐라톤 호텔의 껀터 지점이다. 강변에 신축한 고층 빌딩으로 객실 전망이 좋다. 특히 메콩 강 전망을 볼 수 있는 리버 뷰가 훌륭하다. 5성급 호텔에 어울리는 현대적인 시설의 객실을 갖췄다. 야외 수영장과 조식 뷔페까지 부대시설도 다양하다.

남보 부티크 호텔 Nam Bo Boutique Hotel ★★★★

Map P.187-B2 주소 1 Ngo Quyen **전화** 0292-3819-138 **홈페이지** www.nambocantho.com **요금** 메인 스위트 US$120~140, 코너 스위트 US$155 **가는 방법** 호찌민 동상에서 도보 1분.

강변 도로에 위치한 콜로니얼 양식의 호텔이다. 객실은 모두 9개로 거실과 부엌을 갖춘 스위트 룸으로 꾸몄다. 현대적 인테리어에 객실이 밝고 전망도 좋다. 코너 스위트 룸에서의 전망이 가장 좋다. 남보 Nam Bo와 레스칼 L'Escale 두 개의 레스토랑을 함께 운영한다. 수영장이 없는 게 단점이다.

TTC 호텔 TTC Hotel ★★★★

Map P.187-B1 주소 2 Hai Bà Trưng **전화** 0292-3812-210 **홈페이지** www.ttccantho.com **요금** 딜럭스 시티 뷰 US$55, 딜럭스 리버 뷰 US$65~80 (에어컨, 개인욕실, TV, 냉장고, 아침식사) **가는 방법** 강변 도로 오른쪽의 하이바쯩 거리 2번지에 있다.

강변 도로에 있는 대형 호텔이다. 4성급 호텔이라고 광고하지만 3성급 수준으로 수영장을 갖추고 있다. 10층 건물로 107개 객실을 갖추고 있다. 메콩 강이 보이는 리버 뷰 객실이 시설이 좋다. 골프 호텔 Golf Hotel에서 TTC 호텔로 간판이 바뀌면서 객실을 리노베이션했다.

빅토리아 껀터 리조트 Victoria Can Tho Resort ★★★★★

Map P.187-B1 주소 92 Cái Khế **전화** 0292-3810-111 **홈페이지** www.victoriahotels-asia.com **요금** 슈피리어 US$165~200, 딜럭스 US$220~250 **가는 방법** 강변 도로 북동쪽 끝에서 연결되는 다리를 건너면 된다.

빅토리아 리조트에서 만든 곳답게 콜로니얼 건물을 호텔로 사용한다. 객실은 천연 목재와 실크를 이용해 꾸며 아늑하다. 강변에 있으나 시내에서 살짝 떨어져 있어 차분하다. 야외 수영장과 정원, 테니스 코트 등 레저 시설도 훌륭하다.

Châu Đốc

쩌우독

캄보디아와 국경을 접하고 있는 안장 성(省) Tỉnh An Giang에 있는 작은 도시다. 여행자들에게는 성도인 롱쑤옌 Long Xuyên보다 쩌우독이 거점 도시 역할을 해준다. 베트남과 캄보디아를 오가는 횡단 루트의 중요한 길목에 있기 때문이다. 호찌민시→미토→빈롱→껀터로 이어지는 메콩 델타 투어는 쩌우독을 거쳐 프놈펜으로 빠져나가게 되어 있다. 두 나라를 오가는 외국인들의 유입이 잦기 때문에 변방지역이지만 여행자들을 위한 시설도 많다.

쩌우독은 허우장 Hậu Giang(바싹 강 Bassac River)에 연해 형성된 도시다. 시장에서 느껴지는 풍족함과 분주함은 여느 메콩 델타 도시와 닮아 있고, 강 위에 형성된 수상가옥 마을은 독특한 볼거리를 제공한다. 국경지역이라 베트남·캄보디아·화교 문화가 어울려 있고 소수민족인 참족까지 더해져 종교와 문화가 접목되어 있다. 국경을 통과할 생각이 없더라도 쌈 산에 올라 메콩 델타의 평야지대와 캄보디아 땅을 구경해보자. 수평선 가득 펼쳐지는 풍경이 일품이다.

인구 16만 1,547명 | 행정구역 안장 성 Tỉnh An Giang 쩌우독 시 Xã Châu Đốc | 면적 99.95㎢ | 시외국번 0296

Information 여행에 유용한 정보

은행·환전·우체국

보데다오짱(菩提道場) Bồ Đề Đạo Tràng 공원 옆에 있는 사콤 은행 Sacom Bank이 가장 편리한 위치다. 중앙 우체국(주소 2 Lê Lợi)은 쩌우푸 사원 옆의 레러이 거리에 있다.

시내 중심가에 있는 쩌우독 시장

여행사·보트 투어

대부분의 호텔에서 기본적인 여행사 업무를 대행해 준다. 메콩 델타 투어는 물론 캄보디아 프놈펜까지 가는 보트 티켓도 예약이 가능하다. 쩌우독 주변의 수상 가옥과 참족 마을(쩌우장)을 방문하는 보트 투어(3~4시간)는 US$15~25. 호찌민시에서 출발하는 투어는 P.174 참고.

Access 쩌우독 가는 방법

안장 성의 끝자락으로 캄보디아 국경과 접하고 있지만 교통은 나쁘지 않다. 껀터, 호찌민시뿐만 아니라 캄보디아 프놈펜까지 대중교통이 연결된다.

버스

껀터와 호찌민시까지 버스가 수시로 오간다. 버스 터미널은 시내에서 동쪽으로 3㎞ 떨어져 있지만, 터미널까지 가지 않아도 시내에 있는 버스 회사들의 사무실에서 예약 및 탑승이 가능하다.

껀터 또는 호찌민시까지는 에어컨 버스를 운영하는 프엉짱 버스 Phương Trang가 편리하다. 쩌우독→껀터는 매일 10회(04:00~18:00) 출발한다. 편도 요금은 12만 VND으로 4시간 정도 소요된다. 쩌우독→호찌민시(미엔떠이 버스 터미널)는 07:00~23:00까지 1시간 간격으로 출발한다. 편도 요금은 21만 VND으로 6~7시간 정도 걸린다.

프엉짱 버스
주소 95 Nguyễn Hữu Cảnh
전화 0296-3565-888

보트

캄보디아 수도인 프놈펜 Phnom Penh까지는 보트가 운행된다. 항쩌우 익스프레스 보트 Hàng Châu Express Boat(홈페이지 www.hangchautourist.vn)에서 매일 1회(07:30분) 출발한다. 프놈펜까지 6시간 정도 소요된다. 편도 요금은 US$39이다. 메콩 강을 사이에 두고 출입국 관리소가 형성되어 있다. 베트남 쪽 국경은 빈쓰엉(빙쓰엉) Cửa Khẩu Vĩnh Xương에 있다. 참고로 캄보디아 비자 수수료(US$30)는 보트 요금에 포함되지 않으므로 별도로 내야 한다.

메콩 강에 형성된 빈쓰엉 국경

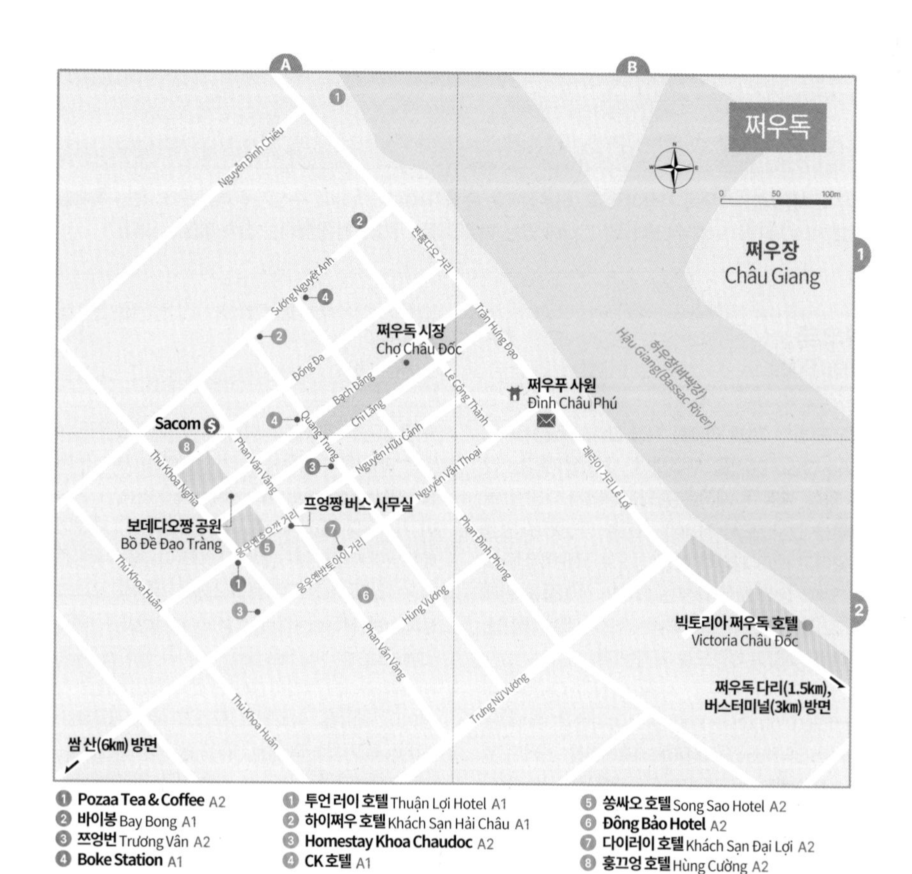

A
B
쩌우독
1
2
쩌우장
Châu Giang
Nguyễn Đình Chiểu
Sương Nguyệt Anh
Đống Đa
Bạch Đằng
Chi Lăng
Quang Trung
Nguyễn Hữu Cảnh
Nguyễn Văn Thoại
Trần Hưng Đạo
Lê Công Thành
하우장(바싹강)
Hậu Giang(Bassac River)
레러이 거리 Lê Lợi
쩌우독 시장
Chợ Châu Đốc
쩌우푸 사원
Đình Châu Phú
Sacom
Thủ Khoa Nghĩa
Phan Văn Vàng
프엉짱 버스 사무실
보데다오짱 공원
Bồ Đề Đạo Tràng
Thủ Khoa Huân
Phan Đình Phùng
Hùng Vương
Trưng Nữ Vương
빅토리아 쩌우독 호텔
Victoria Châu Đốc
쩌우독 다리(1.5㎞),
버스터미널(3㎞) 방면
쌈 산(6㎞) 방면
1 Pozaa Tea & Coffee A2
2 바이봉 Bay Bong A1
3 쯔엉번 Trương Vân A2
4 Boke Station A1
1 투언 러이 호텔 Thuận Lợi Hotel A1
2 하이쩌우 호텔 Khách Sạn Hải Châu A1
3 Homestay Khoa Chaudoc A2
4 CK 호텔 A1
5 쏭싸오 호텔 Song Sao Hotel A2
6 Đông Bảo Hotel A2
7 다이러이 호텔 Khách Sạn Đại Lợi A2
8 훙끄엉 호텔 Hùng Cường A2
식당
숙소

메콩 강의 수상가옥 마을

Attractions

찌우독의 볼거리

찌우독 시내에는 찌우독 시장이 있고, 허우장에는 수상가옥이 가득하다. 수상가옥 마을은 노 젓는 쪽배를 타고 가야 제맛을 느낄 수 있다. 강 건너에 있는 찌우장에는 무슬림이 생활하는 참족 마을이 있다.

찌우독 ★★
Châu Đốc

허우장(바싹 강)과 찌우독 시장 Chau Doc Market (Chợ Châu Đốc)을 제외하면 시내 볼거리는 많지 않다. 찌우독 시장은 중앙시장답게 다양한 물건들을 판다. 도시 자체가 시장을 중심으로 형성되었다고 해도 과언이 아닐 정도로 상권이 집중되어 있다. 상설 시장 내부는 의류와 생필품을 판매하고, 시장 주변의 도로에서는 채소, 과일, 해산물, 건어물, 젓갈이 대량으로 거래된다.

시장과 가까운 찌우푸 사원(忠義祠) Chau Phu Temple(Đình Châu Phú)은 토아이응옥허우(瑞玉侯) Thoại Ngọc Hầu(1761~1829년)를 기리기 위해 1926년에 건설되었다. 토아이응옥허우는 응우옌 왕조 시대에 무관으로 이름을 날렸던 인물로, 찌우독에서 하띠엔(캄보디아 국경) Hà Tiên까지 운하를 건설하기도 했다. 본명은 응우옌반토아이(阮文瑞) Nguyễn Văn Thoại이며, 사원 앞의 도로 이름과 동일하기도 하다.

찌우장 ★★
Châu Giang

메콩 강 건너편(빅토리아 찌우독 호텔 맞은편)에 있는 마을이다. 찌우독 다리 Cầu Châu Đốc가 개통하면서 접근성이 좋아졌다. 소수민족인 참족이 거주한다. 종교적으로 이슬람교를 믿기 때문에 베트남에서는 흔치 않은 모스크(이슬람 사원)를 볼 수 있다. 가장 오래된 모스크는 무바락 모스크 Mubarak Mosque(Surao Mubarakiyya)다. 1750년에 건설됐으며, 원형 돔과 아치형 출입문, 예배 시간을 알리는 첨탑이 들어선 전형적인 이슬람 사원이다. 자무일 아즈하르 모스크 Jamuil Azhar Mosque(Thánh Đường Hồi Giáo Jamuil Azhar)는 1959년에 만들어졌던 것을 재건축(2014년)하면서 규모가 커졌다. 아치형 출입문에는 이슬람을 상징하는 초승달과 별이 장식되어 있다. 두 곳 모두 이슬람 예법에 따라 하루 다섯 번 예배가 열린다. 이슬람 신자가 아니라도 출입이 가능하다.

찌우독 시장

코란 경전을 읽는 무슬림

찌우푸 사원

무바락 모스크

쩌우독 주변 볼거리

쌈 산과 주변 사원들이 볼 만하다. 쌈 산 정상에서 보이는 풍경이 압권이다. 쩌우독 시내에서 가깝기 때문에 쎄옴(오토바이) 또는 택시를 타고 다녀오면 된다. 응우옌반토아이 거리 Đường Nguyễn Văn Thoại를 따라 직진하면 쌈 산 입구에 있는 떠이안 사원에 닿는다.

쌈 산 ★★★
Sam Mountain
Núi Sam

쩌우독 시내에서 남서쪽으로 6㎞ 떨어져 있다. 메콩 델타 지역에서 가장 높은 산이다. 해발 고도는 284m에 불과하지만 메콩 델타의 평야 지대에 우뚝 솟아올라 있기 때문에 신성시된다. 캄보디아 국경지대라 군사적으로 중요했을 뿐만 아니라 풍년을 기원하는 현지인들에 의해 사원과 사당이 건설되며 종교적으로도 중요하다.

현지인들(특히 화교들)에게는 가족의 건강과 사업의 번창, 부와 복을 기원하는 장소이지만, 외국인들에게는 주변 경관을 보기 위한 장소로 사랑받는다. 쌈 산 정상에 오르면 수평선 가득히 펼쳐지는 곡창지대가 360° 파노라마로 거침없이 펼쳐진다. 날이 좋으면 쩌우독 시내는 물론 캄보디아까지 시원스럽게 보인다.

쌈 산을 오르는 길은 두 가지다. 떠이안 사원 옆으로 올라가는 산길과 쌈 산 뒤쪽으로 돌아 들어가는 포장도로다. 포장도로를 따라 오토바이를 타고 올라가서, 산길로 걸어 내려오는 것이 가장 좋은 방법이다. 산길을 걸어 내려오는 동안 작흐엉 사원(覺香古寺) Giác Hương Cổ Tự, 작응우옌 사원(覺源寺) Giác Nguyên Tự(사원 내부 벽화로 염라대왕의 심판과 지옥도가 그려져 있다), 탁브으 사원(石寶寺) Chùa Thạch Bửu(산신을 모신 사원), 미에우꽌탄(關聖廟) Miếu Quan Thánh(관우 위패를 모신 사당)을 지나게 된다.

쌈 산 정상에서 바라본 메콩 델타

떠이안 사원(西安寺) ★★
Tay An Pagoda
Chùa Tây An

쌈 산 입구에 있는 불교 사원이다. 안장 성(省) 도지사에 의해 1847년에 건설되었다. 캄보디아 국경지대, 즉 사이공(호찌민시) 서부 지방이 안정되기를 바란다는 의미로 '떠이안(西安)'이라고 칭했다(쩌우독 일대는 과거 크메르 제국의 영토였으며, 응우옌 왕조에 의해 19세기 초에 베트남 땅에 편입되었다). 국경 지대에 건설한 사원이라 참족, 크메르족, 화교, 베트남 문화가 융합되어 있다. 일주문은 전형적인 불교 사원, 사원의 외벽을 치장한 신들의 조각은 힌두 사원, 원형의 돔을 올린 지붕은 이슬람 사원을 닮았다. 떠이안 사원은 화려한 색으로 치장한 조각들이 눈길을 끈다. 사원 내부는 석가모니 불상과 관음보살을 포함해 200여 개의 불상을 안치했다.

바쭈아쓰 사당(主處聖廟) ★★
Ba Chua Xu Temple(Temple of Lady Xu)
Miếu Bà Chúa Xứ(Chúa Xứ)

남부 베트남 사람들에게 풍요의 여신으로 여겨지는 '쓰' 여인을 모신 사당이다. 전설에 따르면 6세기에 만들어진 '쓰' 여인상이 쌈 산 정상에 있었다고 한다. 1800년대에 쓰 여인상이 재발견되었고, 현지 주민들이 1820년에 여인상을 모신 작은 사당을 건설했다.

그 후 '쓰' 여인상 덕분에 크메르(캄보디아)와 싸얌(태국)의 침입을 물리칠 수 있었다는 전설이 더해지면서 신앙의 대상으로 변모한다. 국가의 수호신이기에 개인의 보호와 건강을 챙겨줌은 물론 풍년과 부를 가져다주고 사업을 번창하게 해준다는 믿음까지 생겨난 것이다. 덕분에 순례자들이 밀려들면서 사당의 규모가 계속해서 증축되었다. 현재(1972년 증축)는 4층 지붕으로 이루어진 대형 사당으로 변모했다. 사원의 전체적인 모양은 국(國)자를 형상화했다고 한다. 매년 음력 4월 23~27일에는 불상을 물로 씻기고 옷을 갈아입히는 종교 축제가 열린다.

바쭈아쓰 사당

프억디엔 사원

프억디엔 사원(福田寺) ★
Phuoc Dien Pagoda
Chùa Phước Điền

쌈 산 남서쪽에 있는 사원이다. 동굴 사원이라는 뜻으로 '쭈아 항 Chùa Hang'이라고도 한다. 사이공에 살던 레티터 Lê Thị Thơ(1818~1899년)라는 여인이 동굴에서 수행했던 것이 시초다.
1937년 동굴 앞쪽으로 사원을 신축했고, 현재는 대웅전과 승방, 탑으로 이뤄진 대형 사원으로 변모했다. 사원 입구부터 대웅전까지 계단이 연결되며, 대웅전 뒤쪽에 관음보살을 모신 동굴이 있다.

Restaurant
짜우독의 레스토랑

쯔엉번 Trương Vân ★★☆

Map P.195-A2 **주소** 10 Quang Trung **전화** 0296-866-567 **영업** 08:00~22:00 **메뉴** 영어, 베트남어 **예산** 12만~20만 VND **가는 방법** 꽝쭝 거리 15번지에 있다.

시내 중심가에 있는 평범한 식당으로 짜우독 시장과도 가깝다. 고기·생선·새우를 이용한 볶음 요리가 주 메뉴다. 영어 메뉴를 갖추고 있다.

보케 스테이션 Boke Station ★★★☆

Map P.195-A1 **주소** 1 Phan Đình Phùng **전화** 0858-208-908 **홈페이지** www.bokestation.com **영업** 07:00~22:00 **메뉴** 영어, 베트남어 **예산** 커피 2만~4만 VND **가는 방법** 짜우독 시장에서 두 블록 떨어진 판딘풍 거리 1번지에 있다.

시장 주변의 오래된 건물을 카페로 꾸며 빈티지한 분위기를 자아낸다. 메뉴는 달짝지근한 베트남 커피부터 커피 머신을 이용한 에스프레소까지 다양하다. 맥주 바를 겸하는데, 수입 맥주와 수제 맥주를 판매한다.

포자 Pozaa Tea & Coffee ★★★

Map P.195-A2 **주소** 266 Thủ Khoa Nghĩa **영업** 07:30~22:00 **메뉴** 영어, 베트남어 **예산** 음료 3만~5만 VND **가는 방법** 투코아응이아 거리 266번지에 있다.

거리 풍경 바라보며 시간 보내기 좋은 카페. 3층 건물로 규모가 크며 에어컨 시설로 쾌적하다. 커피, 버블 티, 과일 주스까지 다양한 음료를 제공한다. 아이스크림, 케이크, 피자 같은 식사와 디저트 메뉴도 있다.

Hotel

쩌우독의 호텔

메콩 델타를 거쳐 캄보디아로 가는 외국 여행자들 덕분에 호텔이 제법 있다. 무난한 에어컨 시설의 호텔이 시내 중심가에 있다.

홈스테이 카오쩌우독 ★★★☆
Homestay Khoa Chaudoc

Map P.195-A2 **주소** 116 Nguyễn Văn Thoại **전화** 0943-998-873 **요금** 더블 US$13(에어컨, 개인욕실), 패밀리(4인실) US$24(에어컨, 개인욕실) **가는 방법** 쩌우독 시장에서 300m 떨어진 응우옌반토아이 거리 116번지에 있다.

친절한 베트남 가족이 운영한다. 가정집에 머무는 홈스테이라기보다는 게스트하우스에 가깝다. 개인 욕실을 갖춘 객실은 에어컨과 선풍기가 비치되어 있다. 도로 쪽 객실은 발코니가 딸린 넓은 방으로 침대 3개가 놓여 있다. 패밀리 룸은 기본 4명, 최대 6명까지 숙박 가능하다.

하이쩌우 호텔 Hai Chau Hotel ★★★
Khách Sạn Hải Châu

Map P.195-A1 **주소** 61 Thượng Đăng Lễ **전화** 0296-6220-066 **홈페이지** www.haichauhotel.com **요금** 더블 US$18~20(에어컨, 개인욕실, TV, 냉장고), 트윈 US$25 **가는 방법** 트엉당레 거리 & 꽝쭝 거리 삼거리 코너에 있다.

엘리베이터를 갖춘 중급 호텔이다. 깔끔한 에어컨 시설의 숙소로 개인욕실에는 샤워 부스가 있다. 쩌우독 시장은 물론 강변과도 가까운 위치이지만 거리가 북적대지 않고 조용하다.

훙끄엉 호텔 Hùng Cường Hotel ★★★☆

Map P.195-A2 **주소** 96 Đống Đa **전화** 0296-3568-111 **홈페이지** www.hungcuonghotel.vn **요금** 더블 25~30달러(에어컨, 개인욕실, TV, 냉장고, 아침식사) **가는 방법** 사콤 은행 Sacom Bank에서 50m 떨어진 동다 거리 96번지에 있다.

시내 중심가에 있는 중급 호텔이다. 같은 이름의 버스 회사에서 운영한다. 객실 위치에 따라 창문 크기와 전망이 다른데, 도로 쪽 방들이 발코니가 딸려 있고 전망도 좋다. 엘리베이터를 갖추고 있으며 아침 식사도 포함된다. 주변의 비슷한 가격대 숙소에 비해 시설이 좋은 편이라 합리적인 선택지로 꼽힌다.

CK 호텔 ★★★☆
The CK Hotel

Map P.195-A1 **주소** 86 Bạch Đằng **전화** 0296-3561-561 **요금** 더블 US$22~28(에어컨, 개인욕실, TV, 냉장고), 3인실 US$36(에어컨, 개인욕실, TV, 냉장고) **가는 방법** 쩌우독 시장과 연한 박당 거리와 꽝쭝 거리 교차로 코너에 있다.

시내 중심가에 있는 중급 호텔이다. 에어컨 시설의 여행자 숙소로 인기가 높다. 쩌우독 시장 맞은편에 있어서 발코니에서 시장과 거리 풍경이 내려다보인다. 리모델링한 객실과 욕실이 깨끗하다. 6층 건물로 엘리베이터를 갖추고 있다.

빅토리아 쩌우독 호텔 ★★★★☆
Victoria Chau Doc Hotel

Map P.195-B2 **주소** 1 Lê Lợi **전화** 0296-3865-010 **홈페이지** www.victoriahotels.asia **요금** 슈피리어 US$130~156, 딜럭스 US$150~190 **가는 방법** 쩌우독 시내로 진입하는 레러이 거리 초입에 있다.

5성급 호텔인 빅토리아 호텔에서 운영하는 곳으로, 쩌우독 시내에서 가장 좋은 호텔이다. 콜로니얼 양식으로 지어진 건물은 메콩 강을 끼고 있어 전망도 좋다. 객실은 나무 바닥과 원목 가구가 고풍스러운 느낌을 준다. 야외 수영장을 갖추고 있다.

Phú Quốc

푸꾸옥(푸꿕)

베트남에서 가장 큰 섬이다. 본토와 떨어져 있는데다가 관광지로 개발되면서 베트남의 제주도로 여겨진다. 지리적으로 태국만 Gulf of Thailand에 위치해 있으며 해상으로 캄보디아 국경을 이룬다. 푸꾸옥은 부국(富國)이라는 뜻이다. 베트남 최남단에 있는 섬이라는 상징성과 부합되는 지명이다. 574㎢ 크기로 주변의 작은 섬(안터이 군도 An Thới Archipelago) 18개가 푸꾸옥에 속해 있다.

150㎞에 이르는 기다란 해안선과 21개 해변 덕분에 휴양에 적합한 대규모 리조트 단지가 곳곳에 들어서 있다. 섬 북쪽은 빈 그룹이 개발한 그랜드월드 Grand World, 섬 남쪽은 선 그룹에 만든 선셋 타운 Sunset Town이 있다. 두 곳은 유럽 도시를 재현해 만들었기 때문에 이국적인 풍경이 눈길을 끈다. 서쪽 해안선이 발달해 있기 아름다운 일몰도 볼 수 있다. 관광보다는 휴양에 적합한 곳으로 한적한 섬 생활을 즐기기 좋다. 덕분에 장기 체류하는 외국인을 어렵지 않게 만날 수 있다. 한국에서 직항 노선이 취항하면서 인기 여행지로 부상했다.

인구 379,480명 | **행정구역** 끼엔장 성 Tỉnh Kiên Giang 푸꾸옥 시 Thành Phố Phú Quốc | **면적** 589㎢ | **시외국번** 0297

Information

여행에 유용한 정보

여행사

한국 관광객이 많이 찾는 곳이라 한국인이 운영하는 여행사도 많다. 호텔 예약부터 공항 픽업, 투어, 제휴 업체 할인까지 다양한 정보와 혜택을 받을 수 있다. 현지 업체는 존스 투어 John's Tours 가 유명하다.

- **푸꾸옥 고스트** cafe.naver.com/minecraftpe
- **푸꾸옥 도깨비** cafe.naver.com/ysm5828
- **피크타임 푸꾸옥** www.pieceofcreative.com
- **존스 투어** www.phuquoctrip.com

은행·환전

VP 은행

상업 시설이 몰려 있는 즈엉동에 주요 은행 지점을 운영한다. 해변 리조트에 머문다면 일부러 은행과 ATM을 찾아가야 해서 불편하다. 대부분 ATM은 1회 사용할 때마다 인출 수수료가 추가로 책정된다. 참고로 공항에는 BIDV 은행 ATM만 설치되어 있다. 환전소는 관광객이 많이 찾는 즈엉동 야시장과 킹콩 마트 주변에 많다.

트래블월렛(트래블로그) 카드

트래블월렛(트래블로그) 카드를 수수료 없이 사용할 수 있는 은행은 두 곳이다. VP은행(주소 133 Nguyễn Trung Trực, Dương Đông)과 TP은행(주소 87 Nguyễn Trung Trực, Dương Đông) 모두 즈엉동 시내에 있다. 1회 인출 한도는 500만 VND이다.

심카드(유심)

공항 SIM 카드 판매소

공항에 도착해 입국 심사를 마치면 심 카드 SIM Card 판매하는 곳이 있다. 5일(16만 VND), 7일(19만 VND), 15일(22만 VND), 30일(26만 VND)짜리 데이터를 일정에 맞게 구입하면 된다.

기온·여행 시기

건기에 해당하는 12월~3월이 여행하기 좋다. 특히 1월은 평균 기온 28℃로 덜 더운 편이다. 5월~11월에는 우기에 해당한다. 4월~5월은 낮 기온이 35℃를 넘어 연중 가장 덥다.

지리 파악하기

섬의 지역적인 특징을 알아야 여행하기 편해진다. 숙소 위치에 따라 여행 동선이 달라지기 때문이다. 북부 지역(그랜드월드, 빈 원더스, 빈펄 사파리), 중부 지역(즈엉동, 킹콩 마트), 중남부 지역(공항 남쪽 소나시 야시장), 남부 지역(선셋 타운, 켐 비치)으로 구분된다. 공항에서 섬의 중심 지역인 즈어동까지 10㎞, 킹콩마트까지 7㎞ 떨어져 있다. 섬 북쪽의 그랜드월드까지 35㎞, 섬 남쪽의 선셋 타운까지 20㎞ 떨어져 있다.

선셋 사나토 해변

푸꾸옥 해안선

킹콩 마트 Siêu Thị King Kong Mart

킹콩 마트

푸꾸옥을 방문한 관광객이라면 한번은 들리게 되는 대형 마트(푸꾸옥에는 롯데마트를 포함한 대형 유통 업체가 들어와 있지 않다). 즈엉동과 가까운 섬 중부 지역(주소 141A Đường Trần Hưng Đạo, 영업 08:00~23:00)에 있다. 과자, 라면, 커피, 말린 과일, 망고 젤리, 땅콩, 후추, 향신료, 초콜릿, 냉동식품, 각종 소스, 맥주, 소주, 음료, 치약, 선크림, 의약품, 생활 용품, 가방, 옷, 모자, 슬리퍼, 라탄 가방까지 다양한 제품을 판매한다. 참고로 즈엉동 야시장 내부에 규모는 작지만 분점도 운영한다.

섬의 특성상 비행기를 타거나 보트를 타고 가는 방법 밖에 없다. 한국에서 푸꾸옥까지 직항노선으로 국제선이 취항한다.

항공

푸꾸옥 국제공항 Phu Quoc International Airport (현지어 Sân Bay Quốc Tế Phú Quốc)은 섬 중부 지역에 있다. 항공기 출발 도착 시간은 공항 홈페이지(www.phuquocairport.com)를 통해 확인 가능하다. 참고로 푸꾸옥 국제공항의 도시 코드는 PQC로 표기한다.

푸꾸옥 국제공항

국제선(한국→베트남)

대한항공, 진에어, 제주항공, 이스타항공, 비엣젯항공에서 국제선을 운항한다. 푸꾸옥까지 비행시간은 6시간이다. 저가항공사는 밤늦게 도착하고, 비엣젯항공은 아침에 도착하는 일정이다.

푸꾸옥 국제공항은 규모가 작아서 입국 절차도 간편하다. 비행기에서 내려서 '국제선 도착 International Arrival'이라고 적힌 안내판을 따라가면 입국 심사(공항 청사 1층) 받는 곳이 나온다. 입국 카드를 쓸 필요가 없기 때문에 여권과 항공권(탑승권)만 제시하면 된다. 입국 스탬프가 찍히면 수화물을 찾아서, 세관 검사(검색대에 수화물을 올려놓으면 된다)를 마치면 모든 입국 절차는 끝난다.

국내선

베트남 항공과 비엣젯 항공, 뱀부 항공에서 국내선을 운항한다. 하노이, 하이퐁, 다낭, 호찌민시(사이공) 노선이 있다. 푸꾸옥→하노이는 2시간 10분, 푸꾸옥→호찌민시(사이공)는 1시간 소요된다.

공항에서 시내로 들어가기

공항에서 시내로 들어가는 방법은 간단하다. 빈버스에 운행하는 무료 시내버스를 타거나 그랩을 이용해 택시를 부르면 된다.

❶ 택시·그랩

공항 택시 타는 곳

공항에 도착해 청사 밖으로 나오면 택시와 그랩 승차장이 있다. 정해진 요금을 미리 알 수 있는 그랩을 이용하는 게 편리하다. 공항→그랜드월드 38만~44만 VND, 공항→즈엉동 야시장 15만~18만 VND, 공항→킹콩 마트 10만~12만 VND, 공항→소나시 야시장 10만~15만 VND, 공항→선셋 타운 26만~30만 VND 정도 예상하면 된다.

❷ 빈버스 Vin Bus

공항 청사를 나와서 보이는 주차장 오른쪽 끝 쪽에 빈버스 정류장이 있다. 17번 버스와 19번 버스 두 개 노선이 있다. 17번 버스는 공항이 종점이라 정류장에 대기 중인 버스를 타면 된다. 19번 버스는 공항을 들어왔다 나가기 때문에 남쪽(소나시 방면 하행선) 또는 북쪽(그랜드월드 방면 상행선)

공항 주차장에서 출발하는 빈버스

노선인지 문의하고 탑승해야 한다. 참고로 19번 버스는 운행 편수가 적어서 이용하기 불편하다. 두 노선 모두 무료로 탑승할 수 있다. 자세한 내용은 P.205 참고.

❸ 호텔·여행사 픽업

여행사 픽업 차량

호텔 또는 여행사에 공항 픽업을 미리 신청해 이용하면 된다. 4인승, 7인승, 16인승이 있으니 인원에 따라 필요한 차량을 예약하면 된다.

보트

바이봉 선착장

육지(베트남 본토)로 나가려면 보트를 타야한다. 슈퍼동 페리 Superdong Ferry(홈페이지 www.superdong.com.vn)와 푸꾸옥 익스프레스 보트 Phu Quoc Express Boat(홈페이지 www.phuquocexpressboat.com) 두 개 회사에서 운행한다. 여객선 터미널은 섬 동쪽의 바이봉 선착장 Cảng Bãi Vòng에 있다. 선착장까지는 빈버스 Vin Bus 20번을 타고 가면 된다(P.205 참고).

푸꾸옥↔하띠엔 Hà Tiên

캄보디아 국경과 인접한 하띠엔으로 향하는 보트 노선이다. 편도 요금은 21만 6,000 VND이며, 소요 시간은 1시간 30분이다. 푸꾸옥 출발(08:00, 09:00, 13:00, 14:00), 하띠엔 출발(06:15, 07:30, 11:45, 13:45).

푸꾸옥↔락자 Rạch Giá

메콩 델타 지역으로 갈 때 이용하는 노선이다. 락자를 거쳐 껀터와 호찌민시(사이공)으로 가는 버스를 탈 수 있다. 락자까지 편도 요금은 32만 4,000 VND이며, 소요 시간은 2시간 30분이다. 푸꾸옥 출발(07:10, 10:00, 13:00, 14:00), 락자 출발(07:00, 08:10, 10:20, 13:00). 참고로 락자→호찌민시(미엔떠이 버스 터미널)까지는 버스로 5~6시간 정도 소요된다.

Transportation 시내 교통

섬이 크고 대중교통도 제한적이다. 그랩을 이용해 콜택시를 불러서 타고 다녀야 한다. 시내버스는 빈 그룹에서 운영하는 빈버스가 있는데, 전 구간 무료로 운영된다.

택시 | Taxi

마이린 Mai Linh, 비나선 VinaSun, 남탕 Nam Thắng, 사이공 Sài Gòn 등 여러 택시 회사가 운영 중이다. 택시 회사마다 로고와 전화번호가 적혀 있다. 전기 차를 사용하는 싼에스엠 택시 Xanh SM Taxi는 전용 애플리케이션으로 택시를 부를 수 있어 편리하다.

그랩 Grab

베트남을 비롯한 주요 동남아시아 국가에서 이용되는 콜택시 애플리케이션이다. 이용 방법은 카카오택시와 마찬가지로 무료 애플리케이션을 설치하고, 현재 위치로 택시를 불러 가고자 하는 목적지까지 이동할 수 있다. 정액제로 운영되기 때문에 편리하다.

빈버스 Vin Bus

빈 그룹에서 운영하는 버스. 주요 관광지와 공항을 연결하기 때문에 여행자들이 즐겨 이용한다. 전 구간 무료로 운행된다. 장거리 노선은 17번, 19번, 20번 세 개 노선이다. 공항→킹콩 마트→즈엉동 야시장→그랜드월드를 오가는 17번 버스가 운행 편수가 많다. 공항에서 그랜드월드까지 35㎞ 떨어져 있으며, 1시간 정도 걸린다. 전용 애플리케이션(홈페이지 www.vinbus.vn)을 설치하면 노선과 출발 시간을 확인할 수 있다.

빈버스 버스 정류장

무료로 운행되는 빈버스

빈 버스 애플리케이션

• 17번 Route 17

운영 00:00~23:45(15분 간격 출발)

요금 무료

노선 공항 Sân Bay Phú Quốc→롱 비치 센터 Long Beach Center→꼬이응우온 박물관(킹콩 마트) Bảo Tàng Cội Nguồn→즈엉동 야시장 Chùa Sùng Hưng Cổ Tự(Chợ Đêm)→그랜드월드 Grand World

• 19번 Route 19

운영 06:35~22:35(1일 10회 출발)

요금 무료

노선 인터콘티넨탈 InterContinental→노보텔(소나시 야시장) Novotel→선셋 사나토 Sunset Sanato→공항 Sân Bay Phú Quốc→롱 비치 센터 Long Beach Center→꼬이응우온 박물관(킹콩 마트) Bảo Tàng Cội Nguồn→즈엉동 야시장 Chùa Sùng Hưng Cổ Tự(Chợ Đêm)→그랜드월드 Grand World

• 20번 Route 20

운영 07:50~16:10(1일 12회 운영)

요금 무료

노선 바이봉 선착장 Cảng Bãi Vòng→하일랜드 커피(즈엉동)→그랜드월드 Grand World

선월드 셔틀 버스 Sun World Shuttle Bus

선 월드 셔틀 버스

남부 지역 선셋 타운에 기반을 두고 있는 선 그룹에서 운영한다. 2층 버스 Double Decker가 운행되는데 노선은 제한적이다. 선셋 타운(케이블 카) Sunset Town→부이 페스트 바자(야시장) Vui-Fest Bazaar→켐 비치 Khem Beach→뉴월드 리조트 New World Resort→프리미어 레지던스 Premier Residences를 왕복한다. 오전 시간(09:00~13:00)에는 30분 간격, 오후 시간(14:00~17:00)에는 1시간 간격, 저녁 시간(18:00~22:00)에는 30분 간격으로 운행된다. 빈버스와 마찬가지로 전 구간 무료로 탑승이 가능하다.

버기카

같은 지역 내에서 짧은 거리를 이용할 때 주로 사용한다. 에어컨은 없지만 여러 명이 동시에 탑승할 수 있다. 기본요금은 1㎞에 3만 VND이다.

버기 카

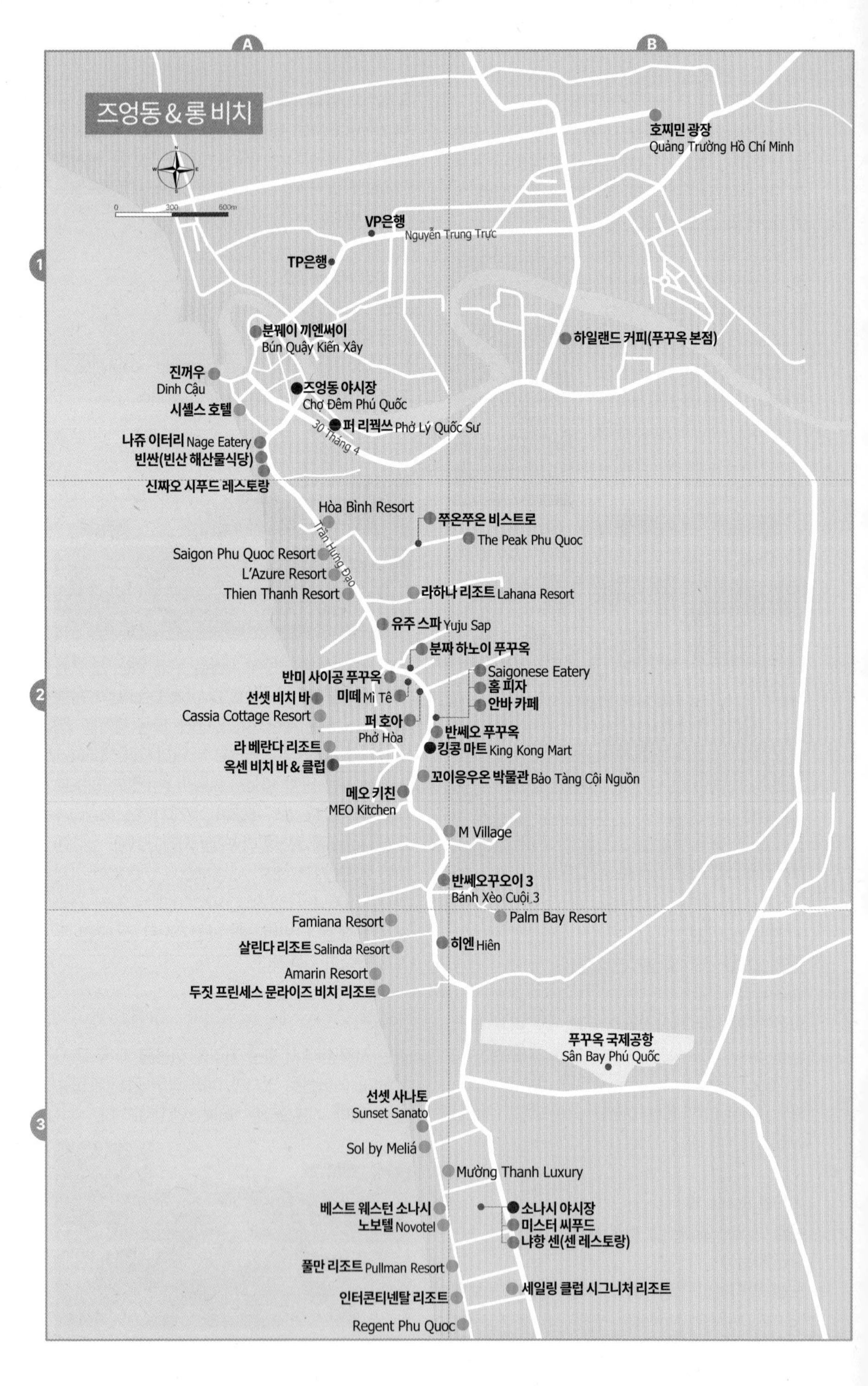
A
B
1
2
3
즈엉동 & 롱비치
N
W
E
S
0
300
600m
호찌민 광장
Quảng Trường Hồ Chí Minh
VP은행
Nguyễn Trung Trực
TP은행
분꿰이 끼엔써이
Bún Quậy Kiến Xây
하일랜드 커피(푸꾸옥 본점)
진꺼우
Dinh Cậu
즈엉동 야시장
Chợ Đêm Phú Quốc
시셸스 호텔
퍼 리꿕쓰 Phở Lý Quốc Sư
30 Tháng 4
나쥬 이터리 Nage Eatery
빈싼(빈산 해산물식당)
신짜오 시푸드 레스토랑
Hòa Bình Resort
쭈온쭈온 비스트로
The Peak Phu Quoc
Trần Hưng Đạo
Saigon Phu Quoc Resort
L'Azure Resort
Thien Thanh Resort
라하나 리조트 Lahana Resort
유주 스파 Yuju Sap
분짜 하노이 푸꾸옥
Saigonese Eatery
반미 사이공 푸꾸옥
홈 피자
선셋 비치 바
미떼 Mì Tê
안바 카페
Cassia Cottage Resort
퍼 호아
Phở Hòa
반쎄오 푸꾸옥
라 베란다 리조트
킹콩 마트 King Kong Mart
옥센 비치 바 & 클럽
꼬이응우온 박물관 Bảo Tàng Cội Nguồn
메오 키친
MEO Kitchen
M Village
반쎄오꾸오이 3
Bánh Xèo Cuội 3
Famiana Resort
Palm Bay Resort
살린다 리조트 Salinda Resort
히엔 Hiên
Amarin Resort
두짓 프린세스 문라이즈 비치 리조트
푸꾸옥 국제공항
Sân Bay Phú Quốc
선셋 사나토
Sunset Sanato
Sol by Meliá
Mường Thanh Luxury
베스트 웨스턴 소나시
소나시 야시장
노보텔 Novotel
미스터 씨푸드
냐항 센(센 레스토랑)
풀만 리조트 Pullman Resort
세일링 클럽 시그니처 리조트
인터콘티넨탈 리조트
Regent Phu Quoc

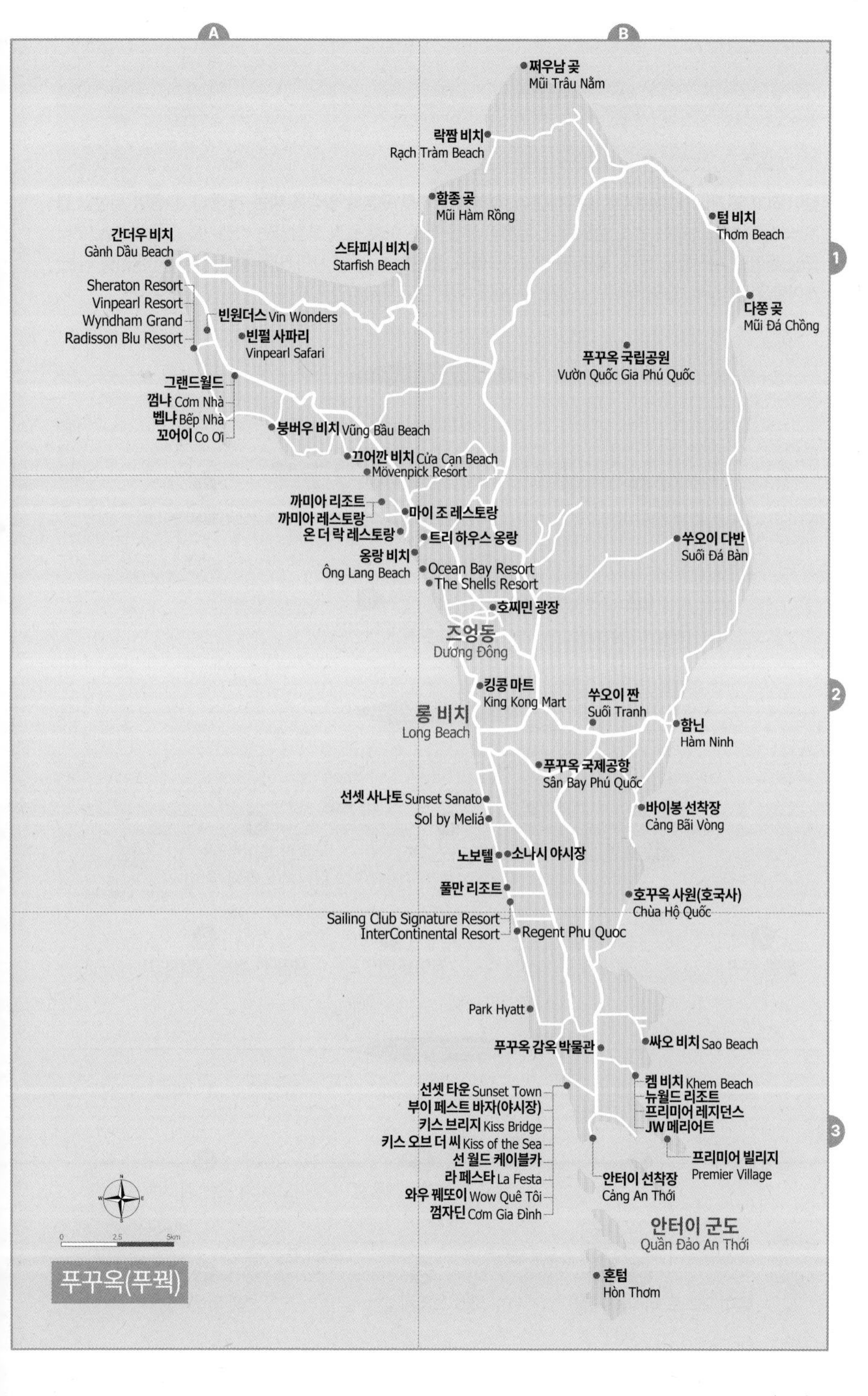

A
B
1
2
3
쩌우남 곶
Mũi Trâu Nằm
락짬 비치
Rạch Tràm Beach
함종 곶
Mũi Hàm Rồng
텀 비치
Thơm Beach
간더우 비치
Gành Dầu Beach
스타피시 비치
Starfish Beach
Sheraton Resort
Vinpearl Resort
Wyndham Grand
Radisson Blu Resort
빈원더스 Vin Wonders
빈펄 사파리
Vinpearl Safari
다쫑 곶
Mũi Đá Chồng
푸꾸옥 국립공원
Vườn Quốc Gia Phú Quốc
그랜드월드
껌냐 Cơm Nhà
벱냐 Bếp Nhà
꼬어이 Co Ơi
붕버우 비치 Vũng Bầu Beach
끄어깐 비치 Cửa Cạn Beach
Mövenpick Resort
까미아 리조트
까미아 레스토랑
마이 조 레스토랑
온 더 락 레스토랑
트리 하우스 옹랑
옹랑 비치
Ông Lang Beach
Ocean Bay Resort
The Shells Resort
쑤오이 다반
Suối Đá Bàn
호찌민 광장
즈엉동
Dương Đông
킹콩 마트
King Kong Mart
쑤오이 짠
Suối Tranh
롱 비치
Long Beach
함닌
Hàm Ninh
푸꾸옥 국제공항
Sân Bay Phú Quốc
선셋 사나토 Sunset Sanato
Sol by Meliá
바이봉 선착장
Cảng Bãi Vòng
노보텔
소나시 야시장
풀만 리조트
호꾸옥 사원(호국사)
Chùa Hộ Quốc
Sailing Club Signature Resort
InterContinental Resort
Regent Phu Quoc
Park Hyatt
푸꾸옥 감옥 박물관
싸오 비치 Sao Beach
선셋 타운 Sunset Town
부이 페스트 바자(야시장)
키스 브리지 Kiss Bridge
키스 오브 더 씨 Kiss of the Sea
선 월드 케이블카
라 페스타 La Festa
와우 꿰또이 Wow Quê Tôi
껌자딘 Cơm Gia Đình
켐 비치 Khem Beach
뉴월드 리조트
프리미어 레지던스
JW 메리어트
프리미어 빌리지
Premier Village
안터이 선착장
Cảng An Thới
안터이 군도
Quần Đảo An Thới
혼텀
Hòn Thơm
0
2.5
5km
푸꾸옥(푸꿕)

Best Course

푸꾸옥(푸꿕) 추천 코스

섬이 크고 볼거리가 나뉘어져 있기 때문에, 북부와 남부로 구분해 일정을 짜는 게 좋다. 관광이 우선일 경우 숙소 위치를 정하는 것도 중요하다. 일정이 짧은 경우 아침 일찍 도착하는 비행기를 이용해, 첫날부터 모닝 투어로 시작해도 된다. 북부 지역(그랜드월드, 빈원더스, 빈펄 사파리)에 하루, 남부 지역(선셋 타운, 케이블 카)에 하루, 호핑 투어(스노클링 투어)에 하루 정도 투자하면 된다.

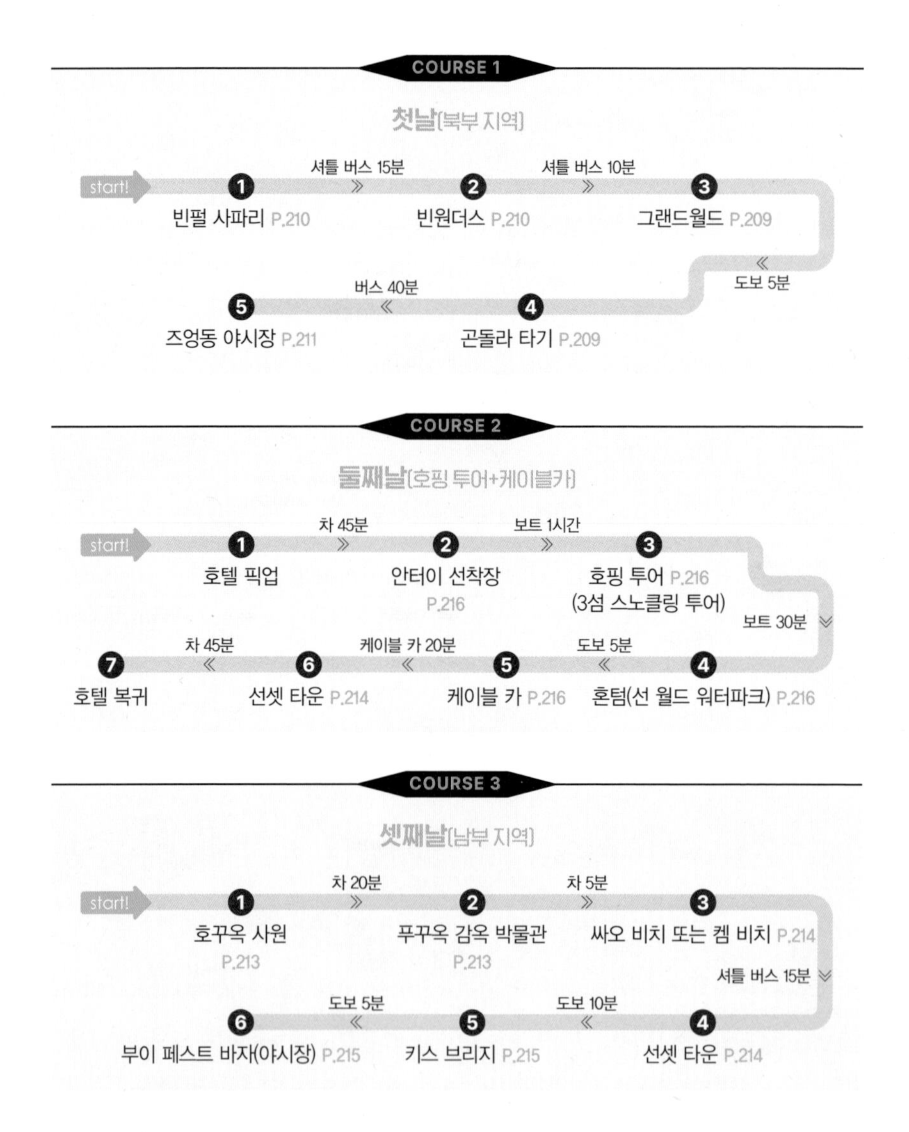

Attractions

푸꾸옥(푸꿕)의 볼거리

북쪽은 빈 그룹이 개발한 그랜드월드, 남쪽은 선 그룹이 만든 선셋 타운이 있다. 푸꾸옥 중심가에 해당하는 즈엉동에는 섬에서 가장 큰 야시장이 있고, 중부 지역의 롱비치를 따라 호텔과 레스토랑이 가득하다. 섬 동쪽 해변 중에는 싸오 비치와 켐 비치가 유명하다.

북부 지역

Map P.207-A1

그랜드월드 ★★★★☆
Grand World

주소 Grand World Phú Quốc, Bãi Dài, Gành Dầu, Phú Quốc **전화** 024-3911-8899 **홈페이지** www.grandworldphuquoc.com **운영** 24시간 **요금** 무료 **가는 방법** 공항에서 북쪽으로 30㎞ 떨어져 있다.

섬 북쪽에 조성된 대규모 복합 리조트 관광단지. 400m 길이의 인공 호수를 중심으로 이탈리아 베니스를 재현해 만들었다. 유럽풍의 건물과 테마 거리를 따라 민속촌, 엔터테인먼트, 야시장, 쇼핑, 스파, 레스토랑, 호텔까지 다양한 시설이 들어서 있다. 밤(21:30분)에는 분수 쇼 Grand World Nightly Light Show도 무료로 관람할 수 있다.

그랜드월드 Grand World

대나무의 전설
Bamboo Legend(Huyền Thoại Tre)

대나무의 전설

그랜드월드 입구에 해당하는 베트남에서 가장 큰 대나무 건축물. 대나무 3만 2,000개를 이용해 15m 높이로 만들었다.

곤돌라(워터 택시)
Gondola Water Taxi

베니스 강(인공 호수)을 따라 곤돌라 타기도 가능하다. 오전 시간(08:00~11:00)과 오후 시간(15:00~19:00)에 탑승 가능하다. 요금은 20만 VND이다.

테디 베어 박물관
Teddy Bear Museum

다양한 국가 테마로 꾸민 테디 베어 박물관. 운영 시간은 10:00~21:00까지며, 입장료는 20만 VND이다.

띤호와 베트남
Tinh Hoa Việt Nam

1만 1,200㎡ 크기로 베트남 마을을 재현한 일종의

©Tinh Hoa Việt Nam

민속촌. 미니 쇼 형태로 민속 공연, 악기 연주, 전통 의상 퍼레이드, 수상 인형극들이 단막극 형태로 공연된다. 저녁 시간에는 야외 공연장에서 '에센스 오브 베트남 쇼 Essence of Vietnam Show'를 공연된다. 베트남의 정체성이 담긴 민속 예술 공연으로 빛과 소리, 전통 무용이 혼합한 공연이 화려하게 펼쳐진다. 총 4막으로 구성된다. 공연 시간 20:15~21:00, 입장료 성인 30만 VND. 참고로 공연이 없는 오후 시간(14:00~18:00)에는 민속촌을 무료로 드나들 수 있다.

Map P.207-A1

빈원더스 ★★★★
Vin Wonders

주소 Vin Wonders Phú Quốc, Khu Bãi Dài, Phú Quốc **전화** 1900-6677 **홈페이지** www.vinwonders.com **운영** 10:00~19:30 **요금** 성인 95만 VND(키 100~140㎝ 어린이 71만 VND), 콤보 티켓(빈원더스+빈펄 사파리) 135만 VND **가는 방법** 그랜드월드에서 북쪽으로 2㎞ 떨어져 있다. 그랜드월드→빈펄 사파리→빈원더스를 오가는 빈버스(셔틀버스)를 이용하면 된다.

©Vin Wonders

빈 그룹 Vin Group에서 운영하는 놀이공원. 베트남 주요 관광지에서 볼 수 있는 빈원더스 중에서 규모가 가장 크다. 50헥타르 크기로 6개 구역으로 나뉘어 있다. 유럽, 이집트, 고대 마야, 바이킹 마을, 동화 마을 등 다양한 테마로 꾸몄다. 대관람차와 롤러코스터를 포함한 놀이기구 Adventure World, 워터파크 Typhoon World, 아쿠아리움 The Sea Shell, 레스토랑이 들어서 있다. 카니발 퍼레이드, 아쿠아리움 물고기 먹이주기 쇼, 뮤지컬 분수 쇼(원스 쇼 Once Show) 등 다양한 야외 공연도 펼쳐진다.

Map P.207-A1

빈펄 사파리 ★★★★
Vinpearl Safari

주소 Vinpearl Safari, Bãi Dài, Gành Dầu, Phú Quốc **전화** 0297-3636-699 **홈페이지** www.vinwonders.com **운영** 09:00~16:00 **요금** 성인 65만 VND(키 100~140㎝ 어린이 45만 VND), 콤보 티켓(빈원더스+빈펄 사파리) 135만 VND **가는 방법** 그랜드월드에서 5㎞ 떨어져 있다. 그랜드월드→빈펄 사파리→빈원더스를 오가는 빈버스(셔틀버스)를 이용하면 된다.

베트남에서 가장 큰 동물원이다. 전체 면적 3.8㎢(380헥타르) 크기로 150여 종의 동물 3,000여 마리가 있다. 트램(10만 VND)을 타고 둘러 볼 수 있는 일반 동물원 구역과 전용 버스를 타고 야생 동물을 관람할 수 있는 사파리 파크로 구분된다. 사파리 전용 버스는 09:00~15:30까지 15분 간격으로 운행된다. 주 4회(월, 금, 토, 일요일, 19:40분) 밤 시간에는 나이트 사파리 Night Safari도 운영된다.

©Vinpearl Safari

Map P.207-B2

즈엉동 ★★★
Dương Đông

즈엉동 시내 중심가

주소 Phường Dương Đông, Phú Quốc **가는 방법** 공항에서 북쪽으로 10㎞ 떨어져 있다.

푸꾸옥 섬의 상업과 행정의 중심지다. 흔히들 푸꾸옥 시내라고 칭하는 곳으로 인구는 약 8만 명이다. 바다와 접한 즈엉동 강 Duong Dong River 하구에 위치해 있다. 푸꾸옥이 개발되기 전부터 현지인들이 터를 잡고 생활하는 곳으로 재래시장, 야시장, 느억맘(피시 소스) 공장 등이 어우러진다. 시내 중심가를 지나는 메인 도로는 4월 30일 거리 Đường 30 Tháng 4(사이공이 함락되고 베트남이 통일된 날)로 칭했다.

Map P.206-A1

즈엉동 야시장(푸꾸옥 야시장) ★★★☆
Dương Đông Night Market
Chợ Đêm Phú Quốc

주소 Đường Bạch Đằng, Dương Đông **운영** 17:00~24:00 **가는 방법** 즈엉동 시내 중심가에 있다. 공항에서 북쪽으로 10㎞ 떨어져 있다.

즈엉동 야시장

푸꾸옥 섬에서 가장 큰 야시장이다. 즈엉동 시내 중심가에 있어 접근성이 좋다. 옷 가게, 신발 가게, 진주 가게, 기념품 상점, 노점 식당, 시푸드 레스토랑, 마사지 숍, 킹콩 마트(분점)까지 다양한 시설이 들어서 있다. 지역 특산품인 땅콩과 후추 파는 상점이 많다. 외국 관광객이 많이 찾는 곳이라 호객 행위가 심한 편이다. 저녁시간에 구경삼아 잠시 다녀오면 된다.

Map P.206-A1

진꺼우(딘까우 사원) ★★★
Dinh Cậu(Dinh Cau Temple)

주소 Dinh Cậu, Dương Đông **운영** 07:00~20:30 **요금** 무료 **가는 방법** 즈엉동 시내에 있는 시쉘 호텔 Seashells Hotel 앞쪽 바닷가에 있다. 즈엉동 야시장에서 500m 떨어져 있다.

즈엉동 마을 입구, 바닷가와 접한 바위 언덕에 만든 작은 사당이다. 바위 사원 Rock Temple로 알려지기도 했다. 한자로 석산전 石山殿이라고 쓰여 있다. 17세기부터 존재했던 사당으로 바다의 여신을 모시고 있다. 현재 모습은 1937년에 새롭게 만든 것이다. 지리적인 위치에서 알 수 있듯 안전한 항해를 기원하기 위해 만들었다. 사당 뒤쪽으로 관세음보살(해수관음상)과 등대가 세워져 있다.

진꺼우(딘까우 사원)

호찌민 광장에 세운 호찌민 동상

Map P.206-B1

호찌민 광장 ★★
Quảng Trường Hồ Chí Minh

주소 Đường Võ Văn Kiệt, Đường Băng Sân Bay Cũ, Quảng Trường Hồ Chí Minh **운영** 24시간 **요금** 무료 **가는 방법** 즈엉동 야시장에서 북쪽으로 3㎞ 떨어져 있다.

2024년 5월 19일(호찌민 탄생 134주년 기념일)에 공식 개관한 호찌민 기념 공원이다. 옛 공항 활주로 끝자락에 만든 7.4헥타르(약 2만 2,500평) 크기의 광장이다. 그늘 하나 없는 광장에는 20m 높이의 호찌민 동상을 세웠다. 동상 기단에는 호찌민 주석 Chủ Tịch Hồ Chí Minh(1890~1969)이라고 적혀있다. 특별한 볼거리는 아니다. 베트남 역사에 관심이 많을 경우 잠시 들려 기념사진 한 장 찍으면 된다.

Map P.207-B2

롱 비치(쯔엉 비치) ★★★★
Long Beach(Truong Beach)
Bãi Trướng

주소 Bãi Trướng, Đường Trần Hưng Đạo **운영** 24시간 **가는 방법** 공항에서 5㎞ 떨어져 있다.

푸꾸옥에서 가장 기다란 해변이다. 20㎞ 가까이 해변이 이어진다. '쯔엉 비치' 또는 '바이 쯔엉'으로 불린다. 공항과 가깝기 때문에 푸꾸옥에서 가장 먼저 관광지로 개발됐다. 서쪽 해안선을 연해 있기 때문에 아름다운 일몰을 감상할 수 있다. 지류처럼 흐르는 자그마한 짠 강 Tranh River(Sông Tranh)을 기준으로 해변 북쪽(해변 길이 5㎞)과 남쪽(해변 길이 15㎞)으로 구분된다. 해변 북쪽에

롱 비치 Long Beach

선셋이 유명한 롱 비치

킹콩 마트 King Kong Mart를 포함해 상업 시설이 많고, 해변 남쪽은 대형 리조트들로 채워져 있다.

Map P.206-A3

선셋 사나토 ★★★
Sunset Sanato(Sunset Sanato Beach Club)

주소 Bãi Biển Sunset Sanato **홈페이지** www.sunsetsanato.com **운영** 09:00~22:00 **요금** 9만 VND **가는 방법** 공항에서 남쪽으로 5㎞ 떨어져 있다.

롱 비치(쯔엉 비치)에서 가장 유명한 선셋 포인트다. 선셋 사나토 리조트 Sunset Sanato Resort에서 운영하는 전용 해변이다. 독특한 조형물들이 바닷가에 설치되어 있다. 사람 얼굴 모양의 수문장, 물고기를 장식한 그네, 코끼리, 해파리 등 다양한 포토 존을 만들었다. 해지는 시간에 방문하는 게 좋다. 다른 곳과 달리 입장료를 받기 때문에 매력은 떨어진다.

선셋 사나토

Map P.206-B3

소나시 야시장 ★★★☆

Sona Sea Night Market
Chợ Đêm Sona Sea Phú Quốc

주소 Sona Sea Night Market, Đường Bào, Phú Quốc **운영** 18:00~24:00 **가는 방법** 공항에서 남쪽으로 8㎞ 떨어져 있다.

CEO 그룹에서 개발한 공항 남쪽의 소나시 지역에 있다. 구획이 잘 정리된 소나시 쇼핑센터 Sonasea Shopping Center 중간에 야시장이 들어선다. 노점들이 질서정연하게 정비되어 로컬 시장에 비해 깨끗하다. 기념품 파는 곳과 노점 식당, 두 개 구역으로 나뉘어져 있다. 아무래도 해산물과 바비큐 식당, 과일 가게가 많다. 야시장 옆으로 레스토랑과 스파 업소도 많다. 주변 리조트(노보텔, 베스트 웨스턴 프리미어, 풀만 리조트, 인터콘티넨탈 리조트)에 묵는 관광객들이 자연스레 들리는 곳이다.

소나시 야시장

남부 지역

Map P.207-B2

호꾸옥 사원(호국사) ★★★

Ho Quoc Temple
Chùa Hộ Quốc

주소 Thiền Viện Trúc Lâm Hộ Quốc **운영** 06:00~18:00 **요금** 무료 **가는 방법** 공항에서 남쪽으로 15㎞ 떨어져 있다.

2012년에 만든 현대적인 불교 사원이다. 풍수지리에 따라 산을 등지고 바다를 내려다보게 만들었다. 베트남 최남단 섬에 건설한 사원답게 국경을 보호하고 영토를 수호한다는 의미를 담아 호국사라고 칭했다. 사원 출입문인 대각문(大覺門) Cửa Đại Giác을 지나 70개 계단을 오르면 대웅전이 나온다. 계단을 따라 4개의 커다란 용 조각상이 호위하고 있다. 대웅전 좌우에는 종루(鐘樓)와 고루(鼓樓)가 있고, 뒤쪽에는 관세음보살(해수관음상)을 세웠다.

호꾸옥 사원

Map P.207-B3

푸꾸옥 감옥 박물관 (푸꾸옥 옛 수용소) ★★★☆

Phu Quoc Prison History Museum
Trại Giam Phú Quốc

주소 350 Nguyễn Văn Cừ, An Thới, Phú Quốc **운영** 07:00~17:00 **요금** 무료 **가는 방법** 공항에서 남쪽으로 18㎞ 떨어져 있다.

베트남을 식민 지배하던 프랑스 정부에서 1946년에 만들었다. 독립 운동을 벌이던 베트남 인사들을 투옥했던 곳이다. 본토에서 멀리 떨어진 섬인 탓에 유배지처럼 완벽한 격리가 가능했다. 감금과 고문이 자행되던 곳으로 프랑스 식민 정부에서는 푸꾸옥 코코넛 트리 형무소 Phu Quoc Coconut Tree Prison(Nhà Lao Cây Dừa)라는 그럴듯한 이름으로 불렀다.

베트남 전쟁 기간 동안에는 전쟁 포로수용소로 변모한다. 40,000㎡(약 1만 2,000평) 규모로 확장됐

푸꾸옥 감옥 박물관

고문 방식을 재연한 모형

으며 미국의 지원을 받았던 남베트남 8헌병대에서 관리했다. 미군에 대항에 싸우던 비엣꽁(베트콩) Việt Cộng과 북베트남군(호찌민이 이끄는 군대) 군인을 수용했다. 1972년에는 3만 2,000명 넘게 가둬뒀다고 한다. 1975년 4월 사회주의 공화국으로 베트남이 통일(사이공 함락)되면서 수용소도 폐쇄됐다. 1995년에 역사 유적지로 선정해 박물관으로 변모했다. 각종 고문 도구와 고문이 행해지던 방식, 탈출 장면 등을 재현해 놓고 있다. 잔혹함을 강조하는 내용이 많다. 참고로 고문을 가하는 군복 입은 모형에는 QC라고 적힌 헬멧을 쓰고 있는데, 헌병(군사 경찰) Quân Cảnh을 의미한다.

Map P.207-B3

싸오 비치 ★★★
Sao Beach
Bãi Tắm Sao

주소 Sao Beach **요금** 무료 **가는 방법** 공항에서 남쪽으로 20km 떨어져 있다. 켐 비치에서 7km, 선셋 타운에서 9km 떨어져 있다.

푸꾸옥 남부 지역에서 가장 유명한 해변이다. 동

싸오 비치 Sao Beach

부 해안을 끼고 있는 해변으로 '싸오'는 별이라는 뜻이다. 7km에 이르는 기다란 해변이 이어진다. 제트 스키, 바나나 보트, 패러세일링 같은 해양 스포츠도 즐길 수 있다.

Map P.207-B3

켐 비치 ★★★★
Khem Beach
Bãi Tắm Khem

켐 비치 Khem Beach

주소 Khem Beach **요금** 무료 **가는 방법** 공항에서 남쪽으로 18km, 선셋 타운에서 5km, 싸오 비치에서 7km 떨어져 있다. 선셋 타운까지는 셔틀 버스(P.205 참고)가 운행된다.

푸꾸옥 섬 남쪽의 동부 해안에 있는 해변이다. 싸오 비치 남쪽에 있다. 3.5km 길이의 초승달 모양의 해변이 이어진다. 고운 모래 해변과 잔잔한 파도의 바다가 어우러진다. 2009년까지 군사지역으로 묶여 개발을 제한됐다. 현재는 대형 리조트 3곳이 해변에 들어서 있다. 2018년에는 세계 50대 해변으로 선정되기도 했다.

Map P.207-B3

선셋 타운 ★★★★
Sunset Town
Thị Trấn Hoàng Hôn Phú Quốc

주소 Sunset Town **홈페이지** www.sunset-town.com **운영** 24시간 **요금** 무료 **가는 방법** 공항에서 남쪽으로 20km 떨어져 있다. 섬 남쪽의 켐 비치를 오가는 셔틀 버스(P.205 참고)가 운행된다. 빈 버스는 선셋 타운까지 운행되지 않는다.

섬 남동쪽 지역에 조성된 지중해풍의 마을이다.

선셋 타운 Sunset Town

유럽 마을을 재현해 만든 선셋 타운

해변을 끼고 있는 이탈리아 소도시를 연상시킨다. 유럽풍의 건물이 언덕을 가득 메우고 있다. 거리 이름도 아말피 Amalfi, 포지타노 Positano, 베니스 Venice 등의 이탈리아 지명으로 채워져 있다. 마을 중심에는 라페스타 광장 La Festa Square과 75m 크기의 시계탑 Clock Tower이 세워져 있다. 시계탑은 산 마크로 종탑과 유사하다. 선셋 타운 앞쪽 바다로 해지는 풍경이 아름답기 때문에 일몰 시간에 방문하면 더욱 낭만적이다.

Map P.207-B3

키스 브리지 ★★★
Kiss Bridge
Cầu Hôn Phú Quốc

주소 Sunset Town **운영** 07:00~19:00 **요금** 5만 VND(16:00시 이후 **입장료** 10만 VND) **가는 방법** 스타벅스 앞쪽과 키스 오브 더 씨 공연장 앞쪽, 두 곳에 입구가 있다.

선셋 타운 앞쪽 바닷가에는 독특한 모양의 키스 브리지가 이어진다. 리본을 묶은 듯한 형상으로 만든 다리는 이탈리아 건축가(Marco Casamonti)가 디자인했다. 800m 길이의 다리는 중간에 30㎝ 간격으로 틈이 벌어져 있다. 두 개의 다리가 만나 키스하는 모습이다. 걸어 다닐 수 있는 도보다리로 입장료를 받는다.

키스 브리지

Map P.207-B3

키스 오브 더 씨 ★★★☆
Kiss of the Sea
Nụ Hôn Của Biển Cả

©Kiss of the Sea

주소 Sunset Town **전화** 0886-045-888 **홈페이지** www.kissofthesea.com.vn **공연 시간** 21:00(휴무 화요일) **요금** 100만 VND(키 100㎝ 이하 어린이 무료) **가는 방법** 선셋 타운 케이블 카 타는 곳 아래쪽, 루남 카페 옆에 매표소가 있다.

선셋 비치(선셋 타운 아래쪽 모래 해변)와 키스 브리지를 배경으로 만든 야외 공연장이다. 블랙홀을 형상화한 아치형 무대는 1,000㎡ 크기의 워터 스크린으로 채워진다. 웅장한 빛과 소리 공연을 연상시키는데 레이저쇼, 분수쇼, 불꽃놀이가 이어진다. 큰 줄거리는 푸꾸옥 섬 청년과 은하계 소녀가 사랑을 지키기 위해 악의 세력과 싸운다는 내용이다. 5,000명이 동시 관람할 수 있는 대규모 공연장이다. 공연은 30분 정도 이어진다. 입장권은 현장 구매보다 여행사를 통해 할인된 요금으로 구입하는 게 좋다.

Map P.207-B3

부이 페스트 바자(야시장) ★★★☆
VUI-Fest Bazaar
Chợ Đêm Vui Phết

주소 Sunset Town **홈페이지** www.facebook.com/VuiFest.Bazaar **운영** 16:00~24:00 **가는 방법** 섬 남쪽 선셋 타운 초입에 있다.

부이 페스트 바자(야시장)

섬 남쪽 선셋 타운에 있는 야시장이다. 해변 산책로를 따라 만들어진 야시장이다. 로컬 야시장과 달리 깨끗하게 정비되어 있다. 공용 화장실까지 만들었을 정도로 관리에 신경을 쓰고 있다. 반미(바게트 샌드위치), 케밥, 꼬치구이, 베트남 쌀국수, 완탕면, 바비큐, 하랄 음식, 피자, 시푸드 레스토랑, 칵테일 바를 포함해 40여개 식당이 들어서 있다. 해변에 테라스 테이블을 만들어 해지는 모습을 보면서 식사하기 좋다. 식료품과 특산품은 야시장 입구에 있는 대형 마트인 베트남 셀렉트 Vietnam Select(홈페이지 www.vietnamselect.com.vn)를 이용하면 된다.

Map P.207-B3

혼텀(선 월드 케이블카) ★★★☆
Hòn Thơm(Sun World Cable Car)

주소 Ga An Thới, Cáp Treo Hòn Thơm, Sunset Town **홈페이지** www.honthom.sunworld.vn **운영** 09:00~11:30, 13:30~14:00, 15:30~17:00(케이블카 운행시간) **요금** 70만 VND(왕복 케이블카+놀이공원+워터파크) **가는 방법** 선셋 타운에 있는 선 월드 케이블카 역에서 탑승하면 된다.

푸꾸옥 본섬에서 남쪽으로 6㎞ 떨어져 있는 섬이다. 혼텀 섬 Hon Thom Island으로 불리기도 한다. 섬의 크기는 남북으로 3.5㎞, 동서로 1.2㎞다. 한때 파인애플 섬 Pineapple Island(Đảo Dứa)으로 불리기도 했으나, 선 월드 그룹에서 관광단지 Sun World Hon Thom Nature Park를 조성해 개발했다. 워터 파크(아쿠아토피아 Aquatopia)와 놀이 공원(엑조티카 Exotica Park)으로 구성되어 있다. 섬으로 가는 가장 좋은 방법은 선셋 타운에서 케이블카를 타는 것이다. 혼텀 케이블카 Hon Thom Cable Car(Cáp Treo Hòn Thơm)로 전체 길이는 7,899m다. 바다를 가로질러 20분 만에 혼텀에 닿는다.

©Hòn Thơm Sun World Cable Car

Map P.207-B3

안터이 군도 ★★★☆
Quần Đảo An Thới

주소 Quần Đảo An Thới **가는 방법** 푸꾸옥 섬 남쪽 끝에 있는 안터이 선착장 Cảng An Thới에서 출발하는 보트 투어를 이용한다.

푸꾸옥 본섬 남쪽에 있는 군도로 18개 섬으로 이루어져 있다. 가장 큰 섬은 혼텀 Hòn Thơm으로 케이블카가 연결된다. 나머지 섬들은 호핑 투어(섬들을 스노클링을 즐기는 보트 투어)로 다녀오면 된다. 혼쓰엉(쓰엉 섬) Hòn Xưởng, 혼검기(검기 섬) Hòn Gầm Ghì(Gam Ghi Island), 혼머이룻(머이룻 섬) Hòn Mây Rút(May Rut Island) 세 곳을 방문하는 스리 아일랜드 투어 3 Islands Tour가 인기 있다. 투어 요금은 US$28(스피드 보트 투어 US$49)로 점심 식사가 포함된다.

푸꾸옥 본섬 남쪽에 있는 안터이 군도

Restaurant

푸꾸옥(푸꿕)의 레스토랑

대도시에 비해 역사와 전통을 간직한 레스토랑은 적다. 관광객이 즐겨 찾는 레스토랑은 킹콩 마트 주변에 몰려 있다. 현지인들이 거주하는 즈엉동에는 쌀국수 식당을 포함한 로컬 레스토랑을 어렵지 않게 볼 수 있다. 서쪽 해변에는 일몰을 볼 수 있는 선셋 레스토랑(선셋 클럽)이 많다. 섬의 특성상 해산물 레스토랑이 흔하다.

껌냐(그랜드월드 지점) ★★★★
Cơm Nhà Phú Quốc

Map P.207-A1 주소 SA-01-23, Grand World, Bãi Dài, Phú Quốc **전화** 0787-711-166 **홈페이지** www.facebook.com/comnhaphuquoc **영업** 08:00~22:00 **메뉴** 영어, 한국어, 베트남어 **예산** 15만~30만 VND **가는 방법** 섬 북쪽의 그랜드월드 내부에 있다.

그랜드월드에서 인기 있는 베트남 레스토랑이다. 쌀국수, 곱창 쌀국수, 분짜, 반쎄오, 껌땀, 껌가(치킨라이스), 넴느엉, 모닝글로리 덮밥, 파인애플 볶음밥, 돼지고기달걀 조림, 오징어 튀김, 새우버터 구이 등 관광객이 선호하는 베트남 요리가 가득하다. 밥과 찌개, 반찬으로 구성된 가정식 요리 세트 메뉴(2~4인용)도 갖추고 있다.

꼬어이(그랜드월드 지점) ★★★☆
Nhà Hàng Co Ơi

Map P.207-A1 주소 SA-03-37, Grand World, Bãi Dài, Phú Quốc **전화** 0906-543-395 **영업** 07:00~21:00 **메뉴** 영어, 한국어, 베트남어 **예산** 13만~26만 VND **가는 방법** 섬 북쪽의 그랜드월드 내부에 있다.

한국 관광객에게 인기 있는 레스토랑으로 그랜드월드 내부에 있다. 분짜, 미꽝(중부 지방 비빔국수), 넴루이, 반쎄오, 스프링 롤, 소고기 쌀국수, 꽃게 쌀국수, 해산물 볶음면, 공심채 마늘 볶음, 타마린드 소스 새우 요리 등 한국인들이 좋아하는 베트남 음식이 많다.

벱냐(그랜드월드 지점) ★★★★
Bếp Nhà Restaurant Grand World

Map P.207-A1 주소 TM04C-05, Grand World, Bãi Dài, Khu Vực Hồ, Phú Quốc **전화** 0786-220-909 **홈페이지** www.facebook.com/BepNhaRestaurantPQ **영업** 10:30~23:00 **메뉴** 영어, 베트남어 **예산** 15만~85만 VND **가는 방법** 섬 북쪽의 그랜드월드 내부에 있다.

그랜드월드를 방문한 관광객들 사이에서 인기 있는 베트남 레스토랑이다. 베트남 음식 초보자에게 부담 없는 베트남 음식을 제공한다. 파인애플 볶음밥, 뚝배기 요리, 볶음 요리, 두부 요리, 생선 요리, 해산물까지 메뉴가 다양하다. 야경(분수 쇼)을 감상할 수 있는 야외 테이블까지 있어 분위기가 좋다.

트리 하우스 옹랑 ★★★☆
Tree House Ong Lang

Map P.207-B2 주소 Hẻm 8 Đường Lê Thúc Nha, Ông Lang **전화** 0978-781-691 **영업** 11:00~22:00 **메뉴** 영어, 베트남어 **예산** 9만~18만 VND **가는 방법** 옹랑 비치 내륙 도로에 해당하는 레툭냐 거리에 있다.

섬 북쪽 옹랑 비치 주변 내륙 도로에 있다. 에어컨 시설의 카페와 목조 건물로 만든 레스토랑을 구분된다. 쌀국수, 볶음 국수, 모닝글로리 볶음, 망고 샐러드, 볶음밥, 덮밥, 똠얌꿍, 치킨 카레, 치킨 라이스, 시푸드까지 메뉴가 다양하다. 주변에 거주하는 외국 여행자들에게 인기 있는 곳으로 외국인 입맛에 맞게 요리한다.

마이 조 레스토랑 ★★★☆
Mai Jo Restaurant

Map P.207-A2 주소 Đường Lê Thúc Nha, Ông Lang **전화** 0965-365-187 **홈페이지** www.maijo-restaurant.com **영업** 11:00~22:00 **메뉴** 영어, 베트남어 **예산** 18만~35만 VND **가는 방법** 옹랑 비치 내륙 도로에 해당하는 레툭냐 거리에 있다.

옹랑 비치 내륙 지역에서 외국인에게 인기 있는 레스토랑이다. 베트남·포르투갈 부부가 운영한다. 포르투갈 타일 장식으로 인테리어를 꾸몄다. 두 나라 음식을 적절히 조합한 퓨전 레스토랑이다. 시그니처는 오징어순대 Caramelized Stuffed Squid with Pork와 코코넛 밀크가 들어간 베트남 남부 지방 카레 Southern Vietnamese Curry이다. 시푸드 메뉴도 다양하다.

까미아 레스토랑 ★★★★
Camia Restaurant

Map P.207-B2 주소 Camia Resort, Đường Lê Thúc Nha **전화** 0297-6258-899 **홈페이지** www.camiaresort.com **영업** 10:00~24:00 **메뉴** 영어, 베트남어 **예산** 24만~68만 VND **가는 방법** 옹랑 비치 남쪽에 있는 까미아 리조트 내부에 있다.

섬 북쪽 바닷가에 있는 해변 레스토랑이다. 까미아 리조트 Camia Resort에서 운영한다. 바닷가를 향해 만든 목조 테라스 형태의 레스토랑으로 자연 경관과 잘 어우러진다. 특히 해지는 시간이 경관이 아름답다. 피자, 파스타, 그릴, 스테이크, 시푸드 플래터 같은 인터네셔널한 음식을 요리한다.

온 더 락 레스토랑 ★★★★
On The Rock Restaurant

Map P.207-B2 주소 Mango Bay Resort, Hẻm 8 Đường Lê Thúc Nha **전화** 0969-681-821 **홈페이지** www.mangobayphuquoc.com **영업** 10:00~22:30 **메뉴** 영어 **예산** 32만~97만 VND **가는 방법** 옹랑 비치 남쪽에 있는 망고 베이 리조트 내부에 있다.

자연 속에 들어와 있는 느낌을 주는 바닷가 레스토랑이다. 망고 베이 리조트 Mango Bay Resort에서 운영한다. 이름처럼 바위 위에 만든 목조 테라스 형태의 레스토랑이다. 한적한 바닷가에서 파도치는 소리를 들으며 식사할 수 있다. 선셋 포인트 중 한 곳으로 해지는 시간에 방문하면 더 좋다.

분꿰이 끼엔써이 ★★★☆
Bún Quậy Kiến Xây

Map P.206-A1 주소 28 Bạch Đằng **전화** 0838-718-714 **홈페이지** www.bunquay.vn **영업** 07:00~23:00 **메뉴** 영어, 한국어, 베트남어 **예산** 6만~8만 5,000 VND **가는 방법** 즈엉동 야시장에서 북쪽으로 500m 떨어져 있다.

분꿰이는 '저어주는 국수'라는 뜻으로 푸꾸옥 섬에서 즐겨 먹는 쌀국수다. 한국 여행자들에게는 '오징어 쌀국수'로 알려져 있다. 바닷가 마을답게 새우와 해산물을 이용해 육수를 내는 것이 특징이다. 고명으로 새우 패티, 생선 어묵, 오징어, 소고기 중에서 선택할 수 있다. 그랜드월드 지점을 포함해 푸꾸옥 섬에 5개 지점을 운영한다.

퍼 리꿕쓰 Phở Lý Quốc Sư ★★★☆

Map P.206-A1 주소 65 Đường 30 Tháng 4 **전화** 0917-931-555 **메뉴** 영어, 한국어, 베트남어 **예산** 6만~8만 VND **가는 방법** 즈엉동 야시장에서 동쪽으로 200m 떨어져 있다.

즈엉동 야시장 주변에 있는 쌀국수 식당이다. 하노이에 본점을 두고 있다. 퍼 보 Phở Bò(소고기 쌀국수)를 전문으로 한다. 고명으로 들어가는 소고기 부위를 선택해 주문하면 된다. 사진이 첨부된 한국어 메뉴판을 참고하면 된다.

하일랜드 커피(푸꾸옥 본점) ★★★☆
Highlands Coffee Phú Quốc

Map P.206-B1 주소 10A Hùng Vương **전화** 0297-3999-189 **홈페이지** www.highlandscoffee.com.vn **영업** 07:00~23:00 **메뉴** 영어, 베트남어 **예산** 5만~9만 VND **가는 방법** 즈엉동 야시장에서 동쪽으로 2㎞ 떨어져 있다.

베트남 전국에 체인점을 운영하는 베트남의 대표적인 커피 브랜드. 즈엉동 본점은 목조 가옥과 야외 정원을 갖추고 있어 분위기기가 좋다. 오토바이 타고 온 현지인이 많은 편이다. 관광객이 많이 찾는 그랜드월드에도 지점 Highlands Coffee Grand World을 운영한다. 싸오 비치 지점 Highlands Coffee Bai Sao Phu Quoc은 해변에 전망이 뛰어나다.

쭈온쭈온 비스트로 Chuồn Chuồn Bistro & Bar ★★★★

Map P.206-A2 주소 Đường Sao Mai **전화** 0297-3608-883 **홈페이지** www.chuonchuonbistrobar.com **영업** 07:30~23:00 **메뉴** 영어, 한국어, 베트남어 **예산** 커피 7만~11만 VND, 메인 요리 19만~75만 VND **가는 방법** 즈엉동 중심가에서 2㎞ 떨어져 있다.

쭈온쭈온은 잠자리라는 뜻이다. 섬 내륙의 싸오마이 언덕 Sao Mai Hill에 있다. 테라스 형태의 야외 공간을 활용해 루프 톱(또는 스카이 바)처럼 꾸몄다. 전망 좋은 위치에 있어 푸꾸옥을 한 눈에 내려다 볼 수 있다. 카페, 바, 레스토랑을 겸한다. 브런치 메뉴, 베트남 음식, 피자, 파스타까지 다양한 음식을 요리한다. 커피, 맥주, 칵테일도 다양하다.

나쥬 이터리 Nage Eatery ★★★★

Map P.206-A1 주소 16 Trần Hưng Đạo **전화** 0909-489-956 **홈페이지** www.facebook.com/nageeateryphuquoc **영업** 11:00~22:00 **메뉴** 영어, 베트남어 **예산** 26만~42만 VND(+Tax 5%) **가는 방법** 즈엉동 야시장에서 남쪽으로 250m 떨어져 있다.

즈엉동 시내에 있는 프랑스·이탈리아 음식점이다. 화이트 톤의 건물에서 볼 수 있듯 지중해풍으로 인테리어를 꾸몄다. 오션 뷰가 펼쳐지는 테라스 테이블도 있다. 메인 요리는 시푸드로 구성된다. 가리비 요리 Scallop Crudo, 생선 타르타르 Fish Tartare, 생 타이거 새우 Raw Tiger Prawn, 그릴에 구운 문어 Char-grilled Octopus, 꽃게 살을 얹은 수제 파스타 Hand Cut Pasta 등 식재료에 어울리는 다양한 소스를 이용해 요리해 준다.

빈싼(빈산 해산물식당) Vịnh Xanh Phú Quốc ★★★★

Map P.206-A1 주소 40 Trần Hưng Đạo **전화** 0258-6281-412 **영업** 09:00~23:00 **메뉴** 영어, 한국어, 베트남어 **예산** 18만~63만 VND **가는 방법** 즈엉동 야시장에서 남쪽으로 350m 떨어져 있다.

즈엉동에 있는 해산물 전문 레스토랑이다. 대형 레스토랑으로 바닷가 쪽에도 야외 테이블이 놓여 있다. 식당 내부도 깨끗하고 친절하다. 한국 관광객도 즐겨 찾는다. 랍스터, 게, 새우, 오징어, 가리비 등 다양한 해산물을 즉석에서 요리해 준다. 모닝글로리 볶음, 해물 라면, 볶음밥을 추가해 식사하면 된다.

분짜 하노이 푸꾸옥 Bún Chả Hà Nội Phú Quốc ★★★☆

Map P.206-A2 주소 121 Trần Hưng Đạo **영업** 06:00~21:00 **메뉴** 영어, 한국어, 베트남어 **예산** 10만 VND **가는 방법** 킹콩 마트에서 북쪽으로 600m 떨어져 있다.

이름처럼 하노이 스타일 분짜를 요리하는 곳이다. 따듯한 느억맘 소스에 돼지고기 완자를 넣어서 준다. 분(쌀국수 소면)을 적당히 넣어서 함께 먹으면 된다. 반쎄오 하이싼 Bánh Xèo Hải Sản(해산물 팬케이크)와 넴느엉 Nem Nướng(구운 롤 떡갈비)도 요리한다. 즈엉동에 있는 같은 이름의 분짜 하노이와 혼동하지 말 것.

반쎄오 푸꾸옥 Bánh Xèo Phú Quốc ★★★☆

Map P.206-A2 주소 137 Trần Hưng Đạo **영업** 06:00~21:00 **메뉴** 영어, 베트남어 **예산** 7만~9만 VND **가는 방법** 킹콩 마트에서 북쪽으로 150m 떨어져 있다.

킹콩 마트 인근에 있는 로컬 식당이다. 도로 변에 있는 아담한 식당이지만 에어컨 시설이다. 관광객이 좋아할만한 무난한 베트남 음식을 골고루 요리한다. 메인 요리는 당연히 반쎄오. 분짜, 퍼보(소고기 쌀국수), 껌찌엔 하이싼(해산물 볶음밥), 껌떰 Cơm Tấm(돼지고기 덮밥), 짜조(스프링 롤), 반미(바게트 샌드위치)까지 간단하게 식사하기 좋은 메뉴가 많다.

반미 사이공 푸꾸옥 ★★★☆
Bánh Mì Sài Gòn Phú Quốc

Map P.206-A2 주소 100 Trần Hưng Đạo **전화** 0878-876-869 **홈페이지** www.banhmisaigonpq.buynow.vn **영업** 08:00~22:00 **메뉴** 영어, 베트남어 **예산** 4만~10만 VND **가는 방법** 킹콩 마트에서 북쪽으로 800m 떨어져 있다.

메인 도로에 있는 노점 형태의 로컬 식당. 도로에 플라스틱 테이블이 놓여 있다. 고수와 파테 Pate를 넣어 베트남 스타일 바게트 샌드위치를 만든다. 아보카도, 소고기, 돼지고기, 햄, 치즈, 병아리콩, 두부, 달걀 프라이 등을 넣어 다양하게 만든다. 식재료를 직접 만들어 사용한다. 스무디와 커피도 판매한다.

퍼 호아 Phở Hòa ★★★☆

Map P.206-A2 주소 128 Trần Hưng Đạo **영업** 07:00~22:00 **메뉴** 영어, 한국어, 베트남어 **예산** 6만~12만 VND **가는 방법** 킹콩 마트에서 북쪽으로 450m 떨어져 있다.

킹콩 마트 주변 지역에서 인기 있는 쌀국수 식당이다. 에어컨 시설로 청결한 것도 장점이다. 주인장도 친절하다. 퍼 보 Phở Bò(소고기 쌀국수)를 메인으로 요리한다. 고명으로 들어가는 소고기 종류를 선택해 주문하면 된다. 닭고기를 넣은 퍼 가 Phở Gà도 있다. 껌찌엔 Cơm Chiên(볶음밥) 또는 미싸오 Mì Xào(볶음 국수)를 추가하면 든든한 식사가 된다.

미떼 Mì Tê Artisan Noodles ★★★

Map P.206-A2 주소 126 Trần Hưng Đạo **전화** 0828-445-688 **홈페이지** www.facebook.com/mitephuquoc **영업** 11:00~22:00 **메뉴** 영어, 한국어, 베트남어 **예산** 4만~8만 VND **가는 방법** 킹콩 마트에서 북쪽으로 550m 떨어져 있다.

베트남 장인 국수라는 그럴싸한 간판을 내걸고 장사한다. 일본풍의 쌀국수 조리대와 테이블 몇 개 놓인 로컬 식당이다. 일반적인 베트남 쌀국수가 아니라 '미 Mì(넓적한 면)'를 사용한다. 쌀국수는 모두 8종류로 고명으로 들어가는 고기 종류를 선택해 주문하면 된다. 아시아 퓨전 쌀국수 식당으로 비빔국수도 만든다.

안바 카페 Anba Cafe ★★★☆

Map P.206-A2 주소 131 Trần Hưng Đạo **전화** 0297-3556-888 **홈페이지** www.facebook.com/AnBaCafe **영업** 07:30~21:30 **메뉴** 영어, 한국어, 베트남어 **예산** 커피 5만~8만 VND, 메인 요리 12만~22만 VND **가는 방법** 킹콩 마트에서 북쪽으로 250m 떨어져 있다.

석조 블록을 쌓아서 만든 독특한 분위기의 카페. 원목을 이용해 만든 야외 공간은 나무가 우거져 여유롭다. 달랏 지방에서 재배한 원두를 이용해 커피를 만든다. 달달한 베트남 커피부터 아메리카노, 솔트 커피, 코코넛 커피까지 다양하다. 브런치 카페를 겸하는데 스무디 볼, 버거, 피자, 원팬 One Pan(둥근 팬에 담아주는 요리), 볶음밥 메뉴가 있다.

메오 키친 MEO Kitchen ★★★★

Map P.206-A2 주소 126 Trần Hưng Đạo **전화** 0946-874-615 **영업** 06:30~22:30 **메뉴** 영어, 한국어, 베트남어 **예산** 10만~14만 VND **가는 방법** 킹콩 마트에서 남쪽으로 450m 떨어져 있다.

한국 관광객에게 인기 있는 레스토랑이다. 원목 테이블과 화이트 톤의 실내가 깔끔하게 어우러진다. 복층 건물로 내부도 넓은 편이다. 메인 요리는 베트남 요리와 꼬치구이로 구분된다. 이곳의 대표 메뉴는 반쎄오 Bánh Xèo와 반미 짜오 Bánh Mì Chảo(바게트를 곁들이는 팬에 요리한 소고기, 소시지, 달걀프라이)다. 커플 세트와 가족 세트도 있으니 인원에 맞춰 주문하면 된다. 주문할 때는 주문 용지에 체크하면 된다.

반쎄오꾸오이 3 ★★★☆
Bánh Xèo Cuội 3

Map P.206-A2 주소 Đường Trần Hưng Đạo **전화** 0766-896-932 **영업** 10:00~21:30 **예산** 12만~19만 VND **가는 방법** 섬 중부 지역에 있는 살린다 리조트 Salinda Resort에서 북쪽으로 450m 떨어져 있다.

로컬 레스토랑이지만 관광객을 위해 깔끔하게 꾸몄다. '반쎄오'와 '분짜'를 메인으로 요리한다. 반쎄오는 새우, 시푸드, 소고기로 구분된다. 단품 메뉴로 분팃느엉 Bún Thịt Nướng(돼지고기 비빔국수)과 분짜조 Bún Chả Giò(스프링롤 비빔국수)도 요리한다. 섬 남부 지역에 반쎄오꾸오이 2 Bánh Xèo Cuội 2가 있는데, 좀 더 로컬 분위기다.

홈 피자 The Home Pizza ★★★★

Map P.206-A2 주소 129 Trần Hưng Đạo **전화** 0988-373-793 **홈페이지** www.thehomepizza.com **영업** 11:00~22:00 **메뉴** 영어, 베트남어 **예산** 24만~47만 VND **가는 방법** 킹콩 마트에서 북쪽으로 250m 떨어져 있다.

화덕 피자를 맛볼 수 있는 이탈리아 레스토랑이다. 두리안 피자 Durian Pizza, 몽 오리 피자 H'Mong Duck Pizza, 청어 샐러드 피자 Herring Salad Pizza와 새우 사미미 피자 Shrimp Sashimi & Vietnamese Spicy Sauce Pizza 같은 베트남 식재료를 사용한 독특한 피자도 있다. 피자 두 종류를 반반으로 주문해도 된다. 파스타 메뉴도 다양하다.

사이고니스 이터리(사이공 이터리) ★★★☆
Saigonese Eatery

Map P.206-A2 주소 129 Trần Hưng Đạo **전화** 0938-059-650 **홈페이지** www.facebook.com/saigoneseeatery **영업** 11:00~22:00 **메뉴** 영어, 베트남어 **예산** 18만~42만 VND **가는 방법** 킹콩 마트에서 북쪽으로 250m 떨어져 있다.

아시안 퓨전 요리를 선보이는 곳으로 2016년부터 영업 중이다. 사이공 출신의 주인장이 운영한다. 층고 높은 건물과 통유리로 만들어 분위기가 좋다. 포크 벨리 테리야키 소스, 오리 가슴살 요리, 똠얌 시푸드 파스타, 그릴 피시(생선 구이), 티본스테이크를 메인으로 요리한다. 점심시간에는 샐러드, 버섯 토스트, 와규 버거 위주로 구성된다. 베트남 음식에 질렸을 경우 들려볼만 하다. 참고로 사이공은 호찌민시의 옛 이름이다.

히엔 Hiên Charcoal Kitchen ★★★☆

Map P.206-A3 주소 185 Trần Hưng Đạo **전화** 0813-355-054 **홈페이지** www.facebook.com/hien.charcoalkitchen **영업** 14:00~22:00 **메뉴** 영어, 베트남어 **예산** 22만~58만 VND **가는 방법** 섬 중부 지역에 있는 살린다 리조트 Salinda Resort 맞은편의 메인 도로에 있다.

숯불 요리하는 부엌이라는 부제를 달고 있는 레스토랑이다. 일식과 이탈리아 요리가 가미된 퓨전 레스토랑이다. 메인 요리는 게살 볶음밥, 오징어 스파게티, 그릴 비프, 시푸드 세트이다. 꼬치구이는 개인 화로에서 직접 구워 먹는다. 와인과 사케도 구비하고 있다.

옥센 비치 바 & 클럽 ★★★★
Ocsen Beach Bar & Club

Map P.206-A2 주소 Hẻm 124 Trần Hưng Đạo **전화** 0967-996-650 **홈페이지** www.ocsenbeachbar.com **영업** 16:00~01:00 **메뉴** 영어, 베트남어 **예산** 맥주 6만~12만 VND, 칵테일 18만~25만 VND **가는 방법** 킹콩 마트에서 남쪽으로 550m 떨어져 있다. 쩐흥다오 거리 124번지 골목으로 들어가면 된다.

섬 중부 지역인 롱 비치에서 유명한 비치 클럽. 해변의 자연 정취를 그대로 살렸으며, 모래사장 위에 빈백을 놓아 널브러져 시간 보내기 좋다. 일몰 시간에 맥주나 칵테일 마시며 분위기에 취하기 좋다. 외국 관광객이 많이 찾는 곳답게 메인 요리는 버거, 피자, 파스타로 구성된다. 저녁 8시 이후에는 입장료(8만 VND)를 받는다. 밤 10시에 불 쇼가 펼쳐진다.

선셋 비치 바 Sunset Beach Bar ★★★☆

Map P.206-A2 **주소** 100C/2 Trần Hưng Đạo, Sunset Beach Resort **전화** 0297-3576-789 **홈페이지** www.facebook.com/sunsetbeachphuquoc **영업** 09:00~01:00 **메뉴** 영어, 베트남어 **예산** 맥주 5만~10만 VND, 칵테일 16만~25만 VND, 메인 요리 18만~36만 VND(+15% Tax) **가는 방법** 섬 중부 지역의 선셋 비치 리조트 내부에 있다. 킹콩 마트에서 북쪽으로 1.2㎞ 떨어져 있다.

선셋 비치 리조트에서 운영하는 해변 레스토랑. 이름처럼 일몰을 감상하기 좋은 곳으로 오픈 테라스 형태로 되어 있다. 바를 겸하고 있어 맥주나 칵테일 마시며 시간 보내기 좋다. 저녁 시간에는 라이브 음악 연주, 밤에는 불 쇼가 펼쳐진다. 식사 메뉴는 볶음밥, 볶음면, 버거, 파스타, 피자, 시푸드, 스테이크가 있다.

미스터 씨푸드 Mr Seafood ★★★★

Map P.206-B3 **주소** Sona Sea Night Market, Chợ Đêm Bãi Trường, Tổ 5, Phú Quốc **전화** 0777-830-333 **영업** 15:00~24:00 **메뉴** 영어, 한국어, 베트남어, 중국어 **예산** 새우(1㎏) 60~90만 VND **가는 방법** 소나시 야시장 내부에 있다. 노보텔에서 350m 떨어져 있다.

소나시 야시장에 있는 시푸드 레스토랑이다. 해당 지역에 있는 수많은 레스토랑 중에서 유독 한국 관광객에게 인기 있다. 야시장에 노천 테이블이 있고, 에어컨 시설의 쾌적한 레스토랑도 별도로 운영한다. 새우, 오징어, 가리비, 랍스터 메뉴가 다양하다. 전골, 볶음밥, 볶음면도 요리한다. 미리 예약하면 픽업 서비스도 해준다.

냐항 센(센 레스토랑) Nhà Hàng Sen(Sen Restaurant) ★★★★

Map P.206-B3 **주소** Sona Sea Night Market, Sonasea Villas & Resort, Đường Bào, Phú Quốc **전화** 0903-135-166 **영업** 06:00~22:00 **메뉴** 영어, 한국어, 베트남어 **예산** 쌀국수 7만~10만 VND, 시푸드 35만~59만 VND **가는 방법** 공항 남쪽 소나시 야시장 내부에 있다. 노보텔에서 300m 떨어져 있다.

공항 남쪽 소나시 지역에서 유명한 베트남 레스토랑이다. 간판은 센 베트남 시푸드 Sen Vietnam Seafood라고 적혀 있다. 넓고 쾌적한 에어컨 시설로 홍등을 인테리어로 장식했다. 아침 일찍부터 영업하는 곳으로 쌀국수부터 시푸드까지 메뉴가 다양하다. 단품 메뉴는 쌀국수, 분짜, 반쎄오, 분팃느엉(돼지고기 비빔국수), 해물 볶음면, 해물 볶음밥 등으로 구성된다. 메뉴 선택이 고민된다면 2~4인용 세트 메뉴를 주문하면 된다. 참고로 '냐향=식당, 센=연꽃'을 뜻한다.

와우 꿰또이 Wow Quê Tôi ★★★☆

Map P.207-B3 **주소** Amalfi 25, Sunset Town, Phu Quoc **홈페이지** www.facebook.com/wowquetoi.pq **영업** 07:00~22:00 **메뉴** 영어, 한국어, 베트남어 **예산** 6만~11만 VND **가는 방법** 선셋 타운 아말피 거리에 있다.

선셋 타운에 있는 베트남 레스토랑이다. '꿰또이'는 나의 고향이라는 뜻이다. 에어컨 시설이지만 대나무 테이블과 의자를 배치해 로컬 분위기를 더했다. 분짜(분차 하노이) Bún Chả Hà Nội, 분지에우(분리우 꾸어) Bún Riêu Cua, 분더우맘똠 Bún Đậu Mắm Tôm 같은 하노이 음식을 메인으로 요리한다. 껌가(치킨라이스)와 해물 볶음밥도 가능하다. 가성비 좋은 곳으로 부담 없이 드나들 수 있다.

껌자딘 Cơm Gia Đình ★★★★

Map P.207-B3 **주소** Amalfi 17, Sunset Town, Phu Quoc **전화** 0378-200-142 **영업** 09:00~21:00 **메뉴** 영어, 한국어, 베트남어 **예산** 9만~14만 VND **가는 방법** 선셋 타운 아말피 거리에 있다.

선셋 타운에서 관광객이 즐겨 찾는 베트남 레스토랑이다. '껌=밥, 자딘=가정'이란 뜻이다. 단순히 베트남 가정식 요리만 선보이는 게 아니고 반쎄오, 곱창 쌀국수 같은 대중적인 음식도 함께 요리한다. 밥과 함께 먹기 좋은 메인 요리는 공심채 마늘 볶음, 여주 계란 볶음, 야채 계란말이, 야채 곱창 볶음, 생선 조림, 돼지고기국 등이 있다.

Hotel

푸꾸옥(푸꿕)의 호텔

섬 규모가 크기 때문에 여행 스타일에 따라 호텔 위치를 정해야한다. 관광에 중점을 둔다면 공항과 가까운 롱 비치(즈엉동) 지역이 적합하다.

빈펄 리조트 ★★★★★
Vinpearl Resort & Spa

Map P.207-A1 주소 Bãi Dài, Gành Dầu, Phú Quốc **전화** 0297-3519-999 **홈페이지** www.vinpearl.com **요금** 딜럭스 가든 뷰 US$115~150, 딜럭스 오션 뷰 US$135~170 **가는 방법** 공항에서 북쪽으로 32㎞ 떨어져 있다. 그랜드월드에서 1.5㎞.

베트남의 대표적인 리조트 회사인 빈펄에서 운영한다. 600개 이상 객실을 운영하는 대형 리조트로 스파를 포함한 부대시설이 다양하다. 모든 객실은 딜럭스급으로 꾸몄으며, 46㎡ 크기로 넓다. 빈원더스와 빈펄 사파리 같은 푸꾸옥 섬 북부 지역의 대표적인 관광지와 연계해 숙박하기 좋다.

까미아 리조트 ★★★★☆
Camia Resort

Map P.207-A2 주소 Đường Lê Thúc Nha, Ông Lang, Phú Quốc **전화** 0297-6258-899 **홈페이지** www.camiaresort.com **요금** 딜럭스 가든 뷰 US$80~95, 프리미엄 딜럭스 오션 뷰 US$115~135 **가는 방법** 옹랑 비치 남쪽에 있다. 공항에서 북쪽으로 20㎞ 떨어져 있다.

섬 북쪽의 옹랑 비치에 있는 4성급 리조트. 바다를 향해 길게 늘어선 자연친화적인 숙소다. 메인 수영장을 포함해 숙소 주변으로 푸름이 가득하다. 객실은 50㎡ 크기로 넓고 정원을 끼고 있어 여유롭다. 패턴 타일과 목조 가구를 배치했고, 테라스도 딸려 있다. 산책로를 따라 내려가면 바닷가에 닿는다. 비치 풀 Beach Pool과 레스토랑에서 아름다운 선셋을 볼 수 있다. 번화한 해변이 아닌 만큼 조용히 휴식하기 좋다. 관광을 우선시다면 적합하지 않다.

시셸스 호텔 ★★★★☆
Seashells Phu Quoc Hotel

Map P.206-A1 주소 1 Võ Thị Sáu, Dương Đông **전화** 0297-7300-999 **홈페이지** www.seashellshotel.vn **요금** 시티 뷰 US$95~105, 오션 뷰 US$120 **가는 방법** 즈엉동 야시장에서 300m 떨어져 있다.

푸꾸옥 중심가에 해당하는 즈엉동에 있다. 252개 객실을 보유한 5성급 호텔로 해변을 끼고 있다. 야외 수영장은 바닷가를 향해 있다. 객실 위치에 따라 시티 뷰와 오션 뷰로 구분된다. 클래식 룸을 기본으로 하는데 33㎡ 크기로 발코니도 딸려 있다. 야시장과 가까워 관광하기 편리하다. 공항 픽업과 센딩 서비스도 포함된다.

라 베란다 리조트 ★★★★☆
La Veranda Resort Phu Quoc

Map P.206-A2 주소 Đường Trần Hưng Đạo, Phú Quốc **전화** 0297-3982-988 **홈페이지** www.all.accor.com **요금** 가든 뷰 US$115~130, 시 뷰 US$155 **가는 방법** 공항에서 7㎞, 킹콩 마트에서 550m 떨어져 있다.

중부 지역 중심가 바닷가에 있다. 디자인을 중요시하는 엠갤러리 MGallery 계열의 호텔이다. 콜로니얼 양식의 건물로 패턴 타일이 깔린 객실과 실링 팬, 테라스까지 앤티크한 느낌을 준다. 전용 해변을 갖추고 있지만, 대부분의 객실은 정원을 끼고 있다. 바닷가 쪽에는 독채로 구성된 오션 빌라가 있다. 74개 객실로 구성된 리조트 규모는 작은 편이다.

라하나 리조트 Lahana Resort ★★★★☆

Map P.206-A2 주소 91/3 Đường Trần Hưng

Đạo, Khu Phố 7, Phú Quốc **전화** 0899-045-533 **홈페이지** www.lahanaresort.com **요금** 스탠더드 US$85~95, 딜럭스 US$105~120 **가는 방법** 공항에서 북쪽으로 9㎞, 킹콩 마트에서 북쪽으로 1.7㎞ 떨어져 있다.

중부 지역에 있는 4성급 리조트다. 숲 속에 들어온 느낌이 드는 곳으로 자연친화적으로 조경을 꾸몄다. 바다를 끼고 있는 곳은 아니지만 인피니티 풀과 산책로를 따라 녹음이 우거진 풍경이 가득하다. 객실은 노출 콘크리트와 원목 가구를 이용해 꾸몄으며, 테라스가 딸린 창문 밖으로 정원이 펼쳐진다. 힐 사이드에 있는 단독 방갈로는 65㎡ 크기로 욕조까지 갖추고 있다.

살린다 리조트 Salinda Resort ★★★★★

Map P.206-A3 주소 Cua Lap Hamlet, Duong To Commune **전화** 0297-3990-011 **홈페이지** www.salindaresort.com **요금** 딜럭스 더블 US$145~160 **가는 방법** 공항에서 북쪽으로 5.5㎞ 떨어져 있다.

공항과 가까운 중부 지역에 있는 5성급 리조트. 3층 규모로 121개 객실을 운영한다. 밝고 쾌적한 시설의 객실, 야자수 가득한 정원, 전용 해변과 인접한 수영장까지 여유롭다. 객실은 패턴 타일을 이용해 꾸몄고 실링팬이 달려 있다. 객실 발코니에서 푸릇한 주변 경관을 볼 수 있는 것도 매력이다. 롱 비치를 끼고 있어서 아름다운 일몰을 볼 수 있다.

두짓 프린세스 문라이즈 비치 리조트 ★★★★☆
Dusit Princess Moonrise Beach Resort

Map P.206-A3 주소 Đường Trần Hưng Đạo, Group 2, Cửa Lấp, Phú Quốc **전화** 0297-6266-688 **홈페이지** www.dusit.com **요금** 딜럭스 가든 뷰 US$99, 딜럭스 풀 뷰 US$125 **가는 방법** 공항에서 북쪽으로 5㎞ 떨어져 있다.

태국의 대표적인 리조트 회사인 두짓(두씻)에서 운영한다. 흔히들 줄여서 두짓 프린세스라고 부른다. 공항과 가까운 롱 비치에 있어 접근성이 좋다. 108개 객실을 운영해 규모는 크지 않다. 해변을 끼고 있지만 대부분의 객실에서는 정원이 보인다.

베스트 웨스턴 소나시 ★★★★☆
Best Western Premier Sonasea Phu Quoc

Map P.206-A3 주소 Sona Sea, Đường Bào, Phú Quốc **전화** 0297-6279-999 **홈페이지** www.bwpremier-sonaseaphuquoc.com **요금** 딜럭스 US$105~125, 프리미어 US$145~170 **가는 방법** 소나시 야시장에서 400m, 공항에서 남쪽으로 8㎞ 떨어져 있다.

소나시 지역에 있는 대형 리조트. 566개 객실과 전용 해변을 갖추고 있다. 호텔이 들어선 메인 빌딩과 단독 빌라로 구분된다. 오션 뷰를 기본으로 하는 객실은 37㎡ 크기로 발코니가 딸려 있다. 전자레인이지를 포함해 간단한 주방시설을 갖추고 있는 것이 다른 호텔과의 차이점이다. 공항 셔틀 버스도 운행하는데, 미리 예약하는 게 좋다. 대형 호텔답게 큼지막한 수영장을 보유하고 있다.

노보텔 ★★★★☆
Novotel Phu Quoc Resort

Map P.206-A3 주소 Sona Sea, Đường Bào, Phú Quốc **전화** 0297-6260-999 **홈페이지** www.all.accor.com **요금** 슈피리어 US$90~110, 슈피리어 오션 뷰 US$135 **가는 방법** 공항에서 남쪽으로 8㎞ 떨어져 있다. 소나시 야시장에서 300m 떨어져 있다.

공항 남쪽의 소나시 지역의 대표적인 리조트. 중부 지역 해변 리조트에 비해 차분하게 해변과 주변 지역을 즐길 수 있다. 두 개의 수영장과 전용 해변까지 리조트 부지도 넓다. 발코니가 딸려 있지만 객실은 29㎡ 크기로 평범하다. 딜럭스 룸으로는 정원에 테라스가 딸려 있는 단독 방갈로가 있다.

풀만 리조트 ★★★★★
Pullman Phu Quoc Beach Resort

Map P.207-B2 주소 Group 6, Ban Quy Hamlet, Duong Bao Area, Duong To Commune **전화** 0297-2679-999 **홈페이지** www.pullmanphuquoc.com **요금** 슈피리어 US$125, 딜럭스 US$145~165 **가는**

방법 공항에서 남쪽으로 9㎞ 떨어져 있다.

공항 남쪽의 소나시 지역에 있다. 주변의 리조트와 조금 떨어져 있어 전용 해변을 갖춘 단독 리조트처럼 느껴진다. 소나시 야시장이 가깝긴 하지만 주변에 상업 시설이 없어 불편할 수 있다. 조경과 수영장이 잘 되어 있어 자연친화적이다. 모던한 시설의 5성급 시설로 객실도 45㎡ 크기로 넓다. 풀 빌라도 운영한다.

세일링 클럽 시그니처 리조트 ★★★★★
Sailing Club Signature Resort

Map P.206-B3 주소 Phu Quoc Marina, Dương Tơ, Phú Quốc **전화** 0297-3559-888 **홈페이지** www.sc-signaturephuquoc.com **요금** 원 베드룸 US$330, 투 베드룸 US$480 **가는 방법** 소나시 야시장에서 남쪽으로 3㎞, 공항에서 남쪽으로 10㎞ 떨어져 있다.

인터콘티넨탈 리조트를 포함한 고급 리조트 단지로 구성된 푸꾸옥 마리나 Phu Quoc Marina에 있다. 베트남 주요 해변에 5성급 리조트를 운영하는 세일링 클럽에서 운영한다. 개별 수영장을 갖춘 100개의 풀 빌라로 구성되어 있다. 풀 빌라는 296㎡ 크기로 원 베드룸(3인 숙박 가능)부터 스리 베드룸(성인 6명+어린이 3명 숙박 가능)까지 인원에 따라 선택 가능하다. 풀 빌라의 기본 구조는 1층은 주방과 거실이 있고, 2층은 침실이 위치한다. 주방 시설은 물론 캡슐 커피 머신, 정수기, 세탁기, 빨래 건조대까지 비치되어 있어 편리하다. 바닷가에 세일링 클럽 Sailing Club(레스토랑을 겸한 비치 클럽)을 운영한다.

뉴월드 리조트 ★★★★★
New World Phu Quoc Resort

Map P.207-B3 주소 Khem Beach, An Thới, Phú Quốc **전화** 0297-3716-666 **홈페이지** www.phuquoc.newworldhotels.com **요금** 가든 풀 빌라 투 베드룸 US$325, 프리미엄 풀 빌라 투 베드 룸 US$426 **가는 방법** 공항에서 남쪽으로 18㎞ 떨어진 켐 비치에 있다.

켐 비치(섬 남부 지역 동쪽 해변)에 있는 대형 리조트로 열대 해변 휴양지 분위기가 가득하다. 풀 빌라 형태의 럭셔리한 숙소로 전용 해변을 갖추고 있다. 가든 풀 빌라부터 비치프런트 풀 빌라까지, 원 베드룸부터 스리 베드룸까지 위치와 인원에 따라 시설이 달라진다. 중심가에 멀리 떨어진 만큼 여유롭게 해변을 즐기며 시간을 보내기 좋다.

프리미어 레지던스 ★★★★☆
Premier Residences Phu Quoc Emerald Bay Managed by Accor

Map P.207-B3 주소 Khem Beach, An Thới, Phú Quốc **전화** 0297-3927-777 **홈페이지** www.all.accor.com **요금** 스탠더드 US$110~120, 슈피리어 US$145 **가는 방법** 공항에서 남쪽으로 18㎞ 떨어진 켐 비치에 있다.

켐 비치 중앙에 있는 5성급 호텔이다. 프랑스 호텔 그룹인 아코르에서 운영한다. 야외 정원과 기다란 수영장을 중심으로 호텔 건물들이 들어서 있다. 스탠더드 룸은 45㎡ 크기로 발코니가 딸려 있다. 단독으로 사용하는 스튜디오 아파트는 투 베드룸과 스리 베드룸이 있다. 좀 더 럭셔리한 숙소를 원한다면 풀 빌라로 구성된 프리미어 빌리지 Premier Village를 이용하는 게 좋다.

라 페스타 ★★★★★
La Festa Phu Quoc, Curio Collection By Hilton

Map P.207-B3 주소 Sunset Town, An Thới, Phú Quốc **전화** 0297-3525-555 **홈페이지** www.hilton.com **요금** 딜럭스 US$160, 딜럭스 오션 뷰 US$195, 듀플렉스 킹 룸 US$235 **가는 방법** 공항에서 남쪽으로 20㎞ 떨어진 선셋 타운에 있다.

힐튼 호텔에서 운영하는 5성급 리조트. 푸꾸옥 섬 남쪽 끝에 해당하는 선셋 타운에 있다. 75m 크기의 시계탑 Clock Tower에서 볼 수 있듯 유럽풍으로 건축했다. 로비와 수영장을 포함해 곳곳에 감각적인 디자인이 가득하다. 객실은 미니멀하면서도 모던하다. 스탠더드 룸은 클라시코 Classico, 발코니가 딸린 방은 발콘 Balcone, 스위트룸은 아말피 Amalfi로 불린다. 딜럭스 룸은 오션 뷰 전망이 추가된다. 듀플렉스 킹 룸은 복층 구조로 되어 있다.

무이네

베트남 남부에서 잘 알려진 해변 리조트 마을이다. 판티엣 Phan Thiết에 속한 작은 마을이지만 호찌민시(사이공)와 가까워 주말 여행지로도 인기가 높다(평상시에는 러시아 관광객들이 많다). 호찌민시에서 불과 218㎞ 떨어져 있어 반나절이면 도착 가능한 곳이다. 무이네는 12㎞에 이르는 기다란 모래해변과 야자수가 어우러진다. 최근 들어 개발의 붐을 타고 리조트들이 속속 건설되고 있지만 해변이 워낙 길기 때문에 북적대는 느낌은 들지 않는다.

무이네를 감싸고 있는 바다는 환상적인 색은 아니다(유명세에 비해 바다는 너무도 평범하다). 바닷가 풍경을 감상하며 단순히 쉬어가는 곳이었다면 크게 주목받지 못했을 것이다. 하지만 동남아시아에서 보기 힘든 모래언덕이 펼쳐지며 이국적인 풍경을 선사한다. '사막 여행'을 꿈꾸는 여행자들에게 그 궁금증을 조금이나마 해소해준다. 해변의 동쪽 끝은 관광산업의 영향을 전혀 받지 않은 어촌 마을로 정겨움이 묻어난다.

인구 2만 6,412명 | 행정구역 빈투언 성 Tỉnh Bình Thuận, 판티엣 시 Thành Phố Phan Thiết, 무이네 Mũi Né | 시외국번 0252

Information

여행에 유용한 정보

은행·환전

해변을 끼고 있는 마을이라 은행 시설이 미비하다. 주요 호텔과 리조트에 24시간 운영되는 ATM을 이용하면 된다.

여행사·투어

신 투어리스트를 포함해 주요 여행사와 버스 회사에서 사무실을 운영한다. 모든 숙소에서 여행 업무를 대행하므로, 굳이 여행사를 찾아갈 필요는 없다. 무이네에서 인기 있는 투어는 일명 '사막 투어 Sand Dune Tour'로 샌드 듄(모래 언덕)을 방문한다. 어촌 마을(피싱 빌리지)와 쑤오이 띠엔(요정의 시냇물)이 포함된다. 보통 오후에 출발해 일몰까지 반나절 일정으로 진행된다. 일출을 보기 위해 새벽(04:30)에 출발하는 투어도 있다. 여행사 투어는 참가 인원의 규모에 따라 US$8~10, 지프차를 빌릴 경우 US$30~45 정도이다.

신 투어리스트 The Sinh Tourist

주소 144 Nguyễn Đình Chiểu

전화 0252-3847-542

홈페이지 www.thesinhtourist.vn

신 투어리스트 사무실

프엉짱 버스 Phương Trang(FUTA Bus Lines)

주소 20 Huỳnh Thúc Kháng

전화 0252-3743-113

홈페이지 www.futabus.vn

프엉짱 버스 사무실

여행 시기

베트남 남부에 위치해 우기와 건기로 날씨가 구분된다. 우기는 5~10월까지, 건기는 11~4월까지이다. 평균 기온은 28℃이며, 3~5월이 가장 덥다(낮 기온 34℃). 여행하기 좋은 시기는 건기인데, 이때는 성수기로 구분해 호텔들이 방 값을 인상한다.

지리 파악하기

무이네는 해변 도로 하나가 길의 전부로 706번 국도가 해변을 따라 길게 이어진다. 해변 도로의 서쪽은 응우옌딘찌에우 거리 Đường Nguyễn Đình Chiểu, 동쪽은 후인툭캉 거리 Đường Huỳnh Thúc Kháng로 불린다. 해변 중심가에 해당하는 응우옌딘찌에우 거리에 고급 리조트가 많고, 어촌 마을 정취가 남아 있는 후인툭캉 거리에는 저렴한 호텔이 많은 편이다. 해변 도로가 워낙 길고 특별한 이정표가 없기 때문에 번지수보다는 리조트를 확인하고 위치를 파악하는 게 좋다.

미아 리조트 앞에 있는 '11㎞' 거리 표식부터 신 투어리스트(무이네 리조트) 앞에 있는 '16㎞' 거리 표식까지가 리조트들이 몰려 있다. 프억티엔 사원 Chùa Phước Thiện 맞은편은 보케 스트리트 Bo Ke Street(베트남어로 제방을 뜻하는 버께 Bờ Kè에서 유래)로 알려진 해산물 노점 식당 거리가 있다. 신 투어리스트 사무실을 지나면 분위기가 확연히 달라져 한적해진다.

해산물 식당이 몰려 있는 보케 스트리트 Bo Ke Street

Access

무이네 가는 방법

무이네에서 20㎞ 떨어진 판티엣이 가장 가까운 도시지만, 판티엣을 거치지 않고 무이네까지 직행할 수 있다. 호찌민시(사이공)에서 출발하는 오픈 투어 버스가 무이네까지 운행된다. 외국인 여행자들뿐만 아니라 현지인들도 오픈 투어 버스를 이용한다. 오픈 투어 버스는 예약한 해당 여행사까지 운행하기 때문에 버스마다 종점이 다르다. 호찌민시에서 무이네까지는 버스로 5~6시간 거리다. 판티엣 시내에서 무이네까지는 시내버스가 수시로 오간다.

기차

인접한 도시인 판티엣에 기차역 Pahn Thiet Station (Ga Phan Thiết)이 있다. 호찌민시(사이공)↔하노이를 오가는 통일열차는 정차하지 않고, 호찌민시(사이공)↔판티엣 특별열차만이 정차한다. 1일 1회 왕복하며 낮 시간에만 운행된다. 야간열차는 현재 운행 중단된 상태다. 편도 요금은 에어컨 좌석 19만~28만 VND이다. 두 도시는 187㎞ 떨어져 있다. 기차로 4시간 걸리기 때문에 교통체증이 있는 버스를 이용하는 것 보다 빠르다.

판티엣 기차역에서 무이네 해변까지 15~20㎞ 떨어져 있다. 판티엣 기차역에서 출발하는 빨간색 9번 시내버스가 무이네 해변을 지난다. 편도 요금은 4만 VND이다. 택시를 타고 갈 경우 숙소 위치에 따라 30만~40만 VND 정도 예상하면 된다.

판티엣 기차역

호찌민시(사이공)–판티엣 기차

노선(편명)	출발→도착
호찌민시→판티엣(SPT2)	06:30→11:05
판티엣→호찌민시(SPT1)	13:05→18:20

오픈 투어 버스

무이네를 갈 때 가장 편리한 교통편이다. 호찌민시의 여행자 거리에서 오픈 투어 버스가 출발한다. 버스 회사마다 호찌민시→무이네→냐짱 노선을 1일 3~4편(07:00, 11:00, 14:00, 20:00 출발) 운행한다. 무이네까지의 편도 요금은 20만~28만 VND이다. 호찌민시→무이네 구간을 가장 많이 운영하는 프엉짱 버스는 오전 9시부터 새벽 1시까지 1일 15회 운행되며, 편도 요금은 19만 VND이다.

무이네에서는 호찌민시, 냐짱, 달랏으로 오픈 투어 버스가 출발한다. 호찌민시까지는 버스 회사마다 4~5회(08:30, 11:00, 13:30, 15:00, 01:00) 출발한다. 달랏까지는 1일 2회(07:00, 13:00 출발, 편도 26만~30만 VND) 운행하며 약 5~6시간 걸린다. 냐짱까지는 호찌민시에서 출발한 버스가 무이네를 들러서 가기 때문에 버스가 오후 1시 30분과 새벽 1시에 출발(편도 22만~28만 VND)한다. 침대버스가 운행되는데, 냐짱까지 6시간 소요된다.

버스표 예약은 여행사나 버스 회사가 아니더라도 묵고 있는 숙소에서 가능하다. 버스 요금은 회사마다 조금씩 차이가 나며, 침대 버스의 요금이 더 비싸다. 참고로 숙소들을 돌아다니며 손님들을 태우기 때문에 출발 시간은 잘 지켜지지 않는다.

야자수가 길게 늘어선 무이네 해변 도로

Transportation

시내 교통

판티엣에서 무이네까지 시내버스가 오전 5시부터 오후 8시까지 수시로 운행된다. 판티엣→무이네→해변 도로→쑤오이 띠엔 입구→어촌 마을→옐로 샌드 듄→혼럼 Hòn Rơm 노선을 왕복한다.

1번 버스는 판티엣 버스터미널을 출발해 꿉 마트 Co.op Mart를 경유하며, 9번 버스는 판티엣 기차역을 출발해 롯데 마트 Lotte Mart를 경유해 무이네 해변으로 향한다. 시내버스는 20~30분 간격으로 운행되며, 해변도로 아무데서나 기다렸다가 지나는 버스를 세워서 타면 된다. 편도 요금은 거리에 따라 8,000~2만 VND이다.

오토바이 대여는 하루 15만~25만 VND, 자전거 대여는 하루 4만~5만 VND 정도에 가능하다. 도로가 좁고 길이 울퉁불퉁해서 오토바이 탈 때는 안전에 각별히 유의해야 한다.

롯데마트와 판티엣 기차역을 오가는 9번 버스

판티엣을 오갈 때 유용한 시내버스

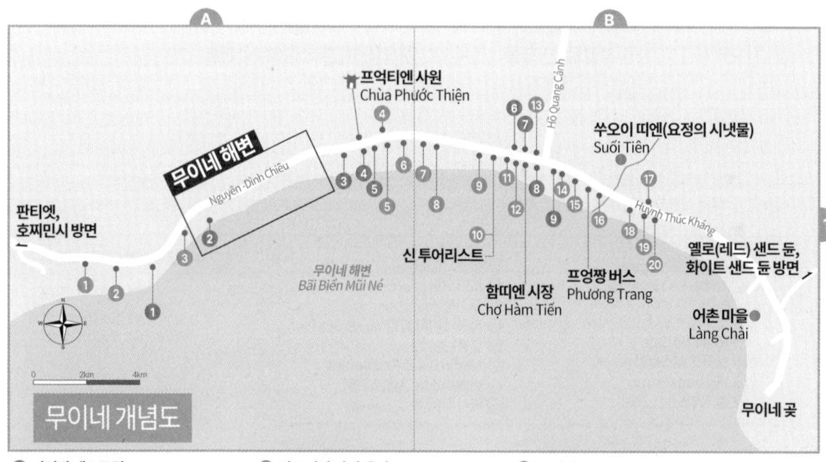

❶ 꺼이방 레스토랑 Nhà Hàng Cây Bàng
❷ 샌들 레스토랑 Sandals
❸ 선셋 온 더 비치
❹ 시푸드 바비큐 레스토랑(버께 거리) Seafood BBQ Restaurant(Bờ Kè)
❺ 못낭 Một Nắng
❻ 맘스 키친(한식당)
❼ 루부 Lu Bu
❽ 동부이 푸트코트 Dong Vui Food Court
❾ 파인애플 무이네

❶ 빅토리아 판티엣 리조트 Victoria Phan Thiet Resort
❷ 클리프 리조트 The Cliff Resort
❸ 아난타라 무이네 리조트 Anantara Mui Ne Resort
❹ Cat Sen Auberge
❺ Havana Resort
❻ 랑 가든 방갈로 Rang Garden Bungalow
❼ 하이옌 리조트 Hai Yen Resort
❽ 비바 리조트 Viva Resort
❾ 호앙낌 골든 리조트 Hoang Kim Golden Resort
호앙찌에우(다이너스티) 리조트 Hoàng Triều(Dynasty) Resort
❿ 무이네 리조트 Mui Ne Resort

⓫ 그레이스 부티크 리조트 Grace Boutique Resort
⓬ 미뇬 호텔 Mi Nhon(Mignon)
⓭ Wanderlust Hotel
⓮ 리틀 무이네 코티지스 Little Mui Ne Cottages
⓯ 무이네 드 센추리 리조트 Muine de Century Resort
⓰ 하이어우(시걸) 리조트 Hải Âu(Seagull) Resort
⓱ 민안 게스트하우스 Minh Anh Guest House
지엠리엔 게스트하우스 Diem Lien Guest House
쑤언안 게스트하우스 Xuân Anh Guest House
⓲ Mường Thanh Holiday Mui Ne Hotel
⓳ 타이호아 리조트 Thái Hòa Resort
⓴ 카나리 비치 리조트 Canary Beach Resort

Best Course 무이네 추천 코스

모래언덕이 아름답게 보이는 시간에 맞춰야 하기 때문에 오전에는 화이트 샌드 듄, 오후에는 옐로 샌드 듄을 다녀오는 게 좋다. 새벽 일찍 출발해 화이트 샌드 듄에서 일출을 보고 오면 더욱 좋다. 일정을 여유롭게 잡고 싶다면 오전과 오후로 나눠서 이틀 동안에 다녀와도 된다. 중간에 해변이나 리조트 수영장에서 휴식하면 된다.

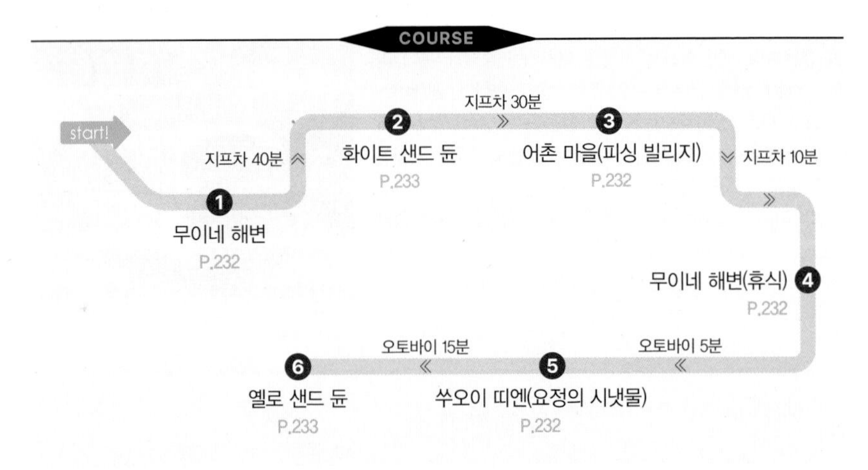

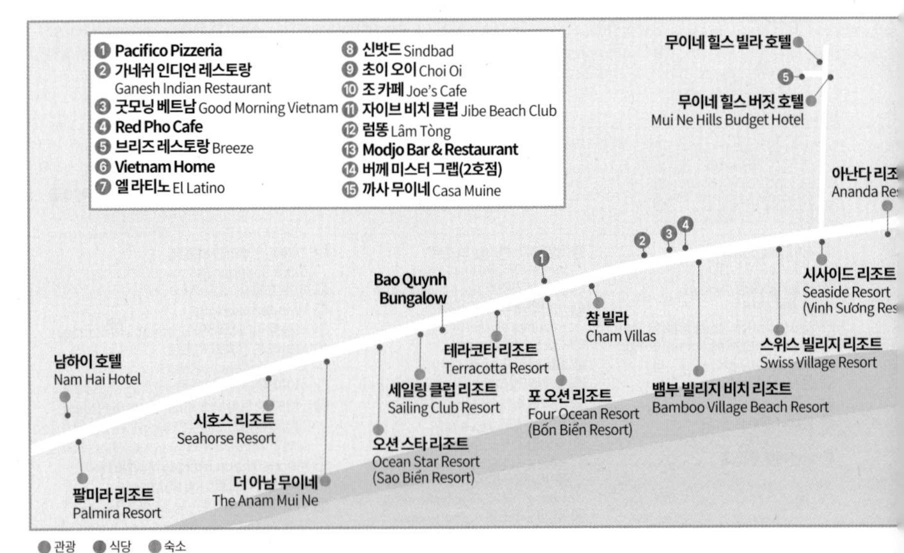

Attractions

무이네의 볼거리

무이네는 해변에서 휴식하며 시간 보내기 좋지만, 주변에 사진 찍기 좋은 명소들도 많다. 사막을 연상케 하는 모래언덕과 일몰 때의 어촌 마을 풍경은 감미롭다.

무이네 해변

12㎞에 이르는 무이네 해안선

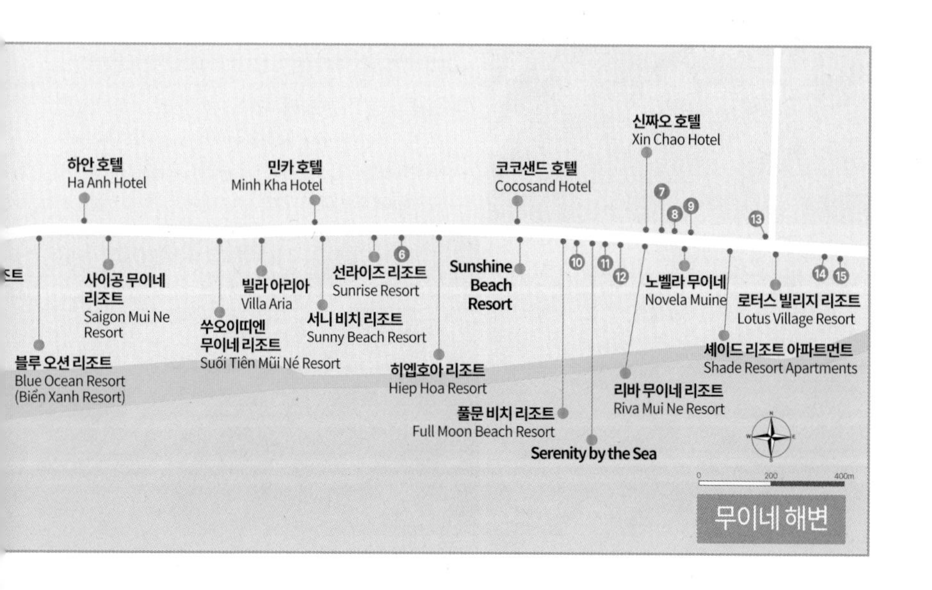

무이네 해변 ★★★

Mui Ne Beach
Bãi Biển Mũi Né

12㎞에 이르는 기다란 해변이다. 옥빛 바다는 아니지만 모래해변과 야자수 그늘 아래서 휴식하며 시간 보내기 좋다. 대체적으로 해변 쪽에는 리조트가, 해변 도로 건너편에는 레스토랑과 상점이 들어서 있다. 고급 리조트들이 들어선 해변 서쪽(판티엣에서 진입하는 방향)이 수질이 좋은 편이고, 해변 동쪽 끝은 둥근 만(灣)을 이루며 수많은 어선들이 정박해 있는 어촌 마을과 만난다.

어촌 마을(피싱 빌리지) ★★☆

Fishing Village
Làng Chài

무이네 해변 동쪽 끝에 형성된 현지인 마을로 대부분 어업에 종사한다. 바닷가에 형형색색으로 칠한 선박들이 정박해 있어 화려한 느낌을 선사한다. 마을 입구의 언덕에서 바다가 내려다보이며, 계단을 통해 바닷가까지 내려갈 수도 있다. 배가 들어오는 아침에는 역동적인 어촌 마을의 풍경을, 노을이 지는 오후에는 낭만적인 풍경을 제공한다.

노을 지는 오후의 어촌 마을

어촌 마을(피싱 빌리지)

알아두세요 | 베트남 음식에 꼭 필요한 느억맘 Nước Mắm

무이네는 생선 소스인 '느억맘' 생산지로 유명합니다. 신선하고 작은 생선을 양질의 소금과 강한 태양을 이용해 한 달 이상 절이기 때문에 맛이 좋다고 합니다. 어촌 마을을 걷다가 젓갈 냄새가 진동하는 곳들이 있으면 느억맘 공장이라고 생각하면 됩니다. 젓갈을 만들기 위해 커다란 항아리를 모아두었기 때문에 쉽게 눈에 띕니다. 플라스틱 용기에 담아서 판매하니, 현장에서 직접 구매도 가능합니다.

쑤오이 띠엔(요정의 시냇물) ★★☆

Fairy Stream
Suối Tiên

요금 무료 **가는 방법** 해변 도로 동쪽의 하이허우(시걸) 리조트 Hải Âu(Seagull) Resort를 지나면 작은 다리(Cầu Rang)가 나온다. 다리를 건너기 전 오른쪽에 진입로가 있다.

묘한 풍경에 매료되는 요정의 시냇물

잔잔한 시냇물이 흐르는 쑤오이띠엔

무이네 해변 중간에서 이어지는 협곡으로 시냇물이 협곡 옆을 흐른다. 단단한 모래흙이 비와 침식 작용에 의해 생겨났는데, 붉은 흙과 모래, 하얀색 석회암이 함께 어우러져 풍경이 독특하다.
협곡 옆을 흐르는 시냇물은 발목 정도 깊이로 얕은 편이다. 20~30분 정도 지류를 거슬러 올라가며 풍경을 감상하면 된다. 맨발로 시냇물을 걸어 다녀야 하므로 샌들이나 슬리퍼를 신는 게 좋다. 운동화를 신었을 경우 입구에서 신발을 맡기라고 한다거나, 가이드를 해준다는 사람은 나중에 비용을 요구하니 주의해야 한다.

옐로 샌드 듄(레드 샌드 듄) ★★★
Yellow Sand Dune
Đồi Cát Vàng

요금 무료 **가는 방법** 어촌 마을을 지나서 북쪽으로 5㎞를 더 가야 한다. 시내버스, 자전거, 오토바이 또는 투어를 이용하면 된다.

해변 리조트에서 그리 멀지 않은 곳에 사막에서나 볼 수 있는 모래언덕이 형성되어 있다. 건조해진 해변과 모래의 유입, 그리고 침식 작용이 수백 년간 진행되어 생겼다. 무이네 주변에는 두 개의 모래언덕이 있는데, 어촌 마을과 가까운 곳이 옐로 샌드 듄이다. 규모는 작지만 모래언덕과 바다가 어우러진다. 오후가 되면 태양빛으로 인해 모래언덕이 붉게 물든다. 그래서 레드 샌드 듄 Red Sand Dune으로 불리기도 한다.
사진을 찍기 위해 찾아오는 관광객들이 많기 때문에, 이를 노리는 장사치 동네 아이들도 많다. 플라스틱으로 된 널빤지를 들고 따라 다니며 모래언덕의 경사면에서 미끄럼을 타라는 것인데, 아이들의 상술이 보통이 아니다. '샌드 슬라이딩 sand-sliding'을 탈 경우 아이들에게 소지품을 맡기지 말고 반드시 본인이 휴대해야 한다. 분실 사고가 여러 차례 발생했다.

화이트 샌드 듄 ★★★★
White Sand Dune
Đồi Cát Trắng

요금 1만 5,000VND **가는 방법** 무이네 북동쪽으로 40㎞ 떨어져 있다. 무이네에서 차로 약 40분.

베트남에서 강수량이 가장 적고 건조한 지역이다. 무이네 해변에서 멀리 떨어져 있지만 제대로 된 사막 풍경을 연출한다. 모래언덕의 규모가 크고, 경사도 높다. 모래언덕 주변에는 호수가 형성되어

사진만 잘 찍으면 완전히 사막같은 옐로 샌드 듄

옐로 샌드 듄에서는 바다가 보인다

있는데, 사막을 둘러싼 오아시스처럼 느껴진다. 하얀 호수라는 뜻인 바우짱 Bàu Trắng(White Lake)에는 연꽃이 피어 있기 때문에 바우쎈(연꽃 호수) Bàu Sen(Lotus Lake)이라는 애칭이 있다.
화이트 샌드 듄까지 가는 동안 해안선을 지나기 때문에 길이 아름답고, 황량한 비포장도로까지 펼쳐져 오지에 온 것 같은 착각도 불러일으킨다. 모래언덕이 제 빛을 발하는 일출 또는 일몰 시간에 맞춰 가면 더욱 좋다.
지프차를 이용한 투어로 방문하는 게 일반적이다. 모래언덕 입구에서 ATV(4륜 오토바이)를 타고 모래 언덕을 오를 수도 있다. 2명이 함께 타는데 60만 VND(1인 30만 VND)을 받는다. 관광객이 몰려들면서 낙타를 데려다 놓고 돈(15분, 20만 VND)을 받고 태워주기도 한다. 모래가 뜨겁지 않은 아침 시간이라면 맨 발로 모래 언덕을 걸어가 보는 것도 나쁘지 않다.

화이트 샌드 듄 가는 길
모래 언덕 옆으로 청명한 호수가 보인다
고운 모래로 이루어진 화이트 샌드 듄
사막을 연상케 하는 화이트 샌드 듄

Activity
무이네의 즐길 거리

무이네의 즐길거리는 뭐니 뭐니 해도 화이트 샌드 듄을 방문하는 사구(모래언덕)투어다. 지프차를 타고 두 개의 모래언덕을 방문하는 투어로 반나절 일정으로 진행된다(P.227 참고).
무이네에서는 해양스포츠도 즐길 수 있다. 바닷속이 훌륭한 곳이 아니라 스쿠버다이빙이나 스노클링이 발달하지는 못했고, 액티브한 윈드서핑 Wind Surfing과 카이트서핑 Kite Surfing(또는 카이트보딩 Kiteboarding)이 유명하다. 카이트서핑은 바람을 이용해 파도를 타는 해양스포츠로 서핑과 패러글라이딩을 접목한 형태다.
11월부터 4월까지가 윈드서핑과 카이트서핑에 적합한 계절이다. 12~1월은 바람이 가장 세게 불고 파도가 높아 카이트 서핑의 피크 시즌으로 여겨진다. 강습은 2시간 초보자 코스 US$100~120, 5시간 기본 코스가 US$250~300이다. 장비 대여와 교육은 자이브 Jibe's, 베트남 카이트보딩 스쿨 Vietnam Kiteboarding School, C2 스카이 카이트 센터 C2 Sky Kite Center에서 가능하다.

자이브
홈페이지 www.jibesbeachclub.com

베트남 카이트보딩 스쿨
홈페이지 www.vietnamkiteboardingschool.com

C2 스카이 카이트 센터
홈페이지 www.c2skykitecenter.com

세일링 클럽 카이트 스쿨
홈페이지 www.sailingclubkiteschool.com

바람과 파도를 이용하는 카이트서핑

Restaurant

무이네의 레스토랑

해변 도로가 길기 때문에 특정 지역에 레스토랑이 발달하지 않고, 해변을 따라 길게 식당들이 늘어서 있다. 대도시와 달리 에어컨 시설의 건물보다는 도로 쪽에 개방형으로 만든 자연친화적인 레스토랑이 많다. 뜨내기 관광객들을 상대하기 때문에 특별히 잘하거나 못하는 곳이 없이 비슷한 메뉴와 비슷한 음식을 내놓는다. '버께' Bờ Kè 지역(프억티엔 사원 맞은편의 방파제 도로)에 시푸드 레스토랑이 밀집해 있다.

시푸드 바비큐 레스토랑(버께) ★★★★
Seafood BBQ Restaurants(Bờ Kè)
Bo Ke Street

Map P.229-A1 주소 Đường Nguyễn Đình Chiểu **영업** 매일 17:00~23:00 **메뉴** 영어, 베트남어, 러시아어 **예산** 15만~35만 VND **가는 방법** 프억티엔 사원 Chùa Phước Thiên 맞은편의 해변 도로에 있다. 리조트들이 몰려 있는 해변 중심가에서 동쪽 끝자락에 있어서 걸어가긴 멀다.

리조트들이 들어서지 않은 한적한 해변 도로에 있는 저렴한 식당이다. 바닷가를 끼고 있으며 20여 개의 식당이 길이 늘어서 있다. 비슷한 분위기로 해산물과 베트남 음식을 요리한다. 하이싼 버께 Hải Sản Bờ Kè(방파제 해산물이란 뜻)라고 간판을 달고 장사한다. 대부분 저녁에 문을 열지만, 점심식가가 가능한 곳도 있다. 버께 Bờ Kè는 제방(일종의 방파제)을 의미한다. 영어로 보케 스트리트 Bo Ke Street라고 알려졌다.

초이 오이 Choi Oi ★★★

Map P.231 주소 137 Nguyễn Đình Chiểu **전화** 0252-3741-428 **홈페이지** www.facebook.com/choioirestaurant **영업** 08:30~19:30 **메뉴** 영어 **예산** 8만~10만 VND **가는 방법** 해변도로(응우옌딘찌에우 거리)의 노벨라 무이네 리조트 Novela Mũi Né Resort 맞은편, 레후인 호텔 Lê Huỳnh Hotel 옆에 있다.

외국인 관광객을 상대하는 베트남 음식점이다. 바다가 보이지는 않지만 자연친화적인 정취를 살려 꾸몄다. 쌀국수, 볶음밥, 스프링 롤, 반쎄오, 분팃느엉, 바게트 샌드위치를 포함해 가볍게 식사하기 좋은 음식들이 많다. 두부를 이용한 채식 메뉴도 갖추고 있다. 향신료를 적절히 사용해 외국인 입맛에 부담스럽지 않도록 요리한다.

굿 모닝 베트남 ★★★☆
Good Morning Vietnam

Map P.230 주소 57A Nguyễn Đình Chiểu **전화** 0252-3847-585 **홈페이지** www.facebook.com/gmnvietnam **영업** 09:00~22:30 **메뉴** 영어 **예산** 16만~34만 VND **가는 방법** 참 빌라(리조트) Cham Villas 맞은편의 가네쉬 인디언 레스토랑 Ganesh Indian Restaurant 옆에 있다.

베트남 주요 도시에서 볼 수 있는 이탈리아 음식점 체인이다. 이탈리아 출신 주방장이 직접 만든 홈메이드 파스타와 피자, 라자냐를 맛볼 수 있다. 특히 바삭한 화덕 피자가 인기 있다. 고추와 라임을 듬뿍 넣은 쌀국수가 질렸다거나, 와인 한잔 곁들여 지중해 음식을 맛보고 싶다면 들를 만하다.

가네쉬 인디언 레스토랑 ★★★☆
Ganesh Indian Restaurant

Map P.230 주소 57 Nguyễn Đình Chiểu **전화** 0252-3741-330 **홈페이지** www.ganesh.vn **영업** 11:00~22:00 **메뉴** 영어 **예산** 메인 요리 12만~35만 VND **가는 방법** 참 빌라(리조트) Cham Villas 맞은편의 굿모닝 베트남(이탈리아 레스토랑) Good Morning Vietnam 옆.

외국인 여행자들에게 인기 있는 인도 음식점이다. 인도 주인장이 운영한다. 카레와 마살라, 탄두리를 포함해 다양한 인도 음식을 요리해 낸다. 세트 메뉴처럼 여러 가지 인도 음식을 접시에서 담아주는 탈리 Thali도 있다.

신밧드(신밧드 케밥) Sindbad ★★★☆

Map P.231 **주소** 133 Nguyễn Đình Chiểu **전화** 0837-228-813 **홈페이지** www.sindbad.vn **영업** 11:00~23:00 **메뉴** 영어, 한국어 **예산** 8만~14만 VND **가는 방법** 노벨라 무이네(리조트) Novella Mui Ne 맞은편의 응우옌딘찌에우 거리 133번지에 있다.

도로변에 자리한 아담한 레스토랑이다. 중동 음식과 지중해 음식을 부담 없는 가격에 맛볼 수 있어 외국 여행자들에게 인기 있다. 허무스 Hummus(콩을 으깨서 올리브 오일과 함께 찍어 먹는 디핑 소스), 샤왈마 Shawarma(닭고기와 허무스를 넣어 만든 랩), 도너 케밥 Donner Kebab(피타 브레드를 이용한 샌드위치), 그릭 샐러드 Greek Salad(페타 치즈와 올리브 오일을 넣은 샐러드)가 이곳의 인기 메뉴다. 고기를 좋아한다면 시시 케밥 Shish kebab(중동식 소고기 꼬치구이)과 시시 타욱 Shish Taouk(닭고기 꼬치구이)도 괜찮다.

버께 미스터 그랩(2호점) Bờ Kè Mr. Crab(Branch No.2) ★★★★

Map P.231 **주소** 112 Nguyễn Đình Chiểu **영업** 09:00~23:00 **전화** 0972-267-736 **메뉴** 영어, 한국어, 베트남어 **메뉴** 메인 요리 18만~38만 VND **가는 방법** 로터스 빌리지 리조트 지나서 응우옌딘찌에우 거리 112번지에 있다.

무이네 해변도로에서 오랫동안 인기를 얻고 있는 해산물 레스토랑이다. 시푸드 바비큐 레스토랑이 몰려 있는 버께(보케 스트리트)에 두 개의 레스토랑을 운영한다. 1호점보다 2호점인 무이네 중심가와 가까워 접근성이 좋은 편이다. 도로 쪽에서 바닷가까지 개방형 형태로 만들어 로컬 레스토랑 분위기가 느껴진다. 당연히 현지인도 많이 찾는다. 신선한 해산물부터 채소볶음, 볶음면, 볶음국수까지 메뉴가 다양하다.

조 카페 Joe's Cafe ★★★☆

Map P.231 **주소** 86 Nguyễn Đình Chiểu **전화** 0252-3847-177 **홈페이지** www.joescafemuine.com **영업** 매일 07:00~24:00 **메뉴** 영어 **예산** 커피·맥주 6만~15만 VND, 메인 요리 15만~49만 VND **가는 방법** 세레니티 바이 더 시(호텔) Serenity By The Sea 옆의 조 카페 & 가든 리조트 Joe's Cafe & Garden Resort 내부에 있다.

무이네에서 오랫동안 인기를 얻고 있는 카페를 겸한 레스토랑이다. 26종류의 수입 맥주와 40종류의 수입 와인도 보유하고 있다. 수제 맥주와 칵테일도 다양하다. 샌드위치, 파스타, 스테이크를 메인 음식으로 요리한다. 저녁에는 라이브 음악을 연주한다.

까사 무이네 Casa Muine ★★★★

Map P.231 **주소** 116C Nguyễn Đình Chiểu **홈페이지** www.facebook.com/casamuine **영업** 10:00~23:00 **메뉴** 영어, 베트남어 **예산** 16만~52만 VND **가는 방법** 해산물 식당이 몰려 있는 '버께' 거리 초입에 있다.

주변의 로컬 식당과 확연히 다른 분위기의 모던한 레스토랑이다. 바다를 접하고 있으며 개방형으로 꾸몄는데, 바다를 보며 식사하기 좋다. 가리비, 맛조개, 새우, 랍스터까지 다양한 시푸드를 즐길 수 있다. 수족관에서 해산물을 고르고 무게를 재서 가격을 정하면 된다.

맘스키친 Mom's Kitchen ★★★☆

Map P.229-B1 **주소** 277 Nguyễn Đình Chiểu **전화** 0901-397-369 **홈페이지** www.facebook.com/shogilee **영업** 10:00~14:00, 16:00~21:30 **메뉴** 한국어, 영어 **예산** 16만~50만 VND **가는 방법** 해변 서쪽에 있는 신 투어리스트에서 동쪽으로 550m 떨어져 있다.

무이네에서 한국 음식이 그립다면 이곳을 찾아가면 된다. 에어컨 시설의 넓고 쾌적한 식당이다. 김치찌개, 순두부찌개, 된장찌개, 돌솥비빔밥, 갈비탕, 소고기 국밥, 떡볶이 같은 기본적인 식사 메뉴부터 낚지볶음, 제육볶음, 오삼볶음, 불고기전골, 해물파전, 삼겹살까지 다양하다. 기본적인 반찬을 제공해 주며, 배달도 가능하다. 자그마한 카페도 함께 운영하고 있다.

선셋 온 더 비치 ★★★☆
Sunset On The Beach

Map P.229-A1 **주소** 120 Nguyễn Đình Chiểu **영업** 07:00~22:30 **메뉴** 영어, 베트남어 **예산** 커피 4만~8만 VND, 식사 9만~16만 VND **가는 방법** 보께 거리 초입. 프억티엔 사원에서 100m 떨어져 있다.

보께 거리 초입에 있는 카페를 겸한 레스토랑이다. 바다를 감상하며 시간을 보내기 좋은 곳이다. 특히 해 지는 시간에 아름답다. 반미(바게트 샌드위치), 팬케이크, 볶음면, 볶음밥, 오징어튀김, 스프링 롤, 반쎄오 등 가볍게 식사하기 좋은 음식을 요리한다.

못낭 ★★★☆
Một Nắng Seafood Restaurant

Map P.229-A1 **주소** 122 Nguyễn Đình Chiểu **전화** 0928-419-988 **홈페이지** www.facebook.com/mot.nang.restaurant **영업** 09:00~24:00 **메뉴** 영어, 베트남어 **예산** 시푸드 19만~75만 VND **가는 방법** 보케(버께) 스트리트 지나서 동쪽으로 250m 더 가면 해변에 있다.

해변 중심가에서는 떨어져 있지만, 해변을 끼고 있는 분위기 좋은 시푸드 레스토랑이다. 해산물 구이를 메인으로 요리한다. 무게에 따라 정가가 정해져 있어 가격 흥정할 필요가 없다. 여러 종류의 해산물을 한 접시에 담아주는 콤보 세트 메뉴를 주문하면 편리하다. 소시지, 고기 바비큐, 베트남 음식까지 다양하게 요리한다. 샌드위치와 면 요리 위주의 간단한 아침식사도 가능하다. 주말 저녁에는 라이브 음악을 연주해주기도 한다.

모조 바 & 레스토랑 ★★★★
Modjo Bar & Restaurant

Map P.231 **주소** 139 Nguyễn Đình Chiểu **전화** 0918-189-014 **홈페이지** www.facebook.com/modjo.muine **영업** 11:00~23:00 **메뉴** 영어 **예산** 24만~38만 VND **가는 방법** 로터스 빌리지 리조트 맞은편의 응우옌딘찌에우 Nguyễn Đình Chiểu & 응우옌떤딘 Nguyễn Tấn Định 거리가 만나는 삼거리 코너에 있다.

스위스 사람이 운영하는 곳으로, 스위스·프랑스 음식을 선보인다. 스위스 치즈 퐁뒤 Swiss Cheese Fondue, 라클렛 치즈 Raclette Cheese, 치즈 플래터 Cheese Platter와 같은 시그니처 치즈 요리에, 핫 스톤 스트립로인 스테이크 Hot Stone Striploin Steak, 앙트르코트 Entrecôte, 파스타 Pasta, 타르티플레트 Tartiflette와 같은 요리를 메인으로 선보인다. 칵테일 바도 함께 운영하며, 도로 옆 야외 공간이지만 쾌적하고 여유롭게 식사하기 좋다.

동부이 푸드코트 ★★★☆
Dong Vui Food Court
Nhà hàng Đông Vui

Map P.229-B1 **주소** 246 Nguyễn Đình Chiểu **홈페이지** www.facebook.com/DongVuiMuiNe **영업** 12:00~23:00 **메뉴** 영어, 베트남어 **예산** 9만~20만 VND **가는 방법** 함띠엔 시장 지나서 250m. 응우옌찌에우 거리 246번지에 있다.

함띠엔 시장 근처에 형성된 여행자 타깃의 푸드코트로 17개의 식당이 한데 모여 있다. 베트남 음식은 물론 시푸드·바비큐·인도·태국·멕시코·이탈리아·그리스 요리 등을 다양하게 즐길 수 있다. 볶음 요리 전문인 서핑 버드 웍 Surfing Bird's WOK과 채식 요리 전문인 엘 카페 El Cafe가 특히 유명하다. 에어컨 없는 야외 공간이라 점심보다는 저녁때 사람이 많다. 입점해 있는 식당마다 영업 시간이 다르다. 해변 중심가에서 멀리 떨어져 있어 오가기 불편한 점이 하나 아쉽다.

루부(카페 루부) Lu Bu ★★★☆

Map P.229-B1 **주소** 321b Nguyễn Đình Chiểu **전화** 0252-3743-045 **홈페이지** www.cafelubu.business.site **영업** 07:00~22:00 **메뉴** 영어, 베트남어 **예산** 음료 3만 VND, 메인 요리 5만~10만

5,000 VND **가는 방법** 함띠엔 시장 Chợ Hàm Tiến에서 150m 떨어진 응우옌딘찌에우 거리 321 번지에 있다.

야외 정원이 있는 로컬 카페로 함띠엔 시장과도 가깝다. 해변과는 떨어져 있지만 녹음 가득한 정원에서 휴식과 여유를 즐기기 좋다. 커피와 과일 셰이크가 저렴하고 기본 식사 메뉴로는 보네 Bò Né(철판 소고기 구이+달걀 프라이), 치킨 커리, 바나나 팬케이크가 인기 있다. 해변 중심가에서 벗어나 있어 접근성은 떨어진다.

파인애플 무이네 Pineapple Mũi Né ★★★☆

Map P.229-B1 주소 4/1 Huỳnh Thúc Kháng **전화** 0862-251-294 **영업** 08:30~23:30 **메뉴** 영어 **예산** 커피 5만~7만 VND, 맥주 4만~8만 VND, 칵테일 13만~18만 VND, 식사 12만~23만 VND **가는 방법** 해변 동쪽에 있는 함띠엔 시장에서 동쪽으로 600m.

무이네 중심가에서 멀찌감치 떨어져 있는 한적한 해변에 있는 레스토랑으로 카페와 비치 바를 겸한다. 야자수 가득한 모래 해변에 쿠션이 놓여 있어, 널브러져 바다 풍경을 감상하기 좋다. 특히 일몰 시간의 풍경이 아름답다. 야외 공간이라 덥기 때문에, 해 지는 시간부터 사람들이 많아진다. 저녁에는 야외무대에서 라이브 음악도 연주한다. 오전에는 브런치, 점심과 저녁에는 볶음밥, 버거, 스파게티 위주로 요리한다. 식사보다는 커피나 칵테일(맥주) 마시며 시간 보내기 좋다.

샌들 레스토랑 Sandals Restaurant ★★★★

Map P.229-A1 주소 Sailing Club Resort, 24 Nguyen Dinh Chieu **전화** 0252-3847-440 **홈페이지** www.miamuine.com **영업** 10:30~22:00 **메뉴** 영어, 베트남어 **예산** 25만~79만 VND(+15% Tax) **가는 방법** 해변 도로 서쪽(무이네 초입)에 있는 세일링 클럽 리조트 Sailing Club Resort 내부에 있다.

무이네의 대표적인 고급 리조트인 세일링 클럽 리조트(P.240)에서 운영한다. 해변을 끼고 있으며 수영장과 어우러진 자연 친화적인 리조트 조경 덕분에 분위기가 좋다. 베트남 음식과 이탈리아·지중해 음식을 요리하는 퓨전 레스토랑이다. 무이네의 다른 레스토랑에 비해 음식 값은 비싸지만 종업원들의 서비스는 좋다.

Hotel 무이네의 호텔

무이네 초입에 해당하는 해변 서쪽에 고급 리조트들이 많고, 뒤쪽(동쪽)으로 갈수록 저렴한 숙소가 많아진다. 해변을 끼고 있는 곳은 수영장을 갖춘 리조트가, 내륙도로에는 평범한 콘크리트 건물의 저렴한 호텔이 들어서 있다. 해변 중심가에 멀리 떨어진 '쑤오이 띠엔' 지나서 어촌 마을 방향으로 저렴한 게스트하우스들로 채워지고 있다. 비수기에는 US$20~30에도 수영장을 갖춘 숙소에서 숙박이 가능하다. 오픈 투어 버스가 원하는 리조트에 내려주기도 하므로, 예약한 곳이 있으면 기사에게 미리 알려주자. 버스 회사 사무실이 있는 종점까지 직행하는 여행사도 많아, 타고 가는 버스의 종점이 어디쯤인지 미리 확인해두는 게 좋다.

히엡호아 리조트 Hiep Hoa Resort ★★★☆

Map P.231 주소 80 Nguyễn Đình Chiểu **전화** 0252-3847-262 **요금** 더블 US$35~40(에어컨, 개인욕실, TV, 냉장고) **가는 방법** 선샤인 비치 리조트 Sun Shine Beach Resort 옆에 있다.

인기 여행자 숙소 중의 하나다. 해변을 끼고 있는 숙소 가운데 방값이 저렴하다. 파란색 페인트를 칠한 2층 건물과 해변과 접한 단층 방갈로로 구분된다. 객실은 단순하지만 넓고 깨끗하다. 침대에 모기장이 설치되어 있다. 객실마다 발코니가 딸려 있다. 수영장과 야자수 정원이 있어 평화롭다.

코코샌드 호텔 Cocosand Hotel ★★★

Map P.231 주소 119 Nguyễn Đình Chiểu **전화** 012-7364-3446 **홈페이지** www.cocosandhotel.com **요금** 더블 US$18~24(에어컨, 개인욕실, TV, 냉장고) **가는 방법** 히엡호아 리조트 Hiep Hoa Resort와 선샤인 비치 리조트 Sunshine Beach Resort 사이에 있는 내륙 도로에 있다.

평범한 콘크리트 건물로 게스트하우스에 가깝다. 해변이 아니라 내륙 도로에 있다. 객실은 타일이 깔려있으며 에어컨 시설로 TV와 냉장고를 갖추고 있다. 온수 샤워 가능한 개인 욕실이 딸린 기본적인 시설이다. 야자수 정원에 해먹을 매달아놓아 휴식할 수 있도록 했다. 객실은 8개 뿐이다. 간판에는 베트남어인 '깟즈아 Cát Dừa'가 함께 적혀있다.

신짜오 호텔 Xin Chao Hotel ★★★

Map P.231 주소 129 Nguyễn Đình Chiểu **전화** 0252-3743-086 **홈페이지** www.xinchaohotel.com **요금** 비수기 더블 US$28~35(에어컨, 개인욕실, TV, 아침식사), 성수기 더블 US$35~45 **가는 방법** 리바 무이네 리조트 맞은편의 내륙도로에 있다.

해변을 끼고 있지 않지만 가격 대비 시설이 좋다. 수영장을 중심으로 객실이 들어서 있다. 객실과 욕실은 무난한 크기로 타일이 깔려 있다. 침구 상태도 좋고 깨끗한 편이다. 간단한 아침식사가 포함된다. 영국인과 베트남 부부가 운영한다. 객실에 냉장고가 없다. 레스토랑을 함께 운영한다.

미뇬 호텔 ★★★★
Mi Nhon(Mignon) Hotel

Map P.229-B1 주소 210/5 Nguyễn Đình Chiểu **전화** 0252-6515-178 **홈페이지** www.www.facebook.com/MiNhonMuineHotel **요금** 더블 US$30~35, 딜럭스 US$40~45(에어컨, 개인욕실, TV, 냉장고) **가는 방법** 함띠엔 시장 조금 못 미쳐서 응우옌딘찌에우 210번지 골목 안쪽으로 들어가면 된다.

해변 중심가에서는 멀리 떨어져 있지만 수영장을 갖춘 경제적인 호텔이다. 파스텔 톤의 호텔 건물이 수영장을 감싸고 있는데, 야자수와 식물이 가득해 열대 정원 느낌이 가득하다. 객실 또한 밝고 깨끗하며 수영장 쪽으로 발코니 또는 테라스가 딸려 있다. 아침 포함 여부는 선택할 수 있다. 소규모 숙소로 직원들이 친절한 것도 매력이다. 인접한 곳에 있는 미뇬 엠 호텔 Mi Nhon Em Hotel Muine (Mignonne Em)을 함께 운영한다.

리바 무이네 리조트 ★★★☆
Riva Mui Ne Resort

Map P.231 주소 94 Nguyễn Đình Chiểu **전화** 0252-3741-739 **홈페이지** www.riva-resort.com **요금** 더블 US$50~75(에어컨, 개인욕실, TV, 냉장고, 아침식사) **가는 방법** 해변 도로 중간의 블루 웨이브 리조트 Blue Waves(Tien Dat) Resort 옆에 있다.

파리 무이네 플라주 Paris Mui Ne Plage에서 간판을 바꾸어 달았다. 야외 수영장을 갖춘 중급 리조트다. 지중해 느낌을 살짝 가미한 복층 건물로 14개 객실을 운영한다. 객실은 작은 편으로 침대에 모기장이 설치돼 있다. 수영장 주변으로는 비치 프런트 방갈로가 들어서 있다.

사이공 무이네 리조트 ★★★☆
Saigon Mui Ne Resort

Map P.231 주소 56-97 Nguyễn Đình Chiểu **전화** 0252-3847-303 **홈페이지** www.saigonmuineresort.com **요금** 스탠더드 US$60~75, 슈피리어 US$80~110, 딜럭스 US$90~130 **가는 방법** 해변도로 중심가에 있는 블루 오션 리조트 Blue Ocean Resort 옆에 있다.

베트남의 주요도시에서 볼 수 있는 '사이공 호텔'에

서 운영한다. 해변 중심가에 있어서 위치가 편리하다. 오래된 호텔이긴 하지만 4성급 호텔로 기본은 하는 호텔이다. 해변을 끼고 있으며 야외 정원과 수영장까지 갖춰 해변 리조트다운 시설을 자랑한다. 스탠더드 룸은 힐 사이드(도로 건너편)에 있는 별관에 있어서, 수영장을 이용하려면 리조트 본관을 드나들어야 한다. 87개의 객실을 갖추고 있다.

블루 오션 리조트 ★★★★
Blue Ocean Resort

Map P.231 주소 54 Nguyễn Đình Chiểu **전화** 0252-3847-322, 0252-3847-444 **홈페이지** www.blueoceanresort.org **요금** 스탠더드 US$85~115, 슈피리어 US$95~140, 가든 뷰 방갈로 US$120~180 **가는 방법** 해변 중심가에 있는 사이공 무이네 리조트 Saigon Mui Ne Resort 옆에 있다.

해변 중심가에 있는 4성급 리조트다. 객실은 수영장을 중심으로 정원에 넓게 분포되어 있다. 스탠더드 룸은 35㎡, 슈피리어는 47㎡ 크기로 넓은 편이다. 방갈로들은 단층 건물로 위치에 따라 가든 뷰 Garden View, 풀 뷰 Pool View, 시 뷰 Sea View로 구분된다. 객실은 발코니가 딸려 있다. 야외 수영장과 선 베드가 놓인 전용 해변은 물론이고, 정원에 정자까지 휴식 공간으로 만들어 두고 있다.

셰이드 리조트 아파트먼트 ★★★☆
Shades Resort Apartments

Map P.231 주소 98A Nguyễn Đình Chiểu **전화** 0252-3743-237, 0252-3743-236 **홈페이지** www.shadesmuine.com **요금** 스튜디오 US$70~80, 원 베드 룸 슈피리어 US$100~115 **가는 방법** 해변 도로 중간의 로터스 빌리지 리조트 Lotus Village Resort 옆에 있다.

레지던스 형태의 리조트로 지중해풍의 하얀색 건물과 깨끗한 객실이 잘 어울린다. 객실은 위치에 따라 크기가 달라지는데, 객실마다 기본적으로 부엌과 주방 용품을 갖추고 있어 집처럼 편하게 지낼 수 있다. 야외 수영장을 갖추고 있으며, 해변과 접해 있다.

빌라 아리아 Villa Aria ★★★★☆

Map P.231 주소 60A Nguyễn Đình Chiểu **전화** 0252-3741-660 **홈페이지** www.villaariamuine.com **요금** 가든 슈피리어 US$120~150, 가든 딜럭스 US$145~170, 시 뷰 딜럭스 US$160~190 **가는 방법** 해변 중심가의 쑤오이띠엔 무이네 리조트 Suoi Tien Mui Ne Resort와 서니 비치 리조트 Sunny Beach Resort 사이에 위치해 있다.

해변 중심가에 있는 아담한 리조트로 23개 객실을 운영한다. 잘 가꾸어진 정원과 수영장이 아늑함을 선사한다. 화이트 톤의 객실은 원목의 가구를 배치해 차분한 분위기다. 개인욕실은 샤워 부스가 설치되어 있다. 자연친화적인 객실 용품을 구비하고 있다. 객실에 딸려 있는 베란다(1층 객실) 또는 발코니(2층 객실)에서 보이는 정원 풍경도 평화롭다. 해변을 향해 있는 직사각형 수영장과 해변에는 놓인 데크체어는 휴식하기 좋다.

더 아남 무이네 ★★★★★
The Anam Mui Ne

Map P.230 주소 18 Nguyễn Đình Chiểu **전화** 0252-628-4868 **홈페이지** www.theanam.com/mui-ne **요금** 딜럭스 US$160~210 **가는 방법** 무이네 해변 초입의 해변도로에 있다.

무이네 해변 초입에 있는 5성급 리조트다. 새롭게 오픈한 곳답게 최상의 시설을 유지하고 있다. 야자수 가득한 정원과 직사각형의 수영장을 둘러싸고 5층짜리 건물이 좌우에 들어서 있다. 수영장 앞쪽으로 이어진 길을 따라가면 전용 해변이 나온다. 127 객실을 운영하지만 북적대지 않고 차분하게 시간을 보낼 수 있다. 발코니가 딸린 40㎡ 크기의 딜럭스 룸을 기본으로 한다. 스파, 요가 강습, 키즈 클럽 등 부대시설도 다양하다.

세일링 클럽 리조트 ★★★★★
Sailing Club Resort

Map P.230 주소 24 Nguyễn Đình Chiểu **전화** 0252-3847-440 **홈페이지** www.sailingclubmuine.com **요금** 사파 하우스 US$190, 슈피리어 가든

US$235, 딜럭스 가든 US$290 **가는 방법** 해변 도로 서쪽의 오션 스타(싸오 비엔) 리조트 Ocean Star(Sao Biển) Resort 옆에 있다.

무이네에서 인기 있는 밝고 경쾌한 분위기의 부티크 리조트다. 과거 '미아 리조트 Mia Resort'에서 상호를 바꿨다. 주변의 조경과 방갈로는 자연적인 정취를 살렸으며, 객실 역시 목재와 대나무, 패브릭을 이용해 안락하게 꾸몄다. 전용 해변과 야외 수영장도 갖추고 있다. 모두 30개 객실을 운영하는데 4성급 리조트치고는 규모가 크지 않은 대신 서비스가 좋은 편이다. 스파, 레스토랑, 수영장, 해양 스포츠, 요리 강습까지 다양한 부대시설을 운영하는데, 특히 샌들 레스토랑 Sandals Restaurant이 유명하다.

테라코타 리조트 ★★★★★
Terracotta Resort

Map P.230 주소 28 Nguyễn Đình Chiểu **전화** 0252-3847-610 **홈페이지** www.terracottaresort.com **요금** 딜럭스 룸 US$100, 방갈로 가든 뷰 US$125~145, 방갈로 시 뷰 US$165 **가는 방법** 해변 도로 서쪽의 미아 리조트 Mia Resort와 참 빌라 Cham Villas 사이에 있다.

테라코타와 도자기, 조각으로 리조트를 꾸며 즐거움이 가득하다. 야자수 가득한 리조트의 정원은 잔디가 잘 정돈되어 있고, 수영장은 해변과 접해 있다. 정원을 끼고 있는 단독 방갈로들이 조용하고 시설이 좋다.

참 빌라 Cham Villas ★★★★★

Map P.230 주소 32 Nguyễn Đình Chiểu **전화** 0252-3741-234 **홈페이지** www.chamvillas.com **요금** 가든 빌라 US$155~170, 비치 프런트 빌라 US$195~220 **가는 방법** 무이네 해변 도로 서쪽의 테라코타 리조트 Terracotta Resort와 뱀부 빌리지 비치 리조트 Bamboo Village Beach Resort 사이에 있다.

열대 해변과 정원에 조성된 4성급 리조트. 모두 21개의 독립된 빌라로 이루어진 부티크 리조트다. 정원 속에 빌라들이 여유롭게 배치되어 있다. 네 기둥 침대로 인해 객실은 로맨틱한 분위기를 연출한다. 야외 수영장도 예쁘고, 전용 해변도 갖추고 있어서 평화로움이 가득하다. 참은 힌두교를 믿던 참파 왕국을 뜻하며, 힌두 조각을 이용해 조경을 꾸몄다.

아난타라 무이네 리조트 ★★★★★
Anantara Mui Ne Resort

Map P.229-A1 주소 12A Nguyễn Đình Chiểu **전화** 0252-3741-888 **홈페이지** www.anantara.com **요금** 프리미어 US$175~200, 딜럭스 US$190~220, 풀 빌라 US$300~360 **가는 방법** 무이네 해변 초입에 있다.

아시아 지역의 유명한 해변에서 볼 수 있는 럭셔리 리조트인 아난타라에서 운영한다. 5성급 리조트로 해변을 끼고 있다. 해변과 정원, 야외 수영장을 최대한 활용해 자연 친화적으로 건설했다. 객실은 발코니 포함 57㎡ 크기로 넓다. 개인 수영장이 딸린 풀 빌라 Pool Villa는 원 베드 룸과 투 베드 룸으로 구분된다. 풀 빌라는 네 기둥 침대를 비치해 로맨틱하게 꾸몄다. 럭셔리 리조트답게 야외 수영장은 물론 스파와 레스토랑까지 부대시설도 훌륭하다. 리조트에 숙박하면서 스파까지 받을 수 있는 패키지 프로그램으로 예약도 가능하다.

빅토리아 판티엣 비치 리조트 ★★★★★
Victoria Phan Thiet Beach Resort

Map P.229-A1 주소 Km 9, Phu Hai **전화** 0252-3813-000 **홈페이지** www.victoriahotels.asia **요금** 가든 방갈로 US$140~210, 비치 프런트 방갈로 US$155~235, 오션 뷰 빌라 US$180~270 **가는 방법** 판티엣에서 무이네로 넘어가는 해변 초입에 있다.

베트남 주요 도시에 고급 리조트를 운영하는 빅토리아 리조트에서 운영한다. 객실은 71㎡ 크기의 비치 프런트 방갈로와 개인 수영장을 갖춘 144㎡ 크기의 풀 빌라로 구분된다. 무이네 해변 초입에 있어, 해변과 자연을 만끽할 수 있다(상대적으로 무이네 중심가를 드나들기에는 불편한 위치). 부대시설로는 전용 해변과 두 개의 수영장, 스파, 피트니스, 키즈 클럽을 갖췄다.

Nha Trang

냐짱(나트랑)

베트남에서 가장 유명한 해변 휴양지인 냐짱은 '베트남의 지중해'라는 애칭으로 불린다. 곱게 정비된 해안 도로를 따라 6㎞의 해변이 길게 이어지고, 바다에는 19개의 섬들이 펼쳐져 있다. 수려한 경관을 자랑하지만 '베트남'이라는 국가의 특성 때문인지 거대 자본에 의해 개발되지 않고 정겨운 '비치 타운' 분위기를 풍긴다. 해변을 끼고 조성된 공원은 시민들의 휴식 공간으로 자연친화적인 느낌이다.

냐짱은 도시를 중심으로 산들에 둘러싸여 아름다운 만(灣)을 이룬다. 무이네에 비해 규모가 큰데 볼거리와 놀거리가 적절히 조합된 편안한 도시이다. 해변에서의 휴식은 물론 주변 섬들을 돌며 흥겨운 시간을 보낼 수 있는 보트 투어와 머드 온천까지 놀거리가 다양하다. 과거에는 참파 왕국(P.322)의 영토였던 탓에 뽀나가 참 탑 같은 힌두 유적도 남아 있다. 대도시에 비해 한결 여유로운 사람들과 신선한 해산물, 해변 도시 특유의 파티 분위기가 어우러진다. 참고로 냐짱은 알파벳 표기 때문에 '나트랑'으로 알려지기도 했다.

인구 53만 5,000명 | **행정구역** 칸호아 성 Tỉnh Khánh Hòa 냐짱 시 Thành Phố Nha Trang | **면적** 251㎢ | **시외국번** 0258

Information

여행에 유용한 정보

여행사

여행자 숙소가 몰려 있는 비엣트 거리와 버스 회사 사무실이 몰려 있는 훙브엉 거리에 여행사가 많다. 보트 투어와 오픈 투어 버스는 모든 호텔에서 예약을 대행해준다.

- **신 투어리스트** www.thesinhtourist.vn
- **베나자** cafe.naver.com/mindy7857
- **나트랑 도깨비** cafe.naver.com/zzop

여행 시기

2~9월이 여행하기 좋은 시기이다. 여름인 7~8월은 덥고 습하지만 성수기에 해당된다. 겨울에는 몬순의 영향을 받아 10~12월은 비 내리는 날이 많고 바닷물도 차다. 11~2월은 낮 기온이 28℃를 넘지 않는다. 겨울에는 파도가 높아서 수영하기 힘들다.

Access

나짱 가는 방법

항공, 기차, 오픈 투어 버스가 나짱을 경유하기 때문에 교통은 편리하다. 호찌민시와 호이안까지는 야간 침대 버스가 운행되며, 달랏과 무이네까지도 버스 연결이 수월하다. 호찌민시와 다낭은 기차와 항공이 모두 연결된다. 하노이까지는 거리가 멀어서 비행기를 이용하는 게 편하다. 달랏까지 205㎞, 호찌민시까지 441㎞, 하노이까지 1,278㎞ 떨어져 있다.

항공

항공 수요가 늘어나면서 깜란 국제공항 Cam Ranh International Airport(현지어로 Sân Bay Quốc Tế Cam Ranh 또는 Cảng Hàng Không Quốc Tế Cam Ranh)으로 모든 시설이 이전했다. 깜란 국제공항은 나짱 시내에서 남쪽으로 35㎞ 떨어져 있다. 참고로 깜란 국제공항의 도시 코드는 CXR로 표기한다.

나짱 해변과 주변 섬들

한국에서 나짱을 오가는 직항편은 대한항공, 아시아나항공, 제주항공, 티웨이항공, 비엣젯에서 매일 1~2회 취항한다. 나짱까지 비행시간은 5시간 20분 정도 소요된다. 인천 출발 국제선은 대부분 밤 비행기라서 나짱에 밤늦게 도착하는 편이다.

나짱(깜란) 국제공항

주소 Nguyễn Tất Thành, TP. Cam Ranh

홈페이지 www.nhatrangairport.com

나짱 해변의 여름

공항에서 시내로 이동하기

깜란 국제공항은 냐짱 시내에서 35㎞ 떨어져 있어 교통이 불편하다. 공항에서 시내로 가려면 택시를 타거나 공항버스 Airport Bus를 타면 된다. 택시 요금은 시내까지(공항에서 40㎞ 이내 거리 기준) 35만 VND(5인승 기준) 또는 40만 VND(7인승 기준)을 받는다. 냐짱 주변의 리조트에 묵는다면, 리조트에서 운영하는 픽업 서비스 신청해도 된다(호텔 예약할 때 추가 요금을 내면 된다). 해안도로를 따라 냐짱까지 40~50분 소요된다.

공항버스(Bus Đất Mới)는 깜란 공항→쏭로 Sông Lô(Diamond Bay)→냐짱 시내→쩐푸 거리 Trần Phú→쩐흥다오 거리 Trần Hưng Đạo→예르생 거리 Yersin를 오간다. 국제선 청사를 나오면 3번과 4번 게이트 사이트에 노란색 공항버스 타는 곳(Đất Mới Airport Bus라고 적혀 있다)이 있다. 06:00~21:30까지 45분 간격으로 출발하며 편도 요금은 6만 5,000 VND이다. 공항버스 종점은 예르생 거리 10번지(주소 10 Yersin, Map P.247-A2)에 있다.

빈 그룹에서 운영하는 빈버스 Vin Bus에서도 공항버스를 운영한다. 16-2번으로 깜란 공항 Quốc Nội Sân Bay Cam Ranh↔빈펄 리조트를 왕복한다(편도 요금 5만 VND). 냐짱 시내를 들리지 않기 때문에 빈펄 리조트에 숙박하는 사람에게 유용하다. 홈페이지 www.vinbus.vn와 전용 애플리케이션을 이용하면 노선과 출발 시간을 확인할 수 있다.

공항버스

전화 0966-282-385(공항), 0966-282-388(냐짱)

홈페이지 www.busdatmoi.com

공항 버스

기차

호찌민시(사이공)와 하노이를 오가는 통일열차가 냐짱 기차역을 통과한다. 냐짱↔호찌민시 노선은 특급열차를 포함해 하루 7편이 운행되며, 냐짱→다낭→후에(훼)→하노이 노선도 하루 5편이 운행된다. 호찌민시까지는 6인실 침대칸 Nằm Cứng(Hard Sleeper) 요금이 45만~52만 VND, 4인실 침대칸 Nằm Mềm(Soft Sleeper)이 65만~74만 VND이다. 호찌민시까지는 이동 시간을 고려해 기차들이 밤 시간에 몰려 있다. 야간 기차 침대칸을 이용해 다음 날 아침에 도착하면 편리하다.

다낭까지는 6인실 침대칸 46만~64만 VND, 4인실 침대칸 72만 VND이다. 참고로 호이안까지는 기차가 연결되지 않기 때문에 오픈 투어 버스를 이용하는 게 좋다. 기차 출발 시간에 대한 정보는 베트남 현지 교통정보 P.56 참고.

냐짱 기차역 Nha Trang Train Station(Ga Nha Trang)은 냐짱 성당과 가까운 타이응우옌 거리에 있다.

냐짱 기차역

주소 17 Thái Nguyên

전화 0258-3822-113

버스

냐짱 북부 버스 터미널 Bến Xe Phía Bắc Nha Trang과 냐짱 남부 버스 터미널 Bến Xe Phía Nam Nha Trang 두 곳이 있다. 대부분의 장거리 버스는 남부 버스 터미널에서 출발한다. 냐짱 시내에서 서쪽으로 10㎞ 떨어져 있다.

시내에 별도의 사무실을 운영하는 프엉짱 버스(푸타 버스라인) Phương Trang(Futa Bus Lines)를

냐짱 기차역

탈 경우 버스 터미널까지 갈 필요는 없다.
호찌민시 미엔동 머이 버스 터미널(편도 41만 VND), 달랏(17만 VND), 다낭(37만 VND)으로 버스가 운행된다. 달랏으로 갈 경우 1일 6회(07:30, 09:30, 11:00, 13:00, 14:30, 16:30) 출발하기 때문에 오픈 투어 버스에 비해 유용하다. 미리 예약하면 숙소에서 무료로 픽업해 주지만, 종점인 달랏 버스 터미널에서 내려야 하는 단점이 있다.

프엉짱 버스

주소 176 Trần Quý Cáp

전화 0258-3812-812

홈페이지 www.futabus.vn

프엉짱 버스 냐짱 사무실

오픈 투어 버스

시내에 있는 여행사에서 버스가 출발하기 때문에 편리하다. 호찌민시까지는 야간 침대 버스(편도 28만~35만 VND, VIP 버스 48만 VND)가 1일 2회 출발한다. 호찌민시행 오픈 투어 버스들은 무이네를 경유 한다. 냐짱→무이네는 오전 07:30에 출발하는 버스를 이용하면 된다(편도 25만 VND).
냐짱→호이안 구간은 오후 7시에 야간 침대 버스(편도 38만 VND)가 출발한다. 냐짱→달랏 구간은 1일 2회(07:30, 13:00) 출발하며, 편도 요금은 22만~25만 VND이다. 달랏까지는 4시간 거리로 가깝다. 장거리 이동할 경우 타게 되는 침대 버스(슬리핑 버스)는 일반 침대버스(44인승, 34인승)와 VIP 침대버스(18인승, 22인승)로 구분된다.

신 투어리스트에서 운행하는 오픈 투어 버스

Transportation 시내 교통

관광지를 돌아다닐 때는 택시 또는 그랩 Grab을 이용하면 된다. 시내에서 웬만한 거리는 10만 VND 정도에 갈 수 있다. 시내버스는 모두 8개 노선이 있다. 유용한 노선은 4번 버스다. 혼쎈 Hòn Xện→팜반동 거리(혼쫑) Phạm Văn Đồng(Hòn Chồng)→냐짱 시내→꺼우다 선착장 Cầu Đá→빈펄 냐짱 선착장 Vinpearl Nha Trang을 왕복한다. 푸타 버스라인(빨간색 시내버스) FUTA Bus Lines에서 운행하는 05-2번 버스도 냐짱 시내를 거쳐 빈펄 냐짱 선착장까지 간다. 요금은 거리에 따라 8,000~1만 2,000 VND이다.

냐짱 시내버스

시내를 지나는 빈버스 Vin Bus는 23번 버스로 빈펄 리조트→냐짱 해변도로(쩐푸 거리)→혼쫑 곶→팜반동 해변도로(팜반동 거리) Phạm Văn Đồng→아나 마리나 Ana Marina를 왕복한다. 편도 요금은 1만 5,000 VND이다.

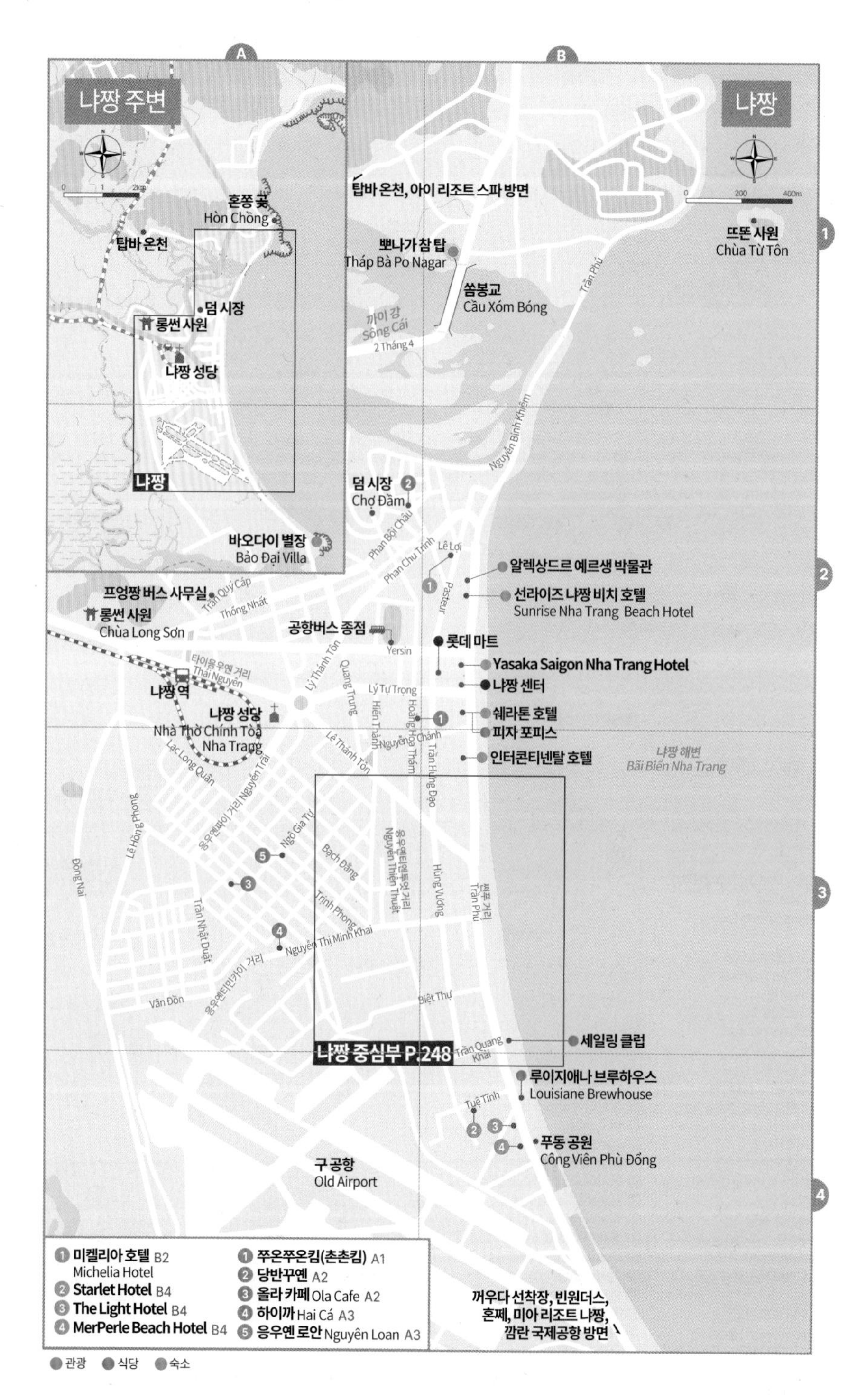
나짱 주변
나짱
탑바 온천, 아이 리조트 스파 방면
혼쫑 곶
Hòn Chồng
탑바 온천
덤 시장
롱썬 사원
나짱 성당
나짱
바오다이 별장
Bảo Đại Villa
뽀나가 참 탑
Tháp Bà Po Nagar
쏨봉교
Cầu Xóm Bóng
까이 강
Sông Cái
2 Tháng 4
뜨똔 사원
Chùa Từ Tôn
Trần Phú
Nguyễn Bỉnh Khiêm
덤 시장
Chợ Đầm
Phan Bội Châu
Phan Chu Trinh
Lê Lợi
Pasteur
알렉상드르 예르생 박물관
선라이즈 나짱 비치 호텔
Sunrise Nha Trang Beach Hotel
프엉짱 버스 사무실
Trần Quý Cáp
Thống Nhất
롱썬 사원
Chùa Long Sơn
공항버스 종점
Yersin
롯데 마트
Yasaka Saigon Nha Trang Hotel
나짱 센터
타이응우옌 거리
Thái Nguyên
나짱 역
Lý Thánh Tôn
Quang Trung
Lý Tự Trọng
나짱 성당
Nhà Thờ Chính Tòa Nha Trang
쉐라톤 호텔
피자 포피스
인터콘티넨탈 호텔
나짱 해변
Bãi Biển Nha Trang
Lạc Long Quân
Nguyễn Trãi
Hiền Thành
Nguyễn Chánh
Hoàng Hoa Thám
Trần Hưng Đạo
Lê Thánh Tôn
Lê Hồng Phong
Đồng Nai
응우옌짜이 거리
Ngô Gia Tự
Bạch Đằng
응우옌티엔투언 거리
Nguyễn Thiện Thuật
Hùng Vương
쩐푸 거리
Trần Phú
Trần Nhật Duật
Trịnh Phong
Nguyễn Thị Minh Khai
응우옌티민카이 거리
Vân Đồn
Biệt Thự
나짱 중심부 P.248
Trần Quang Khải
세일링 클럽
루이지애나 브루하우스
Louisiane Brewhouse
Tuệ Tĩnh
푸동 공원
Công Viên Phù Đổng
구 공항
Old Airport
1 미켈리아 호텔 B2
Michelia Hotel
2 Starlet Hotel B4
3 The Light Hotel B4
4 MerPerle Beach Hotel B4
1 쭈온쭈온킴(촌촌킴) A1
2 당반꾸옌 A2
3 올라 카페 Ola Cafe A2
4 하이까 Hai Cá A3
5 응우옌 로안 Nguyên Loan A3
꺼우다 선착장, 빈원더스, 혼쩨, 미아 리조트 나짱, 깜란 국제공항 방면
관광
식당
숙소

A
B
1
2
3
나짱 중심부
0
250
500m
인터콘티넨탈 호텔
코스타 시푸드
코스타 The Costa
루남 비스트로
Runam Bistro
퍼 홍 Phở Hồng
퍼 한푹
Phở Hạnh Phúc
멜리아 빈펄
빈콤 플라자
하일랜드 커피
레탄똔 거리
Lê Thánh Tôn
하바나 나짱 호텔
스카이라이트 루프톱 비치 클럽
나짱 로지 호텔
Nha Trang Lodge Hotel
VNPT
P2 Cafe
Potique Hotel
Hyatt Regency
AB Central Square
탑쩜흐엉
Tháp Trầm Hương
쏨머이 시장
Chợ Xóm Mới
CCCP 커피
엘 스토어
야시장
Nguyễn Thi
컨벤션 센터
Trung Tâm Hội Nghị
남프엉(펑리수)
베테랑(한식당)
Nguyễn Thị Minh Khai
꽁 카페
노보텔 Novotel
쩐푸 거리
므엉탄 럭셔리 나짱
Mường Thanh Luxury
Citadines Bayfront
VK 병원
마담 프엉
신 투어리스트
Biệt Thự
Trần Quang Khải
세일링
Sailing
놈놈 레스토랑
Nôm Nôm
Tuệ Tĩnh
Ngô Gia Tự
Nguyễn Trung Trực
Trần Nguyên Hãn
Huỳnh Thúc Kháng
Võ Trứ
Bạch Đằng
Ngô Đức Kế
Tô Hiến Thành
Nguyễn Thiện Thuật
Hoàng Hoa Thám
Trần Hưng Đạo
Trần Phú
Hùng Vương
Đống Đa
Ngô Thời Nhiệm
Hồng Bàng
Trịnh Phong
Lê Đại Hành
Mê Linh
Tôn Đản
1 Happy Beach(Beach Bar) B1
2 Mi Jack Bar A2
3 Cheers Sports Pub B3
1 나벱 나짱 Nhà Bếp A1
2 안토이 Ăn Thôi A1
3 쏨머이 가든 A1
4 만 레스토랑 A2
5 바또이 Bà Tôi A2
6 쌈러 Sam Lor A2
7 브이 프루트 V Fruit A2
8 알파카 홈스타일 카페 A1
9 반미 판 Bánh Mì Phan A2
10 그릭 키친 Greek Kitchen A2
11 JJ 시푸드 A2
12 라냐 Là Nhà A2
13 리빙 바비큐(리빙 콜렉티브) A2
14 퍼 틴 Phở Tình A2
15 목 해산물 식당 A2
16 짜오마오 Chào Mào A2
17 Galangal B3
18 믹스 그릭 레스토랑 B2
1 모조 인 부티크 B2
2 Green World Hotel B2
3 Trần Viễn Đông Hotel B1
4 레스 참 호텔 Le's Cham A2
5 Galina Hotel B2
6 ibis Styles B2
7 레갈리아 골드 호텔 A2
8 버고 호텔 Virgo Hotel A2
9 Aaron Boutique Hotel B3
10 Grand Tourane B3
11 아시아 파라다이스 호텔 B3
12 Legend Sea Hotel B3
13 리버티 센트럴 나짱 호텔 B3
14 포세이돈 호텔 B3
15 Golden Rain Hotel B3
16 Apus Hotel B3
17 인호아 호텔 An Hoa Hotel B3
18 하쩜 호텔 Hà Trâm Hotel B3
19 아론 호텔 Aaron Hotel B3
20 아주라 골드 호텔 B3
21 Vinpearl Beachfront Condotel B3
22 Star City Hotel B3
23 Alana Nha Trang Beach Hotel B3
식당
쇼핑
엔터테인먼트
숙소

Best Course

나짱 추천 코스

해변에서 시간을 보내다가 볼거리 한두 곳을 다녀오면 된다. 주변 섬들을 둘러보는 보트 투어에 추가로 1일을 투자해 2박 3일 일정으로 구성하면 좋다.

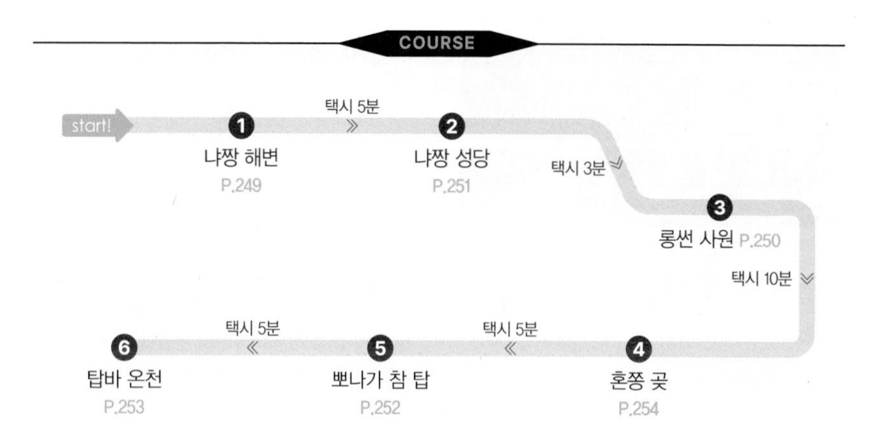

Attractions

나짱의 볼거리

나짱 최대의 볼거리는 해변 그 자체다. 비교적 선선한 아침저녁에는 현지인들도 많이 찾는다. 해변 이외에 힌두 사원인 뽀나가 참 탑과 불교 사원인 롱썬 사원이 볼 만하다.

Map P.247

나짱 해변 ★★★

Nha Trang Beach
Bãi Biển Nha Trang

주소 Đường Trần Phú **운영** 24시간 **요금** 무료
가는 방법 쩐푸 거리를 따라 해변이 길게 이어진다.

해안 도로를 따라 길게 이어진 6㎞의 모래해변이다. 기다란 해변을 따라 공원을 만들었으며, 레스토랑과 카페도 많아서 바다를 바라보며 휴식하기 좋다. 호텔과 리조트들은 해변 도로 안쪽에 건설해 해변 휴양지치고는 차분한 느낌을 준다. 나짱 해변은 다른 지역에 비해 상대적으로 비가 적게 내리며 연중 평균 수온 25℃를 유지한다.

나짱 해변

Map P.248-B2

탑쩜흐엉 ★★
Tháp Trầm Hương

해변 도로 중앙에 있는 탑쩜흐엉

주소 Trần Phú Quảng Trường **운영** 24시간 **요금** 무료 **가는 방법** 야시장에서 200m 떨어진 해변도로에 있다.

냐짱 해변도로(쩐푸 거리)에 있는 조형물이다. 해변 산책하다보면 눈에 띄는 꽃 모양의 탑으로 높이는 9m다. 탑=탑(塔), 쩜흐엉=침향(沉香)을 뜻한다. 영어로 아가우드 타워 Agarwood Tower(Tram Huong Tower)라고 쓴다. 탑 옆에 있는 4월 2일 광장 Quảng Trường 2/4에서는 각종 행사가 열린다.

Map P.247-A2

덤 시장(쩌 덤) ★★
Dam Market
Chợ Đầm

주소 Đường Nguyễn Công Trứ **운영** 매일 06:00~18:00 **요금** 무료 **가는 방법** 여행자 숙소 밀집 지역에서 북쪽으로 1.5㎞ 떨어져 있다.

1964년부터 운영 중인 냐짱에서 가장 큰 재래시장이다. 원형으로 이루어진 2층 건물로 생필품, 채소, 과일, 향신료, 육류, 건어물, 의류, 원단, 잡화, 기념품 가게가 가득 들어서 있다. 시장 주변 도로에 과일 상점들이 가득하며 노점 형태의 식당들이 많아서 저렴하게 식사도 할 수 있다.

덤 시장(쩌 덤)

Map P.247-A2

롱썬 사원(隆山寺) ★★★
Long Son Pagoda Chùa Long Sơn

주소 22 Đường 23 Tháng 10 **운영** 매일 08:00~17:00 **요금** 무료 **가는 방법** 냐짱 기차역에서 서쪽으로 400m 떨어져 있다.

냐짱에서 최대 규모를 자랑하는 불교 사원이다. 반(反)프랑스 운동을 주도했던 승려 틱응오찌 Thích Ngộ Chí가 1889년에 건설했다. 사원은 본래 냐짱 북쪽의 언덕에 만들었으나 1900년 태풍으로 사원이 피해를 입자 안전을 고려해 현재 위치에 재건축했다. 그 후 1940년, 1971년, 1975년 여러 차례에 걸쳐 복원과 증축이 이루어졌다. 대웅전은 2층 팔작지붕으로 이루어진 전형적인 베트남 양식이다.

롱썬 사원에서 가장 큰 볼거리는 연꽃 대좌 위에 모신 대형 불상이다. 대웅전 뒤쪽의 언덕 정상에 세운 하얀색의 불상은 냐짱 시내에서 보일 정도로 규모가 크다. 불상은 1963년에 건설되었으며, 14m 크기의 기단 위에 24m 크기의 좌불상을 세웠다.

롱썬 사원의 대형 불상

롱썬 사원의 대웅전

Map P.247-A2

냐짱 성당 ★★★

Nha Trang Cathedral
Nhà Thờ Chính Tòa Nha Trang

주소 31 Thái Nguyên **운영** 월~토 08:00~11:00, 14:00~16:00 **요금** 무료 **가는 방법** 타이응우옌 거리와 응우옌짜이 거리가 만나는 로터리에 있다. 냐짱 기차역에서 동쪽으로 400m 떨어져 있다.

1934년에 완성된 고딕 양식의 가톨릭 성당이다. 성당 정면을 장식한 시계탑이 인상적인 건물이다. 38m 높이의 스티플(성당 정면을 장식한 첨탑)에는 세 개의 커다란 종이 있는데, 프랑스에서 직접 만들어 가져온 것이라고 한다. 성당 내부에는 스테인드글라스로 장식한 유리창이 남아 있다. 베트남 사람들은 언덕 위의 성당이라는 뜻으로 '냐터누이 Nhà Thờ Núi'라고 부른다. 관광지라기보다 종교 시설이기 때문에 기본적인 예의를 지키는 게 좋다. 미사가 열리는 일요일은 관광객의 출입이 제한되고, 평일에도 미사 시간에는 방문이 제한된다. 단체 관광객이 밀려들면서 입장료 아닌 입장료를 받기 시작했다. 입구에서 관리원들이 기부금 형식으로 입장료를 요구한다. 일반적으로 1~2만 VND을 내라고 하기 때문에 잔돈을 준비해 두는 게 좋다.

Map P.247-B2

알렉상드르 예르생 박물관 ★★

Alexandre Yersin Museum
Bảo Tàng Alexandre Yersin

주소 8~10 Trần Phú **전화** 0258-3822-355 **운영** 월~금요일 08:00~11:00, 14:00~16:30 **휴무** 토·일요일 **요금** 2만 VND **가는 방법** 쩐푸 거리에 있는 선라이즈 냐짱 비치 호텔 오른쪽에 있는 파스퇴르 연구소 Pasteur Institute(Viện Pasteur) 내부에 있다.

스위스 태생의 프랑스 세균학자 알렉상드르 예르생 Alexandre Yersin을 기념하는 박물관이다. 1863년 스위스 로잔 근처의 오본 Aubonne에서 태어난 예르생은 루이 파스퇴르 Louis Pasteur의 제자로 프랑스 파스퇴르 연구소에서 박테리아 연구에 참여했다. 프랑스 국적을 취득한 후에는 1890년부터 프랑스가 점령한 인도차이나로 건너가 베트남과 홍콩을 오가며 의료 지원활동과 질병을 연구하던 차에 페스트균을 개발하게 되었다. 1893년에는 베트남 중부 고원을 탐사하며 달랏을 발견했고, 1902년에 하노이에 의과대학을 설립했다. 1903년부터는 냐짱으로 돌아와 파스퇴르 연구소에서 연구 활동을 지속하다가 1943년 79세의 나이로 냐짱에서 생을 마감했다.

예르생 박물관은 그가 냐짱에 머무르는 동안 연구 활동을 한 파스퇴르 연구소의 연구실이 위치했던 곳이다. 연구실에서 사용하던 장비들과 책상, 책 등이 전시되어 있다. 프랑스의 통치를 받았는데도 베트남에서 인정해주는 프랑스인이 예르생 박사다. 그의 이름을 딴 거리 이름은 베트남 주요 도시에서 볼 수 있다.

예르생 박물관 내부

냐짱 성당 입구

고딕 양식의 냐짱 성당

Map P.247-B1

뽀나가 참 탑 ★★★☆
Po Nagar Cham Tower
Tháp Bà Po Nagar

주소 Đường 2 Tháng 4 **운영** 매일 07:00~17:30 **요금** 3만 VND **가는 방법** 냐짱 시내에서 북쪽으로 2㎞ 떨어져 있다. 4월 2일 거리(Đường 2 Tháng 4)를 따라 북쪽으로 가다가 쏨봉교 Xom Bong Bridge(Cầu Xóm Bóng)를 건너서 왼쪽에 있다. 시내 버스(4번)를 타고 가도 된다.

힌두교를 믿었던 참파 왕국(P.322)에서 건설한 유적이다. '뽀나가'는 참파 왕국에 농사짓는 방법을 최초로 전래한 '티엔이아나 Thiên Y A Na' 여인인데, 세월이 흐르면서 땅의 여신으로 추앙받았다. 뽀나가 참 탑은 7~12세기에 걸쳐 완성된 참족이 건설한 힌두 유적이다(당시 냐짱 일대는 참파 왕국의 영토로 카우타라 Khauthara라는 지명을 사용했다). 3단으로 층을 구분해 가장 위쪽에 사원과 탑을 세웠다. 힌두교에서는 우주의 중심이자 신들이 사는 메루산을 형상화하기 위해 지면보다 높은 곳에 힌두 사원을 건축하는 것이 일반적이다. 원래는 목조 건물로 만들어졌는데 744년 자바 왕국 Java Kingdom(오늘날의 인도네시아)의 침입을 받아 파괴되었다. 그 후 사암으로 만든 붉은 벽돌을 쌓아 첨탑 형태로 변모했다.

500㎡의 넓이에 모두 8개의 건축물을 세웠는데 현재는 4개 탑만 남아 있다. 힌두 사원답게 탑들은 해가 뜨는 방향인 동쪽을 향해 출입문을 냈다. 4개의 탑 중에서 가장 크고 중요한 건물은 탑찐 Tháp Chính(정면에서 봤을 때 오른쪽에 있는 탑)이다. 높이 25m의 힌두 신전으로 817년에 재건축된 것이다. 시바 Siva(힌두교 3대 신 중의 하나로 파괴와 재창조라는 막강한 힘을 갖고 있다)를 위한 신전답게 탑 내부의 중앙 성소에 링가 Linga(시바를 상징하는 남근 모양의 둥근 기둥)를 세웠으나 크메르 제국 Khmer(오늘날의 캄보디아)과의 전쟁에 패하면서 약탈당했고, 현재는 힌두 여신 우마 Uma를 모시고 있다. '우마'는 뽀나가의 화신으로 시바의 부인이기도 하다. 탑찐 출입문 상단의 상인방에는 팔이 4개인 시바가 조각되어 있다. 난디 Nandi(시바가 타고 다니는 흰 소) 위에서 춤추고 있는 듯한 모습이다.

탑찐 옆에 있는 탑남 Tháp Nam(정면에서 봤을 때 중앙에 있는 탑)은 20m 크기로 피라미드 형태이다. 12세기에 복원되었으며 주변 탑들에 비해 부조 조각은 미약하다. 탑남 오른쪽에는 자그마한 탑동남 Tháp Đồng Nam(정면에서 봤을 때 왼쪽에 있는 탑)이 있다.

탑찐 뒤쪽에는 탑찐과 비슷한 구조로 만든 탑떠이박 Tháp Tây Bắc이 있는데, 시바의 아들이자 지혜의 신으로 여겨지는 가네쉬 Ganesh(코끼리 머리를 하고 있으며 '가네샤'라고도 한다)에게 헌정된 신전이다. 탑떠이박 왼쪽에는 뽀나가 참 탑에서 발굴된 석조 조각과 링가를 보관한 작은 박물관이 있다.

참고로 베트남 사람들은 여인의 탑이라는 뜻으로 '탑 바 Tháp Bà'라고 부른다. 영어 명칭은 참족이 건설한 탑과 구분하기 위해 '뽀나가 참 타워 Po Nagar Cham Tower'로 표기한다.

뽀나가 참 탑의 탑찐 중앙 성소에 모신 힌두 여신 우마

참파 왕국에서 건설한 뽀나가 참 탑

냐짱 주변 볼거리

냐짱 주변에는 섬들이 많다. 일반적으로 1일 보트 투어를 이용해 4개 섬을 다녀온다. 탑바 온천에서 온천을 즐기며 휴식하거나 아동을 동반할 경우 빈원더스에서 시간을 보내도 좋다.

Map P.247-A1

탑바 온천 ★★★☆
Thap Ba Hot Spring Center
Suối Khoáng Nóng Tháp Bà

머드 온천을 즐길 수 있는 탑바 온천

탑바 온천 인공 폭포

주소 15 Ngọc Sơn, Phường Ngọc Hiệp **전화** 0258-3837-205 **홈페이지** www.tambunthapba.vn **운영** 매일 07:30~17:30 **요금** 수영장 12만 VND(아동 6만 VND), 수영장+머드온천 26만 VND(아동 13만 VND) **가는 방법** 냐짱 북서쪽으로 5㎞ 떨어져 있다. 냐짱 시내에서 택시를 이용할 경우 탑바 온천까지 10만~15만 VND 정도 예상하면 된다.

탑바(뽀나가 참 탑)와 가까운 곳에 있는 온천이다. 온천탕과 머드 온천, 야외 수영장, 스팀 사우나, 마사지 시설을 갖추고 있다. 가장 인기 있는 곳은 머드 온천으로 따듯한 진흙 온천 속에 몸을 담그고 있으면 피곤함이 저절로 풀린다. 머드 온천의 온도는 약 40℃를 유지한다. 염화나트륨 성분이 함유된 머드는 관절염과 류머티즘 치료에도 좋다고 한다. 머드 온천이 끝나면 진흙을 몸에 바르고 태양 아래서 진흙이 딱딱하게 굳어지기를 기다렸다가 온천수를 이용해 진흙을 씻어내면 보습 효과가 높아진다. 탑바 온천은 시설마다 별도의 이용료를 내야 한다. 가장 기본적인 시설인 온천 수영장과 온천수로 만든 폭포만 이용할 경우 12만 VND(아동 6만 VND)이다.

Map P.247-A1

아이 리조트 스파(머드 온천) ★★★☆
I-Resort Spa

주소 Tổ 19, Thôn Xuân Ngọc **홈페이지** www.i-resort.vn **운영** 08:00~17:30(매표 마감 16:30) **요금** 온천 수영장 17만 VND, 머드 온천(4~10인용) 35만 VND, 머드 온천(1~3인용) 40만 VND **가는 방법** 냐짱 시내에서 6~7㎞ 떨어져 있다.

냐짱 주변에서 가장 인기 있는 머드 온천이다. 2헥타르(약 6,000평) 크기로 수영장과 야자수를 이용해 열대 지방의 리조트처럼 꾸몄다. 여러 개의 온천탕(수영장)은 성인용과 아동용으로 구분되어 있으며, 머드 온천은 500명이 동시에 사용할 수 있다. 입장료는 사용하는 시설에 따라 달라진다. 온천탕(수영장)과 워터 파크만 이용하는 기본요금은 17만 VND(아동 8만 VND)이다. 머드 온천은 인원수에 따라 요금이 달라진다. 20분 정도 머드 온천을 먼저 한 다음, 폭포수와 노천 수영장에서 물놀이를 즐기면 된다.

©I-Resort Spa Nha Trang

Map P.247-A1

혼쫑 곶

Hon Chong Promontory
Hòn Chồng

풍경이 아름다운 혼쫑 곶

주소 Đường Phạm Văn Đồng **운영** 매일 07:00~18:00 **요금** 3만 VND **가는 방법** 냐짱 시내에서 북쪽으로 5㎞로 떨어져 있다. 냐짱에서 해변 도로를 따라 북쪽으로 직진하면 된다.

냐짱 북쪽에 있는 자그마한 곶이다. 해안선과 독특한 모양의 바위들이 어우러져 풍경이 아름답다. 바다를 향하고 있는 거대한 바위는 5개의 톱니 모양처럼 생겼는데, 전설에 따르면 거인이 남긴 손가락 자국이라고 한다. 혼쫑 서쪽으로는 꼬띠엔 산 Co Tien Mountain(Núi Cô Tiên)이 보인다. 꼬띠엔 산은 누워서 하늘을 보고 있는 여인의 모습을 하고 있다. 혼쫑의 전설과 연관해 거인과 사랑에 빠졌던 여인이 사랑을 이루지 못해 멀리서 남자를 바라보고 있는 것이라고 한다.
혼쫑이 남편 바위라는 뜻이라고 하니, 베트남 사람들이 믿는 전설은 그럴싸하다. 혼쫑 곶 주변 언덕에 야외 카페가 있으므로 풍경을 감상하며 쉬어가기 좋다.

Map P.247-B1

뜨똔 사원

★★★

Chùa Từ Tôn

주소 Chùa Từ Tôn, Đảo Hòn Đỏ **운영** 08:00~17:00 **요금** 무료 **가는 방법** 혼쫑 곶에서 남쪽으로 900m, 냐짱 시내에서 북쪽으로 4㎞ 떨어진 혼도 섬에 있다. 섬 맞은편에서 출발하는 배를 타고 들어가야 한다. 정해진 보트 요금은 없지만, 현지인들은 5만 VND(보트 한 대 왕복 요금)을 기부금 함에 넣는다.

바위 섬에 만든 뜨똔 사원

한자로 쓰여진 뜨똔사원

혼쫑 곶과 가까운 곳에 있는 불교 사원이다. 육지에서 300m 떨어진 자그마한 바위섬에 있다. 1960년부터 40년에 걸쳐 만든 사원으로 소박하다. 한자로 자존사 慈尊寺라고 적혀 있다. 자존은 미륵보살을 높여 부르는 말이다. 일반인들은 살지 않고 스님들만 생활하기 때문에 명상 사원 느낌을 준다. 세상과 단절된 느낌으로 배를 타고 들어가야 한다.

혼쩨(혼쩨 섬)

★★★☆

Hòn Tre

빈원더스에서 운영하는 케이블카

빈원더스가 들어선 혼쩨

주소 Hon Tre Island **가는 방법** 냐짱 시내에서 남쪽으로 6㎞ 떨어져 있다. 꺼우다 선착장 남쪽에 있는 빈원더스 전용 케이블카 VinPearl Cable Car를 타고 들어간다.

냐짱 주변 섬 중에서 가장 큰 섬이다. '쩨'는 대나무를 뜻한다. 영어로 뱀부 아일랜드 Bamboo Island로 불리기도 한다. 꺼우다 선착장에서 정면으로 보이는 섬으로 선착장에서 3.5㎞ 떨어져 있다. 섬 크기는 32.5㎢로 빈원더스 VinWonders, 빈펄 리조트(빈펄 냐짱) Vinpearl Resort Nha Trang, 냐짱 메리어트 리조트 Nha Trang Marriott Resort가 들어서 있다.

빈원더스 VinWonders ★★★★

주소 Hon Tre Island **홈페이지** www.vinwonders.com/en/vinwonders-nha-trang **운영** 09:00~20:00 **요금** 1일 종합 이용권 95만 VND(아동 71만 VND) **가는 방법** ①냐짱 시내에서 남쪽으로 6㎞ 떨어져 있다. 꺼우다 선착장 남쪽에 있는 빈원더스 전용 케이블카 VinPearl Cable Car를 타고 들어간다. 08:30~22:30까지 운행된다. ②꺼우다 선착장 남쪽에 있는 전용 선착장 Bến Tàu VinWonders에서 보트를 타도된다.

각종 테마 시설로 꾸며진 빈원더스

©Vinpearl Harbour

혼쩨 섬에 있는 테마 파크로 빈 그룹에서 운영한다. 20만㎡ 면적에 걸쳐 놀이공원(어드벤처 랜드 Adventure Land), 워터 파크(트로피컬 파라다이스 Tropical Paradise), 아쿠아리움(시 월드 Sea World), 동물원(킹스 가든 King's Garden), 식물원(월드 가든 World Garden), 대관람차(스카이 휠 Sky Wheel), 알파인코스터 Alpine Coaster, 짚라인 Zipline 등 즐길거리가 가득하다. 유럽풍의 건물이 들어선 빈펄 하버 Vinpearl Harbour는 쇼핑, 레스토랑, 카페로 채워져 있다. 저녁 시간(19:15~19:55분)에는 타타 쇼 Tata Show와 음악 분수 쇼가 공연된다. 빈원더스는 케이블카 탑승권이 포함된 1일 종합 이용권을 이용해 다녀오면 된다. 참고로 16:00시 이후에 입장하면 할인된다.

꺼우다 Cầu Đá ★

냐짱에서 남쪽으로 5㎞ 떨어져 있다. 냐짱 주변 섬을 오가는 보트가 출발하는 선착장 Cảng Cầu Đá(Cau Da Port)이 위치한 곳이다. 정기 여객선이 드나드는 섬은 혼미에우 Hòn Miễu가 유일하다. 혼땀 Hòn Tằm, 혼못 Hòn Một, 혼문 Hòn Mun을 포함한 나머지 섬들은 보트 투어(P.256 참고)를 이용해 방문하는 게 편하다.
선착장 입구에는 해양학 박물관 National Oceanographic Museum(현지어 Bảo Tàng Hải Dương Học, 주소 1 Cầu Đá, 전화 0258-359-0037, 운영 07:00~18:00, 입장료 4만 VND)이 있다.

꺼우다 선착장에서 출발하는 보트

혼땀
Hòn Tằm ★★★

냐짱에서 남동쪽으로 7㎞ 떨어져 있는 섬이다. 투이낌썬섬 Thuy Kim Son Island(Đảo Thủy Kim Sơn)으로도 알려져 있다. 섬의 모양이 누에처럼 생겼다고 해서 흔히들 '혼땀'이라고 부른다. 영어로 실크웜 아일랜드 Silkworm Island라고 표기하기도 한다. 기다란 모래 해변을 갖고 있으며, 다른 섬들과 달리 해양 스포츠 시설이 발달했다. 낮 시간에는 투어 보트들이 많이 찾아온다.
섬 내부에는 자연친화적으로 만든 혼땀 리조트 Hon Tam Resort(홈페이지 www.hontamresort.vn)가 있다.

스노쿨링을 즐길 수 있는 냐짱 주변의 섬들

냐짱 주변 섬들은 보트 투어로 다녀오면 된다

Travel Plus+ 파티가 어우러지는 냐짱 보트 투어

냐짱을 방문한 여행자들에게 가장 인기 있는 여행 상품이 바로 주변 섬 네 곳을 방문하는 보트 투어입니다. 꺼우다 선착장 Bến Tàu Cầu Đá을 출발해 혼문 Hòn Mun, 혼못 Hòn Một, 혼땀 Hòn Tằm, 혼미에우 Hòn Miễu 섬들을 방문하는데, 스노클링과 파티가 어우러진답니다. 바다 위에 와인을 띄워놓고 수영을 하게 한다든지 배 위에서 노래를 부르며 춤을 추는 등, 다양한 국적의 여행자들이 어울려 흥겨운 시간을 보내게 됩니다. 투어 요금은 US$19~25로 저렴합니다. 참여 인원과 코스(방문하는 섬)에 따라 요금이 달라지는데, 입장료 포함 여부를 미리 확인해 두어야 합니다. 스피드 보트를 이용해 소규모로 진행되는 1일 투어는 US$40~49 정도 예상하면 됩니다. 시워킹 90만 VND, 패러세일링 75만 VND, 제트 스키 75만 VND 등 해양 스포츠는 별도 요금을 내고 이용해야 합니다.

혼쩨에서 바라본 주변 섬 풍경

Restaurant

나짱의 레스토랑

바다를 끼고 있어 시푸드 레스토랑이 흔하다. 저녁 때가 되면 신선한 해산물을 진열해놓고 바비큐를 해주는 곳이 많다. 한국 여행자들이 선호하는 맛집은 CCCP 커피 주변에 몰려 있고, 외국 여행자들을 위한 레스토랑과 술집은 응우옌티엔투엇 거리 Nguyễn Thiện Thuật에 많다. 에어컨 시설의 카페를 찾을 경우 아이스드 커피 Iced Coffee, 하일랜드 커피 Highlands Coffee, 꽁 카페 Cộng Cà Phê를 이용하면 된다.

응우옌 로안 ★★★
Nguyên Loan

Map P.247-A3 **주소** 123 Ngô Gia Tự **전화** 0258-3515-634 **영업** 06:00~22:30 **메뉴** 영어, 중국어, 베트남어 **예산** 5만 VND **가는 방법** 응오자뜨 & 찐퐁 Ngô Gia Tự & Trịnh Phong 사거리 코너에 있다.

현지인들에게 유명한 식당으로, 쌀국수에 어묵(짜까 Chả Cá) 고명을 얹어 내는 것이 대표 메뉴다. 두툼한 면발을 넣은 반깐짜까 Bánh Canh Chả Cá 또는 가는 면발을 넣은 분짜까 Bún Chả Cá 중에 선택할 수 있다. 테이블에 놓인 고추, 라임, 허브 등은 입맛에 맞게 첨가해 먹으면 된다. 내부는 로컬 식당답게 허름하지만 소박한 맛이 있다. 음식 이름을 붙여서 '분까 응우옌 로안 Bún Cá Nguyên Loan'이라는 상호로 불리기도 한다.

퍼 한푹(하잉푹) ★★★☆
Phở Hạnh Phúc

Map P.248-A1 **주소** 19 Ngô Gia Tự **홈페이지** www.facebook.com/phohanhphuc **영업** 06:00~21:00 **메뉴** 영어, 한국어, 베트남어 **예산** 8만~15만 VND **가는 방법** 쏨머이 시장에서 200m 떨어진 응오자뜨 거리 19번지에 있다.

쌀국수를 선보이는 로컬 식당. 오픈 키친이라 비교적 청결하고 정갈한 만듦새를 선보인다. 진한 육수의 소고기 쌀국수가 대표 메뉴인데, 고명으로 들어가는 고기를 선택해 주문하면 된다. 최고의 인기 메뉴는 뚝배기 쌀국수인 '퍼 토 다' Phở Thố Đá다. 고명과 쌀국수를 접시에 따로 내어주기 때문에, 뚝배기에 한데 넣어 먹는 방식이다. 쌀국수가 금방 식지 않아서 오랫동안 깊은 맛을 낸다. 상호의 '한푹(하잉푹)'은 행복이라는 뜻이다.

퍼 틴 ★★★☆
Phở Tình

Map P.248-A2 **주소** 64 Nguyễn Thị Minh Khai **전화** 0969-181-403 **메뉴** 영어, 한국어, 베트남 **예산** 6만~15만 VND **가는 방법** 응우옌티민카이 거리 64번지에 있다. 해변에서 700m 떨어져 있다.

하노이 유명 쌀국수 식당인 '퍼 틴'의 나짱 지점이다. 넓고 쾌적한 에어컨 시설로 부담 없이 식사하기 좋다. 소고기 쌀국수(퍼 보)를 전문으로 한다. 본점에는 없는 소곱창 쌀국수 Phở Lòng와 갈비 쌀국수 Phở Sườn Cay Tê는 한국 관광객에게 인기 있다.

하이까 Hai Cá ★★★☆

Map P.247-A3 **주소** 156 Nguyễn Thị Minh Khai **영업** 06:00~21:30 **메뉴** 영어, 한국어, 베트남어 **예산** 6만 VND **가는 방법** 응우옌티민카이 거리 156번지에 있다.

나짱에서 현지인들에게 인기 있는 분짜믁 Bún Chả Mực 식당이다. 분(소면처럼 생긴 얇은 쌀국수)+짜믁(오징어어묵), 즉 오징어어묵 쌀국수를 만든다. 맑고 시원한 육수 덕분에 한국인의 입맛에도 잘 맞는다. 다진 고추를 넣으면 해장으로도 좋다. 생선어묵과 오징어어묵을 함께 넣은 분짜까짜믁 Bún Chả Cá, Chả Mực도 있다. 영어는 잘 통하지 않지만 주인장이 친절하다. 메뉴판에 적힌 번호를 보고 주문하면 된다. 인접한 곳에 2호점을 함께 운영하고 있다.

퍼 홍 Phở Hồng ★★★☆

Map P.248-A3 주소 40 Lê Thánh Tôn **영업** 06:00~22:00 **메뉴** 한국어, 베트남어 **예산** 6만~8만 VND **가는 방법** 레탄똔과 또히엔탄 Tô Hiến Thành 사거리 코너에 있다.

1987년에 문을 연 오래된 로컬 식당으로 쌀국수 하나만 요리한다. 소고기를 넣은 '퍼 보' 전문이다. 고명으로 들어가는 소고기 종류를 선택하면 된다. 큰 그릇(Lớn)을 시킬 건지, 작은 그릇(Nhỏ)을 시킬 건지도 고민해야 한다. 한국어 메뉴판을 갖추고 있어 주문하는데 어렵지 않다.

당반꾸엔(넴느엉 당반꾸엔) Nem Nướng Đặng Văn Quyên ★★★

Map P.247-A2 주소 16A Lãn Ông **전화** 0258-3826-737 **홈페이지** www.nemdangvanquyen.com.vn **영업** 07:30~20:30 **메뉴** 영어, 한국어, 베트남어 **예산** 5만~12만 VND **가는 방법** 란옹 거리 16번지에 있다. 덤 시장에서 400m 떨어져 있다.

'넴느엉'으로 유명한 로컬 레스토랑이다. 베트남 사람들에게 워낙 유명해서 점심과 저녁식사 때는 단체 손님이 밀려들 정도다. 소고기 양념구이(보느엉 Bò Nướng), 숯불구이 고기를 얹은 비빔국수(분팃느엉 Bún Thịt Nướng), 생선 어묵을 넣은 당면 쌀국수(분까 Bún Cá)까지 간편하게 식사하기 좋은 음식이 많다.

반미 판 Bánh Mì Phan ★★★★

Map P.248-A2 주소 164 Bạch Đằng **전화** 0372-776-778 **홈페이지** www.facebook.com/banhmiphannhatrang **영업** 07:00~20:30 **메뉴** 영어, 한국어, 러시아어, 베트남어 **예산** 4만~8만 VND **가는 방법** 박당 거리 164번지에 있다.

냐짱 시내에서 관광객들에게 인기 있는 반미 식당이다. 테이크아웃 형태의 자그마한 식당으로 내부에 테이블이 몇 개 있다. 손님이 많고 회전율이 좋아서 바게트 빵과 음식 재료가 신선하다. 치킨, 미트볼구이, 소고기 치즈, 삼겹살 BBQ, 모차렐라 치즈와 버섯(채식 메뉴), 파인애플 두부조림(비건 메뉴) 등 외국인 입맛에 맞춘 반미를 만들어 준다. 2호점(반미판 2 Bánh Mì Phan 2)을 함께 운영한다.

쌈러(삼러 타이 레스토랑) Sam Lor Thai Restaurant ★★★☆

Map P.248-A2 주소 76 Đống Đa **전화** 0931-887-289 **홈페이지** www.facebook.com/nhahangthaituktuknhatrang **영업** 11:00~22:00 **메뉴** 영어, 베트남어 **예산** 10만~25만 VND **가는 방법** 동다 거리 76번지에 있다.

쌈러는 삼륜차라는 뜻으로 태국의 대표적인 교통수단인 '뚝뚝'을 의미한다. 쏨땀(파파야 샐러드) Somtum, 팟타이(태국식 볶음면) Pad Thai, 깽키아우완(그린 커리) Green Curry, 똠얌꿍 Tomyum Soup, 렝쌥(매운 돼지뼈 찜) Spicy Pork Rib Soup, 카우니아우마무앙(망고 찰밥) Mango Sticky Rice까지 다양한 태국 요리를 맛 볼 수 있다.

목 해산물 식당(목 시푸드) Hải Sản Mộc Quán ★★★★

Map P.248-A2 주소 74 Hồng Bàng **전화** 0934-981-180 **영업** 10:30~22:30 **메뉴** 영어, 한국어, 베트남어 **예산** 18만~34만 VND **가는 방법** 홍방 거리 74번지에 있다.

다낭에서 유명한 시푸드 레스토랑의 냐짱 지점이다. 바다를 끼고 있지는 않지만 신선한 해산물을 적당한 가격에 즐길 수 있는 것이 장점이다. 다양한 해산물을 직접 눈으로 확인하고 무게를 달아서 요리를 부탁하면 된다. 모닝글로리볶음, 맛조개볶음, 볶음면, 볶음밥, 소고기 팽이버섯 구이 같은 기본적인 요리도 다양하다. 한국 관광객에게 워낙 인기 있는 곳이라 한국어 메뉴판도 구비하고 있다.

마담 프엉 Madam Phuong ★★★☆

Map P.248-B3 주소 34F Nguyễn Thiện Thuật **전화** 0903-891-267 **영업** 11:00~22:00 **메뉴** 영어, 한국어, 베트남어 **예산** 14만~28만 VND(+5% Tax) **가는 방법** 갤리엇 호텔 Galliot Hotel 맞은편, 응우옌티엔투엇 거리 34번지에 있다.

냐짱에서 분위기 좋은 베트남식 레스토랑으로 손꼽힌다. 퍼 Phở(쌀국수), 분보남보 Bún Bò Nam Bộ(소고기 볶음 비빔국수), 보라롯 Bò Lá Lốt(깻잎 소고기 말이), 보룩락 Bò Lúc Lắc(소고기 스테이크 볶음), 넴루이 Nem Lụi(베트남 돼지고기 꼬치), 짜오똠 Chạo Tôm(새우 숯불구이) 등 관광객 입맛에 잘 맞는 대중적인 베트남 음식을 요리한다.

바또이 Tiệm Cơm Bà Tôi ★★★★

Map P.248-A2 주소 68/4 Đống Đa **전화** 0258-3515-118 **홈페이지** www.facebook.com/tiemcom.batoi **영업** 10:00~14:00, 17:00~21:00 **메뉴** 영어, 한국어, 베트남어 **예산** 단품 9만~16만 VND, 세트 메뉴 18만~26만 VND **가는 방법** 동다 거리 68번지에 있다.

베트남 할머니의 맛 Vietnamese Grandma's Taste이라고 광고하는 식당이다. 전통 가옥 느낌을 살린 건물과 푸릇푸릇한 식물, 컬러풀한 색감이 어우러진 인테리어가 예쁘다. 근사한 가정집에서 식사하는 분위기로 베트남 가정식을 보기 좋게 요리해 준다. 밥, 국, 조림, 채소볶음으로 구성된 세트 메뉴도 있다.

만 레스토랑 Mạn Restaurant ★★★★

Map P.248-A2 주소 47 Đống Đa **영업** 10:30~21:00 **예산** 메인 요리 13만~19만 VND, 세트 메뉴 30만~46만 VND **가는 방법** 동다 거리 47번지에 있다.

베트남 가정식 요리를 맛볼 수 있는 곳이다. 신축한 콘크리트 건물이지만 목조 가옥의 느낌을 가미해 고풍스럽게 꾸몄다. 주변의 유명 베트남 레스토랑에 비해 전통을 강조한 분위기가 느껴진다. 두부튀김, 새우볶음, 레몬그라스 칠리 닭고기볶음, 캐러멀라이즈드 돼지갈비, 생선조림 등 밥과 어울리는 음식이 많다. 세트 메뉴도 있으므로 인원에 따라 선택하면 된다.

라냐 Là Nhà ★★★★

Map P.248-A2 주소 102 Hồng Bàng **전화** 0258-2477-377 **홈페이지** www.facebook.com/lanharestaurant **영업** 06:30~21:00 **메뉴** 영어, 한국어, 베트남어 **예산** 메인 요리 12만~32만 VND **가는 방법** 항봉 거리 102번지에 있다.

한쪽은 붉은색 벽돌, 한쪽은 통유리를 이용해 식물원처럼 꾸민 매력적인 레스토랑이다. 층고 높은 건물과 푸른 식물이 주는 공간이 여유롭게 느껴진다. 두부 요리, 생선 요리, 돼지고기볶음 등 가정식 베트남 요리를 고급스럽게 요리한다. 관광객이 좋아하는 쌀국수, 반쎄오, 분팃느엉, 분짜, 넴느엉도 요리해 준다.

안토이 Ăn Thôi ★★★★

Map P.248-A1 주소 3 Ngô Đức Kế **영업** 10:30~22:00 **메뉴** 영어, 한국어, 베트남어 **예산** 11만~25만 VND **가는 방법** 응오득께 거리 3번지에 있다. 해변에서 800m 떨어져 있다.

유독 한국 관광객이 많이 찾는 곳으로 부담 없는 베트남 음식을 맛볼 수 있다. 붉은 벽돌 건물에 시원한 에어컨 시설로 테이블 세팅도 깔끔하다. 쌀국수, 미꽝, 반쎄오, 분짜, 짜조(스프링 롤), 고이꾸온(월남쌈), 넴루이, 해산물 볶음면, 파인애플 볶음밥, 새우볶음, 모닝글로리볶음 등 실패할 확률이 작은 음식들로 채워져 있다. 한국어 메뉴판도 구비하고 있어 주문하기 어렵지 않다.

쏨머이 가든 Xóm Mới Garden ★★★★

Map P.248-A1 주소 144 Võ Trứ **홈페이지** www.xommoigarden.com **영업** 10:30~22:00 **메뉴** 영어, 한국어, 베트남어 **예산** 메인 요리 15만~25만 VND **가는 방법** 보쯔 거리 144번지에 있다.

쏨머이 시장과 가까운 곳에 1,500㎡ 크기로 만든 가든 형태의 레스토랑이다. 벱메인(베트남 음식점) Bếp Mẹ Ỉn, 인어이(바비큐 식당) BBQ Ỉn Ơi, 퍼믕(쌀국수 식당) Phở Mừng), 오 반미(바게트 샌드위치) Ồ! Bánh Mì), 라핀 (카페) Laphin으로 이루어진 다섯 개 레스토랑이 하나의 커뮤니티를 이룬다. 베트남 요리는 반쎄오, 짜조(스프링 롤), 넴느엉, 분짜를 메인으로 요리한다. 코코넛 볶음밥, 돼지갈비조림, 새우 요리 등 한국 관광객에 입맛에 맞는 음식이 많다.

짜오마오 Chào Mào ★★★★

Map P.248-A2 주소 166 Mê Linh 전화 0258-3510-959 홈페이지 www.instagram.com/chaomao.vn 영업 11:00~21:00 메뉴 영어, 한국어, 베트남어 예산 베트남 요리 9만~19만 VND, 랍스터 65만 VND 가는 방법 메린(메링) 거리 166번지에 있다.

파스텔 톤의 노란색 건물과 홍등(랜턴)이 눈길을 끄는 베트남 레스토랑이다. 한국 관광객이 즐겨 찾는 레스토랑 중 한 곳이다. 분짜, 짜조(스프링 롤), 반쎄오, 미꽝, 모닝글로리볶음, 맛조개 모닝글로리 볶음, 꿍파오 소스 닭튀김, 달걀 새우 볶음밥, 마늘 새우볶음 등 베트남 음식을 처음 접하는 사람도 쉽게 접근할 수 있다. 식당 입구에 있는 수족관에서 보듯 해산물을 이용한 음식이 많은 편이다.

쭈온쭈온킴(촌촌킴) Chuồn Chuồn Kim ★★★★

Map P.247-A2 주소 89 Hoàng Hoa Thám 전화 0943-055-155 홈페이지 www.chuonchuonkim.net 영업 10:30~21:00 메뉴 영어, 한국어, 베트남어 예산 9만~19만 VND 가는 방법 호앙호아탐 거리 89번지에 있다. 롯데마트(골드코스트 지점)에서 250m 떨어져 있다.

한국 관광객에게 유독 인기 있는 베트남 가정식 전문 식당이다. 시골 밥상을 연상케 하는 메뉴들로 볶음 요리, 국, 찌개가 많다. 돼지고기, 새우 요리, 두부·달걀 요리, 채소 볶음 위주로 식단을 구성하면 된다. 참고로 쭈온쭈온킴은 '황금색 잠자리'라는 뜻이다.

냐벱 냐짱 Nhà Bếp Nha Trang ★★★★

Map P.248-A1 주소 1 Ngô Đức Kế 전화 0865-812-156 메뉴 영어, 한국어, 베트남어 예산 9만~19만 VND 가는 방법 응오득께 거리의 안토이 레스토랑 옆에 있다.

다낭에서 유명한 베트남 레스토랑으로 냐짱에 지점을 냈다. 한국 관광객에게 잘 알려진 곳답게 냐짱 지점도 한국 관광객이 즐겨 찾는다. 소고기 쌀국수, 반쎄오, 넴루이, 분짜, 넴느엉, 분팃느엉, 망고 샐러드, 스프링롤, 가리비 치즈구이, 버터 갈릭 새우, 해산물 볶음밥까지 메뉴가 다양하다. 밥과 반찬으로 구성된 2인용 베트남 가정식 세트도 있다.

JJ 시푸드 Nhà Hàng Hải Sản JJ Seafood ★★★★

Map P.248-A2 주소 20 Nguyễn Thiện Thuật 전화 0258-6283-599 영업 10:00~23:30 메뉴 영어, 한국어, 베트남어 예산 21만~63만 VND(+10% Tax) 가는 방법 응우옌티엔투엇 거리 20번지에 있다.

냐짱 시내에 있는 시푸드 레스토랑이다. 한국 관광객에게 인기 있는 곳으로 한국어 메뉴판을 갖추고 있다. 랍스터, 블랙 타이거 새우, 게, 오징어, 가리비, 맛조개 등 신선한 해산물을 맛 볼 수 있다. 해산물 라면과 소주도 구비하고 있다. 해산물은 수조에서 직접 골라서 무게를 재면 된다.

빈펄 하버(빈원더스) Vinpearl Harbour ★★★☆

주소 Bến Cảng Vinpearl Nha Trang, Hon Tre Island 홈페이지 www.vinwonders.com/en/vinpearl-harbour 영업 09:000~22:30 메뉴 영어, 베트남어 예산 14만~29만 VND 가는 방법 꺼우다 선착장 남쪽에 있는 빈원더스 전용 케이블카 VinPearl Cable Car(P.255 참고)를 타고 들어간다. 케이블카만 탈 경우 왕복 요금은 20만 VND이다.

빈원더스 입구에 만든 유럽풍 건물이 들어선 쇼핑·레스토랑 구역이다. 한국 관광객에게 유명한 메오 키친 MEO Kitchen, 베트남 유명 커피 체인점 라 비엣 커피 La Viet Coffee, 수제 맥주 전문점 루이지애나 브루하우스 Lousiane Brewhouse가 유명하다. 쇼핑은 하버 마켓 Harbour Market을 이용하면 된다. 케이블카를 타고 바다를 건너가야 해서 접근성은 떨어진다.

알파카 홈스타일 카페 ★★★☆
Alpaca Homestyle Cafe

Map P.248-A1 주소 10/1B Nguyễn Thiện Thuật **전화** 0988-698-068 **홈페이지** www.facebook.com/alpacanhatrang **영업** 08:30~ 21:30 **메뉴** 영어 **예산** 커피 6만 VND, 메인 요리 12만~32만 VND **가는 방법** 응우옌티엔투엇 거리 10번지에 있다.

캐주얼한 분위기의 레스토랑으로, 포근한 가정집처럼 아기자기하게 꾸몄다. 뇨키 & 파스타, 샐러드, 멕시코 음식, 크레페 같은 외국 관광객을 겨냥한 브런치 메뉴를 제공한다. 아메리카노, 드립 커피, 콜드 브루를 포함, 커피 종류도 다양하다. 달랏에서 재배한 원두를 공수해 신선한 커피 맛을 자랑한다.

P2 카페 P2 Cafe ★★★☆

Map P.248-B2 주소 3 Hùng Vương **전화** 0258-6281-439 **영업** 07:00~22:00 **메뉴** 영어, 베트남어 **예산** 6만~7만 5,000 VND **가는 방법** Potique Hotel 호텔 맞은편 훙브엉 거리 3번지에 있다.

시내 중심가에 있는 분위기 좋은 카페. 높은 층고의 2층 건물로 더위 식히며 커피 한 잔하기 좋다. 코코넛 아메리카노, 솔티 크림 라테, 망고 스무디 같은 달달한 음료가 많다. 직접 브렌딩한 세 종류의 원두도 판매한다. 포장 용기가 예쁜 드립백은 선물용으로 손색없다.

꽁 카페 Cộng Cà Phê ★★★☆

Map P.248-A2 주소 97 Nguyễn Thiện Thuật **홈페이지** www.congcaphe.com **영업** 07:30~23:00 **메뉴** 영어, 한국어, 베트남어 **예산** 5만~7만 VND **가는 방법** 응우옌티엔투엇 거리 97번지에 있다.

베트남 주요 도시에 체인점을 둔 유명 커피숍이다. 사회주의 모티브를 현대적으로 재해석해 매장을 빈티지하게 꾸민 것이 특징이다. 부담 없는 커피 값에 에어컨 시설까지 갖추고 있어 한국 관광객들에게 유독 인기 있다. 인기를 반영하듯 응우옌깐 거리(주소 23 Nguyễn Chánh)에 분점을 열었다.

CCCP 커피 ★★★★
CCCP Coffee

Map P.248-A2 주소 ①1호점 22 Tô Hiến Thành ②2호점 112 Hồng Bàng **홈페이지** www.facebook.com/CCCP.Coffee.NhaTrang **영업** 06:00~23:00 **메뉴** 영어, 한국어, 베트남어 **예산** 3만~5만 VND **가는 방법** 1호점은 또히엔탄 거리 22번지, 2호점은 홍방 거리 112번지에 있다.

현지인들이 즐겨 찾던 동네 카페였으나 냐짱이 확장되면서 현재는 관광객들도 즐겨 찾는 카페로 변모했다. 길거리 모퉁이에 있어 위치도 좋다. CCCP는 소비에트 사회주의 공화국, 즉 소련(오늘날의 러시아)을 뜻한다. 동네 구경하기 좋은 야외 테이블과 시원한 에어컨 시설의 실내로 구성되어 있다. 인접한 곳에 두 개 지점을 운영하는데, 2호점이 더 크고 분위기도 좋다. 한국 관광객에게도 유명한데, 코코넛 커피가 인기 있다.

올라 카페 Ola Cafe ★★★☆

Map P.247-A3 주소 31 Nguyễn Hữu Huân **영업** 07:30~22:00 **메뉴** 영어, 베트남어 **예산** 3만 5,000~6만 VND **가는 방법** 응우옌흐우후언 거리 31번지에 있다. 해변에서 1.5㎞ 떨어져 있다.

인스타 감성의 카페로 사진 찍기 좋은 곳이다. 시내 중심가에 조금 떨어져 있지만 독특한 건축 디자인 때문에 일부러 찾아오는 사람이 많다. 지중해풍으로 꾸민 핑크색 카페는 동굴을 연상시킨다. 커피보다 상큼한 열대 과일을 이용한 음료가 많다. 한국 관광객이 좋아하는 코코넛 커피는 기본.

그릭 키친 Greek Kitchen ★★★☆

Map P.248-A2 주소 53/2 Nguyễn Thiện Thuật **영업** 10:30~23:00 **메뉴** 영어 **예산** 5만 5,000~16만 VND **가는 방법** 응우옌티엔투엇 거리 53번지 골목 안쪽에 있다.

냐짱에서 유명한 세 곳의 그리스 음식점 중에 상대적으로 아담하다. 골목 안쪽에 있는 단칸짜리 레스토랑으로 에어컨 없는 개방형으로 되어 있다. 지극히 외국 여행자들을 겨냥한 곳으로 영어가 통하고 친절하다. 수블라키 Souvlaki(마리네이드한 고기를 꼬챙이에 꽂아 구운 음식)를 메인으로 요리한다. 피타 브레드에 고기와 상추, 토마토, 감자튀김을 넣어 만든 수블라키 피타 랩 Souvlaki Pita Wrap(케밥과 비슷한 음식)이 인기 있다. 그릭 샐러드 Greek Salad를 추가하면 된다.

놈놈 레스토랑 ★★★☆
Nôm Nôm Restaurant

Map P.248-B3 **주소** 73/16 Trần Quang Khải **홈페이지** www.nomnomnhatrang.com **영업** 09:00~23:00 **메뉴** 영어, 한국어, 러시아어, 베트남어 **예산** 10만~38만 VND **가는 방법** 쩐꽝카이 거리에 있는 포세이돈 호텔 맞은편 골목 안쪽으로 100m. 같은 건물에 여러 개의 레스토랑이 있는데 엘리베이터를 타고 3층 또는 4층으로 올라가면 된다.

부담 없이 편하게 다양한 음식을 한자리에서 즐길 수 있는 퓨전 레스토랑이다. 정통 이탈리아 레스토랑은 아니지만 피자와 파스타를 메인으로 요리한다. 플라잉 누들 Flying Noodle, 똠얌꿍 Tom Yum Soup, 팟타이 Pad Thai, 락사 Laksa를 포함해 다양한 아시아 음식도 요리한다.

피자 포피스 ★★★★
Pizza 4P's Nha Trang

Map P.247-B2 **주소** 1F, Sheraton Hotel, 28 Trần Phú **전화** 1900-6043 **홈페이지** www.pizza4ps.com **영업** 11:00~23:00 **메뉴** 영어, 베트남어 **예산** 23만~42만 VND(+10% Tax) **가는 방법** 쩐푸 거리(해변 도로) 28번지 쉐라톤 호텔 1층에 있다.

호찌민시(사이공)에 본점이 있는데, 인기에 힘입어 하노이와 다낭을 거쳐 냐짱까지 체인점을 오픈했다. 오픈 키친에서는 피자 굽는 커다란 화덕이 보이고, 야외 테이블에서는 길 건너 바다가 보인다. 직접 만든 치즈와 현지에서 재배한 신선한 식재료를 사용해 동양인 입맛에 맞춘 피자를 선보여 호평을 얻고 있다. 두 종류의 피자를 반반(하프 & 하프)으로 주문하면 한 번에 두 가지 피자를 맛볼 수 있다. 파스타를 포함한 기본적인 이탈리아 음식도 요리한다.

믹스 그릭 레스토랑 ★★★☆
Mix Greek Restaurant

Map P.248-B2 **주소** 181 Nguyễn Thiện Thuật **전화** 0359-459-197 **홈페이지** www.facebook.com/mixrestaurant.nhatrang **영업** 11:00~21:30(휴무 수요일) **메뉴** 영어, 한국어, 베트남어 **예산** 메인 요리 13만~22만 VND, 믹스 플래터(2인용) 58만~66만 VND **가는 방법** 응우옌티엔투엇 거리 181번지에 있다.

외국 관광객에게 사랑받는 그리스 음식점이다. 그릭 샐러드 Greek Salad, 수블라키 Souvlaki, 무사카 Mousaka 등을 맛 볼 수 있다. 스파게티와 해산물, 지중해 음식도 함께 요리한다. 2~3인용 세트 메뉴인 믹스 플레이트 Mix Plates가 푸짐해 인기 있다. 믹스 미트 Mix Meat, 믹스 시푸드 Mix Seafood, 믹스 믹스 Mix Mix(고기+해산물) 등 세트 메뉴가 다양하다.

루이지애나 브루하우스 ★★★☆
Louisiane Brewhouse

Map P.247-B4 **주소** 29 Trần Phú **전화** 0258-3521-948, 0258-3521-831 **홈페이지** www.louisianebrewhouse.com.vn **영업** 매일 07:00~24:00 **메뉴** 영어 **예산** 맥주(300㎖) 7만 VND, 맥주(1ℓ) 16만 VND, 메인 요리 24만~85만 VND (+15% Tax) **가는 방법** 쩐푸 거리의 세일링 클럽 남쪽에 있다.

세일링 클럽과 더불어 냐짱 해변에 있는 대형 레스토랑이다. 브루하우스라는 이름처럼 생맥주를 직접 만들어 판매한다. 필스너 Pilsner, 다크 라거 Dark Larger, 에일 Ale을 포함해 7종류의 맥주가 있다. 테이스팅 트레이 Tasting Tray는 4종류의 생맥주를 한꺼번에 시음해볼 수 있다. 식사 메뉴는 베트남 요리, 시푸드, 스테이크, 피자, 파스타, 페이스트리까지 다양하다. 해변을 끼고 있으며 야외 수영장도 있다. 저녁 시간에는 라이브 밴드가 음악을 연주한다.

세일링 클럽 Sailing Club ★★★★

Map P.248-B3 **주소** 72~74 Trần Phú **전화**

0258-3524-628 **홈페이지** www.sailingclubnhatrang.com **영업** 매일 07:30~02:00 **메뉴** 영어, 한국어, 베트남어 **예산** 맥주·칵테일 10만~19만 VND, 메인 요리 29만~75만 VND(+15% Tax) **가는 방법** 쩐푸 거리와 쩐꽝카이 거리가 만나는 삼거리와 접한 해변에 있다.

해변을 접하고 있는 냐짱의 명소다. 탁 트인 바다를 바라보며 야외에서 근사하게 식사를 즐기기 좋다. 2,400㎡의 넓은 부지에 레스토랑과 비치 라운지가 들어서 있다. 센 Sen에서는 베트남 요리를, 샌들 Sandals에서는 피자, 파스타, 스테이크를 판매해 다양한 요리를 즐길 수 있다. 아침형 인간이라면 바다를 벗 삼아 커피와 함께 차분하게 아침 식사를 즐겨도 된다. 밤 9시가 넘으면 클럽으로 변모하면서 분위기가 고조된다. 해변에서 불 쇼 Fire Dance를 보여주기고 한다. 저녁 7시부터는 입장료 20만 VND(맥주 1병 포함)을 내야 한다.

리빙 바비큐(리빙 콜렉티브) ★★★☆
LIVIN Barbecue

Map P.248-A2 **주소** 5 Ngô Thời Nhiệm **전화** 091-8638-349 **홈페이지** www.livinbbq.com **영업** 08:00~23:00(휴무 수요일) **메뉴** 영어, 베트남어 **예산** 메인 요리 24만~95만 VND **가는 방법** 응오 터이니엠 5번지에 있다.

리빙 콜렉티브 LIVIN Collective의 새로운 이름이다. 바비큐, 스테이크, 수제 버거와 샌드위치를 메인으로 요리한다. 아메리칸 스타일 바비큐는 돼지갈비, 소갈비, 치킨 윙, 소시지 등으로 다양하다. 여러 명이 함께 먹을 수 있는 플래터 Patter는 2~6인용으로 제공된다. 점심시간에는 수제 버거 등 가벼운 음식이 인기 있다. 수제 맥주를 곁들여 식사하면 된다.

스카이라이트 루프톱 비치 클럽 ★★★☆
Skylight Rooftop Beach Club

Map P.248-B1 **주소** 38 Trần Phú **전화** 0258-3528-988 **홈페이지** www.skylightnhatrang.com **영업** 화~일요일 17:30~01:00 **휴무** 월요일 **입장료** 25만~30만 VND(음료 1잔 표함) **예산** 맥주·칵테일 12만~22만 VND, 메인 요리 24만~65만 VND(+15% Tax) **가는 방법** 하나바 냐짱 호텔 43층에 있다. 호텔 로비 안쪽에 있는 전용 엘리베이터를 타면 된다.

프리미어 하바나 호텔 43층에 있는 루프 톱 라운지. 호텔 꼭대기에 만든 스카이라운지 형태의 클럽이다. 냐짱 해변과 시내 풍경을 감상하며 맥주·칵테일을 즐길 수 있다. 풍경을 감상하고 싶다면 해지는 시간에 맞춰 가면 된다. 해가 지고 밤이 깊어지면 클럽으로 변모한다. 수영장도 있어서 풀 파티 Pool Party를 개최하기도 한다. 이벤트는 홈페이지를 통해 수시로 공지하고 있다. 1층에서 입장료를 내고 전용 엘리베이터를 타고 올라가면 된다. 기본적인 드레스 코드를 지킬 것.

Nightlife
냐짱의 나이트라이프

여행자 숙소가 몰려 있는 비엣트 거리, 응우옌티엔투엇 거리, 쩐꽝카이 거리에 레스토랑을 겸하는 술집이 몰려 있다. 저렴한 맥주를 벗 삼아 해변 도시의 밤을 보내려는 외국인들로 가득하다. 아무래도 유럽 여행자들이 주고객이다. 라이브 음악을 연주하거나 각종 게임, 스포츠 방송을 보여주며 사람들을 끌어 모은다. 참고로 '버킷 Bucket'이라고 적힌 양동이 칵테일(빨대로 빨아 마신다)은 보드카 또는 독한 양주를 혼합하기 때문에 쉽게 취한다. 치어스 스포츠 펍 Cheers Sports Pub(주소 56 Nguyễn Thiện Thuật, Map P.248-B3)과 미잭 바 Mi Jack Bar(주소 109 Hồng Bàng, Map P.248-A2)가 인기 있다. 해변의 비치 클럽인 세일링 클럽 Sailing Club(P.262 참고)도 명성이 자자하다.

Shopping

재래시장과 야시장은 물론 대형 마트까지 들어서 있다. 대형 마트는 빈콤 플라자와 롯데 마트를 이용하면 된다.

냐짱 야시장 ★★★
Night Market / Chợ Đêm

Map P.248-B2 주소 Nguyễn Thi, Trần Phú **운영** 18:00~22:00 **가는 방법** 쩐푸 거리 Trần Phú와 훙브엉 거리 Hùng Vương를 연결하는 응우옌 티 Nguyễn Thi 골목에 야시장이 형성된다.

냐짱 중심가의 200m 남짓한 작은 도로에 형성된 야시장이다. 옷과 기념품을 판매하는 노점이 길 양옆으로 들어서 있다. 말린 과일, 견과류, 커피, 라탄 가방, 티셔츠, 반바지, 원피스, 모자, 신발, 크록스 등을 판매한다. 가격은 흥정해야 한다. 음식을 파는 노점이 없어서 흥겨운 야시장 분위기는 아니다.

엘 스토어 L Store ★★★☆

Map P.248-A2 주소 37 Tô Hiến Thành **전화** 0975-910-565 **영업** 08:00~20:30 **가는 방법** 또히엔탄 거리 37번지에 있다.

한국 관광객이 많이 찾는 기념품 상점. 말린 과일, 위즐 커피, 코코넛 커피, 꽃차, 잼, 천연 비누, 에센스 오일을 판매한다. 매장은 아담하지만 정갈하게 제품을 진열하고 있다. 유기농 제품이라 재래시장에 비해 비싼 대신 품질이 좋다. 시식과 시음이 가능하다.

남프엉 ★★★☆
Tiệm Bánh Nam Phương

Map P.248-A2 주소 26 Tô Hiến Thành **전화** 0258-6280-912 **영업** 09:00~22:00 **가는 방법** 또히엔탄 거리 26번지에 있다.

펑리수와 코코넛 쿠키를 판매하는 고급스런 제과점. 베트남 과일을 넣어 만든 펑리수는 파인애플, 망고, 코코넛 세 종류가 있다. 8개입(21만 VND)과 12입(30만 VND)으로 구분해 포장 판매한다. 시식해 보고 구입 가능하다.

롯데 마트(골드코스트 지점) ★★★☆
Lotte Mart Nha Trang Gold Coast

Map P.247-B2 주소 1 Trần Hưng Đạo **홈페이지** www.lottemart.com.vn **영업** 08:00~22:00 **가는 방법** 쩐흥다오 거리 1번지 골드코스트 쇼핑몰 3~4층에 있다.

냐짱에 롯데 마트가 두 곳 있는데, 해변과 가까운 지점이다. 단독 매장이 아니고 골드코스트 쇼핑몰 3~4층에 롯데 마트가 입점해 있다. 3층은 음료, 주류, 식료품, 과일, 라면, 과자, 말린 과일, 베이커리, 푸드 코트, 4층은 주방용품, 청소용품, 세제, 화장품, 치약, 커피를 판매한다. 귀국하기 전에 쇼핑하러 온 한국 관광객들이 많다.

냐짱 야시장

롯데 마트

Hotel

쉐라톤과 노보텔을 비롯해 고급 호텔들은 해변 도로인 쩐푸 거리 Đường Trần Phú를 끼고 있다. 여행자 숙소가 몰려 있는 곳은 비엣트 거리 Đường Biệt Thự, 훙브엉 거리 Đường Hùng Vương, 응우옌티엔투엇 거리 Đường Nguyễn Thiện Thuật, 쩐꽝카이 거리 Đường Trần Quang Khải 일대이다. 베트남 최고의 해변 도시라고는 하지만 아직까지는 저렴한 숙소들이 많이 남아 있다. 특히 해변도로에서 이어지는 쩐푸 거리 64번지 골목 Hẻm 64 Trần Phú에 저렴한 미니 호텔이 몰려 있다.

모조 인 부티크 Mojzo Inn Boutique ★★★★

Map P.248-B2 주소 65/7 Nguyễn Thiện Thuật **전화** 0357-751-188 **홈페이지** www.facebook.com/MojzoInn **요금** 더블 US$16~25(에어컨, 개인욕실, TV, 냉장고) **가는 방법** 응우옌티엔투엇 거리 65번지 골목 안쪽에 있다. 빨간색 간판에 Mojzo Inn이라고 적혀 있다.

나짱에게 인기 있는 여행자 숙소다. 가성비가 좋은 호텔로 알려져 있는데, 객실이 넓고 욕실도 깨끗하다. TV, 냉장고, 전기포트, 안전금고까지 객실 시설도 잘 갖추어져 있다. 시내 중심가의 골목 안쪽에 있는데, 아무래도 위층 방들이 채광이 좋고 답답한 느낌이 들지 않는다. 여행자에게 필요한 다양한 업무도 친절하게 해결해 준다.

아주라 골드 호텔 Azura Gold Hotel ★★★★

Map P.248-B3 주소 64/2 Trần Phú **전화** 0258-3525-008 **홈페이지** www.azuragold.com **요금** 더블 US$16~22, 시 뷰 US$26~32(에어컨, 개인욕실, TV, 냉장고) **가는 방법** 쩐푸 거리 64번지 골목 Hẻm 64 Trần Phú 안쪽에 있다.

해변과 가까우면서 저렴한 숙소가 몰려 있는 쩐푸 거리 64번지 골목에 있다. 전형적인 미니호텔이지만 신축 건물이라 다른 곳보다 깨끗하고 시설이 좋다. 객실 위치에 따라 방 크기와 시설이 조금씩 다르다. 창문이 없는 방도 있고, 발코니가 딸려 있거나 바다가 보이는 방도 있다. 모두 29개 객실을 운영한다. 옥상에 자그마한 수영장도 있다. 가성비도 좋고 친절해 인기 있다.

레스 참 호텔 Le's Cham Hotel ★★★★

Map P.248-A2 주소 87 Bạch Đằng **전화** 0258-6297-979 **홈페이지** www.lescham.com **요금** 트윈 US$35~40, 트윈 발코니 US$45~55(에어컨, 개인욕실, TV, 냉장고, 아침식사) **가는 방법** 박당 거리 87번지에 있다.

해변과는 조금 떨어져 있지만 가성비 좋은 호텔이다. 2019년에 신축한 호텔이라 객실 상태도 양호하다. 도로 쪽 방들은 발코니가 딸려 있는데, 높은 층일수록 방도 크고 전망도 좋아진다. 객실은 벽면 TV, 냉장고, 안전금고 등 기본적인 어메니티를 구비하고 있다. 21층 건물로 꼭대기 층에 작지만 피트니스와 루프 톱 수영장이 있다.

레갈리아 골드 호텔 Regalia Gold Hotel ★★★★

Map P.248-A2 주소 39-41 Nguyễn Thị Minh Khai **전화** 0258-3599-999 **홈페이지** www.regaliagoldhotel.com **요금** 슈피리어 US$56, 디럭스 더블 US$70, 디럭스 시뷰 US$85~95 **가는 방법** 해변에서 500m 떨어진 응우옌티민카이 거리 39번지에 있다.

661개 객실을 운영하는 대형 호텔. 호텔 간판에 별 다섯 개가 찍혀 있지만 4성급 정도 되는 가성비 좋은 호텔이다. 해변을 끼고 있지는 않지만 시내 중심가는 물론 해변과의 접근성이 좋다. 40층 건물로 루프톱에 수영장이 있다. 슈피리어 룸은 25㎡ 크기로 평범한 구조다. 객실은 높은 층일수록 전망이 좋아진다. 조식 뷔페가 제공된다.

멜리아 빈펄 ★★★★☆
Melia Vinpearl Nha Trang Empire

Map P.248-A1 주소 46 Lê Thánh Tôn **전화** 0258-3599-888 **홈페이지** www.melia.com **요금** 딜럭스 US$95~110, 스위트 US$115~140 **가는 방법** 해변에서 250m 떨어진 레탄똔 거리 46번지에 있다.

빈펄 콘도텔 엠파이어 Vinpearl Condotel Empire를 멜리아 호텔에서 인수하면서 호텔 이름이 바뀌었다. 쇼핑몰(빈콤 플라자)과 호텔이 합쳐진 주상복합 형태의 5성급 호텔이다. 객실 1,200여 개의 초대형 규모를 자랑한다. 32㎡ 크기의 딜럭스 룸과 43㎡ 크기의 스위트 룸으로 구분된다. 시내 중심부에 있는 고층 건물이라 객실에서의 전망이 좋다. 수영장, 스파, 피트니스, 키즈 클럽까지 부대시설도 알차게 갖춰져 있다.

리버티 센트럴 냐짱 호텔 ★★★★
Liberty Central Nha Trang Hotel

Map P.248-B3 주소 9 Biệt Thự **전화** 0258-3529-555 **홈페이지** www.libertycentralnhatrang.com **요금** 딜럭스 US$75, 프리미어 US$85, 이그제큐티브 US$95 **가는 방법** 비엣트 거리와 홍브엉 거리 사거리 코너에 있다.

호찌민시(사이공)에서 인기 있는 4성급 호텔인 리버티 센트럴에서 운영한다. 여행 편의 시설이 몰려 있는 중심가에 있어 편리하다. 푹신한 침대, LCD TV, 미니 바, 커피포트, 안전금고, 헤어드라이어, 목욕용품까지 잘 갖추어져 있다. 일반 객실은 27㎡ 크기로 넓진 않다. 이그제큐티브 클럽 룸은 침대 옆에 욕조가 추가로 놓여 있으며, 높은 층에 있어서 전망도 좋다. 야외 수영장을 갖추고 있다. 해변에 호텔 투숙객 전용 파라솔과 데크 체어를 설치해두고 있다.

하바나 냐짱 호텔 ★★★★
Havana Nha Trang Hotel

Map P.248-B1 주소 38 Trần Phú **전화** 0258-3889-999 **홈페이지** www.havanahotel.vn **요금** 딜럭스 US$100~124, 클럽 스위트 US$150~172 **가는 방법** 해변 도로 중심부에 있는 냐짱 로지 호텔과 인터콘티넨탈 호텔 사이에 있다.

2013년에 완공된 초대형 호텔로 850개 객실을 운영한다. 해변도로 중앙에 있는 41층 건물이라 객실에서 전망이 좋다. 객실이 넓은 편으로 40㎡ 크기의 딜럭스 룸을 기본으로 한다. 시티 뷰와 오션 뷰로 구분되는데, 가능하면 바다가 보이는 오션 뷰를 얻도록 하자. 같은 5성급이라고는 하지만 쉐라톤 호텔, 인터콘티넨탈 호텔에 비해 수준은 떨어진다(동급 호텔에 비해 방 값은 저렴하다).

므엉탄 럭셔리 냐짱 ★★★☆
Mường Thanh Luxury Nha Trang

Map P.248-B2 주소 60 Trần Phú **전화** 0258-3898-888 **홈페이지** www.luxurynhatrang.muongthanh.com **요금** 딜럭스 US$95~110, 딜럭스 오션 뷰 US$130 **가는 방법** 해변 도로(쩐푸 거리) 한복판에 해당하는 쩐푸 거리 60번지에 있다.

베트남의 주요 도시에서 볼 수 있는 4성급 호텔인 므엉탄 호텔에서 운영한다. 해변 도로(쩐푸 거리)에 있는 고층 건물이라 객실에서의 전망이 좋다(발코니는 없다). 객실은 카펫이 깔려 있어 평범한 호텔 인테리어로 꾸몄다. 객실 위치에 따라 전망과 방 크기가 다르다. 32㎡ 크기의 시티 뷰 City View보다 40㎡ 크기의 오션 뷰 Ocean View가 방도 넓고 전망도 좋다. 방음 시설은 약한 편이다. 야외 수영장을 갖추고 있다. 모두 459개 객실을 운영하는 대형 호텔이라 세심한 서비스를 기대하긴 어렵다. 단체 관광객이 즐겨 묵는다. 같은 호텔에서 운영하는 므엉탄 그랜드 냐짱과 혼동하지 말 것.

노보텔 Novotel ★★★★

Map P.248-B2 주소 50 Trần Phú **전화** 0258-6256-900 **홈페이지** www.novotelnhatrang.com **요금** 스탠더드 US$120~150, 딜럭스 US$170~185 **가는 방법** 해변 도로인 쩐푸 거리 중간에 있다.

해변 도로 중앙에 있는 국제적인 호텔 체인이다. 바다를 조망할 수 있는 최적의 위치와 주변 상권을 드나들 수 있는 편리한 위치, 체계적인 서비스를 제공한다. 호텔 외관은 복고풍으로 박스처럼 생겼는데, 객실과 설비는 고급 호텔답게 현대적이다. 18층 건물로 154개의 객실을 운영하는데, 규모에 비해 수영장이 작다.

선라이즈 냐짱 비치 호텔 ★★★★
Sunrise Nha Trang Beach Hotel

Map P.247-B2 **주소** 12~14 Trần Phú **전화** 0258-3820-999 **홈페이지** www.sunrise nhatrang.com.vn **요금** 슈피리어 US$115~140, 딜럭스 US$130~175 **가는 방법** 해변 도로 북쪽의 파스퇴르 연구소 옆에 있다.

해변 도로에서 금방 눈에 띄는 대형 호텔이다. 대리석과 석주 기둥을 이용해 웅장한 유럽풍의 건물로 호텔을 꾸몄다. 5성급 호텔로 대부분의 객실에서 바다가 보인다. 가장 높은 층인 10층에는 스위트 룸이 있다.

쉐라톤 호텔 ★★★★☆
Sheraton Hotel

Map P.247-B2 **주소** 26~28 Trần Phú **전화** 0258-3880-000 **홈페이지** www.sheraton nhatrang.com **요금** 딜럭스 US$160~185, 프리미엄 딜럭스 US$190~230 **가는 방법** 해변 도로 중심부에 있는 냐짱 센터 옆에 있다.

냐짱 해변 도로에 가장 먼저 오픈한 세계적인 5성급 호텔 체인이다. 국제적인 공신력을 갖춘 럭셔리한 호텔인 '쉐라톤'에서 운영한다. 한적한 해변의 리조트가 아니라 도시에 접할 수 있는 고층 건물로 284개의 객실을 보유하고 있다. 스파와 피트니스, 클럽 라운지, 대형 회의실까지 전형적인 호텔 구조로 이루어졌다.

도회적인 느낌의 호텔 외관만큼이나 객실 시설도 현대적이다. 객실에서(측면으로) 바다 전망을 볼 수 있어서 좋다. 딜럭스 룸은 33㎡ 크기로 여느 5성급 호텔과 비슷하다. 객실에 발코니가 딸려 있다. 6층의 야외 수영장과 28층 옥상의 앨티튜드 바 Altitude Bar에서 바라보면 풍경도 일품이다.

빈펄 냐짱 리조트 ★★★★
Vinpearl Nha Trang Resort

주소 Đảo Hòn Tre, Vĩnh Nguyên **전화** 0258-3598-222 **홈페이지** http://vinpearl.com/nha-trang-resort/ **요금** 딜럭스 시 뷰 US$180, 그랜드 딜럭스 시 뷰 US$240 **가는 방법** 냐짱 앞 바다의 혼쩨 섬 Đảo Hòn Tre(Bamboo Island)에 있다. 리조트 전용 선착장에서 전용 스피드 보트로 20분.

베트남의 대표적인 리조트 회사인 빈펄에서 운영한다. 혼쩨 섬 내부에 만든 초대형 리조트로 전용 해변과 485개의 객실을 갖추고 있다. 리조트 내에 동남아시아 최대의 야외 수영장을 갖추고 있으며 규모와 시설면에서 냐짱의 여느 호텔들보다 뛰어나다. 섬 안에 위치해 있기 때문에 유흥보다는 휴양을 목적으로 온전한 휴식을 취하기 좋은 곳이다. 보트를 타고 드나들어야 하기 때문에 접근성은 떨어진다.

미아 리조트 냐짱 ★★★★★
Mia Resort Nha Trang

주소 Nguyễn Tất Thành, Cam Hải Đông, Cam Lâm **전화** 0258-3989-666 **홈페이지** www.mia nhatrang.com **요금** 트윈 가든 뷰 US$260~280, 가든 빌라 US$340~380, 풀 빌라(비치 프런트) US$490 **가는 방법** 깜란 국제공항과 냐짱 시내 중간에 있다. 냐짱 시내에서 12㎞, 깜란 공항에서 18㎞ 떨어져 있다.

야자수 가득한 잔디 정원에서 해변까지 자연을 최대한 활용해 건설한 자연 친화적인 리조트다. 5성급 리조트답게 넓고 현대적인 객실과 전용 해변을 갖추고 있다. 콘도, 빌라, 스위트로 구분되며 모두 50개의 객실을 운영한다.

프라이버시를 강조한 빌라는 단독 주택에 정원을 끌어들인 개념으로 설계했다. 바다와 접해 있는 비치프론트 빌라는 개인 수영장까지 갖춘 풀 빌라로 꾸몄다. 냐짱 시내에서 멀리 떨어져 있어, 유흥이나 관광보다 조용한 휴식을 원하는 연인이나 가족들에게 어울린다. 냐짱 시내까지 무료 셔틀 버스를 운행한다.

달랏

베트남의 대표적인 고원(高原) 도시다. 코친차이나를 통치하던 프랑스 식민정부에 의해 '힐 스테이션'으로 개발되었다. 해발 1,500m의 고원지대의 선선한 기후는 프랑스인들에게 더없이 좋은 환경을 제공해주었다. 1897년 알렉상드르 예르생 Alexandre Yersin(P.251)에 의해 달랏이 발견되었고(그전에도 지금도 변함없이 원주민인 산악 민족들이 생활하고 있다), 1907년 최초로 호텔이 건설되면서 휴양지로 변모하기 시작했다. 유럽인들이 부를 과시하듯 유럽풍의 빌라와 샬레를 경쟁적으로 건축했는데, 1930년대는 달랏 인구의 20%가 프랑스인으로 채워졌다고 한다.

달랏은 쑤언흐엉 호수 Xuan Huong Lake(Hồ Xuân Hương)를 중심으로 도시가 형성되어 있다. 고원의 구릉지대 특유의 청명함과 시원한 공기가 어울려 상쾌함을 선사한다. 외국인보다는 베트남(특히 호찌민시) 사람들의 신혼 여행지로 각광받고 있다(기념사진 찍기 좋은 장소에 다소 유치한 조형물을 만들어 놓았다). 대단한 볼거리가 있는 것은 아니지만 더위에 지친 여행자들에게도 '여행 중 휴식'을 선사해주는 곳이다. 명상적인 분위기 탓인지 달랏 주변에는 불교 사원이 많고, 호수와 폭포도 즐비해 자연경관을 즐기며 시간을 보내기 좋다.

인구 40만 6,105명 | 행정구역 럼동 성 Tỉnh Lâm Đồng 달랏 시 Thành Phố Đà Lạt | 면적 394㎢ | 시외국번 0263

Information

여행에 유용한 정보

은행·환전·우체국

호아빈 광장 Khu Hòa Bình 옆에 있는 사콤 은행 Sacom Bank, 달랏 시장과 인접한 비엣콤 은행 Vietcom Bank, 쑤언흐엉 호수 옆에 있는 비엣인 은행 Vietin Bank을 포함해 시내 곳곳에 은행과 ATM이 설치되어 있다. 쩐푸 거리에 있는 중앙 우체국은 에펠탑을 흉내내 만든 통신탑 때문에 쉽게 눈에 띈다. 쑤언흐엉 호수 앞 로터리에도 우체국이 있다.

중앙 우체국

주소 2 Trần Phú **전화** 0263-3822-586

기후

해발 1,500m의 고원에 위치한 달랏은 베트남의 일반적인 기후와 달리 연중 선선한 기온을 유지한다. 평균 기온은 18~25℃를 유지하며 여름에도 30℃를 넘지 않는다. 겨울에는 영상 7℃까지 내려가기 때문에 쌀쌀하다. 날씨 변화가 심하므로 여름에도 긴 옷을 챙겨가는 게 좋다. 6~11월까지는 비가 자주 내리기 때문에 비교적 청명한 1~4월이 여행하기 좋다. 하지만 뗏(베트남 설 연휴)과 여름 휴가 때는 베트남 사람들이 밀려들어 성수기이다.

여행사·투어

여행자 숙소가 몰려 있는 판딘풍 거리 Đường Phan Đình Phùng와 쯔엉꽁딘 거리 Đường Trương Công Định에 여행사가 많이 있다. 여행사가 아니더라도 대부분의 숙소에서 투어를 예약할 수 있다. 예약한 곳에서 픽업해주기 때문에 편리하다.

달랏 시티 투어는 US$10~15, 커피 농장을 포함한 달랏 외곽 지역 투어는 US$18~25 정도 한다. 랑비앙 산 트레킹 Lang Biang Mountain Trekking, 정글 트레킹 Jungle Trekking, 산악자전거 Mountain Biking 등과 연계한 투어도 있다. 1일 트레킹은 US$30~35 정도 예상하면 된다. 자유롭게 움직이고 싶다면 '이지 라이더'(P.277)와 동행해 달랏 주변을 여행하면 된다.

달랏 버스 터미널

호아빈 광장 뒤쪽의 시내버스 정류장

청명한 고원도시 달랏

고지대답게 구름이 낮게 깔린 달랏 풍경

Access

달랏 가는 방법

기차 노선이 없고, 항공도 제한적이기 때문에 버스가 가장 편리하다. 산길을 돌아 올라가야 하므로 거리에 비해 이동시간이 길다. 호찌민시(사이공), 무이네, 냐짱에서 버스를 타는 게 가장 편리한 방법이다.

항공

달랏 공항의 정식 명칭은 리엔크엉 공항 Lien Khuong Airport(Sân Bay Liên Khương)으로 시내에서 남쪽으로 30㎞ 떨어져 있다. 베트남 항공과 비엣젯 항공에서 국내선을 운항하고 있다. 호찌민시(사이공), 하노이, 다낭, 후에(훼) 노선을 취항한다. 한국에서 출발하는 국제선도 있는데 제주항공과 비엣젯 항공에서 인천↔달랏 직항 노선을 운항한다. 공항버스는 빨간색의 프엉짱 버스 Công Ty Phương Trang Đà Lạt↔Sân Bay Liên Khương에서 운행한다. 05:30~19:30까지 1시간 간격으로 출발하며, 편도 요금은 5만 VND이다. 택시를 탈 경우 시내까지 25만~30만 VND 정도 예상하면 된다.

버스

호찌민시에서 달랏을 갈 때는 프엉짱 버스 Phương Trang(홈페이지 www.futabus.vn)가 편리하다. 오전 5시부터 밤 12시까지 매일 23회 운행되며 요금은 30만 VND. 달랏까지 6~7시간 걸리기 때문에 밤에는 침대버스가 운행된다. 프엉짱 버스의 종점은 달랏 버스 터미널 Bến Xe Liên Tỉnh Đà Lạt이다. 달랏 버스 터미널은 쑤언흐엉 호수에서 남쪽으로 4㎞ 떨어져 있다. 냐짱에서 달랏 가는 방법은 P.246 참고.

달랏에서는 호찌민시, 껀터, 하노이, 냐짱, 다낭, 후에(훼)를 포함해 중부 고원(부온마투옷 Buôn Ma Thuột, 꼰뚬 Kon Tum) 지역으로 버스가 운행된다. 달랏→호찌민시 노선은 오전 5시부터 새벽 1시까지 수시로 출발한다(편도 요금 30만 VND). 달랏→냐짱 구간은 오전 6시부터 오후 6시까지 운행된다(편도 요금 17만 VND). 껀터까지 직행하는 버스는 1일 4회(07:00, 20:00, 21:00, 22:00) 운행하며 편도 요금은 44만 VND이다. 껀터까지는 11시간이나 걸리기 때문에 밤 버스가 편하다. 참고로 무이네까지 직행 버스가 없어서 여행사의 오픈투어 버스를 타야 한다.

오픈 투어 버스

오픈 투어 버스는 터미널까지 갈 필요 없이 시내에서 있는 여행사나 숙소에서 픽업해주기 때문에 편리하다. 달랏→호찌민시(08:00, 21:30 출발, 편도 30만~35만 VND), 달랏→무이네(07:30, 13:00 출발, 편도 25만~30만 VND), 달랏→냐짱(07:30, 13:00 출발, 편도 22만~25만 VND) 세 개 노선이 운행된다.

Transportation

시내 교통

산악지형이라 도로의 굴곡이 심하다. 쎄옴(오토바이 택시) 또는 택시를 이용하는 게 편하다. 자전거는 산악자전거로 빌릴 것. 여행자 숙소가 몰려 있는 판딘풍 거리에서 달랏 시장과 쑤언흐엉 호수까지는 걸어 다녀도 무방하다. 시내버스는 모두 5개 노선이 운행된다. 1번은 다딴라 폭포와 쁘렌 폭포, 3번은 버스 터미널, 6번은 짜이맛 Trại Mát을 지난다. 운행 시간은 05:30~18:30까지(30분 간격)다. 기본 요금은 7,000VND. 달랏 시내에서 출발할 때는 호아빈 광장(쿠 호아빈 Khu Hòa Bình) 뒤쪽의 시내버스 정류장 Bến Xe Tùng Nghĩa Cũ(Map P.272)에서 버스를 기다리면 된다.

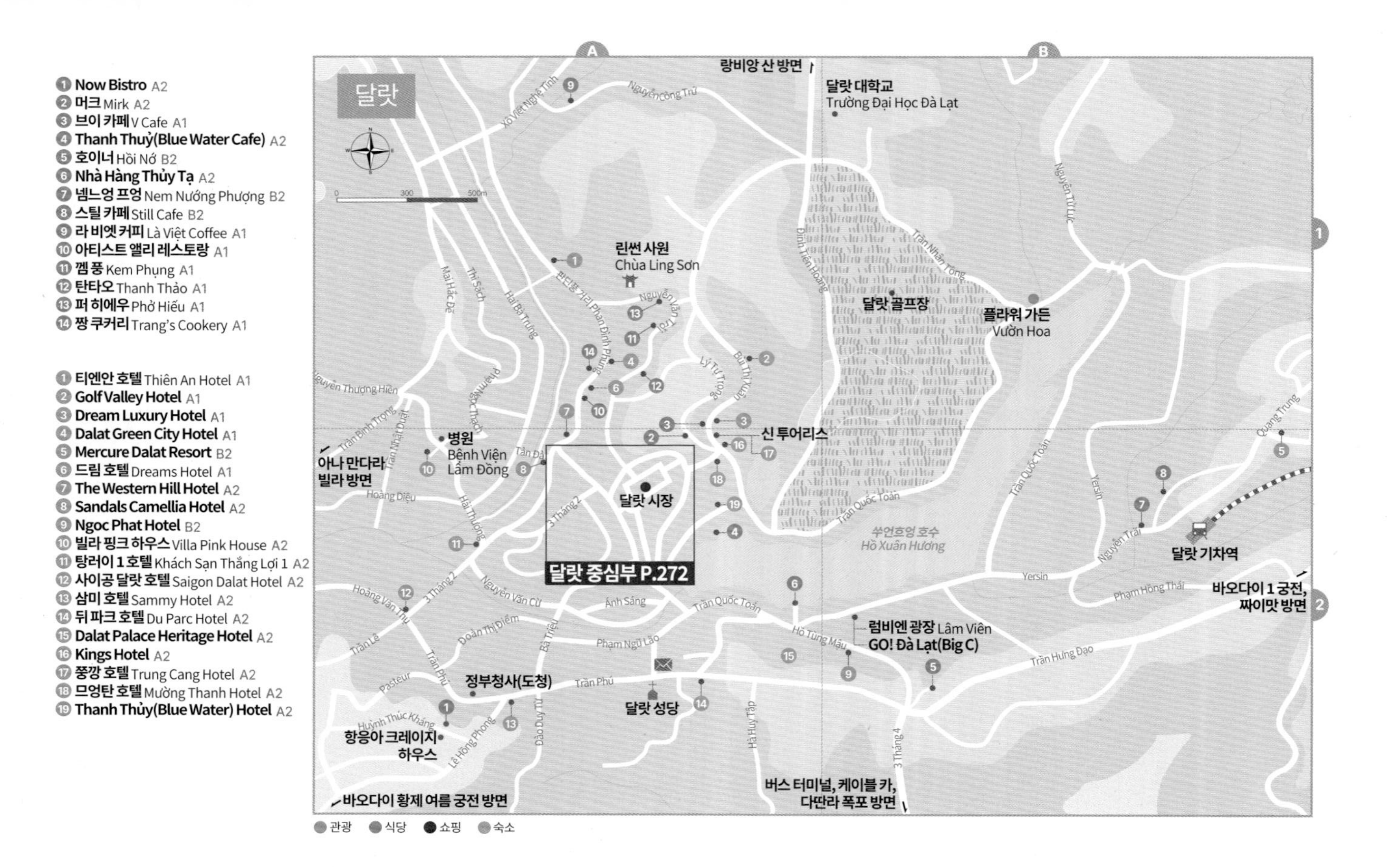

1 Now Bistro A2
2 머크 Mirk A2
3 브이 카페 V Cafe A1
4 Thanh Thuỷ(Blue Water Cafe) A2
5 호이너 Hồi Nớ B2
6 Nhà Hàng Thủy Tạ A2
7 넴느엉 프엉 Nem Nướng Phượng B2
8 스틸 카페 Still Cafe B2
9 라 비엣 커피 Là Việt Coffee A1
10 아티스트 앨리 레스토랑 A1
11 껨 풍 Kem Phụng A1
12 탄타오 Thanh Thảo A1
13 퍼 히에우 Phở Hiếu A1
14 짱 쿠커리 Trang's Cookery A1
1 티엔안 호텔 Thiên An Hotel A1
2 Golf Valley Hotel A1
3 Dream Luxury Hotel A1
4 Dalat Green City Hotel A1
5 Mercure Dalat Resort B2
6 드림 호텔 Dreams Hotel A1
7 The Western Hill Hotel A2
8 Sandals Camellia Hotel A2
9 Ngoc Phat Hotel B2
10 빌라 핑크 하우스 Villa Pink House A2
11 탕러이 1 호텔 Khách Sạn Thắng Lợi 1 A2
12 사이공 달랏 호텔 Saigon Dalat Hotel A2
13 삼미 호텔 Sammy Hotel A2
14 뒤 파크 호텔 Du Parc Hotel A2
15 Dalat Palace Heritage Hotel A2
16 Kings Hotel A2
17 쭝깡 호텔 Trung Cang Hotel A2
18 므엉탄 호텔 Mường Thanh Hotel A2
19 Thanh Thủy(Blue Water) Hotel A2
달랏
랑비앙 산 방면
달랏 대학교
Trường Đại Học Đà Lạt
린썬 사원
Chùa Ling Sơn
달랏 골프장
플라워 가든
Vườn Hoa
신 투어리스
병원
Bệnh Viện
Lâm Đồng
아나 만다라 빌라 방면
달랏 시장
달랏 중심부 P.272
쑤언흐엉 호수
Hồ Xuân Hương
달랏 기차역
바오다이 1 궁전, 짜이맛 방면
럼비엔 광장 Lâm Viên
GO! Đà Lạt(Big C)
정부청사(도청)
달랏 성당
항응아 크레이지 하우스
바오다이 황제 여름 궁전 방면
버스 터미널, 케이블 카, 다딴라 폭포 방면
관광 식당 쇼핑 숙소

달랏의 볼거리는 유적지나 박물관이 아니라 자연 그 자체다. 선선한 기후를 즐기면 된다. 지대가 높기 때문에 날씨 변화가 심하지만 청명한 날에는 파란 하늘과 구름만으로도 시원함을 선사한다.

Map P.271-B2

쑤언흐엉 호수(春香湖) ★★

Xuan Huong Lake
Hồ Xuân Hương

주소 Trần Quốc Toản **운영** 24시간 **요금** 무료
가는 방법 달랏 시장에서 도보 5분.

달랏 고원 중심부에 자리한 쑤언흐엉 호수는 달랏의 상징적인 존재이다. 1919년에 댐을 건설하면서 만든 초승달 모양의 인공 호수로 총 둘레는 7㎞이다. 베트남의 여류 시인이 호수의 아름다움을 '쑤언흐엉(春香)—봄의 향기' 같다고 노래하면서 붙여진 이름이다. 호수 주변으로 공원과 카페가 많아서 평온한 시간을 보내기 좋다. 호수에서는 보트를 타거나, 웨딩 사진을 촬영하는 현지인들도 눈에 띈다.

달랏의 상징인 쑤언흐엉 호수

Map P.271-A2

달랏 시장

★★★★

Dalat Market
Chợ Đà Lạt

주소 Đường Nguyễn Thị Minh Khai **운영** 매일 06:00~20:00 **요금** 무료 **가는 방법** 시내 중심가에 있다. 호아빈 광장에서 계단이 연결된다.

달랏 시내 중심가에 있는 상설 시장이다. 1,000여 개의 상점이 들어선 달랏 시장은 현지인들의 삶을 가까이서 지켜보기 좋은 장소다. 생활에 필요한 물건과 식료품은 물론 달랏에서 재배한 다양한 채소와 꽃, 과일, 와인을 판매한다. 기념품과 저렴한 겨울옷도 구입할 수 있다. 달랏의 선선한 기후 덕분에 시장 주변에는 딸기, 감, 고구마, 아보카도, 아티초크 Artichoke(베트남어로 '아띠쏘 Atiso'라고 부른다)를 판매하는 상인들이 흔하게 보인다.

저녁이 되면 시장 주변에 노점이 가득하다

아티초크

아보카도

달랏의 이정표 역할을 하는 달랏 시장

Map P.271-A2

달랏 성당

★★★

Dalat Cathedral
Nhà Thờ Chính Tòa Đà Lạt

주소 Đường Trần Phú **전화** 0263-3821-421 **요금** 무료 **가는 방법** 쩐푸 거리에 있는 중앙 우체국에서 100m 떨어져 있다.

베트남 중부 고원에서 가장 큰 가톨릭 성당이다. 달랏에 거주하는 프랑스 사람들의 종교 행사를 위해 1931년부터 1942년에 걸쳐 건설되었다. 프랑스 식민통치 막바지에 건설해 완공하기까지 시간이 오래 걸렸다. 전형적인 고딕 양식으로 성당의 정면을 장식한 47m 높이의 스티플(성당 정면을 장식한 첨탑)이 눈길을 끈다. 성당 내부에는 프랑스에서 직접 만들어 온 스테인드글라스 장식이 남아 있다. 미사는 평일 2회(05:15, 17:10), 토요일 1회(17:15), 일요일 5회(05:15, 07:15, 08:30, 16:00, 18:00) 열린다.

달랏 성당

Map P.271-A2

항응아 크레이지 하우스 ★★★

Hang Nga Crazy House
Biệt Thự Hằng Nga

주소 3 Huỳnh Thúc Kháng **전화** 0263-3822-070 **홈페이지** www.crazyhouse.vn **운영** 매일 08:30~17:00 **요금** 8만 VND **가는 방법** 쩐푸 거리에 있는 삼미 호텔 Sammy Hotel 앞 삼거리에서 레홍퐁 Lê Hồng Phong 거리 방향으로 150m 올라간다. 후인툭캉 Huỳnh Thúc Kháng 거리와 만나는 삼거리에 있다.

베트남의 가우디를 표방하는 건축가 당비엣응아 Đặng Việt Nga가 만든 갤러리를 겸한 호텔이다. 1940년에 태어나 옛 소련 모스크바 대학교에서 건축학을 공부하고 돌아와 1990년부터 건설한 건물이다. 콘크리트를 이용해 만든 비현실적인 건물 모양새가 독특하여 '크레이지 하우스'라고 불린다. 전체적으로 나무 모양을 형상화했으며, 방마다 다른 콘셉트로 꾸몄다. 계단과 사다리, 터널로 방들이 연결되고 방에는 콘크리트로 만든 동물들(캥거루, 호랑이, 곰)을 장식해 다소 엽기적인 느낌도 든다. 잠을 자러 오는 사람보다는 호기심 삼아 찾아오는 관광객이 더 많다.
참고로 당비엣응아는 본인 스스로를 '항응아 Hằng Nga'라고 부르는데, '달의 자매'라는 뜻이다. 베트남의 유명 정치가 집안의 딸인 그녀의 아버지 쯔엉찐 Trường Chinh(본명은 당쑤언쿠 Đặng Xuân Khu, 1907~1988년)은 호찌민과 함께 독립운동을 이끌었던 인물로 베트남 통일 후 공산당 당서기장을 지냈다.

항응아가 건축한 크레이지 하우스

Map P.271-A2

바오다이 황제 여름 궁전 ★★

Bao Dai's Summer Palace
Dinh Bảo Đại(Dinh 3)

주소 1 Triệu Việt Vương **운영** 매일 07:00~11:00, 13:30~16:00 **요금** 6만 VND **가는 방법** 쩐푸 Trần Phú 거리에 있는 삼미 호텔 Sammy Hotel 앞 삼거리에서 레홍퐁 Lê Hồng Phong 거리 방향으로 올라간다. 항응아 크레이지 하우스가 보이면 방향을 틀지 말고 레홍퐁 거리를 따라 800m 더 올라가면 찌에우비엣브엉 Triệu Việt Vương 거리에 있다.

응우옌 왕조의 마지막 황제였던 바오다이 황제 Bảo Đại(재위 1926~1945년, P.394)의 여름 궁전이다. 바오다이 황제가 달랏에 건설한 세 번째 궁전이라 바오다이 3 궁전으로 불리기도 한다. 1933년에 건설한 아트 데코 양식의 빌라 건물이다. 모두 25개의 방으로 이루어졌다. 1층에는 황제가 사용하던 집무실과 응접실이 있고, 2층에는 연회실, 침실, 다이닝 룸과 왕비와 왕자들의 침실이 있다. 궁전 내부를 관람하려면 입구에 비치된 덧양말을 신어야 한다. 황제 복장을 입고 기념사진을 촬영할 수도 있다.

바오다이 황제 사진

바오다이 황제 여름 궁전

Map P.271-B2

달랏 기차역 ★★★★

Da Lat Railway Station(Crémaillère Railway Station) | Ga Đà Lạt

주소 1 Quang Trung **전화** 091-5388-667 **운영** 매일 06:30~17:00 **요금** 5만 VND **가는 방법** 쑤언흐엉 호수 북동쪽의 꽝쭝 Quang Trung 거리와 응우옌짜이 Nguyễn Trãi 거리가 만나는 교차로에 있다.

아트 데코 양식의 달랏 기차역

프랑스 통치 시절인 1938년에 건설된 기차역이다. 콜로니얼 양식을 가미한 아트 데코 양식의 건물로 베트남에서 가장 아름다운 기차역으로 평가받고 있다. 베트남 정부에서 국가 문화유산으로 지정해 보호하고 있으며, 스테인드글라스 창문과 티켓 판매 창구를 포함한 기차역 전체가 잘 보존되어 있다. 기차역 내부에는 오래된 증기 기관차가 남아 있다.

달랏 역을 오가던 기차는 1964년까지 운행되었으나 베트남 전쟁 동안 비엣꽁(베트콩)의 공격을 받아 철도가 파괴된 이후에는 운행이 중단되었다. 현재는 8㎞ 떨어진 짜이맛 Trại Mát 역까지만 관광열차를 운행하고 있다. 짜이맛 역에서 40분 정도 시간이 주어지는데, 린프억 사원(靈福寺) Chùa Linh Phước(P.278)을 둘러보면 된다.

달랏 역에서 출발하는 관광 열차

관광열차는 하루 7회(07:50, 09:55, 12:00, 14:05, 16:10, 18:15, 20:20) 왕복 운행된다. 왕복 요금은 13만 VND(VIP석 15만 VND)이다. 종점인 짜이맛까지 약 30분 정도 소요된다. 승차 인원이 15명 이하일 경우 기차 운행이 취소된다. 기차 시간은 종종 변경되므로 미리 확인해 두는 게 좋다.

Travel Plus+

탑참-달랏 철도
Thap Cham-Da Lat Railway(Đường Sắt Tháp Chàm-Đà Lạt)

달랏을 이해하려면 먼저 힐 스테이션 Hill Station을 알아야 합니다. 아시아에 식민지를 건설한 유럽 제국들은 혹독한 더위를 견뎌내기 힘들었답니다. 그래서 더위를 피할 수 있고 공기도 깨끗한 고원을 찾아 피서지 개념의 도시를 건설하게 됩니다. 일부 도시들 중에는 여름 동안 수도 역할을 할 수 있도록 정치·행정 도시 기능을 함께 갖춘 곳도 있습니다. 이런 도시들을 힐 스테이션(원래는 구릉지대에 만든 정부군의 피서용 주둔지를 의미한다)이라고 부릅니다.

베트남을 점령한 프랑스는 코친차이나의 수도인 사이공 주변에 힐 스테이션을 건설할 만한 마땅한 곳이 없었기 때문에 중부 고원인 달랏을 개발하게 된 것입니다. 달랏의 개발과 더불어 달랏을 드나들 수 있는 빠른 교통편이 절실하게 필요했는데, 이에 대한 대안으로 철도를 건설하게 됩니다. 하지만 중부 고원의 산악지역을 관통해야 했기 때문에 철도 건설에는 많은 어려움이 따랐습니다. 스웨덴에서 철도 건설 전문가를 초빙해 철도를 건설했다고 합니다. 5개의 터널을 만들었고 급경사 지역을 기차가 오르내리는 동안 미끄럼을 방지하기 위해 지그재그 철도와 톱니바퀴식 철도가 놓이게 됩니다. 덕분에 84㎞ 구간의 철도를 건설하는 데 무려 30년이 걸렸다고 합니다. 철도는 해발 32m의 판랑 Phan Rang 역을 출발해 해발 1,514m인 짬한 Tram Hanh 역과 해발 1,550m에 있는 짜이맛 Trại Mát 역을 지납니다. 1903년부터 공사를 시작해 1932년에 완공되었으며 베트남 전쟁 이후 철도가 파괴되어 열차 운행이 중단되었죠.

Map P.271-B2

바오다이 1 궁전(현재 공사 중) ★★☆
Bao Dai 1 Palace
Dinh 1 Bảo Đại

Map P.271-B2 **주소** Trần Quang Diệu, Đà Lạt **운영** 07:00~17:00 **요금** 9만 VND(아동 5만 VND) **가는 방법** 시내 중심가에서 동쪽으로 4㎞ 떨어져 있다. 훙브엉 거리 Hùng Vương에서 연결되는 쩐 꽝지에우 거리 Trần Quang Diệu 끝까지 들어가면 된다. 입구에 King Palace Dinh 1 Đà Lạt이라고 적혀 있다.

베트남의 마지막 황제였던 바오다이 황제가 사용했던 궁전 중의 한 곳이다. 1929에 건설한 콜로니얼 양식의 건축물로 해발 1,500m의 소나무 가득한 언덕에 위치해 경치가 좋다. 2층의 건물은 12개의 방으로 이루어져 있는데 접견실, 집무실, 왕과 왕비의 침실 등 그 면면을 엿볼 수 있다. 당시 역사를 보여주는 흑백 사진도 관광객들의 이해를 돕는다. 내부는 덧신을 신고 들어가야 하며 본관 뒤쪽으로는 정원과 헬기 착륙장이 있다. 바오다이 황제 여름 궁전(P.274)과 혼동하지 말 것.

바오다이 1 궁전

달랏 주변 볼거리

달랏 주변에도 수려한 자연경관이 가득하다. 아름다운 자연과 어우러진 사원과 공원, 유원지가 많다. 단체 투어에 참여하거나 '이지 라이더'와 함께 오토바이를 타고 여행하는 게 효율적이다.

다딴라 폭포 ★★★
Datanla Falls
Thác Đatanla

주소 Đường 3 Tháng 4, Quốc Lộ 20 **전화** 0263-3831-804 **운영** 매일 07:30~16:30 **요금** 8만 VND **가는 방법** 달랏 시내에서 20번 국도를 따라 남쪽으로 7㎞ 떨어져 있다. 달랏 시내에서 그랩을 이용할 경우 8만~11만 VND 정도 예상하면 된다.

달랏 시내에서 비교적 가까운 곳에 있는 폭포다. 다딴라는 코호족 언어인 '다땀냐 Da Tam Nha'에서 온 것으로 '물잎'이라는 뜻이다. 소나무 숲으로 둘러싸인 폭포는 2단으로 구분되며 총 길이는 350m이다. 폭포 입구에서 15분 정도 걸어 내려가면 폭포가 나온다. 관광객을 위한 레일바이크(롤러코스터)가 운행된다. 새로이 만든 알파인 코스터 3 코스 Alpine Coaster 3(왕복 요금 25만 VND)는 2,400m 길이를 시속 10~20㎞로 내려가기 때문에 스릴을 느낄 수 있다. 기존에 운영되던 알파인 코스터 1코스는 편도 11만 VND, 왕복 13만 VND이다.

다딴라 폭포

쭉럼 선원(竹林禪院) ★★★

Truc Lam Pagoda
Thiền Viện Trúc Lâm

주소 Đường Trúc Lâm Yên Tử **전화** 0263-351-0612 **운영** 매일 06:00~18:00 **요금** 무료 **가는 방법** 달랏에서 남쪽으로 6㎞ 떨어져 있다. 오토바이를 이용할 경우 다딴라 폭포 인근의 삼거리에서 우회전해 2㎞를 더 가면 된다. 달랏 버스 터미널 남쪽에서 쭉럼 선원까지 직선거리로 2.3㎞를 케이블카가 왕복한다.

쭉럼 선원 아래로 보이는 뚜옌람 호수

산사 분위기를 풍기는 쭉럼 선원

1993년에 건설된 사원이지만 달랏 일대에서 가장 큰 규모를 자랑한다. 베트남 최대의 선원(禪院)으로 100여 명의 승려가 수행 중이다. 해발 1,300m의 산 위에 있어 명상적인 느낌의 산사(山寺) 분위기를 풍긴다. 대웅전과 종루, 동종과 정원도 볼 만하다. 사원 주변으로 경관이 수려한데, 특히 사원 아래로 보이는 뚜옌람 호수(宣林湖) Tuyen Lam Lake(Hồ Tuyền Lâm)와 어우러진 풍경이 아름답다. 사원에서 호수까지 길이 연결되며, 호수에서는 보트 유람이 가능하다. 종교적인 공간이므로 반바지나 노출이 심한 옷을 입으면 출입이 제한된다.

쭉럼 선원까지는 케이블카가 운영된다. 산 길을 돌아가는 것보다 빠르고 풍경도 감상할 수 있다. 케이블카 타는 곳은 달랏 버스 터미널과 가깝다. 버스 터미널을 지나자마자 왼쪽으로 '깝쩨오 달랏 Cáp Treo Đà Lạt'이라고 안내판이 세워져 있다. 케이블카는 오전 7시~11시 30분, 오후 1시 30분~4시 30분까지 운행된다. 편도 요금은 12만 VND, 왕복 요금은 15만 VND이다.

Travel Plus+ 유쾌한 아저씨, 이지 라이더 Easy Rider

오토바이를 이용해 가이드를 해주는 아저씨들에게 '이지 라이더'라는 별명이 생겼습니다. 정겨운 영어를 구사하는 유쾌한 아저씨들로 구성된 이지 라이더는 일정한 여행사에 소속되어 있습니다. 유니폼을 입고 있으며 신원이 확인되기 때문에 길거리에서 만나는 정체불명의 쎄옴(오토바이 택시) 아저씨들에 비해 안전합니다. 달랏은 물론 중부 산악 고원 지대를 여행할 수 있는 든든한 오토바이는 기본입니다. 정해진 투어 프로그램에 따라 움직이지만 개인적인 취향에 따라 얼마든지 변경이 가능합니다. 요금은 단체로 움직이는 1일 투어에 비해 비싸며, 달랏 주변 지역을 여행할 경우 거리에 따라 US$25~35입니다.

오리지널 이지 라이더 베트남 **홈페이지** www.vietnameasyridertours.com
이지 라이더 클럽 **홈페이지** www.dalat-easyrider.com.vn
달랏 이지 라이더 **홈페이지** www.dalat-easyrider.com

린프억 사원(靈福寺) ★★★

Linh Phuoc Pagoda
Chùa Linh Phước

주소 120 Tự Phước, Trại Mát **운영** 매일 08:00~17:00 **요금** 무료 **가는 방법** 달랏에서 북동쪽으로 8㎞ 떨어진 짜이맛 Trại Mát에 있다. 달랏 기차역에서 출발하는 관광 열차를 타거나 택시로 다녀오면 된다. 짜이맛 기차역 Trai Mat Station(Ga Trại Mát)에서 400m 떨어져 있다. 관광 열차 출발 시간은 P.275 참고.

짜이맛에 있는 불교 사원이다. 1952년에 건설된 사원으로 1990년에 증축하면서 화려한 사원으로 변모했다. 대웅전은 27m 높이로 겹겹이 지붕과 탑을 쌓아 올렸으며, 도자기와 유리 공예를 이용해 치장을 했기 때문에 화려함이 눈길을 끈다. 대웅전을 받치고 있는 12개의 기둥에는 용을 장식했으며, 내부에는 붓다의 일대기를 기록한 벽화를 그렸다. 대웅전 오른쪽 정원에는 극락정토를 묘사한 미니어처를 조경처럼 꾸며놓았다.
대웅전 앞쪽에는 36m 높이의 7층 석탑을 세웠다. 석탑 내부에는 베트남에서 가장 큰 종(鐘)이 있는데 무게 8.5톤(길이 4.3m, 너비 2.3m)이라고 한다. 석탑 앞으로는 대형 관음보살을 세웠다. 7층 석탑 아래에는 염라대왕의 심판과 지옥의 모습을 형상화한 지하 공간도 있다.

베트남 최대의 종을 보관한
7층 석탑

다프억 까오다이 사원 ★★

Da Phuoc Cao Dai Temple
Thánh Thất Đa Phước

주소 Trại Mát **요금** 무료 **가는 방법** 짜이맛 기차역에서 남동쪽으로 600m 떨어져 있다.

린프억 사원 뒤쪽으로 보이는 산 중턱에 있는 사원이다. 달랏에 있는 까오다이교 사원이란 의미로 탄텃 달랏 Thánh Thất Đà Lạt이라고 불리기도 한다. 까오다이교(高台道) Đạo Cao Đài는 베트남 남부에서 흥했던 종교로서 산악 지역에 설립된 사원이라 이채롭다.

대웅전 뒤쪽으로 다프억 까오다이 사원이 보인다

린프억 사원

다프억 까오다이 사원이 최초로 건설된 것은 1938년이다. 가톨릭 선교사들이 그러했던 것처럼 까오다이교도 달랏 지방까지 선교사를 보내 신흥 종교(까오다이교는 1926년에 태동했다)를 전파했다고 한다. 베트남이 공산화되기 전인 1975년에는 이곳에 6,500명의 신자가 있었다고 전해진다. 현재의 모습은 2010년 7월에 완공된 것으로 두 개의 첨탑으로 이루어진 건축 양식은 다른 까오다이 사원과 동일하다. 5층 누각의 첨탑은 높이 18m다. 까오다이교에 관한 내용은 P.128 참고.

다프억 까오다이 사원

랑비앙 산 입구

랑비앙산 정상에서 바라 본 풍경

달랏을 감싸고 있는 랑비앙 산

짜이맛 주변 풍경

랑비앙 산 ★★★★
Lang Biang Mountain
Núi Lang Biang

주소 Huyện Lạc Dương **전화** 0263-3839-088 **요금** 5만 VND **가는 방법** 달랏↔락즈엉 Lạc Dương 노선의 버스가 랑비앙 산 입구까지 운행된다. 붉은 색의 푸타 버스라인 FUTA Busline(프엉짱 버스에서 운영한다) 버스가 운행된다. 호아빈 광장(쿠 호아빈 Khu Hòa Bình) 뒤쪽에 있는 버스 정류장(Map P.272)에서 버스를 기다리면 된다. 약 1시간 간격으로 출발하며 편도 요금은 2만 VND이다. 돌아오는 막차는 오후 5시 경에 있다. 오후에 출발할 경우 버스 시간을 반드시 확인해 놓을 것. 참고로 시내버스 정류장에 모든 버스들이 들어왔다 돌아나가기 때문에 반드시 목적지를 확인하고 타야한다. 택시를 탈 경우 15만 VND 정도 예상하면 된다.

달랏 일대에서 가장 높은 산으로 달랏 시내 뒤편에 병풍처럼 서 있는 산이다. 화산 폭발로 인해 형성된 다섯 개의 봉우리로 이루어졌다. 두 개의 봉우리가 다른 곳보다 높으며, 최고 해발고도는 2,167m이다. 두 개의 봉우리는 동쪽에 있는 것이 여성인 '랑', 서쪽에 있는 것이 남성인 '비앙'으로 서로 사랑하던 연인 사이라고 한다. 적대적인 관계였던 두 소수민족끼리 사랑에 빠졌기 때문에 사랑을 이루지 못하고 죽음을 맞이했다는 전설이 전해진다.
매표소에서 정상까지 걸어간다면 3~4시간 정도 예상하면 된다. 트레킹이 목적이 아니라면 매표소 앞에서 출발하는 지프차를 이용하면 편리하다. 해발 1,950m까지 차를 타고 올라갈 수 있다. 지프차는 6명 탑승 기준으로 왕복 요금 72만 VND(1인 합승 요금 12만 VND)을 받는다. 참고로 랑비앙 산 초입에는 소수민족 마을인 랏 마을 Lat Village이 있다. 달랏이란 지명의 어원이 된 '랏'족을 포함해 4개 소수민족 6,000여 명이 생활하고 있다.

Activity

달랏의 즐길 거리

달랏에서 가장 인기 있는 액티비티는 캐니어닝(캐녀닝) Canyoning이다. 캐니언(협곡) canyon에 ing를 합성한 캐니어닝은 밧줄을 이용해 암벽을 하강하는 '앱자일링 Abseiling(현수 하강 또는 라펠 하강이라고 불린다)'을 응용한 투어다.
캐니어닝의 특징은 협곡으로 떨어지는 폭포에서 암벽 하강을 체험할 수 있다는 것이다. 15~18m 높이의 일반 암벽에서 기초를 배우고, 마지막으로 15~25m 높이의 폭포에서 앱자일링을 하게 된다. 11m 높이의 폭포에서 점프하기(다이빙)와 폭포수를 따라 미끄럼타기(슬라이딩)도 포함된다.
1일 투어는 일반적으로 2회 일반 하강+1회 폭포 하강으로 이루어진다. 초보자도 누구나 참여할 수 있는데, 기본적인 안전 수칙을 교육 받아야한다. 투어 요금(점심 식사 포함)은 인원과 코스에 따라 달라진다. 일반적인 투어는 US$50 정도, 전문적인 하강을 배울 경우 US$70~85까지 인상되기도 한다. 투어 예약은 여행사뿐만 아니라 숙소에서도 가능하다.

폭포와 암벽타기를 즐길 수 있는 캐니어닝

Restaurant

달랏의 레스토랑

사람들이 많이 모이는 호아빈 광장 주변과 판딘풍 거리에 레스토랑이 많다. 달랏에서 직접 재배된 채소와 과일을 이용한 음식이 많고, 날씨 덕분인지 전골 요리도 인기가 높다.

퍼 히에우 Phở Hiếu ★★★☆

Map P.271-A1 주소 103 Nguyễn Văn Trỗi **전화** 0971-257-848 **영업** 06:00~20:00 **메뉴** 영어, 한국어, 베트남어 **예산** 5만~9만 VND **가는 방법** 린썬 싸원 입구 맞은편. 응우옌반쪼이 거리 103번지에 있다.

1979년부터 영업 중인 쌀국수 식당. 현지인들이 즐겨 찾는 곳으로 '퍼 보'(소고기 쌀국수)를 전문으로 한다. 테이블이 몇 개 없는 작은 식당이지만 인기가 많아서 도로에도 테이블이 놓여 있다. 큰 그릇 Tô Lớn과 작은 그릇 Tô Nhỏ으로 구분해 주문하면 된다. 뚝배기 쌀국수(돌솥에 제공되는 스페셜 쌀국수) '퍼밧다' Phở Bát Đá도 있다. '나 혼자 산다'에 등장하면서 한국어 메뉴판까지 구비되어 있다.

야시장(쩌 뎀 달랏) Chợ Đêm Đà Lạt ★★★

Map P.272 주소 Đường Nguyễn Thị Minh Khai **영업** 16:00~22:00 **메뉴** 베트남어 **예산** 7만~10만 VND **가는 방법** 달랏 시장 앞쪽에 있는 TTC 호텔 주변에 형성된다.

달랏 시장 앞의 도로에 형성되는 노점 형태의 레스토랑이다. 일종의 야시장으로 오후 늦게부터 문을 연다. 밥과 쌀국수 식당을 기본으로 러우(전골 요리)와 해산물 바비큐 식당까지 음식이 다양하다. 시장 앞 로터리와 시장 옆 계단에도 노점이 들어서 활기 넘친다.

탄타오 Thanh Thảo(Kem Bơ Thanh Thảo) ★★★

Map P.271-A1 주소 76 Nguyễn Văn Trỗi **영업** 07:00~22:00 **메뉴** 베트남어 **예산** 2만~4만 VND **가는 방법** 응우옌반쪼이 거리 76번지에 있다.

달랏에서 인기 있는 디저트 전문점이다. 오토바이를 몰고 찾아온 현지인들로 항상 북적댄다. 아보카도 아이스크림(껨 버)이 유명해 껨 버 탄타오 Kem Bơ Thanh Thảo라고 불리기도 한다. 베트남식 빙수인 쩨 Chè, 캐러멜 푸딩인 반프란 Bánh Flan 같은 저렴한 디저트를 함께 곁들여도 좋다. 조금 더 깔끔한 매장을 원한다면 같은 거리에 있는 켐 풍 Kem Phụng(Map P.271-A1, 주소 97A Nguyễn Văn Trỗi, 예산 3만~4만 VND)을 추천한다.

안 카페 An Cafe ★★★☆

Map P.272 주소 63 Đường 3 Tháng 2 **전화** 097-5735-521 **홈페이지** www.ancafe.vn **영업** 07:00~22:00 **예산** 커피 4만~6만 VND, 식사 9만~16만 VND **가는 방법** 호아빈 광장에서 바탕하이 거리 Đường 3 Tháng 2 방향으로 400m.

테라스 형태의 카페로 원목과 화분을 이용해 예쁘게 꾸며 사진 찍기도 좋다. 경사진 길 위에 있어 도로 풍경을 감상하며 커피를 마실 수 있다. 스프링 롤, 갈릭 브레드, 샐러드, 쌀국수, 볶음밥 같은 간단한 식사도 가능하다. 관광객에게 알려지면서 외국인도 많이 찾아온다.

라 비엣 커피 Là Việt Coffee ★★★★

Map P.271-A1 주소 200 Nguyễn Công Trứ **전화** 0263-3981-189, 096-6592-942 **홈페이지** www.facebook.com/coffeelaviet **영업** 08:00~ 21:30 **메뉴** 영어, 베트남어 **예산** 커피 5만~7만 VND, 식사 9만~22만 VND **가는 방법** 시내에서 조금 떨어진 응우옌꽁쯔 거리 200번지에 있다.

베트남에서 커피 산지로 유명한 달랏 분위기를 제대로 느낄 수 있는 카페. 겉에서 보면 공장처럼 생겼는데 실제로 커피 공장의 일부를 카페로 사용한다. 직접 재배한 원두를 로스팅하며, 다양한 추출 방식(에스프레소, 핸드 드립, 프렌치 프레스, 사이폰, 콜드 브루)으로 커피를 내려준다. 실내가 여유롭고 직원들이 친절하며 커피 맛도 좋고 저렴하다. 공장 한편에서는 직원들이 커피 생두를 고르고 있고, 투어에 참여한 사람들이 커피에 대한 수업을 듣는다.

머크 Mirk ★★★★

Map P.271-A2 주소 7 Lý Tự Trọng **전화** 0398-938-949 **영업** 08:15~21:30 **메뉴** 영어, 베트남어 **예산** 4만~7만 VND **가는 방법** 리뜨쫑 거리 7번지에 있다.

달랏 시내 중심가에서 멀지 않지만 한적한 뒷골목에 있다. 철판이 계단처럼 깔려 있는 진입로와 살짝 틈이 벌어져 있는 입구를 들어서면 숨겨진 정원처럼 꾸며진 아담한 카페가 나온다. 힙한 감성이 가득한 카페로 어둑하면서도 레트로한 분위기다. 시멘트 바닥에 철제 테이블이 듬성듬성 놓여 있다. 에스프레소, 아메리카노, 콜드브루, 라테, 박씨우, 아포가토까지 다양한 커피를 맛 볼 수 있다. 추천 메뉴는 머스트 트라이 Must Try라고 적혀있다.

리엔호아 Lien Hoa ★★★

Map P.272 주소 15~19 Đường 3 Tháng 2 **전화** 0263-3837-303 **영업** 매일 08:00~21:00 **메뉴** 영어, 베트남어 **예산** 4만~10만 VND **가는 방법** 바탕하이 거리 Đường 3 Tháng 2(Đường 3/2)에 있는 튤립 호텔 맞은편에 있다.

달랏에서 유명한 베이커리 겸 레스토랑이다. 1층은 베이커리, 2층은 레스토랑으로 운영된다. 베이커리에서 직접 만드는 반미(바게트 샌드위치) Bánh Mì가 유명해 항상 현지인들도 북적댄다. 퍼(쌀국수) Phở, 빗뗏(소고기 스테이크) Bít Tết, 보네(소고기 철판구이) Bò Né, 러우(전골 요리) Lẩu까지 다양한 베트남 음식을 함께 요리한다. 비싸지 않은 가격에 무난하게 음식을 즐길 수 있다.

껌떰 싸비쯔엉 Cơm Tấm Sà Bì Chưởng ★★★☆

Map P.272 주소 1F, Nam Kỳ Khởi Nghĩa **홈페이지** www.facebook.com/SaBiChuong byBrothers **영업** 08:00~20:00 **메뉴** 영어, 베트남 **예산** 7만 5,000~10만 VND **가는 방법** 남끼코이응이아 거리에 있는 서울 식당 Seoul과 같은 건물 2층에 있다.

껌떰 Cơm Tấm은 과거 상품성이 없는 부서진 쌀로 밥을 만들어 반찬과 함께 먹던 것에서 유래했다. 영어로 브로큰 라이스 Broken Rice라고 쓰는 것도 이런 이유에서다. 남부 지방에 즐겨 먹는 음식인데, 양념 돼지고기구이를 올린 껌쓰언 Cơm Sườn이 가장 유명하다. 간단하게 식사하기 좋은 곳으로 베트남 음식이지만 한국인에게도 익숙한 맛이다.

넴느엉 프엉 Nem Nướng Phượng ★★★☆

Map P.271-B2 주소 23A Nguyễn Trãi **홈페이지** www.nemnuongphuong.com **영업** 10:00~21:00 **메뉴** 베트남어 **예산** 6만 VND **가는 방법** 달랏 기차역 앞쪽의 응우옌짜이 거리 23번지에 있다.

간판에서 알 수 있는 넴느엉 식당이다. 로컬 식당이지만 3층 건물로 규모가 크다. 넴느엉은 다진 돼지고기를 소시지처럼 길쭉하게 만들어 꼬치에 꽂아 숯불에 구운 음식이다. 라이스페이퍼와 각종 채소를 함께 싸서 소스에 찍어 먹으면 된다. 장사가 잘 되는 식당답게 입구에서 넴느엉을 연신 굽느라 바쁘다. 메뉴는 넴느엉 딱 한 가지. 1인분씩 시키면 된다. 한국 관광객도 많이 찾는 곳으로 기차역 주변에서 식사하기 좋은 곳이다. 시내 중심가와 가까운 응우옌반끄 거리에 2호점(주소 13 Nguyễn Văn Cừ)을 운영한다.

곡하탄 Góc Hà Thành ★★★☆

Map P.272 주소 53 Trương Công Định **전화** 0263-3553-369 **영업** 11:00~21:30 **메뉴** 영어, 베트남어 **예산** 11만~20만 VND **가는 방법** 호아빈 광장에서 연결되는 쯔엉꽁딘 거리 53번지에 있다.

여행자 숙소가 몰려 있는 도로변에 있는 아담한 레스토랑이다. 대나무를 이용해 테이블과 의자를 만들어 깔끔한 느낌을 준다. 쌀국수, 샌드위치, 스프링 롤, 볶음밥, 볶음 국수를 기본으로 넴느엉 Nem Nướng, 코코넛 카레 Coconut Curry, 뚝배기 요리 Clay Pot까지 다양하다. 영어가 잘 통하고 음식 맛이 외국인 입맛에 무난하다.

아티스트 앨리 레스토랑 Artist Alley Restaurant ★★★☆

Map P.271-A1 주소 124/1 Phan Đình Phùng **전화** 0941-662-207 **홈페이지** www.facebook.com/painterbien **영업** 11:00~23:00 **메뉴** 영어, 베트남어 **예산** 12만~24만 VND **가는 방법** 민응우옌 2 호텔 Minh Nguyên 2 Hotel을 바라보고 오른쪽, 판딘풍 거리 124번지 골목 안쪽에 있다.

베트남 화가인 보찐비엔 Võ Trịnh Biện이 운영한다. 화가가 운영하는 곳이라 갤러리처럼 그림이 걸려 있다. 베트남 음식을 메인으로 요리하지만 스테이크 같은 서양 음식도 판매하고 있다. 저녁에는 잔잔한 기타 음악을 라이브로 연주한다. 여러 차례 이전했지만 외국 관광객에게 여전히 인기 있는 레스토랑이다.

자뀌 Dã Quỳ ★★★☆

Map P.272 주소 119 Phan Đình Phùng **전화** 0263-3510-883 **홈페이지** www.facebook.com/QuanboneDaQuy **영업** 08:00~22:00 **메뉴** 영어, 베트남어 **예산** 8만~18만 VND **가는 방법** 판딘풍 거리에 있는 윈드밀(카페) 옆에 있다.

곡하탄과 더불어 관광객에게 인기 있는 베트남 레스토랑이다. 뚝배기에 요리한 조림이 유명하며, 쌀쌀할 때는 전골 요리도 괜찮다. 모닝글로리 볶음, 스프링롤, 볶음밥 같은 기본 요리도 충실하다. 인기 메뉴로는 보네 Bò Né(베트남식 철판 소고기 스테이크)와 반미짜오 Bánh Mì Chảo(팬에 요리한 소고기, 소시지, 달걀프라이)가 있다.

달랏포 Tiệm Ăn Đà Lạt Phố ★★★☆

Map P.272 주소 38 Tăng Bạt Hổ **전화** 0327-606-839 **홈페이지** www.vietchallenge.com/restaurant **영업** 09:30~21:30 **메뉴** 영어, 베트남어 **예산** 8만~12만 VND **가는 방법** 땅밧호 거리 38번지에 있다. 달랏 시장에서 350m 떨어져 있다.

대중적인 베트남 음식 Street Food in Vietnam을 요리하는 레스토랑이다. 간판과 달리 노점이 아니라 아담한 복층 건물로 청결하다. 분짜 Bún Chả, 넴느엉 Nem Nướng, 반미짜오(팬에 요리한 소고기, 소시지, 달걀프라이) Bánh Mì Chảo, 반미씨우마이(바게트+돼지고기 미트 볼) Bánh Mì Xíu Mại까지 부담 없이 즐길 수 있는 음식이 많다.

호이너(띠엠껌 호이너) Tiệm Cơm Hồi Nớ ★★★☆

Map P.271-B2 주소 4 Trần Hưng Đạo **전화** 0979-189-199 **홈페이지** www.facebook.com/TiemComHoiNo **영업** 09:30~16:00 **메뉴** 베트남어 **예산** 1인 세트 5만 5,000 VND **가는 방법** 호수 남쪽의 쩐흥다오 거리 4번지 골목 안쪽에 있다. 고 달랏(마트)에서 500m 떨어져 있다.

밥집(띠엠껌 Tiệm Cơm)이라는 상호에서 알 수 있듯 베트남 가정식 요리는 맛 볼 수 있는 곳이다. 식료품점을 재현해 놓았고, 재봉틀, TV, 라디오 등을 이용해 복고풍으로 꾸몄다. 채소·두부요리, 달걀부침, 볶음 요리, 국(찌개), 뚝배기 조림 등으로 조합한 베트남식 백반을 제공해 준다. 관광객보다는 현지인들이 즐겨 찾는다. 식사시간이면 항상 붐빈다. 점심시간이 지나면 문을 닫는다.

짱 쿠커리 Trang's Cookery Restaurant ★★★☆

Map P.272 주소 211 Phan Đình Phùng **전화** 0972-897-227 **영업** 08:00~21:30 **메뉴** 영어 **예산** 14만~34만 VND(+10% Tax) **가는 방법** 판딘풍 거리 211번지에 있다. 꽁 카페에서 200m 떨어져 있다.

외국 여행자에게 인기 있는 브런치 카페를 겸한 레스토랑이다. 화이트 톤으로 깔끔하게 꾸몄다. 에어컨 시설로 실내 금연이다. 에그 베네딕트, 팬케이크, 버거, 파스타, 라자냐, 피시 & 칩스, 피자, 치킨 카레를 메인으로 요리한다.

프리마베라 Primavera ★★★★

Map P.272 **주소** 54/7 Phan Đình Phùng **전화** 0263-3582-018 **홈페이지** www.primaveradalat.com **영업** 12:00~22:00 **휴무** 월요일 **메뉴** 영어, 이탈리아어 **예산** 26만~68만 VND(+5% Tax) **가는 방법** 판딘풍 거리 54번지 골목을 따라 올라가면 된다.

이탈리아 사람이 운영하는 이탈리아 음식점이다. 골목 안쪽에 있는 아담한 레스토랑으로 이탈리아 가정식을 즐길 수 있다. 1층은 치즈와 수제 햄을 포함한 식료품을 판매하고, 2층에는 발코니를 포함해 테이블이 있다. 직접 만든 스파게티 면을 이용한 파스타와 화덕 피자, 리조토, 라자냐를 요리한다. 달랏에 머무는 외국인(유럽인)들의 사랑방 같은 역할을 하는 곳으로, 한국 관광객도 제법 찾아온다.

언 더 락 On The Rocks Cocktail Bar ★★★☆

Map P.272 **주소** 69 Trương Công Định **홈페이지** www.ontherocks.vn **영업** 18:30~01:00 **메뉴** 영어, 베트남어 **예산** 칵테일 17만~26만 VND **가는 방법** 쯔엉꽁딘 거리 69번지에 있다.

2021년에 문을 연 칵테일 바로 느긋하게 저녁을 보내기 좋다. 실내는 어둑하지만 모던한 분위기로 달랏의 젊은이들 사이에서는 핫 플레이스로 통한다. 마티니, 진토닉, 마가리타, 피나콜라다, 싱가포르 슬링 같은 클래식한 칵테일 이외에 라벤더나 우롱차를 넣은 독특한 칵테일도 만든다. 개인적인 취향에 따라 칵테일을 제조하고 싶다면 비스포크 칵테일 Bespoke Cocktail을 주문하면 된다. 참고로 실내에서 흡연 가능하다.

Shopping 달랏의 쇼핑

관광객이라면 한번은 들르게 되는 달랏 시장(P.273 참고)이 쇼핑의 중심이 된다. 달랏 시장 앞에 있는 랑팜 스토어 Lang Farm Store(홈페이지 www.langfarmdalat.com)은 달랏 특산품을 정찰제로 판매한다. 제품의 품질도 좋아서 기념품 장만하기 좋다. 아티초크로 만든 차 Artichoke Tea(베트남어로 짜 아띠쏘 Trà Atisô), 달랏 와인, 달랏 커피, 딸기 잼, 자연광에 건조한 과일 등을 판매한다. 달랏 시내에 여러 개의 매장을 운영한다. 식료품과 생필품은 쑤언흐엉 호수 옆에 있는 고 달랏(대형마트) GO! Đà Lạt(Big C Supermarket)을 이용하면 편리하다.

랑팜 스토어

럼비엔 광장에 있는 고 달랏(빅시)

Hotel

관광 도시인 달랏도 호텔들이 많다. 베트남 사람들이 많이 방문하는 곳으로 비슷한 시설의 미니 호텔이 가득하다. 선선한 기후 때문에 에어컨이 없는 호텔도 많다. 고급 호텔들은 난방을 위해 벽난로를 설치했다. 남끼코이응이아 거리 Nam Kỳ Khởi Nghĩa에는 미니 호텔이, 응우옌찌탄 거리 Nguyễn Chí Thanh에는 중급 호텔이 몰려 있다. 뗏(베트남 설날) 연휴와 성수기(6~8월)에는 숙소 요금을 인상한다.

에떼 달랏(에떼 호스텔) ★★★☆
ÉTÉ Dalat

Map P.272 주소 45 Phan Bội Châu **전화** 0263-3822-985 **홈페이지** www.facebook.com/ete.hostel **요금** 도미토리 16만 VND, 더블 50만~75만 VND(선풍기, 개인욕실) **가는 방법** 판보이쩌우 거리 45번지에 있다.

달랏 시장과 가까운 시내 중심가에 있는 여행자 숙소로 도미토리를 운영한다. 하얀색 건물과 객실, 녹색 식물이 어우러져 여성적인 취향이 가득하다. 객실은 시멘트 평상에 매트리스만 놓여 있는 심플한 구조. 도미토리는 공동욕실을 사용한다. 엘리베이터는 없다.

튤립 호텔 Tulip Hotel ★★★☆

Map P.272 주소 26-28 Đường 3 Tháng 2(Ba Tháng Hai) **전화** 0263-3510-995, 0263-3510-996 **홈페이지** www.tuliphotelgroup.com **요금** 더블 US$26~30, 3인실 US$35~40(개인욕실, TV, 냉장고) **가는 방법** 바탕하이 거리 Đường 3 Tháng 2(Đường 3/2)에 있는 리엔호아(레스토랑) 맞은편에 있다. 호아빈 광장에서 도보 3분.

30개 객실을 운영하는 중급 호텔로 시내 중심가에 있다. 주변의 미니 호텔보다 시설이 좋고 객실도 넓다. 객실은 타일이 깔려 있고, 욕실은 샤워 부스가 설치되어 있다. LCD TV, 냉장고, 전기포트, 헤어드라이어 등 기본적인 객실 설비를 갖추고 있다. 달랏의 호텔이 그러하듯 에어컨은 없다. 인접한 곳에 튤립 호텔 2(주소 14 Nguyen Chi Thanh)와 튤립 호텔 3(주소 57-59 Đường 3 Tháng 2)을 함께 운영한다. 세 곳 모두 깔끔하고 위치가 좋아서 인기 있다.

TTC 호텔 TTC Hotel ★★★

Map P.272 주소 4 Nguyễn Thị Minh Khai **전화** 0263-3826-042 **홈페이지** www.dalat.ttchotels.com **요금** 슈피리어 US$55, 딜럭스 US$65 **가는 방법** 달랏 시장 앞의 응우옌티민카이 거리에 있다.

베트남 남부의 주요 도시에서 볼 수 있는 TTC 호텔에서 운영한다. 시내 중심가에 있으며 달랏 시장과 가까워 위치가 편리하다. 3성급 호텔로 베트남 단체 관광객이 즐겨 찾는다. 모두 78개 객실을 운영한다. 수영장은 없다.

TTC 호텔 프리미엄 응옥란 ★★★☆
TTC Hotel Premium Ngoc Lan

Map P.272 주소 42 Nguyễn Chí Thanh **전화** 0263-3838-838 **홈페이지** www.ngoclan.ttchotels.com **요금** 슈피리어 US$75~80, 딜럭스 US$110, 주니어 스위트 US $140 **가는 방법** 쑤언흐엉 호수가 내려다보이는 응우옌찌탄 거리에 있다.

프랑스와 베트남의 느낌을 적절히 조합한 콜로니얼 양식의 대형 호텔이다. TTC 호텔에서 인수하면서 TTC 호텔 프리미엄 응옥란으로 상호가 변경됐다. 목재로 바닥을 장식한 객실, 화사한 색의 인테리어와 모던한 시설이 잘 어울린다. 객실 크기는 36㎡로 넓은 편이다. 시티 뷰보다는 레이크 뷰가 전망이 한결 좋다. 시내 중심가에 위치해 있어 이동이 편리하지만 주변 환경이 소란스럽다. 모두 91개 객실을 운영한다. 수영장은 없다.

호텔 콜린 Hotel Colline ★★★★

Map P.272 주소 10 Phan Bội Châu **전화** 0263-3665-588 **홈페이지** www.hotelcolline.com **요금** 슈피리어 US$80, 딜럭스 US$95, 프리미어 US$105 **가는 방법** 달랏 시장 뒤편의 판보이쩌우 거리 10번지에 있다. 달랏 센터 Dalat Center와 같은 건물, 마이카 콘도텔 Maika Condotel 옆에 있다.

달랏 시장 뒤쪽에 새로 생긴 4성급 호텔이다. 150개 객실을 보유한 대형 호텔로 달랏 중심가에 있어서 위치가 좋다. 객실은 9개 등급으로 구분했는데, 객실의 위치에 따라 방 크기와 전망이 다르다. 아무래도 쑤언흐엉 호수가 내려다보이는 방이 전망이 좋다. 창가 쪽으로 쿠션 베드(윈도우 시트)도 놓여 있다. 슈피리어 룸은 창문이 없으니 참고할 것. 입지가 좋은 만큼 호텔 주변 소음이나 방음 시설이 취약한 것이 단점이다.

뒤 파크 호텔 Du Parc Hotel ★★★☆

Map P.271-A2 주소 7 Trần Phú **전화** 0263-3825-777 **홈페이지** www.dalathotelduparc.com **요금** 스탠더드 US$50~55, 슈피리어 US$65~80 **가는 방법** 쩐푸 거리의 중앙 우체국과 가깝다.

콜로니얼 양식의 호텔이다. 1932년에 프랑스 식민정부에서 건설한 호텔로 1997년에 리노베이션 했다. 호텔 외관과 로비, 오래된 엘리베이터가 호텔의 역사를 고스란히 보여준다. 나무 바닥과 목재 가구를 배치한 객실은 고풍스러운 느낌을 준다. 스탠더드 룸 18㎡, 슈피리어 룸 28㎡로 객실 크기는 작다. 호텔 간판이 머큐어 호텔 Mercure Hotel과 노보텔 Novotel 등으로 여러 차례 바뀌었기 때문에 혼동하기 쉽다.

달랏 팰리스 헤리티지 호텔 Dalat Palace Heritage Hotel ★★★★☆

Map P.271-A2 주소 12 Trần Phú **전화** 0263-3825-444 **홈페이지** www.dalatpalacehotel.com **요금** 슈피리어 US$180~200, 럭셔리 US$220~260 **가는 방법** 뒤 파크 호텔에서 쩐푸 거리를 따라 동쪽으로 200m 떨어져 있다.

1922년에 문을 연 콜로니얼 양식의 호텔로 역사와 전통이 가득하다. 드넓은 정원, 쑤언흐엉 호수가 내려다보이는 빼어난 전망까지 손색없다. 벽난로와 샹들리에, 500여 점의 유화 장식, 앤티크 가구·전화기·램프, 빅토리아 양식의 욕조까지 인도차이나에서 느낄 수 있는 유럽의 향기를 맘껏 누릴 수 있다. 슈피리어 룸은 30㎡로 평범한 크기, 럭셔리 룸은 44㎡로 넓다. 럭셔리 룸은 발코니 유무에 따라 방 값이 달라진다. 테니스 코트와 스파 시설을 운영한다. 고급 호텔임에도 불구하고 수영장이 없다. 현대적인 부티크 호텔을 선호한다면 어울리지 않을 수도 있다. 바오다이 황제의 여름 궁전으로 쓰였기 때문에 '달랏 궁전 Dalat Palace'이라는 애칭을 갖고 있다.

아나 만다라 빌라 Ana Mandara Villas ★★★★★

Map P.271-A2 주소 Đường Lê Lai **전화** 0263-3555-888 **홈페이지** www.anamandara-resort.com **요금** 르 쁘띠 US$140, 빌라 US$155~190, 빌라 스튜디오 US$165~210 **가는 방법** 달랏 중심가에서 서쪽으로 3㎞ 떨어진 레라이 거리에 있다.

달랏에서 가장 좋은 숙소로 손꼽히는 곳이다. 베트남의 주요 해변에 럭셔리 리조트를 운영하는 '아나 만다라'에서 운영한다. 달랏이 개발되던 1920~1930년대에 프랑스 식민정부에서 건설했던 빌라를 그대로 보존해 리조트로 활용했다. 프랑스 관료들이 휴가를 즐기기 위해 만들었기 때문에 다분히 유럽 느낌으로 건축했다. 35에이커(4만 2,000평) 면적의 언덕에 자리한 빌라들은 '힐 스테이션'이란 느낌과 잘 어울린다. 소나무와 정원에 둘러싸인 17채의 독립 빌라는 각기 다른 모습으로 자연 속에서 여유롭게 흩어져 있다. 빌라와 빌라들은 유럽의 골목길처럼 돌담길을 만들었다. 빌라 룸(28㎡ 크기)은 프랑스 인도차이나 총독이 사용하던 건물에 있다. 야외 수영장(달랏에서 최초로 수영장을 만든 호텔이기도하다), 피트니트 센터, 스파, 키즈 클럽, 요리 강습, 요가 강습 등 다양한 부대시설을 운영한다. 리조트의 공식 명칭은 아나 만다라 빌라 달랏 리조트 & 스파 Ana Mandara Villas Dalat Resort & Spa라고 적혀 있다.

베트남 중부

Hội An

호이안

호이안(會安)은 투본 강 Thu Bon River(Sông Thu Bồn)을 끼고 있는 작은 마을이지만, 15세기부터 국제 무역항으로 번성했던 곳이다. 바다의 실크로드를 지나던 아시아와 유럽 상인들이 드나들며 상업과 문화가 교류했다. 특히 중국·일본 상인들이 호이안에 정착하면서 동양적인 색채가 짙게 배어 있다. 목조 가옥이 가득하고, 이끼 낀 기와지붕과 한자 간판도 흔하다. 19세기에 들어서면 다낭으로 무역항을 이전하면서 호이안의 번영은 막을 내렸지만, 200년의 시간은 호이안을 낭만적인 마을로 변모하게 했다. 옛 모습을 그대로 간직한 마을이 고스란히 보존되어 있기 때문이다. 호이안의 올드 타운 전체가 유네스코 세계문화유산으로 지정되면서 가치를 인정받았다.

호이안은 작고 조용하다. 베트남에서 상상하기 힘든 자동차와 오토바이가 없는 거리가 존재한다. 호이안의 삶의 속도는 느리고, 전통·문화·건축·음식은 잘 보존되어 있다. 가옥들은 상점으로 변모해 공예품을 생산해 내고, 가정집을 개조한 레스토랑은 그 자체로 앤티크하다. 해가 지고 거리에 홍등이 밝혀지면 낭만적인 느낌이 최고조에 달한다. 인근에 해변까지 있어 여행지가 갖추어야 할 모든 덕목을 완비했다.

인구 15만 2,160명 | **행정구역** 꽝남 성 Tỉnh Quảng Nam 호이안 시 Thành Phố Hội An | **면적** 61㎢ | **시외국번** 0235

Information 여행에 유용한 정보

은행·환전

개발이 제한된 호이안이긴 하지만 은행 시설은 부족함이 없다. VP 은행, TP 은행, 비엣콤 은행, 사콤 은행, 테크콤 은 행 등 베트남 주요 은행이 지점을 운영 하고 있다.

우체국·병원

우체국 Bưu Điện Hội An은 쩐흥다오 거리에 있다. 우체국 옆에 있는 호이안 병원 Bệnh Viện Đa Khoa Hội An은 영어가 가능한 의사가 있다.

호이안 병원
주소 4 Trần Hưng Đạo
전화 0235-3914-660

투본 강변에 형성된 호이안 올드 타운

여행 시기

맑고 건조한 3~7월이 여행하기 좋다. 덥고 습하지만 8~10월까지도 붐빈다. 8월 말~10월까지는 태풍의 영향을 받는 날이 있고, 11~1월까지는 몬순의 영향으로 흐리고 비가 자주 내린다. 12~1월은 찬 기운이 북쪽에서 내려와 날씨가 쌀쌀하다.

여행사

전국적으로 네트워크를 갖춘 신 투어리스트(홈페이지 www.thesinhtourist.vn)가 유명하다. 굳이 여행사를 찾아가지 않더라도 모든 호텔과 게스트하우스에서 오픈 투어 버스와 미썬 투어(P.321 참고)를 예약할 수 있다. 호이안↔다낭을 왕복하는 셔틀버스와 투어는 다낭 소재 한인 여행사(P.327 참고)에서도 예약이 가능하다.

올드 타운을 둘러보기 좋은 씨클로

Access 호이안 가는 방법

베트남 중부 최대 도시인 다낭과 인접해 있지만 여행자들이 호이안을 더 선호하기 때문에 오픈 투어 버스가 활발하게 드나든다. 항공과 기차를 이용할 경우 다낭을 거쳐야 한다. 호이안에서 다낭까지는 35㎞ 떨어져 있다. 다낭에서 출발하는 교통편은 P.328 참고.

다낭 국제공항→호이안

호이안에는 공항이 없고, 인접한 대도시인 다낭에 공항이 있다. 다낭 국제공항에서 호이안까지 택시로 40분 정도 걸린다. 택시 요금은 40만 VND 정도 예상하면 된다. 호이안에서 다낭 국제공항으로 갈 때는 올 때보다 싸게 흥정하면 된다. 호텔에 문의하면 택시 또는 픽업 차량을 섭외해주기도 한다. 다낭 공항에서 그랩 Grab을 이용할 경우 공항 청사 바깥에 있는 그랩 전용 승차장을 이용하면 된다(P.328 참고).

호이안→다낭

①호이안에서 다낭을 가는 가장 편리한 방법은 택시(또는 그랩)다. 다낭 시내까지 35만~40만 VND 정도 예상하면 된다. ②두 도시는 거리가 가깝기 때문에 셔틀버스(또는 15인승 리무진 버스)가 수시로 운행한다. 여행사 또는 호텔에서 픽업해주기 때문에 편리하다. 편도 요금은 15만 VND이다. ③스파 업소에서 운영하는 차량을 이용하는 방법도 있다. 90분짜리 마사지를 2명 이상 받을 경우 다낭↔호이안 픽업이 1회 포함된다. ④호이안↔다낭을 오가는 시내버스도 운행된다. 푸타 버스라인(빨간색 시내버스) FUTA Bus Lines에서 운영하는 LK02번 버스로 편도 요금은 1만 5,000VND이다. 자세한 내용은 P.329 참고.

호이안→후에(훼)

여행사에서 운영하는 오픈 투어 버스가 호이안→다낭→후에(훼) 노선을 매일 2회(08:00, 13:30) 운행한다. 후에까지 편도 요금은 20만 VND이다. 소형 리무진 버스를 이용할 경우 편도 요금은 28만 VND이다.

호이안→냐짱

이동 거리가 멀어서 야간 침대 버스가 운행된다. 여행사 오픈 투어 버스를 이용하면 된다. 매일 저녁 6시 30분에 출발하며 편도 요금은 40만 VND이다.

Transportation 시내 교통

올드 타운은 차량 통행을 제한하는 곳이 많다. 그만큼 설렁설렁 걸어 다니며 여행하기 좋은 곳이다. 자건거를 이용하는 것도 좋은 방법이다. 자전거 대여는 하루 US$1~2에 가능하다.

알아두세요 호이안의 옛 이름

호이안은 2,000년 전부터 사람이 거주하던 곳입니다. 참파 왕국 Champa Kingdom 때인 4세기부터 무역항으로 중요시했는데요, 참파의 도시라는 뜻으로 럼업포 Lâm Ấp Phố라고 불렸습니다. 당시에는 참파 왕국을 중국에서 '린이 林邑', 다이비엣(베트남)에서 '럼업 Lâm Ấp'이라고 칭했지요. 호이안의 국제 교역이 번성하면서 중국, 일본, 인도뿐만 아니라 네덜란드, 포르투갈, 스페인, 프랑스 선박도 드나들어 16세기 경에는 파이포 Faifo라는 이름으로 유럽에 알려졌습니다. 파이포는 바닷가 마을이라는 의미인 하이포(海埔) Hải Phố가 잘못 전해진 것이랍니다. '하이'는 성조를 달리하면 바다가 아니라 '둘'이라는 뜻이 됩니다. 이 때문에 두 개의 거리, 즉 중국 상인 거주 지역과 일본 상인 거주 구역으로 구분되었던 호이안의 17세기 풍경일 것이라고 여기기도 한답니다. 또 다른 학설은 하이포라는 지명은 애초에 존재하지 않았고 '호이안포(會安埔) Hội An Phố'라는 지명을 줄여서 호이안이 되었다는 설도 있습니다. 지명의 유래야 어찌됐건 호이안(會安)은 예나 지금이나 변함없이 '편안하게 모여 사는 마을'입니다.

고가옥이 밀집한 하노이 올드 타운

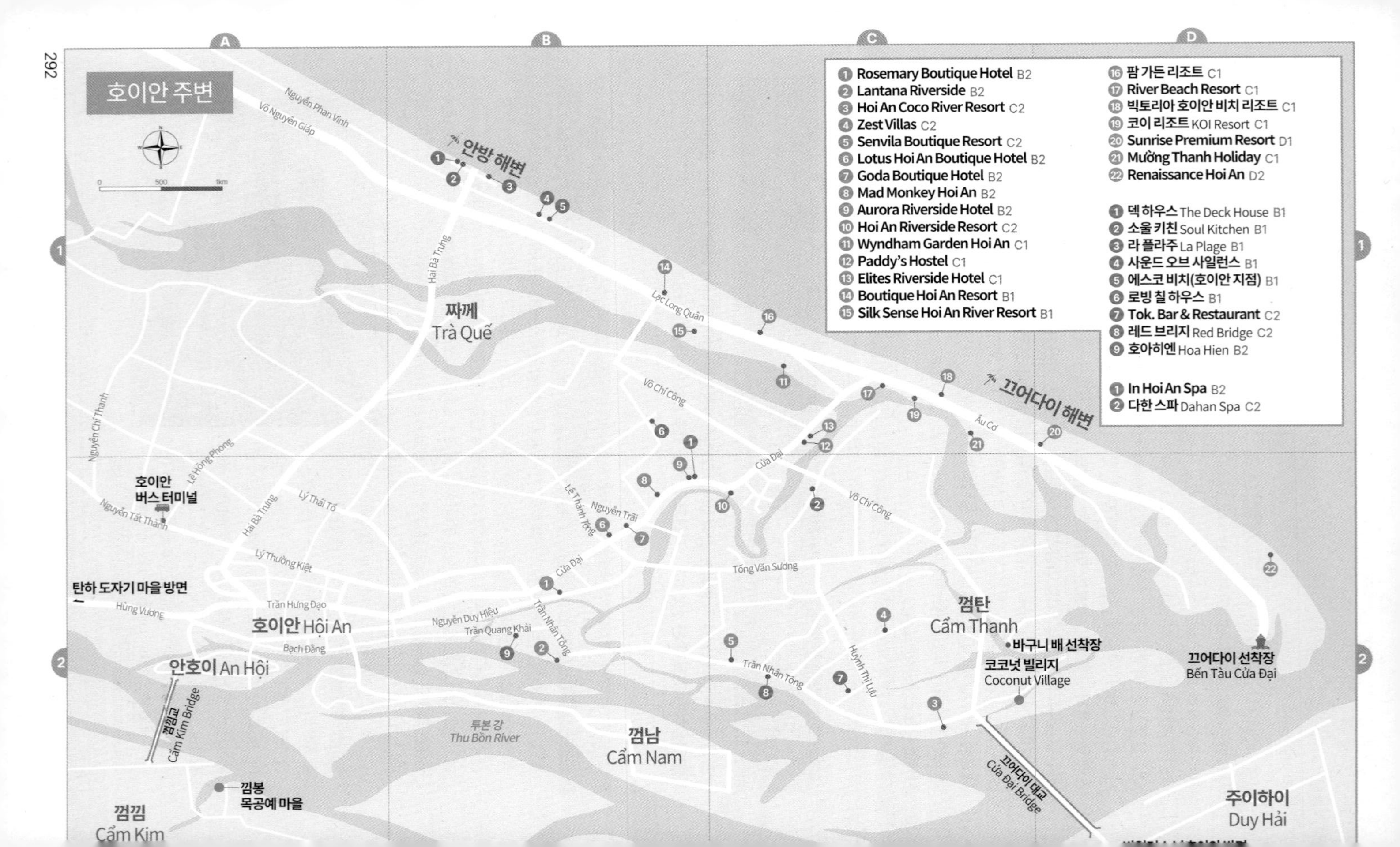
호이안 주변
① Rosemary Boutique Hotel B2
② Lantana Riverside B2
③ Hoi An Coco River Resort C2
④ Zest Villas C2
⑤ Senvila Boutique Resort C2
⑥ Lotus Hoi An Boutique Hotel B2
⑦ Goda Boutique Hotel B2
⑧ Mad Monkey Hoi An B2
⑨ Aurora Riverside Hotel B2
⑩ Hoi An Riverside Resort C2
⑪ Wyndham Garden Hoi An C1
⑫ Paddy's Hostel C1
⑬ Elites Riverside Hotel C1
⑭ Boutique Hoi An Resort B1
⑮ Silk Sense Hoi An River Resort B1
⑯ 팜 가든 리조트 C1
⑰ River Beach Resort C1
⑱ 빅토리아 호이안 비치 리조트 C1
⑲ 코이 리조트 KOI Resort C1
⑳ Sunrise Premium Resort D1
㉑ Mường Thanh Holiday C1
㉒ Renaissance Hoi An D2
① 덱 하우스 The Deck House B1
② 소울 키친 Soul Kitchen B1
③ 라 플라주 La Plage B1
④ 사운드 오브 사일런스 B1
⑤ 에스코 비치(호이안 지점) B1
⑥ 로빙 칠 하우스 B1
⑦ Tok. Bar & Restaurant C2
⑧ 레드 브리지 Red Bridge C2
⑨ 호아히엔 Hoa Hien B2
① In Hoi An Spa B2
② 다한 스파 Dahan Spa C2
안방 해변
끄어다이 해변
짜께 Trà Quế
호이안 버스터미널
탄하 도자기 마을 방면
호이안 Hội An
안호이 An Hội
껌킴교 Cẩm Kim Bridge
낌봉 목공예 마을
껌낌 Cẩm Kim
투본 강 Thu Bồn River
껌남 Cẩm Nam
껌탄 Cẩm Thanh
바구니 배 선착장
코코넛 빌리지 Coconut Village
끄어다이 대교 Cửa Đại Bridge
끄어다이 선착장 Bến Tàu Cửa Đại
주이하이 Duy Hải
Nguyễn Phan Vinh
Võ Nguyên Giáp
Hai Bà Trưng
Lạc Long Quân
Võ Chí Công
Âu Cơ
Cửa Đại
Nguyễn Chí Thanh
Lê Hồng Phong
Nguyễn Tất Thành
Lý Thái Tổ
Lý Thường Kiệt
Lê Thánh Tông
Nguyễn Trãi
Tống Văn Sương
Trần Hưng Đạo
Hùng Vương
Nguyễn Duy Hiệu
Trần Quang Khải
Trần Nhân Tông
Bạch Đằng
Huỳnh Thị Lựu
0 500 1km

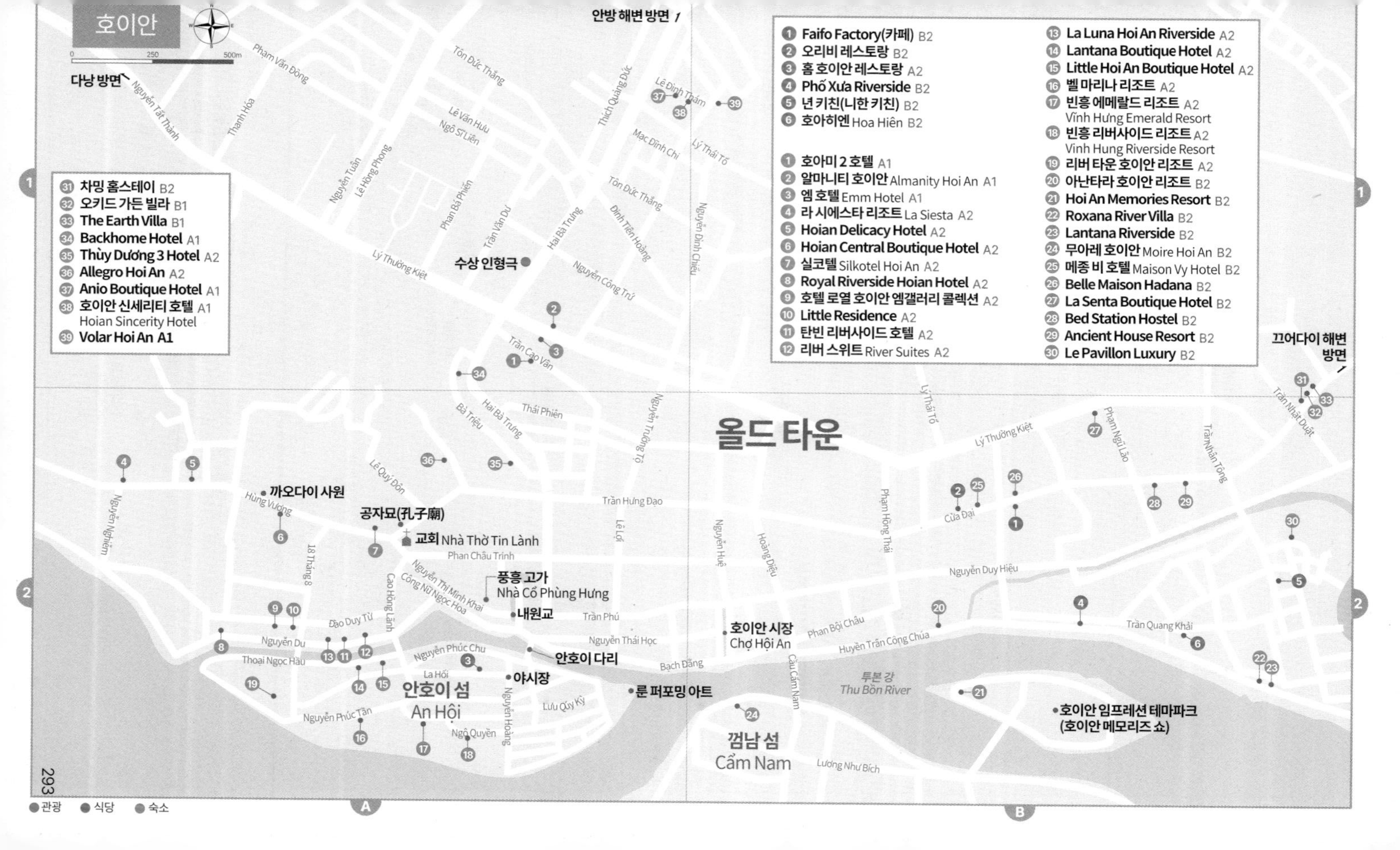
호이안
0 250 500m
다낭 방면
안방 해변 방면
끄어다이 해변 방면
① Faifo Factory(카페) B2
② 오리비 레스토랑 B2
③ 홈 호이안 레스토랑 A2
④ Phố Xưa Riverside B2
⑤ 년 키친(니한 키친) B2
⑥ 호아히엔 Hoa Hiên B2
① 호아미 2 호텔 A1
② 알마니티 호이안 Almanity Hoi An A1
③ 엠 호텔 Emm Hotel A1
④ 라 시에스타 리조트 La Siesta A2
⑤ Hoian Delicacy Hotel A2
⑥ Hoian Central Boutique Hotel A2
⑦ 실코텔 Silkotel Hoi An A2
⑧ Royal Riverside Hoian Hotel A2
⑨ 호텔 로열 호이안 엠갤러리 콜렉션 A2
⑩ Little Residence A2
⑪ 탄빈 리버사이드 호텔 A2
⑫ 리버 스위트 River Suites A2
⑬ La Luna Hoi An Riverside A2
⑭ Lantana Boutique Hotel A2
⑮ Little Hoi An Boutique Hotel A2
⑯ 벨 마리나 리조트 A2
⑰ 빈흥 에메랄드 리조트 A2 Vĩnh Hưng Emerald Resort
⑱ 빈흥 리버사이드 리조트 A2 Vinh Hung Riverside Resort
⑲ 리버 타운 호이안 리조트 A2
⑳ 아난타라 호이안 리조트 B2
㉑ Hoi An Memories Resort B2
㉒ Roxana River Villa B2
㉓ Lantana Riverside B2
㉔ 무아레 호이안 Moire Hoi An B2
㉕ 메종 비 호텔 Maison Vy Hotel B2
㉖ Belle Maison Hadana B2
㉗ La Senta Boutique Hotel B2
㉘ Bed Station Hostel B2
㉙ Ancient House Resort B2
㉚ Le Pavillon Luxury B2
㉛ 차밍 홈스테이 B2
㉜ 오키드 가든 빌라 B1
㉝ The Earth Villa B1
㉞ Backhome Hotel A1
㉟ Thùy Dương 3 Hotel A2
㊱ Allegro Hoi An A2
㊲ Anio Boutique Hotel A1
㊳ 호이안 신세리티 호텔 A1 Hoian Sincerity Hotel
㊴ Volar Hoi An A1
올드 타운
수상 인형극
까오다이 사원
공자묘(孔子廟)
교회 Nhà Thờ Tin Lành
풍흥 고가 Nhà Cổ Phùng Hưng
내원교
안호이 다리
야시장
호이안 시장 Chợ Hội An
룬 퍼포밍 아트
안호이 섬 An Hội
껌남 섬 Cẩm Nam
투본 강 Thu Bồn River
호이안 임프레션 테마파크 (호이안 메모리즈 쇼)
Phạm Văn Đồng
Nguyễn Tất Thành
Thanh Hóa
Tôn Đức Thắng
Lê Văn Hưu
Ngô Sĩ Liên
Thích Quảng Đức
Lê Đình Thám
Mạc Đĩnh Chi
Lý Thái Tổ
Nguyễn Tuân
Lê Hồng Phong
Phan Bá Phiến
Trần Văn Dư
Hai Bà Trưng
Đinh Tiên Hoàng
Nguyễn Đình Chiểu
Lý Thường Kiệt
Nguyễn Công Trứ
Trần Cao Vân
Bà Triệu
Thái Phiên
Nguyễn Trường Tộ
Lê Quý Đôn
Hùng Vương
Nguyễn Nghiêm
18 Tháng 8
Phan Châu Trinh
Trần Hưng Đạo
Lê Lợi
Nguyễn Huệ
Hoàng Diệu
Phạm Hồng Thái
Cửa Đại
Phạm Ngũ Lão
Trần Nhân Tông
Trần Nhật Duật
Nguyễn Duy Hiệu
Trần Quang Khải
Nguyễn Thị Minh Khai
Công Nữ Ngọc Hoa
Cao Hồng Lãnh
Đào Duy Từ
Trần Phú
Nguyễn Thái Học
Phan Bội Châu
Huyền Trân Công Chúa
Bạch Đằng
Cầu Cẩm Nam
Nguyễn Du
Thoại Ngọc Hầu
Nguyễn Phúc Chu
La Hối
Nguyễn Hoàng
Lưu Quý Kỳ
Nguyễn Phúc Tần
Ngô Quyền
Lương Như Bích
● 관광 ● 식당 ● 숙소

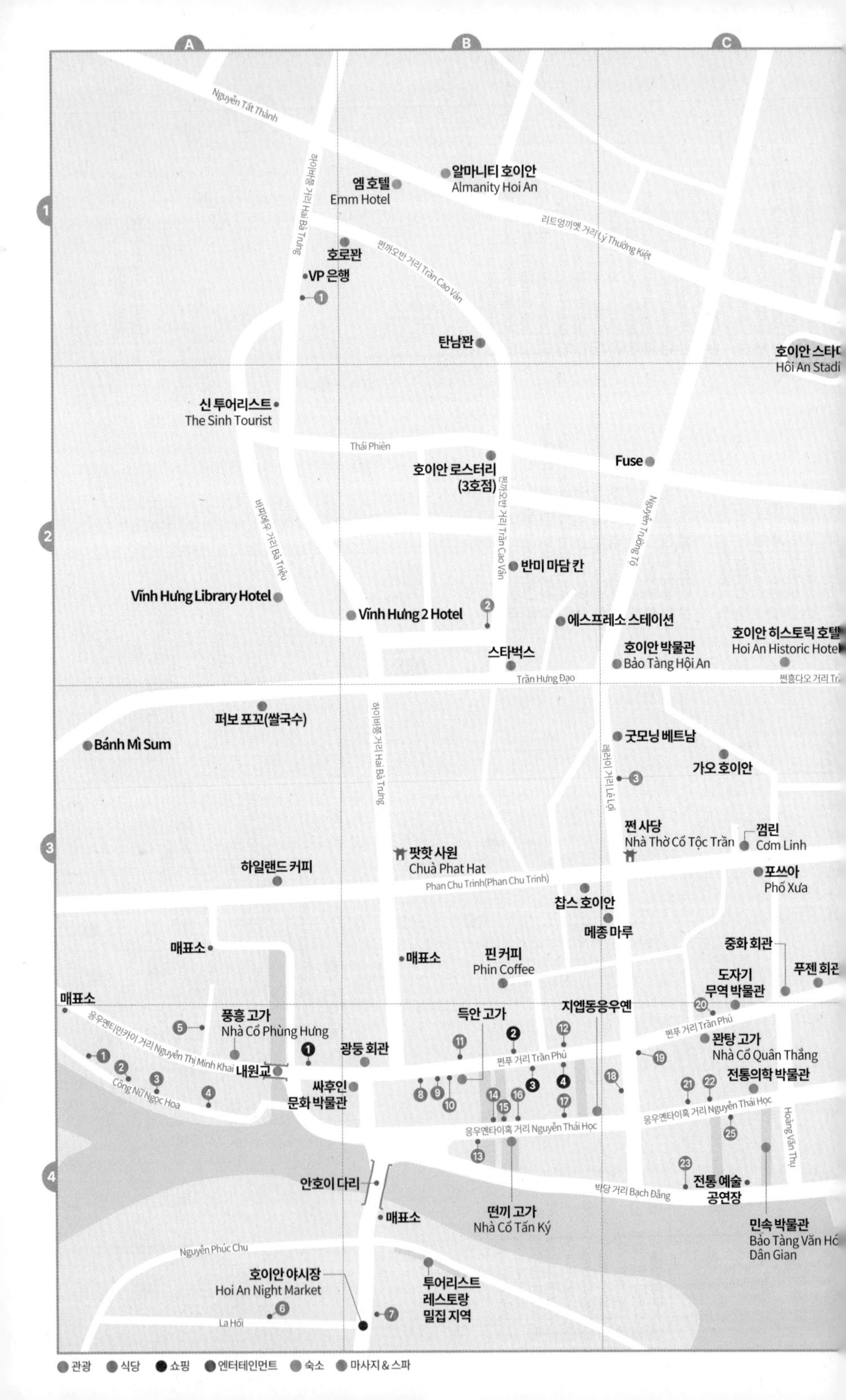
Nguyễn Tất Thành
하이바쯩 거리 Hai Bà Trưng
엠 호텔
Emm Hotel
알마니티 호이안
Almanity Hoi An
리트엉끼엣 거리 Lý Thường Kiệt
쩐까오반 거리 Trần Cao Vân
호로꽌
VP 은행
탄남꽌
호이안 스타디
Hội An Stadi
신 투어리스트
The Sinh Tourist
Thái Phiên
호이안 로스터리
(3호점)
Fuse
Nguyễn Trường Tộ
바쩨에우 거리 Bà Triệu
반미 마담 칸
Vĩnh Hưng Library Hotel
Vĩnh Hưng 2 Hotel
에스프레소 스테이션
스타벅스
호이안 박물관
Bảo Tàng Hội An
호이안 히스토릭 호텔
Hoi An Historic Hotel
Trần Hưng Đạo
쩐흥다오 거리 Tr
퍼보 포꼬(쌀국수)
Bánh Mì Sum
굿모닝 베트남
가오 호이안
레러이 거리 Lê Lợi
쩐 사당
Nhà Thờ Cổ Tộc Trần
껌린
Cơm Linh
팟핫 사원
Chuà Phat Hat
하일랜드 커피
Phan Chu Trinh(Phan Chu Trinh)
포쓰아
Phố Xưa
찹스 호이안
메종 마루
매표소
매표소
핀 커피
Phin Coffee
중화 회관
푸젠 회관
도자기
무역 박물관
매표소
풍흥 고가
Nhà Cổ Phùng Hưng
득안 고가
지엡동응우옌
응우옌티민카이 거리 Nguyễn Thị Minh Khai
쩐푸 거리 Trần Phú
광둥 회관
내원교
꽌탕 고가
Nhà Cổ Quân Thắng
Công Nữ Ngọc Hoa
싸후인
문화 박물관
전통의학 박물관
응우옌타이혹 거리 Nguyễn Thái Học
Hoàng Văn Thụ
안호이 다리
박당 거리 Bạch Đằng
전통 예술
공연장
매표소
떤끼 고가
Nhà Cổ Tấn Ký
민속 박물관
Bảo Tàng Văn Hó
Dân Gian
Nguyễn Phúc Chu
호이안 야시장
Hoi An Night Market
투어리스트
레스토랑
밀집 지역
La Hối
관광
식당
쇼핑
엔터테인먼트
숙소
마사지 & 스파

D
E
F
1 윤 식당(한식당) A4
2 꽁 카페 A4
3 마이 피시 Mai Fish A4
4 Grandma Kitchen A4
5 느 이터리 Nữ Eatery A4
6 HOME Hoi An Restaurant A4
7 비스 마켓 레스토랑 B4
8 쩌우 키친 Châu Kitchen B4
9 호이안 로스터리(1호점) B4
10 리칭 아웃 티 하우스 B4
11 못 호이안(못 카페) B4
12 파이포 커피 Faifo Coffee B4
13 카고 클럽 Cargo Club B4
14 Tam Tam Cafe B4
15 모닝 글로리 오리지널 B4
16 하이 카페 Hai Cafe B4
17 림 다이닝 룸 B4
18 코코 박스 C4
19 Moments Hoi An C4
20 92 스테이션 C4
21 우베베 호이안 C4
22 리틀 파이포 Little Faifo C4
23 호이안 하트 레스토랑 C4
24 세븐 브리지(호이안 지점) D3
25 멧 호이안 MẸT Hội An C4
1 선데이 인 호이안 A4
2 마티세코 Matiseko B4
3 징코 티셔츠 B4
4 마스터 탄 Master Tan B4
5 Couleurs by Réhahn D3
1 화이트 로즈 스파 A1
2 La Luna Spa B2
3 논 스파 Nón Spa C3
거리 Lý Thường Kiệt
Nhô Gia Tư
우체국
호이안 병원
쩐흥다오 거리 Trần Hưng Đạo
Cửa Đại
끄어다이 해변 방면
팜홍타이 거리 Phạm Hồng Thái
반미 프엉
Banh Mi Phuong
미스 리 Miss Ly
더 힐 스테이션
The Hill Station
차오저우 회관
Nguyễn Duy Hiệu
하이난 회관
꽌꽁 사당
Miếu Quan Công
Precious Heritage Art Gallery Museum
더 이너 호이안
Trương Minh Lượng
리틀 하노이 에그 커피
Hoàng Diệu
아난타라 호이안 리조트
Anantara Hoi An Resort
판보이쩌우 거리 Phan Bội Châu
호이안 시장
Chợ Hội An
망고 룸스
Mango Rooms
박당 거리 Bạch Đằng
선착장
껌난교
Cầu Cẩm Nam
투본 강
Thu Bồn River
Moire Hoi An
호이안 올드 타운
1
2
3
4

Best Course

호이안 추천 코스

호이안에서는 특별한 추천 코스가 없다. 올드 타운을 걸어 다니며 마음에 드는 고가옥이나 박물관, 향우 회관을 방문하면 된다. 내원교 또는 호이안 시장부터 시작해 쩐푸 거리와 응우옌타이혹 거리, 박당 거리를 둘러보면 된다. 산술적으로 2~3시간이면 다 돌아볼 수 있지만, 걷기 대회가 아니므로 커피도 마시고 쇼핑도 하면서 마을을 어슬렁거리면 된다. 목조 가옥 2층 발코니에서 거리를 내려다보는 것도 호이안 여행의 또 다른 재미다. 호이안에 머물면서 반나절 정도 안방 해변을 방문하거나, 1일 투어로 미썬 유적(P.322)을 방문하는 것도 좋다. 다음은 호이안 시장을 기준으로 삼았을 경우 도보 여행 코스다.

COURSE

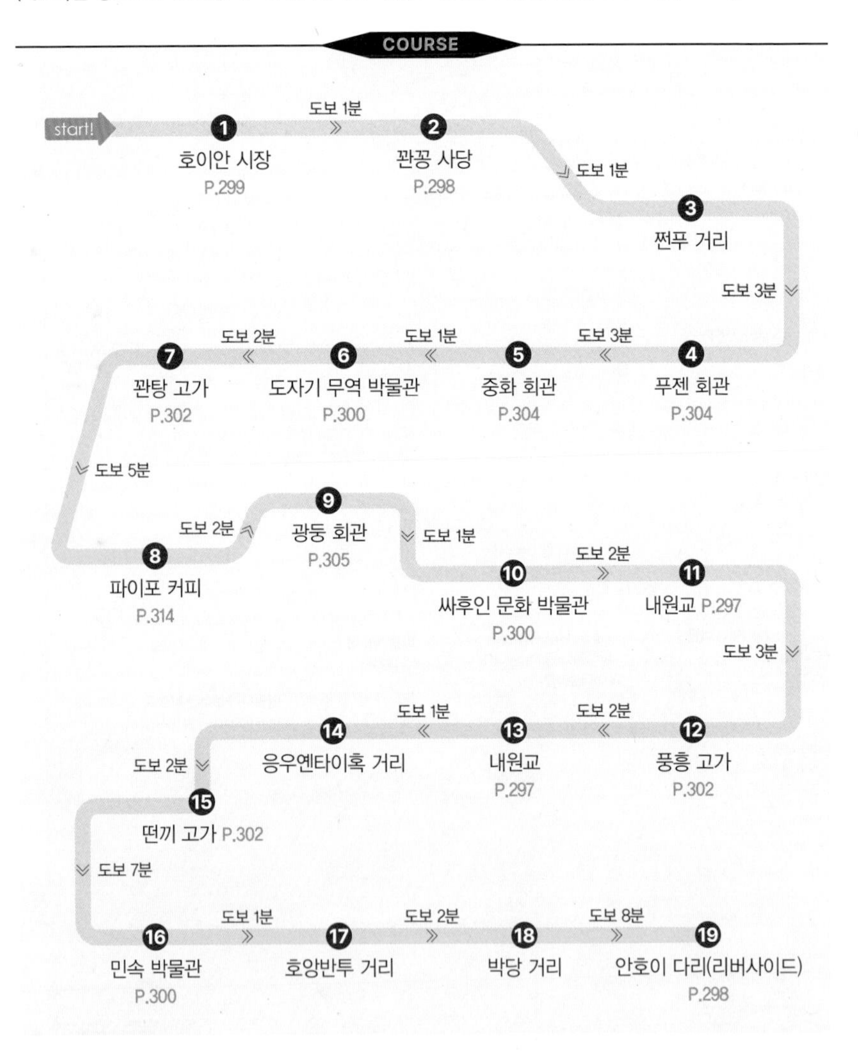

Attractions

호이안의 볼거리

올드 타운 자체가 볼거리다. 투본 강을 끼고 형성된 호이안의 옛 거리로 '포꼬 호이안 Phố Cổ Hội An'으로 불린다. 내원교를 시작으로 호이안 시장까지 쩐푸 거리, 응우옌타이혹 거리, 박당 거리에 볼거리가 가득하다. 건물 하나하나가 모두 유네스코 세계문화유산으로 보호되고 있다. 한적한 해변인 안방 해변과 참파 왕국이 건설한 미썬 유적(P.322)은 호이안 주변 여행지로 인기가 높다.

알아두세요 통합 입장권을 구입하기

호이안의 올드 타운 전체가 유네스코 세계문화유산으로 보호되고 있기 때문에 통합 입장권을 구입해야 합니다. 건물 하나하나마다 입장료를 부과할 수 없기 때문에, 정부에서 일괄적으로 통합해 입장권을 판매하는 것이지요. 올드 타운으로 향하는 길목마다 매표소가 설치되어 있고, 외국인 요금은 12만 VND입니다. 박물관이나 고가옥, 향우회관, 내원교, 꽌꽁 사당을 방문하려면 반드시 입장권이 필요합니다. 입장권은 통합 입장권이라 각 볼거리마다 개별 판매하지 않습니다. 한 곳만 보겠다고 별도로 입장권을 구입할 수 없습니다. 통합 입장권은 24곳 중에서 마음에 드는 곳 5곳을 방문할 수 있답니다. 통합 입장권을 구입하지 않아도 올드 타운으로 들어갈 수 있는데, 단속이 심할 경우 의무적으로 입장권을 구입하라고 강요하는 경우도 있다.

호이안 올드 타운

Map P.294-A4

내원교(일본인 다리) ★★★
Japanese Covered Bridge
Lai Viễn Kiều(Chùa Cầu)

주소 Đường Trần Phú & Đường Nguyễn Thị Minh Khai **운영** 24시간 **요금** 통합 입장권 **가는 방법** 쩐푸 거리 끝에 있다.

호이안을 상징하는 랜드마크이다. 호이안에 정착한 일본 상인들이 1593년에 건설했다. 돌다리 위에 나무 기둥과 기와지붕을 얹어 일본풍으로 만들었다. 전체 교량의 길이는 18m로 상징성에 비하면 규모는 매우 작다. 일본인 다리는 당시 호이안에 정착한 중국인 마을과 일본인 마을을 연결했다고 한다. 다리 오른쪽에 중국 상인들이 거주했고, 다리 왼쪽에 일본 상인들이 거주하고 있었다. 참고로 도쿠가와 이에미쓰(德川家光, 에도 막부 3대 쇼군)가 쇄국정책의 일환으로 해외 무역을 금지하며 1639년부터 일본 상인들은 급격하게 줄어들었다. 1719년 다리 중간에 작은 사원이 건설되며 내원교(來遠橋) Lai Viễn Kiều로 이름이 바뀌었다. '멀리서 온 통행인을 위한 다리'라는 뜻으로 해상 무역이 번창했던 시기에 배들이 다리 앞까지 드나들었다고 한다. 다리 중간의 작은 사원은 쭈아 꺼우 Chùa Cầu로 불린다. 도교 사원으로 박데(北帝) Bắc Đế를 모시고 있다. 박데(북제)는 해상 교역에 종사하던 중국 남방 사람들에게 날씨를 관장하는 신으로 여겨진다. 참고로 베트남 화폐 2만 VND 뒷면 도안에 내원교가 그려져 있다.

올드 타운의 상징 내원교

내원교 야경

투본 강에서 소원 배 타기

리버사이드(박당 거리)

내원교를 출입하려면 통합 입장권이 필요하다. 내원교를 통하지 않고 반대 방향으로 가려면, 내원교 앞쪽의 도보다리를 이용하면 된다. 도보다리를 지나 내원교 옆쪽으로 통하는 지름길이 있다.

Map P.294-B4

리버사이드(강변도로) ★★★☆
Riverside

주소 Đường Bạch Đằng **운영** 24시간 **요금** 무료 **가는 방법** 올드 타운 남쪽 경계를 이루는 박당 거리 Đường Bạch Đằng가 투본 강과 접해 있다.

유네스코 세계문화유산으로 지정된 호이안의 올드 타운은 투본 강과 어우러져 그 멋을 더한다. 강변도로(박당 거리)에 위치한 옛 건물들은 낮에는 빛을 받아 노랗게 빛나고, 늦은 오후가 되면 석양을 투영해 붉게 물든다. 해 지는 시간에는 조명과 홍등을 하나둘 밝히는데, 강변에 투영된 호이안의 풍경은 그 어떤 것보다 매력적이다. 강을 사이에 두고 두 개의 거리가 마주보고 있기 때문에, 올드 타운 건너편에서 호이안의 전체적인 느낌을 감상할 수 있다. 해지는 시간이 되는 투본 강에서 뱃놀이(소원배 타기)를 즐기는 사람들이 많다. 이들 대부분은 연꽃 모양의 종이 배 위에 촛불을 밝혀 소원과 함께 강물에 띄어 보낸다. 사공이 배를 저어주는 나무 쪽배를 타야하는데, 요금은 1~3명의 17만 VND, 4~5명의 경우 22만 VND 정도에 흥정하면 된다.

Map P.295-D3

꽌꽁 사당(關公廟) ★★
Quan Cong Temple
Quan Công Miếu(Chùa Ông)

주소 24 Trần Phú **전화** 0235-3862-945 **운영** 매일 08:00~17:00 **요금** 통합 입장권 **가는 방법** 쩐푸 거리와 응우옌후에 거리가 만나는 사거리 코너에 있다. 호이안 시장에서 도보 1분.

호이안에 정착한 중국인들이 1653년에 건설한 관우를 모신 사당이다. 중국 고대 도시 건축의 특징 중에 하나인 문묘(文廟)와 무묘(武廟)를 세우는 전통에서 기인한 것이다. 문묘는 '문(文)'의 최고봉으로 여기는 공자를 모신 사당이고, 무묘는 '무(武)'의 최고봉으로 여기는 관우를 모신 사당이다.
꽌꽁 사당은 청용과 백마가 사당 입구를 장식해 중국 느낌이 고스란히 전해진다. 사당의 전체적인 구조는 '국(國)'자를 형상화했으며, 사당 내부의 중앙 제단에 관우를 모시고 있다. 관평(關平, 182~219년, 관우의 장남)과 주창(周倉, 삼국지연의에 등장하는 가공인물로 관우를 돕는 무장) 동상이 관우를 호위하고 있으며, 관우가 타고 다녔

관우를 모신 꽌꽁 사당

던 적토마 동상도 만들어 놓았다. 호이안을 드나들던 중국 상인들이 찾아와 관우 장군의 용맹함과 충성심, 덕망에 경의를 표하며 자신들의 항해가 안전하기를 기원했다고 한다.
관우(關羽, 162?~220년)의 베트남식 발음은 꽌부 Quan Vũ, 관우를 높여 부른 관공(關公)의 베트남식 발음은 꽌꽁 Quan Công이다. 때문에 관우를 모신 사당이라 하여 베트남어로 꽌꽁미에우 Quan Công Miếu(關公廟)라고 불린다.

Map P.294-C4

전통 예술 공연장 ★★☆
Hoi An Traditional Art Performance House

주소 66 Bạch Đằng **전화** 0235-3861-159 **요금** 통합 입장권 **가는 방법** 강변도로에 해당하는 박당 거리 66번지에 있다.

호이안의 무형 문화재를 감상할 수 있는 전통 공연이 열린다. 전통 악기 연주, 압사라 댄스를 비롯한 무용, 민속놀이가 짤막하게 재연된다. 공연 시간은 30분 정도로 하루 3회(10:15, 15:15, 16:15) 공연된다. 통합 입장권으로 관람이 가능하다.

Map P.295-D4

호이안 시장 ★★★
Hoi An Market
Chợ Hội An

주소 Đường Trần Phú & Đường Nguyễn Huệ & Đường Bạch Đằng **운영** 매일 05:00~20:00 **요금** 무료 **가는 방법** 꽌꽁 사당 맞은편으로 투본 강을 끼고 있다.

베트남 사람들의 삶이 여과 없이 투영되는 재래시

전통 예술 공연장에서 볼 수 있는 압사라 댄스 이창환

재래시장 풍경이 잘 남아 있는 호이안 시장

장이다. 올드 타운 오른쪽에 있으며 투본 강과 접해 있다. 다양한 향신료와 과일이 눈과 코를 즐겁게 해주고, 저렴한 노점에서는 간단한 식사도 가능하다. 간단한 기념품들도 함께 판매한다. 일반 상점에 비해 가격이 저렴하긴 하지만 외국인에게 비싸게 부르므로 흥정은 필수다.

Map P.294-B4

호이안 야시장 ★★★☆
Hoi An Night Market

주소 Đường Nguyễn Hoàng **운영** 17:00~23:00 **가는 방법** 올드 타운에서 투본 강 건너편에 있는 안호이 섬 응우옌호앙 거리에 있다.

투본 강 건너편 안호이 섬 지역에 형성되는 야시장이다. 매일 17:00부터 응우옌호앙 거리에 50여

호이안 야시장

개의 노점이 들어선다. 홍등(랜턴), 베트남 국기가 장식된 소품, 마그넷, 목각 인형, 야자나무로 만든 젓가락, 자개로 장식한 칠기 제품, 그릇을 판매한다. 재래시장의 기념품 가게에서 흔히 볼 수 있는 물건들이 대부분이다. 가격을 비싸게 부르기 때문에 흥정해야 한다. 홍등을 배경 삼아 기념사진 찍기도 좋다.

박물관
Museum

호이안의 역사와 문화와 관련된 박물관들이다. 박물관들은 규모가 작고, 전시 내용도 비슷하다. 통합 입장권을 사용하기 때문에 개인적인 취향에 따라 선택해 관람하면 된다.

Map P.294-B4

싸후인 문화 박물관 ★★☆
Museum of Sa Huynh Culture
Bảo Tàng Văn Hóa Sa Huỳnh

주소 149 Trần Phú **전화** 0235-3861-535 **운영** 매일 08:00~17:00 **요금** 통합 입장권 **가는 방법** 내원교에서 도보 1분.

베트남 중부 지방에 있었던 철기 시대 문명인 싸후인 문화(BC 1000~AD 200년)를 소개하는 박물관이다. 싸후인은 참파 왕국(P.322)보다 훨씬 앞선 문명으로, 호이안이 무역항으로 성장하기 이전의 고대 역사라고 보면 된다. 싸후인은 호이안 남쪽으로 160㎞ 떨어진 항구 도시로 현재까지 53개의 싸후인 유적이 발굴되었다. 이곳에서 출토된 토기, 항아리, 접시, 철기 도구, 청동 검 등 216점의 유물을 박물관에서 전시하고 있다. 2층은 베트남의 공산 혁명과 독립을 이루기까지의 전쟁 내용으로 꾸몄다.

Map P.294-C3

도자기 무역 박물관 ★★☆
Museum of Trade Ceramics
Bảo Tàng Gốm Sứ Mậu Dịch

주소 80 Trần Phú **전화** 0235-3862-944 **운영** 매일 08:00~17:00 **요금** 통합 입장권 **가는 방법** 쩐푸 거리의 중화 회관에서 도보 1분.

호이안이 바다의 실크로드를 연결하던 무역항으로 번영했던 옛 모습을 고스란히 보여주는 박물관이다. 호이안 주변에서 발굴된 도자기와 1973년에 발견된 침몰선에서 인양된 도자기를 전시한다. 특히 13~17세기에 생산된 중국·일본·베트남·태국·아라비아를 오가던 고급스런 도자기들이 많다. 전통 목조 가옥을 개조한 박물관도 호이안의 풍경과 잘 어울린다.

Map P.294-C4

민속 박물관 ★★
Museum of Folklore
Bảo Tàng Văn Hóa Dân Gian

주소 33 Nguyễn Thái Học & 62 Bạch Đằng **전화** 0235-3910-948 **운영** 07:00~21:00 **요금** 통합 입장권 **가는 방법** 응우옌타이혹 Nguyễn Thái Học & 박당 Bạch Đằng 사거리 코너. 응우옌타이혹 거리 33번지(정문)와 박당 거리 62번지(후문)에 2개의 출입구가 있다.

싸후인 문화 박물관

싸후인 유적에서 출토된 항아리

도자기 무역 박물관

목조 건물과 콜로니얼 양식이 혼재한 건물로, 150년이나 된 옛 건물이다. 폭 9m, 높이 57m의 복층 건물로 민속 문화와 관련한 500여 점의 전시물을 전시하고 있다. 농기구, 항아리, 바구니, 주전자, 조리 기구, 저울, 물레, 그물, 투망, 통발 등 농업과 어업 관련 물건이 대부분이다. 민속놀이와 도자기·목공예 전통 마을에 관한 전시실도 있다. 당시 사람들의 의복도 전시하고 있다.

Map P.294-C2

호이안 박물관 ★★

Hoi An Museum
Bảo Tàng Hội An

주소 10B Trần Hưng Đạo **전화** 0235-3862-367 **운영** 07:30~11:00, 14:00~17:00 **요금** 통합 입장권 **가는 방법** 쩐흥다오 거리 10번지에 있다. 내원교에서 북쪽으로 600m 떨어져 있다.

역사 문화 박물관을 이전해 호이안 박물관으로 새 단장했다. 3층 규모도 커지면서 기존의 역사 문화 박물관에 있던 전시물과 독립 투쟁(공산 혁명) 자료들을 추가로 전시하고 있다. 2층을 주 전시 공간으로 사용하는데, 참파 왕국부터 응우옌 왕조에 걸쳐 번영했던 호이안 사진과 지도, 도자기, 저울, 돛 등이 전시되어 있다. 각종 재래식 무기와 전쟁 관련(독립 투쟁) 내용도 볼 수 있다. 방대한 역사를 간략하게 소개해 호이안의 역사와 문화를 전부 이해하기는 어렵다.

Map P.294-C4

전통 의학 박물관 ★★★

Museum of Traditional Medicine
Bảo Tàng Nghề Y Truyền Thống

주소 34 Nguyễn Thái Học **운영** 08:00~17:00 **요금** 통합 입장권 **가는 방법** 응우옌타이혹 거리 34번지에 있다.

2019년에 개관한 박물관으로 오래된 목조 건물이 전통 의학 박물관과 잘 어울린다. 1층에는 모형을 통해 진맥하는 모습과 시침하는 장면, 한약방을 재현했다. 2층에는 약재를 다루던 칼, 작두, 그라인더, 저울, 약탕기, 약재를 담던 항아리 등을 전시하고 있다. 한의학과 비슷해 한국 관광객은 별다른 설명 없이도 이해할 수 있는 전시물이 많다.

고가(古家)

Old House

고가옥들은 중국과 일본 상인들이 호이안에 정착하면서 만들었기 때문에 베트남·중국·일본 양식이 혼재해 있다. 이끼낀 기와지붕과 대들보, 서까래, 한자가 적힌 현판까지 동양적인 정서가 물씬 풍긴다. 대부분의 고가옥들은 상점이나 레스토랑으로 용도가 변경되었지만, 부유한 중국 상인들이 건설한 일부 고가옥들은 원형을 보존시켜서 일반에게 공개하고 있다. 통합 입장권으로 방문이 가능하다.

민속 박물관

호이안 박물관

전통의학 박물관

떤끼 고가 후문

꽌탕 고가

떤끼 고가 정문

Map P.294-B4

떤끼 고가(進記古家) ★★★
Tan Ky House
Nhà Cổ Tấn Ký

주소 101 Nguyễn Thái Học **전화** 0235-3861-474 **운영** 매일 08:00~17:30 **요금** 통합 입장권 **가는 방법** 내원교에서 도보 4분.

좁고 기다란 구조의 2층 건물로 중국 상인이 18세기에 건설했다. 건설 당시에는 실크, 차, 목재, 계피, 한약재를 판매하던 상점으로 쓰였다. 출입문을 두 개 낸 것이 특징이다. 정문은 도로(응우옌타이혹 거리)를 향하고 있고, 후문은 투본 강(박당 거리)을 향하고 있다. 정문은 호이안에 거주하는 상인들이 들락거렸고, 후문은 정박한 배에 물건을 싣기 편리해 외국인 상인들이 즐겨 이용했다고 한다. 떤끼 고가는 베트남·중국·일본 가옥 양식이 절묘하게 조화를 이루는 건물로 평가받는다. 격자 모양으로 지붕을 받친 전형적인 베트남 건물이지만, 육각형 천장과 대들보, 세 겹의 서까래는 일본 건축 양식을 잘 보여준다. 나전 기법을 이용해 치장한 기둥이나 한자 간판, 자개 장식 등은 중국의 영향을 강하게 받았다. 안마당 벽면에는 중국적인 풍경산수 문양을 장식했고, 집안의 선조들에게 제사를 지내는 사당도 집안에 모셨다. 현재는 7대 후손들이 생활하고 있다. 2층은 집안 사람들이 생활하는 곳이니 출입을 삼가자.

Map P.294-C4

꽌탕 고가(均勝古家) ★★
Old House of Quan Thang
Nhà Cổ Quân Thắng

주소 77 Trần Phú **운영** 매일 09:30~18:00 **요금** 통합 입장권 **가는 방법** 쩐푸 거리의 중화 회관에서 도보 1분.

중국 푸젠성 출신의 선장이었던 '꽌탕'이 호이안에 거주하기 위해 만든 가정집이다. 18세기에 건설된 고가옥으로 단층 건물이다. 좁고 기다란 베트남 가옥 형태를 취하면서도 건축 양식은 중국 양식을 따른다.
호이안의 다른 고가옥에 비해 규모는 작지만 건물 내부에 정성들여 만든 치장들이 눈길을 끈다. 안마당의 벽에 청자 도자기 파편을 이용해 조각을 만들었고, 들보, 서까래, 덧문, 난간동자까지 동양적인 감각을 살려 치장했다. 대대로 내려오는 고가구도 건물 내부에 남아 있다. 현재는 꽌탕의 7대 손이 생활하고 있다.

Map P.294-A4

풍흥 고가(馮興古家) ★★
Old House of Phun Hung
Nhà Cổ Phùng Hưng

주소 4 Nguyễn Thị Minh Khai **전화** 0235-3862-

풍흥 고가

쩐 사당 입구

235 **운영** 매일 08:00~18:00 **요금** 통합 입장권 **가는 방법** 내원교를 건너서 응우옌티민카이 거리에 있다.

1780년에 중국 상인이 건설했다. 향과 향신료, 종이, 소금, 실크, 계피, 도자기, 유리를 판매하던 상점이라고 한다. 발코니를 갖춘 2층 목조 가옥이다. 1층과 2층은 계단 이외에 물건을 운반할 수 있도록 사각형 구멍을 추가로 만든 것이 특징이다. 투본 강이 범람해 홍수 피해가 빈번하자 이에 대한 대비책을 마련한 것이라고 한다. 정면 3칸짜리 중국식 건물로 좁고 길게 생긴 베트남식 가옥과는 차이가 난다. 건물 내부는 80개의 목조 기둥이 받치고 있다. 현재는 8대 후손들이 생활하고 있으며, 2층은 조상들의 위패를 모신 사당으로 사용된다.

Map P.294-C3

쩐 사당(陳祠堂) ★★
Tran Family Chapel
Nhà Thờ Cổ Tộc Trần

주소 21 Lê Lợi **전화** 0235-3861-723 **운영** 매일 08:00~17:00 **요금** 통합 입장권 **가는 방법** 레러이 거리와 판쩌우찐 거리가 만나는 사거리 코너에 위치해 있다.

응우옌 왕조(P.393)의 1대 황제인 자롱 황제 시절에 관리로 있던 쩐뜨냑 Trần Tứ Nhạc(1700년대에 베트남으로 이주한 중국인의 후손)이 건설했다. 1802년 사신단의 일원으로 중국에 가게 되면서, 그가 조상들을 위해 집과 사당을 만들었다고 한다. 호이안의 다른 고가옥들과 달리 담벼락에 둘러싸여 있어 고위 관리의 집임을 암시한다.

베트남·중국·일본 양식이 조화를 이루는 목조 건물로 200여 년의 모습 그대로 보존되어 있다. 중앙에 정원을 만들고 조상들의 제사를 지내는 사당과 가족이 생활하는 주거 공간을 건설했다. 나무 기둥과 조각, 나전칠기 장식, 한자 간판, 걸개그림 등 인테리어는 중국적인 색채가 강하다. 중국에서 하사받은 골동품, 도자기, 그림, 검, 도장 등 다양한 유품과 족보, 생활 용품들이 진열되어 있다. 사당(陳祠堂)에는 선조들의 위패나 초상화를 모시고 있다. 쩐씨 가문을 뜻하는 '陳'이 적힌 홍등도 걸려 있다.

Map P.294-B4

득안 고가(德安古家) ★★
Duc An House
Nhà Cổ Đức An

주소 129 Trần Phú **운영** 매일 08:00~18:00 **요금** 통합 입장권 **가는 방법** 쩐푸 거리의 광둥 회관에서 도보 1분.

400년 이상 한곳에서 대를 이어오며 생활했던 중국 상인이 건설한 가옥으로, 현재의 고가옥은 1850년에 만든 것이다. 상점을 겸했던 고가옥은 호이안뿐만 아니라 베트남 중부 지방에서 꽤 유명했다고 한다. 베트남·중국 서적과 외국 정치 사상가들의 책까지 보유하고 있어 당시 지식인들이 즐겨 찾던 곳이었다.
프랑스가 베트남을 통치할 때는 호이안의 반(反)프랑스 운동가들의 회동 장소로 쓰이기도 했다고 한다. 베트남 공산당 창당을 주도했던 인물 가운데 한 사람인 까오홍란 Cao Hồng Lãnh(본명 판템 Phan Thêm)이 살았던 집이기도 해서, 베트남 유명 인사들도 많이 방문했다. 까오홍란의 공

득안 고가

산 혁명과 관련한 흑백 사진과 보응우옌잡 장군(P.67)이 방문한 사진 등이 안마당의 휴식 공간을 따라 걸려 있다. 현재 집안을 이끄는 판응옥쩜 Phan Ngọc Trâm 씨가 집안을 안내해준다.

향우회관(鄕友會館)
Assembly Hall

호이안이 중국의 영향을 얼마나 많이 받았는지를 단적으로 보여주는 곳이다. 바다의 실크로드를 따라 해상 무역을 하던 중국 상인들이 호이안에 정착하며 고향 사람들끼리의 친목 도모를 위해 향우회관을 건설했다.
중국 남방은 지역마다 다른 언어를 썼고, 지금의 중국처럼 거대한 나라로 통일된 것도 아니어서 호이안에 정착한 화교들은 지방색이 강했다. 향우회관에 모여 안전한 항해를 기원하고 조상의 공덕을 기리며 제사를 지냈다고 한다.
향우회관은 건물뿐만 아니라 조경까지 중국적인 전통에 충실히 따라 건축했다. 기본적으로 패방과 출입문, 안마당, 정원, 본당, 사당을 갖춘 구조이다. 통합 입장권이 있어야 방문이 가능하며, 중화 회관과 하이난 회관은 자유롭게 드나들 수 있다.

Map P.294-C3

중화 회관(中華會館) ★★☆
Chinese All-Community Assembly Hall
Hội Quán Trung Hoa(Hội Quán Ngũ Bang)

주소 64 Trần Phú **운영** 매일 08:00~18:00 **요금** 무료 **가는 방법** 호이안 시장에서 도보 4분.

1741년에 건설된 호이안 최초의 향우회관이다. 출신 지역을 구분하지 않고, 중국 상인 전체의 친목을 도모하기 위해 만들었다. 긴 항해로 인해 몸이 쇠약해진 중국 상인들에게 도움을 주고, 호이안에 친인척이 없던 중국 상인들에게 잠자리도 제공해주었다고 한다. 본당에는 바다의 안전한 항해와 풍요를 책임지는 여신인 티엔허우 Thiên Hậu(天后聖母)를 모시고 있다. 때문에 중화 회관의 본당은 천후궁(天后宮)이라 불린다. 베트남어로는 여신을 모신 사원이라 하여 '쭈아바 Chùa Bà'라고 부른다. 호이안에 정착한 화교 자녀들을 위한 학교를 건설하며 1928년부터 중화 회관으로 이름을 바꿨다.

Map P.294-C3

푸젠 회관(福建會館) ★★★☆
Fujian Assembly Hall
Hội Quán Phúc Kiến

주소 46 Trần Phú **전화** 0235-3861-252 **운영** 매일 08:00~17:00 **요금** 통합 입장권 **가는 방법** 쩐푸 거리의 중화 회관에서 도보 1분.

호이안에 있는 향우회관 중에서 규모가 가장 크고 외국인이 가장 많이 방문하는 곳이다. 호이안에

호이안에 정착한 화교들 사진(중화 회관 내부)

중화 회관

푸젠성 향우회관을 건설한 것은 1690년이다. 명나라가 망해가던 시기에 베트남으로 이주한 푸젠성 화교들이 친목을 도모하기 위해 건설했다. 그 후 1975년 새로운 건물들을 신축하며 증축했다.
향우회관의 출입문은 패방에 기와지붕을 얹은 형태이며 현판에 '복건회관 福建會館'이라고 쓰여 있다. 패방 안쪽에는 3개의 아치형 문으로 이루어진 또 다른 출입문이 있다. 2층 규모로 상단 현판에는 '금산사 金山寺', 하단 현판에는 '복건회관 福建會館'이라고 적혀 있다. 향우회관의 안뜰은 화분과 화석을 이용해 정원을 가꾸었고, 여러 가지 색의 도자기 파편으로 용, 봉황, 물고기, 거북이 조각을 곳곳에 장식했다.
본당에는 안전한 항해를 관할하는 바다의 여신 티엔허우 Thiên Hậu, 배가 이동하는 소리를 들을 수 있다는 투언퐁니 Thuận Phong Nhĩ, 먼 거리에 있는 배들을 관찰할 수 있다는 티엔리냔 Thiên Lý Nhãn을 모셨다. 벽면에는 티엔허우 여신이 침몰하는 배를 구해주는 그림이 그려져 있다. 호이안에 처음 도착했던 푸젠성 출신 6명의 선조들의 위패를 모신 사당도 별도로 모셨고, 실물을 20분의 1로 축소해 만든 중국 선박 모형도 볼 수 있다.

푸젠 회관 입구

광둥 회관

Map P.294-B4

광둥 회관(廣東會館) ★★★☆

Guangdong(Cantonese) Assembly Hall
Hội Quán Quang Trieu(Hội Quán Quảng Đông)

주소 176 Trần Phú **전화** 0235-3861-736 **운영** 매일 07:30~17:30 **요금** 통합 입장권 **가는 방법** 내원교에서 도보 3분.

광둥(廣東) 출신의 상인들이 1885년에 건설했다. 광둥 회관의 건물들은 각 부분을 중국에서 만든 다음에 호이안으로 옮겨와 완성시켰다고 한다. 패방에 기와지붕을 얹은 출입문은 붉은색과 핑크색을 이용한 화려한 치장이 눈길을 끈다. 출입문에는 '광진회관 廣肇會館'이라고 현판이 적혀 있다.
출입문에 들어서면 자운경해 慈雲鏡海와 호의가가 好義可嘉라고 적힌 두 개 현판이 보인다. 자운경해(자애로운 구름과 거울 같은 바다)는 평안한 바닷길을 소망하는 상인들의 마음을 담았고, 호의가가(의로움을 기리는 것을 칭찬할 만하다)는 화교들이 지향하는 삶을 의미한다. 안으로 들어가면 관우·유비·장비가 도원결의하는 벽화와 광둥 상

푸젠 회관 본당에 모신 티엔허우 동상

광둥 회관 출입문에 해당하는 패방

인들의 사진이 걸려 있다. 안뜰에는 커다란 용 조각이 눈길을 끌고, 스프링 모양의 향이 매달려 있는 중앙 제단에는 백마와 적토마가 호위하고 있는 관우 동상이 모셔져 있다. 관우 동상 뒤에 적힌 '관성대제 關聖大帝'는 관우를 높여 부른 말이다. 관우 동상 왼쪽에는 티엔허우(天后) Thiên Hậu 동상도 함께 모셨다. 티엔허우 동상 옆에는 중국 선박 모형이 있는데, 안전 항해를 기원하는 의미로 일범순풍 一帆順風이라고 적혀 있다.

Map P.295-D3

하이난 회관(海南會館) ★★
Hainan Assembly Hall
Hội Quán Hải Nam

주소 10 Trần Phú **운영** 매일 08:00~17:00 **요금** 무료 **가는 방법** 호이안 시장 앞에 있는 꽌꽁 사당에서 도보 1분.

하이난(중국 남서부에 있는 섬으로 현재 섬 전체가 중국 하이난 성에 속해 있다) 사람들이 1875년에 건설했다. 다른 향우회관과 마찬가지로 하이난 출신 화교들의 친목을 도모하고 선조들에게 제사를 지내기 위해 만들었다. 출입문의 현판에는 하이난 회관이 아니라 경부회관(瓊府會館)이라고 현판을 달았다. 본당인 소응전(昭應殿)에는 항해 도중 사망한 108명의 하이난 상인을 추모하는 제단을 만들었다. 1851년에 일어난 참사로 상인들이 타고 가던 세 척의 배가 뜨득 황제 시절의 베트남 해군(순시선)의 공격을 받고 침몰한 일이다. 당시 해군 함장은 짐을 가득 실은 선박이 해적선처럼 보여 공격했다고 한다. 사고에 대한 애도의 의미로 뜨득 황제가 사망한 상인들을 성인으로 추대했다고 한다. 당시의 사건에 대한 기록이 향우회관 내부에 한자로 적혀 있다.

Map P.295-E3

차오저우 회관(潮州會館) ★★
Chaozhou Assembly Hall
Hội Quán Triều Châu

주소 362 Nguyễn Duy Hiệu **운영** 매일 08:00~17:00 **요금** 통합 입장권 **가는 방법** 호이안 시장에서 도보 4분.

1752년에 건설한 향우회관이다. 해상 교통의 요지로 상업에 종사하며 자연스럽게 호이안까지 진출한 차오저우(潮州) 사람들이 건설했다. 기둥, 가래, 제단 등을 장식한 나무 조각이 눈길을 끈다. 하지만 푸젠 향우회관이나 광둥 향우회관에 비하면 규모는 작다. 차오저우는 성(省)이 아닌 도시이기 때문에 호이안에 정착한 인구는 많지 않다. 과거에는 광둥과 차오저우를 구분했지만, 현재는 차오저우 시(市)가 광둥 성에 속해 있다. 관광객이 별로 없어 차분하게 둘러볼 수 있다.

Map P.295-A2

룬 퍼포밍 아트 ★★★★
Lune Performing Art

주소 Dong Hiep Park(Công Viên Đồng Hiệp), Nguyễn Phúc Chu **전화** 0124-518-1188 **홈페이지** www.luneproduction.com **공연 시간** 화·수·목·토·일요일 18:00 **요금** 일반석 70만 VND, VIP

하이난 회관의 소응전

차오저우 회관

석 160만 VND **가는 방법** 안호이 다리 건너편, 강변도로 끝자락의 동히엡 공원에 있다.

베트남의 대표적인 행위예술 극단, 룬 프로덕션 Lune Productions의 공연을 볼 수 있는 곳이다. 베트남 문화와 전통, 토착신앙, 생활상을 주제로 한 창작극을 선보인다. 공연은 배우들의 노래와 춤, 강렬한 몸짓으로 표현된다. 대나무 곡예와 아크로바트, 서커스, 현대 무용이 생동감 넘치게 어우러지고, 전통 타악기를 이용해 극의 긴장감을 고조시킨다. 산악지역에서 생활하는 소수민족의 생활상을 주제로 한 테다 Teh Dar, 베트남의 과거와 현재를 대비시킨 아오 쇼 A O Show를 포함해 모두 5개 공연이 있다. 작품은 로테이션으로 공연돼 시기에 따라 다르다.

Map P.295-B2

호이안 임프레션 테마파크 (호이안 메모리즈 쇼) ★★★☆

Hoi An Impression Theme Park (Hoi An Memories Show)

주소 Đảo Ký Ức Hội An, Hoi An Memories Land **전화** 0909-621-295 **홈페이지** www.hoianmemoriesland.com **운영** 테마파크 16:00~22:00, 메모리즈 쇼 공연 시간 20:00 **요금** 테마파크 **입장료** 5만 VND, 메모리즈 쇼(일반석) 60만~75만 VND, 메모리즈 쇼(VIP석) 120만 VND **가는 방법** 올드 타운(내원교) 남쪽으로 2㎞ 떨어진 호이안 메모리즈 랜드에 있다.

투본 강에 둘러싸인 작은 섬 전체를 리조트와 공연장으로 꾸민 문화·예술 테마파크. 10헥타르(약 3만평)에 이르는 면적에 탄찌엠 궁전(응우옌 왕조에서 건설한 궁전), 내원교, 베트남 사원, 중국 마을, 일본 마을 등을 재현해 놨다. 테마파크 곳곳에서 미니 쇼도 펼쳐지니 공연 시간과 장소를 미리 확인해두자. 본 공연에 해당하는 호이안 메모리즈 쇼는 매일 1회 공연된다. 호이안의 400년 역사를 주제로 꾸민 대형 공연으로 무대에 올라오는 인원만 500명에 달한다. 호이안과 과거 무역선을 재현한 세트장 자체가 빛과 소리와 어울러져 신비함을 선사한다. 전체 공연은 5막으로 구성된다. 다이비엣(베트남)의 후옌쩐 공주 Princess Huyền Trân와 참파 왕국(당시 번영했던 힌두 왕국) 쩨먼 왕 Champa King Chế Mân과의 결혼식, 국제 무역항으로 번성하던 파이포 Faifo(당시의 호이안 지명)의 모습, 호이안을 배경으로 아오자이 공연까지 펼쳐진다. 메모리즈 쇼는 3,300명이 동시에 관람할 수 있는데, 관람석의 위치에 따라 에코, 하이, VIP로 구분된다. 야외 공연장이라 비 오는 날을 피해서 방문하는 게 좋다.

룬 퍼모밍 아트 공연장

Teh Dar ©Lune Productions

호이안 임프레션 테마파크

호이안 메모리즈 쇼 ©Hoi An Memories Show

호이안의 주변 볼거리

투본 강을 따라 근교로 나가면 강과 바다가 어우러져 농촌과 어촌 풍경이 절묘한 조화를 이룬다. 시골 공예 마을을 방문하는 에코 투어 Eco Tour 상품도 있다. 덥긴 하지만 자전거를 타고 돌아봐도 되고, 여행사 투어를 이용해 보트를 타고 주변 마을을 둘러봐도 된다. 열대 해변 정취가 있는 한적한 해변과 참파왕국의 흔적을 간직한 미썬 유적(P.322)까지 주변 볼거리도 풍성하다.

Map P.292-C1

끄어다이 해변 Cua Dai Beach ★★★
Bãi Biển Cửa Đại

주소 Cua Dai Beach, Cửa Đại, Thành Phố Hội An **요금** 무료 **가는 방법** 호이안에서 끄어다이 거리 Đường Cửa Đại를 따라 동쪽으로 5㎞ 떨어져 있다.

호이안에서 가장 가까운 해변이다. 호이안에서 오른쪽 끄어다이 거리를 따라 가면 한적한 해변이 나온다. 끄어다이는 투본 강과 바다가 만나는 강 하구에 형성된 길이 3㎞에 이르는 해변으로, 해변 도로를 따라 고급 리조트가 들어서 있다. 아쉽게도 2004년부터 시작된 침식작용과 바다로 유입되는 강물 부실 관리, 높은 파도로 해변이 줄어들었다. 현재는 모래 유실을 막기 위해 거대한 모래 주머니로 둑을 쌓아 놓았다(중간 중간 바다로 내려가는 계단이 있다). 때문에 인접한 안방 해변으로 관광객을 빼앗겼다. 파도가 잔잔한 4~10월이 수영하기 적합하다. 우기에는 파도가 높으므로 주의해야 한다. 현지인들은 물놀이보단 야자수 그늘 아래서 더위를 식히며 휴식을 즐긴다.

해변의 침식으로 인해 볼품 없어진 끄어다이 해변

한적한 해변이 매력적인 안방 해변

Map P.292-B1

안방 해변 An Bang Beach ★★★★
Bãi Biển An Bàng

주소 An Bang Beach, Phường Cẩm An, Thành Phố Hội An **요금** 무료 **가는 방법** 호이안 올드 타운에서 하이바쯩 거리 Đường Hai Bà Trưng를 따라 북동쪽으로 7㎞, 끄어다이 해변에서 해변도로를 따라 북쪽으로 3㎞ 떨어져 있다. 해변 입구에 바이땀 안방 Bãi Tắm An Bàng 표지석이 있다.

끄어다이 해변을 대신해 새롭게 뜨고 있는 해변이다. 4㎞에 이르는 근사한 모래해변이 이어진다. 건기(3~8월)가 해변을 즐기기 가장 좋은 시기로, 태양이 작열하는 열대 지방의 푸른 바다가 펼쳐진다. 낮에는 해변에 놓인 선베드를 점령한 외국인들을, 아침저녁에는 피서를 나온 현지인들을 많이 볼 수 있다. 우기에는 파도가 높아지는데, 9월부터 2월까지는 서핑을 배울 수 있다. 해안선 북쪽으로는 다낭을 감싸고 있는 썬짜 반도가 보이고, 해안선 앞으로는 8개의 작은 섬이 군도를 이루는 짬 군도 Cham Islands(Cù Lao Chàm)가 보인다.
곱고 기다란 해변에 비해 아직까진 개발이 덜 돼서 한적한 해변을 즐길 수 있다. 바 Bar를 겸하고

새롭게 뜨고 있는 안방 해변

있는 레스토랑은 자연적인 정취를 잘 살려 한가로이 시간을 보내기 좋다.

Map P.292-C2

껌탄(코코넛 빌리지) ★★★
Cẩm Thanh(Coconut Village)

주소 Xã Cẩm Thanh, Thành Phố Hội An **요금** 무료 **가는 방법** 호이안 올드 타운에서 동쪽(끄어다이 해변 방향)으로 3~4㎞ 떨어져 있다.

올드 타운과 끄어다이 해변 사이에 있는 시골 마을. 강과 바다가 만나는 하구에 있으며, 전체 면적은 9.46㎢, 인구는 6,500명에 불과하다. 여러 개의 지류로 갈라지는 강 하구와 울창한 야자수 숲이 어우러져 독특한 풍경을 이룬다. 7헥타르에 이르는 야자수 숲 때문에 껌탄 코코넛 빌리지 Cam Thanh Coconut Village(Rừng Dừa Cẩm Thanh) 라고 불린다.
껌탄(코코넛 빌리지)은 생태 관광지(에코 투어)로 알려져 있다. 바구니 배(대나무 쪽배) Bamboo Basket Boat(Thuyền Thúng)를 타고 야자수 숲을 여행할 수 있다. 직접 흥정할 경우 바구니 배 한 대(2명 탑승) 기준으로 15만~20만 VND이 적당하다. 40분 정도 노를 저어가며 풍경을 감상하는데, 흥을 돋우기 위해 한국 노래를 틀어 놓고 바구니 배를 돌리는 공연도 펼친다. 여행사 투어에 참여할 경우 쿠킹 클래스(요리 강습)를 결합해 반나절 코스로 진행된다.

단체 투어가 방문하는 코코넛 빌리지

코코넛 빌리지에서 바구니 배 타기

Map P.292-A2

껌낌(낌봉 목공예 마을) ★★☆
Cam Kim Island
Đảo Cẩm Kim

주소 Xã Cẩm Kim, Thành Phố Hội An **요금** 무료 **가는 방법** 호이안에서 투본 강 건너 남쪽으로 2㎞. 안호이 섬에 있는 리버 타운 호이안 리조트 앞쪽의 껌낌교 Cầu Cẩm Kim(Cam Kim Bridge)를 건너면 된다.

투본 강에 있는 섬으로 올드 타운과 가깝다. 목공예 마을인 낌봉 마을 때문에 유명해진 섬이다. 현지인들은 낌봉 목공예 마을이라고 해서 '랑목 낌봉 Làng Mộc Kim Bồng'이라고 부르기도 한다. 강과 어우러진 농촌 풍경을 볼 수 있는데, 여행자들은 대부분 목공예 마을만 방문한다. 목공예 마을은 선착장 바로 앞에 있어 찾기 쉽다. 과거 호이안의 전통가옥에 사용했던 목조 기둥과 서까래, 장식들이 대부분 낌봉 마을의 장인들의 손을 거쳤을 정도로 손재주가 좋다. 목공예는 15~18세기에 전성기를 이루고, 현재는 20여 개의 공방이 남아 있을 뿐이다. 목공예 마을을 제외하고는 관광객이 없어서 평화로운 풍경을 즐길 수 있다. 안호이 섬에서 껌낌 섬을 연결하는 껌낌교가 놓이면서 오토바이와 자전거를 타고 섬을 드나들 수 있다. 미썬 유적과 연계한 보트 투어(P.321)를 이용해서 다녀와도 된다.

낌봉 목공예 마을

껌낌 섬 선착장

관광지로 변모한 탄하 도자기 마을

Map P.292-A2

탄하 도자기 마을 ★★☆
Thanh Ha Pottery Village
Làng Gốm Thanh Hà

주소 Thanh Hà, Hội An, Quảng Nam **요금** 3만 5,000VND **가는 방법** 호이안 올드 타운에서 남서 쪽으로 3㎞. 호이안 서쪽으로 연결되는 훙브엉 거 리 Hùng Vương를 계속 따라가 탄하 시장 Chợ Thanh Hà 앞 삼거리에서 주이떤 거리 Duy Tân로 들어가면 도자기 마을 매표소가 나온다.

16세기부터 명맥을 이어온 도자기 마을이다. 번성했던 시절에는 벽돌, 타일, 항아리, 토기 제품 등 호 이안 지역의 건축과 생활에 필요한 제품을 모두 이 곳에서 생산했다. 현재는 10여개 공방만 남아 있는 시골 마을로 꽃병, 조각 장식, 동물 모양의 호각 등 기념품이 될 만한 것들을 만들어 판매하는데, 관광 객이 찾아오면 물레를 돌려가며 도자기를 빚는 모습을 시연한다.

마을 입구 매표소 맞은편에 테라코타 파크 Terra Cotta Park Công Viên Đất Nung Thanh Hà가 있다. 일종의 도자기 박물관으로 관광하려면 별도의 입장료(운영 08:30~17:30, 요금 5만 VND)를 내 야한다. 타지마할, 오페라하우스, 콜로세움을 포함 해 세계적으로 유명한 건축물의 미니어처를 전시 하고 있다.

Map P.292-D2

빈원더스 남호이안 ★★★
Vin Wonders Nam Hội An

주소 Đường Ven Biển 129, Xã Bình Minh, Huyện Thăng Bình, Quảng Nam **전화**(핫라인) 1900-6677 **홈페이지** www.vinwonders.com **운영** 09:00~19:00 **요금** 성인 60만 VND, 어린이(키 100~140㎝) 45만 VND, 야간 입장(오후 3시 이후) 42만 VND **가는 방법** 호이안 올드 타운에서 남쪽으로 17㎞ 떨어져 있다. 호이안 동남쪽의 끄어다이 대교를 건너서 남쪽으로 10㎞ 더 내려간다. 택시를 탈 경우 호이안에서 20분, 택시 요금은 20만~25만VND 정도 예상하면 된다.

베트남을 대표하는 리조트 회사 빈펄에서 운영하는 62헥타르(약 19만평) 크기의 놀이 공원이다. 호이안 남쪽 해변에 들어선 초대형 리조트인 빈펄 리조트 & 골프 남 호이안 Vinpearl Resort & Golf Nam Hội An과 함께 조성했다.

빈원더스의 입구에 해당하는 하버 코너 Harbour Corner는 12척의 대형 선박을 만들어 항구를 재현했다. 입구를 들어서면 왼쪽에는 호이안 올드 타운, 오른쪽에는 유럽 건축물을 재현해 만든 거리가 길게 이어진다. 주요 시설은 크게 4개 구역으로 이뤄진다. 물놀이 테마파크인 워터 월드 Water World, 인공 수로를 따라 보트를 타고 이동하며 동물을 관찰할 수 있는 리버 사파리 River Safari, 베트남 전통 가옥을 재현해 만든 포크 아일랜드 Folk Island, 그리고 20여 종류의 놀이기구를 탈 수 있는 어드벤처 랜드 Adventure Land로 즐길 거리가 풍성하다.

빈원더스 남호이안 전경

리버 사파리

Travel Plus+ 호이안 명물 요리 맛보기

호이안에서 호이안 요리를 맛보지 않고서는 호이안 여행은 절대로 완성될 수 없습니다. 중국과 일본 상인들이 호이안에 정착한 만큼 음식 또한 중국과 일본의 영향을 받았습니다. 국수는 우동과 비슷하며, 튀김은 만두를 닮았습니다. 닭고기덮밥인 '껌가'는 간편하고 저렴합니다.

까오러우 Cao Lầu

일본의 영향을 받은 대표적인 음식으로 우동과 비슷하다. 베트남에서 흔한 쌀로 만든 국수이지만 면발이 두툼한 것이 특징이다. 철분 성분이 함유된 호이안 지방에만 나오는 특유한 우물물로 반죽을 하기 때문에 면발이 쫄깃하고 달콤한 맛을 낸다. 고명으로 돼지고기와 바삭한 쌀 과자 튀김, 채소, 허브를 넣어 면과 함께 비벼 먹으면 된다. 호이안 음식 중에 가장 유명하며, 조리 방법도 간편해 호이안 어디서나 손쉽게 맛볼 수 있다.

반바오반박(화이트 로즈) Bánh Bao Bánh Vạc(White Rose)

중국의 영향을 받아 만든 음식으로 만두와 비슷하다. 중국 남방의 영향을 받았으므로 '딤섬'처럼 만두피를 쌀로 만들어 얇고 투명하다. 다진 새우를 넣어 만든 반바오반박은 살짝 튀긴 마늘과 곁들여 간장 소스나 생선 소스에 찍어 먹는다. 하얀색 만두피와 붉은색 새우가 어울려 장미 모양을 하고 있기 때문에 '호아홍짱 Hoa Hồng Trắng'이라고 부른다. 영어로 '화이트 로즈 White Rose'라고 부른다.

껌가 Cơm Gà

중국 남방의 영향을 받아 호이안에 전래된 닭고기덮밥이다. 푹 고아 낸 담백한 닭고기를 밥 위에 얹어 주는 치킨라이스 Chicken Rice. 닭고기를 삶은 육수로 밥을 하기 때문에 밥이 노란색을 띤다. 잘게 썬 파파야와 고추기름장을 적당히 넣어 밥과 함께 먹으면 된다. 유명 레스토랑보다는 노점에서 흔하게 볼 수 있다.

호안탄(환탄) Hoành Thánh

'완탕'의 베트남식 발음이다. 호안탄은 일반적으로 '호안탄 찌엔 Hoành Thánh Chiên'이라고 해서 튀겨서 먹는다. 중국과 달리 완탕을 통째로 튀기는 게 아니라, 밀가루만 얇게 따로 튀기고 그 위에 새우나 다진 고기, 토마토, 양파를 요리해 얹는다. 매콤한 만둣국처럼 만든 '호안탄 느억 Hoành Thánh Nước'과 완탕 국수인 '호안탄 미 Hoành Thánh Mì'도 있다.

Restaurant

호이안의 레스토랑

호이안 여기저기에 레스토랑들은 넘쳐난다. 전통가옥을 개조한 곳들이 많아서 별다른 인테리어를 꾸미지 않아도 분위기가 좋다. 투본 강을 사이에 두고 마주보고 있는 강변 도로에 있는 식당들은 저녁때가 되면 홍등을 밝혀 낭만적이다. 베트남 가족들이 생활하는 가정집의 일부를 식당으로 꾸민 곳도 많아 정성들인 가정식 요리를 맛볼 수 있다. 워낙 많은 관광객들이 오기 때문에 메뉴는 비슷하다.

반미 마담 칸 ★★★☆
Madam Khánh(The Bánh Mì Queen)

Map P.294-B2 **주소** 115 Trần Cao Vân **전화** 0510-3916-369 **영업** 07:00~19:00 **예산** 3만 VND **메뉴** 영어, 베트남어 **가는 방법** 쩐까오반 거리 115번지에 있다.

'마담 칸'이 35년 넘게 운영하는 반미(바게트 샌드위치) 전문점이다. 외관은 허름하지만 호이안에서 알아주는 반미 맛집 중 한 곳으로 통한다. 간판에는 반미의 여왕 The Bánh Mì Queen라고 적혀 있다. 그날 판매할 만큼의 식재료를 가장 신선한 상태로 준비하고 영업하는 곳이다.

반미 프엉 ★★★★
Bánh Mì Phượng

Map P.295-D3 **주소** 2B Phan Châu Trinh **전화** 0905-743-773 **영업** 06:30~21:30 **메뉴** 영어, 베트남어 **예산** 3만 5,000 VND **가는 방법** 판쩌우찐 거리 2번지에 있다.

현지인들에게 유명한 '반미'(바게트 샌드위치) 식당이다. 소박한 서민식당으로 30년의 전통을 자랑한다. 저렴하고 맛이 좋아 외국인 여행자들에게도 입소문이 났다. 메뉴 중에는 모든 재료를 넣은 반미텁껌 Bánh Mì Thập Cẩm이 인기 있다. 점심시간에는 줄을 서서 주문해야 하는 경우가 흔하다.

껌린 Cơm Linh ★★★★

Map P.294-B4 **주소** 42 Phan Châu Trinh(Phan Chu Trinh) **전화** 0904-210-800 **홈페이지** www.facebook.com/comlinhrestaurant **영업** 10:30~21:30 **메뉴** 영어, 베트남어 **예산** 8만~22만 VND **가는 방법** 판쩌우찐 거리 42번지에 있다.

호이안에서 인기 있는 로컬 레스토랑이다. 원래는 오리구이 Vịt Quay와 치킨라이스 Cơm Gà를 전문으로 하던 곳인데, 외국 관광객이 많이 찾아오면서 쌀국수, 반쎄오, 분짜, 분넴, 까오러우 등 대중적인 음식을 함께 요리하고 있다. 오징어와 새우 등 해산물 요리까지 한 곳에서 다양한 베트남 음식을 즐길 수 있다. 식사시간에 붐비는 곳으로 저녁 시간에는 도로까지 테이블이 놓인다. 한국 관광객도 많이 찾는 곳으로 한국어 간판은 '깜른'이라고 적혀 있다.

포쓰아(포 슈아) Phố Xưa ★★★☆

Map P.294-C3 **주소** 35 Phan Châu Trinh **전화** 090-3112-237 **홈페이지** www.phoxuarestaurant.net **영업** 10:00~21:00 **메뉴** 영어, 베트남어 **예산** 6만~10만 VND **가는 방법** 판쩌우찐 거리 35번지에 있다.

아담하고 청결한 베트남 식당이다. 까오러우, 미꽝, 호안탄, 화이트 로즈 같은 호이안 음식을 거품 없는 가격에 맛볼 수 있다. 퍼 보(소고기 쌀국수) Phở Bò와 분짜(하노이에서 즐겨 먹는 국수+고기구이) Bún Chả도 맛볼 수 있다. 음식 값이 저렴하기 때문에 부담 없이 식사하기 좋다.

강변에 분점에 해당하는 포 쓰아 리버사이드 레스토랑 Pho Xua Riverside Restaurant(주소 81 Trần Quang Khải)을 함께 운영한다. 한국어 간판으로 '포 슈아 강변(포 슈아 II)'라고 적혀 있다.

호로꽌 Hồ Lô Quán ★★★☆

Map P.294-B1 **주소** 20 Trần Cao Vân **전화** 0901-132-369 **영업** 08:00~22:00 **메뉴** 영어, 베트남어 **예산** 8만~15만 VND **가는 방법** 쩐까오번 거리 20번지에 있다.

올드 타운에서 조금 떨어진 조용한 골목에 있다. 가정집 1층을 식당으로 사용하는데, 규모는 작지만 에어컨 시설이라 쾌적하다. 까오러우, 스프링 롤, 쌀국수, 볶음 국수, 시푸드까지 메뉴가 다양하고 가성비가 좋은데다 주인장이 친절하다. 다만 주문이 밀리면 조리하는데 유난히 시간이 오래 걸리는 단점이 있다.

미스 리 Miss Ly ★★★☆

Map P.295-D3 **주소** 22 Nguyễn Huệ **전화** 0235-3861-603 **메뉴** 영어, 베트남어 **영업** 매일 11:00~21:00 **예산** 10만~23만 VND **가는 방법** 응우옌 후에 거리 22번지에 있다.

25년 넘도록 인기를 누리고 있는 전통 업소다. 인테리어는 살짝 업그레이드되었지만 여전히 캐주얼한 분위기이다. 인기 메뉴인 호안탄(완탕 튀김)을 시작으로 까오러우, 넴느엉, 스프링 롤, 파파야 샐러드 같은 부담 없는 베트남 음식이 주를 이룬다.

느 이터리 Nữ Eatery ★★★☆

Map P.294-A4 **주소** 10A Nguyễn Thị Minh Khai **전화** 0129-5190-190 **홈페이지** www.facebook.com/NuEateryHoiAn **영업** 월~토요일 12:00~21:00 **휴무** 일요일 **예산** 10만 VND **메뉴** 영어 **가는 방법** 내원교를 건너서 응우옌티민카이 거리에 있는 풍흥 고가를 지나자마자 오른쪽에 있는 작은 골목 안쪽으로 30m 들어간다.

골목 안쪽에 숨겨져 있는 아담한 레스토랑이다. 오래된 가정집을 개조해 빈티지한 느낌을 주었는데, 작고 예쁜 레스토랑으로 분위기가 좋다. 메인 요리는 누들, 라이스, 베지테리언 라이스 Vegetarian Rice, 샌드위치뿐이다. 베트남과 일본 음식을 접목시킨 퓨전 요리로 정갈하다. 음식 양은 적은 편이다. 주방이 개방되어 요리하는 모습을 볼 수 있다.

가오 호이안 Gạo Hoi An ★★★★

Map P.294-C3 **주소** 47/10 Trần Hưng Đạo **전화** 0901-865-504 **영업** 10:00~21:00 **메뉴** 영어, 한국어, 베트남어 **예산** 5만~8만 5,000VND **가는 방법** 쩐흥다오 거리 47번지 골목 안쪽으로 100m 들어간다.

골목 안쪽에 있는 베트남 가족이 운영하는 식당. 에어컨은 없지만 친절하고 정성스럽게 요리해준다. 대표 메뉴인 완탕을 직접 만들어 사용하기 때문에 맛이 좋다. 호이안 전통 방식인 튀김 완탕 Hoành Thánh Chiên도 좋지만, 담백한 완탕 국수 Mỳ Nước가 일품이다. 한국어 메뉴판이 있어 주문하는 데 어렵지 않다.

리칭 아웃 티 하우스 Reaching Out Tea House ★★★★

Map P.294-B4 **주소** 131 Trần Phú **전화** 0235-3910-168 **홈페이지** www.reachingoutvietnam.com **영업** 08:00~20:00 **메뉴** 영어 **예산** 8만~14만 VND **가는 방법** 쩐푸 거리에 있는 득안 고가 옆에 있다.

장애인들이 만든 수공예품 공방에서 운영하는 찻집이다. 베트남에서 차 마시는 게 특별할 건 없지만, '침묵의 미(美)'를 보여주는 리칭 아웃 티하우스에서의 시간은 특별하다. 청각 장애인을 고용해 찻집을 운영하기 때문이다. 테이블에 놓인 (영어가 적힌) 나무 블록을 주문서로 대신하면 된다.
목조 전통가옥의 운치와 건물 안쪽의 안마당에서 느끼는 조용함까지 몸과 마음이 치유되는 기분이 들게 한다. 공방에서 직접 만든 다기와 찻잔, 접시까지 예술적인 감각을 더했다.

핀 커피 Phin Coffee ★★★★

Map P.294-B3 **주소** 132/7 Trần Phú **홈페이지** www.phincoffeehoian.com **영업** 08:00~22:00 **메뉴** 영어, 베트남어 **예산** 5만~9만 VND **가는 방법** ①쩐푸 거리 132번지 골목 안쪽 끝에 있다. ②

레러이 거리 60번지(60 Lê Lợi) 옆 골목으로 들어가도 된다.

골목 안쪽 깊숙이 숨어있는 카페다. 차들이 다닐 수 없는 골목 끝자락이라 조용하고, 넓은 정원과 녹색 식물들이 여유로움을 선사한다. 가게 이름인 '핀'은 베트남에서 커피를 내릴 때 쓰는 스테인리스 커피 필터를 뜻하는데, 커피를 주문하면 핀으로 즉석에서 드립 커피를 내려준다. 한국 여행자들이 좋아하는 코코넛 커피는 물론 크루아상, 토스트, 샌드위치, 과일+요거트 같은 디저트 메뉴도 있다.

파이포 커피 Faifo Coffee ★★★☆

Map P.294-B4 주소 130 Trần Phú **홈페이지** www.faifocoffee.vn/en **영업** 08:00~21:00 **메뉴** 영어, 베트남어, 중국어 **예산** 커피 6만~8만 VND **가는 방법** 올드 타운의 쩐푸 거리 130번지에 있다.

베트남 커피를 직접 로스팅하기 때문에 숍 내부에 커피 향이 가득하다. 100년이 넘는 콜로니얼 건물을 카페로 사용해 운치 있다. 무엇보다 옥상을 개방해 호이안 올드 타운을 내려다보며 시간을 보낼 수 있다. 사진 찍기 좋은 루프 톱 카페로 알려져서 붐비는 편이다.

92 스테이션 92 Station ★★★☆

Map P.294-C4 주소 92 Trần Phú **전화** 0905-063-199 **영업** 07:00~19:00 **메뉴** 영어, 베트남어 **예산** 5만~7만 VND **가는 방법** 쩐푸 거리 92번지에 있다.

올드 타운에 있는 루프톱 카페. 파이포 커피가 유명해지고 복잡해지면서 그에 대한 대안으로 떠오른 곳이다. 옥상을 포함해 4층 건물로 주변 건물보다 높다. 루프톱에 포토 존도 만들어 두고 있다. 커피 맛은 평범하다. 베트남어 간판은 Cửa Hàng 92라고 적혀 있다.

쩌우 키친 Châu Kitchen ★★★★

Map P.294-B4 주소 141 Trần Phú **전화** 0903-529-377 **홈페이지** www.facebook.com/Chaukitchenhoian **영업** 09:00~22:00 **메뉴** 영어, 베트남어 **예산** 12만~34만 VND(+5% Tax) **가는 방법** 쩐푸 거리 141번지에 있다.

올드 타운에 있는 전통 가옥을 리모델링해 레스토랑으로 사용한다. 벽면을 장식한 그림과 색감 가득한 쿠션이 목조 가옥에 색과 멋을 더했다. 저녁 시간에는 안마당의 야외 테이블에 자리를 잡아도 괜찮다. 다분히 관광객을 겨냥한 곳으로 어느 한 가지 음식에 특화하지 않고, 누구나 즐길만한 베트남 음식을 골고루 요리한다.

탄남꽌(탄남콴) Thành Nam Quán ★★★★

Map P.294-B1 주소 60 Trần Cao Vân **홈페이지** www.thanhnamquan.business.site **영업** 월~토 11:00~21:00(휴무 일요일) **메뉴** 영어, 베트남어 **예산** 7만~12만 VND **가는 방법** 쩐까오번 거리 60번지에 있다

올드 타운을 살짝 벗어난 북쪽 지역 골목에 있는 자그마한 식당. 테이블이 5개로 협소하다. 베트남 가정식 요리를 선보이는데 향신료가 적고 무난한 맛을 낸다. 모닝글로리 볶음 Rau Muống Xào Tỏi, 달걀말이 Trứng Chiên Thịt Heo, 돼지고기 조림 Thịt Heo Kho, 소고기 채소 볶음 Bò Xào Rau Củ, 새우 마늘 볶음 Tôm Rim Tỏi 같은 메인 요리는 공깃밥과 함께 먹으면 된다. 에어컨은 없지만 주인장은 친절하다.

년 키친(니한 키친) Nhan's Kitchen ★★★☆

Map P.293-B2 주소 167 Trần Nhân Tông **전화** 0905-186-867 **영업** 11:00~21:00 **메뉴** 영어, 베트남어 **예산** 12만~18만 VND **가는 방법** 쩐년똥 거리 167번지에 있다. 내원교에서 동쪽으로 2.5㎞ 떨어져 있다.

관광지를 벗어난 한적한 도로에 있지만 입소문을 타고 유명해졌다. 한국 관광객에게는 '니한 키친'으로 알려지기도 했다. 분위기는 심플하지만 에어컨 시설의 실내와 야외 테이블로 구성되어 있다. 전형적인 투어리스트 레스토랑으로 호이안 요리, 베트남 요리, 피자까지 다양하게 구성돼 있다. 밥과 함께 식사하기 좋은 음식이 많아서 환영받는 곳이다.

오리비 레스토랑 Orivy ★★★☆

Map P.293-B2 주소 546 Cửa Đại **전화** 0905-306-465 **홈페이지** www.www.orivy.com **영업** 11:00~21:30 **메뉴** 영어, 베트남어 **예산** 8만~14만 VND **가는 방법** 올드 타운 오른쪽으로 연결되는 끄어다이 거리 546번지에 있다.

한국 여행자들에게도 잘 알려진 로컬 레스토랑이다. 팬데믹 이후 새로운 장소로 이전했는데, 도로변에 위치한 식당은 규모도 작아지고 분위기도 평범해졌다. 로컬 음식을 요리하는 곳답게 스프링롤, 쌀국수, 반쎄오, 치킨라이스, 호이안 3대 요리(까오러우, 호안탄, 화이트 로즈) 같은 대중적인 음식을 깔끔하게 요리한다. 생선과 해산물, 돼지고기, 소고기, 닭고기를 이용한 메인 요리와 곁들이면 된다. 주인장 부부가 친절한 것도 매력이다.

호아히엔 Hoa Hien ★★★☆

Map P.293-B2 주소 35 Trần Quang Khải **전화** 0235-3939-668 **홈페이지** www.hoahienrestaurant.com **영업** 09:00~21:00 **메뉴** 영어, 베트남어 **예산** 11만~22만VND **가는 방법** 쩐꽝카이 거리 35번지에 있다. 강변도로인 후옌쩐꽁쭈아 거리 Huyền Trân Công Chúa에도 입구가 있다. 호이안 시장에서 동쪽으로 1.5㎞ 떨어져 있다.

올드 타운에서 조금 떨어진 강변에 있다. 한적한 동네 분위기와 강 풍경 덕분에 관광지를 벗어난 느낌을 준다. 마당과 정원에 둘러싸인 근사한 저택이라 더욱 여유롭다. 메뉴는 쌀국수, 까오러우, 미꽝, 분짜, 스프링 롤, 반쎄오, 넴루이, 껌업푸(베트남식 비빔밥) Cơm Âm Phủ 등으로 가볍게 식사하기 좋은 단품이 많다.

모닝 글로리 오리지널 Morning Glory Original ★★★☆

Map P.294-B4 주소 106 Nguyễn Thái Học **전화** 0235-3241-555 **홈페이지** www.tastevietnam.asia **영업** 11:00~23:00 **메뉴** 영어, 베트남어 **예산** 14만~35만 VND **가는 방법** 떤끼 고가 맞은편의 응우옌타이혹 거리 106번지에 있다.

호이안 올드 타운에서 가장 많이 알려진 베트남 음식점이다. 성수기에는 줄을 서서 차례를 기다릴 정도다. 올드 타운에 있는 2층짜리 콜로니얼 건물을 레스토랑으로 사용한다. 분위기와 음식 모두 세련됐다. 베트남에서 흔하게 볼 수 있는 음식을 좋은 재료를 사용해 깔끔하고 건강하게 요리하는 데 중점을 두고 있다. 참고로 투본 강 건너편에는 있는 모닝 글로리 시그니처 Morning Glory Signature와 비스 마켓 레스토랑 Vy's Market Restaurant을 함께 운영한다.

리틀 파이포 Little Faifo ★★★★

Map P.294-C4 주소 66 Nguyễn Thái Học **전화** 0235-3917-444 **홈페이지** www.littlefaifo.com **영업** 09:00~22:00 **메뉴** 영어, 베트남어 **예산** 메인 요리 18만~30만 VND(+10% Tax) **가는 방법** 응우옌타이혹 거리 66번지에 있다.

200년 넘는 역사를 가진 목조 가옥을 레스토랑으로 사용한다. 건물 자체를 문화유산으로 지정해 건설 당시의 모습을 온전히 보존하고 있다. 동양적인 정취가 가득한 건물을 스타일리시하게 꾸몄다. 베트남 음식을 메인으로 요리하는데, 관광객이 많이 찾는 곳답게 샌드위치, 피자, 스파게티 메뉴도 있다. 호이안에서 분위기 좋은 식당 중 하나로, 은은한 조명을 밝히는 저녁이면 분위기가 더 좋다.

하이 카페 레스토랑 Hai Cafe Restaurant ★★★☆

Map P.294-B4 주소 98 Nguyễn Thái Học(정문) & 111 Trần Phú(후문) **전화** 0235-3863-210 **홈페이지** www.visithoian.com **영업** 매일 08:00~22:00 **메뉴** 영어, 한국어, 베트남어 **예산** 15만~30만 VND **가는 방법** 응우옌타이혹 거리의 떤끼 고가에서 도보 1분. 쩐푸 거리에도 입구가 있다.

올드 타운의 전통가옥을 레스토랑으로 사용해 분위기가 좋다. 응우옌타이혹 거리에서 보면 중국풍의 인테리어로 꾸민 레스토랑이 나오고, 쩐푸 거리에서 보면 야외 정원에 만든 카페가 나온다. 호이안 요리부터 바비큐, 시푸드, 바게트 샌드위치,

피자, 스파게티까지 메뉴는 다양하다.

림 다이닝 룸 Lim Dining Room ★★★★

Map P.294-B4 주소 96 Nguyễn Thái Học **전화** 0934-740-229 **홈페이지** www.limdiningroom.com **영업** 07:30~22:00 **메뉴** 영어 **예산** 메인 요리 29만~56만 VND, 테이스팅 메뉴(코스 요리) 82만 VND **가는 방법** 응우옌타이혹 거리 96번지에 있다.

올드 타운에 있는 매력적인 고가옥을 분위기 가득한 이탈리안 레스토랑으로 리모델링했다. 목조 건물 외관은 전혀 손대지 않아 예스러운 멋이 가득하다. 아무래도 은은한 조명이 비추는 저녁시간이 더욱 낭만적이다. 메뉴는 파자, 파스타, 뇨키, 피시 필렛, 치킨 브레스트, 비프스테이크로 간단하다. 식사와 어울리는 다양한 와인을 보유하고 있다.

세븐 브리지 7 Bridges Hoi An Taproom ★★★☆

Map P.295-D3 주소 36 Trần Phú **전화** 0979-784-491 **홈페이지** www.facebook.com/7BridgesHoiAn **영업** 11:00~24:00 **메뉴** 영어 **예산** 맥주 9만~17만 VND **가는 방법** 쩐푸 거리 36번지에 있다.

수제 맥주 회사인 세븐 브리지 브루잉 컴퍼니에서 운영한다. 올드 타운 초입에 있는 목조 건물로 뒷마당을 겸한 야외 정원이 있는데, 별다른 치장 없이도 비어 가든이 된다. 20여 종의 수제 맥주를 판매하는데, 시원한 수제 맥주는 탭에서 직접 뽑아 준다.

로빙 칠 하우스 Roving Chill House ★★★☆

Map P.292-B1 주소 Nguyễn Trãi Thanh Tây, Hội An **전화** 0708-123-045 **홈페이지** www.facebook.com/RovingChillhouseHoiAn **영업** 07:00~21:00 **메뉴** 영어, 베트남어 **예산** 커피 6만~14만 VND, 메인 요리 15만~35만 VND **가는 방법** 끄어다이 거리에서 안방 해변으로 넘어가는 시골길에 있다. 호이안 올드 타운에서 4㎞ 떨어져 있다.

호이안 주변의 논 풍경을 감상할 수 있는 카페. 논밭을 끼고 야외에 만든 카페로 시골 풍경이 주는 편안함을 느낄 수 있다. 목재 테이블, 평상, 쿠션, 파라솔 등을 놓아 자연스러운 분위기를 극대화했다. 전원을 배경으로 사진 찍기 좋은 카페로 현지인들에게 인기 있다.

사운드 오브 사일런스 Sound Of Silence ★★★★

Map P.292-B1 주소 40 Nguyễn Phan Vinh **전화** 0866-774-962 **영업** 07:00~19:00 **메뉴** 영어, 베트남어 **예산** 커피 4만~11만 VND **가는 방법** 안방 해변의 응우옌판빈 거리 40번지에 있다.

안방 해변에 있는 카페를 겸한 브런치 레스토랑이다. 벽돌과 티크 나무로 이루어진 가옥과 야자수 아래 놓인 야외 테이블이 분위기를 더한다. 해변에는 파라솔과 덱체어도 놓여 있어 열대 지방 분위기가 물씬 풍긴다. 파도 소리와 바닷바람을 느끼며 시간을 보내기 좋다. 베트남 커피와 핸드 드립 등 다양한 방법으로 커피를 만든다.

소울 키친 Soul Kitchen ★★★☆

Map P.292-B1 주소 An Bang Beach **전화** 090-6440-320 **홈페이지** www.facebook.com/soulkitchenlivemusic **영업** 08:00~23:00 **예산** 맥주 6만~10만 VND, 메인 요리 14만~22만 VND **메뉴** 영어 **가는 방법** 호이안 올드 타운에서 5㎞ 떨어진 안방 해변에 있다. 바이땀 안방 Bãi Tắm An Bàng이라고 적힌 표지석이 있는 해변 입구에서 왼쪽(북쪽)으로 100m.

안방 해변과 접해 있는 해변의 레스토랑이다. 바다가 보이는 곳에 놓인 평상과 푹신한 쿠션, 잔디 위에 놓인 데크체어, 해변에 놓인 선베드에 자리를 잡고 널브러져 게으른 시간을 보내기 좋다. 카페, 레스토랑, 라운지, 바를 모두 겸하고 있다. 브런치를 즐겨도 되고, 베트남 커피나 맥주로 더위를 식혀도 되고, 칵테일·와인을 곁들여 저녁 식사를 해도 된다.

Hotel

호이안의 호텔

여행자 숙소가 몰려 있는 곳은 하이바쯩 거리 Đường Hai Bà Trưng와 바찌에우 거리 Đường Bà Triệu이다. 대부분의 숙소에서 올드 타운까지 걸어서 10분 거리로 가깝다. 고급 리조트들은 끄어다이 해변 Cửa Đại Beach을 끼고 있으며, 올드 타운을 살짝 벗어난 한적한 곳에는 수영장을 갖춘 3성급 호텔도 많다. 호이안에 오래 머문다면 끄어다이 거리(올드 타운과 끄어다이 해변 중간)에 있는 홈스테이를 이용하는 것도 나쁘지 않다.

호아미 2 호텔 ★★★
Hoa My 2 Hotel

Map P.293-A1 주소 44 Trần Cao Vân **전화** 090-5518-569, 090-5137-589 **홈페이지** www.hoamyhotelhoian.com.vn **요금** 더블 US$20~25, 3인실 US$27~30(에어컨, 개인욕실, TV, 냉장고, 아침식사) **가는 방법** 쩐까오번 거리 44번지에 있다.

올드 타운과 비교적 가까운 여행자 숙소. 조용한 골목에 있고 주변에 저렴한 식당도 많다. 객실과 욕실은 넓고 발코니 딸린 방도 있다. 자그마한 수영장도 있다. 계단 쪽으로 방문이 연결돼 바깥 소음이 들리는 게 단점이다. 아침식사는 간단한 뷔페로 제공된다. 엘리베이터는 없다.

란타나 부티크 호텔 ★★★★
Lantana Boutique Hotel

Map P.293-A2 주소 9 Thoại Ngọc Hầu **전화** 0235-3963-999 **홈페이지** www.lantanahoian.com **요금** 슈피리어 US$75~84, 디럭스 US$85~95, 수퍼브 디럭스 US$95~105 **가는 방법** 내원교 남쪽에서 투본 강과 안호이 섬을 연결하는 다리를 건너, 강변도로를 따라 오른쪽으로 450m.

투본 강변에 세운 콜로니얼 양식의 부티크 호텔로 호젓한 정취가 매력적이다. 순백의 벽, 푸른빛 타일을 바른 바닥으로 화사하게 꾸민 인테리어가 눈에 띈다. 총 37개 객실을 운영하는데, 객실 유형은 위치와 전망에 따라 3가지로 나뉜다. 강변을 끼고 있는 수퍼브 디럭스 룸은 널찍하고 전망이 좋다. 건물 뒤뜰에는 수영장과 선베드도 갖췄다.

록사나 리버 빌라 ★★★★
Roxana River Villa

Map P.293-B2 주소 60 Huyền Trân Công Chúa **전화** 0235-3862-679 **홈페이지** www.roxanarivervilla.com **요금** 트윈 US$35~40, 딜럭스 리버 뷰 US$50~60(에어컨, 개인욕실, TV, 냉장고, 아침식사) **가는 방법** 올드 타운 동쪽으로 연결되는 강변도로를 따라 후옌쩐꽁쭈아 거리 69번지에 있다. 호이안 시장까지 1.5㎞ 떨어져 있다.

호이안 올드 타운에서 살짝 벗어난 강변에 있다. 3성급 호텔로 신축한 건물이라 깨끗하다. 고풍스런 느낌은 없지만 원목 가구, 패턴 타일, 흑백 사진을 걸어 객실을 쾌적하게 꾸몄다. 투본 강이 바라다 보이는 리버 뷰 룸은 발코니가 딸려 있다. 야외 수영장이 있고, 아침 식사도 제공된다. 자전거도 무료로 사용할 수 있다. 3층 건물로 엘리베이터는 없다. 소규모 호텔이라 직원들이 친절하다.

얼스 빌라 The Earth Villa ★★★★

Map P.293-B1 주소 380 Cửa Đại **전화** 0235-3926-777 **홈페이지** www.theearthvilla.com **요금** 더블 비수기 US$36~42, 더블 성수기 US$45~55(에어컨, 개인욕실, TV, 냉장고, 아침식사) **가는 방법** 올드 타운에서 동쪽(끄어다이 해변 방향)으로 2㎞ 떨어져 있다.

올드 타운에서 끄어다이 해변으로 가는 길에 있는 아담한 숙소다. 마당과 야외 수영장이 평화로운 분위기를 더해 준다. 복층으로 이루어진 빌라에 모두 9개 객실을 운영한다. 객실도 넓고 깨끗하다.

친절한 베트남 가족이 운영하며 홈스테이처럼 편안하다. 아침식사가 포함되며 자전거를 무료로 이용할 수 있다.

호이안 신세리티 호텔 ★★★★
Hoian Sincerity Hote

Map P.293-A1 주소 1 Lê Đình Thám **전화** 0235-3666-188 **홈페이지** www.hoiansincerity hotel.com **요금** 슈피리어 US$42, 딜럭스 US$52, 패밀리 US$65~76(에어컨, 개인욕실, TV, 냉장고, 아침식사) **가는 방법** 내원교(올드 타운)에서 북쪽으로 2km 떨어진 레딘탐 거리 1번지에 있다. 올드 타운 북쪽으로 하이바쯩 Hai Bà Trưng 거리를 따라 가다가 레딘탐 거리가 나오면 우회전해서 100m 들어간다.

올드 타운과 떨어져 있지만 가격 대비 시설이 좋고 친절해 인기 있다. 비교적 새롭게 생긴 호텔이라 시설이 깨끗하다. 넓은 야외 수영장도 갖추고 있다. 모든 객실은 넓은 창문과 발코니가 딸려 있다. 올드 타운과 안방 해변까지 무료 셔틀버스를 운영한다. 워낙 인기 숙소라 성수기엔 예약이 어렵다.

리버 타운 호이안 리조트 ★★★★☆
River Town Hoi An Resort

Map P.293-A2 주소 47 Thoại Ngọc Hầu **전화** 0235-3924-924 **홈페이지** www.rivertownhoian.com **요금** 그랜드 딜럭스 US$105, 3인실 US$140(에어컨, 개인욕실, TV, 냉장고, 아침식사) **가는 방법** 올드 타운 남쪽 안호이 섬 가장자리에 위치해 있다. 내원교까지 900m 떨어져 있다.

호이안 리버 타운 호텔에서 리버 타운 호이안 리조트로 간판이 바뀌었다. 4성급 호텔로 가격 대비 시설이 좋고, 무엇보다 친절한 직원과 서비스가 인상적이다. 웰컴 드링크를 시작으로 조식까지 정성스럽다. 객실 위치에 따라 수영장이나 투본 강이 보이는데, 높은 층의 전망이 좋다. 올드 타운에서 적당히 떨어져 있어 조용하다. 자전거를 무료로 사용할 수 있고, 해변까지 무료 셔틀 버스도 운영한다.

라 시에스타 리조트 ★★★★
La Siesta Resort

Map P.293-A2 주소 132 Hùng Vương **전화** 0235-3915-915 **홈페이지** www.lasiestaresorts.com **요금** 스탠더드 US$85, 딜럭스 US$100~135 **가는 방법** 내원교에서 서쪽으로 1.2km 떨어져 있다. 훙브엉 거리를 따라 서쪽으로 쭉 가면, 마을 끝자락에 호텔이 보인다.

야외 수영장과 정원을 갖춘 여유로운 3성급 호텔이다. 객실은 타일이 깔려 있으며 침구와 가구가 정갈하다. 스탠더드 룸은 28㎡ 크기로 넓진 않다. 딜럭스 룸은 발코니가 딸려 있어 한결 여유롭다. 부대시설도 다양하고 직원들도 친절해 인기 있다. 올드 타운에서 서쪽으로 마을 끝자락에 자리해 있다. 주변으로 논과 전원 풍경이 펼쳐진다. 올드 타운까지 걸어서 15분 정도 걸리며, 무료로 자전거를 빌려준다.

벨 마리나 리조트 ★★★★☆
Bel Marina Hoi An Resort

Map P.293-A2 주소 127 Nguyễn Phúc Tần **전화** 0235-3938-888 **홈페이지** www.belmarinahoian.com **요금** 프리미어 US$90, 디럭스 리버 뷰 US$159 **가는 방법** 안호이 섬 응우옌푹떤 거리 127번지에 있다. 호이안 야시장에서 500m 떨어져 있다.

올드 타운과 가까운 안호이 섬에 있는 5성급 리조트. 다리 하나만 건너면 올드 타운이기 때문에 관광과 휴식에 적합한 입지 조건을 갖추고 있다. 야외 수영장과 넓은 정원 덕분에 여유롭게 시간을 보내기 좋다. 투본 강을 끼고 있어 경관이 좋다. 객실은 신관과 구관으로 나뉜다.

알마니티 호이안 ★★★★☆
Almanity Hoi An

Map P.294-A1 주소 326 Lý Thường Kiệt **전화** 0235-3666-888 **홈페이지** www.almanityhoian.com **요금** 마이 스피릿 US$150~190, 마이 에너지 US$170~210 **가는 방법** 올드 타운 북쪽의 리트엉끼엣 거리에 있다.

고풍스러우면서도 트렌디한 느낌의 4성급 호텔이다. 비교적 최근에 생긴 호텔이라 시설이 깔끔하고 직원도 친절하다. 중앙에 야자수 가득한 열대 지방의 정원과 야외 수영장을 배치해 여유로움을 배가 시켰다. 객실은 4가지 타입으로 구분된다. 마이 스피릿 My Spirit은 복층 구조로 되어 있고 마이 에너지 My Energy는 수영장 방향으로 발코니가 딸려 있다. 마이 하트 My Heart는 발코니에 자쿠지 욕조를 배치해 커플들에게 어울린다. 올드 타운까지 걸어 다닐 만한 거리며, 주변에 호텔이나 상업시설이 적어 한적하다.

호텔 로열 호이안 엠갤러리 콜렉션 ★★★★☆
Hotel Royal Hoi An MGallery Collection

Map P.293-A2 주소 39 Đào Duy Từ **전화**0235-3950-777 **홈페이지** www.hotelroyal-hoian.com **요금** 그랜드 딜럭스 US$145~165, 로열 딜럭스 US$185~225 **가는 방법** 내원교에서 서쪽으로 600m 떨어져 있다. 다오주이뜨 거리 Đào Duy Từ에 있는 리틀 레지던스 호텔 Little Residence Hotel 호텔 옆에 있다.

올드 타운에서 살짝 벗어난 투본 강변에 있다. 콜로니얼 양식의 호텔이다. 엠갤러리 콜렉션답게 스타일리시함을 강조했다. 동일한 패턴 모양의 타일, 색상을 강조한 가구와 소품, 흑백 사진을 장식한 인테리어까지 디자인에 신경 쓴 흔적이 곳곳에서 느껴진다. 40㎡ 크기의 그랜드 딜럭스 룸과 50㎡ 크기의 로열 딜럭스 룸으로 구분된다. 야외 수영장을 갖추고 있다. 뷔페로 제공되는 아침식사도 다양하다. 내원교까지는 도보로 10분 이내 거리다. 자전거를 무료로 빌려준다.

무아레 호이안 ★★★★★
Moire Hoi An

Map P.293-B2 주소 Cam Nam Riverside, Ven Sông Cẩm Nam **전화** 0235-7307-999 **홈페이지** www.ihg.com **요금** 디럭스 US$150, 프리미엄 US$230 **가는 방법** 투본 강 건너편의 껌남 섬에 있다. 올드 타운(호이안 시장)까지 500m 떨어져 있다.

투본 강을 끼고 있는 껌남 섬에 있는 5성급 리조트. 강변을 끼고 나지막한 건물들이 연속해 들어서 있다. 한적한 풍경과 고급스러운 리조트가 잘 어우러진다. 객실은 36㎡ 크기의 디럭스 리버 뷰 룸을 기준으로 한다. 도회적인 객실 디자인과 욕조를 갖춘 욕실까지 고급스럽다.

아난타라 호이안 리조트 ★★★★★
Anantara Hoi An Resort

Map P.295-F3 주소 1 Phạm Hồng Thái **전화** 0235-3914-555 **홈페이지** www.anantara.com/hoi-an **요금** 딜럭스 US$210~250, 딜럭스 스위트 US$280~340 **가는 방법** 판보이쩌우 & 팜홍타이 거리가 만나는 코너에 있다.

올드 타운과 가장 가까운 럭셔리 리조트이다. 투본 강변의 열대 정원에 리조트가 들어서 아늑하다. 아난타라 리조트에서 인수해 객실 설비가 월등히 좋아졌다. 객실의 발코니 유무와 전망(가든 뷰 Garden View와 리버 뷰 River View로 구분된다)에 따라 객실 등급을 매겼다. 전망이 좋은 딜럭스 리버 뷰 스위트는 객실 크기가 42㎡로 큼직하다. 야외 수영장과 스파 시설을 갖추고 있다.

빅토리아 호이안 비치 리조트 ★★★★★
Victoria Hoi An Beach Resort

Map P.292-C1 주소 Cua Dai Beach **전화** 0235-3927-040 **홈페이지** www.victoriahotels.asia **요금** 리버 뷰 US$196, 가든 뷰 US$220, 딜럭스 US$245 **가는 방법** 호이안에서 동쪽으로 5㎞ 떨어진 끄어다이 해변에 있다.

베트남을 포함해 동남아시아에 잘 알려진 빅토리아 리조트에서 운영한다. 콜로니얼 양식과 빈티지한 객실이 고급스럽다. 해변을 끼고 조성된 야외 정원과 수영장만으로도 럭셔리함을 잘 대변해 준다. 일반 객실은 34㎡이고, 리버 뷰와 가든 뷰로 나뉜다. 일반 객실로 이루어진 슈피리어 룸보다는 바다와 접한 빌라들이 시설이나 분위기 면에서 월등히 좋다.

미썬

호이안과 더불어 유네스코 세계문화유산으로 지정된 미썬은 참파 왕국의 종교 성지였던 곳이다. 인도차이나에서 가장 오랫동안 사람이 거주했던 유적지로 평가받는다. 4~14세기에 걸쳐 건설한 참파 왕국의 종교 성지로 두 개의 산에 둘러싸인 2㎢의 분지에 형성되었다. 참파 왕국은 베트남과 달리 불교가 아닌 힌두교를 믿었다. 바드라바르만 1세 Bhadravarman I(재위 380~413년) 때부터 미썬에 힌두 사원을 건설하기 시작해 10세기를 거치며 왕과 왕족들의 무덤까지 더해졌다. 라테라이트와 사암을 이용해 만든 힌두 사원들은 베트남의 불교 사원과는 전혀 다른 느낌이다. 붉은색을 띠는 사원의 외벽은 양각 기법으로 조각해 회랑을 만들어 예술적인 감각도 뛰어나다.

크메르 제국과의 숙명적인 패권 다툼에서 패하고, 다이비엣(베트남)에 복속되면서 참파 왕국은 역사 속에서 잊혀졌다. 그 후 인도차이나를 지배하던 프랑스 국립 극동 아시아 연구원(Ecole Française d'Extrême Orient)에 의해 1898년부터 본격적인 조사가 이루어졌다. 미썬 유적에서 모두 71개의 사원이 발굴되었으나, 현재는 20여 개 사원만 남아 있다. 울창한 정글 지대로 이루어진 미썬은 베트남 전쟁 기간 동안 비엣꽁(베트콩)의 야전 사령부가 있었던 곳이다. 미군 항공기의 무차별 폭격으로 상당수의 사원이 파괴되었다. 참고로 미썬은 미산(美山)이라는 뜻이다. '미 Mỹ'는 아름답다, '썬 Sơn'은 산을 의미한다.

Information

여행에 유용한 정보

입장료

외국인 입장료는 15만 VND이다. 유적지는 매일 06:00부터 17:00까지 개방된다. 매표소에서 유적지 입구까지 운행하는 전동 카(카트)를 탈 수 있으며, 압사라 공연(참족 전통 무용)도 무료로 관람할 수 있다. 압사라 공연은 네 번(09:45, 10:45, 14:00, 15:30) 공연된다.

여행 정보

매표소 옆에 미썬 유적 안내 전시실이 있다. 참파 왕국을 중심으로 한 역사 개관을 살펴볼 수 있다. 지도와 연대표, 사진을 통해 참파 왕국에 대한 개요를 소개한다. 미썬 유적에서 가장 중요한 사원인 'A1' 단면도를 만들어 놓아, 전성기에 참파 건축이 어떠했는지 유추해볼 수 있다.

Access

미썬 가는 방법

투본 강을 이용해 미썬을 다녀오는 보트 투어

미썬은 오늘날의 꽝남 성(省) Tỉnh Quảng Nam 주이쑤옌 현(縣) Huyện Duy Xuyên에 속한 주이푸 Duy Phú 마을에 있다. 다낭 남쪽으로 69㎞, 짜끼에우 Trà Kiệu(참파 왕국의 최초 수도)에서 서쪽으로 28㎞, 호이안에서 서쪽으로 55㎞ 떨어져 있다. 호이안에서 차로 1시간 거리이지만 대중교통이 미비하기 때문에 투어를 이용해 방문하는 것이 일반적이다.

반나절 일정으로 진행되는 투어는 대부분 차를 타고 갔다고 보트를 타고 돌아오는 일정으로 진행된다. 호이안으로 돌아올 때는 투본 강에서 보트를 타게 되는데, 점심 식사도 제공된다. 투어 요금은 45만~60만 VND으로, 오전 8시에 출발해 오후 2~3시에 투어가 끝난다. 건기에는 일출 시간에 맞추어 새벽 5시에 출발하는 선라이즈 투어 Sunrise Tour(30만~40만 VND)도 운영된다. 호이안의 모든 호텔에서 투어 예약이 가능하다. 커미션만 받고 여행사에 손님을 넘기는 곳이 많기 때문에 몇 군데 요금을 비교해보고 예약하는 것이 좋다. 투어 요금은 입장료가 포함되지 않는다.

Travel Plus+ 참파 왕국 Champa Kingdom

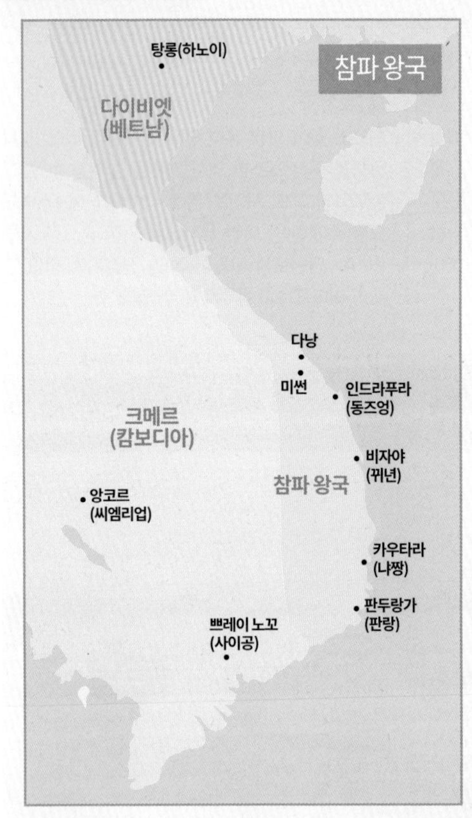

베트남 중부와 남부 해안 지역에서 1200년 동안이나 존재했던 왕국입니다. 하지만 베트남에 더 이상 존재하지 않는 문명이기 때문에 참파 왕국은 생소한 이름이에요. 192년부터 오늘날의 '후에(훼)'를 중심으로 성장했는데, 중국 문서에 '린이 林邑'라고 기록되어 있습니다. 베트남 사람들은 베트남식 한자 발음에 따라 '럼업 Lâm Ấp'이라고 불렀습니다. 현재까지 발굴된 역사 기록에 따르면 바드라바르만 1세 BhadravarmanI(재위 380~413년)가 참파 왕국의 첫 번째 왕으로 여겨지며, 심하푸라 Simhapura(미썬 유적과 가까운 짜끼에우 Trà Kiệu)를 첫 번째 수도로 삼았다고 합니다. 참파 왕국은 북부에 있던 다이비엣 Đại Việt(베트남의 옛 이름)과 달리 중국 영향(불교, 유교, 한자)을 받은 게 아니라 인도에서 전래된 힌두교를 믿었습니다. 해상 무역을 통해 자바(인도네시아), 남인도와 교역했던 영향 때문입니다. 종교와 문화적으로 보면 내륙으로 국경을 맞대고 있던 크메르 제국과 유사한 힌두 왕국이었습니다.

참파 왕국은 7세기부터 12세기까지 중국과 인도를 연결하는 바다의 실크로드를 통해 번영을 누렸어요. 중국에서 출발한 뱃길은 베트남 중부의 해안 도시(오늘날의 호이안 Hội An과 뀌년 Quy Nhơn)를 거쳐 아라비아 반도까지 이어졌습니다. 실크와 향신료, 도자기 등이 대량 거래되며 경제적인 안정을 누리게 되었죠. 특히 인드라푸라 Indrapura(미썬 유적과 가까운 동즈엉 Đồng Dương)에 수도를 두고 있었던 10세기와 비자야 Vijaya(오늘날의 뀌년)에 수도를 두고 있었던 12세기에 가장 번성했습니다. 미썬에는 힌두 사원들이 대규모 건설되며 참파 문화도 꽃을 피웠습니다. 이 무렵 크메르 제국의 수도인 앙코르를 점령할 정도로 강성했어요. 하지만 크메르 제국의 자야바르만 7세 King Jayavarman VII(재위 1181~1218/1220?년)와의 전쟁에서 완패하면서 1225년까지 크메르 제국의 통치를 받기도 했지요. 13세기에 들어서는 다이비엣(베트남)과 참파 왕국의 전쟁이 빈번해졌으며, 레탄똥(P.65) 황제가 1471년에 참파 왕국의 마지막 수도였던 비자야 Vijaya를 정복했습니다. 이로써 참파 왕국은 독립국가로서의 지위를 상실하게 되었습니다. 응우옌 왕조가 베트남을 통일하며, 참족은 베트남의 소수민족으로 전락했어요. 왕족 후손들도 1832년을 끝으로 명맥이 끊어졌고요. 참족은 17세기 들어 이슬람으로 종교를 개종하였고, 현재 약 8만 명의 인구가 베트남 남부(메콩 델타)와 캄보디아에서 흩어져 생활하고 있습니다.

Attractions

미썬의 볼거리

유네스코 세계문화유산으로 지정된 미썬 유적이 볼거리이다. 매표소를 지나 주차장까지 차를 타고 간 다음, 주차장부터 걸어서 유적을 관람하면 된다. 가장 먼저 보이는 '그룹 B' 유적부터 시계 반대방향으로 걸어가면 다시 주차장이 나온다. 미썬 유적은 역사적인 기록이 미비했기 때문에 '그룹 A'부터 '그룹 L'까지 인위적으로 유적군을 분류했다. 그룹 구분은 건축 양식이나 건설 시기가 아닌, 유적이 발견된 위치를 고려해 설정한 것이다. 각각의 구역마다 가장 중심이 되는 건물을 중심으로 번호를 붙여 유적을 구분한다. 즉 'A1'이 A그룹에서 가장 중요한 건물인 셈이다.

그룹 B·C·D ★★★

미썬의 중앙 유적군에 해당하는 곳으로 상대적으로 많은 건물들이 남아 있다. 주차장에서 이어진 산길을 걸어 들어가면 미썬 유적에서 가장 먼저 만나게 되는 곳이다.

그룹 B의 중심이 되는 중앙 사원은 'B1'이다. 시바 Shiva(힌두교 3대 신 중 하나로 파괴와 재창조라는 막강한 힘을 갖고 있다)에게 헌정된 신전으로 미썬에 최초로 건설되었던 힌두 사원인 바드레스바라 Bhadresvara가 있던 자리다. 화재와 전란으로 파괴되면서 여러 차례 증축이 이루어졌으며, 현재 모습은 11세기에 건설된 것이다. 하지만 사암으로 만든 주춧돌을 제외하고는 모두 폐허가 되었다. 중앙 성소에는 시바를 상징하는 링가가 남아 있다.

그룹 B에서 눈여겨봐야 할 유적은 'B5'다. B5 유적은 'A1'과 같은 시기에 건설된 동일한 양식의 건물로 미썬 유적에서 원형을 가장 잘 보존한 곳이다. 중앙 사원(B1)에 딸려 있던 도서관(또는 장경고) 건물로 만들어져 규모는 작다. 측면에서 보면 새가 우아하게 날개를 펼친 듯한 모습이다(1층이 넓고 2층이 좁은 구조라서 말 안장처럼 생겼다는 학자도 있다).

회랑을 장식한 부조

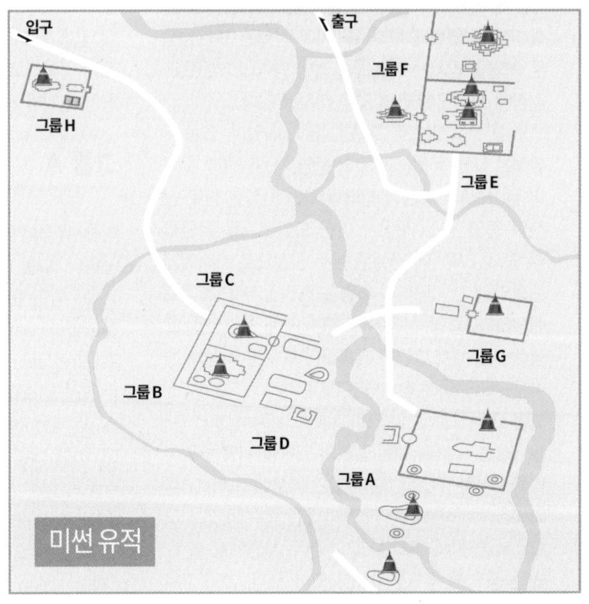

보존 상태가 양호한 B5 유적
그룹 B 힌두 유적
시바를 상징하는 링가
중앙 진입로(참배로)

기단부를 둘러싼 회랑에는 힌두 신들을 조각해 놓았는데, 부조 조각상들은 참파 왕국의 정교한 건축 기술을 엿보게 한다. 9세기에 건설된 'B4' 유적은 벽면을 받치는 기둥을 일정한 양식의 패턴으로 치장해 사암 건축물의 멋을 더하고 있다.
그룹 B 유적 옆으로 그룹 C 유적이 있다. 그룹 C 유적은 다른 유적군과 달리 중앙 사원인 'C1' 유적이 남아 있다. 때문에 참파 왕국이 건설한 힌두 신전의 중앙 성소(까란)가 어떤 모양인지를 확인할 수 있다. 8세기에 건설된 힌두 신전으로 시바에게 헌정되었다. 기단부의 회랑을 장식한 부조 조각도 선명하다. 중앙 신전에 모셨던 시바 조각상을 포함해 이곳에서 발견된 유물들은 대부분 다낭의 참 박물관(P.340)에 전시되어 있다.
그룹 B와 그룹 C 앞으로 그룹 D가 위치한다. 'D1'과 'D2'는 무너져 내린 신전의 일부를 지붕을 덮어 박물관처럼 꾸몄다. 특히 'D2' 내부에 시바, 가루다 Garuda(비슈누가 타고 다니는 독수리), 압사라 Apsara(천상의 무희들) 같이 힌두 사원에서 볼 수 있는 중요한 부조들이 전시되어 있다. 그룹 D로 향하는 중앙 진입로는 석상들이 좌우에 일렬로 진열되어 있다. 참파 왕국의 왕들이 종교 행사를 할 때 신에게 다가가기 위해 몸과 마음을 정갈하게 했던 곳이라고 한다. 평상시에는 이곳에서 명상을 하거나 외국 사절단을 접견했다고 한다.

그룹 A

미썬 유적에서 가장 중요한 유적으로 여겨지는 곳이다. 그룹 A 유적에서 중앙 사원 역할을 했던 'A1'은 참파 문명이 절정을 이루었던 10세기에 건설되었다. 9세기 후반(875년)에는 인드라바르만 2세 Indravarman II가 대승 불교를 받아들이며 수도인 인드라푸라 Indrapura(오늘날의 동즈엉 Đồng Dương)에 불교 사원을 건설하기 시작했는데, 이에 대한 반발로 힌두 신자들이 미썬에 최고 수준의 힌두 사원을 건설한 것이 'A1'이다. 고푸라(탑처럼 생긴 출입문)와 상인방, 중앙 성소로 연결되는 통로인 만다파, 힌두 신을 모신 중앙 성소('까란 Kalan'이라고 부른다)로 구성된다. 전체적

폐허가 된 A1 유적

으로 첨탑 모양을 하고 있는데 정면에서 보면 연꽃 봉오리 모양을 닮았다고 한다.

'A1' 유적은 특이하게도 동쪽과 서쪽을 향해 출입문을 냈다. 힌두 사원들이 일반적으로 해가 뜨는 동쪽을 향해 출입문을 내는 것과 다른 구조다. 해가 지는 서쪽은 죽음과 연관된 것으로 중앙 신전의 서쪽 방향을 향해 참파 왕국 왕들의 무덤을 건설했을 것으로 여겨진다.

어쨌거나 'A1'의 실제 모습은 확인할 길이 없다. 1969년 8월 미군 B52 전투기의 폭격으로 인해 건물이 내려앉았다. 'A1'을 포함해 대부분의 유적들이 폐허로 남아 있다. 사원을 받치던 석조 기둥과 조각들만이 무성하게 자란 수풀들 사이에 가지런히 놓여 있을 뿐이다.

그룹 E 힌두 유적

미썬에서 발굴된 압사라 부조

그룹 E·F·G

미썬 유적 북쪽에 흩어져 있는 유적군이다. 8~11세기에 건설된 힌두 신전들로 중앙 유적군(그룹 B, C, D)에 비해 원형을 보존한 유적들이 별로 없어 폐허가 된 도시를 둘러보는 느낌이다. 그룹 E에는 힌두 사원 한 개와 산스크리트어가 적힌 비문이 남아 있다. 그룹 F 유적을 지나면 한적한 오솔길이 이어진다. 숲길을 따라가면 주차장으로 되돌아 나오게 된다. 그룹 G는 사원의 기단부를 장식한 회랑 일부가 남아 있는데, 복원을 이유로 출입을 금하고 있다.

Restaurant & Hotel 미썬의 레스토랑과 호텔

미썬은 사람이 살지 않는 폐허가 된 유적지다. 주차장 앞에 있는 간이식당과 매점을 제외하면 상업시설은 전무하다. 하지만 호이안과 가깝기 때문에 숙박과 식사에 대해 걱정할 필요는 없다. 모든 여행자들이 호이안에 머물면서 투어를 이용해 미썬을 방문한다. 볶음밥이나 볶음국수, 커피와 음료는 간이식당을 이용하면 된다.

Đà Nẵng

다낭

베트남 중부 지방 최대의 도시이자 베트남의 4대 도시(인구수는 하이퐁보다 적다)다. 전략적으로 중요한 위치에 있었던 다낭은 19세기부터 프랑스 식민정부에 의해 항구 도시로 개발되기 시작했다. 당시 '투란 Tourane'으로 불렸던 다낭은 바다의 실크로드가 지나던 호이안을 대신해 상업 중심지로 변모했다. 통킹만 사건을 핑계로 미군이 베트남에 가장 먼저 발을 들여놓은 곳도 다낭이다. 베트남 전쟁 동안 중부 전선 방어를 위한 대규모 미군 기지가 건설되었는데, 전쟁 동안에는 '북쪽의 사이공'으로 여겨졌을 정도다.

현재의 다낭도 변함없이 상업 도시로 번잡하지만 강과 바다를 끼고 있어 여유로운 분위기도 느껴진다. 도시를 흐르는 한 강 Han River(Sông Hàn)의 정취와 도시 동쪽의 미케 해변 My Khe Beach(Bãi Biển Mỹ Khê)이 곱게 단장하면서 '도시에서의 휴식'이 가능하다. 다낭 주변으로 유네스코 세계문화유산이 세 곳(호이안, 미썬, 후에)이나 있지만 다낭은 뚜렷한 관광 자원을 보유하고 있지 않다. 이를 만회하기 위해 대형 리조트를 건설하며 중부 베트남 여행의 거점이 되려는 노력을 기울이는 중이다. 한국에서 직항편이 취항하며 인기 여행지로 급부상했다. 경기도 다낭시라고 불릴 정도다.

인구 134만 6,876명 | **행정구역** 다낭 직할시 Thành Phố Đà Nẵng | **면적** 1,285㎢ | **시외국번** 0236

Information

여행에 유용한 정보

총영사관

한국 교민이 증가하면서 다낭에도 영사관이 생겼다. 주 다낭 대한민국 총영사관 Tổng Lãnh Sự Hàn Quốc Tại Đà Nẵng(대표 전화 0236-356-6100, 긴급연락처 0931-120-404, 홈페이지 https://overseas.mofa.go.kr/vn-danang-ko/index.do)으로 여권, 재외국민 등록, 공증, 증명서 발급, 일반 민원 업무 등을 처리한다.

여행사

한국인이 운영하는 여행사에서 호텔 예약, 공항 픽업 서비스, 1일 투어 등 예약이 가능하다.

신 투어리스트 www.thesinhtourist.vn
다낭 도끼비 cafe.naver.com/happyibook
다낭 고스트 cafe.naver.com/warcraftgamemap
다낭 보물창고 cafe.naver.com/grownman
다낭 플레이 cafe.naver.com/bnteam1

기후

기후는 건기(4~8월)와 우기(9~3월)로 나뉜다. 가장 더운 시기는 6~8월로 평균 기온이 34°나 된다. 낮 최고 기온이 40°에 육박하는 경우도 있다. 우기(몬순 시즌)는 9월부터 시작된다. 10~11월에 가장 강우량이 많다. 우기이자 겨울(?)인 11~1월이 가장 선선하다. 이때는 낮 기온도 30°를 넘지 않고, 밤 평균 기온은 18~20°를 유지한다. 밤 기온이 영상 10° 밑으로 내려갈 때는 제법 쌀쌀하다. 우기가 끝나고 본격적으로 더워지기 전인 3~5월이 여행하기 좋다. 덥기는 하지만 7~8월도 성수기에 해당한다. 베트남의 여름 휴가철과 겹쳐 붐빈다. 해변에서 수영하기 좋은 시기는 5~8월이다.

다낭 국제공항

지리 파악하기

다낭은 한 강 Han River(Sông Hàn)을 사이에 두고 왼쪽에 형성된 도시다. 다낭 북쪽에는 다낭 만(灣) Da Nang Bay(Vịnh Đà Nẵng)을 이루는 동해(남중국해)가 있고, 동쪽에는 미케 해변 My Khe Beach(Bãi Biển Mỹ Khê)과 썬짜 반도 Son Tra Peninsula(Bán Đảo Sơn Trà)가 있다.
도시 중심을 흐르는 한 강을 끼고 강변 도로(박당 거리 Đường Bạch Đằng)가 남북으로 이어지고, 그 중심에는 한 시장(쩌 한) Han Market(Chợ Hàn)이 있다. 시내 중심가는 다낭시 정부청사 Da Nang Administrative Centre(Trung Tâm Hành Chính Thành Phố Đà Nẵng)를 이정표로 삼으면 된다. 길 건너에 있는 노보텔 Novotel이 있어 눈에 쉽게 띈다.

다낭시 정부 청사 (사진 왼쪽)와 노보텔 (사진 오른쪽)

한 강을 중심으로 형성된 다낭 시내

다낭 기차역

Access

다낭 가는 방법

베트남 중부의 중심에 위치해 교통이 편리하다. 항공과 기차, 버스 모두 다낭을 통과한다. 한국에서도 다낭까지 직항편을 취항한다. 오픈 투어 버스는 다낭이 아닌 호이안(P.291)을 중심으로 운영된다.

항공

베트남항공에서 하노이, 호찌민시, 하이퐁, 냐짱, 달랏, 껀터를 포함해 주요 도시로 국내선을 운항한다. 저가 항공사인 뱀부항공과 비엣젯 항공은 다낭↔하노이, 다낭↔호찌민시 노선을 운항하는데, 베트남항공에 비해 요금이 저렴하다.

인천↔다낭 직항 노선은 베트남항공, 비엣젯항공, 대한항공, 아시아나항공, 제주항공, 진에어, 티웨이항공에서 모두 취항한다. 비행시간은 4시간 40분이다. 항공기 출발과 도착에 관한 정보는 공항 홈페이지(www.danangairportonline.com)에서 확인이 가능하다.

공항에서 시내로 들어가기

다낭 국제공항 Da Nang Airport(Sân Bay Đà Nẵng)은 시내에서 서쪽으로 2㎞ 떨어져 있다. 다낭 국제공항은 시내와 가까워 시내로 가는 방법도 간단하다. 공항버스는 존재하지 않고 택시(또는 그랩)를 이용하면 된다. 다낭 시내의 웬만한 호텔까지 10만~12만 VND, 미케 해변 리조트까지 17만~22만 VND, 응우한썬(마블 마운틴)까지 26만 VND, 호이안 올드 타운까지 40만 VND 정도 예상하면 된다. ①택시 타는 곳은 공항 청사를 나와서 차선 하나만 건너면 된다. 택시 기사 중에 미터기를 사용하지 않고 요금을 흥정하는 경우도 있으니 주의할 것. 베트남 화폐로 잔돈을 미리 챙겨서 타는 게 좋다. 공항 주차장 이용료가 있는데, 공항에서 나올 때는 톨비 1만~1만 5,000VND을 내야 한다. ②그랩을 이용할 경우 택시 승차장과 다른 별도의 픽업 장소로 가야 한다. 공항 밖으로 나와서 Ride App Pickup(승차 앱 픽업)이라고 적힌 안내판을 따라가면 전용 탑승장(Grab Car라고 적힌 초록색 그늘막)이 나온다.

그랩 탑승장 안내판

기차

하노이↔호찌민시를 오가는 통일열차가 모두 다낭에 정차한다. 다낭→하노이 구간은 15~18시간 걸린다. 편도 요금은 6인실 침대칸 Nằm Cứng(Hard Sleeper) 76만~94만 VND, 4인실 침대칸 Nằm Mềm(Soft Sleeper) 113만~125만 VND이다. 다낭→호찌민시 구간은 16~19시간 걸린다. 편도 요금은 6인실 침대칸 74만~90만 VND, 4인실 침대칸 110만~119만 VND이다. 다낭→후에 구간은 매일 5회 출발하며, 편도 요금(에어컨 좌석)은 10만~18만 VND이다. 기차 출발 시간에 관한 자세한 정보는 P.58 참고. 다낭 기차역 Ga Đà Nẵng은 시내 중심가와 가까운 하이퐁 거리에 있다.

다낭 기차역
주소 202 Hải Phòng **전화** 0236-3750-666

버스

다낭 버스 터미널 Bến Xe Trung Tâm Đà Nẵng은 시내 중심가에서 서쪽으로 4~5㎞ 떨어져 있다. 전국 주요 도시를 연결하는 버스뿐만 아니라 국제버스도 운행된다. 하노이(편도 40만~46만 VND)와 냐짱(편도 27만 VND), 달랏(편도 34만 VND), 호찌민시(편도 50만~55만 VND) 노선은 침대 버스가 운행된다. 다낭→냐짱 야간 침대 버스는 프엉짱 버스에서 1일 2회(22:00, 22:40) 운행한다. 냐짱까지 11시간 소요되며, 편도 요금은 27만 VND이다.

다낭 버스 터미널
주소 33 Điện Biên Phủ **전화** 0236-3821-625

오픈 투어 버스

여행자들이 다낭보다는 호이안을 선호하기 때문에 오픈 투어 버스는 발달하지 않았다. 다낭→호이안 구간은 매일 2회(10:30, 15:30) 출발하며 편도 요금은 15만 VND이다. 다낭→후에 구간도 매일 2회(08:45, 14:00) 운행되며 편도 요금은 20만 VND이다. 야간 침대 버스를 이용할 경우 호이안 또는 후에에서 버스를 갈아타야 한다.

다낭→호이안

다낭에서 호이안까지는 30㎞로 가깝다. ①택시를 타고 갈 경우 40~50분 정도면 도착이 가능하다. 택시 요금은 다낭 시내(또는 다낭 공항)에서 호이안 올드타운까지 35만~40만 VND 정도 예상하면 된다. 택시 호출은 그랩 Grab(베트남에서 가장 많이 이용하는 콜 택시 애플리케이션)을 이용하면 편리하다. ②여행사에서 운영하는 리무진 셔틀버스(06:00~21:00, 1일 10회 운행)는 다낭 공항↔다낭 시내↔호이안을 오가는데, 편도 요금은 15만 VND이다. ③스파 업소에서 운영하는 차량을 이용하는 방법도 있다. 다낭↔호이안을 오가는 픽업 서비스를 해주는 곳도 있으므로 예약할 때 미리 확인해 둘 것. ④다낭→호이안행 시내버스는 푸타 버스라인(빨간색 시내버스) FUTA Bus Lines에서 운영한다. 직행하는 버스는 없고 중간에서 갈아타야 한다. 다낭 시내에서 16번 버스 또는 2번 버스(편도 요금 1만 5,000VND)를 타고 종점 Trạm Xe Buýt Đại Học Việt Hàn에 내린 다음, 호이안으로 가는 LK02번 버스(편도 요금 1만 5,000VND)를 타면 된다. 호이안 올드 타운과 가장 가까운 정류장은 엠 호텔 ÊMM Hotel이다.

다낭과 호이안을 오가는 시내버스

Transportation 시내 교통

다낭에서 택시를 잡는 것은 어렵지 않다. 모든 택시는 미터로 요금을 계산하지만, 외국인에게 바가지 씌우는 일도 비일비재하다. 전국적인 택시회사인 마이린 Mai Linh과 비나선 Vina Sun이 믿을 만하다. 전기 차를 사용하는 싼에스엠 택시 Xanh SM Taxi는 전용 애플리케이션으로 택시를 부를 수 있어 편리하다. 택시는 4인승과 7인승으로 구분되며, 회사나 차종에 따라 요금이 조금씩 다르다. 시내에서 가까운 거리를 돌아다닐 때는 6만 VND 내외, 시내에서 공항까지 10만 VND, 시내에서 해변 리조트까지 10만~15만 VND 정도 예상하면 된다. 그랩 Grab(콜택시 애플리케이션)을 이용하면 원하는 장소에서 택시를 편리하게 부를 수 있다. 오토바이 택시(쎄옴)를 부를 수 있는 그랩 바이크 Grab Bike도 있는데, 오토바이 기사 뒤에 한 명만 탑승이 가능하다.

시내버스는 15개 노선이 다낭 주변 지역을 연결한다. 운행 시간은 노선에 따라 조금씩 다르지만 05:45~19:00까지 운행된다. 배차 간격은 15~30분으로 운행 편수는 많지 않다. 편도 요금은 8,000VND으로 저렴하다. 현금을 준비해 차장에게 돈을 내면 된다. 버스 노선은 스마트폰 무료 애플리케이션 'DanaBus'를 통해 확인할 수 있다.

택시를 부를 때는 그랩

다낭 시내버스

다낭 & 미케 해변
A
B
C
D
1
2
골든 베이 다낭 호텔
Lê Đức Thọ
투언프억교
Thuận Phước Bridge
↑ 딘반꺼(딩반꺼) 방면
린응 사원 방면 →
썬짜 리트리트
아트 인 파라다이스
Art in Paradise
Phạm Bằng
Bình Than
Ngô Quyền
호앙사 군도 박물관
Nhà Trưng Bày Hoàng Sa
Hoàng Sa
Nguyễn Tất Thành
Xuân Diệu
Như Nguyệt
Lê Văn Duyệt
Chu Huy Mân
Trần Thánh Tông
Vân Đồn
Khúc Hạo
3 Tháng 2
신 투어리스트
Lê Văn Thứ
Trần Quang Khải
Đỗ Anh Hàn
한 강 Sông Hàn
Trần Hưng Đạo
Nguyễn Đức An
Vương Thừa Vũ
Sel de Mer Hotel
포 포인트 바이 쉐라톤
Lý Thường Kiệt
Nguyễn Du
Trần Phú
Bạch Đằng
Nguyễn Trung Trực
Đống Đa
Ông Ích Khiêm
Lê Lợi
Lý Tự Trọng
노보텔
다낭시 정부청사
Lê Thước
Đông Kinh Nghĩa Thục
Voco Ma Belle
래디슨 호텔
Võ Nguyên Giáp
Loseby
다낭 박물관
Quang Trung
Trần Cao Vân
까오다이교 사원
힐튼 호텔
다낭 기차역
Hải Phòng
메리어트 호텔
Lê Duẩn
쏭한교
Sông Hàn Bridge
빈콤 플라자
멜리아 빈펄
Lý Thánh Tông
Phạm Văn Đồng
Lê Văn Quý
Lê Minh Trung
Morrison
Wyndham Soleil
미술 박물관
Nguyễn Thị Minh Khai
Phan Đình Phùng
Ngô Gia Tự
한 시장 (쩌 한)
Đinh Nghệ
미케 해변 Mỹ Khê
Phan Châu Trinh
Hùng Vương
꼰 시장 (쩌 꼰)
Hùng Vương
고 다낭
GO! Đà Nẵng(Big C)
Triệu Nữ Vương
다낭 성당
Trần Quốc Toản
Nguyễn Công Trứ
알라카르트 호텔
0
250
500m

팝험 사원
참 박물관
사랑의 다리
Lý Nam Đế
썬짜 야시장
Chợ Đêm Sơn Trà
Võ Văn Kiệt
Grand Tourane Hotel
Nguyễn Văn Linh
Vanda Hotel
롱교(용 다리)
Dragon Bridge
벽화 거리
APEC 공원
호안미 병원
DLG Hotel
Nguyễn Hoàng
Hoàng Diệu
Phan Châu Trinh
Trưng Nữ Vương
2 Tháng 9
Trần Hưng Đạo
Hà Thị Thân
Phạm Cự Lượng
Võ Nguyên Giáp
Lê Đình Lý
Lê Hữu Trác
Ngô Quyền
Vũ Văn Dũng
Nguyễn Duy Hiệu
Nguyễn Hữu Thọ
Trần Quang Diệu
Nguyễn Văn Thoại
므엉탄 럭셔리 다낭 호텔
Lê Quang Đạo
Núi Thành
Duy Tân
5군구 박물관
쩐티리교
Trần Thị Lý Bridge
Phạm Hữu Kính
그랜드 머큐어 다낭
Hoàng Kế Viêm
안트엉
An Thượng
Chương Dương
Ngũ Hành Sơn
Ngô Thì Sĩ
Tiểu La
Phan Tứ
Phan Hành Sơn
Bà Huyện Thanh Quan
30 Tháng 4
다낭 다운타운
(선 월드 아시아 파크)
An Dương Vương
Hoài Thanh
박미안 시장
Chợ Bắc Mỹ An
Trần Văn Dư
프리미어 빌리지
티엔썬 스포츠 센터
Tiên Sơn
Hồ Xuân Hương
풀만 다낭
비치 리조트
푸라마 리조트
Lương Nhữ Hộc
헬리오 센터
Helio Center
롯데 마트
헬리오 야시장
Chợ Đêm Helio
띠엔썬교
Tiên Sơn Bridge
Tố Hữu
Xô Viết Nghệ Tĩnh
Lê Văn Hiến
응우한썬,
호이안 방면
논느억 해변
방면
관광
식당
쇼핑
숙소

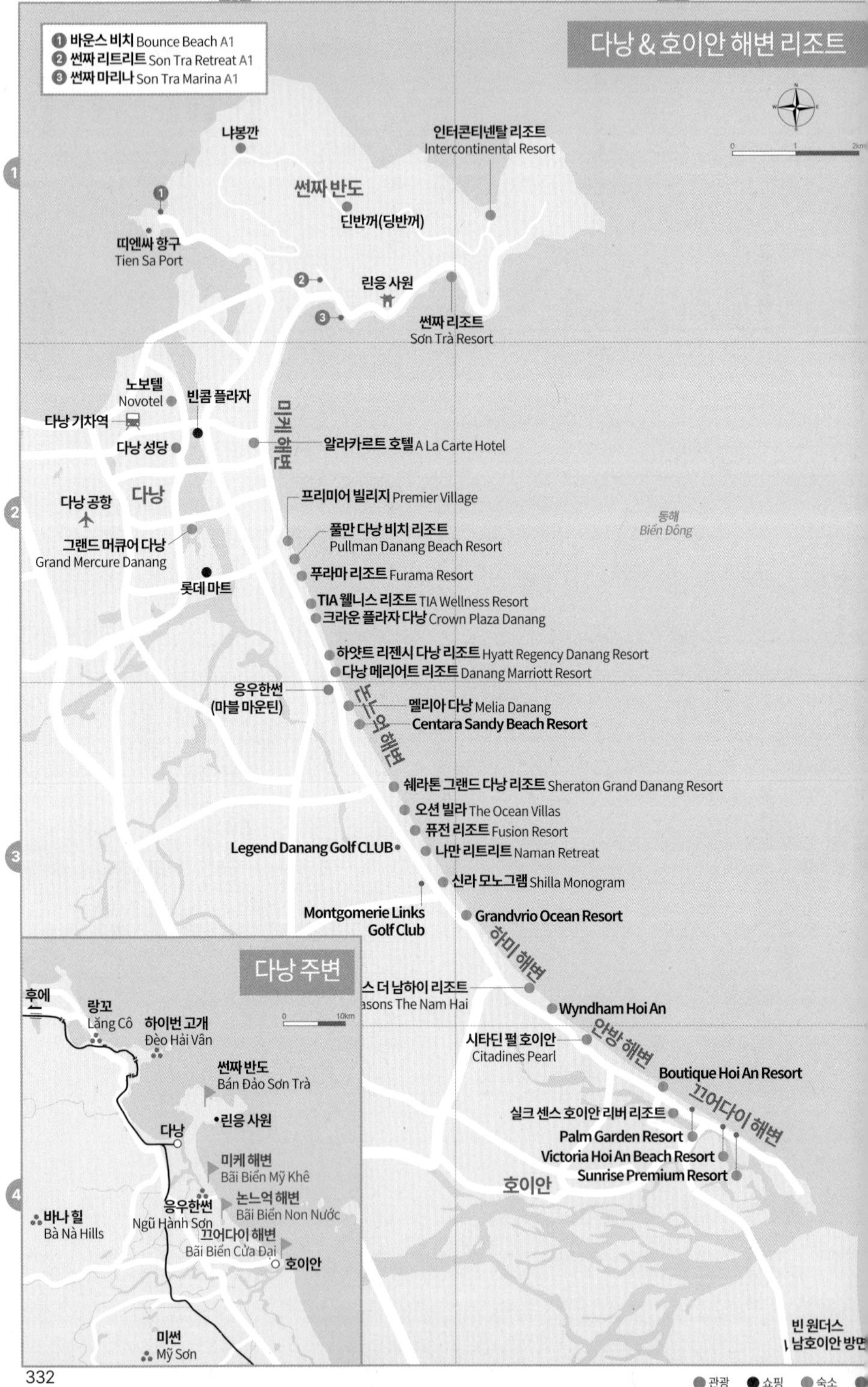

다낭 & 호이안 해변 리조트
① 바운스 비치 Bounce Beach A1
② 썬짜 리트리트 Son Tra Retreat A1
③ 썬짜 마리나 Son Tra Marina A1
나봉깐
인터콘티넨탈 리조트
Intercontinental Resort
썬짜 반도
딘반꺼(딩반꺼)
띠엔싸 항구
Tien Sa Port
린응 사원
썬짜 리조트
Sơn Trà Resort
노보텔
Novotel
빈콤 플라자
다낭 기차역
다낭 성당
미케 해변
알라카르트 호텔 A La Carte Hotel
다낭
다낭 공항
프리미어 빌리지 Premier Village
풀만 다낭 비치 리조트
Pullman Danang Beach Resort
동해
Biển Đông
그랜드 머큐어 다낭
Grand Mercure Danang
푸라마 리조트 Furama Resort
롯데 마트
TIA 웰니스 리조트 TIA Wellness Resort
크라운 플라자 다낭 Crown Plaza Danang
하얏트 리젠시 다낭 리조트 Hyatt Regency Danang Resort
다낭 메리어트 리조트 Danang Marriott Resort
응우한썬
(마블 마운틴)
멜리아 다낭 Melia Danang
Centara Sandy Beach Resort
논느억 해변
쉐라톤 그랜드 다낭 리조트 Sheraton Grand Danang Resort
오션 빌라 The Ocean Villas
퓨전 리조트 Fusion Resort
Legend Danang Golf CLUB
나만 리트리트 Naman Retreat
신라 모노그램 Shilla Monogram
Montgomerie Links
Golf Club
Grandvrio Ocean Resort
하미 해변
스 더 남하이 리조트
asons The Nam Hai
Wyndham Hoi An
시타딘 펄 호이안
Citadines Pearl
안방 해변
Boutique Hoi An Resort
끄어다이 해변
실크 센스 호이안 리버 리조트
Palm Garden Resort
Victoria Hoi An Beach Resort
Sunrise Premium Resort
호이안
빈 원더스
남호이안 방면
다낭 주변
후에
랑꼬
Lăng Cô
하이번 고개
Đèo Hải Vân
썬짜 반도
Bán Đảo Sơn Trà
린응 사원
다낭
미케 해변
Bãi Biển Mỹ Khê
응우한썬
Ngũ Hành Sơn
논느억 해변
Bãi Biển Non Nước
바나 힐
Bà Nà Hills
끄어다이 해변
Bãi Biển Cửa Đại
호이안
미썬
Mỹ Sơn
0 10km
0 1 2km
관광 쇼핑 숙소

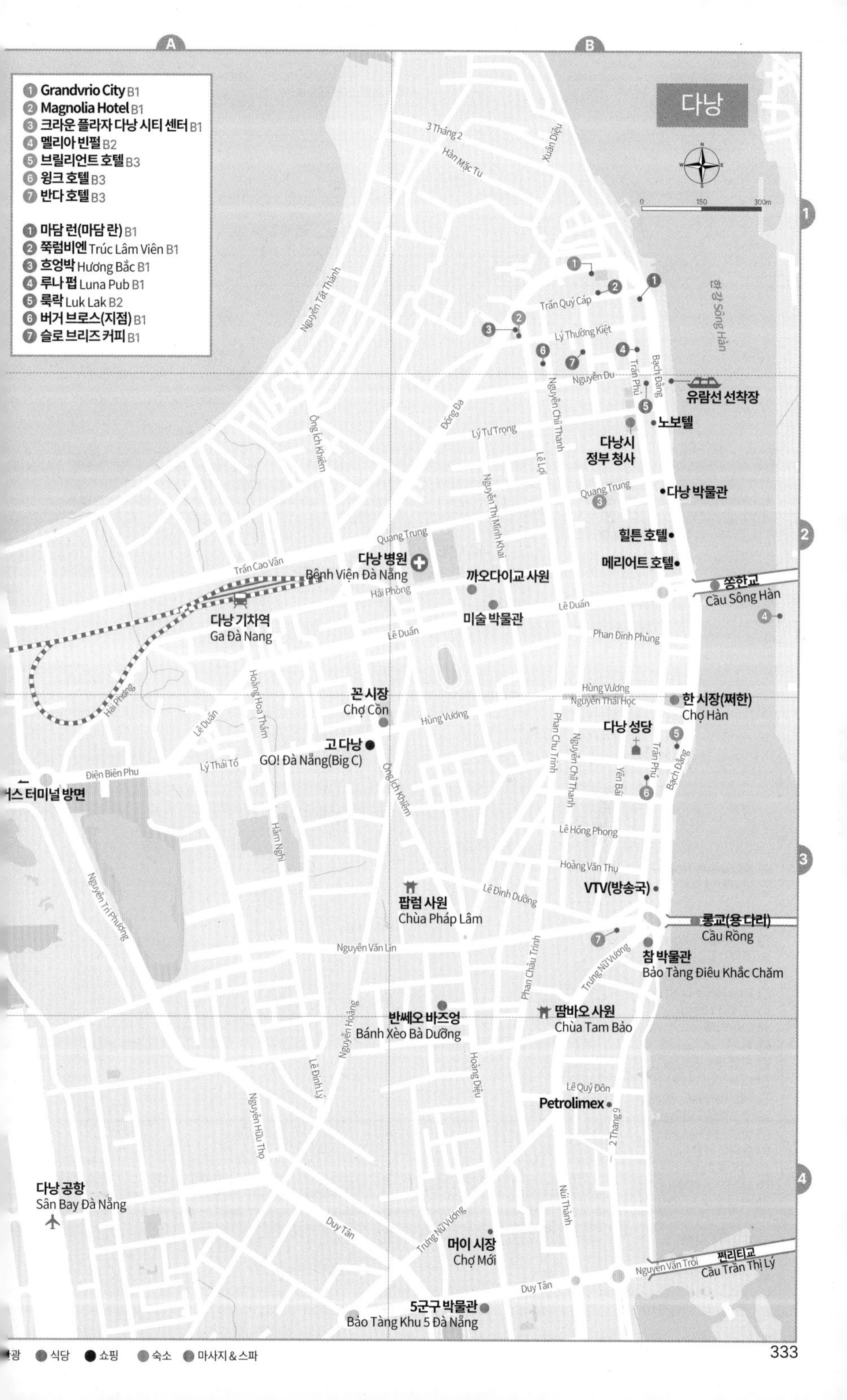
다낭
1 Grandvrio City B1
2 Magnolia Hotel B1
3 크라운 플라자 다낭 시티 센터 B1
4 멜리아 빈펄 B2
5 브릴리언트 호텔 B3
6 윙크 호텔 B3
7 반다 호텔 B3
1 마담 런(마담 란) B1
2 쭉럼비엔 Trúc Lâm Viên B1
3 흐엉박 Hương Bắc B1
4 루나 펍 Luna Pub B1
5 룩락 Luk Lak B2
6 버거 브로스(지점) B1
7 슬로 브리즈 커피 B1
유람선 선착장
노보텔
다낭시 정부 청사
다낭 박물관
힐튼 호텔
메리어트 호텔
쏭한교
Cầu Sông Hàn
다낭 병원
Bệnh Viện Đà Nẵng
까오다이교 사원
미술 박물관
다낭 기차역
Ga Đà Nang
꼰 시장
Chợ Cồn
고 다낭
GO! Đà Nẵng(Big C)
한 시장(쩌한)
Chợ Hàn
다낭 성당
VTV(방송국)
팝럼 사원
Chùa Pháp Lâm
롱교(용 다리)
Cầu Rồng
참 박물관
Bảo Tàng Điêu Khắc Chăm
반쎄오 바즈엉
Bánh Xèo Bà Dưỡng
땀바오 사원
Chùa Tam Bảo
Petrolimex
다낭 공항
Sân Bay Đà Nẵng
머이 시장
Chợ Mới
쩐티리교
Cầu Trần Thị Lý
5군구 박물관
Bảo Tàng Khu 5 Đà Nẵng
버스 터미널 방면
한강 Sông Hàn
3 Tháng 2
Hàn Mặc Tu
Xuân Diệu
Nguyễn Tất Thành
Trần Quý Cáp
Lý Thường Kiệt
Nguyễn Du
Trần Phú
Bạch Đằng
Đống Đa
Ông Ích Khiêm
Lý Tự Trọng
Nguyễn Chí Thanh
Lê Lợi
Quang Trung
Nguyễn Thị Minh Khai
Trần Cao Vân
Hải Phòng
Lê Duẩn
Phan Đình Phùng
Hùng Vương
Nguyễn Thái Học
Phan Chu Trinh
Yên Bái
Hoàng Hoa Thám
Lý Thái Tổ
Điện Biên Phu
Hàm Nghi
Lê Hồng Phong
Hoàng Văn Thụ
Lê Đình Dương
Nguyễn Tri Phương
Nguyễn Văn Linh
Trưng Nữ Vương
Phan Châu Trinh
Nguyễn Hoàng
Lê Đình Lý
Hoàng Diệu
Lê Quý Đôn
2 Tháng 9
Nguyễn Hữu Thọ
Núi Thành
Duy Tân
Nguyễn Văn Trỗi
광 식당 쇼핑 숙소 마사지 & 스파

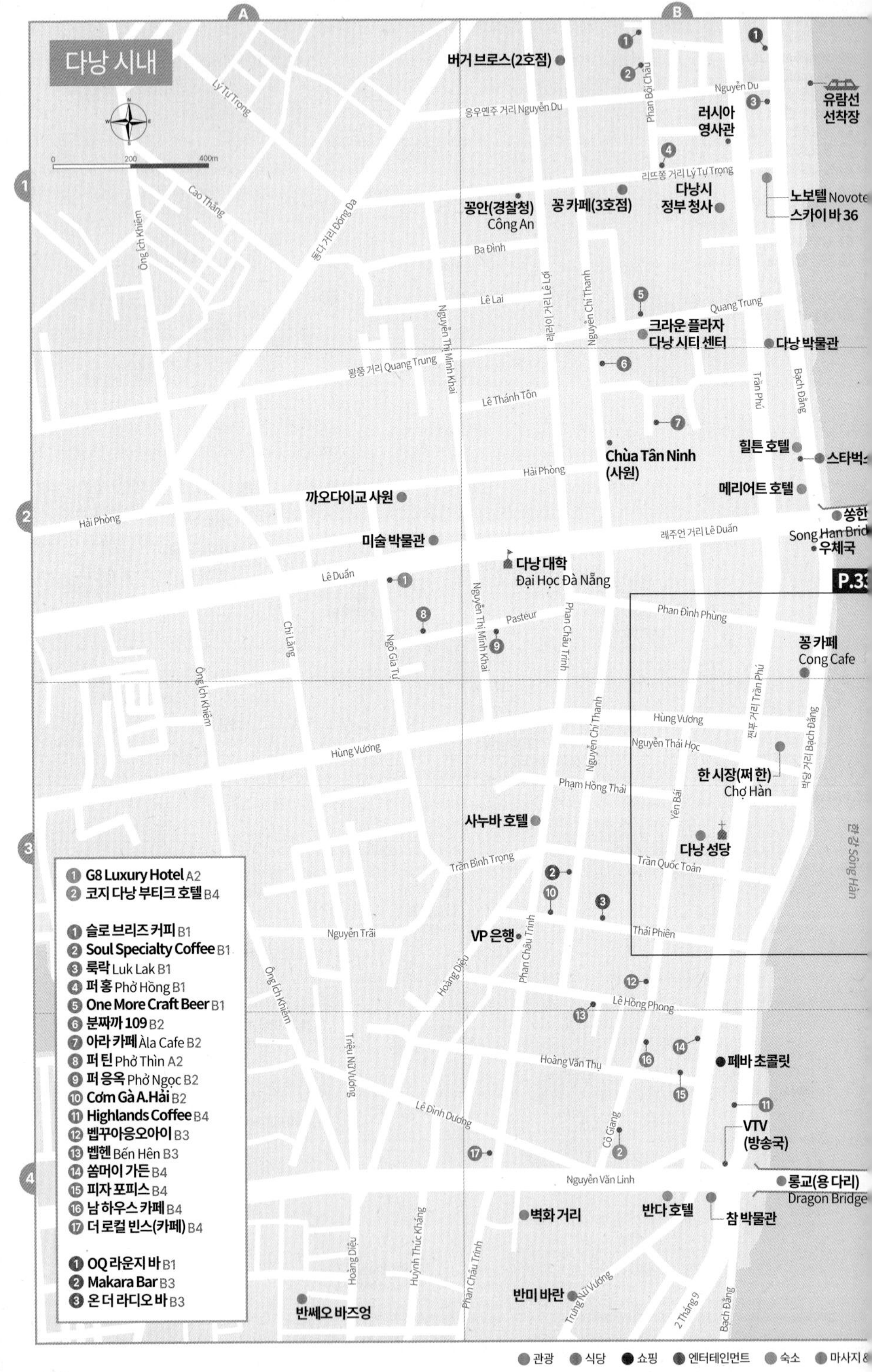
다낭 시내
A
B
1
2
3
4
0
200
400m
Lý Tự Trọng
Cao Thắng
Ông Ích Khiêm
동다 거리 Đống Đa
버거 브로스(2호점)
응우옌주 거리 Nguyễn Du
Nguyễn Du
Phan Bội Châu
러시아 영사관
유람선 선착장
리뜨쫑 거리 Lý Tự Trọng
꽁안(경찰청) Công An
꽁 카페(3호점)
다낭시 정부 청사
노보텔 Novote
스카이 바 36
Ba Đình
Lê Lai
레러이 거리 Lê Lợi
Nguyễn Chí Thanh
Quang Trung
크라운 플라자 다낭 시티 센터
다낭 박물관
광쭝 거리 Quang Trung
Nguyễn Thị Minh Khai
Lê Thánh Tôn
Trần Phú
Bạch Đằng
힐튼 호텔
스타벅스
Chùa Tân Ninh (사원)
Hải Phòng
까오다이교 사원
메리어트 호텔
쏭한
Song Han Brid
우체국
Hải Phòng
미술 박물관
레주언 거리 Lê Duẩn
다낭 대학 Đại Học Đà Nẵng
Lê Duẩn
P.3
Phan Đình Phùng
Pasteur
Chi Lăng
Ngô Gia Tự
Nguyễn Thị Minh Khai
Phan Châu Trinh
꽁 카페 Cong Cafe
Ông Ích Khiêm
Hùng Vương
쩐푸 거리 Trần Phú
박당 거리 Bạch Đằng
Nguyễn Thái Học
Hùng Vương
Nguyễn Chí Thanh
한 시장(쩌 한) Chợ Hàn
Phạm Hồng Thái
Yên Bái
사누바 호텔
다낭 성당
한강 Sông Hàn
Trần Bình Trọng
Trần Quốc Toản
Nguyễn Trãi
VP 은행
Phan Châu Trinh
Thái Phiên
Hoàng Diệu
Ông Ích Khiêm
Lê Hồng Phong
Triệu Nữ Vương
Hoàng Văn Thụ
페바 초콜릿
Lê Đình Dương
Cô Giang
VTV (방송국)
Nguyễn Văn Linh
롱교(용 다리) Dragon Bridge
벽화 거리
반다 호텔
참 박물관
Hoàng Diệu
Huỳnh Thúc Kháng
Phan Châu Trinh
반미 바란
Trưng Nữ Vương
2 Tháng 9
Bạch Đằng
반쎄오 바즈엉
1 G8 Luxury Hotel A2
2 코지 다낭 부티크 호텔 B4
1 슬로 브리즈 커피 B1
2 Soul Specialty Coffee B1
3 룩락 Luk Lak B1
4 퍼 홍 Phở Hồng B1
5 One More Craft Beer B1
6 분짜까 109 B2
7 아라 카페 Àla Cafe B2
8 퍼 틴 Phở Thìn A2
9 퍼 응옥 Phở Ngọc B2
10 Cơm Gà A.Hải B2
11 Highlands Coffee B4
12 벱꾸아응오아이 B3
13 벱헨 Bến Hên B3
14 쏨머이 가든 B4
15 피자 포피스 B4
16 남 하우스 카페 B4
17 더 로컬 빈스(카페) B4
1 OQ 라운지 바 B1
2 Makara Bar B3
3 온 더 라디오 바 B3
관광
식당
쇼핑
엔터테인먼트
숙소
마사지

A
B
1
2
3
4
보네 꿕민
Bò Né Quốc Minh
Phan Đình Phùng
1 꽁 스파 B1
2 투란 스파 A2
3 아지트 멀티플렉스 B2
4 아지트 스파(1호점) B2
5 핑크 스파 B3
6 참 스파 그랜드 A4
Indochina Riverside Tower
피자 포피스(2호점)
하일랜드 커피
반미 꼬띠엔
씨네 비스트로 & 재즈
서점
Nhà Sách Đà Nẵng
ibis Styles(공사중)
푸홍
Phú Hồng
Yên Bái
쩐푸 거리 Trần Phú
원더러스트
Wonderlust
아이 러브 반미
꽁 카페 Cong Cafe
졸리 마트
Joly Mart
Bạch Đằng
웃띡 카페(지점)
Út Tịch
나벱 쩌 한(나벱 한시장)
골든 로터스 오리엔탈 오가닉 스파(2호점)
훙브엉 거리 Hùng Vương
반미 해피 브레드
안토이 Ăn Thôi
응우옌타이혹 거리
Nguyễn Thái Học
Devi's Bakery
시장 정문
한 시장(쩌 한)
Chợ Hàn
시장 후문
한 강 Sông Hàn
웃띡 카페(본점)
꽁 카페(2호점)
Tê Bar(칵테일 바)
금은방
(사설 환전소)
Sacom Bank
Phạm Hồng Thái
선 리버 호텔
Sun River Hotel
Phạm Phú Thứ
찐 카페
Trình Cà Phê
엘 스토어
부부샵&마담홍
Satya Hotel
센트럴 마켓
꼬바 퍼보(코바 쌀국수)
다낭 성당
다낭 성당
입구
란조 Làn Gió
브릴리언트 호텔
브릴리언트 톱 바
박당 거리
티엔킴
Thiên Kim
쩐푸 거리 Trần Phú
퍼 박하이
Phở Bắc Hải
후에 응온
Trần Quốc Toản
1920's 라운지
퍼 리엔 호이안
반쎄오 바뚜옛
Haian Riverfront Hotel
퍼 타오 Phở Thảo
분짜 짜오바
벱꿰 Bếp Quê
Yên Bái
윙크 호텔
더 라디오 바
메종 마루
즈아 벤쩨 190 박당
Dừa Bến Tre 190 Bạch Đằng
껌떰 바랑
Thái Phiên
쯩응우옌 레전드
Trung Nguyên Legend
Val Soleil Hotel
뱀부 2 바
ACB 은행
브루맨 커피
골든 로터스
오리엔탈 오가닉 스파
0
50
100m
다낭 중심부
관광
식당
쇼핑
엔터테인먼트
숙소
마사지 & 스파
일방 통행

① Le Sands Hotel B1
② The Leaf Boutique Hotel B1
③ Radisson Red Danang B1
④ Four Ponit by Sheraton B1
⑤ Orchid Hotel B2
⑥ Sekong Hotel B2
⑦ Nalod Hotel B2
⑧ Wyndham Soleil Danang B2
⑨ 래디슨 호텔 Radisson Hotel B2
⑩ Ibiza Riverfront Hotel A1
⑪ Glamour Hotel A2
⑫ 멜리아 빈펄 다낭 리버프런트 A2
⑬ D&C Hotel A3
⑭ 므엉탄 호텔 Mường Thanh Hotel A3
⑮ Wink Hotel Danang Riverside A3
⑯ Adina Hotel A2
⑰ Nhu Minh Plaza Hotel B2
⑱ Hadana Boutique Hotel A2
⑲ Luxtery Hotel A2
⑳ Merry Land Hotel A2
㉑ Sea Garden Hotel A2
㉒ Monaco Hotel B2
㉓ Belle Maison Parosand B3
㉔ 알라카르트 호텔 A La Carte Hotel B2
㉕ Diamond Sea Hotel B3
㉖ Stella Maris B3
㉗ Adaline Hotel B3
㉘ Pavilion Hotel B3
㉙ Grand Tourane Hotel B3
㉚ Sala Danang Beach Hotel B3

① East West Brewing Co. B3
② Mad Platter B3
③ Esco Beach B3
④ 꽌 베만 Quán Bé Mặn B1
⑤ Hải Sản Cua Biển B1
⑥ 나벱쓰아 Nhà Bếp Xưa B3
⑦ 패밀리 인디언 레스토랑(인도 음식점) B3
⑧ 템플 다낭 Temple Danang B2
⑨ Brilliant Seafood B2
⑩ 목 시푸드 Hải Sản Mộc Quán B3
⑪ 통킹 분짜 Tonkin Bún Chả B3
⑫ Babylon Steak Garden 2 B2
⑬ Phố Nướng Tokyo BBQ & Beer B2
⑭ 미꽝 꼬사우 Mỳ Quảng Cô Sáu A3
⑮ Fat Fish Restaurant A3

① 퀸 스파 Queen Spa A3
② 노아 스파 Noah Spa A2
③ 럭셔리 허벌 스파 Luxury Herbal Spa A2
④ 아리 스파 Ari Spa B2

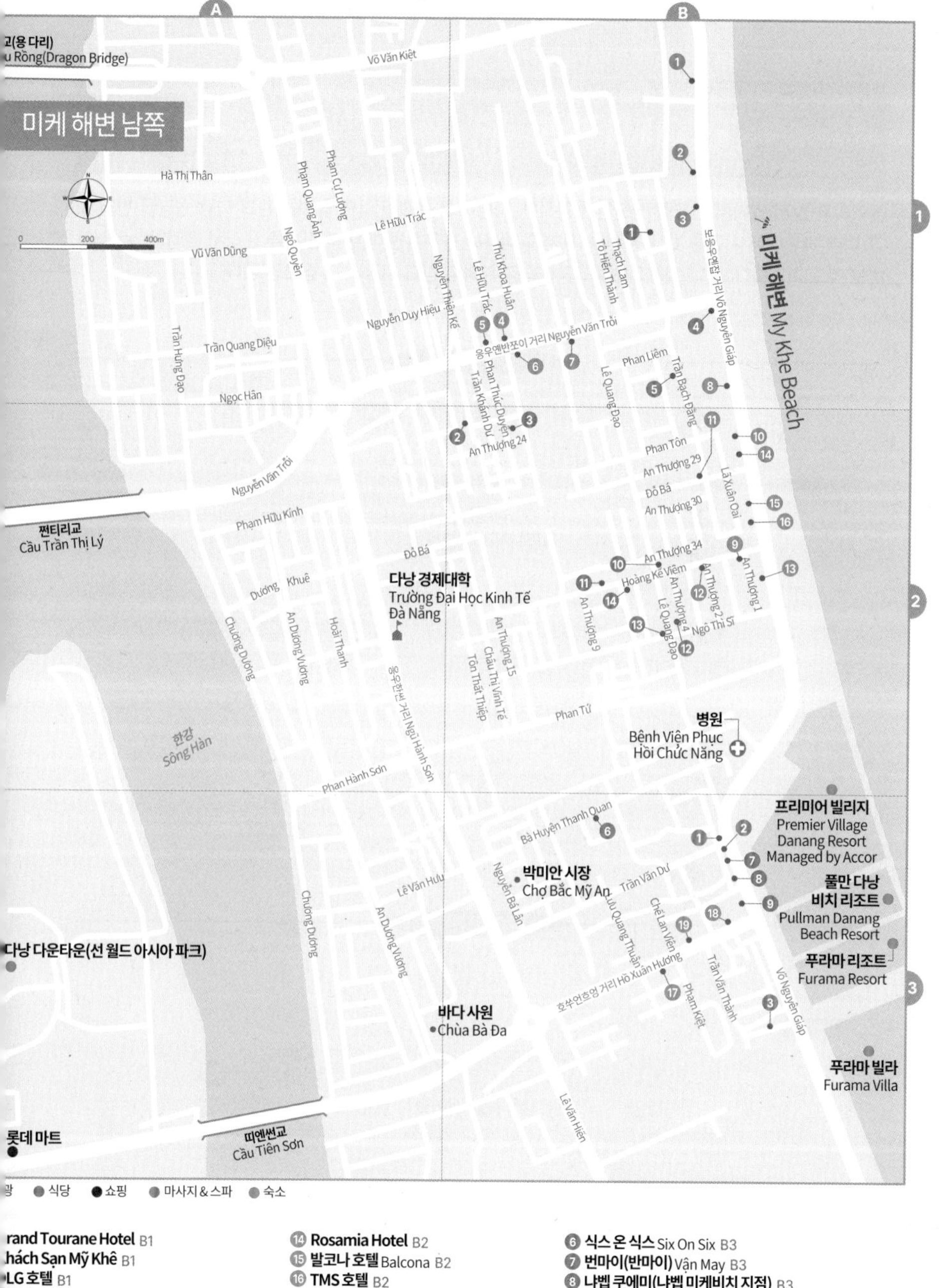

● 식당 ● 쇼핑 ● 마사지&스파 ● 숙소

rand Tourane Hotel B1
hách Sạn Mỹ Khê B1
LG 호텔 B1
ivitel King B1
strella Hotel B1
isemount Resort Danang B1
열 로터스 호텔 Royal Lotus Hotel B1
엉탄 럭셔리 호텔 B1
호텔 Chu Hotel B2
aian Beach Hotel B2
cilia Hotel B2
바타 호텔 Avatar Hotel B2
리데이 비치 호텔 Holiday Beach Hotel B2
⑭ Rosamia Hotel B2
⑮ 발코나 호텔 Balcona B2
⑯ TMS 호텔 B2
⑰ Titan Hotel B3
⑱ Sea Phoenix Hotel B3
⑲ Galaxy Hotel B3

① 벱꾸온 Bếp Cuốn B1
② The Hideout Cafe B2
③ 티아고 레스토랑 Thìa Gỗ B2
④ 43 TOWN B1
⑤ 골든 미트 하우스 B1
⑥ 식스 온 식스 Six On Six B3
⑦ 번마이(반마이) Vận May B3
⑧ 나벱 쿠에미(나벱 미케비치 지점) B3
⑨ 바빌론 스테이크 가든 B3
⑩ 움 반미 Ùmm Banh Mi B2
⑪ H Coffee B2
⑫ 버거 브로스(본점) B2
⑬ 43 스페셜티 커피(43 팩토리 커피) B2
⑭ 꽁 카페(안트엉 지점) B2

① 안 스파 Ans Spa B3
② 다낭 포레스트 스파 B3
③ 다한 스파 DAHAN Spa B3

Best Course

다낭 추천 코스

볼거리가 많지 않아서 반나절 정도면 충분하다. 다낭에서 묵게 된다면 참 박물관과 다낭 성당을 먼저 보고 미케 해변에서 시간을 보내면 된다. 택시를 이용해 응우한썬(마블 마운틴)을 들러서 호이안으로 이동하는 것도 가능하다. 바나 힐(P.348)을 다녀 올 경우 하루 정도 시간을 더 잡으면 된다.

COURSE 1

다낭·미케 해변 1일 코스

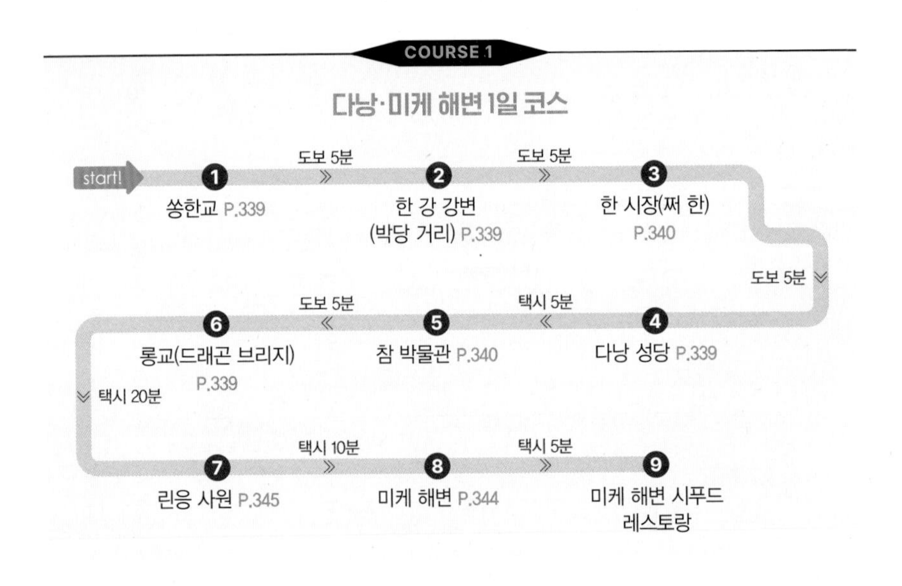

COURSE 2

다낭·바나 힐 1일 코스

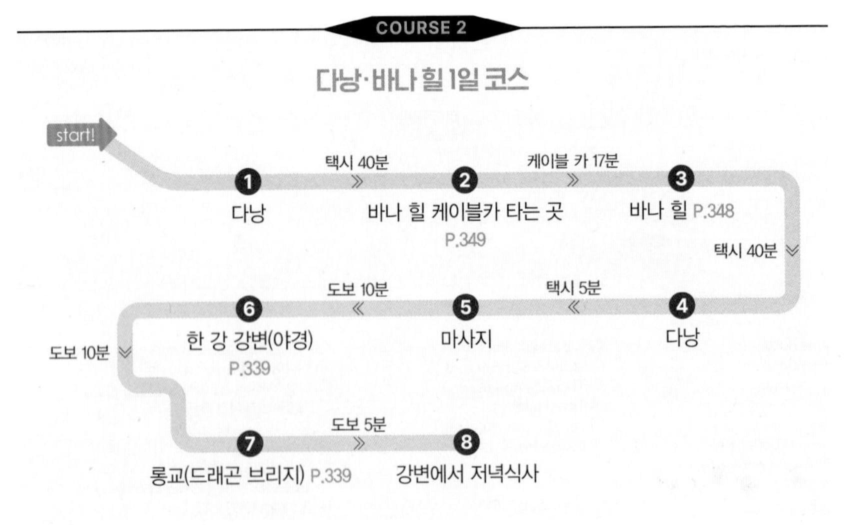

Attractions

다낭의 볼거리

교통과 상업의 중심지라 도시 규모가 크지만 볼거리는 많지 않다. 다낭 최대의 볼거리는 다낭 성당과 참 박물관이다. 도심과 가까운 미케 해변은 말끔한 해변 도로와 함께 상쾌함을 선사한다. 저녁때가 되면 강변에서 야경을 보며 시간을 보내도 된다.

Map P.330-B2

한 강(汗江) ★★

Han River
Sông Hàn

주소 Đường Bạch Đằng **가는 방법** 강 서쪽은 박당 거리 Đường Bạch Đằng, 강 동쪽은 쩐흥다오 거리 Đường Trần Hưng Đạo가 길게 이어진다.

다낭의 중심은 도시를 남북으로 흐르는 '한 강'이다. 한 강을 기준으로 서쪽이 다낭 도심에 해당한다. 한 강을 건너 동쪽으로 2㎞를 가면 미케 해변(P.344)이 나온다. 강변 도로인 박당 거리를 따라 산책로가 만들어져 있다. 해 질 무렵부터 시민들의 휴식처로 사랑받는다. 밤에는 강변의 빌딩과 다리까지 조명으로 치장돼 아름다운 야경이 펼쳐진다.
특별한 볼거리는 아니지만 한강에는 독특한 모양의 다리(교량)가 설치되어 있다. 그 중 교통량이 가장 많은 다리는 쏭한교 Cầu Sông Hàn(Han River Bridge)다. 시내 중심가에서 해변을 연결하는 다리로 총 길이는 487m다. 케이블로 다리를 지탱하는 사장교로 밤이 되면 다양한 색의 조명이 다리를 비춘다.
참 박물관 앞에 있는 룡교 Cầu Rồng는 용 모양의 조형물이 설치되어 있다. '룡'은 용(龍)을 뜻한다. 영어로 드래곤 브리지 Dragon Bridge라고 쓴다. 한국인 여행자들은 '용 다리'라고 부르기도 한다. 2013년에 완공된 길이 666m의 다리다. 쏭한교와 마찬가지로 밤에는 조명을 이용해 다양한 빛으로 다리가 변모한다. 주말(토·일요일) 21:00에는 용 머리에서 불을 뿜어내기도 한다.

쏭한교 야경

용 다리로 불리는 룡교

Map P.334-B3

다낭 성당 ★★★★

Danang Cathedral
Nhà Thờ Con Gà

주소 156 Trần Phú **운영** 월~토 08:00~11:30, 13:30~16:30 **요금** 무료 **가는 방법** '쩌한'에서 쩐푸 거리 방향으로 도보 3분. 출입문은 성당 우측에 있다.

프랑스가 베트남을 식민 지배하던 시절에 건설된 가톨릭 성당이다. 프랑스 식민 지배 시절 다낭에 유일하게 건설된 성당이라고 한다. 1923년 프랑스 신부가 다낭에 거주하는 프랑스인들을 위해 건설했다. 핑크색 사암으로 만든 외관 때문에 눈에 잘 띈다. 70m 높이로 만든 스티플(성당 정면을 장식

다낭 성당

한 첨탑) 꼭대기에 달아놓은 수탉 모양의 풍향계 때문에 베트남 사람들은 수탉 성당이라는 뜻으로 '냐터 꼰가 Nhà Thờ Con Gà'라고 부른다. 아치형 돔 모양의 성당 내부에는 교회당 제단과 스테인드 글라스 유리 장식이 남아있다.

Map P.334-B3

한 시장(쩌 한) ★★★
Han Market
Chợ Hàn

주소 119 Trần Phú **운영** 06:00~18:00 **요금** 무료 **가는 방법** 정문은 쩐푸 거리에 있다. 강변 도로인 박당 거리를 통해서도 출입이 가능하다.

다낭 시내에 있는 재래시장이다. 한 강변에 있어서 한 시장(쩌 한)이라는 이름을 붙였다. 프랑스 식민통치 시절인 1940년대부터 지금까지 같은 자리를 지키고 있다. 1층에서는 식료품과 채소, 과일을 판매하고, 2층에는 의류와 신발, 화장품, 가정용품 매장이 들어서 있다. 시장 1층에는 노점 식당도 몰려 있다. 시장이 오래된 만큼 쾌적함은 기대하기 힘들다.

Map P.333-A3

꼰 시장(쩌 꼰) ★★☆
Con Market
Chợ Cồn

주소 318 Ông Ích Khiêm **운영** 07:00~19:00 **요금** 무료 **가는 방법** 옹익키엠 Ông Ích Khiêm & 훙브엉 Hùng Vương 사거리 코너에 있다.

1940년대에 형성되어, 1984년에 3층 규모의 현재 모습으로 새단장했다. 다낭 최대 규모의 시장으로 하루 1만 명 이상이 방문해 활기 넘치는 곳이다. 2,000여 개의 상점이 입점해 있다. 기념품보다 현지인들의 생활 물품들이 도매로 거래된다. 한 시장(쩌 한)에 비해 규모도 크고 상점이 붙어 있어서 시장 내부는 덥고 복잡하다. 한 시장에 비해 관광객의 발길이 적은 편이다.

Map P.333-B3, Map P.334-B4

참 박물관(참 조각 박물관) ★★★☆
Cham Museum
Bảo Tàng Điêu Khắc Chăm

주소 2 Đường 2 Tháng 9 & 1 Trưng Nữ Vương **전화** 0236-3470-114 **홈페이지** www.chammuseum.vn **운영** 매일 07:00~17:00 **요금** 6만 VND **가는 방법** 9월 2일 거리(Đường 2 Tháng 9)와 쯩느브엉 거리가 교차하는 로터리에 있다.

다낭에서 가장 큰 볼거리로 참파 왕국(P.322)의 유물들을 전시한다. 베트남 중부 지방을 여행하려면 참파 왕국과 힌두교에 대한 이해가 필요한데, 이에 대한 갈증을 해소해주는 곳이다. 1898년 미썬 유적 Mỹ Sơn(P.320)이 재발견되면서 프랑스 국립 극동 아시아 연구원이 참파 유적 연구를 본격화했고, 미썬에서 발굴된 유물들을 보관하기 위해 1916년에 박물관이 문을 열었다. 그 후 1936년에 들어 짜끼에우 Trà Kiệu(참파 왕국 최초의 수도였던 심하푸라 Simhapura가 있던 곳으로 미썬에서 28㎞ 떨어져 있다)에서 유물이 대량으로 발굴되면서 오늘날과 같은 규모로 박물관이 확장되었다.
참 박물관은 콜로니얼 양식의 건물로 세계 최대 규모의 참파 유적 관련 박물관이다. 총 2,000여 점의 유물을 소장하고 있으며, 500여 점을 박물관에 전시 중이다. 전시실은 유물이 발굴된 지역의 지명을 따서 미썬 Mỹ Sơn(7~10세기), 짜끼에우 Trà Kiệu(7~12세기), 동즈엉 Đồng Dương(9~10세기), 탑만 Tháp Mẫn(11~14세기), 꽝찌 Quảng

쩐푸 거리에 있는 한 시장 정문

다낭 최대의 재래시장 꼰 시장

Trị(7~8세기), 꽝남 Quảng Na m(8~10세기), 꽝응아이 Quảng Ngãi(10~12세기), 빈딘 Bình Định(12~13세기)으로 구분해 놓았다.

참 박물관은 석조 조각과 부조들을 전시하기 때문에 석대를 만들어 그 위에 힌두 신들의 조각상을 올려놓았다. 참고로 부드러운 질감의 사암을 이용해 양각 기법으로 조각한 부조들은 힌두 사원의 회랑을 장식하던 일반적인 기법이다. 참파 왕국은 시바 Shiva(힌두교 3대 신 중 하나로 파괴와 재창조라는 막강한 힘을 갖고 있다. 시바 조각은 오른손에 삼지창을 들고 있고, 이마에 제3의 눈이 그려진 것이 특징이다)를 모신 신전을 많이 건설했기 때문에 시바 석상이 가장 많다. 시바의 상징인 링가 Linga(남성 성기 모양의 둥근 돌기둥, 보통 여성 성기 모양의 요니 Yoni 위에 링가를 세워 놓는다) 조각도 많다.

시바와 더불어 사랑받는 비슈누 Vishnu(힌두교에서 우주를 유지하는 신), 락슈미 Lakshmi(비슈누의 부인으로 풍요와 번영, 아름다움과 행운을 상징한다), 난디 Nandi(시바가 타고 다니는 흰 소), 가네쉬 Ganesh(지혜의 신, 시바의 아들로 코끼리 머리를 하고 있으며 '가네샤'라고도 한다), 가루다 Garuda(비슈누가 타고 다니는 독수리), 하누만 Hanuman(비슈누의 아바타인 라마를 돕는 원숭이 장군), 나가 Naga(힌두교와 불교 신화에 등장하는 뱀 모양의 신), 압사라 Apsara(천상의 무희들), 라마야나 Ramayana(힌두 서사시) 이야기를 묘사한 조각도 있다.

동즈엉 Đồng Dương 유물 전시실은 불교적인 색채가 강하다. 875년에 인드라바르만 2세가 인드라푸라 Indrapura(오늘날의 동즈엉)에 새로운 왕조를 건설하며 대승 불교를 받아들였기 때문이다. 불교적인 색채가 가미된 조각들은 10세기 후반까지 제작되었는데, 비슈누 조각이 얼핏 보면 불상처럼 보이기도 한다.

미썬에서 발견된 시바 부조(8세기 작품)

참 박물관 전시실

Map P.334-B1

다낭 박물관 ★★★
Danang Museum
Bảo Tàng Đà Nẵng

주소 31 Trần Phú **전화** 0236-3886-236 **홈페이지** www.baotangdanang.vn **운영** 화~토 08:00~11:30, 14:00~17:00(**휴무** 일~월요일) **요금** 2만 VND **가는 방법** 박물관 정문은 쩐푸 거리 31번지에 있다.

다낭의 역사를 일목요연하게 정리한 박물관이다. 2025년 3월 29일(다낭 해방 50주년 기념일)에 새로운 장소로 이전해 개관했다. 강변 도로(박당 거리)에 있는 콜로니얼 양식의 건물로 프랑스 식민 정부에서 만든 역사적인 건물이다. 과거 인민위원회 청사로 쓰였던 곳이다. 새로운 박물관은 전시 면적 8,686㎡ 크기로 영상 자료를 추가해 시각적인 면을 강조했다. 베트남 중부 지방에 발굴된

참 박물관 전경

다낭 박물관

15~16세기 도자기, 참파 왕국 시절의 다낭을 포함해 과거 역사를 보여주는 2,500여 점의 유물, 사진, 문서, 역사 자료를 전시하고 있다. 베트남 독립과 베트남 전쟁 관련 전시실도 있다. 프랑스의 다낭 점령과 식민 통치, 8월 혁명과 베트남 독립 선언, 미국 해병대의 다낭 상륙, 베트남 전쟁 무기, 북베트남군에 의한 다낭 해방, 베트남 통일 관련 내용을 전시하고 있다.

Map P.334-A2

미술 박물관 ★★☆

Da Nang Fine Arts Museum
Bảo Tàng Mỹ Thuật Đà Nẵng

주소 78 Lê Duẩn **전화** 0236-3865-356 **홈페이지** www.dnfam.vn **운영** 08:00~17:00 **요금** 2만 VND **가는 방법** 레주언 거리 78번지에 있다.

2016년 12월 19일에 개관한 미술관이다. 다낭을 포함한 베트남 중부 지방 출신 작가들의 작품을 만나볼 수 있다. 총 3층 건물의 미술관 내에 약 400여 점의 작품을 소장하고 있다. 주 전시관인 2층에는 회화, 판화, 불상 등이 전시 중이며, 3층은 중부 고원에서 생활하는 산악 민족의 전통 의상, 민속품, 목조 조각 등이 있어 그들의 생활상을 엿볼 수 있다. 하노이와 호찌민시에 있는 규모 큰 미술 박물관에 비해 전시 내용은 상대적으로 빈약하다.

미술 박물관

Map P.331-C3

썬짜 야시장 ★★★☆

Son Tra Night Market
Chợ Đêm Sơn Trà

주소 Mai Hắc Đế & Lý Nam Đế **운영** 18:00~24:00 **요금** 무료 **가는 방법** 롱교(용 다리) 건너편의 마이학데 거리와 리남데 거리에 야시장이 형성된다.

롱교(용 다리) 건너편에 형성되는 야시장이다. 시내 중심가와 가깝기 때문에 접근성이 좋다. 동남아시아에서 흔히 볼 수 있는 평범한 야시장으로 150여 개의 노점이 들어서 있다. 각종 옷과 신발, 가방, 모자, 선글라스, 인형, 잡화, 수공예품을 판매한다. 대부분 현지인의 실생활에 필요한 저렴한 물건을 팔지만, 관광객을 위한 기념품 상점도 있어서 구경 삼아 둘러보면 된다. 야시장의 또 다른 재미인 길거리 음식점도 가득하다. 쌀국수, 꼬치, 해산물까지 다양한 먹거리를 즉석에서 요리해 준다. 노점 식당들은 호객 행위가 심한 편이다.

Map P.331-B4

헬리오 야시장 ★★★

Helio Night Market
Chợ Đêm Helio

주소 Khu Công Viên Đông Nam Đài Tưởng Niệm, Đường2/9(Đường 2 Tháng 9) **홈페이지** www.helio.vn **운영** 17:00~22:30 **요금** 무료 **가는**

썬짜 야시장

외국 관광객도 많이 찾는 썬짜 야시장

방법 다낭 다운타운(선 월드 아시아 파크) 옆 헬리오 센터 Helio Center에 있다.

헬리오 센터 옆의 야외 부지에 들어서는 상설 야시장이다. 현지인들을 위한 저렴한 옷과 신발, 가방, 잡화, 액세서리를 주로 판매한다. 중앙 무대에서 라이브 밴드가 음악을 연주한다. 그 주변으로 맥주 노점과 먹거리 노점이 들어서 있다. 썬짜 야시장에 비해 규모는 작지만 정리가 잘 되어 있고, 호객도 없는 편이다. 시내 중심가에서 떨어져 있어 접근성은 떨어진다. 아무래도 주말에 찾아오는 사람이 많다.

Map P.333-B4

5군구 박물관(전쟁 박물관) ★★

Fifth Military Division Museum of Da Nang
Bảo Tàng Khu 5 Đà Nẵng

주소 3 Duy Tân **전화** 0236-6251-268, 0236-3615-982 **운영** 07:30~16:30 **요금** 6만 VND **가는 방법** 다낭 중심가에서 남쪽에 있는 주이떤 거리 3번지에 있다. 참 박물관에서 남쪽으로 2㎞ 떨어져 있다.

1977년 건설된 전쟁 박물관이다. 박물관은 4개 전시 구역, 12개 전시실로 나뉜다. 베트남 전쟁뿐만 아니라 프랑스의 식민 지배에 저항했던 인도차이나 전쟁까지 베트남의 오랜 독립 전쟁에 관해 소개하고 있다. 베트남 전 지역이 아닌 다낭 중심의 5군구 지역과 관련된 전쟁 내용을 전시하고 있다. 대부분 흑백 사진의 군사 작전 지도를 함께 전시해 놓았다. 박물관 앞 야외에는 베트남 전쟁 때 사용했던 탱크와 비행기, 전차, 무기가 전시되어 있고, 박물관 뒤쪽에는 호찌민 주석이 생을 마감할 때까지 생활하던 하노이의 호찌민 생가를 재현해 놓았다.

Map P.331-C3

잉어 분수상 ★★

Statue of Carp Becoming A Dragon
Cá Chép Hóa Rồng

주소 Trần Hưng Đạo **운영** 10:00~22:00 **요금** 무료 **가는 방법** 다낭 시내에서 롱교(드래곤 브리지)를 건너서 강변과 접한 쩐흥다오 거리에 있다.

하얀색의 대리석을 깎아서 만든 동상은 높이 7.5m, 무게 200t에 달한다. 멀리서 보면 물고기 모양인데, 자세히 보면 몸통은 물고기(잉어), 머리는 용으로 되어 있다. 그래서 현지어로 까쩹호아롱 Cá Chép Hóa Rồng(용으로 변한 잉어라는 뜻)이다. 잉어 분수상 옆으로는 사랑의 다리 Bridge of Love(Cầu Tàu Tình Yêu)가 있다. 하트 모양 붉은색 조명이 달려있는 68m 길이의 조형물이다. 해 지는 시간에 사진 찍으러 관광객이 찾아온다.

헬리오 야시장

5군구 박물관

잉어 분수상

Map P.331-B4

다낭 다운타운(선 월드 아시아 파크)

Da Nang Downtown ★★★

주소 1 Phan Đăng Lưu **전화** 0911-305-568 **홈페이지** www.sunworld.vn/en/da-nang-downtown **운영** 15:00~22:00 **요금** 올 인 원 티켓 25만 VND(아동 10만 VND), 대관람차 15만 VND **가는 방법** 다낭 성당에서남쪽으로 4㎞, 롯데마트에서 북쪽으로 500m 떨어져 있다.

88헥타르(약 26만 평) 규모로 2014년에 건설된 놀이공원이다. 다낭 다운타운으로 명칭이 바뀌었는데, 예전 이름인 아시아 파크로 더 많이 알려졌다. 거창한 이름과 달리 '선 월드 Sun World' 대관람차가 가장 유명하다. 높이로는 세계 10대 대관람차에 꼽힌다. 115m 높이까지 회전하며 올라간다. 대관람차를 타면 360°로 다낭 야경을 감상할 수 있다. 회전목마, 회전그네, 바이킹, 롤러코스터 같은 10종의 놀이기구가 있다. 낮에는 무덥기 때문에 오후 늦게 문을 연다.

다낭 다운타운(선 월드 아시아 파크)을 상징하는 대관람차

다낭 시내와 가까운 미케 해변

다낭 시민의 휴식처 미케 해변

Map P.330-D2

미케 해변

★★★★

My Khe Beach
Bãi Biển Mỹ Khê

주소 Đường Võ Nguyên Giáp **요금** 무료 **가는 방법** 다낭 시내에서 동쪽으로 3㎞, 호이안에서는 북쪽으로 24㎞ 떨어져 있다. 다낭 시내에서 쏭한 교 Cầu Sông Hàn를 건너서 팜반동 거리 Đường Phạm Văn Đồng를 따라 동쪽으로 2㎞를 더 가면 된다.

다낭 시내와 가까운 해변이다. 9㎞에 이르는 곱고 부드러운 모래해변과 상쾌하게 정리된 해변 도로가 이어진다. 미국 경제지 〈포브스 Forbes〉에 세계 6대 해변으로 선정되기도 했다. 다낭 시내와 가깝고 한적해 다낭 시민들에게 인기 높은 휴식처이다. 내륙도로에는 시푸드 바비큐 레스토랑도 많고, 중급 호텔도 많아서 정겨운 분위기가 감돈다. 파도가 잔잔한 5~7월이 수영하기 적합하다. 파도가 높아지는 9월 중반부터 12월까지는 서핑을 즐길 수도 있다.

미케 해변은 미국에서 베트남 전쟁을 소재로 만든 TV 시리즈에 등장하며 '차이나 비치 China Beach'라고 알려지기도 했다. 다낭 시내 북쪽에 있는 남오 해변 Nam O Beach(Bãi Biển Nam Ô)을 통해 1965년에 미국 해병대가 다낭 상륙작전을 감행했으며, 미케 해변은 전쟁 기간 동안 다낭에 주둔한 미군들의 휴양시설을 만들며 세상에 알려졌다.

참고로 해변 도로는 보응우옌잡 거리 Đường Võ Nguyên Giáp(1911~2013년)라고 부른다. 호찌민과 더불어 베트남의 영웅으로 칭송받는 인물로 2013년 10월 4일 103세의 나이로 사망하면서 그의 업적을 기리기 위해 거리 이름을 바꾸었다고 한다.

포브스가 선정한 세계 6대 해변, 미케 해변

Map P.332-A1

린응 사원(靈應寺) ★★★☆

Linh Ung Pagoda
Chùa Linh Ứng

주소 Đường Hoàng Sa, Sơn Trà **운영** 08:00~18:00 **요금** 무료 **가는 방법** 미케 해변 북쪽의 썬짜 반도에 있다. 다낭 시내에서 10㎞ 떨어져 있다. 택시로 16만~20만 VND 정도 예상하면 된다.

다낭 북동쪽 해안선을 이루는 썬짜 반도 Sơn Trà Peninsula(베트남어로 반다오 썬짜 Bán Đảo Sơn Trà, 영어로 멍키 마운틴 Monkey Mountain이라고 부르기도 한다)에 있는 사원이다. 베트남 전쟁 때 폐허가 됐던 사원을 2004년부터 재건축해 6년 만인 2010년에 완공했다고 한다. 린응(한자로 영응 靈應)은 '신령이 영묘해서 사물에 응한다' 또는 '부처와 보살의 감응(感應)'을 뜻한다. 전설에 따르면 사원 앞의 해변에서 불상을 발견한 어부가 지극한 정성을 표하자 관세음보살이 나타나 파도를 잔잔하게 해줘 안전과 평화를 유지하도록 해줬다고 한다(바다를 끼고 있는 베트남에서는 바다의 안전을 관장하는 신들을 많이 모신다).

린응 사원은 개발이 제한된 산 중턱에 있어 주변 경관이 좋다. 날이 좋으면 다낭 시내와 해안선이 시원스럽게 내려다보인다. 사원의 전체 면적은 12헥타르(약 3만 6,000평)에 이른다. 다섯 칸짜리 겹 지붕으로 이루어진 대웅전 앞으로 18나한상을 세웠다. 린응 사원의 가장 큰 볼거리는 대웅전 아래쪽에 있는 해수관음상 Phật Quan Thế Âm Bồ Tát(영어로 Goddess of Mercy 또는 Lady Buddha)이다. 연꽃 기단 위에 세워진 67m 높이의 관세음보살이 바다를 바라보고 있다. 30층 높이의 건물과 맞먹는 규모의 해수관음상 내부에는 각기 다른 모양의 불상 21개를 모시고 있다.

해수관음상

린응 사원 입구

Map P.332-A1

딘반꺼(딩반꺼) ★★★☆

Đỉnh Bàn Cờ

주소 Đỉnh Bàn Cờ, Bán Đảo Sơn Trà **운영** 06:00~23:00 **요금** 무료(주차비 오토바이 4,000 VND, 자가용 또는 택시 5,000VND 별도) **가는 방법** ①다낭 시내에서 10㎞ 떨어져 있다. 오토바이를 이용하면 40분 정도 걸린다. 원칙적으로 수동 오토바이만 타고 올라갈 수 있다. 중간 검문소가 있는데, 자동 변속 오토바이는 이곳부터 올라갈 수 없도록 통제하고 있다. ②딘반꺼로 가는 가장 빠른 길은 썬짜 반도 서쪽 도로를 이용하는 것인데, 상대적으로 경사가 적어 택시를 타고 올라갈 수 있다. 한강 북쪽에 있는 투언프억교를 지나 옛끼에우 거리 Yết Kiêu에서 연결되는 산길로 올라가면 된다. 중간에 냐봉깐 Nhà Vọng Cảnh을 지나 4.5㎞ 더 올라가면 딘반꺼에 닿는다.

썬짜 반도 정상 부근에 해당하는 해발 580m의 전

딘반꺼에서 내려다보이는 해안선 풍경

딘반꺼 정상

망대. 꼭대기란 뜻의 '딘'과 장기판이란 뜻의 '반꺼'가 합쳐진 말이다. 신선들이 내려와 장기를 두던 곳이라는 전설에서 유래했는데, 산꼭대기에 대형 장기판 모양의 석상을 만들어 놓았다. 전혀 개발이 안 된 자연 보호 구역이라 주변 풍경을 막힘없이 파노라마로 볼 수 있다. 다낭 시내와 다낭을 감싼 해안선이 시원스럽게 내려다보인다. 정상 부근에 레이더 기지와 군사 시설도 남아 있다. 딘반꺼까지 도로가 포장되어 있긴 하지만 가파른 산길이라 대형 버스는 올라갈 수 없다. 현지인들은 오토바이를 몰고 오는데, 굽이굽이 산길이 이어지기 때문에 초보자는 오토바이 이용을 삼가는 게 좋다.

다낭 주변 볼거리

다낭 주변은 해안선과 산이 절묘하게 어우러진다. 다낭 북쪽의 하이번 언덕은 산길을 오르는 동안 수려한 경관이 펼쳐지고, 다낭 남쪽은 논느억 해변까지 한적한 해변이 반긴다. 석회암 바위산이 독특한 풍경을 이루는 응우한썬(마블 마운틴), 유네스코 세계문화유산으로 지정된 호이안(P.288)과 미썬(P.320)도 다낭과 가깝다. 프랑스 식민 정부에서 해발 1,500m의 고원에 만든 바나 힐은 선선한 기후와 이국적인 풍경을 감상할 수 있다.

Map P.332-A4

하이번 고개 ★★★
Hải Vân Pass
Đèo Hải Vân

주소 Quốc Lộ 1A **운영** 24시간 **요금** 무료 **가는 방법** 다낭 북쪽으로 30㎞ 떨어져 있다.

'하이 Hải'는 바다(海), '번 Vân'은 구름(雲)을 뜻하는 말로 운해에 싸여 있다고 하여 '하이번'이라고 불린다. 베트남 남북을 연결하는 1번 국도와 통일열차가 해발 496m 높이의 하이번 고개를 지나는데, 바다를 끼고 구불구불 이어진 산길을 오르다 보면 자연스레 신비스러운 기운을 느낄 수 있다.

하이번 고개를 따라 아름다운 해안선 풍경이 펼쳐진다

하이번 고개의 매력은 무엇보다도 웅장한 전망이다. 남쪽으로는 다낭 일대의 해안선이 시원스럽게 이어지고, 북쪽으로는 랑꼬 Lăng Cô 해변(P.386)을 끼고 아름다운 풍경이 거침없이 펼쳐진다. 하지만 운해가 밀려오는 날이 많아 아름다운 해안선을 보려면 적당한 운도 필요하다. 고개 정상에는

하이번 고개 정상에 있는 요새

하이번 고개를 넘는 기차

프랑스 식민지배 시절에 건설한 요새가 남아 있다. 베트남 전쟁 기간 중에 남부 베트남군이 방어 기지로 사용했다고 한다. 하이번 고개 주변은 산악지형으로 가장 높은 산은 해발 1,172m에 이른다. 2005년 6월에 하이번 터널 Hai Van Tunnel(Hầm Hải Vân)이 개통되면서 대부분의 차량이 터널을 통과하기 때문에 아름다운 경치를 보기는 힘들어졌다. 동남아시아에서 가장 긴 하이번 터널은 길이가 6.28㎞이다. 산길을 오르는 것보다 터널을 이 용하면 이동 시간이 40분 단축된다. 수려한 경관을 보려면 오픈 투어 버스가 아니라 기차를 타야 한다. 단선 철도가 속도는 느리지만 해안선을 따라 기차가 이동하기 때문에 주변 경관을 맘껏 감상할 수 있다. 하이번 고개를 넘으면 랑꼬 해변 Lang Co Beach(P.386 참고)이 보인다.

Map P.332-A3

응우한썬(마블 마운틴) ★★★☆
Marble Mountain
Ngũ Hành Sơn

운영 매일 07:00~17:00 **요금** 4만 VND(엘리베이터 이용 1만 5,000VND 추가) **가는 방법** 다낭에서 남쪽으로 12㎞, 호이안에서 북쪽으로 20㎞ 떨어져 있다. 다낭 시내에서 택시를 탈 경우 20만 VND 정도에 예상하면 된다. 불편하지만 시내버스를 이용해도 된다. 에어컨 시설의 6번 시내버스(편도 요금 8,000VND)가 응우한썬 앞의 보응우옌잡 거리를 지난다. 05:45부터 18:00까지 45분 간격으로 운행된다. 자세한 버스 노선은 홈페이지 www.danangbus.vn/lo-trinh-tuyen.html 참고.

응우한썬(오행산)

다낭과 호이안 중간에 있는 석회암으로 이루어진 다섯 개의 산이다. 해안과 접한 평지에 산들이 불쑥불쑥 솟아 있어 풍경이 독특하다. 대리석이 많아서 영어로 마블 마운틴 Marble Mountain이라고 불린다. 19세기 베트남을 통일하고 응우옌 왕조(P.393)를 창시한 자롱 황제가 이곳을 지나면서 응우한썬(오행산 五行山)이라고 칭했다고 한다. 각각의 산들은 우주를 구성하는 다섯 요소에서 착안하여 호아썬(火山) Hỏa Sơn, 투이썬(水山) Thuỷ Sơn, 목썬(木山) Mộc Sơn, 낌썬(金山) Kim Sơn, 터썬(土山) Thổ Sơn이라고 이름을 지었다.

다섯 개 산 중에서 가장 높은 산은 투이썬(해발 108m)이다. 세 개의 봉우리로 이루어졌으며 불교 사원과 동굴, 탑들이 곳곳에 산재해 있다. 투이썬 산자락의 오른쪽에는 린응 사원(靈應寺) Lin Ung Pagoda(Chùa Linh Ứng)이 있다. 엘리베이터가 있는 매표소 방향에서 계단을 이용해 산을 올라가면 가장 먼저 만나게 되는 곳이다. 자롱 황제(응우옌 왕조의 초대 황제) 때 최초로 만들어졌으나 여러 차례 재건축을 하면서 현재의 모습을 갖췄다. 일주문과 대웅전, 탑까지 갖춘 전형적인 불교 사원이다. 참고로 린응 사원은 썬짜 반도와 바나힐에도 같은 이름의 사원이 있다. 투이썬 산자락 왼쪽에는 땀타이 사원 Tam Thai Pagoda(Chùa Tam Thai)이 있다. 1825년 민망 황제(응우옌 왕조의 2대 황제)가 건설했다. 사원 앞의 전망대에 서

사천왕상과 불상을 모신 후옌동 동굴

응우한썬 정상에서 논느억 해변이 내려다보인다

면 논느억 해변을 포함한 주변 풍경이 시원스레 내려다보인다.

땀타이 사원 북서쪽에는 투이썬에서 가장 큰 동굴인 후엔콩 동굴 Huyen Khong Cave(Động Huyền Không)이 있다. 동굴 내부에 사원을 만들었기 때문에, 동굴로 들어가는 길목에 돌로 만든 일주문이 세워져 있다. 동굴을 호위하는 4천왕상이 입구를 지키며 서 있고, 석가모니 불상이 동굴 내부에 모셔져 있다. 동굴 내부로 빛이 들어오는데, 베트남 전쟁 때 미군의 폭격을 맞아 생긴 구멍이다. 참고로 다낭 일대를 조망할 수 있는 지형적인 이점 때문에 베트남 전쟁 때는 비엣꽁(베트콩)들이 이곳을 거점으로 게릴라 작전을 펼쳤다고 한다.

투이썬 입구 주차장 일대에는 대리석으로 만든 조각과 불상을 판매하는 상점이 몰려 있다. 응우한썬은 대리석 산지로 오래전부터 무덤에 쓰는 석비를 제작하는 마을로 유명했다고 한다.

Map P.332-A3

논느억 해변 ★★☆

Non Nuoc Beach
Bãi Biển Non Nước

운영 24시간 **요금** 무료 **가는 방법** 다낭에서 남쪽으로 12㎞, 호이안에서 북쪽으로 20㎞로 떨어진 응우한썬 동쪽에 있다.

논느억 해변

응우한썬에서 바라본 논느억 해변

응우한썬 앞에 있는 해변이다. 다낭에서 이어지는 30㎞의 기다란 해변 중의 하나로 미군들이 부르던 '차이나 비치'의 일부분이기도 하다. 논느억 해변은 5㎞의 해변이 길게 이어지며, 다른 해변에 비해 파도가 잔잔한 편이다. 최근 건설 붐을 타고 대형 리조트들이 경쟁적으로 문을 열면서 고급 해변 휴양지로 변모하고 있다. 다낭 메리어트 리조트, 쉐라톤 그랜드 다낭 리조트, 신라 모노그램, 하얏트 리젠시 다낭 리조트, 멜리아 다낭 비치 리조트 같은 대형 리조트가 해변에 가득하다.

Map P.332-A4

바나 힐 ★★★★

Ba Na Hills
Núi Bà Nà

주소 Thôn An Sơn, Xã Hoà Ninh, Huyện Hoà Vang, TP. Đà Nẵng **홈페이지** www.banahills.sunworld.vn **운영** 08:00~22:00 **요금** 성인 95만 VND, 어린이(키 100~130㎝) 75만 VND, 키 1m 이하의 어린이 무료(왕복 케이블카, 놀이동산 이용권 포함) **가는 방법** 다낭에서 서쪽으로 45㎞ 떨어져 있다. 바나 힐 초입에서 케이블카를 타고 올라가야 한다. 투어를 이용하거나 택시를 대절해서 다녀와야 한다. 택시 요금은 기본 4시간에 46만 VND이며, 1시간 초과하면 6만 VND씩 추가된다. 사설 택시(자가용)는 4인승 기준 왕복 요금은 60만~65만 VND이다. 여행사나 호텔에서 운영하는 셔틀버스(왕복 16만 VND)를 이용하는 방법도 있다.

1919년 프랑스 식민 정부에서 해발 1,400m에 건설한 힐 스테이션 Hill Station(P.275 참고)이다. 달랏(P.268)과 마찬가지로 프랑스 관료들이 혹독한 더위를 피하기 위해 건설한 산 위의 휴양지. 낮에도 20℃를 밑도는 날이 많아 선선하고 겨울에는 춥기까지 하다(날씨 변화가 심하므로 여름에도 긴 옷을 챙겨가자). 구릉지대에 도시를 건설한 달랏과 달리 산 위에 있기 때문에 주변 경관이 파노라마로 펼쳐진다. 참고로 안개가 자주 끼기 때문에 어느 정도 운이 따라야 한다. 3월~9월이 날씨가 가장 좋고, 겨울에 해당하는 11월~12월은 비가 자주 내린다.

바나 힐은 베트남의 독립선언(1945년) 이후 폐허가 된 채로 오랫동안 방치됐다가, 1998년부터 베트남 정부의 승인 하에 자연친화적인 휴양지로 개발되었다. 산길을 포장했을 뿐만 아니라 케이블카도 만들어 여행의 편의를 도모하고 있다. 현재는 유럽의 고성과 프랑스 마을을 연상시키는 대형 리조트, 판타지 파크(놀이 공원) Fantasy Park, 밀립 인형 박물관 Wax Museum을 갖춘 관광지로 변모했다.
바나 힐에 올라가면 골든 브리지 Golden Bridge (Cầu Vàng)를 만나게 된다. 해발 1,414m에 만든 인공 다리로 총 길이는 150m이다. 손 모양의 조형물(거대한 신의 손을 형상화했다고 한다)이 금색 다리를 받치고 있는 형상이다. 해발 1,489m의 정상에는 바나 힐을 지키는 수호신을 모신 린쭈아 린뜨 사당(嶺主靈祠) Đền Lĩnh Chúa Linh Từ이 있다. 프랑스 식민정부에서 건설한 성당과 와인 저장고는 옛 모습 그대로 남아 있다. 디베이 와인 셀러 Debay Wine Cellar(Hầm Rượu Debay)라고 불리는 와인 저장고는 산을 파서 동굴처럼 만들었다. 7헥타르(약 2,000평) 규모의 유럽식 정원 '르 자뎅 다무르' Le Jardin D'amour도 조성되어 있다. 정원 옆쪽에는 린응 사원(靈應寺) Linh Ung Pagoda(Chùa Linh Ứng)이 있다. 2004년에 신축한 사원으로 27m 높 이의 석가모니 불상이 볼만하다.
바나 힐을 가려면 케이블카(현지어로 깝쩨오 Cáp Treo)를 타야 한다. 총 길이 5,801m로 건설 당시(2009년)에는 세계에서 가장 긴 케이블카로 기네스북에 등재됐다고 한다. 현재는 세계에서 두 번째로 길다. 케이블카는 6개 노선이 있다. 시간 별로 다르게 운영되는데, 두 개 노선은 정상까지 직행하고 다른 노선은 중간에 케이블카를 갈아타야 한다. 일반적으로 호이안 역 Hội An Station→마르 세유 역 Marseille Station에서 케이블카를 갈아 타고, 보르도 역 Bordeaux Station→루브르 역 Louvre Station으로 간다. 쑤오이머 역 Suối Mơ Station→바나 역 Bà Nà Station 노선을 이용 할 경우, 디베이 역 Debay Station에서 케이블카 를 갈아타고 모린 역 Morin Station까지 가게 된다. 독띠엔 역 Tóc Tiên Station↔랭도쉰드(인도차이나) 역 L'Indochine Station 노선은 직행 케이블카로 해발 1,368m까지 17분 만에 주파한다. 관광객이 늘어나면서 참파 역 Champa Station↔타이가 역 Taiga Station을 오가는 케이블카를 신설했다. 중간에 정차하지 않고 정상까지 직행한다.

골든 브리지

바나 힐 전경
©Ba Na Hills

비나 힐 케이블카
©Ba Na Hills

해발 1,400m에 건설한 바나 힐
©Ba Na Hills

Restaurant

다낭의 레스토랑

베트남 5대 도시답게 레스토랑이 흔하다. 대도시가 주는 풍요로움을 다양한 레스토랑에서 느낄 수 있다. 현지인들을 위한 서민 식당과 쌀국수 식당이 많아 식사 걱정은 할 필요가 없다. 최근 들어 강변 도로인 박당 거리에 고급 레스토랑들이 하나둘씩 문을 열고 있다. 미케 해변에는 시푸드 레스토랑들이 경쟁적으로 영업 중이다.

반쎄오 바즈엉 Bánh Xèo Bà Dưỡng ★★★☆

Map P.334-A4 **주소** K280/23 Hoàng Diệu **전화** 0236-3873-168 **영업** 09:30~21:00 **예산** 8만~10만 VND **메뉴** 영어, 베트남어 **가는 방법** 호앙지에우(황지에우) 거리 280번지 골목 Kiệt 280 Hoàng Diệu 안쪽으로 들어가면, 골목 끝에 있다.

골목 안쪽에 숨겨져 있는 허름한 서민 식당이지만 다낭을 대표하는 반쎄오 Bánh Xèo 음식점이다. 대표 메뉴인 반쎄오(강황을 넣은 쌀 반죽에 새우, 숙주, 채소를 넣고 만든 부침개)를 기본으로, 넴루이 Nem Lụi(다진 돼지고기를 길쭉한 모양으로 만든 꼬치구이)가 인기다. 같은 골목에 비슷한 레스토랑이 여러 곳 있는데, 원조 집을 찾으려면 골목 끝까지 들어가면 된다.

분짜 짜오바 Bún Chả Chào Bà Hà Nội Xưa ★★★☆

Map P.335-A4 **주소** 98 Yên Bái **전화** 0981-693-951 **홈페이지** www.facebook.com/bunchachaoba **영업** 08:00~14:00, 17:00~22:00 **메뉴** 영어, 베트남어 **예산** 6만 VND **가는 방법** 옌바이 거리 98번지에 있다.

시내 중심가에 있는 '분짜' 식당이다. 2010년부터 영업 중이다. 로컬 식당이지만 청결하다. 외국 관광객에게도 친절하다. 돼지고기 구이와 완자를 느억맘 소스에 넣어서 주는 북부 지방(하노이) 스타일이다. 분 Bún(소면 쌀국수)을 적당히 떼어서 소스에 넣어 먹으면 된다. 사이드 메뉴로 스프링 롤을 추가하면 된다.

껌떰 바랑 Cơm Tấm Bà Lang ★★★☆

Map P.335-A4 **주소** 120 Yên Bái **영업** 09:00~21:00 **메뉴** 영어, 한국어, 베트남어 **예산** 4만~8만 VND **가는 방법** 옌바이 거리 120번지에 있다.

다낭 시내에 있는 로컬 식당이다. 간단하게 식사하기 좋은 덮밥을 만들어준다. 껌떰 Cơm Tấm은 과거 상품성이 없는 부서진 쌀로 밥을 짓던 것에서 유래했다. 영어로 브로큰 라이스 Broken Rice 라고 부르기도 한다. 껌떰 중에는 숯불에 구운 양념 돼지고기구이를 올린 껌 쓰언 Cơm Sườn이 가장 유명하다. 돼지고기구이 종류와 달걀 프라이 추가 여부를 선택해 주문하면 된다. 사진이 첨부된 한국어 메뉴판을 참고하면 된다. 베트남 음식이지만 한국인 입에도 익숙한 맛이다.

벱헨 Bến Hên ★★★★

Map P.334-B3 **주소** 47 Lê Hồng Phong **전화** 0935-337-705 **홈페이지** www.bephenrestaurant.com **영업** 09:00~15:00, 17:00~21:00 **메뉴** 영어, 베트남어 **예산** 메인 요리 9만~16만 VND **가는 방법** 레홍퐁 거리 47번지에 있다.

베트남 가정식 요리를 맛볼 수 있는 곳이다. 에어컨은 없지만 타일이 깔린 오래된 콘크리트 건물은 낡았지만 아늑한 분위기를 풍기고, 곳곳에 걸려진 그림과 흑백 사진들이 옛 향수를 자극한다. 메뉴는 모닝글로리, 가지, 두부, 생선, 새우, 닭고기, 찌개 등으로 구성되어 있어 밥과 곁들여 식사하기 좋다. 영어 메뉴판에는 추천메뉴를 표시해 두고 있으니 참고하자.

Travel Plus+ 중남부 지방의 대표 쌀국수, 미꽝 Mì Quảng

미꽝은 베트남 중남부 지방의 대표적인 쌀국수 요리입니다. 미(Mì)는 면을 뜻하고, 꽝(Quảng)은 꽝남 Quảng Nam 성(省)을 의미하는데요. 현재는 다낭 자치주로 분리되었지만 한때 꽝남 성에 속해 있었기 때문에 미꽝이라고 하면 다낭과 꽝남에서 만드는 면 요리를 의미합니다. 미꽝의 특징은 두툼한 면발입니다. 강황(터메릭) 가루를 넣어 반죽하기 때문에 면발이 노란색을 띱니다. 일반 쌀국수와 달리 육수가 아닌 소스를 넣어 비며 먹는 비빔국수에 가까워요. 고명으로 새우, 땅콩, 쌀과자 튀김, 채소와 허브를 넣습니다.

43 스페셜티 커피(43 팩토리 커피) ★★★★
XLIII Specialty Coffee

Map P.337-B2 **주소** 422 Ngô Thì Sĩ **전화** 0799-343-943 **홈페이지** www.xliiicoffee.com **영업** 07:00~22:30 **메뉴** 영어 **예산** 11만~37만 VND **가는 방법** 안트엉 지역의 응오티씨 거리 422번지에 있다.

안트엉 지역에서 가장 유명한 커피 전문점이다. 간판을 바꿨지만 43 팩토리 커피로 알고 있는 사람들이 많다. 통유리로 멋을 낸 벽돌 건물에 인더스트리얼 인테리어가 커피 공장을 연상시킨다. 로스터리를 표방하고 있어 매장에서 직접 로스팅한다. 페루·케냐·에티오피아·콜롬비아·과테말라 원두를 이용한 커피를 맛볼 수 있다. 품질 좋은 원두를 사용하기 때문에 커피 값은 비싸다. 호이안에도 지점(주소 326 Lý Thường Kiệt, Hội An)을 운영하는데 알마티니 호이안 리조트 1층에 있다.

꽁 카페 ★★★☆
Cong Cafe(Cộng Cà Phê)

Map P.335-B2 **주소** 98-96 Bạch Đằng **홈페이지** www.congcaphe.com **영업** 08:00~23:00 **메뉴** 영어, 한국어, 베트남어 **예산** 4만~8만 VND **가는 방법** 강변 도로에 해당하는 박당 거리 98번지에 있다.

베트남을 대표하는 커피 체인점 중의 한 곳이다. 사회주의 모티브를 현대적으로 재해석해 빈티지하게 꾸몄다. 군복을 개량한 유니폼과 멜라닌 컵에 담아주는 커피가 옛 향수를 자극한다. 달달하고 고소한 맛을 내는 코코넛 커피가 유명하다. 한국 관광객이 즐겨 찾는 곳으로 한국어 메뉴판도 구비하고 있다. 인기가 높아지면서 2호점(주소 39 Nguyễn Thái Học)과 3호점(주소 23 Lý Tự Trọng)을 추가로 오픈했다.

브루맨 커피 Brewman Coffee ★★★★

Map P.335-A4 **주소** 27A/21 Thái Phiên **전화** 0967-359-292 **홈페이지** www.facebook.com/BrewmanCoffeeConcept **영업** 07:30~22:00 **메뉴** 영어, 베트남어 **예산** 커피 5만~6만 5,000 VND **가는 방법** 타피엔 거리 27번지 골목 안쪽으로 들어간다. 골목 끝자락 왼쪽에 있다.

골목 안쪽에 숨겨져 있는 카페. 벽돌로 외벽을 쌓고 철체 프레임과 통유리를 이용해 스원스럽게 꾸몄다. 베트남 젊은이들이 카페와 편집 숍을 함께 운영하기 위해 스타트업 형태로 시작했다. 커피 메뉴는 크게 베트남 커피와 이탈리아 커피, 콜드브루가 있는데 주문 즉시 핸드 드립으로 내려준다.

푸홍 Phú Hồng ★★★★

Map P.335-A1 **주소** 19 Yên Bái **영업** 10:30~14:00, 16:00~22:00 **메뉴** 영어, 베트남어 **예산** 5만~10만 VND **가는 방법** 옌바이 거리 19번지에 있다. 한 시장에서 300m 떨어져 있다.

다낭 시내에 있는 로컬 레스토랑이다. 식당 앞 도로에서 숯불로 고기를 굽고 있는 모습에서 무슨 음식을 요리하는지 유추가 가능하다. 넴느엉 꾸온 Nem Nướng Cuốn(다진 돼지고기를 둥글게 만든 꼬치구이+라이스페이퍼)과 팃보느엉라롯 Thịt Bò Nướng Lá Lốt(베텔 잎에 싸서 구운 돼지고기)을 메인으로 요리한다. 분팃느엉 Bún Thịt Nướng(돼지고기 숯불구이 비빔국수)을 곁들이면 된다. 구글 검색은 꽌안응온 푸홍 Quán Ăn Ngon Phú Hồng으로 해야 한다.

퍼 틴 Phở Thìn ★★★☆

Map P.334-A2 주소 60 Pasteur **영업** 06:00~14:00, 17:00~21:00 **메뉴** 영어, 한국어, 베트남어 **예산** 6만~15만 VND **가는 방법** 파스퇴르(빠스떠) 거리 60번지에 있다. 한 시장(쩌 한)에서 900m 떨어져 있다.

하노이 유명 쌀국수 식당의 체인점이다. 간판에는 퍼 틴 13 로둑 Phở Thìn 13 Lò Đúc이라고 적혀 있는데, 다름 아닌 하노이 본점 주소를 함께 적은 것이다. 전통 소고기 쌀국수 Phở Tái Lăn Truyền Thống와 스페셜 쌀국수 Phở Tái Lăn Đặc Biệt가 인기 메뉴다. 한국 관광객은 매콤한 곱창 쌀국수 Phở Lòng Bò도 즐겨 먹는다. 한 강 건너편 응우옌반토아이 거리에 지점(주소 102 Nguyễn Văn Thoại)을 운영한다.

움 반미 Ùmm Banh Mi & Cafe ★★★★

Map P.337-B2 주소 179 Lê Quang Đạo **전화** 0772-221-282 **홈페이지** www.facebook.com/banhmiumm **영업** 07:00~22:00 **메뉴** 영어, 베트남어 **예산** 5만~7만 5,000VND **가는 방법** 안트엉 지역의 레꽝다오 거리 179번지에 있다.

안트엉 지역에서 가장 유명한 반미(바게트 샌드위치) 식당으로 카페를 겸한다. 그릴드 포크, 데리야키 치킨, 에그 베이컨 바게트, 비프 앤 치즈 바게트 같은 외국인의 입맛에 맞는 메뉴가 많다. 베트남식 바게트가 궁금하다면 트래디셔널 바게트 Traditional Baguette를 주문할 것. 주문할 때 고수를 포함한 향신료를 넣을지 말지를 미리 확인한다. 직원들이 친절하고 영어 소통도 가능하다.

벱꿰 Bếp Quê ★★★★

Map P.335-B4 주소 187 Trần Phú **영업** 10:00~21:00 **메뉴** 영어, 한국어, 베트남어 **예산** 단품 9만~22만 VND, 콤보 세트(1인) 15만~24만 VND **가는 방법** 쩐푸 거리 187번지에 있다.

다낭 성당 주변에 있는 베트남 음식점이다. '벱'은 부엌(키친), '꿰'는 고향을 뜻한다. 상호에서 알 수 있듯 베트남 가정식 요리를 맛볼 수 있는 곳이다. 외국 관광객이 무난하게 즐길 수 있는 베트남 집밥을 제공한다고 생각하면 된다. 토마토소스 완자 두부, 달걀 오믈렛, 가지 볶음, 모닝글로리볶음, 청경채 새우볶음, 새우 볶음밥, 돼지갈비조림 등 익숙한 음식들을 접할 수 있다. 간단하게 식사하고 싶다면 뚝배기 도가니 쌀국수 Phở Bát Đá를 추천한다.

안토이 Ăn Thôi ★★★★

Map P.335-B2 주소 114 Bạch Đằng **영업** 10:30~21:30 **메뉴** 영어, 한국어, 베트남어 **예산** 9만~25만 VND **가는 방법** 박당 거리 114번지에 있다.

강변 도로(박당 거리)에 있는 베트남 레스토랑이다. 유독 한국 관광객이 많이 찾는 곳으로 부담 없는 베트남 음식을 맛볼 수 있다. 아무래도 외국인을 상대하는 곳이나 보니 향신료를 적게 사용한다. 파스텔 톤의 복층 건물로 실내는 라탄 전등을 이용해 아늑하게 꾸몄다. 시원한 에어컨 시설로 테이블 세팅도 깔끔하다. 한국어 메뉴판도 구비하고 있어 주문하기 어렵지 않다. 시원한 생맥주나 과일 주스를 곁들여 식사하기 좋다.

쏨머이 가든(쏨모이 가든) Xóm Mới Garden ★★★★

Map P.334-B4 주소 222 Trần Phú **전화** 0931-1951-004 **홈페이지** www.xommoigarden.com **영업** 10:30~22:00 **메뉴** 영어, 한국어, 베트남어 **예산** 메인 요리 16만~30만 VND, 바비큐 콤보 82만

VND **가는 방법** 쩐푸 거리 222번지에 있다. 다낭 성당에서 400m 떨어져 있다.

냐짱(나트랑)에서 유명한 베트남 음식점으로 다낭에 지점을 열었다. 이름처럼 가든(정원)을 간직한 레스토랑으로 복층 건물의 실내는 넓고 쾌적하다. 베트남 감성이 충만한 인테리어도 매력적이다. 다섯 개의 음식점이 하나의 커뮤니티를 이루기 때문에 다양한 음식을 한자리에서 즐길 수 있다. 베트남 음식은 넴느엉, 분짜, 반쎄오를 메인으로 요리한다. 바비큐와 시푸드를 이용한 세트 메뉴도 다양하다.

냐벱 쩌 한(냐벱 한시장) ★★★☆
Nhà Hàng Nhà Bếp Chợ Hàn

Map P.335-B2 주소 22 Hùng Vương **전화** 0236-3966-268 **영업** 09:00~21:00 **메뉴** 영어, 한국어, 베트남어 **예산** 메인 요리 12만~24만 VND, 세트 메뉴 16만~21만 VND **가는 방법** 한 시장(쩌 한) 오른쪽의 훙브엉 거리 22번지에 있다.

관광객들 사이에서 인기 있는 베트남 레스토랑이다. 한 시장(쩌 한) 바로 옆에 접근성이 좋고, 실내와 야외 공간으로 구성된 레스토랑도 깨끗하다. 베트남 음식 초보자에게 부담 없는 깔끔한 베트남 음식을 요리한다. 퍼보(소고기 쌀국수), 반쎄오, 분짜, 미꽝, 넴루이을 포함해 시푸드까지 다양한 베트남 음식을 한자리에서 맛볼 수 있다.

마담 런(마담 란) ★★★☆
Nhà Hàng Madame Lân

Map P.333-B1 주소 4 Bạch Đằng **전화** 0236-3616-226 **홈페이지** www.madamelan.vn **영업** 08:00~22:00 **메뉴** 영어, 한국어, 베트남어 **예산** 12만~53만 VND **가는 방법** 강변을 끼고 있는 박당 거리 초입(북쪽 끝)에 있다. 박당 거리와 쩐꾸갑 거리 Trần Quý Cáp 사거리 코너에 있다.

다낭에서 유명한 베트남 음식 전문 레스토랑이다. 은은한 노란색의 콜로니얼 건물과 강변의 한적한 분위기가 어우러진다. 750석 규모의 대형 레스토랑으로 마당에도 테이블이 놓여 있다. 베트남 전국 각지의 주요한 음식을 골고루 요리한다. 미꽝(다낭의 대표적인 국수) Mì Quảng을 포함한 다양한 쌀국수, 각종 볶음 요리, 고이(베트남식 샐러드) Gỏi, 러우(샤브샤브와 비슷한 전골 요리) Lẩu와 해산물까지 다양하다.

룩락 Luk Lak ★★★★

Map P.334-B1 주소 28 Bạch Đằng **전화** 0818-122-828 **홈페이지** www.danang.luklak.vn **영업** 07:00~20:30 **메뉴** 영어, 베트남어 **예산** 15만~38만 VND **가는 방법** 박당 거리 28번지에 있다.

소피텔 레전드 메트로폴(호텔)에서 25년간 근무했던 마담 빈 Madame Bình 셰프가 독립해 만든 고급 레스토랑이다. 강변 도로(박당 거리)에 있는 가정집 분위기의 3층 건물이다. 하노이의 대표적인 럭셔리 호텔에서 근무했던 경력을 살려 서구적인 베트남 음식을 요리한다. 신선한 식재료에 다양한 향신료, 허브 소스를 사용하는 것이 특징이다. 분짜와 넴(스프링 롤) 같은 대중적인 음식도 있지만 셰프만의 독특한 조리 기법으로 요리한 시그니처 메뉴도 많다. 점심 세트 메뉴도 잘 갖추고 있어 식사하기 좋다.

피자 포피스 Pizza 4P's ★★★★

Map P.334-B4 주소 8 Hoàng Văn Thụ **전화** 0283-6220-500 **홈페이지** www.pizza4ps.com **영업** 10:00~22:00(주문 마감 21:30) **메뉴** 영어, 한국어, 베트남어 **예산** 22만~42만 VND(+10% Tax) **가는 방법** 호앙반투 거리 8번지에 있다.

일본인이 운영하는 피자 전문 레스토랑이다. 널찍한 매장 한편으로는 오픈 키친을 통해 피자를 굽는 커다란 화덕이 보인다. 수제 치즈와 현지에서 재배한 신선한 식재료를 사용해 동양인 입맛에 맞춘 피자를 선보여 호평을 받고 있다. 두 종류의 피자를 '반반(Half & Half)'으로 주문할 수도 있으니 참고하자. 파스타 같은 단품 메뉴도 있다.

강변 도로(박당 거리)에 있는 인도차이나 리버사이드 타워에 2호점 Pizza 4P's Indochina(주소 74 Bạch Đằng)을 열었다. 수제 맥주를 판매하는 비어 포피스 Beer 4P's를 함께 운영한다.

티아고 레스토랑 ★★★☆
Thìa Gỗ Restaurant

Map P.337-B2 주소 53 Phan Thúc Duyện **전화** 0236-3689-005 **홈페이지** www.thiagorestaurantdanang.com **영업** 10:00~22:00 **메뉴** 영어, 한국어, 베트남어 **예산** 9만~17만 VND **가는 방법** 한 강 건너편 판툭주옌 거리 53번지에 있다.

한 강 건너편의 조용한 주택가 골목에 있다. 가정집 같은 아늑한 분위기로 주택의 마당 한편에 식당을 운영한다. 반쎄오 Bánh Xèo(베트남식 부침개)와 짜조 Chả Giò(스프링롤)가 대표 메뉴다. 소고기볶음 비빔국수 분보남보 Bún Bò Nam Bộ, 남부식 소고기 쌀국수 퍼보남보(퍼 남) Phở Bò Nam Bộ(Phở Nam)도 요리한다. 외국인도 부담 없이 먹을 수 있는 맛에 가격대도 합리적이다.

란조 Làn Gió Restaurant ★★★★

Map P.335-B3 주소 169 Trần Phú **전화** 0973-972-074 **영업** 10:30~22:30 **메뉴** 영어, 한국어, 베트남어 **예산** 13만~38만 VND **가는 방법** 쩐푸 거리 169번지에 있다.

다낭 성당 정문 앞에 있는 베트남 레스토랑이다. 시내 중심가라 접근성이 좋고, 모던한 인테리어로 분위기가 좋다. 베트남 전통 조리법을 강조한 요리를 선보인다. 관광객이 좋아하는 소고기 쌀국수, 곱창 쌀국수, 넴루이, 반쎄오, 분짜, 스프링롤, 파인애플 볶음밥부터 시푸드까지 메뉴가 다양하다. 베트남식 마파두부, 삼겹살 조림 등 밥과 함께 식사하기 좋은 메뉴도 잘 갖추고 있다.

벱꾸온 Bếp Cuốn ★★★★

Map P.337-B1 주소 31 Trần Bạch Đằng **전화** 0702-689-989 **영업** 10:30~21:00 **메뉴** 영어, 한국어, 베트남어 **예산** 단품 10만~20만 VND, 콤보(2인용) 27만 VND **가는 방법** 미케 해변과 가까운 쩐박당 거리 31번지에 있다. 다낭 성당에서 3.5㎞ 떨어져 있다.

전통과 현대적인 베트남 감성이 모두 묻어나는 베트남 레스토랑이다. '벱'은 키친, '꾸온'은 둥글게 말아서 만드는 월남쌈 종류를 통칭한다. 파스텔톤의 건물로 야외 공간까지 있어 여유롭다. 주방은 개방형으로 되어 있고, 음식은 대나무 쟁반에 서빙해 준다. 콤보(세트) 메뉴 덕분에 다양한 베트남 음식을 한꺼번에 즐길 수 있다. 저녁 시간에는 붐비는 편이다.

버거 브로스 Burger Bro's ★★★☆

Map P.337-B2 주소 30 An Thượng 4(본점) **전화** 0945-576-240(본점), 0931-921-231(2호점) **홈페이지** www.burgerbros.amebaownd.com **영업** 11:00~14:00, 17:00~22:00 **예산** 9만~15만 VND **메뉴** 영어 **가는 방법** 본점은 안트엉 4거리 30번지에 위치해 있다.

다낭에서 가장 유명한 수제 버거 전문점이다. 본점(1호점)은 미케 해변과 가까운 안트엉 거리에 있다. 2015년부터 영업 중인데, 육즙 가득한 패티가 들어간 버거로 유명세를 떨친다. 다낭 시내 응우옌찌탄 거리에 2호점(주소 4 Nguyễn Chí Thanh, Map P.334-B1)을 운영한다.

번마이(반마이) Vân May ★★★★

Map P.337-B3 주소 394 Võ Nguyên Giáp **전화** 0392-937-751 **영업** 11:00~21:30 **메뉴** 영어, 한국어, 베트남어 **예산** 쌀국수 10만~15만 VND, 메인 요리 25만~38만 VND **가는 방법** 미케 해변 남쪽의 보응우옌잡 거리 394번지에 있다.

미케 해변과 가까운 곳에 있는 베트남 레스토랑이다. 베트남 분위기가 느껴지는 노란색 3층 건물로 쾌적하다. 관광객이 좋아하는 분짜, 반쎄오, 넴루이, 모닝글로리볶음, 게살 볶음밥을 기본으로 요리한다. 메인 요리는 칠리 새우, 마늘 새우, 럽스터 위주의 해산물이다. 간단하게 식사하고 싶다면 쌀국수를 주문하면 된다.

목 시푸드 Moc Seafood ★★★★
Hải Sản Mộc Quán

Map P.336-B3 주소 26 Tô Hiến Thành **전화** 0905-665-058 **홈페이지** www.facebook.com/

mocseafood **영업** 10:30~23:00 **메뉴** 영어, 한국어, 일본어, 베트남어 **예산** 14만~36만 VND **가는 방법** 또히엔탄 거리 26번지에 있다.

현지인과 관광객 모두에게 인기 있는 해산물 레스토랑이다. 바다를 끼고 있지는 않지만 야외 정원 덕분에 베트남 지방 풍경을 느낄 수 있다. 널찍한 에어컨 시설의 실내 공간도 있어 단체 손님도 많이 찾아온다. 다양한 해산물을 직접 눈으로 확인하고 무게를 달아서 요리를 부탁하면 된다. 워낙 많은 사람들이 다녀가기 때문에 신선한 해산물이 매일 조달되는 것이 장점.

에스코 비치 Esco Beach ★★★★

Map P.336-B3 주소 Lô 12 Võ Nguyên Giáp **전화** 0236-3955-668 **홈페이지** www.facebook.com/escobeachdanang **영업** 08:00~24:00 **메뉴** 영어, 베트남어 **예산** 맥주·칵테일 8만~17만 VND, 베트남 요리 15만~25만 VND, 메인 요리 29만~89만 VND **가는 방법** 미케 해변 도로에 해당하는 보응우옌잡 거리 12번지에 있다.

미케 해변을 끼고 있는 라운지 바를 겸한 레스토랑. 야외 수영장을 포함해 라운지 형태로 꾸몄기 때문에 열대 휴양지 느낌이 물씬 풍긴다. 피자, 파스타, 샌드위치, 버거, 스테이크를 메인으로 요리한다. 주말 저녁에는 (약식이긴 하지만) 불 쇼도 공연한다.

썬짜 리트리트 Son Tra Retreat ★★★★

Map P.330-D1 주소 11 Lê Văn Lương, Sơn Trà **전화** 0236-3919-188 **홈페이지** www.sontraretreat.vn **영업** 08:00~22:30 **메뉴** 영어, 베트남어 **예산** 칵테일 14만~19만 VND, 메인 요리 18만~65만 VND(+5% Tax) **가는 방법** 다낭 시내(한 시장)에서 8㎞, 미케 해변에서 북쪽으로 5㎞, 린응 사원에서 3㎞ 떨어져 있다.

썬짜 반도 초입에 있는데 자연적인 정취가 주변 환경과 어우러진다. 고급 레스토랑을 표방하는 곳으로 가든 라운지, 레스토랑, 칵테일 바를 한 곳에서 즐길 수 있다. 베트남 음식부터 피자, 파스타, 연어 스테이크, 오리가슴살 요리, 포크립, 립아이 스테이크까지 메뉴가 다양하다. 다낭 시내에서 멀리 떨어져 있고, 해변 북쪽 끝자락에 있어 위치는 불편하다.

이스트 웨스트 브루잉 컴퍼니 East West Brewing Co. ★★★★

Map P.336-B3 주소 1A Võ Nguyên Giáp **전화** 0846-926-799 **홈페이지** www.eastwestbrewing.vn **영업** 09:00~22:00 **예산** 맥주(500㎖) 12만~15만 VND, 메인 요리 22만~69만 VND(+10% Tax) **가는 방법** 미케 해변 도로에 해당하는 보응우옌잡 거리 1번지에 있다.

미케 해변에 자리한 대형 수제 맥주 레스토랑이다. 층고 높은 건물과 야외 테라스에서는 바다를 바라보며 맥주 마시기 더없이 좋다. 여러 종류의 맥주를 시음해보고 싶다면 10종류의 맥주를 맛볼 수 있는 킹스 플라이트 King's Flight를 주문하면 된다. 수제 버거, 피자, 파스타 같은 식사 메뉴도 잘 갖추고 있다.

Shopping 다낭의 쇼핑

고 다낭(빅 시) GO! Đà Nẵng(Big C Supermarket) ★★★☆

Map P.333-A3 주소 Vĩnh Trung Plaza, 255~257 Hùng Vương **전화** 0236-3666-000, 0236-

3666-085 **홈페이지** www.go-vietnam.vn **영업** 08:00~22:00 **가는 방법** 꼰 시장(쩌 꼰) Con Market(Chợ Cồn) 대각선 맞은편에 있다. 한 시장(쩌 한)에서 1.5㎞ 떨어져 있다.

다낭 시내에 있는 대형 할인 마트. 저가로 시장을 공략해 베트남뿐만 아니라 동남아시아에서 큰 인기를 얻고 있다. 다낭 지점은 총 4층 규모로 2·3층에 할인마트가 들어서 있다. 다양한 식료품과 식자재, 생활용품, 과일, 맥주를 정찰제로 판매한다. 라면과 과자를 포함해 기본적인 한국 식품도 있다.

빈콤 플라자 Vincom Plaza ★★★
Trung Tâm Thương Mại Vincom

Map P.330-B2 주소 910 Ngô Quyền **전화** 0236-3996-688 **홈페이지** www.vincom.com.vn **영업** 09:30~22:00 **가는 방법** 한 강 건너편의 응오꾸옌 거리에 있다. 택시를 탈 경우 거리 이름을 함께 붙여서 빈콤 플라자 응오꾸옌 Vincom Plaza Ngô Quyền이라고 말하면 된다.

베트남의 대표적인 쇼핑몰인 '빈콤'에서 운영한다. 현대적인 시설로 일반적인 백화점을 연상하면 된다. 총 면적 4만 ㎡ 크기의 4층 건물이다. 패션, 의류, 액세서리, 화장품, 가구, 인테리어 용품, 문구, 서점, 푸드 코트, 영화관(CGV), 키즈 카페, 아이스링크까지 입점해 있다. 식료품과 생활용품 구입은 빈 마트 Vin Mart를 이용하면 된다.

롯데 마트 ★★★★
Lotte Mart

Map P.331-B4 주소 6 Nại Nam **전화** 0236-3551-333 **홈페이지** www.lottemart.com.vn **영업** 09:00~22:00 **가는 방법** 다낭 남쪽에 있는 띠엔썬교 Tien Son Bridge(Cầu Tiên Sơn)와 인접해 있다. 아시아 파크(선 월드 다낭 원더스)에서 남쪽으로 500m, 다낭 성당에서 남쪽으로 4㎞ 떨어져 있다.

롯데마트의 베트남 네 번째 지점이다. 5층 규모이며, 다낭에서 가장 큰 할인 매장이다. 1·2층은 화장품, 의류, 신발, 액세서리 매장. 3·4층은 가정용품과 식료품 매장. 5층은 키즈 클럽과 푸드코트가 있다. 특히 4층에 식료품과 과자, 커피, 베트남특산품이 대량으로 진열되어 있다. 한국 식품도 수입 판매한다.

Hotel
다낭의 호텔

관광에 중점을 둔다면 시내 중심가 호텔을 이용하고, 온전한 휴식을 원한다면 미케 해변이나 논느억 해변에 있는 고급 럭셔리 리조트들을 이용하면 된다.

윙크 호텔 ★★★★
Wink Hotel Danang Centre

Map P.335-A4 주소 178 Trần Phú **전화** 0236-3831-999 **홈페이지** www.wink-hotels.com **요금** 스탠더드 US$55, 프리미어 리버 뷰 US$65 **가는 방법** 쩐푸 거리 178번지에 있다. 다낭 성당에서 200m 떨어져 있다.

시내 중심가에 있는 3성급 호텔로 관광하기 편리한 위치다. 객실은 20㎡ 크기로 침대와 샤워 부스로 이루어진 심플한 구조다. 20층 건물이라 객실에서 전망이 좋다. 체크인 하는 로비와 조식이 제공되는 레스토랑은 19층에 있다. 체크인 시간부터 24시간 체류할 수 있다. 강 건너편에 있는 윙크 호텔 다낭 리버사이드 Wink Hotel Danang Riverside와 혼동하지 말 것.

코지 다낭 부티크 호텔 ★★★★
Cozy Danang Boutique Hotel

Map P.334-B4 **주소** 37 Cô Giang **전화** 0236-3658-666 **홈페이지** www.cozydananghotel.com **요금** 디럭스 US$65, 디럭스 리버 뷰 US$80 **가는 방법** 꼬장(꼬양) 거리 37번지에 있다. 롱교(용 다리)에서 400m, 다낭 성당에서 800m 떨어져 있다.

38개 객실을 운영하는 소규모 부티크 호텔로 직원들이 친절하다. 다낭 시내에 있지만 골목 안쪽에 있어 조용한 편. 폭이 좁고 높은 건물이라 높은 층의 객실일수록 전망도 좋고 채광도 좋다. 아침 식사가 포함되며, 9층 루프톱에 수영장도 있다.

사누바 호텔 Sanouva Hotel ★★★☆

Map P.334-B3 **주소** 68 Phan Chu Trin(Phan Châu Trinh) **전화** 0236-3823-468 **홈페이지** www.sanouvahotel.com **요금** 딜럭스 US$55~68(에어컨, 개인욕실, TV, 냉장고, 아침식사), 패밀리 US$65~80, 시그니처 US$85~120 **가는 방법** 판쭈찐(판쩌우찐) 거리 68번지에 있다.

시내 중심가에 있는 3성급 호텔이다. 호텔 외관과 로비에서 보듯 현대적인 시설이다. 부티크 호텔 느낌을 가미해 인테리어를 꾸몄다. 객실은 나무 바닥이며 LCD TV가 설치되어 있다. 개인욕실과 객실이 통유리로 되어있다. 개인 욕실은 샤워부스가 있어서 편리하다. 수영장은 없다.

사티야 호텔 Satya Hotel ★★★★

Map P.335-B3 **주소** 155 Trần Phú **전화** 0236-3588-999 **홈페이지** www.satyadanang.com **요금** 딜럭스 더블 US$70~79, 프리미어 더블 US$84~88(에어컨, 개인욕실, TV, 냉장고, 아침식사) **가는 방법** 다낭 성당 맞은편, 쩐푸 거리 155번지에 있다.

가성비 좋은 4성급 호텔이다. 다낭 성당 맞은편에 있어 관광하기도 편리한 위치다. 최근 새롭게 리모델링을 마쳐 시설이 깔끔하다. 프리미어 룸은 발코니가 딸려 있다. 개인욕실이 반투명 유리로 되어 있으니 예약 시 참고하자. 자그마한 수영장이 있지만 오래 머무르며 휴식하기는 무리일 수 있다.

반다 호텔 Vanda Hotel ★★★★

Map P.334-B4 **주소** 3 Nguyễn Văn Linh **전화** 0236-3525-967, 0236-3525-969 **홈페이지** www.vandahotel.vn **요금** 슈피리어 US$74, 딜럭스 US$86 **가는 방법** 응우옌반린 거리 3번지에 있다. 참 박물관에서 150m, 롱교(용 다리)에서는 250m 떨어져 있다.

참 박물관과 롱교(용 다리)와 가까운 곳에 위치한 4성급 호텔. 전체적으로 깨끗하고 모던한 시설을 자랑한다. 객실은 나무 바닥으로 산뜻하며, 개인 욕실엔 샤워 부스가 설치돼 있다. 19층 건물로 주변에 높은 건물이 시야를 가리지 않아 객실에서 보는 전망이 좋다. 수영장을 갖추고 있다.

브릴리언트 호텔 ★★★★
Brilliant Hotel

Map P.335-B3 **주소** 162 Bạch Đằng **전화** 0236-3222-999 **홈페이지** www.brilliantfhotel.vn **요금** 슈피리어 US$82, 딜럭스 US$92, 주니어 스위트 US$110 **가는 방법** 강변 도로에서 한 시장(쩌 한)을 등지고 오른쪽(남쪽)으로 150m.

한 강을 끼고 있는 박당 거리에 만든 고급 호텔이다. 객실 바닥에는 카펫이 깔려 있고, 욕실은 대리석이 깔려 있다. 대부분이 객실이 강변 전망을 갖고 있는데, 높은 층일수록 전망이 좋다. 호텔 규모에 비해 수영장은 작은 편이다. 102개 객실을 갖춘 대형 호텔이다.

노보텔(노보텔 다낭 프리미어) ★★★★☆
Novotel

Map P.334-B1 **주소** 36 Bạch Đằng **전화** 0236-392-9999 **홈페이지** www.novotel-danang-premier.com **요금** 슈피리어 US$155, 이그제큐티브 US$185, 스위트 코너 US$285 **가는 방법** 강변 도로인 박당 거리 36번지에 있다.

국제적인 호텔 체인인 노보텔에서 운영한다. 강변 도로(박당 거리)에 우뚝 솟아 있는 건물이 눈길을 끈다. 위치가 좋고 객실에서의 전망이 뛰어나다. 일반 객실에 해당하는 슈피리어 룸은 28㎡ 크기의 슈피리어 룸으로 넓진 않다. 침실과 거실, 두 개의 화장실로 이루어진 스위트 코너 룸은 넓은 통유리 창을 통해 시원스러운 전망이 펼쳐진다. 야외 수영장, 피트니스, 스파 시설을 갖추고 있다.

멜리아 빈펄 다낭 리버프런트 ★★★★
Melia Vinpearl Danang Riverfront

Map P.336-A2 **주소** 341 Trần Hưng Đạo **전화** 0236-3642-888 **홈페이지** www.melia.com **요금** 딜럭스 US$85~95, 그랜드 프리미엄 US$115~140 **가는 방법** 강 건너편의 쩐흥다오 거리 341번지에 있다.

빈펄 콘도텔 리버프런트를 멜리아 호텔에서 인수하면서 멜리아 빈펄 다낭 리버프런트로 이름이 바뀌었다. 강변에 지어진 대형 호텔로 37층 건물에 864개 객실을 운영한다. 한 강이 내려다보여 객실 전망이 특히 좋다. 객실은 딜럭스 룸은 기본으로 하는데, 41㎡ 크기로 동급 호텔보다 객실이 넓다. 성인용 수영장과 아동용 수영장, 키즈 클럽도 있어 가족 여행객에도 적합하다.

아바타 호텔 Avatar Hotel ★★★★

Map P.337-B2 **주소** Lô 120, An Thượng 2 **전화** 0236-3939-888 **홈페이지** www.avatardanang.com **요금** 슈피리어 US$70, 딜럭스 US$82 **가는 방법** 홀리데이 비치 호텔 뒤쪽 호앙께비엠 Hoàng Kế Viêm & 안트엉 2 삼거리 코너에 있다.

미케 해변과 가까운 안트엉 거리에 위치한 4성급 호텔이다. 18층 건물로 주변에 대형 호텔이 많지 않아 쉽게 눈에 띈다. 객실은 나무 바닥이라 깔끔하며 창문이 통유리로 되어 있어 탁 트인 느낌을 준다. 3층 수영장은 아담하며, 해변까지는 도보로 5분 정도 걸린다.

포 포인트 바이 쉐라톤 ★★★★☆
Four Points by Sheraton

Map P.330-D2 **주소** 118~120 Võ Nguyên Giáp **전화** 0236-3997-979 **홈페이지** www.fourpointsdanang.com.vn **요금** 슈피리어 US$122~140, 딜럭스 US$138~155, 파노라믹 US$148~160 **가는 방법** 미케 해변 북쪽의 보응우웬잡 거리 118번지에 있다. 다낭 공항에서 8㎞ 떨어져 있다.

미케 해변 북쪽에 있는 대형 호텔이다. 해변과 가까이 있지만 현대적인 시설과 모던한 감각으로 꾸며 도시적인 느낌을 자아낸다. 객실은 낮은 층을 슈피리어, 중간 층은 딜럭스, 높은 층은 파노라믹으로 구분했다. 바다가 시원스럽게 보이는 오션 뷰 객실의 전망이 특히 훌륭하다. 36층에 야외 수영장과 루프톱 바가 있다.

알라카르트 호텔 ★★★★★
A La Carte Hotel

Map P.336-B2 **주소** 200 Võ Nguyên Giáp & Đình Nghệ **전화** 0236-3959-555 **홈페이지** www.alacartedanangbeach.com **요금** 라이트 스튜디오 US$120~145, 딜라이트 오션 뷰 US$170~190 **가는 방법** 보응우옌잡 거리와 딘응에 거리가 만나는 삼거리에 있다. 다낭 시내까지 택시로 10분.

미케 해변에 자리한 대형 레지던스 호텔. 길 하나만 건너면 해변이기 때문에 객실에서 해변 풍경이 시원하게 펼쳐진다. 침실과 거실, 주방 구분이 없는 라이트스튜디오 Light Studio, 침실과 거실이 구분된 딜라이트 오션 뷰(4인실) Delight Ocean View로 구분된다. 주방 시설은 있지만 조리 도구나 식기는 별도로 대여해야 해서 실제로 요리하기는 어렵다. 옥상에 있는 수영장은 작은 편이다.

퓨전 리조트 ★★★★★
Fusion Resort & Villas

Map P.332-A3 **주소** 1022 Trường Sa, Ngũ Hành Sơn, Đà Nẵng **전화** 0236-3788-599 **홈페이지** www.fusionresorts.com/danang **요금** 스위트 룸 오션 뷰 US$254 **가는 방법** 다낭 공항에서 남쪽으로 16㎞ 떨어져 있다.

베트남 리조트 회사인 퓨전에서 운영하는 5성급 리조트다. 172개 객실과 85채 단독 빌라로 구성되어 있다. 바다를 배경으로 넓은 부지에 리조트가 여유롭게 펼쳐진다. 퓨전 리조트의 특징을 잘 살려서 밝고 세련되게 꾸몄다. 스위트룸은 60㎡ 크기로 원목을 이용해 고급스런 분위기다. 데스크, 침대, 소파가 일렬로 놓여있고, 통창을 통해 바다 풍경도 볼 수 있다. 단독 빌라는 풀 빌라를 기본 구성으로 1베드룸(210㎡ 크기)부터 5베드룸(717㎡ 크기)까지 다양하다. 등급이 높은 객실은 숙박 요금에 무료 마사지까지 포함된다.

푸라마 리조트 Furama Resort ★★★★☆

Map P.337-B3 주소 Đường Võ Nguyên Giáp, Khuê Mỹ, Đà Nẵng **전화** 0236-3847-888 **홈페이지** www.furamavietnam.com **요금** 가든 슈피리어 US$260~300, 라군 슈피리어 US$315~350, 오션 딜럭스 US$350~400 **가는 방법** 다낭 시내에서 8㎞ 떨어진 박미안 해변 Bac My An Beach (Bãi Biển Bắc Mỹ An)에 있다.

다낭에서 잘 알려진 리조트로 주변 바다와 리조트의 수영장, 석호(라군), 열대 정원이 그림처럼 어우러진다. 슈피리어 룸이 기본 객실인데 방 크기 40㎡, 발코니 크기 11㎡로 널찍하다. 가든 뷰, 라군 뷰, 오션 뷰로 구분해 전망에 따라 객실 등급이 달라진다. 리조트를 벗어나지 않고도 요가나 태극권, 스파, 쿠킹 클래스 등을 즐길 수 있다.

풀만 다낭 비치 리조트 ★★★★★ Pullman Danang Beach Resort

Map P.337-B3 주소 Đường Võ Nguyên Giáp, Khuê Mỹ, Đà Nẵng **전화** 0236-3958-888 **홈페이지** www.pullman-danang.com **요금** 슈피리어 US$244~305, 딜럭스 US$256~320, 원 베드 룸 코티지 US$372~465 **가는 방법** 시내 중심가에서 8㎞ 떨어진 박미안 해변 Bac My An Beach(Bãi Biển Bắc MỹAn)에 있다. 다낭 공항에서 택시로 15분 정도 걸린다.

프랑스 호텔 그룹인 아코르 Accor에서 인수하면서 풀만 호텔로 이름이 변경됐다. 해변으로 향하게 만든 야외 수영장과 전용 해변, 스파까지 리조트다운 시설로 꾸며져 있다. 객실은 슈피리어 룸을 기본으로 객실에 발코니가 딸려 있다. 높은 층에 있는 객실을 딜럭스 룸으로 구분해두고 있다. 독립 빌라 형태로 만든 코티지 Cottage가 시설이 가장 좋다.

신라 모노그램 Shilla Monogram ★★★★★

Map P.332-A3 주소 Lạc Long Quân, Quảng Nam **전화** 0235-6250-088 **홈페이지** www.shillamonogram.com **요금** 슈피리어 오션 뷰 US$185, 디럭스 오션 뷰 US$225 **객실** 309실 **가는 방법** 응우한썬(마블 마운틴)에서 남쪽으로 6.5㎞ 떨어진 해변 도로에 있다. 다낭 시내(한 시장)까지 16㎞, 다낭 공항까지 18㎞ 떨어져 있다.

신라 호텔에서 운영하는 5성급 리조트. 다낭 시내에서 멀찌감치 떨어진 한적한 해변에 만든 대형 리조트로 호텔, 레지던스, 빌라로 구분되어 있다. 호텔 객실은 36㎡ 크기로 심플하고 아늑한 인테리어로 꾸몄다. 낮은 층은 슈피리어 룸, 높은 층은 디럭스 룸이 위치하는데, 바다가 잘 보일수록 객실 등급도 높아진다. 한국 관광객이 많이 묵는다.

인터콘티넨탈 다낭 선 페닌슐라 리조트 (인터콘티넨탈 리조트) Intercontinental Danang Sun Peninsula Resort ★★★★★

Map P.332-B1 주소 Bãi Bắc, Sơn Trà Peninsula, Đà Nẵng **전화** 0236-3938-888 **홈페이지** www.danang.intercontinental.com **요금** 클래식 오션 뷰 US$450, 테라스 스위트 오션 뷰 US$580 **가는 방법** 남중국해와 접해 있는 썬짜 반도 북쪽에 있다. 다낭 시내에서 13㎞, 다낭 공항에서 20㎞ 떨어져 있다.

산과 바다가 어우러진 자연 경관을 활용해 만들었다. 객실 주변은 숲 속이고, 객실 앞으로는 해변과 바다가 펼쳐진다. 객실은 트렌디한 디자인으로 꾸몄다. 기본 객실에 해당하는 클래식 룸은 70㎡ 크기로 널찍하며, 발코니에서 전망도 훌륭하다. 두 개의 수영장과 전용 해변, 스파 시설을 갖추고 있다. 도시에서 멀리 떨어진 썬짜 반도 Sơn Trà Peninsula에 있기 때문에 교통은 불편하다.

후에(훼)

후에는 고도(古都)라는 말이 참으로 잘 어울리는 도시다. 흐엉 강(香江) Huong River (Sông Hương)이 도시를 가르며 차분한 분위기를 연출하는 후에는 응우옌 왕조 Nguyễn Dynasty (1802~1945년)의 수도가 있었던 곳이다. 베트남을 최초로 통일한 베트남의 마지막 봉건 왕조였던 응우옌 왕조는 13명의 황제를 배출하며 19세기를 풍미했다. 성벽과 해자에 둘러싸인 구시가(시타델)가 그대로 남아 있고, 성문을 통과해 구시가에 들어서면 차분한 거리 사이로 옛 왕궁이 반긴다. 베트남 독립전쟁(인도차이나 전쟁과 베트남 전쟁)을 거치며 상당한 피해를 입기도 했지만 고즈넉한 분위기는 변함이 없다.

도시는 신시가와 구시가를 구분해 놓았는데 신시가도 개발의 속도는 느리다. 도시의 분주함은 흐엉 강의 시적인 분위기에 묻혀 있고, 바쁘게 움직이는 오토바이 사이로 옛 향수를 자극하며 씨클로가 흘러간다. 유네스코 세계문화유산으로 지정된 왕궁과 흐엉 강변의 황제릉이 다양한 볼거리를 제공하고, 고색창연한 사원까지 더해져 베트남의 역사와 문화가 고스란히 녹아 있다. 왕실이 있었던 곳답게 음식도 발달해 '후에 요리'도 여행의 맛을 더한다. 이런 이유로 후에를 '베트남의 문화 수도'라고 칭한다.

인구 45만 5,230명 | **행정구역** 트어티엔-후에 성 Tỉnh Thừa Thiên-Huế 후에 시 Thành Phố Huế | **면적** 84㎢ | **시외국번** 0234

Information

여행에 유용한 정보

후에 페스티벌 Hue Festival

2000년부터 시작된 문화·예술·공연 행사이다. 2년 주기로 4월 말에 열린다. 단남자오에서 제를 올리는 모습, 왕궁의 특별 무대에서 전통 무용과 냐냑(궁중 음악)을 포함해 수공예·서예·요리 경연 등 후에의 역사 유적을 배경으로 다채로운 행사가 열린다. 베트남뿐만 아니라 20여 개국에서 공연 예술단이 참가해 국제적인 행사로 변모하고 있다. 행사 일정과 내용은 홈페이지를 통해 살펴볼 수 있다.

홈페이지 www.huefestival.com

시티 투어 버스

주요 관광지를 둘러보는 2층 버스로 후에 신시가에서 출발해 구시가와 황제릉을 연결한다. 투어리스트 보트 선착장(레러이 거리)→동바 시장→시타델(응우옌 왕조의 왕궁 입구)→티엔무 사원→후에 기차역→뜨히에우 사원→뜨득 황제릉→카이딘 황제릉→단남자오→꿕혹(레러이 거리)→투어리스트 보트 선착장을 순환한다. 운행 시간은 08:00~16:00까지 40분 간격으로 출발한다. 정해진 시간 동안 제한 없이 타고 내릴 수 있는데, 요금은 4시간 30만 VND, 24시간 43만 VND, 48시간 60만 VND이다.

지리 파악하기

흐엉 강을 사이에 두고 왼쪽이 구시가, 오른쪽이 신시가이다. 구시가는 응우옌 왕조의 왕궁이 있고 유네스코 세계문화유산으로 지정되어 개발이 제한되고 있다. 신시가와 구시가는 짱띠엔교 Trang Tien Bridge(Cầu Tràng Tiền)와 푸쑤언교 Phu Xuan Bridge(Cầu Phú Xuân)로 연결되어 있는데, 사이공 모린 호텔 앞 짱띠엔교를 이용하면 구시가로 쉽고 빠르게 이동할 수 있다.

신시가에 상업시설과 호텔, 레스토랑, 여행사가 몰려 있다. 빈콤 플라자 Vincom Plaza가 오픈하면서 백화점도 생겼다. 신시가의 중심 도로는 레러이 거리 Lê Lợi로 흐엉 강을 따라 강변으로 도로가 길게 이어진다. 여행자 편의 시설은 팜응우라오 거리 Phạm Ngũ Lão, 쭈반안 거리 Chu Văn An, 보티싸우 거리 Võ Thị Sáu에 밀집해 있다. 세 개의 도로가 연속 해 여행자 거리를 형성한다. 저녁 시간에는 차량 진입을 통제해 걸어 다니기 좋은 워킹 스트리트 Walking Street로 변모한다. 관광객이 즐겨 찾는 레스토랑과 펍이 이곳에 몰려 있다.

시티 투어 버스

구시가의 이정표와 같은 호텔 사이공 모린

구시가와 신시가를 구분하는 흐엉 강

Access

후에 가는 방법

호찌민시와 하노이에서 항공편이 연결되고, 기차도 통과한다. 여행자들에게 편리한 오픈 투어 버스와 라오스를 드나드는 국제버스까지 교통편이 다양하다.

항공

후에 공항의 공식 명칭은 푸바이 공항 Phu Bai Airport(Sân Bay Phú Bài)으로 시내에서 남쪽으로 14㎞ 떨어져 있다. 베트남 항공, 비엣젯 항공, 뱀부항공에서 후에↔하노이, 후에↔호찌민시 노선을 운항한다. 공항에서 시내까지 택시 요금은 25만~30만 VND 정도 예상하면 된다. 베트남 항공에서 운영하는 셔틀버스(편도 5만 VND)는 베트남 항공 도착 시간에 맞춰 운행된다.

기차

후에 기차역

하노이↔호찌민시를 오가는 통일열차가 모두 후에에 정차한다. 하노이까지 6인실 침대칸 Nằm Cứng(Hard Sleeper) 75만~97만 VND, 4인실 침대칸 Nằm Mềm(Soft Sleeper)은 110만 VND이다. 호찌민시(사이공)까지는 6인실 침대칸 83만~100만 VND, 4인실 침대칸 121만 VND이다. 후에↔다낭 구간은 기차를 이용하면 해안선 풍경(P.346 하이번 고개 참고)을 덤으로 얻을 수 있다. 1일 7회 운행되며 에어컨 좌석칸 요금은 10만~18만 VND이다. 기차 출발 시간에 관한 자세한 정보는 P.58 참고.

후에 기차역 Ga Huế은 레러이 거리 남쪽 끝에 있으며 시내에서 1.5㎞ 떨어져 있다. 기차역을 바라보고 기차역 광장 왼쪽에 예매소를 별도로 운영한다.

후에 기차역

주소 2 Bùi Thị Xuân **전화** 0234-8221-750(예매)
운영 매일 07:00~11:30, 13:30~17:00

버스

피아남 버스 터미널

오픈 투어 버스가 워낙 잘되어 있어서 터미널에서 출발하는 현지 버스를 이용하는 외국인 여행자는 많지 않다. 후에에는 두 개의 버스 터미널이 있는데, 상당히 먼 거리를 두고 떨어져 있다. 후에 북쪽의 도시로 갈 때는 피아박 버스 터미널 Bến Xe Phía Bắc을 이용한다. 북부 터미널이라는 뜻이다. 동하 Đông Hà(10만 VND), 라오바오 Lao Bảo(18만 VND), 빈(빙) Vinh(35만 VND)으로 버스가 운행된다. 후에 시내에서 북쪽으로 5㎞ 떨어져 있어 드나들기 불편하다.

후에 남쪽의 도시로 갈 때는 피아남 버스 터미널 Bến Xe Phía Nam을 이용한다. 남부 터미널이라는 뜻이다. 다낭(10만 VND), 달랏(43만 VND), 냐짱(36만 VND), 호찌민시(48만 VND)로 버스가 운행된다. 후에 신시가에서 동쪽으로 2㎞ 떨어져 있으며 안끄우 시장 Chợ An Cựu과 가깝다.

피아남 버스 터미널에서는 라오스행 국제버스도 출발한다. 싸완나켓 Savannakhet까지는 매일 오전 8시에 출발하며 편도 요금은 40만 VND이다. 국제버스 표를 예약할 경우 반드시 여권을 지참해야 한다.

피아박 버스 터미널
주소 Phường An Hòa **전화** 0234-3522-716
피아남 버스 터미널
주소 97 An Dương Vương **전화** 0234-3823-817

오픈 투어 버스

유명 관광지라 오픈 투어 버스가 활발하게 운행된다. 여행사뿐만 아니라 숙소에서도 예약할 수 있다. 예약한 곳에서 버스 타는 곳까지 무료로 픽업해 준다. 후에→다낭→호이안 노선은 1일 2회(07:30, 13:00) 출발한다. 낮에 이동하지만 좌석버스가 아니라 침대 버스인 경우가 많다. 후에→호이안 편도 요금은 18만~20만 VND이다. 리무진 버스(9인승 미니밴)를 이용할 경우 25만~28만 VND이다. 후에→하노이 구간은 야간 침대 버스가 운행된다. 17:30에 출발하며 요금은 35만~40만 VND이다.

다낭 또는 호이안에서 오픈 투어 버스로 후에를 방문할 경우 여행사에 따라 하차 장소가 다르다. 여행사 사무실 앞에 정차하기도 하지만, 푸쑤언교(흐엉 강 건너편)를 건너 레주언 Lê Duẩn 거리 4번지에 있는 관광버스 주차장 Điểm Đỗ Xe Du Lịch Nguyễn Hoàng(Map P.365-D3)에서 내려주기도 한다.

Transportation 시내 교통

후에는 구시가와 신시가로 구분되며, 같은 지역 내에서는 걸어 다닐 만하다. 신시가에 짱띠엔교를 건너면 구시가가 나오기 때문에 왕궁까지 걸어가는 여행자도 있다. 레러이 거리→짱띠엔교→쩐흥다오 거리→트엉뜨문→구시가(시타델)→8월 23일 거리→깃발 탑→응오몬(왕궁 입구)으로 걸어가면 된다.

기차역에서 신시가의 여행자 숙소까지는 도보로 20분 정도 걸린다. 돈을 아껴야 한다면 어쩔 수 없지만 배낭을 메고 걸을만한 거리는 아니다. 기차역에서 숙소까지 이동은 예약한 호텔에 픽업을 부탁하는 것이 가장 편리하고 현명한 방법이다. 참고로 기차역 앞에 대기 중인 택시와 쎄옴(오토바이 택시)은 비싼 요금을 부르므로 주의하자. 택시를 탈 경우 5만 VND 정도에 웬만한 호텔까지 갈 수 있다.

씨클로와 쎄옴을 탈 경우 1㎞에 1만 VND 정도에 흥정하면 된다. 후에는 다른 도시에 비해 씨클로 타기 좋은 도시이지만 장거리를 이동할 때는 불편하다. 구시가에서 왕궁이나 동바 시장을 갈 때 타볼 만하다.

3~4명이 동시에 움직일 경우엔 택시가 가장 적합하다. 콜택시 애플리케이션인 그랩 Grab을 이용해도 된다. 그랩 카(자가용 택시) Grab Car와 그랩 바이크(오토바이 택시) Grab Bike로 구분해 호출하면 된다. 시간적인 구애를 받지 않는다면 자전거를 빌려서 구시가와 왕궁을 둘러보면 좋다.

싼에스엠 택시

현지인의 애용품인 오토바이

씨클로

후에(훼)
0 200 400m
피아박 버스 터미널, 동하·DMZ 방면
허우 문 Cửa Hậu
짜이 문 Cửa Trà
안호아 문 Cửa An Hòa
깐떠이 문 Cửa Chánh Tây
탄종 거리 Thánh Gióng
타이피엔 거리 Thái Phiên
레쭝딘 거리 Lê Trung Định
딘띠엔호앙 거리 Đinh Tiên Hoàng
구시가(시타델) Kinh Thành
레반흐우 거리 Lê Văn Hưu
풍흥 거리 Phùng Hưng
레응옥헌 거리 Lê Ngọc Hân
응우옌짜이 거리 Nguyễn Trãi
호앙지에우 거리 Hoàng Diệu
레주언 거리 Lê Duẩn
똔텃티엡 거리 Tôn Thất Thiệp
호아빈몬(平和門) Hoà Bình Môn
응우옌 왕조의 왕궁 Đại Nội
쩐응우옌단 거리 Trần Nguyên Dân
응우옌끄찐 거리 Nguyễn Cư Trinh
쯔엉득 문(彰德門) Cửa Chương Đức
레 자뎅 데 라 까람볼
흐으 문 Cửa Hữu
Kim Long
낌롱 시장 Chợ Kim Long
깐남 문 Cửa Chánh
옹익키엠 거리 Ông Ích Khiêm
다비엔교 Cầu Đa Viên
낌롱 거리 Kim Long
티엔무 사원 방면
호꾸엔 방면
부이티쑤언 거리 Bùi Thị Xuân
후에 기차역 Ga Huế
관광 식당 쇼핑 숙소

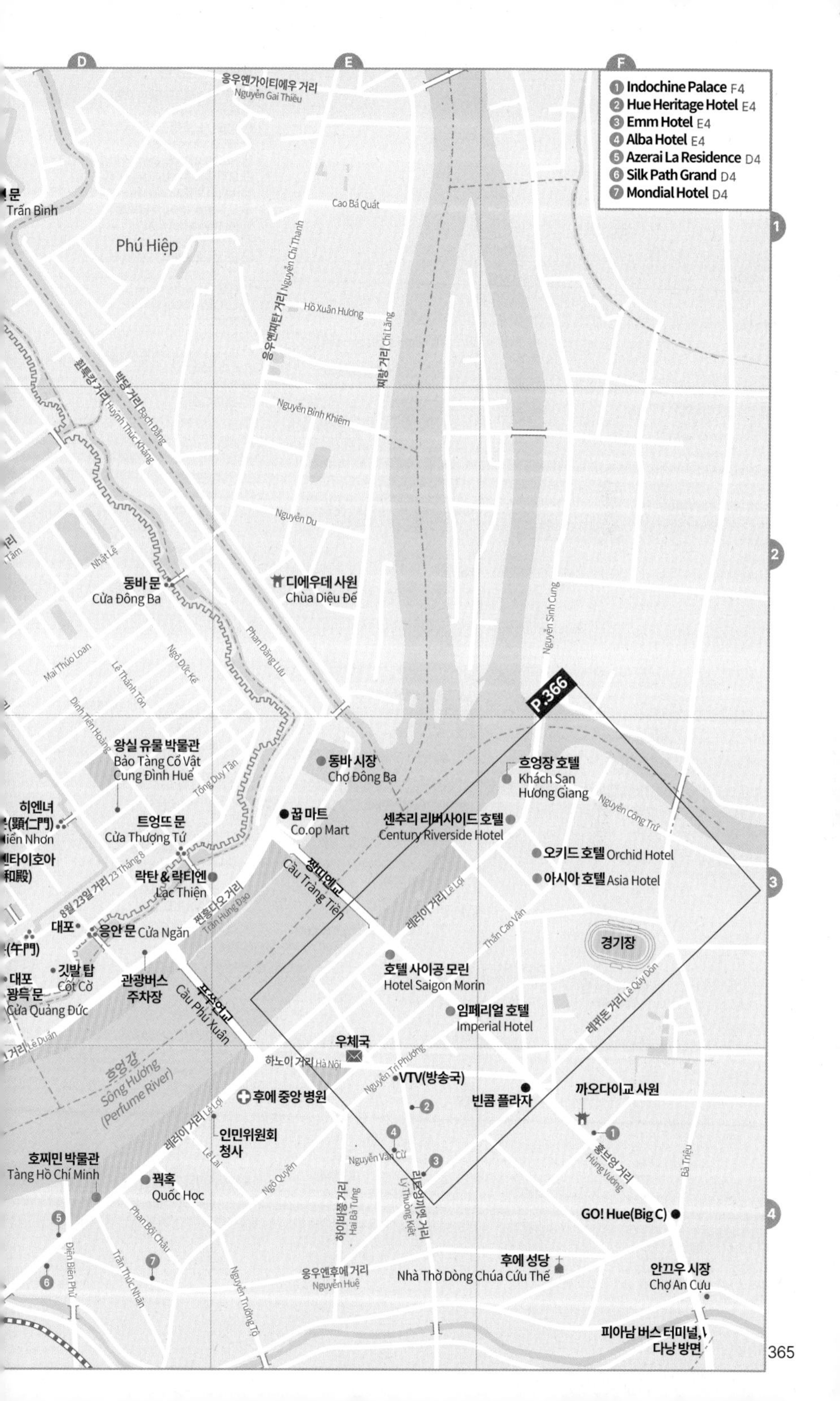

1 Indochine Palace F4
2 Hue Heritage Hotel E4
3 Emm Hotel E4
4 Alba Hotel E4
5 Azerai La Residence D4
6 Silk Path Grand D4
7 Mondial Hotel D4
응우옌가이티에우 거리 Nguyễn Gai Thiều
Cao Bá Quát
Phú Hiệp
Trần Bình
응우옌찌탄 거리 Nguyễn Chí Thanh
Hồ Xuân Hương
찌랑 거리 Chi Lăng
Nguyễn Bỉnh Khiêm
Nguyễn Du
박당 거리 Bạch Đằng
Huỳnh Thúc Kháng
Nhật Lệ
동바 문 Cửa Đông Ba
디에우데 사원 Chùa Diệu Đế
Nguyễn Sinh Cung
Phan Đăng Lưu
Mai Thúc Loan
Lê Thánh Tôn
Ngô Đức Kế
Đinh Tiên Hoàng
P.366
왕실 유물 박물관 Bảo Tàng Cổ Vật Cung Đình Huế
동바 시장 Chợ Đông Ba
흐엉장 호텔 Khách Sạn Hương Giang
Tống Duy Tân
꿉 마트 Co.op Mart
센추리 리버사이드 호텔 Century Riverside Hotel
Nguyễn Công Trứ
트엉뜨 문 Cửa Thượng Tứ
오키드 호텔 Orchid Hotel
아시아 호텔 Asia Hotel
락탄 & 락티엔 Lạc Thiện
8월 23일 거리 23 Tháng 8
쩐흥다오 거리 Trần Hưng Đạo
짱띠엔교 Cầu Tràng Tiền
레러이 거리 Lê Lợi
대포
응안 문 Cửa Ngăn
Thần Cao Vân
경기장
깃발 탑 Cột Cờ
관광버스 주차장
호텔 사이공 모린 Hotel Saigon Morin
대포
광득 문 Cửa Quảng Đức
푸쑤언교 Cầu Phú Xuân
임페리얼 호텔 Imperial Hotel
레뀌돈 거리 Lê Quý Đôn
Lê Duẩn
흐엉강 Sông Hương (Perfume River)
우체국
하노이 거리 Hà Nội
Nguyễn Tri Phương
VTV(방송국)
빈콤 플라자
까오다이교 사원
후에 중앙 병원
레러이 거리 Lê Lợi
인민위원회 청사
호찌민 박물관 Tàng Hồ Chí Minh
Lê Lai
Nguyễn Văn Cừ
훙브엉 거리 Hùng Vương
Bà Triệu
꿕혹 Quốc Học
Ngô Quyền
하이바쯩 거리 Hai Bà Trưng
리트엉끼엣 거리 Lý Thường Kiệt
GO! Hue(Big C)
Phan Bội Châu
Điện Biên Phủ
Trần Thúc Nhẫn
Nguyễn Trường Tộ
응우옌후에 거리 Nguyễn Huệ
후에 성당 Nhà Thờ Dòng Chúa Cứu Thế
안끄우 시장 Chợ An Cựu
피아남 버스 터미널, 다낭 방면

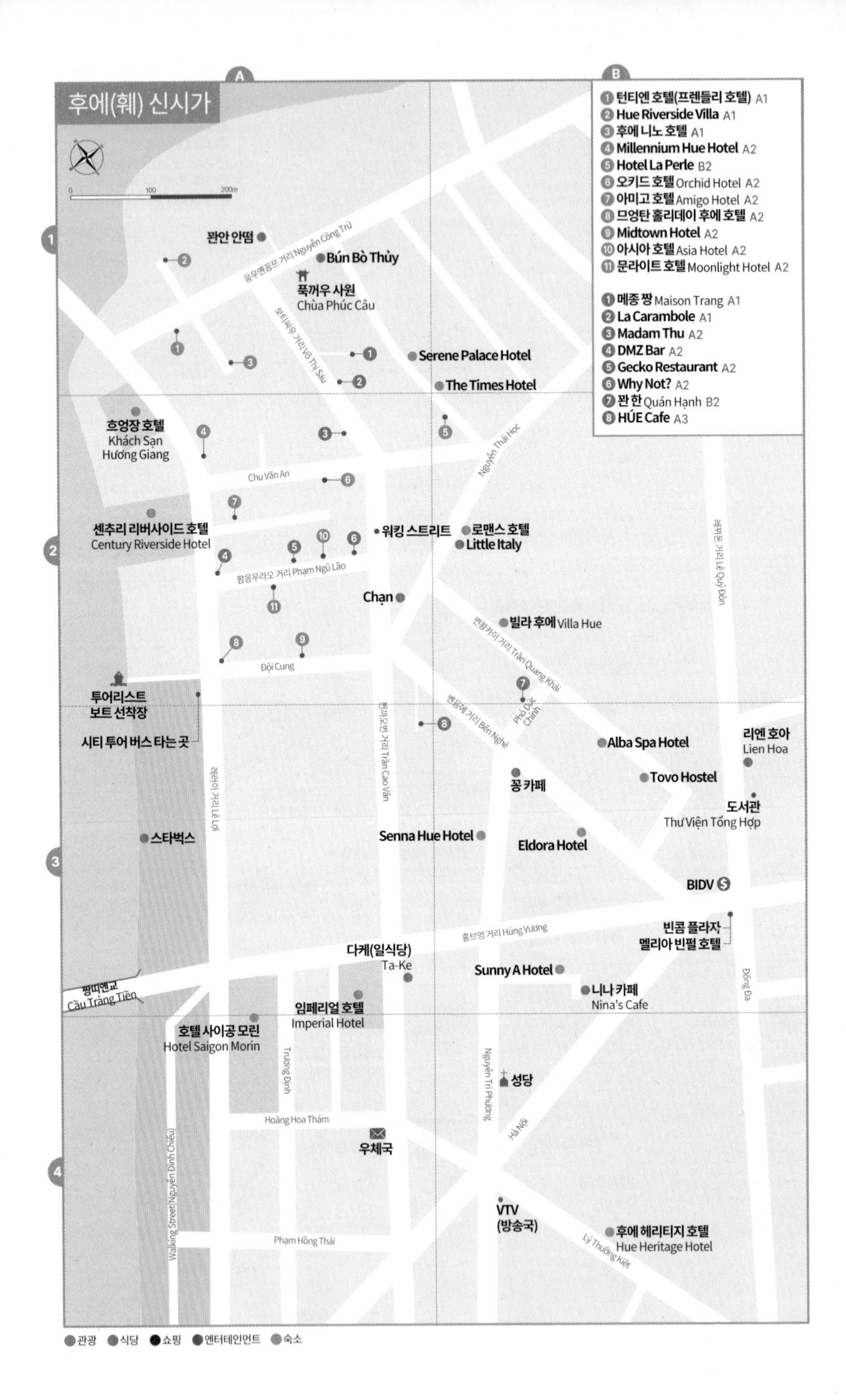
후에(훼) 신시가
A
B
1
2
3
4
0
100
200m
① 턴티엔 호텔(프렌들리 호텔) A1
② Hue Riverside Villa A1
③ 후에 니노 호텔 A1
④ Millennium Hue Hotel A2
⑤ Hotel La Perle B2
⑥ 오키드 호텔 Orchid Hotel A2
⑦ 아미고 호텔 Amigo Hotel A2
⑧ 므엉탄 홀리데이 후에 호텔 A2
⑨ Midtown Hotel A2
⑩ 아시아 호텔 Asia Hotel A2
⑪ 문라이트 호텔 Moonlight Hotel A2
① 메종 짱 Maison Trang A1
② La Carambole A1
③ Madam Thu A2
④ DMZ Bar A2
⑤ Gecko Restaurant A2
⑥ Why Not? A2
⑦ 꽌 한 Quán Hạnh B2
⑧ HÚE Cafe A3
꽌안 안뗌
응우옌꽁쯔 거리 Nguyễn Công Trứ
Bún Bò Thủy
푹꺼우 사원
Chùa Phúc Câu
보티싸우 거리 Võ Thị Sáu
Serene Palace Hotel
The Times Hotel
흐엉장 호텔
Khách Sạn
Hương Giang
Chu Văn An
Nguyễn Thái Học
센추리 리버사이드 호텔
Century Riverside Hotel
워킹 스트리트
로맨스 호텔
Little Italy
팜응우라오 거리 Phạm Ngũ Lão
Chạn
빌라 후에 Villa Hue
쩐꽝카이 거리 Trần Quang Khải
레꾸이돈 거리 Lê Quý Đôn
Đội Cung
투어리스트
보트 선착장
시티 투어 버스 타는 곳
쩐까오번 거리 Trần Cao Vân
벤응에 거리 Bến Nghé
Phó Đức Chính
Alba Spa Hotel
리엔 호아
Lien Hoa
Tovo Hostel
꽁 카페
도서관
Thư Viện Tổng Hợp
레러이 거리 Lê Lợi
스타벅스
Senna Hue Hotel
Eldora Hotel
BIDV
빈콤 플라자
멜리아 빈펄 호텔
훙브엉 거리 Hùng Vương
다케(일식당)
Ta-Ke
Sunny A Hotel
니나 카페
Nina's Cafe
Đống Đa
짱띠엔교
Cầu Tràng Tiền
임페리얼 호텔
Imperial Hotel
호텔 사이공 모린
Hotel Saigon Morin
Trường Định
Nguyễn Tri Phương
성당
Hoàng Hoa Thám
Hà Nội
우체국
Walking Street(Nguyễn Đình Chiểu)
VTV
(방송국)
후에 헤리티지 호텔
Hue Heritage Hotel
Lý Thường Kiệt
Phạm Hồng Thái
관광
식당
쇼핑
엔터테인먼트
숙소

Best Course

후에 추천 코스

후에의 볼거리는 구시가에 있는 응우옌 왕조 왕궁과 흐엉 강변의 황제릉으로 나뉜다. 구시가의 볼거리는 걸어서 다닐 만하지만, 황제릉은 투어를 이용하면 편리하다. 빡빡한 일정이 싫다면 황제릉을 둘러보는 데 하루(신시가→꿕혹→바오꿕 사원→뜨담 사원→단남자오→뜨히에우 사원→뜨득 황제릉→동칸 황제릉→티에우찌 황제릉→민망 황제릉→카이딘 황제릉)를 투자하고, 다음날 오전에 구시가(깃발 탑→티엔무 사원→응우옌 왕조의 왕궁→동바 시장)를 다녀오면 된다. 아래 일정은 후에 하이라이트만 방문하는 1일 추천 코스이다.

COURSE

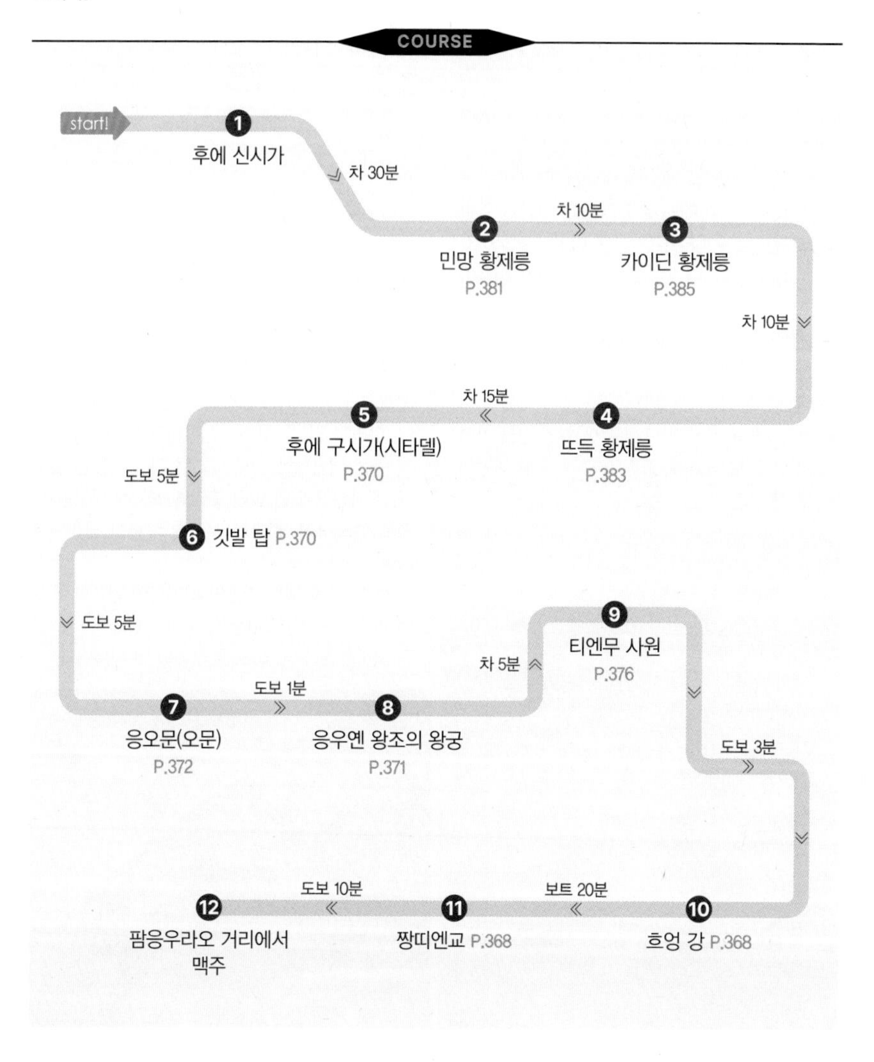

Attractions

후에의 볼거리

응우옌 왕조의 수도였던 구시가(시타델)가 가장 큰 볼거리이다. 성벽과 성문이 고스란히 남아 있고 개발도 제한되어 고즈넉한 분위기를 풍긴다. 안타깝게도 유네스코 세계문화유산으로 지정된 응우옌 왕조의 왕궁은 베트남 전쟁을 겪으며 상당 부분 파괴되었다.

Map P.365-D4

흐엉 강 ★★☆

Huong River(Perfume River)
Sông Hương

후에를 남북으로 가르며 흐르는 강이다. '향강(香江)'이라는 뜻으로 베트남어로는 쏭흐엉 Sông Hương(또는 흐엉장 Hương Giang), 영어로는 퍼퓸 리버 Perfume River로 표기한다. 다양한 주변 식물과 향기로운 나무들이 강을 따라 흘러들어오면서 강물에 향기나 난다고 해서 붙여진 이름이다. 흐엉 강은 총 길이 80㎞에 불과하지만 평화롭고 잔잔한 분위기로 인해 고도(古都)에 서정적인 느낌을 불어넣고 있다.

흐엉 강변에는 응우옌 왕조의 왕궁과 황제들의 무덤, 불교 사원이 가득하다. 때문에 흐엉 강을 따라 내려가며 보트 투어를 즐기는 것이 후에 여행의 백미처럼 여겨진다.

향기가 흐르는 흐엉 강

Map P.365-E3

짱띠엔교 ★★

Trang Tien Bridge
Cầu Tràng Tiền

주소 Đường Lê Lợi **운영** 24시간 **요금** 무료 **가는 방법** 레러이 거리 Đường Lê Lợi와 훙브엉 거리 Đường Hùng Vương가 만나는 호텔 사이공 모린 옆에 있다.

신시가에서 구시가를 오가려면 지나게 되는 흐엉 강 위에 놓인 다리다. 1886년에 건설되었으나 그 다음해 태풍으로 인해 피해를 입었다. 1899년 아치형 철교로 새롭게 복원된 짱띠엔교는 귀스타브 에펠 Gustave Eiffel(1832~1923년)이 설계한 것이다. 다리의 길이는 410m로 현재의 모습은 1968년의 구정 대공세로 인해 파괴된 것을 복원한 것이다. 저녁때가 되면 야간 조명을 설치해 다양한 색으로 변모하며, 강변은 시민들의 휴식 공간으로 사랑받는다.

짱띠엔교 남쪽에는 미군이 1970년에 건설한 푸쑤언교 Phu Xuan Bridge(Cầu Phú Xuân)가 있다. 푸쑤언(富春) Phú Xuân은 후에의 옛 이름이다.

짱띠엔교

Map P.365-E3

동바 시장 ★★☆

Dong Ba Market
Chợ Đông Ba

주소 Đường Trần Hưng Đạo **운영** 매일 06:00~18:00 **요금** 무료 **가는 방법** 짱띠엔교를 건너서 쩐흥다오 거리를 따라 오른쪽으로 500m 떨어져 있다.

후에에서 가장 큰 재래시장이다. 2층 건물로 된 상설시장으로 총 면적 4만 7,614㎡에 이른다. 식료품과 생필품, 잡화, 의류, 기념품을 판매하는 동바 시장에는 하루 7,000명이 넘게 들락거려 항상 분주하다. 상점들 이외에도 시장 한복판에 노점을 펼치고 장사하는 사람들도 많아서 활기가 넘친다. 흐엉 강변에 있으며 왕궁과도 가까워 구시가를 방문할 때 함께 들르면 된다.

Map P.365-D4

꿕혹(國學) ★★

National School
Quốc Học

주소 12 Lê Lợi **전화** 0234-382-3234 **홈페이지** www.truongquochochue.com **운영** 수업 중에는 출입이 통제된다. **요금** 무료 **가는 방법** 기차역과 푸쑤언교 중간의 레러이 거리에 있다. 기차역에서 700m.

1896년에 설립된 베트남에서 가장 오래된 학교다. 응우옌 왕조의 10대 황제인 탄타이 시절에 설립되었다. 본래는 왕족 자녀들과 귀족 자재들만이 입학 가능했던 엘리트 학교였다. 유교적인 전통에 따라 남자들만 입학이 가능했으나 현재는 남녀공학으로 운영된다. 꿕혹은 학교 정문부터 시작해서 붉은색 건물들이 들어서 있고, 교정에는 호찌민 동상(동상에는 당시 그가 사용했던 이름인 응우옌 떳탄 Nguyễn Tất Thành이라고 적혀 있다)도 세워져 있다. 일반인에게도 학교는 개방되어 있는데 수업 중일 때는 출입을 통제한다.
베트남의 영웅인 호찌민 선생, 호찌민의 동료이자 통일된 베트남의 총리를 지냈던 팜반동(范文同) Phạm Văn Đồng(1906~2000년), 디엔비엔푸 전투와 베트남 전쟁을 승리로 이끌고 국방부 장관을 지냈던 보응우옌잡(武元甲) Võ Nguyên Giáp(1911~2013년), 남부 베트남의 초대 대통령을 지낸 응오딘지엠(吳廷琰) Ngô Đình Diệm(1901~1963년) 등이 꿕혹을 졸업했다. 참고로 응오딘지엠의 아버지인 응오딘카(吳廷可) Ngô Đình Khả(1850~1925년)가 꿕혹의 초대 교장을 역임했다.

동바 시장

꿕혹 교정에 세운 호찌민 동상

Map P.365-D4

호찌민 박물관 ★★

Ho Chi Minh Museum
Bảo Tàng Hồ Chí Minh

주소 6 Lê Lợi **전화** 0234-338-2152 **운영** 화~일요일 07:30~11:00, 14:00~16:30 **휴무** 월요일 **요금** 2만 VND **가는 방법** 기차역에서 500m 떨어진 레러이 거리 6번지에 있다.

흐엉 강변의 레러이 거리에 있는 박물관이다. 베트남 주요 도시에서 볼 수 있는 호찌민 관련 박물관인데, 하노이나 호찌민시에 비하면 전시물들은 빈약하다.
호찌민은 후에에서 청년 시절을 보냈는데, 꿕혹에서 공부했다는 것과 지금의 호텔 사이공 모린(P.392) 앞에서 프랑스 식민지배에 반대하는 시위를 최초로 벌였다는 것 정도다.

호찌민 박물관

구시가(시타델) Kinh Thành / Citadel

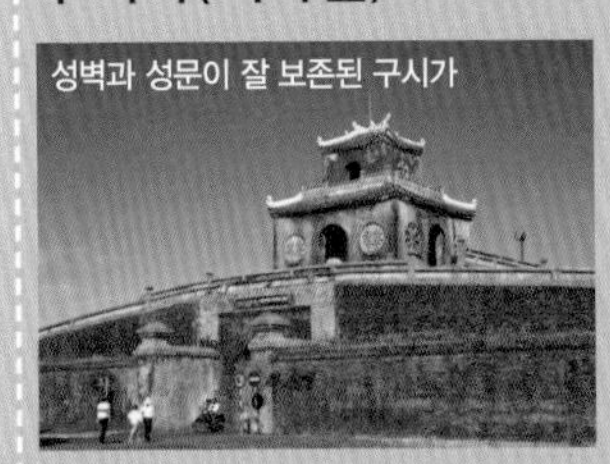
성벽과 성문이 잘 보존된 구시가

후에를 수도로 삼았던 응우옌 왕조의 황제들이 건설한 도시이다. 자롱(야롱) 황제가 1804년부터 건설하기 시작해 민망 황제 때인 1832년에 완공되었다. 도시를 감싼 성벽의 총 길이는 10㎞이다. 성벽은 높이 7m, 두께 20m로 쌓았으며 10개의 출입문을 만들었다. 구시가로 들어가려면 해자를 건너 작은 다리와 옛 성문을 통과해야 하기 때문에, 시간을 거슬러 올라가는 느낌이 강하게 든다. 구시가 내부에 있는 응우옌 왕조의 왕궁(P.371)은 후에의 가장 큰 볼거리로 유네스코 세계문화유산으로 지정되어 있다. 구시가는 베트남어로 낀탄 Kinh Thành('경성 京城'이라는 뜻), 영어 표기는 '시타델 Citadel'이라고 부른다. 응우옌 왕조의 역사에 관한 자세한 내용은 P.393 참고.

Map P.365-D3

깃발 탑(국기 게양대) ★★☆
Flag Tower
Cột Cờ(Kỳ Đài)

운영 24시간 **요금** 무료 **가는 방법** 구시가의 왕궁 정문(응오몬) 앞에 있다.

흐엉 강변에 우뚝 솟아 있는 국기 게양대로 자롱 황제 때인 1807년에 만들어졌다. 나무를 이용해 18m 높이로 만든 깃발 탑에는 황제를 의미하는 노란색 깃발을 게양했다. 후대의 황제들에 의해 지속적으로 증축하며 규모가 커졌다.
후에의 상징적인 위치에 있어서 여러 차례 전란으로 피해를 입었으며, 1968년에 들어 콘크리트를 이용해 37m 높이로 재건축했다. 1968년 구정 대공세를 통해 후에를 점령한 비엣꽁(베트콩)의 깃발이 게양되며, 베트남 전쟁의 전세가 역전되고 있음을 상징적으로 알렸던 곳이기도 하다. 현재는 붉은색의 거대한 베트남 국기가 게양되어 있다.

베트남 국기가 펄럭이는 깃발 탑

Map P.365-D3

대포 ★
Nine Holy Cannon
Cửu Vị Thần Công

운영 24시간 **요금** 무료 **가는 방법** 구시가로 들어서면 깃발 탑 좌우에 대포가 진열되어 있다.

자롱 황제가 자신이 건설한 새로운 국가를 보호하겠다는 의지로 만든 대포다. 1803년에 만든 대포는 청동으로 정교하게 만들었다. 대포는 모두 9개로 4계절과 5행 사상을 상징한다. 대포 한 개의 길이는 5.1m이다. 원래는 왕궁의 정문인 응오몬 Ngọ Môn 앞에 9개의 대포를 일렬로 진열해 두었으나, 20세기 초반 깃발 탑 뒤쪽으로 위치를 옮기면서 두 개의 그룹으로 분리해 놓았다. 깃발 탑을 바라보고 오른쪽에 있는 꽝득몬(광덕문 廣德門) Quảng Đức Môn 앞에 5개의 대포를 진열했고, 왼쪽에 있는 응안몬(체인문 體仁門) Ngăn Môn 앞에 4개의 대포가 놓여 있다.

왕궁을 호위하는 대포

Map P.365-D3

왕실 유물 박물관 ★★
Hue Royal Antiquities Museum
Bảo Tàng Cổ Vật Cung Đình Huế

주소 3 Lê Trực **전화** 0234-3524-429 **운영** 08:00~11:30, 13:30~17:00 **요금** 왕궁 **입장료**(20만 VND)에 포함 **가는 방법** 왕궁 오른쪽의 레쯕 거리에 있다. 응오몬에서 도보 10분.

구시가(시타델) 안쪽에 있는 왕실의 부속 건물로 1845년 티에우찌 황제 때 건설되었다. 본래 디엔롱안(용안전 龍安殿) Điện Long An으로 불렸던

왕실 유물 박물관

건물로 황제의 경호원들이 머물던 곳이다. 왕실에서 사용하던 물건을 보관하며 박물관으로 변모한 것은 카이딘 황제 때인 1923년의 일이다. 왕실에서 사용하던 전통 의상, 머리 장식, 도자기, 자개 장식 가구, 황제들이 사용하던 물건들이 전시되어 있다. 야외에는 의전용으로 쓰이던 대포도 전시되어 있다. 베트남 전쟁 동안 상당한 양의 유물이 파괴되거나 분실되었다.
응우옌 왕조의 왕궁 입장료에 왕실 유물 박물관 입장료가 포함되어 있기 때문에, 왕궁을 먼저 방문한 다음 박물관을 둘러보면 된다. 궁전 미술 박물관 Museum of Royal Fine Arts(Bảo Tàng Mỹ Thuật Cung Đình)으로 불리기도 하니 혼동하지 말자.

Map P.364-C3

응우옌 왕조의 왕궁 ★★★★☆
Imperial City
Hoàng Thành

주소 Đường 23 Tháng 8 **운영** 매일 08:00~17:30 **요금** 20만 VND(왕실 유물 박물관 포함) **가는 방법** 구시가의 8월 23일 거리(Đường 23 Tháng 8)에 있는 응오몬 앞쪽에 매표소가 있다.

구시가 내부로 들어가면 성벽에 둘러싸인 또 다른 축성도시인 호앙탄 Hoàng Thành('황성 皇城'이라는 뜻)이 나온다. 안쪽에 있는 큰 도시라 하여 다이노이(大內) Đại Nội라고 부르기도 한다. 응우옌 왕조의 왕궁과 종묘가 들어선 곳으로 4개의 출입문이 있다. 중국 베이징의 자금성과 비슷한 구

조이지만 규모는 현저히 작다. 안타깝게도 프랑스와의 인도차이나 전쟁, 미국과의 베트남 전쟁을 거치며 왕궁 내부의 많은 건물들이 파손되었다. 일부 새롭게 복원된 왕궁 건물들은 반짝이는 색으로 칠해 폐허가 된 궁전 터와 어색한 조화를 이루기도 한다. 매표소가 있는 응오몬(오문)으로 들어가서, 왕궁 동쪽 출입문에 해당하는 히엔년몬(현인문)으로 나오면 된다. 기본적인 복장 규정을 지켜야하기 때문에 민소매 옷이나 짧은 반바지 등 노출이 심한 옷을 삼가자.
참고로 왕궁 매표소에서 왕궁과 황제릉을 함께 묶은 통합 입장권도 판매한다. 왕궁+황제릉 두 곳(카이딘·민망 황제릉) 통합 입장권은 42만 VND, 왕궁+황제릉 세 곳(카이딘·민망·뜨득 황제릉) 통합 입장권은 53만 VND이다. 통합 입장권 유효 기간은 2일이다.

응오몬(오문 午門) Ngọ Môn

왕궁을 출입하던 정문이다. 민망 황제 시절인 1833년에 건설되었다. 정오가 되면 태양이 문 위로 떠오른다고 해서 응오몬이라고 칭했다. 응오몬은 요새처럼 만든 출입문 위에 궁궐처럼 지은 누각을 올려 만들었다. 출입문은 모두 5개이다. 중앙

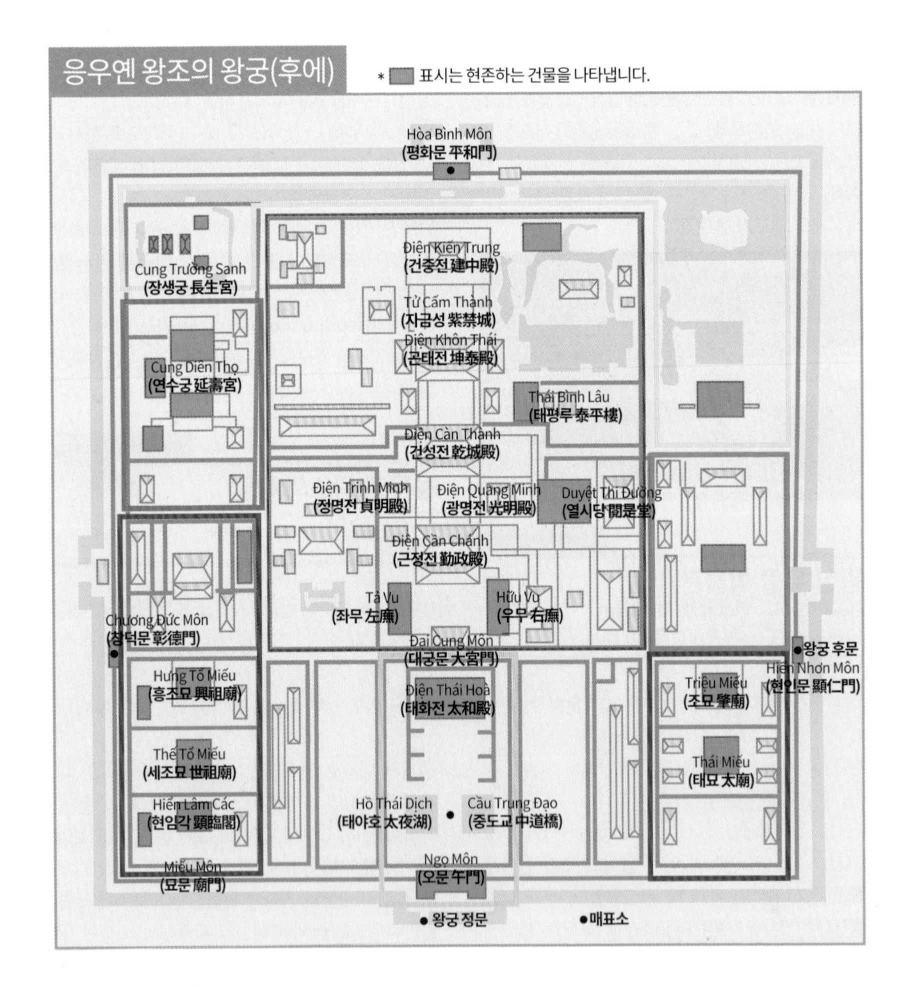

에 있는 커다란 3개의 출입문은 황제와 관료(문관과 무관)들이 출입했으며, 좌우에 있는 작은 출입문은 일반인들이 이용했다고 한다. 당연히 정중앙에 있는 출입문은 황제만 드나들 수 있었다.
응오몬 위에 세운 누각은 날개를 펴고 있는 다섯 마리의 봉황을 닮았다 하여 응우풍러우(오봉루 五鳳樓) Ngũ Phụng Lầu라고 부른다. 황제를 상징하는 노란색 기와지붕을 얹어 왕실의 권위를 세웠다. 황제는 누각에 올라 국가 행사는 물론 군사 행렬을 참관했다고 한다. 역사적으로는 응우옌 왕조의 마지막 황제가 된 바오다이 황제가 1945년 8월 25일에 호찌민 정부에게 권력을 위양하며 퇴위한 곳이기도 하다.
응오몬을 들어서면 진입로에 두 개의 패방(牌坊. 문짝과 지붕이 없는 망대만 걸쳐진 대문 모양의 건물)이 세워져 있다. 첫 번째 패방에는 군주의 통치 이념이자 베트남과 중국은 동등하다는 의미를 내포했던 정직탕평(正直蕩平), 두 번째 패방에는 높고 밝은 것은 영원하다는 뜻의 고명유구(高明悠久)라고 적혀 있다. 패방 옆으로 좌우에 두 개의 작은 호수 Hồ Thái Dịch(태야호 太夜湖)가 있고, 호수 사이를 연결한 다리 Cầu Trung Đạo(중도교 中道橋)를 지나면 황제의 즉위식이 거행되던 태화전(太和殿)이 나온다.

디엔타이호아(태화전 太和殿) Điện Thái Hoà

응오몬을 지나서 왕궁 내부로 들어가면 가장 먼저 만나게 되는 건물이다. 응우옌 왕조를 창시한 자롱 황제가 1805년에 건설했다. 규모는 크지 않지만 응우옌 왕조의 왕궁에서 보존이 가장 잘된 건물로 손꼽힌다. 황제를 상징하는 노란색 기와지붕을 얹은 겹지붕으로 이루어진 단층 건물이다. 석주 기둥과 지붕에 용을 조각한 것도 황제가 사용하던 건물임을 상징적으로 보여준다.
권력의 상징처럼 여겨지던 디엔타이호아는 황제의 즉위식이 거행되던 곳이다. 평상시에는 황제가 조정 대신을 접견하거나 궁중 행사를 참관했던 알현실로 쓰였다고 한다(황제의 집무실은 내궁에 위치해 있다). 건물 내부는 붉은색 래커를 칠해 반짝이는 80개의 목조 기둥이 받치고 있고, 황제가 앉던 대좌가 그대로 남아 있다. 앞마당에는 정일품(正一品)을 시작으로 신하들의 품계를 적은 석비가 세워져 있다.

뜨껌탄(자금성 紫禁城) Tử Cấm Thành

디엔타이호아(태화전)를 지나 다이꿍몬(대궁문 大宮門) Đại Cung Môn을 통과하면 내궁(內宮)

응오몬(오문)

전란으로 폐허가 된 뜨껌탄(자금성)

디엔타이호아(태화전)와 패방

에 해당하는 뜨껌탄(紫禁城)이 나온다. 왕궁의 핵심 구역으로 외부인의 출입이 철저하게 통제되던 곳이다. 황제의 집무실(근정전 勤政殿 Điện Cần Chánh), 왕실 극장(열시당 閱是堂 Duyệt Thi Đường), 황제의 침전(건성전 乾成殿 Điện Càn Thành), 왕비의 침전(곤태전 坤泰殿 Điện Khôn Thái)이 겹겹이 이루어진 성벽과 출입문을 통해 차례대로 들어서 있었다. 하지만 베트남 전쟁 동안 미군의 폭격으로 인해 대부분의 건물들이 파손되어 궁전 터만 남아 있다.

디엔끼엔쭝(건중전 建中殿) Điện Kiến Trung

왕궁 내부에서 일직선으로 들어선 궁전 중에 가장 안쪽(마지막)에 있는 건물이다. 1947년 전쟁으로 인해 피해를 입었는데, 70년간 폐허 상태로 방치되어 있다가 2024년에 재건축됐다. 응우옌 왕조의 마지막 황제 두 명이 머물던 곳이다. 12대 황제 카이딘(재위 1916~1925년) 시절인 1923년에 건설했다. 친프랑스 정책을 펼쳤던 황제답게 유럽풍의 양식을 가미해 만들었다. 아치형 창문과 발코니를 갖춘 콜로니얼 양식의 2층 건물에 왕실을 상징하는 노란색 기와지붕을 올렸다. 건물 외부는 도자기를 이용한 모자이크 공예로 화려하게 장식했다. 13대 황제 바오다이(재위 1926~1945년) 때는 시설을 확장해 모든 가족이 이곳에서 함께 생활했다(왕세자가 이곳에서 태어나기도 했다). 하지만 호찌민이 주도한 8월 혁명으로 황제가 폐위 당하면서 응우옌 왕조도 막을 내렸다.

마지막 황제가 머물던 건중전

히엔럼깍(현임각 顯臨閣) Hiển Lâm Các & 미에우몬(묘문 廟門) Miếu Môn

디엔타이호아(태화전) 왼쪽(황궁의 남서쪽 구역)에는 응우옌 왕조의 역대 황제들과 선조들의 위패를 모신 종묘(宗廟)가 있다. 크게 세 개 구역으로 구분되며 성벽과 성문을 통해 서로 공간이 나뉘어 있다. 종묘의 정문은 남문에 해당하는 미에우몬(묘문)이다. 종묘를 출입하는 문이라는 뜻인 미에우몬을 들어서면 히엔럼깍이 나온다.

히엔럼깍은 3층짜리 누각으로 민망 황제가 1824년에 만들었다. 응우옌 왕조 건설을 위해 헌신한 이들의 공덕을 기리는 일종의 왕실 사원이다. 응우옌 왕조의 황제들이 이곳을 찾아 선조들의 명복을 빌었다고 한다. 누각의 높이는 13m로 후대의 황제들은 왕궁 내부에 더 높은 건물의 신축을 금지하면서 현재까지도 왕궁에서 가장 높은 건물로 남아 있다. 히엔럼깍 좌우에는 종루(鐘樓, 종을 쳐서 성문을 여는 시간을 알려주던 곳)와 고루(鼓樓, 북을 쳐서 성문을 닫는 시간을 알려주던 곳)를 세웠다.

미에우몬(묘문)

히엔럼깍(현임각)

9개의 정(구정 九鼎) Cửu Đỉnh
Nine Dynastic Urns

히엔럼깍을 지나면 커다란 정(鼎, 세 개의 받침대와 귀가 두 개 달린 쇠솥)이 일렬로 놓인 테또미에우(세조묘) 안뜰이 나온다. 청동으로 만든 9개의 정은 민망 황제 때인 1836년부터 만들어지기 시작했다. 응우옌 왕조의 1~9대 황제들의 통치권을 상징(청동 정이 바라보는 방향에는 황제들의 위패를 모신 테또미에우가 있다)하는 것으로 무게는 2톤이 넘는다. 9개의 청동 정은 약간씩 크기가 다르다. 가장 큰 것은 가운데 있는 것(까오딘 高鼎 Cao Đỉnh이라 불린다)으로 높이 2.5m, 무게 2.6톤이며, 응우옌 왕조의 1대 황제인 자롱 황제를 위해 만든 것이다.

테또미에우(세조묘 世祖廟) Thế Tổ Miếu

테또미에우(세조묘)는 정면 13칸짜리의 기다란 단층 건물이다. 테또(세조 世祖)는 자롱 황제의 묘호(왕이 승하한 뒤 그의 공덕을 칭송하여 종묘에 신위를 모실 때 올리는 칭호)이다. 본래 자롱 황제의 위패를 모신 사당이었으나, 현재는 역대 황제들의 위패도 함께 모시고 있다. 정중앙에 자롱 황제의 위패를 모시고 오른쪽으로 2·4·9·8·10대 황제, 왼쪽으로 3·7·12·11대 황제 위패를 모셨다. 과거에는 황제들을 위한 제례 행사가 열렸으며, 유교적인 전통에 따라 황후를 포함한 여성들의 출입을 철저히 제한했다. 참고로 10명의 황제 위패밖에 없는 이유는 프랑스 통치에 반기를 들다가 어린 나이에 폐위된 황제(P.393 응우옌 왕조 역사 참고)들이 많기 때문이다. 8·10·11대 황제의 위패는 프랑스 군대가 완전히 철수한 1959년에 들어와서 종묘에 모실 수 있었다고 한다. 마지막 황제인 바오다이 황제는 위패를 모시지 못했다(그의 무덤은 프랑스 파리에 있다).

황제들의 위패를 모신 테또미에우 내부

흥또미에우(흥조묘 興祖廟) Hưng Tổ Miếu

테또미에우(세조묘) 북쪽에 있는 또 다른 사당으로 자롱 황제가 그의 친부모의 제례를 지내기 위해 1804년에 설립했다. 황제와 왕족들은 응우옌 푹루언 Nguyễn Phúc Luân(자롱 황제의 아버지, 1733~1765년)의 기일이 되면 이곳을 찾아 제례를 올렸다고 한다. 역시나 유교적 전통에 따라 왕비를 포함한 여성의 출입이 금기시되었다고 한다.

꿍지엔토(연수궁 延壽宮) Cung Diên Thọ

자롱 황제가 그의 어머니를 위해 1804년에 건설한 궁전이다. 종묘 북쪽(황궁의 북서쪽 구역)에 별도의 성벽으로 둘러싸여 있다. 집무실과 침전, 사원을 포함해 10여 개의 건물로 이루어졌다. 황제의 어머니가 생활하는 공간이라서 정자와 연못, 수족관도 만들어 편한 시간을 보낼 수 있도록 했다. 장

테또미에우(세조묘)

흥또미에우(흥조묘)

꿍지엔토(연수궁)

호아빈몬(평화문)

수무강을 기원하는 의미로 꿍쯔엉토(장수궁 長壽宮) Cung Trường Thọ라고 칭했으나, 1916년 카이 딘 황제 때에 이르러 건물을 증축하면서 영원한 생명을 뜻하는 꿍지엔토(延壽宮)로 바뀌었다.

꿍쯔엉싼(장생궁 長生宮)
Cung Trường Sanh

꿍지엔토(연수궁) 북쪽에 만든 황제의 어머니를 위한 또 다른 궁전이다. 민망 황제가 그의 어머니를 위해 1821년에 건설했다. 주거 목적보다는 여가 시간 활용을 위해 건설했기 때문에 초승달 모양의 인공 호수와 화원을 만들어 공원처럼 꾸몄다. 후대에 들어서는 궁전을 증축하면서 왕비들의 침전으로 사용했다. 현재의 모습은 2007년에 복원한 것이다.

호아빈몬(평화문 平和門) Hòa Bình Môn

왕궁의 북문으로 자롱 황제 때인 1804년에 건설되었다. 성벽과 연꽃이 가득한 해자가 어우러져 낭만적인 느낌이다. 남문(응오몬)으로 출입할 경우 추가의 출입문을 통해 내궁으로 들어가야 했으나, 북문은 왕궁에서 유일하게 내궁으로 직행할 수 있는 출입문이었다. 베트남 전쟁 동안 심각한 손상을 입었으며, 2004년에 보수 공사를 마치고 원형을 회복했다.

Map P.364-A4

티엔무 사원(天姥寺)
Thien Mu Pagoda
Chùa Thiên Mụ

★★★☆

주소 Đường Kim Long **운영** 매일 08:00~17:00
요금 무료 **가는 방법** 구시가에서 흐엉 강변을 따라 서쪽으로 5~6㎞, 흐엉 강을 지나는 기차 철교에서 서쪽으로 3.5㎞ 더 가면 된다. 자전거나 오토바이를 탈 경우 낌롱 거리를 따라 가면 된다. 보트 투어를 이용할 경우 티엔무 사원에 들른다.

후에의 상징적인 사원으로 흐엉 강변에 있다. 1601년에 건설된 사원의 이름은 하늘의 신비한 여인이라는 뜻으로 '티엔무(天姥)'라고 칭했으며, 영적인 여인의 사원이라는 뜻으로 린무 사원(靈姥寺) Chùa Linh Mụ이라고도 부른다.
응우옌 왕조의 건국과 연관되어 있어 왕실에서 대대로 관리하던 사원이다. 전설에 따르면 하늘에서 신비한 여인이 나타나 사람들에게 '곧 군주가 나타나 이곳에 사원을 건설할 것이다. 그는 새로운 국가의 번영을 가져다 줄 것이다'라고 말했다고 한다. 이 말을 전해들은 응우옌호앙 Nguyễn Hoàng(1558~1613년, 응우옌 왕조를 건설한 자롱 황제의 선조로 오늘날의 후에를 포함해 베트남 중북부를 다스리던 지방 군주)이 신비한 여인이 나타났던 자리에 사원을 건설했다고 한다.
티엔무 사원에서 가장 눈에 띄는 것은 프억주옌탑(福緣塔) Tháp Phước Duyên이다. 흐엉 강변에서도 보이는 21m 높이의 8각 7층 석탑이다. 티에우

티엔무 사원

찌 황제가 1884년에 건설한 것으로 베트남에서 가장 큰 석탑이다. 층마다 감실을 만들어 불상을 안치했다. 석탑 좌우에 두 개의 정자를 대칭되게 세웠다. 오른쪽 정자 안에는 티엔무 사원의 역사를 기록한 석비가 거북이 석상 위에 세워져 있다. 왼쪽 정자 안에는 크기 2.5m, 무게 2,052㎏의 커다란 동종(Đại Hồng Chung)이 있다. 1725년에 만든 동종은 종소리가 10㎞ 밖까지 들린다. 석탑 뒤쪽으로 돌아 들어가면 사천왕을 모신 법전(像天王殿)을 지나 대웅전(大雄殿) Diện Đại Hùng에 이른다.

Map P.382-A1

바오꿕사원(報國寺) ★
Bao Quoc Pagoda
Chùa Báo Quốc

주소 Đường Báo Quốc **운영** 매일 07:00~18:00 **요금** 무료 **가는 방법** 기차역 뒤편인 바오꿕거리에 있다. 디엔비엔푸 & 바오꿕 삼거리에서 좌회전해서 안쪽으로 200m 들어간다.

1670년 중국 승려에 의해 건설된 사원이다. 응우옌 왕조가 후에를 수도로 정하며 왕실 사원으로 승격했다. 황제와 왕비들이 찾아와 사원의 증축 공사를 지시했다고 한다. 민망 황제 때인 1824년부터는 나라를 보호한다는 의미로 바오꿕(보국報國) 사원이라고 칭했다. 민망 황제는 40세 생일(1830년) 연회를 왕궁이 아닌 바오꿕 사원에서 열었을 정도로 아꼈다고 한다. 숲이 우거진 언덕 위에 있는 조용한 사원으로 관광객이나 불교 신자들의 발길이 적어 한적하다.

Map P.382-A1

호꾸옌(虎圈) ★★
Tiger Arena
Hổ Quyền

주소 Kiệt 373 Bùi Thị Xuân **운영** 24시간(내부 입장 불가) **요금** 무료 **가는 방법** 후에 시내에서 남쪽으로 3㎞ 떨어져 있다. 기차역 오른쪽의 부이티쑤언 거리 Đường Bùi Thị Xuân를 따라 남쪽으로 내려가다가 후옌쩐꽁쭈아 Huyền Trân Công Chúa 삼거리를 지나서 부이티쑤언 거리 373번지 골목(Kiệt 373 Bùi Thị Xuân) 안쪽으로 200m 들어 가면 된다. 골목 입구에 안내 간판이 있다.

호랑이 우리라는 뜻의 호꾸옌(虎圈)은 응우옌 왕조의 황제들이 유흥을 위해 만든 격투장이다. 로마 시대의 콜로세움과 비슷한 원형 경기장이지만,

알아두세요 반정부 투사, 틱꽝득(釋廣德) Thích Quảng Đức(1917~1963년)

틱꽝득 승려가 탔던 오스틴 자동차

티엔무 사원을 둘러보다 보면 쌩뚱맞아 보이는 하늘색의 오래된 오스틴 자동차가 전시되어 있는 것을 볼 수 있는데요, '고색창연한 불교 사원에 웬 자동차인가?' 하고 의아해할 수도 있을 겁니다. 오스틴 자동차가 전시된 이유는 티엔무 사원에서 수행하던 틱꽝득 스님과 연관되어 있답니다. 베트남의 1960년대는 부패한 남부 베트남의 응오딘지엠 Ngô Đình Diệm(남부 베트남 초대 대통령으로 1955년 10월 26일에 집권해 1963년 11월 2일에 쿠데타로 실각하며 처형되었다) 정권에 저항하는 반정부 시위가 자주 일어났습니다. 천주교를 옹호했던 응오딘지엠 대통령은 시위에 참여한 승려를 군대를 동원해 사살할 정도로 종교 탄압이 심했다고 합니다. 이에 항의하기 위해 틱꽝득 스님은 오스틴 자동차를 타고 사이공(오늘날의 호찌민시)까지 갔다고 합니다. 스님이 택한 시위의 방법은 분신자살인데요, 도로 한복판에서 가부좌를 틀고 명상에 잠긴 자세로 불에 타 입적했다고 합니다. 1963년 6월 11일에 있었던 분신자살하는 모습은 외신으로 보도되었고, 미국인 사진작가 말콤 브라운 Malcolm Browne이 찍은 사진은 퓰리처상을 수상했다고 합니다.

바오꿕사원

호꾸옌

로마와 달리 검투사가 아니라 코끼리와 호랑이가 결투를 벌였다.
코끼리는 황제에 대한 충성을, 호랑이는 배신을 상징했다고 한다. 그래서 모든 결투는 코끼리가 호랑이를 죽이면서 게임이 끝난다. 황제에게 기쁨을 주기 위해 나약한 호랑이를 골라 이빨을 뽑아 결투에 참가시켰기 때문이다. 호랑이가 코끼리와 대등하게 싸울 경우 코끼리를 더 많이 풀어 넣어 전세를 역전시킨다.
호꾸옌은 민망 황제 때인 1830년에 만들어졌다. 흐엉 강의 작은 섬에서 행해졌던 격투는 맹수들로부터 황제를 안전하게 보호하기 위해 원형 경기장으로 변모했다. 벽돌을 쌓아 만든 호꾸옌은 총 둘레 144m이다. 성벽의 높이는 5.8m, 원형 경기장의 직경은 44m이다. 남쪽의 커다란 출입문은 코끼리가 드나들던 곳이고, 북쪽의 5개의 작은 문은 호랑이를 위해 만들었다고 한다. 남쪽 출입문 옆으로 황제와 왕족들을 위한 관람석이 있고, 반대쪽으로 관료들을 위한 관람석이 있다. 코끼리와 호랑이 결투는 1904년까지 매년 한 번씩 열렸다고 한다.

후에 주변 볼거리

후에 주변에도 볼거리가 많다. 왕궁과 더불어 유네스코 세계문화유산으로 지정된 응우옌 왕조의 황제릉이 가장 큰 볼거리이다. 후에 북쪽으로는 북위 17°선을 따라 베트남이 남북으로 분단되었던 시기에 만든 비무장 지대(DMZ)가 있다. 비무장 지대와 가장 가까운 마을은 동하 Đông Hà(P.395)이지만, 대부분의 여행자들이 후에에서 출발하는 투어를 이용해 비무장 지대를 다녀온다.

Map P.382-A1

단남자오(南郊壇) ★★
Đàn Nam Giao

주소 Đường Điện Biên Phủ & Đường Lê Ngô Cát **운영** 매일 08:00~17:00 **요금** 무료 **가는 방법** 기차역 남쪽으로 2㎞ 떨어져 있다. 디엔비엔푸 거리 끝과 만나는 레응오깟 거리 교차로에 있다.

자롱 황제가 1806년에 건설한 것으로 황제들이 하늘에 제를 올리던 곳이다. 중국 베이징에 있는 천단(天壇)과 동일하다고 보면 된다(규모는 월등

숲으로 둘러싸인 단남자오

히 작다). 제를 올리는 목적은 풍년을 기원함과 동시에 황제의 통치권을 하늘로부터 인정받는 행위이기도 했다. 1807년부터 1885년까지는 매년 봄마다 의식이 행해졌고, 응우옌 왕조의 세력이 약해진 1886년부터 1945년까지는 3년 주기로 행사가 열렸다고 한다.

단남자오는 길이 390m, 폭 265m 크기로 총 면적 104㎡의 직사각형 구조이다. 중심에는 하늘을 상징하는 둥근 모양의 원형 제단이 있다. 제단은 3단으로 구성되며, 폭 165m의 사각형 기단 위에 직경 41m의 원형 제단을 올렸다.

현재는 제단을 제외하고 특별한 볼거리는 남아 있지 않다. 주변에 소나무 숲이 우거져 수목원을 연상시킨다. 일반적으로 단(壇)이란 말을 생략하고 '남자오(또는 남야오)'라고 부른다.

Map P.382-A1

뜨히에우 사원(慈孝寺) ★★

Tu Hieu Pagoda
Chùa Từ Hiếu

주소 Đường Lê Ngô Cát, Phường Thụy Xuân **운영** 매일 07:00~18:00 **요금** 무료 **가는 방법** 시내에서 남쪽으로 5㎞ 떨어져 있다. 레응오깟 거리 72번지(72 Lê Ngô Cát) 옆으로 사원의 위치를 나타내는 '또딘뜨히에우 Tổ Đình Từ Hiếu'라고 적힌 출입문이 있다. 출입문 안쪽으로 골목을 따라 400m 더 들어가면 사원이 나온다.

뜨히에우 사원

뜨득 황제릉으로 가는 길에 있는 사원이다. 1843년에 건설된 사원으로 소나무 숲에 둘러싸여 산사(山寺) 분위기가 전해진다. 사원 입구의 일주문이 연꽃 가득한 연못에 반사되어 낭만적인 느낌을 더한다. 대웅전과 사원의 건설 역사를 기록한 석비, 고승들의 사리를 모신 부도가 경내에 남아 있다. 뜨히에우 사원은 틱낫한 Thích Nhất Hạnh(베트남어 발음은 '틱녓한') 스님이 불가에 입문해 수행한 사원으로 더 유명하다.

알아두세요 | 베트남 승려이자 베스트셀러 작가, 틱낫한

본명은 응우옌쑤언바오 Nguyễn Xuân Bảo로 1926년 10월 11일에 태어났습니다. 16세에 불가에 입문해 틱낫한 Thích Nhất Hạnh이라는 법명을 사용했습니다. 석가의 가르침을 따른다는 뜻으로 한자로 쓰면 석일행(釋一行)입니다. 틱낫한 스님은 소설가, 시인, 평화운동가로도 활동하며 100여 권의 불교와 명상에 관련된 책을 출판했습니다. 한국에도 여러 권의 책이 번역되어 있습니다. 티베트의 정신적인 지도자인 달라이 라마와 더불어 서방 세계에 가장 잘 알려진 불교계의 상징적인 인물입니다. '모든 불교는 삶에 참여한다'는 참여 불교 운동을 제시했고, 일상생활과 불교 명상법을 접목시켜 만든 '걷기 명상'이 널려 알려졌습니다.

1960년부터는 미국에서 유학했으며 1963년에 베트남으로 돌아와 베트남 전쟁에 반대해 비폭력 반전 운동을 펼치기도 했습니다. 하지만 다른 베트남 독립투사들과 달리 1966년 미국으로 되돌아가 반전 운동(덕분에 1967년 노벨 평화상 후보가 되었다)을 이어갔고, 1969년에는 파리 평화회담에 참여하기도 했습니다. 하지만 1973년에 베트남 공산당 정부가 그의 재입국을 거부하면서 1975년부터 프랑스에 망명해 생활했으며, 1982년부터 프랑스 남서부의 도르도뉴 Dordogne 지방에 플럼 빌리지 Plum Village(www.plumvillage.org)를 설립해 활동했습니다. 베트남 정부의 귀국 허가로 2018년부터 고향인 후에(훼)로 돌아와 생활했으며, 2022년 95세 나이로 뜨히에우 사원에서 열반했습니다.

응우옌 왕조의 황제릉

*볼거리의 이해를 돕기 위해 베트남어 현지 발음이 아닌 한자의 독음으로 표기합니다.

왕궁과 더불어 유네스코 세계문화유산으로 지정된 후에 최대의 볼거리다. 후에 남쪽으로 흐엉 강을 따라 응우옌 왕조의 황제릉이 흩어져 있다. 13명의 황제 중에 7명만 황제릉을 건설했다. 나머지는 프랑스 식민지배에 반대해 폐위되거나 망명길에 올랐던 비운의 황제들이다. 전통적으로 보트를 타고 황제릉을 방문했지만 도로가 포장되고 다리가 놓이면서 오토바이를 타고 여행하는 여행자도 늘었다. 황제릉의 본보기를 제시한 민망 황제릉, 무덤이라기보다 유원지를 거니는 듯한 뜨득 황제릉, 유럽풍이 가미된 카이딘 황제릉이 가장 볼 만하다.

황제릉 입장료가 인상되면서 주요 황제릉과 왕궁을 함께 볼 수 있는 통합 입장권을 판매하기 시작했다. 황제릉 두 곳(카이딘·민망 황제릉)+왕궁 통합 입장권은 42만 VND, 황제릉 세 곳(카이딘·민망·뜨득 황제릉)+왕궁 통합 입장권은 53만 VND이다. 어디서건 처음 방문하는 곳에서 통합 입장권을 구입하면 된다. 통합 입장권 유효 기간은 2일이다.

Map P.382-A2

자롱(야롱) 황제릉 ★★

Tomb of Emperor Gia Long
Lăng Gia Long

운영 매일 07:00~17:30 **요금** 5만 **가는 방법** 시내에서 남서쪽으로 16㎞ 떨어져 있다. 민망 황제릉에서 남쪽으로 4㎞를 더 가야 한다. 흐엉 강 서쪽에 있는 자롱 황제릉까지 다리가 연결되지 않아서, 차를 타고 갈 경우 강 반대편에서 보트를 타고 강을 건너야 한다. 선착장에서 1㎞ 정도 걸어 들어가야 한다.

응우옌 왕조를 창시한 자롱 황제의 무덤으로 천수릉(千壽陵) Thiên Thọ Lăng이라고 부른다. 자롱 황제가 그의 황후 트아티엔 Thừa Thiên을 위해 1818년에 건설한 무덤인데, 황제가 승하(1820년)한 후에 왕비 옆에 무덤을 만들면서 황제릉을 겸

알아두세요 황제릉을 가는 드래곤 보트

흐엉 강을 유람하는 드래곤 보트

흐엉 강변의 황제릉을 여행하려면 보트를 타는 게 좋습니다. 뱃머리에 용을 장식해 드래곤 보트 Dragon Boat라고 불리는 배를 타고 흐엉 강변을 유람하다 보면 목가적인 풍경을 감상할 수 있습니다. 하지만 흐엉 강변 선착장에서 멀리 떨어진 뜨득 황제릉과 카이딘 황제릉을 가려면 별도로 쎄옴(오토바이 택시)이나 차를 타야 하는 불편함이 따릅니다. 이런 단점을 만회하기 위해 최근 황제릉을 방문하는 투어는 보트+버스로 진행됩니다. 티엔무 사원, 혼쩬 사원, 향(香) 공예마을, 민망 황제릉, 카이딘 황제릉, 뜨득 황제릉을 방문하는 일정입니다. 오전 동안 보트를 타고 황제릉을 둘러보는 여행사도 있고 모든 투어를 버스로 진행하고 일몰 시간에 보트 유람을 하는 여행사도 있습니다. 투어 요금은 US$12~15 정도로 입장료는 불포함입니다.

정해진 일정과 빡빡한 황제릉 관람 시간이 만족스럽지 못하다면 개별적으로 방문해도 됩니다. 멀리 떨어진 민망 황제릉까지 다리가 놓여서 문제될 게 없지요. 오토바이를 대여할 경우 안전에 유의해야 하고, 도로 이정표가 미비해서 길 찾는 데 어려움이 따르기도 합니다. 쎄옴 기사와 동행할 경우 반드시 가고자 하는 곳들을 명시하고 요금을 결정한 다음 출발해야 요금으로 인한 시비가 생기지 않습니다. 자전거를 타고 가는 용감한 여행자도 있는 데, 경사가 심해서 체력 소모가 큽니다. 자전거를 탈 경우 뜨득 황제릉을 지나서 더 멀리까지 가는 건 무리가 따릅니다.

왕궁과 비슷한 민망 황제릉

황제와 황후의 위패를 모신 숭은전(민망 황제릉)

하고 있다. 자롱 황제릉은 동서 방향으로 세 구역으로 나뉘어 있다. 왼쪽은 황제의 업적을 기록한 공덕비(전통에 따라 자롱 황제의 아들인 민망 황제가 공덕비의 내용을 기록했다)를 세웠고, 중앙에는 황제와 황후의 봉분이 있다. 봉분 오른쪽은 황제와 황후의 위패를 모신 사당이다.
자롱 황제릉의 진입로에도 왕족들의 무덤이 있다. 토아이탄(자롱 황제의 모친) 무덤 Lăng Thoại Thánh, 호앙꼬(자롱 황제의 누나) 무덤 Lăng Hoàng Cô, 투언티엔까오(자롱 황제의 두 번째 부인이자 민망 황제의 친모) 무덤 Lăng Thuận Thiên Cao이 대표적이다. 자롱 황제는 역사적으로 중요한 인물이지만 흐엉 강변의 황제릉 중에서 가장 멀리 있고, 보존 상태도 좋지 않아 여행자들의 발길은 적다.

Map P.382-A2

민망 황제릉 ★★★★
Tomb of Emperor Minh Mang
Lăng Minh Mạng

운영 매일 07:00~17:30 **요금** 15만 VND **가는 방법** 시내에서 남서쪽으로 12㎞ 떨어져 있다. 흐엉 강변 서쪽에 있으며 다리가 건설되면서 드나들기 편해졌다. 차나 오토바이를 타고 갈 수 있으나, 자전거를 타고 가기에는 험난한 길이다. 황제릉 바로 앞에 선착장이 있어 보트를 이용해도 편리하다.

응우옌 왕조의 2대 황제인 민망 황제(재위 1820~1841년)가 묻힌 곳으로 효릉(孝陵) Hiếu Lăng이라고 부른다. 민망 황제는 1826년부터 무덤을 건설하기 좋은 터를 찾아다녔다. 본격적으로 무덤이 건설된 것은 건강이 악화된 1840년부터다. 민망 황제는 1841년 1월에 승하했고, 같은 해 8월 20일

민망 황제릉의 명루

에 봉분을 만들어 매장했다. 하지만 전체적인 무덤 건축과 조경을 마무리하지 못했기에 그의 아들(민망 황제는 142명의 자손을 뒀다고 전해진다)인 티에우찌 황제가 공사를 이어받아 1843년에 완성했다.
민망 황제릉은 중국에서 유래된 풍수지리 전통에 따라 건설된 전형적인 베트남 황제의 무덤이다. 성벽에 둘러싸인 황제릉은 출입문들을 통해 공간이 구분되어 있다. 입구부터 문관과 무관 석상, 공덕비, 황제와 황후의 사당, 누각, 무덤이 일직선으로 놓여 있다. 왕궁과 비슷한 구조라 무심코 걷다 보면 무덤인지 궁전인지 분간하기 힘들 정도다.
민망 황제릉의 정문은 대홍문(大紅門) Đại Hồng Môn이다. 황제의 시신이 들어 있던 관이 통과할 때 딱 한번 문이 열렸을 뿐, 현재까지도 정문은 닫혀 있다. 일반 관광객들은 왼쪽 문인 좌홍문(左紅門) Tả Hồng Môn이나 오른쪽 문인 우홍문(右紅

민망 황제릉을 지키는 문관과 무관 석상

門) Hữu Hồng Môn을 통해 출입해야 한다. 묘역에 들어서면 넓은 정원이 나온다. 정원에는 코끼리와 말 석상, 문관과 무관의 석상이 두 줄로 연속해서 세워져 있다. 죽은 사람의 영혼을 지킬 뿐만 아니라 황제에게 충성을 다하는 신하들의 모습을 표현한 것이다. 석상을 지나면 황제의 공덕비를 모신 정자가 나온다. 후대의 황제가 전대의 황제의 업적을 기록하던 전통에 따라 티에우찌 황제가 민망 황제의 업적을 기록한 석비를 세웠다.
두 번째 아치형 출입문인 현덕문(顯德門) Hiển Đức Môn을 통과하면 황제와 황후의 위패를 모신 사당이 나온다. 숭은전(崇恩殿) Diện Sùng Ân이라고 불리는 사당 앞에는 동서로 배전(陪殿)을 세웠고, 뒤에는 좌우로 종원(從院)을 함께 세웠다.
세 번째 아치형 출입문인 홍택문(弘澤門) Hoằng Trạch Môn을 통과하면 붉은색 2층 목조건물인 명루(明樓) Minh Lâu가 보인다. 진입로는 호수를 지나는 3개의 석조 다리를 놓았다. 중앙에 놓인 중도교(中道橋) Cầu Trung Đạo는 생전에 자신의 무덤을 방문한 황제만이 이용했다고 한다. 명루는 다른 곳보다 기단을 높게 만들었는데, 3단으로 이루어진 기단은 물과 땅과 천국을 상징한다.
명루를 지나면 패방이 세워진 황제의 무덤으로 향하는 마지막 진입로가 이어진다. 왕궁에 있는 디엔타이호아(태화전)로 향하는 진입로와 비슷한 구조로 연못이 주변을 감싸고 있다. 연못은 초승달 모양을 닮았다고 해서 신월호(新月湖) Hồ Tân Nguyệt라고 불린다. 연못을 지나 난간에 용이 조각된 33개의 계단을 오르면 황제의 무덤이 나온다. 봉분은 높이 3.5m, 둘레 273m로 봉분을 감싸 둥글게 외벽을 만들었다. 참고로 응우옌 왕조의 황제릉에 있는 봉분은 보성(寶城)이라는 의미로 바오탄 Bảo Thành이라고 불린다.

후에(훼) 주변

P.364~365 · 하노이 · 구시가 · 신시가 · 후에 역 Ga Huế · 티엔무 사원 · 호꾸옌 · 바오꿕 사원 · 다낭 · 뜨히에우 사원 · 단남자오 · 뜨득 황제릉 · 동칸 황제릉 · 혼쩬 사원 · 필그리미지 빌리지 Pilgrimage Village · 티에우찌 황제릉 · 흐엉강 Sông Hương · 카이딘 황제릉 · 민망 황제릉 · Sông Tả Trạch · Sông Hữu Trạch · 자롱 황제릉

● 관광 ● 숙소

Map P.382-A2

티에우찌 황제릉 ★★☆

Tomb of Emperor Thieu Tri
Lăng Thiệu Trị

운영 매일 07:00~17:00 **요금** 5만 VND **가는 방법** 후에 시내에서 남쪽으로 8㎞ 떨어져 있다. 뜨득 황제릉을 지나서 남쪽으로 2㎞ 더 간다.

1847년 11월 4일 41세의 나이로 승하한 응우옌 왕조 3대 황제인 티에우찌 황제(재위 1841~1847년)

가 묻힌 곳으로 창릉(昌陵) Xương Lăng이라고 부른다. 티에우찌 황제의 아들인 뜨득 황제가 즉위하면서 무덤이 건설되었다. 티에우찌는 검소한 성격 탓에 생전에 자신의 무덤 건설을 위해 특별한 노력을 기울이지 않았기 때문이다. 뜨득 황제가 아버지의 유언에 따라 묫자리를 찾고, 10개월의 공사 기간을 거쳐 1848년 2월 11일에 완공되었다.
기존에 건설된 황제릉이 두 개밖에 없었기에, 자롱 황제릉과 민망 황제릉을 참고해 설계했다. 전체적으로 민망 황제릉과 비슷한 구조이지만 규모는 작다. 초승달 모양의 호수(윤택호 潤澤湖, Hồ Nhuận Trạch)를 묘역 앞에 만들었고, 묘역 안에는 문관과 무관 석상, 공덕비, 황제의 위패를 모신 사당(표덕전 表德殿, Diện Biểu Đức), 누각(덕형루 德馨樓, Đức Hinh Lâu), 봉분 앞을 감싼 호수(응취호 凝翠湖, Hồ Ngưng Thuý)와 3개의 석조 다리, 봉분이 일직선으로 놓인 구조이다. 하지만 공덕비와 봉분을 제외하고 대부분의 건물들이 파손되었으며, 찾는 사람도 없어 한적하다.

Map P.382-A1

뜨득 황제릉 ★★★★

Tomb of Emperor Tu Duc
Lăng Tự Đức

운영 매일 07:00~17:30 **요금** 15만 VND **가는 방법** 시내에서 남쪽으로 8㎞ 떨어져 있다. 기차역 왼쪽에 있는 디엔비엔푸 거리를 따라 가다가 '단남자오 Đàn Nam Giao' 앞 삼거리에 있는 레응오깟 거리 Đường Lê Ngô Cát에서 우회전해서 넓은 도로를 따라가면 된다. 흐엉 강변에서 떨어져 있어서 보트보다는 차나 오토바이를 타고 가는 게 좋다. 체력이 된다면 자전거를 타고 갈 수도 있다.

응우옌 왕조의 4대 황제인 뜨득 황제(재위 1847~1883년)가 묻힌 곳으로 겸릉(謙陵) Khiêm Lăng이라고 불린다. 황제들이 살아생전에 자신의 묫자리를 정하고 무덤을 건설하는 것이 관례이긴 했지만, 뜨득 황제는 무덤이 완성되고도 16년을 더 살았다고 한다. 응우옌 왕조의 황제들 중에 가장 오랜 기간인 36년 동안 통치했기 때문이다. 황제는 완성된 무덤을 미리 찾아 뱃놀이를 즐기거나 시를 쓰면서 여가를 보냈다. 물론 왕비들을 대동하고 궁중 연회를 펼치기도 했다. 심지어 이곳에 머물며 국정을 논하기도 했는데, 숲과 호수가 어우러져 아름다운 '무덤'은 황제의 별장처럼 여겨진다(뜨득 황제는 무덤에 왕실 극장까지 만들어 여가를 즐겼다).
하지만 뜨득 황제의 삶이 행복했던 것은 아니다. 장남을 제치고 왕위를 계승했기 때문에 치열한 형제간의 권력 다툼을 벌여야 했고, 응우옌 왕조에 반기를 든 쿠데타도 여러 차례 진압해야 했으며, 프랑스와 여러 차례 전투를 치르며 국가와 왕권을 지켜내야 했다(1862년 프랑스는 남부 베트남을 코친차이나라고 칭하고 사이공을 수도로 삼아 통치를 시작했다). 하지만 무엇보다 황제를 슬프게 했던 것은 왕위를 이을 후손이 없었다는 것. 무려 104명의 왕비를 거느렸으나 후사를 보지 못하고, 사촌 형제의 아들을 양자로 입양해 왕권을 물려줘야 했다.
뜨득 황제릉은 1864년부터 1867년까지 3년에 걸

화겸전의 입구에 해당하는 겸궁문

티에우찌 황제릉

뜨득 황제릉의 인공 호수, 유겸호

쳐 조성되었다. 12헥타르(약 3만 6,000평)에 이르는 면적에 인공 연못과 정자를 포함해 50여 개의 구조물로 이루어진 것이 뜨득 황제의 '무덤'이다. 무덤을 건설하는 동안 엄청난 재정과 노동력 낭비를 탓하며 반란이 일어나기도 했다고 한다. 기존의 황제릉 건축 양식을 파괴해 인공 연못을 전면에 배치하고, 호수 옆으로 황제의 위패를 모신 사당을 건설했다. 뜨득 황제릉을 '겸릉謙陵'이라고 칭했는데, 호사스러운 무덤의 규모와 달리 겸손하다는 의미로 황제릉 내부의 모든 건물들은 '겸謙' 자를 사용해 이름을 지었다고 한다.

뜨득 황제릉은 남동쪽 출입문인 무겸문(務謙門) Vụ Khiêm Mon을 통해 드나든다. 묘역에 들어서면 인공 호수인 유겸호(流謙湖) Hồ Lưu Khiêm가 가장 먼저 보인다. 호수 가장자리에는 충겸사(沖謙榭) Xung Khiêm Tạ와 유겸사(愈謙榭) Dũ Khiêm Tạ라고 칭한 두 개의 정자를 만들었다. 호수와 정자는 낭만적이고 시적인 분위기로 문학가이자 철학가이기도 했던 황제의 성격을 대변해준다. 호수 왼쪽에 있는 3단으로 구성된 계단을 오르면 겸궁문(謙宮門) Khiêm Cung Môn이 나온다. 출입문을 들어서면 궁전처럼 생긴 화겸전(和謙殿) Điện Hoà Khiêm이 나온다.

황제와 황후의 위패를 모신 사당으로, 뜨득 황제가 생전에 무덤을 찾았을 때 집무실로 사용했다고 한다. 내부에는 황제가 행차하던 당시 상황을 묘사한 그림이 걸려 있다. 화겸전 뒤쪽에는 황제의 침전으로 사용되던 양겸전(良謙殿) Điện Lương Khiêm이 있다. 현재는 뜨득 황제의 어머니 위패를 모신 사당으로 변모했다.

뜨득 황제의 봉분(무덤)이 있는 곳은 인공 호수를 끼고 북쪽으로 더 들어가야 한다. 일렬로 세운 문관과 무관 석상(뜨득 황제는 키가 작았기 때문에, 황제에게 예를 갖추는 석상들도 다른 황제릉에 비해 작다. 신하들이 황제보다 클 수는 없는 법!)이

뜨득 황제의 위패를 모신 화겸전

공덕비를 감싸고 있는 석조 누각

뜨득 황제의 무덤으로 여겨지는 봉분

보이면 봉분과 가까워졌다는 증거다. 여기서부터는 다른 황제릉과 동일한 구조다.

석상 다음에는 황제의 업적을 기록한 공덕비를 세웠다. 하지만 후대의 황제가 전대의 황제의 업적을 기록했던 것과 달리 뜨득 황제는 자신의 공덕비를 직접 썼다. 아들을 보지 못한 탓에 그의 업적을 기록할 사람도 없다고 생각했다고 한다. 그래서인지 단순히 업적만 기록하지 않고 재위 기간에 있었던 불행과 실수, 질병에 대해서도 회고했다고 한다. 또 다른 진기록은 공덕비의 크기인데, 베트남에서 가장 큰 것으로 무게가 무려 200톤에 달한다(500㎞나 떨어진 곳에서 돌을 옮겨와야 했으니 무덤 건설 중에 폭동을 일으킬 만도 했다!).

공덕비 뒤쪽에 있는 반원형의 작은 연못인 소겸지(小謙池) Tiểu Khiêm Tri를 지나면 성벽으로 둘러쳐 있는 봉분이 나온다. 봉분은 높이 2.5m, 둘레 300m 크기이다. 하지만 많은 역사학자들은 이곳이 실제 무덤이 아닐 것이라고 주장한다. 후에 어딘가에 묻혀 있을 것으로 예상하고 있으나, 정확히 어디에 매장되었는지는 아직 발굴하지 못하고 있다. 도굴을 우려한 뜨득 황제는 자신이 묻힐 곳을 철저하게 비밀에 붙였다고 한다. 공사에 참여한 200여 명의 신하는 '무덤' 완성과 함께 황제에 의해 교수형에 처해졌다고 한다.

Map P.382-A1

동칸 황제릉 ★★

Tomb of Emperor Dong Khanh
Lăng Đồng Khánh

운영 매일 07:00~17:00 **요금** 10만 VND **가는 방법** 시내에서 남쪽으로 7km 떨어져 있다. 뜨득 황제릉 입구를 바라보고 오른쪽으로 800m 더 들어가면 포장도로 끝에 있다.

응우옌 왕조의 9대 황제인 동칸 황제(재위 1885~1889년)가 묻힌 곳으로 사릉(思陵) Tư Lăng이라고 불린다. 동칸 황제는 25살이라는 어린 나이에 사망했고, 4년이라는 짧은 집권 기간 때문에 황제릉의 규모가 작다.

일반적인 황제릉과 달리 사당과 묘역을 두 개의 구역으로 구분해 놓았다. 황제와 황후의 위패를 모신 응희전(凝禧殿) Điện Ngưng Hy은 궁전처럼 성벽에 둘러싸여 있다. 응희전 좌우에는 황제가 사용하던 유품들을 보관한 건물이 있다. 요체를 매장한 무덤은 응희전 뒤쪽에 별도로 만들었다. 문관과 무관 석상이 황제릉을 호위하고 있는 것은 동일하지만 무덤은 둥그런 모양의 봉분이 아닌, 직사각형 형태로 만들어 동양적인 색채를 배제했다. 이때부터 황제릉 건축에 유럽 양식을 가미했다고 한다.

참고로 아들이 없던 뜨득 황제가 동칸을 양자로 입양하며 운 좋게 황제의 자리에 올랐다. 1880년대는 프랑스령 인도차이나 건설이 완성하던 시기다. 황제들도 프랑스의 입맛에 맞게 추대했는데, 황제를 옹립하기 위한 조정 대신들의 계파 싸움에 희생되거나 프랑스에 반기를 들 경우 가차 없이 폐위되거나 독살되며 황제들이 끊임없이 교체되었다. 뜨득 황제의 뒤를 이었던 5대 황제 죽득 Dục Đức은 3일 만에, 6대 황제 히엡호아 Hiệp Hòa는 5개월 만에, 7대 황제 끼엔푹 Kiến Phúc은 8개월 만에 물러나야 했다.

후대 황제들이 수시로 교체되었던 시기를 보냈고, 묘역도 여러 차례 증축되었기 때문에 규모가 작은 동칸 황제릉을 완공하기까지 무려 35년이 걸렸다고 한다.

Map P.382-A2

카이딘 황제릉 ★★★★

Tomb of Emperor Khai Dinh
Lăng Khải Định

운영 매일 07:00~17:30 **요금** 15만 VND **가는 방법** 후에 시내에서 남쪽으로 10㎞ 떨어져 있다. 민망 황제릉을 지나서 동쪽으로 4㎞ 더 간다. 흐엉 강변에서 떨어져 있어서 보트보다는 차나 오토바이를 타고 가는 게 편하다. 자전거를 타고 가기에는 거리가 너무 멀다.

응우옌 왕조의 12대 황제인 카이딘 황제(재위 1916~1925년)가 묻힌 곳으로 응릉(應陵) Ứng Lăng이라고 부른다. 카이딘 황제가 살아 있을 때인 1920년부터 건설하기 시작해 승하 후 6년이 지난 1931년에 완공되었다. 다른 황제릉에 비해 파격적인 건축 양식으로 인해 눈길을 끈다.

친(親) 프랑스 정책을 유지했던 황제답게 동서양

카이딘 황제릉 내부의 계성전

동칸 황제릉

파격적인 양식의 카이딘 황제릉

동서양의 양식이 혼재된 카이딘 황제릉

한적한 바닷가를 간직한 랑꼬 해변

의 양식을 융합해 무덤을 건설했다. 목조 건축이 아니라 콘크리트를 사용해 만들었으며, 고딕 양식, 바로크 양식, 중국(청나라) 양식, 힌두 사원 양식이 혼재해 있다. 도자기와 유리를 이용한 모자이크 공예도 눈길을 끈다. 건축적인 완성도를 높이기 위해 프랑스·중국·일본 등에서 건축 자재를 수입해 왔을 정도다.

카이딘 황제릉은 산기슭에 만들었기 때문에 구조도 독특하다. 모두 127개의 계단을 이용해 층을 높여가며 무덤을 건설했다. 매표소를 지나 계단을 오르다 보면 커다란 패방이 눈에 띈다. 용 조각이 기둥을 휘감고 있는데 나무가 아닌 콘크리트로 만들어 독특하다. 패방 안쪽에는 황제릉을 지키는 문관과 무관, 코끼리와 말 석상(카이딘 황제릉에서 유일한 석조 조각이다)이 두 줄로 연속해 있다. 석상 끝에는 카이딘 황제의 업적을 적은 공덕비가 있다. 콘크리트로 만든 8각형 2층 건물 안에 보관되어 있다.

계단을 더 오르면 황제의 묘역에 해당하는 천정궁(天定宮) Cung Thiên Định이 나온다. 용이 조각된 계단과 사원 모양의 외관은 다분히 동양적이지만, 외벽은 섬세한 로코코 양식으로 우아하게 장식했다. 묘역 안으로 들어서면 화려함의 극치를 보여준다. 형형색색의 도자기와 유리를 이용한 모자이크 공예로 내부를 꾸몄다. 바닥은 꽃을 장식했고, 천장은 9마리의 용이 구름을 휘감고 있다. 이밖에도 다양한 풍경과 문양을 장식했다.

카이딘 황제의 유체를 안치한 방은 계성전(啓成殿) Điện Khải Thành이라고 부른다. 대좌에 앉아 있는 카이딘 황제 청동 동상을 세워 실제 궁전처럼 꾸몄다. 도굴을 방지해 가묘(假墓)를 만들었던 다른 황제릉과 달리 유체를 무덤 내부에 직접 안치했다고 한다. 카이딘 황제의 흑백사진도 전시되어 있다.

Map P.332-A4

랑꼬 해변 ★★★
Lang Co Beach
Bãi Biển Lăng Cô

주소 Huyện Phú Lộc, Tỉnh Thừa Thiên-Huế **가는 방법** 후에에서 남쪽으로 90㎞, 다낭에서 북쪽으로 35㎞ 떨어져 있다. 다낭과 후에를 오가는 기차가 랑꼬 역을 경유한다.

다낭에서 하이번 고개(P.346)를 넘자마자 오른쪽에 보이는 아름다운 풍경이 바로 랑꼬 해변이다. 산이 병풍처럼 받치고 있고 반원을 그리며 둥글게 생긴 모래해변과 바다가 그림처럼 어울린다. 10㎞에 이르는 랑꼬 해변은 바다와 연결된 내륙의 석호(라군 lagoon)가 감싸고 있어 반도처럼 생겼다(멀리서 보면 섬처럼 보인다).

랑꼬 마을을 중심으로 한적한 어촌 마을 풍경이 펼쳐진다. 해변은 3~9월까지 수영에 적합한 온도이지만, 겨울에는 영상 10℃ 아래도 떨어진다. 8월 말부터 11월까지는 비가 자주 오고 파도가 높다. 거리는 다낭과 가깝지만 행정구역상으로는 후에(훼)에 속해 있다. 해변의 아름다움에 비해 아직까진 관광산업이 크게 발달하지는 않았다.

반얀 트리 리조트 Banyan Tree Resort(홈페이지 www.banyantree.com/vietnam/lang-co)와 앙싸나 리조트 Angsana Resort(홈페이지 www.angsana.com/vietnam/lang-co)에서 럭셔리한 5성급 리조트를 오픈하며 변화를 꾀하고 있다.

Travel Plus+ 정성 가득한 후에 특산 요리

후에 요리하면 궁중 요리를 떠올리기 쉽지만, 실제로는 정성 가득한 가정 요리가 보편적입니다. 궁중에 음식을 만들던 지방이라 음식 재료의 맛을 최대한 살려서 요리하는 것이 특징이에요. 베트남의 주요 사원들도 후에에 있었기 때문에 사찰 음식의 영향을 받아 단순하면서도 정갈합니다. 매콤한 쌀국수인 '분보후에'는 후에를 방문한 사람이라면 누구나 맛봐야 하는 명물 요리입니다.

분보후에(분보훼)

분보후에(분보훼) Bún Bò Huế

후에 스타일로 요리한 '분보(소고기 국수)'라는 뜻으로 가장 대중적인 음식이다. 소고기 뼈로 육수를 내며 칠리 오일을 첨가해 매콤한 맛이 난다. 돼지 족발을 함께 넣어 육수를 우려내기도 한다. 면발이 가느다란 '분'을 넣어 쌀국수를 완성한다.

껌헨

껌헨 Cơm Hến

후에 지방에서 맛볼 수 있는 유명한 국밥이다. 흐엉 강에서 채취한 가막조개를 넣어 만들기 때문에 껌헨 쏭흐엉 Cơm Hến Sông Hương이라고도 불린다. 밥에 가막조개, 레몬그라스, 바나나 줄기, 땅콩, 튀김, 참깨, 생강, 허브, 칠리소스 등의 고명을 얹은 다음, 가막조개를 끓인 국물을 부어서 먹는다. 밥 대신 면을 이용하면 '분헨 Bún Hến'이 된다.

껌센

껌쎈 Cơm Sen

밥(껌)과 연꽃(쎈)이란 뜻이다. 연꽃 열매와 채소, 밥을 넣어 만든 연꽃밥이다. 연꽃 열매 볶음밥을 연꽃잎에 싸서 스팀에 쪄서 내올 경우 껌헙라쎈 Cơm Hấp Lá Sen이라고 한다.

넴루이 후에

넴루이 후에 Nem Lụi Huế

넴느엉 Nem Nướng의 후에 버전이다. 대나무 또는 사탕수수 줄기에 다진 돼지고기를 둥글게 뭉쳐서 숯불에 굽는다. 넴루이를 적당히 잘라서 라이스페이퍼(반짱)에 야채, 허브, 마늘, 분(면)을 함께 싸서 먹기도 한다.

보라롯

보라롯 Bò Lá Lốt

'보 Bò'는 소고기, '라롯 Lá Lốt'은 베텔 Betel 잎을 의미한다. 다진 소고기를 숯불에 굽는 것은 팃보느엉 Thịt Bò Nướng과 같지만, 베텔 잎에 감싸서 굽기 때문에 향긋한 향이 배어 있다.

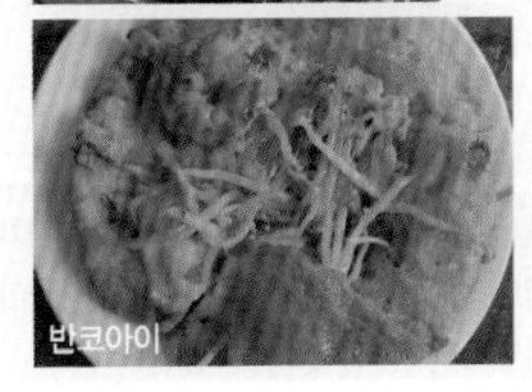
반코아이

반코아이(바잉코아이) Bánh Khoái

반쎄오 Bánh Xèo와 동일하지만 크기가 작고 두툼하다. 베트남식 팬케이크로 새우와 숙주나물을 넣는다. 자그마한 프라이팬에 기름을 넣고 살짝 튀기듯 만든다.

반베오

반람잇

반봇롯

반베오(바잉베오) Bánh Bèo

'반(또는 바잉)'은 쌀을 이용해 만든 케이크 종류이다. 반베오는 작은 접시에 쌀 반죽과 다진 새우를 넣고 스팀에 찐 것이다. 푸딩과 떡의 중간인데 작은 수저로 떠먹으면 된다.

반람잇(바잉람잇) Bánh Ram Ít

반베오와 비슷하나 쌀 반죽을 찌는 게 아니고, 쌀 튀김 위에 달달한 점병을 바르고 다진 새우를 올린다. 쌀과자 튀김과 비슷하다.

반봇록(바잉봇록) Bánh Bột Lọc

바나나 잎에 파티오카 전분과 새우를 넣고 찐 음식. 바나나 잎의 향과 파티오카의 쫄깃함이 잘 어울린다. 다진 새우와 돼지고기를 함께 넣으면 '반넘(바잉넘) Bánh Nậm'이 된다.

Restaurant

후에의 레스토랑

응우옌 왕조의 왕궁이 있는 구시가는 개발이 제한적이므로 서민적인 현지 레스토랑이 많고, 여행자 숙소가 몰려 있는 신시가에는 외국인 여행자들을 위한 레스토랑이 많다.

분보투이 ★★★☆
Bún Bò Thủy

Map P.366-A1 주소 24 Nguyễn Công Trứ **메뉴** 베트남어 **영업** 05:00~13:00 **예산** 4만~5만 VND **가는 방법** 응우옌꽁쯔 거리 24번지에 있다.

현지인에게 인기 있는 로컬 식당으로 오전에만 장사한다. 그늘진 건물 1층의 공터에 철제 테이블이 가득 놓여있다. 한쪽은 주차장으로 사용된다. 메뉴는 분보후에 한 가지로 고기 종류를 선택해 주문하면 된다. 소고기를 넣으면 분보 Bún Bò, 돼지고기를 넣으면 분헤오 Bún Heo가 된다. 외국인이 방문하면 영어 메뉴판을 가져다준다.

짠(껌니에우 짠) ★★★★
Chạn

Map P.366-A2 주소 1 Nguyễn Thái Học **홈페이지** www.facebook.com/chancomnieuhue **영업** 10:30~21:30 **메뉴** 영어, 베트남어 **예산** 10만~22만 VND **가는 방법** 응우옌타이혹 거리 1번지에 있다.

외국 여행자들이 많이 머무는 신시가에 있는 베트남 레스토랑이다. 주변의 투어리스트 레스토랑과 달리 현지인들에게 인기 있다. 2층 건물로 규모가 큰 편이지만, 식사시간에는 붐빈다. 두부·채소 요리, 뚝배기 조림, 고기볶음, 해산물 요리, 국·찌개까지 가정식 베트남 음식을 맛 볼 수 있다. 인원에 따른 다양한 세트 메뉴도 구비하고 있다.

후에 카페(후에 티 로스터) ★★★★
Huế Cafe(Huế T. Roaster)

Map P.366-A3 주소 Hẻm 10 Bến Nghé **홈페이지** www.facebook.com/hue.troaster **영업** 07:00~22:30 **메뉴** 영어, 베트남어 **예산** 4만~5만 5,000VND **가는 방법** 벤응에 거리 10번지 골목 안쪽에 있다.
골목 안쪽에 있지만 3층짜리 건물로 루프톱을 포함해 공간에 따라 각기 다른 분위기를 연출한다. 로스팅을 직접 해 다양한 커피를 만들어 내는 것이 특징. 열대 과일과 요거트 등을 배합한 창의적인 커피도 맛볼 수 있다.

꽌안 안떰 ★★★★
Quán Ăn An Tâm

Map P.366-A1 주소 3 Kiệt 33 Nguyễn Công Trứ **홈페이지** www.facebook.com/QUANANANTAM/ **영업** 09:00~21:00 **메뉴** 베트남어 **예산** 4만~8만 5,000VND **가는 방법** 응우옌꽁쯔 거리 33번지 골목 안쪽으로 50m.
식당이라기보다는 시골에 있는 오래된 가정집을 연상시킨다. 테이블 몇 개가 옹기종기 놓여있는데, 주인장이 친절하게 손님을 맞고 정성스럽게 음식을 만든다. 분보후에, 넴루이, 반베오, 반록, 반잠잇 같은 후에 전통 음식이 많은 편이다. 주문지(종이)에 원하는 음식을 체크해야 하는데, 음식 사진을 보여주며 주문을 도와준다.

메종 짱 Maison Trang ★★★☆

Map P.366-A1 주소 24/26 Võ Thị Sáu **홈페이지** www.facebook.com/MaisonTrangres **영업** 08:00~22:30 **메뉴** 영어, 베트남어 **예산** 4만~6만 VND **가는 방법** 보티싸우 거리 26번지 골목 끝에 있다.
'로컬 푸드 레스토랑'이라고 영어로 적혀 있는 식당. 가정집 분위기로 에어컨은 없다. 외국 관광객들이 즐겨 찾는 곳이라 음식에 향신료가 적게 들어간다. 후에 전통 요리를 저렴하게 즐길 수 있다. 밥과 반찬을 한 접시에 담아주는 채식 메뉴도 있다.

꽌 한(한 레스토랑) ★★★☆
Quán Hạnh(Hanh Restaurant)

Map P.366-B2 주소 11 Phó Đức Chính **전화** 0234-3833-552 **영업** 10:00~21:00 **메뉴** 영어, 베트남어 **예산** 6만~16만 VND **가는 방법** 벤응에 Bến Nghé 거리와 쩐꽝카이 Trần Quang Khải 거리 사이에 있는 좁은 골목(포득찐 Phó Đức Chính)에 있다.
골목 안쪽에 있는 저렴한 서민 식당이다. 넴루이, 반코아이, 반베오 같은 후에(훼) 음식을 요리한다. 각종 채소와 함께 라이스페이퍼에 싸서 먹으면 된다. 다섯 가지 후에 음식을 맛볼 수 있는 세트 메뉴도 있다. 에어컨은 없지만 리모델링해서 규모도 커지고 깨끗해졌다. 현지 가이드들이 손님이 데리고 올 정도로 유명하다.

리엔 호아 Lien Hoa ★★★☆

Map P.366-B3 주소 3 Lê Quý Đôn **전화** 0234-3816-884 **영업** 매일 07:00~21:00 **메뉴** 영어, 베트남어 **예산** 4만~9만 VND **가는 방법** 레뀌돈 거리의 도립 도서관을 바라보고 왼쪽에 있다.
후에에서 유명한 채식 전문 레스토랑이다. 사찰 음식에서 힌트를 얻어 심플하면서도 건강한 식단을 꾸린다. '껌 디아 Cơm Đia(밥과 반찬을 접시 하나에 담아주는 덮밥)'와 '껌 펀 Cơm Phần(밥과 세 종류의 반찬, 국물이 곁들여진 세트 요리)'이 인기 메뉴다. 고풍스러운 분위기와 저렴한 가격으로 인해 현지인들에게 매우 인기가 높다.

마담 투 Madam Thu ★★★☆

Map P.366-A2 주소 45 Võ Thị Sáu **전화** 0234-368-1969, 0905-126-661 **홈페이지** www.madamthu.com **영업** 09:00~22:00 **메뉴** 영어, 베트남어 **예산** 6만~15만VND **가는 방법** 보티싸우거리 45번지에 있다.
여행자 거리에 있는 외국 관광객을 위한 레스토랑이다. 반코아이, 반베오, 넴루이를 포함한 후에 전통 음식을 요리한다. 스프링 롤과 분팃느엉(고기 비빔국수) 같은 단품 메뉴도 있다. 여러 명이 갈 경우 네 종류의 음식+디저트+음료로 구성된 세트 메뉴(16만 VND)를 주문해도 된다. 외국인 입맛에 부담 없게 요리해 준다. 가까운 거리에 있는 2호점 Madam Thu 2(주소 4 Võ Thị Sáu)은 고풍스러운 분위기의 목조 가옥으로 규모도 크다.

니나 카페 Nina's Cafe ★★★☆

Map P.366-B3 주소 16/34 Nguyễn Tri Phương **전화** 0234-3838-636 **영업** 07:30~22:00 **메뉴** 영어, 베트남어 **예산** 8만~15만 VND **가는 방법** 응우옌찌프엉 거리 34번지 골목 Kiệt 34 Nguyễn Tri Phương 끝에 있다.

여행자들 사이에서 친절하기로 소문난 곳이다. 골목 안쪽이라 위치는 불편하다. 베트남 가족이 운영하는 곳으로, 가정집 마당에 소박한 레스토랑을 만들었다. 저렴하고 맛 좋은 가정식 베트남 요리를 선보인다. 후에 전통 요리인 반코아이 Bánh Khoái, 넴루이 Nem Lụi, 반베오 Bánh Bèo, 분보후에 Bún Bò Huế는 기본. 카레와 뚝배기 요리를 포함한 메인 요리는 밥과 함께 세트로 제공된다. 아침 메뉴(브런치)는 오전시간에만 제공된다.

라 까람볼 La Carambole ★★★

Map P.366-A1 주소 18 Võ Thị Sáu **전화** 0234-3810-491 **영업** 매일 08:00~23:00 **메뉴** 영어, 베트남어 **예산** 12만~32만 VND **가는 방법** 보티싸우 거리 18번지에 있다.

여행자 거리에서 인기 있는 레스토랑이다. 프랑스·베트남 커플이 운영하는 곳으로 동서양의 음식이 적절히 조화를 이룬다. 여러 가지 음식을 동시에 맛볼 수 있는 세트 메뉴가 다양하다. 외국인 입맛에 맞추다보니 음식맛이 예전 같지 않다고 불평하는 사람도 있다.

디엠지 바 & 레스토랑 ★★★★
DMZ Bar & Restaurant

Map P.366-A2 주소 60 Lê Lợi **전화** 0234-3993-456 **홈페이지** www.dmz.com.vn **영업** 07:00~24:00 **예산** 맥주 2만 5,000~7만 VND, 메인 요리 8만~23만 VND **메뉴** 영어, 베트남어 **가는 방법** 레러이 거리와 팜응우라오 Phạm Ngũ Lão 거리가 만나는 삼거리 코너에 있다.

1994년 개업을 시작으로 지금까지 변함없는 인기를 누린다. 군용 드럼통으로 외부를 장식했고, 식당 내부 1층 천장에는 DMZ(비무장 지대)를 지도처럼 재현해 놓았다. 베트남 음식, 버거, 피자, 파스타, 스테이크까지 메뉴가 다양하다. 커피가 포함된 아침식사(07:00~10:30) 메뉴도 있다. 맥주와 칵테일도 다양하다.

레 자뎅 데 라 까람볼 ★★★★
Les Jardins de La Carambole

Map P.364-C3 주소 32 Đặng Trần Côn **전화** 0234-3548-815 **홈페이지** www.lesjardinsdelacarambole.com **영업** 10:00~21:00 **메뉴** 영어, 베트남어 **예산** 18만~44만 VND **가는 방법** 왕궁 입구에 해당하는 응오몬을 바라보고 왼쪽으로 500m 떨어져 있다.

후에의 대표적인 고급 레스토랑이다. 성벽 안쪽의 구시가에 있는 콜로니얼 건축물을 레스토랑으로 사용한다. 1915년에 만들어진 건물을 완벽하게 복원했다. 프랑스 음식과 베트남 음식을 요리한다. 프랑스 음식 메뉴는 많지 않아 정통 프랑스 음식점이라고 하기는 부족하다. 후에 전통 음식을 포함한 베트남 음식이 깔끔하다.

워킹 스트리트 ★★★☆
Walking Street

Map P.366-A2 주소 Phố Đi Bộ Huế **운영** 18:00~24:00 **메뉴** 영어, 베트남어 **예산** 맥주 2만~5만 VND **가는 방법** 쭈반안 거리 Chu Văn An, 보티싸우 거리 Võ Thị Sáu, 팜응우라오 거리 Phạm Ngũ Lão 일대에 워킹 스트리트가 형성된다.

신시가 일부를 통제해 저녁에는 보행자 전용 도로로 만든다. 외국 여행자들이 즐겨 가는 레스토랑과 펍이 많은 지역답게 나이트라이프의 중심이 되는 곳이다. 디엠지 바 DMZ Bar, 와이 낫 바 Why Not? Bar, 따벳 Tà Vẹt, 912 팩토리 바 912 Factory Bar가 유명하다.

Hotel

후에의 호텔

후에의 호텔들은 흐엉 강 오른쪽의 신시가에 몰려 있다. 에어컨 시설을 갖춘 저렴한 숙소들은 US$15~20에 숙박이 가능하다. 후에는 여름에 덥기 때문에 에어컨 시설의 숙소가 필요하지만, 겨울에는 생각보다 쌀쌀하기 때문에 온수 샤워가 더 중요하다.

후에 니노 호텔 Hue Nino Hotel ★★★☆

Map P.366-A1 주소 Kiệt 14 Nguyễn Công Trứ **전화** 0234-6252-171, 0234-3822-064 **홈페이지** www.hueninohotel.com **요금** 더블 US$20~30(에어컨, TV, 냉장고, 개인욕실, 아침식사) **가는 방법** 응우옌꽁쯔 거리 14번지 골목 안쪽으로 100m 더 들어간다. 골목 끝에 있다.

골목 안쪽에 있어서 찾기 힘들지만, 청결하고 직원들이 친절해서 인기가 높다. 객실은 넓지 않지만 아늑하다. 침구와 욕실 상태가 깔끔하다. 모든 객실은 에어컨 시설과 TV, 냉장고를 갖추고 있다. 아침식사를 제공한다.

타임스 호텔 The Times Hote ★★★☆

Map P.366-B1 주소 29 Kiệt 42 Nguyễn Công Trứ **전화** 0234-3836-569 **요금** 더블 US$15~20, 트리플(3인실) US$25, 패밀리 룸 US$29~33(에어컨, 개인욕실, TV, 냉장고, 아침식사) **가는 방법** 응우옌꽁쯔 거리 42번지 골목에 있다.

저렴한 여행자 호텔로 신시가의 중심가와 가까우면서도 조용한 골목에 있다. 주변의 비슷한 시설의 미니 호텔에 비해 규모가 큰 편이다. 하얀색의 건물과 하얀색 타일이 깔린 객실이 깨끗하게 관리되고 있다. 더블 침대 두 개가 놓여있는 패밀리 룸도 있다.

호텔 라 펄 Hotel La Perle ★★★☆

Map P.366-B2 주소 Số 24 Kiệt 42 Nguyễn Công Trứ **전화** 0234-3816-678 **홈페이지** www.hotellaperlehue.com.vn **요금** 이코노미 더블 US$28, 슈피리어 더블 US$30, 딜럭스 US$32(에어컨, 개인욕실, TV, 냉장고, 아침식사) **가는 방법** 응우옌꽁쯔 거리 42번지 골목 안쪽에 있다.

좁고 어둑한 골목에 있어 위치는 불편하지만 가성비가 좋은 2성급 호텔이다. 자유 여행자들이 선호하는 호텔로 친절한 것이 매력이다. 객실은 에어컨, LCD TV, 냉장고를 갖춘 기본적인 시설이다. 기본적인 아침 식사가 포함되며, 무료로 제공되는 음료와 과일을 항상 비치하고 있다. 28개 객실을 운영하는 소규모 호텔이라 친절하다.

오키드 호텔 Orchid Hotel ★★★★

Map P.366-A2 주소 30A Chu Văn An **전화** 0234-3831-177~8 **홈페이지** www.orchidhotel.com.vn **요금** 슈피리어 US$40, 딜럭스 US$52, 패밀리 US$64 **가는 방법** 쭈반안 거리의 트로피컬 가든 레스토랑 Tropical Garden Restaurant 맞은편에 있다.

18개의 객실을 보유한 미니 호텔이지만 시설과 서비스가 좋다. 청결함과 친절함이 인기의 비결이다. LCD TV와 DVD, 컴퓨터까지 비치해 현대적인 시설로 꾸몄다. 원형 침대와 자쿠지를 갖춘 로맨틱 룸도 있다. 모든 객실은 금연실로 운영된다. 뷔페식 아침식사를 제공한다.

로맨스 호텔 Romance Hotel ★★★☆

Map P.366-B2 주소 16 Nguyễn Thái Học **전화** 0234-3898-888 **홈페이지** www.romancehotel.com.vn **요금** 슈피리어 US$60~70, 딜럭스 시티 뷰 US$85 **가는 방법** 여행자 거리와 가까운 응우옌타이혹 거리에 있다. 리틀 이탈리 Little Italy 레

스토랑 옆에 있다.
113개 객실을 운영하는 4성급 호텔이다(3성급 정도의 수준이다). 새롭게 만든 호텔이라 시설이 깨끗하다. 나무 바닥과 LCD TV, 욕조가 딸린 개인욕실, 샤워 가운, 전기포트, 헤어드라이어까지 전형적인 호텔 객실 설비를 갖추고 있다. 강변이 아닌 시내 중심가에 있어 방에서 도시 풍경이 보인다. 조식 뷔페가 포함된다. 옥상에 야외 수영장이 있다.

문 라이트 호텔 ★★★★
Moonlight Hotel Hue

Map P.366-A2 주소 20 Phạm Ngũ Lão **전화** 0234-3979-797 **홈페이지** www.moonlighthue.com **요금** 딜럭스 시티 뷰 US$72, 딜럭스 리버 뷰 US$85(에어컨, 개인욕실, TV, 냉장고, 아침식사) **가는 방법** 팜응우라오 거리 20번지에 있다.
여행자 시설 밀집 지역에 있어 위치가 좋고 시설이 깨끗하며, 나무 바닥 객실은 아늑하다. 낮은 층은 슈피리어 룸으로 특별한 전망은 없다. 딜럭스 룸은 시티 뷰와 리버 뷰가 있고, 높은 층일수록 전망이 좋다. 꼭대기 층의 식당에선 주변 풍경을 감상할 수 있다. 옥상에 야외 수영장이 있다. 주변에 술집이 많아 시끄러울 수 있다.

멜리아 빈펄 호텔 ★★★★☆
Melia Vinpearl Hotel

Map P.366-B3 주소 50A Hùng Vương **전화** 0234-3688-666 **홈페이지** www.www.melia.com **요금** 딜럭스 트윈 US$85~110(에어컨, 개인욕실, TV, 냉장고, 아침시사) **가는 방법** 훙브엉 거리 50번지. 빈콤 플라자 쇼핑몰 옆에 있다.
5성급 호텔이 부족했던 후에에 등장한 현대적인 호텔이다. 스페인 호텔 회사인 멜리아가 인수하면서 빈펄 호텔에서 멜리아 빈펄 호텔로 바뀌었다. 후에 중심가에 전면이 통유리로 둘러진 고층 건물이 들어서 눈길을 끈다. 주변에 높은 건물이 없어 객실에서의 전망이 뛰어난 게 특징이다. 모두 213개 객실을 운영하며 수영장과 피트니스, 스파, 스카이라운지 등 부대시설도 잘 갖췄다. 빈콤 플라자와 접해 있어 쇼핑하기도 편리하다.

호텔 사이공 모린 ★★★★☆
Hotel Saigon Morin

Map P.366-A4 주소 30 Lê Lợi **전화** 0234-3823-526 **홈페이지** www.morinhotel.com.vn **요금** 콜로니얼 딜럭스 US$105, 리버 딜럭스 US$140 **가는 방법** 짱띠엔교 앞의 레러이 거리와 훙브엉 거리가 교차하는 사거리에 있다.
후에 신시가에서 눈에 가장 잘 띄는 호텔이다. 프랑스 식민지배 시기이던 1901년에 건설한 전형적인 콜로니얼 건물이다. 기본 객실에 해당하는 콜로니얼 딜럭스는 40㎡로 동급 호텔에 비해 월등히 넓다. 후에에서 가장 오래된 호텔로 이정표 역할을 한다. 모두 198개의 객실을 운영하는 대형호텔로 야외 수영장을 갖추고 있다.

아제라이 라 레지던스 ★★★★☆
Azerai La Residence

Map P.365-D4 주소 5 Lê Lợi **전화** 0234-3837-475 **홈페이지** www.azerai.com **요금** 슈피리어 US$180~210, 딜럭스 US$230~260 **가는 방법** 레러이 거리 초입에 있다. 기차역에서 도보 5분.
호텔 사이공 모린이 올드 클래식이라면, 아제라이 라 레지던스는 모던 클래식에 해당한다. 인도차이나 총독이 살던 콜로니얼 건축물을 개조해 호텔로사용한다. 우아한 건축물을 아트 데코 디자인으로꾸며 모던함을 강조했다. 넓은 정원과 수영장을 중심으로두 동의 건물이 들어서 있다.

임페리얼 호텔 Imperial Hotel ★★★★☆

Map P.366-A3 주소 8 Hùng Vương **전화** 0234-3882-222 **홈페이지** www.imperial-hotel.com.vn **요금** 딜럭스 US$120~140, 주니어 스위트 US$160~210 **가는 방법** 훙브엉 거리와 쩐까오번 거리가 교차하는 사거리에 있다.
후에에 등장한 '최초의 5성급 호텔'이다. 신시가 한복판에 우뚝 솟은 호텔은 웅장한 로비와 럭셔리한 객실까지 현대적인 시설을 자랑한다. 딜럭스 룸은 36㎡로 객실의 위치에 따라 시티 뷰 City View와 리버 뷰 River View로 구분된다.

Travel Plus+ 응우옌 왕조 Nguyễn Dynasty(1802~1945년)

베트남을 통일한 최초의 왕조이자 베트남의 마지막 봉건 왕조입니다. 응우옌푹안 Nguyễn Phúc Ánh(阮福映)이 베트남 전역을 통일하고 스스로를 자롱(嘉隆帝) Gia Long이라고 칭하며 응우옌 왕조를 창시했습니다.

응우옌 왕조 연대표	
1대	· 자롱(嘉隆帝) Gia Long · 재위 1802~1820년
2대	· 민망(明命帝) Minh Mạng · 재위 1820~1841년
3대	· 티에우찌(紹治帝) Thiệu Trị · 재위 1841~1847년
4대	· 뜨득(嗣德帝) Tự Đức · 재위 1847~1883년
5대	· 죽득(育德帝) Dục Đức · 재위 1883년 7월 20일~23일
6대	· 히엡호아(協和帝) Hiệp Hòa · 재위 1883년 7월 30일~11월 29일
7대	· 끼엔푹(建福帝) Kiến Phúc · 재위 1883년 12월 2일~1884년 7월 31일
8대	· 함응이(咸宜帝) Hàm Nghi · 재위 1884년 8월 2일~1885년
9대	· 동칸(同慶帝) Đồng Khánh · 재위 1885~1889년
10대	· 탄타이(成泰帝) Thành Thái · 재위 1889~1907년
11대	· 주이떤(維新帝) Duy Tân · 재위 1907~1916년
12대	· 카이딘(啟定帝) Khải Định · 재위 1916~1925년
13대	· 바오다이(保大帝) Bảo Đại · 재위 1926~1945년 8월 25일

자롱(야롱)은 자딘(嘉定) Gia Định(사이공의 옛 이름, 오늘날의 호찌민시)과 탕롱(昇龍) Thăng Long(오늘날의 하노이)에서 한 글자씩 따온 것으로 통일된 나라의 군주임을 천명한 것이다. 자롱 황제는 새로운 나라를 건설하며 국호도 다이비엣(大越) Đại Việt에서 비엣남(越南) Việt Nam으로 개명했다. 자롱 황제는 후에를 수도로 삼아 왕궁을 건설하고, 국자감을 통해 관료를 선출했다. 수도 건설과 편제는 중국(청나라)을 모델로 삼았으며, 유교 사상에 기반을 둔 절대적인 왕권 정치를 시행했다. 하지만 프랑스 군대의 도움을 받아 국가를 설립했기에, 프랑스로부터 제기된 개항과 가톨릭 개종에 대해 상반된 이견을 보이며 대립하기 시작했다.

자롱 황제의 아들인 민망 황제(明命帝) Minh Mạng(재위 1820~1841년)는 철저한 쇄국 정책을 유지했다. 재위 기간 동안 가톨릭으로 개종한 자롱 황제의 손자로 왕권을 교체하려는 반란을 경험하기도 했다. 이는 결과적으로 프랑스에 대한 반감을 강화시켰는데, 프랑스 선교사를 처형하며 외교적인 문제를 야기했다.

민망 황제의 아들인 티에우찌 황제(紹治帝) Thiệu Trị(재위 1841~1847년)는 아버지보다 더 강하게 유교적인 전통을 고수했다. 프랑스 선교사의 입국과 활동을 금지했다는 이유로 프랑스가 자국민 보호와 선교사 석방을 위해 군대를 파견했다. 1843년 프랑스 군대와의 충돌에 이어, 1847년에는 프랑스 군대가 다낭 Đà Nẵng을 침략했다.

티에우찌 황제의 아들인 뜨득 황제(嗣德帝) Tự Đức(재위 1847~1883년) 때까지는 유교적인 전통을 잘 지켜낸 것으로 평가받는다. 하지만 장남이 아닌 차남에게 권력이 승계되면서 반발을 사야 했다. 뜨득 황제는 대대적인 프랑스 배척, 가톨릭 탄압, 선교사 처형을 실행했다. 이는 결과적으로 프랑스의 개항 압력에 굴복하는 계기가 되었다. 프랑스 군대가 1858년에 다낭을 점령했고, 교역확대를 이유로 협정을 맺어 1862년에 남부 3개 성(省)을 양도받게 된다. 1862년 프랑스는 사이공을 수도로 삼아 코친차이나 Cochinchina를 설립하며 공식적인 식민 지배를 시작했다.

뜨득 황제 이후 베트남은 걷잡을 수 없는 혼란을 겪는다. 남부 베트남에 만족하지 못한 프랑스의 개항 요구는 거침이 없었고, 프랑스의 식민지배에 야욕을 드러내며 자신들의 요구를 관철하려 했다. 더군다나 뜨득 황제는 아들을 낳지 못했기에 후계 구도도 복잡해졌다. 조카들을 양자로 삼아 왕위를 계승했으나 1883년부터 1885년까지 2년 동안 5명의 황제가 교체되는 불운을 겪었다. 왕권 찬탈을 노린 섭정들에 의해 독살되거나 프랑스에 반기를 들었다는 이유로 폐위되었다. 죽득 황제(育德帝) Dục Đức는 3일 만에 (최단 기간에 폐위된 황제로 32살의 나이로 감옥에서 굶어 죽었다), 히엡호아 황제(協和帝) Hiệp Hòa는 5개월 만에, 끼엔푹 황제(建福帝) Kiến Phúc는 8개월 만에 폐위되었다.
8대 황제로 추대된 함응이(咸宜帝) Hàm Nghi는 1년도 못되어 폐위되었다. 그는 후에에 주둔한 프랑스 군대를 공격했으나, 기울어진 전세를 바꾸기에는 역부족이었다. 결국 프랑스 군대에게 왕궁을 점령당하는 수모를 겪었다. 왕권은 그의 동생인 동칸 황제(同慶帝) Đồng Khánh(재위 1885~1889년)로 넘어갔다. 프랑스 식민지배에 협조적이었던 동칸 황제도 3년이란 짧은 재위 기간을 끝으로 사망했다. 덕분에 그는 흐엉 강변에 황제릉을 건설하는 행운(?)을 얻었다. 참고로 왕궁에서 어렵게 피신한 함응이는 라오스 국경지대에 머물며 프랑스에 대항해 게릴라전을 수행했으나 모든 노력은 실패로 돌아갔고, 1888년에 프랑스령 알제리로 망명했다. 그 사이 프랑스는 통킨 Tonkin(하노이를 수도로 한 베트남 북부 지역)과 안남 Annam(후에를 수도로 한 베트남 중부 지역)까지 손에 넣으며 1887년 10월 17일부로 프랑스령 인도차이나 French Indochina를 설립했다. 이때부터 응우옌 왕조의 황제들은 프랑스의 지배를 받는 인도차이나 연방의 하나인 안남국(安南國)의 통치자로 전락하게 되었다.
10대 황제 탄타이(成泰帝) Thành Thái(재위 1889~1907년)는 베트남 황제 최초로 긴 머리를 잘랐고, 유럽처럼 백성들을 만나 광장 토론을 하는 등 비교적 프랑스 정책에 온건한 입장을 취했다. 어린 나이에 왕위에 올라 프랑스의 철저한 감시를 받고 생활했지만, 결국은 왕궁을 빠져나와 저항 운동을 펼치며 프랑스 식민지배 종식을 꿈꾼다. 프랑스의 심기를 건드린 탄타이 황제는 폐위되고 그의 아들인 주이떤 황제(維新帝) Duy Tân(재위 1907~1916년)가 즉위했다. 주이떤 황제는 제1차 세계대전을 틈타 프랑스 식민정부 전복을 계획했다는 이유로 왕궁에서 체포되었는데, 어린 나이(당시 17세)를 감안해 교수형이 아닌 유배형에 처해졌다. 아버지인 탄타이 황제와 함께 1916년에 아프리카 남쪽의 인도양에 있는 프랑스령 레위니옹 섬 Reunion Island으로 유배되었다. 탄타이 황제는 1945년 베트남으로 돌아왔으나 가택 연금 상태에서 사이공에서 1954년에 사망했다. 주이떤 황제는 1945년에 베트남으로 회송되던 도중 중앙 아프리카에서 비행기 사고로 사망했다.
프랑스 입맛대로 새롭게 추대한 카이딘 황제(啟定帝) Khải Định(재위 1916~1925년)는 프랑스의 요구 사항을 들어주며 편안한 왕궁 생활을 즐겼다. 베트남 독립 운동가들을 체포했으며, 1922년에는 프랑스를 국빈자격으로 방문하기도 했다. 당시 독립운동을 주도했던 호찌민은 카이딘 황제를 '대나무 용'이라며 프랑스의 얼굴마담 노릇을 하는 그를 비꼬았다고 한다. 카이딘 황제의 아들로 13살의 나이에 즉위한 바오다이 황제(保大帝) Bảo Đại(재위 1926~1945년)는 베트남의 마지막 황제라는 불미스러운 타이틀을 거머쥐게 된다.
제2차 세계대전의 혼란은 베트남도 자유로울 수가 없었다. 독일의 프랑스 침공과 인도차이나에서 프랑스의 영향력이 약해진 틈을 타서 일본의 베트남 침략, 그리고 베트남의 독립선포까지 역사가 빠르게 진행되었다. 결국 8월 혁명을 주도한 호찌민에 의해 바오다이 황제가 1945년 8월 25일에 퇴위하면서 13대째 이어졌던 응우옌 왕조는 막을 내린다(호찌민은 같은 해 9월 2일에 하노이 바딘 광장에서 독립을 선포하고 베트남 민주공화국이 설립되었다). 왕권 회복을 노렸던 바오다이의 모든 노력은 무산되었고, 1955년 프랑스로 망명해 1997년에 파리의 군사병원에서 사망했다. 그의 시신은 본국으로 돌아오지 않고 파리의 빠시 공동묘지 Cimetière de Passy에 묻혀 있다.

Đông Hà & DMZ

동하 & 비무장 지대

베트남을 남북으로 연결하는 1번 국도와 베트남 중부를 동서로 관통하는 9번 국도가 만나는 교통의 요지다. 하노이와 호찌민시를 연결하는 철도가 지나고, 라오스 국경도 가까워 국제버스도 드나든다. 지형적으로 베트남 중앙에 놓인 동하는 1954년 제네바 협정을 통해 베트남이 분단되면서 남부 베트남의 최전방 도시가 되었다. 북위 17°선을 흐르는 벤하이 강 Ben Hai River(Sông Bến Hải)을 따라 군사분계선이 그어졌고, 완충지대인 비무장 지대 DMZ(Demilitarized Zone)가 만들어졌다.

군사 요충지로 변모한 동하를 사이에 두고 군사 보급로를 확보하려는 북부 베트남과 이를 봉쇄하려는 미군(남부 베트남 연합군) 간의 치열한 전투가 벌어졌다. 중부 전선 최대의 격전지였던 케산, 햄버거 힐, 록 파일, 빈목 터널, 호찌민 트레일 이런 이름들이 모두 동하 인근의 비무장 지대에 걸쳐 있었다. 베트남이 통일되고 49년이 흐른 지금, 옛 비무장 지대는 다시 녹음이 우거져 있고, 동하는 수많은 기차와 화물차가 관통하는 교통의 요지로 되돌아와 있다. 도시가 갖고 있는 특별한 매력은 없고, DMZ를 방문하는 투어들도 대부분 후에(훼)에서 출발하기 때문에 동하를 거점으로 삼는 여행자는 드물다.

인구 9만 5,000명 | **행정구역** 꽝찌 성 Tỉnh Quảng Trị 동하 시 Thành Phố Đông Hà | **면적** 76㎢ | **시외국번** 0233

Information
여행에 유용한 정보

은행·환전·우체국
동하 시내를 관통하는 레주언 거리 Đường Lê Duẩn에 비엣콤 은행, 인콤 은행, BIDV 은행이 있다. 주요 호텔에는 ATM이 설치되어 있다. 우체국도 레주언 거리에 있다.

동하 기차역
주소 2 Lê Thánh Tôn **전화** 0233-3850-631
동하 버스 터미널
주소 68 Lê Duẩn **전화** 0233-3851-488

Access
동하 가는 방법

메콩 호텔 주변에 호텔이 몰려 있다.

하노이↔호찌민시를 연결하는 통일열차가 동하를 지난다. 동하→후에 노선은 SE3(07:25 출발), SE1(08:45 출발), SE7(19:18분 출발) 기차를 이용하면 된다. 후에까지 좌석칸 요금은 6만~8만 VND이다. 동하 기차역 Ga Đông Hà에서 출발하는 기차 정보는 P.54 참고.
동하 버스 터미널 Bến Xe Đông Hà은 시내 중심가인 레주언 거리 Đường Lê Duẩn와 레반흐으 거리 Đường Lê Văn Hưu가 만나는 삼거리와 가깝다. 후에까지는 66㎞ 거리로 오전 5시부터 오후 6시까지 버스가 수시로 출발한다. 편도 요금은 10만~15만 VND으로 버스 종류에 따라 다르다.
오픈 투어 버스는 여행사에 미리 예약하면 탑승이 가능하다. 일반적으로 DMZ 투어가 끝나는 오후 4시경에 출발하며 편도 요금은 US$4이다. 참고로 동하에서 DMZ 투어를 신청하면 후에까지 가는 버스 요금은 무료다.
라오바오(라오스 국경) Lao Bao행 미니밴은 편도 요금 8만~10만 VND인데, 외국인에게 바가지요금이 심하다. 국경까지 가지 않고 국경 인근 마을에서 내려놓는 경우도 있다. 여행사에서 운영하는 국제버스를 이용해 라오스(싸완나켓)까지 갈 경우 US$20이다.

Transportation
시내 교통

동하 시내는 1번 국도를 따라 길게 이어지지만, 버스 터미널 주변에 주요한 호텔과 여행사가 많아서 걸어 다닐 만하다. 특히 레주언 거리와 응우옌짜이 거리 Đường Nguyễn Trãi가 만나는 메콩 호텔 Mekong Hotel을 기준으로 삼아 지리를 파악하면 된다. 버스 터미널과 동하 기차역은 1.5㎞ 떨어져 있다. 비무장 지대 DMZ는 대중교통을 이용한 여행이 불가능하다.

Travel Plus+ 동하에서 DMZ 방문하기

비무장 지대 DMZ는 대중교통으로 방문하기 어렵기 때문에 여행사 투어를 이용하는 편이 합리적입니다. 동하에서 출발해 빈목 터널과 케산까지 하루 동안 모든 볼거리를 둘러보는 단체 1일 투어의 경우 US$20~25이며 여기엔 입장료와 가이드, 점심식사가 포함되어 있습니다. 같은 일정을 소규모로 소화하고 싶다면 US$35~40 정도의 가격을 예상해야 합니다. 다만, 대부분의 여행자들이 후에에 머무르는 것을 선호하기 때문에, 동하에서 투어를 신청할 경우 인원이 적어서 후에에서 출발한 투어 버스에 합류할 확률이 높습니다.

후에에서 출발하는 투어 요금은 US$30~35(소그룹 투어 US$50~55)입니다. 호텔 픽업과 DMZ까지의 왕복 교통편, 입장료, 점심식사, 현지인 가이드가 포함되어 있답니다. 보통 07:30에 출발해 록 파일→다끄롱 다리→케산→빈목 터널→히엔르엉 다리→족미에우를 방문하는 일정으로 진행됩니다. 투어를 마치고 18:00 경에 후에로 되돌아옵니다.

빈목 터널(땅꿀) 관련 내용을 전시한 박물관 내부

땀스 카페 Tam's Cafe
주소 211 Bà Triệu
홈페이지 www.tamscafe.jimdo.com

디엠지 투어 DMZ Tours
주소 113 Lê Lợi
홈페이지 www.dmztours.net

비나 디엠지 트래블 Vina DMZ Travel
주소 37 Nguyễn Tri Phương
홈페이지 www.vinadmz.com

Attractions

동하&비무장 지대의 볼거리

베트남 전쟁 관련 유적이 남아 있는 DMZ가 볼거리다. 가장 큰 볼거리는 빈목 터널이다. 일반적으로 1번 국도에 있는 빈목 터널→히엔르엉 다리→족미에우(욕미에우)를 먼저 보고 동하에서 점심식사를 한 다음에 9번 국도에 있는 록 파일→다끄롱 다리→케산을 오후에 방문한다.

Map P.397-A1

빈목 터널(빈목 땅굴) ★★★★

Vinh Moc Tunnels
Địa Đạo Vịnh Mốc

운영 매일 07:00~16:30 **요금** 5만 VND **가는 방법** 동하에서 북쪽으로 41㎞, 벤하이 강 북쪽으로 19㎞ 떨어져 있다.

동하가 분단된 베트남의 남쪽 최전방이었다면, 빈목은 분단된 베트남의 북쪽 최전방 마을이었다. 17°선 바로 위쪽에 있었던 빈목 마을은 북부 베트남군의 보급 창고가 있을 것으로 여긴 미군의 무차별 폭격을 받아야 했다. 베트남 전쟁 기간 동안 빈목 터널에 미군이 투하한 폭탄의 양은 무려 12만 톤에 이른다. 빈목 터널에 피난했던 인원 1명당 7톤이라는 어마어마한 양에 해당한다.

주민들은 미군의 폭격에도 아랑곳하지 않고, 지하로 땅굴을 파들어 가며 대피소를 만들어 생활했다. 1965년부터 건설된 지하 땅굴은 비엣꽁(베트콩)의 도움을 받아 만들었다. 낮에는 미군의 감시 때문에 땅굴을 파는 일을 할 수가 없었기에 밤에만 작업했고, 땅굴을 만들며 파낸 흙들은 인근의 해변에 버려 위장했다고 한다. 삽과 곡괭이, 손을 이용해 붉은 흑토를 파내어 만들었는데 총 길이는 3㎞에 이른다.

빈목 터널은 지하 3층 규모인 20m 깊이로 파들어 갔다. 폭 0.9~1.3m, 높이 1.6~1.9m 크기로 되어 있다. 땅굴 내부에는 침실, 부엌, 학교를 포함한 민간인들의 피난처와 북부 베트남군들의 작전 회의실, 병원, 소규모 극장 등을 만들었다. 땅굴을 위장하기 위해 13개의 입구(7개의 입구는 바다로 통한다)를 냈으며, 요리할 때 연기가 분산되어 빠져나가도록 철저하게 관리했다. 빈목 터널에서 민간인들과 북부 베트남군 병사들이 체류했던 기간은 무려 4년이나 된다. 약 300명이 지하에서 피난 생활을 했으며, 그동안 17명의 아이가 태어났다고 전해진다.

빈목 터널은 꾸찌 터널(P.125)과 달리 관광객의 편의를 위해 땅굴 내부를 넓히지 않아서(꾸찌에 비해 땅굴이 넓은 편이다), 피난민들이 생활했던 땅굴을 그대로 체험할 수 있다. 내부는 전등을 달아 놓았으나 어둡고 구조가 복잡하기 때문에 혼자서 방문하기는 힘들다. 가이드의 안내를 받아 정해진 길을 따라 내부를 관람하게 되는데, 바다 쪽으로 이어진 출입구까지 나갔다 돌아오게 된다. 땅굴 내부를 견학하기 전에 박물관을 먼저 둘러보면 좋다. 빈목 터널의 구조를 알 수 있는 단면도와 땅굴을 팔 때 썼던 도구들은 물론 지도와 사진들이 전시되어 있다.

빈목 터널(땅굴) 입구

빈목 터널(땅굴) 내부

Map P.397-A1

히엔르엉 다리 ★★

Hien Luong Bridge
Cầu Hiền Lương

운영 24시간 **요금** 무료(박물관 2만 VND) **가는 방법** 동하 북쪽으로 22㎞ 떨어진 1번 국도에 위치해 있다.

벤하이 강 위에 건설된 다리다. 1928년에 목조 교량으로 건설했으나, 프랑스가 군사 목적으로 주변 도로를 정비하면서 철근과 콘크리트를 이용해 재건축했다. 길이 178m, 폭 4m로 18톤의 차량이 통과할 수 있는 규모였다. 프랑스 군대가 철수하고 제네바 협정을 맺은 1954년부터 베트남이 통일된 1975년까지 약 21년간 분단의 상징물이 되었다. 남북이 분단되어 있던 동안 다리 정중앙에 경계선을 긋고, 각기 다른색으로 칠해 남과 북의 구분을 확실히 했다.

1954~1964년까지 전쟁이 없었던 때는 공동 경비 구역을 설정해 국경수비대가 감시 감독을 관할하기도 했다고 한다. 하지만 서로 대형 스피커를 설치해 비난 방송을 이어갔고, 전쟁 분위기가 고조되면서 상대방 국가보다 더 큰 국기를 경쟁적으로 게양하며 신경전을 펼쳤다고 한다. 사회주의로 통일된 이후에는 베트남 국기만 펄럭인다. 과거에 사용하던 히엔르엉 다리는 보존을 위해 차량 통행을 금지했다. 모든 차량은 1번 국도를 관통하는 새롭게 건설한 대형 교량을 이용해야 한다.

Map P.397-A1

족미에우(욕미에우) ★

Dốc Miếu

운영 24시간 **요금** 무료 **가는 방법** 벤하이 강 남쪽으로 8㎞, 동하 북쪽으로 14㎞ 떨어진 1번 국도 상에 위치해 있다.

미군이 비무장 지대 남쪽 경계선에 만들었던 최전방 기지이다. 참호와 철조망을 요새화했으며, 미국 공군과 해군의 최전방 연락사무소를 개설해 해상과 공중에서 북부 베트남을 향해 동시 공격이 가능했던 곳이다. 현재는 미군 기지가 있던 자리에 1번 국도가 남북으로 가로질러 놓여 있다. 1번 국도변의 언덕에 파괴된 탱크 한 대가 수풀 속에 덩그러니 놓여 있을 뿐, 특별한 볼거리는 남아 있지 않다.

족미에우(욕미에우)
베트남 분단의 상징이었던 히엔르엉 다리

Map P.397-A1

쯔엉썬 국립묘지 ★★

Truong Son National Cemetery
Nghĩa Trang Liệt Sĩ Trường Sơn

운영 매일 08:00~17:00 **요금** 무료 **가는 방법** 벤하이 강 남쪽으로 9㎞, 동하 북쪽으로 13㎞ 떨어진 15번 국도에 위치해 있다.

베트남 전쟁과 관련해 만든 가장 큰 전사자 국립묘지이다. 베트남 통일 이후 1975년부터 1977년에 걸쳐 묘역을 조성했다. 32m의 나

쯔엉썬 국립묘지에 안장된 군인의 무덤

지막한 언덕에 만든 쯔엉썬 국립묘지는 쯔엉선 산악지대의 호찌민 트레일(북부 베트남군 군사 보급로) 확보를 위한 전투에서 사망한 북부 베트남군과 민간인 1만 5,000명의 시신을 안장하고 있다. 같은 성(省) 출신끼리 동일한 구역에 묘를 만들어 안장했다. 모든 묘비명 상단에는 열사(烈士)라는 뜻의 '리엣씨 Liệt Sĩ'라는 칭호와 함께 전사자의 이름과 출생 연도, 사망일, 고향이 적혀 있다. 베트남 전쟁 동안 쯔엉썬 산악지대에서 사망한 군인(북부·남부 베트남 합산)의 숫자는 약 30만 명으로 추산된다.

Map P.397-A1

케산(케싼) ★★★☆
Khe Sanh

운영 매일 07:00~17:00 **요금** 5만 VND **가는 방법** 동하에서 서쪽으로 63㎞, 라오바오 국경에서 동쪽으로 20㎞ 떨어져 있다. 케산 기지는 9번 국도에 있는 케산 마을에서 북쪽으로 3㎞ 더 올라가야 한다.

베트남 전쟁 때 베트남 중부 전선 최대의 격전지였던 곳이다. DMZ에서 남쪽으로 25㎞ 지점으로 9번 국도 상에 위치해 전략적으로 매우 중요했던 지역이다. 9번 국도는 DMZ와 가장 가까운 도로로 베트남 중부를 동서로 가로질러 라오스 국경까지 연결된다. 덕분에 다낭에 진격한 미군은 중부 전선 방어와 DMZ 지대의 북부 베트남군의 활동을 관측하기 위해 해발 861m에서 950m에 이르는 군사 거점을 확보하기 위해 케산에 기지를 건설했다.

미군이 군수 물자 보급을 위한 활주로를 만들고 케산 기지를 요새화하자 북부 베트남군의 국경 도발도 잦아졌다. 1967년부터 소규모 전투가 벌어지다가 1968년 1월 들어 북부 베트남군이 2개 사단 병력을 투입하면서 전면전으로 확대되었다. 미국은 다낭에 주둔하던 3만 명의 해병대 병력을 케산 기지로 파견했다. 수송기를 이용한 무제한적인 군수물자 지원과 전투기를 이용한 엄청난 폭격이 동시에 이루어졌다. 미군 전투기는 1주일에 300회 이상 출격했으며 14만 톤에 달하는 폭탄을 투하했다고 한다.

1968년 1월 21일부터 77일간 벌어졌던 치열한 전투는 미군의 승리로 끝났다. 미군은 사망 274명(부상 2,541명)이란 인명 피해를 냈고, 북부 베트남군은 1만~1만 5,000명 이상 사망한 것으로 예상하고 있다. 하지만 미군의 승리에도 불구하고 전쟁 무용론이 대두되며 반전 운동의 불을 지폈다. 결국 동하 인근의 미군 주둔지인 캠프 캐롤 Camp Carroll로 병력이 철수하면서 무의미한 케산 기지 방어 작전은 종지부를 찍었다. 전쟁 기간에 케산 기지에서 사망한 미국·남부 베트남 연합군은 1,542명, 부상자는 5,675명에 이른다.

현재 케산은 베트남-라오스 육로 국경인 라오바오와 인접한 조용한 시골 마을이다. 이곳에서 치열한 전투가 벌어졌다는 것이 상상이 안 될 정도로 평화롭다. 케산 기지에는 당시에 사용했던 전투 헬기와 수송 헬기, 부서진 전투기의 잔해, 탱크, 포탄이 전시되어 있다. 자그마한 박물관에는 사진과 지도를 전시해 당시의 전쟁 상황을 기록하고 있다. 미군이 케산 기지를 건설하는 과정, 77일간의 전투 그리고 미군 철수 과정을 소개한다.

당시 작전을 수행한 북부 베트남군의 사령관은 보응우옌잡 Võ Nguyên Giáp 장군이다. 전투는 패배로 끝났지만 미군이 케산 기지 방어에 전투력을 집중하는 동안, 구정 대공세를 감행해 후에(훼)를 점령하는 쾌거를 얻었다. 보응우옌잡 장군은 프랑스와 벌였던 인도차이나 전쟁의 최대 격전지 디엔비엔푸 전투(P.546)를 승리로 이끈 인물이기도 하다.

케산 기지에서 가이드의 설명을 듣는 관광객들

케산 기지에 건립된 박물관

록 파일

호찌민 트레일이 시작되는 다끄롱 다리

Map P.397-A1

록 파일 ★
Rock Pile
Đồi Rockpile

가는 방법 동하에서 케산으로 향하는 9번 국도 상에 있다. 라오바오 국경에서 동쪽으로 50㎞ 떨어져 있다.

DMZ 남쪽의 9번 국도에 있는 해발 240m의 바위산이다. 미군이 1966년부터 1968년까지 산 정상에 기지를 건설해 전방 감시 초소 역할을 했다. 가파른 산 정상까지 도로를 건설할 수 없어서 헬기로 군수 물자를 수송했다고 한다. 현재는 푸른 숲으로 뒤덮인 평범한 산은 특별한 군사 시설은 남아 있지 않다. 록 파일이라고 안내하는 별다른 표식도 없어서 가이드가 없으면 어딘지도 모르고 그냥 지나치기 십상이다.

Map P.397-A1

다끄롱 다리 ★★☆
Da Krong Bridge
Cầu Đă Krông

가는 방법 동하에서 서쪽으로 46㎞ 떨어진 9번 국도에 있다. 라오바오 국경에서 동쪽으로 33㎞, 케산에서 동쪽으로 13㎞ 떨어져 있다.

DMZ 남쪽을 흐르던 다끄롱 강 Da Krong River (Sông Đa Krông) 위에 만든 다리다. 산악 지역에 사는 소수민족들을 위해 건설한 다리였으나 전쟁 중에는 북부 베트남군의 군수 물자 수송에 중요한 역할을 했다. 미군의 폭격으로 여러 차례 재건축되었으며, 통일 이후 1975년에 현재의 모습을 갖추었다. 콘크리트를 이용해 만든 현수교로 길이는 188m이다. 다끄롱 다리를 기점으로 해서 '호찌민 트레일 Ho Chi Minh Trail'이 베트남과 라오스 국

알아두세요 호찌민 트레일 Ho Chi Minh Trail

호찌민 트레일(드엉 호찌민 Đường Hồ Chí Minh)은 특정한 도로를 칭하는 게 아니라 베트남 중부의 산악 지대에서 사이공(호찌민시)까지 이어졌던 북부 베트남군의 군사 보급로를 의미합니다. 쯔엉썬 산맥을 따라 이어졌기 때문에 쯔엉썬 도로 Đường Trường Sơn라고 불리기도 하지요. 정글 지대의 험한 산길에 건설된 보급로라서 트럭이 아닌 자전거를 이용해 군수 물자를 보급했다고 합니다. 전쟁 초기에는 호찌민 트레일을 통해 사이공까지 내려가는데 6개월이 걸렸다고 합니다. 군수 물자를 운반하던 사람들의 10%가 질병으로 사망했을 정도로 험한 길이었다고 하는군요.
1970년 이후에는 보급로가 다양해졌고, 라오스와 캄보디아 영토를 통과하는 우회 도로도 만들었다고 합니다. 보급로가 여러 갈래로 나뉘면서 미군의 폭격에도 효과적으로 대처할 수 있었지요(미군은 보급로 차단을 위해 라오스와 캄보디아까지 무차별 폭격을 가했답니다). 이때부터 사이공까지 가는데 걸리는 시간은 6주로 단축되었고, 한 달에 2만 명 이상의 병력이 남부로 파병되었다고 합니다. 거미줄처럼 연결된 호찌민 트레일의 총 길이는 2만㎞에 이릅니다.

경을 따라 사이공(호찌민시)까지 길게 이어져 있었다.
다끄롱 강은 17°선(군사분계선)이 북부 베트남군에게 점령되면서 1972년부터 2차적인 남북 베트남 국경을 형성했던 곳이다. 현재 9번 국도가 다끄롱 강과 인접해 있는데, 후에와 싸완나켓(라오스)을 오가는 국제버스를 타고 가다보면 다끄롱 다리를 지나치게 된다. 다끄롱 다리보다는 산과 계곡을 따라 흐르는 강줄기와 주변 경관이 더 아름답다.

Hotel

동하의 호텔

동하에 있는 호텔들은 대부분 1번 국도에 들어서 있다. 특히 레주언 거리 Đường Lê Duẩn와 응우옌짜이 거리 Đường Nguyễn Trãi 교차로에 있는 메콩 호텔 Mekong Hotel 주변에 호텔들이 많다. 에어컨 시설의 고만고만한 호텔들로 TV와 개인욕실을 갖춘 기본적인 시설이다. 저렴한 호텔은 US$15~20 정도에 숙박이 가능하다. 외국인들이 많지 않아서 호텔이라고 해도 영어 소통은 잘 안 된다. 대부분의 여행자들은 후에(훼)에 머물면서 1일 투어로 동하와 DMZ를 다녀간다.

골든 호텔 ★★★
Golden Hotel

주소 297 Lê Duẩn **전화** 0233-3744-999 **홈페이지** www.goldendongha.com.vn **요금** 더블 US$22~30(에어컨, 개인욕실, TV, 냉장고, 아침식사) **가는 방법** 기차역에서 500m 떨어진 레주언 거리 297번지에 있다.

기차역과 가까운 곳에 있는 중급 호텔이다. 타일이 깔린 깨끗한 객실은 창문이 커서 좋다. LCD TV와 냉장고, 테이블과 의자도 객실에 기본으로 비치되어 있다. 아침식사가 포함된다. 외국인보다 현지인들이 즐겨 묵는 곳이지만 가격 대비 시설이 괜찮다. 영어는 잘 통하지 않는다.

므엉탄 꽝찌 호텔 ★★★☆
Mường Thanh Quảng Trị Hotel

주소 68 Lê Duẩn **전화** 0233-3898-888 **홈페이지** www.grandquangtri.muongthanh.com **요금** 더블 US$45~53(에어컨, 개인욕실, TV, 냉장고, 아침식사) **가는 방법** 시내 중심가의 레주언 거리에 있는 메콩 호텔 옆에 있다. 기차역에서 북쪽으로 1.5㎞ 떨어져 있다.

베트남 주요 도시에 호텔을 운영하는 '므엉탄 호텔'에서 운영한다. 동하 시내에서 가장 좋은 호텔로 수영장까지 갖추고 있다. 새롭게 만든 호텔이라 객실 시설도 좋다.
딜럭스 룸은 나무 바닥에 욕조를 갖춘 개인욕실이 딸려 있다. 175개 객실을 갖춘 대형 호텔로 높은 층 객실의 전망이 좋다.

사이공 동하 호텔 ★★★☆
Sai Gon Dong Ha Hotel

주소 1 Bùi Thị Xuân **전화** 0233-3577-888 **홈페이지** www.facebook.com/saigondonghahotels **요금** 딜럭스 US$42~52(에어컨, 개인욕실, TV, 냉장고, 아침식사) **가는 방법** 기차역에서 북쪽으로 2㎞ 떨어진 부이티쑤언 거리 1번지에 있다.

베트남 전역에서 만날 수 있는 사이공 호텔의 동하 지점이다. 98개 객실을 운영하는 4성급 호텔로 야외 수영장을 갖추고 있다. 객실에는 카펫이 깔려 있고, 공간은 가격에 비해 널찍한 편이다. 시내 중심가에서 조금 떨어져 있으나, 객실(리버 뷰)에서 강변 풍경을 감상할 수 있어 좋다.

베트남
북부

Hà Nội

하노이

베트남의 수도로 베트남에서 두 번째로 큰 도시다. 남쪽의 호찌민시(사이공)가 상업 중심지라면 하노이는 역사·문화 중심지다. 사회주의 공화국을 이끄는 공산당 본부가 있는 정치의 본고장이기도 하다. 지형적으로 홍강 삼각주 안쪽에 있는데, 도시가 강 안쪽에 있다 하여 '하(河) 노이(內)'가 되었다. 한 나라의 수도가 된 지 어느덧 1,000년! 옛 모습이 고스란히 남아 있는 구시가, 탕롱 Thăng Long(하노이 옛 이름) 시절의 유적이 남아 있는 하노이 고성, 유교 국가임을 상징적으로 보여주는 문묘, 민족의 영웅 호찌민이 잠든 호찌민 묘까지 베트남의 역사가 하노이에 집대성되어 있다. 프랑스 식민지배 기간에 건설된 콜로니얼 건물들은 눈을 즐겁게 해주고, '호수의 도시'라는 별명답게 도심 곳곳에 산재한 호수는 휴식 공간을 제공해준다.

하노이의 첫인상은 달콤하지 않다. 거리를 가득 메운 무질서한 오토바이 행렬과 소음에 놀라지만, 나름의 질서를 유지한 채 움직이는 일상에 금방 익숙해진다. 멜대를 어깨에 짊어지고 총총 걸음을 옮기는 상인들, 거리를 흘러가는 씨클로 행렬, 오토바이 위에서 데이트를 즐기는 연인들, 거리에 놓인 목욕탕 의자에 쪼그리고 앉아서 쌀국수를 먹거나 커피를 마시는 현지인들의 모습이 여과 없이 펼쳐진다. 하노이는 베트남 북부 여행의 거점 도시라서 하롱베이, 싸파, 닌빈(땀꼭)을 다녀오다 보면 일주일이 훌쩍 지나가기도 한다.

인구 843만 5,700명 | **행정구역** 하노이 직할시 Thành Phố Hà Nội | **면적** 3,344㎢ | **시외국번** 024

하노이 베스트 10

1 하노이 구시가

2 호안끼엠 호수

3 호찌민 묘 & 호찌민 생가

4 숨겨진 로컬 카페 찾아가기

5 따히엔 맥주 거리

6 하노이 음식

7 문묘

8 기찻길 마을

9 콜로니얼 건축물 둘러보기(성 요셉 성당, 오페라하우스)

10 수상 인형극

Information

여행에 유용한 정보

은행·환전

싸콤 은행, 비엣콤 은행, 비엣인 은행, BIDV 은행, VP 은행을 포함한 주요 은행들이 하노이 곳곳에 지점을 운영한다. 한국 은행인 신한은행까지 있어 환전은 어렵지 않다.

한국 대사관 Đại Sứ Quán Hàn Quốc Embassy of the Republic of Korea

외교단지에 대사관을 건설해 2019년 4월에 신청사로 이전했다. 한국 대사관의 베트남 발음은 '다이쓰꽌 한꿕'이다. 재외 국민 민원 업무와 여권 관련 업무를 담당하는 영사과에 문의하면 된다.

한국 대사관

Map P.388-A1 주소 Lô SQ4 Khu Ngoại Giao Đoàn, Đỗ Nhuận, Xuân Tảo, Bắc Từ Liêm (Diplomatic Complex, Do Nhuan St.) **전화** 024-3771-0404(비자·여권 관련), 024-3831-5111(정무·경제 관련), 0904-026-126(비상 연락) **홈페이지** http://overseas.mofa.go.kr/vn-ko/index.do **운영** 월~금요일 08:30~12:00, 13:30~17:30(민원 업무 16:00)

기온·여행 시기

하노이는 사계절의 날씨를 보인다. 5~9월이 가장 덥고 습하다. 7~9월은 태풍, 10월은 몬순의 영향을 받아 비 내리는 날이 많다. 봄과 가을은 청명한 날씨가 이어진다. 3~5월과 9~11월은 덥긴 하지만 여행하기 좋은 계절이다. 겨울(12~2월)은 춥고 안개 끼는 날이 많다. 밤 기온이 영상 10℃ 아래로 내려가기 때문에 두꺼운 옷이 필요하다. 난방 시설이 없기 때문에 추운 겨울이 이어진다. 비 오는 겨울날 오토바이를 타고 있노라면 여기가 동남아시아인가 싶을 정도로 '한기'가 느껴진다.

하노이 겨울을 대처하는 현지인의 자세

지리 파악하기

하노이에서 여행자들에게 가장 중요한 곳은 호안끼엠 호수 Hoan Kiem Lake(Hồ Hoàn Kiếm)다. 호안끼엠 호수 북쪽에는 구시가가 있다. 구시가는 저렴한 호텔과 여행사가 밀집해 있어 여행자들이 가장 선호하는 공간이다. 호안끼엠 호수 서쪽에는 성 요셉 성당과 냐터 Nhà Thờ 거리를 중심으로 카페와 부티크 숍이 몰려 있다. 호안끼엠 호수 동쪽은 짱띠엔 Tràng Tiền 거리와 오페라하우스를 중심으로 콜로니얼 건물이 가득한 프렌치 쿼터가 형성되어 있다.

호떠이(서호) Hồ Tây(West Lake)는 하노이 시내에서 북서쪽에 있다. 호떠이와 가까운 곳에 호찌민 묘와 못꼿 사원 같은 볼거리가 많아서 함께 둘러보면 좋다. 호떠이와 호안끼엠 호수 사이에는 문묘, 하노이 고성 같은 오래된 역사 유적과 하노이 기차역이 있다. 버스 터미널들은 시 외곽에 분산되어 있고, 공항은 시내에서 북쪽으로 45㎞ 떨어져 있다.

하노이 전경

호안끼엠 호수와 구시가를 연결하는 동낀응이아툭 광장

Access

하노이 가는 방법

베트남의 수도답게 항공, 철도, 도로가 모두 발달해 있다. 인천에서 하노이까지 국제선 항공이 매일 취항한다. 라오까이 또는 후에(훼)에서 하노이로 갈 경우 버스보다는 기차가 편리하다.

항공

하노이 공항의 정식 명칭은 노이바이 국제공항 Noi Bai International Airport(Sân Bay Quốc Tế Nội Bài)이다. 국내선 청사는 T1(현지어로 Nhà Ga Hành Khách T1), 국제선 청사는 T2(현지어로 Nhà Ga Hành Khách T2)라고 불린다. 공항을 정면으로 봤을 때 왼쪽 건물이 국제선, 오른쪽 건물이 국내선에 해당한다. 항공기 이착륙에 관한 정보는 하노이 공항 홈페이지(www.hanoiairportonline.com)를 참고하자.

▶국내선

베트남항공(www.vietnamairlines.com), 비엣젯항공(www.vietjetair.com), 뱀부항공(www.bambooairways.com)에서 국내선을 운영한다. 베트남항공은 전국적인 노선망을 구축하고 있다. 비엣젯항공과 뱀부항공은 냐짱, 다낭, 달랏, 푸꾸옥(푸꿕), 호찌민시, 뀌년, 빈(빙) 등의 주요 도시를 운항한다. 노선은 한정되어 있지만 요금이 저렴하다. 하노이↔호찌민시(사이공) 노선은 모든 항공사에서 취항하며 1일 30편 이상 운항된다.

▶국제선

국제선은 대한항공과 아시아나항공, 진에어, 제주항공, 베트남항공, 비엣젯항공에서 인천↔하노이 노선을 매일 운항한다. 인접 국가인 태국(방콕), 라오스(비엔티안, 루앙프라방), 캄보디아(프놈펜, 씨엠리업), 베이징, 홍콩, 싱가포르, 파리, 시드니 등으로 국제선이 취항한다.

하노이 노이바이 국제공항

하노이 국제공항은 규모가 작아서 입국 절차도 간편하다. 비행기에서 내려서 '도착 Arrival'이라고 적힌 안내판을 따라가면 입국 심사(국제선 청사 2층) 받는 곳이 나온다. 입국 카드를 쓸 필요가 없기 때문에 여권만 제시하면 된다. 입국 스탬프가 찍히면 1층으로 내려가서 수화물을 찾으면 된다. 세관 검사(특별히 신고할게 없으면 그냥 걸어 나가면 된다)를 마치면 모든 입국 절차는 끝난다.

입국장(공항 1층)에서 환전소와 SIM 카드 판매 데스크가 있다. SIM 카드에 관한 내용은 P.50 참고.

하노이(노이바이) 공항에서 시내로 들어가기

하노이 공항은 시내에서 북쪽으로 45㎞ 떨어져 있다. 차가 막히지 않는다면 택시를 탈 경우 40~50분, 시내버스를 탈 경우 1시간 30분 정도 걸린다. 공항에서 시내로 들어가는 방법은 공항버스, 택시, 미니밴, 시내버스 네 가지가 있다.

❶ 주의 사항

하노이를 통해 베트남 여행을 시작하는 여행자라면, 공항 택시 기사들의 호객 행위로 인해 난처한 경험을 하게 된다. 공항에서 시내로 들어갈 때 바가지요금을 내는 경우가 비일비재하며, 엉뚱한 호텔로 안내해 커미션을 챙기는 일도 흔하다. 택시를 탈 때는 반드시 가고자 하는 호텔의 주소(번지수 포함)를 알려주고, 도착해서도 주소가 맞는지 확인해야 한다. 밤 비행기로 하노이에 도착할 경우 예약한 호텔에 추가 요금을 지불하고 공항 픽업 서비스를 부탁하는 게 안전하다.

❷ 86번 버스(공항버스)

86번 공항 버스

공항에서 시내까지 정해진 노선을 정해진 시간에 출발한다. 빠르고 저렴하며 바가지 쓸 염려도 없어서 외국인 관광객이 환영할 만한 교통수단이다. 공항에서 구시가까지 갈 때는 86번 버스 Bus Express 86(홈페이지 www.busnoibai.com)를 타면 된다. 하노이 공항(국내선 청사→국제선 청사)→호떠이(서호) 동쪽 도로에 해당하는 어우꺼 Âu Cơ 거리와 옌푸 Yên Phụ 거리→롱비엔 버스 환승 센터 Long Bien Bus Interchange(Map P.419-E1)→오페라하우스 Opera House(Map P.419-F3)→멜리아 호텔 Melia Hotel(Map P.419-D3)→하노이 기차역 정문 앞 Hanoi Railway Station(Map P.418-C3)까지 왕복한다. 구시가에서 숙박할 경우 롱비엔 버스 환승 센터 또는 오페라 하우스 앞에서 하차한다.

공항버스 타는 곳은 공항 1층 입국장을 나와 (공항을 등지고) 진행 방향으로 왼쪽 끝부분에 있는 택시 탑승장 앞 차선에 있다. 택시 타는 곳 앞으로 길을 건너면, 'Bus Stop Tuyến Xe Buýt 86'이라고 적힌 안내판이 걸려 있다. 미니밴 탑승장과 접해 있어서 미니밴 기사들이 먼저 호객하느라 접근하니 당황하지 말 것. 버스는 07:00~22:00까지 45분 간격으로 운행된다. 편도 요금은 4만 5,000 VND이다.

참고로 같은 공항버스 정류장에서 68번 버스도 출발한다. 하노이 시내로 들어가지 않고 하동 Hà Đông(Trung Tâm Thương Mại Mê Linh Plaza Hà Đông)까지 운행된다.

❸ 공항 미니밴(항공사 셔틀버스)

항공사에서 자체적으로 운영하는 공항 셔틀버스다. 베트남항공에서는 미니밴을, 비엣젯항공에서는 관광버스처럼 생긴 대형 버스를 운행한다. 공항버스(86번 버스)와 노선이 비슷하지만 정해진

베트남 항공에서 운영하는 공항 미니밴

출발 시간이 없어서 불편하다. 승객이 모이는 대로 출발하는데, 승객을 더 태우려고 호객하는 경우가 흔하다. 공식적인 편도 요금은 5만 VND이다. 인원이 다 모이지 않고 출발할 경우 요금을 더 내라고 하는 경우도 있다(탑승 전에 요금을 확인할 것). 종점은 호안끼엠 호수 남쪽에 있는 베트남항공 사무실(주소 1 Quang Trung)이다.

❹ 택시

공항 1층 입국장을 나와서 (공항을 등지고) 진행 방향으로 왼쪽 끝부분에 택시 탑승장이 있다. 공항에서 운영하는 노이바이 택시 Noi Bai Taxi, 전기차 택시인 싼 에스엠 택시 Xanh SM Taxi, 파란색의 마이린 택시 Mai Linh Taxi가 믿을 만하다. 하노이 시내까지 편도 요금은 35만 VND(4인승 소형 택시 기준)이며, 톨게이트 요금이 포함된다. 사설 택시를 탈 경우 톨게이트 요금을 승객에게 요구하는 경우가 많다.

공항 택시 타는 곳

❺ 그랩

그랩 애플리케이션을 이용하면 목적지까지 요금을 알 수 있어 편리하다. 노이바이 공항은 그랩 전용 탑승장이 별도로 존재하지 않는다. 차량을 부를 때 탑승 장소를 지정해야 한다. 일반적으로 공항 청사(게이트 앞쪽에 보면 기둥 마다 번호가 적혀 있다)를 나와서 보이는 08번 기둥 또는 07번 기둥을 지정하면 된다.

공항과 롱비엔을 오가는 17번 버스

❻ 시내버스

공항에서 시내까지 가는 가장 저렴한 방법인 동시에 가장 느린 방법이다. 시내버스는 T1(국내선 청사)과 T2(국제선 청사) 중간에 있는 공터에 정차해 있다. 국제선 청사로 입국했을 경우 공항 청사를 나와서 진행방향(공항 청사를 등지고)으로 왼쪽 끝까지 간다. 택시 승강장을 지나서 왼쪽에 주차장이 나오는데, 그곳에 시내버스 승강장이 있다.
공항을 오가는 시내버스는 세 개 노선이 있다. 여행자 숙소가 몰려 있는 구시가로 갈 경우 17번 버스를 타고 종점에 내리면 된다. 종점인 롱비엔 Long Biên 버스 환승센터(Map P.419-E1)는 구시가 북쪽에 있으며 동쑤언 시장과 가깝다. 17번 버스는 하노이 외곽을 지나기 때문에 낯설고 한적한 시외 도로를 한참 돌아가야 한다. 편도 요금은 1만 5,000 VND이며 05:00~20:30까지 15분 간격으로 운행된다. 7번 버스는 노이바이 공항과 하노이 서부지역인 꺼우저이 Cầu Giấy를 오간다. 90번 버스는 노이바이 공항↔낌마 Kim Mã를 오간다.

국내선 청사에서 하노이 시내로 가기

국내선 청사는 규모가 작기 때문에 택시나 공항버스(86번 버스)를 타는 방법도 간단하다. 국내선 청사를 빠져 나오면 택시 타는 곳과 공항버스 타는 곳이 바로 보인다. 참고로 국내선 청사와 국제선 청사를 오갈 때는 무료로 운행되는 전기 차를 이용하면 된다. 녹색 버스로 프리 셔틀버스 Free Shuttle Bus, Domestic Terminal↔International Terminal라고 적혀 있다.

국제선 청사와 국내선 청사를 왕복하는 셔틀버스

하노이 시내에서 공항 가기

가장 저렴한 방법은 공항버스(86번 버스)를 타는 것이다. 하노이 기차역에서 출발해 중앙 우체국 앞의 딘띠엔호앙 거리 Đinh Tiên Hoàng→구시가의 항쩨 거리 Hàng Tre→롱비엔 버스 환승 센터 Long Biên를 경유해 공항까지 간다. 공항버스 노선을 올 때와 갈 때가 다르므로 타는 곳의 위치를 미리 확인해 두는 게 좋다. 하노이 역 기준으로 05:30~20:20까지 운행되며, 편도 요금은 4만 5,000VND이다.
택시를 탈 경우 호텔에서 공항 가는 택시를 불러달라고 하면 된다. 보통 30만 VND을 받는다. 국제선 비행기는 출발 2시간 전까지 도착해 탑승 수속과 출국 수속을 밟아야 하기 때문에 늦지 않도록 주의하자.

기차

하노이에서 베트남 전국을 연결하는 기차가 출발한다. 야간열차 침대칸은 표를 구하기 힘드므로 미리 예약해 두자. 기차 노선과 출발 시간, 요금에 관한 자세한 정보는 P.58 참고.

하노이 역 Ga Hà Nội
Ha Noi Train Station

하노이 중앙역에 해당한다. 하노이에서 출발하는 모든 열차를 이곳에서 출발한다. 하노이 남부 노선(닌빈, 후에, 다낭, 냐짱, 호찌민시)과 하노이 북부 노선(라오까이) 열차에 대한 예매와 탑승이 가능하다. 기차역 1층에 예매 창구(운영 07:30~12:30, 13:30~19:30)와 편의점이 있다. 대합실은 1층과 2층으로 분산되어 있는데, 기차 탑승 시간에 맞춰서 기차역 플랫폼으로 들어갈 수 있다(자동화 시스템이 아니라 철도청 직원이 개찰구에서 탑승권을 확인한다). 참고로 하이퐁을 갈

하노이 중앙역에 해당하는 하노이 역

때는 롱비엔 역을 이용하는 게 좋다.

Map P.418-C3 주소 120 Lê Duẩn, Quận Đống Đa **전화** 024-3942-3697 **홈페이지** www.vr.com.vn

롱비엔 역 Ga Long Biên Long Bien Train Station

하노이 구시가 북쪽의 롱비엔 대교 Long Bien Bridge(Cầu Long Biên) 옆에 있다. 하노이 인근의 완행열차가 출발하는 간이역이다. 롱비엔→하이퐁 노선의 기차가 하루 3편(09:20, 15:15, 18:10) 출발한다. 편도 요금(에어컨 좌석 칸)은 11만~13만 VND이다.

Map P.419-E1 주소 Phố Đồng Xuân, Quận Hoàn Kiếm **전화** 024-3942-2770

하이퐁행 열차가 출발하는 롱비엔 역

버스

하노이의 버스 터미널은 네 곳이 있다. 장거리 노선은 터미널마다 다르기 때문에 어디서 버스를 타야 하는지 알고 있어야 한다. 터미널에서 출발하는 버스보다는 여행사에서 운영하는 오픈 투어 버스를 이용하는 여행자가 월등히 많다.

잡밧 버스 터미널 Bến Xe Giáp Bát Giap Bat Bus Terminal

하노이 역에서 남쪽으로 6㎞ 떨어져 있다. 남부 버스 터미널이란 의미로 벤쎄 피아남 Bến Xe Phía Nam이라고도 불린다. 가깝게는 닌빈(닝빙)부터 멀게는 호찌민시(미엔동 버스 터미널)까지 하노이 남쪽에 있는 도시로 가는 버스가 운행된다. 베트남 중남부 지방인 빈, 후에, 다낭, 냐짱, 달랏을 갈 때 잡밧 버스 터미널에서 버스를 탄다.

주소 Đường Giải Phóng, Quận Hoàng Mai
전화 024-3864-1467

자럼 버스 터미널 Bến Xe Gia Lâm Gia Lam Bus Terminal

하노이 동부 터미널이다. 구시가에서 홍강을 건너 하노이 동쪽으로 2㎞ 떨어져 있다. 하롱시(바이짜이), 몽까이, 하이퐁을 포함한 하노이 동부(베트남 북동부) 지역으로 버스가 운행된다.

주소 9 Ngô Gia Khảm, Huyện Gia Lâm
전화 024-3827-1529

자럼 버스 터미널

미딘(미딩) 버스 터미널 Bến Xe Mỹ Đình My Dinh Bus Terminal

하노이 시내에서 서쪽으로 7㎞ 떨어져 있다. 마이쩌우, 썬라, 라오까이, 싸파, 디엔비엔푸를 포함해 베트남 북서부 산악지대로 가는 버스가 많이 출발한다. 닌빈과 하롱시(바이짜이)행 버스도 운행된다.

주소 20 Phạm Hùng, Quận Từ Liêm
전화 024-3768-5548~9

미딘(미딩) 버스 터미널

르엉옌 버스 터미널 Bến Xe Lương Yên Luong Yen Bus Terminal

구시가에서 가장 가까운 버스 터미널로 호안끼엠 호수에서 남쪽으로 3㎞ 떨어져 있다. 특정 방향에 구속받지 않고 베트남 주요 도시로 버스가 운행된다. 호찌민시(미엔동 버스 터미널), 다낭, 후에, 냐짱 같은 장거리 노선은 침대 버스가 운행된다. 하노이 주변 도시로는 하이퐁과 깟바 섬을 갈 때 이용하면 된다.

르엉옌 버스 터미널

주소 3 Nguyễn Khoái, Quận Hai Bà Trưng
전화 024-3942-0477

오픈 투어 버스

하노이 주변 도시를 갈 때 외국 여행자들이 즐겨 이용하는 교통편이다. 하노이의 모든 호텔과 여행사에서 오픈 투어 버스 티켓을 예약할 수 있다.

▶하노이→하이퐁→깟바 섬(깟바 타운)

하노이에서 깟바 섬까지 직행할 때 이용하는 방법이다. 버스+보트+버스가 연계된 교통편으로 약 5시간 정도 소요된다. 버스를 타고 하이퐁까지 간 다음, 10분 정도 보트를 타고 깟바 섬으로 들어가서 다시 버스로 갈아타고 깟바 타운까지 가야 한다(P.501 참고). 상대적으로 외국 관광객이 많이 이용하는 깟바 익스프레스 Cat Ba Express(주소 106 Trần Nhật Duật, 홈페이지 www.catbaexpress.com)에서 매일 3회(07:45, 10:45, 14:00) 출발하며 편도 요금은 30만 VND이다. 깟바 디스커버리 Cat Ba Discovery(홈페이지 www.catbadiscovery.com)에서도 동일한 노선을 운행한다. 매일 3회 출발(08:00, 10:30, 14:00)한다. 두 회사 모두 구시가에 있는 버스 회사 사무실에서 출발한다.

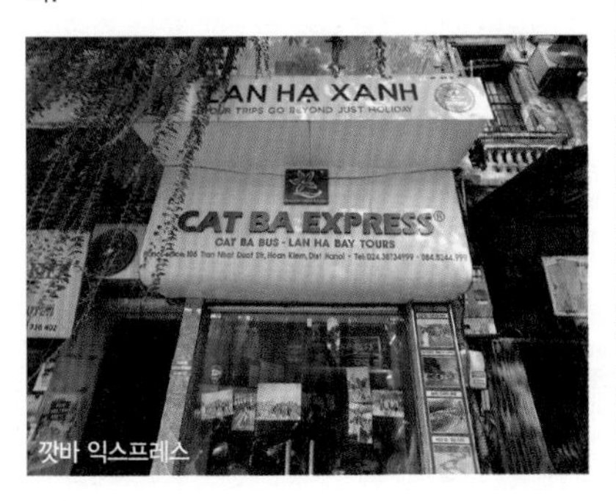

깟바 익스프레스

▶하노이→싸파

도로가 새롭게 포장되면서 싸파 Sa Pa까지도 버스를 타고 갈 수 있다. 아침 버스와 야간 침대 버스로 구분해 운행된다. 싸파 익스프레스(주소 13 Hàng Thùng, 홈페이지 www.sapaexpress.com)는 침대버스(편도 요금 50만 VND), 28인승 버스(편도 요금 45만 VND), 15인승 버스(편도 요금 48만 VND)로 구분해 하루 세 차례씩 (07:00, 15:00, 22:00) 운행한다. 휴식 시간을 포함해 약 6~7시간 정도 소요된다. 22인승 슬리핑 버스를 운영하는 G8 버스(홈페이지 www.g8opentour.vn)는 1일 4회(07:00, 07:30, 14:30, 15:30) 출발하는데, 편도 요금은 42만~45만 VND이다.

싸파 익스프레스

▶하노이→닌빈(닝빙)→후에(훼)

하노이 남쪽 방향으로 운행되는 오픈 투어 버스 노선이다. 하노이→후에까지 야간 침대 버스는 18:00에 출발하고, 편도 요금은 36만~40만 VND이다. 하노이→닌빈 구간은 신 투어리스트(홈페이지 www.thesinhtourist.vn)에서 아침 버스(07:45 출발)를 운영한다. 편도 요금은 15만 VND이다.

신 투어리스트

Transportation 시내 교통

지하철(메트로), 버스, 택시, 씨클로 등 다양한 대중교통이 있다. 시내버스가 저렴하고 노선도 다양하지만 외국인이 타기에는 불편하다. 현지인들은 대부분 오토바이를 타고 다닌다.

하노이 메트로 Hanoi Metro

2021년 11월에 개통한 하노이 메트로 Hanoi Metro (홈페이지 www.hanoimetro.net.vn)는 지상철과 지하철이 혼합된 형태로 운영된다. 2A호선 Line 2A은 깟린(깟링) 역 Ga Cát Linh에서 옌응이아 역 Ga Yên Nghĩa까지 총 길이 13.1㎞로 12개 역으로 이루어져 있다. 3호선 Line 3(Ga Hà Nội→Văn Miếu→Cầu Giấy→Nhổn)은 일부 구간만 개통한 상태다. 운행 시간은 05:30~22:00까지로 편도 요금은 거리에 따라 8,000~1만 5,000 VND이다.

지상철 형태의 하노이 메트로

시내버스 Bus(Xe Buýt)

하노이에는 70여 개의 시내버스 노선이 있다. 요금은 1만 VND으로 저렴하지만, 베트남어로만 안내 방송이 나오고 혼잡해 시내버스를 이용하는 외국인은 많지 않다. 빈 그룹에서 운영하는 빈 버스 Vin Bus(홈페이지 www.vinbus.vn)도 시내버스를 운영한다. 버스 요금은 차장에게 현금으로 직접 내면 된다. 구시가와 가까운 곳에 롱비엔 버스 환승센터 Điểm Trung Chuyển Long Biên(Map P.419-E1)가 있다.

구시가와 가까운 롱비엔 버스 환승센터

택시 Tax

하노이에서 택시 잡기는 쉽지만, 착한 택시를 타기는 어렵다. 외국인에게 돈을 더 받는 일이 비일비재하기 때문이다. 미터기를 조작한 택시도 있다. 택시마다 회사 로고와 전화번호가 찍혀 있는데, 싼에스엠 택시 Xanh SM Taxi, 마이린 택시 Mai Linh Taxi, ABC 택시 ABC Taxi, 택시 그룹 Taxi Group이 믿을 만하다. 택시 기본요금은 약간씩 차이가 나지만, 같은 거리를 갈 때 요금은 비슷하게 나온다.

미터 택시

그랩 Grab

베트남을 비롯한 주요 동남아시아 국가에서 이용되는 콜택시 애플리케이션이다. 우리에게 익숙한 카카오택시나 북미의 우버와 유사한 서비스다. 무료 애플리케이션을 설치한 뒤, 현재 위치로 택시를 부르면 가고자 하는 목적지까지 이동할 수 있다. 자가용 택시를 이용할 경우 그랩 카 Grab Car를 누르면 된다. 그랩 카는 4인승과 7인승 중 인원에 맞게 선택할 수 있다. 혼자라면 오토바이를 이용하는 그랩 바이크 Grab Bike를 이용해도 좋다. 쎄옴(오토바이 택시)의 불편함을 보완했는데, 목적지까지의 요금이 표시되어 편리하다.

하노이 시티 투어 버스 Hanoi City Tour Bus

주요 관광지를 둘러보는 2층 버스로 호안끼엠 호수(Map P.421-D4)에서 출발해 호찌민 묘→호떠이(서호)→문묘→오페라하우스까지 모두 12곳에 정차한다. 09:00~17:00까지 30분 간격으로 운행된다. 요금은 탑승시간에 따라 1시간(15만 VND), 24시간(45만 VND), 48시간(65만 VND)으로 구분된다. 정해진 시간 내에 자유롭게 버스를 타고 내릴 수 있다.

하노이 시티 투어 버스

씨클로 Cyclo(Xích Lô)

하노이에서 씨클로 운행이 가능한 곳은 구시가로 한정되어 있다. 대부분 단체 투어 회사에서 구시가 관광용으로 이용할 뿐 교통수단으로서의 의미는 없다.

구시가 관광할 때 유용한 씨클로

Travel Plus+ 하노이의 여행사 & 투어

하노이에는 호텔만큼 여행사도 많습니다. 더불어 모든 호텔에서 여행사 업무를 취급합니다. 그래서 호텔이나 여행사에서 투어를 예약하라는 소리는 매일 듣게 되는데요, 하노이는 북부 여행의 거점 도시로 하롱베이를 포함해 싸파, 닌빈까지 다양한 투어가 출발합니다. 이런 투어는 교통편과 가이드, 점심까지 모든 걸 해결해주기 때문에 편리하고, 때로는 오히려 경제적이기까지 합니다. 하지만 여행사가 많은 만큼 이로 인한 문제가 빈번하게 발생하고 있어요. 전문 여행사가 아닌 '짝퉁 여행사'들은 커미션만 챙기고 손님을 다른 여행사로 넘겨주기 때문인데요. 특히 '짝퉁 호텔' 업자들이 투어 요금을 비싸게 받아 이익을 챙기고 저가 투어를 진행하는 여행사에 손님을 넘기는 경우가 많습니다.

하노이에서 투어를 예약할 때는 전문 여행사를 통하는 게 좋습니다. 같은 투어 상품이라고 해도 호텔 등급, 보트 등급, 식사 수준, 인원에 따라 요금이 천차만별입니다. 만족스러운 투어를 원한다면 투어 예약 전에 포함 사항을 꼼꼼히 살펴야 합니다. '싸구려 투어'는 그곳을 갔다 오는 교통편 이상의 서비스를 기대하긴 힘듭니다. 하노이 시티 투어(US$25~30), 닌빈(땀꼭, 짱안, 호아르) 1일 투어(US$28~37), 흐엉 사원(퍼퓸 파고다) 1일 투어(US$35~40) 정도가 적당합니다. 하롱베이 투어(P.490)와 싸파 투어(P.520)에 관한 내용은 별도로 다룹니다.

신 투어리스트 The Sinh Tourist

개별 여행자들을 위한 원조 여행사(주소 52 Lương Ngọc Quyến, 홈페이지 www.thesinhtourist.vn)에 해당한다. 전국적인 교통망과 투어 체계를 갖추고 있다. 비슷한 간판을 내건 유사 업소가 있으니 반드시 주소를 확인하고 찾아갈 것.

하노이 도깨비 cafe.naver.com/sjdia76

베트남 자유여행을 위한 커뮤니티. 하노이, 다낭, 냐짱(나트랑) 지역에서 여행사를 운영한다. 공항 픽업, 하노이 주변 1일 투어, 하롱베이 크루즈 예약이 가능하다.

하노이 고스트 cafe.naver.com/guitarnsong

자유여행 커뮤니티를 겸한 여행사. 공항 픽업, 하롱베이 투어, 싸파행 침대 버스 예약이 가능하다.

하노이
A
B
C
1
2
3
4
Lotte Mall West Lake
한국 대사관
Hoàng Minh Thảo
노이바이
Xuân Diệu
쉐라톤 하노이
Sheraton Hanoi
인터콘티넨탈 하노이 웨스트레이크
Võ Chí Công
Lạc Long Quân
0
350
700m
푸떠이호
Phủ Tây Hồ
하노이 클
Hanoi Clu
Xuân Tảo
Trích Sài
호떠이(서호)
Hồ Tây(West Lake)
Hoàng Quốc Việt
Nguyễn Văn Huyên
Thụy Khuê
하노이 중심부 P.418~419
Nguyễn Đình Thi
Thụy Khuê
호앙호아땀 거리
Hoàng Hoa Thám
응이아도 호수
Hồ Nghĩa Đô
Văn Cao
바딘군
Quận Ba Đình
민족학 박물관
Bảo Tàng Dân Tộc Học
호찌민 생가
Nguyễn Khánh Toàn
롯데 호텔 하노이
롯데 마트
롯데 전망대
톱 오브 하노이
랑팜
꺼우저이군
Quận Cầu Giấy
Liễu Giai
도이껀 거리
Đội Cấn
못꼿 사원
호찌민 박물관
미딘 버스 터미널 방향
꺼우저이 거리 Cầu Giấy
또릭 강
Sông Tô Lịch
Huế Restaurant
Vạn Phúc
Đào Tấn
롯데 센터
Vincom Center Metropolis
동물원
Nguyễn Thái Học
투레 호수
Hồ Thủ Lệ
낌마 거리 Kim Mã
대우 호텔
Daewoo Hotel
풀만 호텔
Pullman Hotel
장보 호수
Hồ Giảng Võ
장보 거리
Giảng Võ
Cát Li
응옥칸 호수
Hồ Ngọc Khánh
하노이 호텔
Hanoi Hotel
깟린(깟링) 역
Ga Cát Linh
Hào Nam
Tôn Đức Thắng
La Thành
Nguyễn Chí Thanh
라탄 역
Ga La Thành
랑 거리 Láng
랑하 거리
Láng Hạ
탄꽁 호수
Hồ Thành Công
동다 호수
Hồ Đống Đa
하노이 박물관, 군사 박물관 방면
타이하 역
Ga Thái Hà
동다군
Quận Đống Đa
타이하 거리
Thái Hà
응우옌르엉방 거리
Nguyễn Lương Bằng
싸단 호수
Hồ Xã Đàn
Láng Hạ
Trần Duy Hưng

D
E
F
1
2
3
4
An Dương
팬 퍼시픽 호텔
서밋 라운지
Chùa Trấn Quốc
Châu Long
쭉박 호수
Trúc Bạch
Quán Thánh
Đình Phùng
옌푸 거리 Yên Phụ
롱비엔 대교
Cầu Long Biên
롱비엔군
Quận Long Biên
자럼 버스 터미널
방면
Đê Gia Thượng
응우옌반끄 거리
Nguyễn Văn Cừ
롱비엔 역
Ga Long Biên
검까우 거리
동쑤언 시장
Hàng Đường
쯔엉즈엉 대교
Cầu Chương Dương
하노이 고성(탕롱 황성)
Hoàng Thành Thăng Long
Phùng Hưng
구시가
Phố Cổ
호안끼엠군
Quận Hoàn Kiếm
깃발 탑
박물관
항자 갤러리아
Hàng Da Galleria
응옥썬 사당
호안끼엠 호수
홍강 Sông Hồng
Tràng Thi
중앙 우체국
Hai Bà Trưng
호아로 수용소
짱티엔 거리
역사 박물관
Bảo Tàng Lịch Sử
노이 역
Hà Nội
베트남 여성 박물관
오페라 하우스
Lê Duẩn
Trần Hưng Đạo
Trần Khánh Dư
Bà Triệu
항바이 거리 Hàng Bài
판쭈찐 거리
Phan Chu Trinh
레탄똥 거리
Lê Thánh Tông
티엔꽝 호수
Hồ Thiền Quang
Trần Nhân Tông
홈 시장 Chợ Hôm
통녓 공원
Công Viên
Thống Nhất
Tuệ Tĩnh
Tô Hiến Thành
Nguyễn Công Trứ
Lò Đúc
바머우 호수
Hồ Ba Mẫu
빈콤 센터(빈콤 바찌에우)
Vincom Bà Triệu
Phố Huế
응우옌코아이 거리
Nguyễn Khoái
Lương Yên
바이머우 호수
Hồ Bảy Mẫu
홈 레스토랑
Home Restaurant
Lê Đại Hành
Thân Khất Chân
하이바쯩군
Quận Hai Bà Trưng
르엉옌 버스 터미널
Bến Xe Lương Yên
Đại Cồ Việt
잡밧 버스 터미널 방면

A
B
C
1
2
3
4
호떠이(서호)
Hồ Tây(West Lake)
Thanh Niên
꽌탄 사당
Đền Quán Thánh
Trấn Vũ
꽌 탄 거리 Quán Thánh
끄어박 교회
Nhà Thờ Cửa Bắc
판딘풍 거리 Phan Đình
북문
Truy Khuê
Hoàng Hoa Thám
주석궁
Phủ Chủ Tịch
Nguyễn Cảnh Chân
하노이 고성
(탕롱 황성)
Hoàng Thành
Thăng Long
호찌민 생가
Nhà Sàn Bác Hồ
공산당 본부
호찌민 생가 입구
호앙반투 거리
Hoàng Văn Thụ
Ngọc Hà
Dốc Hữ Tiệp
바딘군
Quận Ba Đình
허우러우
(후루)
호앙지에우 거리 Hoàng Diệu
응우옌찌프엉 거리
Nguyễn Tri Phương
Độc Lập
국회 Quốc Hội
바딘 광장
Quảng Trường Ba Đình
D67 건물
호찌민 묘
Lăng Chủ Tịch Hồ Chí Minh
Bắc Sơn
못꼿 사원
Chùa Một Cột
디엔낀티엔(경천전)
호앙지에우 18번지
고고학 유적지
유물 전시실
도안몬(단문)
흐우띠엡 호수
Hồ Hữu Tiệp
호찌민 박물관
Bảo Tàng
Hồ Chí Minh
외무부
B52 승리 박물관
도이깐 거리 Đội Cấn
호찌민 묘 참배객 입구
(보안 검색대)
하노이 고성 입구
(매표소)
꽁 카페
레홍퐁 거리
Lê Hồng Phong
디엔비엔푸 거리
Điện Biên Phủ
훙브엉 거리 Hùng Vương
Sơn Tây
Chu Văn An
깃발 탑
낌마 버스 환승센터
낌마 거리 Kim Mã
중국 대사관
레닌 공원
Công Viên Lê Nin
Aira Boutique H
세인트 폴 병원
응우옌타이혹 거리 Nguyễn Thái Học
짠푸 거리 Trần Phú
Giảng Võ
미술 박물관
Bảo Tàng Mỹ Thuật
Cao Bá Quát
Điện Biên Phủ
풀만 호텔
Pullman Hotel
문묘
Văn Miếu
푸쿠 카페
떰비 Tầm Vị
깟린 거리 Cát Linh
반미에우 거리 Văn Miếu
코토 KOTO
Nguyễn Khuyến
Ngõ Bãi
문묘 입구
Phin Bar by Refined
깟린(깟링) 역
Ga Cát Linh
Gia Restaurant
Hào Nam
Đặng T. Côn
꿕뜨잠 거리 Quốc Tử Giám
Ngõ Sĩ Liên
Trần Quý Cáp
Hào Nam
Thi Điền
Nam Ngư
꽌 안
Quán Ăn N
Trần Quý Cáp
하노이 역
정문
톤득탕 거리 Tôn Đức Thắng
하노이 역
Ga Hà Nội
동다군
Quận Đống Đa
린꽝 호수
Hồ Linh Quang
반쯔엉 호수
Hồ Văn Chương
공항버스(86번)
타는 곳
La Thành
레주언 거리
Lê Duẩn
캄티엔 거리 Khâm Thiên
호텔 닛
하노이
Hotel N
Hanoi

하노이 중심부
하노이 구시가 P.420~421
호안끼엠 호수 주변 P.422~423
라 비엣 커피
만지 Manzi
Day Coffee
롱비엔 버스 환승센터
Điểm Trung Chuyển
Xe Buýt Long Biên
롱비엔 대교
Cầu Long Biên
롱비엔 역
Ga Long Biên
홍강 Sông Hồng
풍흥 벽화거리
동쑤언 시장
Chợ Đồng Xuân
쯔엉즈엉 대교
Cầu Chương Dương
호안끼엠군
Quận Hoàn Kiếm
따히엔 맥주 거리
동낀응이아툭 광장
탕롱 수상 인형극장
항자 갤러리아(쇼핑몰)
Hàng Da Galleria
응옥썬 사당
호안끼엠 호수
Hồ Hoàn Kiếm
성 요셉 성당
Nhà Thờ Lớn
인민위원회 청사
거북이 탑
Tháp Rùa
중앙 우체국
베트남항공 사무실
소피텔 레전드 메트로폴
Sofitel Legend Metropole
호아로 수용소
Hỏa Lò
역사 박물관
Bảo Tàng Lịch Sử
꽌쓰 사원
Chùa Quán Sứ
멜리아 하노이 호텔
Melia Hanoi Hotel
베트남 여성 박물관
Bảo Tàng Phụ Nữ
오페라 하우스
Nhà Hát Lớn
힐튼 하노이 오페라 호텔
Hilton Hanoi Opera Hotel
Cồ Đàm Chay
메종 마루
호아빈 호텔
Hòa Bình Hotel
룩락 Luk Lak
프랑스 대사관
응온 가든
Ngon Garden
All Day Coffee(지점)
Ưu Đàm Chay
한국문화원
분짜 흐엉리엔
퍼 틴 Phở Thìn
티엔꽝 호수
Hồ Thiền Quang
하이바쯩군
Quận Hai Bà Trưng
Hàng Dầu
Hàng Khoai
Hàng Chiếu
Hàng Bạc
Hàng Bè
Hàng Gai
Hàng Bông
Nhà Thờ
Lê Thái Tổ
Lý Thái Tổ
Đinh Tiên Hoàng
Trần Quang Khải
Trần Nhật Duật
Mã Mây
Đồng Xuân
Lý Nam Đế
Phùng Hưng
Yên Phụ
Hàng Than
짱티 거리 Tràng Thi
하이바쯩 거리 Hai Bà Trưng
짱띠엔 거리 Tràng Tiền
응오꾸옌 거리 Ngô Quyền
Lý Thường Kiệt
쩐흥다오 거리 Trần Hưng Đạo
꽌쭝 거리 Quán Trung
판쭈찐 거리 Phan Chu Trinh
레탄똥 거리 Lê Thánh Tông
Phạm Ngũ Lão
Trần Quốc Toản
Ngô Văn Sở
바찌에우 거리 Bà Triệu
항바이 거리 Hàng Bài
Trần Hưng Đạo
응우옌주 거리 Nguyễn Du
레반흐우 거리 Lê Văn Hưu
Hàn Thuyên
Lò Đúc
쩐넛똥 거리 Trần Nhật Tông
공원
Viên Thống Nhất

A
B
C
1
2
3
4
반쑤언 공원
Vạn Xuân
급수탑
Hàng Than
Hàng Đậu
Phan Đình Phùng
롱비엔 역
Ga Long Biên
겸까우 거리 Gầm Cầu
Hàng Giấy
Nguyễn Thiệp
Phùng Hưng
Lý Nam Đế
항코아이 거리 Hàng Khoai
Nguyễn Thiện Thuật
동쑤언 시장
Chợ Đồng Xuân
시장 정문
동쑤언 거리 Đồng Xuân
Cầu Đông
풍흥 벽화거리
Hàng Chai
Hàng Cót
Hàng Lược
리남데 거리
항찌에우 거리 Hàng Chiếu
Hàng Mã
Hàng Đường
Hàng Giấy
Ngõ Gạch
Hàng Cá
Lò Rèn
Hàng Đồng
반꾸온 자쭈옌
Bánh Cuốn Gia Truyền
갤러리 비스포크 칵테일 바
반미 25
Bánh Mì 25
짜까 거리 Chả Cá
MK Prem
Boutique Ho
박마 사
퍼 코이호이
Phở Khôi Hói
Hàng Vải
리틀 볼 Little Bowl
항부옴 거리
Lãn Ông
블랙버드 커피(란옹 지점)
Hàng Bút
쩨 본 무아 Chè 4 Mùa
Hàng Ngang
메종 1929
항가 거리 Hàng Gà
밧쓰 거리 Bát Sứ
Cửa Đông
Bún Chả Cửa Đông
Hàng Phèn
Thuốc Bắc
Hàng Cân
Little Charm
Hanoi Hostel
Quán Bia Hơi Bát Đàn
Hong Hoai's
Restaurant
Hàng Bồ
Hàng Đào
밧단 거리 Bát Đàn
퍼 자쭈옌
Phở Gia Truyền
짜까 탕롱
벱 프라임
Bếp Prime
Lương Văn Can
주말 야시장
Bún Chả
Hàng Quạt
항꽛 거리 Hàng Quạt
소울 스페셜티 커피
스타벅스
Hàng Điếu
To Tịch
La Belle Vie
Tranquil Books & Coffee
Phùng Hưng
Nguyễn Quang Bích
Hàng Nón
Be Wellness
Spa
비스포크
트렌디 호텔
센테 Senté
분보남보 박프엉
미스터 바이 미엔떠이 반쎄오
Bún Chả Đắc Kim
징코 티셔츠
Cafe Phố
항가이 거리 Hàng Gai
엔타이 거리 Yên Thái
Hàng Hòm
Mido Spa
Hà Đông Silk
Tân Mỹ Design
항자 갤러리아(쇼핑몰)
Hàng Da Galleria
Ngõ Tạm
Thương
Hàng Mành
하노이 가든
멧 레스토랑
타이어드 시티
Hàng Hành
노트 커피
Hàng Da
Đường Thành
Hàng Trống
Hàng Bông
Bảo Khánh
기찻길 마을 카페

D
E
F
하노이 구시가
0 60 120m
1
2
3
4
홍강 Sông Hồng
쯔엉즈엉 대교 Cầu Chương Dương
Phúc Tân
쩐녓주앗 거리 Trần Nhật Duật
동하문(東河門)
Đông Hà Môn
껌 포꼬
Cơm Phố Cổ
깟바 익스프레스
찹스(마마이 지점)
tory 47
뗏 바 Tet Bar
Đào Duy Từ
마머이 거리 Mã Mây
Bò Nướng Xuân Xuân
투어리스트
e Sinh Tourist
에라 레스토랑
따히엔 맥주 거리
따히엔 거리 Tạ Hiện
르엉응옥꾸옌 거리
Lương Ngọc Quyến
Serene Spa
블루 버터플라이
뉴 데이 레스토랑
La Mejor Hotel
마머이 87번지
고가옥
분짜따 Bún Chả Ta
Hàng Muối
미 호이안
미 브레드)
라 시에스타 호텔
노라 카페 Nola Cafe
Duong's 2 Restaurant
오 분짜 Ô Bún Chả
반꽁 카페 Ban Công
항박 거리 Hàng Bạc
Hàng Mắm
쏘이 옌 Xôi Yến
퍼 쓰엉 Phở Sướng
항베 거리 Hàng Bè
리틀 하노이
레스토랑
카페 장
Café Giảng
하이웨이 4
Highway 4
항째 거리 Hàng Tre
렉스 하노이 호텔
Tirant Hotel
딘리엣 거리 Đinh Liệt
자응으 거리 Gia Ngư
카페 럼
Cafe Lâm
응우옌흐우후안 거리 Nguyễn Hữu Huân
에메랄드 워터 클래시 호텔
하노이 커피 스테이션
Madame Hiền
Hàng Thùng
하일랜드 커피,
꺼우고 레스토랑
꺼우고 거리 Cầu Gỗ
La Sinfonia Majesty
Bánh Mì Long Hội
Hàng Tre
응이아툭 광장
카페 딘(딩) Cafe Đinh
전기 자동차
타는 곳
탕롱 수상 인형극장
Nhà Hát Múa Rối Thăng Long
하노이 시티 투어 버스 타는 곳
Giao Mua Coffee
Lò Sũ
Bánh Xèo Zòn
Lý Thái Tổ
Hàng Vôi
응옥썬 사당
Đền Ngọc Sơn

A
B
C
1
2
3
4
항자 갤러리아(쇼핑몰)
Hàng Da Galleria
Phùng Hưng
Đường Thành
Ngõ Trạm
JM Marvel Hotel
Hàng Da
Bánh Mì Vui
Hà Trung
항봉 거리 Hàng Bong
멧 레스토랑
항가이 거리
하노이 가든
Hanoi Garden
Bánh Mì Phố
Trung Nguyên Legend
항쫑 거리 Hàng Trống
Loading T
Phở Gà Nguyệt
Chân Cầm
퍼 10
(쌀국수)
블랙버드 커피
리꿕스 거리 Lý Quốc Sư
Master Tan
치에 Chie
나구 Nagu
Pizza 4P's
Báo Khánh
폴라이트 & 코(폴라이트 펍)
Hanoi Pearl Hotel
Lê Thái Tổ
Shinhan Bank
Omamori Spa
Midori Spa
Ngõ Huyện
Duong's
Restaurant
Lý Triều Quốc Sư
(李國師寺)
라 플레이스
메종 마루(냐터 지점)
스타벅스
레타이또 거리
O'Gallery Premier Hotel
Meritel Hanoi
하노이 소셜 클럽
Hanoi Social Club
Spas Hanoi
Silk Path Hotel
Quán Sứ
Ngõ Hội Vũ
Orient Spa
Ấu Triệu
냐터 거리 Nhà Thờ
The Running Bean
성 요셉 성당
Nhà Thờ Lớn
꽁 카페
컬렉티브 메모리
파스퇴르 스트리트
브루잉 컴퍼니
The Chi Boutique Hotel
비엣득 병원
Bệnh Viện Việt Đức
Phủ Doãn
Anatole Hotel
Nhà Chung
애프리콧 호텔
Apricot Hotel
짱티 거리 Tràng Thi
T.U.N.G Dining
Triệu Q Đạt
하노이 타워
서머셋 그랜드 하노이
Somerset Grand Hanoi
자스파스 레스토랑
Jaspas Restaurant
베트남항공
꽁안(경찰서)
Công An
세렌더 Cerender
호아로 수용소
Nhà Tù Hỏa Lò
Phố Sách(북 스트리트)
최고인민법원
하이바쯩 거리 Hai Bà Trưng
Quán Sứ
꽌쓰 사원
Chùa Quán Sứ
경찰 박물관
(공안 박물관)
멜리아 하노이 호텔
Melia Hanoi Hotel
꽝쭝 거리 Quang Trung
리트엉끼엣 거리 Lý Thường Kiệt
Dã Tượng
Bà Triệu
베트남 여성 박물관
Madame Hương(제과점)
편흥다오 거리 Trần Hưng Đạo
내무성
Bộ Nội Vụ

호안끼엠 호수 주변
D
E
F
1
2
3
4
랜드 커피,
고 레스토랑
탕롱 수상 인형극장
Nhà Hát Múa Rối Thăng Long
Lò Sũ
Hàng Vôi
Trần Quang Khải
쩐꽝카이 거리
Vọng Hà
0
60
120m
응옥썬 사당
Đền Ngọc Sơn
Phở Thìn Bờ Hồ
(쌀국수)
리타이또 거리 Lý Thái Tổ
딘띠엔호앙 거리 Đinh Tiên Hoàng
안끼엠 호수
Hoàn Kiếm
Chương Dương
Trần Nguyên Hãn
인민위원회 청사
UBND Thành Phố Hà Nội
리타이또 거리 Lý Thái Tổ
Ngô Quyền
Tông Đản
거북이 탑
Tháp Rùa
Vietcom
Lê Lai
리타이또 황제 동상
Tượng Lý Thái Tổ
Trần Quang Khải
베트남 국립은행
Ngân Hàng Nhà Nước
Lê Thạch
공항버스(86번) 타는 곳
딘띠엔호앙 거리 Đinh Tiên Hoàng
영빈관
Nhà Khách Chính Phủ
호아퐁탑
중앙 우체국
Bưu Điện
Lê Phụng Hiểu
이탈리아 대사관
소피텔 레전드 메트로폴
Sofitel Legend Metropole
Capella Hanoi
따디오또
Tadioto
맥도널드
띠엔 플라자(백화점)
Tràng Tiền Plaza
짱띠엔 거리
탕롱 서점
Nhà Sách Thăng Long
하일랜드 커피
Lý Đạo Thành
시티 은행
혁명 박물관
Bảo Tàng Cách Mạng
피자 포피스(2호점)
Pizza 4P's
껨 짱띠엔
(아이스크림)
Kem Tràng Tiền
L'Espace(프랑스 문화원)
Tràng Tiền
역사 박물관
Bảo Tàng Lịch Sử
호텔 드 오페라
Hotel de L'Opera
엘 가우초(스테이크)
El Gaucho
오페라 하우스
Nhà Hát Lớn Hà Nội
빈민(빙밍)
재즈 클럽
Binh Minh's
Jazz Club
The Coffee House
하이바쯩 거리 Hai Bà Trưng
The Moose & Roo
하일랜드 커피
Highlands Coffee
항바이 거리 Hàng Bài
응오꾸옌 거리 Ngô Quyền
Paris Deli
판쭈찐 거리 Phan Chu Trinh
힐튼 하노이 오페라
Hilton Hanoi Opera
Đặng Thái Thân
리트엉끼엣 거리 Lý Thường Kiệt
Phạm Sư Mạnh
룩락 Luk Lak
레탄똥 거리 Lê Thánh Tông
Phạm Ngũ Lão
호아빈 호텔 Hòa Bình Hotel

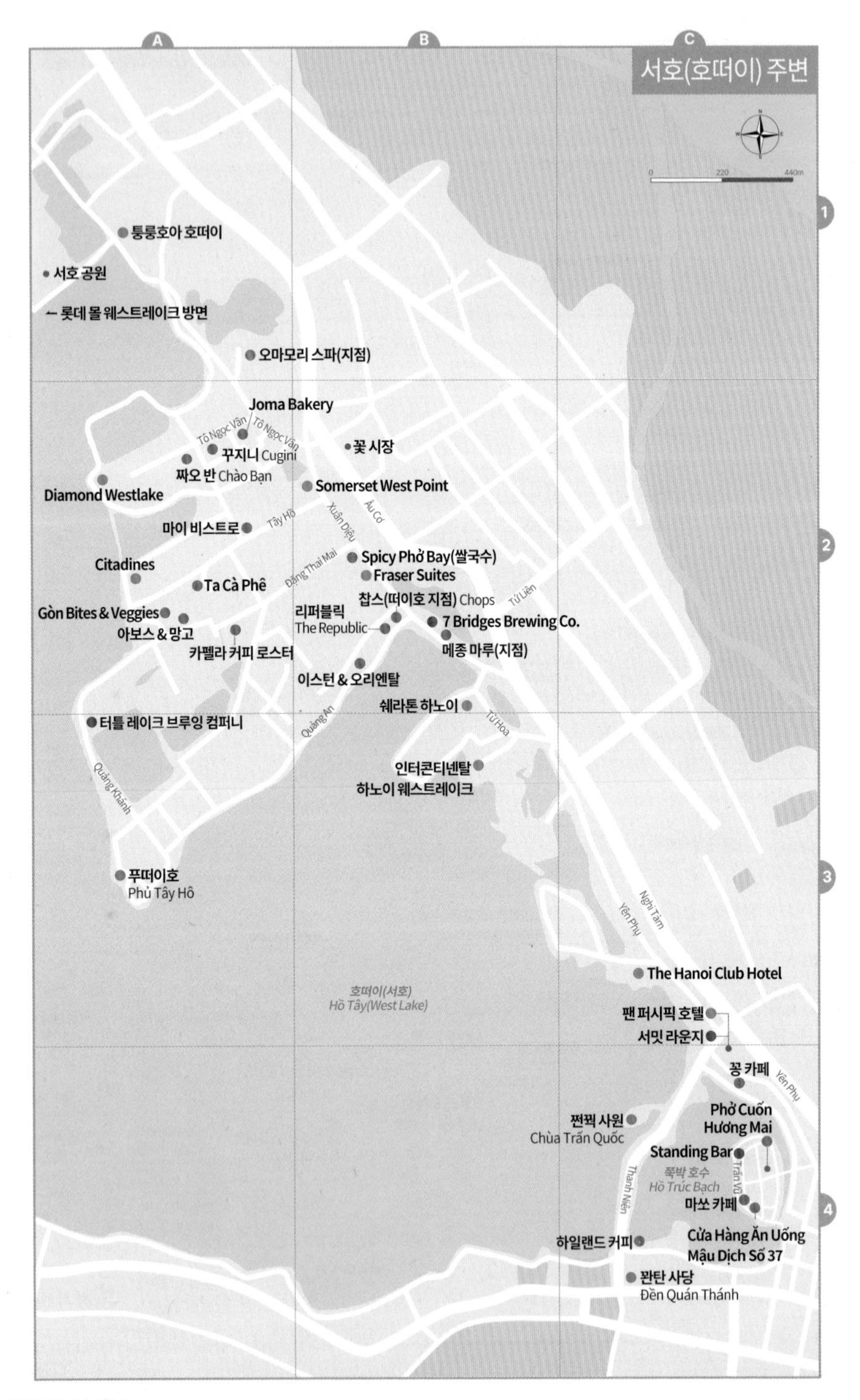
서호(호떠이) 주변
A
B
C
1
2
3
4
0
220
440m
퉁룽호아 호떠이
서호 공원
← 롯데 몰 웨스트레이크 방면
오마모리 스파(지점)
Joma Bakery
Tô Ngọc Vân
Tô Ngọc Vân
꾸지니 Cugini
꽃 시장
짜오 반 Chào Bạn
Diamond Westlake
Somerset West Point
마이 비스트로
Tây Hồ
Xuân Diệu
Âu Cơ
Spicy Phở Bay(쌀국수)
Citadines
Đặng Thai Mai
Fraser Suites
Ta Cà Phê
찹스(떠이호 지점) Chops
Từ Liên
Gòn Bites & Veggies
리퍼블릭
The Republic
7 Bridges Brewing Co.
아보스 & 망고
메종 마루(지점)
카펠라 커피 로스터
이스턴 & 오리엔탈
쉐라톤 하노이
터틀 레이크 브루잉 컴퍼니
Quảng An
Từ Hoa
인터콘티넨탈
하노이 웨스트레이크
Quảng Khánh
푸떠이호
Phủ Tây Hồ
Nghi Tàm
Yên Phụ
The Hanoi Club Hotel
호떠이(서호)
Hồ Tây(West Lake)
팬 퍼시픽 호텔
서밋 라운지
꽁 카페
Yên Phụ
Phở Cuốn
Hương Mai
쩐꿕 사원
Chùa Trấn Quốc
Standing Bar
쭉박 호수
Hồ Trúc Bạch
Trấn Vũ
Thanh Niên
마쏘 카페
Cửa Hàng Ăn Uống
Mậu Dịch Số 37
하일랜드 커피
꽌탄 사당
Đền Quán Thánh

Best Course 하노이 추천 코스

볼거리가 많지만 이틀이면 웬만한 볼거리를 섭렵할 수 있다. 구시가와 프렌치 쿼터, 하노이 고성과 문묘 주변, 호찌민 묘와 호떠이(서호) 지역으로 구분해 구역을 묶어서 여행하면 된다. 박물관들은 입장 시간이 정해져 있으므로 일정을 짤 때 유의해야 한다. 하루 일정이라면 호안끼엠 호수→호찌민 묘→호찌민 생가→못꼿 사원→문묘→구시가→수상 인형극으로 마무리하면 된다.

COURSE 1

첫날(소요시간 6~8시간)

오전에 호찌민 묘와 호떠이(서호) 주변 볼거리를 방문하고, 오후에 문묘와 하노이 고성을 여행한다.

COURSE 2

둘째날(소요시간 6~8시간)

숙소가 있는 구시가 주변을 여행한다. 호안끼엠 호수부터 프렌치 쿼터까지 대부분 걸어 다닌다.

Attractions

하노이의 볼거리

하노이는 오랜 역사만큼이나 볼거리가 많다. 베트남의 과거 역사가 문묘, 하노이 고성, 구시가에 고스란히 녹아 있고, 베트남 현대사의 주요 무대였던 바딘 광장과 호찌민 생가, 호아로 수용소도 있다. 하노이에는 수많은 박물관이 있는데, 베트남의 수도답게 다른 도시에 비해 월등히 많은 내용의 유물과 역사 자료를 전시하고 있다. 도시 곳곳에 호수와 공원, 프랑스 식민지배 때 건설된 콜로니얼 건축물도 산재해 또 다른 볼거리를 제공한다.

구시가 & 프렌치 쿼터

호안끼엠 호수를 끼고 호수 북쪽에 구시가가 널따랗게 펼쳐지고, 호수 동쪽과 남쪽으로 프렌치 쿼터가 있다. 구시가는 탕롱 시절에 궁궐로 들어가는 물건을 만들기 위해 형성된 거리로 하노이 최대 볼거리다. 여행자 호텔도 많아서 많은 이들이 구시가에 터를 잡는다. 프렌치 쿼터는 프랑스령 인도차이나 시절에 건설된 지역으로 유럽풍의 건물이 많다.

Map P.420~421

하노이 구시가 ★★★★★

Old Quarter(36 Streets)
Phố Cổ(36 Phố Phường)

운영 24시간 **요금** 무료 **가는 방법** 호안끼엠 호수 북쪽에 위치해 있다.

'하노이의 영혼'에 해당하는 곳으로 호안끼엠 호수 북쪽에 있는 36개의 거리로 이루어져 있다. 구시가가 형성된 것은 리 왕조가 탕롱을 건설한 11세기로 거슬러 올라간다. 조정에서 사용하던 물건들을 만들기 위해 전국에서 유명한 장인들을 불러 모으며 형성되었다고 한다. 그래서 일반 거주지역과 달리 상점들이 거리를 가득 메우게 되었고, 각각의 거리마다 특화된 상품을 판매하며 오늘날에 이르렀다. 참고로 구시가 왼쪽에 있는 하노이 고성(P.434)이 탕롱 시절 왕궁이 있던 곳이다.

거리마다 특화된 상품을 생산했기 때문에, 거리 이름도 그곳에서 생산되던 물건에서 유래했다. 항드엉 Hàng Đường(설탕), 항무오이 Hàng Muối(소금), 항코아이 Hàng Khoai(고구마), 항마 Hàng Mã(종이), 항꽛 Hàng Quạt(부채), 항찌에우 Hàng Chiếu(돗자리), 항홈 Hàng Hòm(상자), 항티엑 Hàng Thiếc(함석), 항자 Hàng Da(가죽), 항박 Hàng Bạc(은) 등으로 불린다. 참고로 '항'은 상품을 뜻한다.

하노이 구시가는 옛 모습을 고스란히 간직하고 있다. 과거에 비해 판매하는 물건들은 다소 변동이 생겼지만, 생동감 넘치는 풍경은 변함이 없다. 전통적으로 거래되던 물건 이외에 의류, 선글라스, 액세서리, 과자, 커피, 인형, 담배, 말린 과일까지

하노이 구시가

성벽의 흔적이 남아있는 구시가 동하문

좁은 골목길이 가득한 구시가

Travel Plus+ 하노이 구시가의 주요 거리 이름

항마 Hàng Mã

종이 거리였던 '항마'는 붉은색 홍등과 불교 용품을 판매해 거리 색이 화려하다. 한눈에 봐도 식별 가능한 미국 달러 위조지폐도 판매된다. 위조지폐는 망자의 혼을 달래기 위해 제례 용품과 함께 불에 태울 때 쓴다.

항가이 Hàng Gai

베옷(麻)을 팔던 거리였는데, 현재는 하노이를 대표하는 실크 부티크 숍이 들어선 쇼핑가로 변모했다. 기념품 가게도 많다.(P.472)

항박 Hàng Bạc

은이 거래되던 거리답게 금은방이 많다. 항박 거리에서 이어지는 항맘 거리 Hàng Mắm에는 비석 상점이 많다.

따히엔 Tạ Hiện

구시가에서 외국인 여행자들을 가장 많이 볼 수 있는 곳이다. 200m 정도 되는 좁은 길에 맥주 노점이 가득해 맥주 거리 Beer Street(P.468)로 알려졌다.

마머이 Mã Mây

구시가에서 중급 호텔들이 많은 거리이지만, 오래된 목조 전통 가옥들도 남아 있다. 마머이 87번지 고가옥 Heritage House(현지어 Ngôi Nhà Di Sản 87 Mã Mây, 운영 매일 08:30~12:00, 13:00~17:30, 요금 1만 VND)은 원형을 보존해 박물관처럼 입장료를 받고 일반에게 개방한다.

풍흥 벽화 거리

항꽛 Hàng Quạt

부채를 팔던 거리였으나 현재는 제기 용품 상점이 밀집해 있다.

항찌에우 Hàng Chiếu

돗자리를 팔던 거리로 등나무나 등심초를 엮어 만든 발과 돗자리, 방석, 매트리스를 판매한다.

항디에우 Hàng Điếu & 항저이 Hàng Giấy

차, 커피, 과자, 캔디를 판매하는 상점들이 몰려 있다. 항저이 거리에는 커피와 술을 판매하는 상점이 많다.

항저우 Hàng Dầu & 꺼우고 Cầu Gỗ

호안끼엠 호수 북단에 있는 거리다. 신발, 샌들, 구두 가게가 줄지어 있다.

란옹 Lãn Ông

한약재를 팔던 거리로 현재도 변함없이 약재상이 즐비하다.

풍흥 Phùng Hưng

구시가 오른쪽 끝자락에 있는 200m 길이의 거리. 한국·베트남의 화가들이 합작해 만든 벽화로, 풍흥 벽화 거리 Phung Hung Mural Street (Phố Bích Họa Phùng Hưng)라고 불린다.

홍등과 제례용품이 판매되는 항마 거리

따히엔 맥주 거리

상품들이 다변화했고, 상점들이 더 많아진 것이 변화라면 변화다. 거리는 좁은 골목들이 미로처럼 연결되어 있어 지도를 보더라도 거리를 가늠하기 힘들 정도로 복잡하다. 구시가를 여행하는 가장 좋은 방법은 당연히 걷는 것이다.

Map P.420-C1

동쑤언 시장 ★★☆

Dong Xuan Market
Chợ Đồng Xuân

주소 Đường Đồng Xuân, Quận Hoàn Kiếm **영업** 매일 07:00~18:00 **가는 방법** 호안끼엠 호수에서 도보 15분.

하노이 최대 규모를 자랑하는 재래시장이다. 1889년부터 시장을 형성했으며, 여러 차례 증축을 거쳤다. 현재 모습은 1994년의 화재 이후 새롭게 건설한 것이다. 3층 규모의 대형 상설 시장으로 식료품과 생활용품부터 티셔츠, 신발, 가방, 기념품 매장까지 소규모 도매상이 시장 안을 가득 메우고 있다. 시장 주변으로 노점 식당들도 밀집해 있다. 사람들이 많이 모이는 곳으로 소지품에 주의하자.

동쑤언 시장

하노이 이정표 역할을 하는 호안끼엠 호수

Map P.419-E3, Map P.423-D1

호안끼엠 호수 ★★★★

Hoan Kiem Lake
Hồ Hoàn Kiếm

주소 Đường Lê Thái Tổ & Đường Đinh Tiên Hoàng **운영** 24시간 **요금** 무료 **가는 방법** 구시가 남쪽에 있다.

하노이 도심에 있는 아담한 호수다. 길이 700m, 폭 250m로 규모는 작다. 옛날에는 호수 물빛이 녹색을 띠고 있어서 룩투이 호수(绿水湖) Luc Thuy Lake(Hồ Lục Thủy)라고 불렸다. 하노이의 이정표와 같은 곳으로 구시가와 인접해 있다. 전설적인 이야기들과 연관되어 있어 하노이에서 빼놓을 수 없는 볼거리다. 호안끼엠은 '검을 돌려주다'라는 뜻으로 한자로 쓰면 환검(還劍)이 된다. 중국 명나라의 지배로부터 베트남을 독립시킨 레러이 Lê Lợi(1384~1433년) 장군의 업적과 연관되어 있다. 레러이 장군이 호수를 거닐 때 거북이가 나타나 신성한 검을 건네줬다고 한다.
거북이는 레러이 장군에게서 중국을 물리치면 반드시 신성한 검을 되돌려줘야 한다는 약속을 받았고, 10년간의 전쟁에서 승리한 레러이 장군이 호수로 돌아오자 거북이가 나타나 신성한 검을 회수해갔다고 한다. 그 후 레러이 장군은 레 왕조 Lê Dynasty를 창건하며 국왕(黎太祖, 레타이또 Lê Thái Tổ, 재위 1428~1433년)의 자리에 올랐다.
호안끼엠 호수 중앙에는 아담한 거북이 탑(Tháp Rùa)이 세워져 있고, 호수 북쪽에는 응옥선 사당이 있다. 호수를 끼고 산책로가 형성되어 있으며 나무그늘 아래 벤치가 놓여 있고, 야외 카페도 많아 휴식하기 좋다. 하노이 사람들은 아직도 거북이가 호수에서 서식하고 있다고 굳게 믿는다.

호안끼엠 호수의 거북이 탑

호안끼엠 호수 전경

Map P.419-E2, Map P.423-D1

응옥썬 사당(玉山祠) ★★★

Ngoc Son Pagoda
Đền Ngọc Sơn

주소 Đường Đinh Tiên Hoàng, Quận Hoàn Kiếm **운영** 07:00~19:00 **요금** 5만 VND **가는 방법** 호안끼엠 호수 북단으로 탕롱 수상 인형극장 맞은편에 입구가 있다.

호안끼엠 호수 안쪽의 작은 섬에 만든 도교·유교 사당이다. 13세기부터 존재했던 사당이지만 현재 모습은 1864년에 만들어진 것이다. 초록색 호수 위에 있는 섬의 모양이 옥으로 만든 산처럼 보인다 하여 응옥썬(옥산 玉山)이라고 이름을 지었다. 사당으로 들어가려면 붉은색 나무다리('아침햇살이 깃들다'라는 의미로 서욱교[棲旭橋] Cầu Thê Húc라고 불린다)를 건너야 한다.

사당 내부에는 몽골 제국(원나라) 해군을 격퇴시킨 쩐흥다오 장군 Trần Hưng Đạo(P.64), 문(文)을 상징하는 반쓰엉데뀐(문창대제 文昌帝君) Văn Xương Đế Quân, 무(武)를 상징하는 꽌번쯔엉(관운장 關雲長) Quan Vân Trường도 함께 모셨다.

응옥썬 사당 입구

응옥썬 사당은 나무 다리(서욱교)로 연결된다

충의(忠義)라고 쓴 한자가 사당 내부에 크게 적혀 있다. 참고로 꽌번쯔엉은 관운장, 즉 관우를 뜻한다. 유리관 안에 전시된 박제 거북이는 1968년에 호안끼엠 호수에서 포획된 거북이라고 한다. 길이는 2m, 무게는 260kg이나 되는데 호수와 연관된 전설 때문인지 호기심 어린 눈빛으로 쳐다 보는 사람들이 많다. 복장 제한이 있으니 민소매, 짧은 치마나 바지 등 노출이 심한 옷은 삼가야한다.

알아두세요 하노이의 역사

하노이의 역사는 도시 이름에 고스란히 묻어납니다. 여러 왕조가 하노이를 수도로 정하며, 도시 이름도 변경되었기 때문입니다. 하노이가 베트남의 수도로 등장한 것은 1010년의 일입니다. 다이비엣 Đại Việt을 건국한 리타이또 황제가 홍강에서 용이 승천하는 것을 보고 탕롱(昇龍) Thăng Long이라고 도시 이름을 지었다고 합니다. 1397년 떠이도(西都) Tây Đô(오늘날의 탄호아 Thanh Hóa)로 천도하면서 탕롱은 동쪽 수도라는 의미로 동도(東都) Đông Đô가 되었습니다. 1428년 중국 명나라의 지배에서 독립을 이룬 레러이 장군은 동도에서 동낀(동낑) Đông Kinh(동쪽 수도라는 뜻으로 한자로는 東京이다)으로 개명하며, 레 왕조의 수도로 삼았습니다. 동낀(동낑)은 유럽에 통킹 Tonking으로 알려지면서 잘못된 발음이 고유한 지명처럼 변모했습니다. 프랑스가 인도차이나를 지배할 때 북부 베트남을 통킹이라 칭했습니다. 현재까지도 하노이 앞바다는 통킹만 Gulf of Tonking으로 불립니다.
그 후 왕조의 변화와 관계없이 베트남의 수도로 군림하다가 응우옌 왕조가 베트남을 통일하며 중부 지방인 후에(훼)로 천도하면서 도시 이름도 하노이로 개명되었습니다. 프랑스는 사이공(호찌민시)을 수도로 삼아 인도차이나를 통치했으나 1902년에 하노이로 수도를 변경했습니다. 이로써 하노이가 100년 만에 수도로 복귀하게 되었습니다. 바딘 광장(P.440)에서 호찌민의 독립 선포(1945년), 인도차이 전쟁과 남북 분단(1954년), 베트남 전쟁과 베트남 통일(1975년)까지 베트남 현대사에서 수도 자리를 굳건히 지켰습니다. 하노이는 2010년에 베트남의 수도가 된 1000주년 기념행사를 성대히 치렀습니다.

Map P.423-F4

오페라하우스 ★★★☆
Opera House
Nhà Hát Lớn Hà Nội

주소 1 Tràng Tiền, Quận Hoàn Kiếm **전화** 024-3826-7361 **홈페이지** www.hanoioperahouse.org.vn **운영** 24시간 **요금** 무료(내부 입장 불가) **가는 방법** 짱띠엔 거리 끝에 있다.

하노이를 대표하는 콜로니얼 건축물이다. 프랑스가 베트남을 지배하던 시기인 1911년에 건설되었다. 파리의 오페라하우스(팔레 가르니에 Palais Garnier)를 그대로 모방해 만들었다. 아치형 문과 발코니, 박공벽을 아름답게 조각한 것이 특징이다. 차이점이라면 더위를 피하기 위해 건물 입구는 이중 현관으로 되어 있고, 천장을 높게 만들어 통풍에도 신경을 썼다. 우아한 건물을 배경삼아 사진 찍기 좋은 장소지만, 내부 입장은 불가하다.

Map P.423-E2

리타이또 황제 동상 ★★
Statue of Emperor Ly Thai To
Tượng Lý Thái Tổ

주소 Đường Đinh Tiên Hoàng, Quận Hoàn Kiếm

오페라하우스

탕롱(하노이)을 건설한 리타이또(이태조) 황제 동상

운영 24시간 **요금** 무료 **가는 방법** 호안끼엠 호수 오른쪽에 있는 인민위원회 청사와 중앙 우체국 사이에 있다.

호안끼엠 호수 동쪽의 작은 공원에 세워진 동상이다. 리타이또(李太祖) Lý Thái Tổ(재위 1009~1028년) 황제는 오늘날의 하노이가 있게 한 인물로 리 왕조를 창시한 첫 번째 왕이다. 본명은 리꽁우언(李公蘊) Lý Công Uẩn. 국왕이 된 지 1년 만인 1010년에 호아르 Hoa Lư(P.482)에서 탕롱(昇龍) Thăng Long(오늘날의 하노이)으로 천도하며 국가의 기틀을 마련했다. 종교적으로는 불교를 국교로 삼았고, 중국 송나라와 외교 관계를 유지했으며, 백성을 사랑한 성군으로 평가받는다. 탕롱은 하노이로 도시 이름이 바뀌었으나, 천년이 흘렀음에도 여전히 베트남의 수도로 군림하고 있다.

Map P.422-A3

꽌쓰 사원(舘使寺) ★★
Chùa Quán Sứ

주소 73 Quán Sứ, Quận Hoàn Kiếm **운영** 07:30~11:30, 13:30~17:30 **요금** 무료 **가는 방법** 꽌쓰 거리 73번지에 있다.

15세기에 지어진 유서 깊은 사원으로 베트남 불교협회 본부가 위치한다. 꽌쓰는 관사(舘使)를 뜻한다. 다이비엣(당시 베트남 국가 명칭)을 방문한 사신들의 거처로 사용됐는데, 관사에 머무는 동안 종교 활동을 하며 자연스레 불교 사원의 역할을 하게 됐다. 사원의 중요도에 비해 규모는 크지 않고, 시내 중심가에 있기 때문에 신비로운 산사의 느낌은 없다.

꽌쓰 사원

Map P.417-E2

롱비엔 대교 ★★
Long Bien Bridge
Cầu Long Biên

운영 24시간 **요금** 무료 **가는 방법** 롱비엔 기차역 앞에 있다. 롱비엔 버스 환승센터에서 남쪽으로 200m, 동쑤언 시장에서 동쪽으로 600m.

롱비엔 대교는 프랑스의 식민지배와 베트남 전쟁과 관련해 상징적인 의미를 지닌다. 홍강 위에 건설된 철교로 하노이 동부 지역인 자럼 Gia Lâm을 연결한다. 녹슬고 오래되어서 철교는 볼품없지만 여전히 수많은 사람들이 이용하는 교량이다.
1899년부터 1902년까지 프랑스 식민지배 동안 건설되었다. 철교의 총 길이는 2.4㎞로 철도 건설에 필요한 건축 자재를 전량 프랑스에서 가져와 공사했다고 한다. 교량 왼쪽 끝(롱비엔 역 방향)에 있는 철판에는 시공사인 데디 & 필레 Daydé & Pillé라는 문구가 적힌 명판이 선명하게 남아있다. 건설 당시에는 아시아에서 가장 긴 다리(교량)였으며, 인도차이나 총독을 지낸 폴 두메 Paul Doumer(1857~1932년)의 이름을 따서 두메 대교 Doumer Bridge라고 불렸다. 현재 롱비엔 대교는 기차가 지나는 철로와 오토바이, 자전거, 사람이 지나다니는 보행로가 있다. 자동차는 롱비엔 대교 남쪽에 새로 건설한 쯔엉즈엉 대교 Chuong Duong Bridge(Cầu Chương Dương)를 이용해야 한다.

롱비엔 대교

역사 박물관

Map P.423-F3

역사 박물관 ★★★
History Museum
Bảo Tàng Lịch Sử

주소 1 Tràng Tiền, Quận Hoàn Kiếm **전화** 024-3825-3518 **홈페이지** www.baotanglichsu.vn **운영** 화~일요일 08:00~12:00, 13:30~17:00 **휴무** 월요일 **요금** 4만 VND(학생 2만 VND) **가는 방법** 짱띠엔 거리 1번지에 있다. 오페라하우스에서 200m 떨어져 있다.

베트남 역사를 일목요연하게 정리한 박물관으로 본관(주소 1 Tràng Tiền)과 별관(주소 Trần Quang Khải)으로 구분되어 있다. 프랑스가 인도차이나에 건설한 전형적인 콜로니얼 건물이다. 한때 프랑스 영사관 및 총독 관저로 쓰였으며, 1910년부터는 프랑스 식민정부에서 동아시아 지역 연구와 답사를 위해 설립했던 국립 극동 아시아 연구원(Ecole Francaise d'Extreme Orient)의 본부로 사용되었다. 1932년부터 국립 극동 아시아 연구원에서 발굴한 유물들을 전시했으며, 베트남이 독립하면서 1958년부터 국립 역사 박물관으로 사용되고 있다.
역사 박물관의 전시 면적은 2,200㎡로 선사 시대부터 현재에 이르기까지 연대기 순서에 따라 섹션을 구분해 총 7,000여 점의 유물을 전시하고 있다.
1층 전시실은 동썬 Đông Sơn(B.C. 7세기~B.C. 2세기)과 싸후인 Sa Huỳnh(B.C. 1000~A.D. 200년)에서 발굴된 고대 유적부터 딘 왕조 Đinh Dynasty(9세기), 리 왕조 Lý Dynasty(1009~1225년), 쩐 왕조 Trần Dynasty(1226~1400년)까지 근대 역사를 소개하고 있다.
2층 전시실은 호 왕조 Hồ Dynasty(1400~1407년)부터 응우옌 왕조 Nguyễn Dynasty(1802~1945

역사 박물관 전시실

년)를 거쳐 1945년 8월 혁명을 통해 독립을 선포하기까지의 내용으로 꾸몄다. 응우옌 왕조 시대에 쓰이던 자수를 넣어 만든 걸개, 자개 제품, 불교 미술품이 볼 만하다. 8번 전시실에 참파 왕국 Cham Pa Kingdom(P.322 참고)의 유물을 별도로 전시하고 있다. 참파 왕국은 베트남 중부에 들어섰던 힌두 문명으로 시바, 비슈누, 가루다, 가네쉬 같은 힌두교 신들의 석조 조각이 전시되어 있다.

Map P.422-B2

성 요셉 성당(하노이 대교회) ★★★☆

Saint Joseph Cathedral
Nhà Thờ Lớn Hà Nội

주소 3 Nhà Thờ, Quận Hoàn Kiếm **전화** 024-3838-5967 **운영** 월~토요일 08:00~11:00, 14:00~17:00, 일요일 07:00~11:30, 15:00~21:00 **요금** 무료 **가는 방법** 호안끼엠 호수 왼쪽의 냐터 거리에 있다.

프랑스 식민지배 시절이던 1886년에 건설한 로마 가톨릭 성당이다. 프랑스 건축가(Monseigneur Pigneau de Behaine)가 설계해서 만들었으며, 1912년 개축하면서 두 개의 사각형 첨탑을 추가하며 고딕 양식으로 변모했다.

성당 내부는 아치형 천장에 스테인드글라스로 치장되어 있으나 외부는 거무스름한 색으로 변모해 우아함은 없어졌다. 1975년 베트남 통일 이후 성당은 폐쇄되었다가 1985년부터 종교 행위를 허용하고 있다. 성당 앞으로 뻗은 냐터 거리 Đường Nhà Thờ는 처치 스트리트 Church Street라고 불린다. 유럽풍의 레스토랑과 카페가 즐비하고 부티크 숍이 많아 분위기가 좋다.

성 요셉 성당

Map P.422-C4

베트남 여성 박물관 ★★★☆

Vietnamese Women's Museum
Bảo Tàng Phụ Nữ Việt Nam

주소 36 Lý Thường Kiệt, Quận Hoàn Kiếm **전화** 024-3825-9936 **홈페이지** www.baotangphunu.org.vn **운영** 매일 08:00~17:00 **요금** 4만 VND **가는 방법** 호안끼엠 호수 남쪽의 리트엉끼엣 거리 36번지에 있다.

베트남 여성의 삶에 초점을 맞춘 박물관이다. 베트남의 다수 인종인 비엣족을 비롯해 산악에 거주하는 소수민족까지 다양한 여성들의 삶에 대해 소개하고 있다. 전시실은 층을 구분해 가정에서의 여성 Women in Family(2층), 역사 속의 여성 Women in History(3층), 여성의 패션 Women's Fashion(4층)에 관한 주제로 꾸몄다.

2층 전시실로 올라가면 결혼과 출산에 관한 내용을 시작으로, 농업과 어업은 물론 요리와 육아, 집안일까지 도맡았던 베트남 여성의 삶 전반에 관한 내용을 일목요연하게 전시하고 있다. 3층 전시실은 독립 투쟁과 사회주의 통일로 이어지는 베트남의 현대사에서 여성의 역할을 다루고 있다. 4층은 여성의 패션에 관한 내용이다. 다양한 민족의 의상과 제작 기법, 장신구, 사진을 전시하고 있다.

베트남 여성 박물관

전통 의상을 전시한 4층 전시실

Map P.419-D3, Map P.422-A3

호아로 수용소(호아로 형무소) ★★★☆

Hoa Lo Prison
Nhà Tù Hỏa Lò

주소 1 Hỏa Lò, Quận Hoàn Kiếm **전화** 024-3824-6358 **홈페이지** www.hoalo.vn **운영** 매일 08:00~17:00 **요금** 5만 VND(오디오 가이드 10만 VND) **가는 방법** 하노이 타워 빌딩을 바라보고 왼쪽에 있다. 호안끼엠 호수 남단에서 800m.

1896년에 프랑스 식민정부가 건설한 베트남 최대의 정치범 수용소였다. 450명을 수용할 수 있는 규모였으나 1930년대에는 2,000명 가까이 수용되어 있었다고 한다. 프랑스 지배에 반기를 드는 '반역자'들을 수용했는데, 베트남 입장에서 보면 독립투사들이 대거 투옥되었던 곳이다. 프랑스 지배자들이 중앙 형무소(Maison Centrale)라고 불렀던 것과 달리 베트남 사람들은 '호아로(불타는 용광로)'라고 부르며 투쟁의 의지를 다졌다.

베트남 전쟁 기간 동안에는 북부 베트남군이 미군 포로를 수용하며 포로수용소로 전환되었다. 열악한 시설과 고문으로 인해 악명이 높았다. 이를 비꼬는 의미에서 '하노이 힐튼 Hanoi Hilton'이라고 서방세계에 알려지기도 했다(하노이에 있는 진짜 힐튼 호텔은 1999년에 문을 열었다). 참고로 미국 공화당 대통령 후보였던 존 매케인 John McCain, 초대 베트남 대사를 지냈던 피트 피터슨 Pete Peterson이 호아로 수용소에서 전쟁 포로 생활을 하기도 했다(존 매케인이 입고 있었던 전투기 조종복이 전시되어 있다).

호아로 수용소(호아로 형무소)

전쟁포로였던 존 매케인이 입고 있었던 전투복

현재 호아로 수용소는 하노이 시내 중심가에 위치해 있다. 대형 호텔과 오피스 빌딩이 들어선 '하노이 타워 Hanoi Tower'를 건설하며 수용소 부지를 매각했지만, 역사 교육을 위해 일부는 그대로 남겨두었다. 포로를 수용했던 방들과 고문 도구, 당시 상황을 설명하기 위해 만든 모형과 사진들이 전시되어 있다.

Map P.418-C3, Map P.420-A4

기찻길 마을 ★★★★

Train Street
Phố Đường Tàu Hà Nội

주소 Đường Trần Phú, Phố Đường Tàu Hà Nội **운영** 24시간 **요금** 무료 **가는 방법** ①하노이 역에서 북쪽 방향으로 연결된 철길이다. 디엔비엔푸 거리 Điện Biên Phủ와 쩐푸 거리 Trần Phú를 가로지른다. ②구시가 서북쪽의 풍흥 거리 Phùng Hưng에서 쩐푸 거리 방향으로 들어가면 된다. ③디엔비엔푸 거리 8번지와 10번 사이로 들어가도 된다.

철로 옆으로 가옥이 옹기종기 늘어서 있어 '기찻길 마을'로 불린다. 1902년에 건설된 롱비엔 대교(철교)에서 이어지는 철도로 하노이 역에서 출발한 기차가 아직도 운행되고 있다. 대규모 촌락이 형성되었다거나, 역사 유적으로 보호되고 있는 특별한 곳은 아니다. 베트남에서는 흔한 마을의 모습이지만, 외국 관광객에게는 아날로그적인 풍경이 묘한 감흥을 불러일으키기에 사진 찍으러 많이들 찾는 곳이다. 기찻길을 따라 카페도 들어서 있다(P.458 참고).

인기 관광지로 급부상하면서 기차 운행에 문제를 야기할 정도로 많은 관광객이 몰려들기 시작했다. 특히 기차가 철길을 지나는 저녁 시간에 붐빈다. 안전을 이유로 공안(경찰)에서 출입을 통제하는 경우도 있으므로, 방문하기 전 최근 상황을 확인해 보는 게 좋다.

기찻길 마을

하노이 고성 & 문묘

하노이와 베트남의 역사를 유추해볼 수 있는 볼거리가 많다. 하노이 고성은 탕롱 시절 황제들이 머물던 황궁이 있던 곳으로, 2010년부터 유네스코 세계문화유산으로 보호되고 있다. 공자 사당인 문묘에서는 유교 국가인 베트남의 전통을 느낄 수 있다.

Map P.418-C1~C2

하노이 고성(탕롱 황성) ★★★
Hanoi Citadel(Thang Long Imperial Citadel)
Hoàng Thành Thăng Long

주소 9 Hoàng Diệu, Quận Ba Đình **전화** 024-3734-5927 **홈페이지** www.hoangthanhthanglong.vn/en/ **운영** 매일 08:00~17:00 **요금** 10만 VND **가는 방법** 군사 박물관과 깃발 탑을 지나서 호앙지에우(황지에우) 거리로 들어가면 된다. 매표소는 도안몬 앞쪽으로 200m 떨어져 있다.

1010년 탕롱(하노이의 옛 이름) Thăng Long을 수도로 정한 리타이또 황제에 의해 건설된 축성 도시다. 황궁을 중심으로 한 도성으로 쩐 왕조와 레 왕조를 거쳐 1810년 후에(훼)로 천도할 때까지 베트남의 수도로 쓰였다.

총 면적은 4만 7,700㎡나 되지만 기나긴 전쟁을 겪으면서 대부분 건물이 파괴되었고(성벽은 흔적도 없이 사라졌다), 현재는 상당 부분 군사지역으로 묶여 있다. 일반에게 공개된 곳은 도안몬(端門), 허우러우(後樓), 박몬(北門), 깃발 탑(P.436)이 전부다. 호앙지에우 거리에서 고성 유적이 발굴되면서 2010년부터 유네스코 세계문화유산으로 지정해 보호하고 있다.

탕롱은 오늘날의 하노이에 해당하기 때문에 영어 명칭은 탕롱 시타델 Thang Long Citadel과 하노이 시타델 Hanoi Citadel이 혼용해서 쓰인다. 현지어로는 탕롱 시대에 건설된 황성(皇城)이란 의미로 호앙탄 탕롱 Hoàng Thành Thăng Long이라고 부른다.

도안몬(단문 端門)
Đoan Môn

하노이 고성에서 가장 볼 만한 것은 도안몬(端門)이다. 15세기 레 왕조 시절에 건설된 성문이다. 길이 47m, 높이 13m의 성문 위에 누각을 세웠다. 외궁과 내궁을 연결하던 출입문으로 2층 누각까지 올라갈 수 있다. 도안몬은 5개의 아치형 출입문을 냈다. 정중앙에 있는 가장 큰 출입문은 황제만이 사용할 수 있었고, 나머지 출입문은 무관과 무관, 왕족들이 출입할 때 사용했다고 한다. 황제가 출입하던 중앙 출입문 위쪽에는 한자로 단문(端門)이라고 적힌 석조 현판이 있다. 참고로 내궁은 황제의 집무실과 침전이 있던 곳으로 뜨검탄 Tử Cấm Thành, 즉 자금성(紫禁城)으로 불렸던 곳이다. 내궁에 있던 궁전들은 전란으로 대부분 파괴되었다.

디엔낀티엔(경천전 敬天殿)
Điện Kính Thiên

황궁 정중앙에 위치한 황제의 집무실로 경천전(敬天殿)이라 부른다. 레 왕조를 건설한 레타이또 황제 Lê Thái Tổ(1428~1433년)가 중국의 지배 기간 동안 피해를 입었던 황궁을 재건하면서 궁궐도 재

하노이 고성(도안몬)

석조 계단만 남아있는 디엔낀티엔(경천전)

건했다고 한다(1428년). 프랑스가 베트남을 침략하는 과정에서 전란으로 인해 파괴되었다. 현재는 왕궁의 석조 기단과 계단만 남아 있을 뿐이다(석조 기단 위에 목조 건물을 건설했었다고 한다). 기단은 길이 57m, 너비 41.5m, 높이 2.3m로 되어있다. 석조 계단에는 황제를 상징하는 용이 조각되어 있다.

유물 전시실
Archaeological Artifacts Display
Nhà Trưng Bày Hiện Vật Khảo Cổ

하노이 고성과 주변 지역에서 발굴된 유물을 전시하는 전시실이다. 탕롱 시절에 건설된 황궁과 궁전 건설에 쓰였던 건축 재료, 정교한 모양의 기와 장식, 도자기, 그릇, 접시, 무기, 왕족들이 사용하던 장신구를 관람할 수 있다. 중국(당나라부터 청나라까지)과 일본에서 건너온 도자기도 함께 전시하고 있는데, 당시에 중국·일본과 교역했던 흔적을 엿볼 수 있다.
유물 전시실은 도안몬(단문)과 디엔낀티엔(경천전) 사이에 있다. 왕궁과 전혀 어울리지 않는 유럽풍의 콜로니얼 건축물이라 눈길을 끈다. 추가 입장료 없이 관람이 가능하다.

D67 건물
Nhà D67

디엔낀티엔 뒤쪽에 있는 파란색 건물이다. 베트남

유물 전시실

하노이 고성에서 발굴된 기와 장식

호찌민과 보응우옌잡이 작전을 지휘하던 D67 건물 내부

하노이 고성(허우러우)

전쟁 때 북부 베트남군의 작전 본부로 쓰였던 곳이다. 미군 폭격에 대비해 지하 10m까지 벙커를 만들어 군사 작전을 수행했다고 한다. 작전 상황실, 회의실을 포함해 군사 지도, 통신 장비, 흑백 사진 등이 전시되어 있다.

허우러우(후루 後樓)
Hậu Lâu

D67 건물 뒤쪽에 있는 석조 3층 누각이다. 탕롱을 건설한 리 왕조가 아니라 후에로 천도한 응우옌 왕조에서 건설했다. 응우옌 왕조의 황제들이 하노이를 방문했을 때 대동했던 후궁들이 머물던 곳이다. 1870년 프랑스의 침략으로 파괴되었으나, 전망대로 더없이 좋은 지형적 위치 때문에 프랑스가 1876년에 군사 목적으로 재건축했다.

호앙지에우 18번지 고고학 유적지
18 Hoàng Diệu Archaeological Site

호앙지에우 Hoàng Diệu 거리를 사이에 두고 하노이 고성과 마주하고 있다. 디엔낀티엔(경천전)을 지나 하노이 고성을 나오면 큰 길 맞은편에 입구가 있다. 국회의사당을 신축하기 위해서 땅을 팠으나 유물이 발굴되면서 역사 유적지로 보존하고 있다. 베트남의 수도 한복판에서 역사 유적이 발

호앙지에우 18번지 유적 발굴 현장

굴됐기 때문에, 2002년 12월부터 2004년 3월까지 대대적인 발굴 작업이 진행됐다. 탕롱을 건설한 리 왕조 Ly Dynasty(1009~1225년)뿐만 아니라 1,300년 전의 유물까지 출토됐다고 한다. 엄청난 양의 도자기와 기와, 대포, 무기, 장신구와 보석 등이 이곳에서 발굴됐다. 총 면적 1만 9,000㎡에 이르는 발굴 현장을 보존하고 있다.

Map P.418-C1

북문(北門) ★★
Cửa Bắc

주소 46 Phan Đình Phùng, Quận Ba Đình **운영** 24시간 **요금** 무료 **가는 방법** 끄어박 교회 맞은편의 판딘풍 거리 46번지에 있다.

탕롱(하노이의 옛 이름)을 감쌌던 도성의 북쪽 출입문이다. 1805년 응우옌 왕조 시절에 건설됐으며, 석조 현판에는 한자로 정북문(正北門)이라고 적혀 있다. 9m 높이로 꼭대기에는 망루가 설치되어 있다. 도성을 감싸고 있던 5개의 출입문 중에 유일하게 남아 있는 출입문이라 역사적인 가치를 지닌다. 잘 들여다보면 움푹 파인 자국이 보이는데, 이는 프랑스 군대가 탕롱(하노이)을 함락하기 위해 군사 작전을 벌이면서 생긴 포탄 자국이다.

탕롱 황성 북문

Map P.418-C4

깃발 탑(국기 게양대) ★★
Cột Cờ

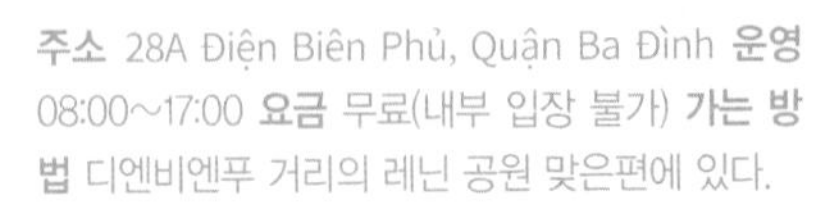

주소 28A Điện Biên Phủ, Quận Ba Đình **운영** 08:00~17:00 **요금** 무료(내부 입장 불가) **가는 방법** 디엔비엔푸 거리의 레닌 공원 맞은편에 있다.

디엔비엔푸 거리를 걷다 보면 벽돌로 쌓아올린 탑 꼭대기에서 금성홍기(베트남 국기)가 나부끼는 모습을 선명하게 볼 수 있다. 과거 탕롱 황성(오늘날의 하노이 고성)의 남문 터에 올라섰던 건물로, 응우옌 왕조가 들어서면서 1805년 국기 게양을 위해 건설한 것이다. 사각형 기단 위에 3층 규모로 세워진 탑의 높이는 33.4m(깃대까지 합치면 41m)다. 프랑스군의 폭격으로 폐허가 된 탕롱 황성과 달리 원형을 그대로 보존하고 있는데, 그 이유는 프랑스 군대가 군사 목적의 감시탑으로 사용했기 때문이다. 깃발 탑 건너편에는 레닌 동상을 세운 레닌 공원 Lenin Park(Công Viên Lê Nin)이 있다.

Map P.418-A2

B52 승리 박물관 ★★
B-52 Victory Museum
Bảo Tàng Chiến Thắng B-52

주소 157 Đội Cấn, Quận Ba Đình **운영** 화~목,

군사 박물관 맞은편에 있는 레닌 공원

깃발 탑

B52 승리 박물관

토~일 08:00~11:00, 13:30~16:30 **휴무** 월·금요일 **요금** 무료 **가는 방법** 도이껀 거리 157번지에 있다. 호찌민 박물관에서 서쪽으로 700m.

베트남 전쟁 막바지, 1972년 12월 18일부터 29일까지 미군은 하노이에 대한 대대적인 공습 작전을 펼쳤다(크리스마스 폭격 Christmas Bombings이라고 불리기도 한다). 당시 미군은 가장 막강한 폭격기였던 B52 폭격기를 이용해 2만 톤 이상의 폭탄을 투하했다. 베트남 방공 부대는 미군 폭격에 맞서 34대의 B52 폭격기를 포함해 81대의 전투기를 격추시켰는데, 베트남 전쟁이 끝나고 이를 기념하기 위해 B52 승리 박물관을 만들었다. 입장료 없이 방문할 수 있지만, 관광객의 발길은 적다.

Map P.418-B3

문묘(文廟) ★★★★

Temple of Literature
Văn Miếu

주소 Đường Quốc Tử Giám & Đường Văn Miếu, Quận Đống Đa **전화** 024-3845-2917 **홈페이지** www.vanmieu.gov.vn **운영** 매일 08:00~17:00 **요금** 7만 VND(오디오 가이드 5만 VND) **가는 방법** 꿕뜨잠 거리에 입구가 있다. 미술 박물관에서 남쪽으로 400m.

베트남의 역사를 고스란히 보여주는 곳이자 베트남이 유교 사회였음을 단적으로 보여주는 곳이다. 문묘는 공자(B.C. 551~B.C. 479년)를 모신 사당으로 공묘(孔廟) 또는 공자묘(孔子廟)로 불리기도 한다. 하노이 문묘는 공자의 고향이자 세계에서 가장 큰 공자 사당을 모신 중국 산둥성(山東省) 취푸(曲阜)에 세운 공묘를 본떠서 만들었다. 궁궐처럼 성벽에 감싸 있으며, 출입문과 내벽으로 분리된 5개의 안뜰을 갖고 있다. 리탄똥(李聖宗) Lý Thánh Tông(리 왕조 3대 황제, 재위 1054~1072년) 때인 1070년에 건설된 문묘는 1076년에 국자감(國子監) Quốc Tử Giám을 신설하면서 거대한 규모로 변모했다. 국자감은 유학을 가르치던 베트남 최초의 국립대학이다.

문묘의 첫 번째 출입문은 문묘문(文廟門) Văn Miếu Môn이다. 신분제도가 없어진 지금은 자유롭게 출입이 가능하지만 과거에는 황제와 관료들만 출입이 가능했다. 그래서 출입문은 3개의 문으로 나뉘어 있다. 중앙에 있는 문은 황제 전용으로 쓰였으며, 왼쪽 문은 무관들이, 오른쪽 문은 문관들이 출입했다고 한다. 문묘문을 지나면 잔디가 곱게 깔린 첫 번째 안뜰과 두 번째 안뜰이 나온다. 학자들이 도시의 복잡함을 벗어나 휴식하고 여가 시간을 보냈다고 하는데 정원 말고는 특별한 볼거리는 없다.

세 번째 출입문인 규문각(奎文閣) Khuê Văn Các부터는 분위기가 살짝 바뀐다. 규문각은 높다란 석조 기둥에 겹지붕을 얹은 누각이다. 규(奎)는 별자리 중의 하나인 규성(奎星)을 의미하며, 모두 16개로 이루어진 별자리가 '문(文)'자를 닮아서 학문을 관장하는 별로 여겨진다. 그러니 '규문'은 학문의 최고 경지를 나타낸다. '규문각'을 세운 것은 학문의 최고 경지에 이른 공자를 칭송하기 위한 것이다. 1802년에 건설된 규문각은 현재도 하노이를 상징하는 도시 아이콘으로 쓰인다.

규문각을 지나면 천광정(天光井) Thiên Quang Tỉnh이라 불리는 연못 좌우에 비석을 보관한 정자가 있다. 거북이 등 위에 올려진 비석은 진사제명비(進士題名碑)로 관리 등용 시험에 합격한 사

문묘 첫번째 출입문인 문묘문

문묘의 세번째 출입문인 규문각

문묘 진사제명비

공자를 모신 대성전

람들의 이름과 고향이 한자로 적혀 있다. 진사제명비는 1448년부터 만들어졌으며, 모두 116개로 현재는 82개만 남아 있다. 관리 등용 시험은 국자감이 만들어지고 400년이나 지나서 레탄똥(黎聖宗) Lê Thánh Tông(레 왕조의 4대 황제, 재위 1460~1497년) 때인 1442년에 최초로 실시되었다. 그 후 1780년까지 3년 주기로 실시되었다고 한다.

네 번째 출입문인 대성문(大成門) Đại Thành Môn을 지나면 대성전(大成殿) Điện Đại Thành이 나온다. 문묘의 가장 중심이 되는 대성전 내부에는 공자를 중심으로 세 명의 제자인 안회(顔回), 증자(曾子), 자사(子思)와 맹자(孟子)를 함께 모셨다. 대성전 좌우에도 공자 제자들의 제단을 모신 사당이 있는데 현재는 책과 기념품을 판매하는 상점으로 쓰인다.

대성전 뒤쪽의 다섯 번째 안뜰은 국자감이 있던 자리다. 1076년 리년똥(李仁宗) Lý Nhân Tông(리 왕조 4대 황제, 재위 1072~1127년) 시절에 건설되었으며, 1946년 프랑스 군대의 폭격으로 폐허가 되었다. 현재 모습은 2000년에 복원한 것으로 베트남 최고의 유교학자이자 왕족 교육을 주관했던 쭈반안 Chu Văn An(朱文安, 1292~1370년), 문묘를 건설한 리탄똥, 국자감을 만든 리년똥, 진사제명비를 최초로 만든 레탄똥을 모신 사당을 볼 수 있다. 국자감 좌우에 종루(鐘樓)와 고루(鼓樓)를 세웠다.

Map P.418-C2

미술 박물관 ★★★
Fine Arts Museum
Bảo Tàng Mỹ Thuật

주소 66 Nguyễn Thái Học, Quận Ba Đình **전화** 024-3733-2131 **홈페이지** www.vnfam.vn **운영** 매일 08:30~17:00 **요금** 4만 VND **가는 방법** 문묘 북쪽의 응우옌타이혹 거리에 있다. 문묘 입구에서 도보 5분.

하노이의 박물관들이 전쟁과 투쟁, 독립에 관한 다소 무거운 주제를 하고 있는 반면, 미술 박물관에서는 가벼운 마음으로 베트남 회화와 조각, 불교 미술을 감상할 수 있다. 넓은 정원을 간직한 3층짜리 콜로니얼 건물을 미술관으로 사용한다. 1층부터 진행 방향을 따라 32개 전시실로 구분해 연대순으로 작품이 전시되어 있다. 1층은 동썬에서 발굴된 청동기 유물, 레 왕조 시대의 천수천안 관음보살 불상과 와불, 떠이썬 왕조에서 만든 실물 크기의 목조 조각을 포함해 응우옌 왕조 때까지의 역사적인 미술품들을 전시하고 있다.

2·3층에는 근대 미술, 설치 미술, 베트남 주요 작가들의 회화가 전시되어 있다. 인물화와 풍경화를 포함해 래커를 이용한 베트남 전통 회화, 실크 페인팅 같은 독특한 소재를 이용한 작품들도 많다. 1970년대 이후 작품들은 민족주의적인 색채가 강해지면서 그림 속에서도 베트남의 투쟁과 독립 역사가 고스란히 드러난다. 본관 왼쪽에 있는 별관에는 소수 민족의 전통 의상과 도예 작품 등을 전시하고 있다.

미술 박물관

미술 박물관에 전시된 베트남 회화

호찌민 묘 & 호떠이(서호)

베트남 사람들에게 성지로 추앙받는 호찌민 묘를 중심으로 볼거리가 몰려 있다. 주석궁을 포함해 호찌민 생가, 못꼿 사원, 호찌민 박물관, 바딘 광장까지 역사 유적으로 지정해 일반에게 공개하고 있다. 하노이에서 가장 큰 호수인 호떠이(서호)는 시민들의 휴식 공간으로 사랑받는다.

Map P.418-B2

호찌민 묘 ★★★★
Ho Chi Minh's Mausoleum
Lăng Hồ Chí Minh

주소 1 Ông Ích Khiêm, Đường Hùng Vương, Quận Ba Đình **운영** 화~목요일·토~일요일 07:30~10:30 **휴무** 월·금요일(매년 2~3개월, 보통 10~12월은 시신 방부처리를 위해 입장을 금지한다) **요금** 무료 **가는 방법** ①바딘 광장 왼쪽에 있다. 보안 검사 때문에 바딘 광장을 가로질러 들어갈 수는 없다. ②호찌민묘 출입구에 해당하는 보안 검색대는 호찌민 박물관 뒤쪽의 응옥하 거리(주소 19 Ngọc Hà)에 있다. 구글 지도에서 Ban Quản Lý Bảo Tàng Hồ Chí Minh을 검색하면 된다. ③방문자가 적을 때는 훙브엉 거리 8번지(주소 8 Hùng Vương)에 있는 보안 검색대를 통과해 들어가는 경우도 있다.

베트남의 위대한 지도자 '박 호(호 아저씨) Bác Hồ'가 잠들어 있는 무덤이다. 전쟁 중이던 1969년 9월 2일 하노이에서 사망한 호찌민은 '내가 죽으면 화장을 해서 베트남 북부, 중부, 남부 지방의 언덕에 유해를 나누어 묻어 달라. 화장하는 것이 매장보다 위생에 좋고, 농사를 짓는 토지에도 유용할 것이다'라는 유언을 남겼으나, 그의 뜻은 지켜지지 않았다.
호찌민 묘는 모스크바 붉은 광장에 있는 레닌 묘에서 영감을 얻어 만들었다. 1973년 9월 2일부터 공사를 시작해, 베트남이 통일된 직후인 1975년 8월 29일에 완공되었다. 베트남 전쟁 동안 미군의 폭격을 피하기 위해 호찌민 시신을 동굴에 숨겼으며, 옛 소련에서 시신 방부처리 전문가를 불러들여 1년여에 걸쳐 비밀리에 작업했다고 한다. 호찌민 묘는 화강암과 대리석을 이용해 3층 규모로 건설한 웅장한 무덤이다. 별다른 치장이 없고 정면 상단에 '쭈띡 호찌민(호찌민 주석) Chủ Tịch Hồ Chí Minh'이라는 간결한 문구만 적혀 있다.
호찌민 묘 정문에는 근엄한 표정의 군인이 경호를 하고 있다. 묘역 앞에는 소철나무 79그루를 심었는데, 호찌민이 살아 있는 동안 맞이했던 79번의 봄을 상징한다고 한다. 무덤 내부에는 방부 처리해 유리관에 모셔진 호찌민 시신이 그가 살아 있을 때처럼 검소한 복장을 입고 잠들어 있다. 사망한 지 48년이 지났는데도 시신 상태가 양호한 이유는 러시아에서 전문가들이 정기적으로 방문해 시신을 관리하기 때문이다.
호찌민 묘를 방문하려면 외국인이라고 해도 엄격한 규정을 따라야 한다. 호찌민 묘 입장 전에 보안 검색대를 통과해야 하며, 가방과 카메라, 소지품은 사물함에 맡겨야 한다. 반바지나 미니스커트, 어깨가 드러난 옷을 입어서는 안 된다. 호찌민 묘에 들어갈 때는 정숙을 유지하며, 손을 주머니에 집어넣거나 팔짱을 껴서도 안 된다. 실내 촬영은 불가능하지만 호찌민 묘를 배경으로 촬영이 가능하다. 하지만 장난치며 사진 찍는 관광객에게 제복을 입은 경호원들이 다가와 시정을 요구하기도 한다. 단순한 볼거리나 유원지가 아니므로 실례가 되는 행동은 삼가자.

호찌민이 잠든 호찌민 묘

바딘 광장 오른쪽에 있는 국회

호찌민 묘 앞으로 바딘 광장이 조성되어 있다.

Map P.418-B2

바딘(바딩) 광장 ★★
Ba Dinh Square
Quảng Trường Ba Đình

운영 24시간 **요금** 무료 **가는 방법** 호찌민 묘 앞에 있다.

호찌민 묘가 바라보이는 곳이 바딘 광장이다. 베트남 역사에서 중요한 의미를 지니는 장소로, 호찌민 주석이 1945년 9월 2일에 베트남의 독립을 선포한 곳이다. 바딘 광장은 원래 하노이 고성(P.434) 서쪽 출입문에 해당하던 곳인데, 프랑스가 베트남을 식민지배하는 동안 성벽과 출입문을 부수고 꽃 정원을 만들면서 생긴 공간이라고 한다. 바딘 광장이라는 명칭은 1945년부터 사용되고 있으며, 168㎡의 면적에 잔디를 깔아 시원한 느낌을 준다. 바딘 광장을 사이에 두고 호찌민 묘 맞은편에는 새롭게 건설한 국회 건물 National Assembly(Tòa Nhà Quốc Hội)이 들어서 있다.

Map P.418-B1

주석궁 ★★
Presidential Palace
Phủ Chủ Tịch

주소 Đường Hùng Vương, Quận Ba Đình **운영** 내부 입장 불가 **요금** 4만 VND(호찌민 생가 입장권에 포함) **가는 방법** 호찌민 묘를 바라보고 오른쪽에 입구가 있다.

주석궁

호찌민 묘를 지나서 호찌민 생가로 가다 보면 오른쪽에 보이는 노란색 건물이다. 프랑스 건축가가 설계한 르네상스 양식의 건축물로 1901년부터 1908년에 걸쳐 지어졌다. 프랑스령 인도차이나 총독의 사저로 쓰였다. 1954년 프랑스 군대를 몰아내고 베트남 주석궁으로 사용하려 했으나, 호화스런 생활을 꺼렸던 호찌민 주석이 입주를 거부하면서 주인 없는 건물로 남아 있다. 외국 국빈이나 정치인들이 방문할 경우에만 접견실로 사용된다. 건물 내부는 일반에게 공개되지 않는다.

Map P.418-B1

호찌민 생가(호찌민 관저) ★★★
Ho Chi Minh's Stilt House
Nhà Sàn Hồ Chí Minh(Nhà Sàn Bác Hồ)

주소 1 Bách Thảo, Quận Ba Đình **운영** 월요일 08:00~11:00, 화~일요일 08:00~11:00, 13:30~16:00(월요일 오후 시간 출입 불가) **요금** 4만 VND **가는 방법** 호치민 묘를 바라보고 오른쪽에 있다. 주석궁 앞에 매표소가 있고, 정해진 길을 따라가면 호찌민 생가를 지나 못꼿 사원으로 빠져 나오게 된다.

주석궁 옆으로는 호찌민이 생활하던 두 개의 건물이 있다. 주석궁과 가까운 노란색의 작은 건물은 1954년부터 1958년까지 생활하던 곳이다. 프랑스 식민지배로부터 독립된 베트남의 지도자가 되었지만 주석궁으로 입주를 거부하고 전기공의 집에서 생활했다고 한다. 검소한 생활 탓에 업무용

호찌민의 검소한 성품을 엿볼 수 있는 호찌민 생가

책상과 책장, 식탁 정도가 남아 있다. 옛 소련에서 선물 받은 자동차도 함께 전시되어 있다.
전기공의 집 옆으로 인공 호수가 있고, 과일 나무가 가득한 호숫가에는 자그마한 목조 가옥이 있다. 이곳이 1958년 5월 18일부터 호찌민 주석이 생활했던 곳이다. 단출한 목조건물은 산악 민족의 전통가옥 형태다. 높다란 나무 기둥 위에 집을 지은 고상식 가옥으로, 겉에서 보면 2층 건물이지만 실제로 생활하는 공간은 단층에 불과하다.
회의실로 사용하던 1층에는 테이블과 12개의 의자가 놓여 있다. 2층에는 침실과 집무실이 있는데, 호찌민 주석이 생전에 사용하던 전화기와 라디오, 타자기, 책, 모자가 전시되어 있다. 침실은 싱글 침대와 모포, 선풍기가 있을 뿐 호사스러운 생활은 그 어디에서도 짐작할 수가 없다. 호찌민은 이곳에서 1969년 9월 2일 생을 마감할 때까지 살았다.

Map P.418-B2

못꼿 사원(一柱寺) ★★
One Pillar Pagoda
Chùa Một Cột

주소 8 Chùa Một, Quận Ba Đình **운영** 매일 08:30~16:30 **요금** 무료 **가는 방법** 호찌민 묘 뒤쪽, 호찌민 박물관 오른쪽에 있다.

사원의 기둥이 하나이기 때문에 일주사(一柱寺)로 불린다. 사원의 규모는 작지만 하노이의 상징적인 건물이다. 리타이똥(李太宗) Lý Thái Tông(리 왕조 2대 황제, 재위 1028~1054년)과 연관된 전설 때문에 유명해졌다. 자식이 없던 리타이똥 황제는 꿈에서 관음보살을 만났는데, 연꽃 위에 앉아 있던 관음보살이 황제에게 아기를 건네주었다고 한다.

기둥이 하나인 못꼿 사원

그 후 실제로 왕자를 얻었다고 한다. 이에 관음보살에게 감사의 뜻을 전하기 위해 1049년에 사원을 건설했다고 한다.
사원은 황제가 꿈에서 본 대로 연꽃 연못 위에 연꽃 모양으로 만들었다. 리 왕조는 왕실 주관 아래 못꼿 사원에서 매년 붓다가 탄생한 날이 되면 법회를 열었다고 한다. 사원을 받치고 있는 기둥은 본래 직경 1.25m의 나무 기둥이었으나 프랑스 군대가 인도차이나 전쟁에서 패하고 퇴각하면서 파괴한 것을 1954년에 재건축하면서 시멘트 기둥으로 변모했다. 리타이똥 황제는 리 왕조를 창시하고 탕롱(오늘날의 하노이)을 수도로 건설한 리타이또(李太祖) Lý Thái Tổ(P.430)의 아들이다.

Map P.418-B2

호찌민 박물관 ★★★
Ho Chi Minh Museum
Bảo Tàng Hồ Chí Minh

주소 19 Ngọc Hà, Quận Ba Đình **전화** 024-3823-0899 **홈페이지** www.baotanghochiminh.vn **운영** 화~목요일, 토~일요일 08:00~12:00, 14:00~16:00 **휴무** 월·금요일 **요금** 4만 VND **가는 방법** ①호찌민 묘를 바라보고 왼쪽 뒤편, 못꼿 사원 옆에 있다. 관람 동선이 정해져 있어서 호찌민 묘 입구(검색대)→호찌민 묘→주석궁→호찌민 생가→못꼿 사원→호찌민 박물관까지 반나절 일정으로 방문하면 된다. ②호찌민 박물관만 방문할 경우 박물관 뒤쪽의 응옥하 거리 19번지(19 Ngọc Hà) 방향의 출입구를 이용하면 된다.

베트남 전국 어디서나 볼 수 있는 것이 호찌민 박물관이지만, 베트남의 수도인 하노이에 있는 호찌민 박물관은 다른 곳에 비해 방대한 자료를 전시하고 있다. 하얀색 외관의 박물관은 높이 20m의 3층 건물로 연꽃 모양을 형상화해서 만들었다. 1985년부터 건설을 시작해 1990년에 문을 열었다. 박물관 개관일은 호찌민 탄생 100주년을 기념하는 날이기도 하다. 베트남의 현대사에 관심 있는 사람이라면 빼놓지 말고 들러야 하는 곳이다.
호찌민과 관련된 곳이라 박물관에 입장하려면 어김없이 보안 검사대를 통과해야 한다(노출이 심한 옷을 입으면 입장이 제한된다). 박물관 1층은 회의실과 세미나실로 사용된다. 정면으로 이어진 계단을 올라가면 대형 호찌민 동상이 반긴다. 베트남 사람들은 이곳에서 기념사진을 찍는다. 호찌민 동상을 지나면 전시물로 가득 채워진 박물관 2층이 나온다. 총 면적 4,000㎡ 크기로 2,000여 점의 문서와 사진, 유품이 전시되어 있다. 프랑스와 러시아는 물론 해외에서 생활했던 기록과 베트남의 공산 혁명, 국가 지도자로서 독립 전쟁을 이끌었던 그의 업적을 상세하게 살펴볼 수 있다. 프랑스에 머물며 신문에 기고했던 사설, 베트남 공산당 입당증서 같은 다양한 문서의 원본도 전시되어 있다. 전시물들은 베트남어와 영어, 프랑스어로 간단한 설명이 적혀 있다.

Map P.416-C2

호떠이(서호) ★★★
West Lake
Hồ Tây

주소 Đường Thanh Niên & Đường Thụy Khuê & Đường Tây Hồ **운영** 24시간 **요금** 무료 **가는 방법** 탄니엔 거리 왼쪽이 전부 호떠이다. 호찌민 묘에서 도보 10분.

호수의 길이가 17㎞에 이르는 하노이 최대의 호수다. 호수는 다양한 전설에 따라 이름도 여러 차례 바뀌었다가, 16세기부터 '호(湖) 떠이(西)'라고 불리고 있다. 왕궁(하노이 고성)을 기준으로 봤을 때 도시 중심에서 서쪽에 있기 때문에 붙여진 이름이다. 현재는 확장된 하노이에서 북서쪽에 해당하며, 호수 주변으로 녹지도 많고 풍경이 아름다워 시민들의 휴식 공간으로 사랑을 받는다. 낮에는 한가하게 낚시하는 사람도 보이고, 주말이면 보트 놀이를 즐기러 찾아오는 사람도 있다. 저녁때가 되면 데이트 장소로 변모해 오토바이를 정차해 놓고 공개 애정 행각을 벌이는 커플을 흔하게 볼 수 있다.
호수 주변에는 오랜 역사를 간직한 사원도 많다.

기념품 판매대에 진열된 호찌민 사진

호찌민이 작성한 문서가 전시된 호찌민 박물관

호찌민 박물관

쭉박 호수(사진 왼쪽)와 서호(사진 오른쪽)

호떠이(서호)의 일몰

호수 북쪽에는 베트남 최초의 사원인 쩐꿕 사원(鎭國寺) Tran Quoc Pagoda(Chùa Trấn Quốc)이 있고, 호수 남쪽에는 도시를 안전하게 보호해달라는 목적으로 설립한 도교 사원인 꽌탄 사당(眞武觀) Quan Thanh Temple(Đền Quán Thánh)이 있다. 호떠이 오른쪽에는 탄니엔 거리 Đường Thanh Niên를 사이에 두고 자그마한 쭉박 호수 Truc Bach Lake(Hồ Trúc Bạch)가 있다.

Map P.417-D2

쩐꿕 사원(鎭國寺) ★★★
Tran Quoc Pagoda
Chùa Trấn Quốc

주소 Đường Thanh Niên, Quận Tây Hồ **운영** 매일 08:00~18:30 **요금** 무료 **가는 방법** 호떠이 북쪽의 탄니엔 거리에 있다.

베트남 최초의 왕으로 여겨지는 리남데(李南帝) Lý Nam Đế(재위 544~548년) 때 건설된 사원으로 하노이에서 가장 오래된 사원이기도 하다. 건설 당시 사원의 이름은 '개국(開國)'을 뜻하는 카이꿕 Khai Quốc으로 불렸다. 6세기 건설 당시 사원은 하노이 북쪽의 홍강 기슭에 있었으나, 강변이 침식되면서 사원이 붕괴 위기에 처하자 17세기에 들어 지금의 위치로 옮겨와 재건축했다.
재건축하면서 사원의 이름도 나라가 안정을 찾는다는 의미로 '쩐꿕(鎭國)'으로 개명되었다. 사원 경내에는 법전과 사당, 석탑, 종루, 보리수나무, 사원의 역사를 기록한 비석(鎭國寺碑記)이 남아 있다. 법전에는 다양한 불상을 모셨으며, 붉은색 11층 석탑에도 층마다 감실을 만들어 불상을 안치했다.
쩐꿕 사원은 호떠이(서호) 안쪽에 있어 작은 섬처럼 생겼다. 호수를 끼고 연결된 진입로가 있어 분위기가 좋고, 석탑이 호수에 반사되기 때문에 풍경이 아름답다. 입장료 없이 방문할 수 있지만 종교 공간인 만큼 노출이 심한 옷은 피해야 한다.

쩐꿕 사원

서호에 있는 쩐꿕 사원(진국사)

Map P.416-A2

민족학 박물관 ★★★★
Museum of Ethnology
Bảo Tàng Dân Tộc Học

주소 60 Nguyễn Văn Huyên, Quận Cầu Giấy **전화** 024-3756-2193 **홈페이지** www.vme.org.vn **운영** 화~일요일 08:30~17:30 **휴무** 월요일 **요금** 4만 VND(카메라 촬영 5만 VND 추가) **가는 방법** 하노이 서쪽에 있는 응이아도 공원 Công Viên Nghĩa Đô 맞은편에 있다. 롯데 호텔에서 서쪽으로 2㎞, 호안끼엠 호수에서 서쪽으로 7㎞ 떨어져 있다.

실물 크기의 바나족 전통 가옥

민족학 박물관

시내에서 8㎞나 떨어져 있기 때문에 외국인 여행자들의 발길이 뜸한 박물관이다. 하지만 박물관의 규모나 전시물들은 다른 박물관을 압도하고도 남을 정도로 훌륭하다. 베트남뿐만 아니라 동남아시아 여러 나라에서 소수 민족에 관한 연구를 위해 찾아올 정도다. 다양한 민족으로 구성된 전문가들이 민족학 연구에 심혈을 기울이고 있어 연구 기관의 역할도 병행하고 있다.

민족학 박물관은 1987년부터 10년에 걸친 공사를 마치고 1997년에 공식 개관했다. 총 전시 면적은 9,500㎡ 크기로 4만 2,000점의 사진, 1만 5,000점의 공예품과 전통복장, 2,190점의 슬라이드 사진, 373점의 동영상, 237점의 음성녹음 기록물을 보유하고 있다. 박물관 내부는 베트남에서 생활하는 54개 민족에 관한 내용으로 꾸몄다. 전시실은 크게 9개로 분류되며, 각 구역마다 유사한 계열의 민족들을 소개한다.

1층에 들어서면 가장 먼저 만나게 되는 민족은 비엣족이다. 베트남 전체 인구의 87%를 이루는 다수민족이다. 2층에는 베트남 북부에 거주하는 산악 민족에 관한 내용이 전시되어 있다. 전통 복장은 물론 생활 방식, 축제에 관한 내용을 모형뿐만 아니라 시청각 자료를 통해 소개하고 있다.

박물관 뒤쪽의 야외 정원에는 실물 크기로 소수 민족의 전통가옥을 재현했다. 각기 다른 모양과 건축 자재로 만든 8개 민족(비엣족, 참족, 바나족, 떠이족, 야오족, 몽족, 하니족, 에데족)의 전통가옥을 한자리에서 볼 수 있다. 삼각형 집처럼 생긴 자라이족의 무덤 Gia Rai Tomb 모형도 볼 만하다. 다산을 기원하기 위해 사람 모양으로 조각한 목조 인형들을 장식한 것이 특징이다.

Map P.416-B3

롯데 전망대 ★★★☆
Lotte Observation Deck

주소 Lotte Center, 54 Liễu Giai, Quận Ba Đình **전화** 024-3333-6018 **홈페이지** www.observationdeck.lottecenter.com.vn **운영** 09:00~23:00 **요금** 성인 23만 VND, 어린이 17만 VND **가는 방법** 리에우자이 거리 54번지에 있는 롯데 센터 65층에 있다. 에스컬레이터를 타고 지하 1층으로 내려가면 롯데 마트로 들어가기 전 왼쪽에 전망대 매표소가 있다.

2014년에 완공된 롯데 센터 65층 꼭대기에 있는 전망대. 지하 1층에서 전용 엘리베이터를 타고 50초 만에 전망대로 올라갈 수 있다. 지상 272m 높이의 전망대에 서면 하노이 시내와 주변 풍경이 한눈에 펼쳐진다. 4면 통유리로 이뤄진 실내 전망대에서는 360도 파노라마 전망을 누릴 수 있고, 스카이워크 구간에서는 발 아래로 시내를 굽어보며 기념사진을 남기기에 좋다. 전망대 루프톱에는 라운지 '톱 오브 하노이 Top Of Hanoi(P.471 참고)'가 자리한다. 전망대와 라운지가 구분되어 있으니, 야경을 감상할 요량이라면 둘 중 한 곳만 가도 좋다. 부대시설로는 커피숍과 롯데리아, 기념품상점이 들어서 있다.

롯데 센터

기념사진 찍기 좋은 전망대 내부

롯데 전망대에서 바라 본 서호 풍경

하노이 박물관

Map P.416-A4

하노이 박물관 ★★
Hanoi Museum
Bảo Tàng Hà Nội

주소 Đường Phạm Hùng, Quận Nam Từ Liêm **홈페이지** www.baotanghanoi.com.vn **운영** 화~일요일 08:00~11:30, 13:30~17:00 **휴무** 월요일 **요금** 3만 VND **가는 방법** 국립 컨벤션 센터 National Convention Center(Trung Tâm Hội Nghị Quốc Gia Việt Nam) 옆에 있다. 호안끼엠 호수에서 10㎞ 떨어져 있다.

하노이 천도 1,000년을 기념하기 위해 건설한 박물관으로 2010년에 개관했다. 건물만 놓고 보면 하노이에서 가장 크고 현대적인 박물관이다. 5만 4,000㎡(약 1만 6,300평)의 부지에 올라선 1만 4,000㎡(약 4,230평)의 건물로, 역피라미드 형상의 디자인이 인상적이다. 건물을 둘러싼 호수와 조경은 그 어떤 곳과 비교해 보아도 빼어나다. 다만 내용물은 다른 박물관보다 부족하다. 동썬 문화 유적 Đông Sơn Culture(하노이를 포함한 홍강 유역의 선사 청동기 시대 유물), 왕실에서 사용하던 물건과 도자기, 하노이 고성(탕롱 황성)에서 출토된 유물 등을 전시하고 있다. 시내 중심가에서 멀리 떨어져 있어서 관광객의 발길은 적다.

Map P.416-A4

군사 박물관(베트남 군사 역사박물관) ★★★☆
Vietnam Military History Museum
Bảo Tàng Lịch Sử Quân Sự Việt Nam

주소 ĐL Thăng Long, Tây Mỗ, Nam Từ Liêm **홈페이지** www.btlsqsvn.org.vn **운영** 화~목요일, 토~일요일 08:00~11:30, 13:00~16:30 **휴무** 월·금요일 **요금** 5만 VND **가는 방법** 호안끼엠 호수에서 서쪽으로 15㎞ 떨어져 있다.

베트남 독립 투쟁의 역사를 기록한 박물관이다. 공식 명칭은 베트남 군사 역사박물관 Bảo Tàng Lịch Sử Quân Sự Việt Nam이다. 386,000㎡ 크기의 넓은 부지에 현대적인 박물관을 신축해 2024년 11월에 개관했다. 광장에는 45m 높이의 승전탑(베트남의 독립을 선포한 1945년을 상징한다)을 세웠다. 프랑스에 대항한 인도차이나 전쟁(베트남 독립전쟁)과 미국에 대항한 베트남 전쟁에 관한 15만여 점의 사료를 전시하고 있다. 연도별로 구분해 주요 전투에 대한 소개와 독립투사·전쟁 영웅에 대해 소개하고 있다. 특히 1954년의 디엔비엔푸 전투(P.546)와 1975년의 사이공 함락(P.547)에 얽힌 자세한 이야기를 만나볼 수 있다. MiG-21 전투기, S-22 전폭기, T-54B 탱크, 대공포를 포함해 각종 재래식 무기를 전시하고 있다.

군사 작전을 지휘하는 보응우옌잡(사진 중앙)과 호찌민(사진 오른쪽)

사이공 함락 작전에 사용됐던 T-54B 탱크

신축한 군사 박물관

하노이 주변 볼거리

하노이 주변에는 공예마을이 있다. 도자기 마을인 밧짱이 가장 가깝고 교통도 편리하다. 유럽 도시를 재현해 만든 그랜드월드는 주말 나들이 코스로 좋다.

Map P.447-A1

그랜드 월드 ★★★☆
Grand World Hanoi

주소 Nghĩa Trụ, Văn Giang, Hưng Yên **홈페이지** www.vinwonders.com/grand-world **운영** 07:00~23:00 **요금** 무료 **가는 방법** 하노이에서 남쪽으로 20㎞ 떨어져 있다. 대중교통은 오페라하우스 앞에서 출발하는 빈 버스 OCT 2번(**홈페이지** www.vinbus.vn)을 이용하면 된다.

하노이 근교에 만든 복합 관광·쇼핑·테마파크. 푸꾸옥(푸꿕)에 있는 그랜드월드(P.209 참고)와 비슷한 콘셉트로 만들었다. 36m 크기의 시계탑과 800m 길이의 베니스 강을 중심으로 이탈리아 베니스를 재현해 만든 건물이 들어서 있다. 한국 거리를 재현한 K-타운 K-Town 구역도 있다. 유럽풍의 건물과 테마 거리를 따라 카페와 레스토랑이 입점해 있다. 워터 택시(곤돌라) Water Taxi를 타고 둘러보는 방법도 있다(편도 15만 VND, 왕복 23만 VND). 주말 저녁에는 분수 쇼와 불꽃놀이도 펼쳐진다. 웨이브 파크 Wave Park는 별도의 입장료(7만 VND)을 받는다.

©Grand World Hanoi

그랜드 월드 워터 택시(곤돌라)

Map P.447-A1

밧짱 ★★★
Bát Tràng

하노이에서 남동쪽으로 13㎞ 떨어진 자그마한 마을이다. 마을 전체가 도자기를 생산하는 일에 종사하는 공예마을이다. 그릇(밧)을 만드는 공방(짱)이 많아서 '밧짱'으로 불렸다. 거리를 걷다보면 가마에서 갓 구워낸 도자기를 운반하는 모습을 흔하게 볼 수 있다. 상점마다 직접 만든 도자기를 전시·판매한다. 항아리와 화분같이 부피가 큰 것도 있지만 그릇, 접시, 머그잔, 찻잔, 수저 같은 기념품이 될 만한 것들도 많다. 마을 입구에 있는 밧짱 도자기 박물관 Bảo Tàng Gốm Bát Tràng(입장료 5만~9만 VND)과 함께 둘러보면 된다. 박물관은 3,700㎡ 크기의 부지에 만든 6층 건물로 도자기 빚는 모습을 형상해 만들었다. 밧짱까지는 시내버스가 운영되는데, 롱비엔 버스 환승센터 Long Biên(Map P.419-E1)에서 47번 버스(편도 요금 7,000VND)를 타면 된다.

공방에서 도자기 만들기 체험도 가능하다

밧짱 도자기 박물관

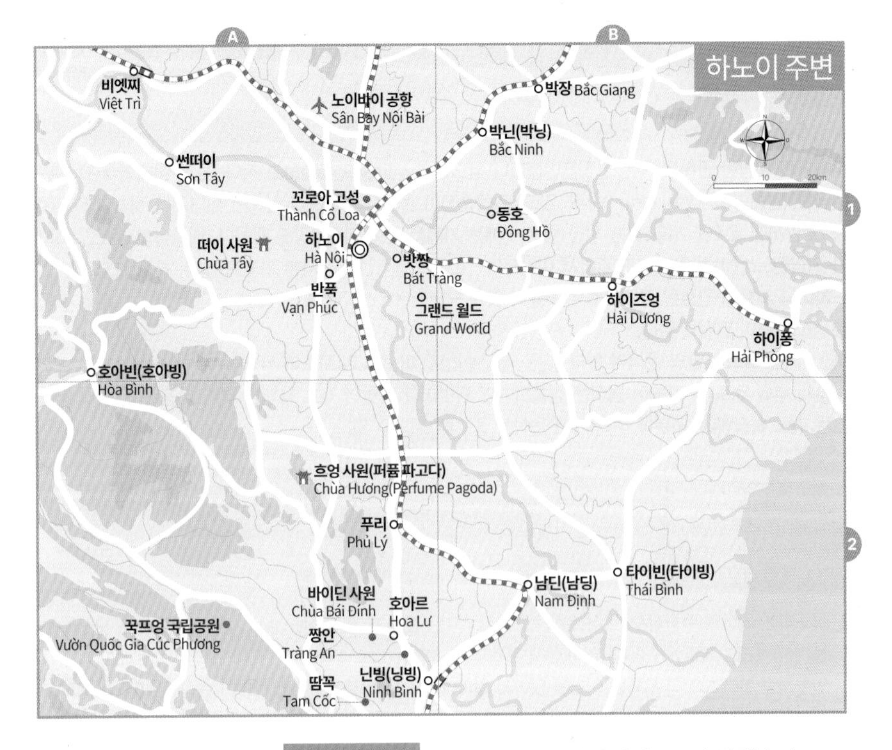

Map P.447-A2

흐엉 사원(퍼퓸 파고다 香寺) ★★★

Perfume Pagoda
Chùa Hương

주소 Mỹ Đức Huyện, Thành Phố Hà Nội **홈페이지** www.chuahuong.info.vn **요금** 12만 VND(보트 요금 23만 VND 별도) **가는 방법** 대중교통으로 가기 불편하기 때문에 하노이에서 1일 투어(US$35~40)를 이용한다.

하노이에서 남서쪽으로 65㎞ 떨어진 흐엉산(香山) Hương Sơn에 있는 불교 사원이다. 베트남어로 쭈아 흐엉 Chùa Hương, 영어로 퍼퓸 파고다 Perfume Pagoda, 한국말로 향사(香寺)라고 쓴다. 흐엉 사원은 하나의 사원이 아니라 흐엉산 자락을 따라 들어선 10여 개의 사원과 동굴을 의미한다. 흐엉 사원을 가려면 하노이에서 차로 2시간 거리인 미득 Mỹ Đức 현(縣)에 있는 벤둑 선착장 Bến Đục에서 나룻배를 타야한다. 3㎞ 정도 옌강 Yen River을 거슬러 올라가는 동안 석회암 카르스트 지형이 아름답게 펼쳐진다. 뱃놀이가 끝나면 덴찐 선착장 Đền Trình→티엔쭈 사원 Chùa Thiên Trù→흐엉띡 동굴 Động Hương Tích까지 3㎞를 걸어 올라가면 된다. 왕복 2시간 정도 걸린다. 걷기 힘들면 케이블카(편도 18만 VND)를 타면 된다. 최종 목적지인 흐엉띡 동굴은 '향기로운 자취(香跡)'라는 뜻이다. 석회암 동굴로 석주와 종유석도 볼 수 있다. 동굴 내부에 관음보살을 모시면서 사원으로 변모했다. 전설에 따르면 관음보살이 남방으로 내려왔을 때 이곳에 머물며 중생을 구제했다고 한다. 남천제일동 南天第一洞(남쪽 하늘 아래 가장 좋은 동굴)으로 불린다.

불교 사원이 가득한 흐엉 사원

Restaurant

하노이의 레스토랑

구시가의 복잡한 골목과 작은 상점들만큼이나 하노이의 식당들도 복잡하고 작다. 노점 형태의 서민 식당인 껌빈전(껌빙전) Cơm Bình Dân도 많고, 쌀국숫집이 흔해서 출출하다 싶으면 어디서나 식사가 가능하다. 호안끼엠 호수를 끼고 있는 전망 좋은 곳에는 카페를 겸한 레스토랑도 흔하다. 베트남의 수도인 데다가 외국인도 많이 방문하는 도시라서 이탈리아 · 프랑스 음식점과 근사한 카페도 많다. 특히 프랑스령 인도차이나 시절에 건설된 콜로니얼 건축물이 많은 오페라하우스 주변과 성 요셉 성당 주변에는 분위기 좋은 레스토랑이 밀집해 있다.

하노이에는 하노이만의 음식이 있다. 같은 쌀국수라도 '퍼 하노이(하노이 쌀국수) Phở Hà Nội'라고 해서 차별해 부를 정도다. 하노이 음식은 심플하지만 단맛이나 짠맛이 적고 담백한 것이 특징이다. 음식 양이 적은 것도 특징인데, 덕분에 여러 가지 음식을 골고루 맛볼 수 있다.

Travel Plus+ 하노이 특선 요리

하노이에 왔다면 아침식사는 '퍼'(쌀국수), 점심식사는 '분짜'로 해결하는 것이 기본 공식입니다. 오전에는 커피 한 잔, 오후에는 '비아 허이(생맥주)'로 목을 축이는 것도 하노이 시민들의 일상생활인데요. 현지인들처럼 거리 노점의 목욕탕 의자에 앉아서 커피나 식사를 해결해보세요. 하노이 음식 문화를 직접 체험하기 더없이 좋을뿐더러, 눈앞에 펼쳐지는 거리 풍경을 보고 있는 것만으로도 '이보다 더 좋은 하노이 구경거리도 없다' 싶은 생각이 들게 해 줍니다.

퍼

분짜

퍼 Phở

베트남 쌀국수의 대표 주자인 '퍼'의 본고장은 다름 아닌 하노이다. 남부 지방 쌀국수에 비해 국수 면발이 굵고 육수는 단맛이 덜하다. 고명은 허브 대신 파를 많이 넣는 것이 특징이다.

분짜 Bún Chả

'퍼'와 더불어 하노이를 대표하는 음식으로 간편하고 대중적인 요리다. 양념한 돼지고기 경단을 숯불에 구운 것. 분(얇은 면발의 국수)과 함께 고기구이를 적당히 떼어서, 파파야를 썰어 넣은 느억맘 소스에 찍어 먹으면 된다. 함께 나오는 허브와 채소를 같이 넣으면 향이 더욱 좋다.

넴잔

넴잔 Nem Rán

가장 기본적인 베트남 음식인 스프링 롤이다. 베트남 남부에서는 짜조(짜요) Chả Giò, 북부에서는 '넴잔'이라고 부른다. 라이스페이퍼(반짱 Bánh Tráng)에 감싸 만든 튀김 만두 정도로 생각하면 된다. 하노이에서는 다진 돼지고기와 버섯을 주 재료로 사용한다. 넴잔은 애피타이저로 먹지만, 분(면)을 곁들인 '분넴 Bún Nem'은 간편한 점심 식사로 인기다. 분짜와 마찬가지로 느억맘 소스에 찍어 먹는다.

분지에우 꾸아 Bún Riêu Cua

분지에우(육수에 토마토를 넣어 시큼한 맛을 내는 국수)+꾸아(게)가 합쳐져 생긴 음식이다. 베트남 북부에서는 논에서 자란 민물 게가 많이 잡히기 때문에 '분지에우 꾸아' 식당을 많이 볼 수 있다. 국수는 면발이 가는 '분'을 이용하고, 고명으로는 두부를 넣어준다. 하노이에서는 소라를 넣은 시큼한 쌀국수인 분지에우 옥 Bún Riêu Ốc도 즐겨 먹는다. 줄여서 분옥 Bún Ốc이라고 말한다.

반꾸온(바잉꾸온) Bánh Cuốn

베트남 북부에서 유래한 음식으로 하노이 사람들이 쌀국수와 더불어 아침식사로 즐긴다. 스프링 롤의 일종이지만 건면이 아닌 생면을 사용한다. 요리할 때마다 스팀을 이용해 라이스페이퍼를 한 장씩 만들기 때문에 손이 많이 간다. 반꾸온은 오래 놓아두면 딱딱해지기 때문에 만든 즉시 먹는 게 좋다. 물기가 촉촉히 스며 있어 부드럽다.

반꾸온(바잉꾸온)

반똠(바잉똠) Bánh Tôm

하노이에서 유래한 새우튀김이다. 튀김가루를 만들 때 고구마를 함께 넣는 것이 특징이다. 호떠이(서호) 주변의 레스토랑에서 최초로 만들었기 때문에 반똠(바잉똠) 호떠이 Bánh Tôm Hồ Tây라고 불린다.

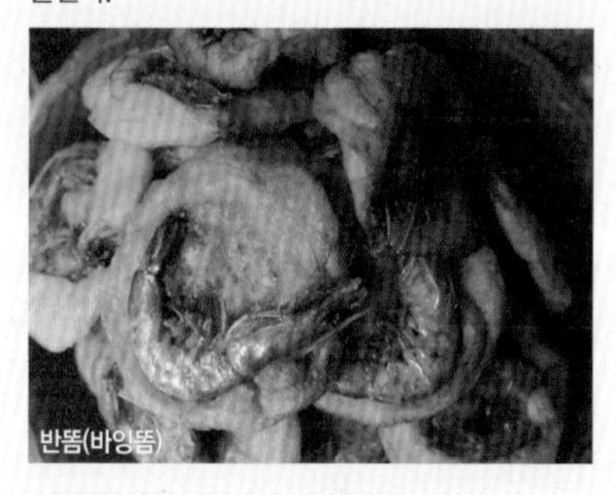
반똠(바잉똠)

짜까 Chả Cá

하노이 특별요리인 가물치 튀김이다. 노란색의 강황(터메릭) 가루를 넣은 밀가루를 입힌 가물치를 기름에 튀겨서 만든다. 레스토랑에서는 화덕에 냄비를 올려서 직접 조리해 먹을 수 있도록 해준다. 딜(미나리 식물)과 파, 고추, 땅콩을 적당히 넣어 입맛에 맞게 조리하면 된다. 조리가 끝나면 분(면)을 곁들어 먹으면 된다.

짜까

퍼빈전(쌀국숫집) & 로컬 레스토랑

분위기는 허름하지만 세월의 힘에 의해 유명해진 곳들이다. 한곳에서 오랫동안 장사해 명성이 쌓였다. 언어 소통의 불편함이 따르지만, 현지인들과 어울려 저렴한 식사를 즐길 수 있다.

퍼 자쭈옌 Phở Gia Truyền ★★★★

Map P.420-A3 주소 49 Bát Đàn, Quận Hoàn Kiếm **영업** 매일 06:00~10:00, 17:30~20:30 **메뉴** 베트남어 **예산** 5만~6만 VND **가는 방법** 구시가 밧단 거리 49번지에 있다.

하노이를 대표하는 쌀국숫집이다. 대를 이어오면서 장사하는 곳으로 인기를 실감하듯 줄을 서서 기다려야 한다. '퍼 보 Phở Bò(소고기 쌀국수)'를 전문으로 한다. 소고기는 종류에 따라 '따이 Tái(생고기를 고명으로 얹은 것)'와 '찐 Chín(편육처럼 생긴 삶은 소고기를 고명으로 얹은 것)'으로 구분해 주문하면 된다. 카운터에서 미리 주문하고 돈을 내야 하는 셀프 서비스 형태로 운영된다. 준비한 쌀국수가 다 팔리면 영업 시간과 상관없이 일찍 문을 닫는다.

퍼 틴 Phở Thìn ★★★★

Map P.419-E4 주소 13 Lò Đúc, Quận Hai Bà Trưng **메뉴** 베트남어 **예산** 7만 5,000 VND **영업** 07:00~22:00 **가는 방법** 로둑 거리 13번지에 있다. 호인끼엠 호수 남쪽으로 1.5㎞ 떨어져 있어 택시를 타고 가는 게 좋다.

오래되고 허름한 쌀국수 식당이다. 1979년부터 한 가지 음식을 고집스럽게 만들어 내다보니 하노이 맛집으로 등극했다. 메뉴판도 없고 소고기 쌀국수 이외에 다른 음식도 요리하지 않는다. 육수가 깊고 담백하다. 얇게 다진 소고기 볶음, 마늘, 채소를 듬뿍 넣어 준다. 현지인에게 유명한 식당으로 점심시간에 줄 서서 기다리는 경우도 흔하다. '틴 쌀국수 식당'이란 뜻으로 꽌퍼틴 Quán Phở Thìn이라고 부르기도 한다. 번지수를 확인하고 찾아가면 된다.

퍼 10 Phở 10 ★★★☆

Map P.422-B1 주소 10 Lý Quốc Sư, Quận Hoàn Kiếm **전화** 024-3825-7338 **홈페이지** www.pho10lyquocsu.vn **영업** 06:00~22:00 **메뉴** 베트남어 **예산** 7만~10만 VND **가는 방법** 리꿕쓰 거리 10번지에 있다. 성 요셉 성당에서 도보 3분.

구시가에서 잘 알려진 쌀국수 식당 가운데 하나다. 리꿕쓰 거리에 있는 쌀국숫집이라 현지인들은 '퍼 리꿕쓰 Phở Lý Quốc Sư'라고 부른다. 소고기가 들어간 '퍼 보'를 전문으로 한다. 베트남을 순방한 문재인 대통령이 들렀던 쌀국수 식당의 본점이기도 하다.

밧단 거리에 있는 퍼 자쭈옌

퍼 틴 본점

퍼 10 리꿕쓰

반꾸온 자쭈옌 ★★★
Bánh Cuốn Gia Truyền

Map P.420-A2 **주소** 14 Hàng Gà, Quận Hoàn Kiếm **전화** 024-3828-0180 **영업** 06:00~13:00, 17:00~21:00 **메뉴** 베트남어 **예산** 5만~7만 VND **가는 방법** 항가 거리 14번지에 있다.

'반꾸온(바잉꾸온)'을 대대로 만드는 로컬 레스토랑이다. 주문하면 식당 입구에서 바로 만들어 준다. 쌀가루를 풀처럼 만들어 스팀을 이용해 라이스페이퍼를 얇게 만들어내는 기술이 예술에 가깝다. 다진 돼지고기와 다진 버섯을 넣어 만든다. 한 끼 식사로는 양이 적다.

분보남보 박프엉 ★★★☆
Bún Bò Nam Bộ Bách Phương

Map P.420-A4 **주소** 67 Hàng Điếu, Quận Hoàn Kiếm **전화** 024-3923-0701 **영업** 매일 07:30~22:00 **메뉴** 베트남어 **예산** 7만~10만 VND **가는 방법** 항디에우 거리 67번지에 있다. 항자 갤러리아 쇼핑몰에서 도보 3분

협소하고 허름한 서민 식당이다. 일렬로 놓인 의자에 쪼그리고 앉아서 식사해야 한다. 메뉴는 오로지 쌀로 만든 면(분)과 소고기(보)를 넣은 '분보 Bún Bò' 한 가지다. 숙주와 바삭하게 튀긴 양파, 땅콩과 허브를 고명으로 얹어 준다. 칠리소스를 적당히 넣어 비벼 먹으면 된다. 워낙 유명해 비빔국수 한 그릇을 맛보려는 사람들로 항상 북적댄다.

퍼 쓰엉 Phở Sướng ★★★☆

Map P.421-D3 **주소** 24B Ngõ Trung Yên **영업** 06:00~11:00, 17:00~21:30 **메뉴** 베트남어 **예산** 6만~8만 VND **가는 방법** 호안끼엠 호수 북쪽의 딘리엣 거리에서 연결되는 쭝옌 골목(응오 쭝옌) Ngõ Trung Yên으로 들어가면 왼쪽에 보인다.

골목 안쪽에 숨겨진 작은 로컬 식당이다. 테이블도 몇 개 없고 허름해 보이지만 30년의 세월동안 현지인들의 사랑을 받아온 곳이다. 소고기 쌀국수를 전문으로 하는데 육수가 기름기 없이 진하며 면발이 부드럽다. 고명으로 올라가는 고기 종류는 입맛에 맞게 골라 주문할 수 있다. 아침과 저녁 시간에만 장사한다. 참고로 '쓰엉'은 '만족하다'라는 뜻이다.

퍼 틴 버호(퍼 틴 1955) ★★★☆
Phở Thìn Bờ Hồ(Phở Thìn 1955)

Map P.423-D1 **주소** 61 Đinh Tiên Hoàng, Quận Hoàn Kiếm **영업** 06:00~13:00, 17:00~ 22:30 **메뉴** 영어, 베트남어 **예산** 6만~8만 VND **가는 방법** 호안끼엠 호수 오른쪽 도로에 해당하는 딘띠엔호앙 거리 61번지에 있다.

호안끼엠 호수 둘레로 형성된 도로에서 골목으로 조금 들어가면 자리한 쌀국수 노점이다. 1955년에 문을 연 노포로 '퍼 틴 1955'라는 상호로도 알려져 있다. 골목이 비좁아 어둡고 허름한 탓에 쾌적한 시설은 기대하기 어려우나, 오랜 세월만큼 진한

반꾸온 자쭈옌

퍼 쓰엉

분보 남보

퍼 틴 버호 입구

육수와 부드러운 면발의 쌀국수를 맛볼 수 있다. 중간에 휴식 시간이 있으니 영업시간을 참고해 방문하자. 로득 거리에 있는 퍼 틴 Phở Thìn(P.450)과 혼동하지 말 것.

퍼가 응우옛 Phở Gà Nguyệt ★★★☆

Map P.422-B1 주소 5B Phủ Doãn, Quận Hoàn Kiếm **홈페이지** www.facebook.com/phoganguyet **영업** 06:00~10:00, 18:00~01:00 **메뉴** 영어, 베트남어 **예산** 6만~10만 VND **가는 방법** 푸도안 거리 5번지에 있다.

닭고기 쌀국수(퍼 가 Phở Gà)를 전문으로 하는 로컬 식당이다. 육수가 들어간 일반적인 쌀국수는 '퍼 느억' Phở Nước, 간장 양념으로 비벼먹는 비빔국수는 '퍼 쫀' Phở Trộn이니 알아두면 주문하기 쉽다. 닭고기의 특수부위를 선택해 고명을 추가해도 좋다. 아침과 저녁시간에만 문을 연다. 아무래도 아침에는 국물 있는 쌀국수, 저녁에는 비빔 쌀국수를 먹는 사람들이 많다.

분탕 탄자주옌 Bún Thang Thanh Gia Truyền ★★★★

Map P.419-D3 주소 2 Ngõ 23 Tôn Thất Thiệp, Quận Hoàn Kiếm **영업** 07:00~14:00 **메뉴** 영어, 베트남어 **예산** 5만 VND **가는 방법** 똔텃티엡 거리 23번 골목에 있다.

분탕 탄자주옌

분짜 흐엉리엔

기찻길 뒤쪽의 골목 안쪽에 있다. 일부러 찾아가야하는 위치지만 정겨운 베트남 가족이 친절히 맞이해준다. 영어는 잘 통하지 않는다. 가정집 1층에 테이블 몇 개 놓고 장사한다. 메인 요리는 '분탕' Bún Thang(닭고기, 버섯, 달걀지단, 슬라이스 햄을 올린 국수)이다. 닭고기 찰밥 Xôi Gà Nấm, 닭고기 쌀국수 Phở Gà Ta도 만든다.

분짜 흐엉리엔 Bún Chả Hương Liên ★★★☆

Map P.419-E4 주소 24 Lê Văn Hưu, Quận Hai Bà Trưng **전화** 024-3943-4106 **영업** 08:00~20:00 **홈페이지** www.facebook.com/bunchahuonglienobama **메뉴** 영어, 베트남어 **예산** 6만~12만 VND **가는 방법** 레반흐우 거리 24번지에 있다. 호안끼엠 호수 남쪽이라서 택시 타고 가는 게 좋다.

하노이에서 흔한 '분짜' 식당이다. 주문지에 원하는 음식을 체크해야하는 전형적인 서민 식당이다. 넴꾸아베 Nem Cua Bể(다진 게살로 만든 스프링롤)를 추가로 주문하면 된다. 오바마 전 대통령이 재임시절(2016년 5월 23일) 방문했던 곳으로 '분짜 오바마'라고 불리기도 한다. 오바마 전 대통령이 시식하고 간 식단을 그대로 본떠서 만든 콤보 오바바(분짜+스프링 롤+하노이 맥주)도 있다.

분짜따 Bún Chả Ta ★★★

Map P.421-E3 주소 21 Nguyễn Hữu Huân, Quận Hoàn Kiếm **전화** 096-6848-389 **홈페이지** www.bunchata.com **영업** 08:00~22:00 **메뉴** 영어, 베트남어 **예산** 11만~14만 VND **가는 방법** 구시가의 응우옌흐우후언 거리 21번지에 있다.

하노이에서 유명한 길거리 음식인 '분짜'를 깨끗한 레스토랑에서 맛볼 수 있게 했다. 2층은 일식당처럼 좌식으로 되어 있다. 석쇠에 구워 내오는 길거리 분짜에 비해 불 맛은 덜하지만, 국물 가득한 소

퍼 가 응우옛

스를 외국인이 먹기 좋게 만들어준다. 다진 마늘과 고추를 적당히 넣어서 입맛에 맞추면 된다.

쏘이 옌 Xôi Yến ★★★

Map P.421-E3 주소 35B Nguyễn Hữu Huân, Quận Hoàn Kiếm **전화** 024-3915-0230, 024-3926-3427 **영업** 매일 07:00~23:00 **메뉴** 영어, 중국어, 베트남어 **예산** 3만~6만 VND **가는 방법** 항박 & 응우옌흐으후언 삼거리 코너에 있다.

베트남에서 찰밥은 '쏘이 Xôi'라고 부른다. '쏘이 옌'은 하노이에 있는 찰밥 식당 중에서 현지인들로부터 가장 많은 사랑을 받는 곳이다. 이를 증명하듯이 3층 건물은 손님들로 북적댄다. 로컬 레스토랑답게 도로까지 점령해 의자가 가득 놓여 있다. 찰밥은 모두 3종류로 녹두를 갈아 넣은 노란색 찰밥(쏘이 쎄오 Xôi Xéo)이 인기다. 옥수수를 넣은 쏘이 응오 Xôi Ngô도 있다. 기본에 해당하는 하얀색 찰밥은 쏘이 짱 Xôi Trắng이라고 부른다. 돼지고기 간장 조림(Thịt Kho Tầu)이나 닭고기 살(Gà Luộc), 달걀 프라이(Trứng Ốp), 소고기 소시지(Giò Bó) 등을 골라 주문해 찰밥과 함께 먹는다.

반미 25 Bánh Mì 25 ★★★☆

Map P.420-B2 주소 25 Hàng Cá, Quận Hoàn Kiếm **홈페이지** www.banhmi25.net **영업** 월~토요일 07:00~21:00, 일요일 07:00~19:00 **메뉴** 영어, 베트남어 **예산** 4만~6만 5,000 VND **가는 방법** 항까 거리 25번지에 있다.

하노이 구시가에 있는 반미(바게트 샌드위치) 전문점이다. 도로에 테이블 몇 개 내놓고 장사하던 노점에서 그럴듯한 식당으로 변모했다. 바삭하게 구운 바게트에 속을 채워 즉석에서 샌드위치를 만들어 준다. 돼지고기, 닭고기, 소고기, 베지테리언(채식)으로 구분된 바게트 샌드위치는 외국인 입맛에 잘 맞는다. 항상 붐비는 곳으로 오토바이를 타고 와서 포장해 가는 현지인도 어렵지 않게 볼 수 있다.

반미 호이안(바미 브레드) Bánh Mì Hội An(Bami Bread) ★★★☆

Map P.420-C3 주소 98 Hàng Bạc, Quận Hoàn Kiếm **전화** 0981-043-144 **영업** 07:00~21:00 **메뉴** 영어, 베트남어 **예산** 4만 VND **가는 방법** 구시가 항박 거리 98번지에 있다.

아담하고 서민적인 정취가 물씬한 반미(바게트 샌드위치) 식당이다. 실내에는 '목욕탕 의자'와 간이 식탁이 옹기종기 놓여 있다. 바삭한 바게트 샌드위치를 만들어 저렴하게 판다. 달걀 Pate Trứng, 닭고기 Gà Nướng Xá, 돼지고기 Heo Quay, 모듬(스페셜) Đặc Biệt 네 종류의 바게트 샌드위치를 즉석에서 만든다. 여행자 숙소 밀집 지역과 가까워 외국인도 즐겨 찾는다. 현지인들에게 인기가 많은 곳으로 하노이에 10여 개 체인점을 운영하고 있다. 테이크아웃도 가능하다.

분짜따

반미 25

쏘이 옌

반미 호이안(바미 브레드)

퍼 코이호이 Phở Khôi Hói ★★★☆

Map P.420-A2 **주소** 50 Hàng Vải, Quận Hoàn Kiếm **영업** 06:00~21:00 **메뉴** 영어, 베트남어 **예산** 5만~9만 VND **가는 방법** 항바이 거리 50번지에 있다.

구시가에 있는 전형적인 로컬 쌀국수 식당이다. 소고기 쌀국수를 전문으로 한다. 고명을 쓰이는 소고기 종류를 선택해 주문하면 된다. 도로에 플라스틱 테이블을 내놓고 장사한다. 25년 넘게 영업 중인 곳으로 현지인들에게 인기 있다. 장사가 잘되는 곳으로 계속해서 육수를 만드는 모습도 볼 수 있다. 소고기와 각종 향신료(카다멈, 정향, 계피, 생강, 양파)를 넣어 육수를 만든다.

분짜 항꽛 Bún Chả Hàng Quạt ★★★☆

Map P.420-B4 **주소** 74 Hàng Quạt, Quận Hoàn Kiếm **영업** 10:30~14:00 **메뉴** 베트남어 **예산** 5만 VND **가는 방법** 항꽛 거리 74번지에 있다. 번지수와 간판을 먼저 확인하고 골목 안쪽으로 들어가면 된다.

비좁은 골목 안쪽에 플라스틱 테이블을 놓고 장사하는 전형적인 로컬 식당이다. 골목 입구로 들어가면 고기를 계속 굽고 있기 때문에 '분짜' 식당인지 금방 눈치챌 수 있다. 언제나 그렇듯 점심시간이 되면 동네 사람들이 찾아와 항상 붐빈다. 13:30 정도 되면 파장 분위기다.

분짜 닥낌 Bún Chả Đắc Kim ★★★

Map P.420-B4 **주소** 1 Hàng Mành, Quận Hoàn Kiếm **전화** 024-3828-5022 **홈페이지** www.bunchahangmanh.vn **영업** 09:00~21:00 **메뉴** 영어, 베트남어 **예산** 분짜 7만 VND, 세트 12만 VND **가는 방법** 항만(항마잉) 거리 1번지에 있다.

하노이 구시가에서 가장 유명한 분짜 식당이다. 1966년부터 영업 중인 오래된 식당이다. 간판에 미쉐린 가이드에 선정된 곳이라고 커다랗게 쓰여 있다. 분짜를 기본으로 주문하고 넴꾸아베 Nem Cua Bể(게살을 넣은 스프링 롤)를 추가하면 된다. 하지만 외국인에게는 비싼 콤보 메뉴를 권하는 경우가 많다. 본점과 인접한 구시가에 2호점(주소 67 Đường Thành)을 함께 운영한다.

반미 롱호이 Bánh Mì Long Hội ★★★☆

Map P.421-D4 **주소** 1 Hàng Dầu, Quận Hoàn Kiếm **홈페이지** www.banhmilonghoi.vn **영업** 06:30~22:30 **메뉴** 영어, 베트남어 **예산** 4만~6만 VND **가는 방법** 항더우 1번지에 있다.

노점 형태로 운영되는 반미(바게트 샌드위치) 식당과 달리 규모 면에서 차별화된 곳이다. 사거리 코너에 있어 눈에 띄는 곳으로 카페처럼 꾸민 식당은 3층까지만 운영된다. 베트남식 바게트 샌드위치를 만드는데 고수와 칠리소스는 주문할 때 적당한 양만큼 선택하면 된다. 에어컨 시설이라 더위를 식히며 잠시 쉬어 가기 좋다.

퍼 코이호이

반미 롱호이

분짜 닥낌

카페 & 아이스크림

하노이도 커피 문화가 발달했다. 길거리 목욕탕 의자가 놓인 로컬 카페에서 오토바이를 감상하든, 푹신한 소파가 놓인 고급 카페에서 스마트 폰을 보든, 하노이에서 커피를 입에 달고 사는 것은 너무도 보편적이다. 대부분의 카페에서 아침식사와 기본적인 음식을 함께 요리한다.

껨 짱띠엔(깸 짱띠엔) Kem Tràng Tiền ★★★

Map P.423-E3 주소 35 Tràng Tiền, Quận Hoàn Kiếm **전화** 024-3824-0294 **홈페이지** www.kemtrangtien.vn **영업** 매일 08:00~22:00 **메뉴** 베트남어 **예산** 1만 5,000~3만 VND **가는 방법** 짱띠엔 거리 중간에 있다. 호안끼엠 호수 남단에서 오페라하우스 방향으로 도보 5분.

짱띠엔 거리에 있는 껨(아이스크림) 가게다. 1958년부터 영업 중인 하노이의 명소다. 근사한 카페를 연상했다면 다소 충격적일 정도로 오토바이를 세워 놓고 아이스크림을 먹는 현지인들이 가득하다. 저렴한 가격 때문에 하노이 젊은이들에게 절대적인 지지를 받는다. 콘에 담아주는 '껨옥꿰 Kem Ốc Quế'와 생크림처럼 부드러운 '껨뜨어이 Kem Tươi'가 인기다. 추운 겨울에는 썰렁하다.

껨 짱띠엔

카페 장 에그 커피

카페 장 Café Giảng(Giang Cafe) ★★★☆

Map P.421-E3 주소 39 Nguyễn Hữu Huân, Quận Hoàn Kiếm **전화** 024-6294-0495 **홈페이지** www.facebook.com/Giang.cafe **영업** 08:00~22:00 **메뉴** 영어, 베트남어 **예산** 4만~6만 VND **가는 방법** 구시가의 응우옌흐우후언 거리 39번지에 있다. 입구가 비좁고, 간판이 작아서 번지수를 유심히 살펴야 한다.

구시가에서 볼 수 있는 전형적인 로컬 커피숍이다. 1946년부터 반세기 넘도록 영업하고 있다. 두 차례를 장소를 옮겼으나 여전히 현지인들에게 인기가 높다. 커피에 달걀을 넣은 '카페 쯩' Cà Phê Trứng이 유명하다. 영어 메뉴에는 에그 커피 Egg Coffee라고 적혀 있다. 카페 입구에서 비좁은 진입로를 통해 들어가야 한다. 실내는 생각보다 넓고 아늑하다. 거리 소음이 들리기 않기 때문에 조용하다.

꽁 카페(냐터 지점) Cộng Cà Phê ★★★★

Map P.422-C2 주소 27 Nhà Thờ, Quận Hoàn Kiếm **전화** 0911-811-133 **홈페이지** www.congcaphe.com **영업** 07:00~23:00 **메뉴** 영어, 베트남어 **예산** 4만~6만 5,000 VND **가는 방법** 성 요셉 성당 앞의 냐터 거리에 있다.

꽁 카페 냐터지점

사회주의를 모티브로 해서 현대적으로 재해석해 꾸민 예술적인 느낌의 카페. 사회주의 시절의 옛 향수를 자극하게 만든 빈티지한 인테리어가 눈길을 끈다. 2007년 하노이에 1호점을 연 이후에 엄청난 인기를 바탕으로 베트남 전국으로 체인점을 확장했다. 다양한 베트남 커피를 마실 수 있는데, 한국 관광객에게는 코코넛 커피가 유독 인기 있다. 하노이에는 19개 지점을 운영한다. 호안끼엠 호수 북단의 꺼우고 지점(주소 116 Cầu Gỗ), 쭉박 호수 지점(주소 15 Trúc Bạch), 바딘 광장과 가까운 디엔비엔푸 지점(주소 32 Điện Biên Phủ)이 상대적으로 접근성이 좋다.

소울 스페셜티 커피 ★★★★
Soul Specialty Coffee

Map P.420-A4 **주소** 12 Đường Thành, Quận Hoàn Kiếm **홈페이지** www.soulcoffee.vn **영업** 08:00~22:00 **메뉴** 영어, 베트남어 **예산** 6만~8만 VND **가는 방법** 드엉 탄(타잉) 12번지에 있다.

구시가에서 있는 아담한 카페로 베트남 스페셜티 커피를 만든다. 부온마투옷 Buôn Ma Thuột(베트남 중부 고원 지방의 커피 생산지)에서 자란 젊은 이들이 운영하는데, 커피 재배, 수확, 건조, 세척, 로스팅, 추출에 이르는 일련의 과정을 바르게 진행한다는 원칙을 세웠다고 한다. 창의적인 커피를 맛보고 싶다면 시그니처 중에 선택하면 된다. 베트남 커피를 젊은 감각으로 재해석한 다양한 커피를 맛볼 수 있다.

블랙버드 커피 Blackbird Coffee ★★★★

Map P.422-B1 **주소** 5 Chân Cầm, Quận Hoàn Kiếm **전화** 0389-513-053 **홈페이지** www.facebook.com/blackbirdcoffeevn **영업** 07:00~21:00 **메뉴** 영어, 베트남어 **예산** 5만~8만 VND **가는 방법** 쩐껌 거리 5번지에 있다. 성 요셉 성당에서 250m 떨어져 있다.

소울 스페셜티 커피

주홍빛 외벽이 눈을 사로잡는 카페. 통유리창 옆에 커피 바를 배치해 바리스타가 커피 만드는 모습을 밖에서도 볼 수 있도록 고안했다. 공간은 복층으로 이뤄져 있는데, 규모가 작아서 아늑한 분위기다. 음료는 크게 에스프레소 메뉴와 핸드 드립 메뉴로 구분된다. 베트남 커피에 비해 조금 더 익숙한 아메리카노, 라테, 콜드 브루를 이곳에서 맛볼 수 있다. 직접 로스팅한 원두도 판매한다.
한약방이 몰려 있는 란옹 거리에도 분점(블랙 버드 커피 란옹 지점, 주소 63B Lãn Ông, Map P.420-B3)이 있는데, 안마당과 발코니까지 갖춘 2층 규모로 본점보다 공간이 넉넉하다.

라 비엣 커피(하노이 항분 지점) ★★★★
Là Việt Coffee

Map P.419-D1 **주소** 45 Hàng Bún, Quận Ba Đình **전화** 0866-845-558 **홈페이지** www.laviet.coffee **영업** 07:00~22:00 **메뉴** 영어, 베트남어 **예산** 커피 4만~5만 5,000 VND **가는 방법** 구시가 북쪽의 항분 거리 45번지에 있다.

베트남 커피 원산지인 달랏 Đà Lạt에 본사를 두고 있는 라 비엣 커피의 하노이 지점이다. 자체적인 커피 농장을 운영하기 때문에 신선한 커피 원두를 직송해 온다. 파스텔톤의 콜로니얼 건물로 복층으로 되어 있어 널찍하다. 빈티지한 느낌으로 마당을 겸한 야외 공간도 있다. 직접 로스팅한 원두를 이용한 아라비카 커피를 맛볼 수 있다.

블랙버드 커피 란옹 지점

라 비엣 커피

반꽁 카페 Ban Công Cafe ★★★☆

Map P.421-D3 **주소** 2 Đinh Liệt, Quận Hoàn Kiếm **전화** 0965-300-860 **홈페이지** www.facebook.com/bancônginhanoi **영업** 07:00~23:00 **메뉴** 영어, 베트남어 **예산** 커피 6만~8만, 브런치 14만~28만 VND **가는 방법** 딘리엣 거리 2번지에 있다. 호안끼엠 호수 북단에서 북쪽으로 250m.

1940년대 건물을 리모델링한 카페로, 빈티지한 느낌이 물씬하다. 1층은 커피 바, 2·3층은 카페로 사용되는데 빛바랜 테이블과 의자, 원목 가구를 두어 고풍스러운 인상을 준다. 여러 개의 방과 계단, 야외 발코니가 연결되어 있어 공간마다 조금씩 다른 분위기를 느낄 수 있다. 덕분에 사진 찍기 좋은 곳이라 현지 젊은이들에게 인기 있다.

핀 바 바이 리파인드 Phin Bar by Refined ★★★★

Map P.418-B3 **주소** 43 Văn Miếu, Quận Đống Đa **홈페이지** www.refined.vn **영업** 07:30~22:30 **예산** 8만~15만 VND **가는 방법** 문묘 오른쪽의 반미에우 거리 43번지에 있다.

비밀스러운 칵테일 바를 연상시키는 독특한 분위기의 카페. 작고 어둑한 커피숍 내부는 커피 바를 중심에 배치해 바리스타를 바라보고 앉도록 만들었다. 커피 메뉴가 독특해서 메뉴판을 잘 살펴야 한다. 컬처 Culture(베트남 커피), 모던 Modern(아메리카노, 라테, 콜드 브루), 크리에이티브 Creative(솔트 커피, 코코넛 커피, 말차 커피)로 구분된다. 스테인리스 필터를 이용한 드립 커피도 가능하다.

반꽁 카페

Phin Bar by Refined

트랜퀼 북스 & 커피 Tranquil Books & Coffee ★★★☆

Map P.420-A4 **주소** 5 Nguyễn Quang Bích, Quận Hoàn Kiếm **홈페이지** www.facebook.com/cafetranquil **영업** 08:00~22:00 **메뉴** 영어, 베트남어 **예산** 커피 5만~7만 VND **가는 방법** 응우옌 꽝빅 거리 5번지에 있다. 비스포크 트렌디 호텔 Bespoke Trendy Hotel 옆에 있다.

하노이 구시가에 위치하지만 오토바이 통행이 적은 골목 안쪽에 들어선 북 카페다. 덕분에 상대적으로 조용하고, 벽면 한쪽 가득 책을 진열해 아늑한 분위기마저 감돈다. 외국인 관광객이 많이 가는 지역에서 살짝 비켜가 있어 한갓지게 커피를 즐기기 좋은 공간이다. 거리를 사이에 두고 같은 이름의 카페 두 곳을 운영하고 있다.

올 데이 커피 All Day Coffee ★★★☆

Map P.419-D1 **주소** 55 Hàng Bún, Quận Ba Đình **홈페이지** www.facebook.com/alldaycoffeevn **영업** 07:00~23:00 **메뉴** 영어, 베트남어 **예산** 커피 6만~11만 VND, 브런치 15만~20만 VND(+7% Tax) **가는 방법** 구시가 북쪽의 항분 거리 55번지에 있다.

베트남 젊은이들의 사랑을 받고 있는 트렌디한 느낌의 브런치 카페. 카페 외관에 Vietnamese Specialty, Roasted Daily, Hand Brew, Egg Coffee, Food Desert라고 적혀 있다. 매일 로스팅해서 특별한 커피를 만들고, 식사와 디저트까지 구비하고 있음을 알 수 있다. 꽝중 거리에 본점(주소 37 Quang Trung)이 있다.

올 데이 커피

하일랜드 커피 Highland Coffee ★★★☆

Map P.421-D4 주소 1 Đinh Tiên Hoàng, Hồ Gươm Bldg. 3F **전화** 024-3936-3228 **홈페이지** www.highlandscoffee.com.vn **영업** 매일 07:00~23:00 **메뉴** 영어, 베트남어 **예산** 커피 4만~8만 VND **가는 방법** 호안끼엠 호수 북단의 호그엄 빌딩 3층에 있다.

베트남의 대표적인 로컬 커피 체인점이다. 호안끼엠 호수와 구시가를 바라보며 여유 있는 시간을 보내기 좋다. 오페라하우스(주소 1A Tràng Tiền), 역사 박물관(주소 216 Trần Quang Khải), 하노이 기차역 앞(주소 129 Lê Duẩn), 쭉박 호수(주소 17 Trấn Vũ)에도 지점을 운영한다.

만지 Manzi ★★★★

Map P.419-D1 주소 14 Phan Huy Ích, Quận Ba Đình **전화** 024-3716-3397 **홈페이지** www.facebook.com/manzihanoi **영업** 08:00~22:00 **메뉴** 영어, 베트남어 **예산** 커피 4만~7만 VND, 칵테일 9만 VND **가는 방법** 구시가 북쪽의 판휘익 거리 14번지에 있다.

커피숍이라기보다 갤러리에 가깝다. 당초 갤러리를 운영하려던 주인장은 창작에 대한 규제가 심한 사회주의 정부의 눈을 피해 커피숍으로 영업 허가를 받았고, 작품은 인테리어로 걸어두는 실정이다. 콜로니얼 양식의 프렌치 빌라에 들어선 공간인 만큼 분위기도 멋스럽다. 1층에서 커피를 마셨다면 2층에 올라가 전시된 작품을 둘러봐도 좋다.

메종 마루 Maison Marou ★★★☆

Map P.419-E4 주소 91A Thợ Nhuộm, Quận Hoàn Kiếm **전화** 024-3717-3969 **홈페이지**www.facebook.com/MaisonMarouHanoi **영업** 09:00~23:00 **메뉴** 영어 **예산** 커피·디저트 7만~16만 VND **가는 방법** 터뉴옴 거리 91번지에 있다.

베트남에서 유명한 수제 초콜릿 회사에서 운영하는 프렌치 카페. 관광지에서는 조금 떨어져 있지만 넓고 쾌적한 실내가 매력적이다. 커피나 핫초코를 곁들여 디저트를 즐기기에 더없이 좋다. 매장에서는 초콜릿 만드는 모습을 직접 볼 수 있다. 선물용 초콜릿을 구매하기도 좋다.

레일웨이 카페(기찻길 마을 카페) Railway Cafe ★★★☆

Map P.419-D2, Map P.420-A4 주소 Train Street, Phố Đường Tàu Hà Nội, Đường Trần Phú **영업** 08:00~23:00 **메뉴** 영어, 베트남어 **예산** 커피 5만~8만 VND, 맥주·칵테일 7만~16만 VND **가는 방법** 구시가 서북쪽의 풍흥 거리 Phùng Hưng에서 쩐푸 거리 Trần Phú 방향으로 들어가면 된다.

기찻길 마을(P.433) 철도 옆으로 촘촘히 들어선 가정집들이 하나둘 관광객을 위한 카페로 변모하고 있다. 가게들이 저마다 철도 옆으로 의자를 펼쳐놓고 있어 잠시 쉬어가기 좋다. 시간을 잘 맞추면 기차가 지나가는 풍경을 바라보며 커피나 맥주 마시기 좋다. 안전을 이유로 출입을 통제하는 경우도 있으므로 최신 상황을 확인해 둘 것.

하일랜드 커피 서호 지점

기찻길 마을 카페

갤러리처럼 꾸민 만지

메종 마루

일반 레스토랑

외국인 여행자들이 많은 구시가에는 영어 메뉴를 갖춘 투어리스트 레스토랑이 많고, 호안끼엠 호수 주변에는 전망 좋은 레스토랑들이 많다. 프렌치 빌라를 개조한 콜로니얼 건물에서 우아하게 저녁식사를 즐기는 것도 하노이 식도락 여행의 매력이다.

뉴 데이 레스토랑 ★★★
New Day Restaurant

Map P.421-D3 주소 72 Mã Mây, Quận Hoàn Kiếm **전화** 024-3828-0315 **홈페이지** www.newdayrestaurant.com **영업** 매일 10:00~22:00 **메뉴** 영어, 베트남어 **예산** 9만~21만 VND **가는 방법** 구시가의 마머이 거리 72번지에 있다.

분위기는 서민 식당이지만 주변에 여행자 숙소가 많아 외국인 손님이 많다. 영어 메뉴를 갖추고 있으며 밥값이 부담 없다. 말이 안 통해서 답답하거나, 외국인이라고 비싸게 받지 않을까 하는 걱정은 버리고 편하게 식사할 수 있다. 단품 요리부터 전골 요리까지 메뉴가 다양하다. 여러 명이 함께 식사할 경우 세트 메뉴를 주문하면 된다.

껌 포꼬 Cơm Phố Cổ ★★★

Map P.421-D2 주소 16 Nguyễn Siêu **전화**024-2216-4028 **홈페이지** www.facebook.com/comphoco **영업** 10:00~21:00 **메뉴** 영어, 베트남어 **예산** 7만~17만동 **가는 방법** 구시가의 응우옌씨에우 거리 16번지에 있다.

상호명은 '구시가에 있는 밥집'이란 뜻이다. 반찬을 진열해 놓고 판매하는 로컬 식당인데 레스토랑처럼 꾸몄다. 원하는 반찬 몇 가지와 밥을 구매해 덮밥처럼 먹으면 된다. 선택한 반찬에 따라 값을 지불하면 되는데 세트 메뉴(US$6~8)를 주문할 수도 있다. 외국인에게도 잘 알려져 있어 영어 메뉴판을 갖추고 있다.

미스터 바이 미엔떠이 반쎄오 ★★★☆
Mr Bảy Miền Tây Bánh Xèo

Map P.420-B4 주소 79 Hàng Điếu, Quận Hoàn Kiếm **영업** 11:00~23:00 **메뉴** 영어, 베트남어 **예산** 14만~18만 VND 가는 항디에우 거리 79번지에 있다.

구시가에서 인기 있는 반쎄오 전문 식당이다. 식당 입구에 놓인 커다란 웍에서 반쎄오를 즉석에서 만든다. 대표메뉴는 반쎄오 남보 Bánh Xèo Nam Bộ(돼지고기와 새우를 넣은 남부 스타일 반쎄오)

껌 포꼬

뉴 데이 레스토랑

미스터 바이 미엔떠이 반쎄오

다. 분팃느엉 Bún Thịt Nướng과 분보남보 Bún Bò Nam Bộ 같은 남부지방에서 즐겨 먹는 비빔국수도 요리한다.

짜까 탕롱 Chả Cá Thăng Long ★★★☆

Map P.420-A3 주소 2 Đường Thành, Quận Hoàn Kiếm **전화** 024-3828-6007 **홈페이지** www.chacathanglong.vn **영업** 10:30~21:00 **메뉴** 영어, 베트남어 **예산** 짜까 18만 VND **가는 방법** 구시가의 탄 거리 6번지에 있다.

외국 관광객에게 잘 알려진 '짜까' 전문 식당으로 메뉴는 단 한 가지 '짜까' 뿐이다. 맥주와 디저트가 포함된 세트 밀 Set Meal(18만 VND)을 주문해도 된다. 테이블마다 고체 연료를 이용하는 개인 화로가 놓여있다. 직원이 음식을 조리해주면서 먹는 방법까지 친절하게 알려준다.

리틀 하노이 레스토랑 Little Hanoi Restaurant ★★★☆

Map P.421-D3 주소 25 Hàng Bè, Quận Hoàn Kiếm **전화** 024-3926-0168 **영업** 10:00~24:00 **메뉴** 영어, 베트남어 **예산** 9만~18만 VND **가는 방법** 항베 거리 25번지에 있다.

오랫동안 외국 관광객에게 인기를 얻고 있는 베트남 음식점이다. 1998년부터 영업 중인 곳으로 맥주 거리(따히엔 거리)에 있었는데, 주변이 번잡해지면서 항베 거리로 이전해 영업하고 있다. 베트남을 처음 방문한 외국인들이 베트남 음식에 입문하기 좋은 곳으로 직원들도 친절하다. 향신료를 적절히 사용해 외국인 입맛에 알맞게 음식을 요리한다. 볶음 요리가 많은 편으로 맥주를 곁들여 식사하기 좋다. 파스텔 톤의 건물 외관과 달리 내부는 고풍스럽게 꾸몄다. 에어컨 시설이라 쾌적하다.

블루 버터플라이 Blue Butterfly ★★★☆

Map P.421-D3 주소 69 Mã Mây, Quận Hoàn Kiếm **전화** 024-3926-3845 **홈페이지** www.bluebutterflycookingclass.com.vn **영업** 09:00~22:00 **메뉴** 영어, 베트남어 **예산** 메인 요리 19만~49만 VND (+5% Tax) **가는 방법** 구시가의 마머이 거리 69번지에 있다.

마머이 거리에 있는 오래된 목조 가옥을 고스란히 보존해 레스토랑으로 리모델링했다. 100년 넘는 건물 자체가 역사 유적에 가깝다. 고풍스러운 건물 내부는 나무 계단으로 연결되며, 2층 테라스에서 거리 풍경도 내려다보인다. 음식 값은 비싸지만 고급 레스토랑답게 정갈한 테이블 세팅과 친절한 직원의 안내를 받을 수 있다. 반쎄오, 넴루이, 분짜, 짜까를 포함한 베트남 음식을 메인으로 요리한다. 쿠킹 클래스(요리 강습)을 함께 운영한다. 건물 자체가 주는 동양적인 정취 때문인지 유럽 관광객이 즐겨 찾는다.

짜까 탕롱

리틀 하노이 레스토랑

블루 버터플라이

홍호아이 레스토랑 Hong Hoai's Restaurant ★★★☆

Map P.420-B3 주소 20 Bát Đàn, Quận Hoàn Kiếm **전화** 0915-033-556 **홈페이지** www.honghoaisrestaurant.com **영업** 10:00~22:00 **메뉴** 영어, 베트남어 **예산** 12만~17만 VND **가는 방법** 구시가의 밧단 거리 20번지에 있다.

구시가에 있는 자그마한 로컬 레스토랑이다. 실내는 아담하지만 1·2층으로 되어 있다. 다른 곳에 비해 청결하고 영어가 통하기 때문에 외국 관광객이 많이 찾아온다. 전통 베트남 음식점은 아니지만, 반쎄오 Bánh Xèo, 분짜 Bún Chả, 넴잔 Nem Rán, 짜까 Chả Cá, 퍼보 Phở Bò, 보라롯 Bò Lá Lốt 같은 부담 없이 먹기 좋은 베트남 음식을 선별해 요리한다. 볶음 요리, 두부 요리, 뚝배기 요리도 있다.

꽌 안 응온 Quán Ăn Ngon(Ngon Restaurant) ★★★☆

Map P.419-D3 주소 18 Phan Bội Châu, Quận Hoàn Kiếm **전화** 0902-126-963 **홈페이지** www.quananngon.com.vn **영업** 매일 08:00~22:00 **메뉴** 영어, 베트남어 **예산** 8만~48만 VND **가는 방법** 판보이쩌우 거리 18번지에 있다. 하노이 역에서 도보 8분.

베트남 요식업계에 혁명을 불러일으킨 '꽌 안 응온'의 하노이 지점이다. 정원 넓은 콜로니얼 건물을 레스토랑으로 사용한다. 베트남 전국 요리를 한자리에서 맛볼 수 있으며, 마당에서는 음식을 요리하는 모습을 볼 수 있다. 음식 맛은 기본으로 흥겨운 분위기와 가격까지 모두를 만족시킨다. '응온'은 맛있다는 뜻이다.

꽌 안 응온(하노이 본점)

하노이 가든 Hanoi Garden ★★★★

Map P.420-B4 주소 36 Hàng Mành, Quận Hoàn Kiếm **전화** 024-3824-3402 **홈페이지** www.hanoigarden.vn **영업** 매일 10:00~14:00, 17:00~22:00 **메뉴** 영어, 베트남어 **예산** 20만~53만 VND (+10% Tax) **가는 방법** 구시가의 항만(항마잉) 거리 36번지에 있다.

준수한 분위기에 부담 없는 맛의 베트남 음식을 요리한다. 깔끔하게 세팅된 실내와 야외 정원이 있어 구시가에 있는 레스토랑치고 분위기는 좋은 편이다. 시원한 육수에 산뜻한 음식 재료가 어우러진 러우(전골 요리)를 포함해 해산물과 거북이까지 다양한 재료로 음식을 요리한다. 외국인 관광객들에게 친절하지만, 서비스는 느린 편이다.

하이웨이 4 Highway 4 ★★★☆

Map P.421-E3 주소 3 Hàng Tre, Quận Hoàn Kiếm **전화** 024-3926-4200, 024-2215-5797 **홈페이지** www.highway4.com **영업** 매일 10:00~23:00 **메뉴** 영어, 베트남어 **예산** 12만~35만 VND (+10% Tax) **가는 방법** 구시가의 항쩨 거리 3번지에 있다.

베트남 음식을 전통적인 방법으로 요리하는 곳

하노이 가든

하이웨이 4

이다. 워낙 다양한 음식을 요리하다보니 창의적인 메뉴도 많다. 인삼, 꿀, 뱀과 각종 약재와 허브를 넣어 만든 전통주를 판매하기 때문에, 술과 곁들여 식사하기 좋다. 레스토랑 이름은 4번 국도의 산악지역에서 채취한 음식 재료와 향신료를 사용하기 때문에 붙여진 이름이다.

떰비(냐항 떰비) ★★★★
Tầm Vị(Nhà Hàng Tầm Vị)

Map P.418-C3 **주소** 4 Phố Yên Thế, Quận Đống Đa **전화** 0966-323-131 **홈페이지** www.facebook.com/nhahangtamvi **영업** 10:00~22:00 **메뉴** 영어, 베트남어 **예산** 15만~36만 VND(+8% Tax) **가는 방법** 응우옌타이혹 거리에서 연결되는 옌터 거리 4번지에 있다. 옆 골목에 해당하는 응오 옌테 Ngõ Yên Thế와 혼동하지 말 것.

고풍스러운 분위기의 베트남 레스토랑이다. 목조 가옥 특유의 앤티크한 분위기가 풍긴다. 전통을 강조한 인테리어만큼 음식도 베트남적인 색채로 가득하다. 하노이 사람들이 즐겨 먹는 집밥(가정식)을 주로 선보인다. 밥과 함께 먹기 좋은 두부·버섯 요리, 볶음 요리, 뚝배기 조림, 찌개 등을 골고루 요리한다. 세트메뉴도 있으므로 인원에 맞게 주문하면 된다. 음식 사진이 잘 나와 있는 메뉴판 덕에 주문하는 데 어려움이 없다. 복층 건물로, 에어컨이 설치되어 쾌적하게 식사할 수 있다.

메종 1929 ★★★★
Maison 1929

Map P.420-A3 **주소** 2 Cửa Đông, Quận Hoàn Kiếm **영업** 11:30~23:00(주문 마감 22:00) **메뉴** 영어, 한국어, 베트남어 **예산** 18만~36만 VND (+8% Tax) **가는 방법** 구시가의 끄어동 거리 2번지에 있다.

프렌치 빌라를 리모델링했는데, 건물 분위기와 달리 베트남 음식을 요리한다. 1929년에 만들어진 2층 건물로 발코니까지 딸려 있어 분위기가 좋다. 베트남 사람들이 즐겨 먹는 가정식 요리를 고급화한 것이 특징이다. 뚝배기조림, 돼지갈비, 오징어 순대, 농어구이를 메인으로 요리한다. 점심시간에는 세트 메뉴도 제공한다. 전체적으로 외국 관광객이 좋아할 맛과 분위기다. 영어 가능한 직원들도 친절하다.

센테 Senté ★★★★

Map P.420-A4 **주소** 20 Nguyễn Quang Bích, Quận Hoàn Kiếm **홈페이지** www.sente.vn **영업** 10:30~14:00, 17:30~22:00 **예산** 16만~38만 VND(+10% Tax) **가는 방법** 응우옌꽝빅 거리 20번지 골목 안쪽으로 들어가면 된다.

연꽃을 이용한 건강한 식단을 추구하는 곳이다. 레스토랑이 골목 안쪽에 숨겨져 있어 아늑하며, 안마당에 둘러싸인 식당 내부는 녹색 식물이 가득하다. 식당 분위기 때문에 채식 전문 식당으로 오

메종 1929

떰비(냐항 떰비)

센테

해하기 쉽지만 메인 요리는 대부분 생선, 새우, 닭고기, 돼지고기를 이용해 만든다. 두부, 연근, 버섯, 미역 등을 이용해 만든 반찬과 곁들여 식사하면 된다.

응온 가든 Ngon Garden ★★★★

Map P.419-D4 주소 70 Nguyễn Du, Quận Hai Bà Trưng **전화** 0902-226-224 **홈페이지** www.ngongarden.com **영업** 07:00~22:00 **메뉴** 영어, 베트남어 **예산** 18만~95만 VND(+10% Tax) **가는 방법** 띠엔꽝 호수를 끼고 있는 응우옌주 거리 70번지에 있다.

꽌 안 응온(P.461)의 업그레이드 버전으로 생각하면 된다. 넓은 정원(중정)을 갖춘 프렌치 빌라를 레스토랑으로 사용하는데, 길 건너편에 호수도 있어 도심과는 전혀 다른 분위기다. 하노이 전통 음식, 후에 지방 요리를 포함해 해산물과 전골 요리까지 다양한 음식을 요리한다. 아침 시간에는 쌀국수 위주의 간단한 식사만 가능하다. 분위기에 걸맞게 음식 값은 비싸다.

짜오 반 Chào Bạn ★★★★

Map P.424-A2 주소 98 Tô Ngọc Vân, Quận Tây Hồ **전화** 024-3633-3435 **홈페이지** www.facebook.com/ChaobanHaNoi **영업** 11:00~14:30, 17:30~21:00 **메뉴** 영어, 베트남어 **예산** 17만~30만 VND **가는 방법** 서호 주변의 또응옥번 거리 98번지에 있다.

서호 주변에서 가장 유명한 베트남 음식점이다. 레스토랑의 역사는 짧지만 미쉐린 가이드에 선정되면서 유명세를 타고 있다. '안녕! 친구'란 뜻으로 친구 집에 놀러가듯 편한 마음으로 방문할 수 있다. 조용한 골목 안쪽의 나무 그늘 아래에 있는 편안한 가정집 분위기를 연출한다. 베트남 사람들이 즐겨 먹는 가정식 요리를 정성스럽게 요리해준다.

마이 비스트로 Maii Bistro ★★★★

Map P.424-A2 주소 46 Tây Hồ, Quảng An, Quận Tây Hồ **홈페이지** www.maiibistro.vn **영업** 11:00~13:30, 17:30~21:30 **메뉴** 영어, 베트남어 **예산** 17만~38만 VND **가는 방법** 서머셋 웨스트 포인트(호텔) 옆쪽의 떠이호 거리 46번지에 있다.

서호 주변의 주택가 골목에 있는 분위기 좋은 레스토랑이다. 마당을 갖춘 2층짜리 빌라 전체를 레스토랑으로 사용한다. 빈티지함과 모던함을 겸비한 곳으로 퓨전 스타일의 베트남 음식을 요리한다. 스프링 롤, 베트남 샐러드, 분짜, 반쎄오, 넴루이, 보느엉 Bò Nướng(그릴 비프), 껌쓰언 Cơm Tấm Bì Sườn Chả Trứng(돼지갈비 덮밥)까지 외국 관광객도 무난하게 즐길 수 있는 음식이 많다. 디저트, 커피, 맥주, 와인, 칵테일을 곁들여 식사하기 좋다. 직원들도 친절하다.

짜오 반

응온 가든

마이 비스트로

하노이 소셜 클럽 ★★★☆
Hanoi Social Club

Map P.422-A2 **주소** 6 Ngõ Hội Vũ, Quận Hoàn Kiếm **전화** 024-3938-2117 **영업** 08:00~23:00 **메뉴** 영어 **예산** 커피 6만~7만 VND, 메인 요리 14만~20만 VND **가는 방법** 꽌쓰 Quán Sứ 거리와 짱티 Tràng Thi 거리를 연결하는 호이부 골목 Ngõ Hội Vũ에 있다.

하노이 구시가의 정취가 느껴지는 오래된 콜로니얼 양식의 건물을 카페로 사용한다. 3층 건물로 편하게 널브러지는 분위기다. 버거, 파스타, 펠라펠, 모로코 쿠스쿠스, 샐러드 같은 서구적인 음식을 요리한다. 하노이에 거주하는 외국인에게 인기가 높다. 주말 저녁에는 어쿠스틱 음악을 라이브로 연주해 준다.

푸쿠 카페 Puku Cafe ★★★☆

Map P.419-D3 **주소** 16 Tống Duy Tân, Quận Hoàn Kiếm **전화** 024-3938-1745 **홈페이지** www.facebook.com/PukuCafeHanoi **영업** 24시간 **메뉴** 영어, 베트남어 **예산** 커피 6만~10만 VND, 메인 요리 14만~24만 VND **가는 방법** 똥주이떤 거리 16번지에 있다. 하노이 기차역에서 북쪽으로 600m 떨어져 있다.

하노이에서 흔치 않은 24시간 영업점이다. 카페와 레스토랑, 펍을 함께 운영한다. 작은 마당과 콜로니얼 건물이 어우러진 공간으로 밝고 경쾌한 색으로 꾸민 실내와 푹신한 쿠션이 아늑하다. 수제 버거, 피자, 파스타를 메인으로 요리한다. 분짜 같은 기본적인 베트남 음식도 요리한다. 프리미어 리그를 비롯, 다양한 스포츠 중계를 시청하며 맥주를 마시는 스포츠 펍을 겸하고 있어 외국인 여행자들이 즐겨 찾는다.

마쏘 카페 Ma Xó Cafe ★★★★

Map P.424-C4 **주소** 152 Trấn Vũ, Trúc Bạch **전화** 0333-850-852 **홈페이지** www.facebook.com/Ma.Xo.Cafe **영업** 08:00~23:00 **메뉴** 영어, 베트남어 **예산** 커피 4만~6만 VND, 브런치 12만~15만 VND **가는 방법** 쭉박 호수 오른쪽을 끼고 있는 쩐부 거리 152번지에 있다.

쭉박 호수 주변에 있는 카페를 겸한 브런치 레스토랑이다. 아담한 실내는 미술품을 전시해 예술 공간처럼 꾸몄다. 가정집처럼 신발을 벗고 실내 라운지로 들어가야 한다. 도로 옆에도 야외 테이블이 있어 잔잔한 호수 풍경을 감상하기 좋다. 아보카도 토스트, 오믈렛+베이컨+로띠, 샥슈카, 그래놀라, 샐러드 등 다양하진 않지만 건강한 메뉴를 요리한다. 커피와 스무디는 물론, 칵테일도 즐길 수 있다.

멧 레스토랑 ★★★☆
MẸT Vietnamese Restaurant

Map P.422-B1 **주소** ①항가이 지점 110 Hàng

하노이 소셜 클럽

푸쿠 카페

마쏘 카페

Gai ②밧단 지점 25 Bát Đàn **홈페이지** www.metvietnameserestaurant.com **영업** 10:00~22:00 **메뉴** 영어, 베트남어 **예산** 12만~23만 VND **가는 방법** 항가이 110번지에 있다.

하노이에서 관광객이 즐겨 찾는 베트남 레스토랑이다. 구시가에만 6개 지점을 운영한다. 투어리스트 레스토랑에 가깝기 때문에 외국인 입맛에 맞게 요리해 준다. 추천 메뉴는 분짜 Bún Chả, 반쎄오 Bánh Xèo, 넴루이 Nem Lụi, 소고기 쌀국수 Phở Bò, 모닝글로리 마늘 볶음 Rau Muống Xào Tỏi, 대나무에 담아주는 돼지고기 구이 Thịt Lợn Nướng Ống Tre가 있다. 메인 요리를 주문하면 공깃밥을 함께 제공해 준다.

피자 포피스 Pizza 4P's ★★★★

Map P.422-C1 **주소** 11B Ngõ Bảo Khánh, Quận Hoàn Kiếm **전화** 028-3622-0500 **홈페이지** www.pizza4ps.com **영업** 10:00~22:30 **메뉴** 영어, 일본어, 베트남어 **예산** 25만~42만 VND (+10% Tax) **가는 방법** 호안끼엠 호수 왼쪽으로 연결되는 바오칸(바오카잉) 골목 11번지에 있다.

일본인이 운영하는 고급 피자 레스토랑이다. 파스타까지 요리하는 정통 이탈리아 음식점이다. 피자를 만드는 커다란 화덕이 보이는 오픈 키친으로 천장이 높고 쾌적한 인테리어는 고급스럽다. '반반(하프 하프 Half Half)'으로 주문하면 한 번에 두 가지 피자를 맛볼 수 있다. 일본인 매니저가 상주하고 있다. 예약하고 가는 게 좋다. 오페라 하우스와 가까운 짱띠엔 거리(주소 43 Tràng Tiền, Map P.423-E3)에 2호점을 운영하고 있다.

홈 레스토랑 ★★★☆
Home Restaurant

Map P.417-D4 **주소** 75 Nguyễn Đình Chiểu, Quận Hai Bà Trưng **홈페이지** www.homevietnameserestaurants.com **영업** 11:00~13:30, 17:00~21:30 **메뉴** 영어, 베트남어 **예산** 25만~59만 VND(+5% Tax) **가는 방법** 통녓 공원(통일 공원) 오른쪽의 응우옌딘찌에우 거리 75번지에 있다. 호안끼엠 호수 남단에서 남쪽으로 2km 떨어져 있다.

하노이뿐만 아니라 호찌민 시(사이공), 호이안 등에 지점을 운영하는 고급 레스토랑이다. 하노이 지점은 벽난로가 남아 있는 프렌치 빌라를 레스토랑으로 리모델링했다. 육류와 해산물 위주의 메인 요리는 각 지역에서 생산된 신선한 식재료를 사용한다. 세트 메뉴도 구비하고 있다.

룩락 Luk Lak ★★★★

Map P.423-F4 **주소** 4A Lê Thánh Tông, Quận

멧 레스토랑

룩락 레스토랑

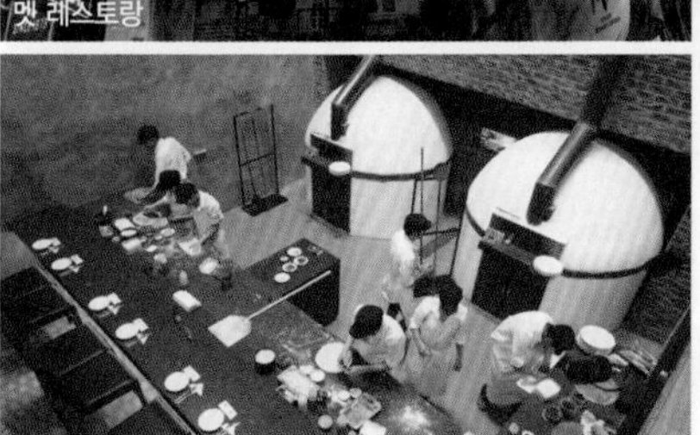
피자 포피스

홈 레스토랑

Hoàn Kiếm **전화** 0943-143-686 **홈페이지** www.luklak.vn **영업** 07:30~22:00 **메뉴** 영어, 베트남어 **예산** 메인 요리 23만~59만 VND(+5% Tax) **가는 방법** 레탄똥 거리 4번지에 있다. 오페라하우스에서 남쪽으로 200m.

콜로니얼 양식의 건물로 분위기 좋은 베트남 레스토랑이다. 소피텔 레전드 메트로폴(호텔)에서 25년간 근무했던 마담 빈 Madame Bình 셰프가 독립해 만들었다. 1층은 카페, 2층은 레스토랑으로 꾸몄는데, 화려하고 대조적인 색감을 강조한 인테리어가 눈에 띈다. 하노이의 대표적인 럭셔리 호텔에서 근무했던 경력을 살려 서구적인 베트남 음식을 요리한다. 신선한 식재료에 다양한 향신료, 허브 소스를 사용하는 것이 특징이다. 분짜와 넴(스프링 롤) 같은 대중적인 음식도 있지만 셰프만의 독특한 조리 기법으로 요리한 시그니처 메뉴도 많다. 아침시간에는 쌀국수 위주의 간편식을 제공한다. 외국 관광객보다는 현지인에게 인기 있다.

에라 레스토랑 Era Restaurant ★★★☆

Map P.421-D3 주소 48 Mã Mây, Quận Hoàn Kiếm **전화** 0934-453-789 **홈페이지** www.erarestaurant.com **영업** 10:30~23:00 **메뉴** 영어, 베트남어 **예산** 메인 요리 15만~20만 VND, 바비큐 2인 세트 35만 VND **가는 방법** 구시가 마머이 거리 48번지에 있다.

여행자 숙소가 밀집한 마머이 거리에 있는 분위기 좋은 베트남 음식점이다. 인테리어는 흑백 사진과 패턴 모양의 타일을 이용해 프랑스 스타일로 꾸몄다. 외국인 여행자를 겨냥한 곳으로 깔끔하고 정갈한 음식 덕분에 인기가 높다. 바비큐(개인 화로에 구워먹는 베트남식 고기구이) Vietnamese Barbecue와 핫팟(전골 요리) Hot Pot를 메인으로 요리하기 때문에 여러 명이 함께 식사하기 좋다. 분짜 Bún Chả, 짜까 Chả Cá Hà Nội, 분보남보 Bún Bò Nam Bộ, 치킨 윙을 곁들여 식사하면 된다.

으우담 차이 Ưu Đàm Chay ★★★☆

Map P.419-D4 주소 55 Nguyễn Du, Quận Hoàn Kiếm **전화** 0981-349-898 **홈페이지** www.uudamchay.com **영업** 10:00~21:30 **메뉴** 영어, 베트남어 **예산** 메인 요리 17만~39만 VND **가는 방법** 호안끼엠 호수 남쪽으로 1.5㎞ 떨어진 응우옌주 거리 55번지에 있다.

하노이의 대표적인 채식 전문 레스토랑이다. 불상을 소품으로 활용해 명상적이고, 선(禪)적인 분위기로 꾸몄다. 버섯, 두부, 연근, 호박, 과일 등을 이용해 자극적이지 않은 음식을 선보인다. 신선한 식재료의 맛을 살려 요리하는 것이 특징이다. 스프링 롤, 샐러드, 연꽃 밥, 파인애플 볶음밥, 두리안 피자, 망고 찰밥, 러우(핫팟) 등 메뉴가 다양하다. 채식주의자가 아니더라도 한 번쯤 방문할 만한 고급스러운 분위기의 공간이다.

즈엉 레스토랑 Duong's Restaurant ★★★☆

Map P.422-B2 주소 27 Ngõ Huyện, Quận Hoàn Kiếm **전화** 024-3636-4567 **홈페이지** www.duongsrestaurant.com **영업** 11:30~22:00 **메뉴**

에라 레스토랑

채식 레스토랑 으우담 차이

영어, 베트남어 **예산** 메인 요리 24만~58만 VND, 코스 메뉴 50만~80만 VND(+10% Tax) **가는 방법** 응오 후옌 골목 안쪽으로 60m.

2014년 톱 셰프(베트남 요리 경연 프로그램) Top Chef에 출연해 4위를 기록한 주인장 호앙즈엉 Hoàng Dương이 운영한다. 파인 다이닝을 추구하는 곳이라 코스로 제공되는 세트 메뉴를 맛볼 수 있다. 음식마다 고유의 식재료를 사용하고 플레이팅에도 신경을 썼다. 레스토랑 인테리어는 그다지 고급지진 않다. 친절하고 영어가 잘 통하기 때문에 유럽 관광객들에게 유독 인기 있다. 여행자 숙소가 몰려 있는 후옌 골목(응오 후옌)에 1호점을 열었고, 마머이 거리에 2호점에 해당하는 즈엉 다이닝 Duong Dining(주소 101 Mã Mây, 홈페이지 www.duongdining.com, Map P421-D3)을 운영하고 있다.

찹스(구시가 마머이 지점) Chops ★★★☆

Map P.421-D2 주소 22 Mã Mây, Quận Hoàn Kiếm **전화** 024-6686-7885 **홈페이지** www.chops.vn **영업** 11:00~23:00 **메뉴** 영어 **예산** 메인 요리 19만~23만 VND **가는 방법** 구시가 마머이 거리 22번지에 있다.

하노이에서 유명한 수제 버거 레스토랑이다. 날마다 호주산 와규로 신선한 패티를 만든다. 양고기, 치킨 가스, 펠라펠(채식), 두부(채식) 패티로도 다양한 버거를 선보인다. 수제 맥주도 함께 판매하니 펍처럼 즐기기 좋다. 점심시간 (12:00~14:00)에는 버거를 주문하면 사이드 메뉴와 음료를 함께 제공해 준다. 2015년에 오픈해 현재는 3개 지점을 운영한다. 외국인들을 상대한 곳인 만큼 외국인들이 많이 모이는 지역에 지점이 있다. 서호를 끼고 있는 떠이호 지점 Chops Tay Ho(주소 4 Quảng An)은 호수 풍경과 어우러져 여유롭다. 롯데 호텔에 머문다면 응옥칸(응옥카잉) Chops Ngoc Khanh 지점(주소 56 Phạm Huy Thông)이 가깝다.

즈엉 레스토랑

찹스 서호 지점

라 바디안 La Badiane ★★★★

Map P.419-D3 주소 10 Nam Ngư, Quận Hoàn Kiếm **전화** 024-3942-4509 **홈페이지** www.labadiane-hanoi.com **영업** 월~토요일 11:30~14:30, 18:30~22:30 **휴무** 일요일 **메뉴** 영어, 프랑스어, 베트남어 **예산** 메인 요리 32만~62만 VND **가는 방법** 판보이쩌우 거리에 있는 '꽌 안 응온' 옆 골목인 남응우 거리에 있다. 하노이 역에서 도보 8분.

하노이의 유명 레스토랑에서 오랫동안 일했던 벤자민 라스칼루 Benjamin Rascalou가 독립해 만든 레스토랑이다. 하노이에서 인기 있는 프랑스 요리 전문 음식점이다. 골목 안으로 살짝 숨겨진 프렌치 빌라의 아늑함과 미각과 시각을 만족시키는 프랑스 음식이 인기 비결이다. 애피타이저, 메인 요리, 디저트 중에서 하나씩 고를 수 있는 세트 메뉴(73만 VND)도 있다.

라 바디안

Nightlife

하노이의 나이트라이프

도시 규모에 비해 나이트라이프가 발달하지 못했다. 베트남 공산당 본부가 있는 곳이라 아무래도 완전히 개방하기에는 난처한 도시다. 구시가의 여행자 숙소 주변의 술집을 이용하거나, 노점에 앉아 '비아 허이 Bia Hơi'를 마시며 하노이의 밤을 보내면 된다.

따히엔 맥주 거리 Tạ Hiện Beer Street ★★★★

Map P.421-D3 **주소** Tạ Hiện & Lương Ngọc Quyến, Quận Hoàn Kiếm **영업** 매일 14:00~22:00 **메뉴** 베트남어 **예산** 맥주 4만~6만, 식사 12만~20만 VND **가는 방법** 따히엔 거리와 르엉 응옥꾸옌 거리가 교차하는 사거리에 있다.

구시가에서 편하게 '비아 허이'를 한 잔 할 수 있는 곳이다. 노점 생맥줏집답게 도로 위에 플라스틱 의자를 내놓고 영업한다. 주변에 여행자 숙소가 많아서 외국인들로 항상 북적댄다. 사거리 코너를 중심으로 노점이 여러 군데 있으므로 아무데나 자리를 잡으면 된다. 저녁시간이 되면 바비큐 노점식당까지 합세해 북새통을 이룬다. 밤이 되면 구시가에 가장 북적대는 곳으로, 맥주 거리(따히엔 거리) 안쪽으로는 펍들이 즐비하다. 그 중에서도 유서 깊은 뗏 바 Tet Bar(주소 2A Tạ Hiện)가 가장 유명하다.

네 칵테일 바 Nê Cocktail Bar ★★★★

Map P.419-D3 **주소** 3B Tống Duy Tân, Quận Hoàn Kiếm **전화** 0904-886-266 **영업** 19:30~02:00 **메뉴** 영어 **예산** 칵테일 20만~28만 VND **가는 방법** 동주이떤 거리 3번지에 있다. 간판이 작아서 유심히 살펴야 한다.

베트남 바텐더 경연대회 우승자가 운영한다. 어둑한 실내는 스피크이지 바(1920년대 미국의 금주령 시대의 비밀스러운 술집)를 연상시킨다. 바를

네 칵테일 바

Travel Plus+ 비아 허이 Bia Hơi

'신선한 맥주'라는 뜻의 비아 허이는 베트남에서 생맥주를 뜻합니다. 커피와 함께 베트남 사람들이 애용하는 기호식품이죠. 홉과 쌀을 섞어서 맥주를 만들기 때문에 알코올 도수가 2~4 정도로 맥주 치고는 매우 가볍습니다. 비아 허이는 공장에서 매일 저녁마다 만들어 아침이 되면 상점에 배달됩니다. 방부제를 넣지 않기 때문에 바로 마셔야 신선한 맛을 유지할 수 있어요. 일반 레스토랑에서 판매하기보다는 거리의 노점이나 상점에서 판매합니다. 생맥주 통에서 유리잔으로 맥주를 담아주기도 하고, 플라스틱 병에 담아서 음료수처럼 판매하기도 합니다. 유리잔 1잔에 1만 5,000 VND 정도로 '세상에서 가장 싼 맥주'라고도 알려졌죠. 참고로 우리가 생각하는 일반적인 생맥주는 '비아 뜨어이 Bia Tươi'라고 부릅니다.

따히엔 거리의 비아 허이 노점

중심으로 몇 개의 테이블만이 놓인 아담한 규모지만, 감도 높은 인테리어와 묘한 분위기로 입소문이 자자하다. 하노이에서만 맛볼 수 있는 창의적인 칵테일을 만들어내는 곳으로 유명하다.

폴라이트 & 코(폴라이트 펍) ★★★☆
Polite & Co

Map P.422-C1 **주소** 5b Ngõ Bảo Khánh **전화** 096-894-9606 **홈페이지** www.facebook.com/politeandcohanoi **영업** 16:00~24:00 **메뉴** 영어 **예산** 맥주 6만~10만 VND, 칵테일 20만~27만 VND **가는 방법** 하노이 펄 호텔 맞은편, 바오칸(바오카잉) 거리 5번지에 있다.

하노이에 거주하는 외국인들 사이에 유명한 펍이다. 시끄럽고 복잡한 하노이 구시가와 대비되는 어둑한 실내가 평온함을 선사한다. 생맥주, 수제맥주, 칵테일, 위스키, 와인 등 다양한 주류를 판매한다. 칵테일 바와 벽면에 장식된 위스키 병들이 이곳의 특징을 잘 보여준다.해피 아워(16:00~20:00)에는 술값이 할인된다. 실내 흡연이 허락되기 때문에 비흡연자는 불편할 수 있다.

파스퇴르 스트리트 브루잉 컴퍼니 ★★★★
Pasteur Street Brewing Company

Map P.422-B2 **주소** 1 Ấu Triệu, Quận Hoàn Kiếm **전화** 024-6294-9462 **홈페이지** www.pasteurstreet.com **영업** 11:00~23:00 **메뉴** 영어 **예산** 맥주(175㎖) 5만~6만 VND, 맥주(325㎖) 11만~20만 VND **가는 방법** 성 요셉 성당을 바라보고 오른쪽 골목(어찌에우 거리) 안쪽으로 150m.

호찌민시에 본사를 두고 있는 수제 맥주 Craft Beer 전문점(P.152 참고)이다. 몇 년 사이 인기가 급상승하면서 하노이에도 지점을 냈다. 직접 만든 수제 맥주를 탭에서 뽑아준다. 여섯 종류의 맥주를 시음해 볼 수 있는 파스퇴르 스트리트 플라이트 Pasteur Street Flight(28만 5,000 VND)도 있다. 식사 메뉴로는 수제 버거와 바비큐 폭립, 내슈빌 핫 치킨이 있다. 성당 옆 조용한 골목에 있는데, 주변에 여행자 숙소가 많아 외국인들이 즐겨 찾는다. 주말에는 어쿠스틱 밴드가 라이브 무대를 꾸미기도 한다.

갤러리 비스포크 칵테일 바 ★★★☆
Gallery Bespoke Cocktail Bar

Map P.420-A2 **주소** 95 Phùng Hưng, Quận Hoàn Kiếm **전화** 0941-111-420 **홈페이지** www.facebook.com/GalleryCocktailBar **영업** 19:00~02:00 **메뉴** 영어, 베트남어 **예산** 27만~31만 VND (+15% Tax) **가는 방법** 풍흥 거리 95번지에 있다.

구시가에 있는 힙한 분위기의 칵테일 바. 개인의 기호에 따라 칵테일을 맞춤 형식으로 주문할 수 있어서 비스포크 칵테일 바라고 칭했다. 갤러리를 표방하고 있는 곳답게 사진을 전시해 인테리어를 꾸몄다. 복층 구조로 되어 있는데 2층에서는 라이브 음악도 연주해 준다.

파스퇴르 스트리트 브루잉 컴퍼니

폴라이트 & 코(폴라이트 펍)

갤러리 비스포크 칵테일 바

따디오또 Tadioto ★★★

Map P.423-F3 주소 24 Tông Đản, Quận Hoàn Kiếm **전화** 024-6680-9124 **홈페이지** www.tadioto.com **영업** 11:00~23:00 **메뉴** 영어, 베트남어 **예산** 9만~16만 VND **가는 방법** 오페라 하우스에서 한 블록 북쪽으로 떨어진 똥단 거리 24번지에 있다. 코사 노스트라(카페) Cosa Nostra 옆에 있다.

역사적인 건물이 가득한 프렌치 쿼터에 있는 카페를 겸한 칵테일 바. 붉은색의 철문과 도로에 놓인 의자가 노천 바를 연상시킨다. 하지만 세련된 실내는 예술적인 느낌이 충만하다. 라디오 진행자이자 작가인 응우옌뀌득 Nguyễn Quí Đức씨가 운영하는 곳으로 지역 예술가들의 회동 장소로도 잘 알려져 있다. 맥주나 와인을 마시며 담소를 나누는 외국인들도 어렵지 않게 만날 수 있다. 낮에는 카페처럼 운영된다.

빈민(빙밍) 재즈 클럽 Binh Minh's Jazz Club ★★★☆

Map P.423-F4 주소 1 Tràng Tiền, Quận Hoàn Kiếm **전화** 024-3933-6555 **홈페이지** www.minhjazzvietnam.com **영업** 17:00~23:00 **메뉴** 영어, 베트남어 **예산** 맥주 8만~16만 VND **가는 방법** 오페라 하우스 뒷길에 있다. 오페라 하우스와 힐튼 하노이 오페라(호텔) 사이에 있는 하일랜드 커피 옆 골목으로 들어가면 된다. 좁은 골목 안쪽이라 가는 길이 어둑하다.

하노이에서 흔치 않은 재즈 클럽이다. 재즈 색소폰을 연주하는 꾸옌반민 Quyền Văn Minh이 운영한다. 잔잔한 조명 아래 잔잔한 재즈 음악을 라이브로 들을 수 있다. 평상시는 레스토랑으로 운영되며, 저녁 8시부터 맥주 값이 인상된다. 밤 9시가 되면 라이브 음악이 연주되며 재즈 클럽으로 변모한다. 평일 입장료 5만 VND, 주말 입장료 10만 VND을 받는다.

터틀 레이크 브루잉 컴퍼니 Turtle Lake Brewing Company ★★★★

Map P.424-A3 주소 105 Quảng Khánh, Quận Tây Hồ **전화** 024-6650-5187 **홈페이지** www.facebook.com/TurtleLakeBrewingCompany **영업** 11:00~24:00 **메뉴** 영어 **예산** 수제맥주(330㎖) 8만~14만 VND(+10% Tax) **가는 방법** 서호 북쪽의 푸떠이호 Phủ Tây Hồ에서 왼쪽으로 600m 떨어진 꽝칸(꽝카잉) 거리 105번지에 있다. 150m.

하노이에서 보기 드문 수제 맥주 브루어리. 양조장에서 직접 만든 17종류의 맥주를 즉석에서 맛볼 수 있다. 4명의 외국인이 합작해 만든 곳이라 베트남 고유의 분위기는 거의 없다시피 하지만, 서호 주변에서 이보다 맥주 마시며 밤 시간 보내기 좋은 곳도 찾기 힘들다. 220평 규모로 야외 공간까지 널찍하다.

서밋 라운지 Summit Lounge ★★★★

Map P.424-C3 주소 20F, Pan Pacific Hotel, 1 Thanh Niên **전화** 024-3823-8888 **홈페이지** www.facebook.com/thesummit.pphan **영업** 16:00~24:00 **메뉴** 영어, 베트남어 **예산** 맥주 15만~20만 VND, 칵테일 19만~21만 VND(+15% Tax) **가는 방법** 팬 퍼시픽 호텔 20층에 있다.

호떠이(서호) 주변에서 가장 유명한 루프톱 라운지로, 팬 퍼시픽 호텔에서 운영한다. 통유리로 이

빈민 재즈 클럽

따디오또 Tadioto

서밋 라운지

루어진 실내, 탁 트인 야외의 루프톱 테라스로 공간이 나뉜다. 호수가 시원스레 내려다보이는 루프톱에서는 특히 아름다운 일몰 풍경을 즐기기 좋다. 야외 테라스는 테이블이 몇 개 없어서 미리 예약하는 게 좋다.

톱 오브 하노이 Top of Hanoi ★★★★

Map P.416-B3 주소 Lotte Center, 54 Liễu Giai, Quận Ba Đình **전화** 024-3333-1000 **홈페이지** www.lottehotel.com/hanoi-hotel **영업** 17:00~23:00 **메뉴** 영어, 베트남어 **예산** 맥주·칵테일 25만~30만 VND, 메인 요리 40만~80만 VND(+15% Tax) **가는 방법** 롯데 호텔 1층으로 들어가서 엘리베이터를 타고 65층까지 올라가서, 루프톱 전용 엘리베이터를 갈아타고 한 층 더 올라간다.

톱 오브 하노이

롯데 호텔 꼭대기에 있는 루프톱 라운지. 하노이에서 가장 유명한 루프톱이라고 해도 과언이 아니다. 해발 272m 높이의 탁 트인 야외 공간에서 하노이 야경을 감상하기 좋다. 호떠이(서호)부터 도심 풍경까지 하노이 경관이 360도로 막힘없이 펼쳐진다.

Travel Plus+ 탕롱 수상 인형극장 Thang Long Water Puppet Theatre

현지어 Nhà Hát Múa Rối Thăng Long **Map P.421-D4 주소** 57 Đinh Tiên Hoàng, Quận Hoàn Kiếm **전화** 024-3824-9494, 024-3825-5450 **홈페이지** www.thanglongwaterpuppet.com **공연 시간** 15:00, 16:10, 17:20, 18:30, 20:00 **예산** 10만 VND(3등석), 15만 VND(2등석), 20만 VND(1등석) **가는 방법** 호안끼엠 호수 북단에 해당하는 딘띠엔호앙 거리 57번지에 있다. 응옥썬 사당에서 도보로 2분 소요.

수상 인형극은 10세기부터 베트남 북부에서 시작된 전통 공연입니다. 홍강 삼각주 지역의 농민들이 한 해의 벼농사를 끝내고 즐기던 인형극 놀이가 수상 인형극으로 발전한 것입니다. 단순히 흥겨운 놀이가 아니라 연못이나 물이 고인 논에서 인형극을 펼침으로써 땅과 강에 깃든 혼들도 즐겁게 해주려는 목적이 있었다고 해요. 수상 인형극은 베트남어로 '무어 조이 느억 Múa Rối Nước(물 위에서 춤추는 인형)'이라고 부릅니다.

탕롱 수상 인형극장에서는 하노이를 대표하는 수상 인형극단이 공연을 펼칩니다. 극장 내부에는 공연을 위해 만든 작은 연못이 있고, 공연장 왼쪽 발코니에는 성우들과 전통 악기 연주자들이 앉아 있어요. 인형을 조종하는 단원들은 커튼 뒤에 숨어서 대나무 막대를 움직여 인형들을 조정합니다. 공연 시간은 1시간으로 짤막한 단막극 17편으로 구성됩니다. 농부, 어부, 선녀, 황제, 물고기, 거북이, 물소, 용 등 다양한 캐릭터가 출연합니다. 유쾌하게 볼 수 있는 가벼운 내용들이 주를 이루지만 호안끼엠 호수의 전설과 연관된 역사적인 내용도 포함되어 있습니다. 모든 내용은 베트남어로 진행되지만 인형들만으로도 내용을 충분히 짐작할 수 있죠. 당일 공연은 매진되는 경우가 많습니다. 가능하면 미리 들러서 예약을 해두는 게 좋습니다.

Shopping

하노이의 쇼핑

하노이는 구시가 전체가 쇼핑센터라고 해도 무관하다. 작은 상점들이 다닥다닥 붙어 있고, 판매하는 물건도 다양하다. 기념품을 구입하려면 항가이 Hàng Gai 거리가 좋고, 인테리어 용품이나 부티크 숍은 성 요셉 성당 주변에 몰려 있다.

주말 야시장(하노이 야시장) Weekend Night Market ★★★

Map P.420-C3 **주소** Hàng Đào, Quận Hoàn Kiếm **운영** 금~일요일 18:00~23:00 **가는 방법** 호안끼엠 호수 북쪽에서 연결되는 항다오 거리에서 야시장이 시작된다.

주말(금·토·일) 저녁에만 생기는 야시장 Chợ Đêm Phố Cổ이다. 이때는 보행자 전용도로로 변모해 차량(오토바이 포함) 통행이 금지된다. 항다오 거리 Hàng Đào→항응앙 거리 Hàng Ngang→항드엉 거리 Hàng Đường→동쑤언 시장 앞까지 1㎞ 넘게 이어지며, 현지인을 위한 저가의 의류, 티셔츠, 신발, 모자, 액세서리, 기념품 등을 판매한다. 여느 야시장처럼 먹거리 노점도 즐비하니 구경 삼아한 바퀴 둘러보기에 좋다.

항가이 거리 Hàng Gai ★★★☆

Map P.420-C4 **주소** Hàng Gai, Quận Hoàn Kiếm **운영** 09:00~22:00 **가는 방법** 호안끼엠 호수에서 북쪽으로 100m, 성요셉 성당에서 북쪽으로 250m.

탕롱(하노이의 옛 이름) 시절에는 베옷(麻)을 팔던 거리였는데, 현재는 250m에 이르는 도로에 무려 60개의 실크 숍과 기념품 매장이 들어서 실크 스트리트 Silk Street로 불린다. 소규모로 운영되는 기념품 가게가 대부분이지만 대형 매장도 몇 곳 있다. 힐러리 클린턴이 방문하기도 했던 하동 실크 Ha Dong Silk(주소 102 Hàng Gai)가 유명하다. 아오자이를 포함해 블라우스, 스카프, 쿠션 커버, 소수민족 수공예품 등을 판매한다.

떤미 디자인 Tân Mỹ Design ★★★☆

Map P.420-C4 **주소** 61 Hàng Gai, Quận Hoàn Kiếm **전화** 024-393-81154 **홈페이지** www.tanmydesign.com **영업** 09:00~20:00 **가는 방법** 호안끼엠 호수 북단과 가까운 항가이 거리 61번지에 있다.

3대에 걸쳐 자수 제품을 만드는 곳이다. 하노이에서 가장 오래된 상점으로 평가받는데, 현재는 시설을 업그레이드해 '떤미 디자인' 매장을 운영하고 있다. 자수를 넣은 베개 커버를 시작으로 침대 커버, 테이블보, 쿠션, 가방, 지갑, 의류, 패션 용품까지 생산해 낸다. 장인의 자수솜씨가 돋보이는 심플하면서도 세련된 디자인이다.

콜렉티브 메모리 Collective Memory ★★★☆

Map P.422-B2 **주소** 12 Nhà Chung, Quận

주말 야시장(하노이 야시장)

떤미 디자인

Hoàn Kiếm **전화** 0986-474-243 **홈페이지** www.collectivememory.vn **영업** 09:30~19:00 **가는 방법** 냐쭝 거리 12번지에 있다. 성 요셉 성당을 바라보고 왼쪽으로 60m.

여행 작가이자 사진작가인 베트남 부부가 전국을 여행하면서 수집한 각종 기념품과 소품을 한자리에서 판매한다. 베트남 전통 문양과 디자인이 가득한 쿠션 커버, 티셔츠, 에코 백, 장지갑, 엽서, 포스터, 지도, 액세서리를 판매한다. 도자기 그릇, 머그 잔, 차(茶), 커피, 천연 비누, 에센스 오일, 핫 소스 등 생활 용품도 있다.

마스터 탄 Master Tan ★★★★

Map P.422-B1 주소 35 Lý Quốc Sư, Quận Hoàn Kiếm **홈페이지** www.mastertan.vn **영업** 09:00~22:00 **가는 방법** 성 요셉 성당과 가까운 리꿕쓰 거리 35번지에 있다.

약초(베트남 허브)를 이용해 만든 천연 제품을 판매하는 곳. 호랑이 연고, 천연 비누, 아로마 오일, 향(인센스)을 비롯해 향신료, 말린 과일, 꿀, 차, 그릇까지 다양한 물건을 한자리에서 구입할 수 있다. 구시가 항다오 거리에 지점 Master Tan Hang Dao(주소 102 Hàng Đào)을 운영한다.

타이어드 시티 Tired City ★★★★

Map P.420-C4 주소 97 Hàng Gai, Quận Hoàn Kiếm **홈페이지** www.tiredcity.com **영업** 08:00~22:00 **가는 방법** 구시가 항가이 거리 97번지에 있다.

순도 100% '메이드 인 베트남'을 강조하는 크리에이티브 숍이다. 베트남의 젊은 아티스트들이 연합해 만든 프린트 제품을 판매한다. 베트남을 주제로 한 디자인, 혹은 전통 판화를 모티브로 한 디자인이 주를 이룬다. 티셔츠, 토트백, 에코 백, 달력, 수첩, 엽서, 책갈피 등 품목도 다양하다. 냐터 지점(주소 5 Nhà Thờ), 항쫑 지점(주소 67 Hàng Trống)을 포함해 10곳에 매장을 운영하고 있다.

짱띠엔 플라자 ★★☆
Tràng Tiền Plaza

Map P.423-D3 주소 Tràng Tiền & Đinh Tiên Hoàng, Quận Hoàn Kiếm **전화** 024-3934-9559 **홈페이지** www.trangtienplaza.vn **영업** 09:30~21:30 **가는 방법** 호안끼엠 호수 남단에 있는 짱띠엔 & 딘띠엔호앙 사거리 코너에 있다. 호안끼엠 호수 옆, 오페라 하우스 가는 길에 있다.

프랑스 식민정부에서 1901년에 만든 건물이다. 프렌치 쿼터에 남아 있는 전형적인 콜로니얼 건축물로 꼽힌다. 2002년부터 쇼핑몰로 사용했으며, 6층 건물로 패션, 의류, 화장품, 침구·생활용품, 마트, 레스토랑이 입점해 있다. 루이비통, 페라가모, 디올, 불가리, 까르띠에 같은 명품 매장이 많다.

롯데 마트 Lotte Mart ★★★☆

Map P.416-B3 주소 54 Liễu Giai, Quận Ba Đình **전화** 024-3724-7501 **홈페이지** www.lottecenter.com.vn **영업** 08:00~22:00 **가는 방법** 롯데 센터 하노이 Lotte Center Hanoi 빌딩 지하 1층에 있다.

한국의 롯데 마트에서 운영한다. 같은 건물에 롯데 백화점과 롯데 호텔이 들어서 있다. 관광객이 즐겨 찾는 물건에는 한국어로 상품 안내를 붙여 놓아 편리하다. 라면과 소주를 포함해 다양한 한국 식품도 판매한다. 구시가에서 멀리 떨어져 있는 것이 단점이다.

마스터 탄

타이어드 시티

짱띠엔 플라자

Hotel

하노이의 호텔

하노이 호텔들은 시설에 비해 요금이 비싼 편이다. 최근의 경제 성장과 맞물려 물가가 상승하고 건물 임대료까지 올랐기 때문이다. 더 경제적인 숙소를 원한다면 도미토리를 운영하는 저렴한 호스텔을 알아보자. 여행자 숙소는 주로 구시가에 몰려 있는데 폭이 좁은 건물의 특성상 좁고 높은 박스 형태의 미니 호텔이 대부분이다. 미니 호텔은 엘리베이터도 없고, 건물 안쪽의 방은 창문이 없어 어두운 경우가 많다.
저렴한 게스트하우스는 성 요셉 상당 주변의 응오 후옌 Ngõ Huyện 골목, 중급 호텔들은 마머이 거리 Mã Mây와 따히엔 거리 Tạ Hiện에 많은 편이다. 참고로 비슷한 상호를 쓰며 특정 호텔의 체인인 것처럼 영업하는 곳이 많으니, 찾고자 하는 호텔의 간판과 주소를 잘 확인하자.

리틀 참 하노이 호스텔 ★★★★
Little Charm Hanoi Hostel

Map P.420-B3 주소 44 Hàng Bồ, Quận Hoàn Kiếm **전화** 024-3823-8831 **홈페이지** www.littlecharmhanoihostel.vn **요금** 도미토리 US$10~14(에어컨, 공동욕실, 아침식사) **가는 방법** 구시가의 항보 거리 44번지에 있다.

구시가에 위치한 호스텔로, 도미토리 룸을 운영한다. 저렴한 숙박료에 말끔한 시설을 자랑해 주머니 가벼운 이들에게 인기 있다. 아담한 수영장, 레스토랑과 휴식 공간 등 부대시설을 신경 써서 꾸몄다. 도미토리에는 침대마다 커튼이 설치된 2층 침대가 놓여 있고, 개인 사물함을 마련해 편의를 도모했다. 키 카드를 이용해 출입하기 때문에 보안에도 신경 썼다. 도미토리는 4인실, 6인실, 8인실로 구분되며, 여성 전용 도미토리를 운영한다. 숙박료에 아침식사가 포함되며, 직원들도 친절하다. 다만 엘리베이터는 없다.

실크 플라워 호텔 ★★★☆
Silk Flower Hotel

Map P.420-B4 주소 10 Yên Thái, Quận Hoàn Kiếm **전화** 024-3927-9859 **홈페이지** www.silkflowerhotel.com **요금** 슈피리어 US$35~45, 딜럭스 US$55~65 **가는 방법** 구시가의 옌타이 거리 10번지에 있다. 항자 갤러리아(쇼핑 몰) 맞은편의 좁은 골목에 있다.

하노이구시가에서 인기 있는 중급 호텔이다. 깔끔한 시설로 가격 대비 만족도가 높다. 차가 다닐 수 없는 좁은 골목 안쪽에 있지만, 여행하는 데는 전혀 불편함이 없다. 객실은 나무 바닥이며, 구시가의 미니 호텔들이 그러하듯 객실은 작은 편이다. 안전 금고, 전기 포트, 노트북까지 갖추어져 있다. 아침식사가 포함된다. 소규모 호텔답게 친절하다. 호텔 앞 골목이 좁아서 택시가 들어가진 못한다.

에메랄드 워터 호텔 ★★★★
Hanoi Emerald Waters Hotel & Spa

Map P.421-E4 주소 47 Lò Sũ, Quận Hoàn Kiếm **전화** 0243-978-2222 **홈페이지** www.hanoiemeraldwatershotel.com **요금** 트윈 US$50~55, 주니어 더블 US$65~70, 패밀리 시티 뷰(3인실) US$80~95(에어컨, 개인욕실, TV, 냉장고, 아침식사) **가는 방법** 구시가 로쓰 거리 47번지에 있다.

구시가 여행자 호텔 중에 인기 있는 곳이다. 객실 수는 많지 않지만 3성급 호텔로 깨끗하고 깔끔하다. 객실은 25㎡ 크기로 무난한 편이며, 벽면 TV, 미니바, 헤어드라이어 등 객실 설비도 잘 갖추어져 있다. 타일이 깔린 개인 욕실은 샤워 부스만 설치되어 있다. 아침 식사가 포함되며 직원들이 친절한 것도 장점이다. 구시가에 있으며 호안끼엠 호수도 가까워 관광하기 편리하다.
유럽풍으로 객실을 꾸민 하노이 에메랄드 워터스 호텔 밸리 Hanoi Emerald Waters Hotel Valley(주소 22 Lò Sũ)와 호텔 에메랄드 워터스 클래시 Hotel Emerald Waters Classy(주소 27 Gia Ngư)를 함께 운영한다.

라 스토리아 루비 호텔 ★★★☆
La Storia Ruby Hotel

Map P.420-B4 주소 3 Yên Thái, Quận Hoàn Kiếm **전화** 024-3933-6333, 094-5860-863 **홈페이지** www.lastoriarubyhotel.com **요금** 트윈 US$48~56, 주니어 스위트 US$65~75, 패밀리 스위트 US$86~95(에어컨, 개인욕실, TV, 냉장고, 아침식사) **가는 방법** 항자 갤러리아 Hàng Da Galleria 쇼핑몰 맞은편의 옌타이 거리에 있다.

구시가에서 인기 있는 일급 호텔 중 한 곳이다. 차가 다니기 힘든 좁은 골목 안쪽에 있지만 시설이 좋고 친절하다. 객실은 나무 바닥이라 산뜻하다. TV, 냉장고, 노트북, 안전 금고, 전기포트가 비치되어 있고, 개인욕실에는 샤워 부스가 있다. 스탠더드 룸은 다소 작게 느껴질 수 있으며, LCD TV가 벽면에 걸려 있다. 아침식사는 세트 메뉴를 주문하면 된다. 직원들의 안정적인 서비스도 후한 점수를 받는다.

MK 프리미어 부티크 호텔 ★★★☆
MK Premier Boutique Hotel

Map P.420-C2 주소 72~74 Hàng Buồm, Quận Hoàn Kiếm **전화** 024-3266-8896 **홈페이지** www.mkpremier.vn **요금** 딜럭스 더블 US$68~74, 럭셔리 더블 US$88, 발코니 딜럭스 US$96, 발코니 스위트 US$128 **가는 방법** 구시가의 항부옴 거리 72번지에 있다.

구시가 한복판에 있는 4성급 호텔이다. 신축한 건물로 벽돌을 노출시켜 눈길을 끈다. 주변의 미니 호텔과 달리 규모가 크고 부대시설도 여유롭다. 객실은 나무 바닥으로 산뜻하다. 발코니가 있는 방과 없는 방의 가격 차이가 많이 난다. 관광하기 편리한 위치도 장점이다. 수영장은 없다.

오 갤러리 프리미어 호텔 ★★★★
O'Gallery Premier Hotel

Map P.422-A2 주소 122 Hàng Bông, Quận Hoàn Kiếm **전화** 024-3363-3333 **홈페이지** www.ogallerypremierhotel.com **요금** 딜럭스 US$80, 프리미어 스위트 US$140, 로열 스위트 발코니 US$155 **가는 방법** 구시가의 항봉 거리 122번지에 있다.

호텔 브랜드 오 갤러리의 하노이 지점이다. 3성급 시설의 부티크 호텔로, 구시가에 위치해 관광하기 편리하다. 55개 객실을 운영하는 소규모 호텔로 직원들이 친절하다. 객실은 나무 바닥과 원목, 가죽 소파를 이용해 꾸몄다. 구시가의 여느 호텔처럼, 객실 위치에 따라 전망이나 시설이 달라진다. 창문과 발코니가 딸린 방은 넓고 쾌적하며 전망이 좋지만, 방 값은 확연히 비싸진다. 창문이 없는 방도 있으니 예약 시 꼭 확인할 것. 뷔페 아침 식사가 포함된다. 수영장은 없다.

JM 마블 호텔 ★★★★☆
JM Marvel Hotel

Map P.422-A1 주소 16 Hàng Da, Quận Hoàn Kiếm **전화** 024-3823-8855 **홈페이지** www.hanoimarvelhotel.com **요금** 딜럭스 코지 더블 US$85, 주니어 룸 US$95, 스위트 시티 뷰 US$135 **가는 방법** 항자 갤러리아(쇼핑몰)와 가까운 항자 거리 16번지에 있다.

구시가에 있는 4성급의 트렌디한 부티크 호텔이다. 신축한 호텔이라 시설도 깔끔하고 감각적인 인테리어로 꾸몄다. 가격에 비해 객실은 작은 편이다. 객실 유형 중 스위트 시티 뷰는 도로 쪽으로 창문이 나 있고, 스튜트 발코니는 발코니가 딸려 있는 객실이다. 소규모 호텔답게 직원들이 친절하고 뷔페식 아침식사가 제공되는 것이 특징이다. 엘리베이터는 7층까지만 운행되며, 8층은 레스토랑, 9층은 루프톱으로 운영된다. 수영장은 없다.

라 시에스타 호텔 ★★★★
La Siesta Hotel(La Siesta Classic Ma May)

Map P.421-D3 주소 94 Mã Mây, Quận Hoàn Kiếm **전화** 024-3926-3641~4 **홈페이지** www.elegancehospitality.com **요금** 딜럭스 US$120~145, 듀플렉스 스위트 US$250 **가는 방법** 구시가 마머이 거리 94번지에 있다.

모던하고 아늑한 호텔로 인기가 높다. 호텔 서비

스와 친절함은 수준급이다. 구시가에 있는 호텔들이 그러하듯 객실은 넓지 않다. 슈피리어 룸은 23~25㎡ 크기로 창문이 없는 방도 있다. 같은 크기의 딜럭스 룸은 창문이 있어 훨씬 좋다. 객실은 나무 바닥으로 산뜻하고 LCD TV와 냉장고, 안전금고, 전기포트, 헤어드라이어, 와이파이까지 시설도 좋다. 복층으로 이루어진 듀플렉스 스위트 Duplex Suite는 한결 더 고급스럽다. 객실 내부의 계단을 통해 거실과 침실이 연결된다.

웰컴 드링크, 과일 바구니, 조식 뷔페까지 세심한 배려가 느껴진다. 피트니스 센터, 마사지 & 스파, 영화 관람실(20인석)을 운영한다. 수영장은 없다.

구시가 항베 거리에 라 시에스타 프리미엄 항베 La Siesta Premium Hang Be(주소 27 Hàng Bè, 홈페이지 www.lasiestahotels.vn/hangbe)를 함께 운영한다. 두 곳 모두 투숙객 만족도가 매우 높다.

렉스 하노이 호텔 ★★★★
Rex Hanoi Hotel

Map P.421-D3 **주소** 42 Gia Ngư, Quận Hoàn Kiếm **전화** 0243-556-5588 **홈페이지** www.rexhanoihotel.com **요금** 슈피리어 US$75, 프리미어 디럭스 US$90 **가는 방법** 구시가의 자응으 거리 42번지에 있다. 호안끼엠 호수에서 북쪽으로 200m 떨어져 있다.

구시가에서 비교적 규모가 큰 호텔로 70개 객실을 운영한다. 4성급 호텔로 대리석으로 만든 로비가 반긴다. 카펫이 깔려 있는 객실은 트렌디하다기보다는 클래식한 느낌을 준다. 침대와 데스크, 가구 등이 전형적인 호텔 구조로 이루어져, 호사스럽지 않고 편안하게 지낼 수 있다. 슈피리어 룸은 22㎡ 크기로 창문이 없는 것이 단점이다. 디럭스 룸부터는 창문이 있고, 스위트 룸은 발코니도 딸려 있다. 작지만 수영장도 갖추고 있다. 조식이 제공되는 14층 레스토랑에서 구시가 풍경이 내려다보인다.

티란트 호텔 Tirant Hotel ★★★★

Map P.421-D3 **주소** 38 Gia Ngư, Quận Hoàn Kiếm **전화** 024-6265-5999 **홈페이지** www.tiranthotel.com **요금** 스탠더드 US$86~95, 딜럭스 US$110~120 **가는 방법** 딘리엣 Đinh Liệt 거리에서 연결되는 자응우 Gia Ngư 거리에 있다. 메이드빌 올드 쿼터 호텔 May De Ville Old Quarter Hotel 맞은편이다. 호안끼엠 호수에서 도보 5분.

호텔 앞으로 도로가 새로 생기면서 구시가에서 보기 드문 시원한 도로에 세운 대형 호텔이라 눈에 잘 띈다. 현대적인 시설로 반들거리는 로비부터 객실 설비까지 깔끔하다. LCD TV와 무료로 사용할 수 있는 컴퓨터도 객실에 비치되어 있다. 객실은 방 크기와 위치에 따라 등급이 달라진다. 가장 작은 방은 20㎡ 크기로 창문이 없는 방도 있다. 객실 위치가 좋을수록 창문도 크고 방도 넓다. 옥상에 자그마한 야외 수영장이 있다.

하노이 펄 호텔 ★★★★
Hanoi Pearl Hotel

Map P.422-C1 **주소** 6 Bảo Khánh, Quận Hoàn Kiếm **전화** 024-3938-0666 **홈페이지** www.hanoipearlhotel.com **요금** 슈피리어 US$73, 딜럭스 US$84~95 **가는 방법** 호안끼엠 호수 서쪽으로 연결되는 바오칸 거리 중간에 있다.

호안끼엠 호수와 성 요셉 성당 사이에 있어 위치가 좋다. 구시가에 있는 호텔 중에 규모가 큰 편으로 시설이 좋다. 대리석이 깔린 로비와 레스토랑이 호텔 분위기를 단박에 느끼게 해준다. 객실은 나무 바닥을 깔고 화사하고 고급스럽게 인테리어를 꾸몄다. 슈피리어 룸은 특별한 전망은 없지만 조용하다. 딜럭스 룸은 유럽식 발코니가 딸려 있다. 모두 70개 객실을 운영한다.

라 메호르 호텔 La Mejor Hotel ★★★★

Map P.421-D3 **주소** 22 Tạ Hiện, Quận Hoàn Kiếm **전화** 024-3364-8888 **홈페이지** www.lamejorhotel.com **요금** 슈피리어 더블 US$85, 딜럭스 트윈 US$95~105 **가는 방법** 호안끼엠 호수 북쪽에 해당하는 구시가의 따히엔 거리에 있다.

청결함과 산뜻함을 간직한 부티크 호텔. 주변의 미니 호텔에 비해 호텔 면적이 넓어서 객실도 시원스럽다. 객실은 LCD TV와 냉장고, 노트북, 개인욕실을 갖췄다. 객실 바닥은 목재를, 개인욕실은 타일을 깔아 깨끗하다. 모든 객실 요금에는 아침식사(뷔페식)가 포함된다. 객실의 등급과 위치에 따라 방과 창문 크기가 다르다. 여행자 숙소가 밀집한 구시가에 있어 편리하다. 10층 루프톱에 스카이 바 Sky Bar를 운영한다.

비스포크 트렌디 호텔 ★★★★
Bespoke Trendy Hotel

Map P.420-A4 주소 12-14 Nguyễn Quang Bích, Quận Hoàn Kiếm **전화** 024-3923-4026 **홈페이지** www.bespokehotels.vn/trendyhn **요금** 코지 딜럭스 US$62~74, 트렌디 딜럭스 US$82, 트렌디 스위트 US$100~145 **가는 방법** 구시가 응우옌꽝빅 거리 12번지에 있다.

라 시에스타 트렌디 호텔 La Siesta Trendy Hotel을 인수해 비스포크 트렌디 호텔로 리모델링했다. 구시가에 있지만 상대적으로 조용한 골목에 있어 쾌적하게 숙박하기 좋다. 51개 객실로 구시가 미니 호텔들과 비교해도 규모가 큰 편이다. 객실은 목재, 타일, 노출 시멘트를 적절히 혼합해 모던하게 꾸몄다. 객실은 위치에 따라 크기와 전망이 제각각이다. 코지 룸은 20㎡ 크기로 아담하고, 스위트 룸은 35㎡ 크기로 발코니까지 딸려 있다. 4성급 호텔이지만 수영장은 없다.

아이라 부티크 하노이 호텔 ★★★★
Aira Boutique Hanoi Hotel & Spa

Map P.418-C2 주소 38 Trần Phú, Quận Hoàn Kiếm **전화** 024-3935-2485 **홈페이지** www.airaboutiquehanoi.com **요금** 더블 US$80~90, 더블 발코니 US$100~128 **가는 방법** 기찻길 마을 왼쪽의 쩐푸 거리 38번지에 있다.

트렌디한 느낌이 가득한 신상 호텔이다. 객실과 욕실 모두 모던한 감각으로 꾸민 4성급 부티크 호텔이다. 하노이 호텔들이 그러하듯 스탠더드 룸은 20㎡ 크기로 작은 편이다. 3~4층에 있는 딜럭스 룸은 26㎡로 넓은 편이고, 도로를 끼고 있는 높은 층은 객실들은 발코니까지 딸려 있다. 아담하지만 수영장과 스파, 피트니스를 갖추고 있으며, 루프톱에 스카이라운지도 있다. 구시가를 살짝 벗어난 쩐푸 거리에 있지만 관광하는데 전혀 불편하지 않다.

멜리아 하노이 호텔 ★★★★
Melia Hanoi Hotel

Map P.422-B4 주소 44B Lý Thường Kiệt, Quận Hoàn Kiếm **전화** 024-3934-3343 **홈페이지** www.meliahanoi.com **요금** 딜럭스 US$155~185, 프리미엄 US$195~230 **가는 방법** 리트엉끼엣 거리 44번지에 있다. 호안끼엠 호수 남단에서 도보 7분.

유명한 스페인 호텔 체인인 멜리아 호텔 & 리조트에서 운영하는 4성급 호텔이다. 호텔 외관은 통유리로 만들어 어디서나 눈에 잘 띈다. LCD TV를 설치해 모던함을 꾀했지만 객실은 다소 오래된 느낌이 든다. 객실은 딜럭스 룸을 기본으로 하며, 객실 크기도 32㎡로 무난하다. 야외 수영장과 피트니스, 레스토랑까지 웬만한 호텔 부대시설을 갖추고 있다. 306개 객실을 운영한다. 하노이 시내 중심가에 있다.

호텔 드 오페라 ★★★★
Hotel de l'Opera

Map P.423-E3 주소 29 Tràng Tiền, Quận Hoàn Kiếm **전화** 024-6282-5555 **홈페이지** www.hoteldelopera.com **요금** 딜럭스 US$186~ 226, 그랜드 딜럭스 US$210~246 **가는 방법** 짱띠엔 거리에 있는 오페라 하우스 앞으로 200m 떨어져 있다.

유럽풍의 프렌치 콜로니얼 건물이다. 프랑스 호텔 그룹인 아코르 Accor 계열 호텔 중에서도 디자인을 강조한 엠 갤러리 컬렉션 M Gallery Collection에서 운영한다. 나무 바닥으로 된 객실은 색을 강조해 스타일리시하게 꾸몄다. 부티크 호텔답게 젊은 느낌을 강조해 로맨틱하다. 도로 쪽 방은 다소 시끄럽다. 호텔 중앙의 안마당을 감싸고 객실이 들어서있다. 수영장과 스파, 피트니스 시설을 갖추고 있다. 콜로니얼 양식의 건축물이긴 하지만 2011년에 신축한 건물이라 역사적인 가치는 떨어진다. 호안끼엠 호수와 오페라 하우스가 가까워 관광하기 편리하다.

소피텔 레전드 메트로폴 ★★★★★
Sofitel Legend Metropole

Map P.423-E3 주소 15 Ngô Quyền, Quận Hoàn Kiếm **전화** 024-3826-6919 **홈페이지** www.sofitel-legend-metropole-hanoi.com **요금** 오페라 윙 프리미엄 US$320~380, 히스토리컬 윙 럭셔리 US$360~420 **가는 방법** 호안끼엠 호수 동쪽의 응오꾸옌 거리에 있다. 오페라하우스에서 도보 5분.

프렌치 쿼터에 있는 럭셔리 호텔이다. 1901년에 건설한 건물로 콜로니얼 건축의 전형을 보여준다. 프랑스 호텔 체인으로 유명한 소피텔에서 운영하는데, 이름처럼 하노이 호텔업계에서 전설로 통한다. 오페라 윙과 히스토리컬 윙으로 구분된 건물이 정원과 안마당을 감싸고 있으며, 그 중간에 야외 수영장이 있다. 호텔 크기에 비해 수영장은 작은 편이다. 객실이 364개로 규모가 크고 부대시설도 다양하다. 히스토리컬 윙 Historical Wing(메트로 윙 Metropole Wing으로 불리기도 한다)이 건설 당시 운형을 보존한 건물에 해당한다.

대우 호텔 Daewoo Hotel ★★★★

Map P.416-B3 주소 360 Kim Mã, Quận Ba Đình **전화** 024-3831-5000 **홈페이지** www.daewoohotel.com **요금** 딜럭스 US$160~180, 클럽 룸 US$190~230, 딜럭스 스위트 US$220~250 **가는 방법** 시내에서 서쪽으로 떨어진 낌마 거리에 있다. 롯데 호텔과 큰 길을 사이에 두고 마주보고 있다. 호안끼엠 호수에서 택시로 20분.

대우그룹이 잘나가던 시절 하노이에 건설한 럭셔리 호텔이다. 하노이에서 가장 큰 야외 수영장을 갖고 있다. 411개의 객실을 보유한 대형 호텔로 높은 층으로 올라갈수록 객실 등급이 높아진다. 주요 볼거리에서 떨어져 있어서 관광이 목적이라면 다소 불편할 수도 있다.

롯데 호텔 하노이 ★★★★★
Lotte Hotel Hanoi

Map P.416-B3 주소 54 Liễu Giai, Quận Ba Đình **전화** 024-3333-1000 **홈페이지** www.lottehotel.com/hanoi/ko/ **요금** 딜럭스 US$180~ 220, 클럽 딜럭스 US$250 **가는 방법** 리에우 자이 Liễu Giai & 다오떤 Đào Tấn 사거리에 있다. 대우호텔과 큰 길을 사이에 두고 접해 있다. 호안끼엠 호수 에서 택시로 20분.

2014년 9월 2일에 지하 5층, 지상 65층으로 건설한 롯데 센터 하노이 Lotte Center Hanoi 빌딩 내부에 있다. 34층부터 318개의 객실이 들어선 롯데 호텔로 사용된다. 42㎡ 크기의 딜럭스 룸을 기본으로 한다. 높은 층에서 보는 전망도 뛰어나다. 화장실에 비데가 설치되어 있고, 전 객실을 금연실로 운영해 쾌적하다. 수영장은 실내와 야외 수영장으로 구분해 운영한다. 한국인 직원이 있어 언어 소통에 문제가 없다.

65층 꼭대기(지상에서 높이 267m)에는 전망대 Observation Deck와 탑 오브 하노이(루프톱 레스토랑) Top of Hanoi를 운영한다.

인터콘티넨탈 하노이 웨스트레이크 ★★★★★
Inter Continental Hanoi West Lake

Map P.424-B3 주소 5 Từ Hoa, Quận Tây Hồ **전화** 024-6270-8888 **홈페이지** www.hanoi.intercontinental.com **요금** 슈피리어 US$190~220, 오버워터 파빌리온 US$225~255 **가는 방법** 호떠이(서호) 북쪽의 뜨호아 거리 끝자락에 있다. 호안끼엠 호수에서 북서쪽으로 5㎞ 떨어져 있다.

호떠이(서호)를 끼고 있는 5성급 호텔이다. 여러 동의 건물이 호수를 둘러싸고 있기 때문에, 대부분의 객실에서 근사한 풍경을 누릴 수 있다. 본관에 해당하는 슈피리어 룸은 32㎡의 면적이며, 호수를 끼고 있는 오버 워터 파빌리온 룸 Over Water Pavilion Room은 43㎡로 발코니가 딸려있다. 318개 객실을 보유한 대형 호텔로 야외 수영장과 선셋 바, 라운지, 피트니스, 회의실 등 다양한 부대시설도 갖췄다. 참고로 하노이에서 가장 높은 빌딩인 에이온 랜드마크 타워(경남 랜드마크 72) AON Landmark Tower에는 인터콘티넨탈 하노이 랜드마크 72 Inter Continental Hanoi Landmark 72가 있다.

닌빈(닝빙)

하노이를 벗어나면 베트남 북부의 아름다운 자연이 흐드러지게 펼쳐진다. 닌빈(닝빙)도 풍경은 별반 다르지 않다. 겹겹이 펼쳐진 석회암 바위산으로 이루어진 카르스트 지형이 몽환적인 느낌을 더한다. 베트남 하면 누구나 떠올리는 하롱베이를 육지로 옮겨 왔다고 생각하면 된다. 나룻배를 타고 한가한 뱃놀이를 즐길 수 있는 땀꼭 Tam Cốc과 짱안 Tràng An, 베트남 최초의 수도로 평가받는 호아르 Hoa Lư, 베트남 최초의 국립공원으로 지정된 꾹프엉 국립공원 Cúc Phương National Park까지 볼거리가 산재해 있다.

닌빈은 지방 중소도시 규모로 하노이에서 남쪽으로 93㎞ 떨어져 있다. 베트남을 관통하는 기차가 지나고 도로도 발달되어 교통이 편리하다. 하노이와 가까워서 많은 여행자들이 1일 투어로 다녀가기 때문에 관광산업은 발달하지 못했다. 하지만 자유 여행을 위한 시설은 부족하지 않다. 도시는 볼품없지만 닌빈에 머물며 자유롭게 베트남의 자연을 감상하며 역사유적까지 둘러볼 수 있다.

인구 16만 166명 | **행정구역** 닌빈 성 Tỉnh Ninh Bình 닌빈 시 Thành Phố Ninh Bình | **면적** 48㎢ | **시외국번** 0229

Access

닌빈 가는 방법

난빈은 하노이와 가까운 곳에 위치하며, 베트남을 관통하는 통일열차가 지나기 때문에 교통은 편리하다. 닌빈에서 깟바 섬과 후에(훼)까지 연결하는 오픈 투어 버스가 운행된다.

기차

하노이↔호찌민시를 오가는 기차 중에 완행열차가 닌빈을 통과한다. 닌빈→하노이 구간은 1일 5회 운행되며, 편도 요금은 12만~14만 VND이다. 중부 지방의 후에 또는 다낭까지는 야간 기차를 이용하면 편리하다. 침대칸(6인실 기준) 요금은 후에까지 68만~88만 VND, 다낭까지 71만~94만 VND이다. 닌빈 기차역 Ga Ninh Bình은 시내 중심가에서 남쪽으로 2㎞ 떨어져 있다. 기차 운행 시간과 요금에 관한 자세한 정보는 P.56 참고.

닌빈 기차역

버스

닌빈 시내에 낡고 오래된 버스 터미널이 있다. 지방 소도시답게 운행하는 버스 노선도 많지 않다. 닌빈 버스 터미널 Bến Xe Ninh Bình에서 하노이 잡밧 버스 터미널 Bến Xe Giáp Bát까지 버스가 수시로 운행(05:00~ 17:20, 20분 간격)된다. 로컬 버스라서 시설이 열악하고, 승객을 많이 태우기 위해 중간 중간 정차하느라 이동 시간도 오래 걸린다. 요금은 편도 8만~10만 VND이며, 총 3시간 정도 소요된다. 리무진 버스(9인승 미니밴)를 이용할 경우 17만~20만 VND이다.

오픈 투어 버스

하이퐁과 깟바 섬으로 갈 경우 오픈 투어 버스가 편리하다. 깟바 디스커버리(www.catbadiscovery.com)에서 땀꼭→닌빈→하이퐁→깟바 섬(깟바 타운) 노선을 1일 3회(08:00, 09:00, 14:00) 운행한다. 버스 터미널에서 출발하지 않고, 땀꼭에서 출발하며 예약한 숙소에서 픽업해 준다. 편도 요금은 30만 VND이다. 다이치 버스(홈페이지 www.daiichibus.vn)도 같은 노선을 3일 2회(07:00, 09:30, 13:30) 운영한다.

닌빈→후에 Huế 노선은 오픈 투어 버스를 이용하면 된다. 매일 20:30분에 침대 버스가 출발하며, 편도 요금은 38만 VND이다.

Travel Plus+ 하노이에서 출발하는 닌빈 1일 투어

하노이에서 1일 투어를 이용해 닌빈(닝빙)을 다녀와도 좋습니다. 전통적으로 인기 있는 투어 상품은 땀꼭을 방문하는 것입니다. 하노이 출발(08:30)→땀꼭→항 무아 전망대→하노이 도착(18:30) 일정으로 진행됩니다. 최근에는 짱안+바이딘 사원을 방문하는 투어가 더 인기 있답니다. 하노이 출발(08:00)→바이딘 사원→짱안→하노이 도착(18:30) 일정으로 진행됩니다. 1일 투어 요금은 US$28~37로 차량과 가이드, 입장료, 점심 식사가 포함됩니다.

땀꼭 선착장

Transportation 시내 교통

랜드마크와 볼거리가 시내에서 멀리 떨어져 있으나, 택시나 그랩을 이용하면 이동하는데 큰 불편은 없다. 택시(그랩) 요금은 닌빈→땀꼭까지 8만~10만 VND, 닌빈→항무아까지 12만 VND, 닌빈→짱안까지 12만~14만 VND, 닌빈→바이딘 사원까지 30만~34만 VND 정도 예상하면 된다. 닌빈에 위치한 대부분의 호텔에서는 오토바이(US$6~8)나 자전거 대여(US$1~2)가 가능하다.

Best Course 닌빈 추천 코스

단체 투어가 도착하기 전에 땀꼭을 먼저 방문하고, 빅동→항 무아→짱안→호아르를 차례로 방문하면 된다. 또는 그 반대로 여행해도 된다. 땀꼭에서 호아르로 갈 때 닌빈 시내까지 돌아오지 말고 항 무아를 거쳐 가면 이동 거리도 짧고 풍경도 아름답다.

COURSE

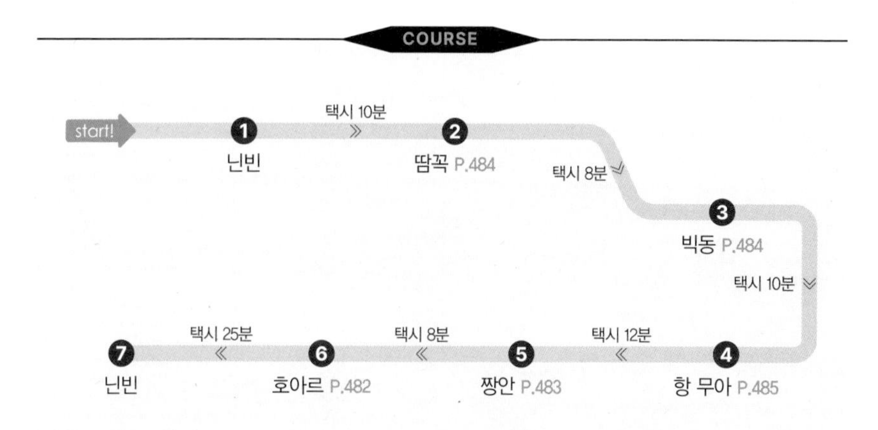

Attractions 닌빈의 볼거리

닌빈의 볼거리는 아름다운 자연이다. 땀꼭과 짱안을 빼놓지 말자. 계단을 오르려면 힘들긴 하지만 항 무아에서 내려다보는 주변 경관도 놓치기 아깝다. 땀꼭과 짱안은 비슷한 카르스트 지형으로 개인적 취향에 따라 두 곳 중 하나만 방문하면 된다.

호아르 ★★☆
Hoa Lu Ancient Capital
Cố Đô Hoa Lư

주소 Xã Ninh Hải, Huyện Hoa Lư, Ninh Bình **운영** 매일 08:00~17:30 **요금** 2만 VND **가는 방법** 닌빈에서 북서쪽으로 12㎞ 떨어져 있다. 짱안에서 북쪽으로 4㎞ 더 올라간다. 닌빈에서 오토바이로 20분.

탕롱(오늘날의 하노이)으로 천도하기 전까지 42년간 베트남의 수도였던 곳이다. 베트남 최초의 수도로 평가되는 호아르는 968년에 딘 왕조 Đinh Dynasty의 수도로 설립되었다. 베트남 북부 지방을 통일한 딘보린(丁部領) Đinh Bộ

호아르 풍경

호아르에 있는 딘띠엔호앙 사당

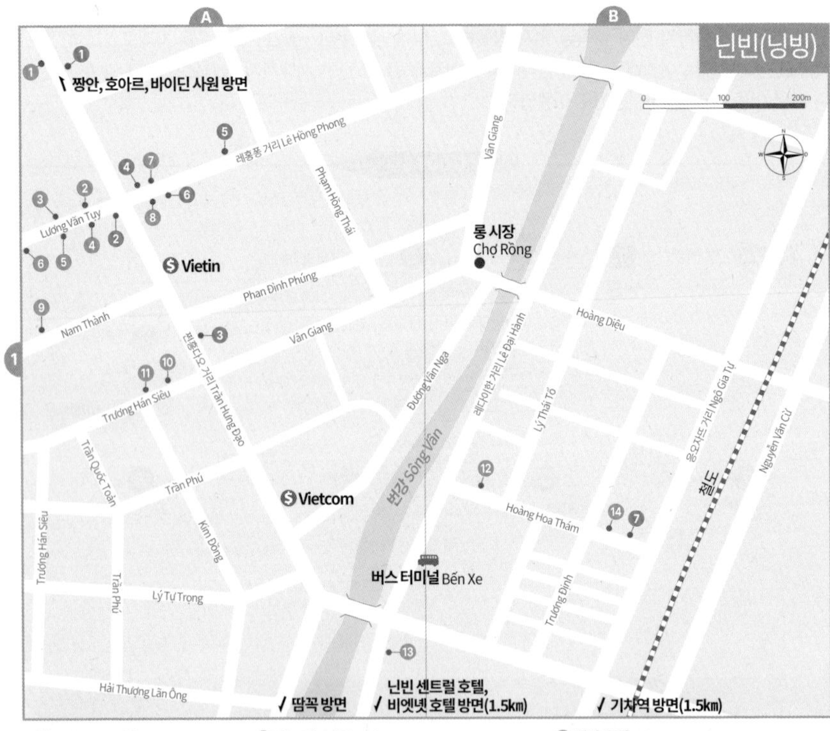

1 Tokyo Sushi A1
2 졸리비 Jollibee A1
3 KFC A1
4 커피 퐁 Coffee Phong A1
5 Phở Bò 24(쌀국수) A1
6 Mây Cafe & Bakery A1
7 쭝뚜옛 Trung Tuyết B1

1 The Vissai Hotel A1
2 응옥안 호텔 Ngoc Anh Hotel A1
3 응옥안 레전드 호텔 Ngọc Anh Legend A1
4 빈민 호텔 Bình Minh Hotel A1
5 탄빈 호텔 Thanh Bình Hotel A1
6 밴쿠버 호텔 The Vancouver Hotel A1
7 Lê Lodge Ninh Bình A1
8 짱안 호텔 Tràng An Hotel A1
9 Ninh Binh Brothers Hotel A1
10 투이안 호텔 Thùy Anh Hotel A1
11 호앙하이 호텔 Hoang Hai Hotel A1
12 비엣 흐엉 Việt Hương Hotel B1
13 Momali Hotel A1
14 퀸 호텔 Queen Hotel B1

● 식당 ● 쇼핑 ● 숙소

Lĩnh(923~979년)이 그의 고향에 3㎢에 이르는 성벽을 쌓아 만들었다. 딘 왕조 초대 황제가 된 딘 보린은 딘띠엔호앙(丁先皇) Đinh Tiên Hoàng이라는 칭호를 썼고, 국호를 다이꼬비엣(大瞿越) Đại Cồ Việt으로 정했다. 하지만 딘 왕조(968~980년)는 12년 만에 레 왕조(980~1009년)로 정권이 교체되었고, 레 왕조도 오래지 않아 멸망하며 호아르도 역사 속에서 잊혀졌다.

호아르로 가는 길은 땀꼭과 마찬가지로 아름다운 카르스트 지형이 끝없이 펼쳐진다. 깊은 산중에 수도를 건설해 도시 방어에 너무 치중한 느낌이 들 정도로 호아르로 가는 길은 하염없이 산들을 돌아 들어가야 한다. 그러므로 호아르는 고도(古都)의 이미지 대신 아름다운 자연만 여행자들에게 각인된다. 현재 호아르는 한 나라의 수도였나 싶을 정도로 한적하기 그지없다. 성벽과 왕궁은 흔적도 없이 사라졌고 왕들의 위패를 모신 사당만이 옛 수도를 지키고 있다.

호아르에서 가장 중요한 볼거리는 딘띠엔호앙 사당 Đền Vua Đinh Tiên Hoàng이다. 호아르에 건설한 왕실 사당으로 현재 모습은 17세기에 재건축한 것이다. 본당에 딘띠엔호앙 동상을 중심으로 그의 3명의 아들을 함께 모시고 있다. 사당 앞쪽에 있는 나지막한 마옌산 Núi Mã Yên에는 딘띠엔호앙의 묘가 있다. 황제의 묘라고 하기에는 초라하지만 20여 분 계단을 오르면 호아르를 감싼 수려한 주변 풍경이 한눈에 내려다보인다.

레 왕조를 건설한 레다이한(黎大行) Lê Đại Hành 황제(재위 980~1005년)가 건설한 왕실 사당도 있다. 레다이한 사당 Đền Vua Lê Đại Hành으로 본당에 왕과 왕비 동상을 모시고 있으나 규모는 작다. 참고로 레다이한의 본명은 레호안(黎桓) Lê Hoàn이며, 딘 왕조에서 장군을 지냈던 무관이다. 그는 딘띠엔호앙이 사망하고 국정이 혼란해지자 군사력을 바탕으로 왕비까지 빼앗아 새로운 왕조를 열었다.

짱안 ★★★★
Tràng An

주소 Đại Lộ Tràng An, Xã Trường Yên, Huyện Hoa Lư **운영** 08:00~17:00 **요금** 25만 VND(보트 요금) **가는 방법** 닌빈에서 북쪽으로 8㎞, 호아르에서 남쪽으로 4㎞ 떨어져 있다. 닌빈에서 호아르로 가다 보면 대형 안내판이 보인다. 보트 타는 곳 Bến Tràng An은 대형 사원처럼 만든 휴게소와 레스토랑 옆에 있다.

호아르로 가는 방향에 있는 카르스트 지형이다. 땀꼭과 더불어 '육지의 하롱'이라 불린다. 첩첩 산중을 이루는 독특한 석회암 바위산(높이 70~105m)들로 이루어졌으며 전체 규모는 2,168㏊에 달한다. 석회암 바위산들은 31개의 크고 작은 강과 석호에 의해 그림처럼 펼쳐지고, 48개의 석회 동굴은 신비를 더한다. 석호에는 물속에 잠긴 숲이 투명한 물색과 어울린다.

땀꼭과 마찬가지로 동굴 안으로 강이 흐르기 때문에, 동굴은 강과 강을 연결하는 비밀 통로 역할을 해준다(동굴의 높이는 낮은 편으로 건기와 우기에 따라 달라진다). 동굴의 나이는 짧게는 3,000년부터 길게는 3만 년까지로 종유석이 자라고 있어 아름답다. 땀꼭에 비해 강폭이 크고 시야가 넓어서 주변 경관이 더 넓게 보인다. 강에 반사되는 카르스트 지형이 강에 투영되면서 풍경은 더욱 드라마틱해진다. 짱안은 600여 종의 꽃과 식물이 어우러져 자연 생태 관광지로 부각되고 있다. 아름다운 경관과 독특한 생태계 때문에 유네스코 자연문화유산에 등재될 것이라고도 한다.

짱안을 제대로 보려면 배를 타고 가며 강과 동굴을 지나야 한다. 뱃놀이는 약 2~3시간 일정으로 진행된다. 항디아린 Hang Địa Linh을 시작으로 10여 개의 동굴을 지나고, 3개의 사원을 방문하는 코스다.

아름다운 풍경이 펼쳐지는 짱안

짱안에서의 뱃놀이

땀꼭 ★★★☆
Tam Cốc

운영 매일 07:00~17:00 **요금** 땀꼭 보트 투어(왕복 요금) 25만 VND(어린이 12만 VND), 땀꼭+빅동 디스커버리 투어(보트+전동 카) 35만 VND(어린이 19만 VND) **가는 방법** 닌빈에서 남서쪽으로 10㎞ 떨어져 있다. 주차장과 보트 선착장 두 곳에 매표소가 있다. 개인여행자라면 보트 선착장에서 표를 사면 된다.

'땀꼭'은 세 개의 동굴이라는 뜻으로 하롱베이와 더불어 베트남의 아름다운 자연을 대표한다. 하롱베이와 차이점이 있다면 바다가 아니라 강을 따라 가며 석회암 바위산들이 겹겹이 층을 이룬다는 것이다. 그래서 '육지의 하롱'이라는 별명을 얻었다.
땀꼭을 이루는 세 개의 동굴은 응오동 강 Ngo Dong River(Sông Ngô Đồng)을 통해 연결되기 때문에 나룻배를 타고 강을 거슬러 올라가야 한다. 고요한 강 주변에는 푸른색의 논과 카르스트 지형의 산들이 그림처럼 펼쳐진다.
땀꼭의 첫 번째 동굴은 항까 Hang Cả다. 세 개의 동굴 중에 가장 긴 동굴로, 길이는 127m다. 두 번째 동굴인 항하이 Hang Hai(또는 Hang Giua)는 길이 70m로, 동굴 내부에 종유석들이 아름답다. 세 번째 동굴인 항바 Hang Ba(또는 Hang Cuoi)는 길이 50m로, 다른 동굴에 비해 높이가 낮다. 세 개의 동굴을 모두 방문하고 나면 나룻배는 다시 출발한 곳으로 되돌아온다. 이때는 뱃사공들이 배에 숨겨 둔 기념품을 꺼내 보이며 장사꾼으로 변모한다. 그 동안의 달콤함이 단박에 날아갈 정도로 물건을 팔기 위해 집요한 상술을 부린다. 그들은 노동의 대가로 물건 구입을 강요하거나 음료수 강매, 팁 강요 등 평온한 여행을 방해하는 경우가 흔하다.
뱃놀이는 왕복 2~3시간 정도 걸린다. 닌빈에 머문다면 하노이에서 출발한 투어가 도착하는 시간을 피해 아침 일찍 방문하는 게 좋다. 나룻배를 탈 때는 햇볕을 가려주는 게 없으므로 자외선 차단제를 충분히 바르고 모자나 우산을 쓰면 좋다.

카르스트 지형이 어우러진 땀꼭

육지의 하롱으로 불리는 땀꼭

빅동 ★★
Bích Động

운영 매일 07:00~17:00 **요금** 무료 **가는 방법** 땀꼭 보트 선착장에서 왼쪽 길로 2㎞ 더 들어가면 된다.

땀꼭과 마찬가지로 카르스트 지형을 이루는 석회암 바위산에 형성된 동굴이다. 빅동은 한자로 쓰면 벽동(碧峒)이다. 산속의 푸른 동굴이라는 뜻으로, 15세기부터 불교 사원을 건설하며 종교적인 공간으로 변모했다. 입구부터 세 개의 사원이 산길을 따라 이어진다. 사원의 이름은 상·중·하를 붙여서 쭈아 트엉(上寺) Chùa Thượng, 쭈아 쭝(中寺) Chùa Trung, 쭈아 하(下寺) Chùa Hạ 이라고 부른다. 사원들은 법당 하나씩을 갖춘 작은 규모다. 두 번째 사원에서 세 번째 사원으로 가려면 동굴 내부를 통과해야 한다.

빅동의 불교 사원

항 무아 Hang Mua Cave ★★★☆
Hang Múa(Động Hang Múa)

운영 매일 07:00~16:00 **요금** 10만 VND **가는 방법** 닌빈에서 서쪽으로 5㎞, 땀꼭에서 북쪽으로 3㎞ 떨어져 있다.

땀꼭 일대에 흐드러지게 펼쳐진 카르스트 지형의 하나로 석회암 바위산에 형성된 동굴이다. 동굴 주변으로 연못과 공원을 만들어 놓았다. 항 무아를 찾는 이유는 동굴이 아니라 전망대를 가기 위해서다. 500개의 계단을 오르면 관음보살을 모신 전망대가 나온다. 전망대에서는 앞쪽으로 닌빈 일대의 풍경이, 뒤쪽으로 땀꼭의 절경이 내려다보인다.

바이딘(바이딩) 사원 ★★★☆
Bai Dinh Pagoda
Chùa Bái Đính

주소 Gia Sinh, Gia Viễn, Ninh Bình **전화** 0229-3868-789 **운영** 07:00~18:00 **요금** 10만 VND(전동차 왕복 이용료 포함), 15만 VND(전동차+바오탑 13층 석탑 입장료 포함) **가는 방법** 닌빈 시내에서 20㎞로 떨어져 있다. 짱안-호아르와 연계해 택시나 오토바이를 이용해 둘러보면 된다. 참고로 하노이에서 출발하는 닌빈 짱안 1일 투어에 참여할 경우 바이딘 사원을 들른다.

베트남 최대 규모의 사원으로 700헥타르 크기에 이른다. 하노이가 베트남 수도가 된 지 1,000년을 기념하기 위해 건설했다. 2003년에 공사를 시작해 2010년에 완공했다. 바이딘 사원의 한자 표기는 배정사 拜頂寺로 호수에서 시작해 나지막한 언덕을 따고 올라가며 사원이 이어진다. 사원 규모가 워낙 커서 사원 입구에서 전동차를 타고 이동해야 한다. 걸어서 올라가는 것도 가능하다.
사원 출입문에 해당하는 삼공문 三空門을 시작으로 무게 36톤의 범종이 있는 종루 鐘樓, 관세음보살을 모신 관세음전 觀世音殿, 석가모니를 모신석가불전(대웅보전) 釋迦佛殿, 과거·현재·미래불을 모신 삼세불전 三世佛殿으로 이루어져 있다. 삼세불전 오른쪽으로는 부처의 사리를 모신 13층석탑(바오탑 Bảo Tháp 또는 탑바오티엔 Tháp Báo Thiên)을 세웠다. 석탑 내부는 엘리베이터를 타고 올라갈 수 있는데, 입장료를 받는다.
사원을 감싸서 회랑을 만들었는데, 회랑을 따라 이동하면서사원을 관람하면 된다. 회랑은 벽면에 감실을 만들어 불상을 안치했고, 거대한 대리석으로 만든 500개의 나한상이 줄지어 있다.

항 무아에서 바라본 땀꼭 풍경

바이딘 사원

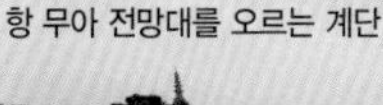
항 무아 전망대를 오르는 계단

바이딘 사원 13층 석탑

Hotel

닌빈의 호텔

닌빈 시내와 땀꼭 선착장 주변에 호텔이 흩어져 있다. 장기 여행자들은 땀꼭 선착장 주변의 한적한 숙소를 선호한다.

닌빈 센트럴 호텔 ★★★☆
Ninh Binh Central Hotel

Map P.482-A1 주소 46, Đường 27 Tháng 7(27/7 Street) **전화** 0229-2492-295 **홈페이지** www.ninhbinhcentralhotel.com **요금** 도미토리 US$6, 더블·트윈 US$15~20(에어컨, 개인욕실, TV, 냉장고) **가는 방법** 기차역에서 100m.

기차역 앞에 있는 여행자 숙소. 전형적인 미니 호텔로 객실 위치에 따라 방 크기가 다르다. 객실이 깨끗한 것이 장점이다. 도미토리를 갖추었으며, 1층에는 레스토랑이 있다. 친절한 베트남 가족이 운영한다.

응옥안 호텔 Ngoc Anh Hotel ★★★☆

Map P.482-A1 주소 26 & 36 Lương Văn Tụy **전화** 0229-3883-768 **홈페이지** www.ngocanh-hotel.com **요금** 스탠더드 US$25~30, 딜럭스 US$35~40(에어컨, 개인욕실, TV, 냉장고, 아침식사) **가는 방법** 르엉반뚜이 거리의 탄빈 호텔 Thanh Binh Hotel 맞은편에 있다.

닌빈 시내에 있는 인기 호텔이다. 두 동의 건물로 구분되어 있다. 모든 객실은 에어컨 시설에 TV와 냉장고를 갖추고 있다. 아침식사가 포함된다. 응옥안 레전드 호텔 Ngọc Anh Legend Hotel(주소 36 Lương Văn Tụy)을 함께운영한다.

밴쿠버 호텔 The Vancouver Hotel ★★★★

Map P.482-A1 주소 1 Ngõ 75, Lương Văn Tụy **전화** 0229-3893-270 **홈페이지** www.thevancouverhotel.com **요금** 코지 더블 US$49, 슈피리어 더블 US$65 **가는 방법** 르엉반뚜이 거리 안쪽으로 250m.

닌빈 시내에 있는 중급 호텔이다. 다른 호텔들보다 생긴지 얼마 안 돼서 시설도 좋고 깨끗하다. 에어컨, 냉장고, 전기포트, 안전금고, 헤어드라이어까지 갖췄으며 아침식사가 제공된다. 베트남 가족이 운영하는데 친절하게 맞이해준다.

땀꼭 홀리데이 호텔 ★★★★
Tam Coc Holiday Hotel

주소 Tam Cốc-Bích Động **전화** 0229-6279-279 **홈페이지** www.facebook.com/tamcocholidayhotelandvilla **요금** 트윈 US$47~55(에어컨, 개인욕실, TV, 냉장고, 아침 식사) **가는 방법** 땀꼭 선착장에서 200m, 닌빈 기차역에서 6㎞ 떨어져 있다.

땀꼭 선착장 주변에서 인기 있는 3성급 호텔이다. 수영장과 엘리베이터를 갖추고 있으며 직원들도 친절하다. 일반 객실과 빌라(방갈로)로 구분되어 있다. 객실은 25㎡ 크기로 넓은 편이다. 객실 위치에 따라 주변 풍경이 보이거나 수영장이 보인다. 아침 식사는 뷔페로 제공해주고, 자전거로 무료로 사용할 수 있다.

닌빈 히든 참 호텔 ★★★★
Ninh Binh Hidden Charm Hotel

주소 Tam Cốc-Bích Động **전화** 0229-3888-555 **홈페이지** www.hiddencharmresort.com **요금** 슈피리어 US$75~80, 디럭스 US$95~110 **가는 방법** 땀꼭 선착장에서 600m, 닌빈 기차역에서 5㎞ 떨어져 있다.

땀꼭과 가까운 곳에 있는 4성급 호텔이다. 120개 객실을 갖춘 대형 호텔로 자연을 벗 삼아 시간을 보내기 좋다. 야외 수영장 옆으로 카르스트 지형의 자연 풍광이 펼쳐진다.

Thành Phố Hạ Long

하롱시

1994년 바이짜이 Bãi Cháy와 혼가이 Hòn Gai를 합쳐 하롱시가 되었다. 끄어룩 해협 Cua Luc Straits(Eo Cửa Lục)을 사이에 두고 왼쪽이 바이짜이, 오른쪽은 혼가이다. 두 지역은 2006년 12월에 바이짜이 대교 Bai Chay Bridge(Cầu Bãi Cháy)가 완공되면서 하나의 생활권으로 연결되었다. 바이짜이는 하롱베이(P.464)로 향하는 관문 도시로, 투어리스트 보트 선착장이 있다. 덕분에 해변 도로를 따라 호텔이 빼곡히 들어선 전형적인 관광도시로 변모했다. 혼가이는 석탄 산업이 발달했던 곳으로, 도시가 새롭게 정비되면서 깔끔해졌다.

하롱시는 특별한 볼거리는 없고, 하롱베이 보트 유람 전후로 하룻밤을 묵어가는 도시다. 대형 호텔이 많아 패키지 단체 관광객(특히 베트남·중국 관광객)들이 주로 머문다. 덥고 습한 여름에는 하노이 사람들이 바닷바람을 쏘이며 해산물을 먹기 위해 많이 찾아온다. 하지만 대부분의 외국인 여행자들은 하노이에서 출발하는 투어를 이용하기 때문에 하롱시를 스쳐 지나간다. 개별적으로 하롱베이를 여행하려면 하롱시보다는 깟바 섬(P.499)을 베이스캠프로 삼는 게 좋다.

인구 30만 267명 | **행정구역** 꽝닌(꽝닝) 성 Tỉnh Quảng Ninh 하롱시 Thành Phố Hạ Long | **면적** 271㎢ | **시외국번** 0203

Information

여행에 유용한 정보

지리 파악하기

바이짜이는 해변을 따라 하롱 거리 Đường Hạ Long가 길게 이어진다. 내륙에는 바이짜이 도로 Đường Bãi Cháy가 있다. 우체국 앞 삼거리를 기점으로 시내 중심가가 형성된다. 우체국 왼쪽으로 이어지는 브언다오 거리 Đường Vườn Đào에 미니 호텔이 밀집해 있다. 우체국 오른쪽 도로에 해당하는 안다오 거리 Đường Anh Đào에도 저렴한 호텔들이 가득하다. 안다오 거리 끝자락에는 재래시장 Bai Chai Market(Chợ Bãi Cháy)이 있다.

Access

하롱시 가는 방법

하노이에서 바이짜이까지는 160㎞ 떨어져 있으며, 버스가 수시로 운행된다. 페리는 하롱시(뚜언쩌우 선착장)에서 깟바 섬까지 가는 노선이 정기적으로 운행된다.

버스

하롱시에는 바이짜이 버스 터미널 Bến Xe Bãi Cháy과 혼가이 버스 터미널 Bến Xe Hòn Gai 두 곳이 있다. 하롱시라고 하면 일반적으로 바이짜이를 의미하므로 바이짜이 버스터미널을 이용하면 된다. 바이짜이 버스 터미널은 시내 중심가에서 서쪽으로 6㎞ 떨어져 있다.

바이짜이 터미널에서는 북부 주요 도시로 버스가 운행된다. 바이짜이→하노이 노선은 잡밧 버스 터미널 Bến Xe Giáp Bát과 미딘(미딩) 버스 터미널 Bến Xe Mỹ Đình까지 05:45분부터 18:00시까지 30분 간격으로 운행된다. 주변 도시에서 출발해 바이짜이를 경유하는 모든 버스가 하노이까지 운행된다고 보면 된다. 하노이까지 3~4시간 소요되며 편도 요금 12만 VND이다. 리무진 버스(9~11인승 미니밴)는 하노이까지 20만~27만 VND이다.

바이짜이→하이퐁 노선은 06:20~17:00까지 약 1시간 간격으로 운행된다(약 3시간 소요, 편도 요금 15만 VND). 바이짜이→닌빈 노선은 1일 2회(05:30, 11:30) 출발하지만 정확한 시간은 잘 지켜지지 않는다. 닌빈까지 6시간 정도 걸리며, 편도 요금은 20만~25만 VND이다. 두 노선은 지방 소

바이짜이와 혼가이

바이짜이 중심가에 해당하는 우체국 앞 삼거리

바이짜이 버스 터미널

도시를 돌아가는 로컬 버스라서 불편하고, 승객을 많이 태우기 위해 중간 중간 정차하느라 이동 시간도 오래 걸린다.

보트(하롱시→깟바 섬)

시내에서 8~10㎞ 떨어진 뚜언쩌우 선착장 Bến Phà Tuần Châu-Cát Bà에서 정기적으로 페리가 운행된다. 투어리스트 보트가 출발하는 뚜언쩌우 여객 터미널 남쪽으로 600m 떨어진 별도의 선착장에서 출발한다.

페리는 하롱시(뚜언쩌우 선착장)→깟바 섬을 오가는데, 차량과 오토바이를 싣고 이동하는 대형 카페리다. 페리는 하롱베이를 통과해 깟바 섬 북쪽에 있는 자루언 선착장 Bến Phà Gia Luận(P.502 지도 참고)으로 간다. 자루언 선착장에서 깟바 타운까지는 35㎞ 떨어져 있으며, 하루 3번 시내버스가 운행된다(깟바 교통 정보 P.501 참고).

운행시간은 성수기(여름)와 비수기(겨울)로 구분해 달라진다. 여름(4월 25일~9월 5일)에는 1일 5회(07:30, 09:00, 11:30, 13:30, 15:00) 출발하고, 겨울(9월~6일~4월 24일)에는 1일 3회(08:00, 12:00,15:00) 출발한다.

편도 요금은 6만 VND(오토바이를 싫을 경우 8만 VND), 50분 소요된다. 보트 요금은 저렴하지만 선착장을 오가는 대중교통이 미비하다. 택시 요금은 뚜언쩌우 선착장까지 16만~20만 VND 정도 예상하면 된다. 대중교통을 이용해 깟바 섬으로 갈 경우 하롱시보다는 하이퐁(P.511)에서 버스를 타는 게 편리하다.

뚜언쩌우 여객 터미널 (하롱베이 투어 보트 선착장)

하롱베이를 유람하는 보트가 출발하는 투어리스트 보트 선착장이다. 공식 명칭은 뚜언쩌우 여객 터미널 Nhà Ga Cảng Tàu Tuần Châu, 영어로 Tuan Chau International Marina라고 적혀 있다. 하롱시(바이짜이)에서 10㎞ 떨어진 뚜언쩌우는 자그마한 섬으로 도로가 연결되어 있다. 섬 전체를 2,000척의 배가 정박할 수 있는 항구와 호텔, 리조트 단지를 조성해 '마리나 베이'처럼 개발하고 있다.

하롱 국제 크루즈 항구 (하롱베이 크루즈 선착장)

선 그룹에서 건설한 대형 크루즈 선착장 Halong International Cruise Port(Cảng Tàu Khách Quốc Tế Hạ Long)이다. 2019년 4월에 공식 오픈했으며 300여 척의 선박이 정박할 수 있다. 카페와 레스토랑까지 다양한 편의 시설도 들어서 있다. 하롱 시내와 가까운 선 월드 하롱(케이블카 타는 곳)에서 1㎞ 떨어져 있다.

국제선을 운영하는 대형 크루즈 선박이 베트남을 방문할 때 정박하는 곳이지만, 럭셔리 크루즈 선박 회사들이 하롱 베이 투어를 시작할 때 이곳을 이용하기도 한다. 참고로 여객 터미널 카운터에서 하롱베이 보트 투어 예약이 가능하다. 3시간짜리 코스가 입장료 포함 46만 VND, 티토프 섬을 방문하는 보트 투어는 51만 VND이다.

하롱 국제 크루즈 항구

뚜언쩌우 여객 터미널

깟바 행 페리를 탈 수 있는 뚜언쩌우 선착장

뚜언쩌우와 깟바를 오가는 카 페리

Travel Plus+ 하롱베이 보트 투어

뚜언쩌우 투어리스트 보트

하롱베이 투어 상품은 모든 여행사와 호텔에서 취급한다고 해도 과언이 아닙니다. 그만큼 인기 상품인 동시에 경쟁도 심해요. 하노이에서 출발하는 하롱베이 투어는 교통편과 숙박을 동시에 해결해주기 때문에 편리합니다. 투어 상품은 1일 투어부터 2박 3일 투어까지 다양합니다. 일정이 동일하다고 해도 보트의 종류와 호텔의 등급에 따라 요금이 천차만별입니다.
호텔은 2인 1실을 기준으로 하며, 싱글 룸을 사용할 경우 추가 요금을 받습니다. 기본적으로 투어 보트가 크고 투어 인원이 많을수록 투어 요금이 저렴합니다. 저렴한 요금일수록 투어의 질이 떨어지는 것은 어쩔 수 없는데요. 태풍이 불면 투어 자체가 취소되는 경우가 있습니다. 기상 상황이 좋지 않은데도 무리하게 투어를 진행할 경우 주의가 필요합니다. 여행사들이 예약금 환불을 해주지 않으려고, 안전을 무시하고 투어를 진행하기 때문이에요. 하노이의 여행사에 대한 정보는 P.387를 참고하세요.

하롱 베이 1일 투어(하롱시 출발)

하롱시(바이짜이)에 있는 숙소와 여행사에서도 투어 예약이 가능합니다. 하노이 출발에 비해 선착장까지 이동하는 시간이 짧아서 편합니다. 기본 코스를 둘러보는 4시간짜리 보트 투어는 US$25, 티토프 섬까지 방문하는 1일 투어는 US$30 정도 예상하면 됩니다.

하롱베이 1일 투어(하노이 출발)

차를 타고 오가는 시간이 보트를 타는 시간보다 월등히 많습니다. 하노이에서 하롱베이까지 버스로 3~4시간 거리를 하루 동안 왕복해야 합니다. 보트에서 보내는 시간은 길어야 4시간. 유명한 동굴 한두 개 관람하고 되돌아오기 십상입니다. 1일 투어는 US$45~50 정도가 무난합니다.
하노이 구시가를 돌아다니다 보면 하롱베이 1일 투어 US$29라고 적어 놓고 호객하는 여행사도 있는데, 투어의 만족도는 장담하기 힘듭니다. 일반적으로 33인승 미니버스를 이용하는데, 투어 요금이 저렴할수록 사람을 많이 태우고, 보트 크루즈 시간도 짧아지기 때문입니다. VIP 좌석 버스를 이용하고 점심 식사도 푸짐한 프리미엄 투어의 경우 US$80로 요금이 인상됩니다.

하롱베이 1박 2일 투어(하노이 출발)

하노이에서 출발하는 하롱베이 투어의 기본 일정입니다. 바다 위에 배를 정박해 놓고 잠을 자는 '하롱베이 크루즈 Ha Long Bay Cruise'와 깟바 섬의 호텔을 이용하는 '하롱-깟바 투어 Ha Long-Cat Ba Tour'로 구분됩니다. 기본적인 1박 2일 투어 요금은 US$95부터 형성되어 있으며, 3성급 크루즈의 경우 US$150~180 정도 예상하면 됩니다. 호텔급으로 시설이 훌륭한 럭셔리 크루즈는 선상에서의 액티비티(태극권 강습, 요리 강습), 카약 타기, 대나무 배 타기 등의 레저 활동도 즐길 수 있습니다. 오키드 트렌디 크루즈 Orchid Trendy Cruises(US$210~250), 알리사 프리미어 크루즈 Alisa Premier Cruise(US$280~310), 앰버사더 크루즈 Ambassador Cruises(US$220~280), 아프로디테 크루즈 Aphrodite Cruise(US$280~300), 캐서린 크루즈 Catherine Cruises(US$225~260), 엘리트 오브 더 시 Elite of the Seas(US$280~335)가 유명합니다.

하롱베이 2박 3일 투어(하노이 출발)

하롱베이와 란하베이(P.505), 깟바 국립공원 트레킹(P.504)이 접목된 투어입니다. 선상 숙박(1박)과 깟바 섬에서 숙박(1박)을 동시에 경험할 수 있습니다. 요금은 US$195~420로 선박과 호텔의 등급에 따라 달라집니다.

Transportation 시내 교통

3번 시내버스가 혼가이 Hòn Gai→바이짜이 대교→하롱 거리→바이짜이 버스 터미널 Bến Xe Bãi Cháy→호안보 Hoành Bồ를 오간다. 운행 시간은 05:30~17:00이며, 20분 간격으로 출발한다. 편도 요금은 거리에 따라 7,000~1만 8,000 VND이다. 시내 중심가를 지나는 하롱 거리의 버스 정류장에서 버스를 타면 된다.

2층 버스인 하롱 시티 투어 버스 Ha Long City Tour Bus도 운행된다. 바이짜이와 혼가이 지역(하롱 시장→빈콤 플라자→꽝닌 박물관) 관광지를 순회하는 버스로, 모두 6개 정류장에서 자유롭게 타고 내릴 수 있다. 08:00~17:00까지 1일 14회 운행된다. 탑승 요금은 16만 VND이다. 선 월드 하롱(케이블 카 타는 곳) 앞 메인 도로 Vietnam Sightseeing Bus Stop(주소 105 Hạ Long, Bãi Cháy)에서 출발한다.

하롱 시티 투어 버스

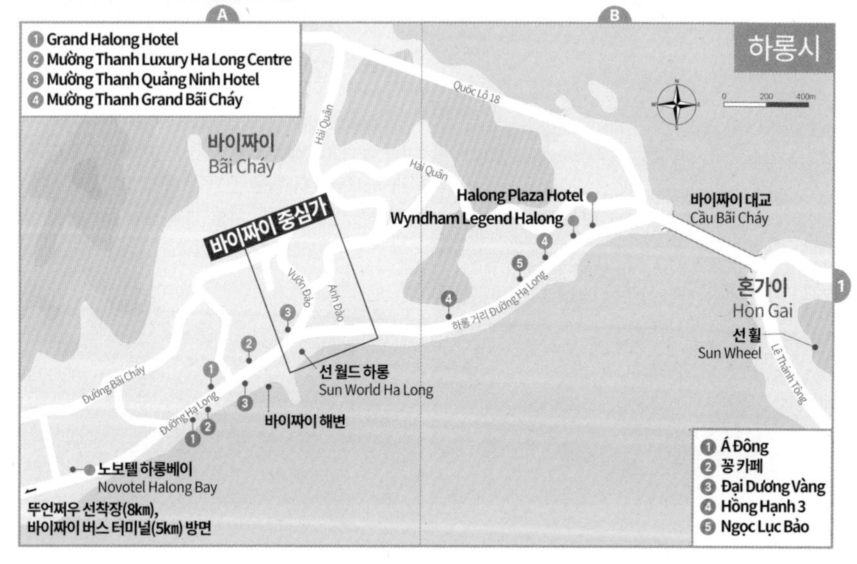

Attractions

하롱시의 볼거리

하롱시(바이짜이)에는 호텔만 가득할 뿐 볼거리는 없다. 그러나 도시 앞 바다로 하롱베이 풍경이 펼쳐져 경관은 나쁘지 않다.

선 월드 하롱 ★★★☆
Sun World Hạ Long

선 월드(홈페이지 www.halong.sunworld.vn)에서 바이짜이 시내 중심가에 조성한 214헥타르 크기의 대형 놀이 공원이다. 놀이기구가 있는 드래곤 파크 Dragon Park(입장료 30만 VND)와 물놀이를 즐길 수 있는 타이푼 워터 파크 Typhoon Water Park(입장료 35만 VND)로 구분된다. 총 길이 900m의 케이블카를 타면 하롱베이 풍경을 감상할 수 있다. 바다 건너(혼가이)에 있는 선 휠 대관람차 Sun Wheel까지 운행되는데, 바데오 산 Núi Ba Đèo(Ba Deo Mountain) 정상에 있어 주변이 훤히 내려다보인다. 케이블카는 월~금요일 14:00~21:00, 토~일요일 09:00~21:00까지 운행되며, 왕복 요금은 35만 VND이다.

케이블카를 타고 가야하는 선 휠 대관람차

바이짜이 해변

바이짜이 해변 ★★☆
Bãi Tắm Bãi Cháy

하롱시 앞쪽(선 월드 하롱 뒤쪽)의 해안선을 따라 약 500m 길이의 모래 해변이 이어진다. 쪽빛 바다는 아니지만 모래사장이 잘 정비되어 있어 현지인들은 해변에서 물놀이를 하며 여름을 보낸다(바닷물이 쌀쌀한 겨울에는 썰렁한 편). 해변 오른쪽 끝에는 등대 Bai Chay Lighthouse가 있다.

혼가이(홍가이) ★★★
Hòn Gai

하롱시 동쪽 지역으로 바이짜이 대교를 건너면 혼가이가 나온다. 한때 석탄 산업이 발달했던 도시로, 현재는 도시가 새롭게 정비되어 깔끔하다. 도시 곳곳에 해안 산책로를 만들어 하롱베이를 바라보며 바닷바람 쐬기 좋다. 도시 중심가에는 상설 시장인 하롱 시장 Ha Long Market(Chợ Hạ Long)과 현대적인 쇼핑몰인 빈콤 플라자 Vincom Plaza가 있다. 스페인 건축가가 디자인한 꽝닌(꽝닝) 박물관 Quảng Ninh Museum(홈페이지 www.baotangquangninh.vn, 요금 4만 VND)도 있다. 3층 규모의 전시실은 탄광 모형과 광부들의 생활상, 꽝닌성에 발굴된 유물, 소수민족, 베트남 전쟁에 관한 내용으로 채워져 있다.

혼가이(홍가이) 앞 바다 풍경

Hotel

하롱시의 호텔

도시 전체가 호텔로 뒤덮여 있을 정도로 호텔은 부족하지 않다. 해변을 끼고 있는 하롱 거리 Đường Hạ Long에는 고급 호텔이, 내륙으로 이어지는 브언다오 거리에는 미니 호텔이 밀집해 있다. 하노이 시민들이 휴가차 찾아오는 여름을 제외하면 방 구하기는 어렵지 않다. 비수기에는 방 값이 할인된다.

알렉스 호텔 ★★★
Alex Hotel

Map P.491 주소 28A Anh Đào **전화** 0203-3848-427 **요금** 더블 US$12~15(에어컨, 개인욕실, TV, 냉장고) **가는 방법** 안다오 거리 28A번지에 있다.

10개 객실을 운영하는 저렴한 미니 호텔이다. 에어컨 시설에 TV, 냉장고, 전기포트를 갖추고 있다. 더블 룸보다 트윈 룸을 비싸게 받는다. 여행사를 함께 운영하는데 투어 요금은 비싼 편이다.

번남 호텔 Van Nam Hotel ★★★
Khách Sạn Vân Nam

Map P.491 주소 31 Vườn Đào **전화** 0203-3846-593 **요금** 트윈 US$14~20(에어컨, 개인욕실, TV) **가는 방법** 미니 호텔 골목인 브언다오 거리 초입에 있다.

말끔한 외관에 비교적 넓은 객실을 운영하고 있다. 도로쪽 방은 발코니가 있으나, 하롱베이는 보이지 않는다. 침실과 욕실은 모두 깨끗하며 쾌적하다. 주변에 비슷한 시설의 미니호텔이 밀집해 있다. 몇 군데 비교해 보고 숙박 여부를 결정하자.

베이직 하롱 호텔 ★★★☆
Basic Hạ Long Hotel

Map P.491 주소 65 Vườn Đào **전화** 0203-3518-899 **홈페이지** www.basichalonghotel.com **요금** 더블 US$28~38(에어컨, 개인욕실, TV, 냉장고) **가는 방법** 우체국 옆으로 이어지는 브언다오 거리 65번지에 있다.

브언다오 거리에 연달아 자리한 미니 호텔 중 한 곳이다. 겉모습은 주변 호텔과 큰 차이 없지만, 객실을 리모델링해 다른 곳보다 넓고 깨끗하다. 층마다 2개 객실이 있는데 앞쪽 방은 더블 룸, 뒤쪽 방은 트윈 룸으로 되어 있다.

므엉탄 꽝닌 호텔 ★★★★
Mường Thanh Quảng Ninh Hotel

Map P.491 주소 Đường Hạ Long **전화** 0203-3646-618 **홈페이지** www.luxuryquangninh.muongthanh.com **요금** 딜럭스 US$85~110 그랜드 딜럭스 US$150 **가는 방법** 하롱 거리와 브언다오 거리가 만나는 로터리에 있다.

베트남 주요 도시에 호텔을 운영하는 '므엉탄'에서 운영한다. 시내 중심가 삼거리에 우뚝 솟은 건물이나 쉽게 눈에 띈다. 34층 건물로 508개 객실을 운영한다. 정면에 있는 그랜드 딜럭스 룸에서는 하롱베이 풍경이 내려다보인다. 야외 수영장을 갖추고 있다. 인접한 곳에 므엉탄 럭셔리 하롱 센터 Mường Thanh Luxury Ha Long Centre와 므엉탄 그랜드 바이짜이 Mường Thanh Grand Bãi Cháy 호텔이 있다.

노보텔 하롱베이 ★★★★★
Novotel Halong Bay

Map P.491-A1 주소 Đường Hạ Long **전화** 0203-3848-108 **홈페이지** www.novotelhalong.com.vn **요금** 스탠더드 US$105~138, 슈피리어 US$125~156 **가는 방법** 바이짜이 해변 맞은편의 해변 도로에 있다.

프랑스 호텔 체인 노보텔에서 운영하며, 하롱시 최고 호텔로 손꼽힌다. 편안한 침구와 모던한 인테리어로 객실을 꾸몄다. 야외 수영장 분위기도 좋고, 발코니를 갖춘 딜럭스 룸의 전망이 탁월하다.

Ha Long Bay
(Vịnh Hạ Long)

하롱베이

베트남의 아름다운 자연을 대표하는 곳이다. 하노이에서 동쪽으로 170㎞ 떨어진 통킹만 Gulf of Tonking에 자리한 카르스트 지형이다. 하롱베이는 1,553㎢에 펼쳐져 1,969개의 바위섬들이 바다를 가득 메운다. 독특한 모양의 섬들이 겹겹을 이루며 동양 산수화 같은 절경을 제공한다. 베트남 북부의 해안선을 따라 펼쳐진 석회암 지대가 3억 년 이상 진행된 침식 작용과 해수면의 변화에 의해 생겨난 결과물이다. 천하제일의 풍경으로 손꼽는 중국의 계림(桂林)을 바다에 옮겨놓은 것 같다 하여 '바다의 계림'으로 불린다. 유네스코에서는 1994년부터 유네스코 세계자연유산으로 지정했으며, 2011년에는 세계 7대 자연경관에 선정되기도 했다.

하롱(下龍)은 '용이 하늘에서 내려왔다'는 뜻이다. 전설에 따르면 하늘에서 용이 내려와 외적의 침입을 막기 위해 입에서 여의주를 분출한 것이 하롱베이를 가득 메운 섬들이 되었다고 한다. 중국의 잦은 침입으로 인해 오랫동안 시달렸던 베트남 사람들이 자연경관을 빗대 붙인 이름이지만 하롱베이는 전설만큼이나 신비로운 비경을 간직하고 있다. 바다인지 호수인지 모를 만큼 잔잔한 수면 위로 배를 타고 나아가며 하롱베이를 주유하자. 순간순간 변하는 낭만적인 풍경이 당신을 맞이해 줄 것이다.

행정구역 꽝닌 성 Tỉnh Quảng Ninh 하롱시 Thành Phố Hạ Long | **면적** 1,553㎢ | **시외국번** 0203

Information

여행에 유용한 정보

은행

하롱베이의 섬에는 상업시설이 전무하다. 하노이 또는 바이짜이(하롱시) Bãi Cháy에 있는 은행에서 미리 환전해 두어야 한다.

입장료

보트에 탑승하기 전 입장료를 내야한다. 1일 입장권은 29만 VND(선착장 이용료 4만 VND 포함)이다. 항띠엔꿍, 항더우고, 티토프 섬을 포함한 주요 볼거리 입장료가 포함된 가격이고, 방문 가능한 볼거리가 번호로 표시되어있어 방문할 때 마다 펀치로 구멍을 뚫어준다. 하노이에서 출발하는 투어를 이용할 경우도 입장료가 포함되어 있다.

여행사

하롱베이는 날씨의 영향을 많이 받는다. 일반적으로 봄(3~5월)과 가을(9~11월)이 크루즈하기 적합한 시기다. 특히 맑은 날이 많은 가을이 가장 좋다. 날씨가 더운 여름(7~8월)에는 수영이나 카약타기에 적합하다. 여름과 10월에는 태풍의 영향을 받아 비가 많이 오는 날도 있다. 겨울(12~3월)은 날씨가 춥고 날이 흐려서 하롱베이를 제대로 감상하기 힘들다. 10°C의 기온이라고 해도 바닷바람을 맞으면 상상 이상으로 춥다.

뚜언쩌우 여객 터미널

Access

하롱베이 가는 방법

하롱베이를 가려면 크루즈 선착장이이 있는 하롱 국제 크루즈 항구(P.489) 또는 투어리스트 보트 선착장이 있는 뚜언쩌우 여객 터미널(P.489)로 가야 한다. 대부분의 여행자들은 여행사에서 운영하는 투어를 이용하기 때문에 교통편에 대해 걱정할 필요는 없다. 깟바 섬(P.499)을 기점으로 해서 하롱베이 여행도 가능하다. 하노이에서 출발하는 하롱베이 투어에 관한 내용은 P.490 참고.

하롱베이 크루즈

하롱베이를 둘러싼 석회암 카르스트 지형

Attractions

하롱베이의 볼거리

하롱베이의 볼거리는 풍경 그 자체다. 보트를 타고 크루즈를 즐기며 시시각각 변모하는 섬들의 모습은 감동을 선사해준다. 보트 유람 중간 중간에 석회암 동굴을 방문해 재미를 더한다. 카약을 타거나 해변에서 수영하며 시간을 보낼 수도 있다. 하롱베이 보트 투어에 관한 내용은 P.490 참고.

항 더우고 ★★

Dau Go Cave
Hang Đầu Gỗ

하롱베이에서 가장 유명한 석회동굴이다. 육지와 가까운 더우고 섬 Dau Go Island(Đảo Đầu Gỗ)에 있다. '나무 말뚝 동굴'이라는 뜻으로 쩐흥다오 장군과 연관된 역사적인 장소다. 동굴 내부에는 독특한 모양의 종유석과 석순이 가득하며, 인공조명을 설치해 분위기가 독특하다. 프랑스령 인도차이나 시절에는 '황홀한 동굴 Grotte des Merveilles'이라는 별명을 얻기도 했다.

투어 중에 들르게 되는 피싱 빌리지

하롱베이의 대표적인 석회동굴, 항 더우고

알아두세요 베트남의 영웅, 쩐흥다오(陳興道) Trần Hưng Đạo(1232?~1300년)

항 더우고는 베트남의 영웅으로 칭송받는 인물 가운데 하나인 쩐흥다오 장군과 연관되어 있습니다. 쩐흥다오는 쩐 왕조의 왕자로 태어나 해군 총사령관을 지냈습니다. 하롱베이가 위치한 꽝닌 Quảng Ninh 성(省)은 중국과 국경을 맞대고 있는데요, 육로는 물론 해상으로도 국경을 접하고 있기 때문에 중국 해군의 공격을 빈번히 받아야 했답니다. 특히 중국 대륙을 점령한 몽골 제국(원나라)의 쿠빌라이 칸은 400척에 이르는 대규모 함대를 파견해 베트남 정복에 나섰지요.

이때 쩐흥다오 장군이 지형을 예측하기 힘든 하롱베이의 섬들을 이용해 원나라 해군을 해안선까지 유인했다고 합니다. 박당 강 Bach Dang River(Sông Bạch Đằng)이 바다와 만나는 지역에 말뚝을 박아 놓고 만조 때 적군의 배를 육지 쪽으로 유인한 다음, 썰물을 기다려 적군을 공격해 대승을 거두게 됩니다. 바다인 줄 알고 갯벌 지역으로 들어왔던 적군은 말뚝에 가로막혀 바다로 되돌아가지 못하고 완패했다고 합니다. 1288년에 있었던 박당 전투에서 사용한 말뚝을 숨겨놓았던 곳이 바로 '항 더우고'랍니다.

하롱베이를 주유한다

세 개의 복숭아라는 뜻의 바짜이다오 섬

섬과 바다가 겹겹이 병풍을 이룬다

하롱베이의 석회암 카르스트 지형 ©안네 수진

항 티엔꿍 Thien Cung Cave ★★
Hang Thiên Cung

항 더우고와 같은 섬에 있는 130m 길이의 석회동굴이다. 동굴 중앙에 있는 커다란 석주가 천국의 지붕을 받치고 있는 것처럼 보인다고 해서 '티엔꿍(天宮)', 즉 하늘의 궁전이라 불린다. 동굴 내부는 형형색색의 인공조명을 비춰 더욱 아름답다.

항 씅쏫 Sung Sot Cave ★★
Hang Sửng Sốt

바이짜이에서 남쪽으로 14㎞ 떨어진 보혼섬 Bo Hon Island(Đảo Bồ Hòn)에 있다. 동굴은 총 면적 1만㎡이고, 길이는 500m이다. 동굴 내부에는 1,000여 개의 종유석과 석순이 동굴 내부를 가득 메우고 있는데, 보초들이 대화를 나누고 있는 것처럼 보인다고 한다. 남근 모양의 석순이 있어서 풍요와 다산을 기원하는 동굴로 알려지기도 했다. 다른 동굴들과 마찬가지로 동굴 내부에 인공조명을 비추고 있다. 동굴의 높이는 해발 25m. 선착장부터 동굴 입구까지 계단이 놓여 있다.

바짜이다오 섬 ★★★★
Ba Trai Dao Island
Đảo Ba Trái Đào

하롱시(뚜언쩌우 선착장)에서 남쪽으로 22㎞ 떨어진 자그마한 섬이다. 섬을 이루고 있는 세 개의 바위산들이 복숭아 모양을 닮았다고 해서 바짜이다오(세 개의 복숭아 섬)라고 불린다. 23m 높이의 바위산 앞쪽으로 모래 해변이 펼쳐진다. 잔잔한 파도의 푸른 바다와 어우러져 풍경이 아름답다.

깟바 섬 Cat Ba Island ★★★★
Đảo Cát Bà

행정구역이 달라서 하롱베이에 속하지 않았지만 풍경은 동일하다. 하롱베이 일대에서 가장 큰 섬

모래 해변을 간직한 작은 섬

카약을 타고 잔잔한 바다를 즐긴다

이다. 깟바 타운에 호텔들이 많아서 2박 이상의 하롱베이 투어를 참여할 경우 깟바 섬을 들르게 된다.

티토프 섬 ★★★
Titov Island
Đảo Ti Tốp

바이짜이에서 남동쪽으로 8㎞ 떨어진 작은 섬이다. 하롱베이에서 보기 드문 모래 해변을 간직하고 있다. 해변의 이름도 티토프(현지어 Bãi Tắm Ti Tốp)이다. 섬 정상에 해당하는 전망대까지 계단이 연결되어 있다. 전망대에서는 하롱베이를 가득 메운 섬들이 파노라마처럼 펼쳐진다.
게르만 티토프 Gherman Titov(1935~2000년)는 다름 아닌 러시아의 우주 비행사. 세계 최초로 지구 궤도를 선회한 우주선을 조종한 인물이다. 옛 소련 때 베트남 정부에서 티토프를 초청했고, 호찌민과 함께 1962년 11월에 하롱베이를 방문했다. 하롱베이의 아름다움에 반해 작은 섬 하나만이라도 갖고 싶다던 티토프를 위해 섬의 이름을 티토프라고 명명했다고 한다. 티토프는 사망하기 전인 1997년에 하롱베이를 다시 방문했다고 한다.

티토프 섬에서 바라 본 하롱베이 풍경 ©정재현

Activity
하롱베이의 즐길 거리

수많은 섬들에 둘러싸인 하롱베이는 카약을 타고 잔잔한 바다를 가르며 풍경을 감상하기 좋다. 바다와 연결된 동굴, 석회암 카르스트 지형에 둘러싸인 수려한 풍경을 직접 체험할 수 있다. 여름에는 보트 위에서 바다로 다이빙하면서 물놀이를 겸한 파티를 즐기는 여행자도 많다.

깟바 섬

깟바 섬은 주변의 366개 섬을 함께 아우르는 깟바 군도에서 가장 큰 섬이다. 하이퐁에서 동쪽으로 45㎞, 하롱시에서 남쪽으로 25㎞ 떨어져 있다. 행정구역상으로 하이퐁 직할시 Thành Phố Hải Phòng에 속해 있다. 깟바 섬은 석회암으로 이루어진 바위산들과 청정한 바다가 절묘하게 조화를 이룬다. 현지인들은 푸른 옥빛의 섬이라 하여 응옥섬 Ngoc Island(Đảo Ngọc)이라고 부르기도 한다. 주변 섬들은 하롱베이와 남쪽 경계를 이루는 란하베이 Lan Ha Bay(Vịnh Lan Hạ)를 이루는데, 하롱베이와 맞먹는 수려한 풍광을 자랑한다. 깟바 섬의 절반 이상은 국립공원으로 지정되어 야생 생태계를 관찰하며 트레킹도 즐길 수 있다.

깟바 섬의 면적은 350㎢로 깟바 타운 Cat Ba Town을 제외하면 개발이 미비하다. 선착장을 중심으로 해변 도로를 따라 호텔이 즐비하지만 적당히 문명과 거리를 두고 있다. 한가한 어촌 마을 풍경과 풍족한 여행 시설로 인해 개별 여행자들에게 하롱베이 여행의 거점으로 부각되고 있다. 단체 관광객이 머무는 하롱시(P.487)에 비해 포근한 느낌을 선사한다. 대부분 하노이에서 출발하는 하롱베이 투어와 연계해 방문하지만, 대중교통을 이용한 여행도 가능하다.

인구 3만 명 | **행정구역** 하이퐁 직할시 Thành Phố Hải Phòng 깟바 현 Huyện Cát Bà | **면적** 350㎢ | **시외국번** 0225

Information

여행에 유용한 정보

여행 시기

여행이 금지되는 기간은 없지만 날씨가 쌀쌀한 겨울(11~1월)이 가장 한적하다. 5~9월까지가 성수기로 7~8월이 가장 붐빈다.

여행사 투어

깟바 타운에 있는 대부분의 호텔이 여행사 업무를 겸하고 있다. 투어는 깟바 국립공원 트레킹과 란하베이 보트 크루즈에 중점을 맞춘다. 란하베이 1일 보트 투어(US$15~20), 깟바 국립공원 1일 트레킹 투어(US$20~35), 하롱베이 1일 보트 투어(US$28~35)가 인기 있다. 란하베이 투어는 카약 타기가 포함되어 있으며, 보트에서 숙박하는 1박 2일 투어(US$90~135)도 가능하다.

Access

깟바 섬 가는 방법

깟바 섬을 가려면 보트를 타야하지만 육지와 가까워 배 타는 시간은 길지 않다. 일반적으로 하이퐁(또는 하노이)에서 버스+보트+버스를 연계한 교통편을 이용해 깟바 섬을 드나든다. 여객선(페리)은 깟바 타운에서 서쪽으로 30㎞ 떨어진 까이비엥 선착장 Bến Tàu Cái Viêng을 이용한다. 참고로 깟바 타운 동쪽으로 2㎞ 떨어진 벤베오 선착장 Bến Bèo은 투어리스트 보트들이 주로 이용한다.

깟바 케이블카(선 월드 깟바)

선 월드 깟바 Sun World Cat Ba(홈페이지 www.catba.sunworld.vn)에서 만든 케이블카다. 총 길이 3,955m로 깟하이 섬(깟하이 역 Cat Hai Station, Ga Cáp Treo Cát Hải)에서 깟바 섬(푸롱 역 Phu Long Station, Ga Cáp Treo Phù Long)까지 10분만에 연결한다. 편도 요금은 10만 VND이다. 케이블카는 바다만 건너는 것에 불과하며, 깟바 타운까지는 아직 케이블카가 연결되어 있지 않다. 깟바 타운까지 22㎞ 떨어져 있는데, 대중교통도 없어서 개별 여행자가 이용하기에는 불편이 따른다. 케이블카 운행시간도 제한적이다. 하이퐁 시내에서 가는 방법은 P.511 참고.

대중교통(깟바 타운→하이퐁 기차역)

①깟바 타운에서 출발하는 14번 핑크색 버스(06:00~18:00시까지 45분 간격 출발, 편도 요금 1만 3,000 VND)를 타고 까이비엥 선착장 Bến Phà Cái Viềng까지 간다. ②까이비엥 선착장에서 카 페리를 타고 바다 건너 동바이 선착장 Bến Phà Đồng Bài까지 간다(15분 소요, 편도 요금 1만

깟바 선착장

깟바 타운에서 출발하는 하이퐁행 버스

자루언 선착장

VND) ③선착장 앞에서 16C번 버스를 타고 하이퐁 기차역까지 간다(편도 요금 1만 5,000 VND). 하이퐁에서 출발하는 방법은 P.511 참고.

깟바 타운→하이퐁(벤빈 선착장)

깟바 타운에서 출발해 하이퐁까지 버스+보트+버스가 연계된 교통편이다. 하데코 Hadeco에서 운행한다. 중간에 까이비엥 선착장에서 10분 정도 보트를 갈아타야한다. 하이퐁 시내에 있는 '고 하이퐁' GO! Hải Phòng(대형 마트로 Big C로 불리기도 한다)을 거쳐 벤빈 선착장 Bến Bính 앞까지 간다. 하이퐁까지는 2시간 정도 걸린다. 편도 요금은 14만 VND이고 매일 6회(05:50, 07:30, 08:50, 12:10, 14:10, 15:50) 출발한다. 하이퐁→깟바 섬 출발 시간은 P.511 참고.

깟바(자루언 선착장)→하롱시(뚜언쩌우 선착장)

차와 오토바이를 싣고 이동하는 대형 카 페리가 운행된다. 깟바 섬 북쪽 끝에 있는 자루언 선착장 Bến Phà Gia Luận에서 출발해 하롱시와 인접한 뚜언쩌우 선착장 Bến Phà Tuần Châu(P.489)까지 1시간 정도 이동한다. 하롱베이를 지나기 때문에 이동하며 풍경을 감상할 수 있다. 여름 성수기(4월 25일~9월 5일)에 1일 5회(09:00, 11:30, 13:00, 15:00, 16:00), 겨울 비수기(9월 6일~4월 24일)에 1일 3회(09:00, 13:00, 16:00) 운행된다. 보트 요금은 6만 VND으로 저렴하지만 선착장까지 오가기 불편하다. 한마디로 택시비가 더 든다. 뚜언쩌우 선착장→자루언 선착장 페리 운행 시간은 P.489 참고.

깟바→하이퐁→하노이

깟바에서 하노이로 직행할 경우 가장 편리한 교통편이다. 깟바 익스프레스 Cat Ba Express(홈페이지 www.catbaexpress.com)는 1일 3회(09:15, 12:30, 15:30) 출발하며, 편도 요금은 30만 VND이다. 깟바 타운에서 출발해 하노이 구시가에 있는 호텔까지 데려다 준다. 섬에서 나갈 때는 보트로 갈아타야 하는데, 배 타는 시간은 10여분에 불과하다. 하노이까지 4~5시간 정도 소요된다. 하노이→깟바 섬 교통 정보는 P.413 참고.

깟바→닌빈→땀꼭

하노이를 거치지 않고 닌빈(땀꼭)으로 직행할 경우 깟바 디스커버리(www.catbadiscovery.com) 버스를 이용하면 된다. 1일 3회(09:00, 13:00, 16:00) 출발하며, 편도 요금은 30만 VND이다. 닌빈 시내를 거쳐 땀꼭까지 운행된다.

깟바→싸파

깟바에서 싸파까지 직행하는 슬리핑 버스도 운행된다. 깟바 타운에서 16:00에 출발하며, 편도 요금은 55만 VND이다. 라오까이를 거쳐 싸파까지 가는데 11~12시간 정도 소요된다.

Transportation 시내 교통

섬이 크기 때문에 시내버스도 운행된다. 깟바 타운→까이비엥 선착장까지는 14번 버스(편도 1만 3,000 VND)가 수시로 운행된다. 깟바 타운→깟바 국립공원 입구→자루언 선착장까지 하루 네 번 왕복한다. 깟바 타운 출발 시간은 07:45, 09:15, 11:00, 15:00, 자루언 선착장 출발 시간은 08:30, 10:00, 12:30, 16:00이다. 편도 요금은 3만 VND이다. 깟바 타운↔깟꼬 해변을 오가는 전동 카는 편도 1만 VND이다.

깟바 타운과 자루언 선착장을 오가는 버스

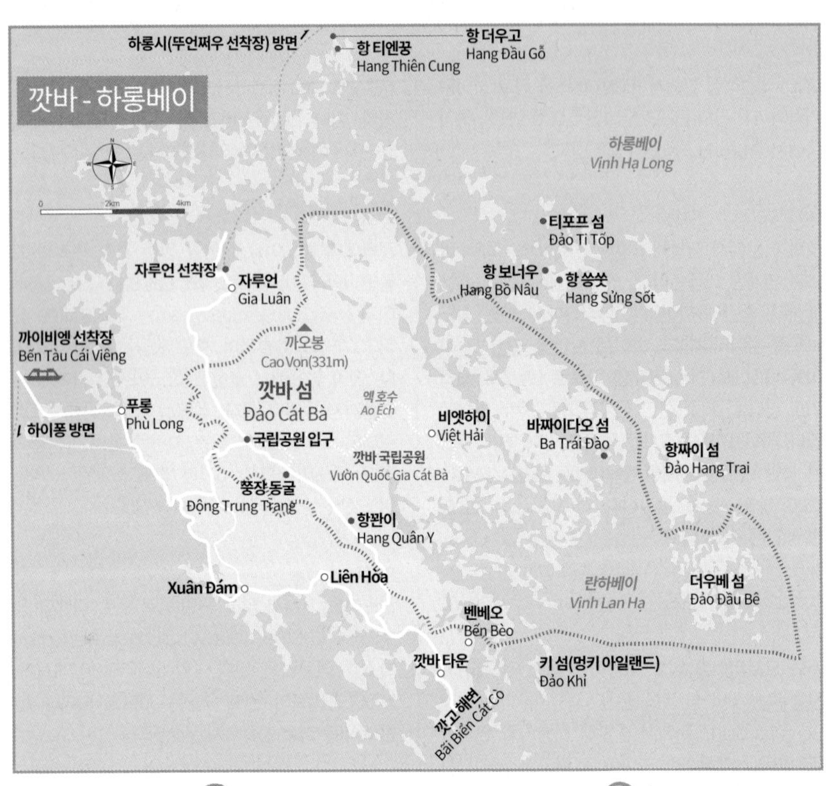

깟바 - 하롱베이
하롱시(뚜언쩌우 선착장) 방면
항 티엔꿍
Hang Thiên Cung
항 더우고
Hang Đầu Gỗ
하롱베이
Vịnh Hạ Long
0
2km
4km
티포프 섬
Đảo Ti Tốp
자루언 선착장
자루언
Gia Luân
항 보너우
Hang Bồ Nâu
항 쏭쏫
Hang Sửng Sốt
까이비엥 선착장
Bến Tàu Cái Viêng
까오봉
Cao Vọn(331m)
깟바 섬
Đảo Cát Bà
엑 호수
Ao Ếch
푸롱
Phù Long
하이퐁 방면
국립공원 입구
비엣하이
Việt Hải
바짜이다오 섬
Ba Trái Đào
항짜이 섬
Đảo Hang Trai
깟바 국립공원
Vườn Quốc Gia Cát Bà
쭝장 동굴
Động Trung Trang
항꽌이
Hang Quân Y
Xuân Đám
Liên Hòa
란하베이
Vịnh Lan Hạ
더우베 섬
Đảo Đầu Bê
벤베오
Bến Bèo
깟바 타운
키 섬(멍키 아일랜드)
Đảo Khỉ
깟꼬 해변
Bãi Biển Cát Cò

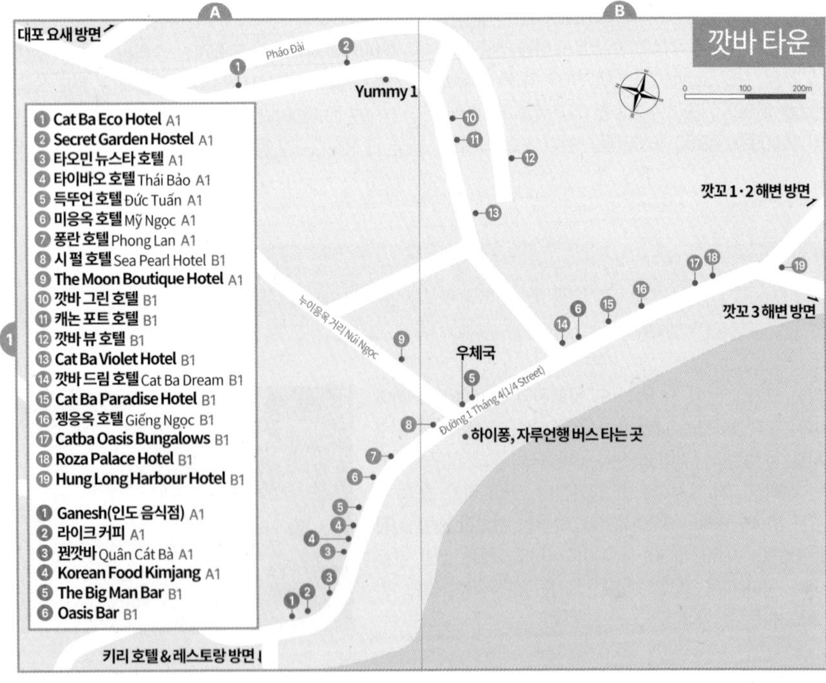

깟바 타운
A
B
1
대포 요새 방면
Pháo Đài
Yummy 1
0
100
200m
1 Cat Ba Eco Hotel A1
2 Secret Garden Hostel A1
3 타오민 뉴스타 호텔 A1
4 타이바오 호텔 Thái Bảo A1
5 득뚜언 호텔 Đức Tuấn A1
6 미응옥 호텔 Mỹ Ngọc A1
7 퐁란 호텔 Phong Lan A1
8 시 펄 호텔 Sea Pearl Hotel B1
9 The Moon Boutique Hotel A1
10 깟바 그린 호텔 B1
11 캐논 포트 호텔 B1
12 깟바 뷰 호텔 B1
13 Cat Ba Violet Hotel B1
14 깟바 드림 호텔 Cat Ba Dream B1
15 Cat Ba Paradise Hotel B1
16 젱응옥 호텔 Giếng Ngọc B1
17 Catba Oasis Bungalows B1
18 Roza Palace Hotel B1
19 Hung Long Harbour Hotel B1
1 Ganesh(인도 음식점) A1
2 라이크 커피 A1
3 꿘깟바 Quân Cát Bà A1
4 Korean Food Kimjang A1
5 The Big Man Bar B1
6 Oasis Bar B1
깟꼬 1·2 해변 방면
깟꼬 3 해변 방면
누이응옥 거리 Núi Ngọc
우체국
Đường 1 Tháng 4(1/4 Street)
하이퐁, 자루언행 버스 타는 곳
키리 호텔 & 레스토랑 방면

Attractions

깟바 섬의 볼거리

깟바 섬의 가장 큰 볼거리는 란하베이와 깟바 국립공원이다. 란하베이는 하롱베이와 마찬가지로 바위섬들이 바다를 가득 메워 독특한 풍경을 자랑한다. 깟바 국립공원은 트레킹에 적합하다.

Map P.502

깟바 타운 ★★
Cat Ba Town

인구 9,000명이 사는 곳으로 깟바 섬의 중심이 되는 곳이다. 호텔과 레스토랑을 포함해 상업 시설이 발달해 있다. 선착장을 따라 해변 도로가 잘 정비되어 있으며 카르스트 지형이 어울려 평화로운 풍경을 제공한다. 하노이에서 출발한 2박 3일 투어에 참여할 경우 깟바 타운에서 하루를 보낸다.

Map P.502

깟꼬 해변 ★★☆
Cat Co Beach
Bãi Biển Cát Cò

요금 1만 VND **가는 방법** 깟바 타운에서 동쪽으로 1㎞ 떨어져 있다. 깟바 타운에서 오른쪽으로 이어진 포장도로를 따라가다가 나지막한 언덕을 넘으면 깟꼬 해변이 나온다. 깟바 타운에서 해변까지 전동차가 수시로 운행된다(편도 요금 1만 VND). 깟바 타운에서 도보 10~15분.

깟바 타운과 가까운 모래 해변이다. 독립된 3개 해변으로 이루어졌는데, 섬에 머무는 관광객들이 물놀이를 위해 즐겨 찾는다. 식당과 상점, 파라솔 대여가 가능해 여름철 주말에는 베트남 관광객들로 북적인다(쌀쌀한 겨울에는 한적한 편이다). 깟바 타운과 가장 가까운 해변은 깟꼬 1 해변으로 세 개 해변의 가운데 있다. 가장 북쪽에 있는 깟꼬 2 해변은 해수욕을 즐기기 가장 좋다. 최근 5성급 호텔인 플라밍고 깟바 Flamingo Cát Bà가 들어서면서 리조트 해변으로 변모하고 있다.
가장 남쪽에 있는 깟꼬 3 해변은 깟바 섬 남쪽으로 이어지는 해안도로를 따라가면 나온다. 해변 한가운데 5성급 호텔이 들어서 있지만, 호텔 투숙객이 아니라도 해변을 자유롭게 출입할 수 있다. 깟꼬 3 해변에서는 북쪽으로 이어진 둘레 길을 걷다보면 깟꼬 1해변에 닿는다. 란하 베이 풍경을 감상하며 두 개 해변을 오갈 수 있다.

깟바 타운 중심가

대포 요새(177 고지) 전망대

깟꼬 해변 산책로

깟꼬 1 해변

Map P.502-A1

대포 요새(177 고지)

★★☆

Cannon Fort
Pháo Đài Thần Công

운영 매일 08:00~일몰 시 **요금** 4만 VND **가는 방법** 깟바 타운 뒤쪽 언덕길로 1.7㎞ 떨어져 있다.

깟바 타운 뒤쪽에 있는 해발 177m의 산에 만든 대포 요새다. 바다를 통제하기 위한 최적의 위치에 있어, 오랫동안 베트남에서 국토 방어를 위해 전략적인 요충지로 중요시했다. 1940년에 들어 참호와 벙커를 만들고 대포와 방공포를 설치해 요새화했다. 현재도 대포와 탄약고가 남아 있다.
대포 요새는 시원스러운 전망대로 각광받는다. 란하베이 풍경을 이루는 카르스트 지형이 중첩되며 드라마틱한 풍경을 볼 수 있다. 현재는 군사 시설로 묶여 접근이 통제되고 있다. 관리자가 뒷돈을 받고 문을 열어주는 경우도 있는데, 원칙적으로는 접근 제한 구역 Restricted Area이므로 입장 가능 여부를 미리 확인할 것.

Map P.502

항 꽌이

★★

Military Hospital Cave
Hang Quân Y

운영 매일 08:00~17:00 **요금** 5만 VND(가이드 포함) **가는 방법** 깟바 타운에서 북쪽으로 13㎞ 떨어져 있다. 깟바 타운에서 내륙 도로를 따라 깟바 국립공원 방향으로 가면 된다. 오토바이로 30분.

베트남 전쟁 때 비엣꽁(베트콩) Việt Cộng들의 은신처이자 병원으로 사용되었던 동굴이다. 하이퐁과 인접한 깟바 섬도 베트남 전쟁 동안 미군의 폭격을 피해갈 수는 없었다고 한다. 미군의 폭격으로 인해 부상을 입은 군인과 민간인을 치료하기 위해 동굴 내부에 비밀리에 병원을 만들었다. 1960년부터 건설되었으며 베트남이 통일되던 1975년까지 사용되었다.
병원 시설은 총 3층 규모로 17개의 방으로 이루어졌다. 일반 병동과 회복실을 포함해 작전 회의실, 탄약 창고, 극장 시설까지 다용도로 사용되었다고 한다. 동굴 입구에서 가이드의 안내를 받아 내부를 둘러볼 수 있다.

Map P.502

깟바 국립공원

★★★☆

Cat Ba National Park
Vườn Quốc Gia Cát Bà

전화 0225-3688-138 **운영** 매일 08:00~17:00 **요금** 12만 VND **가는 방법** 깟바 타운에서 섬 내륙 도로를 따라 북쪽으로 17㎞. 투어를 이용하거나 오토바이를 빌려서 다녀오면 된다.

깟바 섬의 절반 이상을 차지하는 넓은 지역으로 1986년 국립공원으로 지정되었다. 109㎢에 이르는 내륙지역과 52㎢의 섬 주변 해양지역을 함께 묶어 해양생태계까지 보호하고 있다. 깟바 국립공원은 해발 50~300m의 카르스트 지형으로, 해발 331m의 까오봉 Cao Vọng이 가장 높다. 맹그로브 지대부터 석회암 바위산으로 이어지며 호수와 폭포, 동굴이 형성되어 지형이 다양하다.
울창한 산림지대는 30여 종의 포유류, 20여 종

깟바 국립공원 전망대

깟바 국립공원 입구

의 파충류, 70여 종의 조류가 서식한다. 830여 종에 이르는 식물군도 분포한다. 포유류 중에는 세계적인 희귀동물로 손꼽히는 랑구르 원숭이도 생활하고 있다. 특히 노란 머리털 랑구르 원숭이 Golden-headed Langur는 깟바 섬에서만 발견되어 '깟바 랑구르 원숭이 Cat Ba Langur'라고 불릴 정도다. 60여 마리가 서식하는데 해안 절벽 지대에서 생활하기 때문에 쉽게 눈에 띄지 않는다.

국립공원을 둘러보는 유일한 방법은 트레킹이다. 짧은 트레킹 코스는 해발 200m의 응으럼 Ngự Lâm까지 가는 것으로 전망대에서 주변 경관을 볼 수 있다. 정상까지는 전망대 뒤쪽으로 이어진 등산로를 따라 10분 정도 더 올라가야 한다. 국립공원 입구에서 왕복 2시간 정도 예상하면 된다. 전망대까지 길이 하나뿐이라 가이드 없이도 등반이 가능하다.

국립공원을 가로지르는 트레킹은 비엣하이 Việt Hải 마을까지 걷는 6㎞ 코스다. 전망대와 엑 호수 Ech Lake(Ao Ếch)를 지나 비엣하이까지 5~6시간 정도 걸린다. 깟바 타운까지는 보트를 타고 되돌아오는데, 란하베이를 지나게 된다. 이 코스는 가이드를 동반해야 하고 여행사 투어를 이용하는 게 안전과 비용 면에서도 유리하다. 트레킹할 때는 운동화, 우의, 물과 간식 거리를 챙겨가도록 하자. 우기에는 길이 미끄러우므로 주의해야 한다.

Map P.502

란하베이 ★★★★

Lan Ha Bay / Vịnh Lan Hạ

요금 12만 VND **가는 방법** 깟바 타운에서 보트 투어(P.470)를 이용해야 한다.

하롱베이 남쪽에 형성된 만(灣)으로 깟바 섬 동쪽

석회암 섬들이 겹겹이 이어지는 란하베이

배타고 유람하기 좋은 란하베이

을 이룬다. 오랜 침식과 해수면의 변화로 형성된 카르스트 지형이다. 300여 개의 섬으로 이루어져 하롱베이보다 규모는 작지만, 아름다운 풍경은 결코 뒤지지 않는다. 단지 행정구역이 다를 뿐이다. 하롱베이에 비해 투어 보트가 적게 드나들고 모래해변을 간직한 이름 없는 섬들도 많다. 카약 타기와 수영을 함께 즐기며 여유롭게 크루즈를 즐길 수 있다.

Map P.502

키 섬(멍키 아일랜드) ★★★

Monkey Island
Đảo Khỉ(Cát Dứa)

요금 12만 VND(란하베이 입장료에 포함) **가는 방법** 깟바 섬(벤베오 선착장)에서 동쪽으로 1㎞. 란하베이 투어를 이용하거나 벤베오 선착장에서 보트를 대여해 다녀오면 된다.

20여 마리의 야생 원숭이가 서식해 멍키 아일랜드로 알려져 있다. 3㎞ 정도 크기의 바위섬으로 두 개의 해변과 한 개의 리조트(홈페이지 www.monkeyislandresort.com)가 들어서 있다. 해변이 길고 아름다워 여름 성수기에는 물놀이를 즐기려는 사람들로 붐빈다. 섬 정상에 오르면 주변 경관이 한눈에 들어온다. 가파른 석회암 암벽을 20~30분 정도 올라야 하기 때문에 안전에 유념해야 한다.

멍키 아일랜드

Restaurant

깟바 타운의 레스토랑

호텔과 마찬가지로 해변 도로를 따라 레스토랑이 즐비하다. 섬인 탓에 신선한 해산물을 이용한 시푸드 요리가 발달해 있다. 선착장 옆으로는 바다 위에 떠 있는 수상 레스토랑도 영업 중이다.

야미 1 레스토랑 ★★★☆
Yummy 1 Restaurant

Map P.502-A1 주소 140 Núi Ngọc **홈페이지** www.facebook.com/yummycatba **영업** 07:00~22:00 **메뉴** 영어, 베트남어 **예산** 5만~15만 VND **가는 방법** 내륙 도로 안쪽으로 이어지는 누이응옥 거리를 따라 북쪽으로 500m.

해변에서 멀찌감치 떨어져 있는 로컬 레스토랑이다. 도로 변에 있는 평범한 식당으로 외국 여행자들을 겨냥한 베트남 음식을 요리한다. 저렴하고 푸짐한 식사를 할 수 있어 인기 있다. 같은 거리에 야미 2 레스토랑 Yummy 2 Restaurant(주소 102 Núi Ngọc)을 함께 운영한다.

꾄깟바 Quân Cát Bà ★★★☆

Map P.502-A1 주소 180 Đường 1 Tháng 4(1/4 Street) **전화** 0986-590-318 **영업** 08:00~21:00 **메뉴** 영어, 베트남어 **예산** 12만~20만 VND **가는 방법** 깟바 타운 중심가 삼거리에서 해변 도로 왼쪽(서쪽)으로 300m.

해변도로에 있는 아담한 로컬 식당으로, 베트남 가족이 운영한다. 도로에도 테이블을 내놓고 장사한다. 외국 관광객들이 부담 없기 먹기 좋은 해산물 요리로 인기가 높다. 마늘과 버터를 넣은 조개·오징어·새우구이가 유명하다.

라이크 커피 Like Coffee ★★★☆

Map P.502-A1 주소 Đường 1 Tháng 4(1/4 Street) **전화** 0902-474-274 **영업** 08:00~23:00 **메뉴** 영어 **예산** 커피 4만~5만 VND, 브런치 9만~15만 VND **가는 방법** 해변 도로 왼쪽 끝에 있다.

카페를 겸한 레스토랑이다. 빵과 커피를 곁들인 브렉퍼스트 메뉴뿐만 아니라 팬케이크, 바게트 샌드위치, 버거, 샐러드 등 브런치 메뉴가 다양하다. 덕분에 외국 관광객에게 두루 인기 있다.

키리 ★★★☆
Quiri Pub Cocktail & Restaurant

Map P.502-A1 주소 135 Tùng Dinh **전화** 0338-041-094 **홈페이지** www.quiripubcocktailrestaurant.com **영업** 08:00~23:00 **메뉴** 영어, 베트남어 **예산** 맥주 4만~8만 VND, 메인 요리 12만~40만 VND **가는 방법** 깟바 타운 중심가 삼거리에서 왼쪽(서쪽)으로 800m.

외국 여행자를 겨냥한 레스토랑으로 펍과 칵테일 바를 겸한다. 새롭게 생긴 레스토랑답게 깨끗하고 분위기가 좋다. 신선한 해산물을 이용한 음식이 많은데, 고기볶음 같은 메인 요리를 주문하면 공깃밥을 함께 제공해 준다. 샌드위치, 버거, 피자, 파스타, 스테이크 등 관광객이 선호하는 음식도 많다. 수제 맥주를 포함한 술 종류도 다양하다.

오아시스 바 Oasis Bar ★★★

Map P.502-B1 주소 228 Đường 1 Tháng 4 (Một Tháng Tư) **전화** 0989-327-755 **영업** 07:00~01:00 **메뉴** 영어 **예산** 8만~22만 VND **가는 방법** 깟바 타운 중심가 삼거리 오른쪽의 해변 도로에 있다. 깟바 파라다이스 호텔 Cat Ba Paradise Hotel을 바라보고 왼쪽.

해변 도로에 중심가에 있는 투어리스트 레스토랑으로 카페와 바를 겸한다. 노천카페 분위기로 외국(유럽인) 여행자들이 삼삼오오 모여 시간을 보낸다. 베트남식 바비큐, 핫팟, 버거, 피자, 맥주, 커피, 칵테일, 위스키까지 다양한 식사와 술을 판매한다. 오아시스 방갈로와 혼동하지 말 것.

Hotel

깟바 타운의 호텔

깟바 섬에서 호텔이 밀집한 곳은 깟바 타운이다. 선착장과 해변 도로를 중심으로 호텔이 가득하다. 고급 리조트는 깟꼬 해변에 들어서 있다. 호텔들이 많기 때문에 방을 구하는 것은 어렵지 않다. 비수기에는 방 값 할인 경쟁이 심하기 때문에 몇 군데 둘러보고 숙박을 결정하자. 성수기인 7~8월에는 방 값이 2~3배 인상된다. 특히 주말에 방 값이 비싸진다. 겨울에는 생각보다 춥기 때문에 에어컨보다는 온수 샤워 여부를 확인해야 한다.

타오민 뉴스타 호텔 ★★★
Thao Minh New Star Hotel

Map P.502-A1 주소 197 Đường 1 Tháng 4(1/4 Street) **전화** 0225-3888-408 **홈페이지** www.thaominhnewstarhotel.com **요금** 더블 US$15~30(에어컨, 개인욕실, TV, 냉장고, 아침식사) **가는 방법** 깟바 타운 중심가 삼거리에서 왼쪽(서쪽)으로 150m.

해변 도로에 있는 저렴한 숙소다. 2개의 건물이 붙어 있으며, 38개 객실을 운영한다. 주변의 숙소에 비해 규모가 크다. 객실은 에어컨 시설에 LCD TV와 냉장고를 갖추고 있다. 도로 쪽 방들은 바다가 보이고 발코니가 딸려 있다. 건물 위치에 따라 발코니 크기가 다르므로 체크인 전에 방을 확인하자. 창문이 없는 방도 있다.

캐논 포트 깟바 호텔 ★★★☆
Cannon Fort Cat Ba Hotel

Map P.502-B1 주소 243 Núi Ngọc **전화** 0225-3888-126 **홈페이지** www.cannonfortcatbahotel.com **요금** 도미토리 US$6(에어컨, 개인욕실, 아침식사), 더블 US$18~20(에어컨, 개인욕실, TV, 아침식사) **가는 방법** 누이응옥 거리를 따라 북쪽으로 300m.

해변 도로가 아닌 섬 안쪽으로 들어가는 언덕길에 있다. 객실에서 바다가 보이지 않는 대신 가격 대비 넓은 객실이 제공된다. 최신 시설이 아니라 객실과 침대는 평범하다. 배낭여행자들을 위한 6인실 도미토리도 운영한다. 모든 객실은 에어컨 시설을 갖췄고 아침식사가 제공된다.

깟바 에코 호텔 Cat Ba Eco Hote ★★★★

Map P.502-A1 주소 133 Núi Ngọc **전화** 0398-933-933 **홈페이지** www.catbaecohotel.com **요금** 더블(에어컨, 개인욕실, TV, 냉장고, 아침식사) US$30~35, 디럭스 US$45 **가는 방법** 누이응옥 거리를 따라 북쪽으로 450m.

깟바 타운 내륙 지역에 있는 가성비 좋은 중급 호텔이다. 수영장은 없지만 시설이 좋다. 8층 건물로 창문을 통해 주변 풍경을 볼 수 있다. 객실이 깨끗하고 아침 식사가 포함된다. 디럭스 룸은 발코니가 딸려 있다. 주인장이 친절하게 맞이해준다.

깟바 그린 호텔 Catba Green Hotel ★★★☆

Map P.502-B1 주소 225 Núi Ngọc **전화** 0966-793-884 **요금** 더블 US$20~27(에어컨, 개인욕실, TV, 냉장고, 아침식사) **가는 방법** 누이응옥 거리를 따라 북쪽으로 500m.

내륙도로에 있는 저렴한 호텔이다. 7층 건물에 24개 객실을 운영해 미니 호텔치고는 제법 규모가 크다. 객실은 창문이 있고, 개인 욕실도 딸려 있다. 객실 크기도 무난하고 관리 상태가 괜찮다. 해변이 아니라서 특별한 전망은 없다. 간단한 뷔페로 아침 식사가 제공된다.

깟바 뷰 호텔 Catba View Hotel ★★★★

Map P.502-B1 주소 No 38, Lô 2, Núi Ngọc(Pháo Đài) **홈페이지** www.catbaviewhotel.vn **전화** 0986-999-976 **요금** 더블 US$30~ 38(에어컨, 개인욕실, TV, 냉장고, 아침식사) **가는 방법** 누이

응옥 거리를 따라 북쪽으로 450m.

3성급 호텔 수준의 경제적인 호텔로 객실이 넓고 깨끗하다. 객실과 욕실이 투명 유리(블라인드로 개폐가 가능하다)로 되어 있다. 발코니가 딸린 객실은 시티 뷰와 마운틴 뷰로 구분해 운영한다. 내륙 도로에 있어 해변이 보이진 않지만 깟바 섬의 자연적인 정취를 느끼긴 좋다. 아침 식사는 뷔페로 제공된다.

시 펄 호텔 Sea Pearl Hotel ★★★☆

Map P.502-B1 **주소** 219 Đường 1 Tháng 4(1/4 Street) **전화** 0225-3688-567 **홈페이지** www.seapearlcatbahotel.com.vn **요금** US$35~50(에어컨, TV, 냉장고, 개인 욕실, 아침식사) **가는 방법** 깟바 타운 선착장 바로 앞의 해변 도로에 있다.

선착장에 도착하면 정면으로 보이는 3성급 호텔이다. 객실은 LCD TV, 안전 금고, 헤어드라이어, 전기포트, 목욕용품, 샤워 가운을 갖추고 있다. 가능하면 바다가 보이는 도로 쪽 방을 얻도록 하자. 높은 층일수록 전망이 더 좋다. 엘리베이터가 설치되어 높은 층이라도 불편하지 않다. 아침식사는 뷔페로 제공된다.

키리 호텔 Quiri Hotel ★★★★

Map P.502-A1 **주소** 135b Tùng Dinh **전화** 0904-060-997 **홈페이지** www.facebook.com/quiricatba **요금** 스탠더드 US$35, 디럭스 US$65(에어컨, 개인 욕실, TV, 냉장고) **가는 방법** 깟바 타운 중심가에서 서쪽으로 800m.

깟바 타운 중심가에서 조금 떨어져 있지만 크게 불편한 위치는 아니다. 레스토랑과 호텔을 함께 운영하는데 외국(유럽) 여행자들에게 인기 있다. 객실이 넓고 쾌적한 것이 장점이다. 도로 쪽 방들은 넓은 창문 너머로 호수 풍경도 보인다. 스탠더드 룸은 18㎡ 크기로 작은 편이다.

문 부티크 호텔 ★★★★
The Moon Boutique Hotel

Map P.502-A1 **주소** 4 Núi Ngọc **전화** 0328-466-568 **홈페이지** www.themoonboutiquehotel.vn **요금** 디럭스 US$85, 스위트 오션 뷰 US$125 **가는 방법** 깟바 타운 중심가에서 내륙 도로(누이 응옥 거리) 방향으로 50m.

깟바 타운에 새로 생긴 3성급 호텔이다. 해변 도로를 끼고 있진 않지만 신축한 호텔답게 시설이 좋다. 부티크 호텔답게 밝은 색상을 이용해 트렌디하게 꾸몄다. 높은 층일수록 전망이 좋다. 아침 식사는 포함이지만, 수영장은 없다.

플라밍고 깟바 Flamingo Cát Bà ★★★★☆
(Wyndham Grand Flamingo Cat Ba Resort)

주소 Cat Co 1 & Cat Co 2 Beach **전화** 0225-3888-686, 0986-009-393 **홈페이지** www.lamingoresorts.vn **요금** 디럭스 US$155~175, 디럭스 오션 뷰 US$180~195, 원 베드 룸 US$225, 투 베드 룸 US$445 **가는 방법** 깟꼬 1 해변과 깟꼬 2 해변에 나뉘어 리조트가 들어서 있다.

깟꼬 1 해변과 깟고 2해변에 걸쳐 있는 5성급 리조트이다. 123헥타르에 이르는 넓은 부지에 만든 3동의 건물이 구름다리(스카이 워크)를 통해 연결된다. 모든 객실은 디럭스 룸으로 꾸몄는데, 고층 호텔인 만큼 객실에서 시원한 전망을 덤으로 얻을 수 있다. 수영장과 키즈 클럽, 스파, 스카이라운지까지 부대시설이 다양하다.

호텔 페흘르 오리엔트 깟바 엠갤러리 ★★★★☆
Hôtel Perle d'Orient Cat Ba MGallery

주소 Cat Co 3 Beach(Bãi Tắm Cát Cò 3) **전화** 0225-3887-360 **홈페이지** www.all.accor.com **요금** 클래식 더블 US$135~175, 슈피리어 더블 US$155~195 **가는 방법** 깟꼬 3 해변에 있다.

감각적인 디자인을 중시하는 엠갤러리 MGallery 계열의 호텔답게 부티크한 느낌을 준다. 헤링본 목재 바닥, 화려한 색감의 타일, 색감을 강조한 쿠션과 소파, 벽에 걸린 회화 작품까지 유럽풍의 객실을 만날 수 있다. 대부분의 객실이 바다를 볼 수 있도록 돼 있으며 발코니도 딸려 있다. 121개의 객실을 갖춘 대형 호텔로 전용 수영장뿐만 아니라 피트니스, 스파, 레스토랑까지 부대시설도 훌륭하다.

Hải Phòng

하이퐁

호찌민시, 하노이에 이어 베트남에서 세 번째로 큰 도시다. 하노이에서 동쪽으로 100㎞ 떨어져 있으며, 항구 도시로 국제 무역이 활발하게 이루어진다. 하이퐁은 한자로 쓰면 해방(海防)인데 '해안의 방어기지'라는 뜻이다. 프랑스가 베트남을 식민지배하는 동안 인도차이나의 무역항으로 개발해 교역의 중심지가 되었다. 하노이로 통하는 관문이었기 때문에 베트남 전쟁 동안 미국 해군·공군의 공격으로 인해 엄청난 피해를 입기도 했다.

하이퐁은 하노이처럼 콜로니얼 건축물들이 남아 있다. 하노이에 비하면 초라한 규모다. 하지만 노란색 콜로니얼 건물들은 빛이 바랬지만 옛 정취를 느끼기에는 부족함이 없다. 인구 200만에 가까운 도시 규모에 비해 차분한 분위기가 느껴진다. 거리 곳곳에 카페가 많아서 거리 풍경을 바라보며 한가롭게 시간을 보낼 수도 있다. 볼거리가 많지 않아 여행자들의 발길은 적다. 깟바 섬으로 가기 위해 보트를 타려는 여행자들이 간간이 거쳐 간다.

인구 210만 3,500명 | **행정구역** 하이퐁 직할시 Thành Phố Hải Phòng | **면적** 1,527㎢ | **시외국번** 0225

Information

여행에 유용한 정보

우체국

하이퐁 중앙 우체국은 응우옌찌프엉 거리(주소 5 Nguyễn Tri Phương)에 있다. 노란색의 콜로니얼 건축물이라 쉽게 눈에 띈다.

Access

하이퐁 가는 방법

하노이에서 하이퐁까지 버스와 기차가 수시로 운행된다. 항공은 호찌민시와 다낭을 연결한다. 인천에서 하이퐁까지 국제선도 운항된다.

항공

베트남 3대 도시이지만 하노이와 인접하고 있어 항공 노선은 많지 않다. 국내선은 하이퐁↔호찌민시, 다낭, 냐짱, 달랏 노선이 운항된다. 국제선은 비엣젯 항공(www.vietjetair.com)에서 하이퐁↔인천, 하이퐁↔방콕 노선을 운항한다. 취항하는 항공편이 적어서 공항은 한산한 편이다. 공항에서 시내까지 6㎞ 떨어져 있다. 참고로 하이퐁 공항의 공식 명칭은 깟비 국제공항 Sân Bay Quốc Tế Cát Bi이다.

기차

하이퐁에서 하노이를 연결하는 기차가 운행된다. 대부분 롱비엔 역 Long Bien Station(Ga Long Biên)에 정차하며, 일부 열차는 하노이 역까지 운행된다. 매일 4회(06:10, 09:10, 15:00, 18:40) 운행된다. 편도 요금은 11만~13만 VND이며 2시간 30분 소요된다. 하노이를 제외한 다른 도시들은 하노이까지 간 다음 다른 기차로 갈아타야 한다. 롱비엔→하이퐁 기차 정보는 P.412 참고.

하이퐁 역

주소 75 Lương Khánh Thiện

하이퐁 깟비 국제공항

버스

하이퐁은 버스 터미널이 분산되어 있어 불편하다. 시내에서 남쪽으로 5㎞ 떨어진 빈니엠(빙니엠) 버스 터미널 Bến Xe Vĩnh Niệm(홈페이지 www.benxevinhniem.vn)에서 장거리 버스가 출발한다. 하이퐁의 메인 버스 터미널로 버스 노선도 다양하다. 하노이 자럼 버스 터미널 Gia Lâm(10만~14만 VND), 닌빈 Ninh Bình(10만~13만 VND), 라오까이 Lào Cai(35만~40만 VND), 디엔비엔푸 Điện Biên Phủ(40만 VND)을 포함해 베트남 북부 지방의 주요 도시로 버스가 운행된다. 하이퐁→하노이 노선은 15~20분 간격으로 출발하며, 2시간 정도 걸린다. 참고로 하노이까지 갈 때는 시내 중심가에 있는 기차역을 이용하는 게 편리하다.

보트

하이퐁 시내와 가까운 곳에 벤빈(벤빙) 선착장 Bến Tàu Bến Bính(주소 1 Phố Bến Bính, Map P.512-A1)이 있다. 깟바 섬(깟바 타운)으로 직행하는 스피드 보트가 출발했는데, 도로가 좋아지면서 이곳에서 출발하는 보트는 더 이상 운행하지 않는다.

하이퐁 중앙 우체국

하이퐁에서 깟바 섬(깟바 타운) 가기

①가장 편한 방법은 하이퐁 시내에 있는 벤빈 거리(옛 벤빈 선착장) Bến Bính에서 출발하는 버스+보트+버스를 연계한 교통편을 이용하는 것이다. 하데코 사무실 Hadeco-Speed Boat Ticket Office(주소 27 Bến Bính)에서 예약하면 된다. 벤빈 거리→벤곳 선착장 Bến Gót→까이비엥 선착장(깟바 섬) Cái Viêng→깟바 타운까지 이동하는데, 2시간 정도 소요된다. 보트 도착 시간에 맞추어 버스가 대기하고 있기 때문에 오래 기다릴 필요는 없다. 중간 중간 교통편을 바꿔 탈 때마다 표를 보여줘야 한다. 매일 6회(06:00, 07:40, 09:00, 12:10, 14:10, 15:50) 출발하며, 편도 요금은 14만 VND이다.

②대중교통을 이용하는 방법도 있다. 하이퐁 기차역 앞 두 번째 사거리에 해당하는 쩐푸 거리(하일랜드 커피 앞 사거리) Trần Phú에서 16C번 핑크색 버스(05:00~18:00시까지 30분 간격 운행, 편도 요금 1만 5,000 VND)를 타고 동바이 선착장 Bến Phà Đồng Bài까지 간다→카 페리를 타고 바다 건너 까이비엥 선착장 Cái Viêng까지 이동한다(15분 소요. 편도 요금 1만 VND)→페리에서 내려 14번 핑크색 버스(06:00~18:00시까지 45분 간격 출발, 편도 요금 1만 3,000 VND)를 타고 종점인 깟바 타운까지 간다.

깟바 섬과 하이퐁을 오가는 버스

깟바 케이블 카

깟바 케이블카(선 월드 깟바) Sun World Cat Ba (홈페이지 www.catba.sunworld.vn)를 타는 방법도 있다. 하이퐁 시내에서 26㎞(공항에서 23㎞) 떨어진 깟하이 섬(깟하이 역 Cat Hai Station, Ga Cáp Treo Cát Hải)까지 가서 케이블카를 타야한다(편도 요금 10만 VND). 케이블카는 10분 만에 바다를 건너서 깟바 섬 푸롱 역 Phu Long Station, Ga Cáp Treo Phù Long에 닿는다. 여기서 깟바 타운(깟바 섬 중심가)까지 다시 택시를 타고 22㎞를 더 가야한다. 깟바 타운까지는 아직 케이블카가 연결되어 있지 않다. 섬으로 가는 교통편으로 이용하기 불편하다. 자세한 내용은 P.500 참고.

하이퐁 벤빈 거리에 있는 매표소

Transportation 시내 교통

도시는 크지만 볼거리들이 몰려 있기 때문에 도보여행이 가능하다. 하이퐁 기차역 또는 벤빈 선착장에서 호텔이 몰려 있는 디엔비엔푸 거리도 도보 15분 이내에 도착이 가능하다. 대도시답게 미터 택시도 흔하게 보인다. 콜택시 애플리케이션인 그랩 Grab을 이용하면 편리하다. 택시 요금은 공항에서 시내까지 10만 VND, 공항에서 벤빈(벤빙) 선착장까지 20만 VND, 공항에서 깟하이 섬(벤곳 선착장 또는 깟바 케이블카 타는 곳)까지 30만~35만 VND 정도 예상하면 된다.

하이퐁에서도 오토바이는 필수

Best Course

하이퐁 추천 코스

볼거리가 시내 중심가에 몰려 있어 도보로 방문이 가능하다. 콜로니얼 건축물들 위주로 시내를 둘러보면 된다. 시간이 남으면 뎀땀박 시장 Chợ Đêm Tam Bạc과 쌋 시장 Chợ Sắt을 방문하면 된다. (소요 시간 2~4시간)

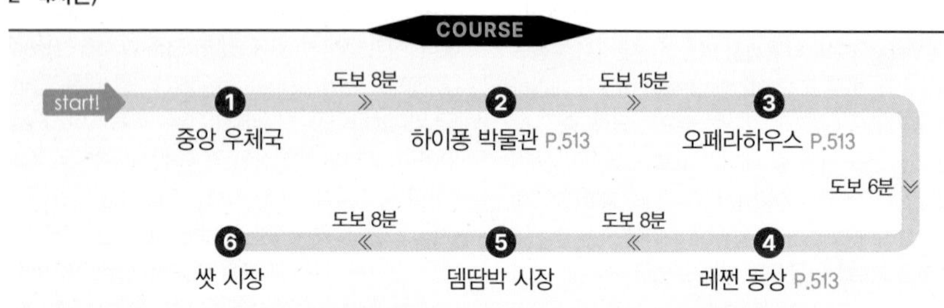

Attractions

하이퐁의 볼거리

하이퐁의 볼거리는 콜로니얼 건축물들이다. 오페라하우스를 시작으로 하이퐁 박물관, 중앙 우체국, 기차역 등을 둘러보면 된다. 디엔비엔푸 거리와 쩐흥다오 거리에도 콜로니얼 건물들이 남아 있다.

Map P.512-B2

오페라하우스 ★★☆
Opera House
Nhà Hát Lớn Hải Phòng

주소 56 Đinh Tiên Hoàng **전화** 031-3823-084 **운영** 24시간 **요금** 무료(내부 입장 불가) **가는 방법** 딘띠엔호앙 거리와 쩐흥다오 거리가 만나는 곳에 있다.

프랑스 식민정부에 의해 1904년에 건설되었다. 중세 시대 프랑스 극장을 모델로 해서 프랑스 건축가가 디자인했다. 규모는 작지만 모든 건축 자재를 프랑스에서 공수해와 완성했다고 한다. 하노이와 호찌민시와 더불어 베트남에 남아 있는 3개의 오페라하우스 가운데 하나다. 현재는 시민극장으로 운영된다. 특별한 행사가 있을 때만 내부 입장이 가능하다.

Map P.512-B1

하이퐁 박물관 ★★
Hai Phong Museum
Bảo Tàng Hải Phòng

주소 66 Điện Biên Phủ **전화** 031-3823-451 **운영** 수~금요일 08:00~10:30, 14:00~16:30, 토~일요일 08:00~10:30 **휴무** 월요일 **요금** 5,000 VND **가는 방법** 디엔비엔푸 거리의 하일랜드 커피 옆에 있다.

1919년에 건설된 고딕 양식의 콜로니얼 건축물을 박물관으로 사용하고 있다. 하이퐁의 자연과 역사에 관련된 내용이 주를 이룬다. 하이퐁의 옛 모습을 담은 흑백 사진이 눈길을 끌지만 대부분의 전시물은 호찌민의 업적에 초점을 맞췄다. 1945년의 8월 혁명, 인도차이나 전쟁과 베트남 전쟁에 관한 내용을 포함해 모두 14개 전시실로 구분된다.

레쩐 동상

Map P.512-A2

레쩐 동상 ★
Lê Chân Female General Statue
Tượng Đài Nữ Tướng Lê Chân

주소 Đường Quang Trung & Đường Nguyễn Đức Cảnh **운영** 24시간 **요금** 무료 **가는 방법** 오페라하우스에서 도보 6분. 뎀땀박 시장에서 도보 8분.

쯩 자매(하이바쯩 Hai Bà Trưng)와 함께 중국 지배에 대항해 AD 40년에 독립을 일궈냈던 전설적인 여장군이다. 베트남의 독립은 2년 남짓으로 짧았지만, 베트남 역사에서 중국 군대를 물리쳤던 혁명적인 사건으로 기록되고 있다. 레쩐은 오늘날의 하이퐁이 된 안비엔 An Bien 마을을 건설한 인물이기도 하다. 레쩐 동상은 7.5m 크기로 시내 중심가에 있어 눈에 잘 띈다.

콜로니얼 양식의 오페라하우스

하이퐁 박물관

Restaurant

하이퐁의 레스토랑

하노이처럼 다양하지는 않지만 베트남 음식점은 부족하지 않다. 에어컨 시설의 카페는 하일랜드 커피 Highlands Coffee와 커피 하우스 The Coffee House를 이용하면 된다.

넘버 1986 커피 No 1986 Coffee ★★★☆

Map P.512-B1 주소 33 Đinh Tiên Hoàng **전화** 0908-801-986 **홈페이지** www.facebook.com/no1986cafe **영업** 07:00~22:30 **메뉴** 영어 **예산** 6만~11만 VND **가는 방법** 딘띠엔호앙 거리 33번지에 있다.

붉은 벽돌로 만든 독특한 외관부터 눈길을 사로잡는 카페. 건축적인 디자인이 돋보이는 3층 건물로 층마다 조금씩 분위기가 달라진다. 천장이 유리로 되어 있어 채광도 좋다. 높은 층고의 공간을 활용해 쾌적하게 꾸몄다. 옥상은 식물원을 연상시킨다. 자체 로스팅한 원두를 사용한다. 다양한 음료와 케이크를 즐길 수 있다.

꽌바꾸 Quán Bà Cụ ★★★☆

Map P.512-B2 주소 179 Cầu Đất **전화** 090-4666-053 **영업** 07:00~22:00 **메뉴** 영어, 베트남어 **예산** 4만~5만 VND **가는 방법** 기찻길을 지나서 꺼우덧 거리 179번지에 있다.

하이퐁의 명물 국수인 반다꾸아 전문점이다. 게를 넣고 우려낸 육수에서 바다 향이 느껴지는 쌀국수, 반다꾸아 베 Bánh Đa Cua Bể가 대표 메뉴다. 게살을 넣어 만든 두툼한 스프링 롤 넴꾸아베 Nem Cua Bể를 곁들이면 된다.

남자오(남야오) 레스토랑 Quán Trà Nam Giao ★★★☆

Map P.512-B1 주소 20 Lê Đại Hành **전화** 0225-3810-600 **영업** 매일 10:00~23:00 **메뉴** 영어, 베트남어 **예산** 12만~30만 VND **가는 방법** 레다이한 거리의 다이즈엉 호텔 Khách Sạn Đại Dương 옆에 있다. 하이퐁 박물관에서 도보 5분.

하이퐁 시내에 있는 찻집을 겸한 베트남 음식점이다. 목조 가옥 곳곳에 고가구를 두어 고풍스러운 공간을 연출했고, 조도를 낮게 조절해 아늑하고 차분한 느낌을 준다. 해산물과 베트남 전통 음식 몇 가지만 엄선해 요리한다.

비케이케이 BKK ★★★☆

Map P.512-B1 주소 8 Đinh Tiên Hoàng **전화** 0225-3823-994 **영업** 매일 11:00~22:00 **메뉴** 영어, 베트남어 **예산** 14만~28만 VND **가는 방법** 딘띠엔호앙 거리 8번지에 있다. 하이퐁 박물관에서 북쪽으로 150m.

하이퐁의 대표적인 타이 음식점이다. 쏨땀 Som Tam(파파야 샐러드), 똠얌꿍 Tom Yang Koong(매콤한 새우찌개), 그린 치킨 커리 Green Chicken Curry 등 매콤하고 부드러운 태국 음식을 모두 즐길 수 있다. BKK는 방콕 Bangkok을 뜻한다.

Travel Plus+

하이퐁의 명물 쌀국수, 반다꾸아(바잉다꾸아) Bánh Đa Cua

하이퐁 지방에서 유명한 쌀국수입니다. '퍼'에 비하면 면발이 찰져서 씹는 맛이 좋은데요. 쌀국수 면발은 붉은색(실제로 갈색에 가깝다)을 띱니다. 게살을 이용해 육수를 내는 것이 특징이기 때문에 육수가 해물 맛을 냅니다. 한 그릇에 4만 VND 정도입니다.

Hotel

하이퐁의 호텔

대부분 3성급의 중급 호텔들이다. 시내 중심가인 디엔비엔푸 거리를 중심으로 호텔들이 들어서 있다.

호앙뚜옛(해피 게스트하우스) ★★★☆
Hoàng Tuyết(Happy Guest House)

Map P.512-B2 **주소** 19/70 Lạch Tray **전화** 0913-246-914 **요금** 더블 US$17~24(에어컨, 개인 욕실, TV, 냉장고) **가는 방법** 락짜이 거리 70번지(70 Lạch Tray) 골목 안쪽으로 50m 들어가서 좌회전하면 된다.

간판은 게스트하우스라고 적혀 있지만 전형적인 미니 호텔이다. 골목 안쪽에 숨겨져 있어 찾기 힘들지만 저렴한 가격에 깨끗한 객실을 제공한다. 에어컨, LCD TV, 냉장고, 헤어드라이어가 갖춰져 있다. 건물이 비교적 최근에 지어져 깔끔하다. 친절한 베트남 가족이 운영한다.

오페라 호텔 The Opera Hotel ★★★

Map P.512-B1 **주소** 20B Minh Khai **전화** 0225-2242-555 **요금** 더블 50만~60만 VND(에어컨, 개인 욕실, TV, 냉장고) **가는 방법** 민카이 거리 20번지에 있다. 하이퐁 기차역에서 600m.

시내 중심가에 있는 중급 호텔이다. 8층짜리 건물로 엘리베이터를 갖추고 있다. 오래되긴 했지만 객실 크기나 관리 상태는 무난하다. 주변에 유명 레스토랑도 많고, 관광하기 편리한 위치다. 외국인 투숙객이 적은 편이라 영어는 잘 통하지 않는다.

머큐어 호텔 Mercure Hotel ★★★★

Map P.512-B2 **주소** 12 Lạch Tray **전화** 0225-3240-999 **홈페이지** www.mercurehaiphong.com **요금** 슈피리어 US$80~90, 원 베드룸 아파트 US$120~140 **가는 방법** 락짜이 거리 12번지에 있다. SHP Plaza 빌딩을 바라보고 오른쪽에 호텔 입구가 있다.

하이퐁 시내에서 보기 드문 현대적인 호텔로 모두 233개 객실을 운영한다. 신축한 건물로 시설이 깨끗하나 객실 크기는 4성급 호텔치고는 평범하다. 리셉션은 5층, 레스토랑은 6층, 스파와 피트니스는 28층에 있다. 루프톱에 야외 수영장을 만들었다.

풀만 호텔 Pullman Hotel ★★★★★

Map P.512-B1 **주소** 12 Trần Phú **전화** 0225-3266-555 **홈페이지** www.pullman-haiphong-grand.com **요금** 슈피리어 더블 US$86~105, 스튜디오 더블 US$115~125 **가는 방법** 쩐푸 거리 12번지에 있다.

국제적인 체인을 갖춘 풀만 호텔에서 신축한 5성급 호텔이다. 하이퐁 시내에 있어 위치가 좋다. 현대적인 객실은 38㎡ 크기를 기본으로 한다. 수영장을 포함한 부대시설도 잘 갖추고 있다. 고층 건물에서 내려다보는 시내 전망은 덤이다. 32층 규모로 364개 객실을 운영한다.

아바니 하이퐁 하버뷰 호텔 ★★★★
Avani Hai Phong Harbour View Hotel

Map P.512-B1 **주소** 12 Trần Phú **전화** 0225-3827-827 **홈페이지** www.avanihotels.com/haiphong **요금** 슈피리어 US$130~145, 딜럭스 US$150~175 **가는 방법** 쩐푸 거리 12번지에 있다.

하이퐁의 대표적인 고급 호텔이다. 호텔 외관부터 시원스러워 보이는 콜로니얼 양식의 건물이다. 아치형 창문과 발코니, 안마당, 우화한 객실과 차분함까지 유지해 분위기가 좋다. 슈피리어 룸은 30㎡ 크기다. 수영장, 피트니스, 스파, 피아노 바까지 부대시설도 잘 갖추어져 있다. 모두 122개 객실을 운영한다.

Lào Cai

라오까이

중국 윈난성(雲南省)과 국경을 접한 베트남 최북단의 국경도시다. 베트남 북부 산악지대에 속한 육로 국경이라면 변방을 연상하겠지만, 라오까이는 곱게 정비된 도로를 따라 말끔한 중소도시가 들어서 있다. 1979년 중국과의 국경 분쟁으로 인해 폐허가 되었던 곳이 재건되면서 현재의 모습으로 변모했다. 하노이에서 기차가 연결되는데, 기차 출발과 도착 시간을 제외하면 도시는 조용하기만 하다.

라오까이는 특별한 볼거리가 있는 곳은 아니다. 단지 베트남 북부를 여행하려면 한번쯤은 거치게 되는 교통의 요지다. 라오까이를 기점으로 싸파 Sa Pa(P.519)와 박하 Bắc Hà(P.532)를 여행할 수 있다. 홍강 Hong River(Sông Hồng) 건너편의 중국 도시인 허커우(河口) Hekou에서 쿤밍(昆明) Kunming까지 불과 470㎞ 떨어져 있다.

인구 17만 3,840명 | **행정구역** 라오까이 성 Tỉnh Lào Cai 라오까이 시 Thành Phố Lào Cai | **고도** 232m | **면적** 229㎢ | **시외국번** 0214

Information
여행에 유용한 정보

은행·환전
기차역 주변에 있는 BIDV 은행이나 농업 은행 Agri Bank을 이용하면 된다. 중국 국경 주변에서는 중국 위안화(元) 환전도 가능하다.

도시 개요
홍 강 Sông Hồng과 남티 강 Sông Nậm Thi을 경계로 베트남과 중국(허커우)이 나뉜다. 행정구역은 홍 강을 사이에 두고 왼쪽은 꼭레우 지구 Phường Cốc Lếu, 오른쪽은 라오까이 지구 Phường Lào Cai로 구분된다.
기차역과 중국 국경은 라오까이 지구에 속해 있으며, 메인 도로에 해당하는 응우옌후에 거리 Đường Nguyễn Huệ가 길게 이어진다. 기차역 주변으로 호텔과 레스토랑은 물론 버스 터미널까지 몰려 있어 편리하다.

중국 국경 드나들기
중국 국경은 라오까이 기차역에서 북쪽으로 3㎞ 떨어져 있다. 국경 개방시간은 오전 7시부터 오후 7시까지다. 중국이 베트남보다 시차가 1시간 빠르다. 2024년 11월부터 중국 비자 면제 조치를 취했다. 한국 여권 소지자는 무비자로 30일간 중국에 체류할 수 있다. 2025년까지 일시적으로 취해진 조치이므로 중국 입국 전에 관련 사항을 미리 확인해 두어야 한다.

베트남-중국 국경

기차역 앞의 라오까이 시내 풍경

Access
라오까이 가는 방법

공항은 없지만 하노이에서 버스와 기차가 연결된다. 도로가 새롭게 포장되면서 오픈 투어 버스도 운행을 시작했다. 야간 기차를 이용할 경우 침대칸을 이용하면 좋다. 라오까이에서 싸파까지는 38㎞(버스로 1시간 30분), 박하까지는 63㎞(버스로 2시간 30분) 떨어져 있다.

기차
하노이↔라오까이 노선은 1일 2회 운행된다. 거리는 294㎞밖에 안 되지만 단선 철도라 8시간이 걸린다. 밤기차가 주로 운행되는데 새벽 일찍 도착하게 되어 있다. SP로 시작하는 기차편이 라오까이까지 운행된다. 편도 요금(SP3/SP4 기차 기준)은 6인실 침대칸 Nằm Cứng(Hard Sleeper)은 32만~34만 VND, 4인실 침대칸 Nằm Mềm(Soft Sleeper)은 44만~54만 VND이다.
라오까이 기차역 Lao Cai Station(Ga Lào Cai)은 시내 중심가에 있다. 하노이↔라오까이 야간 침대칸은 미리 예약해 두는 게 좋다. 싸파·박하 일요시장 투어가 끝나고 하노이로 돌아가는 일요일 밤 기차표는 구하기 힘든 편이다. 하노이→라오까이

행은 SP3편, 라오까이→하노이 행은 SP4편을 이용하면 된다.

라오까이 기차역

하노이→라오까이 기차 시간표

열차	출발→도착
SP3	22:00→05:55
SP7	22:40→06:25

라오까이→하노이 기차 시간표

열차	출발→도착
SP4	21:30→05:25
SP8	12:05→19:37

버스

라오까이 메인 버스 터미널인 벤쎄 쭝떰 라오까이 Bến Xe Trung Tâm Lào Cai는 시내에서 남쪽으로 8㎞ 떨어져 있다. 하노이(30만~35만 VND)와 하이퐁(35만 VND) 외에도 디엔비엔푸 Điện Biên Phủ(편도 30만 VND) 등 북부 산악지방으로 향하는 버스가 운행된다. 대부분 기차를 타거나 싸파까지 직행하는 버스를 이용하기 때문에 이곳을 이용하는 외국 여행자는 드물다. 참고로 하노이행 버스는 라오까이 기차역 앞에서도 출발한다. 야간에 운행되는 침대 버스인데 여행사에서 예약을 대행해 준다.

기차역 광장에 있는 싸파행 시내버스 정류장

라오까이→싸파

싸파까지는 기차가 연결되지 않기 때문에 버스로 갈아타야 한다. 라오까이 기차역 광장(기차역을 등지고 봤을 때) 왼쪽에 버스 정류장 Bến Xe Buýt Lào Cai-Sa Pa이 있다. 시내버스처럼 노선버스가 싸파를 왕복한다. 05:30~16:00까지(1일 20회)로 약 30분 간격으로 운행되며, 편도 요금은 4만 VND이다.
미니밴도 수시로 운행된다. 기차 도착 시간에 맞추어 기차역 광장에 미니밴이 대기하고 있다. 싸파까지 편도 요금은 5만 5,000 VND(외국인에게 10만 VND을 요구하는 경우도 있다)이다. 산길을 올라가야 해서 1시간 30분 정도 걸린다.

라오까이→박하

라오까이에서 박하로 갈 때는 기차역 광장 앞 또는 판딘풍 거리 끝자락에서 로컬 버스(편도 요금 7만 VND)를 타면 된다. 라오까이 버스 터미널에서 출발한 버스가 이곳을 지나간다. 1일 3회(06:30, 07:30, 13:00) 출발하는데, 정확한 출발 시간은 지켜지지 않는다. 기차 도착 시간에 맞추어 기차역 앞에서 출발하는 미니밴(편도 요금 9만~13만 VND)을 이용해도 된다.

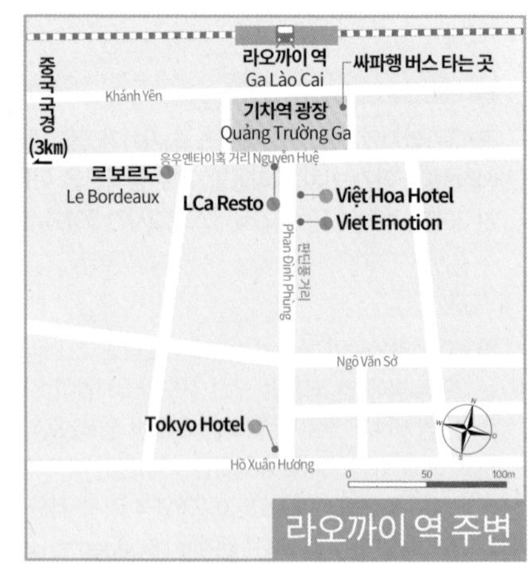

싸파(싸빠)

하노이에서 북쪽으로 337㎞ 떨어진 싸파는 해발 1,650m의 산악 지대에 형성된 마을이다. 산악 민족들이 대거 생활하는 마을로, 20세기 들어 프랑스가 베트남을 지배하는 동안 여름 휴양지를 건설하며 세상에 알려졌다. 싸파는 베트남의 변방지대로 몽족 H'mong People(Người H'mông)이 전체 인구의 52%를 차지한다. 선선한 (혹은 추운) 기후와 산악 민족의 독특한 문화와 생활방식까지 베트남 본토와 확연한 차이를 보인다. 산악 민족을 카메라에 담기 위해 애쓰는 외국인들과 수공예품을 팔기 위해 영어를 구사하는 산악 민족이 신경전을 벌이는 모습도 싸파만의 독특한 풍경이다.

싸파는 하롱베이, 호이안과 더불어 베트남의 대표적인 관광지로 부각되고 있다. 인도차이나에서 가장 높은 산인 판시판(해발 3,143m)이 파노라마로 펼쳐지고, 마을 주변에는 다랑논이 가득하다. 계곡을 따라 층을 이루며 만든 다랑논과 산악 민족 마을은 더없이 좋은 트레킹 코스를 제공한다. 지대가 높아 기후 변화가 심하지만 날씨만 좋으면 눈과 가슴을 맑게 해주는 매력적인 여행지가 될 것이다.

인구 3만 8,122명 | **행정구역** 라오까이 성 Tỉnh Lào Cai 싸파 현 Huyện Sa Pa | **시외국번** 0214

Information

여행에 유용한 정보

여행 안내소

싸파 지역에 관한 다양한 여행 정보를 제공해준다. 트레킹과 날씨, 교통편에 관해 영어로 안내를 받을 수 있다.

Map P.522-A1 주소 2 Fansipan **전화** 0214-3871-975 **홈페이지** www.sapa-tourism.com
운영 매일 07:30~20:30

은행·환전

은행은 많지 않지만 환전에는 큰 어려움이 없다. 꺼우머이 거리 Phố Cầu Mây에 있는 농업 은행 Agri Bank이 편리하다.

기온

연평균 기온은 15.4°C이며 여름 평균 최고 기온은 29°C, 겨울 평균 최저 기온은 1°C를 유지한다. 7~8월이 여름에 해당하며, 12~1월이 가장 추운 계절이다. 겨울에는 영하(최저기온 -4°C)로 떨어지는 날도 있고, 눈이 내리기도 한다. 2013년 12월에 최대 20cm의 폭설이 내리기도 했다. 여름이라도 따뜻한 옷을 챙겨가는 게 좋다.

여행 시기

우기보다는 건기가 여행에 적합하고, 추울 때보다는 따뜻할 때가 좋다. 겨울에는 춥고 안개가 끼는 날이 많아 우울해지기까지 한다. 트레킹에 적합한 시기는 3~5월과 10~11월이다. 특히 쌀을 수확하는 가을이 되면 싸파 주변 계곡이 더욱 아름다워진다. 8~9월도 비가 내리지만 비가 그친 날은 그 어느 때보다도 청명한 하늘과 푸른 계곡을 감상할 수 있다. 주말에는 싸파+박하 시장을 방문하려는 단체 투어가 밀려들기 때문에 북적댄다.

트레킹

트레킹은 가볍게 산길을 걷는 것이지만, 싸파에서의 트레킹은 산악 민족 마을 방문을 의미한다. 다랑논이 가득한 계곡을 걸으며 전통을 유지한 산악 민족 마을을 방문할 수 있다. 홈스테이가 포함된 1박 2일 투어도 있다. 대부분의 호텔에서 기본적인 트레킹 투어를 진행한다. 1일 투어는 US$20~25로 코스에 따라 요금이 달라진다. 소규모로 움직일수록 투어 요금은 인상된다. 박하 일요시장(P.534)을 투어로 다녀올 경우 교통편을 포함해 US$15~25에 예약이 가능하다.

하노이의 여행사에서도 싸파 트레킹 투어를 진행한다. 하노이↔라오까이 왕복 기차를 포함한 교통편과 숙박, 가이드, 트레킹이 포함된다. 기차 침대칸의 등급과 호텔 수준, 식사 포함 여부에 따라 요금이 천차만별이다. 최근 도로 사정이 좋아지면서 버스를 이용한 투어도 가능해졌다. 기본 일정인 3박 4일의 경우 야간 기차 침대에서 2박, 싸파 호텔에서 1박을 하게 된다. 싸파에서 이틀을 보내고 밤기차를 이용해 다음날 새벽에 하노이에 도착하는 일정이다. 투어 요금은US$140~240까지 다양하므로 예약할 때 포함 사항을 꼼꼼히 확인하자. 버스를 이용한 1박 2일 투어는 US$75 정도 예상하면 된다. 하노이에 있는 여행사 정보는 P.415 참고.

해발 1,650m의 고산도시 싸파

싸파 주변 마을인 라오짜이로 가는 길

Access

싸파 가는 방법

공항은 없으며, 하노이에서 버스나 기차를 타고 이동해야 한다. 하노이에서 고속도로가 새롭게 개통되면서 버스로 7시간이면 이동이 가능해졌다. 덕분에 여행사에서 운영하는 오픈 투어 버스를 이용하면 기차보다 빠르게 이동할 수 있다. 기차를 이용할 경우 라오까이까지 간 다음, 버스를 갈아타고 싸파로 가야한다. 라오까이에서 싸파까지 38㎞ 떨어져 있다. 기차에 관한 정보는 P.517 라오까이 교통 정보, 오픈 투어 버스에 관한 정보는 P.413 하노이 교통 정보 참고.

버스

싸파 교회 옆에서 라오까이행 시내버스가 출발한다. 2개의 버스 노선이 있는데 모두 라오까이 기차역 Lao Cai Train Station(Ga Lào Cai)을 지난다. 1번 버스(작은 버스)는 라오까이 기차역이 종점이고, 2번 버스(큰 버스)는 기차역을 지나 라오까이 쭝떰 터미널 Bến Xe Trung Tâm까지 간다. 07:30~18:00까지 약 30분 간격(1일 20회)으로 운행되며 편도 요금은 4만 ND이다. 야간 기차 출발 시간에 맞춰서 라오까이로 갈 경우 숙소에서 미니밴을 예약해도 된다. 라오까이 기차역까지 1시간 정도 걸린다.

싸파 버스 터미널 Bến Xe Sa Pa은 중심가에서 동쪽으로 1㎞ 떨어져 있다. 싸파 시장 Sa Pa Market (Chợ Sa Pa) 앞의 공터에 버스가 주차해 있다. 싸파 버스 터미널에서 출발하는 버스 노선은 많지 않다. 대부분 버스 회사들이 싸파→라오까이→하노이(미딘 버스 터미널 Bến Xe Mỹ Đình) 노선을 운영한다. 07:00~22:00까지 버스가 출발하며, 하노이까지 7~8시간 정도 걸린다. 편도 요금은 35만~40만 VND이다. 싸오비엣 Sao Việt, 싸파 그룹 버스 Sapa Group Bus, 카담 버스 Kadham Bus, 하썬하이번 Hà Sơn Hải Vân에서 운영하는데, 리무진 버스(9인승 미니밴)부터 22인승 침대버스까지 다양하다. 버스 회사 사무실까지 가는 곳도 있으므로 목적지를 확인하고 타는 게 좋다.

오픈 투어 버스

로컬 버스보다 외국 여행자들이 선호하는 교통편이다. 하노이 구시가에 있는 여행사(또는 버스 회사 사무실)까지 가기 때문에 편리하다. 싸파→하노이 노선은 싸파 익스프레스 Sapa Express(주소 6 Ngõ Vuon Treo, 홈페이지 www.sapaexpress.com)에서 1일 3회(07:30, 14:00, 15:00) 운행한다. 편도 요금은 버스 종류(15인승, 28인승)에 따라 45만~50만 VND이다. G8 버스(홈페이지 www.g8opentour.vn)는 1일 3회(07:30, 09:30, 13:00, 16:00) 운행하며, 편도 요금 42만 VND이다.

싸파→라오까이→하노이→하이퐁→깟바 섬(깟바 타운) 노선의 침대 버스(슬리핑 버스)도 운행된다. 깟바 디스커버리(홈페이지 www.catbadiscovery.com)에서 운영하며 1일 1회(21:00) 출발한다. 편도 요금은 55만 VND이다.

Transportation

시내 교통

싸파 주변 지역을 다닐 경우 트레킹 투어에 참여하거나 오토바이를 타면 된다. 대부분 급경사가 심한 산길이라서 오토바이는 초보 운전자에게 적합하지 않다. 쎄옴(오토바이 택시)을 이용할 경우 따핀 마을까지 왕복 12만 VND, 짬돈 고개까지 왕복 15만 VND으로 요금이 정해져 있다. 쎄옴(오토바이 택시) 기사를 동행할 경우 하루 US$15 정도에 흥정하면 된다.

A
B
1
2
1 Anise Kitchen B1
2 Le Gecko Cafe B1
3 Soju BBQ A1
4 레드 자오 하우스 Red Dao House A1
5 르 쁘띠 겍코 Le Petit Gecko A1
6 모멘트 로맨틱 레스토랑 A1
7 굿 모닝 베트남 A2
8 리틀 싸파 Little Sapa A2
9 Street Pizza B2
10 델타 이탈리안 레스토랑 B2
11 Casa Italia Pizza B2
12 Little Vietnam B2
13 Paradise Restaurant B2
14 굿 모닝 뷰 레스토랑 B2
싸파 시장(600m), 버스 터미널(600m), 따핀(8㎞), 라오까이(38㎞) 방면
Hoàng Văn Thụ
Thủ Dầu Một
Thạch Sơn
1 싸파 센터 호텔 A1
2 싸파 엘레강스 호텔 A1
3 BB 호텔 싸파 A1
4 프엉남 호텔 Phương Nam A2
5 Sapa Mountain Hotel A2
6 Sapa Unique Hotel A2
7 Pi's Boutique Hotel A2
8 Hotel Cat Cat Galerie d'Art A2
9 Azure Sapa Hotel A2
10 Cat Cat Sunrise Hotel A2
11 Hotel Le Bordeaux A2
12 싸파 릴랙스 호텔 A2
13 쩌우롱 호텔 Châu Long A2
14 어메이징 호텔 Amazing Hotel B2
15 Chapa Dew Hotel B2
빅토리아 싸파 리조트
꽁 카페
쑤언비엔 거리 Xuân Viên
Hoàng Diệu
우체국
공원
Thạch Phủ
짬똔 고개, 판시판, 롱머이 전망대 방면
Thác Bạc
라오까이행 버스 타는 곳
여행 안내소
싸파 교회
Nhà Thờ Sa Pa
선 플라자 싸파 스테이션
Sun Plaza Sapa Station
광장
Hotel De La Coupole MGallery
Hoàng Liên
Agri
Phan Xi Păng(Fansipan)
Hàm Rồng
함종산 방면
함종산 매표소
트레이드 유니언 호텔
Khách Sạn Công Đoàn
Tuệ Tĩnh
까우마이 거리 Cầu Mây
Phạm Xuân Huân
사당 Đền Hàng Phố
꽁 카페(2호점)
판씨빵(판시판) 거리 Phan Xi Păng(Fansipan)
므엉호아 거리 Mường Hoa
깟깟(2㎞), 신짜이(6㎞) 방면
16 Mộc Sapa Hotel A2
17 서니 마운틴 호텔 B2
18 Yolo Hotel B2
19 Hotel De Sapa B2
20 뱀부 싸파 호텔 B2
21 Sapa Lodge Hotel B2
22 싸파 힐스 호텔 B2
23 Tiger Sapa Hotel B2
24 Sapa Diamond Hotel B2
25 Sapa View Hotel B2
26 Sapa Grand Hills B2
27 마이 부티크 호텔 B2
라오짜이(7㎞) & 따반(9㎞)
싸파
0 50 100m
관광 식당 숙소

Attractions

싸파의 볼거리

싸파의 볼거리는 주변을 감싼 자연이다. 깊은 계곡을 따라 다랑논들이 가득해 풍경이 아름답다. 싸파에는 특별한 추천 코스는 없다. 시간이 허락하는 대로 깟깟, 라오짜이, 따반, 따핀 같은 주변 마을을 방문하면 된다.

Map P.522-B1

싸파 교회 ★★★

Sa Pa Church
Giáo Hội Tại Sa Pa(Nhà Thờ Sa Pa)

전화 0214-3873-014 **홈페이지** www.sapachurch.org **가는 방법** 마을 중심가에 있다.

1930년에 건설된 가톨릭 교회다. 프랑스 식민정부 시절 싸파에 휴양온 프랑스 사람들을 위해 건설했다. 규모는 작지만 석조 건물인 데다가 싸파에서 보기 힘든 종교 건축물이라 눈길을 끈다. 싸파 타운 중심부에 있어 이정표 역할을 한다.
싸파 시장이 외곽으로 이전하면서 교회 앞은 작은 수공예품 시장으로 변모했다. 좌판을 펼치고 장사하는 소수민족들과 관광객이 어우러져 활기 넘친다.

싸파 교회 앞에서 키념품을 판매하는 소수 민족

Map P.522-B1

함종산 ★★★

Ham Rong Mountain
Núi Hàm Rồng

주소 Đường Hàm Rồng **전화** 0214-3871-289 **운영** 06:30~18:00 **요금** 7만 VND(전통 공연 관람료 포함) **가는 방법** 싸파 교회 왼쪽 골목 안쪽으로 들어가서, 트레이드 유니언 호텔 Trade Union

함종산에 있는 전통 무용 공연장

안개에 둘러싸인 싸파 교회

함종산 전망대에서 바라본 싸파 풍경

Hotel(Khách Sạn Công Đoàn) 앞에서 왼쪽 길로 가면 매표소가 있다.

싸파 타운의 뒷산에 해당하는 곳으로 해발 1,750m이다. 산 정상 부분의 갈라진 틈이 용의 턱을 닮았다고 해서 붙여진 이름이다. 다양한 꽃과 식물을 심어 화원을 꾸몄고, 석회암으로 이루어진 독특한 모양의 바위산들을 볼 수 있다. 전망대에서는 판시판을 포함해 싸파 주변 경관이 펼쳐진다. 매표소에서 전망대까지 걸어서 30~40분 걸린다.
전통 무용 공연장에서는 소수 민족 전통 무용이 공연된다. 월~목요일은 1일 4일(여름 08:30, 09:45, 14:30, 15:45, 겨울 09:00, 10:15, 14:00, 15:15), 금~일요일은 1일 6회(08:30, 09:30, 10:30, 14:00, 15:00, 16:00)로 계절과 요일에 따라 공연 시간이 달라진다.

깟깟 Cát Cát ★★★☆

위치 싸파에서 남쪽으로 3㎞ **요금** 15만 VND **가는 방법** 판시빵 거리 끝자락에서 1.5㎞를 더 내려가면 깟깟 마을 매표소가 나온다.

싸파 타운에서 가장 가까운 몽족 마을로 걸어갈 수 있는 거리다. 가이드 없이 트레킹이 가능해 개별 여행자들이 많이 찾는다. 깟깟 마을은 계곡 아래에 자리잡고 있다. 마을까지 가는 동안 다랑논 길을 지나는데 풍경은 아름답지만 내리막길이라 가파르다. 계곡 끝까지 내려가면 강과 폭포가 나온다. 깟깟 폭포 Cat Cat Waterfall(Thác Cát Cát)라 불리는 자그마한 폭포를 지나 완만한 길을 오르면 포장된 도로가 나오고, 여기서 오른쪽 방향으로 가면 싸파 타운으로 돌아오게 된다.
깟깟에서 4㎞를 더 들어가면 신짜이 Sín Chải 마을이 나온다. 역시 몽족이 거주하는 마을로 깟깟에 비해 관광객들의 발길이 적어 상업화되지 않은 마을이다.

라오짜이 & 따반 ★★★★
Lao Chải & Tả Van

위치 싸파에서 남동쪽으로 8㎞ **요금** 8만 VND **가는 방법** 여행자 호텔이 밀집한 므엉호아 거리를 따라 오른쪽으로 내려가면 된다.

깟깟과 더불어 여행자들이 많이 방문하는 몽족 마을이다. 깟깟에 비해 마을로 향하는 길이 넓고 전망도 탁 트여 있다. 완만한 계곡을 따라 다랑논들이 가득해 경관도 아름답다. 라오짜이 마을은 므엉호아 강 Muong Hoa River(Sông Mường Hoa)을 끼고 있어 평화로운 전원 풍경과 조화를 이룬다. 트레킹을 시작하는 곳에서 마을을 흐르는 강과 길들이 훤히 내려다보이기 때문에 어떤 방향으로 가야 하는지 알 수 있어서 마음 편하게 걸을 수 있다.
라오짜이를 지나 2㎞를 더 걸어가면 따반 마을이 나온다. 계곡 아래에 형성된 작은 마을로 자이족 Người Giáy이 생활한다. 두 마을을 연계해 반나절 일정으로 트레킹을 하면 된다.

몽족이 생활하는 깟깟 마을

트레킹하기 좋은 라오짜이

알아두세요 싸파의 주인은 몽족

싸파에서는 몽족을 만날 수 있다

중국 중부와 몽골에 살던 유목민들로 19세기 초반부터 남하해 중국 남부 국경 일대로 이주하기 시작했습니다. 일부는 중국 국경을 넘어 베트남, 라오스, 태국 북부 지방의 산악 지대에서 생활하지요. 중국에서는 먀오족(苗族)이라고 불립니다. 베트남에서 생활하는 몽족 Người H'Mông은 해발 1,500m 이상의 고산 지대에 거주합니다. 인구는 100만 명 정도로 베트남 전체 인구의 1%가 조금 넘는답니다.

몽족의 전통 의상은 남색 염료를 이용한 무늬 염색으로 유명합니다. 남색 새틴으로 만든 상의는 오렌지색, 노란색을 사용해 소매와 옷깃에 수를 놓지요. 바티크로 만든 치마는 빨간색, 핑크색, 파란색, 하얀색을 평행하게 수평으로 수를 놓아 색과 패턴이 화려합니다. 특히 화몽족 Flower H'mong의 전통의상은 꽃처럼 화려합니다. 손재주가 좋은 몽족이 만든 물건들은 기념품으로 판매됩니다. 가방, 모자, 지갑, 치마까지 제품이 다양합니다. 몽족들은 은제품을 장신구로 걸치고 다니는데, 부를 상징함과 동시에 악귀를 물리쳐 준다는 믿음 때문이랍니다. 무거운 은 목걸이를 하면 영혼이 몸속으로 내려간다고 믿는다고 합니다. 싸파에 거주하는 베트남 사람들은 전체 인구의 15%에 불과합니다. 몽족이 전체 인구의 52%로 다수를 이루고 있습니다. 이밖에 자오(야오)족 Người Dao이 25%, 따이족 Người Tày이 5%를 차지합니다.

따핀 Tả Phìn ★★★

위치 싸파에서 라오까이 방향으로 12㎞ **요금** 4만 VND **가는 방법** 싸파에서 라오까이 방향으로 국도를 따라 8㎞를 내려간 다음, 따핀 마을로 빠지는 왼쪽 길로 4㎞를 더 들어간다.

싸파 주변의 소수 민족 마을 중에서 깟깟, 라오짜이와 더불어 외국인들이 많이 방문하는 마을이다. 붉은 자오족 Red Dao(Người Dao Đỏ)과 몽족이 함께 생활한다. 붉은 자오족이 다수를 이루는데, 머리에 붉은색 스카프를 쓰고 있어서 눈길을 끈다. 시장을 중심으로 마을이 형성되어 있고, 다랑논을 개량해 농사를 지으며 생활한다. 마을 끝자락에 있는 따핀 동굴 Ta Phin Cave(Hang Tả Phìn)은 별도의 입장료(2만 VND)를 받는다. 계곡의 경사가 완만해 다른 지역의 다랑논에 비해 스펙터클한 맛은 덜하다. 마을 입구의 매표소 옆에는 프랑스 식민정부 때 건설한 폐허가 된 따핀 성당 Old French Church(Nhà Thờ Cổ Tả Phìn)이 남아 있다.

관광객과 몽족이 어우러진 트레킹 풍경

따핀에서 만난 붉은 자오족

평화로운 따핀 마을

굽이굽이 산길이 이어지는 짬똔 고개

싸파를 병품처럼 감싼 판시판(판씨빵)

짬똔 고개 ★★★
Tram Ton Pass
Tràm Tôn

주소 Quốc Lộ 4A **가는 방법** 싸파 북서쪽으로 18㎞ 떨어져 있다. 싸파에서 라이쩌우 Lai Châu 방향으로 국도를 따라 가면 된다. 탁박(폭포)을 지나서 4㎞ 더 간다.

베트남에서 가장 높은 고갯길로 해발 1,900m를 통과한다. 싸파에서 이어지는 서쪽의 산악 지대인 라이쩌우와 디엔비엔푸를 가려면 반드시 지나쳐야 한다. 굽이굽이 이어진 급경사의 산길을 따라 계곡과 산, 구름이 어우러져 수려한 풍경을 제공한다. 물론 청명한 날에만 온전히 감상할 수 있다. 짬똔 고개를 가는 길에 탁박 Thác Bạc(Silver Waterfalls)을 지나치게 된다. 하얀 폭포수가 마치 은처럼 보인다고 해서 탁박(실버 워터풀)이라고 불린다. 폭포의 높이는 100m로 3단으로 구성된다(입장료 2만 VND).

판시판(판씨빵) ★★★☆
Fansipan
Phan Xi Păng(Núi Fansipan)

싸파 타운 앞으로 병풍처럼 펼쳐진 산으로 싸파에서 남서쪽으로 19㎞ 떨어져 있다. 해발 고도는 3,143m로 베트남뿐만 아니라 인도차이나에서 가장 높은 산이다. 산 정상에 만든 표석에는 '인도차이나의 지붕 Roof of Indochina'이라고 적혀 있다. 고도에 따라 기후와 지형이 달라지는데 2,000여 종의 식물군과 320여 종의 동물군이 서식한다. 참고로 판시판은 보편화된 영어 발음이며, 베트남 사람들은 '판씨빵 Phan Xi Păng'이라고 부른다.
등정은 보통 해발 2,000m에 있는 파크 레인저 관리소 Fansipan Park Ranger's Station에서 시작

알아두세요 현지 문화를 존중해주세요!

산악 민족 마을을 방문할 때는 몇 가지 지켜야 할 것들이 있습니다. 먼저 가정집을 방문할 때는 출입해도 되는지 미리 물어보고 허락을 받도록 해야 합니다. 집안에 신성시하는 물건을 만지는 것도 주의해야 합니다. 사진을 찍기 전에도 촬영해도 괜찮은지 카메라를 보이면서 확인해야 합니다. 아기, 노인, 병든 사람, 임산부들은 사진에 특히 거부감을 보이는 경우가 많습니다. 사진이 찍히면 영혼이 빠져나간다는 믿음을 갖고 있는 민족도 있기 때문입니다.
싸파 타운까지 올라와서 장사를 하는 몽족 아이들은 상대적으로 사진에 호의적인데요, 사진을 찍으려면 물건을 먼저 사달라고 조르는 경우가 흔합니다. 트레킹을 하다 보면 관광객들을 따라오며 물건을 파는 몽족 아이들을 만나게 됩니다. 물건을 살 의사가 없으면 반드시 '노 땡큐 No Thank You'라고 말해주세요. 나중에 사겠다고 하면 순진한 아이들은 그 말만 믿고 학교도 안가고 당신을 계속 따라올 것입니다.
돈을 쓸 때 현명해야 합니다. 돈을 주고 사진을 찍는다거나, 구걸하는 아이들에게 용기를 북돋아주는 일이 없도록 해야 합니다. 현지인들을 귀찮게 해서는 안 되고, 너무 많은 것들을 요구해서도 안 되겠지요. 여행자는 주인이 아니라 손님이란 사실을 잊지 마세요!

한다. 해발 2,800m에서 숙박하고 다음 날 정상에 올라간다. 겨울과 밤에 온도가 급격히 떨어지므로 필요한 등산 장비를 갖추어야 한다. 전문 가이드를 동행한 여행사 투어에 참여하는 게 좋다. 1박 2일 투어의 경우 US$95~145로 참가 인원과 포터 유무에 따라 요금이 달라진다.

선 월드 판시판 레전드 (판시판 케이블카) ★★★★
Sun World Fansipan Legend

Map P.522-A1 **주소** Sun Plaza Sapa Station **전화** 0948-309-999, 0948-308-888, 0214-3818-888 **홈페이지** www.fansipanlegend.sunworld.vn **운영** 07:00~17:30 **요금** 케이블카 80만 VND **가는 방법** ①케이블카 타는 곳 Ga Cáp Treo은 싸파에서 9㎞ 떨어져 있다. ②싸파 시내에 출발할 경우 선 플라자 싸파 스테이션 Sun Plaza Sapa Station에서 출발하는 푸니쿨라(산악용 열차)를 이용하면 된다. 케이블카 타는 곳까지의 요금은 15만 VND이다. ③선 플라자 싸파 스테이션에서 판시판 정상까지 다녀오는 모든 교통편(선 플라자 싸파 스테이션→케이블카 타는 곳→케이블카 탑승→판시판 도착→산악용 열차→판시판 정상)이 포함된 패키지 요금은 120만 VND이다.

선 월드에서 판시판 정상에 만든 종교·레저 시설로 카페, 레스토랑, 쇼핑까지 가능하도록 했다. 케이블카를 이용하면 판시판 정상까지 가장 빠르고 편하게 이동할 수 있다. 케이블카의 총 길이는 6,282m로 20분 만에 해발 3,000m까지 올라간다. 케이블카 타는 곳과 도착하는 곳의 고도 차이는 무려 1,410m나 된다. 케이블카 종점에서 600개의 계단을 오르면 해발 3,143m의 판시판 정상에 닿는다.

산 정상으로 향하는 길은 탄번닥로 Thanh Vân Đắc Lộ(청운득로 靑雲得路라는 뜻)라고 적힌 일주문을 지나서 시작된다. 높이 21.5m, 무게 25톤의 청동 석가모니 불상, 32.8m 높이의 종탑 The Grand Belfry(Đại Hồng Chung), 해발 3,091m에 만든 사원 Kim Sơn Bảo Thắng Tự과 11층 석탑 등의 종교적인 건축물로 채워져 있다.

고산증 증세가 나타날 수 있으므로 천천히 걸어가는 게 좋다. 날씨 변화가 심하고 쌀쌀하므로 겉옷을 챙겨가야 한다. 겨울에는 눈이 내리는 날도 있다. 참고로 정상 부근까지 산악용 열차인 푸니쿨라 Funicular를 타고 갈 수도 있다(편도 요금 15만 VND).

판시판 케이블카 ⓒ이창환

석가모니 불상과 판시판 전망

산악용 열차 푸니쿨라

롱머이 전망대 (롱머이 유리 다리) ★★★☆
Rong May Glass Bridge
Cầu Kính Rồng Mây

주소 Khu Du Lịch Cầu Kính Rồng Mây, Đèo Ô Quý Hồ, Lai Châu **전화** 0386-679-610 **홈페이지** www.caukinhrongmay.net **운영** 07:00~18:00 **요금** 50만 VND(어린이 30만 VND) **가는 방법** 싸파에서 서쪽으로 17㎞, 차량으로 40분 정도 걸린다. 그랩을 이용할 경우 편도 요금 35만 VND 정도 예상하면 된다.

싸파에서 17㎞ 떨어진 오뀌호 고개 Ô Quý Hồ Pass에 있는 유리 다리로 만든 전망대. 해발 2,333m 높이로 판시판을 포함해 주변 산과 계곡 풍경이 웅장하게 펼쳐진다. 전망대 옆으로 절벽을 따라 768m 길이의 잔도가 이어진다. 높은 고도와 일교차로 인해 구름과 운해가 펼쳐지기도 하고, 겨울에는 눈이 내리는 경우도 있다. 참고로 '롱머이'는 용 구름(용운 龍雲)이라는 뜻이다.
주차장에서 전망대까지는 셔틀 버스와 엘리베이터를 타고 올라가야한다. 흔들다리(15만 VND), 공중그네(15만 VND), 짚라인 (15만 VND) 등 액티비티도 즐길 수 있다.

©Khu Du Lịch Cầu Kính Rồng Mây

©Khu Du Lịch Cầu Kính Rồng Mây

Restaurant
싸파의 레스토랑

호텔과 마찬가지로 외국인 여행자가 좋아하는 레스토랑은 꺼우머이 거리와 므엉호아 거리에 몰려 있다. 음식이 발달한 도시가 아니라 관광도시이므로 레스토랑들이 비슷비슷하다. 외국인 관광객이 즐겨 찾는 곳들은 베트남 음식과 더불어 피자, 파스타를 기본으로 요리한다. 호수 주변의 쑤언비엔 거리에는 현지인이 즐겨 찾는 레스토랑이 많다.

굿 모닝 베트남 ★★★☆
Good Morning Vietnam Restaurant

Map P.522-A2 **주소** 63 Phan Xi Păng (Fansipan) **전화** 0912-135-909 **홈페이지** www.facebook.com/goodmorningvietnam68 **영업** 08:00~22:00 **메뉴** 영어, 베트남어 **예산** 8만~22만 **가는 방법** 깟깟 마을로 내려가는 판씨팡 거리 끝자락에 있다.
마을 왼쪽 끝자락에 자리한 레스토랑으로 싸파에서 깟깟으로 내려가는 길목에 있다. 스프링롤, 분짜, 코코넛 치킨 카레, 볶음밥, 각종 볶음 요리, 전골 요리, 잉글리시 브랙퍼스트, 피자, 파스타, 버거까지 다양한 음식을 요리한다. 창밖으로 계곡 풍경을 바라보며 커피나 맥주, 칵테일을 마시는 여행자도 있다.

리틀 싸파 Little Sapa ★★★★

Map P.522-A2 **주소** 5 Đông Lợi **전화** 0388-063-526 **영업** 10:00~15:00, 17:00~22:00 **메뉴**

영어, 베트남어 **예산** 8만~16만 VND **가는 방법** 꺼우머이 거리에서 연결되는 동러이 거리에 있다.

외국 관광객들이 선호하는 베트남 음식점 중의 한 곳이다. 이름처럼 아담한 레스토랑으로 골목 안쪽에 있다. 간판에는 껌 Cơm(밥), 러우 Lẩu(전골), 느엉 Nướng(고기)라고 적혀 있는데, 고기볶음과 전골 요리를 메인으로 한다. 간단하게 식사하기 좋은 분짜, 쌀국수, 볶음국수, 두부 요리, 버섯볶음, 닭고기 튀김, 새우튀김도 관광객에게 인기 있다. 메인 요리를 주문하면 공깃밥을 공짜로 준다. 고기요리는 따듯함을 유지하기 위해 철판에 올려서 서빙해 준다.

모멘트 로맨틱 레스토랑 ★★★☆
Moment Romantic Restaurant

Map P.522-A1 **주소** 1A Thác Bạc **전화** 0982-884-965 **영업** 08:00~22:00 **메뉴** 영어, 베트남어 **예산** 메인 요리 12만~25만 VND, 러우(전골 요리) 42만~55만 VND **가는 방법** 싸파 중심가에서 마을 북쪽으로 연결되는 딱박 거리 1번지에 있다. 광장에서 북쪽으로 100m.

마을 북쪽에 있는 베트남 음식점이다. 주로 관광객을 대상으로 영업하는 곳으로 쌀국수부터 볶음밥, 두부요리, 피자, 스테이크까지 메뉴가 다양하다. 쌀쌀한 날씨 때문에 전골 요리인 러우 Lẩu가 인기 있다.

굿모닝 뷰 레스토랑 ★★★☆
Good Morning View Restaurant

Map P.522-B2 **주소** 47 Mường Hoa **전화** 0912-927-810 **영업** 08:30~22:00 **메뉴** 영어, 베트남어 **예산** 9만~30만 VND **가는 방법** 싸파 중심가에서 마을 남쪽으로 내려가는 므엉호아 거리 47번지에 있다.

마을 남쪽에 있어서 찾아가기 불편함에도 불구하고 인기 있는 베트남 음식점이다. 쌀국수, 스프링롤, 분짜, 넴루이, 코코넛 카레 같은 베트남 음식은 물론 스파게티와 피자 같은 서양식 메뉴도 갖췄다. 규모는 작지만 복층의 실내를 아늑하게 꾸몄다. 무난한 음식 맛과 친절한 서비스가 인기의 비결이다.

레드 자오 하우스 ★★★☆
Red Dao House

Map P.522-A1 **주소** 4B Thác Bạc **전화** 0214-872-927 **홈페이지** www.reddaohouse.com **영업** 08:00~22:00 **메뉴** 영어, 베트남어 **예산** 13만~45만 VND **가는 방법** 탁박 거리 4번지에 있다. 싸파 타운 중심가(광장)에서 북쪽으로 200m 떨어져 있다.

소수 민족의 전통 가옥을 현대적으로 재현했다. 목조 건물의 운치와 스타일리시한 실내가 포근하게 어우러진다. 목조 건물의 테라스와 야외 마당에도 테이블이 놓여 있어 여유롭고 평화로움을 선사한다. 종업원들은 자오족 전통 복장을 입고 있다.

채소와 두부를 포함한 베트남 요리를 기본으로 스테이크와 연어 Mountain Salmon Fish 같은 특별 메뉴가 있다. 추운 겨울에는 여러 명이 러우(전골요리) Lẩu(Hot Pot)를 즐기는 사람도 많다. 식사시간을 피해 차분하게 커피를 마셔도 괜찮다.

르 쁘띠 겍코 ★★★★
Le Petit Gecko

Map P.522-A1 **주소** 7 Xuân Viên **전화** 0214-3871-131 **홈페이지** www.legeckosapa.com **영업** 07:00~22:30 **메뉴** 영어, 베트남어 **예산** 12만~38만 VND **가는 방법** 공원 왼쪽편의 쑤언비엔 거리에 있다.

2007년부터 영업 중인 카페 분위기의 레스토랑이다. 프랑스 음식점으로 유명한 르 겍코 레스토랑 Le Gecko Restaurant에서 운영한다. 본점에 비해 신선한 채소를 이용한 베트남 요리에 치중하고 있다. 외국 관광객에게 인기 있는 곳으로 피자, 파스타 같은 서양 음식도 함께 요리한다. 아늑한 분위기로 도로 앞 공원 풍경을 바라보며 잠시 쉬어가기 좋다.

인접한 곳에 르 겍코 카페 Le Gecko Cafe(주소 2 Ngũ Chỉ Sơn, Map P.552-B1)를 함께 운영한다. 파스텔톤 건물과 아치형 창문이 유럽분위기를 살짝 느끼게 해주는 곳으로, 이탈리아 커피, 코코넛 커피, 베트남 커피를 곁들여 디저트를 즐길 수 있다.

Hotel

싸파의 호텔

고산지대의 작은 도시지만 호텔들은 넘쳐 난다. 저렴한 여행자 호텔들은 싸파 타운 끝자락의 꺼우머이 거리와 므엉호아 거리에 몰려 있다. 같은 호텔이라 하더라도 전망에 따라 요금이 달라진다. 날씨가 추워서 에어컨이 없는 호텔이 대부분이다. 겨울에는 전기 장판을 제공해 주며, 고급 호텔은 난방시설이나 벽난로가 설치되어 있다. 주말과 성수기에는 요금이 인상된다.

프엉남 호텔 Khách Sạn Phương Nam ★★★

Map P.522-A2 **주소** 33 Phan Xi Păng **전화** 0214-3502-633, 0966-485-585 **홈페이지** www.phuongnamhotelsapa.com **요금** 도미토리 US$8, 트윈 US$24~36(개인욕실, TV, 아침식사) **가는 방법** 판씨빵 거리 초입에 있다.

판씨빵 거리에 있는 평범한 호텔이다. 계곡 방향으로 호텔이 들어서 있다. 객실 앞쪽으로 공동으로 사용하는 널찍한 테라스에서 경치를 감상하며 시간 보내기 좋다(대부분의 객실은 전망이 없다). 높은 층의 객실이 시설이나 전망이 좋다. 영어 간판은 서던 호텔 Southern Hotel이라고 적혀 있다.

싸파 유니크 호텔 Sapa Unique Hotel ★★★☆

Map P.522-A2 **주소** 39 Phan Xi Păng(Fansipan) **전화** 0214-3872-008, 097-839-873 **홈페이지** www.sapauniquehotel.com **요금** 트윈 US$34~45개인욕실, TV, 냉장고, 아침식사) **가는 방법** 판씨빵 거리 초입에 있다.

저렴한 숙소들이 몰려있는 판씨빵 거리에 있다. 계곡 경사면에 만든 숙소라 객실에서의 전망이 좋다. 객실이 깨끗하며 아침식사가 포함된다. 냉장고, LCD TV, 전기장판, 전기포트, 모기장까지 객실 설비도 괜찮다. 가능하면 산과 계곡이 보이는 마운틴 뷰 객실을 예약하는 게 좋다.

싸파 엘레강스 호텔 Sapa Elegance Hotel ★★★☆

Map P.522-A1 **주소** 3 Hoàng Diệu **전화** 0214-3888-668 **요금** 더블 US$32~50(개인욕실, TV, 냉장고, 아침식사) **가는 방법** 빅토리아 싸파 리조트로 가는 호앙지에우 거리에 있다.

차분한 느낌의 중급 호텔이다. 계곡을 끼고 있지 않지만 마을 중심가와 가까우면서도 조용하게 지낼 수 있다. 객실이 넓고 깨끗하며 샤워 부스가 설치된 욕실 상태도 좋다. 슈피리어 룸은 건물 뒤쪽의 산이 보이고, 발코니가 딸려 있는 딜럭스 룸은 싸파 중심가가 내려다 보인다. 수려한 경관은 기대하지 말 것.

싸파 릴랙스 호텔 Sapa Relax Hotel ★★★★

Map P.522-A2 **주소** 19 Đồng Lợi **전화** 0214-3800-368 **홈페이지** www.saparelaxhotel.com **요금** 더블 US$35~40, 트윈 마운틴 뷰 US$55~65(에어컨, 개인욕실, TV, 냉장고) **가는 방법** 므엉호아 거리에서 이어지는 동러이 거리에 있다.

싸파 중심가 골목 안쪽에 있는 3성급 호텔이다. 객실이 깨끗하고 직원도 친절해서 만족도가 높다. 객실은 위치에 따라 크기가 전망이 다르지만, 기본적으로 샤워 부스와 발코니가 딸려 있다. 아무래도 주변 산과 계곡 풍경이 한 눈에 들어오는 스위트 룸이 좋다. 아침식사가 포함되며, 루프톱 카페에서 바라보는 풍경도 훌륭하다.

호텔 깟깟 갤러리 아트 Hotel Cat Cat Galerie d'Art ★★★★

Map P.522-A2 **주소** 46 Phan Xi Păng(Fansipan) **전화** 0965-386-538 **홈페이지** www.hotelgaleriedart.vn **요금** 더블 US$49, 딜럭스 트윈

US$57~65(에어컨, 개인욕실, TV, 아침식사) **가는 방법** 깟깟 마을로 향하는 판씨빵 거리 끝자락에 있다.

싸파에서 오랫동안 인기를 얻고 있는 깟깟 호텔에서 운영한다. 3성급 호텔로 2021년에 객실을 리모델링했다. 스테인드글라스 장식, 몽족 수공예품, 그림 등을 이용해 갤러리처럼 꾸민 것이 특징. 겨울철 보온에 대비하기 위해 벽난로도 설치해 두고 있다. 깟깟 마을로 향하는 도로 경사면에 건설한 호텔이라 주변의 산과 계곡 풍경을 감상하기 좋다.

마이 부티크 호텔 ★★★★
My Boutique Hotel

Map P.522-B2 주소 55 Mường Hoa **전화** 0988-242-503 **홈페이지** www.myboutiquesapa hotel.com **요금** 딜럭스 US$45~50, 프리미어 딜럭스 US$75 **가는 방법** 싸파 중심가에서 마을 남쪽으로 내려가는 므엉호아 거리 55번지에 있다.

마을 남쪽에 있는 3성급 부티크 호텔이다. 25개 객실을 운영하는 소규모 호텔로 직원들의 친절한 서비스로 인해 인기 있다. 객실은 유럽풍으로 깔끔하게 꾸몄고, 캐노피 침대를 두어 로맨틱한 분위기를 더했다. 마을 중심가까지 10분 이상 걸어 다녀야 해서 불편하지만, 밤에는 그만큼 조용하게 지낼 수 있다.

어메이징 호텔 ★★★★
Amazing Hotel

Map P.522-B2 주소 Phố Đồng Lợi(Dong Loi Street) **전화** 0214-3865-888 **홈페이지** www.amazing hotel.com.vn **요금** 더블 US$72~82, 딜럭스 마운틴 뷰 US$95~120 **가는 방법** 꺼우마이 거리 남쪽에서 연결되는 동러이 거리에 있다.

싸파에서 보기 드문 대형 호텔이다. 4성급 호텔로 엘리베이터와 수영장까지 갖추고 있다. 현대적인 호텔로 포근한 침대, 나무 바닥으로 된 객실, 통유리로 된 개인욕실을 갖추고 있다. 추운 겨울에 대비해 벽난로도 설치되어 있다. 계곡 방향으로 호텔을 건설해 전망이 탁월하다.

뱀부 싸파 호텔 ★★★
Bamboo Sapa Hotel

Map P.522-B2 주소 18 Mường Hoa **전화** 0214-387-1076 **홈페이지** www.bamboosapa hotel.com.vn **요금** 스탠더드 US$50, 슈피리어 US$65 **가는 방법** 므엉호아 거리의 홀리데이 싸파 호텔 Holiday Sapa Hotel 옆에 있다.

야외 수영장을 갖춘 3성급 호텔로, 마을 남쪽에 있어 조용하며 전망이 좋다. 객실을 리모델링해 시설이 괜찮고, 욕실마다 헤어드라이어와 욕조가 갖춰져 있다. 전망이 좋은 슈피리어 마운틴 뷰 룸은 발코니까지 딸려 있다.

BB 호텔 싸파 BB Hotel Sapa ★★★★

Map P.522-A1 주소 8 Cầu Mây **전화** 0214-387-1996, 0988-270-666 **홈페이지** www. bbhotels-resorts.com **요금** 슈피리어 US$90~ 125, 딜럭스 US$100~135 **가는 방법** 광장 옆 꺼우머이 거리 8번지에 있다.

4성급 호텔로 광장 옆에 있어 위치가 좋다. 콜로니얼양식을 가미한 건물에 객실 컨디션도 좋다. 깔끔한 침구가 편안한 잠자리를 제공하고 창문 앞으로화단이 놓인 자그마한 발코니도 있다. 마을 중심가에 있어서 객실 전망은 평범하다.

호텔 데 라 쿠폴 ★★★★☆
Hotel De La Coupole MGallery

Map P.522-A1 주소 1 Hoàng Liên **전화** 0214-3629-999 **홈페이지** www.hoteldelacoupole.com **요금** 슈피리어 US$150~170, 딜럭스 US$190~210 **가는 방법** 선 플라자 싸파 스테이션(케이블카 타는 곳) 옆에 있다. 호텔 입구는 호앙리엔 거리에 있다.

싸파 중심가에 있는 5성급 호텔로 프랑스 호텔 그룹인 아코르 Accor에서 운영한다. 249개 객실을 보유한 유럽풍의 건물로 돔 장식까지 어우러져 웅장하다. 실내 수영장을 갖추고 있다. 객실은 화려한 색감과 패턴 타일로 꾸며 부티크 호텔다운 느낌을 준다.

Bắc Hà

박하

박하라는 이름만 들으면 박하사탕을 떠올리겠지만, 강 북쪽에 있다고 해서 박하(北河)라는 지명이 생겼다. 베트남 북부의 산악 마을로 해발고도는 800m로 높은 편이지만, 산들에 둘러싸인 분지 형태라 특별한 전망은 없다. '리틀 싸파 Little Sapa'로 불리기도 하는데 싸파에 비해 규모도 작고 관광 시설도 미비하다. 박하는 평상시에는 조용한 마을이지만 일요일이 되면 북적댄다. 주변 고산지대에서 산악 민족들이 박하 일요시장에 모여들고, 싸파와 하노이에서 출발한 투어 버스가 도착하면서 축제 분위기로 변모한다.

일요시장에는 꽃처럼 화려한 전통 복장을 입은 화몽족 Flower H'mong들이 가득하다. 화몽족들이 거리를 거닐면 단출하던 산골 마을은 꽃물결이 넘실거리듯 다채로워진다. 시장에 모여든 산악 민족들은 수다를 떨며 물건을 거래하고, 전 세계에서 몰려온 관광객들은 이색적인 풍경을 카메라에 담기에 여념이 없다. 〈내셔널 지오그래픽〉에서나 봄직한 장면이 여기저기서 연출된다. 다행히도 현지인과 외국인의 관계는 '사진 한 장 찍고 물건 하나 사주는' 지역 문화를 존중해주는 훈훈함이 남아 있다.

인구 7,400명 | **행정구역** 라오까이 성 Tỉnh Lào Cai 박하 현 Huyện Bắc Hà | **고도** 800m | **시외국번** 0214

Information

여행에 유용한 정보

싸파와 라오까이에 비해 은행 시설은 현저하게 부족하다. 농업 은행 Agri Bank 한 곳이 지점을 운영할 뿐이다. 일부 호텔에서 미국 달러와 중국 위안(元)화를 환전해준다.
우체국은 마을 초입에 있다. 평균 기온은 19℃로 선선하며, 싸파에 비해 따뜻하다. 하지만 겨울에는 영상 4℃까지 내려가므로 따뜻한 옷을 챙겨가야 한다.

Access

박하 가는 방법

하노이에서 북서쪽으로 350㎞, 싸파에서 동쪽으로 100㎞, 라오까이에서 동쪽으로 63㎞ 떨어져 있다. 공항이나 철도가 연결되지 않기 때문에 라오까이에서 버스를 타고 가야 한다. 라오까이 기차역 앞(P.518)에서 버스를 타거나, 싸파에서 출발하는 투어 버스를 이용해야 한다. 투어 버스는 박하 일요 시장을 방문하기 위해 주말에만 운행되며, 요금은 US$15~25이다. 박하에서 라오까이로 가는 버스는 매일 5회(06:30, 07:30, 08:30, 10:00, 12:00) 출발한다. 편도 요금은 7만~10만 VND이며, 약 2시간 30분 소요된다. 마을 남쪽에 버스 정류장 Bến Xe Khách Bắc Hà이 있다. 박하→라오까이→하노이 노선(34만 VND)으로 침대 버스가 운행된다. 라오까이 기차역으로 갈 경우 숙소에 문의해 미니밴(12만 VND)을 타고가는 게 좋다. 기차에 관한 정보는 P.517 라오까이 교통정도 참고.

라오까이에서 출발하는 미니 버스

Attractions

박하의 볼거리

박하의 볼거리는 일요시장이 유일하다. 평상시에는 조용한 산골 마을로 관광객들은 찾아보기 힘들다. 토요일 오후에 도착해 박하에서 하루 자고 일요일 아침에 시장을 구경하거나, 싸파에서 일요일 아침 일찍 출발해 박하를 둘러보고 저녁에 하노이로 내려가는 게 일반적이다.
박하 주변에도 모두 14개 소수민족이 생활한다. 몽족이 47%로 가장 많고 따이족 Tày, 자오(야오)족 Dao, 눙족 Nung, 호아족 Hoa 등도 생활한다. 박하 주변 산악 민족 마을에도 장이 서는데, 요일마다 다르므로 시장이 열리는 날에 맞추어 방문하면 된다.

박하 일요시장 ★★★★
Bac Ha Sunday Market
Chợ Phiên Bắc Hà

박하를 찾는 유일한 이유는 일요일에 열리는 박하 시장 때문이다. 베트남의 일반적인 재래시장과는 전혀 다른 이국적인 색채가 강하게 느껴진다. 화려한 복장의 화몽족들이 시장 전체를 가득 메운다. 마치 산속에 꽃이 핀 것처럼 화사하다. 화몽족들이 만든 수공예품들은 이방인의 눈길을 사로잡는다. 화려한 색과 문양으로 자수를 놓은 것이 특징이다. 전통 복장, 가방, 지갑, 샌들까지 물건도 다양하다. '한 땀 한 땀' 정성들여 만든 물건들은 기념품으로 더없이 좋다.

박하 시장은 소수민족들이 7일장 형태로 1주일에 한 번 시장을 형성하기 때문에, 고립된 지역에 사는 사람들에게 상업과 친목 도모를 위해 매우 중요한 역할을 한다. 오랜만에 도회지로 나온 소수민족과 현지 문화를 존중하며 시장을 구경하는 외국인들이 어울려 박하의 일요일은 생동감이 넘친다. 먼 길을 걸어와 직접 재배한 채소를 장에 내놓고 판매하고, 고기나 필요한 생필품을 구매해 간다. 가축과 농기구는 물론 집집마다 만든 특산품까지 거래된다. 이곳에서는 명품 가방보다는 바늘, 주방 용품, 화장실 용품이 더 귀한 물건으로 취급받는다.

반포 Bản Phố ★★

박하에서 가장 가까운 몽족 마을이다. 평화로운 산골 마을로 다랑논이 가득히 펼쳐진다. 박하에서 서쪽으로 4㎞ 떨어져 있다. 싸오마이 호텔을 지나 삼거리에서 왼쪽 길로 가면 된다. '반포 Bản Phố' 라고 이정표가 적혀 있다. 트레킹 투어에 참여해도 되지만, 혼자 걸어가도 길을 잃을 염려는 없다.

깐꺼우 Cán Cấu ★★★

박하에서 북쪽으로 19㎞ 떨어져 있다. 토요일마다 시장이 형성된다. 생필품과 가축이 주로 거래되며, 화몽족들이 만든 화려한 수공예품도 판매된다. 중국 국경과 가까워 중국인 상인들도 많이 찾아온다. 박하 일요시장만큼은 아니지만, 외국인 관광객들도 볼 수 있다.

꼭리 Cốc Ly ★★

몽족과 화몽족, 자오족, 눙족이 사는 마을로 화요일에 시장이 형성된다.

박하에서 20㎞, 라오까이에서 48㎞ 떨어져 있다. 트레킹 투어를 이용할 경우 쩌이 강 Chay River(Sông Chảy)에서 보트를 타고 내려오는 보트 투어가 포함된다.

소수민족과 외국인이 함께 어우러진 훈훈한 박하 시장

재래시장의 흥겨움과 화려함이 공존하는 박하 시장

박하와 가까운 몽족 마을, 반포

Activity

박하의 즐길 거리

싸파와 마찬가지로 박하에서도 트레킹이 가능하다. 하지만 싸파에 비해 인기는 시들하다. 타이장포 Thải Giàng Phố 또는 나호이 Na Hối를 다녀오는 1일 투어(US$18~25)와 홈스테이가 포함된 1박 2일 투어(US$40~45) 형태로 진행된다.

Hotel

박하의 호텔

일요시장이 형성되는 마을 중심가에 호텔들이 몰려 있다. 관광객이 몰려드는 토요일과 일요일에는 방 값이 인상된다.

박하 부티크 Bac Ha Boutique ★★★☆

주소 Na Cồ 3, Bac Ha **전화** 0968-428-968 **홈페이지** www.facebook.com/bachaboutiquehomestay **요금** 도미토리 US$7(공동욕실, 아침식사), 더블 US$15~18(개인욕실, 아침식사) **가는 방법** 박하 시장 동쪽으로 250m 떨어져 있다.

홈스테이 분위기의 호스텔이다. 부티크라는 이름과 달리 저렴한 여행자 숙소로 도미토리를 운영한다. 전용 객실을 갖춘 더블 룸도 있다. 객실은 통유리로 되어 있어 바깥 풍경을 볼 수 있는데, 잘 때는 커튼을 치면 된다.

후이쭝 홈스테이 Huy Trung Homestay ★★★★

주소 Na Quang, Bắc Hà **전화** 0979-776-288 **홈페이지** https://huy-trung-homestay.business.site **요금** 더블 US$21~25(개인욕실), 패밀리 스위트 US$50(개인욕실, TV) **가는 방법** 박하 시장에서 북쪽으로 1.5km 떨어져 있다.

박하 태생의 후이쭝 가족이 운영한다. 홈스테이치고는 시설이 좋은 편으로 영어 소통이 가능하다. 콘크리트 건물과 기와지붕을 올린 목조 건물로 구분되며, 아담한 수영장도 있다. 독채를 사용하는 패밀리 룸은 60㎡ 크기로 널찍하다. 가정식 요리를 맛 볼 수 있고, 박하 주변 투어도 가능하다.

꽁푸 호텔 Cong Fu Hotel ★★★☆

주소 152 Ngọc Uyên **전화** 0214-3880-254 **홈페이지** www.congfuhotel.com **요금** 더블 US$22~34(에어컨, 개인욕실, TV, 냉장고, 아침식사) **가는 방법** 마을 중심가 사거리에서 북동쪽으로 50m 떨어져 있다.

모두 21개의 객실을 갖춘 중급 호텔이다. 객실은 모두 에어컨 시설로 창문이 있어 밝은 편이다. 개인욕실은 욕조가 있고 온수 샤워가 가능하다. 도로쪽에 있는 여섯 개 방은 발코니가 딸려 있다.

응언응아 호텔 Ngân Nga Hotel ★★★☆

주소 117 Ngọc Uyển **전화** 0214-3880-286 **홈페이지** www.nganngabachahotel.com **요금** 트윈 US$28~35(에어컨, 개인욕실, TV, 아침식사) **가는 방법** 시장 서쪽의 메인 도로에 있다.

35개 객실을 보유한 중급 호텔로 다른 곳보다 시설이 좋다. 에어컨을 갖추고 있으며 겨울에는 히터를 제공해 준다. LCD TV와 목조 가구를 배치해 안정감을 준다.

Travel Survival

베트남 여행 준비

베트남 **개요편**

01 | 일기예보

베트남은 남북으로 길게 2,000㎞ 가까이 떨어져 있기 때문에 기후도 차별을 보인다. 중국과 가까운 북부 지방은 아열대성 기후, 전형적인 동남아시아 날씨를 보이는 남부 지방은 열대 몬순 기후에 속한다.

북부

북부 베트남은 무더운 여름과 싸늘한 겨울까지 4계절이 분포한다. 여름에는 32℃ 이상 올라가며 덥고 습하다. 겨울에는 10℃ 이하로 떨어지는 날이 많고 난방 시설이 없어서 춥다. 겨울에 베트남 북부를 여행한다면 따듯한 옷은 필수다. 가을(9~11월)은 평균 기온 25℃로 날씨가 청명하다.

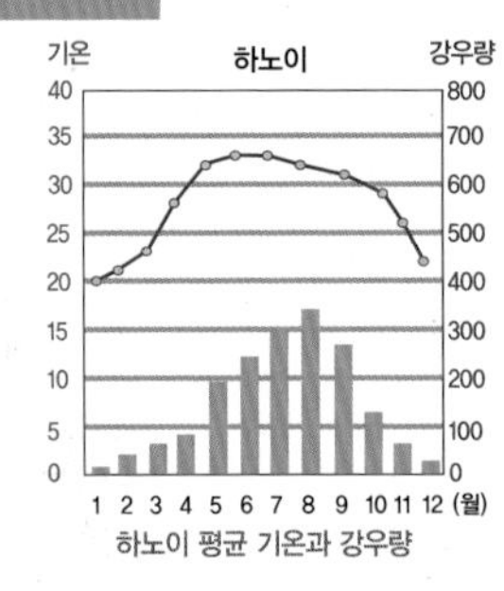

하노이 평균 기온과 강우량

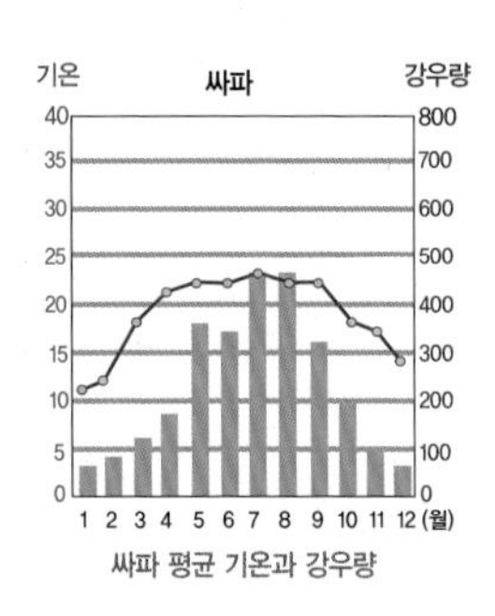

싸파 평균 기온과 강우량

중부

쯔엉썬 산맥과 몬순, 태풍 등의 영향으로 날씨 변화가 심하다. 같은 중부 지역이라도 쯔엉선 산맥(하이번 고개)을 사이에 두고 다낭과 후에(훼)의 날씨가 달라진다. 일반적으로 10월부터 1월까지 비가 많이 내린다. 12월부터 2월까지는 비도 많이 내리고 날이 흐려서 체감 온도가 많이 떨어진다. 무더운 여름에는 낮 기온이 35℃를 넘는다. 남부에 비해 습도가 높은 편이다.

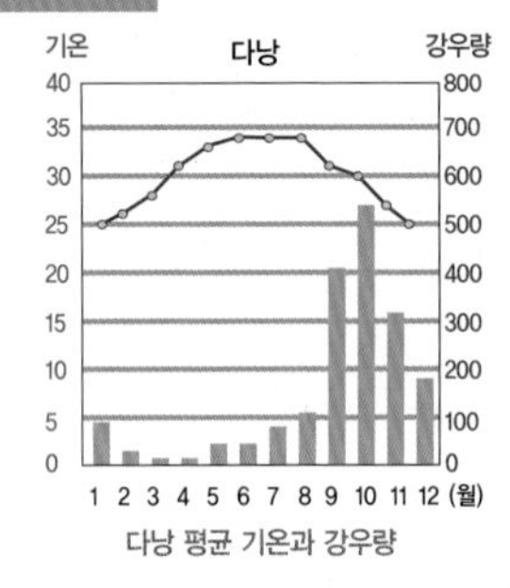

다낭 평균 기온과 강우량

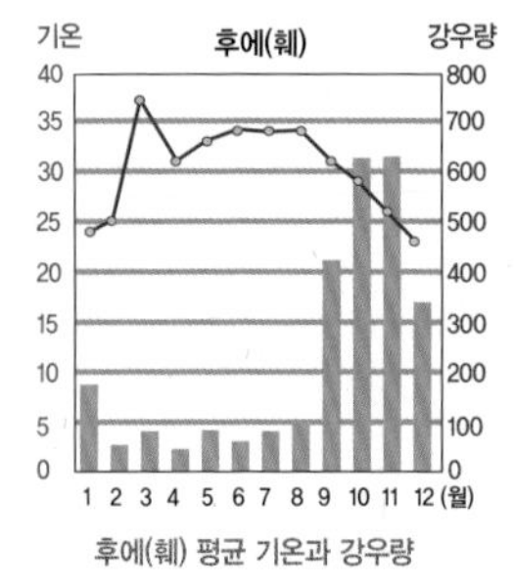

후에(훼) 평균 기온과 강우량

남부

주변의 동남아시아와 동일한 열대 몬순 기후를 보인다. 평균 기온 25~30℃로 1년 내내 덥다. 11월부터 4월까지가 건기, 5월부터 10월까지가 우기로 구분된다. 우기에는 열대성 폭우인 스콜 현상이 나타난다. 상대적으로 덜 더운 12월에서 1월이 여행하기 좋다. 우기가 시작되기 전인 4월이 가장 더운 때로 낮 기온이 36℃(최고 기온 39℃)를 넘기도 한다.

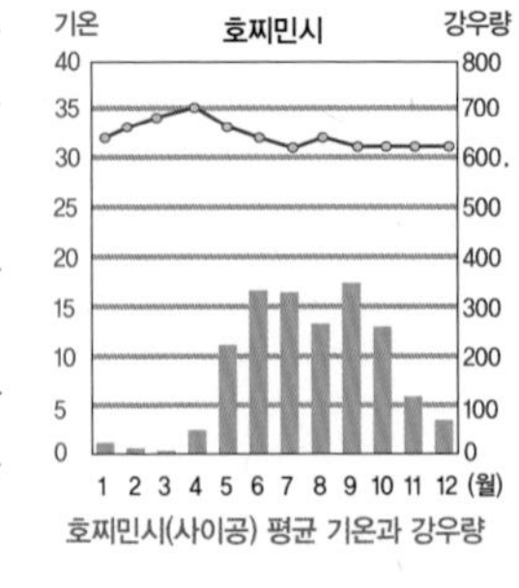

호찌민시(사이공) 평균 기온과 강우량

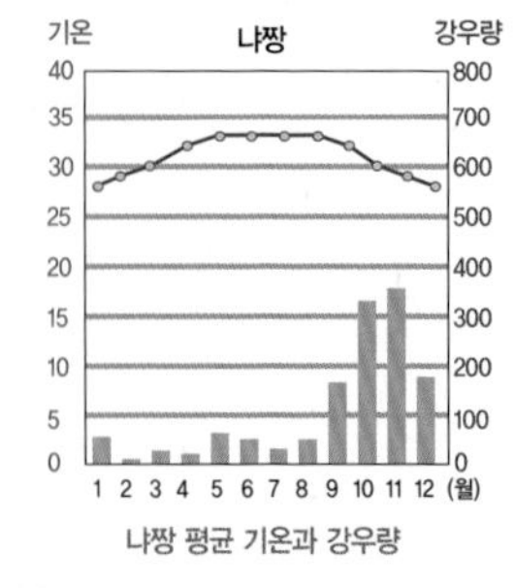

냐짱 평균 기온과 강우량

02 | 베트남 비자(무비자 45일 체류 가능)

무비자 45일

베트남은 비자 없이 45일 여행이 가능하다. 무비자로 입국하려면 규정상 왕복 항공권 Return Ticket이나 다른 나라로 가는 항공권 One-ward Ticket이 있어야 하지만 실제로 항공권을 확인하는 경우는 드물다.

❶ 베트남을 무비자로 입국하기 위해서는 여권 유효기간이 반드시 6개월 이상 남아 있어야 한다.

❷ 무비자 조항은 공항으로 입국하든 육로 국경으로 입국하든 한국 여권 소지자에게 동일하게 적용된다.

❸ 무비자 입국은 제한사항 없이 베트남에 입국할 때마다 자동으로 45일 체류가 가능하다.

❹ 장기 여행할 계획이라면 입국하기 전에 비자 관련 변동 사항을 미리 확인해두자.

변경된 출입국 관리법은 대사관 홈페이지(http://overseas.mofa.go.kr/vn-ko/index.do)를 통해 확인이 가능하다.

e비자

45일을 초과해 여행할 경우 비자를 미리 발급 받아야 한다. 온라인으로 e비자 신청 및 발급이 가능하다. 대사관이나 여행사를 통하지 않고 직접 비자를 받을 수 있어 편리하다. e비자는 최대 90일까지 체류 가능하다. 단수 비자(입출국을 1회로 제한하는 비자)와 복수 비자(입출국이 여러 번 가능한 비자)로 구분해 신청할 수 있다. 베트남 이민국에서 운영하는 e비자 신청 사이트(https://thithucdientu.gov.vn)를 이용하면 된다.

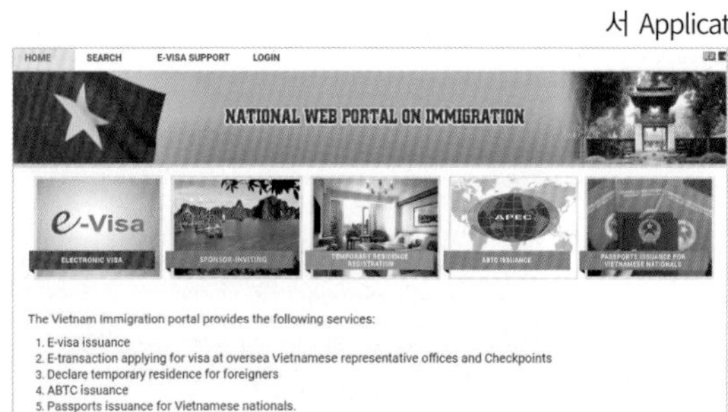

❶ e비자 수수료는 단수 비자 US$25, 복수 비자 US$50다. 온라인으로 신청할 때 카드로 선결제하면 된다. e비자 발급은 통상 3일이 소요된다. 온라인으로 발급된 e비자는 직접 프린트해서 입국할 때 소지하고 있어야 한다.

❷ e비자를 신청할 때 영문 이름, 생년월일, 여권 번호, 여권 만료일 등 입력 내용이 틀리지 않도록 유의해야 한다.

❸ 비자 유효 기간은 비자 발급일로부터 개시되므로 입국 예정일을 맞추어 비자를 발급받도록 하자. 베트남 입국일로부터 90일이 아니고, 비자 발급일로부터 90일간 유효하다. e비자 신청서를 작성할 때 '입국 예정일 Intended Date of Entry'에 비행기 타는 날짜를 적으면 그날부터 유효한 베트남 비자가 발급된다. 베트남 입국 도시 Allowed to Entry through Checkpoint와 출국 도시 Exit through Checkpoint를 적는 항목도 있으므로 여행 일정과 맞게 주의를 기울여 기입해야 한다.

도착 비자

절차가 복잡하지만 공항으로 입국할 경우 도착 비자를 받는 방법도 있다. 현지에서 발행한 초청장과 여권 정보를 출입국사무소(이민국)에 보내 미리 승인을 받아야 한다. 개인이 하기에는 불편하기 때문에 대부분 여행사를 통한다. 허가증 발급에 5일 정도 걸리는데, 급행으로 처리할수록 대행 수수료가 비싸진다.

비자가 미리 발급된 게 아니므로, 베트남 공항에 도착하면 입국 심사대가 아니라 도착 비자 받는 창구로 먼저 가야 한다. 도착 비자 서류(입국 신청서 Application for Entry And Exit Vietnam)도 이곳에서 직접 작성해야 한다. 영문으로 작성하고 사진 2장을 첨부해 제출하면 된다. 잠시 후 여권에 비자를 붙여 발급해준다. 이때 비자 수수료(30일 비자 US$25, 90일 비자 US$50)를 추가로 내야 한다.

03 | 역사

고대 역사

베트남 최초의 부족 국가는 홍방 왕조 Hồng Bàng Dynasty(B.C. 2879~B.C. 258년)로 여겨진다. 베트남 건국의 아버지로 추앙받는 훙브엉(雄王) Hùng Vương에 의해 건립되었으며, 국호를 반랑(文郎) Văn Lang이라고 했다. 진시황이 중국 진나라를 건설(B.C. 221년)하면서 영토를 확장하자 베트남 북동부에 있던 어우비엣족 Âu Việt이 남하하면서 홍방 왕조를 무너뜨리고 새로운 나라를 건설했다(B.C. 257년). 국왕이 된 안즈엉브엉(安陽王) An Dương Vương은 국호를 어우락 Âu Lạc이라고 칭했다. 꼬로아 Cổ Loa(오늘날의 하노이에서 북쪽으로 35㎞)에 방어에 용이한 축성도시 형태의 수도를 건설했으나 얼마 못가 찌에우다(趙佗) Triệu Đà 군대에게 함락되었다(B.C. 207년).
찌에우다는 중국 남방(오늘날의 광둥성, 광시성, 윈난성)과 베트남 북부를 장악해 남비엣(南越) Nam Việt을 개국했다(중국 역사에는 남월국 南越国으로 기록되어 있다). 찌에우다는 초대 국왕인 부브엉(무왕 武王) Vũ Vương이 되었으며, 5명의 왕을 배출했으나 중국 한나라에게 멸망했다(B.C. 111년).

중국의 지배
(B.C. 111~A.D. 938년)

중국 한나라(한무제 漢武帝)가 남비엣을 정벌하며 오랜 중국 지배가 시작되었다(B.C. 111년). 중국(한나라)으로부터의 일시적인 독립은 쯩 자매(하이바쯩 Hai Bà Trưng)에 의해 이루어졌다(A.D. 40년). 하지만 A.D. 43년에 후한(後漢)의 광무제((光武帝)가 3만 명의 병력을 보내 베트남을 다시 복속시킨다. 당나라 때에는 안남도호부(安南都護府)를 설치해 베트남을 통치했다.

참파 왕국
Cham Pa Kingdom (192~1832년)

오늘날의 베트남 중남부 지방에 들어섰던 힌두교 국가이다. 한자와 유교, 불교를 믿었던 베트남(다이비엣)과는 전혀 다른 문화와 종교를 갖고 있었던 왕국이다. 중국보다는 인도의 영향을 더 많이 받았던 왕국으로 해상 교역을 통해 부를 축척했다. 후에(훼), 다낭, 냐짱, 무이네에 이르는 넓은 지역에 걸쳐 오랫동안 번영을 누렸다.

힌두교를 믿었던 참파 왕국의 미썬 유적

힌두교를 믿었던 주변 국가인 크메르 제국과의 오랜 패권싸움에서 패해 세력이 약화되었고, 베트남의 남진 정책에 따라 1471년 레 왕조의 레탄똥 황제에 의해 참파 왕국의 마지막 수도였던 비자야 Vijaya(오늘날의 뀌년)가 정복당한다. 참파 왕국의 후손인 참족들은 베트남의 소수민족으로 전락해 베트남 남부와 캄보디아 일대에 흩어져 생활하고 있다. 자세한 정보는 P.322 참고.

응오 왕조(Ngô Triều/吳朝)
Ngô Dynasty (939~967년)

중국 당나라가 망하고 5대 10국으로 분열되는 동안, 중국 남방을 통치하던 남한(南漢)으로부터 독립해 세운 베트남의 봉건 왕조이다. 응오 왕조는 응오 꾸옌 Ngô Quyền(재위 939~944년)을 시작으로 다섯 명의 왕이 교체되면서 28년 만에 멸망했다.

딘(딩) 왕조의 수도 호아르

딘(딩) 왕조(Đinh Triều/丁朝)
Đinh Dynasty (968~980년)

12사군의 난(967년)으로 인해 응오 왕조가 멸망했다. 나라가 분열되어 있던 혼란한 정국을 딘보린(딩보링)이 통일하면서 딘(딩) 왕조를 창시했다. 딘보린은 스스로를 딘띠엔호앙(丁先皇) Đinh Tiên Hoàng이라고 칭하며 황제가 되었다. 오늘날 닌빈(닝빙)과 인접한 호아르 Hoa Lư에 수도를 정했으며, 국호를 다이꼬비엣(大瞿越) Đại Cồ Việt으로 정했다. 딘보린의 막내아들에게 왕권을 계승했으나 왕조의 역사는 오래가지 못했다.

전기 레 왕조(Nhà Tiền Lê/前黎朝)
Early Lê Dynasty (980~1009년)

딘(딩) 왕조의 장군 출신인 레호안(黎桓) Lê Hoàn이 설립했다. 어린 나이에 황제에 오른 딘 왕조의 2대 황제를 폐위하고 레 왕조의 초대 황제인 레다이한(黎大行) Lê Đại Hành(재위 980~1005년)이 되었다. 계속해서 호아르를 수도로 삼았으며, 중국 송나라 군대의 침략을 막아냈다. 하지만 아들들의 왕권 계승 다툼과 폭정으로 인해 급격한 쇠퇴의 길을 걸었다. 레러이 장군이 건설한 후기 레 왕조(1428~1788년)와 구분하기 위해 전기 레 왕조라고 부른다.

리 왕조(Lý Triều/李朝)
Lý Dynasty (1009~1225년)

베트남의 리(李)씨 왕조이다. 리 왕조를 창시한 리꽁우언(李公蘊) Lý Công Uẩn은 초대 황제인 리타이또(이태조 李太祖) Lý Thái Tổ(재위 1009~1028년)가 되었다. 집권한지 1년 만에 호아르에서 탕롱(오늘날의 하노이)으로 천도해 국가의 기틀을 마련했다. 리 왕조는 216년간 9명의 황제를 배출하며 국가를 안정적으로 통치했다. 종교적으로 불교를 숭상했고, 관계시설과 수로 시설을 정비해 농경문화가 정착되었다. 외교적으로는 중국 송나라와 대등한 관계를 유지했다.
2대 황제인 리타이똥(이태종 李太宗) Lý Thái Tông은 국호를 다이비엣 Đại Việt(대월국 大越國)으로 바꾼다. 다이비엣은 응우옌 왕조에 의해 베트남으로 개명된 1804년까지 국호로 쓰였다. 이를 통해 리 왕조가 북부 베트남에 기반을 둔 베트남 역사의 근간을 이루었음을 알 수 있다. 3대 황제인 리탄똥(이성종 李聖宗) Lý Thánh Tông은 문묘(1070년)를 건설하며 유교 사상을 국가 지도 체도로 받아들인다. 4대 황제인 리년똥(이인종 李仁宗) Lý Nhân Tông 때는 국자감(1076년)도 설립해 과거 시험을 통해 관료를 선발했다. 리년똥 시절에는 송나라와의 두 차례 전쟁에서 승리해, 중국의 재가를 받지 않고 독자적으로 황제를 책봉하며 국가의 전성기를 열었다. 탕롱(하노이) 고성과 문묘에 관한 정보는 하노이 볼거리 P.434 참조.

쩐 왕조(Trần Triều/陳朝)
Trần Dynasty (1225~1400년)

리 왕조 후반기에 황제 집안과 쩐씨 집안의 딸이 결혼하면서 득세하기 시작했다. 결국 1225년 쩐씨 집안이 권력을 장악해 쩐 왕조를 열었다. 국호는 다이비엣, 수도는 탕롱(하노이)을 그대로 유지하며 전대 왕조의 체계를 유지했다.
불교와 유교, 상공업과 화폐 경제의 발달, 군사력을 바탕으로 13명의 황제가 175년간 통치했다.

탕롱(하노이 고성)

하노이 고성에서 발견된 리 왕조 시대의 유물

이 기간 동안 베트남 문자(한자에 바탕을 둔 쯔놈 Chữ Nôm)가 완성되었고, 베트남의 역사를 기록한 다이비엣쓰끼(대월사기 大越史記) Đại Việt Sử Ký도 편찬했다. 또한 몽골(원나라)의 침략을 세 차례나 물리쳐 국가 주권을 확고히 했다. 쩐흥다오 Trần Hưng Đạo 장군이 이끌었던 박당 전투(P.496)는 역사에 오랫동안 기록되고 있다.

호 왕조(1400~1407년)와 명나라의 지배(1407~1427년)

쩐 왕조에서 호 왕조(Hồ Triều 胡朝) Hồ Dynasty로 교체되면서 탕롱(하노이) 남쪽의 탄호아 Thanh Hóa로 수도를 이전했다. 당시는 중국 명나라 영락제(재위 1402~1424년)가 통지하던 시절로, 베트남의 혼란을 틈타 군대를 파견해 베트남을 정벌했다(1407년). 이로써 호 왕조가 7년 만에 멸망하고, 중국의 4번째 베트남 지배가 시작되었다.

후기 레 왕조(Nhà Hậu Lê/後黎朝) Later Lê Dynasty (1428~1788년)

레러이 Lê Lợi 장군이 명나라를 물리치고 1427년 독립을 이루며 후기 레 왕조를 건설한다. 레러이는 레 왕조 태조(초대 황제)가 되면서 레타이또(여태조 黎太祖) Lê Thái Tổ(재위 1428~1433년)가 되었다. 탕롱(오늘날의 하노이)을 동낀(동낑) Đông Kinh으로 개명해 수도로 삼았다. 레러이 장군과 관련된 일화는 호안끼엠 호수(P.428)와 연관되어 있다.

레 왕조는 토지·군사·조세·지방 제도를 개혁해 국가의 기초를 다졌고, 국자감을 통해 관료를 선발했다. 종교적으로 불교가 쇠퇴하고 유교를 통치 이념으로 택했다. 4대 황제인 레탄똥(여성종 黎聖宗) Lê Thánh Tông(재위 1460~1497년) 시절에는 문묘에 진사제명비를 세워 과거합격자들의 이름을 새겼다고 한다. 또한 남벌 정책을 실시해 참파 왕조의 수도인 비자야를 점령하고 참파 왕국을 복속시켰다(1471년). 이전까지 베트남 역사는 하노이를 중심으로 한 북부에 한정되어 있었다.

후기 레 왕조 중반기에 무관이었던 막당중 Mạc Đăng Dung이 군사 쿠데타를 통해 레 왕조를 폐위하고 스스로 황제의 자리에 오르면서 막 왕조(Mạc Triều 莫朝) Mạc dynasty를 열었다(1527년). 하지만 찐(찡) Trịnh 가문과 응우옌 Nguyễn 가문이 힘을 모아 레 왕조를 다시 옹립했다(1533년). 이후 후기 레 왕조는 1788년까지 이어졌지만, 실질적인 권력은 응우옌 가문과 찐 가문이 나눠 갖고 있었다.

찐(찡) 가문과 응우옌 가문의 대립과 분할 통치(1627~1788년)

1592년에 막 왕조를 축출하고 수도(하노이)로 복귀해 레 왕조가 재건되었지만, 실질적인 권력은 군사력을 바탕으로 한 찐 가문과 응우옌 가문이 가지고 있었다. 황제만 레씨 집안에서 배출됐을 뿐이다. 찐 가문은 북부 지방을 장악했고, 응우옌 가문은 중남부 지방을 장악했다. 두 권력은 1627년부터 1673년까지 끊임없이 대립했으나 어느 한쪽이 승리를 거두지 못하고 휴전 협정을 맺는다. 이로써 100년간 남북이 서로 다른 집안에 의해 통치되었다. 이때는 황제가 통치하는 찌에우 Triều(朝)가 아니라 군주가 통치하는 쭈어

오늘날의 하노이 호안끼엠 호수

문묘에 세워진 진사제명비

Chúa(主)라고 부른다. 북부는 찐쭈어(鄭主) Trịnh Chúa(1545~1787년), 중남부는 응우옌쭈어(阮主 Nguyễn Chúa(1558~1777년)로 분할되었다.
찐 가문이 실권을 장악한 북부는 여전히 레 왕조가 왕권을 유지했다. 레 왕조는 1788년에 멸망하기까지 360년간 명맥을 유지했는데, 베트남 역사에서 가장 길었던 왕조이다. 응우옌 가문은 남하 정책을 지속해 사이공(오늘날의 호찌민시)에 최초로 베트남 사람을 정착시켰다(1623년).

떠이썬 왕조[Tây Sơn/西山]
Tây Sơn Dynasty (1778~1802년)

성씨가 아닌 지역 이름을 따서 만든 유일한 왕조이다. 떠이썬은 오늘날의 베트남 중부 지방인 빈딘 Bình Định이다. 당시 베트남은 북부와 중남부로 분할해 통치하고 있었는데, 관료의 부패와 토지 수탈, 홍수와 가뭄에 의한 기근이 이어지면서 농민들의 반란이 빈번하게 발생했다. 떠이썬 지방의 민중 봉기는 응우옌 3형제(당시 권력을 갖고 있던 응우옌 가문과는 아무 상관없다)가 중심이 되었다. 무술이 뛰어났던 응우옌후에 Nguyễn Huệ를 지도자로 삼았다.
1771년부터 민중의 지지를 받아 시작된 떠이썬 운동은 중남부 지방을 통치하던 응우옌 가문을 먼저 무너뜨린다(1776년). 여세를 몰아 북부의 찐 가문과 후기 레 왕조마저 무너뜨리고 떠이썬 왕조를 창시한다(1778년). 후기 레 왕조의 마지막 황제는 중국 청나라에 도움을 요청했으나, 응우옌후에는 진군한 청나라 군대와 전투에서도 승리를 이끈다. 그는 1788년 꽝쭝(光中) Quang Trung 황제(재위 1788~1792년)가 되었다.
떠이썬 왕조는 남북을 통일했을 뿐만 아니라 베트남 역사상 최초로 민중 봉기를 성공시켜 만들어진 왕조이다. 봉건 영주제를 폐지, 해외 교역과 문물 개방, 종교의 자유 인정, 농민과 상민을 위한 제도 개혁을 단행하려 했지만 꽝쭝 황제가 집권 4년 만에 39세의 나이로 갑자기 사망하며 역사는 다시 원점으로 되돌아갔다.
꽝쭝 황제는 응우옌 가문의 생존자인 응우옌푹안 Nguyễn Phúc Ánh을 제거하기 위해 자딘 Gia nh (사이공의 옛이름, 오늘날의 호찌민시)을 공격할 준비를 하고 있었다고 한다. 날씨 때문에 공격을 늦추고 있었는데, 결국 응우옌푹안이 살아남아 응우옌 왕조를 건설하며 자롱 Gia Long 황제가 되었다. 이로써 베트남의 봉건 왕조가 재건되었고 유교 사회로 복귀하게 되었다. 많은 베트남 역사학자들은 꽝쭝 황제가 요절하지 않았다면 베트남 역사가 확연하게 달라졌을 것이라고 한다.

응우옌 왕조[Nguyễn Triều/阮朝]
Nguyễn Dynasty (1802~1945년)

싸얌(오늘날의 태국)으로 피신해 있던 응우옌푹안 Nguyễn Phúc Ánh은 프랑스 성직자와 프랑스 군대의 도움을 받아 자딘(사이공)을 되찾았다(1788년). 떠이썬 왕조가 동낀(오늘날의 하노이)으로 권력 기반을 옮기면서 베트남 남부에 공백이 생긴 틈을 노린 것이다. 응우옌푹안은 프랑스 군대의 도움으로 무기를 현대화하고 해군 전력을 보강해 1789년부터 반격에 나섰다. 1792년에 떠이썬 왕조의 꽝쭝 황제가 급작스레 사망하면서 행운의 여신은 응우옌푹안의 편에 섰다.
1802년에 베트남 전역을 통일하고 자롱 황제가 되면서 응우옌 왕조를 열었다. 수도를 후에(훼) Huế로 삼았으며, 국호를 비엣남(越南) Việt Nam으로 칭했다. 응우옌 왕조는 바오다이 황제가 퇴위한 1945년까지 13명의 황제를 배출했다. 응우옌 왕조의 자세한 역사(P.393), 응우옌 왕조의 왕궁(P.371)과 황제릉(P.380)은 후에 여행 정보 참조.

황제 복장을 입고 기념 촬영하는 관광객

응우옌 왕조의 민망 황제릉

프랑스 식민지배(1862~1954년)

자롱 황제를 도왔던 프랑스는 동아시아 진출에 대한 야심을 보이며 베트남 식민지배를 가시화하기 시작했다. 응우옌 왕조는 쇄국 정책과 가톨릭 선교사들의 활동을 금하며 유교에 기반을 둔 봉건 왕정을 유지하려 노력했다. 하지만 1858년에 프랑스 해군이 다낭을 점령했고, 그 다음해에는 자딘(사이공)을 점령하며 식민 지배를 시작했다. 뜨득 황제(응우옌 왕조 4대 황제) 시절인 1862년에 프랑스와 베트남의 불평등 조약이 체결되어 프랑스는 남부 베트남 3개 성(省)을 통치하게 된다. 이로써 프랑스령 코친차이나가 성립되었다. 프랑스는 통킹(하노이를 중심으로 한 베트남 북부)마저 무력으로 점령하며 베트남 전역을 식민지화했다. 이 과정에서 베트남 영유권을 확보하기 위해 중국 청나라와 전쟁을 벌였다(1884~1885년).

1887년 10월 17일에 프랑스령 인도차이나가 설립되었다. 프랑스는 베트남을 코친차이나 Cochinchina, 안남 Annam, 통킹 Tonkin으로 분할해 통치했는데, 응우옌 왕조의 황제들은 프랑스의 지배를 받는 인도차이나 연방의 하나인 안남의 꼭두각시로 전락하게 되었다. 프랑스에 반기를 들었던 응우옌 왕조의 황제들이 폐위되거나 망명하는 시련을 겪었다. 프랑스령 인도차이나는 1893년에 라오스까지 합병하며 오늘날의 베트남, 라오스, 캄보디아를 통치했다.

일본의 베트남 점령, 8월 혁명과 베트남의 독립(1940~1945년)

제2차 세계대전을 계기로 프랑스의 인도차이나 지배는 약화된다. 이 틈을 노려 일본은 중일전쟁을 빌미로 베트남에 주둔하고(1940년), 응우옌 왕조는 일본의 도움을 받아 프랑스로부터의 독립을 모색한다. 이와는 별도로 호찌민이 이끄는 비엣민(베트민) Việt Minh(베트남 공산당과 민족주의 세력이 연합한 반[反] 프랑스 동맹, Việt Nam Độc Lập Đồng Minh Hội의 약자로 베트남 독립동맹회 越南獨立同盟會를 줄여서 부르는 말. 한국에서는 '월맹越盟'이라고 부르기도 한다)이 결성되었다(1941년).

일본이 프랑스 식민 지배를 종식시키고 베트남을 지배(1945년 3월)한 것도 잠시, 1945년 8월에 일본이 연합군에 항복하면서 패전국이 된다. 일본을 등에 업고 황제의 신분을 유지하던 바오다이 황제(응우옌 왕조의 마지막 황제)는 호찌민이 주도한 8혁 혁명(전국적인 민중 봉기)에 의해 후에(훼) 왕궁에서 퇴위했다(1945년 8월 25일). 이로써 베트남 봉건 왕조는 역사에서 사라지게 되었다. 호찌민은 하노이의 바딘 광장에서 1945년 9월 2일 베트남의 독립을 선포하며 베트남 민주공화국 Việt Nam Dân Chủ Cộng Hòa(越南民主共和國)의 주석에 오른다.

인도차이나 시절에 건설된 호찌민시 노트르담 성당

베트남 공산당 창당

인도차이나 시절에 건설된 하노이 오페라하우스

호찌민의 독립선포

인도차이나 전쟁(1946~1954년)

소련과 중국의 공산화 이후 동남아시아까지 공산화되는 것을 원치 않았던 미국과 베트남을 재 지배하려던 프랑스의 욕구가 맞물리면서 베트남 현대사의 기나긴 고난이 시작된다. 동남아시아 최초로 사회주의 정권이 들어서자 일본 군대의 무장 해제를 빌미 삼아 연합군이 베트남에 주둔한다(1945년 9월). 북쪽은 장제스(蔣介石)가 이끄는 중국 국민당이, 남쪽에는 영국군이 주둔한다. 하지만 이것은 프랑스 군대가 베트남에 올 때까지의 임시 조치였을 뿐이다. 베트남 남부에 재 주둔한 프랑스는 1946년 11월에 하이퐁(하노이 인근)을 공격하면서 전쟁은 전면전으로 변모한다. 당시 베트남의 상황은, 소련과 중국은 비엣민 Việt Minh이 이끄는 베트남 민주공화국을 국가로 인정했고(1950년), 미국과 영국은 프랑스가 지원하는 바오다이(퇴위한 응우옌 왕조의 마지막 황제)를 국가 수반으로 둔 남부 베트남만 국가로 인정하고 있었다.

소련과 중국 공산당의 지원을 받은 비엣민과 아프리카의 프랑스 식민지에서 군대를 파병해 전력을 보강하고 미국의 도움을 받은 프랑스 군대가 8년에 걸친 인도차이나 전쟁을 치른다. 전쟁의 하이라이트는 베트남 북서부 변방 산악지대인 디엔비엔푸 Điện Biên Phủ에서 벌어졌던 전투(1953년 11월 20일~1954년 5월 7일)다. 프랑스 군대의 엄청난 공중 폭격에도 불구하고 프랑스 군대가 패전하며 인도차이나 지배의 종지부를 찍는다. 디엔비엔푸 전투는 유럽 식민지배 국가에 맞서 피지배 국가가 승리한 최초의 전쟁으로 기록되고 있다. 디엔비엔푸 전투에 관한 자세한 내용은 P.546 참고.

제네바 협정과 남북 분단(1954년)

프랑스가 패전국이 되었는데도 1954년 7월에 진행된 제네바 협정에 의해 베트남을 일시적으로 분할하기로 결정한다. 북위 17°선을 경계로 공산주의 정권인 북부 베트남(베트남 민주공화국 Democratic Republic of Vietnam)과 친서방 정권인 남부 베트남(베트남국 State of Vietnam)으로 분리된다. 제네바 협정에 정해진 대로 선거를 실시할 경우 호찌민이 이끄는 북부 베트남이 승리할 것이 예상되자, 미국이 지원하는 남부 베트남의 응오딘지엠 대통령 Ngô Đình Diệm(임기 1955년 10월 26일~1963년 11월 2일)이 선거를 거부(1956년)하며 분열을 가속화했다.

남부 베트남에서는 응오딘지엠 정권의 독재와 불교 탄압이 심해지면서 정부에 저항하는 무장 투쟁이 본격화되었다. 1960년에 결성된 남베트남 민족해방전선 National Liberation Front(NLF)이 남부 베트남에서 세력을 확장했고, 응오딘지엠 대통령은 군사 쿠데타로 실각해 처형되었다(1963년). 응오딘지엠에 관한 내용은 호찌민시 볼거리 통일궁(P.107), 호찌민시 박물관(P.109), 짜땀 교회(P.121) 참고.

북부 베트남의 지원을 받았던 남베트남 민족해방전선은 베트남 전쟁 기간 동안 비엣꽁(베트콩) Việt Cộng(베트남 공산당을 뜻하는 비엣남 꽁싼 Việt Nam Cộng Sản을 줄여 말한 것)으로 불렸다. 비엣꽁의 거점이었던 꾸찌 Củ Chi(P.125)와 껀저 Cần Giờ(P.129)는 호찌민시 주변 볼거리에서 자세히 다룬다.

평화롭기만한 오늘날의 디엔비엔푸

베트남 전쟁 기간 중 하노이의 작전본부

베트남의 영웅, 호찌민

알아두세요 디엔비엔푸 전투 The Battle of Điện Biên Phủ

'캐스터 작전 Operation Caster'으로 명명된 디엔비엔푸 점령 작전은 1953년 11월 20일을 기해 9,000명의 프랑스 공수부대가 낙하산을 타고 내려오며 시작됩니다. 프랑스 군대는 디엔비엔푸를 거점으로 하여 비엣민(베트민) Việt Minh(Việt Nam Độc Lập Đồng Minh Hội의 약자로 '베트남 독립동맹회越南獨立同盟會'를 줄여서 부르는 말. 한국에서는 '월맹越盟'이라고 부르기도 한다. 호찌민이 이끄는 베트남 공산당과 민족주의 세력이 연합한 反프랑스 동맹이다) 군대를 격퇴시킬 계획이었습니다. 당시 비엣민은 1945년 8월에 베트남 독립을 선포하고 베트남 북부를 장악했고, 군사 보급로 확보를 위해 라오스 영토를 점령하려는 계획을 세우고 있었습니다.

크리스티앙 드카스트리 Christian de Castries(1902~1991년) 대령이 이끄는 프랑스 군대는 6개 대대 병력(전투에 투입된 총 인원은 약 1만 6,000명)을 주둔시켰습니다. 디엔비엔푸는 산악지역에 둘러싸여 있어 항공기를 통해서만 병력과 군수물자 보급이 가능했습니다. 추가적인 병력 지원과 군수 물자 수송을 위해 활주로를 건설하고, 참호를 만들어 디엔비엔푸 주변의 언덕을 요새화했습니다. 요새화한 언덕들은 안네-마리 Anne-marie, 프랑수아즈 Françoise, 이사벨 Isabelle, 엘리앙 Elliane, 베아트리스 Beatrice, 위겟 Hugette, 클로딘 Claudine, 도미니크 Dominique, 가브리엘 Gabrielle 같은 여성 이름을 사용했는데, 드카스트리 대령의 실제 연인들의 이름이라고 합니다. 군인 귀족 집안에서 자란 드카스트리는 젊은 시절 승마와 전투기 조종사 등을 거치며 거침없는 여성 편력을 자랑했던 인물입니다.

프랑스는 제2차 세계대전 이후 남아돌던 무기와 미군의 항공 지원을 받아 대규모 군사작전을 감행했습니다. 베트남을 재지배하려는 프랑스의 야욕은 공산화가 인도차이나로 확산되는 것을 방지하려는 미국의 계획과도 일맥상통했습니다. 군사력의 우위를 바탕으로 항공 정찰과 공중 폭격을 통해 비엣민을 쉽게 제압할 것으로 판단했으나, 전투는 유럽이 아닌 베트남의 산악지역에서 벌어졌고 전면전이 아닌 게릴라전으로 전개되어 프랑스 군대의 의지와는 전혀 상관없는 방향으로 진행되었습니다.

비엣민 군대를 이끌던 베트남 측 지휘관은 보응우옌잡 Võ Nguyên Giáp 장군(2013년 10월 4일 103세의 나이로 하노이에서 사망했다)이었습니다. 마차와 자전거, 짐꾼에 의해 군수 물자를 조달할 정도로 열세에 있었지만 베트남의 지형과 기후를 훤히 알고 있었습니다. 1954년 3월 13일을 기해 디엔비엔푸 전투가 시작되었는데, 그해는 유난히도 몬순이 일찍 시작되었기 때문에 비 내리고 안개에 휩싸인 날이 많았습니다. 프랑스 군대는 항공을 이용한 군사 지원이 힘들어졌고, 후방의 지원 없이 좁은 협곡 사이에서 방어를 치중하던 프랑스 군대는 고립되어 갔습니다.

4월 초부터는 지상군을 투입한 비엣민 군대는 인명피해에도 불구하고 인해전술을 펼치듯 거침없이 밀려들어왔고, 결국 5월 7일 17시 30분에 프랑스 군사령부가 함락되며 55일간의 전투가 끝났습니다. 디엔비엔푸 전투에서 프랑스 군대가 패하며 8년간의 인도차이나 전쟁도 막을 내립니다. 베트남 군대는 2만 명 이상 사망했으며, 프랑스 군대는 2,000여 명이 사망하고, 1만 1,000여 명이 전쟁 포로가 되었습니다.

베트남 전쟁과 베트남의 통일
(1955~1975년)

미국은 1950년부터 프랑스 군대를 지원하며 군사 작전을 수행하고 있었다. 북부 베트남과 비엣꽁(베트콩)에 의해 베트남이 공산화되는 것을 꺼렸던 미군은 통킹만 사건(1964년 8월 2일)을 빌미로 전쟁을 공식화했다. 1965년 2월부터 미군이 북부 베트남에 폭격을 가하며 2차 인도차이나 전쟁이 발발한다. 프랑스와 전쟁을 벌였던 1차 인도차이나 전쟁이 끝난 지 불과 11년 만이다. 미국과 베트남의 전쟁은 어떻게 보느냐에 따라 전쟁의 이름도 다르다. 베트남 독립전쟁의 연속성에서 볼 때 2차 인도차이나 전쟁으로 불리며, 미국과 베트남과의 전쟁만을 떼어서 보면 '베트남 전쟁'이 된다. 베트남의 시각에서 보면 베트남 내에서 벌어진 내전이 아닌 미국에 대항하던 '항미 전쟁'의 성격을 띤다.
한국군 참전(1964년 9월), 구정 대공세(1968년 1월), 남베트남 임시 혁명 정부 수립(1969년 6월), 호찌민 주석 서거(1969년 9월), 프랑스 파리에서 휴전(평화)협정 조인과 미군의 철수(1973년 1월)까지 일련의 과정을 거쳐 북베트남의 총공세(1975년 3월)로 다낭이 함락(1975년 3월 26일)되고, 마지막으로 사이공이 함락(1975년 4월 30일)되면서 베트남이 통일된다. 자세한 내용은 동하 & 비무장 지대 Đông Hà & DMZ(P.395), 호찌민시 통일궁(P.107), 호찌민시 전쟁 박물관(P.110), 꾸찌(P.125), 하노이 호찌민 묘(P.439) 참조.

베트남 통일과 사회주의 공화국
(1975년~현재)

1975년 사이공이 함락되고 이듬해인 1976년 7월 2일에 베트남 사회주의 공화국 Cộng Hòa Xã Hội Chủ Nghĩa Việt Nam(Socialist Republic of Vietnam)이 수립되었다. 베트남 공산당이 통치하는 사회주의 국가로 공산당 서기장인 레주언 Lê Duẩn(1907~1986년)이 초대 국가원수를 지냈다. 통일된 베트남은 사회주의 급진 개혁 추진과 기업의 국유화, 중국과의 갈등, 미국의 경제 봉쇄 등으로 인해 어려움을 겪는다. 크메르 루즈(캄보디아 공산당)가 집권한 캄보디아와 국경 문제로 마찰을 빚다가 캄보디아를 침공해 프놈펜(캄보디아의 수도)을 점령했고(1978년 10월), 크메르 루즈를 지원하던 중국은 이에 대한 반발로 베트남 북부를 공격하며 베트남-중국 국경 분쟁도 일어났다(1979년 2월).
베트남은 1986년 제6차 공산당 전당대회를 기점으로 변화를 맞는다. 개방과 쇄신을 골자로 한 '도이 머이 Đổi Mới' 정책을 추진하기로 한 것이다. 캄보디아에서 베트남 군대가 철수하면서(1989년 9월) 중국과의 국교를 정상화했다(1991년). 1994년에는 미국이 베트남의 경제 봉쇄 조치를 해제했고, 1995년에는 베트남-미국이 수교하면서 적대 관계를 청산했다. 베트남은 같은 해에 ASEAN(동남아시아 10개국 연합)에 가입했고, 1996년에는 APEC에 가입했다. 2007년 1월에는 WTO에 가입하며 150번째 회원국이 되었다.

비엣꽁(베트콩) 모형

베트남 전쟁

오늘날의 베트남 사회주의 공화국

통일궁을 점령(사이공 함락)했던 북부베트남군

베트남에 주둔한 미군 부대

베트남어 **여행 회화**

베트남의 공식 언어는 베트남어다. 베트남의 봉건 왕조 시대에는 한자를 이용해 만든 글자를 표기하는 쯔놈 Chữ Nôm을 베트남어로 사용했으나, 프랑스가 베트남을 식민 지배하는 동안 로만 알파벳으로 표기가 교체되었다. 현재의 베트남어는 국어(國語)라는 뜻으로 꿕응으 Quốc Ngữ라고 부른다. 베트남어는 6성으로 이루어진 성조가 있어서 같은 글자라고 해도 성조에 따라 전혀 다른 뜻이 된다. 수도인 하노이를 중심으로 한 북부 베트남어를 표준어로 삼고 있으나, 호찌민 시를 중심으로 한 남쪽 사람들은 표준어 발음을 전혀 개의치 않는다.

01 | 숫자

0 không 🔊 콩

1 một 🔊 못

2 hai 🔊 하이

3 ba 🔊 바

4 bốn 🔊 본

5 năm 🔊 남

6 sáu 🔊 싸우

7 bảy 🔊 바이

8 tám 🔊 땀

9 chín 🔊 찐

10 mười 🔊 므어이

100 một trăm 🔊 못 짬

1,000 một ngàn(nghìn)
🔊 못 응안(응인)

10,000 mười ngàn(nghìn)
🔊 므어이 응안(응인)

100,000 một trăm ngàn(nghìn)
🔊 못 짬 응안(응인)

1,000,000 một triệu
🔊 못 찌에우

02 | 여행 어휘

공항 sân bay 🔊 썬 바이

여권 hộ chiếu 🔊 호 찌에우

화장실 nhà vệ sinh 🔊 냐 베 씬

싱글 룸 phòng đơn 🔊 퐁 던

더블 룸 phòng đôi 🔊 퐁 도이

경찰 công an 🔊 꽁안

은행 ngân hàng 🔊 응언 항

신용카드 thẻ tín dụng 🔊 테 띤 중

달러 đô la 🔊 돌라

거스름돈 tiền trả lại 🔊 띠엔 짜 라이

병원 bệnh viện 🔊 벤 비엔

약국 hiệu thuốc 🔊 히에우 투옥

감기약 thuốc cảm 🔊 투옥 깜

설사약 thuốc tiêu chảy
🔊 투옥 띠에우 짜이

소화제 thuốc tiêu hóa
🔊 투옥 띠에우 호아

03 | 여행 회화

예 vâng 🔊 벙

아니요 không 🔊 콩

좋다 tốt 🔊 똣

나쁘다 xấu 🔊 써우

안녕하세요(일반적인 인사)
🔊 Xin chào 씬 짜오

여보세요(전화) A-lô 🔊 알로

감사합니다 Cảm ơn 🔊 깜언

죄송합니다 Xin lỗi 🔊 씬 로이

괜찮습니다(천만에요)
Không có chi(Không sao)
🔊 콩 꼬 찌(콩 싸오)

다음에 만나요. Hẹn gặp lại.
🔊 헨 갑 라이.

나는 한국 사람입니다.
Tôi là người Hàn Quốc.
🔊 또이 라 응으어이 한꿕.

이건 뭐예요? Cái này là cái gì?
🔊 까이 나이 라 까이 지?

~는 어디 있나요? ~ ở đâu?
🔊 ~ 어 더우?

얼마예요? Bao niêu?
🔊 바오 니에우?

계산서 주세요! Tính tiền!
🔊 띤 띠엔!

영수증을 주십시오.
Xin cho tôi hóa đơn.
🔊 씬 쪼 또이 호아 던.

너무 비싸요. Đắt quá. 🔊 닷 꽈.

더 싼 거 있나요?
Có loại rẻ hơn không ạ?
🔊 꼬 로아이 제 헌 콩 아?

세워주세요. Xin dừng lại.
🔊 씬 증 라이.

오토바이/자전거를 빌리고 싶습니다.
Tôi muốn thuê xe máy/xe đạp.
🔊 또이 무온 투에 쎄 머이/쎄 답.

택시 불러 줄 수 있어요?
Nhờ gọi xe taxi cho tôi?
🔊 녀 고이 쎄 딱씨 쪼 또이?

04 | 상황 회화

도와주세요! Hãy giúp tôi!
🔊 하이 줍(윱) 또이!

길을 잃었어요. Tôi bị lạc.
🔊 또이 비 락.

지갑을 잃어버렸어요.
Tôi bị mất cái ví.
🔊 또이 비 멋 까이 비.

아픕니다. Tôi bị bệnh.
🔊 또이 비 벤.

다쳤어요. Tôi đã bị thương.
🔊 또이 다 비 트엉.

귀찮게 하지 마! Đừng làm phiền tôi!
🔊 등 람 피엔 또이!

만지지 마! Đừng đụng tôi!
🔊 등 둥 또이!

속도를 줄여주세요! Đi chậm lại!
🔊 디 쩜 라이!

도둑이야! Ăn trộm! 🔊 안 쫌!

경찰을 불러주세요.
Xin gọi công an giúp tôi.
🔊 씬 고이 꽁 안 즙(윱) 또이.

경찰서가 어디 입니까?
Công an địa phương nằm ở đâ u?
🔊 꽁 안 디어 프엉 남 어 더우?

05 | 식당

▶ 음식 재료

❶ 고기

닭고기 Gà 🔊 가

소고기 Bò 🔊 보

돼지고기(남쪽 지방) Heo 🔊 헤오

돼지고기(북쪽 지방) Lợn 🔊 런

오리고기 Vịt 🔊 빗

달걀 Trứng 🔊 쯩

❷ 해산물

시푸드 Hải Sản 🔊 하이싼

생선 Cá 🔊 까

새우 Tôm 🔊 똠

오징어 Mực 🔊 믁

장어 Lươn 🔊 르언

알아두세요

고기 종류들은 고기를 뜻하는 '팃 Thịt'을 붙여서 팃가 Thịt Gà(닭고기), 팃보 Thịt Bò(소고기), 팃헤오 Thịt Heo(돼지고기)라고 표기합니다.

게 Cua 🔊 꾸어

꽃게 Ghẹ 🔊 게

❸ 채소

채소 Rau 🔊 자우(라우)

두부 Đậu Phụ 🔊 더우푸

버섯 Nấm 🔊 넘

오이 Dưa Chuột 🔊 즈아쭈옷

가지 Cà Tím 🔊 까띰

당근 Cà Rốt 🔊 까롯

배추 Bắp Cải 🔊 밥까이

토마토 Cà Chua 🔊 까쭈어

❹ 면

Phở 쌀국수(넓적한 면발) 🔊 퍼

Bún 쌀국수(가는 면발) 🔊 분

Miến 당면 🔊 미엔

Mì 노란색 달걀면 🔊 미

▶ 조리 방법

무침(샐러드) Gỏi 🔊 고이

볶다 Xào 🔊 싸오

굽다 Nướng 🔊 느엉

졸이다 Kho 🔊 코

튀기다(북부 지방) Rán 🔊 잔

볶다·튀기다(남부 지방) Chiên
🔊 찌엔

말다 Cuốn 🔊 꾸온

찌다 Hấp 🔊 헙

데치다 Luộc 🔊 루옥

볶다 Rang 🔊 랑(장)

통째로 굽다 Quay 🔊 꿰이

삶다 Nấu 🔊 너우

▶ 향신료·소스

생선소스 Nước Mắm 🔊 느억맘

굴소스 Dầu Hào 🔊 저우하오

간장 Nước Tương 🔊 느억뜨엉

칠리소스 Tương Ớt 🔊 느억 엇

소금 Muối 🔊 무오이

설탕 Đường 🔊 드엉

고추 Ớt 🔊 엇

마늘 Tỏi 🔊 또이

후추 Tiêu 🔊 띠에우

생강 Gừng 🔊 궁

양파 Hành 🔊 한

피망 Ớt Chuông 🔊 엇 쭈옹

레몬그라스 Sả 🔊 싸

타마린드 Me 🔊 메

고수·허브 Rau Thơm
🔊 자우텀(라우텀)

알아두세요

한국인 여행자 중에서는 고수가 입맛에 맞지 않을 수 있어요. "고수를 빼주세요"는 "Không cho rau mùi 콩 쪼 자우 무이"라고 말하면 됩니다.

▶ 베트남 음식

소고기 쌀국수 Phở Bò 🔊 퍼보

닭고기 볶음국수 Mì Xào Gà
🔊 미싸오가

새우 볶음국수 Mì Xào Tôm
🔊 미싸오똠

해산물 볶음밥 Cơm Chiên Hải Sản
🔊 껌찌엔 하이싼

해산물 전골요리 Lẩu Hải Sản
🔊 러우 하이싼

망고 셰이크 Sinh Tố Xoài
🔊 신또 쏘아이

알아두세요

베트남 음식 이름

베트남의 음식 이름은 '재료+조리 방법'으로 붙여져요. 예를 들어, 닭고기 볶음국수는 주재료인 국수(미 Mì) + 조리 방법은 볶음 (싸오 Xào) + 부재료인 닭고기(가 Gà)로 이름 지어져요.

Index

ㄹ

ㅁ

ㅂ

ㅅ

숫자/알파벳

프렌즈 시리즈 14

프렌즈 베트남

발행일 | 초판 1쇄 2016년 5월 10일
개정 7판 1쇄 2025년 4월 25일

지은이 | 안진헌

발행인 | 박장희
대표이사·제작총괄 | 신용호
본부장 | 이정아
편집장 | 문주미
책임편집 | 장여진

기획위원 | 박정호

마케팅 | 김주희, 이현지, 한륜아
디자인 | 김미연, 변바희, 양재연

발행처 | 중앙일보에스(주)
주소 | (03909) 서울시 마포구 상암산로 48-6
등록 | 2008년 1월 25일 제2014-000178호
문의 | jbooks@joongang.co.kr
홈페이지 | jbooks.joins.com
인스타그램 | @friends_travelmate

ISBN 978-89-278-8084-4 14980
ISBN 978-89-278-8063-9(세트)